Gesamtverzeichnis des deutschsprachigen Schrifttums (GV) 1700 – 1910

Bearbeitet unter der Leitung von
Hilmar Schmuck und Willi Gorzny
Bibliographische und redaktionelle Beratung:
Hans Popst und Rainer Schöller

96

Mez - Mis

K · G · Saur München · New York · London · Paris 1983

CIP-Kurztitelaufnahme der Deutschen Bibliothek

Gesamtverzeichnis des deutschsprachigen Schrifttums :
(GV). – München, New York, London, Paris : Saur.
Bd. 1 – 6 bearb. unter d. Leitung von Peter Geils
u. Willi Gorzny.
ISBN 3-598-30000-X

1700 – 1910 / bearb. unter d. Leitung von Hilmar
Schmuck u. Willi Gorzny. Bibliograph. u. red.
Beratung: Hans Popst u. Rainer Schöller

NE: Schmuck, Hilmar [Bearb.]

96. Mez – Mis. – 1983.

Techn. Realisierung und Druck: Norbert Gärtner, Mainz-Kastel
Binden: Karl Schaumann, Darmstadt
Printed in the Federal Republic of Germany
ISBN 3-598-30000-X (Gesamtwerk)

Mez, s. a. Metz.

Mez, Adam, d. Bibel d. Josephus, untersucht f. Buch V—VII d. Archäologie. gr. 8. (84 S.) Basel 895. (Kober.) n. 3. —

Mez, *Adam:* Geschichte der Stadt Harrân in Mesopotamien bis zum Einfall der Araber ... Strassburg, Univ.-Buchdr. v. J. H. E. Heitz, 1892; 66 S. 8.
Strassburg, Phil. Fak., Inaug.-Diss. v. 1892

Mez, A., s.: Lesebuch, religionsgeschichtliches.

Mez, Adam, s.: Muḥammad ibn aḥmad abulmuṭahbar alazdı, Abulkâsim, e. bagdâder Sittenbild.

Mez, And., Handbuch d. Logik zum Gebrauch akadem. Vorlesungen. 2te Aufl. gr. 8. Bamb. Göbhardt. 816. holl. Pap.

Mez, Arthur, Rechtspraktikant: Ein Beitrag zur rechtlichen Betrachtung des Giroverkehrs. (Berlin: J. Sittenfeld 1906.) (73 S.) 8°
Freiburg i. B., rechts- u. staatsw. Fak., Ref. A. Schultze, Diss. v. 1906
[Geb. 12. Febr. 83 Freiburg i. B.; Wohnort: Freiburg i. B.; Staatsangeb.: Baden; Vorbildung: Gymn. Freiburg i. B. Reife M. 00; Studium: Lausanne 2, Freiburg i. B. 6, München 1 S.; Rig. 23. Juli 06.]

Mez, G[ustav]. Krystallographische Untersuchung einiger Derivate des Carbamids. Diss. Phil. II. Univ. Zürich. [Mit 23 Figuren.] (Separat-Abdruck aus: Zeitschrift f. Krystallogr. u. Mineralogie. Bd. 35, Heft 3.) 32 S. 8. Leipzig, Wilhelm Engelmann, 1901.

Mez, Joh. Albert: De Cultu dei rationali, s. Bülfinger, Georg Bernhard [Praes.]

Mez, Johannes Fridericus (Resp.): Noli me tangere .. s. Alberti, Michael (Praes.)

Mez, John. Der internationale Postscheckverkehr »Postgiro«, seine Entstehung, Organisation und Bedeutung, sowie der Auslandsverkehr der Postscheckinstitute in Deutschland, Oesterreich, Ungarn und der Schweiz; für den praktischen Gebrauch dargestellt und erläutert von Dr. J. M. 1.—5. Tausend. VIII + 95 S. 8. Tübingen, J. C. B. Mohr, 1910. (M. 1.20)

Mez, J., Der deutsche Post-Überweisungs- u. Scheckverkehr. Gemeinverständlich dargestellt u. erläutert. Mit dem Wortlaut der Postscheckordng. vom 6. XI. 1908, e. Sachregister u. 4 Postscheck-Formular-Beilagen in Mappe. (48 S.) gr. 8. Stuttgart, Muth. 1909.

Mez, Karl. Lebensbild, s. Kober, Joh.

Mez, Karl. Vide: König, R.: Karl Mez.

— u. K. **Rummler,** die Haftung f. Hausschwamm u. Trockenfäule. Eine Denkschrift f. Baumeister, Hausbesitzer u. Juristen. Auf Veranlassg. e. vom Bezirkstag Posen'scher Baugewerksmeister beauftragten Kommission f. den 24. Delegiertentag des Innungsverbandes deutscher Baugewerksmeister. (Umschlag: 2 Vorträge, geh. auf der Delegiertenversammlg. des Verbandes deutscher Baugewerksmeister z. Schwerin.) (IV, 103 S.) gr. 8. Berlin (910). M. Spielmeyer. 2. —

Mez, Carl, der Hausschwamm u. die übrigen holzzerstörenden Pilze der menschlichen Wohnungen. Ihre Erkenng., Bedeutg. u. Bekämpfg. (VII, 260 S. m. 90 Fig. u. 1 farb. Taf.) gr. 8. Dresden 908. [R. Lincke.] Berlin, Verlag Berlin-Wien. 4.—; geb. 5. —

Mez, Carl. Lauraceae americanae, s. Jahrbuch d. königl. botanischen Gartens u. d. botanischen Museums zu Berlin.

Mez, Carl, das Mikroskop, s.: Hager, Herm.

Myrsinaceae mit 470 Einzelbild. in 61 Fig. von Carl Mez. *Leipzig W. Engelmann 1902.* (437 S.) 8°
= Pflanzenreich. H. 9. (IV, 236.)

Mez, Karl: Neue Reichsgerichts-Entscheidungen in der Hausschwammfrage. Dresden [1909]: Lincke. 32 S. 8°
(Juristische Wochenschrift. 1909, Nr 9, Beilage.)

Mez, Carl [Dr. aus Freiburg i. B.]: Morphologische und anatomische Studien über die Gruppe der Cordieae. ... (Aus: Engler's bot. Jahrb. Bd. XII.) Leipzig, W. Engelmann, 1890; 65 S., 2 Taf. 8°
Breslau, Phil. Fak., Hab.-Schr. v. 1890

Mez, Carl [aus Freiburg (Baden)]: **Morphologische Studien über die Familie der Lauraceen** .... (Aus: Verhandl. d. Botan. Vereins f. d. Prov. Brandenburg. XXX) Berlin, *Druck v. Mesch & Lichtenfeld,* 1888; 2 Bl. + 31 + 1 S. + 1 Bl. 8°
Berlin, Phil. Fak., Inaug.-Diss. v. 10. März 1888

Theophrastaceae mit 49 Einzelbildern in 7 Fig. von Carl Mez. *Leipzig: W. Engelmann 1903.* (48 S.) 8°
= Pflanzenreich. Das. H. 15. (IV. 236a.)

— mikroskopische Untersuchungen, vorgeschrieben vom deutschen Arzneibuch. Leitfaden f. das mikroskopisch-pharmakognost. Praktikum an Hochschulen u. f. den Selbstunterricht. Mit 113 vom Verf. gezeichneten, in den Text gedr. Fig. gr. 8. (VII, 153 S.) Berlin 902. J. Springer. n. 5. —; geb. in Leinw. n. 6. —

Mikroskopische Wasseranalyse. Anl. z. Untersuchg d. Wassers m. besond. Berücks. v. Trink- u. Abwasser. Von Dr C(arl) Mez, Prof. an d. Univ. zu Breslau. M. 8 lithogr. Taf. u. in d. Text gedr. Abb. *Berlin. J. Springer 1898.* (XVII S., 1 Bl., 631 S., 8 Taf.) 1 Bd 8.

Meza, Chr. J. Th., tractat. de quibusd. notabiliorib. objectis ad art. obstetric. spect. 8. Koppenh. 784. Brummer. 6 gr.

Meza, Ch. I. Th., tractat. de quibusd. notabiliorib. obiectis ad art. obstetricandi spect. 8. Hafn. Proft. 784.

Meza, Justus Zadig de

s.: Zadig de Meza, Justus

Meza, Sal. Theoph.

— armamentar. medic. s. materia medica. 8. Kopenh. 763. (Brummer.) 5 gr.

Meza, Sal. Theoh., compendium medicum practicum per fascicul. distrib. III Voll. 8maj. Kopenh. 779—83. (Brummer). 2 ₰ 12 gr.

Meza, Sal. Theoph., compendium medicum pract. per fascic. distrib. III Vol. 8. maj. Coph. Proft. 779—83. (I. 1 Rthlr. II. 20 gr. III. 16 gr.)

— diatribae medicae tres. 8. Kopenh. 775. Rothe. 8 gr.

— opuscula pathol.-pract. 8. Kopenh. 776. Faber. (Schubothe). 6 gr.

— tentam. historiae medicae. II Pts. 8maj. Kopenh. 795. (Brummer). 1 ₰ 12 gr.

— tentam. historiae medicae. II Pts. 8. maj. Coph. Proft. 795.

Mezard, Ritter, Würdigung der Geschwornen-Anstalt. Nach d. Französ. gr. 8. Cöln 824. Bachem. 8 gr.

Mézard, Dionysius, O. P., de vita spirituali. Ex commentariis B. Hugonis de Sancto Charo, Ord. Praed., super totam bibliam excerpta. (VII, 656 S. m. 1 Bildnis.) 8. Regensburg 910. F. Pustet. 6. —; geb. in Halbfrz. 7. 80

Mezburg, (Cl.) Georg Ignaz Frh. von

— Anleit. z. Mathematik. 7 Thle. gr. 8. Wien 798, 99. Kaulfuß. 6 ℛ 16 gℊ (1r Thl. Arithmetik u. Algebra. 20 gℊ 2r Thl. Geometrie u. Kegelschnitte. 1 ℛ 4 gℊ 3r Thl. Trigonometrie, prakt. Geometrie ꝛc. 1 ℛ 12 gℊ 4r Thl. Mechanik u. Hydrostatik. 20 gℊ 5r Thl. Aerometrie u. Hydraulik. Ebd. (Schaumburg). 16 gℊ 6r Thl. Optik, Dioptrik u. Katoptrik. Ebd. (Ebd.) 20 gℊ Hbg. Pr. 16 gℊ 7r Thl. Astronomie. (Ebd.) 20 gℊ Hbg. Pr. 16 gℊ)

Mezburg, Georg Ignaz Freih. von. Anleitung zur Mathematik . . . Wien 1798—99. Ü: *Arminger, Franz Xaver.* (Jes)

v. *Mezburg*, Cl. Geo. Ign., († d. 3. Mai 1798.) elementa arithmeticae vulgaris. 4. Wien 770. (Beck). 3 gℊ 12. Grätz 770. Tusch. 4 gℊ

Ge. Mezburg elementa arithmeticae vulgaris. Viennae Wappler. 12. (3 gr.) 1770.

— f. Holsham, physica experimentalis.

— institut. mathematicae. VII Tmi. C. fig. 8maj. Wien 777—80. Trattner. 3 ℛ 12 gℊ

— kl. selbstlehr. Rechenbüchlein. 8. Wien u. Augsb. 772. 2e A. 778. Rieger. 4 gℊ

George Mezburg's von der Gef. Jesu, kleines selbstlehrendes Rechenbüchel. Aus dem Lat. übersetzt. Wien. 8. 7 und ein ein halber B. 1772.
— Augsburg, Rieger. 8. (3 gr.) 1787

Mezger, s. Metzger.

Mezger: Die Gebühren der Gemeindebehörden im Kgr. Württemberg. Mit einem Anhang Umsatzsteuer-Gesetz mit Tabellen. Bietigheim Selbstverlag. 1902.

Mezger, zum Rekrutentag. 8. (16 S.) Stuttgart 887, Buchh. der Evangel. Gesellschaft. *

Mezger, Christian, Atome u. Dynamiden. Eine Untersuchg. üb. die Struktur der Materie u. das Wesen der Kraft. (IV, 86 S.) gr. 8. Metz 910. G. Scriba. 2. —

Mezger, Eberhard, approb. Arzt aus Altburg b. Calw: Über Nebenhodentumoren mit granulomartiger Structur ohne die Kennzeichen von Tuberkulose und Syphilis. *Rudolstadt [1901]: F. Mitzlaff.* (18 S.) 8° ¶ [Aus: Baumgarten's Arbeiten, 3.]
Tübingen, Med. Diss. v. 1901

Mezger, Edmund, Referendar: Prozessual-materielle Doppelrelevanz einer Tatsache im zivilprozessualischen Erkenntnisverfahren. Lorch [1908]: K. Rohm. (88 S.) 8°
Tübingen, Jur. Fak., Ref. Beling, Diss. v. 1. Juni 1908
[Geb. 15. Okt. 83 Basel; Wohnort: Schorndorf; Staatsangeh.: Württemberg; Vorbildung: Gymn. Eßlingen Reife M. 02; Studium: Tübingen 3, Leipzig 3, Berlin 1, Tübingen 2 S.; Rig. 6. Febr. 08.]

Mezger, Eduard, s. Metzger

Mezger, Fr., Kritik des Entwurfs einer Ordnung der gelehrten Mittelschulen (Studienanstalten) in Bayern. 8. (52 S.) Nördlingen 870, Beck'sche Buchh. *

Mezger, Franz

Mezger, Frz., historia Salisburg. c. fig. Salzb. 712.

— succinctae meditationes christ. pro Dominicis et Test. etc. 4 pts. 12. Vien. Gerold. 741.

Mezger, Friedrich

Mezger: Disputationes Pindaricae. 21 S. – Hof, Progr. 1866.

Mezger, F., Disputationes Pindaricae. Pr. 1866. 21 S. 4°. 1.—
— — Pars II. Schmidtiana continens. Pr. 1873. 36 S. 4°. 1.20

Mezger, Friedrich (Hrsg.), s. Mezger, Georg Kaspar: Ausgewählte Schulreden.

Mezger, Frdr., Pindars Siegeslieder, erklärt. gr. 8. (XII, 484 S.) Leipzig 880. Teubner. n. 8. —

Mezger, G. J. S., resp. Jo. F. Closs, Disput. de miraculorum indole, criterio et fine. 16 pp. Tüb. 4°. 1755

Über die Abfassungszeit von Caesar's Commentarien über den gallischen Krieg. — Von Dr. Georg Mezger, G. P. — 1875. Landau — S. 3-27.
Progr. Landau (Pfalz) L. Gymn.

Mezger, Geo., Entwürfe zu Katechesen üb. Luthers kleinen Katechismus. gr. 8. (V, 295 S.) St. Louis, Mo. 902. (Zwickau, Schriften-Verein.) Geb. in Halbldr. n.n. 5. —

Mezger, Geo., Schulrath Dr. Georg Caspar Mezger, weil. Rector des Gymnasiums bei St. Anna in Augsburg. Leben u. Wirken eines evangel. Schulmannes. gr. 8. (XI, 190 S.) Nördlingen 878. Beck. n.n. 2. 60

— nothgedrungenes Wort der Abwehr gegen Herrn Rector Sörgel in Hof. 8. (29 S.) Ebend. 878. n. — 80

Mezger, Georg Kaspar

Almae Academiae Friderico-Alexandrinae ante hos centum annos constitutae sacra saecularia prima ejus Prorectori magnifico Senatui amplissimo Professoribus clarissimis gratulatur Gymnasium Augustanum Augustanae Confessioni addictum interprete Georgio Casparo Mezgero Gym. Rect. et in Provincia Suevo-Neoburgensi Scholarcha. — 1843. Ibid. — S. 3—12.
Progr. Augsburg

Ueber die Benützung der alten Classiker für die religiös-sittliche Bildung. Rede bei der Preisvertheilung der protest. Studienanst. in Augsburg den 30. August 1843 gehalten von Dr. G. C. Mezger, Stdr. — 1844. Augsburg, Verlag der Matth. Riegerschen Buchhandlung. — S. 3—23 in 8.
Progr. Augsburg

Ueber die Bildung des Willens. [Rede gehalten bei der Preisevertheilung am 6. August 1858.] Von Dr. G. K. Mezger, Stdr. — 1859. Augsburg, Wirth. — S. 3-16.
Progr. Augsburg

Mezger, G. C. (k. Prof. u. Bibliothekar), *Augsburgs älteste Druckdenkmale u. Formschneiderarbeiten*, welche in der *vereinigten kgl. Kreis- u. Stadtbibliothek* daselbst aufbewahrt werden. Nebst einer kurzen Geschichte d. *Bücherdruckes u. Buchhandels in Augsburg*. Mit 37 Abdrücken von Orig.-Holzschn. aus d. 15. u. 16. Jahrhunderte. Augsburg, Joh. Pet. Himmer (Firma Matth. Rieger'sche Buchhhdlg.), 1840. Hoch-8°. Orig.-Ppb. (m. Bordüre), gebr.
Schöne Publikation (z. Jubelfest d. Buchdruckerkunst) aus der Reichel'schen Officin. Jede Seite m. Randleiste. 4 Bll. u. 78 S., 1 Bl. Err., 37 Taf. Hlzschn.-Reproduktionen.

Zur Erinnerung an Johann Gottfried Herder und Heinrich Pestalozzi [Zwei Preisvertheilungsreden, gehalten in den Jahren 1845 und 1846] von Dr. G. K. Mezger, Stdr. — 1854. Ebd. — S. 3—22.
Progr. Augsburg

Expositio epistolae Horatii ad Pisones. Scrips. Dr. Georg. Casp. Mezger, G. R. — 1855. Ibid. — S. 3—28.
Progr. Augsburg

Mezger, G. C., Geschichte der vereinigt. kgl. Kreis- u. Stadt-Bibliothek in Augsburg. Mit ein. Verzeichnisse der in der Bibliothek befindl. Handschriften. gr. 8. (8¼ B.) Augsburg 842, Rieger'sche Buchh. Thlr.

De Hercule Sapientis Stoici exemplo, Scrips. Georg. Casp. Mezger. G. P. — 1829. Augustae Vindel. ex off. J. C. Wirth. — S. 3—19.
Progr. Augsburg

Mezger, Geo. Kasp., über einige Hindernisse der religiös-sittlichen Bildung. Rede zu der Preisevertheilung an der k. Studienanstalt bei St. Anna in Augsburg am Schlusse des Schul-Jahres 1852—53. Augsburg 853. (Butsch.) gr 8. (16 S.) 3 ngr.

Hieronymi Wolfii memoriae pars I. Scrips. G. C. Mezger, G. P — 1833. Ibid. — S. 3 - 19.
Progr. Augsburg

Hieronymi Wolfii memoriae pars II. Scrips. G. C. Mezger, G. P — 1834. — Ibid. — S. 3—20.
Progr. Augsburg

Hieronymi Wolfii memoriae pars III. Scrips. G. C. Mezger, G. R. — 1841. Ibid. — S. 3—20. [S. Nr. 186 u. 187.]
Progr Augsburg

Viro illustrissimo Dr. Friderico de Thiersch, honores in philosophia summos XIV Kal. Jul. ante hos quinquaginta annos Goettingae acceptos pie atque reverenter congratulatur Gymnasium Augustanum Aug. Confess. addictum interprete Dr. Georgio Casparo Mezger, G. R. — Inest memoriae Hieronymi Wolfii pars IVta. — 1858. Ibid. — S. III—IV u. 1—40.
Progr Augsburg

Mezger, Geo. Casp., Memoria Hieronymi Wolfii. Lex.-8. (87 S.) Augsburg 862, Rieger'sche Buchh.

Mittheilungen über das Kollegium bei St. Anna. Von G. C. Mezger, Stdr. — 1842. Ebend. — S. 21—36 des Jahresberichtes.

Progr. Augsburg

Commentatio de operibus antiquis ad vicum Nordendorf e solo erutis. Scrips. Dr. Georg. Casp. Mezger, G. R. — 1846. Ibid. — S. 1—44 und 2 lithogr Tafeln.
Progr Augsburg

Mezger, G. C., Oratio ad celebranda solemnia Augustanae Confessionis saecularia die XI. cal. Jul. MDCCCXXX in auditorio Gymnasii Augustani annaei habita. 4. (1¼ B.) Augustae Vindel. 830, Volkhart. (Kollmann.)

Rede des Professors G. C. Mezger bei der Einführung als Rector am 19. Oktober 1840. — 1841. Ebend. — S. 15—20 des Jahresberichtes.
Progr. Augsburg

Mezger, G. C., Ueb. die Sage von e. Schlacht zwischen Römern u. Sueven b. Augsburg. Gel. 1838. 12 S. 4°. 1 -

Mezger, Georg Casp., Schiller als Dichter der Jugend. Rede zur Vorfeier des 100jähr. Geburtstags unseres grossen Dichters. gr. 4. (16 S.) Augsburg 859, Rieger'sche Buchh. *

Mezger, G. C., ausgewählte Schulreden. Hrsg. von Friedr. Mezger. gr. 8. (VIII, 250 S.) Augsburg 883, Rieger'sche Buchh. *

Mezger, G. C., Scriptiones Tullianae Pr. 1848. 29 S. 4°. 1. -

— über die Stellung der Gegenwart zu den Gymnasien. Rede bei der Preisevertheilung an der k. Studienanstalt bei St. Anna in Augsburg am Schlusse des Schuljahres 1855/56. Augsburg 857. Rieger. 8. (20 S.) n. 4 ngr.

— über den Unterricht in der Geschichte. Rede bei der Preisvertheilung an der k. Studienanstalt bei St. Anna in Augsburg am Schlusse des Schuljahres 1850/51. Augsburg 857. Rieger. 8. (24 S.) n. 4 ngr.

Mezger: Über den Unterricht an der k. Studienanstalt bei St.Anna in den letzten 25 Jahren. 26 S.– Augsburger A. Progr. 1867.

— über das Verhältniß der humanistischen Studien zur christlichen Bildung und Erziehung. Rede zur Erinnerung an den Augsburger Religionsfrieden vom Jahre 1555, gehalten bei der Preisvertheilung an der k. Studienanstalt zu St. Anna in Augsburg, am 5. Aug. 1855. Augsburg 855. Rieger. 8. (23 S.) 3 ngr.

Mezger, G. C., welcher Partei gehören wir an? Eine Rede über die Sache des Fortschritts auf dem Gebiete der Kirche und Schule gehalten zu Augsburg am 28. Aug. 1847. gr. 8. (20 S.) Augsburg 848, Rieger'sche Buchh.

— uber den Werth der höheren allgemeinen Bildung. Rede etc., am 6. Aug. 1857 gehalten. Augsburg 858. Rieger. gr. 4. (16 S.) 6 ngr.

—— wie zeigen wir unsere Vaterlandsliebe? Rede gehalten bei der Preisevertheilung an der protestant. Studienanstalt bei St. Anna in Augsburg am 28. Aug. 1848. gr. 8. (22 S.) Augsburg 848, Rieger'sche Buchh.

Mezger, Georg Michael von (Nürnberg), **De onere probandi et causis quae litigantem ab eo immunem reddunt. Altdorf (Chr. B. Hessel) 13. III. 1800. 38 S. (4.50)** Mit Widmung. 23270

— **Heinrich** (Stade/Bremen), **De quatuor monarchiis, qua recentiorum quorundam, nominatim J. C. Becmann, H. Hardt, et observ. Halensis sententiae modeste excutiuntur. Diss. histor.-polit. Präs. Johann Wilhelm Jan. Wittenberg (Creusig) Dez. 1712. (6.—)** 23271

Mezger, Jo. Casp., Untersuchung des Specifici antepileptici etc. Carlsr. 4°.
1721

Mezger, Johann Daniel, s. Metzger

Mezger, J[ohann] J[acob]. Der erste Bund Schaffhausens mit der Schweizerischen Eidgenossenschaft 1454. [SA.] 8. Schaffhausen 1863.

Mezger, J. J., Geschichte der deutschen Bibelübersetzungen in der schweizerisch-reformirten Kirche von der Reformation bis zur Gegenwart. Ein Beitrag zur Geschichte der reformirten Kirche. gr. 8. (XV, 428 S.) Basel 876. Bahnmaier. n. 6. 80

— Geschichte der Stadtbibliothek in Schaffhausen. 4. (25 S.) Schaffhausen 871. Hurter. n. 1. —

Mezger, J. J., Johann Jakob Rüger, Chronist von Schaffhausen. Ein Beitrag zur schweizerischen Cultur- u. Kirchengeschichte in der 2. Hälfte des 16. Jahrh. Mit Rüger's (lith.) Portr. Schaffhausen 859. Hurter. 8. (X, 167 S.) 18 ngr.

Mezger, J[ohann] J[acob]. Die Stellung und die Geschichte des Kantons Schaffhausen während des Dreissigjährigen Krieges. ⟨Vortrag, gehalten in der Versammlung der allgemeinen schweizerischen geschichtforschenden Gesellschaft am 25. September 1883 in Schaffhausen.⟩ [SA.] 8. [Zürich 1884.]

Mezger, Johann Konrad

Mezger, J. K., Briefe über den Werth religiöser Privatversamml. auf Veranlassung d. neuen Conventikeln im Kanton Schafhausen. gr. 8. Aarau 823. Sauerländer. 20 gl.

Mezger, Johann Conrad. Huldigungs-Predigt, ... zu Gächlingen gehalten den 2. Brachmonat 1822 von J' K' M'... 8. Schaffhausen 1822.

— einige Vorlesungen über die religiöse Schwärmerei. 8. Aarau 819. Sauerländer. 8 gl.

Mezger, J. C., Worte d. Liebe an alle Genossen d. heil. Abendmahles. gr. 8. (19½ B.) St. Gallen 828, Huber u. Comp.

Mezger, K. L. Fr.

Mezger, L., u. C. A. Schmid, griech. Chrestomathie f. d. mittleren Abthlgn. d. Gymnasien in 2 Cursen. gr. 8. (16½ B.) Stuttgart 846, Metzler'sche Buchh. —

—— —— dass. Vorübungen dazu. gr. 8. (3¼ B.) Ebds. 846.

—— —— dass. Wörterbuch dazu. gr. 8. (8¾ B.) Ebds. 846. —

Mezger, L., u. K. A. Schmid, Griechische Chrestomathie f. die mittleren Abtheilungen der Gymnasien in 2 Cursen, mit erklärenden Anmerkgn. u. einem Register üb. dieselben. 2. großentheils umgearb. Aufl. gr. 8. (VIII u. 258 S.) Stuttgart 850, Metzler. ¾ ℛ

— — Wörterbuch dazu. 2. Aufl. gr. 8. (IV u. 160 S.) Ebd. 850. ½ ℛ

Mezger, K. L. F. u. K. A. Schmid. griechische Chrestomathie f. die mittleren Abtheilgn. der Gymnasien in zwei Cursen m. erklär. Anmerkgn. u. e. Register üb. dieselben. 3. neubearb. Aufl. gr. 8. (X, 256 S.) Stuttgart 871. Metzler. n. 2 25

— — Wörterbuch zur griechischen Chrestomathie f. die mittleren Abtheilgn. der Gymnasien. 3. durchgeseh. Aufl. gr. 8. (150 S.) Ebend. 871. n. 1. 50

—— und K. A. Schmid, griechische Chrestomathie für die mittleren Abtheilungen der Gymnasien in 2 Kursen, mit erklärenden Anmerkungen und einem Register über dieselben. 4. neubearb. Aufl. gr. 8. (X, 278 S.) Stuttgart 879, Metzler'sche Buchh. *

Wörterbuch dazu (152 S.) *

Mezger u. Schmid's griechische Chrestomathie f. d. mittleren Abteilungen der Gymnasien in 2 Kursen, m. erklär. Anmerkgn. u. e. Register üb. dieselben, neu bearb. v. R. Graf u. F. L. Kohn. 5. Aufl. gr. 8. (X, 282 S.) Stuttgart 889. Metzler's Verl. n. 2. 50; Wörterbuch dazu, 5. Aufl. (151 S.) n. 1. 40

Mezger, L., u. K. A. Schmid's griechische Chrestomathie. Gekürzte Ausg. Bearb. v. A. Thierer. 6., der gekürzten Ausg. 1. Aufl. (VI, 153 S.) 8. Stuttgart 904. J. B. Metzler. n. 1. 50; Wörterbuch. (128 S.) n. 1. 30

Mezger, K. L. Fr. Die biblische Geschichte in ihren ersten Anfängen. Eine Probe der Behandlung von Genesis Kap. 1–3 für die erste Stufe des Religionsunterrichts im Obergymnasium. 34 S. **Progr.** *Schönthal* 1876.
Vgl. des Verf. Hilfsbuch zum Verständnis der Bibel, für den Religionsunterricht auf der Stufe des Obergymnasiums und für denkende Freunde des göttlichen Wortes. 3 Bdchen. Gotha 1879–80, F. A. Perthes. 5 Mk. 60 Pf.

Mezger, K. L. F., die biblische Geschichte in ihren ersten Anfängen. Eine Probe der Behandlung von Genesis Kap. 1—3 für die erste Stufe des Religionsunterrichts im Obergymnasium. 4. (34 S.) Heilbronn 876. (Tübingen, Fues.) n. 1. 20

—— das Göttliche und das Menschliche an der heil. Schrift, s. Festschrift der Gymnasien und evangelisch-theologischen Seminarien Württembergs zur 4. Säcularfeier der Universität Tübingen.

—— Hilfsbuch zum Verständniß der Bibel, für den Religionsunterricht auf der Stufe des Obergymnasiums und für denkende Freunde des göttlichen Worts. 1. und 2. Bdchn. gr. 8. Gotha 879, F. A. Perthes. [1. Bdchn. (IV, 112 S.) * ℳ 2.; 2. Bdchn. (VIII, 94 S.) * ℳ 1,20.] *

Mezger, K. L. Fr., Hilfsbuch zum Verständniß der Bibel, für den Religionsunterricht auf der Stufe des Obergymnasiums und für denkende Freunde des göttlichen Worts. 3. und 4. (Schluß-)Bdchn. gr. 8. (XI, 163; XV, 158 S.) Gotha 880, F. A. Perthes. à Bdchn. * ℳ 2,40. *
1. und 2. Bdchn. Ebendas. 1879. * ℳ 3,20.

— Hilfsbuch zum Verständniß der Bibel, für den Religionsunterricht auf der Stufe des Obergymnasiums u. für denkende Freunde des göttlichen Wortes. 1—4. Bdchn. gr. 8. Gotha 879—82. F. A. Perthes. n. 8. —
1. (IV, 112 S.) n. 2. —. — 2. (VIII, 94 S.) n. 1. 20. — 3. (XI, 163 S.) n. 2. 40. — 4. (XV, 158 S.) n. 2. 40

—— Leitfaden für den Unterricht in der biblischen Religionsgeschichte und Bibelkunde auf der Stufe des oberen Gymnasiums. gr. 8. (IV, 48 S.) Ebendas. 879. *

—— Leitfaden für den Unterricht in der biblischen Religionsgeschichte und Bibelkunde auf der Stufe des oberen Gymnasiums. 2. (Schluß-)Heft. gr. 8. (IV, 81 S.) Ebendas. 882. *
1. Heft. Ebendas. 1879. * 36 Pf.

Mezger, K. L. Fr., 600 Räthsel f. Kinder von 5 bis 8 Jahren. 8. (144 S.) Heibronn 874. Scheurlen's Verl. geb. 1. 20

—— 600 Rätsel für Kinder von sechs bis zehn Jahren, je nach den Altersstufen geordnet. 2. verb. Aufl. 8. (130 S.; Nachwort nebst Auflösungen 15 S.) Heilbronn 884, Scheurlen's Verlag. cart. *

Mezger, K. L. Fr. *Sechshundert Rätsel* für Kinder ... 2. verb. Aufl. Heilbronn, A. Scheurlen [c. 1890]. 2 Titel, 128 (statt 130 SS.) Kl.-8°. Or.-Pbd. mit Leinenrücken. SS. 15/16 fehlen. 6.—

Mezger, C. L. Fr., deutscher Räthselschatz für Haus u. Schule nach Altersstufen geordnet u. in 6 Bücher gebracht. 2 Hefte. Heilbronn 867. Scheurlen. 16. 21 ngr.
1. Heft. Für das Alter vom 6—10. Jahre. (XII u. S. 1—114.) 6 ngr.
2. Heft. Für das reifere Alter. (S. 115—388.) 15 ngr.

— — Auflösungen zu sämmtl. Räthseln. Ebend. 867. (28 S.) 1½ ngr.; cplt. geb. 27½ ngr.

— deutscher Räthselschatz f. Jung u. Alt, in 6 Büchern nach Altersstufen geordnet. 2. verm. u. verb. Aufl. 3 Hfte. 8. (VIII, 403 S.) Ebend. 874. à 1. — (cplt. geb. 3. 60)

— dasselbe. Auflösungen. 2. verm. u. verb. Aufl. 8. (30 S.) Ebend. 874. — 50

[F.] Deutscher Rätselschatz für jung und alt in sechs Büch. nach Altersstufen geordn. v. † Dr. K. L. Fr. **Mezger**, weil. Ephorus am phil. theol. Sem. zu Schönthal ... [Nebst] Auflösgn. 3. Aufl. *Stuttgart: A. Bonz & C. 1897.* 2 Bde 8.
Rätselschatz. (VIII. 355 S.)
Auflösgn sämtl. Rätsel im dtsch. Rätselschatz nebst e. Verz. der Vf. v. ... Mezger. (27 S.) [97. 3867]

Mezger, C. L. Fr., Liber Ruth, ex hebraico in latinum versus perpetuaque interpretatione illustratus. 4maj. (34 S.) Tubingae 856, (Fues' Sortimentsh.) *

Mezger, C. L. Fr., Uebungen des lateinischen Stils mit Kommentaren und Hinweisungen auf grammatische und stilistische Werke. Für Schüler von 14 — 16 Jahren bearb. gr. 8. (XII und 171 S.) Stuttgart 857, Liesching und Comp. *

— Uebungen des lateinischen Stils, m. Kommentaren u. Hinweisungen auf grammat. u. stilist. Werke, für Schüler oberer Gymnasialklassen bearb. 2., verb. Aufl. 4. (XI, 173 S.) Stuttgart 882. Liesching & Co. n. 1. 50

—— hebräisches Uebungsbuch für Anfänger. Eine Zugabe zu H. Ewald's hebr. Sprachlehre für Anfänger, 2. Ausg. 1855, so wie zu jeder hebr. Grammatik. gr. 8. (XVI und 184 S. mit einer Schreibevorschrift.) Leipzig 856, Hahn'sche Vrlgsh.

Mezger, K. L. F., hebraisches Uebungsbuch für Anfanger. Ein Hilfsbuch zu den hebraischen Sprachlehren von H. Ewald, W. Gesenius u. E. Nägelsbach. 2. umgearb. Ausg. Mit 1 Schreibvorschrift. Leipzig 864. Hahn. gr. 8. (X, 206 S.) 21 ngr

—— hebräisches Uebungsbuch für Anfänger. Ein Hilfsbuch zu den hebräischen Sprachlehren von W. Gesenius und E. Nägelsbach. 3. umgearb. Ausg. Mit einer Schreibvorschrift. gr. 8. (VI, 170 S.) Leipzig 878, Hahn'sche Verlagsh.

Mezger, K. L. F., hebräisches Übungsbuch. Ein Hilfsbuch f. Anfänger u. zum Selbstunterricht, im Anschluss an die Grammatiken v. Gesenius-Kautzsch [23. Ausg.] u. Nägelsbach [3. Ausg.]. 4. Ausg. Mit e. Schreibvorschrift. gr. 8. (V, 184 S.) Leipzig 883. Hahn's Verl. n. 2. 40

Mezger, Ludw., der Traum. Eine Erzähl. f. Kinder. 12. (4½ B.) Stuttgart 837, Beck u. Fränkel.

— M., Beitrag zur Erklärung der Satiren des Horatius. Pr. 1866. 46 S. 4°.

Mezger, M., die römischen Steindenkmäler, Inschriften und Gefässstempel im Maximilians-Museum zu Augsburg. gr. 8. (XI und 83 S. mit 2 lithogr. Beilagen, wovon 1 ill., in gr. 8. und qu. gr. 4.) Augsburg 862, (v. Jenisch und Stage'sche Buchh.) *

M. MEZGER, Die Römischen Steindenkmäler, Inschriften und Gefässstempel im Maximilians-Museum zu Augsburg. Mit 2 lithographischen Beilagen. (Der zu Augsburg vom 24.—27. September 1862 tagenden Versammlung deutscher Philologen und Schulmänner im Namen und Auftrage des historischen Kreisvereines von Schwaben und Neuburg gewidmet.) Augsburg 1862. Druck der Ph. J. Pfeiffer'schen Buchdr. 8°. (Gehört zum Jahresbericht 27 u. 28.)

Mezger, Mart., Bundes-Chöre. 380 geistl. u. weltl. 4stimm. Männergesänge. Im Auftrag des Ausschusses des süddeutschen evangel. Jünglingsbundes gesammelt u. bearb. (XXVIII, 748 S.) kl. 8. Stuttgart 905. (Holland & Josenhans). Geb. in Leinw. n. 2. 20
Auch u. d. T.:
— 380 geistliche u. weltliche Männer-Chöre in vierstimmigem Satze f. Lehrer-Seminare, höh. Lehranstalten, Jünglings- u. Männergesangvereine, christl. Arbeitervereine etc., gesammelt u. bearb. (XXVIII, 748 S.) kl. 8. Ebd. 905. Geb. in Leinw. n. 2. 20

Mezger, Otto, Anleitung zur Durchführung e. wirksamen Milchkontrolle in Stadt- u. Landgemeinden. Ein Leitfaden f. die m. der Durchführg. der Kontrolle sich befass. Beamten. (IV, 126 S. m. 2 Abb.) 8. Stuttgart 910. F. Enke. 2.—; geb. in Leinw. n 2. 40

Mezger, Otto, aus Naislach, O.A. Calw: Beiträge zur Kenntnis des Hämatins. Über d. Reduction d. Hämatinsäuren u. einen Versuch zur Synthese d. partiellen Anhydrids d. dreibasischen Hämatinsäure. *Würzburg 1902: C. J. Becker.* (48 S.) 8°
Tübingen, Naturw. Diss. v. 1902

Mezger, P[aul]. Eigenart und innere Lebensbedingungen einer Protestantischen Volkskirche. Rede, gehalten am Jahresfeste der Universität Basel den 13. November 1908. 31 S. 8. Basel. Helbing & Lichtenhahn, 1909. [fr. —. 75]

Mezger, Paul, christlicher Gottesglaube u. christl. Offenbarungsglaube. Antrittsvorlesg., geh. in d. Aula d. Universität zu Basel am 3. Novbr. 1896. gr. 8. (36 S.) Basel 896. R. Reich n. 1. —

Mezger, Paulus, Sacra historia de gentis Hebraicae ortu, progressu, bene et male gestis variaque fortuna sub patriarchis, ducibus, iudicibus, regibus ab Abrahamo et c. XI. Genesis usque ad ultimum regem et captivitatem Babylonicam, in sensu tam litterali quam spirituali exposita et annotationibus moralibus exculta. Augsburg u. Dillingen, 1700, Folio. (Augsburg, 1715.)

Mezger, Paul. Das Kreuz Christi und das moderne Denken. Ein erweiterter Vortrag (auf der 11. christlichen Studentenkonferenz in Aarau am 15. März 1907 gehalten). 116 S. 8. Basel, Helbing & Lichtenhahn, 1907. [fr. 2.50]

Mezger, Paul. Lebensrätsel und Gottesglaube. Vortrag, gehalten ... zu Stuttgart von D. P' M', Professor ... in Basel. 45 S. 8. Stuttgart, Buchh. der Evang. Gesellschaft, 1907. [M. —. 30]

— Lebensrätsel u. Gottesglaube. Vortrag, geh. im Saale des Bürgermuseums zu Stuttgart. (45 S.) 8. Stuttgart 908. Buchh. der ev. Gesellschaft. — 30

Mezger, Paul. Rätsel des christlichen Vorsehungsglaubens. Eine dogmatisch-apologetische Studie. VI + 95 S. 8. Basel, Helbing & Lichtenhahn, 1904. [fr. 2. —]

Mezger, Paul, Richard Rothe. Ein theolog. Charakterbild. 8. (77 S.) Berlin 899. Reuther & Reichard. n. 1. 20

Mezger, Paul, wer ist Jesus von Nazareth? Ein Wort an Suchende. 2. Aufl. 8. (31 S.) Calw 888, Vereinsbuchhandlung. *

Mezger, Robert: Beiträge zur Chemie des Phenanthrens und Fluorens. 1907. VI, 56 S., 4 Tab. 8° ¶ Vgl. Berichte d. Deutschen Chem. Gesellschaft. Jg. 40.
Stuttgart, Dr.-Ing.-Diss. v. 17. 7. 1907

Mezke, C. C., Erzählungen für Hütekinder. 12. Züllichau, Darnmann. 817. Rthlr.

Friedrich Hebbels Genoveva. Eine Monographie von Dr. phil. Richard Mezlény. Berlin-Zehlendorf: Behr 1910. 174 S. 8°
(Hebbel-Forschungen. Nr 4.) [10. 5441]

Mezler, s. Metzler.

Mezler, Franz Josef von, s. M e z l e r von Andelberg, Franz Josef.

Mezler, Franz Xaver

Mezler, Frz. Xav., († d. 8. Dec. 1812.) Bedenklichkeit üb. d. jetzige Lage d. Heilkunst. 8. Augsb. 785. Rieger. 3 gr.

Mezler, F(ranz) X(aver): Bemerkungen über die Viehpest. 184 S., gbd.

Ulm: Stettin 1798

— Progr. Ueber die Beschäftigung u. d. Zweck d. vaterländ. Gesellschaft d. Naturforscher u. Aerzte Schwabens. Naturhistor. Abtheilung. 8. Freiburg 802. Herder. 6 gr. — Dass. Medicin. Abthlg. 8. Ebd. 6 gr.

Beschreibung der Braun'schen Maschine zur zweckmäsigsten Lage einfacher und complicirter Beinbrüche an den untern Gliedmasen. Von [Franz Xaver] Mezler. Ulm: Wohler 1800. 43 S. 8°

— Diätetik f. bürgerl. Mädchenschulen rc. 8. Karlsr. 810. Müller. 8 gr.

— über den Einfluß d. Heilkunst auf d. prakt. Theologie. Ein Beitrag zur Pastoralmedicin. 2 Bde. gr. 8. Ulm 791. 2e A. 805. Wohler. 1 ℛ 16 gℊ

Mezler, Franz Xaver: Ueber den Einfluß der Heilkunst auf die praktische Theologie. Ein Beytrag zur Pastoralmedizin. 2.verm.Aufl. Bd 1 - 2, 568 S., gbd.

Ulm: Wohler 1806

Mezler, Frz. Xav., Einrichtung u. Gesetze d. vaterländ. Gesch. der Aerzte u. Naturforscher Schwabens. 8. Freiburg, Herder. 814. Rtblr.

Mezler, Franz Xaver, s. Entwurf eines medicinischen Studiums.

Mezler, Franz Xav(er): Von der schwarzgallichten Konstitution. Aus dem Lateinischen. 198 S., gbd.

Ulm: Wohler 1788

— neueste Nachrichten v. Imnau, mit d. physisch-chemischen Untersuchung d. dortigen Fürstenquelle. 8. Freiburg, Herder. 811.

— vorläufige Nachrr. über d. Kurort zu Imnau. Mit 1 Kpf. 8. Ulm 795. Wohler. 10 gℊ (Herder in Freiburg). 8 gℊ

Mezler, Frz. Xav., vorläufige Nachrichten über den Curort zu Imnau. 8. Freiburg, Herder. 810.

Mezler, Frz. Xav., Naturgeschichte, angewendet f. d. bürgerl. Mädchenschulen zu Habsthal. 8. Freiburg 809. 2e Aufl. 822. Herder. 12 gℊ

— Naturgeschichte, angewendet f. die bürgerl. Mädchenschule zu Habsthal. 8. Freiburg, Herder. 810.

Mezler, Franz Xaver: Preisfrage, welche Methode ist die beste, veraltete Geschwüre an den untern Gliedmassen zu heilen? Mit einem Anhange practischer Beobachtungen. 157 S., gbd.

Wien: Graeffer 1792

— Preisfrage: Welche Methode ist die beste, veraltete Geschwüre an den untern Gliedmaßen zu heilen. gr. 4. Wien 793. Blumauer. 1 ℛ

— allgem. Technologie, od. Verarbeit., Zubereitung u. Benutzung der Naturprodukte f. bürgerl. Mädchenschulen ꝛc. 8. Karlsr. 810. Müller. 8 gℊ

— allgemeine Technologie ꝛc.; ist jetzt Verlag von Hermann in Frankf. am M.

— Unterricht über d. physischen Pflichten d. Eheleute. 8. Freiburg 812. Herder. 8 gℊ

— Unterr. über d. häusl. Tugend, Pflichten ꝛc. d. weibl. Geschlechts, f. bürgerl. Mädchenschulen ꝛc. 8. Karlsr. 810. Müller. 8 gℊ

Mezler, Unterricht üb. die häusl. Tugend ꝛc.; ist jetzt Verlag v. Hermann in Frankf. am M.

Mezler, Franz Xaver: Versuch einer Geschichte des Aderlasses. 295 S., gbd.

Ulm: Wohler 1793

— Versuch e. Leitfadens zur Abfassung zweckmäß. medicin. Topographien. 8. Wien 814. Gräffer u. Schm. 8 gℊ, 2e unveränd. Aufl. Mit 3 Kpft. 8. Freiburg 823. Herder. 1 ℛ

— Versuch eines Leitfadens z. Abfassung medizin. Topographien. 8. Freiburg, Mezler. 815.

Versuch eines Leitfadens zur Abfassung zweckmäßiger medizinischer Topographien. Von Franz Xaver Mezler. 2.,unveränd. Aufl. Freyburg: Herder 1822. XX,189 S. 8°

— Versuch e. angewandten Naturlehre, zunächst f. Privatschulen bürgerl. Mädchen zu Habsthal. 8. Freiburg, Herder. 6 gℊ

— Versuch e. medicin. Topographie d. Stadt Sigmaringen. Mit lith. Tabb. u. Situationsplan. 8. Frburg 818. Herder. 3 ℛ

Mezler, (Franz Xaver): Ueber die Vorteile des Fiebers in langwierigen Krankheiten. Eine Preißschrift. Aus dem Lateinischen. 218 S., gbd.

Ulm: Wohler 1790

Franz Xaver Mezler, von der Wassersucht. Eine gekrönte Preisschr., aus dem Lat. Nebst e. Anh. über die Ansteckung (Über die ansteckenden Krankheiten). Ulm: Wohler 1787. 174 S. 8°

— unfehlbares Wehrmitttel wider die Wuth u. Wasserscheu, welche auf Bisse wüthender Thiere erfolgen. 8. Freiburg 781. Fr. Wagner. 4 gℊ

— Unfehlbares Wehrmittel gegen die Wuth u. Wasserscheu, welche auf Bisse wüthender Thiere folgen. 80 S. Lpz. 8°. 1781

Mezler, F(ranz) X(aver) (Hrsg.):

s.: Zeitung, Medizinisch-chirurgische. Jg. 1790–1854. Erg.bde 1-42, 1841, 1846. Univ.Rep. 1790–1820. Salzburg, Innsbruck, Leipzig, München: 1790–1854.

Mezler, I. Bened., artificium excerpendi, die Kunst zu excerpiren. 4 Ausfert. 4. Lpz. 709.

Mezler, Johann Georg

Mezler, J. G., Elementarbuch zur Uebung im mündlichen u. schriftlichen Gedankenausdruck in Volksschulen. Nebst Anh. über das Nöthigste aus der Sprach- u. Rechtschreiblehre. Freiburg im Br. 868. Herder. 8. (IV, 412 S.) 24 ngr.

Mezler, Joh. Geo., planmäßig geordnete Musterbeispiele nebst Anleitung zur Uebung im mündlichen und schriftlichen Gedankenausdruck für alle drei Klassen einer Volksschule. Freiburg im Br. 857. Herder. 12. (XXI, 524 S.) 1 ℛ 3 ngr.

Mezler, Joh. Geo., planmäßig geordnete Musterbeispiele nebst Anleitung zur Uebung im mündlichen u. schriftlichen Gedankenausdruck für alle drei Klassen einer Volksschule. 2. Aufl. 859. — 3. Aufl. 861. — 4. Aufl. Freiburg im Br. 864. Herder. 8. (XVIII, 532 S.) 1 ℛ 3 ngr.

Mezler, Joh. Geo., planmäßig geordnete Musterbeispiele nebst Anleitung zur Uebung im mündl. und schriftl. Gedankenausdruck für alle drei Klassen einer Volksschule. 4. Aufl. 1864. und 5., unveränd. Aufl. 12. (XVIII und 532 S.) Freiburg im Br. 867, Herder'sche Verlagsh.

— planmäßig geordnete Musterbeispiele nebst Anleitung zur Uebung im mündl. und schriftl. Gedankenausdruck für alle drei Klassen einer Volksschule. 6. verb. Aufl. 1871, und 7. unveränd. Aufl. gr. 8. (XV, 461 S.) Ebendas. 873.

Mezler, Joh. Geo., planmäßig geordnete Musterbeispiele nebst Anleitung zur Uebung im mündlichen u. schriftlichen Gedankenausdruck für alle drei Klassen einer Volksschule. 8. Aufl. gr. 8. (XVI, 434 S.) Freiburg i/Br. 876. Herder. 3. 60

Mezler, Joh. Geo., planmäßig geordnete Musterbeispiele nebst Anleitung zur Uebung im mündlichen und schriftlichen Gedankenausdruck für alle drei Klassen einer Volksschule. 8. Aufl. gr. 8. (XVI, 434 S.) Freiburg i. Br. 877, Herder'sche Verlagsh.

Mezler, Joh. Geo., planmäßig geordnete Musterbeispiele nebst Anleitung zur Uebung im mündlichen u. schriftlichen Gedankenausdruck für alle drei Klassen einer Volksschule. 9., umgearb. u. verm. Aufl. gr. 8. (XVI, 458 S.) Freiburg i/Br. 882. Herder. n. 3. —

Mezler, Joh. Geo., planmäßig geordnete Musterbeispiele, nebst Anleitung zur Übung im mündl. und schriftl. Gedankenausdruck für alle drei Klassen einer Volksschule. 10. verb. Aufl. gr. 8. (XVI, 449 S.) Freiburg i. Br. 886, Herder'sche Verlagsh. *ℳ 3.—.; geb. **

Mezler, J. G., planmäßig geordnete Musterbeispiele, 11. Aufl., s.: Schneiderhan, Joh.

Mezler von Andelberg, Fr(anz) Jos(eph): Die Leistungen des kaiserl.königl.Artilleriespitales zu Prag, nebst vorausgeschickten Betrachtungen über die Gesundheitspflege der Soldaten überhaupt und der Artilleristen insbesondere. 363 S., gbd., Abb.

Prag: typ.Haase 1839

—, Frz. Xav. Mezler, der Heilkunst Doctor, Hochfürstl. Hohenzollern-Sigmaring'scher geh. Rath u. Leibarzt, d. Curortes zu Imnau u. d. Grafschaft Sigmaringen u. Vöhringen aufgestellter Arzt, etc. etc., nach sein. Leben u. Wirken geschildert. Nebst einigen Notizen üb. d. Mezler'sche Familie. gr. 8. (17 B. u. F. X. Mezler's Portr.) Prag 835, Haase Söhne.

Mezler v Andelberg, F J. Nekrolog des Dr Joseph Edlen von Sax, k. k Rathes und Stabsfeldarztes 8. Prag 1852

Mezler v. Andelberg, Fr. Jos., der ärztliche Rathgeber f. den Soldaten. Eine leicht faßl. Belehrung. M. besond. Rücksicht auf die Einrichtung u. Verhältnisse d. k. k. österreich. Armee. 8. (37¾ B.) Prag 846. (Scheib.) *

Mezler von Andelberg, Fr(anz) Joseph: Der ärztliche Ratgeber für den Soldaten. Eine leichtfaßliche Belehrung, wie sich der Krieger selbst kennen lernen soll, seine Gesundheit erhalten kann und sich bei Krankheiten und Unfällen zu benehmen hat, mit besonderer Rücksicht auf die Einrichtung und Verhältnisse der k.k.österreichischen Armee. 592 S., gbd.

Prag: Scheid 1846

Mezler von Andelberg, Dr F. J. Der ärztliche Ratgeber für den Soldaten.
Prag 1846. 603 S.

Mezler von (Andelberg), Franz Joseph (Hrsg.):

s.a. Sammlung auserlesener Abhandlungen über Kinder-Krankheiten. Bd 1 - 2, 4 - 9.
Prag: 1831 - 1841

v. Mezler, Frz. Jos., Samml. auserles. Abhandll. über Kinder-Krankheiten. Aus d. besten medicin.-chirurg. Zeitschriften u. a. Werken der neuern Zeit zusammengestellt. 18 Bdchn. gr. 8. Prag 831. (Calve). 12 Rthlr.

v. Mezler, von Andelberg, Fr. Jos., Sammlung auserlesener Abhandlungen über Kinder-Krankheiten. Aus den besten medicinisch-chirurg. Zeitschriften u. a. Werken der neuern Zeit zusammengestellt. 18 Bdchen. 2e verbess. Aufl. gr. 8. Prag 834. Haase Söhne. ⅔ Rthlr. — Schreibp. ⅚ Rthlr. — 2s Bdchen. gr. 8. Ebd. 833. ⅔ Rthlr. Velinp. ⅚ Rthlr. — 3s Bdchn. gr. 8. Ebd. 834. ⅔ Rthlr. Velinp. ⅚ Rthlr. — 2e A. 836.
— 4s – 9s u. letztes Bdchen. gr. 8. Ebd. 836—40.

— Sammlung auserles. Abhandln. üb. Kinder-Krankheiten. A. d. besten medicin.-chirurg. Zeitschriften u. a. Werken d. neuern Zeit zusammengestellt. 3. Bdchn. 2. Aufl. u. 5—9. (letzt.) Bdchn. Nebst d. Register z. ganzen Werke. gr. 8. Prag, Haase Söhne. [3. (10 B.), 5. (9 B.) 836., 6. (9½ B.) 837., 7. (9 B.), 8. (9 B.) 838., 9. (9¼ B.) 841.] à ⅔ Thlr., Schrbp. à ⅚ Thlr. 4 Thlr., Schrbp. 1., 2. u. 4. Bdchn. Ebendas. 1831—35. à 16 Gr., Schrbp. 20 Gr.

Mezler von Andelberg, Jh. Bapt., über den Einfluß der pathologischen Anatomie auf die practische Medicin. gr. 8. Prag 841, Haase Söhne. n. ½ Rthlr.

(Mezner, C. C.,) über deutsche Leinwand-Fabrikation u. Handel. gr. 8. (1 B.) Berlin 836, (Trautwein u. Comp.) **

Mezner, Kaufmann, C. C., s. Leinwand-Fabrikation, über deutsche.

Meznik, Ant., das österreichische Wechselrecht für den Geschäftsmann zum Gebrauche an Handels- u. Gewerbe-Schulen u. zum Selbstunterricht. Prag 861. Calve. Lex.-8. (XII, 226 S.) n. 1 Rthlr. 10 ngr.

Meznik Karl: Gotische Nominalkomposita.
H. 1908 PN 2410 Diss. Wien. Univ.

Mezölaborcz, s.: Oesterreich-Ungarn. Spezialkarte.

Mezunius, L., vom Hammer zum Schwert. Roman. 1. Lfg. Neumünster, Gebr. v. Schenk. 1877.

Mezzago, Giannambr. Bisti da, la Superbia nationale sposta nella sua nudita a filosofi italiani. 8. Vienna, Kaulfuss. 791.

Mezzofanti, Giuseppe, s. Bellesheim, A.

Mezzofanti, Josef Cardinal, Lebensskizze, s. Mitterrutzner, J. Ch.

Mgaloblischwili, M., aus Kutais-Georgien (Kaukasus): Ueber die an Perityphlitis sich anschliessenden intra- und perihepatischen Affektionen. Basel 1910. 36 S. 8°.
Basel. Med. Diss. 1909/10.

Mgaloblischwili, M. Ueber die an Perityphlitis sich anschliessenden intra- u. perihepatischen Affektionen. Diss. Med. Basel. II + 36 S. 8. Basel, Brin & Cie., 1910.

Mgebroff, Johs., Geschichte der ersten deutschen evangelisch-luther. Synode in Texas. Im Auftrage der Synode zu ihrem 50jähr. Jubiläum verf. (IV, 360 S. m. Abbildgn.) gr. 8. Austin, Texas 902. (Chicago, Ill., Wartburg Publishing House). Geb. in Leinw. n. 5. 50

Mgebroff, Johannes. Gesch d ersten dten ev Synode in Tex ... 50 jhr Jubiläum. Waverley, Ia. 1902.

Mhan-su-faer, s. Notwendigkeit, die, und die Möglichkeit einer kräftigeren Zusammenwirkung der Völker auf dem Gebiete der Kinder-Erziehung.

Mechithar's des Meisterarztes aus Her [Mḫithar bžškapet Heraçi] 'Trost bei Fiebern' [Džermanç mḫitharouthiun]. Nach d. Venediger Drucke v. J. 1832 z. ersten Male aus d. Mittelarmen. übers. u. erl. von Dr. med. Ernst Seidel, (Oberspaar bei Meißen). Leipzig: J. A. Barth 1908. (V, 308 S.) 4° [illegible]

Mhosché, F. A., die sichere u. gründliche Heilung v. Frauenzimmer-Krankheiten: 1. Krämpfe, 2. Krankhafte Zustände der Regel, 3. Weißfluß, 4. Unfruchtbarkeit, 5. Hitzige Lungensucht, durch ein einfaches Heilverfahren, welches sich seit einer Reihe von 40 Jahren, selbst in den schlimmsten Fällen stets bewährt hat, der leidenden Menschheit mitgetheilt. 12. (12 S.) Hamburg 851, Gaßmann in Comm. n. 4 ngr

Mialhe, die Receptirkunst od. die Kenntniss der Pharmacologie in ihrer Anwendung auf die Medicin f. Studirende u. practische Aerzte. Ins Deutsche übertr. v. R. Biefel. 8. (VIII u. 268 S.) Breslau 852, Trewendt & Granier. 1 ꝶ

Miami County Volkszeitung: 1869 - Paola, KS

Miami Post: 1878?—1920?

Democratic weekly. Circulation: 1900, 965; 1910, 750; 1915, 750. Edited & published by August Bartel, 1895—1920.

Piqua, OH

MIASKOWSKI, August v.: Die Agrar-, Alpen- und Forstverfassung der deutschen Schweiz in ihrer geschichtlichen Entwickelung. Programm. - Basel 1878. 130, IX S.

Miaskowski, Aug. von (Dr. u. Prof. in Basel). Die schweiz. Allmend in ihrer geschichtl. Entwickelung vom XIII. Jahrh. bis zur Gegenwart. In-8°, XVIII u. 245 S. Leipzig, Duncker & Humblot. 1879. **8 —**

Miaskowski, A. v., die schweizerische Allmend in ihrer geschichtlichen Entwickelung vom XIII. Jahrhundert bis zur Gegenwart, s.a. Forschungen, staats- und socialwissenschaftliche. II, 4

Miaskowski, Aug. v., die Anfänge der Nationalökonomie. Vortrag, geh. beim Antritt d. akadem. Lehramtes an der Universität Leipzig am 23. Oktbr. 1891. gr. 8. (32 S.) Leipzig 891. Duncker & Humblot. n. 1. —

Miaskowski, Aug. v., s.: Beiträge, staats- u. socialwissenschaftl.

Miaskowski A. v.: Ueber die landwirthschaftlichen Enqueten d. Neuzeit u. ihre Resultate, m. spec. Rücks. auf England, Frankreich, Baden u. Preussen. Leipz. 1885. (92) S. (Særtr.).

Miaskowski, Aug. von, Das Erbrecht und die Grundeigenthumsvertheilung im Deutschen Reiche. Ein socialwirthschaftlicher Beitrag zur Kritik und Reform des deutschen Erbrechts. Abth. 1. 2. Leipzig 1882—84. 8.
A. u. d. T.: Schr. d. Ver. f. Soc.-Pol. 20. u. 25. . . . . (LHK.; D.; HC.)

Miaskowski, A. v., das Erbrecht u. die Grundeigenthumsvertheilung im Deutschen Reiche, s.a. Schriften d. Vereins f. Socialpolitik.

Miaskowski, d. Gebundenheit des Grund und Bodens durch Familienfideikommisse. Jena 873.

— die Gesellschaft zur Beförderung des Guten u. Gemeinnützigen in Basel während der ersten 100 Jahre ihres Bestehens. Festschrift zur Säkularfeier, im Auftrage des Vorstandes verfasst. gr. 4. (XI, 132 S. m. 1 lith. Tab. in gr. Fol. u. phototyp. Portr. v. Is. Iselin.) Basel 877. (Schwabe.) n. 4. —

Miaskowski, Aug. v., Isaak Iselin. Ein Beitrag zur Geschichte der volkswirthschaftl., socialen u. polit. Bestrebgn. der Schweiz im 18. Jahrh. gr. 8. (V, 120 S.) Basel 875. Georg. n. 2. —

Miaskowski, August von. Isaak Iselin (1728–1782). Ein Beitrag zur Geschichte der volkswirthschaftlichen, socialen und politischen Bestrebungen der Schweiz im XVIII. Jahrhundert. 8. Basel 1875 (**Umschlag*: 1876).

Miaskowski, Dr. Aug. v.,
— Das Kranken- und Begräbnissversicherungswesen der Stadt Basel. Darstellung des gegenwärtigen Zustandes u. Vorschläge zu einer Reform desselben. gr. 8°. Basel 1880. 131 S.

Miaskowski, Aug. v. Das Problem der Grundbesitzverteilung in geschichtlicher Entwicklung. Vorlesung, geh. beim Antritt d. Lehramts an der Wiener Universität am 15. Oktbr. 1889. gr. 8. (V, 40 S.) Lpz. 890, Duncker u. Humblot. * 1 —

— die Verfassung der Land-, Alpen- u. Forstwirthschaft der deutschen Schweiz in ihrer geschichtlichen Entwickelung vom XIII. Jahrh. bis zur Gegenwart. gr. 8. (V, 131 S.) Basel 878. Georg. n. 2. 40

Miaskowski, Dr. Aug. v.,
— Agrarpolitische Zeit- und Streitfragen. Vorträge, Referate, Gutachten. gr. 8°. Leipzig, Duncker u. Humblot, 1889. IX, 329 S.

Miaskowski, Kasimir v., Lic. theol., Domvikar zu Posen: **Die Korrespondenz des Erasmus von Rotterdam mit Polen.** (T. 1.) *Posen 1901: M. Biedermann.* (V, 48 S.) 8° ¶ (Bildet die Einl. zu den im Jahrb. f. Philos. u. spekul. Theologie, Bd 15 abgedruckten u. auch 1901 als Erasmiana II erschienenen Briefen d. Erasmus.)
Breslau, Kath.-theol. Diss. v. [3. Aug.] 1901

Miaskowski, Casimirus de, Presbyter Archidioec. Gnesnensis: **De Stanislai Hosii Cardinalis Vita Et Scriptis.** P. 1 (Usque Ad A. 1534). *Vratislaviae 1899: R. Nischkowsky.* (2 Bl.) 8° ¶ [Nur Titelblatt, Vita u. Thesen.] — (Die Arbeit soll in deutscher Sprache erscheinen.)
Breslau, Kath.-theol. Diss. v. 25. Apr. 1899

Miat, ..., Betracht. über die Kanzelberedsamkeit; nebst e. warnenden Bemerkk. einiger Kanzelsünden. 8. Quedlinb. 782. Ernst. 6 gl.

Miau! Ein Bilderbuch v. Tante Marie. 16. (11 S. m. farb. Abb.) Fürth 895. (Leipzig, W. Opetz.) — 15

Miau-Kalender 1867. Hrsg. von S. Neuburger jun. München 867. Expedition der Rundschau. gr. 8. (43 S.) 5 ngr

Miaulis, Anton: Die Insel Hydra. Übers. von v. Peucker. Breslau 1870. 27 S. 8°

Μιαούλη, Ἀντών, Ὑπόμνημα περὶ τῆς νήσου Ὕδρας. Ἀπὸ τὸν καιρὸν καθ᾽ ὃν ἐκατοικήθη ἕως περὶ τὰ 1821. 4 maj. (3 B.) (*Ναυπλία*) *Μοναχῳ* 834, *Ιακέτωι.*

Mibes, P. Fr., himmlisches Jerusalem, oder vollst. Gebetbuch. 8. Lpz. 734.

Mibes, P. Fr., himmisches Jerusalem, od. vollständ. Gebetbuch. gr. 8. Sulzb. ... (N. A.) 827. v. Seidel. 9 gr. grob. Druck. 18 gr.

— dreyfaches Ordensband, od. Nachr. v. d. Wichtigk. d. heil. Ordensgelübde. 4. Lpz. 710.

Mic und Nick. Eine Erzählung ... Stuttgart 1842. V: *Barth, Chn Glob.* (Ky)

Mic u. Nick. Eine Erzählung f. Christenkinder, v. Verfasser des „armen Heinrich." (Chr. G. Barth.) 12. (5½ B.) Stuttgart 842, J. F. Steinkopf.

Mic und Nick, eine Erzählung für Christenkinder vom Verf. des „armen Heinrich." (Von C. G. Barth.) 2. Aufl. Stuttgart 855. J. F. Steinkopf. 16. (120 S.) 5 ngr.

Mica panis quotidiani Ecclesiastici. II Pts. 8. Augsb. Doll 762.

Mica panis quotidiani ecclesiastici. II Pts. 8. Kempt. 763. Kösel. 10 gr.

Mica, Das Schweizermädchen. Hanau 1812. V: *Cuno, Heinrich.* (MGT)

Mica, das Schweizermädchen. Als Fortsetzung des Adolph Graf v. Dornheim. 8. Leipz. Joachim. 812.

Micelli, Dominikus, Rechtspraktikant a. München: Der Begriff des Gewahrsams im Strafrechte. Breslau: Schletter 1906. (84 S.) 8° ¶[= Strafrechtl. Abhandlungen H. 72.]
Würzburg, Jur. Fak., Ref. Oetker, Diss. v. 12. Sept. 1906
[Geb. 29. Mai 79 München; Wohnort: München; Staatsangeh.: Bayern; Vorbildung: Gymn. Neuburg a. D. Reife O. 98; Studium: München 4, Würzburg 4 S.; Rig. 16. Mai 06.]

Der Begriff des Gewahrsams im Strafrechte. Von Dominikus **Micelli**, Dr. Breslau: Schletter 1906. (X, 84 S.) 8°
= **Abhandlungen**, Strafrechtliche. H. 72. 106. 11252 6

Mich erbarmt dies Volk. [Chur] 1903. V: *Dosch, Paul.* (BBullschw 13, S. 349)

Mich, Josef

Mich, J., Anleitung zum Gebrauche d. Lesebuches in der Volksschule, s.: Zeynek, G Ritter v.

Mich, Jos., Grundriß der allgemeinen Erziehungs- und Unterrichtslehre. 1. Aufl. 1872, und 2. Aufl. br. 8. (VI, 128 S.) Wien 875, Buchholz und Diebel. *

— Grundriß der allgemeinen Erziehungs- und Unterrichtslehre. 3. Aufl. 8. (VIII, 128 S.) Wien 877, Buchholz und Diebel. *

— allgemeine Erziehungslehre. 4., verb. Aufl. gr. 8. (VI, 98 S.) Troppau 882. Buchholz & Diebel. n. 1. 40

Mich. Dr. Jos., Allgemeine Erziehungslehre. V. Aufl. 8. (VI und 98 S.) Troppau Buchholz & Diebel. 80 kr. 1885.

Mich, Jos., allgemeine Erziehungslehre. 6. Aufl. gr. 8. (VI, 98 S.) Troppau 886, Buchholz und Diebel. *

— allgemeine Erziehungslehre. 7. Aufl. [Unveränd. Abdr. der m. hohem Ministerial-Erlaß vom 17. Septbr. 1886, Zahl 15482 als Lehrtext an Lehrer- u. Lehrerinnen-Bildungsanstalten f. zulässig erklärten 6. Aufl.] gr. 8. (VI, 98 S.) Troppau 889. Buchholz & Diebel. n. 1. 60

Mich, Jos., allgemeine Erziehungslehre. 8 Aufl. Unveränderter Abdr. der 7. Aufl. gr. 8. (VI, 98 S.) Troppau 892. Buchholz & Diebel. n. 1. 40

— allgem. Erziehungslehre. 9. Aufl. Im wesentl. unveränd. Abdr. d. 8. Aufl. gr. 8. (IV, 98 S.) Troppau 895. Buchholz & Diebel. n. 1. 40

(F) Allgemeine Erziehungslehre. Von Dr. Josef Mich. 10. Auflage. Bearbeitet von Alois Meixner. Troppau. 1900. Buchholz & Diebel. Gr.-8°. IV, 103 S. K 1.60

Mich, Jos., allgemeine Erziehungslehre. 11. Aufl. Inhaltlich unveränd., nach der neuen Rechtschreibg. hergestellter Abdr. der 10. Aufl. Bearb. v. Alois Meixner. (IV, 103 S.) gr. 8. Troppau 903. Buchholz & Diebel. n. 1. 40

Mich, Jos., allgemeine Erziehungslehre. 12. Aufl. Inhaltlich unveränd. Abdr. d. 11. Aufl. Bearb. v. Alois Meixner. (IV, 115 S.) gr. 8. Troppau 908. Buchholz & Diebel. 1. 40

— Grundriß der Logik. 1. Aufl. 1871, und 2. Aufl. gr. 8. (VI, 71 S. mit eingedr. Holzschn.) Ebendas. 872. *

— Grundriß der Logik. Gemeinfaßlich dargestellt. 3., umgearb. Aufl. 8. (VI, 80 S.) Ebend. 877. n. 1. 40

Mich, Jos., Grundriß der Seelenlehre. Gemeinfaßlich dargestellt. Troppau 870. Buchholz & Diebel. 8. (VII, 97 S.) n. 14 ngr.

— Grundriß der Seelenlehre. Gemeinfaßlich dargestellt. 1.—3. Aufl. gr. 8. (VII, 96 S.) Ebendas. 871—75. *

— Grundriß der Seelenlehre. Gemeinfaßlich dargestellt. 4. Aufl. gr. 8. (VII, 90 S.) [Troppau 877.] Wien, Buchholz und Diebel. *

— Grundriß der Seelenlehre. Gemeinfaßl. dargestellt. 5. Aufl. gr. 8. (VII, 96 S.) Ebend. 885. n. 1. 40

— Grundriß d. Seelenlehre. Gemeinfaßl. dargestellt. 6. Aufl. gr. 8. (VII, 96 S.) Ebd. 894. n. 1. 40

Mich, Josef: Lesebuch f. österr. allgem. Volksschulen, s. Zeynek, G. Ritter von.

— allgemeine Unterrichtslehre mit besonderer Rücksicht auf den Volksschulunterricht. gr. 8. (VI, 78 S.) Ebend. 882. n. 1. —

— allgemeine Unterrichtslehre m. besond. Rücksicht auf den Volksschulunterricht. 2. Aufl. gr. 8. (VI, 78 S.) Ebend. 885. n. 1. —

— allgemeine Unterrichtslehre m. besond. Rücksicht auf den Volksschulunterricht. 3. Aufl. gr. 8. (IV, 80 S.) Ebd. 888. n. 1. —

— allgemeine Unterrichtslehre m. besond. Rücksicht auf den Volksschulunterricht. 4. Aufl. Unveränderter Abdr. der 3. Aufl. gr. 8. (IV, 80 S.) Ebd. 892. n. 1. —

Mich, Dr. Josef, Allgemeine Unterrichtslehre mit besonderer Rücksicht auf den Volksschulunterricht. 5. Aufl., bearbeitet von Alois Meixner. Troppau 1897. Verlag von Buchholz und Diebel. (Min.-Erl. v. 19. Mai 1897, Z. 11290.) —.60

— allgemeine Unterrichtslehre m. besond. Rücksicht auf den Volksschulunterricht. 6. Aufl. Bearb. v. Alois Meixner. Inhaltlich unveränd., nach der neuen Rechtschreibg. hergestellter Abdr. der 5. Aufl. (IV, 81 S.) gr. 8. Ebd. 903. n. 1. —

— Allgemeine Unterrichtslehre m. besond. Rücksicht auf den Volksschulunterricht. 7. Aufl. Bearb. v. Alois Meixner. Inhaltlich unveränd. Abdr. der 6. Aufl. (IV, 85 S.) gr. 8. Ebd. 909. 1. —

Mich, Maria, Kindergrüße. Gelegenheitsgedichte f. junge u. alte Kinder zu geistl. u. weltl. Festen. 8. (VI, 360 S.) Augsburg 890. Literar. Institut v. Dr. M. Huttler. n. 2. 40

Micha, (d. Prophet,) neu übersetzt u. erläut., u. mit 5 Excursen begl., v. A. Th. Hartmann. gr. 8. Lemgo 800. Meyer. 20 gr.

— ders. übersetzt u. erläut. von K. W. Justi. 8. Leipz. 799 u. 820. Barth. 12 gr.

— des Propheten Orakel; übers. v. A. H. Grosschopff. 8. Jena 798. Gabler. (Knobloch in Leipz.) 8 gr.

Michaal, C. L., Gedanken üb. die Cholera u. üb. die Wirkung u. den Nutzen des innern Gebrauchs des kalten Wassers in derselben. gr. 8. (8 B.) Celle 812. (Schulze'sche Buchh.) *

Michael [Sachliches OW]

Michael der Bergmann. Eine ungar. Geschichte. Nach dem Engl. 16. (96 S.) Cleveland 871. (Philadelphia, Schäfer & Koradi) geb. n. 1. —

Michael, der Bergmann. Eine ungarische Geschichte. Nach dem Engl. 16. (96 S.) Cleveland, O. 879. (Philadelphia, Schäfer & Koradi.) geb. n. 1. —

Michael und der Drache oder der Kampf eines Laien mit einem gelehrten Ungenannten. Hamb. u. Altona 1804. V: V: *Erbshäuser, Gg Hnr.* (schr)

Michael, der gefühllose Filz, Schauspiel in 5 Aufz. von J. E. Lindlau. s. Filz.

MICHAEL der Klosterbruder, oder die Laune des Schicksals. Quedlinburg, Basse, 1812. 8°.
Citirt Kayser. — Zinke's Dresdner Nov.-Auct.-Cat. 1905 hat „Wege des Schicksals" mit d. Notiz: „Eine Geschichte à la Joseph und Potiphar".

Michael the miner, s. Library, english, for the young.

Michael the miner. A tale for young girls. Adapted for the use of schools by Meta v. Metzsch. 2. verb. Aufl. 8. (54 S.) [Leipzig 886, Baumgärtner's Buchh.] Dresden, Kühtmann. cart.

Michael Servet, s.: Servet, Michael.

Michael [Verfasser: Persönl. Name]

Michael Akominatos

Μιχαὴλ, 'Ακομινάτου τοῦ Χωνιάτου τὰ σωζόμενα. Τὰ πλεῖστα ἐκδιδόμενα νῦν τὸ πρῶτον κατὰ τοὺς ἐν Φλορεντίᾳ, 'Οξωνίῳ, Παρισίοις καὶ Βιέννῃ κώδικας. Δαπάνῃ τοῦ δήμου 'Αθηναίων ὑπὸ Σ. Π. Λαμπρόυ. Τόμος Ι. 8. (IV, 368 S.) Athen 879. Wilberg. n.n. 11. —

Michael Attaliates

Michaelis Attaliotae historia. Opus a Wladim. Bruneto de Presle, instituti gallici socio, inventum descriptum correctum recognovit Imm. Bekkerus. Corpus scriptorum historiae Byzantinae. Editio emendatior et copiositor, consilio B. G. Niebuhrii instituta, auctoritate academiae litterarum regiae Borussicae continuata. (Vol. XLVII.) 8maj. (XII und 336 S.) Bonnae 853, Weber. *
Schrbp. *
Vlnp. *

Michael Ephesius

Michael, in ethicam nicomacheam commentaria, s.: Commentaria in Aristotelem graeca.

Michaelis Ephesii in libros de partibus animalium, de animalium motione, de animalium incessu commentaria. Consilio et auctoritate acad. litt. reg. borussicae ed. Michael Hayduck. *Berolini: G. Reimer* 1904. (XIV, 193 S.) 4°(8°)
= Commentaria in Aristotelem graeca. Vol. 22, P. 2.

Michaelis Ephesii in parva naturalia commentaria. Consilio et auctor. Acad. Litt. Reg. Borussicae ed. Paulus Wendland. *Berolini: G. Reimer 1903.* (XI, 175 S.) 4°(8°)
= Commentaria in Aristotelem Graeca. Vol. 22, P. 1.

Michaelis Ephesii in librum quintum Ethicorum Nicomacheorum commentarium. Consilio et auct. Acad. litt. Reg. Bor. ed. Michael Hayduck. *Berolini: G. Reimer 1901.* (VIII, 84 S.) 4°(8°)
= Commentaria in Aristotelem graeca. Vol. 22, P. 3

Michael Ephesius, s. a.: Ioannes Philoponus.

Michael von Neukirch, Pater, s. Bäuerle, Michael

Michael, Bischof von Szathmár. Hirtenbrief. Ofen 1859. V: *Haas, Michael.* (KU)

Michael [Verfasser: Familienname]

Michael, Chronik der Stadt Bielefeld, verfaßt im Auftrage des Histor. Vereins der Grafschaft Ravensberg und mit Unterstützung der städtischen Behörden zu Bielefeld, in Verbindung mit andern Mitgliedern des Vorstandes. 1. Lfg. gr. 8. (S. 1.—82.) Bielefeld 884, (Velhagen und Klasing.) *

Michael, O. Cap., Harmonie der sieben vorzügl. Meßopfer-Theorien. (IV, 71 S.) gr. 8. Mainz (907). Druckerei Lehrlingshaus. 1.50

Michael, Homerus ad pysiologiam transductus, dijunctus a fabula. I. Pr. 1855. 8 S. 4°. —.90

Michael. In wie weit hat Livius den Polybius als Hauptquelle benutzt? 16 S.
Torgau, Progr. 1859

Leben der Mastricher Mahler (!) Michaels, welcher sowohl seine besonderen Reisen als merkwürdige Begebenheiten zum Vergnügen der Welt vor Augen leget. Mit 1 Titelkupf. Dressden 1756. 8°. Gerlach.
Osw. Weigel's Lpz. Juni-Auct. no. 891. — Zahm.

Michael. De pietatis notione, quam Plato in Euthyphrone tractat. Gel. 1871. 10 S. 4°.

Michael, adenoide Vegetationen des Nasenrachenraumes, s. Klinik, Wiener.

Michael, A., Gebrauch der Präposition ἐπί bei Aristophanes. Diss. 1885. 39 S. 1.20

Oribatidae by A[lbert] D Michael, .. London. W. 15 fig. *Berlin: R. Friedländer & Sohn 1898.* (XII, 93 S.) 4.(8.)
= Tierreich, Das. E. Zsstellg d. rezenten Tierformen. Lfg 3.

Michael, A. D., über Teglocranus cephiformis (Nic.), s. Abhandlungen, hrsg. vom naturwissenschaftlichen Vereine zu Bremen.

Michael, Berthold [aus Berlin]: Ueber die Ausdehnung der Thätigkeit der Sparkassen, insbes. die Pflege d. Checkverkehrs durch dieselben ... Berlin, Druck v. L. Simion, *1892;* 2 Bl., 84 S., 2 Bl. 8.
Heidelberg, Phil. Fak., Inaug.-Diss. v [31. Juli] 1891

Michael, Berth. Sparkassen u. Checkverkehr. gr. 8. (V, 84 S. m. 1 Formular.) Berl. 892. Simion. * 2 —

Michael, C., ABC- und Lesebuch für artige Puppen. Für Ferdinanda's Puppenstube geschrieben. (VIII, 84 S. mit 50 Text-Abbild. und 4 Buntbildern.) 1882. cart. *M 1,50.; 2. wohlf. Ausg. 16. (VIII, 84 S.) Leipzig 883, Spamer. cart. *

—— die Begebenheiten im „Rothen Igel", s. Spamer's, O., neue Volksbücher.

— vernünftige Gedanken einer Hausmutter. Prosa u. Poesie. 8. (VIII, 317 S.) Leipzig 880. Keil. 3. —

Michael, C., vernünftige Gedanken e. Hausmutter. 2. Aufl. 8. (VII, 482 S.) Leipzig 883. Keil's Nachf. n. 4. —; geb. 5. —

Michael, C., im Geisterkreis der Ruhe- u. Friedlosen, s. a. Spamer's, Otto, neue Volksbücher.

—— im Geisterkreis der Ruhe- und Friedlosen. Sagenhafte Gestalten in den Überlieferungen des deutschen Volkes. Unsrer Jugend und dem Volke erzählt. Unter Mitwirkung von Frz. Otto hrsg. gr. 8. (X, 195 S. mit 52 Text-Illustr. und 1 bunten Titelbilde.) Leipzig 883, Spamer. *
cart. *
Volks-Ausg. 8. *M 1,25.; cart. *

—— dass. — Sagenhafte Gestalten in den Volksüberlieferungen. Nebst einem Anhang: Die friedlosen Geister bei den Juden. Unsrer Jugend und dem Volke erzählt. Unter Mitwirkung von Frz. Otto hrsg. 2. stark verm. Ausg. gr. 8. (X, 214 S. mit 55 Text-Abbild. und 1 bunten Titelbilde.) Ebendas. 884. *
cart. *

Michael, C., im Geisterkreis der Ruhe- u. Friedlosen. Sagenhafte Gestalten in d. Volksüberlieferungen. Uns. Jugend u. d. Volke erzählt. Unter Mitwirkung v. Frz. Otto hrsg. 2., stark verm. Ausg. M. 55 Text-Abb. u. e. bunten Titelbilde. Wohlf. [Titel-] Ausg. gr. 8. (X, 214 S.) Leipzig (884) 896. O. Spamer. n. 1. 50; geb. in Leinw. n. 2. —

—— die jungen Lebensretter, s. Universal-Bibliothek für die Jugend.

— der Mann mit der Wünschelruthe. Erzählung für erwachsene Töchter. Mit Kopfleisten, Initialen, sowie 6 Tonbildern v. Wilh. Claudius. gr. 8. (VI, 132 S.) Leipzig 882. Spamer. n. 2. 50; geb. n. 4. —

— der Mann m. d. Wünschelruthe. Erzählung f. erwachs. Töchter. Mit Kopfleisten, Initialen sow. 6 Tonbildern v. Wilh. Claudius. Wohlf. [Titel-] Ausg. gr. 8. (IV, 132 S.) Ebd. (882) 897. n. 1. 50; geb. in Leinw. n. 2. 50

Michael, C., s.: Märchen, die schönsten, aus 1001 Nacht.

Michael, C., orientalische Märchenwelt. 30 Märchen und Erzählungen nach altägypt., ind., pers. und arab. Überlieferungen. Mit Beiträgen von Geo. Ebers, A. König, Gust. H. Kletke, Frz. Otto und Dor. Waldner hrsg. gr. 8. (X, 375 S. mit 50 Text-Abbild. und 1 aquarellierten Titelbilde von Konr. Ermisch.) Leipzig 885, Spamer. *M 5.—.; cart. *

— orientalische Märchenwelt. 30 Märchen u. Erzählgn. nach altägypt., ind., pers. u. arab. Ueberliefergn. Mit Beiträgen v. Geo. Ebers, A. König, Gust. H. Kletke, Frz. Otto, Dor. Waldner hrsg. 2. (Titel-)Ausg. Mit 50 Text-Abbildgn. u. e. aquarellierten Titelbilde v. Konr. Ermisch. gr. 8. (X, 374 S.) Leipzig 892. O. Spamer. n. 4. —; kart. n. 4. 50

—— Opfer des Aberglaubens, Irrthums und Wahns, s. Spamer's, O., neue Volksbücher.

— rings um die Welt. Erzählung in Briefen f. d. reif. weibl. Jugend. Wohlf. [Titel-] Ausg. M. 40 Textillustr., sow. 6 Tonbild. v. Wilh. Claudius u. a. gr. 8. (VIII, 148 S.) Leipzig (882) 896. O. Spamer. n. 1. 50; geb. in Leinw. n. 2. 50

— der verlorene Sohn, s.: Körber, Phpp.

—— das schönste Weihnachtsbuch, s. Spieß, B.

—— Wie man's treibt, so geht's, s. Langenstein, F.

— Wunderglaube u. Wirklichkeit, s.: Otto, Frz.

Michael, Conrad, s. Michael, Konrad.

Michael, Constantin, s. Michael, Konstantin.

Michael, E., s.: Koche auf Vorrat!

Michael, E., Worulf, der Rattenfänger, s.: Bohm, Carl.

Michael, E. A., der östreichischen Pharmakopöe Arzney-Pflanzen nach Characteren ihrer systematischen Stellung zu Uebungen im Unterscheiden u. Bestimmen derselben aufgestellt mit Angabe des ärztlichen Gebrauchs jeder einzelnen Species. Des practischen Theils der ärztlichen Pflanzenkunde characterisirende od. diagnostische Abth. [Mit dem Umschlagstitel: Handbuch der ärztlichen Phytologie. Diagnostischer Theil.] gr. 8. (VI u. 152 S.) Innsbruck 849. (Wagner.) 1 ℔ 3 ℳ

Michael, Edmund

Michael, Edm., Führer f. Pilzfreunde. D. am häufigsten vorkomm. essbaren, verdächtigen u. gift. Pilze. Ausg. A. Mit 5 Taf. (in qu. gr. Fol.) enth. 47 nach d. Natur gemalte u. photomechan. f. Dreifarbenbuchdr. reproduz. Pilzgruppen. 8. (X, 59 S.) Zwickau 895. Förster & Borries. n. 8. —

— dasselbe. (Ausg. B.) M. 40 Taf., enth. 47 nach d. Natur gemalte u. photomechan. f. Dreifarbenbuchdr. reproduz. Pilzgruppen. 8. (X, 26 S. m. 40 Bl. Erklärgn.) Ebd. 895. Geb. in Leinw. n. 6. —

— dasselbe. Mit 68 Pilzgruppen auf 7 Taf. (in qu. gr. Fol.) Nach der Natur v. A. Schmalfuss gemalt u. photomechan. f. Dreifarbenbuchdruck naturgetreu reproduziert. 2., verm. Aufl. 8. (XI, 77 S.) Ebd. 896. n. 10. —; Taf. 6 u. 7 einz. f. Käufer d. 1. Aufl. m. Text (XI, 77 S.) n. 2. —

— dasselbe. Volks-Ausg. Enth. 29 Pilzgruppen (auf 24 Taf.) Nach d. Natur v. A. Schmalfuss gemalt u. photomechan. f. Dreifarbenbuchdruck naturgetreu reproduz. 8. (VII, 18 S. m. 24 Bl. Erklärgn.) Ebd. 896. n. 2. 50

Michael, Edm., Führer f. Pilzfreunde. D. am häufigsten vorkomm. essbaren, verdächtigen u. gift. Pilze. Ausg. B. M. 68 Pilzgruppen (auf 56 Taf.) Nach d. Natur v. A. Schmalfuss gemalt u. photomechan. f. Dreifarbenbuchdruck naturgetreu reproduz. 2. Aufl. 8. (XI, 31 S. m. 56 Bl. Erklärgn.) Zwickau 896. Förster & Borries. Geb. in Leinw. n. 7. —; Suppl. zur 1. Aufl. (VI S. m. 16 farb. Taf. u. 16 Bl. Erklärgn.) 1. 50

Michael, Edm., Führer f. Pilzfreunde. Die am häufigsten vorkomm. essbaren, verdächt. u. gift. Pilze. (Ausg. A.) Mit 107 Pilzgruppen auf 9 Taf. (in qu. gr. Fol.). Nach der Natur v. A. Schmalfuss gemalt u. photomechanisch für Dreifarbendruck naturgetreu reproduziert. 2. Bd. gr. 8. (XII, 67 S.) Zwickau 901. Förster & Borries. n. 8. —

— dasselbe. (Ausg. B.) Mit 107 Pilzgruppen. Nach der Natur v. A. Schmalfuss gemalt u. photomechanisch f. Dreifarbendruck naturgetreu reproduziert. 2. Bd. 8. (XIV S. u. 72 Taf. m. Text auf der Rückseite.) Ebd. 901. Geb. in Leinw. n. 6. —

Führer für Pilzfreunde. Die am häufigsten vorkommenden eßbaren, verdächtigen u. giftigen Pilze. Von Edmund **Michael**. Mit Pilzgruppen. Nach d. Natur von A. Schmalfuß gemalt u. naturgetreu reprod. Bd [1.] 2. Zwickau Sa.: Förster & Borries 1903–05. 2 Bde 8°
[1.] 4. Aufl. 1903. 2. 4. Taus. 1905.

Michael, Edm., Führer f. Pilzfreunde. Die am häufigsten vorkomm. essbaren, verdächt. u. gift. Pilze. (Ausg. A.) Mit 131 Pilzgruppen auf 10 Taf. (in qu. gr. Fol.) Nach der Natur v. A. Schmalfuss gemalt u. photomechanisch f. Dreifarbendruck naturgetreu reproduziert. 3. [Schluss-]Tl. (XI, 70 S.) 8. Zwickau 905. Förster & Borries. à 8. —

— dasselbe. (Ausg. B.) Mit 131 Pilzgruppen. 8. [Schluss] Bd. (XI S. u. 80 Taf. m. Text auf der Rückseite.) 8. Ebd. 905. Geb. in Leinw. n. 6. —

— dasselbe. Volks-Ausg. Enth. 34 Pilzgruppen. Nach der Natur v. A. Schmalfuss gemalt u. photomechanisch f. Dreifarbendruck naturgetreu reproduziert. Verm. u. verb. Aufl. (12—21. Taus.) (VII, 20 S. u. 57 S. m. Abbildgn.) 8. Ebd. (906). n. 1. 50

Michael, Edmund: Führer für Pilzfreunde. Die am häufigsten vorkommenden eßbaren, verdächtigen und giftigen Pilze. Zwickau
Bd 1. (11. Tausend.) 1909
Bd 2. (7. Tausend.) 1907
Bd 3. (6.—8. Tausend.) 1912

Michael, Edmund: Führer für Pilzfreunde. Volksausgabe. 23.—30. Tausend. Zwickau Sa. 1909

Michael, Emil, Ignaz v. Döllinger. Eine Charakteristik. 2., verm. Aufl. gr. 8. (XIII, 600 S. m. 1 Bildnis.) Innsbruck 892. F. Rauch. n. 6. —

Ignaz von Döllinger. Eine Charakteristik von Emil **Michael** S.J. 3. verm. Aufl. *Innsbruck: F. Rauch 1894.* (XX, 655 S.) 8° [F.]

Michael, Emil, S. J., Geschichte des deutschen Volkes seit d. 13. Jahrh. bis z. Ausgang d. Mittelalters. 1. Bd. Deutschlands wirtschaftl., gesellschaftl. u. rechtl. Zustände während d. 13. Jahrh. A. u. d. T.: Culturzustände d. deutschen Volkes während des 13. Jahrh. 1. Buch. 3., unveränd. Aufl. gr. 8. (XIX, 368 S.) Freiburg i/B. 897. Herder. n. 5. —; geb. in Leinw. m. Ldr.-Rücken n. 6. 80
Erschien auch in 5 Lfgn. à n. 1. —.

Michael, Emil, S. J., Geschichte des deutschen Volkes vom 13. Jahrh. bis zum Ausgang des Mittelalters. 2. Bd. Religiös-sittl. Zustände, Erziehg. u. Unterricht während des 13. Jahrh. A. u. d. T.: Culturzustände des deutschen Volkes während des 13. Jahrh. 2. Buch. 1.—3. Aufl. gr. 8. (XXXI, 450 S.) Freiburg i/B. 899. Herder. n. 6. —; geb. in Leinw. m. Ldr.-Rücken n. 8. —
1. Bd. Ebd. 897. n. 5. —; geb. n. 6. 80.

Michael, Emil. Geschichte des deutschen Volkes vom dreizehnten Jahrhundert bis zum Ausgang des Mittelalters. Von Emil Michael S.J. .... Band 3: Deutsche Wissenschaft und deutsche Mystik während des dreizehnten Jahrhunderts. 1. bis 3. Aufl. — *A. u. d. T.:* Kulturzustände des deutschen Volkes während des dreizehnten Jahrhunderts. Buch III. 1. bis 3. Aufl. XXXII + 473 S. 8. Freiburg im Breisgau, Herder, 1903.

Michael, Emil. Geschichte des deutschen Volkes vom dreizehnten Jahrhundert bis zum Ausgang des Mittelalters. Von E' Michael S. J., ... Professor ... [zu] Innsbruck. Band 4: Deutsche Dichtung und deutsche Musik während des dreizehnten Jahrhunderts. 1.—3. Aufl. — *A. u. d. T.:* Kulturzustände des deutschen Volkes während des dr' J'. Buch 4. ... XXVIII + 457 S. 8. Freiburg im Breisgau, Herder, 1906. [M. 6. 40]

— Kritik u. Antikritik in Sachen meiner Geschichte des deutschen Volkes. 1. u. 2. Hft. gr. 8. Ebd. n. 1. 40
1. Der Wiener Geschichtsprofessor Redlich. 1. u. 2. Aufl. (à 34 S.) 899. n. — 60
2. Der Rezensent im histor. Jahrbuch der Görres-Gesellschaft. (54 S.) 901. n. — 80

[F.] Culturzustände des deutschen Volkes während des dreizehnten Jahrhunderts ... Von Emil **Michael**.
Freiburg i. B.: Herder
→ Michael, E.: Geschichte d. dtsch. Volkes

—— Salimbene u. seine Chronik. Eine Studie zur Geschichtschreibg. d. 13. Jahrh. gr. 8. (VII, 175 S. m. 1 Tab.) Innsbr. 889, Wagner. * 4 —

Michael, Emil, Rankes Weltgeschichte [Leipzig, Duncker u. Humblot]. Eine kritische Studie. Paderborn, Schöningh. 1890, 8°, 51 S., 80 Pf.
Zeigt den „Altmeister" als einen der gefährlichsten, weil versteckteften u. täuschungsgewandtesten Feinde des Katholicismus u. als erfolgreichsten Propheten des Rationalismus.

Michael, Erich, der Pfarrer v. Grünhain. Trauerspiel in 5 Aufzügen. gr. 8. (72 S.) Leipzig 901. A. Baum. n. 1. 50

Michael, Erich [aus Leipzig]: Martin Rinckhart als Dramatiker ... Leipzig, Druck v. M. Hoffmann, 1894; 82 S., 1 Bl. 8.
Leipzig, Phil. Fak., Inaug.-Diss. v. [15. Juni] 1894

Michael, E[rich]: Der Zwölfjährige an Schiller. [Gedicht.] S. 28. 4.
Progr. Zweite städt. Realschule *Leipzig* 1906 (711).

Michael, Fr. Traug., Morgengebete f. Kinder auf alle Tage im Jahre. 8. Görl. 804. (Anton in Halle.) 15 gr, Schreibpap. 18 gr

Michael, Franz

Michael, Frz., Bad Harzburg u. seine Heilmittel. Ein Ratgeber f. Kranke, Reconvalescenten u. Sommerfrischler. (39 S. m. 2 Taf.) kl. 8. Harzburg 906. H. Woldag. n. — 60

Das Kurschiff für Lungenkranke und sein Kreuzungsgrund (ein Sanatorium auf hoher See). Von Dr. med. Franz **Michael** u. L. H. Maurer. Mit Schiffspl. u. 1 Karte. *Löbau i. S.: J. G. Walde 1903.* (48 S.) 8°

Michael, Friedrich, aus Meßdorf i. d. A.: Über den Gebrauch der Praepositionen mit Ausschluß von à, de, en im altfranzösischen Rolandsliede. *Greifswald 1904: F. W. Kunike.* (46 S.) 8°
Greifswald, Phil. Diss. v. 9. März 1904

Michael, Friedrich: Das Oxforder Summer Meeting von 1909. Suhl (1910): Kaufmann. 19 S. 4°
Suhl, k. OR OP 1910 (377) [S 10. 294

Michael, Fritz, fünf Märchen f. große Kinder. Mit Illustr. v. Leo Diet. 8. (181 S.) Graz (900). H. Wagner. n. 2. —; geb. in Leinw. n. 3. —

— Verspielt. Lebensbild in 1 Act. 8. (35 S.) Ebd. 899. n. 1. —

Michael, G., Gedenkblätter f. die evangel. Gemeinde Sagan zur Feier d. 200jähr. Jubiläums ihrer Gnadenkirche, s.: Wohlfahrt, J.

Michael, G. J., Denkschrift zur Einweihung der neuen St. Nikolaikirche zu Chemnitz am 7. März 1888, enth. die Geschichte der Kirche u. Parochie St. Nicolai. Mit 3 Lichtdr.-Bildern. gr. 8. (58 S.) Chemnitz 888. May. n.n. 1. —

Michael, G. J., Ueberblick üb. die Wirksamkeit der Kirchenvorstände in der Ephorie Chemnitz während der 25 Jahre seit Inkrafttreten der Kirchenvorstands- u. Synodalordnung. Vortrag, geh. 1. Novbr. 1893. gr. 8. (29 S.) Chemnitz 894. (O. May.) n. — 25

Michael, Gustav Thedor (Altgersdorf), De calore corporis humani in febri intermittente mutato. Diss. med. Leipzig (J. S. Wassermann) 16. VIII. 1855. 28 S. u. Biogr. (M.: J. Chr. Gocht) u. 5 Tafeln. (3.50) 23273
Gew.: Johann Theophil Plusiotimus Lehmann, Theophil Immanuel Gruellich.

Michael, Heimann, u. Leop. **Zunz,** Briefwechsel, aus dem literar. Nachlasse derselben hrsg. v. A. Berliner. (In hebr. Sprache.) (8 u. 90 S.) gr. 8. Frankfurt a/M. 907. J. Kauffmann. nn 4. —
Sonderabdr. aus: „Jahrb. d. jüd.-liter. Gesellsch."

Michael, Heimann Jos., (Or ha-Chajim). Umfassendes bibliograph. u. literarhistor. Wörterbuch d. rabbin. Schriftthums, aus dem literar. Nachlasse zum Druck befördert v. dessen Söhnen. (In hebr. Sprache.) gr. 8. (VIII, 617 S.) Frankfurt a/M. 891. Kauffmann. n. 6. —

Michael, Herm., Amortisationstabellen zur Anfertigg. v. Annuitäten-Tilgungsplänen. gr. 8. (158 S.) Mannheim 898. M. Hahn & Co., Hofbuchdr. Kart. n. 8. —

Michael, Hermann [aus Pleschen]: Die Raumkurven vierter Ordnung erster Art. ... Marburg, *Druck: Th. Haberlandt, Berlin,* 1889; 48 S. + 1 Bl. 8°
Marburg, Phil. Fak., Inaug.-Diss. v. [9. Dez.] 1889

Michael, Hugo Die verlorenen Bücher des Ammianus Marcellinus. Ein Beitrag zur römischen Literaturgeschichte. 17 S.
Progr. Fr. G. *Breslau* 1880.

Michael, Hugo, die verlorenen Bücher des Ammianus Marcellinus. Ein Beitrag zur römischen Literaturgeschichte. gr. 8. (32 S.) Breslau 880. Maruschke & Berendt. n. 1. —

—: Die Heimat des Odysseus. Ein Beitrag zur Kritik der Dörpfeld'schen Leukas-Ithaka-Hypothese. Mit 1 Bilde und 1 Kartenskizze. 32 S. 8.
Progr. Kgl. Gymn. *Jauer* 1905 (228).

Michael, Hugo, die Heimat des Odysseus. Ein Beitrag zur Kritik der Dörpfeld'schen Leukas-Ithaka-Hypothese. Mit 1 Bilde u. 1 Kartenskizze. (32 S.) gr. 8. Jauer 905. O. Hellmann. n. 1. —

Michael, Hugo, (Dir. Dr.): Das homerische und das heutige Ithaka. *Jauer 1902: K. Dettmann.* (28 S.) 4° [Umschlagt.]
Jauer, k. G, OP 1902 (210)

Michael, Hugo, das homerische u. das heutige Ithaka. Progr. gr. 4. (28 S. m. 1 Karte.) Jauer 902. (O. Hellmann.) n. 1. 50

Michael, Hugo: Das Leben des Ammianus Marcellinus. Jauer, Druck v. M. Eisermann, *1895*; 1 Bl., 28 S. 4.
Jauer, k. G, OP 1895 (191)**

Michael, Hugo *(geb. Breslau 5. 3. 1850)*: De Ammiani Marcellini studiis Ciceronianis. Vratislaviae (1874). (48 S.) 8°
[Im Buchhandel 1874 bei Koebner in Breslau.]
Breslau, Phil. Diss. v. 4. Mai 1874

[J.] **Michael,** Hugo [Dr., Dir.]: *Director Dr. Richard Volkmann, gest. am 23. Apr. 1892.* Jauer, Druck d. Opitz'schen Buchdr., 1893; 6—11 S. 4.
Jauer, k. G, OP 1893 (190)

Michael, J., die Behandlung der Mittelohreiterungen, s.: Sammlung klinischer Vorträge.

Michael, J., die Bildung der Gesangsregister. Für Musiker und Ärzte. 8. (76 S. mit 23 Holzschn. im Text.) Hamburg 887, Voss. geb. *

— die Erfolge d. subcutanen u. d. intravenösen Kochsalzinfusion in d. Behandlung d. asiatischen Cholera, s.: Festschrift zur Feier d. 80jähr. Stiftungsfestes d. ärztl. Vereins zu Hamburg.

[J.] Geschichte des ärztlichen Vereins (zu Hamburg) und seiner Mitglieder. Den Mitgl. z. 80j. Stiftgs-Feste gewidm. v. Dr. J. **Michael**. M. 36 Photolith. auf 21 Taf. ... *Hamburg: Dr. v. Piesse & Lührs 1896.* (VII, 320 S., 5 Portr., 7 Portr.-Taf., 7 Bl. Facs.) 1 Bd 8. [96. 1906

— Geschichte des ärztlichen Vereins u. s. Mitglieder. D. Mitgliedern zum 80jähr. Stiftungs-Feste gewidmet. M. 86 Photolith. auf 21 Taf., ausgef. v. Carl Griese. gr. 8. (VII, 820 S.) Hamburg 896. (L. Voß.) Kart. n. 8. —

Michael, J., über Ohrensausen, s. Sonderabdrücke der Deutschen Medizinal-Zeitung.

Michael, J. M., schriftgemäße Beurteilung der kirchlichen Allianzbewegung der Gegenwart. 8. (15 S.) Zwickau 900. Schriftenverein. n.n. — 10

— s.: Luthers Schwert u. Kelle.

Michael, Johann. Der Dialekt des Poschiavotals ⟨Poschiavo-Brusio-Campocologno⟩. Diss. Phil. I. Univ. Zürich. 8. Halle a. d. S., Ehrhardt Karras, 1905.
Ausg. A: IV + 98 S.
Ausg. B: [Mit Vita.] IV + 99 S.

Michael, J[ohann] U[lrich]. **Eine Glaubens-Kontroverse zwischen Dekan (Dom[enik] Sim[on]) Benedikt und Kantonsschulprofessor J H Kaltschmidt im Jahr 1825. Vorgetragen im Pastoralverein Chur im Juni 1905.** [SA. aus: Jahrbuch der «Neuen Bündner Zeitung» pro 1906.] 22 S. 8. Chur, Sprecher & Valer, 1905. [fr. —.30]

Michael, [Johann Ulrich]. **Konfirmations-Rede, gehalten von Herrn Pfarrer M' am Palmsonntag, 5. April 1903. ⟨Stenogramm von Chr[istian] Coray und L[eonhard] Schett.⟩** 7 S. 8. Chur, Sprecher & Valer, 1903. [fr. —.20]

Michael, J[ohann] U[lrich]. Der 1825 erfolgte Uebertritt von Dekan Balthasar v. Castelberg und seinem Sohne Valentin zur katholischen Kirche. Vorgetragen im Pastoralverein Chur im Januar 1902. [SA. aus: Jahrbuch der «Neuen Bündner Zeitung» pro 1903.] 48 S. 8. [Chur, Sprecher & Valer, 1903.] [fr. —.50]

Michael, Johannes

Μιχαηλ, Ἰωαννης, Μακεδονικα ἠτοι νεωτερα ἑλληνικα ἠδη ἐν Μακεδονια ἐν σχεσει προς τα ἀρχαια. gr. 8. (41 S.) Ἐν Ἑρμουπολει συρου 1879. Göttingen 879, (Vandenhoeck und Ruprecht's Verlag.) *

Michael, Jos., Protest Hamburger Künstler gegen Prof. Alfred Lichtwark's Vortrag üb. „Hamburger Kunst" gelegentlich d. Frühjahrs-Ausstellung v. 1898. gr. 8. (88 S.) Berlin 898. H. Walther. n. — 60

Michael, Julius Oskar

Michael, J. O., Antrittspredigt, gehalten am dritten Sonntage nach Trinitatis den 13. Juni in der Kirche zu St. Nicolai zu Chemnitz. gr. 8. (12 S.) Chemnitz 880, May's Buchh. *

— zur Erinnerung an Dr. Th. A. Liebner, s. Rüling.

Michael, Jul. Osc., die Gottesherrschaft als leitender Grundgedanke in der Offenbarung St. Johannis. Ein Beitrag zum Verständnis derselben. (74 S.) gr. 8. Leipzig 904. F. Jansa. n. 1. —

Michael, Jul. Osc., der Kampf der christlichen und der modernen Denkweise an der Idee des Lebens beleuchtet. Drei apologet. Vorlesungen 1867 und 1868 im wissenschaftl. Cyclus in Dresden gehalten. br. 8. (V, 74 S.) Leipzig 869, Hinrichs' Verlag.

— „Mache dich auf, werde Licht, denn dein Licht kommt", ein Ruf, den der Herr durch die innere Mission für dieselbe an uns ergehen läßt. Predigt, am 1. Wanderfeste des Provinzialvereins für innere Mission im Budissiner Kreisdirectionsbezirke den 16. Octbr. 1867 in der Hauptkirche zu Löbau gehalten. Bautzen 867. (Leipzig, Schmaler & Pech.) n. 2½ ngr.

— zwei Predigten über das Vaterunser u. die Dreieinigkeit am Sonntage Rogate u. am Fest der heil. Dreieinigkeit in der evangel. Hofkirche zu Dresden gehalten. Dresden 867. Naumann. 4. (22 S.) n. 5 ngr.

Michael, Jul. Osc., über die Reform des Religions-Unterrichts auf den Gymnasien. Leipzig 863. Teubner. gr. 8. (72 S.) n. 10 ngr.

Michael, J. O., wir haben ein festes prophetisches Wort! Predigt, zum 64. Jahresfest der sächs. Bibelgesellschaft geh. [Aus: „Pastoralblätter".] gr. 8. (15 S.) Dresden 879. J. Naumann in Comm. n. — 30

Michael, Jul. Osk., e. Wort heiliger Freude in ernster Erinnerung an e. ernste, große Zeit. Predigt am Tage der allgemeinen Friedensfeier den 18. Juni 1871 geh. in Dorf Wehlen. gr. 8. (16 S.) Pirna 871. Diller & Sohn. n. — 25

Michael, K., s. Sprößlinge.

Michael, Karl, Referendar in Mittweida: Das gemeinschaftliche Testament des Bürgerlichen Gesetzbuches mit Ausschluß des § 2273 B.G.B. Zwickau 1904: C. A. Günther Nachfolger. (82 S.) 8°
Leipzig, Jur. Fak., Diss. v. 8. Nov. 1904
[Geb. 9. Nov. 78 Zwickau; Wohnort: Mittweida i. S.; Staatsangeh.: Sachsen; Vorbildung; Gymn. Zwickau Reife O. 00; Studium: Freiburg i. B. 1, Leipzig 5 S.; Rig. 15. Juni 03.]

Michael, Conrad, appr. Arzt a. Haynau, Assistenzarzt der Landesversicherungs-Anstalt Schlesien, Breslau: Beitrag zum Tetanus traumaticus nach Schussverletzungen. Leipzig 1905: B. Georgi. (27 S.) 8°
Leipzig, Med. Fak., Ref. Flechsig, Diss. v. 16. Dez. 1905
[Geb. 30. Sept. 80 Haynau; Wohnort: Breslau; Staatsangeh.: Preußen; Vorbildung: Gymn. Liegnitz Reife O. 00; Studium: Greifswald 2, Jena 2, Berlin 2, Breslau 3 S.; Coll. 16. Dez. 05; Approb. 26. Juni 05.]

MICHAEL, Constantin: Zur Lehre von der Cholelithiasis.- München: Wolf 1893. 20 S.
20.12.1892 - Chr 1892/93,16; Jv 1892/93,208 (Prom.-Datum: 1893)
Diss. Ingolst.-Landsh.-Mchn.

[**Michael**, Ludovicus]: • De fide Taciti in Germania scribenda. 14 S. 2°
Halle-Wittenberg, Phil. Diss. v. 17. März 1848
Geb. [Silberberg (Kr. Frankenstein i. Schles.) 21.6.1818]

Michael, Max Arth., der junge Mann, sein Geschlechtsleben u. die Geschlechtskrankheiten. (32 S.) gr. 8. Leipzig (903). Jaeger. n. — 60

Michael, M[ichaelis] *(geb. Unruhstadt in Pos. 25. 8. 1831)*: De de [!] syphiliticis affectionibus ductuum aëriferorum. Vratislaviae (1856). (30 S.) 8°
Breslau, Med. Diss. v. 25. Juli 1856

Michael, Michel Isaacus: De metrorrhagiis post partum insequentibus. Halis Saxonum (1844): Semmler. 36 S. 8°
Halle-Wittenberg, Med. Diss. v. 18. Apr. 1844
Geb. Hamburg [3. 12.] 1820. V.
Verf. steht im dt.-israel. Geburtsregister unter dem Familiennamen Joseph.

Michael, Oskar

Michael, Osk., Aufgabe u. Stellung der biblischen Geschichte im Religionsunterricht an höh. Schulen. Zugleich Begleitwort zur „Bibl. Geschichte f. die Unterklassen höh. Schulen". 8. (30 S.) Annaberg 901. Graser. n. — 30

— biblische Geschichte für die Unterklassen höh. Schulen. 8. (VIII, 176 S.) Ebd. 901. n. — 80; geb. n. 1. —

Michael, Osk., biblische Geschichte. Ausg. A: f. die Unterklassen höherer Schulen. 2. neubearb. Aufl. (VII, 168 S. m. 1 farb. Kartentaf.) 8. Annaberg 910. Graser's Verl. Geb. 1. —

— dasselbe. Ausg. B: f. die Volksschule bearb. v. Herm. Arnold. (VII, 146 S.) 8. Ebd. 910. Geb. — 70

— Ein Schritt vorwärts im Religionsunterrichte. Betrachtungen üb. die bibl. Geschichte. (24 S.) 8. Ebd. 910. — 40

_. Michael, O[skar]: Zwei Studien. (Unsere Jungen vor ihrem Eintritt ins Jünglingsalter. Der botanische Unterricht in der 6. Klasse der Realschule im Hinblick auf die Erziehung des Menschen.) S. 3—16. 4. **Progr.** 5. städt. Realschule *Leipzig* 1910 (793).

Michael, Oskar: Das Verhältnis d. 2. Petrusbriefes zum Judasbrief. *Leipzig 1897.*
in: **Festschrift** f. ... Prof. D. Fricke z. Feier s. 50j. Präsidiums in d. Lausitzer Prediger-Ges. zu Leipzig. [98. 2084

Michael, Otto, approb. Arzt aus Leipzig: Zur **Frage** der Beteiligung des Blutgefässsystems am Aufbau interstitieller Nervengeschwülste. (Diffuses Cavernom d. Nerv. suralis.) *Leipzig 1901: B. Georgi.* (33 S.) 8°
Leipzig, Med. Diss. v. (29. Dez.) 1900

Michael, Otto, a. Berlin: Der Stil in Thomas Kyds Originaldramen. (Weimar 1905: R. Wagner Sohn.) (120 S.) 8° ¶ [Erschien zugleich bei Mayer & Müller in **Berlin.**]
Berlin, Phil. Fak., Ref. Brandl, Diss. v. 6. Okt. 1905
[Geb. 18. Juni 80 Berlin; Wohnort: Berlin; Staatsangeh.: Preußen; Vorbildung: Friedrich-Werdersche Oberrealsch. Berlin Reife O. 00; Studium: Berlin 9 S.; Rig. 25. Mai 05.]

Michael, Paul: Beiträge zur Kenntnis der **eiszeitlichen Ablagerungen** in der Umgebung von Weimar. **Weimar 1908:** Hof-Buchdr. S. 3—25. 4°
Weimar, großh. RG OP 1908 (887) [S 08. 312

Michael, *Paul* [Dr.]: Die Gerölle- und Geschiebe-Vorkommnisse in der Umgegend von Weimar. Weimar, Druck v. R. Wagner Sohn, 1896; 3—21 S. 4.
Weimar, RG, OP 1896 (693)

Michael, Paul Osc., vergleichende Untersuchungen über den Bau des Holzes der Compositen, Caprifoliaceen und Rubiaceen. Inaugural-Dissertation. gr. 8. (60 S.) Leipzig 885, (Fock.) *

Michael, Richard

Michael (Rich.), Bericht über die Aufnahme-Arbeiten auf den Blättern Wildenbruch, Schwochow und Beyersdorf.
Aus: Jahrbuch d. Kgl. Preuss. Geol. Landesanstalt f. 1896.

———, Wissenschaftlicher Bericht zu Blatt Lippehne und Schönow.
Aus: Jahrbuch d. Kgl. Preuss. Geol. Landesanstalt f. 1898.

Michael, Richard. Ueber Carbonsäuren synthetisch erhaltener Pyridinbasen. Leipzig, 1884.

Michael, Richard [aus Breslau]: Cenoman und Turon in der Gegend von Cudowa in Schlesien ... (Kurzer Abriss d. vorgelegten Promotionsschr.) Breslau, Druck v. G. Hoyer & C., *1892;* 28 S., 2 Bl. 8.
Breslau, Phil. Fak., Inaug.-Diss. v. 2. Juli 1892

Michael, Rich., Cenoman u. Turon in der Gegend v. Cudowa in Schlesien. Diss. gr. 8. (28 S.) Breslau 892. (L. Köhler.) n. 1. —

Michael, Richard: Die Vergletscherung der Lassingalpen. ([S.-A.] 16. Jahres-bericht des Vereines der Geographen an der Universität Wien.) Wien 1891. 13 S. 8°.

Michael, R., Verzeichniss v. auf Deutschland bezügl. geolog. Schriften u. Karten-Verzeichnissen, s.: Keilhack, K.

Michael, Theodor Immanuel

Michael, T. J., Erinnerungen an feierl. Stunden. D. Lehrerschaft d. Schulinspektionsbez. Zittau in treuer Liebe gewidmet. gr. 8. (IV, 107 S.) Zittau 897. Leipzig, Pahl. n. 1. —

Michael, T. J., De logographis, qui dicuntur, antiquissimis Graecorum historicis. I. Pr. 1855. 29 S. 4°. 1.20

Michael, Theodor Immanuel: De Mysteriis Eleusineis. P. I. II, 1. Zittau 1863.
Schul-/Univ.-Schrift

— Theodor Immanuel, Ad sollemnia anniversaria in memoriam August Just. — **Enthält:** De sapientia Hebraeorum. Part. II. Zittau (Seyfert) 18. X. (1860). 8 S. (2.—) 23275

Michael, W., die bürgerl. Wohnung. (12 Taf u. Titelbl.) 41,5×36 cm. Leipzig (908). Seemann & Co. In Mappe 6. 50

Michael, Walth., Handbuch der Medizinal-Gesetzgebung des Großherzogt. Sachsen-Weimar-Eisenach. Eine Zusammenstellg. der gilt. Medizinal-Gesetze, Ministerial-Bekanntmachgn., -Verordngn., -Erlasse u. s. w., unter Berücksicht. der Reichsgesetzgebg., systematisch geordnet. gr. 8. (XIV, 376 S.) Ilmenau 900. A. Schröter. Geb. in Leinw. n. 8. —

Michael, Walther [app. Arzt aus **Mügeln** (Bez. Leipzig)]: **Über** den primären Krebs der Extremitäten. ... (Aus: **Beitr.** z. Klin. Chir. VII. Bd. II. H.) Tübingen, H. Laupp'sche Buchh., **1890.** 81 S. 8°
Tübingen, Med. Fak., Inaug.-Diss. v. 1890

Michael, Walth., die Medizinalgesetzgebg. d. Großherzogt. Sachsen u. die damit zusammenhängenden Einrichtgn. Unter Hinweis auf die Reichsgesetzgebg. bearb. (VI, 115 S.) 8. Jena 910. G. Fischer. 2. 50

Michael, [Wilhelm]: [Ansprache bei der Gedächtnisfeier für den am 18. August 1906 verstorbenen Oberlehrer Wilhelm Michaelsen.] S. 23—27. 4. **Progr.** Städt. Oberrealschule *Charlottenburg* 1907 (150).

Michael, Wilhelm: Hölty-Studien. Halle a. S. 1909: **Karras.** VI, 70 S. 8° ¶ (Ersch. vollst. als: Bausteine z. Gesch. d. neueren dtsch. Liter. Bd 2.)
Halle, Phil. Diss. v. 30. Okt. 1909, Ref. Strauch
[Geb. 29. Dez. 84 Halle a. S.; Wohnort: Halle; Staatsangeh.: Preußen; Vorbildung: Gymn. Rudolstadt Reife O. 05; Studium: München 1, Leipzig 1, Heidelberg 1, Halle 5 S.; Rig. 8. Juli 09.] [U 10. 1776

Michael, Wilhelm Urkundliche Mitteilungen aus dem Archiv der Stadt Bielefeld. 19 S. **Progr.** *Bielefeld* 1881.

Michael, Gvilelmvs (geb. am 23 März 1843 in Halle): De ratione, qva Livivs in tertia decade opere Polybiano vsvs sit ... Bonnae, typ. C. Georgi (1867). 2 Bl., 75 S., 1 Bl. 8.
Bonn, Phil. Fak., Diss. v. 23 Jan. 1867

Überlieferung und Reihenfolge der Gedichte Höltys von Wilhelm Michael. Halle a. S.: Niemeyer 1909. VIII, 169 S. 8°
(Bausteine z. Geschichte d. neueren deutschen Literatur. Bd 2.)

Michael, Wilh., Überlieferg. u. Reihenfolge der Gedichte Höltys, s.a. Bausteine zur Geschichte der neueren deutschen Literatur. II.

Michael, Willy, approb. Arzt aus Spandau: Aus d. Augenklinik d. Universität Rostock. (Prof. Dr. Axenfeld.) Beitrag zur Thränensackexstirpation. *Rostock 1903: H. Winterberg.* (55 S.) 4°
Rostock, Med. Diss. v. [30. Apr.] 1903
(Nur in beschränkter Zahl für den Austausch)

Cromwell. Von Wolfgang Michael, Prof. Mit 3 Abb. Bd 1. 2. Berlin: E. Hofmann & Co. 1907. 2 Bde 8° [J.]
— Geisteshelden. Bd 50. 51.

Michael, Wolfgang [aus Hamburg]: Die Formen des unmittelbaren Verkehrs zwischen den Deutschen Kaisern und souveränen Fürsten (vornehmlich im X., XI. und XII. Jahrhundert).... Hamburg, Leopold Voss (1887); 2 Bl. + 58 S. 8°
Berlin, Phil. Fak., Inaug.-Diss. v. 12. Okt. 1887

Michael, Wolfg., die Formen des unmittelbaren Verkehrs zwischen den deutschen Kaisern und souveränen Fürsten vornehmlich im 10., 11. und 12. Jahrh. gr. 8. (VII, 156 S.) Hamburg 888, Voss. *

Michael, Wolfg., englische Geschichte im 18. Jahrh. 1. Bd. gr. 8. (XII, 856 S.) Hamburg 896. L. Voss. n. 16.—

Michael, Wolfg., die verlorene Inschrift vom Rheintor zu Breisach. Eine krit. Studie, der bad. histor. Kommission zur Feier ihres 25jähr. Bestehens überreicht. (32 S. m. 2 Abb.) gr. 8. Freiburg i/B. 908. F. E. Fehsenfeld. — 50

Michael, Wolfgang [DR. phil.]: Englands Stellung zur ersten Teilung Polens.... Hamburg u. Leipzig, Verl. v. Leopold Voss, 1890; IV + 91 S. 8°
Freiburg i. B., Phil. Fak., Hab.-Schr. v. 1890

Progr. Helmst. de St. Michaële angelo tutelari imperii Romani. 1733. 4.

Michaeler A.: Über die Reden im Geschichtswerke des Thuk. 35. Bozen 74. Progr.

Michaeler, Karl Josef

— histor. krit. Abhandl. v. d. Phönicischen Mysterien. 8. Wien 796. (Schaumburg u. C.) 8 gr.

Beruhigung eines Katholiken über die päpstlichen Bullen wider die Freymäurerey von [Karl Jos.] M[ichaeler]. Kosmopolis [Nürnberg: Grattenauer] 1782. 103 S. 8°
cf. Archiv f. Frmr u. Rosenkreuzer. 1 (1783) S. 453—457.
Kl. 440. Nachweis, dass die Päpste, die die Frmrei verdammten, unwissende Richter gewesen sind. Beigefügt ist die Bulle Benedikts XIV. 23.

— breviarium historiae universalis Schlözerianae, hinc inde succinct. excerptae atque ad us. auditor. in universit. Oenip. latine conversae. 8. Oenip. 780.

Michaeler, Karl Jos., († d. 22. Jan. 1804.) Sleephas, ein lyrisches Hirtengedicht; latein. u. deutsch. 8. Wien 801. Pichler. 4 gr.

Michaeler, collect. poetarum elegiac. stilo et sapore Ovidiano scribent. II T. 8. Vien. Kurzböck. 790. Rthlr.
Dass.s.a.: Collectio...

— — — stilo et san. Catulliano. IV Tmi. 8. ibid. 784-89.

Michaeler, Karl Jos., Über das Geburts- und Sterbejahr Jesu Christi nebst chronologischen Tabellen, die zur richtigen Kenntnis der mit einschlagenden und nächst anhängenden Zeiten dienen mögen. Wien, 1796, 1797, in 2 Teilen, 8°.

— üb. d. Geburts- und Sterbejahr J. Christi, u. chronol. Tab. 2c. 2 Thle. 8. Wien, Kbgl. (Kaulfuß) 797.

— üb. d. Geburts- u. Sterbejahr Jesu Christi; nebst chronolog. Tabellen 2c. 2 Thle. 8. Wien 797. 20 gr. (Schaumb. u. C.)

Michaeler, Karl, Geschichte in der Fabel, oder Versuch einiger nähern Bestimmungen über den Ursprung der griechischen Theogonie 2c. Wien, Kaulfuß, 1788, 8°, 2 Bde.

— Geschichte in d. Fabel, od. Vers. einiger nähern Bestimmungen üb. d. Ursprung d. griech. Theogonie 2c. 2 Thle. 8. Wien 798. 1 Rthlr. 16 gr. (Schaumburg u. C.) Hbg. Pr. 1 Rthlr.

GÜLTIGKEIT, Unumstössliche, der heimlichen Priesterehe biss zur Aufhebung des Cölibats. Aus der polemischen Geschichte des Hrn. Abbate Zaccaria (s. d.) gegen ihn bewiesen (von *Karl Josef Michaeler*, geb. 1756, † 1804). 3 Thle. Frankfurt und Leipzig (Wien, Schaumburg) 1785—89. 8°. (In München: J. can. p. 478.) Sehr selten cplt.! (1—2: 4 Mk. L. Rosenthal, 1882; 16 Kr. Halm & Goldmann, 1907.)
Dass.s.a.: Gültigkeit, ...

— Iwain, e. Heldengedicht, s. G. Hartmann.

— de Mechanismo physico miraculorum comment. 8. Viennae. Graeffer. 784.

Michaeler, Carol. Jos., De mechanismo physico miraculorum commentatio. Wien, Blumauer, 1784. 8°.

—— Deutsch u. d. T.: Über den natürlichen Mechanismus der Wunder. Tai. 1787. 8°.
Nationalistisch.

Nachtrag einiger Beruhigungen über die Einwürfe des Verf. der neuesten Religionsbegebenheiten [H. M. G. Kösters] wider die Freymaurerey. Vom Verf. der Beruhigung über die päpstlichen Bullen [d. i. Karl Jos. Michaeler]. Kosmopolis [Nürnberg: Grattenauer] 1783. 84 S. 8°
cf. D. neuesten Religionsbegebenheiten. 7 (1784) S. 746—793.
Kl. 443.

Zweyter Nachtrag einiger Beruhigungen über die Einwürfe des Gegners, der die zwey vorausgegangenen Stücke für dio Freymaurorey bestritt, vom Br. [Karl Jos.] M[ichaeler]. Kosmopolis [Nürnberg: Grattenauer] 1784. 120 S. 8⁰
Kl. 444. Gegen Servatis: „Wider den Frmr Michaeler u. sein Nötchen". 1784. 23. 74.

Michaeler, Karl Jos., Das Neueste über die geographische Lage des irdischen Paradieses. Wien, 1796, 8°, 3 Teile mit 6 Karten.

— das Neueste üb. d. geograph. Lage d. irdischen Paradieses. 4 Thle. Mit 6 Karten. 8. Wien 796. (Schaumburg u. C.)

— de studii historici in patria necessitate Oratio. 8. Ansbach. 777.

Michaeler, Carol. Jos., De origine linguae tum primariae tum specialis commentatio. Wien, Trattner, 1788, gr. 8°.

— de origine linguae etc. 8. maj. Vienn. Trattner. (Tendler) 788.

Michaeler, Karl Jsf, Tabulae parallelae antiquissimorum teutonicae linguae dialectorum, möso-gothicae, franco-theotiscae, anglo-saxonicae, runicae et islandicae aliarumque non nisi ex priscis monumentis collatae et per 8 sermones partes dispositae ac animadversionibus exemplisque illustratae, subjectis etiam ad exercitationes copiam monumentis selectissimis. Insbruck 1776. 8.. . . . .

— Tabulae parallelae antiquiss. Teutonicae linguae dialect. Moeso-Gothicae, Franco-Theotiscae etc. 8. Inspr. Wagner. (Kaulfuss. Viennae) 776.

Michaeler, Karl Josef, s. Unfehlbarkeit, Üb. die kirchliche.

— Versuch üb. die erste Gestalt u. Bevölkerung Tyrols. 1r Thl. 8. Wien 783. Hörling. 9 gr.

– s. Versuch üb. d. kirchliche Gewalt in Ehesachen.

Michaëler, K., Historisch-kritischer Versuch über die ältesten Völkerstämme und ihre erste Wanderung und weitere Fortpflanzung nach Amerika. Mit Kupf. Wien 801-803. 5 Thle. 8. 4 rthl. 12 gr.

— histor. krit. Versuch üb. d. ältesten Völkerstämme u. ihre ersten Wanderungen nebst weit. Fortpflanzung nach Amerika. 5 Thle. Mit Kpf. 8. Wien 801—3. Pichler. 4 rℓ

Versuch
Theologisch-statistischer, über die kirchliche Gewalt auf die Ehesachen in den katholischen Staaten . . . . (von *Carl Joseph Michaeler*). Würzburg (Wien) 1781.
Anon.-Lex. IV. p. 311 (nach Meusel u. Goedeke); Adelung hat „1791".

— — Dasselbe. 2 Bde. Wien 1792. Gr. 8⁰.
Ehestandsalmanach II. p. 295.

Michaeli, Otto, Luise v. Degenfeld. Liebeslieder aus Alt-Heidelberg. (51 S.) kl. 8. Stuttgart 909. Greiner & Pfeiffer. 1. 20

— Maulbronner Liederbuch. Lieder des Klostermönchs Myrtillus v. Maulbronn, weiland Wolfgang v. Weiler, an die Gräfin Lucinia v. Helfenstein 1525. (46 S.) kl. 8. Ebd. 907. — 60

Michaeli, Otto, Scherz u. Schmerz. Gedichte. (227 S.) 12. Berlin 903. Concordia. n. 3. —; geb. n. 4. —

Michaeli. Wilh. (geb. Kruschwitz in Posen 30. 8. 1849): Ueber Hysterie. Berlin (1872). (32 (vielmehr 30) S.) 8°
Berlin, Med. Diss. v. 11. Mai 1872

Michaelis, Jh. Dav.; einige Bemerkk. üb. seinen literar. Charakter, (v. J. G. Eichhorn). 8. Götting. 791.

Michaelis. – Julie Michaelis, geb. Jahn, u. die Ihren, s. Michaelis, Adolf.

Michaelis, dio neueren Arzneimitttel, ihre Indikationon, Dosirg. u. Receptformeln. Für den prakt. Gebrauch in alphabet. Reihenfolge. 12. (VIII, 175 S.) Neuwied 889. Heuser's Verl. 2. 40

Michaelis. Ein Beitrag zur Gesch. des 7. Westph. Inf.-Regt. Nr. 56 für das Jahr 1866. Berlin 1867.

Michaelis. D. hygien. Deckg einer i. Osten u. Südosten d. Monarchie operierenden k. k. Armee. (S.-A.) 1884.

Michaelis, Diss. de epilepsia hereditaria, casum exhibens. Duisb. 4°. 1705

Michaelis: Die staatsbürgerliche Erziehung der Jugend in der Fortbildungsschule. Vortrag. (Aus „Fortbildungsschule" 1908 Nr. 19/21.) 4°

Michaelis, Dr., Die Genossenschaften im Leben des Staates und der Gemeinde. 8⁰. Hannover, Göhmannsche Buchdr., 1908. 14 S.

Michaelis (H.). Mein Glaube. Herzens-Ergüsse e. Geistlichen. 1.—16. Tausend. 8. (2 S.) Kaiserslautern 890,91, Gotthold. * — 20

—— dass. — Plakatform. 45×32 cm. Ebd. 891. 1 50

Michaelis, mein Glaube. Herzens-Ergüsse e. Geistlichen. 15. u. 16. Tausend. gr. 8. (2 S.) Kaiserslautern 891. A. Gotthold. n — 20

— **alte u. neue Heilmittel f. schwache u. kranke Nerven. Nebst den erforderl. Heilmethoden u. Tagesregimen f. Nervenschwache. 8. (VIII, 101 S.) Berlin 892. H. Steinitz' Verl. n. 2. —**

Michaelis, die ersten Jahre des königl. preußischen 7. westphälischen Infanterie-Regiments Nr. 56. Berlin 868. Mittler & Sohn. gr. 8. (X, 141 S.) n. 24 ngr.

— **Kampf u. Schutz gegen beginnende Schwindsuchts-Krankheiten d. Kehlkopfs u. der Lungen in 80 Lebensregeln, nebst Tagesdiät. Für Aerzte u. Laien. Mit 2 Abbildgn. 8. (127 S.) Jena 884. Costenoble. n. 1. 20**

Michaelis, die Krankheiten der Athmungsorgane. gr. 8. Elberfeld 876. Berlin, Friedberg und Mode. * 1 50

Michaelis, die Krankheiten der Athmungsorgane. Begriff u. Ziel der heutigen Schwindsuchtslehre in 12 Vorträgen. Mit e. (eingedr. Holzschn.-) Abbildg. gr. 8. (104 S.) Elberfeld 876. Loll. 1. 50

Michaelis, ein Stück Kriegsgeschichte aus den Anfängen des Preußischen Königthums u. ein Blick in die militärische Gegenwart unter Hinweis auf die Bedeutung stehender Uebungs-Lager. Soest 863. (Nasse.) gr. 8. (49 S. u. 1 lith. Taf. in 4.) n. 10 ngr

—— die Leberkrankheiten und Gallenstörungen in diätetischer, hygieinischer und prophylactischer Beziehung. Für Aerzte und Laien in 60 Grundregeln, nebst Tagesdiät. 8. (VIII, 128 S.) Jena 886, Costenoble. *

Michaelis. Ueber die Lehre vom Optativus in der griechischen Syntax. 20 S.
Magdeburg, Kl., Progr. 1851

Michaelis, Lungenemphysem u. Kurzatmigkeit nach ihren hauptsächlichsten Entstehungsursachen u. Rückwirkungen auf den Gesamtorganismus. Diätetisches, mechan. u. prophylakt. Heilverfahren, den substantiellen Verändergn. der Atmungs- u. Kreislaufsorgane entsprechend. gr. 8. (73 S. m. 8 Abbildgn.) Neuwied 893. Heuser's Verl. n. 1. 50

Michaelis, ... (Prof.) Nachbildungen aus d. Deutschen ins Französ., z. belehrenden Unterhaltung f. Gebildete 2c. 2 Bde 8. (Heidelb.) Coblenz 817. Hölscher. 1 ₰ 20 gr (Auch u. d. T.: Choix des différens morceaux de litterature allemande avec la traduction française. 2 Vols.)

Michaelis. Nachweis d. Mangels e. Organisation f. d. Gebirgskrieg. — Vorschläge. 1870.

— Rathgeber f. Herzkranke. Diätetik, Hygieine u. Prophylaxe der Krankheiten u. krankhaften Störgn. d. menschl. Herzens in 60 Grundregeln nebst Tagesdiät. Mit 1 Abbildg. gr. 8. (120 S.) Neuwied 888. Heuser's Verl. 3. —

— Rathgeber f. Herzkranke. Diätetik, Hygieine u. Prophylaxe d. Krankheiten u. krankhaften Störgn. d. menschl. Herzens in 60 Grundregeln nebst Tagesdiät. Mit 1 Abb. (Neue [Titel-] Ausg.) gr. 8. (120 S.) Göttingen (888) 898. Leipzig, O. Borggold. 3. —

— Rathgeber f. Herzkranke. Diätetik, Hygieine u. Prophylaxe der Krankheiten u. krankhaften Störgn. des menschl. Herzens in 60 Grundregeln nebst Tagesdiät. 2. unveränd. [Titel-]Aufl. gr. 8. (120 S.) Leipzig [888.] (899). O. Borggold. n. 3. —

— Rathgeber f. Leberkranke. Diätet., hygiein. u. prophylact. Behandlung d. Krankheiten d. Leber u. Galle. In 60 Grundregeln nebst Tagesdiät. (Neue [Titel-] Ausg.) gr. 8. (116 S.) Ebd. (887) 898. 3. —

— Rathgeber f. Leberkranke. Diätetische, hygiein. u. prophylact. Behandlg. der Krankheiten der Leber u. Galle. In 60 Grundregeln nebst Tagesdiät. 2. unveränd. Titel-]Aufl. gr. 8. (116 S.) Ebd. [887.] (899). n. 3. —

—— Therapeutisches Recept-Taschenbuch. 12. (XXIV, 308 S.) Neuwied 889, Heuser's Verlag. 3 —; geb. * 3 75

— therapeutisches Recept-Taschenbuch. II. Bd. (Suppl.-Bd.) 12. (173 S.) Neuwied 893. Heuser's Verl. n. 2. — (I u. II.: n. 5. —)

Michaelis, Sammlung mehrstimmiger Lieder, besonders zu Schulfesten geeignet. 3. verb. Aufl. gr. 8. (IV, 56 S.) Harburg 874. Elkan. n. - 50

— — Vermischte Schriften. Theil [I.] II. Frankfurt am Mayn 1766. 1769.

Michaelis, ——.
Neueste (Der) deutsche Stellvertreter des indischen Zuckers oder Zucker aus Runkelrüben. 1799.

Michaelis, Tetanus biliosus ex laesione etiam levi. Med. gr. Bibl. Gött. I Bd. II St. Anh.
1786

— Tisch für Lungenkranke, nebst einem Anh.: Schwindsuchtsprophylaxe im kindlichen Lebensalter. Mit 2 (eingedr. Holzschn.-) Abbildungen. gr. 8. (148 S) Elberfeld 878. Loll's Nachf. 3. 60

— die Verdauungsstörungen. Diätetischer, hygiein. u. prophylakt. Rathgeber f. Magenkranke. 8. (191 S.) Jena 888. Costenoble. n. 3. —

Michaelis, was ist Kiautschou wert? Vortrag, geh. in Arnsberg vor d. „Wissenschaftl. Verein" daselbst am 8. VI. 1898. gr. 8. (27 S.) Berlin 898. D. Reimer. n. — 50

Michaelis, der Wert der einzelnen Persönlichkeit. Vortrag, geh. beim 10. Jahresfest des christl. Vereins junger Männer in Breslau. (16 S.) kl. 8. Breslau 905. Ev. Buchh. n. — 25

Michaelis, v., Premier-Lieutenant. Ein Zeugniß über das Auftreten einiger in Berlin zurückgebliebenen Abgeordneten — Druck von J. F. Starcke in Berlin. 1 Bl. 8.
Flugblatt. Berlin, 28. Nov. 1848.

Michaelis, A., Einführung in die allgemeine Chemie und die physikalisch-chemischen Operationen. Besonderer Abdr. der Einleitung zur 5. Aufl. von Graham-Otto's ausführl. Lehrbuchs der anorgan. Chemie. gr. 8. (IX, 289 S. mit zahlreichen in den Text eingedr. Holzschn. und mehreren Taf., zum Theil in Farbendr.) Braunschweig 879, Vieweg und Sohn. *

Michaelis, A. Der Fußboden d. Kaserne. (S.-A.)

Michaelis, A., ausführliches Lehrbuch der anorganischen Chemie, s.: Graham-Otto's ausführliches Lehrbuch der Chemie.

Michaelis, A., Repetitorium u. Examinatorium der Botanik. 8. (VIII u. 180 S.) Tübingen 851, Laupp. 2/3 ₰

Michaelis, A., Repetitorium und Examinatorium der Botanik. 2. (Titel-) Ausg. Tübingen (851.) 858. Laupp. 8. (VIII, 180 S.) 20 ngr

—— Repetitorium und Examinatorium der Chemie. 1. Bdchn.: Anorganische Chemie. 8. (VI und 199 S. mit 4 Tab. in Fol.) Tübingen 850, Laupp'sche Buchh.

—— dass. — 2. Bdchn.: Organische Chemie. 8. (VI und 174 S. mit 2 Tab. in Fol. und qu. Fol.) Ebds. 850.

Michaelis, A., Unterricht im deutschen Styl u. zur Abfassung schriftl. Aufsätze, mit Musterschr. Ein Hand- u. Hülfsbuch für Stadt- u. Landwirthe. 8. Leipz. 805. Joachim. 1 ₰ 8 gr

Michaelis, Adolf

— Anaglyphum Vaticanum. ed. et explic. A. Michaelis. Pr. 1865. 21 S. u. 3 T. 4°.

Michaelis, Adf., Strassburger Antiken. Festgabe f. die archaeolog. Section der XLVI. Versammlg. deutscher Philologen u. Schulmänner, dargeboten v. dem kunstarchaeolog. Institut der Kaiser-Wilhelms-Universität Strassburg. Lex.-8. (39 S. m. 45 Abbildgn.) Strassburg 901. K. J. Trübner. n. 5. —

— s.: **Arx, Athenarum.**

Michaelis, A., De auctoribus, quos Horatius in libro de arte poetica secutus esse videatur. Gel. 1857 35 S. 4°.

— Georg Zoega's Betrachtungen über Homer. gr. 8. (S. 1—12 m. 1 Bildnis.) Strassburg 901. K. J. Trübner. n.n. — 50

Sonderabdruck aus: „Strassb. Festschrift z. 46. Versammlg. deutscher Philologen u. Schulmänner".

Michaelis, A., Die Bildnisse des Demosthenes. S.-A. 1887. 30 S. u. 8 Taf.

Michaelis, A., Die Bildnisse des Thukydides. Gel. 1877. 19 S. u. 2 Taf. 4°.

Michaelis Adf. Die Bildnisse des Thukydides Ein Beitrag zur griechischen Ikonographie. Strassburg Schulz 1877 4

Michaelis, Adf., s.: **Codex Escurialensis.**

Michaelis, (A.) Corpus juris etc., s. Corpus.

— die archäologischen Entdeckungen des 19. Jahrh. (VIII, 325 S.) gr. 8. Leipzig 906. E. A. Seemann. n. 5. 20; geb. n. 6. —

— Ueber die Entwickelung d. Archäologie in uns. Jahrhundert. Gel. 1881. 27 S.

Michaelis, Ad., Entwurf einer Darstell. d. öffentl. Rechte d. deutschen Bundes u. d. deutschen Bundesstaaten. 8. Tübing. 820 Laupp. 5 gr.

Michaelis, Adolph [Praes.], s. Faber, Gustav Friedrich Partem generalem doctrinae de mercatura procuratoria.

Michaelis, Ad., s.: **Führer** durch d. archäolog. Museum d. Kaiser-Wilhelms-Universität Strassburg.

MICHAELIS, Adr.: Grundriss d. württemberg. Privatrechts. Zum Gebr. bei academ. Vorträgen. *Tübingen*, Osiander. 828. gr. 8. (7 Gr.)

Michaelis, Ado., Grundriß d. württemberg. Privatrechts. Zum Gebr. bei akadem. Vorträgen. gr. 8. (3½ B.) Tübingen 829, Osiander.

—— Grundriß zu Vorlesungen über das württembergische Privatrecht. 2. Aufl. gr. 8. (50 S.) Tübingen 833, Buchhandlung Zu Guttenberg.

—— Grundriss d. deutschen Staats- u. Rechtsgeschichte. Zum Gebr. f. akadem. Vorlesungen. 8. (2½ B.) Tübingen 833, Fues.

Michaelis, Adph., Grundriß zu Vorlesungen über die Encyklopädie des Württembergischen Civil- und Criminalprocesses. Tübingen 853. Buchhdlg. Zu-Guttenberg. 8. (15 S.) n. 4 ngr.

Michaelis, Ad., Grundriss zu Vorlesungen üb. das gemeine deutsche u. d. württemberg. Lehenrecht. Zum Gebrauche bei akadem. Vorlesungen. 2. Aufl. gr. 8. (2 B.) Tübingen 815, Laupp'sche Buchh.

MICHAELIS, Adf.: Grundr. zu Vorles. üb. das deutsche Privatrecht. *Tüb.*, Laupp. 819. 8. (6 Gr.)

Michaelis, Adph., Grundriß zu Vorlesungen üb. das gemeine deutsche Privatrecht. 3. Aufl. gr. 8. (52 S.) Tübingen 847, Laupp. n. ⅓ ß

Michaelis, Ado, Grundriß zu Vorlesungen üb. d. gem. deutschen u. d. württemberg. Civilproceß. gr. 8. (1½ B.) Tübingen 839, Laupp'sche Buchh.

—— rechtl. Gutachten d. Juristen-Facultäten in Tübingen 2c., s. Gutachten.

Michaelis, Adf., Handbuch d. Kunstgeschichte, s.: Springer, Ant.

Otto Jahn, geb d. 16. Juni 1813 — gest. d. 9 Sept. 1869, v Adolf Michaelis. Leipzig. [1881] 8°

Autorisierter Abdruck aus der „Allgem. deutschen Biographie".

Michaelis, Adf., Jahresbericht, s.: Schriften der wissenschaftl. Gesellschaft in Strassburg.

Adolf **Michaelis.** Ein Jahrhundert kunstarchäologischer Entdeckungen. 2. Aufl. Mit 1 Bilde C. T. Newtons. Leipzig: E. A. Seemann 1908. (XI, 365 S.) 8°

Die 1 Aufl. erschien u. d. T: Die archaeolog. Entdeckungen d. 19. Jhs von Michaelis. [08, 8923

Michaelis, A., Inscriptiones tabulae Iliacae. 1858. 28 S. —.75

Michaelis, Adolph [Praes.], s. Knoeple, Johann Baptist: Num remedium restitutionis in integrum extraordinarium in processu communi Germanico remedium sit mere subsidiarium.

Michaelis. A., Ueber die Composition der Giebelgruppen am Parthenon. Pr. 1870. 29 S. u. 1 Taf. 4°. 1.50

Drei alte Kroniden. Eine Frage Johannes Vahlen vorgelegt von Adolf **Michaelis.** 27 Sept. 1900. *Strassburg: Strassb. Dr. u. Verlagsanst. (1900).* (10 S.) 4° [01. 1827

Michaelis, Adf., altattische Kunst. Rede zur Feier d. Geburtstages Sr. Maj. d. Kaisers, am 27. Jan. 1893 in der Aula der Kaiser-Wilhelms-Universität Strassburg. geh. gr. 8. (39 S.) Strassburg i/E. 893. J. H. E. Heitz. n. — 80

Michaelis, Ad., Michelangelos Leda und ihr antikes Vorbild, s. Festgruss, Strassburger, an Anton Springer.

[F.] Julie Michaelis geb. Jahn und die Ihren. Familienerinnergn … [Vf.: Prof. Adolf **Michaelis.**] Als Hs. gedr. *Leipzig: Dr. v. Breitkopf & Härtel 1893.* (XIII S., 1 Bl., 170 S., 1 Bl., 4 Portr., 2 Portr.-Taf., 1 Taf., 3 Tab.) 1 Bd 8. [52. 3435

Michaelis, Adolf, s. Nothomb: Darstellung der … Begründung d. Königreichs Belgien.

Michaelis, Adolph, Commentatio exhibens observationes de ordine succedendi juris feudalis Longobardici. Stuttgart (J. G. Cotta) 1818. 55 S. (4.—) 23276

Gew.: Gustav Hugo.

MICHAELIS, A.: Obss. de ord. succedendi jur. feud. longobard. *Stuttg.*, Löfflund. 818. 4. (8 Gr.)

— — comment. exhibens observationes de ordine succedendi juris feudalis longobardici. 4maj. Stuttg., Cotta. 819.

— Eine Originalzeichnung des Parthenon v. Cyriacus von Ancona. S.-A. 1888. 9 S. u. 1 Taf. 4°.

Michaelis, Adf., der Parthenon. Lex.-8. (XVI, 370 S. m. e. Steintaf. in qu. Fol.) Mit Atlas. gr. Fol. (15 Steintaf. in Imp.-Fol.) Leipzig 871. Breitkopf & Haertel. n. 30. —

—— die Protokolle d. hohen deutschen Bundesversammlung. Eine publizist. Betracht. gr. 8. (4 B.) Erlangen 829, Palm u. Enke.

— The metrological relief at Oxford. S.-A. 16 S.

Michaelis, Adf., Rückblick auf das erste Jahrzehnt der Kaiser-Wilhelms-Universität Strassburg. Rede, geh. am 1. Mai 1882. gr. 8. (32 S.) Strassburg 882. Trübner. n. — 80

— Der Sänger unter den Satyren. S.-A. 1877. 4 S. m. 1 Taf. 4°.

Michaelis, Adf. (II.), das corsinische Silbergefäss. 4. (20 S. mit 2 Stat.) Leipzig 859, Breitkopf und Härtel.

— Tre statue Policletee. S.-A. 1878. 80 S. u. 3 T.

— Storia dell' Instituto Archeologico Germanico 1829—1879. S.-A. 1879. 168 S.

Michaelis, Adf., Thamyris u. Sappho auf einem Vasenbilde. Leipzig 865. Breitkopf & Härtel. gr. 4. (18 S. mit 1 Steintaf. in qu. Fol.) n. 20 ngr

Das Verhalten der Strassburger philosophischen Fakultät im Falle Spahn von Ad[olf] **Michaelis**, Prof., Strassburg. *(Homburg [1901].)* (7 S.) 8° [Umschlagt. J.]
Aus: Der Lotse. Jg. 2. [illegible]

Michaelis, Adf. (I.), die staatsrechtlichen Verhältnisse der Fürsten und Grafen Herren v. Schönburg, s. Archiv für das öffentliche Recht des deutschen Bundes.

Michaelis, A., Die staatsrechtlichen Verhältnisse der Fürsten und Grafen, Herren von Schönburg. Giessen 1861. 8.

Michaelis, A., Die Verurtheilung des Marsyas auf einer Vase aus Ruvo. Gel. 1864. 18 S. m. 2 Taf. 4°.

Michaelis, Ad., Verzeichniss der Abgüsse griechischer und römischer Bildwerke im kunstarchaeologischen Institut der Kaiser-Wilhelms-Universität Strassburg .... Strassburg, Verl. v. Karl J. Trübner, 1887; 3 Bl. + 69 S. 8°.
Strassburg, Phil. Fak., Inaug.-Diss. v. 1887.

Michaelis, Ad., Votum über den Reichsgräflich Bentinck'schen Erbfolgerechtsstreit. gr. 8. Tübingen 841, Laupp'sche B. n. $^2/_3$ ₰ — 2. Hft. gr. 8. Ebend. 841. n. $^2/_3$ ₰ — 3. Hft. a. u. d. T.: Ueber die gegenwärtige Lage des Reichsgräfl. Bentinck'schen Erbfolgerechtsstreites. gr. 8. Ebend. 845. n. $^1/_2$ ₰

—— Votum über den reichsgräflich Bentinck'schen Erbfolgerechtsstreit. 4. Heft. A. u. d. T.: Beiträge zur Lehre vom hohen Adel in Deutschland und der Lehenfolgefähigkeit der durch nachfolgende Ehe legitimirten Kinder. gr. 8. (XXX und 59 S. mit 2 Tab.) Tübingen 848, Laupp'sche Buchh. *
1—3. Heft. Ebendas. 1841—45. * 1 Thlr. 25 Ngr.

— über den jetzigen Zustand der Akropolis von Athen. Zur Begleitung des Planes derselben in „Pausaniae descriptio arcis Athenarum ed. Otto Jahn. Taf. 1. 2." Frankfurt a. M. 861. Sauerländer's Verlag. gr. 8. (28 S.) 6 ngr

Michaelis, Adolf Alfred

Michaelis, Ad. Alf., Aconitum als Heilpflanze. Eine botanisch-medizin. Abhandlg. [Aus: „M., Pflanzenheilkunde".] (VIII, 96 S. m. 1 farb. Taf.) gr. 8. Halle 903. Gebauer-Schwetschke. n. 1. —

Michaelis, Ad. Alf., Anweisung, die Hämorrhoiden d. homöopath. Arzneimittel gründlich u. sicher zu heilen. 8. (III, 21 S.) Leipzig-R. 893. Cassel, A. A. Michaelis. n. — 50

Michaelis, Ad. Alf., Anweisung, die Hämorrhoiden durch homöopathische Arzneimittel gründlich u. sicher zu heilen. Eine neue Methode zur Belehrg. u. Selbsthilfe. 8. (III, 21 S.) Leipzig-R. 893. R. Michaelis. n. — 50

— Anweisung, Schlaflosigkeit u. krankhaften Schlaf auf homöopath. u. hygienisch-diätetische Weise zu heilen. gr. 8. (40 S.) Ebd. 894. n. — 80

Michaelis, Ad. Alf., Arnica montana (nebst Calendula u. Hypericum) als Heilpflanze. Eine botanisch-medizin. Abhandlg. gr. 8. (V, 47 S. m. 1 farb. Taf.) München 894. Regensburg, Nationale Verlagsanstalt. n. 1. 20

— vermischte medizinische Aufsätze physiolog. u. therapeut. Inhalts. (Der Schnupfen. Physiologisches üb. d. Atmg. D. Erbrechen d. Schwangeren. Diabetes mellitus [Zuckerharnruhr].) gr. 8. (63 S.) Leipzig-Reudnitz 897. (R. Michaelis.) 1. 50

— Belladonna (Atropa Belladonna) als Heilpflanze. E. botanisch-medizin. Studie. 8. (52 S. m. 1 Farbdr.) Berlin 897. F. v. Porbandt & Co. 1. 20

Belladonna '(Atropa Belladonna)' als Heilpflanze. E. botan.-medizin. Studie v. Ad[olf] Alf[red] **Michaelis**. M. 1 Abb. in Farbendr. *Berlin: Pionier 1897.* (52 S., 1 Taf.) 1 Bd 8. [97. 7773]

— Bryonia alba als Heilpflanze. Mit e. Anh. über verwandte Medizinalpflanzen. Eine botanisch-medizin. Abhandlg. gr. 8. (VIII, 93 S. m. 1 farb. Taf.) Hildburghausen (900). F. W. Gadow & Sohn. n. 2. —

— Erfahrungen auf dem Gebiete d. Heilkunde, nebst e. wissenschaftl. Begründung des homöopath. Heilverfahrens. Therapeutische Winke u. Ratschläge. gr. 8. (111 S.) Ebd. (902). n. 2. —

— alltägliche Erkrankungsfälle. Eine allg. homöopath. Therapie z. Selbsthilfe f. Jedermann. 8. (VIII, 120 S.) Leipzig-R. 891. Cassel, A. A. Michaelis. n. 1. 20

Michaelis, Ad. Alf., alltägl. Erkrankungsfälle. Eine allgem. homöopath. Therapie zur Selbsthilfe f. Jedermann. 2. Aufl. (VIII, 120 S.) 8. Leipzig-R. 909. A. Michaelis. 1. 20

— 100 medizinische Fragen u. ihre Beantwortung. 8. (61 S.) Ebd. 898. n. 1. —

— medizinisches Fremdwörterbuch. Erklärung der wichtigsten medizin. Kunstausdrücke. Eine medizin. Terminologie. 8. (59 S.) Leipzig-Reudnitz 898. (R. Michaelis). n. 1. —

— Medizin. Fremdwörterbuch. Erklärung der wichtigsten medizin. Kunstausdrücke. Eine medizin. Terminologie. 2. erweit. Aufl. (65 S.) 8. Ebd. 907. 1. 20

— das Gesetz der Zweckmaessigkeit im menschlichen Organismus systematisch beleuchtet. Eine anatomisch-physiolog. Abhandlg. als natürl. Teleologie. gr. 8. (XII, 163 S.) Berlin 899. H. Bermühler. n. 5.—

Gewürze und Gewürzpflanzen nach ihrer Bedeutung als Genuss- und Heilmittel. Eine diätet.-medizin. Studie von Ad[olf] Alf[red] Michaelis. Berlin: Redepenning 1910. XX, 93 S. 8° A 11.310

— Die bekanntesten deutschen Giftpflanzen nach ihren botanischen u. medizinischen Eigenschaften. gr. 8. (IV, 54 S. m. 16 farb. Taf.) Erlangen 892, Junge. * 1 80

— Gonorrhoea urethrae (Harnröhren-Tripper), ihre Behandlg. u. Heilg. in neuer Methode. gr. 8. (XVI, 173 S.) Ebd. 896. n. 3.—

Grundzüge einer Allgemeinen Hygiene. Erfahrungen u. Thatsachen aus d. Gebiete d. Gesundheitspflege. Mitgeteilt von Ad. Alf. Michaelis. *Berlin: H. Bermühler 1899.* (153 S.) 8° [F.] [01. 8790

— der Haarausfall u. verwandte Haarleiden, ihre Ursache, Verhütg. u. Heilung. gr. 8. (VIII, 110 S.) Arnstadt 899. Cassel, A. A. Michaelis. n. 2.40

— Hautschäden u. Schönheitsfehler, ihre Behandlg. u. Heilg. auf unblutige Weise. Eine allgem. Kosmetik. 8. (147 S.) Ebd. 899. n. 3.—

— die Heilung der Lungenschwindsucht durch homöopathische Arzneimittel. 8. (24 S.) Leipzig-R. 893. R. Michaelis. n. —60

— die Heilung der Lungenschwindsucht durch homöopath. Arzneimittel. 2. erweit. Aufl. 8. (32 S.) Ebd. 899. n. 1.—

— Die Heilung der Lungenschwindsucht durch homöopath. Arzneimittel. 3. erweit. Aufl. (45 S.) 8. Leipzig-R. 907. A. Michaelis. 1.20

Hygiene des Rauchens und der Tabak (Nicotiana tabacum) nach s. botan., chem. u. medicin. Eigenschaften u. Wirkungen. Eine physiolog.-medicin. Abhandlung von Ad[olf] Alf[red] Michaelis. Mit 1 Abb. Leipzig: Grieben 1894. 77 S. 8° [10. 11793

— der Kaffee (Coffea arabica) als Genuß- u. Heilmittel nach seinen botanischen, chemischen, diätetischen u. medizinischen Eigenschaften. Eine diätetisch-medizin. Abhandlg. gr. 8. (53 S. m. 1 Taf.) Erlangen 894. Fr. Junge. n. 1.—

— Die Krankheitszeichen aus d. männl. u. weiblichen Harn- u. Geschlechtsorganen. [Aus: „Semiotik".] (XII, 248 S.) gr. 8. Aken 907. Krapf & Nestler. 3.—; kart. 3.50

— Lebensdauer, Alter u. Alterskrankheiten. Erwerbg. v. Langlebigkeit, körperl. u. geist. Frische bis in d. hohe Alter. (Physiologische, patholog. u. makrobiot. Aufzeichnungen.) (177 S.) 8. Rostock (909). Eichemeyer & Fett. 3.—

Michaelis, Ad. Alfr., Lebensregeln zur Erhaltung u. Wiederherstellung der Gesundheit. 12. (24 S.) Leipzig-Reudnitz 890. R. Michaelis. n. —60

— Die Migräne (einseitiger Kopfschmerz), s.: Sammlung Mejo. 10.

— die Milch. Ein großes Nahrungs- u. Heilmittel. (XIII, 190 S.) gr. 8. Stuttgart 906. Verlags- u. Handelsdruckerei, H. Bleher. Geb. n. 4.—

— s.: Monatshefte, medizin., f. Homöopathie.

— die Öle (Oleosa) als Arznei- u. Volksheilmittel. Therapeutisch-pharmazeut. Mitteilgn. gr. 8. (VI, 80 S.) Leipzig-R. 894. R. Michaelis. n. 1.50

— die Onanie (Masturbation). Ihre Ursachen, Folgen u. sichere Erkennung. Ein Mahnwort f. Eltern, Erzieher u. Die es angeht. 8. (IV, 48 S.) Leipzig (902). Ernst. 1.—

Pflanzen und Kräuter als Volksheilmittel. Unter bes. Berücks. d. wissensch. Forschungen u. ärztl. Erfahrungen d. Neuzeit nach zuverläss. Quellen bearb. von Ad. Alf. Michaelis. *Halle a. S.: Gebauer-Schwetschke 1903.* (x, 160 S.) 8° [F.]
— Michaelis: Pflanzenheilkunde. T. 1. [03. 1078 3

Michaelis, Ad. Alf., Pflanzenheilkunde. Pflanzen u. Kräuter als Volksheilmittel. Unter besond. Berücksicht. der wissenschaftl. Forschgn. u. ärztl. Erfahrgn. der Neuzeit nach zuverläss. Quellen bearb. 2 Tle. in 1 Bde. (I. Allgemeiner Tl. — II. Angewandter Tl. Aconitum als Heilpflanze.) gr. 8. (X, 160 u. VII, 96 S. m. 1 farb. Taf.) Halle 903. Gebauer-Schwetschke. n. 2.40; geb. n. 3.—

— der Phosphor, e. grosses Heilmittel. Nach seinen physiolog. u. therapeut. Wirkgn. beleuchtet. gr. 8. (102 S.) Hildburghausen (900). F. W. Gadow & Sohn. n. 2.—

— Pulsatilla (Anemone, Osterblume) als Heilpflanze. Eine botanisch-medizin. Studie. gr. 8. (VII, 63 S. m. 1 farb. Taf.) Ebd. (900). n. 1.60

Michaelis, Ad. Alf., der Schlaf nach seiner Bedeutung f. den gesunden u. kranken Menschen. Eine physiologisch-patholog. Abhandlg. gr. 8. (VIII, 126 S.) Leipzig-R. 894. R. Michaelis. n. 2.—

— der Schmerz, e. wichtiges diagnostisches Hilfsmittel. Eine Schmerz-Theorie. (VIII, 117 S.) gr. 8. Leipzig 905. Verlag der Monatsschrift f. Harnkrankh. n. 3.—

— Semiotik od. die Lehre v. den Krankheitszeichen. Eine gemeinverständl. Diagnostik u. Prognostik. (XIX, 792 S.) gr. 8. Aken 907. Krapf & Nestler. 10.—; geb. 12.—

Michaelis, Ad. Alf., stammt der Mensch vom Affen ab? Gemeinverständl. Descendenz-Theorie. (XIV, 203 S. m. 2 Taf.) gr. 8. Langensalza 909. Verl. Gesundes Leben. 2.—

— d. Syphilis, ihre erfolgreiche Behandlg. u. sichere Heilg. Eine Spezial-Therapie. gr. 8. (XVI, 164 S.) Leipzig-Reudnitz 896. (R. Michaelis.) n. 3.—

— Todes-Prognosen od. wann stirbt der Mensch? (VIII, 140 S.) gr. 8. Leipzig 904. H. Hedewig's Nachf. n. 1.80

— Todes-Prognosen od. wann stirbt der Mensch? 2. [Titel-]Aufl. (VIII, 140 S.) gr. 8. Leipzig (908). H. Hedewig's Nachf. 1.80; geb. n 2.50

— die männliche u. weibliche Unfruchtbarkeit (Sterilität) Ihre Ursachen, Behandlg. u. Heilung. 8. (VIII, 98 S.) Leipzig (902). Ernst. 1.50

— die Verdauungsstörungen u. ihre Heilg. durch homöopathische Mittel, in neuer Methode populär dargelegt. Eine Spezial-Therapie f. Magenkranke. 8. (VIII, 77 S.) Leipzig 889. G. Engel. n. 1. 20

— gemeinverständliche Vorträge üb. Homöopathie u. Heilkunde. 1. Hft. 8. (31 S.) Ebd. 894. — 50

— gemeinverständl. Vorträge üb. Homöopathie u. Heilkunde. II. u. III. Hft. 8. (23 u. 32 S.) Ebd. 896. à n. — 50

— die physiologischen u. therapeutischen Wirkungen d. Jod u. der Jod-Verbindungen. Eine Spezial-Arzneimittellehre zur Heilg. vieler Krankheiten. gr. 8. (VII, 43 S.) Erlangen 892. F. Junge. n. — 80

— Wissenswertes f. Gesunde u. Kranke. Zwanglose Betrachtgn. (VII, 96 S.) 8. Cassel (910). Buchdr. Gutenberg. 1. 50

Michaelis, (Rud.) Albertus (geb. Cottbus 28. 12. 1841): De eclampsia gravidarum et parturientium. Berolini (1864). (32 S.) 8°
Berlin, Med. Diss. v. 19. März 1864

Michaelis, Albert: Ueber chronische Milztumoren im Kindesalter. Halle a. S. 1883: Plötz. 26 S. 8°
Halle-Wittenberg, Med. Diss. v. 17. Juli 1883
Geb. Stettin 23. 11. 1858. V.

Michaelis, Albert Carl Jul., *Dr.*, *k. k. Oberfeldarzt etc.* Compendium der Lehre von der Syphilis und der damit zusammenhängenden ähnlichen Krankheiten und Folgezustände für prakt. Aerzte und Studierende. *Wien* 1859. *W. Braumüller*. XV, 379 S., 2 Bl., 8°. 3 fl. 30 kr.

Michaelis, A. C. J., Compendium der Lehre von der Syphilis u. der damit zusammenhängenden ähnlichen Krankheiten u. Folgezustände. Für prakt. Aerzte u. Studirende. 2., umgearb. u. durch zahlreiche Zusätze verm. Aufl. Wien 865. Braumüller. gr. 8. (XVI, 367 S.) n. 2 *ß* 10 *ngr.*

Michaelis, Alfr., musikalische Aufgaben zur schriftlichen Bearbeitung, nebst kurzen textl. Erläutergn., v. den ersten Anfängen durch alle Stufen der Harmonie fortschreitend. Eine prakt. Beigabe zu der „Allgemeinen Musiklehre". gr. 8. (VIII, 137 S.) Braunschweig 889. M. Kott. 3. —

Vermischte Aufsätze über Musik belehrenden, unterhaltenden u. biogr. Inhalts nebst Grundlage zu e. musikal. Physiologie. Von A[fred] **Michaelis**. Leipzig: R. Kühn 1895. (142 S.) 8° 107. 17879

Michaelis, Alfred, Gerichtsref.: Der **Begriff** der 'Geschäftsbesorgung' in § 675 des Bürgerlichen Gesetzbuchs für das Deutsche Reich. *Bochum 1902: A. Stumpf Nachf.* (42 S.) 8° [F.]
Rostock, Jur. Diss. v. [25. Mai] 1902

— 70 signierte Choräle m. je 1, 2, 3 u. mehr bezifferten Bässen als Uebungen u. vergleichende Studien im Choralsatze, m. kurzen textl. Erläutergn., zum Gebrauche beim Orgel- u. Harmonieunterrichte, sowie im Gottesdienste. gr. 8. (X, 64 S.) Ebd. 889. n. 1. 50

Michaelis, Alfr., 62 Choräle nebst kontrapunkt. Bearbeitgn., f. 3- u. 4stimm. Männerchor. Op. 20. gr. 8. (62 S.) Wolfenbüttel 889. Zwissler. n. 1. —

Michaelis, Alfr. 42 Choräle nebst kontrapunkt. Bearbeitgn., f. 3- u. 4stimm. Männerchor. Op. 20. gr. 8. (62 S.) [Wolfenb. 889, Zwissler.] Lpz., C. F. W. Siegel. * 1 —

— Frauen als schaffende Tonkünstler. Ein biograph. Lexikon. 8. (VIII, 49 S.) Leipzig-Reudnitz 888. R. Michaelis. n. 1. 20

— allgemeiner Führer durch die Musik-Litteratur unter besond. Berücksicht. der Werke lebender Meister, sowie wenig gekannter Musikgattungen. 12. (68 S.) [Halle 888.] Leipzig, Michaelis. *

— Die Grundlehre der Harmonie. Ein Führer durch den Dreiklang u. Septimenakkord m. schriftl. Übungsaufgaben zur schriftl. Bearbeitg. 12. (VIII, 100 S.) Lpz. 892, Verlags-Institut. * 1 20
geb. 1 50

— d. Grundlehren d. Harmonie. Ein Führer durch d. Dreiklang u. Septimenakkord m. Übungsaufgaben zur schriftl. Bearbeitg. 2. (Titel-) Aufl. 12. (VI, 100 S.) Ebd. (892) 895. n. 1. 20; geb. n. 1. 50

— neue Ideen zur gesanglichen u. harmonischen Behandlung der Choral-Melodie f. den Gesangsunterricht u. den gottesdienstlichen Gebrauch. Lex.-8. (IV, 47 S.) Hannover 891. L. Oertel. n. 2. —

— theoretisch-praktisches Lehrbuch der Harmonie u. d. Generalbasses m. zahlr. Notenbeispielen u. Übungsaufgaben zum Gebrauche f. Konservatorien, Seminarien u. den Selbstunterricht. Lex.-8. (X, 235 S.) Hannover 885. L. Oertel. n. 4. 50; geb. n. 5. 50

Michaelis, Alfr., die Lehre vom einfachen, doppelten, drei- und vierfachen Contrapunkte unter besond. Berücksicht. des vielstimmigen und Vokal-Satzes. 2 Tle. Lex. 8. Leipzig, Merseburger. à Tl. *M* 2.25.

Inhalt:

Tl. 1. Der einfache Contrapunkt. (IV, 83 S.) 885.
» 2. Der doppelte, drei- und vierfache Contrapunkt. (IV, 74 S.) 886.

Michaelis, Alfr., die Lehre v. der freien u. strengen Nachahmung. Studien in den höhern Formen d. Tonsatzes. gr. 8. (V, 128 S.) Leipzig 886. Merseburger. 3. —

Michaelis, Alfr., Melodielehre, nebst einleitenden prakt. Akkordstudien. 8. (VII, 152 S.) Leipzig 887, J. H. Zimmermann. geb. *

— **allgemeine Musiklehre. 8. (VI, 114 S.) Leipzig 886, Merseburger.** *

— **eine Notenschrift auf Grund des modernen Tonsystems, enthaltend das vollständ. Alphabet. Zur Korrespondenz erfunden. qu. 8. (24 S.) Halle 887, A. Michaelis.**

— e. Notenschrift auf Grund d. modernen Tonsystems, enth. das vollständ. Alphabet. Zur Korrespondenz erfunden. qu. 8. (24 S.) Leipzig-Reudnitz 887. R. Michaelis. 1. —

Michaelis, Alfr., die Rechtsverhältnisse der Juden in Preussen seit dem Beginne des 19. Jahrh. Gesetze, Erlasse, Verordngn., Entscheidgn. (XV, 744 S.) 8. Berlin 910. L. Lamm. Geb. in Leinw. 10.—; in Halbfrz. 11. —

— Speziallehre vom Orgelpunkt. Eine neue Disziplin der musikal. Theorie als Vorstufe zur Fuge. Lex.-8. (VII, 128 S.) Hannover 889. L. Oertel. n. 3. —; geb. n. 4. —

—— theoretisch-praktische Vorstudien zum Kontrapunkte und Einführung in die musikalische Komposition mit zahlreichen in den Text gedr. Notenbeispielen zum Gebrauche für Konservatorien, Seminarien und den Selbstunterricht. Lex.-8. (VI, 160 S.) Hannover 885, Oertel. * geb. *

— **Andreas** (Zittau/Lausitz), De morte ac vita fidelium cum Christo, Ex Rom. VI. c. 8. Präs. Gottlieb Wernsdorf. Wittenberg (Gerdes) 8. III. 1703. (4.50) 23277

Michaëlis, Anna. Zum hundertsten Geburtstag von Schillers Tell. 17. März 1904 (— 1804 Erstaufführung in Weimar). [Mit Vignette.] IV + 50 S. 8. Bern, K. J. Wyss, 1904. [fr. 1.—]
S. 17—50: aus Aegidii Tschudii Chronicon Helveticum.

Michaëlis, Anna, Gedichte. 8. (88 S.) Baden-Baden 898. E. Sommermeyer, Verl. n. 2.—; geb. in Leinw. m. Goldschn. n. 3.—

Michaëlis, Anna, artige Kinder. Ein Bilderbuch in Versen. Mit 6 feinen Farbendr.-Bildern von H. Issel. 4. (III, 20 S. m. Abbildgn.) Stuttgart (900). Fleischhauer & Spohn. Geb. n. 4.—

Michaëlis, A., die Reise durch die Welt in Versen. 1 Bd. Die Reise durch Deutschland, m. 1 Karte. Zur Belehrg. u. Unterhaltung f. die Jugend. schmal gr. 8. (64 S.) Stuttgart 900. Fleischhauer & Spohn. n. — 80

— aus der Kindheit Tagen, s.: Kocher, Jul.

Michaëlis, Anna, von Nah u. Fern. Erinnerungsblätter. (60 S.) 8. Baden-Baden 908. E. Sommermeyer. 2.—

— wie's im Sprichwort heißt, s.: Kubel, Otto.

Michaelis, Arth., unsere Lieblings-Opern, s.: Burkhardt, Max.

Michaelis, A[ugust], Dr.: Über die Chloride und Oxychloride des Schwefels. ⟨Mit 1 lithogr. Taf.⟩ 1873. 42 S., 1 Taf. 8⁰
¶ Aus: J. Liebig's Annalen d. Chemie u. Pharmacie. Bd 170. N. R. Bd 94.
Karlsruhe Te. H., Hab.-Schr. v. 17. 11. 1873

Michaelis, August, Dr., d. Z. Rektor der Universität: Die Entwicklung der Chemie in der neueren Zeit. Rostock 1906: Adler. (27 S.) 8°
Rostock, Rede zur Feier des 28. Febr. 1906

— **August Benedikt,** De archicapellano imperatricis Augustae qua viro clarissimo atque doctissimo domino Johann Philipp Carrach .... gratulatur. Diss. epistolica. Halle / Saale (J. Fr. Grunert (Aug. 1750). (4.50) 23278

— — Diss. jur. ecclesiastici eaque inaug. de beneficio a latere. Halle/Magdeburg (J. Fr. Grunert) Sept. 1753. 16 S. (4.—) 23279

— — Dasselbe. Halle/Magdeburg (J. Fr. Grunert) Sept. 1753. 16 S. (4.—) 23280
Widm. v.: Johann Tobias Carrach, J. L. Homeyer.

Einleitung zu einer volständigen Geschichte der chur- und fürstlichen Häuser in Teutschland. Durch August Benedict **Michaelis.** Th. 1. 2. — Lemgo: Meyer 1759—60. 8° (4°)

Michaelis, Aug. Bdkt., († 1768.) Einleit. z. e. Geschichte d. Kurf. u. Fürstl. Häuser in Deutschland. 3 Thle. (3r Theil fortgesetzt v. J. W. Hamberger.) gr. 4. Lemgo 759—85. Meyer. 8 ℔ 16 g.

Michaelis, August Benedict. Einleitung zu einer vollständigen Geschichte der Chur- u. Fürstl. Häuser in Deutschland. Lemgo 1759—85. V (Bd. 3): *Hamberger, Julius Wilhelm.* (Ky) (Dn)

— Gedanken üb. d. vornehmsten Fehler heutiger Geschichtsschreiber. 4. Hamb. 761.

— — De historia literaria historiae civilis Germanicae diligentius colenda disserit et lectiones per instans semestre habendas. Göttingen (Hager) (12. X.) 1554 (am Schluß der Arbeit 1754). 12 S. (4.50) 23281

— Samml. e. d. Stadt Elrich betreff. Urkunden. 4. Halle 752.

Michaelis, Aug. Bened., Diplomatische Stiftshistorie von Lebus, worin das Leben der an dieser hohen Stiftskirche gestandenen Bischöfe beschrieben, auch die Domprobste, Dechante u. Domherren angezeigt werden. M. verschiedenen ungedr. Urk. erl. Göttingen 1756. 8⁰.

— Vorzüge, welche die neuen Geschichtschreiber üb. die in den ältern u. mittlern Zeiten erhalten. 4. Hamb. 762.

Michaelis, Aug. Heinr., s. *Lectiones* latinae.

Michaelis, B. a St. Cath., trinum perfectum, via, veritas, vita. V Tmi. fol. Augsb. 713.

Michaelis, C., die chemischen Grundsätze des Ackerbaus nach Liebig u. A. Für gebildete Landwirthe. 8. (10 B.) Grimma 845, Verlags-Comptoir.

—— Katechismus der Ackerbauchemie f. Landwirthe u. Ackerbauschüler. gr. 16. (5¼ B.) Grimma 845, Verlags-Comptoir. -

Michaelis, C. C., kurze Mittheilung eines prakt. und dabey sichern Vortheiles beym Nivelliren oder Wasserwägen. Mit 1 Kupf. gr. 8. Leipzig, Köhler. 819.
Dass.s.a.:Michaelis, L.E.

Michaëlis, C. F.: Rechtliche und historische Entwickelung der Verhältniße der Lehn- und Fidei-Commis-Herrschaften Amtitz und Möllendorf und der Rechte des jedesmaligen regierenden Fürsten zu Carolath-Beuthen auf dieselben. Glogau 1832.

Michaelis, Carl, s. Michaelis, Karl.

Michaelis, Carolina, s. Michaelis de Vasconcellos, Carolina.

Michaels, Christian August

Michaelis, Chr. Aug., Anti-Gall. od. kranioskop. Fragmente, s. Anti-Gall.

Michaelis, Chr. August, s. E r z ä h l u n g e n f. junge Freundinnen d. Lektüre.

– s. G e s c h i c h t e d. Herzogin v. Portsmouth.

– s. L e b e n Ludwigs XVI.

Michaelis, Christian August (Bearb.), s. L e n o b l e , Eustache: Geschichte d. Herzogin v. Portsmouth.

– s. M o n t e s q u i e u : Persische Briefe.

Michaelis, Chr. Aug., s. Schloß des Grafen Roderich.

– s. W a l l e r , Ant.: Das Familienglück.

— Christian (Wismar/Pomm.), De modis acquirendi utpote licitis, illicitis ac indifferentibus. Disput. jur. Präs. Joh. Bernhard Friesen. Jena (Werther) 24. IX. 1701. 48 S. (5.50) 23285
Widm. v.: Jo. Bernhard Friesen, Commensales Frisiani, Wolfgang Leonhard Teuffel, Joh. Christ. Kreusler, Cajus Matthias Arend, Caspar Joachim Ringwicht.

— Christian August (Leipzig), Disputatio de lege praepositionis. Leipzig (Klaubarth) 12. IV. 1804. 40 S. (3.50) **23286**
Seinem Vater gewidmet.

Michaelis, Christian Benedict [Praes.], s. B a u m g a r t e n , Alexander Gottlieb: Notiones superi et inferi, indeque adscensus et descensus, in chorographiis sacris occurentes, evolvens.

Michaelis, Chr. Gott., († d. 22. Febr. 1764.) s. *Bos*, ellipses, graece.

Michaelis, Christian Benedikt: C o m m e n t a t i o apologetica, qua falso adserta origo linguae Hebraeae ex Graeca convellitur, et gnesiotes Pentateuchi ... vindicatur, inprimis vero ... Gen. XI, 1-9. de linguarum confusione, genuino et proprio suo auctori ... restituitur. Halle: Renger 1727.

— commentatio philologica contra H. v. d. H a r d t. 8. Halae, Renger. 726.

M i c h a e l i s, C. B., comparatio inter adscensionem Eliae et Christi. Hal. 1749. 4.

M i c h a ë l i s, C. B., de dexteritate et sinceritate apostolorum, testium rel. chr. fide dignissimorum. Hal. 1760. 4.

Michaelis, Christianus Benedictus, Disputationem philologicam inauguralem, qua soloecismus casuum ab Ebraismo sacri codicis depellitur ... praeside — ... examini subiiciet responsurus Samuel Z o r n. Halae Magdeburgicae 1739.

— Dissertationem philologicam qua lumina Syriaca pro illustrando Ebraismo sacro exhibentur, praeside Christiano Benedicto Michaelis ... defendet Gotthilf Ephraim H e n t s c h e l. Halae Magdeburgicae 1756.

Michaelis, Christian Benedict [Praes.], s. F r i d e r i c i , Huld. Sigm. Jordan: De nominibus Christi, exinanitionem ipsius design. Diss. philol. ex antiquitate Judaica.

Michaelis, Christian Benedikt: Diss. philolog. de h i s t o r i a linguae Arabicae, s. M i c h a e l i s , Joh. Heinrich [Präs.]

— Christian Benedikt, Tractatio de judiciis poenisque capitalibus in sacra scriptura commemoratis. Halle/Magdeburg (J. Fr. Grunert) 1749. 48 S. (5.50) **23287**

Michaelis, Christian Benedict [Praes.], s. K a h l , Christian Gottlob: De dexteritate seu aptitudine et sinceritate apostolorum testium religionis christianae fide dignissimorum.

Michaelis, Christian Benedict [Praes.], s. L a n g e , Johann Wilhelm: Epistola de jure vitae ac necis utrum illud ex verbis exod.

Michaelis, Christian Benedikt: Disputatio academica de Muhammedismi l a x i t a t e morali quam ... proponet praeses –, respondente Iohanne Henrico Pothovio. Halae Magdeburgieae 1708.

— C. B., Tractatio critica de var. lectt. N. T. caute colligendis et dijudicandis. Hal. 748. 4. 6 gr.

— de variis l e c t i o n i b u s novi test. 4. ibid. 749.

Michaelis, Christian Benedict [Praes.], s. M i c h a e l i s , Jo. David: De punctorum hebraicorum antiquitate, sub examen vocans argumenta adversariorum contra punctorum antiquitatem.

M i c h a e l i s, C. B., de nomine Christi, quo filius hominis dicitur. Hal. 1736. 4.

M i c h a ë l i s, C. B., de nominibus Christi divinam et humanam ejus naturam designantibus. I—II. Hal. 1707. 4.

M i c h a e l i s, C. B., de nominibus propriis. Hal. 1729. 4.

Chr. Bened. M i c h a e l i s (resp. Joach. Dan. Schleunitz) philologemata medica, sive ad medicinam et res medicas pertinentia, ex Ebraea et huic adfinibus orientalibus linguis decerpta. Hal. 1758. 4.

M i c h a ë l i s, C. B., de Jesu Chr. sapientia in eligendis et praeparandis apostolis conspicua. Hal. 1749. 4.

Michaelis, Christian Benedict [Praes.], s. S c h l e u n i t z , Joachim David: Philologemata medica, sive ad medicinam et res medicas pertinentia, ex Ebraea et huic adfinibus orientalibus linguis decerpta.

M i c h a e l i s, C. Bened., Syriasmus s. g r a m m a t i c a linguae Syriac. 4. Halae, Waisenh. 741.

Michaelis, Christian Friedrich, s. A b h a n d l u n g über den Stein und die Gicht.

— Abhandlung üb. den S t e i n s c h n i t t und Verhalten des Urins, m. K. gr. 4. Marb. Krieger. 814.

– s. A d a i r , J. M.: Schriften.

– s. A n d e r s o n , J.: Versuche.

Michaelis, Christian Friedrich, s.a. A n e k d o t e n und Bemerkungen, Musik betreffend.

Michaelis, C. F. Anekdoten und Bemerkungen, Musik betreffend. Grösstentheils aus dem Englischen des A. Burgh. Leipzig 1820.

Michaelis, Chr. Fr. I., († d. 27. Febr. 1814.) de angina polyposa s. membranacea. 8maj. Götting. 778. Vandenhöck u. R. 12 gl (309 S.)

Demonstrative Anleitung zu denen Gründen der edlen Arithmetic etc. von *Christian Friedrich Michaelis*, Gräfl. Sayn- und Witgensteinischen Secretario. Franckf. und Leipzig. Eſslinger. 8 Bog. 8. (5 gr.) 1762.

Michaelis, C. Fr., demonstrative Anleit. zu d. Grundl. der Arithmetik. 8. Frankf. a. M. 762. (Schäfer). 5 gl

— Aufforderungen u. Vorschläge z. Veredlung d. Schul- u. Erziehungswesens. gr. 8. Leipz. 800.

– s. Aufruf an die Menschheit beim Antritt ...

— systemat. Ausz. aus Fichte's Grundlage d. Wissenschaftslehre, s. J. G. Fichte.

– s. Bath: Üb. den Charakter.

– s. Bailleul, J. Chr.: Anfangsgr.

– s. Begriff aller vorzügl. interessant. Wissenschaften.

– s.a. Beiträge, medicin.

— medicin. Beyträge. 1r Thl. 8. Ebend. 785.

– s. Betrachtungen üb. Schwängerung.

— medicin.-prakt. Bibliothek. 1r Bd. 1s—3s Stck. Mit Kpf. 8. Götting. 785, 86. Dieterich. 18 gl

– s. Blane, G.: Beobachtungen.

– s. Bromwick: Bienenvater.

– s. Bryant, J.: Von den Menschenopfern.

— Disputatio de causis commutatae quarundam regionum fertilitatis. 4. Götting. 771. Dieterich. 2 gl

– s. Cicero: V. Wesen der Götter.

– s. Coopers Lionel Lincolm.

Michaelis, Christian Friedrich (Übers.):

s.: Cruikshank, William: Abhandlung über die unmerkliche Ausdünstung und ihre Verwandtschaft mit dem Athemholen nebst darüber angestellten Versuchen. (Experiments on the insensible perspiration of the human body... Dt.) Leipzig: 1798

– s. Cullen: Vorlesung.

— **Christian Friedrich** (Zittau), De orificii uteri cura clinica atque forensi. Leipzig (Langenheim) 20. II. 1756. 34 S. (4.75) 23288

– s. Currie: Üb. die Wirkungen d. Wassers.

– s. Dagley: Lehrbuch.

– s. Darstellung ägypt. u. griech. Costümes.

Michaelis, Chr(istian) Friedr(ich) (Übers.u. Comm.):

s.: Dease, William: Bemerkungen über die Entbindungskunst in langwierigen und schweren Geburten... (Observations in midwifery... Dt.) Zittau u.Leipzig: 1788

Michaelis, Christian Friedrich (Übers.u.Comm.):

s.: Dease, William: Erfahrungsmäßige Heilart der Lustseuche und der damit vergesellschafteten venerischen Zufälle. (Observations on the different methods of treating the venereal disease. Dt.) Zittau: 1790

– s. Delectus sententiarum.

— Einleit. in die höhere Philosophie, als Propädeutik d. Wissenschaftslehre. 8. Leipz. 790. Schiegg. (Knobloch). 1 ꝑ

— Pestalozzi's allgem. Elementarunterricht, umfassend dargest. u. erläut. durch psycholog. u. pädagog. Bemerkk. 8. Lpz. 804. Compt. f. Lit. 1 ꝑ 4 gl

Michaelis, Chr. Fr. III., Entwurf d. Aesthetik. 8. Augsb. 796. Späth. 6 gl

— etwas üb. d. Blasenstein. Mit 2 Kpf. gr. 4. Marb. 813. Krieger. 1 ꝑ

– s. Falconer: Abhandlung.

– s. Ferriar: Bemerkungen.

– s. Ferris: Über die Milch.

– s. Feyjoo: Diätetik.

– s. Ford: Bemerkungen.

– s. Fordyce, G.: Abhandlungen. – Arzneiwissenschaft – Untersuchungen.

Michaelis, Christian Friedrich (Übers.):

s.: Fothergill, Anthony: Neue Untersuchung über die Hemmung der Lebenskraft beym Ertrinken, Ersticken u.s.f... (A new Inquiry into the suspension of vital action... Dt.) Leipzig: 1796

Ch. F. **Michaelis** über d. Freyh. d. menschl. Willens. *Lpz.*, Göschen. 794. 8° 12 gl

Michaelis, M. C. F., Ueb. d. Freiheit des menschl. Willens. 132 S. Lpz. 8°.
1794

Michaelis, C. F., Führer der häusl. Glückseligkeit. s. Führer.

Michaelis, Christian Friedrich (Übers.u. Comm.):

s.: Gardiner, John: Untersuchung der Beschaffenheit, Ursache und Kur des Podagra's... (An Inquiry into the nature, cause and cure of the gout... Dt.) Leipzig: 1792

– s. Geist d. deutschen Classiker.

— üb. d. Geist d. Tonkunst. 2 Thle. 8. Leipz. 795—99. Kühn. (1r 9 gr. 2r 16 gr.) 1 rℓ 1 gr.

Michaelis, Christian Friedrich. Ueber den Geist der Tonkunst, mit Rücksicht auf Kants Kritik der ästhetischen Urtheilskraft. (1.) 2. Versuch. Leipzig 1795. 1800.

— Geist aus Schillers Werken, od. Ausw. d. schönsten Stücke aus dess. Schriften. 2 Thle. gr. 8. Leipz. 805. Baumgärtner. 3 rℓ Hbg. Pr. 1 rℓ 12 gr.

Michaelis, Christian Friedrich (Übers.):

s.: Goodwyn, Edmund: Erfahrungsmäßige Untersuchung der Wirkungen des Ertrinkens, Erdrosselns und durch schädliche Luftarten erfolgten Erstickens... (The Connexion of life with respiration; or, an experimental inquiry into the effects of submersion, strangulation, and several kinds of noxious airs... Dt.) Neue Ausg. Leipzig: o.J.

– s. Gregory, G.: Haushalt d. Natur ...

(Michaelis, Christian Friedrich (Übers.)):

s.: Hamilton, Alexander: Briefe an Dr.William Osborn...gewisse, in seinen Versuchen über die praktische Entbindungskunst geäußerte Grundsätze betreffend. (Letters to Dr.William Osborn...on certain doctrines... Dt.) (Liegnitz: 1794)
in: Osborn, William: Versuche über die Geburtshülfe in natürlichen und schweren Geburten. (Essays on the practice of midwifery... Dt.) Übers. von Ch.F.Michaelis. 1794

– s. Hamilton, R.: Bemerkungen.

– s. Hayes, Th.: Warnung.

Michaelis, Christian Friedrich (Übers.):

s.: Howard, John: Praktische Bemerkungen über die Lustseuche. (Practical Observations on the natural history and cure of the venereal disease. Dt.) Th.1 - 2. Leipzig: 1789 - 1790

– s. Jameson: Bemerkungen.

— de instrumentis quibusdam chirurgicis, cum tab. 4. Marb. Krieger. 801.

(Michaelis, Christian Friedrich) (Übers.):

s.: Johnson, Robert Wallace: Neues System der Entbindungskunst, auf praktische Wahrnehmungen gegründet. (A new System of midwifery... Dt.) Th.1 - 2. Leipzig: 1782

– s. Johnstone, J.: Untersuch.

– s. Justamond, J. D.: Betrachtungen u. dess. Werke.

— Katechismus d. Erdbeschr. — d. Geschichte d. a. Griechenlands. — d. röm. Geschichte — d. neuern Geschichte. — d. Handels. — d. Höflichkeit. — d. Musik. — f. Mütter. — d. Naturgeschichte — d. Perspective. — d. Zeichnung und Malerei. — f. Katechismus.

Michaelis, Chrstn. Friedr., Katechismus üb. J. B. Logier's System d. Musikwissenschaft u. d. musikal. Composition, mit Inbegriff d. sogen. Generalbasses. Als Leitfaden zum Unterricht entworfen. gr. 8. (6½ B.) Leipzig 828, Baumgärtner.

Michaelis, Christian Friedrich (Übers.u. Comm.):

s.: Kentish, Richard: Guter Rath für Podagristen oder Gichtpazienten. (Advice to gouty persons. Dt.) Leipzig: 1792
in: Gardiner, Jogn: Untersuchung der Beschaffenheit, Ursache und Kur des Podagra's... (An inquiry into the nature, cause and cure of the gout... Dt.) Übers...von C.F.Michaelis. 1792

Michaelis, Christian Friedrich (Übers.):

s.: Kite, Charles: Über die Wiederherstellung scheinbar todter Menschen... (An Essay on the recovery of the apparently dead... Dt.) Leipzig: 1790

Michaelis, C. F., ägyptische, griech. u. röm. Costümes, nach Originalzeichnungen v. Th. Baxter, aus dem Engl. m. 41. K. 4. Leipz. Ind. Comt. 815.

— Kritik. d. theolog. Beurtheilungsvermögens, ein Auszug aus d. Kantischen Werken, z. Erleichter. d. Uebersicht u. Verständlichkeit desselben entworfen. 8. Leipz. 805. Joachim. 8 gr. (bei Kranzfelder in Augsb.) 6 gr.

– s. Kunst d. redn. Declamation.

— die Künste des menschl. Lebens ꝛc. f. Künste.

Michaelis, Christian Friedrich (Übers.u.Comm.):

s.: Arzt für das schöne Geschlecht. (Every Lady her own physician, or the closet companion..., corrected and revised by Silvester Mahon. Dt.) Leipzig: 1790

— Lehrbuch zur Beförderung der Humanität. Neue verm. Ausg. d.: Lehrbuchs d. Menschenliebe. 8. Leipzig 823, Central-Comptoir.

Michaelis, (Chr. Fr.) Lehrbuch d. deutschen Sprache. 1r Thl. — A. u. d. T.: Theoretisch-prakt. deutsche Grammatik, od. Anleit. z. Kenntniß d. Aussprache, Rechtschreibung u. Wortbildung, u. der Redetheile des Deutschen; nebst erläut. Beispielen. — 2r Thl. Die Syntaxis enthaltend. gr. 8. Leipz. 825 u. 26, Hartmann.

— Lehrbuch d. deutschen Sprache. 1r Thl. Auch u. d. T.: theoret.-prakt. deutsche Grammatik, od. Anleit. z. Kenntniß der Aussprache, Rechtschreibung u. Wortbildung, u. d. Redetheile des Deutschen; nebst erläut. Beispielen. — 2r Thl. Die Syntaxis enthaltend. gr. 8. Leipz. 825 u. 26. (Lehnhold). 2 rℓ

– s. Leigh, J.: Untersuchungen.

— — (Leipzig) u. (Sozius) **David Ludwig Wigand** (Grünberg/Thüringen), De voluntatis humanae libertate. Diss. phil. Leipzig (Saalbach) 30. X. 1793. 42 S. (4.75) 23289

– s. Lower, R.: Unterricht.

– s. Mahon, S.: Arzt.

– s. Minoja: Über den Gesang.

— Mittheill. z. Beförder. d. Humanität u. d. guten Geschmacks. 8. Leipz. 800.

– s. Morigi: Über d. Contrapunkt.

– s. Museum d. Witzes.

— üb. d. sittl. Natur u. Bestimmung d. Menschen; e. Versuch z. Erläuter. üb. Kants Kritik d. prakt. Vernunft. 2 Bde. gr. 8. Leipz. 796, 97. (Taubert). 2 ß 8 gl. (Weygand). 2 ß 12 gl. (Heinrichshofen in Magdeb.) 2 ß 8 gl.

Ch. F. **Michaelis** üb. d. sittl. Natur u. Bestimmung des Menschen; e. Vers. z. Erläut. üb. *Kant's* Kr. d. pr. V. 1r Bd. d. Grundll. d. Mor. u. d. Naturr. betreff. 2r Bd. d. Grundll. d. mor. Relig. u. Erzieh. betr. *Lpz.*, Beygang. 797. 8° 2 ß 12 gl.

— allgem. Naturrecht, s. unt. philos. Rechtslehre.

Michaelis, Christian Friedrich (Übers., Comm. u. Hrsg.):

s.: Nisbet, William: Theoretische und praktische Abhandlung über die Lustseuche. (First Lines of the theory and practice of venereal diseases. Dt.) Leipzig: 1789

Michaelis, Christian Friedrich (Übers.):

s.: Osborn, William: Versuche über die Geburtshülfe in natürlichen und schweren Geburten. (Essays on the practice of midwifery, in natural and difficult labours. Dt.) Liegnitz: 1794

– s. Pargeter: Abhandlung.

Michaelis, Christian Friedrich (Übers. u. Comm.):

s.: Perfect, William: Auserlesene Fälle von verschiedenen Arten des Wahnsinnes nebst ihren Heilarten. (Select Cases in the different species of insanity, lunacy, or madness... Dt.) Leipzig: 1789

– s. Perlenschnur.

Michaelis, Christian Friedrich (Übers.):

s.: Pew, Richard: Skizzen aus der Heilkunde. (Medical Sketches. Dt.) Leipzig: 1787

– s. Quien, K. W.: Abhandlung.

— philosophische Rechtslehre rc. 3 Thle. 8. Leipz. 797—99. Hinrichs. (1r u. 2r Thl. Auch u. d. T.: allgem. Naturrecht rc. 1 ß 8 gl. 3r auch u. d. T.: allgem. Staatsrecht rc. 12 gl.) 1 ß 20 gl. N. Ausg. in 2 Bdn. unt. d. T.: allgem. Naturrecht, nach d. Grundsätzen d. Vernunft. 8. Ebd. 802. 1 ß 8 gl.

— über d. Regeneration d. Nerven; ein Brief an Pt. Camper. gr. 8. Cassel 785.

– s. Repertorium chirurg. u. medicin. Abhandl.

– s. Rollo, J.: Bemerkungen.

– s. Roussel: Physiologie.

Michaelis, Christian Friedrich (Übers.):

s.: Rowley, William: Praktische Abhandlung über die Frauenzimmerkrankheiten, Nervenzufälle, das hysterische und hypochondrische Uebel, den Schlagfluß und die Lähmung, den Wahnsinn und Selbstmord... (A Treatise on female, nervous, hysterical, hypochondriacal, bilious, convulsive disease, apoplexy and palsy... Dt.) Breßlau: 1790

– s. Rowley, W.: Augenkrankh. – Halsentzündung u. üb. Zufälle an Brüsten.

– s. Rush: Üb. Aderlassen u. medicin. Untersuchung.

– s. Schaden und Mißbrauch der Klystiere.

– s. Schiller's, v., Aphorismen.

– s. Scott, W.: Peverill. – Dess. Woodstock.

– s. Spallanzani: Erzeugung u. dess. Verdauungsgeschäft.

– s. Sparts, J., Leben.

— allgem. Staatsrecht, s. oben philosoph. Rechtslehre.

– s. Stark, W.: Bemerkungen.

– s. Taylor, Miß: Winke.

– s. Townsend: Anweis.

– s. Triumph d. Lebensweisheit.

– s. Trotter: Scorbut.

– s. Turnbull, W.: Ursprung.

Michaelis, C. F., s.: Twamley, J.

– s. Verhandlungen d. Colleg. der Ärzte.

— Versuch e. Lehrbuchs d. Menschenliebe. (Auch u. d. T.: Vorlesungen üb. d. Wesen d. Tugend. 1s Bdchn.) 8. Leipz. 805. Joachim. 8 gl. N. Ausg. unt. d. T.: Lehrbuch z. Beförder. d. Humanität. 8. Ebd. 823. 8 gl.

— moral. Vorlesungen. 8. Weißenf. 800. (Mayr in Salzb.). 12 gl.

— moral. Vorles. üb. d. Wesen d. Tugend. u. d. sittl. Würde. 2 Bde. 8. Leipz. 805. Joachim. 20 gr. vergl. oben: Lehrb. d. Menschenliebe).

[Christian Friedrich] Michaelis: Ueber die Würksamkeit [Wirksamkeit] des Opiums in der Cur venerischer Krankheiten. 8°

Aus: Medizinische Beiträge. T.1. 1785.

— s. Wither: Abhandlung.

— s. Withering: Abhandlung.

— s. Wood: Originalgenie.

Michaelis, Curt, s. Michaelis, Kurt.

Michaelis, (D. C.), u. C. Frohreich, was ist dem Körper gesund? siehe u. Frohreich, C.

Michaelis, D. C., was ist dem Körper gesund? hinsichtlich der Speisen u. Getränke, oder Nahrungsmittellehre. Ein nothwendiger Rathgeber für diejenigen, welche die Eigenschaften der Nahrungsmittel kennen lernen u. sich diät halten wollen u. müssen. 8. Quedlinburg 846, Ernst. 1/2 ß

Michaelis, Daniel Chr. Gottlieb

Michaelis, Dn. Chr. Gli., († d. 26. Febr. 1787.) die Offenbarung Johannis, od. vielmehr Jesu Christi, als ein Suppl. zu Brauns N. T. 4. Leipz. 764.

— kurze Ordnung d. Heils, in Fragen u. Antworten. 8. Greifs 770. Hennings. 1 gr.

Michaelis, Daniel Chr. Gottlieb, s. Testament, Das Neue.

Michaelis, Dav. (geb. Glogau 5. 10. 1832): Pathologia graviditatis. Berolini (1855). (30 S.) 8°

Berlin, Med. Diss. v. 24. Dez. 1855

Michaelis, David Hermann

Michaelis, Bleichsucht, Magencatarrh u. Magengeschwür in ihrem gegenseit. Zusammenhang u. in Bezug auf d. Schwindsucht. Diätet., hygien. u. prophylakt. Heilverfahren m. gleichzeit. Berücksicht. d. davon abhäng. nervösen Verdauungsstörgn. gr. 8. (63 S.) Schweidnitz 895. G. Brieger. n. 1. —

Michaelis, Hals- und Lungen-Diätetik im Spiegel der pathologischen Entwickelungsprozesse. Diätetisch-prakt. Leitfaden für Behandlung und Verhütung der Hals- und Lungenleiden. gr. 8. (III, 231 S. mit 12 eingedr. Holzschn.-Abbild.) [Wüstegiersdorf 881, Jacob.] Schweidnitz, Brieger und Gilbers. *

Michaelis, Hals- und Lungen-Diätetik im Spiegel der patholog. Entwicklungsprozesse. Diätetisch-prakt. Leitfaden für Behandlung und Verhütung der Hals- und Lungenleiden. 3. (Titel-)Aufl. gr. 8. (III, 231 S. mit 12 Abbild.) Schweidnitz 886, [Brieger und Gilbers.] Brieger's Verlag. *

Michaelis, die Hals-, Nasen-, Rachen- u. Kehlkopfskrankheiten. Diätetischer, hygiein. u. therapeut. Ratgeber. Für Ärzte u. Laien. 8. (170 S. m. 9 Abbildgn.) Zittau 892. Pahl. n. 2. —

Michaelis, die Hals-, Nasen-, Rachen- u. Kehlkopfskrankheiten. 8. (170 S. m. Abb.) Zittau 892. Strausberg, M. Köhler. (Nur direkt.) n. 2. —

— die Heilung der nervösen Verdauungsstörungen. Für Ärzte u. Laien. gr. 8. (82 S.) Zittau 892. Pahl. n. 1. 50

— Kopfschmerz u. Migräne. Bedeutung, Entstehung, Ursachen, Behandlg. u. Heilg. Für Ärzte u. Leidende. gr. 8. (72 S.) Ebd. 892. n. 1. —

— Krampfleiden u. Epilepsie. Ursachen u. Wesen, Verhütg., Behandlg. u. Heilg. aller Krampfkrankheiten. Für Ärzte u. Leidende. 1. u. 2. Tl. gr. 8. Zittau, Pahl. n. 2. 70

1. (81 S.) 892. n. 1. 20. — 2. (110 S.) 893. n. 1. 50.

— die Lungenentzündung (Pneumonie) nach ihren Ursachen, Abarten, Uebergang u. den Complicationen m. den Störungen der Herzthätigkeit, zugleich im Zusammenhang m. der Brustfellentzündung. Prophylaxis, Diät u. physiolog. Heilverfahren. 8. (76 S. m. 1 Abbildg.) Schweidnitz 894. G. Brieger. n. 1. —

— Magendiätetik f. Gesunde u. Kranke. Unter besond. Berücksicht. der krankhaften Zustände d. Nervensystems, der Lunge, Leber, Herz u. Darmkanal. Für Aerzte u. Laien. 8. (104 S.) Schweidn. 891, Brieger. * 1 —

— Magendiätetik f. Gesunde u. Kranke. Unter besond. Berücksicht. der krankhaften Zustände des Nervensystems, der Lunge, Leber, Herz u. Darmkanal. Für Aerzte u. Laien. 2. Aufl. gr. 8. (110 S.) Schweidnitz (900). G. Brieger. n. 1. —

— Für Magenkranke. Ratschläge, Hilfsmittel, Vorbeugg., Diät u. Tagesregimen nach den neuesten Forschgn. der Wissenschaft. Für Ärzte u. Laien. gr. 8. (94 S.) Zittau 892, Pahl. * 1 40

— f. Magenkranke. Ratschläge, Hilfsmittel, Vorbeugg., Diät u. Tagesregimen. gr. 8. (94 S.) Zittau 892. Strausberg, M. Köhler. (Nur direkt.) n. 1. 40

Michaelis, Nervenlähmung u. Rückenmarkschwäche. Diätetisches, physikal. u. arzneil. Heilverfahren. 8. (111 S.) Zittau 893. Strausberg, M. Köhler. (Nur direkt.) n. 1. 50

— Nervosität u. Nervenleiden. Verhütung u. Erkenntnis aller nervösen Krankheitsstörgn., nebst den erforderl. Schutz-, Hilfs- u. Heilmitteln. 8. (87 S.) Zittau 892. Pahl. * 1 20

— die Neuralgien u. der Gesichtsschmerz. Entstehg., Ursachen, Verhütg., Behandlg. u. Heilg. aller Nervenschmerzen u. Neuralgien. gr. 8. (96 S.) Ebd. 893. n. 1. 50

— die Pflege des erkrankten Magens in 60 Grundregeln, nebst Tagesdiät. Diätetik und Hygieine gegen tiefergehende Erkrankungen des Magens. Für Aerzte und Laien. 8. (64 S. mit 1 eingedr. Holzschn.-Abbild.) Ebendas. 883. *

— die Pflege d. erkrankten Magens. Für Aerzte u. Laien. 1. u. 2. Thl. 8. Ebend. n. 2. —
1. Diätetik u. Hygieine gegen tieferge. Erkrankgn. d. Magens. (64 S.) 883. n. — 80
2. Magen u. Darm. Diätetik u. Hygieine gegen die wechselseit. u. eigenart. Erkrankgn. d. Magens u. die damit zusammenhäng. Unterleibsstörgn. in 80 Aphorismen. (80 S.) 885. n. 1. 20

—— dass. — Für Aerzte und Laien. 3. Thl.: Magen und Lunge in ihren eigenartigen Erkrankungen und gegenseitigen Beziehungen. In 85 Grundregeln nebst Tagesdiät. gr. 8. (VIII, 95 S.) [Berlin 886.] Stuttgart, Zimmer's Verlag. *

— die Pflege d. erkrankten Magens in 60 Grundregeln, nebst Tagesdiät. 1. Thl. Diätetik u. Hygieine gegen tiefergeh. Erkrankgn. d. Magens. Für Aerzte u. Laien. Mit e. Abbildg. 2., verb. Aufl. 8. (88 S.) Jena 888. Costenoble. n. — 80

— die Pflege des erkrankten Magens u. der davon abhängigen Unterleibsstörungen. Diätetik u. Hygieine der tiefergeh. Erkrankgn. d. Magens u. Darmkanals, nebst Tagesregimen. 2., verm. Aufl. 2 Thle. in 1 Bde. 8. (83 u. 74 S m. 1 Abbildg.) Jena 894. H. Costenoble. n. 2. —

Michaelis, E., wie reist man in Italien, s.: Kinzel, K.

Michaelis, E. O., de luxationis congenitae patellae duobus casibus. Dissertatio inauguralis medica. 8maj. (28 S.) Kiliae 854, libr. academica. *

Michaelis, Ed., Albrecht v. Graefe. Sein Leben u. Wirken. Mit Albr. v. Graefe's Bildniss (in Stahlst.). gr. 8. (VIII, 196 S.) Berlin 877. G. Reimer. n. 3. —

Michaelis, Ed., Handwörterbuch der augenärztlichen Therapie zum Gebrauche f. prakt. Aerzte. 8. (XI, 252 S.) Leipzig 883. Abel. n. 5. – ; Einbd. n.n. — 75

— **Edgar** (Mahndorf / Halberstadt), Observationes quaedam de catameniorum viis insolitis. Diss. med. Berlin (Unger) 7. X. 1830. 29 S. mit Biogr. (M.: H. A. Runde.) (3.50) 23290
Oppon.: G. Niedrée, M. von Egidy, H. W. Thienemann.

Michaelis, Eduard (geb. Berlin Juni 1824): De scarlatina et morbis, qui eam sequuntur, adjecto insigni gangraenae scarlatinosae exemplo. Berolini (1847). (30 S.) 8°
Berlin, Med. Diss. v. 6. Apr. 1847

Der Dienstunterricht des Infanterie-Offiziers. Von [Erich] v. **Michaelis,** Lt. Mit 10 Abb. Berlin: R. Eisenschmidt 1908. (124 S.) 8° [5.] [08. 17949

Michaelis, Ernst, approb. Arzt aus Berlin: **Ueber die bei Aortenaneurysma vorkommenden Compressionserscheinungen, Thrombosen und Durchbrüche im Gebiete der oberen Hohlvene.** *Freiburg i. B. 1902: K. Henn.* (54 S.) 8°
Freiburg i. B., Med. Diss. v. 1902

Michaelis, Ernst (geb. Herzberg in d. Prov. Sachs. ... 1860): Zur Lehre von den Zwangsvorstellungen. Berlin (1882). (30 S.) 8°
Berlin, Med. Diss. v. 12. Aug. 1882

Michaëlis, Ernst, Gerichtsref. aus Spremberg N. L.: **Der Trödelvertrag.** *Aschersleben 1900: K. Wedel Nachf.* (70 S.) 8°
Erlangen, Jur. Diss. v. 20. März 1899

Michaelis, Ernst Heinrich

Michaelis, E. H., Anleit. z. Verständniß geländezeichnerischer Darstellungen, behandelt als Erläuterungsblatt üb. die in d. fortgesetzten Amman-Bohnenbergerschen Charte v. Schwaben angewendeten topograph. Zeichen f. $86\frac{1}{400}$ Verjüngung. 1827. 1 lith. Blatt in Roy.-Fol. Münch. (831.) v. Cotta. 1 ℛ

Michaelis, Er., über die Darstellung des Hochgebirges in topograph. Karten. gr. 8. (Mit lithogr. Charte: Passage du Splugen et de la via mala.) Berlin 845, Schropp u. Comp. ¾ ℛ (24 S.)

Michaelis, E[rnst] H[einrich]. Trigonometrisch bestimmte Höhen des Kantons Aargau, nach den Vermessungen des Herrn E. H. M.... Hrg. von der Militärcommission des Kantons Aargau. 4. Aarau 1845.

Michaelis, E. H., trigonometrisch bestimmte Höhen des Kantons Aargau, nach den Vermessungen. Mit 1 Karte. gr. 4. Aarau 845, H. R. Sauerländer's Sort.-Handl. 1⅙ ℛ

Michaelis, E. H. Topographische Charte von Schwaben. Im Detail grösstentheils nach Croqui's des Konigl. Württembergischen Generalstabes bearbeitet. 1 : 86400 Stuttgart 1827. 17 Bl. 1. Fl.

Michaelis, E. H., Skizze von der Verbreitung des Cretinismus im Canton Aargau. Lithogr. Fol. Aarau 843. (Christen.) n. ⅔ ℛ

Michaelis, Ernst Juls.: Ein hundert drey- und dreyssig gotteslästerliche, gottlose, schändliche und schädliche, auch unanständige und theils falsche teutsche Sprüch-Wörter dargelegt durch Ernst Meisner. Jena 1705. 8. . . . . (D.)

Vgl. Michaelis, Joh. Erhard.

Michaelis, F. Abriss der englischen Literaturgeschichte. 1. Abschnitt. Königsberg i. Pr., Löbenicht'sche H. B., 1846. 28 S. 4.
Dasselbe. 2. Abschnitt. Ebd., 1851. 20 S. 4.
Progr.

Michaelis, F., Blücheriade. Berlin 870. v. Decker. Lex.-8. (XV, 226 S.) n. 2 ℛ

Michaelis, F. Geschichte der englischen Prosa. Königsberg i. Pr., Löbenicht'sche H. B., 1858. 18 S. 4. Progr.

Michaelis, F., Heinrich IV. Dramatisches Gedicht in 3 Thln. [Den Bühnen gegenüber Mscr.] gr. 8. (VII, 356 S.) Berlin 871. v. Decker. n. 7. 50

Michaelis, F., Rosamunde. Dramatisches Gedicht in 5 Akten. [Den Bühnen gegenüber Mscr.] gr. 8. (142 S.) Berlin 871, v. Decker'sche Geh. Ober-Hofbuchdr. *

Michaëlis, Ferd., Beobachtung e. häutigen Bräune ohne Husten, nebst Anh. e. Erwiderung üb. d. Krankheit d. Prinzen August v. Leuchtenberg. gr. 8. (1¾ B.) Magdeburg 836, (Heinrichshofen.)
Aus: Hufeland u. Osann's Journ. d. prakt. Heilkunde, besond. abgedruckt.

— **Ferdinand** (Magdeburg), De partibus constitutivis singularum partium sanguinis arteriosi et venosi. Diss. med. Berlin (Brüschcke) 23. III. 1827. 31 S. mit Biogr. (—.—) 23291
Oppon.: C. Bloedau, F. Guttmann, G. Lesenberg. — Gew.: C. H. Roloff.

Michaelis, Franz, a. Berlin: Ueber den Dimethyl- sowie den Diäthylaminobenzaldehyd und ihr Verhalten gegen magnesiumorganische Substanzen. (Berlin 1906: A. W. Schade.) (33 S.) 8°
Berlin, Phil. Fak., Ref. Fischer, Diss. v. 17. Febr. 1906
[Geb. 1. Okt. 82 Berlin; Wohnort: Berlin; Staatsangeh.: Preußen; Vorbildung: Sophiengymn. Berlin Reife O. 02; Studium: Berlin 8 S.; Rig. 29. Jan. 06.]

Michaelis, Frdr., Eisenbetonbau-Selbststudium. (103 S. m. Fig.) 8. Berlin 910. Tonindustrie-Zeitg.
Geb. in Leinw. u. durchsch. 3.50

Eisenbetonbau-Selbststudium von Friedrich **Michaelis**. Berlin: Zement & Beton 1910. 108 S. 8° [10. 11796

— **Friedrich Christian** (Halberstadt), De jure accrescendi in legatis semper jure non decrescendi. Präs. Philipp Jakob Heisler. Halle/Magdeburg (Hendel) 4. IV. 1759. 64 S. (6.—) 23292

— — **Dasselbe.** Halle/Magdeburg (Hilliger) 4. IV. 1759. 70 S. (6.—) 23293
Gew.: Philipp Joseph von Jariges, August Friedrich Eichel. — Widm. v.: Philipp Jakob Heisler, F. Koepken, L. D. G. Madelung, F. A. Hincke, Johann Gustav u. Carl Christian Süssmilch, Georg Wilhelm Aurbach (dtsch.), C. G. Müller (dtsch.), Johann Paul Müller.

Michaelis, Friedrich Wilhelm, approb. Arzt aus Rodersdorf: Ueber congenitale **Pulmonalstenose**. *Leipzig 1900: B. Georgi.* (22 S.) 8°
Leipzig, Med. Diss. v. (11. Aug.) 1900

Michaelis, Fritz: Anhang zur Broschüre über das von F. Michaelis und V. Michaelis in Firma F. Michaelis in Luxemburg erfundene Dreh-Essigbilder-System. Luxemburg: V. Bück. 15 S. 4°

Michaelis, G., Ueber Akustik. (Nach den im Januar 1851 vom Prof. H. W. Dove in der Polytechn. Ges. gehalt. Vortr. mitgetheilt.) [o. O. u. J.]

Aus der Dämmerung zum Sonnenaufgang oder Die tatsächliche Entstehung unserer Erkenntnisse unabhängig von Erfahrung. Zugleich e. Widerlegung der von Kant gegebenen Erklärung in s. Kritik d. reinen Vernunft von G. **Michaelis**. (Hamburg-Wandsbek: [Selbstverl.] 1907.) 197 S. 8° [10. 7332 8

Michaelis, G., aus der Dämmerung zum Sonnenaufgang od. Die tatsächl. Entstehung unserer Erkenntnisse unabhängig v. Erfahrg. Zugleich e. Widerlegg. der v. Kant gegebenen Erklärg. in seiner Kritik der reinen Vernunft. (199 S.) gr. 8. Hamburg-Wandsbek (Ferdinandstr. 2) (908). G. Michaelis' Selbstverlag. 3. —

Michaelis, G.: Bericht über die XII. Generalversammlung des Vereins deutscher Gerber zu Berlin 1857, s. Kampffmeyer, Wilhelm

Michaelis, G. Die Elemente der Differenzen-Rechnung mit Beispielen aus der Wahrscheinlichkeits-Rechnung. 32 S.
Berlin, W.G., Progr. 1843

Michaelis, G., lateinische Formenlehre, }
— lateinische Grammatik, } s.: **Müller, H. J.**

In Jottesnamen druff! Dramatisches Zeit-Genrebild mit Gesang in 1 Akt. Mit Musik v. **G. Michaelis**. Berlin. 1864. 8°

— Lateinbuch f. Oberrealschüler, s.: **Helm, R.**

— **s.: Meisterwerke der griechischen Literatur.**

— **lateinische Satzlehre, s.a. Müller, H. J.**

— Latein. Satzlehre. Verkürzte Ausg. A. (IV, 93 S.) 8. Leipzig 909. B. G. Teubner. Geb. 1.40

— **dasselbe. Verkürzte Ausg. Mit Heranziehg. des Französischen u. Englischen. Unter Mitwirkg. v. K. Rudolph bearb. (V, 124 S.) 8. Ebd. 909. Geb. 1.40**

— **lateinisches Uebungsbuch, s.a. Ostermann, Christian.**

— **Lateinisches Übungsbuch zunächst f. Mädchenstudienanstalten.** 2 Tle. 8. Leipzig, B. G. Teubner. Geb. 4.40
I. Lesestücke. Wortkunde. Grammatik. Mit 3 Karten. (VI, 242 S.) 909. Geb. 2.80
II. Aufgaben zum Übersetzen ins Lateinische. (IV, 115 S.) 909. Geb. 1.60

Arbeitsaustausch zwischen Kirche und Gemeinschaft. Von Dr. [Georg] **Michaelis**, Geh. Oberreg.R. in Breslau. ⟨Nach d. Stenogr.⟩ Neumünster: Ihloff [1909]. 24 S. 8°
(Kirche u. Gemeinschaft. H. 3.) [09. 14122

Michaelis, Arbeitsaustausch zwischen Kirche u. Gemeinschaft, s. a. Kirche u. Gemeinschaft. 3. Heft.

Michaelis, Georg, Dr. med., aus Gülzow: **Bau und Entwicklung des männlichen Begattungsapparates der Honigbiene.** *Leipzig: W. Engelmann 1900.* (24 S.) 8° ¶(Aus: Zeitschrift f. wissensch. Zoologie, Bd. 67, H. 3. — Mit 1 Taf.)
Erlangen, Phil. Diss. v. [3. Aug.] 1894

MICHAELIS, Georg (Gülzow): Ueber Beckenfrakturen. Mit 2 Abb.- München: Lehmann 1891. 1 Bl.,24 S. 28.7.1891 - Chr 1891/92,25; Jv 1891/92,206
Diss. Ingolst.-Landsh.-Mchn.

Michaelis, Geo., üb. Beckenfrakturen, s. a. Abhandlungen, Münchener medicinische.

Michaelis, Georg [aus Stettin]: **Ueber den Eisengehalt der Leber bei verschiedenen Krankheiten . . . Freiburg i. B., Buchdr.** H. Epstein, 1894; 38 S., 1 Bl. 8.
Freiburg i. B., Med. Fak., Inaug.-Diss. v. 1894

Michaelis, Geo., praxis gnonomica, od. deutl. Anweis. d. Sonnenuhren a. allerh. Art z. machen u. aufzuricht., verm. von Sidelio, m. K. 8. Jena, Cröcker. 738. Rthlr.

Michaelis, Geo., vollständ. Real- u. Verbal-Concordanz von Müller u. Walch. 8. Jena 767. Cröker. 1 rf 12 gr

— bibl. Spruchconcordanz v. Hallbauer. 8. Jena 760. Cröker. 8 gr

— **Georg Philipp** (Marburg / Hessen), Usum et abusum medicinae in re publica. Diss. med. Marburg (Ph. C. Muller) 16. IV. 1738. 46 Seiten. (5.50) 23295

Michaelis, Gerhard Die Entwicklungsstufen in Platos Tugendlehre. 4 (15 S.).
Städt. Rg. u. verbund. Kgl. Pädag. Sem. *Barmen* 1893 (470).
Progr.

Michaelis, [Gerhard]: Gedächtnisrede für den am 8. August 1905 verstorbenen Oberlehrer Dr. Heinrich Liedtke. (Gehalten am 16. September 1905.) S. 3—6. 4.
Städt. Realgymn. u. verb. Realschule (Reformschule) *Barmen*
Progr. 1906 (592).

Michaelis, Gerhard, Direktor Dr.: Gedächtnisrede für den am 8. August 1905 verstorbenen Oberlehrer Dr. Heinrich Liedtke. Barmen (1906): D. B. Wiemann. (S. 3—6.) 4°
Barmen, RG P 1906 (592)

Michaelis, Gerhardus [Marchicus]: De infinitivi usu Thucydideo....
Halis Sax., typ. expr. Heynemann, 1886; 4 + 112 S. 8°.
Halle, Phil. Fak., Inaug.-Diss. v. [26. Jul.] 1886.

Michaelis, Gerhardus, de infinitivi usu Thucydideo. Diss. Halle 1886, Lippertsche Buchh. 8°. 112 S.

Michaelis, Gerh., welche Förderg. kann der lateinische Unterricht an Reformschulen durch das Französische erfahren? Ein Beitrag zur Methodik des Lateinischen an Reformschulen. gr. 8. (III, 52 S.) Marburg 902. N. G. Elwert's Verl. n. 1. 20

Michaelis, Gottfried Philipp

Michaelis, Ph. Gf., († d. 31. Aug. 1811.) üb. die Durchkreuzung d. Sehenerven, mit Anmerkk. v. S. Th. Sömmering. 8. Halle 790. Hendel. 3 gr.

Michaelis, Gottfried Philip: Ueber die zweckmäßigste Einrichtung der Feld-Hospitäler. 520 S., gbd., 1 Taf., 1 Tab.

Göttingen: Dieterich 1801

Michaelis, Gustav

Michaelis, G., über die Anordnung des Alphabets, besonders in wissenschaftlichen Wörterbüchern. Mit einer Abhandlung über die für Ch, Sch, Sz vorgeschlagenen Zeichen von Jac. Grimm. gr. 8. (III und 46 S.) Berlin 858, Dümmler's Verlagsh. *

Michaelis, G., über die Anordnung der Vokale. gr. 8. (79 S.) Berlin 881, Barthol und Comp. *
Aus: Archiv für das Studium der neueren Sprachen und Literaturen, besonders abgedruckt.

Michaelis, Gust., über die wissenschaftliche u. pädagogische Bedeutung der Stolzeschen Stenographie. Vortrag, gehalten zur Feier des 25jähr. Bestehens der Stolzeschen Stenographie am 19. Mai 1866 in der Aula des Friedrichs-Gymnasiums zu Berlin. Berlin 866. F. Lobeck. gr. 8. (24 S.) n. 5 ngr.

— Beiträge zur Geschichte der deutschen Rechtschreibung. [Ergänzungen zu der Schrift: Die Ergebnisse der zu Berlin vom 4. bis 15. Jan. 1876 abgehaltenen orthograph. Konferenz.] 1. u. 2. Hft. gr. 8. Ebend. 877. 80. n. 2. 50
1. I. Beseitiger der Denungszeichen in der 2. Hälfte des 18. Jarh. II. Die Grammatiker der fruchtbringenden Gesellschaft u. die Zesianer. (56 S.) n. 1. —
2. III. Die Frakturdrucke von Guttenberg bis zu Luther. IV. Luther. (S. 57–140.) n. 1. 50

Michaelis, Gust., Bericht über Moon's Blindenschrift. Mit einer Druckprobe. Berlin 861. Hertz. gr. 8. (62 S.) n. 10 ngr.

Michaelis, Gustav Karl: De Tibulli carminibus.
Halle-Wittenberg, Phil. Diss. v. 21. Febr. 1846
Geb. [Wittenberg 2. 8. 1821]
Ms. fehlt.
Verf. erlebte das goldene Dr.-Jubiläum 1896 als Gymnasial-Professor in Neustrelitz.

Michaelis, G., die Ergebnisse der zu Berlin vom 4. bis 15. Jan. 1876 abgeh. orthographischen Konferenz beleuchtet. gr. 8. (107 S.) Berlin 876. Barthol & Co. n. 2. —

—— Estenografía española segun los principos de Guillermo Stolze adaptados á la lengua castellana. Con 8 tablas (lithogr.). 1a edic. (24 S.) 1876; 2a edic. revista y enmendada. 8. (32 S.) Berlin 878, Mittler und Sohn. *

Michaëlis, Gustavo, estenographia portugueza segundo os principios de Guilherme Stolze, adaptados a lingua portugueza. Com 8 estampas. 8. (24 S.) Berlin 884. Mittler & Sohn. n. 1. —

Michaelis, G., über die Geschichte des Sprachstudiums. Vortrag gehalten in der polytechn. Gesellschaft zu Berlin. gr. 8. (22 S.) Berlin 871, (Ebeling und Plahn.) [Leipzig, Teubner.] (* 50 Pf.) *
Aus: Verhandlungen der polytechn. Gesellschaft zu Berlin, besonders abgedruckt.

—— Grundzüge der Geschichte des Münzwesens. Mit einem Nachtrag über die Rechtschreibung auf deutschen Münzen. Nach einem in der polytechn. Gesellschaft zu Berlin am 8. Mai 1873 gehaltenen Vortrage. gr. 8. (46 S.) Ebendas. 874. *

Michaelis, G., über die Berliner Gymnasial-Orthographie v. 1871 nebst e. Vergleichg. derselben m. der würtemberg. Schul-Orthographie. [Aus „Zeitschrift f. Stenographie u. Orthographie."] I—III. gr. 8. Berlin 871. 72. Leipzig. Teubner. n.n. 1. 25
I. (16 S.) n. n. — 25
II. Die Motive. (20 S.) n. n. — 25
III. Kritiken u. Fortgang. Mit e. Anh. üb. Rumpelts Orthographie der Zischlaute. (43 S.) n. — 75

— dasselbe. 4. Bericht, m. e. Anh. üb. Kräuters Theorie der deutschen Aspiraten u. Tenues. [Aus „Zeitschrift f. Stenographie u. Orthographie."] gr. 8. (33 S.) Berlin 873. Mittler & Sohn. n. — 60

Michaelis, Gust. (geb. Magdeburg Juni 1813): De lineis brevissimis in datis superficiebus, imprimis de linea geodaetica. Berolini 1837. (27 S.) 4°
Berlin, Phil. Diss. v. 7. Jan. 1837

MICHAELIS, Gustav (Soldau): Die neurotomia optico-ciliaris.- München: Wolf 1882. 25 S.
10.5.1882 - Urk (De neurotomia optico-ciliari.); Chr 1881/82,8
Diss.Ingolst.-Landsh.-Mchn.

—— über die Physiologie und Orthographie der S-laute. gr. 8. (16 S.) Berlin 863, F. Lobeck. *
Aus: Archiv für das Studium der neueren Sprachen, besonders abgedruckt.

—— über die Physiologie und Orthographie der Zischlaute mit besond. Rücksicht auf die Heysesche Regel. Zugleich als 2. Aufl. der Schrift: „Über die Physiologie und Orthographie der S-Laute, 1863". gr. 8. (94 S.) Ebendas. 883. *

—— über Jakob Grimm's Rechtschreibung. gr. 8. (S. 1—28.) Berlin 868, Lobeck. [P. Anders.]
—— dass. — 2. Stück. [Ueber den ursprüngl. Plan zur Rechtschreibung des deutschen Wörterbuches.] gr. 8. (S. 29—56.) Ebendas. 869.

—— über Rechtschreibung auf deutschen Münzen. gr. 8. (14 S.) Berlin 873, Mittler und Sohn. **

— shorthand made easy. A simplified system of english stenography on the principles of W. Stolze. 8. (24 S. m. 8 Steintaf.) Ebend. 873. n. 1. —

Michaelis, G., Shorthand made easy. A simplified system of English stenography on the principles of W. Stolze. With 8 autographic plates. 3. ed., revised and improved. gr. 8. (32 S.) Berlin 890. Mittler & Sohn. n. 1. —

Michaelis, G. Shorthand made easy. A simplified system of English stenography on the principles of W. Stolze. With 8 autographic plates. 3. edit., revised and improved. gr. 8. (32 S.) Berl. 891, Mittler u. Sohn. * 1 —

Michaelis, G., Shorthand made easy. A simplified system of English stenography on the principles of W. Stolze. Part II. A key to the writing exercises. Reading exercises. Alphabetical list of abbreviations. gr. 8. (IV, 16 autogr. S.) Berlin 891. E. S. Mittler & Sohn. n. — 75 (I u. II.: n. 1. 75)

—— Stenografia italiana secondo il sistema di Guglielmo Stolze rifatto e adattato alla lingua italiana. Con 8 tavole (lithogr.). 1a e 2a edis. riveduta ed aumentata. 8. (32 S.) Ebendas. 875,78. *

Michaëlis, Gust., stenografia italiana secondo il sistema di Guglielmo Stolze, rifatto e adattato alla lingua italiana. Con 8 tav. (lit.). 3a ediz. riveduta e migliorata. 8. (24 S.) Berlin 886, Mittler und Sohn. *

—— die Stolze'sche Stenographie. Denkschrift hrsg. auf Veranlassung der Feier des 25jähr. Bestehens des Stolze'schen Systems am 20. Mai 1866. Im Auftrage des stenograph. Vereins zu Berlin bearb. 2., verm. Aufl. gr. 8. (36 S. mit 4 Stnt.) Berlin 866, Mittler und Sohn. *

—— a new system of English stenography or shorthand on the principles of W. Stolze. 8. (135 S. mit 32 Stnt.) Berlin 864, F. Lobeck. *

— a simplified system of english stenography on the principles of W. Stolze. With 8 lith. plates. 2. ed., revised and augmented. gr. 8. (32 S.) Berlin 882. Mittler & Sohn. n. 1. —

—— nouveau système de sténographie française, d'après la méthode Stolze, adoptée en Prusse, avec 32 planches (lithogr.) gr. 8. (92 S.) Berlin 862, F. Lobeck. cart. *

—— système simplifié de sténographie française d'après la méthode Stolze. gr. 8. (24 S. m. 8 Steintaf.) Ebend. 874. n. 1. —

—— Système simplifié de sténographie française d'après la méthode Stolze. 2e édit. 8. (24 S. mit 8 lithogr. Taf.) Ebendas. 884. *

— système simplifié de sténographie française d'après la méthode Stolze. 3. éd. 8. (36 S. m. 12 Taf.) Ebd. 893. n. 1. —

— dasselbe. Tome 2: Clef des exercices d'écriture. Exercices de lecture. gr. 8. (VII, 32 S.) Ebd. 894. n. 1. —

—— vier Tafeln zur Uebersicht über die wichtigsten Grundprincipien der Stolzeschen Stenographie (zum Gebrauch bei kürzeren Vorträgen über Stenographie). 2. Aufl. gr. 8. (3 und 4 lithogr. S.) Berlin 865, Mittler und Sohn. *

—— 4 Tafeln enth. die Stolzesche Stenographie in kürzester Fassung. Im Anschluß an Stolzes Anleitung zur deutschen Stenographie zum Gebrauch bei Vorträgen und zur Wiederholung bearb. 3., nach den neuesten Beschlüssen der Prüfungs-Commission des stenograph. Vereins zu Berlin umgearb. Aufl. 8. (12 S., wovon 4 lithogr.) Ebendas. 872. **

—— vier Tafeln, enthaltend die Stolzesche Stenographie in kürzester Fassung. Im Anschluss an Stolzes Anleitung zur deutschen Stenographie zum Gebrauch bei Vorträgen und zur Wiederholung bearb. 4. nach den neuesten Beschlüssen der stenograph. Prüfungscommission zu Berlin umgearb. Aufl. 8. (12 S., wovon 4 lithogr.) Ebendas. 880. **

— vier Tafeln, enth. die Stolzesche Stenographie in kürzester Fassung. Im Anschluss an Stolzes Anleitg. zur deutschen Stenographie zum Gebrauch bei Vorträgen u. zur Wiederholg. bearb. 4., nach den neuesten Beschlüssen der stenograph. Prüfungscommission zu Berlin umgearb. Aufl. 8. (12 S., wovon 4 lith.) Ebend. 884. n.n. — 25

—— Vier Tafeln, enthaltend die Stolzesche Stenographie in kürzester Fassung. Im Anschluss an Stolze's Anleitg. zur deutschen Stenographie zum Gebrauch bei Vorträgen u. zur Wiederholg. bearb. 5., nach den neuesten Beschlüssen der Vertretg. d. Verbandes Stolzescher Stenographenvereine u. der stenograph. Prüfungskommission zu Berlin umgearb. Aufl. 8. (8 S. m. 4 autogr. Taf.) Ebd. 889. ** — 25

—— das Th in der deutschen Rechtschreibung. Drei Vorträge gehalten in der berliner Gesellschaft für das Studium der neueren Sprachen. gr. 8. (61 S.) Berlin 860, (Hertz.) *
Aus: Zeitschrift für Stenographie und Orthographie, besonders abgedruckt.

— Thesen über die Schreibung der Dialekte auf physiologischer Grundlage. 2., erweit. Bearbeitung. gr. 8. (32 S.) Berlin 878. Barthol & Co. n. — 60

—— the little Tiro. A practical compendium of English shorthand. 8. (28 S. mit 16 Stnt.) Berlin 864, F. Lobeck. *

—— The little Tiro. A practical Compendium of English Shorthand. 8. (30 S. mit 16 Taf.) Berlin 874, P. Anders. cart. *

—— über den Uebergang von der deutschen zur lateinischen Schrift mit besond. Rücksicht auf ß. gr. 8. (28 S.) Berlin 874, Mittler und Sohn. *
Aus: Zeitschrift für Stenographie und Orthographie, besonders abgedruckt.

—— über den Unterschid der consonantes tenues und mediae und über die Unterscheidung des ach- und ich-Lautes. gr. 8. (34 S.) Berlin 862, Dümmler's Verlag. *
Aus: Zeitschrift für Stenographie und Orthographie, besonders abgedruckt.

— die Vereinfachungen der deutschen Rechtschreibung vom Standpunkte der Stolzeschen Stenographie beleuchtet, mit besonderer Rücksicht auf Grimms Vorrede zum deutschen Wörterbuche und Weinholds deutsche Rechtschreibung, nebst Proben aus der deutschen Literatur in vereinfachter Rechtschreibung. Berlin 854. Besser's Verlhdlg. gr. 8. (2 Bl., 164 S.) n. 24 ngr.

—— die Vereinfachung der englischen Rechtschreibung. gr. 8. (28 S.) Berlin 865, F. Lobeck. *
Aus: Archiv für das Studium der neueren Sprachen, besonders abgedruckt.

— Vorschläge zur Regelung u. Vereinfachung der deutschen Rechtschreibung. gr. 8. (31 S.) Ebend. 874. n. — 60

—— Wörterbuch zur deutschen Rechtschreibung. Zugleich als 2. und 3. teil zu der schrift des verf.: Die Vereinfachungen der deutschen Rechtschreibung vom Standpunkte der Stolzeschen Stenographie beleuchtet ꝛc. gr. 8. Berlin 856, Besser's Verlag. [2. (VII und 116 S.) * 16 Ngr., 3. (VII und 72 S.) 856. * 15 Ngr.] *

— vergleichendes Wörterbuch der gebräuchlichsten Taufnamen. Zugleich als 3. teil zu der schrift des verf.: Die Vereinfachungen der deutschen Rechtschreibung ꝛc. Ebend. 856. gr. 8. (VII, 72 S.) n. 15 ngr.

—— vergleichendes Wörterbuch der gebräuchlichsten Taufnamen. Zugleich als 3. teil zu der schrift des verf.: „Die Vereinfachungen der deutschen Rechtschreibung, vom Standpunkte der Stolzeschen Stenographie beleuchtet ꝛc." gr. 8. (VII und 72 S.) Berlin 857, [Franz Duncker.] *

Michaelis, Gustav, s. Zeitschrift f. Stenographie in wissenschaftlicher, pädagog. u. pract. Beziehung.

Michaelis, Gustav Adolf

Michaelis, Gust. Ado., Abhandlungen aus d. Gebiete d. Geburtshülfe. M. 8 Kpfrt. gr. 8. (20½ B.) Kiel 833, Universitäts-Buchh.

Michaelis, Gust. Adf., das enge Becken nach eigenen Beobachtungen u. Untersuchungen. Hrsg. v. Carl Conr. Thdr. Litzmann. gr. 8. (XVI u. 440 S.) Leipzig 851, G. Wigand. 2½ ₰

Michaelis, Gust. Adf., das enge Becken nach eigenen Beobachtungen u. Untersuchungen. Hersg. von Carl Conr. Thdr. Litzmann. 2. Aufl. Leipzig 865. G. Wiegand. gr. 8. (XII, 372 S.) n. 2 ₰

Michaelis, G. A., de induratione telae cellulosae recens natorum commentatio. Smaj. Kiel. 825. Hesse. 10 gr

Michaelis, Gust. Ado., vierter Kaiserschnitt d. Frau Adametz mit glücklichem Erfolge f. Mutter u. Kind. gr. 8, (1⅝ B.) Berlin 837, Rücker u. Püchler.
Aus: Neue Zeitschrift f. Geburtskunde v. Busch, d'Outrepont u. Ritgen, V. Bd. 1. Hft., besond. abgedruckt.

—— über d. Leuchten d. Ostsee nach eigenen Beobachtungen, nebst einigen Bemerkn. üb. diese Erscheinung in and. Meeren. Mit e. Vorw. v. (C. H.) Pfaff. M. 2 Kpfrt. (gr. 4.) gr. 8. (5¼ B.) Hamburg 830, Perthes u. Besser.

Michaelis, Gustav Adolf, s. Mitteilungen aus dem Gebiete der Medizin.

Michaelis, Gustav Adolf: Rede gehalten bei der Stiftungsfeier der Gesellschaft freiwilliger Armenfreunde am 8. Junius 1845 von dem abgehenden Wortführer Gustav Adolf Michaelis. (Abgedr. nach Beschluss der Gesellschaft von 10. Julius 1845.) Kiel 1845. 8°

—- Ueber die Reposition der Nabelschnur. (Besond. Abdruck aus d. 1. H. des 3. Bd. der Neuen Zeitsch. f. Geburtskunde). Berlin. 1835. P.

—— über d. Reposition d. Nabelschnur. gr. 8. (...) Berlin 835, Rücker u. Püchler.

Michaelis, G. A., über die Retina, besond. über die Macula lutea etc., s. Acta n. phys.-med. Acad. Caes. Leopold. Carol. XIX. Prs. II.

MICHAELIS, GUST. ADOLPH, Theses pro venia legendi rite obtinenda. Kiliae Holsat. 1823. 4. P.

Michaelis, Gust. Ado., Unterricht f. Hebammen. gr. 8. (10 B.) Kiel 842, (Universitäts-Buchh.) *—

Michaelis, G. A., Unterricht für Hebammen. Neu bearb. u. herausg. von C. C. Th. Litzmann. Kiel 862. Akademische Buchhdlg. gr. 8. (199 S.) n. 1 ₰ 7½ ngr

—— Unterricht für Hebammen. Neu bearb. und hrsg. von C. C. Th. Litzmann. gr. 8. (199 S.) Kiel 862, [C. v. Maack's Verlag.] *

— Unterricht für Hebammen. Neu bearb. u. herausg. von C. C. Th. Litzmann. (Abgeändert nach den Bestimmungen kurhess. Medicinal-Ordnung). Marburg 865. Elwert'sche Univ.-Buchh. gr. 8. (VIII, 227 S.) 20 ngr

Michaelis, G. A., Unterricht f. Hebammen. Neu bearb. u. hrsg. v. C. C. Th. Litzmann. (Abgeändert nach den Bestimmgn. Kurhess. Medicinal-Ordng.] 2. verb. Aufl. gr. 8. (VIII, 227 S.) Marburg 872. Elwert's Verl. 2. —

Michaelis, H., Abriß der deutschen Lautkunde. Zugleich e. Einführg. in die Weltlautschrift. (31 S.) Lex.-8. Leipzig (906). E. Haberland. n. 1. —

Dictionnaire phonétique de la langue française. Complément nécessaire de tout dictionnaire franç. p. H. **Michaelis**, dir. d'école à Spandau, et P[aul] Passy, dr. ès lettres, dir.-adjoint à l'école des hautes-études. Av. préf. de Gaston Paris, membre de l'Institut ... *Hanovre [&] Berlin: C. Meyer 1897.* (XVI, 318 S., 1 Bl., 1 Taf.) 1 Bd 8.
— **Bibliothek** phonetischer Wörterbücher. Bd 1. [97. 5705

Michaelis, H., hochmoderne Entwürfe f. Wand- u. Deckenmalerei. (40 Taf.) gr. 4. Hannover (902). (Berlin, B. Hessling.) In Mappe n. 18. —

— s.: Haberland's Unterrichtsbriefe, Französisch.

Michaelis, H. [Bearb.], s. Paul, Léon: En Terre sainte.

Michaelis, H., Praecisions-Tabelle zur schnellen u. sicheren Feststellg. d. Schlussnoten-Stempels bei Zeit- u. Report-Geschäften, umfass. alle an d. deutschen Börsen eingef. Werthpapiere. Lex.-8. (65 S.) Berlin 895. G. Winckelmann. Geb. in Leinw. n. 4. —

Michaelis, H., Tabelle f. die Berechnung d. Schlußnoten-Stempels bei Anschaffungs-Geschäften in Werthpapieren u. in Waaren auf Grund d. Gesetzes vom 18. April 1894 nebst Tarif. gr. 8. (11 S.) Berlin 894. G. Winkelmann. n. — 40

— allgemeines Wörterbuch der Aussprache ausländischer Eigennamen, s.: Müller, Aug.

Michaelis, H. C., L. Annaei Senecae consolatio ad Marciam. Diss. 1840. 121 S. 2.—

—— H. C., Quaestiones de bello Punico primo. Gel. 1846. XII, 188, XII S. 2.—

Michaelis, H. S., C. F. v. Gräfe in seinem 30jähr. Wirken f. Staat u. Wissenschaft. Ein Beitr. z. vaterländ. Gesch., aus eigener Anschauung, histor. Zeugnissen u. officiellen Akten bearbeitet. gr. 8. (6½ B.) Berlin 840, A. Hirschwald. *

MICHAËLIS, Hans (Berlin): Ein Beitrag zur Geschichte des für die Extraction des nachfolgenden Kopfes heute üblichen Handgriffs. Nebst einer Uebersicht über die Geschichte der Wendung auf die Füsse.- München: Schuh 1902. 99 S.
23.7.1902 - Chr 1902/03,23; Jv 1902/03,312 Diss. Ingolst.-Landsh.-Mchn.

Michaëlis, Hans: Ueber breitbasige Blasengeschwülste und ihre operative Behandlung. *Marburg 1898: J. A. Koch.* (122 S.) 8°
Marburg, Med. Diss. v. 28. Juli 1898

Michaelis, Heinr., das deutsche Gewerbe- u. Arbeiterversicherungsrecht. (VIII, 100 S.) gr. 8. Bremen 907. G. Winter. Kart. 1. 50

— dasselbe. Leitfaden zum Unterricht an gewerbl. Fortbildungs- u. Fachschulen. (24 S.) gr. 8. Bremen 907. (Rühle & Schlenker.) nn — 25

Michaelis, Heinrich, Das Hausiergewerbe im Stadt- u. Landkreise Köln. Schriften d. Vereins f. Sozialpol., Bd. 80. gr. 8⁰. Leipzig 1899.

Michaelis, Heinrich, a. Lesum: Inwiefern ist für den Beruf des Pädagogen die Beschäftigung mit der Psychologie unerlässlich? Rostock i. M. 1906: Adlers Erben. (50 S.) 8°
Erlangen, Phil. Fak., Ref. Hensel, Diss. v. 14. Jan. 1907
[Geb. 24. Juli 76 Lesum; Wohnort: Hamburg; Staatsangeh.: Hamburg; Vorbildung: Latein. Hauptsch. Halle a. S. Reife M. 97; Studium: Halle 2, Berlin 5 S.; Rig. 30. Mai 01.]

Michaelis, Heinrich [Praes.], s. Nieman, Christian Albrecht: De advocatorum culpa.

[J. u. Ant.] **Michaelis,** Heinrich [aus Lauchhammer Prov. Sachsen]: Kritische Würdigung der Preise des edictum Diocletiani vom nationalökonomischen Standpunkte aus ... [Forts. erschien in: Zeitschr. f. d. ges. Staatswiss., I. 1897.] Köln a. Rh., Druckerei v. L. Wendland, 1895 ([übergekl.:] Halle a. S. 1896); 2 Bl., 29 S., 1 Bl. 8.
Halle, Phil. Fak., Inaug.-Diss. v. [6. Nov.] 1896

— **Heinrich Friedrich Günther (Dresden),** Aphorismi juris criminalis. Präs. Jos. Lud. Ern. Püttmann. Leipzig (Klaubarth) 27. IX. 1782. 8 S. (4.—) 23296

Rudolphi, Car Asmund, praes., **Michaelis,** Henr Sabbatius [resp.]: Theses medicae dissertationi inaugurali de singularum hominis aetatum discrimine medico propediem elaborandae praemissae. Berolini (1813). (2 Bl.) 8°
Berlin, Med. Thes. v. 22. Dez. 1813

Michaelis, Hnr. Sal., Geist u. Charakter d. franzöſ. Sprache u. Literatur, ein Fragm. 8. Manh, 808. Schwan u. G. 8 gr. Schrbp. 15 gr.

— die Regeln in d. Französ. Participes etc. gr. 8. Manh. 809. Schwan u. G. 16 gr.

Michaelis, Henriette

Michaelis, H., a new dictionary of the Portuguese and English languages, enriched by a great number of technical terms used in commerce and industry, in the arts and sciences, and including a great variety of expressions from the language of daily life. Based on a manuscript of Jul. Cornet. 2 parts. gr. 8. Leipzig 893. F. A. Brockhaus. à n. 13. 50; geb. à n. 15. —
1. Portuguese-English. (VIII, 731 S.) — 2. English-Portuguese. (743 S.)

Michaelis, H., A new dictionary of the Portuguese and English languages enriched by a great number of technical terms used in commerce and industry, in the arts and sciences, and including a great variety of expressions from the language of daily life. Based on a manuscript of Jul. Cornet. 2 parts. 2. ed. (IX, 729 u. VI, 742 S.) 8. Leipzig 905. F. A. Brockhaus. à n. 13. 50; geb. à n.n. 15. —; in 1 Bd. n. 29. —

Michaelis, H., a new dictionary of the Portuguese and English languages enriched by a great number of technical terms used in commerce and industry, in the arts and sciences, and including a greas variety of expressions from the language of daily life. 2 parts. 3. ed. (IX, 729 u. VI, 742 S.) 8. Leipzig 908. F. A. Brockhaus. 27.—; geb. in Leinw. n 30.—; in 1 Bd. 29. —

— Pocket dictionary of the Portuguese and English languages including technical expressions of commerce and industry, of sciences and arts. 2 parts. (VI, 335 u. V, 448 S.) 8. Leipzig 907. F. A. Brockhaus. 14.—; in 1 Bd. geb. 15. —

Michaelis, H., neues Taschen-Wörterbuch d. italienischen u. deutschen Sprache f. den Schul- u. Handgebrauch. 2 Tle. 3. Aufl. gr. 8. (VI, 484 u. V, 540 S.) Leipzig 898. F. A. Brockhaus. n. 6. —; in 1 Bd. geb. n. 7. —

Michaelis H., neues Taschen-Wörterbuch d. italienischen u. deutschen Sprache f. den Schul- u. Handgebrauch. 2 Tle. 5. Aufl. gr. 8. (VI, 484 u. V, 540 S.) Leipzig 900. F. A. Brockhaus. n. 6. —; in 1 Leinw.-Bd. n. 7. —

— neues Taschen-Wörterbuch der italienischen u. deutschen Sprache f. den Schul- u. Handgebrauch. 2 Tle. 8. Aufl. (VI, 484 u. V, 540 S.) 8. Ebd. 905. n. 6. —; in 1 Leinw.-Bd. n. 7. —

Michaelis, H., neues Taschen-Wörterbuch der italienischen u. deutschen Sprache f. den Schul- u. Handgebrauch. 9. u. 10. Aufl. (2 Tle. in 1 Bde.) (VII, 484 u. V, 540 S.) 8. Leipzig 907. 10. F. A. Brockhaus. 6.—; geb. in Leinw. 7. —

— dasselbe, der portugiesischen u. deutschen Sprache m. besond. Berücksicht. der technischen Ausdrücke des Handels u. der Industrie, der Wissenschaften u. Künste u. der Umgangssprache. 2 Tle. (VI, 357, IV u. V, 423 S.) 8. Ebd. 907. 10.—; in 1 Bd. geb. 11. —

Michaelis, H., novo Diccionario da lingua portugueza e allemã enriquecido com os termos technicos do commercio e da industria, das sciencias e das artes e da linguagem familiar. — Neues Wörterbuch der portugiesischen und deutschen Sprache mit besond. Berücksicht. der techn. Ausdrücke des Handels und der Industrie, der Wissenschaften und Künste und der Umgangssprache. 2 Tle. 8. Leipzig, Brockhaus.
à Tl. *ℳ 7.50. *
geb. à Tl. *ℳ 9.—. *
geb. in 1 Bd. *
Inhalt:
Tl. 1. Portugiesisch-Deutsch. (IX, 737 S.) 887.
„ 2. Deutsch-Portugiesisch. (IV, 544 S.) 889.

— neues Wörterbuch der portugiesischen u. deutschen Sprache. 2 Tle. gr. 8. Ebd. 887. 889. à n. 7. 50; geb. à n. 9. —; in 1 Bd. geb. n. 17. —
1. Portugiesisch-Deutsch. (IX, 737 S.) — 2. Deutsch-Portugiesisch. (V, 573 S.)

—— Novo Diccionario da lingua portugueza e allemã enriquecido com os termos technicos do commercio e da industria, das sciencias e das artes e da linguagem familiar. — Neues Wörterbuch der portugiesischen u. deutschen Sprache m. besond. Berücksicht. der techn. Ausdrücke d. Handels u. der Industrie, der Wissenschaften u. Künste u. der Umgangssprache. 2 Thle. 2. Aufl. gr. 8. Ebd. 891.
à Bd. * 7 50; * 15 —; geb. à Bd. * 9 —; * 18 —
geb. in 1 Bd. * 17 —
1. Portugiesisch-Deutsch. (IX, 737 S.) — 2. Deutsch-Portugiesisch. (V, 573 S.)

— neues Wörterbuch der portugiesischen u. deutschen Sprache m. besond. Berücksicht. der technischen Ausdrücke des Handels u. der Industrie, der Wissenschaften u. Künste u. der Umgangssprache. 2 Tle. 3. Aufl. gr. 8. Ebd. 894. à n. 7. 50; geb. à n. 9. —; in 1 Bd. geb. n. 17. —
1. Portugiesisch-Deutsch. (IX, 737 S.) — 2. Deutsch-Portugiesisch. (V, 573 S.)

— neues Wörterbuch d. portugiesischen u. deutschen Sprache, m. bes. Berücksicht. d. techn. Ausdrücke d. Handels u. d. Industrie, d. Wissenschaften u. Künste u. d. Umgangssprache. 2 Tle. 4. Aufl. gr. 8. (IX, 737 u. V, 573 S.) Ebd. 896. n. 15. —; geb. in Halbfrz. n.n. 18. —; in 1 Bd. n.n. 17. —

Neues Worterbuch der portugiesischen und deutschen Sprache mit besond Berucks. d. techn. Ausdrücke d. Handels u. d. Industrie, d. Wissenschaften u. Künste u. d. Umgangssprache. Von H[enriette] **Michaelis**. In 2 T 7 Aufl. T 1 2 Leipzig F. A. Brockhaus 1905. 2 Bde 8° [F.]
[Nebent.] Michaelis Novo diccionario da lingua Portugueza e Allemã.
1 Portug.-Deutsch. 2. Deutsch-Portug. [05. 9999 9

— neues Wörterbuch der portugiesischen u. deutschen Sprache m. besond. Berücksicht. der technischen Ausdrücke des Handels u. der Industrie, der Wissenschaften u. Künste u. der Umgangssprache. 2 Tle. 7. Aufl. (IX, 737 u. V, 573 S.) 8. Ebd. 905. à n. 7. 50; geb. à n.n. 9. —; in 1 Bd. n.n. 17. –

Neues Wörterbuch der portugiesischen und deutschen Sprache mit besond. Berücks. d. techn. Ausdrücke d. Handels u. d. Industrie, d. Wissenschaften u. Künste u. d. Umgangssprache Von H[enriette] **Michaelis**. In 2 T. 8. Aufl. T. 1. 2. Leipzig: F. A. Brockhaus 1907 2 Bde 8°
1 Portugies.-Deutsch. 2 Deutsch-Portugies.
[Nebent.] Novo diccionario da lingua portugueza e allemã por Michaelis. [07. 14393

— Neues Wörterbuch der portugiesischen u. deutschen Sprache m. besond. Berücksicht. der technischen Ausdrücke des Handels u. der Industrie, der Wissenschaften u. Künste u. der Umgangssprache. 2 Tle. 8. Aufl. (IX, 737 u. V, 767 S.) gr. 8. Ebd. 907. 20.—; geb. 23.—; in 1 Bd. geb. 22. —

Michaelis, H., **Dizionario completo italiano-tedesco e tedesco-italiano, con riguardo speciale alle espressioni tecniche del commercio, delle scienze, dell' industria, della guerra e della marina, della politica ecc. — Vollständiges Wörterbuch der italienischen und deutschen Sprache, mit besond. Berücksicht. der techn. Ausdrücke des Handels, der Gewerbe, der Wissenschaften, des Kriegs- und Seewesens, der Politik etc. 2 Thle. gr. 8. Leipzig, Brockhaus. à Thl. * M 6. * geb. à Thl. * M 7,50. ***

Inhalt:
Thl. 1. Italienisch-Deutsch. (X, 640 S.) 879.
" 2. Deutsch-Italienisch. (719 S.) 881.

Michaelis, H., Dizionario completo italiano-tedesco e tedesco-italiano, con riguardo speciale alle espressioni tecniche del commercio, delle scienze, dell' industria, della guerra e della marina, della politica ecc. — Vollständiges Wörterbuch der italienischen und deutschen Sprache, mit besond. Berücksicht. der techn. Ausdrücke des Handels, der Gewerbe, der Wissenschaften, des Kriegs- und Seewesens, der Politik etc. 2 Thle. 2. Aufl. gr. 8. Leipzig 882, Brockhaus. à Thl. * M 6. * geb. à Thl. * M 7,50. * geb. in 1 Bd. *

Inhalt:
Thl. 1. Italienisch-Deutsch. (X, 640 S.)
" 2. Deutsch-Italienisch. (719 S.)

Michaelis, H., vollständiges Wörterbuch der italienischen u. deutschen Sprache m. besond. Berücksicht. der techn. Ausdrücke d. Handels, der Gewerbe, der Wissenschaften, d. Kriegs- u. Seewesens, der Politik etc. 2 Thle. 3. Aufl. gr. 8. (X, 640 u. 720 S.) Leipzig 884 u. 85. Brockhaus. n. 12. —; geb. n. 15. –; in 1 Bd. geb. n. 14. —

—— **Dizionario completo italiano-tedesco e tedesco-italiano, con riguardo speciale alle espressioni tecniche del commercio, delle scienze, dell' industria, della guerra e della marina, della politica ecc. — Vollständiges Wörterbuch der italienischen und deutschen Sprache, mit besond. Berücksicht. der techn. Ausdrücke des Handels, der Gewerbe, der Wissenschaften, des Kriegs- und Seewesens, der Politik etc. 2 Thle. 3.—5. Aufl. gr. 8. Ebendas. 884—88. à Thl. * M 6.—. * geb. à Thl. * M 7.50. * geb. in 1 Bd. ***

Inhalt:
Thl. 1. Italienisch-Deutsch. (X, 640 S.)
" 2. Deutsch-Italienisch. (720 S.)

Michaelis, H. **Dizionario completo italiano-tedesco e tedesco-italiano con riguardo speciale alle espressioni tecniche del commercio, delle scienze, dell' industria, della guerra e della marina, della politica ecc. — Vollständiges Wörterbuch der italienischen u. deutschen Sprache m. besond. Berücksicht. der techn. Ausdrücke d. Handels, der Gewerbe, der Wissenschaften, d. Kriegs- u. Seewesens, der Politik etc. 2 Thle. 6.—8. Aufl. gr. 8. Lpz. 889—92, Brockhaus. à Thl. * 6 —; * 12 —; geb. à Thl. * 7 50; * 15 — geb. in 1 Bd. * 14 —**
1. Italienisch-Deutsch. (X, 640 S.) — 2. Deutsch-Italienisch. (IV, 720 S.)

Michaelis, H: **Vollständiges Wörterbuch der italienischen und deutschen Sprache.**
7 Aufl. Leipzig 1891
Th. 1. Jtalienisch-Deutsch.
Th. 2. Deutsch-Jtalienisch.

— vollständiges Wörterbuch der italienischen u. deutschen Sprache, m. besond. Berücksicht. der techn. Ausdrücke d. Handels, der Gewerbe, der Wissenschaften, d. Kriegs- u. Seewesens, der Politik u. s. w. 2 Thle. 9. Aufl. gr. 8. (X, 640 u. 720 S.) Ebd. 894. n. 12. —; geb. n. 15. —; in 1 Bd. geb. n. 14. —

Michaelis, H., Vollständiges Wörterbuch der italienischen und deutschen Sprache
I Theil Italienisch-Deutsch. II. Theil Deutsch-Italienisch. 2 voll. Leipzig 1895.

Michaelis, H: **Vollständiges Wörterbuch der italienischen und deutschen Sprache.**
11. Aufl. Leipzig 1897
Th. 1. Jtalienisch-Deutsch.
Th. 2. Deutsch-Jtalienisch.

— vollständ. Wörterbuch d. italienischen u. deutschen Sprache, m. bes. Berücksicht. d. techn. Ausdrücke d. Handels, d. Gewerbe, d. Wissenschaften, d. Kriegs- u. Seewesens, der Politik u. s. w. 2 Thle. 12. Aufl. gr. 8. (VIII, 642 u. 720 S.) Ebd. 898. n. 12. —; geb. n. 15. —; in 1 Bd. geb. n. 14. —

Praktisches Wörterbuch der italienischen und deutschen Sprache mit besond. Berücks. d. Umgangssprache, d. techn. Ausdrücke d. Handels, d. Gewerbe, d. Wissenschaften, d. Kriegs- u. Seewesens, d. Politik u. s. w. Von H. **Michaelis**. In 2 Teilen. 13. vollst. umgearb. u. verm. Aufl. T. 1. 2. *Leipzig: F. A. Brockhaus 1900.* 2 Bde 8° [F.]
[Nebent.] Dizionario pratico Italiano-Tedesco e Tedesco-Italiano.
1 Italien.-Deutsch. 2. Deutsch-Italien. [00. 9244 6

— praktisches Wörterbuch der italienischen u. deutschen Sprache, m. besond. Berücksicht. der Umgangssprache, der techn. Ausdrücke des Handels, der Gewerbe, der Wissenschaften, des Kriegs- u. Seewesens, der Politik u. s. w. 13. vollst. umgearb. u. verm. Aufl. gr. 8. (XII, 878 u. VI, 911 S.) Ebd. 900. à n. 6. —; geb. in Halbfrz. à n. 7. 50; in 1 Halbfrz.-Bd. n. 14. –

Praktisches Wörterbuch der italienischen und deutschen Sprache mit besond. Berücks. d. Umgangssprache ... Von H[enriette] **Michaelis**. In 2 T. 14. Aufl. T. 1. 2. Leipzig: F. A. Brockhaus 1903. 2 Bde 8° [F.]
1 Ital.-Deutsch. 2. Deutsch-Ital.
[Nebent.] Dizionario prat. ital.-tedesco e ted.-ital. di Michaelis. 14. ed. [04. 8840

— praktisches Wörterbuch der italienischen u. deutschen Sprache, m. besond. Berücksicht. der Umgangssprache, der techn. Ausdrücke des Handels, der Gewerbe, der Wissenschaften, des Kriegs- u. Seewesens, der Politik u. s. w. 15. Aufl. 2 Bde. (XII, 878 u. VI, 911 S.) 8. Ebd. 907. n. 12. —; geb. in Halbfrz. n. 15. —; in 1 Halbfrz.-Bd. n. 14. —

— Praktisches Wörterbuch der italienischen u. deutschen Sprache m. besond. Berücksicht. der Umgangssprache, der techn. Ausdrücke des Handels, der Gewerbe, der Wissenschaften, des Kriegs- u. Seewesens, der Politik u. s. w. In 2 Tln. 16. Aufl. (XII, 878 u. VI, 911 S.) 8. Ebd. 910. 12.—; geb. in Leinw. 15.—; in 1 Leinw.-Bd. 14. —

Die Homosexualität in Sitte und Recht von Hermann **Michaelis**. Mit e. Geleitwort von Dr. med. Magnus Hirschfeld-Charlottenburg. Berlin: H. Dames 1907. (118 S.) 8° [08. 2477

Michaëlis, Herm., die Homosexualität in Sitte u. Recht. (Umschlag: § 175!) Mit e. Geleitwort v. Magnus Hirschfeld. (VIII, 118 S.) gr. 8. Berlin 907. Verlag „Hellas". 2. —

Michaelis, Hermann, praktischer Arzt a. Deutsch-Krone: Ueber Kindersterblichkeit im allgemeinen und über die Gründe des Nichtstillens geprüft an der Berliner Arbeiterbevölkerung. Berlin 1906: M. Silberberg. (34 S.) 8°
Leipzig, Med. Fak., Ref. Hofmann, Diss. v. 9. März 1906
[Geb. 10. Juli 80 Deutsch Krone; Wohnort: Berlin; Staatsangeh.: Preußen; Vorbildung: Gymn. Deutsch Krone Reife O. 99; Studium: Berlin 3, München 1, Berlin 6 S.; Coll. 9. März 06; Approb. 28. Mai 04.]

Michaelis, Herm., von Hankau nach Su tschou, s. Petermann's, A., Mitteilungen aus J. Perthes' geographischer Anstalt.

Michaelis, Hermann: Von Hankau nach Su tschou Reisen im mittleren und westlichen China 1879—81. Mit drei Karten und zwölf Skizzen im Text. Gotha 1888. (II), 58 S.
= Ergänzungsheft zu Petermann's Geographischen Mittheilungen. No. 91. 8°.

Michaelis, J., s. *Barthélemy*, Waterloo.

Michaelis, J., Notae exegetico criticae in N.T. Rost. 728. 4. 8gr.

Michaelis, I., notae exeget. in Nov. Test. 4. Rostock. (Gleditsch, Lips.) 728.

Michaelis, I., opera medica et chym. 4. Nürnb. 700.

Michaelis, J. Abr., die Canzel Gottes auf dem Felde, in heil. Erndtereden. 8. Breslau. 750.

Michaelis, J. Aug., Widerleg. d. Buchs: Expostul. et protestation. 4. Augsb. 721.

Michaelis, J. C., über d. sogen. Stielowsche Observanz bei Kirchen- u. Schulbauten im Bezirk d. vormal. Consistorii zu Glogau. gr. 8. (1¾ B.) Glogau 837. Flemming.

Michaelis, J. Fr., de tabulis foederis prioribus dissertatio, praemissa commentatione de tabulis quibusdam veterum. Viteb. 719. 4. (124 S.)

— de tabulis foederis posterioribus diss. Vitemb. 719. 4. (60 Seiten).

Michaelis, I. Geo., observationes sacrae. 8. Arnheim. 752.

Michaelis, J. Gottfried

Michaelis, J. G., Inclytae gentis illustr. domus comitum a Brühl. Dresdae 1744.

Michaelis, J. Gf., Monumenta Dresdensia oder Gräber u. Ehrenmale d. Stadt Dresden. 4. Bauß. 718.

Michaelis, J.-P., arithmetique élémentaire,
— éléments d'algèbre,
— éléments de geometrie et trigonometrie.
s.: Bodson, N.

Michaëlis, J. P., sur les courbes du second degré. Luxemburg 863. Bück. gr. 8. (41 S. u. 1 lith. Taf.) n. 12 ngr

Michaëlis, J. P., Discussion des courbes et des surfaces du second degré. Luxemburg 867. (Brück.) gr. 4. (15 S.) 10 ngr

Michaëlis, J. Theoph., Delineatae sapientiae et providentiae divinae in aliis corporis partibus ab aliis diversis temporibus demonstratae, nunc ex capite humano et situ ejus partium concinno ordine. Cob. 4°. 1750.

— **Jo. Friedrich Georg** (Wittenberg), ΠΕΡΙ ΤΟΥ ΚΡΙΤΟΥ ΔΙΚΑΙΩΣ, ΟΥΚ ΑΔΙΚΩΣ ΚΡΙΝΟΝΤΟΣ, seu, de judice juste, non, injuste judicante, ad vindicandum oraculum 1. Petr. II, 23. Contra statores infallibilitatis pontificis Romani. Präs. Gottlieb Wernsdorf. Wittenberg (Creusig) 12. XI. o. J. (4.—) 23309
Widm. v.: Georg Michaelis.

— — ΠΕΡΙ Toy kritoy ΔΙΚΑΙΩΣ, ΟΥΚ ΑΔΙΚΩΣ ΚΡΙΝΟΝΤΟΣ, seu, de judice juste, non, injuste judicante, ad vindicandum oraculum 1. Petr. II, 23. Welcher nicht wieder schalt, da er gescholten ward, nicht dräuet, da er leid, Er stellet es aber dem heim, der da recht richtet. Contra statores infallibilitatis pontificis Romani. Präs. Gottl. Wernsdorf. Wittenberg (E. G. Eichsfeld) 12. XI. 1707. (4.—) 23310

Michaelis, Johann

Michaelis, Joh., Erdbeschreibung und Geschichte von Ungarn. Neu bearb. von E. Alb. Bieltz. 2 Thle. 8. Hermannstadt 880, Michaelis. à Thl. ℳ 1,20.
Inhalt:
Thl. 1. Erdbeschreibung von Ungarn. (X, 92 S.)
„ 2. Geschichte von Ungarn. (X, 114 S.)

Michaelis, J., Erdbeschreibung u. Geschichte v. Ungarn. Neu bearb. v. E. A. Bielz. 2. Tl. Geschichte v. Ungarn. 3., ergänzte Aufl. 8. (XII, 116 S.) Hermannstadt 888. Michaelis. cart. n. 1.20

— Fibel nach der analytisch-synthetischen Schreib-Lese-Methode. 7. Aufl. der neuen Handfibel. Im Auftrage d. hochlöbl. evangel. Landesconsistoriums A. B. in Siebenbürgen umgearb. 8. (96 S. m. Holzschn.) Hermanstadt 874. Michaelis. geb. n. — 60

—— Fibel. 8. und 9. Aufl. 8. (96 mit eingedr. Holzschn.) Ebendas. 878,80. cart. *

—— Fibel. 12. Aufl. 8. (96 S. mit Bildern.) Ebendas. 888. cart. *

Michaelis, Joh. Fibel. 13. Aufl. 8. (96 S. m. Abbildgn.) Hermannstadt 892, Frz. Michaelis. cart. * — 60

Michaelis, Joannes: De Apollonii Rhodii fragmentis. Halis Saxonum (1875: Schade in Berlin). 56 S. 8°
Halle-Wittenberg, Phil. Diss. v. 4. Aug. 1875
Geb. Sonnenburg (Prov. Brandenburg) 8. 12. 1852. V.
Im Buchhandel Halis Sax. (Berlin: Mayer & Müller) 1875.

—— Handbuch für Volksschulen. 1.—5. Heft. 8. Ebendas. *
Inhalt:
Heft 1. Deutsche Sprachlehre. (III, 48 S.) 868. * 50 Pf.
„ 2. Naturlehre. (III, 31 S.) 868. * 40 Pf.
„ 3. Naturgeschichte. (84 S.) 869. * 60 Pf.
„ 4. 5. Geographie und Geschichte von Ungarn mit besond. Rücksicht auf Siebenbürgen. (162 S.) 874. * ℳ 1,60.

Michaelis, Joh., Handbuch für Volksschulen. 1., 3.—6. (Schluß-) Heft. 8. Hermannstadt, Michaelis. *

Inhalt:

Heft 1. Deutsche Sprachlehre. 2. verb. und verm. Aufl. (54 S.) 874; 3. verb. Aufl. (56 S.) 880. * 50 Pf.
» 3. Naturgeschichte. 2. Aufl. (84 S.) 880. * 60 Pf.
» 4. Erdbeschreibung von Ungarn. (2. Aufl.) Neu bearb. von E. A. Bielz. (VIII, 92 S.) 880. cart. * M 1,20.
» 5. Geschichte von Ungarn. (2. Aufl.) Neu bearb. von E. A. Bielz. (X, 114 S.) 880. cart. * M 1,20.
» 6. Landwirthschaftslehre für Fortbildungsschulen. (48 S.) 872. * 40 Pf.
2. Heft. Ebendas. 1868. * 40 Pf.

— neue Handfibel nach der Schreib-Lese-Methode. Zum Gebrauche in den siebenbürg. Volksschulen. 4. u. 5. verb. u. verm. Aufl. Ebend. 868, 70. 8. (104 S. mit eingedr. Holzschn.) n. 5 ngr.

—— neue Handfibel nach der Schreib-Lese-Methode. Zum Gebrauche in den siebenbürg. Landschulen. 4.—6. verb. und verm. Aufl. 8. (104 S. mit eingedr. Holzschn.) Ebendas. 868—72. geb. *

Michaelis, Johann. Konfirmandenbüchlein. Ein Leitfaden für den Religions-Unterricht in den Oberklassen der Volksschulen Augsburg. Konfession. 2te Aufl. 8. (108 S.) Hermannstadt, Samuel Filtsch 1853.

Michaelis, Joh., das größere Confirmandenbüchlein, d. i. christl. Religionslehre f. die evangel. Jugend A. B., in den Hauptvolksschulen, sowie in den Untergymnasien, u. in den Realschulen u. f. Confirmanden. 6. völlig umgearb. Aufl. Nebst e. Anh.: Die Reformation im Sachsenlande v. G. D. Teutsch. 5. Aufl. 8. (152 u. 29 S.) Hermannstadt 876. Michaelis. n. 1. 40

Michaelis, Joh., das kleinere Confirmanden-Büchlein. Das ist: kurzer Unterricht in der christl. Religion für die evangel. Jugend A. C. in den Volksschulen u. für Confirmanden. 4. u. 5. verb. Aufl. Hermannstadt 869, 70. Michaelis. gr. 16. (103 S.) cart. n. 5 ngr.

Michaelis, Joh., das kleinere Confirmanden-Büchlein. Das ist: kurzer Unterricht in der christl. Religion für die evangel. Jugend A. C. in den Volksschulen und für Confirmanden. 4.—6. verb. Aufl. 1868—71. * 50 Pf.,

— das kleinere Confirmandenbüchlein. Das ist: kurzer Unterricht in der christl. Religion f. die evangel. Jugend A. C. in den Volksschulen u. f. Confirmanden. 7. Aufl. 16. (103 S.) Ebend. 875. n. — 60

Michaelis, Joh., das kleinere Confirmandenbüchlein. Das ist: kurzer Unterricht in der christlichen Religion für die evangelische Jugend A. C. in den Volksschulen u. für Confirmanden. 8. Aufl. 12. (103 S.) Hermannstadt 880. Michaelis. cart. n. — 60

Michaelis, Joh., das kleinere Konfirmandenbüchlein. Das ist: kurzer Unterricht in der christl. Religion f. die evangel. Jugend A. B. in den Volksschulen u. f. Konfirmanden. 9. Aufl. 12. (103 S.) Hermannstadt 883. Michaelis. cart. n. — 60

—— Das kleinere Konfirmandenbüchlein. Das ist: kurzer Unterricht in der christl. Religion f. die evangel. Jugend A. B. in den Volksschulen u. f. Konfirmanden. 10. Aufl. 16. (103 S.) Ebd. 889. cart * — 60

— Landwirthschaftslehre f. Fortbildungsschulen. 8. (48 S.) Ebend. 871. n. — 40

—— Landwirthschaftslehre für Fortbildungsschulen. 8. (48 S.) Ebendas. 872. *

— Naturgeschichte für Volksschulen. 2., verb. Aufl. 8. (84 S.) Ebend. 880. n. — 60

— die christliche Religion für Kinder auf Grund biblischer Erzählungen. Ebend. 869. gr. 16. (VIII, 104 S.) cart. n. 6 ngr.

— dasselbe. Ausg. f. Schüler. 16. (91 S.) Ebend. 871. n. — 70

Michaelis, Joh., die christliche Religion f. Kinder auf Grund biblischer Erzählungen. 2., umgearb. u. verm. Aufl. Ausg. f. Lehrer. 16. (124 S.) Hermanstadt 871. Michaelis. n. 1. 20

—— die christliche Religion für Kinder auf Grund biblischer Erzählungen. Ausg. für Schüler. 2. umgearb. und verm. Aufl. (92 S.) 1871; 3. Aufl. (92 S.) 1874; 4. Aufl. 16. (95 S.) Ebendas. 878. *

— die christliche Religion f. Kinder auf Grund biblischer Erzählungen. 6. Aufl. Ausg. f. Schüler. 12. (III, 95 S.) Ebd. 892. Kart. n. — 60

—— deutsche Sprachlehre für Volksschulen. 3. verb. Aufl. 8. (56 S.) Ebendas. 880. *

Michaelis, Johann Benjamin

Michaelis, Jh. Benj., († d. 30. Sept. 1772.) Briefe an Jacobi u. Gleim. 8. Halberstadt 771. Groß. 1 ß

— poetische Briefe. 8. Leipz. 772.

Fabeln, Lieder und Satyren (von *Joh. Benj. Michaelis*, 1746—72). (Vign.) Leipzig u. Aurich, 1766. 8°. 125 S. u. Inhalt.
W. v. Maltzahn p. 416 no. 559; Goedeke IV, 110, 37, 1.

Dass.s.a.: F a b e l n ,...

— einzelne Gedichte. 8. Leipz. Crusius. (F. C. W. Vogel). 769.

— einzelne Gedichte. 8. Leipz. 769. (W. Vogel). 16 gr (A. u. d. T.: Werke ꝛc. 2r Bd.)

MICHAELIS, Joh. Benj. (1746—72), Amors Gukkasten (!). Eine Operette in Einem Aufzuge. Leipzig, in der Dyckischen Buchhdlg., 1772. 8°. Zahm. (In Berlin, Magistratsbibl.)

Michaelis, J. B., kleine Operetten. (Amors Guckkasten. 5 gr — Der Einspruch. 5 gr — Herkules auf dem Orta. 2 gr) 8. Lpz. 772. Dyck.

— verschiedene Schriften. 8. Leipz. Sommer.

— poet. Werke. 1r Bd. 8. Marburg, Krieger. 780.

Michaelis, Johann Benjamin. Poetische Werke. Giessen 1780. H: *Schmid, Chn Hnr.* (EE) »Marburg« (Ky) (Ebert)

— letzt. Zuruf u. Abschied, n. Anz. a. s. Leben, herausgeg. von Schäfer. 8. Halberst. Groß. 777.

Michaelis, Johann Christian

— **Jo. Christian (Schlieben/Sachsen), De exceptionibus illiquidis sigillatim exceptione non numeratae pecuniae in reconventionem deducendis. Diss. jur. Präs. Carl Friedrich Michaelis. Wittenberg (Gerdes) Juni 1724. 24 S. (4.—) 23297**
Gew.: Gottfried Giesch.

Michaelis, Jh. Chr., († d. 23. Dec. 1772.) Gedanken üb. d. Wahlen d. Prediger, deren Beschaffenheit, Mißbräuche u. Verbesserung. 8. Halberst. 771. Groß.

Michaelis, Johann David

MICHAELIS, Joh. Dav. (1717—91), Abhandlung von den Ehegesetzen Mosis, welche die Heyrathen in die nahe Freundschaft untersagen. Göttingen, Vandenhoeck, 1755. 4⁰. (In Zürich.)
Cat. Cammerer. I. p. 343. (50 Pfg. Weller, Bautzen, 62. no. 231.)
— — Dasselbe. (Titel-Aufl.) Ibid. 1768. 4⁰. 366 S. (2 Mk. Max Weg, Lpz., 1897.)
— — Dasselbe. 2. u. verm. Aufl. Frankfurt u. Leipzig, 1786. 8⁰. (Auch in Rostock, Univ.-Bibl.)
XVI—484 S., 10 Bll. Reg. Mit zieml. verfängl. Erörterungen. (2 Mk. Bielefeld 113. no. 285.)

— Abhandl. v. arabischen Geschmacke in d. Schreibart. gr. 8. Götting. 781. (Vandenhöck u. R.) 4 gr.

Michaelis, J. Dav., vom arabischen Geschmacke in der Schreibart. gr. 8. Gött. Bossiegel. 781. Rthlr.

— Abhandl. v. d. syrischen Sprache u. ihrem Gebrauche; nebst e. syrischen Chrestomathie. 8. Götting. 768. 2e A. 786. Vandenhöck u. R. 20 gr.

Michaelis, Johann David: Abhandlung von der Syrischen Sprache und ihrem Gebrauch, nebst dem ersten Theil einer Syrischen Chrestomathie. Göttingen 1772.

Michaelis, Johann David, s. Abulfeda: Descriptio.

Michaelis, Jh. Dav., († d. 22. Aug. 1791.) Anfangsgründe d. hebräischen Accentuation. Mit e. Vorr. v. C. B. Michaelis. 8. Halle 741. 2e A. 753. Waisenh.-B. 3 gr.

— Anhang, od. d. 5e Fragment selbst, aus Lessings 4n Beiträge, mit Anmerkk. besonders. 8. Halle 775. Waisenh.-B. 8 gr.

— Anm. f. Ungel. z. s. Uebers. d. N. Test. 4 Thle. 4. Ebend. 790—92. (1r 2 Rthlr. 2r 1 Rthlr. 16 gr. 3r 2 Rthlr. 4r 1 Rthlr. 16 gr.)

— — **(Halle), De punctorum hebraicorum antiquitate, sub examen vocans argumenta adversariorum contra punctorum antiquitatem. Diss. inaug. Präs. Christian Benedikt Michaelis. Halle/Magdeburg (J. Fr. Grunert) 7. X. 1739. 93 S. (5.50) 23308**
Widm. v.: Christian Benedikt Michaelis, Sigism. Jak. Baumgarten, Jo. Heinrich Schulze, Justus Conrad Michaelis, Jo. Joachim Munch.

— s. Aurivillius: Dissertationes.

Michaëlis, J. D., de battologia ad Matth. 6, 7. Gotting. 1733. 4.

— Beurtheil. d. Mittel, die ausgestorb. hebr. Sprache zu verstehen. 8. Bremen 757. Förster. 12 gr.

— oriental. u. exegetische Bibliothek. 23 Thle. u. 24r Thl. Register, v. J. W. Stüber allein, nebst 2 Anhängen z. 12n u. 14n Bde. 8. Frankf. a. M. 771—79. Brönner; (auch Gebhard u. K.) 11 Rthlr. 10 gr.

Michaelis, Johann David: Orientalische und Exegetische Bibliothek. Theil 1-24. 8 Bde. Frankfurt am Mayn 1771-1789.

Michaelis, Johann David: Neue Orientalische und Exegetische Bibliothek. Theil 1-9 [8: Michaelis, Johann David, und Tychsen, Thomas Christian; 9 fortgesetzt von Thomas Christian Tychsen]. 3 Bde. Göttingen 1786-1793.

— neue oriental. u. exeget. Bibliothek. 9 Thle. (9r Thl. v. Th. Chr. Tychsen.) 8. Götting. 786—90. Vandenhöck u. R. 3 Rthlr. 18 gr.

— neue oriental. u. exeg. Bibliothek, 9 Thle. 8. Gött. Vandenhök. 786—91. (à 10 gr.)

— literar. Briefwechsel, geordn. u. hrsgg. v. Jh. Gli. Buhle. 3 Bde. 8. Leipz. 794—96. Weidmann. 4 Rthlr. 4 gr.

— s. Castellus, Ed.: Lexicon.

Michaelis, Jo. Dav., Chrestomathia Syriaca. Edit. III. — E. s. t.: Glossarium chrestomathiae syriacae J. D. Michaelis accommod. annotationibusque historicis, criticis, philologicis auctum a J. Chr. C. Doepke. 8. (12½ B.) Gottingae 829, Vandenhoeck et Ruprecht.

Michaelis, J. D., arabische Chrestomathie. 3te Aufl. verb. von Prof. Bernstein. 8. Göttingen, Vandenhöck und R. 817.

— — **Commentationes duae ad leges divinas de poena homicidii. Göttingen (V. Bossigel) (11. IX.) 1750. 62 S. (4.50) 23301**
Commentatio prior defensa von Jo. Gerhard Homeyer (Hildesheim) 12. VIII. 1747.

Michaelis, J. D., Commentationes duae de naturâ et origine maris mortui. Edit. 2. Götting. 774. 4.

Michaelis, J. D., Commentationes societ. Götting. per annos 1758-62 oblatae. Götting. et Brem. 759. 63. 2 Vol. 4. 2 rthl. Per ann. 1763-68. Vol. III. Ib. 769. 4. 18 gr.

— commentationes in Societate Regia scientiar. Göttingens. p. ann. 1758—762. praelectae P. I. 4. Brem. 763. Ed. II. auct. 775. Förster. 16 gr. P. II. s. p. ann. 1763—68. 4. Brem. 769. Förster. 18 gr.

— commentationes tres. 4. Götting. 750. Vandenhöck u. R. 3 gr.

Michaelis, I. Dav., Compend. theologiae dogmat. 8. Gott. Vandenhök. 760. Rthlr.

— compendium theologiae dogmaticae. 8. Götting. 760. 12 gr. 2e umgearb. A. deutsch: Dogmatik. 8. Götting. 784. Vandenhöck u. R. 1 Rthlr. 8 gr.

— curae in version. syriac. Actuum Apostolor. 4. Götting. 755. Bossiegel. 12 gr.

— curae in Version syriac. Actuum Apostolor. 4. Gött. Bossiegel. 785.

– s. Daniel sec. LXX interpretes.

— Programm v. d. 72 Dollmetschern. 8. Götting. 767. Vandenhöck u. R. 4 gr

Michaelis, Jh. Dav., Einleit. in die Schriften d. alten Bundes. 1r Bd. 1r Thl. 4. Hamb. 787. Bohn. (Campe). 1 ℛ 4 gr

— Einleit. in d. Schriften d. neuen Bundes. 8. Götting. 2e A. 765. 3e verm. A. 2 Bde. 777. 4e A. 787, 88. Vandenhöck u. R. 6 ℛ (3r u. 4r Bd. sind Marsch Anmerkk.) Zusätze zu d. 3n Ausg. 4. Ebd. 789. 1 ℛ 16 gr

— Entwurf d. typischen Gottesgelahrheit. 8. Bremen, Förster. 763.

— Entwurf d. typischen Gottesgelahrheit. 8. Brem. 753. (Vandenhöck u. R. in Götting.) 10 gr

Michaelis, Joh. David. Poetischer Entwurf der Gedancken des Prediger-Buchs Salomons. Göttingen, J. W. Schmidt, 1751. 8°. *Titelkupfer (Salomon mit 2 allegor. Frauengestalten)*, 27 Bl. 164 & 80 S. HPgt. d. Z.
G. IV¹. 221. 22: 3. Originalausgabe.

— poet. Entwurf d. Gedanken d. Prediger Salomonis 8. Bremen 751. 2e verm. A. 762. Förster. 14 gr

— Erklärung d. Begräbniß- u. Auferstehungs-Geschichte Christi mit Rücksicht auf die in d. Fragmenten gemachten Einwendungen. 8. Halle 783. Waisenh. B. 1 ℛ

— Erklärung d. Briefes an d. Hebräer. 2 Thle. 4. Frankf. a. M. 762, 64. 2e A. 780, 86. Brönner. 1 ℛ 13 gr Gebhardt u. K. 1 ℛ 20 gr

— gründl. Erklärung d. mosaischen Rechts. 6 Thle. (mit Register v. J. G. Purmann). 8. Frankf. 770—75. 2e A. 776—80. Brönner; auch Gebhardt u. K. 4 ℛ 20 gr — Zusätze zu d. 4 ersten Thln. d. ersten ersten Ausg. 8. Ebd. 774. 14 gr
Vgl. Michaelis: Mosaisches Recht.

— gründl. Erklär. d. mosaisch. Rechts. 6 Thle. 8. Ebend. (Hermann). 779.

— Erklär d. Maccabäer. 4. Frankf. Brönner. 777.

– s. Erpenius: Arab. Grammatik.

— essai physique sur l'heure des Marées dans la mer rouge comparée avec l'heure du passage des Hébreux. Réimprimé avec des remarques de M. Michaelis. 8. Götting. 758.

Michaelis J. D.: Etwas v. der ältesten Geschichte d. Pferde u. Pferdezucht in Palästina u. den benachbarten Ländern, sonderlich Aegypten u. Arabien. Frankf. a. M. 1776. 103 S.

— etwas v. d. ältesten Geschichte d. Pferde u. d. Pferdezucht in Palästina, sonderlich in Aegypten u. Arabien. 8. Frankf. a. M. 776. Gebhardt u. K. 6 gr

Michaelis, Johann David [Praes.], s. Eyring, Jeremias Nicolaus: Disputatio ex historia litteraria virtutes historicorum antiquorum et recentium comparans.

Jo. Dav. Michaelis Fragen an eine Gesellschaft gelehrter Männer, die auf Befehl des Königs von Dänemark nach Arabien reisen. Frankf. a. M. 1762. 8. — *Gallice* ib. 1763. 8.

— Fragen an e. Gesellschaft gel. Männer ꝛc. die nach Arabien reisen. 8. Frankf. a. M. 762. Brönner; a. Gebhardt u. K. 20 gr — Dies. französ. Ebd. 1 ℛ

— Fragen an e. Gesellsch. gel. Männer ꝛc. d. n. Arabien reisen. 8. Frankf. Brönner. (Hermann). 762.

— Gedanken üb. d. Gesetz Moses ꝛc. Bern, Typ.

— Gedanken üb. die Lehre d. heil. Schrift von d. Sünde. 8. Hamb. Brand. 752.

— Gedanken üb. d. Lehre d. heil. Schrift v. Sünde u. Genugthuung. 8. Hamb. 752. 2e A. 8. Brem. 779. Cramer. 1 ℛ 8 gr

— Gedanken üb. die Lehre d. heil. Schrift von Sünde u. Genugthuung. 8. Bremen, Cramer. (Rabenhorst in Leipzig). 779.

— Geschichtsbücher, s. Geschichtsbücher.

— Glossarium, s. oben *Chrestomathie*.

— grammatica chaldaica. 8. Götting. 771. Dieterich. 12 gr

— grammatica syriaca. 4. Halle 784. Waisenh.-B. 1 ℛ 4 gr Schrbp. 1 ℛ 12 gr

— arabische Grammatik u. Chrestomathie, nebst Abhandl. vom arab. Geschmacke, sonderl. in d. histor. u. poet. Schreibart. 2 Thle. 8. Götting. 2e A. 781. 2 ℛ 3e verb. A. 2 Thle. 8. Ebd. 812. Vandenhöck u. R. 2 ℛ (2r Thl. Auch u. d. T.: arabische Chrestomathie. 3e verb. A. v. G. H. Bernstein. 8. Ebd. 1 ℛ 4 gr Nachtrr. dazu gr. 8. Ebd. 817. 10 gr (vergl. G. H. Bernstein.)

— arabische Grammatik u. Chrestomathie. 3te u. verbess. Aufl. 2 Thle. 8. Göttingen, Vandenhöck u. R. 815.

— hebr. Grammatik, nebst e. Anh. v. gründl. Erkenntniß ders. 8. Halle 745. 2e Aufl. 753. 3e Aufl. 778. Schwetschke u. S. 14 gr

— hebr. Grammatik, nebst e. Anh. von gründl. Erkenntniß ders. 8. Halle, Hemmerde u. Schw. 778.

– s. Hoseas.

— Dissert. sur l'Influence des Opinions sur la langue et de la Langue sur les opinions, trad. de l'allem. 8. Brem. Förster. (Müller). 762.

Michaelis, Johann David.
De l'influence des opinions sur le langage . . . traduit de l'Allemand. Breme 1762. Ü: *Mérian, Jean Bernard & André Pierre Le Guay de Prémontval.* (BrMm)

Michaelis, de l'influence de language sur les opinions. Brem. 763. 8. (12.) Eine Preisschrift.

Michaelis, Johann David: Critisches Collegium über die drey wichtigsten Psalmen von Christo, den 16., 40., und 110. Franckfurt und Göttingen 1759.

— krit. Collegium üb. d. drei wichtigsten Psalmen, so v. Christo handeln. gr. 8. Frankf. a. M. u. Götting. 759. Brönner; (a. Gebhardt u. K.) 1 ℛ 8 gr

— krit. Colleg. üb. die Hauptpsalmen, so von Christo handeln. gr. 8. Frankf. Brönner. (Hermann). 759.

— Lebensbeschreibung, v. ihm selbst abgefaßt u. mit Anmerkk. hrsgg. v. J. M. Hassencamp; nebst Bemerkk. üb. ihn, v. J. G. Eichhorn u. Schulz. 8. Rinteln 793. (Barth in Lpz.) 1 ℛ

– s. Löwen, J. F.: Poetische Nebenstunden.

– s. Lowth: De sacra poesi Hebraeorum.

– s. Maccabäer. D. erste Buch.

Michaelis, J. D., Memoria J. M. Gesneri. Goett. 761. f.

— Jo. David, Commentatio de mente et ratione legis mosaicae usuram prohibentis. Erfurt 1746. (4.50) 23298

— — Dasselbe. Erfurt (C. F. Jungnicol) 1746. 32 S. (4.50) 23299
Gew.: Gerlach Adolph von Munchhausen.

Michaelis, (Joh. Dav.,) Moral. Herausgeg. u. mit der Geschichte d. christl. Sittenlehre begleitet v. C. F. Stäudlin. 3n Theils 4r Bd. A. u. d. T.: C. F. Stäudlin, Geschichte d. Sittenlehre Jesu. 4r Bd. gr. 8. Göttingen 823, Vandenhöck u. R.

(Michaelis, Moral. 1r u. 2r Thl. 792. 1 Rhl. 14 gr. 3ten Thls 1r — 3r Bd. oder Stäudlin's, Gesch. d. Sittenlehre. 1r — 3r Bd. 799 — 812. 5 Rthl. 20 gr.)

— Moral, hrsgg. von K. F. Stäudlin. 1r — 3r Thl. 1r — 4r Bd. (3r Thl. A. u. d. T.: K. F. Stäudlin, Geschichte d. Sittenlehre. 4 Bde. 799—823. (1r 799. 2r 802.) 8 ℛ 4 gr) gr. 8. Götting. 792—823. Vandenhöck u. R. 9 ℛ 18 gr.

— observat. philologicae et criticae in Jeremiae vaticin. et Threnos; ed. J. F. Schleussner. 4. Gotting. 793. Vandenhöck u. R. 1 ℛ 16 gr.

— — Oratio de ea Germaniae dialecto, qua in sacris faciundis atque in scribendis libris utimur. Göttingen (J. W. Schmid) 12. IX. 1750. 34 S. (4.50) 23302

— — Oratio inter ipsa solemnia Academiae in templo Academico habita, de magnitudine eius quod tunc gerebatur belli: qua oratione tribus candidatis summi in philosophia honores sunt collati. o. O. 11. X. 1762. (3.—) 23305

— — Viro summe venerando et generosissimo Carl Magnus Wrangel von Saga ad sacra regiae suecorum majestatis vocato ministro summos in theologia honores gratulatur, paralipomena contra polygamiam inspergens. Gött. (V. Bossigel) 1757. 26 S. (4.50) 23304

— — Paralipomena contra polygamiam, et oratio de felicibus connubiis aliarum scientiarum cum philologia orientali. Göttingen (V. Bossigel) 1757. 46 S. (5.—) 23303

— paralipomena contra polygamiam. 4. Brem. Förster. 758.

— Paraphrase u. Anmerkk. üb. die Briefe Pauli an die Galater, Epheser, Philipper. gr. 4. Frankf. u. Leipz. 750. u. gr. 4. Bremen 769. Förster. 1 ℛ 12 gr

— Paraphras. u. Anm. üb. die Briefe Pauli an die Galater, Epheser, Philipper rc. gr. 4. Bremen, Förster. (Müller). 769.

Michaelis, J. D. Précis du Discours sur l'influence des opinions sur le langage . . . Nouv. éd. Gottingue 176? Ü: *Mérian, Jean Bernard.* (MGT)

Michaelis, J. D.: „Commentatio de pretiis rerum apud Hebraeos ante exilium babylonicum (Commentarii Societatis regiae scientiarum Gottingensis, T. 3)", Göttingen 1753. 4°.

Ordinis philosophici decanus Johann David Michaelis summos in philosophia honores tribus dignis candidatis Jeremias Nikolaus Eyring Johann Paul Eberhard Johann Heinrich Schoenheyde inter ipsa laetantis academiae solemnia die 11. X. 1762 collatos esse significat de principio indiscernibilium praefatus. o. O. (3.50) 23306

Ordinis philosophici decanus Johann David Michaelis summos in philosophia honores tribus dignis candidatis Jeremias Nikolaus Eyring Johann Paul Eberhard Johann Heinrich Schoenheyde . . . , significat de principio indiscernibilium praefatus. Göttingen (Pockwitz-Barmeier) 11. X. 1762. 32 S. (4.—) 23307
Enthält Biogr. v. Jeremias Nikolaus Eyring (M.: A. M. Schmid), Johann Paul Eberhard (M.: Muller), Johann Heinrich Schoenheyde (M.: A. M. Meister).

— prolegom. in Jobum. 8. Götting. 767. Dieterich.

— Raisonnem. über protestant. Universitäten in Deutschland. 4 Thle. 8. Frankf. a. M. 768—75. Andreä 4 ℛ

— — Raisonnement über die protestantischen Universitäten in Deutschland. Th. 1—4. Frankfurt und Leipzig 1768—76. 8°. (In Dresden.)
P. E. Richter, Bibl. geogr. Germaniae. Lpz. 1896. S. 785.

Michaelis, Johann David: Mosaisches Recht, s.a. Michaelis: Gründliche Erklärung d. mosaischen Rechts.

Michaelis, Joh. Dav. (1717—91), *mosaisches Recht.* 6 Thle. (in 3 Bdn.). 2. vermehrte Ausg. Frankfurt a. Mayn, bey Joh. Gli. Garbe, 1775—80. (Thl. 6 von 1775.) 8°. Name auf d. Titeln. Hsrsbde., hübsches Expl.
Dem Prof. d. Rechte Olaus Rabenius in Upsala gewidm., de dato Göttingen, d. 23. Dec. 1770. — Bei Th. 3 e. Anhang (S. 357—350): Geschichte der Pferde u. Pferdezucht in Palästina u. d. benachbarten Ländern, sonderlich in Aegypten u. Arabien. — In Th. 6 Vers. d. Schriften d. Vf. (S. 404—419).
I: 1775. 6 Bll., 300 S. II: 1776. 490 S. III: 1776. 319 S. IV: 1778. 382 S. V: 1780. 2 Bll., 310 S. VI. 1775. 1 Bl., 190 S. (Vorrede), 419 S., 3 S. Err. — Die erste Ausg. erschien 1770—75. VI.

— — Mosaisches Recht. 3 Thle. Biel 1777. 8°.

Michaelis, J. D., Mosaisches Recht. Frankfurt 775-80. 6 Thle. 8. Götting. 778. 6 Thle. 8. Reutl. 793. 6 Thle. 8.

Michaëlis, Joh. Dav.: Mosaisches Recht. Th. 1—6. Frankfurt a. M. 6 Bde·

Th. 1—4. 3. Aufl. 1793—99.
„ 5. 2. „ 1780.
„ 6. 1775.

— Recueil de Questions propos. à une Société de Savans q. font voyage de l'Arabie, trad. de l'allem. 8. Francf. Brönner. 763.

Michaelis, J. D. Recueil de questions proposées à une société de Savans ... Trad. de l'Allemand. Francf. s. M. 1763. Ü: *Mérian, Jean Bernard.* (BrMm) (Ky) (MGT)

— Rede v. d. Ursachen, warum d. Meißnische Dialekt in Deutschland herrsche. Götting. 751.

Michaelis, Jh. Dav., vermischte Schriften. 2 Thle. 8. Frankf. a. M. 766 u. 69. Brönner; a. Gebhardt u. K. 14 gr

— verm. Schriften. 2 Thle. 8. Frankf. Brönner. (Hermann). 768.

— zerstreute kleine Schriften, gesammelt u. hrsgg. (v. H. E. G. Paulus). 3 Lieferr. (A. u. d. T.: Auswahl zerstreuter vorzüglicher Aufsätze, theolog u. philolog. Inhalts.) 8. Jena 793—95. (Hennings in Neisse). 1 ℛ 5 gr

— zerstreute kleine Schriften, gesammelt, 3 Lief. (hat a. d. Titel: Auswahl zerstreuter vorzüglicher Aufsätze, theolog. u. philolog. Inhalts.) 8. Jena, Acad. Buchhandl. 793—95. I. 12 gr. II. 8 gr. III. 9 gr.)

Michaelis, J. D. Zerstreute kleine Schriften ... oder ... Auswahl zerstreuter vorzügl. Aufsätze, theologischen und philologischen Inhalts. Jena 1793—95. H: *Paulus, Heinrich Ebhard Gottlob.* (ErschDL) (Ky) »1793—94« (MGT)

— spicilegium geographiae Hebraeor. exterae, post Bochart. II Tomi. c. Jh. Forsteri epistolis. 4. Götting. 769 u. 80. Vandenhöck u. R. 1 ℛ 17 gr

— supplem. ad Lexicon hebraicum. VI Tomi. 4. Göttingen 784—92. Dieterich. 15 ℛ Hbg. Pr. 8 ℛ

Michaelis, J. D. Supplementa ad Lexica Hebraica. Gottingae 1792. H: *Tychsen, Thomas Christian.* (BrMm)

— supplem. Tomi XII. bibliotb. oriental. exeg. 8. Frankf. 778. Hermann. (Gebhard u. K.) 12 gr

— syntagma commentationum. II Pts. 4. Götting. 759 u. 67. Vandenhöck u. R. 1 ℛ 6 gr

— Uebersetz. d. alt. Testam. 13 Thle. m. Anm. 4. Ebend. 773-83. (1r-3r à 1 Rthlr. 8 gr. 4r 1 Rthlr. 12 gr. 5r 2 Rthlr. 20 gr. 6r 2 Rthlr. 7r 20 gr. 8r 1 Rthlr. 12 gr. 9r 1 Rthlr. 10r 1 Rthlr. 12 gr. 11r 1 Rthlr. 4 gr. 12r 2 Rthlr. 8 gr. 13r 18 gr.)

Dass.s.a.:T e s t a m e n t , Das alte.

— — — dass. ohne Anm. 2 Bde. 4. Ebend. 789.

— Uebersetz. d. neuen Testaments. 2 Thle. 4. Ebend. 790. (1r 1 Rthlr. 4 gr. 2r 1 Rthlr.)

Dass.s.a.:T e s t a m e n t , Das neue.

— — Von der Verpflichtung der Menschen die Wahrheit zu reden: und zeiget zugleich an, wie er künftig seine Arbeit auf der Georg-Augustus-Universität einzurichten gedencke. Göttingen (Boßiegel) (26. VIII. 1750. 55 S. (5.50) 23300

— Progr. von d. Verpflichtung d. Menschen, d. Wahrheit zu reden. 8. Kiel. 750. Mit n. Tit. 773. (Vandenhöck u. R. in Götting.) 2 gr

— Versuch e. Erklärung d. 70 Wochen Daniels. 4. Götting. 771. Dieterich. 12 gr

— von d. 70 Wochen Daniels. 8. Gött. Dieterich. 772.

– s. W a l c h , G. F.: Calendarium.

MICHAELIS, Joh. Erhard (Pastor in Sieglitz), Apophtegmata Sacro-profana, d. i. 3000. Geistliche und Weltliche Reden, Sprüche und Denckwörter. Jena 1702. 12°. 15 Bogen. Selten!
Bibl. Ludov. (bibliop.) Vitemb. 1705.

MEISNER, Ernst (d. i. *Joh. Erhard Michaelis*, Saxo). — Q. D. B. V. Ein Hundert Dreyundreyßig (sic!) Gotteslästerliche, gottlose, schändliche u. schädliche, auch unanständige, u. theils falsche teutsche Sprüch-Wörter, höchst-sträffliche eingeschlichene Redens-Arten, ungeziemende Reime u. grobe Gewohnheiten, samt derselbigen Schrifft- u. rechtmäßigen Wiederlegung (sic!), dem Unverstande der Welt zu begegnen, u. zu bessern Verstande zu bewegen dargeleget durch *Ernst* MEJS*nern.* (Zierleiste.) JENA, verlegts Joh. Bielcke, Eisenberg, gedr. bey Jac. Peter Kückelhahnen, 1705. 8°. (6 fl. Gilhofer & Ranschburg, Wien, Cat. 25. [Bibl. Jul. Krone, 1888.] no. 313; 7 Mk. 50 Pfg. Osw. Weigel, Lpz., 1883; 12 Kr. Gilhofer & Ranschburg, 1908.)
Vgl.Michaelis, Ernst Julius.

Michaelis, Jh. Fr. I., († d. 20. Jan. 1814.) s. Warnung e. Arztes.

Michaelis, Johann Friedrich

Michaelis, Jh. Fr. II., († d. 8. Mai 1810.) die Arithmetik, od. d. bürgerl. kaufmännische Rechnen in seinem Umfange. 8. Berl. 809. Rauck. 1 ℛ 4 gr

Michaelis, Johann Friedrich, s. B e l e h r u n g , Beispiele, Ermunterung.

— Exempelbuch, oder Sammlung von Aufgaben über die vorzügl. Rechnungsarten f. Schüler und Schülerinnen. 8. Ebend. 816.

— Fibel, od. erste Vorübung zum Lesen u. Denken ꝛc. Mit 24 Holzschn. v. Gubitz. 8. Berl. 809. Duncker u. H. 4 gr

— Handbuch f. d. Lehrer, welches die Auflös. zu d. Exempelb. enth. 8. (Leipz., Dyck). 816. 6 Gr.

— der Kopf- od. Gedanken-Rechner ꝛc. 8. Berl. 809. Nauck. 6 Gr. — Facta u. Resultate. 8. Ebd. 1 Gr.

— Berlin. Rechenbuch, 2 Bde. 8. Berl. 791, 92. 1 Rthlr. 2e verb. Aufl. unt. d. T.: vollständ. Rechenb. f. alle Stände. 2 Thle. mit Anh. 8. Berl. 801. Leipz. 816. Dyck. 2 Rthlr. Anhang dazu einzeln: Exempelbuch, od. Samml. v. Aufgaben ꝛc. 816. 14 Gr.

— Berlin. Rechenbuch. 2 Thle. 8. Berl. Belitz. 796.

— vollst. Rechenbuch fur alle Stände. 2 Thle. 8. Leipzig, Kummer. 801.

Michaelis, J. F., vollständ. Rechenbuch für alle Stände. 2 Bde. m. Anh. N. Aufl. 8. Leipzig, Dyk in Comm. 816. Auch unter dem Titel: Berlinisches Rechenbuch fürs gemeine Leben.

— die kleinen Rechner. Zum Nutzen u. Vergnügen f. wißbegierige Kinder. Die vier Rechnungsarten mit einzelner u. verschiedener Benennung u. die Anfangsgründe d. Bruchrechnung. 2e verb. u. verm. Aufl. 8. Berl. 819. Mittler. 8 Gr.

— Brandenb. Preuß. Regententafel. 3 Aufl. gr. 8. Berl. 796. 5e Aufl. 811. 7e Aufl. (Recht). 4 Gr. 8e A. 829. Ebd. Sander. 4 Gr.

Michaelis, (J. F.,) Brandenb.-Preuß.-Regententafel. Ist Verl. v. Boike in Berlin.

Michaelis, J. F., brandenburgisch-preußische Regententafel, zum Nutzen d. die vaterländ. Geschichte studir. Jugend. 5te verm. Aufl. gr. 8. Berl. Himburg. 811.

— — Brandenburgisch-Preußische Regententafel ꝛc. 5te Ausg. gr. 8. Berlin. 811. Jetzt Liebeskind in Leipzig.

Michaelis, Joh. Friedr., brandenburg.-preuß. Regenten-Tafel, od. Tabellen, welche d. Namen aller Regenten, d. Zeit ihrer Regierung u. d. merkwürdigsten Umstände enthalten, welche sich währ. ihrer Regierung ereignet haben. Zum Nutzen d. vaterländ. Geschichte studir. Jugend. Fortges. bis auf d. neueste Zeit v. E. C. G. Langbecker. 9., u. 10., bericht. u. sehr verm. Aufl. gr. 8. (à 4 B.) Berlin. 835, 37, Sander'sche Buchh. à

— s. Reise eines Lehrers mit seinen Schülern.

— der Brandenburg.-Preuß. Staat, am Schlusse d. 18. Jahrh. od. Reise durch sämmtliche k. Preuß. Provinzen ꝛc. 8. Berl. 801.

— Versuch e. verbesserten Lesemethode ꝛc. od. d. Kunst, d. Lesen ohne d. Buchstabiren zu erlernen; eine Anleit. z. Gebr. d. Fibel. 8. Berl. 809. Duncker u. H. 3 Gr.

Michaelis, Joh. Georg., diss. de angelo imperatore exercitus israelitici Josuae apparente ad Josuae V. 13. seq. Halae 732. 4.

— **Johann Georg,** De. Christo. onti. en. toic. toy. *ΠΑΤΡΟΣ.* ad. Luc. II, 49. Exercit. phil.-theol. .... Ad. orationem. inaug. de. doctrina. et. vitae. sanctimonia. praecipuis. theol. virtutibus. Halle/Magdeburg (J. A. Bauer) Juli 1735. 16 S. (4.—) 23312

Michaëlis, J. G., de clangore novi anni. Hal. 1738. 4.

Michaelis, Johann Georg [Praes.], s. Eisenberg, Christian Heinrich: De progressu et incremento salutaris doctrinae sub Noacho.

Michaelis, J. G., de incisura super mortuos. Fest. ad V. 1734. 4.

Michaelis, J. G., de scholae Alex. sic dictae catecheticae prima origine, celebritate ac praecipuis doctoribus. Hal. 1739. 4; rec. in symb. liter. Brem. 1. p. 195 ss.

— **Jo. Georg,** De solemnitatibus veterum natalitiis, Sect. I. Exercitat. phil. Frankfurt/Oder (J. Chr. Schwartz) 15. III. 1728. (5.—) 23311

Michaëlis, J. G., de Spiritu S. sub externo linguarum symbolo cum apostolis communicato. Fest. ad V. 1733. 4.

Michaëlis, J. G., de tempestate maris a Christo miraculoso modo sedata. Hal. 1739. 4.

Michaelis, Johann Heinrich

— uberior. adnotationum philol.-exegeticar. in hagiograph. Vet. Test. libr. et C. Bened. Michaelis in proverbia Salomonis. III Vol. 4. Halae, Waisenh. 719. 20. (I. et III. à 1 Rthlr. 16 gr. II. 1 Rthlr. 6 gr.)

Michaelis, Jh. Hnr. I., uberior. adnotationum philol.-exegeticarum in hagiographos Vet. Test. libr. et C. Bened. Michaelis in proverbia Salomonis. III Voll. 4. Halle 745—751. Waisenh.-B. 5 Rthlr.

Michaelis J. H.: Zusammengelesene allgemeine Baurechte, nebst e. Anh. v. der Baupolicey. Allgemeine Bauregeln ... Braunschw. 1781. 348 S.

Michaelis, Jh. Hnr. II., (†...) zusammengetr. allgem. Baurechte: nebst e. Anhange v. Bauanschlägen, Bauregeln, Baupolizei ꝛc. 8. Braunschw. 781. Schulbuchh. 18 Gr.

— **Jo. Heinrich,** De rege Ezechia, ecclesiae Israeliticae sive Judaicae reformatore. Diss. theol. Halle/Magdeburg (Chr. Henckel) 27. X. 1717. S. 1—24. (3.—) 23313

— grammatica hebraica c. app. 8. Breslau, W. G. Korn. 748.

Michaelis, Johann Heinrich: Erleichterte Hebräische Grammatica, Oder Richtige Anführung zur Hebräischen Sprache: ... In Teutscher Sprache, jetzo zum fünften mahl nebst einer tabula synoptica und dreyfachem Register ... vermehrter herausgegeben. Halle 1723.

— erleicht. hebräische Grammatik, herausg. von Stiebritz. 8. Halle. 738.

— erleichterte hebräische Grammatik. 8. Halle ... 8e A. 759. Waisenh.-B. 8 Gr.

Michaelis, Johann Heinrich [Praes.], s. Hencke, Georg Jo.: De textu N. Testamenti Graeco.

Michaelis, Johann Heinrich: Dissertationem philologicam de historia linguae Arabicae ... praeside ... Michaelis ... examini sistet Christianus Benedictus Michaelis. Halae Magdeb. 1706.

Michaelis, Joh. Heinr.: Nachricht aus der Geschichte und Urkunden vom Heerschildts-Rechte insbes. vom Heerschilde der Kayserl. Freyen Reichs-Stadt Goslar und dasiger Raths-Personen mit 6 Urkunden begleitet. Peine 1766.

—Nachr. aus d. Gesch. u. Urkunden vom Heerschildrechte.. 4. Peine 766. (Braunschw., Schulbuchh.) 4 gr

—histor. Nachr. vom ersten Ursprunge u. Erbauung der Stadt Goslar u. Erfindung d. Rammelsberg. Bergwerks. 18 Stck. 4. o. O. 758.

Michaëlis, J. H., de nexu officiorum hominis christiani in vero Dei cultu. Hal. 1728. 4.

Michaelis, Johann Heinrich [Praes.], s. Oldenbruch, Simon Heinrich: Introductio histor.-theol. in S. Jacobi minoris, cognati et apostoli domini nostri J. C. epistolam catholicam.

Michaelis, Johann Heinrich [Praes.], s. Rambach, Johann Jakob: De libro Coheleth sive ecclesiaste Salomonis.

— — **De recte ineunda ratione studiorum academicorum oratio: in solemni panegyri, quum fasces prorectorales in successorem transferret. Halle/Magdeburg (Orphanotroph.) 12. VII. 1724. (4.—) 23314**

Michaelis, Johann Heinrich [Praes.], s. Rende, Tobias: De peculiaribus Hebraeorum loquendi modis diatribe philol.

Michaelis, Johann Heinrich [Praes.], s. Stange, Johann Heinrich: De nexu officiorum hominis Christiani in vero dei cultu.

Michaëlis, J. H., de textu N. T. graeco. Hal. 1707. 4.

— Gründlicher Unterricht Von den Accentibus prosaicis und metricis, oder Hebräischen Distinctionibus der Heil. Schrifft A. T., Nebst einiger Application und Betrachtung über den Anfang des I. Buchs Mosis, und den LXXXII. Psalm ... in Teutscher Sprache vorgestellet. Die andere Edition. Halle 1706.

—Unterr. v. d. Accentibus hebraicis. 8. Halle ... 7e A. 755. Waisenh.-B. 3 gr

Michaelis, Johann Heinrich [Praes.], s. Will, Johann Ludwig: Dissertatio inauguralis exegetica qua sensus verborum Iobi cap. XVIIII a comm. XXV. usq. ad fin. eruitur.

Michaelis, Jul., Anfangsgründe d. Naturlehre, s. Vogel, K., d. deutsche Kinderfreund, 2. Abthl. 4. Bd.

Michaelis, Jul., Deutschlands Eisenbahnen. Ein Handbuch für Geschäftsleute, Privatpersonen, Capitalisten und Speculanten, enthltd. Geschichte und Beschreibung der Eisenbahnen, deren Verfassung, Anlagecapital, Frequenz, Einnahme, Rentabilität und Reservefonds, nebst tabellarischer Uebersicht der Actiencurse. Nach officiellen Quellen bearb. Leipzig 854. Amelang's Verlag. 8. (XXIV, 290, 52 S.) n. 1 ₰. 10 ngr.

—— Ergänzungen zu Deutschlands Eisenbahnen. Ein Handbuch für Geschäftsleute, Privatpersonen, Capitalisten und Speculanten, enth. Geschichte und Beschreibung der Eisenbahnen, deren Verfassung, Anlagecapital, Frequenz rc. Eine Fortführung des Obigen bis zur Gegenwart rc. dazu eine neue übersichtl. (lithogr.) Eisenbahn-Karte (in Fol.) Nach officiellen Quellen bearb. 8. (64 S.) Leipzig 855, Amelang's Verlag. *

—— 2. Nachtrag zu Deutschlands Eisenbahnen. Ein Handbuch für Geschäftsleute, Privatpersonen, Capitalisten und Speculanten, enth. Geschichte und Beschreibung der Eisenbahnen, deren Verfassung, Anlagekapital, Frequenz rc. Eine Fortführung des Obigen bis zur Gegenwart. Nach officiellen Quellen bearb. 8. (IV und 84 S.) Leipzig 856(57,) Amelang's Verlag. *

Michaelis, Jul., Deutschlands Eisenbahnen. Ein Handbuch für Geschäftsleute, Capitalisten und Speculanten, enthaltend Geschichte und Beschreibung der Eisenbahnen, deren Verfassung, Anlagecapital, Frequenz, Einnahme, Rentabilität und Reservefonds, nebst tabellar. Uebersicht der Actiencurse. Nach officiellen Quellen bearb., 2., durchaus umgearb. und bis auf die neueste Zeit fortgeführte Aufl. 8. (XXXVIII und 418 S. mit Anhang 67 S. und 1 Karte in Holzschn. in gr. Fol.) Leipzig 859, Amelang's Verlag. Thlr. *

Michaelis, Jul., **Deutschlands Eisenbahnen. Ein Handbuch für Geschäftsleute, Capitalisten und Speculanten, enth. Geschichte und Beschreibung der Eisenbahnen, deren Verfassung, Anlagecapital rc. nebst tabellar. Uebersicht der Actiencurse. Nach officiellen Quellen bearb. 3., bis auf die neueste Zeit fortgeführte Aufl. 8. (XLIV und 675 S. mit 1 Karte in Holzschn. in Imp.-Fol.) Leipzig 863, Amelang's Verlag.** *

Michaelis, Jul., Eisenbahn-Karte von Central-Europa. Mit Aufführung der im Bau begriffenen und projectirten Eisenbahnen, sowie genauer Bezeichnung der Bahnen, welche besondere Benennung haben. Neue Ausg. Dresden, Burdach, 1856. Imp.-Fol. 2 Bll. Lith. . . . . (Br. Mu. z. T.)
——, —— 2. Aufl. Ebenda 1858. Lith.
——, —— Neue Ausg. Ebenda 1859. Lith.
——, —— 3.—7. Aufl. Ebenda 1860—62.
——, —— Neue Ausg. Ebenda 1865—74.

Michaelis, Jul., Eisenbahn-Karte von Central-Europa. Fol. Dresden 869,70, Burdach. In Carton *
aufgez. in Carton *

—— dass. — Neu bearb. von B. Haymann. Mit Aufführung der im Bau begriffenen und projectirten Eisenbahnen. Fol. Ebendas. 873,74. cart.
aufgez. *

Michaelis, Julius, s. Herschel, J. F. W.: Populäre Astronomie.

Michaelis, Jul., Leitfaden f. den mathemat. Elementarunterricht in Handels- u. höhern Bürgerschulen. gr. 8. (9 B.) Leipzig 844, Weidmann'sche Buchh.

Lange, Dr. Henry. Reise-Atlas von Deutschland in 58 Karten. Entworfen und gezeichnet von ...... Mit erläuterndem Texte von Dr. Julius **Michaelis**. (2 Bde.) 4. Leipzig **1860**.

– s. Vieth, G. U. A.: Unterricht in d. Mathematik.

Michaelis, C., Beschreibung von Wasserbauanlagen in Irland für Entwässerung, Binnenschifffahrt, Nutzbarmachung von Wasserkraft u. Verbesserung der Fischerei. Reisebericht. [Aus: Zeitschrift für Bauwesen.] Berlin 866. Ernst & Korn. gr. Fol. (24 S. mit 9 lithogr. Blatt Zeichnungen.) n. 1 ₰ 15 ngr.

Michaelis, K., Fischzucht, s.: Borne, M. v. dem.

Michaelis, K., Gutachten u. Kostenanschlag üb. den projectirten Alster-Trave-Canal zwischen Teufelsbrücke u. Lübeck. Hrsg. vom Altonaer Industrie-Verein. gr. 8. (19 S. m. 1 Steintaf.) Altona 873. (Schlüter.) n. — 75

Michaelis u. Heß, das Projekt d. Weser-Elbe-Kanals. Mitgetheilt v. dem Letzteren. Mit Profil- u. Grundrißzeichng. (in gr. Fol.) [Aus „Zeitschrift d. Architekten- u. Ingenieur-Vereins zu Hannover."] gr. 8. (45 S.) Hannover 871. Schmorl & v. Seefeld. n. 1. 20

Michaëlis, K., Regulirung der Vorfluthverhältnisse im Emscherthale v. Herne bis Oberhausen. Kritische Untersuchgn. üb. Ursachen u. Mittel zur Beseitigg. der schädl. Wirkgn. der Vorfluthstörgn., Bodensenkgn. u. Wasserverunreiniggn. im rhein.-westfäl. Industriebezirke. Fol. (IV, 111 S. m. 7 Steintaf.) Münster 884. Coppenrath. n. 5. —

Michaelis, K., Rhein-Weser-Kanal. Darlegung u. Motivirung des Projects nebst Minimalfrachtberechnungen u. Auszug aus den Kostenanschlägen. Im Auftrage des königl. Ministeriums für Handel, Gewerbe u. öffentliche Arbeiten bearb. Mit 4 Kpfr.-Beilagen (in Fol.). Berlin 862. Ernst & Korn. Fol. (51 S.) n. 1 ₰ 20 ngr

Michaelis, C. (H.), Rhein-Weser-Kanal. Darlegung und Motivirung des Projects nebst Minimalfrachtberechnung und Auszug aus den Kostenanschlägen. Im Auftrag des königl. Ministeriums für Handel, Gewerbe und öffentl. Arbeiten bearb. Fol. (51 S. mit 4 Kpfr.-Beilagen, wovon 2 in Buntdr., in Fol. und qu. Imp.-Fol.) Berlin 864, Ernst und Korn. *

Michaëlis, K. (C. Milanis), durch d. Wogen d. Lebens. Roman. 8. (880 S.) Leipzig 896. R. Friese Sep.-Cto. n. 6. —; geb. n. 7. 50

Michaëlis, Karin, das gefährliche Alter. Tagebuch-Aufzeichnungen u. Briefe. 1.—40. Taus. (Aus dem Dän. übers. v. Mathilde Mann.) (181 S.) 8. Berlin (910). Concordia. 2.—; geb. 3. —

Michaelis, Karin, geistig Arme. Novellen, in autoris. Uebersetzg. v. Mathilde Mann. (195 S. m. Bildnis.) 8. Berlin 908. [Iris-Verlag.] J. Gnadenfeld & Co. n. 3.—

— Backfische. Eine Sommererzählg. (Autoris. Uebertragg. v. Mathilde Mann.) (167 S.) 8. Leipzig 905. Insel-Verlag. n. 4. —; geb. in Leinw. n. 5. —

— Däumelinchen. Erzählung. Deutsch v. Mathilde Mann. 1. u. 2. Aufl. (198 S.) 8. 2. 50; Bln.: Concordia (1909). Leinw. 3. 50

— Gyda. Roman. (Autoris. Uebertragg. v. Mathilde Mann. (193 S.) 8. Ebd. 905. n. 4. —; geb. in Leinw. n. 5. —

— Die junge Frau Jonna. Ein kleiner Roman. Berechtigte Übersetzg. v. Mathilde Mann. (179 S.) 8. Stuttgart (908). Charlottenburg, A. Juncker Verl. 2. 50

Michaëlis, Karin, das Kind. (Deutsche Orig.-Ausg., besorgt v. Mathilde Mann.) 8. (127 S.) Berlin 902. Stuttgart, A. Juncker. n. 2. —; geb. n. 3.—

— das Kind. Erzählung. (Deutsche Orig.-Ausg., besorgt v. Mathilde Mann.) 2. Aufl. (119 S.) 8. Stuttgart 905. A. Juncker. n. 2. —

— Liebe, s.: Frauen-Bibliothek, moderne. Nr. 9.

Liebe. Erzählungen von Karin Michaelis. 3.-7. Aufl. Berlin & Leipzig: Seemann [1910]. 142 S. 8°
(Siesta. 21.) A 12. 1362 ll

— Liebe, s. a. Siesta.

— der Mönch geht auf die Wiese. Berechtigte Uebersetzg. aus dem Dän. v. Mathilde Mann. (Initialen u. Umschlagzeichng. v. Lucian Bernhard.) (164 S.) 8. Stuttgart (906). A. Juncker. n. 3. —

— Rachel. Ein Ghetto-Roman. Deutsch v. Mathilde Mann. (246 S.) 8. Berlin (910). Concordia. 3.—; geb. 4. —

— der Richter. Roman. (202 S.) 8. Ebd. 903. n. 3. —; geb. n. 4. —

— Betty Rosa. Erzählung. Deutsch v. Mathilde Mann. (233 S.) 8. Ebd. (908). 2.50; geb. 3. 50

Michaelis, Karin: Das Schicksal der Ulla Fangel. Eine Gesch. von Jugend u. Ehe. (Deutsche Orig.-Ausg. besorgt von Mathilde Mann.) Berlin & Stuttgart: A. Juncker 1903. (146 S.) 8°

Der Sohn [Barnet]. Erzählung von Karin Michaelis. Autor. Übers. aus d. Dänischen (von W. Thal [d. i. Wilhelm Lilienthal] u. Dr. Karding). Berlin: A. Kohler 1904. (183 S.) 8° [F.] Jos. 229

— Der Sohn. Erzählung. Autoris. Übersetzg. aus dem Dän. (Übers. v. W. Thal u. Karding.) 2. [Titel-]Aufl. (184 S.) 8. Dresden-Loschwitz 908. Berlin, Concordia. 2.—; geb. 3. —

— Über allen Verstand. (Übers. v. Mathilde Mann. Umschlagzeichnung v. Vald. Andersen.) (119 S.) kl. 8. Stuttgart 908. Charlottenburg, A. Juncker Verl. 2.—; geb. n 3. 50

Michaelis, Karl, s.a. Michaelis, Karl Theodor.

Vereinigung d. Freunde d. humanist. Gymnasiums in Berlin u. d. Prov. Brandenburg. Die Stadt Berlin und das Reformgymnasium. Vortrag d. Stadtschulrats Dr. Carl Michaelis in d. Versammlung v. 29. Nov. 1904. Als Ms. gedr. [Berlin: Vereinigung d. Freunde d. humanist. Gymn. 1904.] (16 S.) 8° [F.] Jos. 1180

Michaelis, Carl, die Stadt Berlin u. das Reformgymnasium. Vortrag, geh. in der Versammlung der Vereinigung der Freunde des humanist. Gymnasiums in Berlin u. d. Prov. Brandenburg. 2. Aufl. (24 S.) gr. 8. Leipzig 907. Dürr'sche Buchh. — 50

Michaelis, Carl, der Brocken u. seine Gäste. Zum Jahreswechsel 1909—10. Hrsg. v. d. Brocken-Silvester-Gemeinde. (16 S. m. 5 Abb.) gr. 8. Magdeburg (910). Brocken, Brockenhotel. nnn 1. —

Michaelis, Carl, rheinische Burgen, s.: Dilich.

Michaëlis, Carl, Carl Goldbeck. (84 S. m. 1 Bildnis.) gr. 8. Leipzig 905. Dürr'sche Buchh. n. 1. 60

Michaëlis, Karl, der Große Kurfürst. Ein Festspiel f. die Volksbühne. 18. X. 1902. gr. 8. (III, 112 S.) Berlin (902). (Neu-Ruppin, Volkston-Verlag.) n. 1. —

Der Große Kurfürst. Ein Festspiel f. d. Volksbühne von Karl Michaëlis. 18. Okt. 1902. [Nebst] Bühnenbeiheft. Berlin: F. K. Jentzen (Bühnenbeiheft: Demmin: Gedr. bei W. Gesellius) [1902–04]. 2 Bde 8° [F.] Jos. 2609

Michaelis, Carl (Heinr. Friedr.) (geb. Erfurt 17. 12. 1858): Über die electrische Leitungsfähigkeit verunreinigten Quecksilbers und die Methoden zur Reinigung desselben. Berlin (1883). (34 S.) 8°
Berlin, Phil. Diss. v. 11. Dez. 1883

Michaelis, Karl [aus Berlin]: Über die Wechselwirkung zwischen Phosphaten und Vanadaten des Kaliums und Natriums ... '(Hamburg, L. Voss.)', 1893; 54 S., 1 Bl., 2 Tab. 8.
Berlin, Phil. Fak., Inaug.-Diss. v. 5. Juli 1893

Michaelis, Karl, welche Grenzen müssen bei e. freieren Gestaltung des Lehrplans f. die oberen Klassen des Gymnasiums innegehalten werden? Vortrag, geh. in der 15. Jahresversammlg. des deutschen Gymnasialvereins am 6. VI. 1906. (29 S.) gr. 8. Leipzig 906. Dürr'sche Buchh.. n. — 50

— Wörterbuch der philosoph. Grundbegriffe, s.: Bibliothek, philosophische. (Kirchner.)

— Wörterbuch der philos. Grundbegriffe, s.: Kirchner, Frdr.

Michaelis, Karl Friedrich [Praes.], s. Michaelis, Johann Christian: De exceptionibus illiquidis sigillatim exceptione non numeratae pecuniae in reconventionem deducendis.

— Carl Friedrich (Schlieben / Sachsen), Sanam de jure principis evangelici circa divortia doctrinam. Präs. Gottfr. Ludw. Mencken. Wittenberg (Gerdes) 4. IV. 1719. 36 S. (4.50) 23282

— — Dasselbe. Wittenberg 4. IV. 1719. Rec. 1730. 36 S. (4.50) 23283

— — Dasselbe. Wittenberg 4. IV. 1719. Editio tertia. Rec. 1737. 36 S. (4.50) 23284

Michaelis, Karl Georg Heinrich

— Predigt, am 2. August 1807 gehalten. gr. 8. Berl., Mittl. 3 gl.

Michaelis, Karl Geo. Hnr., Predigt, gehalten am 18. Jan. z. Gedächtniß d. Preuß. Königswürde, üb. Sprüche Sal. 14, 34. 8. Berl. 801.

Michaelis, Karl Gustav

— Zu Aristoteles de anima III 3. 20 S. **Progr.** G. *Neustrelitz* 1882.

Michaelis, K. G. Aristotelisches. 12 S. **Progr.** G. *Neustrelitz* 1876.

Michaelis, K. G., Zur Erklärung von Aristot. Metaphys. Z. 9. Pr. 1866. 20 S. 4°. 1.—

Michaelis, *Karl Gustav* Zur aristotelischen Lehre vom ΝΟΥΣ. 4 (S. 3—16). **Progr.** G. Carolinum *Neustrelitz* 1888 (623

— K. G., Zur Niobegruppe. Tl. I. Pr. 1860. 28 S. u. 1 Taf. 4°.

Michaelis, Karl Gust., die Paliken. Ein Beitrag zur Würdigung altitalischer Culte. Halle 856. Lippert. gr. 8. (68 S.) 15 ngr.

Michaelis, Karl Theodor, s.a. Michaelis, Karl.

Michaëlis, Karl Thdr., de Plutarchi codice manuscripto Marciano 386. Accedit fragmentum Epitomes Συνοδώρου περὶ [Ὁμήρου] συνηθείας. gr. 4. (26 S.) Berlin 886, Gaertner's Verlag. *

Michaëlis, Carolus Theodorus [Dr.]: De Plutarchi codice manuscripto Matritensi. (Enth.: Plutarchea. Fasc. III.) [Fasc. I. II = P-Beil. d. Charlottenschule in Berlin 1885. 86.] Berlin, R. Gaertner, 1893; 49 S. 4.
Berlin, Siebente R '(HB)', OP 1893 (124)

— de Plutarchi codice manuscripto Seitenstettensi. 4. (27 S.) Ebend. 885. n. 1. —

Michaëlis, Carl Theodor [Dr.]: Zur Entstehung von Kants Kritik der Urteilskraft. Tl 1. Berlin, R. Gaertner, 1892; 22 S. 4.
Berlin, VII. st. HB, OP 1892 (114)

Michaëlis, Carl Theodor [Dir. Dr.]: *Gedächtnisrede auf Gesanglehrer Georg Federich, gest. am 27. März 1895.* Berlin, Druck v. Dobrzynski & Walter, 1896; 21—23 S. 4.
Berlin, Siebente R '(HB)', OP 1896 (123 [vielm. 121])

Michaëlis, Carl Thdr. Neuhochdeutsche Grammatik, bearb. f. höhere Schulen. gr. 8. (VIII, 169 S.) Bielef. 889, Velhagen u. Klasing. * 1 40

Michaelis, C. Th., neuhochdeutsche Grammatik, bearb. f. höh. Schulen. 2. Aufl. gr. 8. (VIII, 182 S.) Bielefeld 898. Velhagen & Klasing. n. 1.50

— neuhochdeutsche Grammatik, bearb. f. höh. Schulen. 3. Aufl. (IX, 211 S.) gr. 8. Bielefeld 904. Velhagen & Klasing. Geb. in Leinw. n. 2.20

—— über Schillers Kallias. Abhandlung. 4. (14 S.) Berlin 882, [Weidmann'sche Buchh.] Gaertner's Verlag. *

Michaëlis, Carl Thdr., Gustav Adolf Klix. gr. 8. (72 S. m. Bildn.) Breslau 896. F. Hirt. n. 1.25

Michaëlis, Carl Theodor [Dr.]: Gustav Michaëlis. '[M. Briefen v. Varnhagen v. Ense, Alexander v. Humboldt, Jacob Grimm, Karl Müllenhoff etc.]' Berlin, R. Gaertner, 1897; 29 S. 4.
Berlin, Siebente R '(HB)', OP 1897 (122)

— Lessings Minna v. Barnhelm u. Cervantes' Don Quijote. gr. 8. (44 S.) Ebend. 883. n. 1.—

Michaelis, Carl Theodor [illegible] Berlin [illegible]: De ordine vitarum parallelarum Plutarchi. Berolini 1875. [illegible] S. 8.
Berlin, Phil. Diss. v. 16. Jan. 1875

Michaelis, Carl Thdr., de ordine vitarum parallelarum Plutarchi. 8. (54 S.) Berlin 875. Weber. n. 1. —

Michaëlis, C. Th., üb. Kants Zahlbegriff. gr. 4. (18 S.) Berlin 884. Gaertner. n. 1. —

Michaëlis, Carl Thdr., Stuart Mills Zahlbegriff. gr. 4. (18 S.) Berlin 888, Gaertner's Verlag. *

Michaelis, Curt, die bayerischen Alpen als climatischer Kurort. Winke f. die heilbedürft. Besucher derselben u. ihre Aerzte. 16. (43 S.) Dresden 875. Albrecht. — 90

Gute Bestandspflege mit Starkholzzucht eine der wichtigsten Aufgaben unserer Zeit. Ein Nachwort zu der 1906 erschienenen 'Betriebsregulierung in den Preuß. Staatsforsten.' Von [Kurt] **Michaelis**, Forstmeister, Münden. Neudamm: J. Neumann 1907. (30 S.) 4°(8°) [F.] (07. 9949)

Michaelis, die Betriebsregulierung in den preuß. Staatsforsten, nebst einigen aus rein prakt. Rücksichten sich ergeb. Vorschlägen zu ihrer Weiterentwickelg. u. e. Anh. üb. einfache Nutzanwendgn. aus der forstl. Zuwachskunde. Kurz zusammengestellt. (VIII, 133 S. m. z. Tl. farb. Fig.) Lex.-8. Neudamm 906. J. Neumann. Geb. n. 6.—

Michaelis, Curt, Ueber den Einfluss einiger Industriezweige auf den Gesundheitszustand. Ein Beitrag zur öffentlichen Gesundheitspflege u. zur Lösung der Arbeiterfrage. Lex.-8⁰. Glauchau 1866. (Leipzig, Gräbner.) 36 S.,1 Tab.

—— über die körperliche Erziehung der Kinder, wie sie ist und wie sie sein soll. Mit besond. Rücksicht auf die Verhältnisse des sächs. Erzgebirges. 8. (44 S.) Zwickau 866. (Leipzig, Gräbner.) *

Michaelis, Curt, Euphorion. Eine Liebestragödie. gr. 8. (36 S.) Erlangen 899. (F. Junge.) n. — 60

Michaelis, Curt, um e. Königskrone. Tragödie in 5 Aufzügen u. e. Vorspiel. 8. (149 S.) Erlangen 898. (F. Junge.) n. 2. —

Prinzipien der natürlichen und sozialen Entwicklungsgeschichte des Menschen. Anthropol.-ethnolog. Studien von Curt **Michaelis**, München. *Jena: G. Fischer 1904.* (XI, 211 S.) 8⁰ [J.]
— **Natur** u. Staat. Beiträge z. naturwiss. Gesellschaftslehre. 5.

Michaelis, Curt, einige wohlgemeinte Rathschläge zur Verbesserung des Gesundheitszustandes der Fabrikarbeiter. Lichtenstein 853. (Leipzig, Friese.) 8. (24 S.) n. 3 ngr.

Michaelis, Kurt: Ueber die Reaktion der Gruppe ⟨CO-CX = CX⟩ in Chinon- und Indonkernen. Ueber die Reaktionen zwischen asymmetrisch substituierten Hydrazinen und Harnstoffderivaten. [1909.] 63 S. 8⁰
Berlin, Dr.-Ing.-Diss. v. 26. 2. 1909

Michaelis, Curt, das rationelle Reisen u. die Gebirgsluft als Heilmittel, mit besonderer Berücksichtigung von Partenkirchen u. Umgegend. Mit einer (chromolith.) Uebersichtskarte (in qu. 4.). 8. (52 S.) Dresden 877. Meinhold & Söhne. n. 1. —

— Theodora. Tragödie in 5 Aufzügen. 8. (III, 140 S.) Dresden 899. E. Pierson. n. 2. 50

Michaelis, Kurt, das Verwaltungsrecht Preußens, s.: Cohn, Jos.

Michaelis, Curt, die Volksarzneimittel in ihrer Anwendung aufs Leben. Ein medizinisches Hand- u. Hausbuch für alle Stände. gr. 8. (VIII u. 271 S.) Dresden 850, Kuntze. ³/₄ ℳ

Wie bringt Durchforsten die größere Stärke- und Wertzunahme des Holzes? Nebst d. Bramwalder Anleitung z. Auszeichnen d. Durchforstungen im Herrschenden. Von [Kurt] **Michaelis**, Forstmeister, Münden. Neudamm: J. Neumann 1907. (39 S.) 8⁰

Michaelis, Curt, Wissenschaft, Religion u. Kirche. Ein Votum über die kirchl. Wirren unserer Zeit. Leipzig 870. O. Wigand. gr. 8. (V, 34 S.) 6 ngr.

(Methode Rustin.) Der Zoll- und Steuerbeamte. (In Vorbereitung z. Annahmeprüfung u. z. weiteren Ausbildung u. Prüfung.) Von Curt **Michaelis**-Berlin. Lfg 1. Potsdam: Bonneß & Hachfeld [um 1900]. 4(8⁰) [J.]
— **Selbst-Unterrichts-Briefe.** [15.]

Michaelis, L., theoretischer u. praktischer Elementarkursus der französischen Sprache für den Selbstunterricht. br. gr. 8. (93 S.) Guben 849, Berger. n. ½ ℳ

Michaelis, L.: Iphigenie von Racine. 20 S.– Guben, Progr. 1870.

Michaelis, L., theoretischer und praktischer Kursus der französischen Sprache für Gymnasien und Bürgerschulen. Berlin 853. Gaertner. gr. 8. (2 Bl., VI, 268 S.) n. 25 ngr.

Michaelis. Voltaires Leben bis zum Jahre 1750. 44 S. Guben, Progr. 1856

Michaelis, L. C., kurze Mittheilung eines praktischen u. dabei sichern Vortheiles beim Nivelliren od. Wasserwägen. Mit 1 Kpf. gr. 8. Leipz. 819. (Köhler).
Dass.s.a.:Michaelis, C.E.

Michaelis, Leonor, die Bindungsgesetze v. Toxin u. Antitoxin. (III, 62 S. m. Fig.) gr. 8. Berlin 905. Gebr. Borntraeger. n. 2. —

— s.: Centralblatt f. die gesamte Biologie.

Michaelis, Leonor, Dynamik der Oberflächen. Eine Einführg. in biolog. Oberflächen-Studien. (IV, 88 S. m. Abbild.) gr. 8. Dresden 909. Th. Steinkopff. 4. —

— Einführung in die Farbstoffchemie f. Histologen. gr. 8. (VIII, 156 S.) Berlin 902. S. Karger. n. 4. —

Michaelis, L., Compendium der Entwickelungsgeschichte d. Menschen m. Berücksicht. d. Wirbeltiere. 12. (XII, 163 S. m. 50 Fig. u. 2 Taf.) Berlin 898. [E. Hesse.] Leipzig, G. Thieme. geb. n. 4. —

Michaelis, L., Kompendium der Entwicklungsgeschichte des Menschen m. Berücksicht. der Wirbeltiere. 2. Aufl. (XIV, 162 S. m. 50 Abbildgn. u. 2 Taf.) 8. Leipzig 904. G. Thieme. Geb. in Leinw. n. 4. —

— Kompendium der Entwicklungsgeschichte des Menschen m. Berücksicht. der Wirbeltiere. 4. Aufl. (181 S. m. 50 Fig. u. 2 Taf.) 8. Leipzig 910. G. Thieme. Geb. in Leinw. 4. —
3. Aufl. (XII, 169 S. u. 50 Fig. u. 2 Taf.) 907.

Michaelis, Leonor [aus Berlin]: Zur Richtungsbestimmung der ersten Furche des Eies ... Berlin, Buchdr. v. G. Schade, *1897;* 28 S., 2 Bl. 8.
Berlin, Med. Fak., Inaug.-Diss. v. 27. Apr. 1897

Michaelis, Leopold, aus Hameln: Aus d. III. mediz. Klinik d. Charité zu Berlin. Über einen geheilten Fall von Paralysis spastica spinalis nach Influenza. *Würzburg 1899: Becker.* (42 S.) 8⁰
Würzburg, Med. Diss. v. 1899

Michaelis, Leopold: Ueber das Nicotenylamidoxim und Abkömmlinge desselben ... Berlin, Druck v. H. Sternberg, 1891; 46 S., 1 Bl. 8.
Rostock, Phil. Fak., Inaug.-Diss. v. [9. Juli] 1891

Michaelis, Liselotte, Innenleben. (Gedichte.) 8. (VIII, 174 S.) Dresden 900. E. Pierson. n. 2.—; geb. n. 3.—

Taschenbuch
— —, Neues, für lustige Freunde von edler Denkungsart (von *Ludolph Christian Michaelis*). Lüneburg 1784–86.
Anon.-Lex. IV. p. 155 (nach Meusel).
Vgl.Michaelsen, Ludolf Chrn.

Michaelis, Ludwig [aus Posen]: Bromierung der aromatischen Hydrazine, Amine und Phenole ... Berlin, M. Jedeck's Buchdr., 1893; 38 S., 1 Bl. 8.
Berlin, Phil. Fak., Inaug.-Diss. v. 26. Juli 1893

Michaelis, Ludw., die Johannisglocke von Unterten. Eine Novelle aus dem Siebenbürger Sachsenlande im Zeitalter der Reformation. 12. (VIII, 79 S.) Hermannstadt 890. Michaelis & Seraphin. n. 1. 60; geb. n. 2. 40

Michaelis, Ludw., d. Johannisglocke v. Unterten. Eine Novelle aus d. Siebenbürger Sachsenlande im Zeitalter d. Reformation. 2. Aufl. 8. (VIII, 79 S.) Hermannstadt 891. L. Michaelis. n. 1. 60

Michaelis, Maria Magd., s.: Tamms, M.

Michaelis, Max *Hugo* [aus Berlin]: Über einige Ergebnisse bei Ligatur der Kranzarterien des Herzens ... Berlin, Buchdr. v. G. Schade, *1893*; 36 S., 1 Bl. 8.
Berlin, Med. Fak., Inaug.-Diss. v. 21. Juli 1893

Michaelis. Grunds. d. Sanitätsdienstes i. Gebirgskriege. (S.-A.)

Michaelis, Max, s.: Handbuch der Sauerstofftherapie.

Michaelis. E. Studie üb. Lastentragen i. Gebirge m. Bezug a. d. Feld-Sanitätsdienst. (S.-A.)

— **Max** (Herzberg a. d. schwarz. Elster), Der Verwundeten-Transport im Gebirge. Diss. med.-chir. Berlin (G. Schade) 31. VII. 1877. 30 S. u. Biogr. (2.—) 23316
Oppon.: Oskar Doepner, Otto Hertel, Max Thiele. — Seinen Eltern gewidmet.

— **Moritz** (Detmold), De ophthalmia syphilitica. Diss. med.-chir. Berlin (Nietack) 21. III. 1835. 30 S. u. Biogr. (M.: J. Schoenstaedt.) (—.—) 23317
Oppon.: L. Meyer, A. Anderssen, B. Humelet. — Gew.: Michael Michaelis (Vater), S. Michaelis (Vaters Bruder).

Michaëlis, Nic.: Tractatus jur. de deterioratione . . . iterum rev. et ed. Gryphiswaldii et Lipsiae 1704.

Michaelis, Dr. phil. O., Die Freitheilbarkeit des kleinen Grundbesitzes ist d. Ruin des Bauernstandes u. hindert d. Lösung eines Stückes socialer Frage. 2., unveränderte Aufl. 8. (16 S.) Budweis. R. Benninger. 10 kr. 1884

Michaelis, O., das Obstbüchlein. Ein Lesebuch für Bürger- u. Volksschulen, zugleich mit Leitfaden für den pomologischen Unterricht im Schulgarten. Im Auftrage des Obst- u. Gartenbau-Vereins der k. sächs. Oberlausitz hrsg. Mit lith. Abbildungen (auf 6 Taf.) u. einer Musikbeilage. 3., auf's neue durchgeseh. Aufl. 8. (VIII, 136 S.) Komotau 880. Saaz, Brüder Butter. 1. —

— — Die Stabilisirung des landwirthschaftl. Grundbesitzes u. die Opposition gegen dieselbe. 8. (39 S.) Ebds. 24 kr. 1884

Michaelis, Otto, Börsen-Almanach, s. Börsen-Almanach.

Michaelis, Otto, die neueste päpstliche Enzyklika im Berichte der Geschichte, s.: Volksschriften s. das evangelische Lothringen. 4. Heft.

Michaelis, Otto, aus der Geschichte der Metzer evangelischen Gemeinde, s.: Volksschriften s. das evangelische Lothringen.

Michaelis, Otto, das Monopol der Eisenbahnen. Eine Denkschrift der vierten Versammlung des Congresses deutscher Volkswirthe im Auftrage der ständigen Deputation desselben vorgelegt. Leipzig 861. Hübner. (Iserlohn, Bädeker.) Lex.-8. (50 S.) n. 10 ngr.

Michaelis, Otto, s. Prince-Smith's, John, gesammelte Schriften.

Michaelis, Otto, Register, s.: Monatsschrift f. Gottesdienst u. kirchliche Kunst.

Michaelis O, volkswirtschaftliche Schriften. 3 Bde Berlin 1872. 73

Michaelis, Otto, volkswirthschaftliche Schriften. 1. und 2. Bd. gr. 8. Berlin 873, Herbig. à Bd. *M 8,25. *
Inhalt:
Bd. 1. Eisenbahnfragen. Handelskrisis von 1857. (IX, 372 S.)
» 2. Von der Börse. Ueber Staatsanleihen. Theoretisches. Bankfragen. (387 S.)

Michaelis, Otto, kaufmännisches Taschenbuch. Ein prakt. Handbuch für den gesammten Handelsstand. (Abbruck des Börsen-Almanach f. 1855.) Berlin 856. Hofmann u. Co. 8. (2 Bl., 104 S. u. 3 Tab. in Fol.) n. 10 ngr.

Michaelis, Otto, kaufmännisches Taschenbuch. Ein praktisches Handbuch für den gesammten Handelsstand. (Jahrg. 1856.) 8. (IV und 54 S. mit 1 Tab. in qu. Fol.) Ebds. 1857. *
Aus: Börsen-Almanach für 1856, besonders abgedruckt.

Michaelis, P. E., neuer u. vollständ. theoret. u. prakt. Briefsteller f. alle im bürgerl. Leben vorkomm. Aufsätze. 8. Prag 801. (Joachim in Leipz.) 16 gr. 2e verb. Aufl. 8. Prag 812. Enders. 16 gr. (bei Neureutter das.) 9 gr.

Michaelis, P. F., neuer u. vollst. theoret. u. pract. Briefsteller f. all. Aufsätze. 8. Prag. (Al. Doll in Wien). 808.

Michaelis, Paul, a. Leipzig: ⟨Aus der Kgl. Universitäts-Frauenklinik zu Leipzig. Director Geh. Rath Prof. Dr. Zweifel.⟩ Altersbestimmung menschlicher Embryonen und Föten auf Grund von Messungen und Daten der Anamnese. Berlin 1906: L. Schumacher. (22 S.) 8° ¶⟨Aus: Archiv für Gynaekologie Bd 78, H. 2.⟩
Leipzig, Med. Fak., Ref. Marchand, Diss. v. 12. April 1906
[Geb. 15. Juni 81 Leipzig; Wohnort: Leipzig; Staatsangeh.: Sachsen; Vorbildung: Gymn. Leipzig Reife O. 00; Studium: Leipzig 10 S.; Coll. 12. April 06; Approb. 5. Jan. 06.]

Michaëlis, Paul [aus Halle a/S.]: Beiträge zur vergleichenden Anatomie der Gattungen Echinocactus, Mamillaria und Anhalonium, m. bes. Betrachtg einzelner Arten d. Gattg Anhalonium bezügl. ihrer Zugehörigkeit zu ders. ... Halle a. S., Gebauer-Schwetschke'sche Buchdr., 1896; 2 Bl., 39 S., 3 Taf. 8.
Erlangen, Phil. Fak., Inaug.-Diss. v. 10. Juli 1895

Michaelis, Paul [aus Pyrmont]: Beiträge zur gewichtsanalytischen Bestimmung des Arsens und dessen Trennung von anderen Elementen ... Berlin, gedr. bei L. Schumacher, 1894; 53 S., 1 Bl. 8.
Berlin, Phil. Fak., Inaug.-Diss. v. 18. Apr. 1894

Hernia funiculi umbilicalis. Ein Beitrag zu ihrer operativen Behandlung. Von Dr. Paul **Michaelis.** Berlin: Fischer 1906. (20 S.) 8° [Umschlagt.]
= **Klinik,** Berliner. H. 222. [07. 0141

Michaelis, Paul, die Irrwege der deutschen Politik seit Bismarcks Rücktritt. 8. (56 S.) Berlin 891. [P. Wiesenthal.] H. Brieger. n. — 60

Michaelis, Paul, Kinder geisteskranker Eltern. (3 S.) gr. 8. Leipzig 909. B. Konegen. 1. —
Sonderabdruck aus: „Der Kinderarzt".

Michaelis, Paul, neues Rittertum. Roman aus der Gegenwart. (297 S.) 8. Dresden 903. E. Pierson. n. 3. —; geb. n. 4. —

(8) Michaelis, Paul, neues Rittertum. 903. (KVL 34.) Jetzt: Berlin, Verlag Berlin-Wien.

Michaelis, Paul: Die Willensfreiheit ... Leipzig, *Anhalt. Buchdr. Gutenberg, Dessau*, 1896; 2 Bl., 56 S., 1 Bl. 8.
Leipzig, Phil. Fak., Inaug.-Diss. v. [10. März] 1896

Michaelis, Paul, d. Willensfreiheit. gr. 8. (IV, 56 S.) Berlin 896. R. Gaertner. n. 1. 20

Michaelis, Peter

Michaelis, Pet., Pastor absolvens, od. Absolutionsform. im Beichtstuhl. 8. Rost. Fritsch. 716.

— — copulans, od. Trauformonel. 8. Ebend. 721.

— — dioecesin suam dirigens, oder s. Synodo wohl vorsteh. praepositus. 8. Ebend. 721.

— — animum oblectans, d. Gemüth. ergötzend. Priester. 8. Ebend. 718.

Michaelis, Peter: Pastor redarguens, oder strafender Priester. Rostock: Fritsch 1716. 8°

— — supplicans, od. Canzelformular. 8. Ebend. 718.

Michaelis, Philipp Gottfried, s. Michaelis, Gottfried Philipp

Michaelis, Reinhold

Michaelis, Rhold. Die Bienen im Winter, ihre naturgemäße Behandlung u. Pflege. 16. (48 S.) Lpz.-Reudnitz 892, R. Michaelis. * — 25

Michaelis, Rhold., die Bienen im Winter, ihre naturgemäße Behandlung u. Pflege. 2. Aufl. 16. (36 S.) Leipzig-R. 894. R. Michaelis. n. — 25

Michaelis, Rhold., die Gicht u. ihre Heilung durch Salzsäure nach Sanitätsrat Dr. Falkenstein's (Gr.-Lichterfelde) neuer Methode. Populär dargestellt. (16 S.) 8. Leipzig-R. 907. A. Michaelis. — 50

Michaelis, Rhold., die Honigbiene. Gemeinnützige Belehrgn. f. Schule u. Haus. Ein Volksbüchlein. 12. (32 S. m. Abbildgn.) Leipzig-Reudnitz 890. Michaelis. — 35

— Deutsches Honigbüchlein. Echter Bienenhonig, e. wertvolles Naturprodukt als unvergleichl. Nahrungs- u. hochschätzbares Volksheilmittel. Unter besond. Berücksicht. der wissenschaftl. Forschgn. u. ärztl. Erfahrgn. der Neuzeit nach zuverläss. Quellen bearb. 4. neubearb. Aufl. (56 S.) 8. Ebd. 911. — 40

— Merkbüchlein f. Bienenzüchter, enth. die wichtigsten Grundsätze, Lehren und Regeln der Bienenzucht. Nach 16 Kapiteln geordnet. 2. Aufl. 16. (40 S.) Ebd. 890. n. — 25

— Merkbüchlein f. Bienenzüchter, enth. die wichtigsten Grundsätze, Lehren u. Regeln der Bienenzucht. Nach 16 Kapiteln geordnet. 3. Aufl. 16. (40 S.) Ebd. 891. n. — 25

Michaelis, Rhold., Merkbüchlein f. Bienenzüchter, enth. die wichtigsten Grundsätze, Lehren u. Regeln der Bienenzucht. Nach 16 Kapiteln geordnet. 7. verm. Aufl. gr. 16. (48 S.) Leipzig 901. Leipziger Bienenzeitg. n. — 35

— Merkbüchlein f. Hühnerzüchter, enth. die goldenen Regeln der Hühnerzucht. Nach den Meistern der Neuzeit kurz zusammengestellt. 5. verm. Aufl. gr. 16. (56 S.) Leipzig-R. 902. A. Michaelis. n. — 35

Michaelis, Rhold., Merkbüchlein f. Hühnerzüchter, enth. die goldenen Regeln der Hühnerzucht. Nach langjähr. Erfahrgn. bearb. u. hrsg. 6. verm. Aufl. (66 S.) 16. Leipzig-Reudnitz 906. A. Michaelis. n. — 40

Michaelis, Reinholdus, Prof. Dr.: Quae ratio intercedat inter Julii Pollucis onomasticon et Aristotelis de Republica Atheniensium libri partem alteram. *Berlin 1902: Trowitzsch & Sohn.* (S. 3—14.) 4°
Berlin, k. Wilhelms-G, P 1902 (67)

Michaelis, Rhold., goldene Regeln der Hühnerzucht, nach den Meistern der Neuzeit kurz zusammengestellt. 8. (18 S.) Leipzig 882. Freyer. n.n. — 60

Michaelis, Reinhold: De Julii Pollucis studiis Xenophonteis. Halis Saxonum (1877): Karras. 35 S. 8°
Halle-Wittenberg, Phil. Diss. v. 20. Juli 1877
Geb. Rixdorf (Mark) 26. 6. 1854. V.

— Wie gründe, leite u. belebe ich e. homöopathischen Verein? Winke u. Ratschläge zur Hebg. u. Förderg. der Homöopathie. (44 S.) 8. Ebd. 909. — 75

Michaelis, Richard

Michaelis, Rich. Ein Blick in die Zukunft, s. Universal-Bibliothek Nr. 2800.

Michaelis, Rich.. Ein Blick in die Zukunft. Eine Antwort auf: Ein Rückblick von Edward Bellamy. (Universalbibliothek. Nr. 2800.) gr.-16°. Leipzig. Reclam j. (1891.)

Michaelis, Rich., Die Gliederung der Gesellschaft nach dem Wohlstande, auf Grund der neueren amtlichen deutschen Einkommens- und Wohnungs-Statistik. Leipzig 1878. 8.
A. u. d. T.: St.- u. soc.-wiss. Forsch. Bd. I. H. 5.

Michaelis, Rich., die Gliederung der Gesellschaft nach dem Wohlstande, s. Forschungen, staats- und socialwissenschaftliche.

Michaelis, Richard. Nach vierzig Jahren: Erinnerungen eines Zeitungsleiters. Midford, Wisconsin, 1907. UC

Die elsaß-lothringischen Landesgesetze und Verordnungen zur Ausführung und Ergänzung der Civilprozeßordnung und des Zwangsversteigerungsgesetzes. Zsgest. u. im Anschluß an die CPO. erl. von Richard Michaëlis, Landger.R. in Straßburg i. E. 2. umgearb. Aufl. der 'Normen d. elsaß-lothring. Landesrechts'. *Tübingen & Leipzig: J. C. B. Mohr 1904.* (XII, 324 S.) 8° [G.]
— Sammlung d. landesrechtl. Civil-Prozeß-Normen. 5.

Die auf den Civilprocess bezüglichen Normen des elsass-lothringischen Landesrechts. Im Anschl. an d. Reichscivilprocessordng dargest. v. Richard Michaëlis, Landgerichtsr. in Zabern. *Freiburg i. B. & Leipzig: J. C. B. Mohr 1896.* (XII, 165 S.) 1 Bd 8.
— Civilprozessordnung, Die, f. d. Deutsche Reich. Erl. v. Dr. L. Gaupp. 2. Aufl. Anh. VI. [97. 5075]

Michaëlis, Rich., die auf d. Civilprozeß bezügl. Normen d. elsaß-lothring. Landesrechts, s. a. Gaupp, L., d. Civilprozeßordng. f. d. Deutsche Reich.

Michaelis, Rudolf, Arzt aus Strassburg i. E.: **Aus d. Universitätsklinik f. Ohrenkrankheiten zu Strassburg. Combination von tertiärer Lues mit primärem Cylinderzellencarcinom an der Wandung der Nasenhöhle.** Mit 2 Taf. *Wiesbaden: J. F. Bergmann 1901.* (15 S.) 8° ¶ (Aus: Zeitschrift f. Ohrenheilkunde, 40.)
Strassburg, Med. Diss. v. 1901

Michaelis, Rud., Bad Rehburg. Mit e. Titel-Litho-Photogr. u. 2 (lith.) Karten (in qu. gr. 4. u. gr. Fol.) Lex.-8. (32 S.) Hannover 875. Schmorl & v. Seefeld. n. 2. 40

Michaelis, Rud., Bad Rehburg. 1. Aufl. (32 S. mit 1 Titel-Litho-Photogr. und 2 lithogr. Karten in qu. gr. 4. und gr. Fol.); 2. Aufl. Lex.-8. (86 S. mit 1 phototyp. Bilde und 1 lithogr. Karte.) Hannover 879, Schmorl und v. Seefeld. *

[F.] Bad Rehburg, die Kgl. Bade- u. Molkenanst. u. die Heilstätten f. Lungenkranke daselbst, dargest. v. Sanitätsrat Dr. Rudolf **Michaelis** ... in Bad Rehburg. M. Kt. v. Bad Rehburg, sowie e. geognostischen u. 5 and. bildl. Darstellgn. *Hannover: Göhmannsche Buchdr. 1897.* (75 S., 4 Taf., 1 Kt., 1 Pl.) 1 Bd 4.(8.) [97. 3394

Michaelis, S., soll d. Beitragsmarke beibehalten werden? a) Betrachtgn. üb. d. Ungleichheiten in d. Erhebg. d. Beiträge zur Invaliditäts- u. Altersversicherg. auf Grund d. Markensystems. b) Weit. Ausdehng. d. Fürsorge f. d. Angehörigen d. arbeit. Volksklasse. c) Änderg. d. bisher. Markensystems. gr. 8. (VII, 28 S.) Leipzig 897. F. Fleischer, Verl. n. — 40

Michaelis, S., u. L. Zippert (Michael Percy): Unlauterer Wettbewerb. Schauspiel in 4 Aufz. Berlin: E. Ebering [1898]. (110 S.) 1 Bd. 8°
= Theater d. Gegenwart. No 2.

[**Michaelis**, Samuel]: * Inquiratur, quid et quando fuerit Synagoga Magna [talmud.:] kneset haggedōlāh. 28 S. 2°
Halle-Wittenberg, Phil. Diss. v. 3. Mai 1861
Geb. [Chodziesen = Kolmar (Posen) 17. 7. 1838]

Michaelis, Zenta, Erziehung, Dressur u. Pflege der Hunde, s.: Miniatur-Bibliothek.

MICHAËLIS, Sophus
(F) Sophus Michaëlis. Abelö. Roman aus dem Dänischen, übersetzt von Marie Herzfeld. Wien. 1900. Wiener Verlag. (Rosner.) 8°. 239 S. K 3 60

Michaelis, Sophus, Aebelö. Roman. Aus dem Dän. v. Maria Herzfeld. 2. Aufl. (239 S.) 8. Wien 906. Wiener Verlag. n. 3. —; geb. n. 4. 50

Michaelis, Sophus, Aebelö. Roman. (Deutsch v. Marie Herzfeld.) 4. Aufl. (239 S.) 8. Berlin 908. H. Bondy. 3.—; geb. 4. 50

— **Giovanna. Eine Geschichte aus der Stadt m. den schönen Türmen. Autoris. Uebersetzg. aus dem Dän. v. Marie Herzfeld. (VII, 166 S.) 8. Frankfurt a/M. 905. Literar. Anstalt. n. 3. —; geb. n. 4. —**

— Giovanna. Eine Geschichte aus der Stadt m. den schönen Türmen. (Autoris. Übersetzg.) aus dem Dän. v. Marie Herzfeld. 2. Aufl. (VII, 175 S.) 8. Frankfurt a/M. 909. Literar. Anstalt. 3. —

— **Revolutionshochzeit. Schauspiel in 3 Aufzügen. (Aus dem Dän. v. Marie Herzfeld, autoris. Übersetzg.) (Moderne Bühne. Eine Sammlg. dramat. Werke.) (134 S.) 8. Berlin-Westend 909. Berlin, E. Reiss. 3.—; geb. 4. —**

Revolutions-Hochzeit. Schauspiel in 3 Aufz. von Sophus **Michaëlis**. 2. Aufl. (Als Ms. gedr.) Berlin-Westend: Reiss 1909. 134 S. 8°
(Moderne Bühne.) [09. 12813

Totentanz. Von Sophus **Michaëlis**. (Deutsch von Helene Klepetar. Autor. Ausg.) Berlin-Westend: Reiß (1909). 158 S. 8° [10. 3402

Michaëlis, Theodor (Magdeburg), De diabete mellito. Diss. med. Berlin (Nietack) 29. III. 1838. 28 S. u. Biogr. (M.: Faulwasser.) (3.—) 23321
Oppon.: G. Michaëlis, E. Carp, G. Leuschner. — Gew.: F. L. Truestedt.

Michaelis, Victor: Die künstliche Brut mittelst der von einer Oxidation herrührenden Wärme. Luxemburg: V. Bück 1882. 16 S. 8°

Michaelis, Victor: Das Drehbilder-System zur Essig-Fabrikation, genannt „die Luxemburgische Methode". La méthode des cuves tournantes pour la fabrication du vinaigre, dite „le système luxembourgeois". Luxemburg: V. Bück 1880. 26 S. 8°

Michaelis, W., der Chauffeur-Beruf. Praktischer Leitfaden f. Automobilbesitzer, Chauffeure u. solche, die es werden wollen. 2. Aufl. (58 S.) 8. Berlin 907. Risel's deutsche Centrale f. Militärwissenschaft. 1. 50

[Umschlagt.:] [F.] Die christlichen Bestrebungsvereine. Referat erstattet auf d. Bundes-Kreis-Konferenz zu Barmen, am 8. Mai 1895 v. Walter **Michaelis**, Pfarrer in Bielefeld. *Elberfeld: Westdeutscher Jünglingsbund 1895.* (10 S.) 1 Bd 8. [96. 346

Michaelis, W., der Brief des Apostels Paulus an die Galater, s.: Bibelerklärung, praktische, Bd. 7 a.

Michaelis, Walter: Ueber die Erweiterung des Antrum pylori und ihre Beziehung zu der motorischen Insufficienz des Magens. *Berlin 1898: L. Schumacher.* (28 S.) 8° ¶ (Aus: Zeitschrift für klinische Medicin, Bd 34.)
Berlin, Med. Diss. v. 18. Febr. 1898

Michaelis, Walter, Charles G. Finney, sein Leben u. sein Wirken. Vortrag. 2. Aufl. 8. (24 S.) Bonn 894. J. Schergens. n.n. — 10

Hat die erste Gemeinde den Heiligen Geist betrübt? Vortrag geh. in d. 2. Brieger Bibelwoche von Pastor W[alter] **Michaelis**, Missions-Insp. Nebst Ansprachen von Pfarrer O[tto] Stockmayer u. General [Rudolf] v. Viebahn. Mit Vorw. von Insp. Pastor Th[eodor] Haarbeck. Barmen: Johanneum 1905. (31 S.) 8° [F.] [05. 14093

Michaelis-Bielefeld, s.: Konferenz, die 2. westfäl., zur Pflege brüderl. Gemeinschaft rc.

— **Landeskirche u. Reich Gottes, s.: Bausteine zum Aufbau des evangelischen Gemeindelebens. 1. Heft.**

— Die Mormonen. Ein aufklär. Wort üb. „Die Heiligen der letzten Tage". 3. Aufl. (32 S.) kl. 8. Chemnitz (909). Buchh. des Gemeinschaftsvereins. — 20

Michaelis, Walth., de origine indicis deorum cognominum. Diss. gr. 8. (90 S.) Berlin 898. Mayer & Müller. n. 2. —

Michaelis, P. W., wer sind die Heiligen der letzten Tage? Ein aufklär. Wort über den Mormonismus. 2. Aufl. gr. 8. (23 S.) Bielefeld (902). O. Fischer. n. — 20

— **wodurch gewinnen wir Anteil an der Frucht der Auferstehung Jesu Christi?, s.: Konferenz, die 3. westfälische rc.**

Michaelis, Wilhelm

Michaelis, W., zur Beurtheilung d. Cementes. Für Architekten, Ingenieure u. Fabrikanten. [Aus: „Notizblatt d. deutschen Ver. f. Fabrication v. Ziegeln, Thonwaaren, Kalk u. Cement 1875."] gr. 8. (46 S. m. 1 Steintaf. in qu. Fol.) Berlin 876. Polytechn. Buchh. n. 1. 50

— Wilhelm (Carl Wilhelm) (Rodersdorf), De discrimine quod intercedit inter typhum abdominalem atque exanthematicum. Diss. med. Leipzig (Ph. Reclam) 16. XI. 1855. 14 S. u. Biogr. (M.: E. Meusel.) (2.50) 23324

Der Erhärtungsprozeß der kalkhaltigen hydraulischen Bindemittel. Nach d. Vortrag d. Verf. 1909 in d. 32. Generalversammlung d. Vereins deutscher Portland-Zement-Fabrikanten von Dr. (Wilhelm) **Michaëlis** sen. Dresden: Steinkopff 1909. 49 S. 8°
Erw. aus: Kolloid-Zeitschrift. Bd 5. [10. 6413]

Michaëlis sen., W., zur Kenntnis der hydraulischen Bindemittel. **Vortrag in der XXIX. Jahres-Versammlg. des Vereins deutscher Portland-Zement-Fabrikanten zu Berlin am 17. II. 1906.** (16 S.) 31,5×23,5 cm. Stuttgart (906). Freiburg i/B., J. Bielefeld. 1.50; engl. u. französ. Ausg. je 1.50
Sonderabdruck aus: „Baumaterialienkunde".

Michaëlis, W., **die hydraulischen Mörtel, insbesondere der Portland-Cement in chemisch-technischer Beziehung für Fabrikanten, Bautechniker, Ingenieure etc. Mit 62 Abbildungen im Text (in Holzschn.). Leipzig 869. Quandt & Händel. gr. 8. (XII, 315 S.)** n. 2 ℛ︁ 10 ngr.

MICHAËLIS, W. Ueber den Portland-Cement. Leipzig, 1867.

Michaëlis, Wilhelm, aus Berlin: (I.) Ueber die **Verseifungsgeschwindigkeit aromatischer Aethylester und (II.) den Einfluss des Katalysators auf die Grenze der Esterbildung.** *Heidelberg 1899: J. Hörning.* (95 S.) 8°
Heidelberg, Naturw.-math. Diss. v. [28. Apr.] 1899

Zwischen Abend und Morgen. Erzählung von d. Halligen von **Michaelis-Grau** [d. i. Max Grau]. Friede auf Erden. Novelle von Adolf Schmitthenner. Osterwieck/H.: A. W. Zickfeldt 1906. (32 S.) 8° [Umschlagt.]
— **Bücherschatz**, Stenogr., f. Gabelsb. Stenogr. Ser. B. Bd 5.

Michaëlis de Vasconcellos, Carolina

Michaëlis, Carolina, **antologia española**, s.: Coleccion de autores españoles.

Michaëlis de Vasconcellos, Carolina, s.: Cancioneiro da Ajuda.

— **fiori della poesia italiana**, s.: Biblioteca d'autori italiana.

Michaëlis de Vasconcellos, Carolina, Grammatica francesa, s.: Tanty, F.

— **deutsch-portug. Konversationsbuch**, s.: Connor, James.

— Manuel de conversation en **français** et en portugais, s.: Connor, James.

Michaëlis de Vasconcellos, Carolina: Romancero del Cid, s. Colección de autores españoles.

Michaëlis de Vasconcellos, C., portugies. Sprachführer, s.: Kordgien, G. C.

— **Studien zur romanischen Wortschöpfung.** gr. 8. (VIII, 300 S.) Leipzig 876. Brockhaus. n. 4. —

— Teatro moderno español, s. Colección de autores españoles.

Michaelisbrief, ein, von den Kindern u. vom Katechismus an Alle, die ihre Kinder lieb haben von einem ostfriesischen Kinderfreunde. Aurich 862. Frerichs. 8. (8 S.) 1 ngr.

Michaels, Hugo [Apotheker aus Roebel in Mecklbg.-Schw.]: **Beitrag zur Kenntnis des Narceins und Thebains** ... Rostock, Univ.-Buchdr. v. Adler's Erben, 1895; 59 S. 8.
Rostock, Phil. Fak., Inaug.-Diss. v. [2. Febr.] 1895

Michaels, Caroline, der Mutter Geburtstag. Preisgekröntes Festspiel in 2 Aufzügen. 8. (17 S.) Wien 878. Rosner. n. — 60

Michaels, P., das sterbende Kind, s. Sonntagsschulgeschichten der Christuskirche.

Michaels, Walter, Referendar: Die **Bedeutung der Orderklausel für die Seeversicherungspolice.** Bergedorf 1905: E. Wagner. (40 S.) 8° [F. u. Ant.]
Göttingen, Jur. Fak., Ref. Ehrenberg, Diss. v. 8. Mai 1905
[Geb. 12. Apr. 81 Hamburg; Wohnort: Hamburg; Staatsangeh.: Hamburg; Vorbildung: Kaiserin Augusta-Gymn. Charlottenburg Reife O. 00; Studium: Berlin 6 S.; Rig. 14. März 05.]

Michaelsen, Alfr., **Atemzüge der Seele. Gedichte aus Natur u. Leben.** (VIII, 127 S.) gr. 16. Dresden 903. E. Pierson. n. 2. —; geb. n. 3. —

Michaelsen, August [aus Lehe]: **Der logarithmische Grenzfall der hypergeometrischen Differentialgleichung n-Ordnung.** . . . Kiel, Verl. v. Lipsius & Tischer, 1889; 21 + 1 S. + 1 Bl. 8°
Kiel, Phil. Fak., Inaug.-Diss. v. 9. März 1889

Michaelsen, Christoph Heinrich

Michaelsen, Crph Heinr., Naturgeschichte d. amerikan. Agave, Aloe genannt, nebst Beschreib. derjen., d. auf d. Garten d. Senat. Schulze in Hamm blühet. Hamburg, 1799.

Michaelsen, Heinrich: Die **Kalkpfannen des östlichen Damaralandes.** Berlin (1910): Mittler. 26 S. 4° ¶(Aus: Mitteilungen aus d. dtsch. Schutzgebieten. Bd 23, H. 3.)
Berlin, Phil. Diss. v. 13. Juli 1910, Ref. Penck
[Geb. 13 Aug. 82 Esch b. Meldorf; Wohnort: Hamburg; Staatsangeh.: Hamburg u. Preußen; Vorbildung: Oberrealsch. vor d. Holstentore Hamburg Reife M. 02; Studium: Kiel 5, München 2, Berlin 6 S.; Rig. 25. Nov. 09.] [U 10. 213

Michaelsen, Heinrich F. L., ein vernünftiges Wort an aufgeklärte Leute. Hamburg 858. Trupp. gr. 8. (24 S.) 3 ngr.

Michaelsen, Herrm., s. Salon, der musikal.

Michaelsen, Herm., siehe: Theater-Horizont.

MICHAELSEN, Joannes Georgius (auctor), De re vestiaria muliebri, multorum sexus sequioris morborum causa. Dissertatio inauguralis quam . . . in Academia Christiana-Albertina . . . publice defendet —. Kiliae, typis C. F. Mohr. 1826. 4°. 31 S. (50 Pfg. Auction Davidson no. 4788.) (Bibl. Lipperheide no. 3256.)

Michaelsen, Johann Martin

Michaelsen, Jh. Mart., († d. 8. Apr. 1816.) zwei Predigten, bei Veränderung d. Waisenhauses gehalten. 8. Hamb. 785. (Campe). 10 ß.

Michaelsen, Ludolf Christian, s. B e s c h ä f t i g u n g e n f. kl. Kinder. 10 Thle.

– s. B e s c h ä f t i g u n g e n f. Kinder v. reiferem Alter. 4 Thle.

Michaelsen, Ludw. Chr., († im Jan. 1789.) Ermunterung z. rechtschaff. Christenthume. 8. Lüneb. 766.

– s. N e u j a h r s g e s c h e n k f. Kinder.

– s. T a s c h e n b u c h f. lustige Leute.

T a s c h e n b u c h
f ü r l u s t i g e L e u t e v o n e d l e r D e n k u n g s a r t
(von *Ludolf Christian Michaelsen*). Lüneburg 1785—86.
Anon.-Lex. IV. p. 153 (nach Kayser).
Vgl.Michaelis, Ludolf Chrn.

— die herrl. Vorzüge eines guten Gewissens. 4. Lüneb. 768.

— der sicherste Weg f. die Jugend z. wahren Glückseligkeit. 4. Götting. u. Lüneb. 767.

Michaelsen, Michael Dietrich (Holstein), De libris mercatorum suspectis. Diss. jur. Präs. Heinrich Bodin. Halle/Magdeburg (J. Grunert) Dez. 1707. 58 S. (5.50) 23325
Widm. v.: Samuel Stryklus, Heinrich Bodin, Johann Reiche, ein Freund „Gut Deutsch" (dtsch.), eine Widmung, unterschrieben „Morando Festina Lente" (dtsch.).

— — De libris mercatorum suspectis. Diss. jur. Präs. Heinrich Bodin. Halle (Chr. A. Zeitler) Dez. 1707. 1714. 52 S. (5.50) 23326

— — De libris mercatorum suspectis, Von Verdächtigen Kaufmanns-Büchern. Diss. jur. Präs. Heinrich Bodin. Halle/Magdeburg (J. Grunert) Dez. 1707. 1724. 58 S. (5.50) 23327
Widm. v.: Samuel Stryklus, Heinrich Bodin, Johann Reiche, ein Freund „Gut Deutsch" (dtsch.), eine Widmung, unterschrieben „Morando Festina Lente" (dtsch.).

Michaelsen, Otto, approb. Arzt aus Nortorf i. Holstein: **Aus d. geburtshilflich-gynaekolog. Klinik in Kiel. Über vaginale Totalexstirpation des Uterus wegen Myom.** *Kiel 1899: H. Fiencke.* (33 S.) 8°
Kiel, Med. Diss. v. [22. Febr.] 1899

Michaelsen, Val., († d. 23. März 1805.) zwei Predigten auf Veranlassung d. vorzunehm. Baues e. neuen Kirche zu Wilster ꝛc. 4. Hamb. 776. (Campe). 8 gr.

Michaelsen, Wilhelm

Grönländische Anneliden. Von Dr. W. **Michaelsen**. M. 3 Holzschn. *Stuttgart: E. Nägele 1898.* (120–131 S.) 4.
— Ergebnisse, Zoolog., der v. d. Gesellsch. f. Erdkunde zu Berlin . . . ausges. Grönlandsexped. [No] IX.
— **Bibliotheca** Zoologica. H. 20, Lfg 4. 99. 476

Die holosomen Ascidien magalhaensisch-südgeorgischen Gebietes. Von Dr. W[ilhelm] **Michaelsen** in Hamburg. Mit 3 Taf. u. 1 Abb. im Text. *Stuttgart: E. Nägele 1900.* (148 S.) 4°
— **Zoologica**. H. 31. 00. 10400

Die stolidobranchiaten Ascidien der deutschen Tiefsee-Expedition. Von Dr. W[ilhelm] **Michaelsen** in Hamburg. ⟨Taf. 1–4.⟩ *(Jena: G. Fischer 1904.)* (S. 183–260.) 4°
— **Ergebnisse**, Wissenschaftl., d. deutschen Tiefsee-Expedition auf d. Dampfer Valdivia 1898–1899. Bd 7, Lfg 2. 04. 7363

Michaelsen, W., s.: B e r i c h t üb. die wissenschaftlichen Leistungen in der Naturgeschichte der niederen Thiere.

Michaelsen, W., Beschreibung der von Hrn. Dr. Franz Stuhlmann im Mündungsgebiet d. Sambosi gesammelten Terricolen. Anhang: 1. Diagnosticierung einiger Terricolen aus Sansibar u. dem gegenüberlieg. Festlande. 2. Chylustaschen bei Eudriliden. [Aus: „Jahrb. d. Hamburg. wissenschaftl. Anstalten".] Lex.-8. (30 S. m. 4 Taf.) Hamburg 890. (Graefe.) n. 2. 50

— Beschreibung der v. Fr. Stuhlmann auf Sansibar u. dem gegenüberliegenden Festlande gesammelten Terricolen. Anh.: I. Übersicht üb. die Teleudrilinen. II. Die Terricolen-Fauna Afrikas. [Aus: „Jahrb. d. Hamb. wiss. Anstalten". Lex.-8. (72 S. m. 4 lith. Taf.) Hamburg 891. (L. Gräfe & Sillem.) n. 3. —

—— Beschreibung der v. Dr. Fr. Stuhlmann am Victoria Nyanza gesammelten T e r r i c o l e n. Lex.-8. (14 S. m. 1 Taf.) (Ebd.) 892. *1 —
aus: Jahrb. d. hamburg. wiss. Anstalten, besonders abgedruckt.

Michaelsen, W., s.: F a u n a, die, Südwest-Australiens.

— über e. neue Gattung u. vier neue Arten der Unterfamilie B e n h a m i n i. Lex.-8. (16 S. m. 5 Abbildgn.) Hamburg 898. (L. Gräfe & Sillem.) n. — 80
Sonderabdruck aus: „Mitth. a. d. naturhist. Museum".

— die G e p h y r e e n v. Süd-Georgien nach der Ausbeute der Deutschen Station von 1882—83. Mit e. Farbentaf. [Aus: „Jahrb. d. Hamburg. wissenschaftl. Anstalten".] Lex.-8. (14 S.) Ebd. 889. n. 1. 20

— Zur Kenntnis der deutschen L u m b r i c i d e n f a u n a. (S. 189—193 m. 1 Abbildg.) Lex. 8. Hamburg 907. (L. Gräfe & Sillem.) — 40

— zur Kenntnis der Naididen, s.: Z o o l o g i c a. 44. Hft.

— zur Kenntnis d. O l i g o c h a e t e n. [Aus: „Abhandlgn. aus d. Gebiete d. Naturwiss."] gr. 4. (37 S. m. 1 Taf.) Hamburg 895. L. Friederichsen & Co. n. 2. 40

— Land- u. Süsswasser-Asseln aus d. Umgebung Hamburgs, s.: M i t t e i l u n g e n aus d. naturhistor. Museum in Hamburg.

— L u m b r i c i d e n aus Australien u. dem malayischen Archipel, s.: D e n k s c h r i f t e n der medicinisch-naturwissenschaftlichen Gesellschaft zu Jena.

— die L u m b r i c i d e n Norddeutschlands. [Aus: „Jahrb. d. Hamburg. wissenschaftl. Anstalten".] Lex.-8. (19 S.) Ebd. 890. n. 1. —

— die Lumbriciden-Fauna Nordamerikas. gr. 4. (32 S.) Hamburg 899. L. Friederichsen & Co. n. 1. 50
Sonderabdr. a.: „Abhandlgn. a. d. Gebiete der Naturwiss."

Michaelsen, Wilhelm: Über die Meeresströmungen des Nordatlantischen Ozeans und ihren Einfluss auf das Klima der Küstenländer. Charlottenburg, Druck v. R. Münch, 1895; 16 S. 4.
Charlottenburg, st. R, OP 1895 (128)

— Die M o l g u l i d e n des naturhistorischen Museums zu Hamburg. (S. 115—152 m. 8 Taf.) Lex. 8.
Hamburg: Gräfe & Sillem 1908.
S.-A.aus:Mitteilungen aus d.naturhist. Museum.

Oligochaeta bearb. von Dr. Wilhelm **Michaelsen** in Hamburg. Mit 13 Abb. *Berlin: R. Friedländer & Sohn 1900.* (XXIX, 575 S.) 4°(8°)
— **Tierreich**, Das. Lfg 10.

— u. L. **Johansson**, Oligochaeta u. Hirudinea, s.: Süsswasserfauna, die, Deutschlands. 18. Heft.

— Oligochaeten, s.: Elb-Untersuchungen, hamburgische. IV.

Michaelson, W[ilhelm]: Oligochaeten. *Frankfurt a. M. 1896.*
in: Ergebnisse e. zoolog. Forschgsreise in d. Molukken u. Borneo ... Tl 2. Bd 1, H. 2.
— **Abhandlungen** hrsg. v. d. Senckenbergischen naturforsch. Gesellschaft. Bd 23, H. 2. [98. 1713]

— **Oligochaeten.** [Aus: „Kükenthal, Ergebnisse e. zool. Forschgsreise in d. Molukken, Abh. d. Senckenb. naturforsch. Ges."] gr. 4. (51 S.) Frankfurt a/M. 896. (M. Diesterweg.) n. 3. —

Oligochaeten von Australien. Von Dr. W[ilhelm] **Michaelsen** ⟨Hamburg⟩. Mit 1 Taf. u. 9 Abb. Hamburg: L. Friederichsen & Co. 1907. (25 S.) 4°
— **Abhandlungen** aus d. Geb. d. Naturwissenschaften hrsg. v. Naturw. Verein in Hamburg. Bd 19, H. 1. [07. 8434]

Die Oligochaeten des Baikal-Sees monographisch bearb. von Dr. W[ilhelm] **Michaelsen** ⟨Hamburg⟩. Mit 6 Abb. Kiew & Berlin: R. Friedländer & Sohn in Comm. 1905. (68 S.) 4°
— **Ergebnisse**, Wissenschaftl., e. Zoolog. Expedition nach d. Baikal-See. 1900–1902. Lfg 1.

— **die Oligochäten, nebst Erörterung der Terricolenfauna oceanischer Inseln, insbesondere der Inseln des subantarktischen Meeres**, s.: Ergebnisse, wissenschaftliche, der deutschen Tiefsee-Expedition.

— Oligochäten v. verschiedenen Gebieten. (S. 47—169 m. 26 Abb. u. 1 Taf.) Lex. 8. Ebd. 910. 3. —
Sonderabdruck aus: „Mittlgn. a. d. naturhist. Mus."

— Oligochaeten v. Madagaskar, den Comoren u. and. Inseln des westlichen Indischen Ozeans, s.: Reise in Ostafrika. II. 2.

— **Oligochaeten des naturhistorischen Museums in Hamburg.** I.—III. [Aus: „Jahrb. d. Hamburg. wissenschaftl. Anstalten".] Lex.-8. (12 S.) Ebd. n. 2. 60
I. (17 S. m. 1 Taf.) 889. n. 1. —. — II. (13 S. m. 1 Taf.) 889. n. 1. —. — III. (12 S.) 890. n. — 60.

— **Oligochaeten des naturhistorischen Museums in Hamburg.** IV. [Aus: „Jahrb. d. Hamburg. wiss. Anstalten".] Lex.-8. (42 S. m. 1 Taf) Hamburg 891. L. Gräfe & Sillem. n. 2. — (I—IV.: n. 4. 60)

— **Oligochaeten v. Natal u. dem Zululand.** (12 S. m. 4 Fig.) 8. Uppsala 907. (Berlin, R. Friedländer & Sohn.)
Sonderabdruck aus „Arkiv f. zoologi". nn 1. —

— **neue Oligochaeten u. neue Fundorte alt-bekannter.** (54 S. m. 1 Taf.) gr. 8. Hamburg 902. (L. Gräfe & Sillem.) n. 1. 50
Sonderabdruck aus: „Mittlgn. a. d. naturhist. Museum in Hamburg".

— Neue Oligochäten v. Vorder-Indien, Ceylon, Birma u. den Andaman-Inseln. Mit 30 schemat. Skizzen im Text. (S. 143—188.) Lex. 8. Hamburg 907. L. Gräfe & Sillem.) nn 1. 60
Sonderabdr. a.: „Mittlgn. a. d. naturhist. Museum".

— Die Oligochäten des inneren Ostafrikas u. ihre geograph. Beziehungen, s.: Ergebnisse, wissenschaftliche, der deutschen Zentral-Afrika-Expedition, unter Führung Adolf Friedrichs, Herzog zu Mecklenburg. III, 1.

— **Oligochaeten v. Peradeniya auf Ceylon, e. Beitrag zur Kenntnis des Einflusses botan. Gärten auf die Einschleppg. peregriner Thiere.** (16 S. m. Abbildgn.) gr. 8. Prag 903. (F. Řivnáč.) n. — 24
Sonderabdr. a.: „Sitzungsber. d. böhm. Gesellsch. d. Wiss."

Michaelsen, W., die Oligochaeten von Süd-Georgien nach der Ausbeute der deutschen Station von 1882—83. Lex.-8. (21 S. mit 2 Taf. Abbild.) Hamburg 888, (Gräfe.) *
Aus: Jahrbuch der Hamburg. wissenschaftl. Anstalten, V, 1887, besonders abgedruckt.

Die Oligochaeten der deutschen Südpolar-Expedition 1901–1903 nebst Erörterungen d. Hypothese über e. früheren großen die Südspitzen d. Kontinente verbindenden antarktischen Kontinent von Dr. W[ilhelm] **Michaelsen** ⟨Hamburg⟩. Mit Taf. 1. (Berlin: G. Reimer 1905.) (58 S.) 4°
— **Südpolar-Expedition**, Deutsche, 1901–1903. Bd 9, H. 1, 1. [05. 8456]

Die Oligochaeten der schwedischen Südpolar-Expedition. Von Dr. W[ilhelm] **Michaelsen**. Mit 1 Taf. Stockholm 1905: Lith. Inst. d. Generalstabs; Berlin: A. Asher & Co. (12 S.) 4°(8°) [Umschlagt.]
— **Ergebnisse**, Wissenschaftl., d. schwed. Südpolar-Expedition 1901–1903. Bd 5, Lfg 3. [06. 9014]

Die Oligochäten der deutschen Tiefsee-Expedition nebst Erörterung der Terricolenfauna oceanischer Inseln, insbes. der Inseln d. subantarkt. Meeres. Von Dr. W[ilhelm] **Michaelsen** in Hamburg. Mit Taf. 22 u. 1 geogr. Skizze. ⟨Taf. 1.⟩ *(Jena: G. Fischer 1902.)* (S. 133–166.) 4°
— **Ergebnisse**, Wissenschaftl., d. deutschen Tiefsee-Expedition auf d. Dampfer Valdivia 1898–1899. Bd 3, Lfg 4. [03. 6457]

— **westafrikanische Oligochaeten, gesammelt v. Hrn. Prof. Yngve Sjöstedt.** (S. 157—170 m. 1 Taf.) gr. 8. Stockholm 903. (Berlin, R. Friedländer & Sohn.) n. — 80
Sonderabdruck aus: „Arkiv f. zoologie".

Die Oligochätenfauna der vorderindisch-ceylonischen Region. Von Prof. Dr. W[ilhelm] **Michaelsen**. Mit 1 Taf., 9 Ktskizzen u. 2 Abb. Hamburg: Friederichsen 1910. 108 S. 4°
(Abhandlungen aus d. Geb. d. Naturwissenschaften hrsg. v. Naturw. Verein in Hamburg. Bd 19, H. 5.) [11. 1077] 10

— Pendulations-Theorien, Oligochäten, zugleich e. Erörterg. der Grundzüge des Oligochäten-Systems. (S. 151—174 m. 1 Abb.) Lex. 8. Hamburg 908. L. Gräfe & Sillem. 1. —

— Polychaeten v. Ceylon. [Aus: „Jahrb. d. Hamburg. wiss. Anstalten".] Lex.-8. (23 S. m. 1 Taf.) Ebd. 892. n. 1. 50

— Die Pyuriden [Halocynthiiden] des naturhistor. Museums zu Hamburg. (S. 225—287 m. 2 Taf.) Lex. 8. Ebd. 908. 2. —
Sonderabdr. a.: „Mitteilgn. a. d. naturhist. Museum".

— **Regenwürmer Ost-Afrikas.** [Aus: „Deutsch-Ost-Afrika" 4. Bd.] Lex.-8. (48 S. m. 2 Taf.) Berlin 895. D. Reimer. n. 5. —

— dasselbe, s.: Deutsch-Ost-Afrika, Bd. 4.

Hamburger Magalhaensische Sammelreise. Reisebericht v. Dr. W[ilhelm] **Michaelson** ⟨Hamburg⟩. M. 4 Phototyp. *Hamburg: L. Friederichsen & C. 1896.* (IV, 47 S.) 4.(8.)
— **Ergebnisse** d. Hamburger Magalhaensischen Sammelreise. Lfg 1. [No] 1.

— **Revision der compositen Styeliden od. Polyzoinen.** (124 S. m. 1 Abbildg., 2 Taf. u. 1 Karte.) Lex.-8. Hamburg 904. (L. Gräfe & Sillem.) n. 4. —
Sonderabdruck aus: „Jahrb. d. hambg. wiss. Anst."

— Terricolen, s.: Ergebnisse der Hamburger Magalhaensischen Sammelreise.

— Terricolen von verschiedenen Gebieten der Erde. Lex.-8. (122 S. m. 22 Abbildgn.) Hamburg 899. (L. Gräfe & Sillem.) n. 3. —
Sonderabdruck aus: „Mitth. a. d. naturhistor. Museum".

— die Terricolen d. madagass. Inselgebiets. [Aus: „Abhandlgn. d. Senckenberg. naturforsch. Gesellsch.", 21. Bd. (Voeltzkow, wissenschaftl. Ergebnisse d. Reisen in Madagaskar u. Ostafrika 1889—1895)]. gr. 4. (36 S. m. 3 Abb.) Frankfurt a/M. 897. (M. Diesterweg.) n. 1. 30

— neue u. wenig bekannte afrikan. Terricolen, s.: Mitteilungen aus d. naturhistor. Museum in Hamburg.

— die Terricolenfauna Ceylons, s.: Mitteilungen aus d. naturhistor. Museum in Hamburg.

— Die Tierwelt Südwest-Australiens u. ihre geographischen Beziehungen. (34 S. m. 2 eingedr. Kartenskizzen.) gr. 8. Hamburg 907. L. Friederichsen & Co. 1. 60
Sonderabdr. a.: „Mittlgn. d. geogr. Gesellsch. Hamburg."

— Tunicaten, s.: Ergebnisse der Hamburger Magalhaensischen Sammelreise.

Michaelsen, W. [aus Hamburg]: Aus dem Zoologischen Institut zu Kiel. Untersuchungen über Enchytraeus Möbii Mich. und andere Enchytraeiden .... Kiel, Verl. v. Lipsius & Tischer, 1886; 50 + 2 S. u. 8 Taf. 8°.
Kiel, Phil. Fak., Inaug.-Diss. v. 4. März 1886.

Die geographische Verbreitung der Oligochaeten von Dr. W[ilhelm] Michaelsen in Hamburg. Mit 11 Karten. *Berlin: R. Friedländer & Sohn 1903.* (VI, 186 S.) 4°(8°) [03. 8. 48

Michaelson, F. Gedichte. Milwaukee, 1885. UC

Michaelson, Hedwig, Berlin: Lukas Cranach der Ältere. Untersuchung über d. stilist. Entwickelung seiner Kunst. Mit 33 Abb. *Leipzig: E. A. Seemann 1902.* (140 S.) 8°
Heidelberg, Phil. Diss. v. 1902

Michaelson, Hedwig: Lukas Cranach der Ältere. Untersuchung über d. stilist. Entwickelung s. Kunst. Mit 33 Abb. Leipzig: E. A. Seemann 1902. (116 S.) 8°
= Beiträge z. Kunstgeschichte. N. F. 28.

Michaelson, Herrm., Breslauer Theaterzeitung, s. Theaterzeitung.

Michaelson, Margarete, s. a. Georgy, Ernst.

Jugendstürme. Roman von Ernst Georgy [d. i. Margarete Michaelson]. Ill. von E. Rosenstand. 1.–10. Taus. *Berlin: R. Eckstein Nachf. [1900].* (224 S.) 8°
— Romanbibliothek, Ecksteins illustrierte. Jg 2, Bd 7. [00. 12030

Die Berliner Range. Von Ernst Georgy [d. i.: Margarethe Michaelson]. Bd 1. *Berlin: R. Bong (1900).* 8° [F.]
(Humoristisch-Satirische Bibliothek.) [00. 10555

Michaely, Paul, s. a.: Schalek, Alice.

Michaely, Paul, wann wird es tagen? Ein Wiener Roman. 2 Bde. 8. (281 u. 274 S.) Wien 902. C. Konegen. n. 6. —; geb. n. 7. —

— wann wird es tagen? Ein Wiener Roman. 2. Aufl. 2 Tle. in 1 Bd. (274 u. 281 S.) 8. Wien 904. C. Konegen. n. 4. —

Michahelles, Friedrich

Michahelles, Frdr., Darstellung der biblischen Geschichte f. Mittelschulen, zunächst f. Präparandenschulen. 8. (VIII, 104 S.) Nürnberg 873. Recknagel. n. 1. —

Michahelles, Friedr., zur Nationalfeier! Festrede, gehalten bei der Nationalfeier am 2. Septbr. 1884 im großen Rathhaussaale zu Nürnberg. gr. 8. (12 S.) Nürnberg 884, Raw'sche Buchh. *

Michahelles, G. C. C. W., das malo di Scarlievo in histor. u. patholog. Hinsicht beschrieben. gr. 8. (4¼ B.) Nürnberg 833, (Stein.)

Michahelles, Georg

Michahelles, Geo., praktische Anleitung zum Kroquieren nach der in der k. b. Kriegsschule gebräuchlichen Methode f. Einjährig-Freiwillige u. f. den Unterricht an Unteroffiziere u. Unteroffiziers-Aspiranten; m. e. Zeichenschule. Mit vielen Abbildgn. gr. 8. (IV, 35 S. m. 12 Taf.) Nürnberg 885. v. Ebner. n. 1. 50

Michahelles, Geo., praktische Anleitung zum Kroquieren nach der in der k. b. Kriegsschule gebräuchl. Methode für Einjährig-Freiwillige und für den Unterricht an Unteroffiziere und Unteroffiziers-Aspiranten; mit einer Zeichenschule. Mit vielen Abbild. (IV, 35 S. mit 12 Taf.) 1885; 2. verb. Aufl. gr. 8. (V, 33 S.) Nürnberg 888, [v. Ebner'sche Buchh.] Ballhorn. *

Michahelles, Geo., Anleitg. z. Krokiren f. Einjährig-Freiwill. u. f. d. Unterr. an Unteroffiziere u. Unteroffiziers-Aspiranten m. e. Zeichenschule. 3., umgearb. Aufl. gr. 8. (V, 36 S. m. Abb. u. 12 Taf.) Nürnberg 893. U. E. Sebald. n. 1. 50

Michahelles, Anleitung zum Krokieren u. Skizzieren f. Einjährig-Freiwillige u. f. den Unterricht an Unteroffiziere u. Unteroffiziers-Aspiranten m. e. Zeichenschule. 4. umgearb. Aufl. (V, 38 S. m. Abb. u. 12 Taf.) 8. Nürnberg 909. U. E. Sebald. 1. 60

Michahelles, Geo., praktische Zeichenschule. [Aus: „Prakt. Anleitg. zum Krokiren".] 4. (12 Blatt.) Nürnberg 891. U. E. Sebald. In 8. brosch. n. — 80

Michahelles, Gottfried, De acclamationibus solennibus iisque secundis brevis disquisitio. Altdorf (J. G. Meyer) 3. VII. 1752. 19 S. (4.50) 23328
Gew.: Johann Augustin Dietelmair.

— — (Heroldsberg / Nürnberg), Specimen philos. de generibus inferioribus et superioribus. Präs. Joh. Andreas Michael Nagel. Altdorf (J. G. Meyer) 2. IV. 1745. 20 S. (4.50) 23329
Gew.: Gustav Philipp Moerl, Joachim Negelein, Johann Jakob Pfizer, Nikolaus Haecker, Johann Herdegen, Adam Rudolph Solger. — Widm. v.: Joh. Andreas Michael Nagel, Christoph Ludwig Wurster (Oppon.), Mich. Haendler (Oppon.), E. C. Bezzel (Oppon.), Christoph Friederich Wilhelm Baur.

Michahelles, J. Origines metalli-fodinarum in Germania. Helmstedt, 1725.

— **Johann Ignaz** (Nürnberg), *ΣΧΕΔΙΑΣΜΑ ΦΙΛΟΛΟΓΙΚΟΝ* de antiqua numeri senarii nota *ΕΠΙΣΗΜΟΝ* dicta. Präs. Christian Gottlieb Schwarz Altdorf (J. W. Kohle) 8. VII. 1724. 28 Seiten. 1 Taf. (4.50) 23330

Michahelles, K. Fr. II., Auszug aus d. vaterländ. Geschichte v. Baiern; z. Gebrauch f. Volksschulen. 8. Nürnb. 822. Monath u. K. 5 gr.

Michahelles, K. Fr., von dem segensvollen Einfluß d. Reformation auf d. öffentl. Gottesverehrungen. gr. 8. Nürnberg, Monath und K. 817.

— Fragen an d. Katechumenen, nach d. Grundlage d. Luther. Katechismus. 2e Aufl. 8. Nürnb. 819. Lechner. (v. Ebner). 3 gr.

— Ideen u. Materialien zu Kanzelvorträgen u. Reden üb. bibl. Texte, an Geburts- u. Namensfesten d. Königl. Regentenhauses. 8. Nürnb. 826. Riegel u. W. 12 gr.

— kurzer Leitfaden zur Geschichte d. d. Dr. Mart. Luther im Jahre 1517 begonnenen Reformation. 8. Nürnb. 817. Monath u. K. 8 gr.

— Literatur der 3n Reformations-Säcularfeier, oder möglichst vollständiges literar. Verzeichniß aller d. Schriften, welche in näherer od. entfernterer Beziehung auf d. im Jahre 1817 gefeierte 3e Reformations-Jubelfest erschienen sind. Nebst einem Anh. d. schweizer. Säcular-Schriften. gr. 4. Nürnb. 820. Monath u. K. 16 gr.

Michahelles, K. Fr., Merkwürdigkeiten d. St. Johannis-Kirchhofes bei Nürnberg, als Wegweiser bei d. Besuche desselben. M. 1 Grundriß (u. Titkpfr.) 8. (6 B.) Nürnberg 830, Riegel u. Wießner.

— Rede bei d. Einfuhr d. ersten mit Korn-Getraide v. d. Fluren zu St. Johannis beladenen Wagens d. 21. Aug. 1817. gr. 8. Nürnb. 817. Monath u. K. 2 gr.

— üb. den christl. Ritus der Taufe. 8. Nürnb. 816. Riegel u. W. 3 gr.

Michahelles, C. F., üb. d. christl. Ritus der Taufe. Bamb. 1818. 8.

—— bibl. Sittenspiegel in Beispielen aus d. heil. Geschichte, zur Nachahm. u. z. Warnung, mit hinzugefügt. passenden Bibelsprüchen u. Lieder-Versen zum Gebr. bei d. Religions-Unterr. aufgestellt. 2. Thl. 8. (12¼ B.) Nürnberg 829, Riegel u. Wießner.
1. Thl Ebendas. 1827. 9 Gr.

Michahelles, C. Fr., Geographische Tabelle von Deutschland nach seiner gegenwärtigen durch den Wiener Congress erhaltenen Verfassung. Nürnberg, Kussler, 1817. gr. Fol.
——, —— 2. Ausg. Ebda 1821. gr. Fol.

— geograph. Tabelle v. Deutschland nach seiner gegenwärtigen durch d. Wiener Congreß erhalt. Verfassung. gr. Fol. Nürnb. 817, 2e A. 821. Monath u. K. 5 gr.

— geograph. Tabelle v. Europa, nach den neuesten Bestimmungen u. polit. Abänderungen &c. bis Ende 1816. 2e Aufl. gr. Fol. Ebd. 817. 4 gr.

— geograph. statist. Tabelle d. Königr. Baiern nach der letzten Eintheilung in 8 Kreise. gr. Fol. Nürnb. 817. Monath u. K. 5 gr.

Michahelles, K. F., Geographisch-statistische Tabelle von Deutschland. Nürnberg 1817. Fol.

— Tabelle über die alte allgemeine Weltgeschichte. Von Erschaffung der Welt bis auf Christi Geburt. gr. Fol. Nürnberg, Riegel und W. 821.

— 2 Tabellen üb. d. alte u. neue Weltgeschichte. Von Erschaffung d. Welt bis auf Christi Geburt. gr. Fol. Nürnb. 821. Riegel u. W. 6 gr.

Michahelles, Karl Fr. I., († d. 19. Oct. 1797.) theolog &c. Abhandl. v. d. wahren Verstande d. Worte Christi, bei Einsetz. d. heil. Abendmahls. 8. (Nürnb.) 765. (Zeh). 4 gr.

— theologische u. a. den Alterthümern der christl. Kirche erläut. Abhandlungen. 8. Nürnb. Bauer. (Schmidmer). 765.

— s. Geburts- u. Lebensgeschichte J. E. Franzitzi.

(Michahelles, C. Fr.) Merkwürdige Geburts- und Lebensgeschichte Jacob Friedrich Eduards aus dem Hause Stuart, prätendirten Königs von Grossbritannien. Von C. F. M. 8. s. l. (Nürnberg) 1766.

PAUL AUGUSTIN MICHAHELLES, Denkmahl der Hochachtung und Liebe Herrn M. Paul Augustin Dietelmair Diaconus an der Kirche zum heiligen Geist in Nürnberg im Namen des Pegnesischen Blumenordens errichtet. Nürnberg, 1817. 4°.

Michahelles, P. A., Kanzelrede am Schlusse d. Jahres 1819 gehalten. gr. 8. Nürnb. 820. (v. Ebner). 2 gr.

Michahelles, P. A., Kanzelrede am Schlusse des Jahres 1819 gehalten. gr. 8. Nürnberg, Lechner. 820.

Michailović: 1. Das rhomboedrische Kalk-Haloid. In mineralogisch-geognostischer Hinsicht. 2. Ein Wort an d. Naturfreunde unseres Vaterlandes. 37 S.– Leipa. – Zengg, Progr. 1865.

MICHAJLOVITSCH, Andria: Ueber die Viehzucht Serbiens mit besonderer Berücksichtigung der Schweinezucht.- München: Fössenbacher 1897. 54 S.
6.3.1897 - Chr 1896/97,17; Jv 1897/98,207 (Prom.-Datum: 1898)
Diss. Ingolst.-Landsh.-Mchn.

MICHAJLOVITSCH-POLANSKI, Wassa Basil: Die Schussverletzungen des Thorax besonders durch das kleinkalibrige Geschoss.- München: Wolf 1894. 50 S.
5.3.1894 - Chr 1893/94,14; Jv 1893/94,201
Diss. Ingolst.-Landsh.-Mchn.

Michailow, A. (A. Scheller), um e. sorgloses Leben. Ein Petersburger Sittenroman. Autoris. Uebersetzg. aus dem Russ. v. E. Schor. gr. 8. (VII, 345 S.) Mitau 891. E. Behre's Verl. n. 4. 50

Michailow, A. (A. Scheller), um e. sorgloses Leben. Ein Petersburg. Sittenroman. Aus dem Russ. v. E. Schor. gr. 8. (VII, 345 S.) Mitau 891. Riga, E. J. Sichmann. 4. 50; erm. Pr. n. 1. 70

Michailow, A., alte Nester, s. Universal-Bibliothek Nr. 2326—2328.

Michailow, A., die Familie Obnoskow. Roman. Aus dem Russischen übersetzt von E. Gottheiner. 8. (175 S.) Zürich 887. Verlags-Magazin. n. 2. —

Michailow, A., vom Sumpf auf den Weg, s.: Malcomes' internationale russische Unterhaltungsbibliothek.

Michailow, vom Sumpf auf d. Weg. Roman. 3 Bdchn. (In russ. Sprache.) 12. (272 S.) Stuttgart 895. C. Malcomes. à n. — 50

Михайловъ, М. Л., Стихотворенія. (Michailow, Gedichte.) gr. 16. (326 S.) Berlin 862. (Aachen, Mayer.) *

Michailowicz, Jan, s.: Liebling, Alice.

Michajlowitsch, Grossfürst Nikolaj. Die Fürsten Dolgoruky, die Mitarbeiter Kaiser Alexanders I. in den ersten Jahren seiner Regierung. Aus dem Russischen. Mit 12 Porträts. Autorisierte vom Verfasser durchgesehene Ausgabe. 8. Leipzig 1902.

Michajlowitsch, Stanoje, das Handels-, Wechsel- u. Konkursrecht Serbiens, s.: Handelsgesetze, die, des Erdballs. (Georgewitsch, Andr.)

Michailowsky, Elias, aus Russland: Die **Augenheilkunde des Avicenna.** *Berlin (1900): E. Ebering.* (36 S.) 8° ¶ [Enthält d. Übers. von Avicenna, Canon Medicinae, Buch 3, Traktat 4.]
Berlin. Med. Diss. v. 10. Aug. 1900

Michailowsky, Nikolai Geo. [wirkl. Name], s. Garin, N. [Pseud.]

Michailowsky, Nikolai Konstantinowitsch

[Russ.] N[ikolaj] K[onstantinovič] **Michajlovskij.** Revoljucionnyja stati. Berlin: G. Stejnic (1906). (63 S.) 8°
[Auf d. Umschl.:] N. K. Michailowsky. Revolutionäre Artikel.
(Sobranie lučšich russkich proizvedenij. Č. 122.) 07. 5691

[Russ.] N(ikolaj) K[onstantinovič] **Michajlovskij.** Vospominanija. 1. Véra Figner. 2. V. K. Pleve. Berlin: G. Stejnic (1906). (29 S.) 8°
[Auf d. Umschl.:] Michailowski. Memoiren.
(Sobranie lučšich russkich proizvedenij. Č. 116.) 07. 5615

Michajlowsky, S., eine Skizze der Vegetation des Kreises Njeshin des Gouvernement Czernigow, s. a. Schriften, hrsg. v. der Naturforscher-Gesellschaft bei der Universität Jurjeff. XII.

[Russ. u. Ant.] Očerk rastitel'nosti Něžinskago věsda Černigovskoj gubernii. S. **Michajlovskago.** S 2 kartami. Eine Skizze d. Vegetation d. Kreises Njeshin d. Gouvernement Czernigow. Von S. Michajlowsky. Mit 2 Karten. *Leipzig: K. F. Köhler in Komm. 1903.* (54 S.) 4°
— Trudy obščestva estestvoispytatelej pri Imp. Jur'evskom univ. 12.

Michailowsky-Danilewsky, Alexander Iwanowitsch

Michailowski-Danilewski. Darstellung des Feldzuges in Frankreich im Jahre 1814. Ins Deutsche übertragen von Carl v. Kotzebue. Mit Karten und Plänen. (2 Bde.) 8. Riga und Leipzig 1837—1838.

Michailowsky-Danilewsky, A., Darstellung d. Feldzugs in Frankreich im J. 1814. Ins Deutsche übers. von C. v. Kotzebue. M. 23 Kart. u. Plänen. gr. 8. (...) Riga 839, Götschel. Thlr.

— Denkwürdigkeiten aus dem Feldzuge vom Jahre 1813. Aus d. Russ. übersetzt von Karl R. Goldhammer. Mit 1 Karte und 5 Schlachtplanen. gr. 8. Dorpat 837. Kluge. 1½ ₰ Eggers in Reval. 2 ₰

Michailowsky-Danilewsky, A. Denkwürdigkeiten aus dem Kriege von 1813. Nach der 2. Aufl. d. russ. Originals übs. v. G. Yakowleff. Breslau 1837. 302 S.

—— dass. — nach d. 2. Aufl. d. russ. Orig. übers. v. G. Yakowleff. gr. 8. (20 B.) Breslau 837, Pelz. (Leipzig, Hunger.)

—— Denkwürdigkeiten a. d. J. 1812. Eine histor., polit.-militärische Darstellung der im genannten Jahre in Rußland stattgehabten Ereignisse. A. d. Russ. übers. v. Karl R. Goldhammer. 4 Bde. M. Kart. u. Plänen. gr. 8. (...) Riga 840, Götschel.

— Erinnerungen aus d. Jahren 1814 u. 1815. Aus d. Russ. übers. von K. R. v. Goldhammer. gr. 8. Dorpat ... Kluge; Eggers in Reval. 1½ ₰

(**Michailowski-Danilewski und Miliutin.**) Geschichte des Krieges Rußlands mit Frankreich unter der Regierung Kaiser Paul's I. im Jahre 1799. Verfaßt auf Allerhöchsten Befehl Sr. Maj. des Kaisers Nicolaus I. 1. Bd. 1. Thl. von Michailowski-Danilewski. — 2. Thl. von Miliutin. Nach den russ. Orig. in's Deutsche übertr. von Chr. Schmitt. München 856. Lindauer in Comm. gr. 8. (XXIV, VIII, 605 S. und 21 lith. Pläne in 8. u. 4. mit Erläuterungen.) n. 3 ₰. 16 ngr

(**Michailowski-Danilewski und Miliutin.**) Geschichte des Krieges Rußlands mit Frankreich unter der Regierung Kaiser Paul's I. im Jahre 1799. Verfaßt auf Allerhöchsten Befehl Sr. Maj. des Kaisers Nicolaus I. 2—5. Bd. von Miliutin. Nach dem russ. Orig. in's Deutsche übertr. von Chr. Schmitt. München 857, 58. Lindauer in Comm. gr. 8. (2. Bd.: VIII, 606 S. u. 12 lith. Pläne mit Erläuter.; 3. Bd.: V, 476 S., 6 lith. Pläne mit Erläuter. u. 1 lith. Facsim.; 4. Bd.: V, 421 S.; 5. Bd.: VI, 455 S. u. 11 lith. Pläne in 8. und 4. mit Erläuterungen.) Jeder Bd. n. 3 ₰. 16 ngr

Michailowski-Danilewski, Generallieut. Geschichte des vaterländischen Krieges im Jahre 1812. Aus dem Russischen übersetzt von Carl R. Goldhammer. Mit Karten und Plänen. (4 Bde.)
Riga und Leipzig 1840.

Michal, Jacq., Suevia universa 9 tabulis delineata in quibus omnium, non solum ad Circulum pertinentium Episcopatuum, Ducatuum Marchionatuum ... sed etiam omnium eidem inter: et adjacentium statuum Territoria ... reperiuntur: sculp. a. M. Souttero. [Augsburg 1735?] . . . . (Br. Mus.; D.)

Michal, Jos., Wácslaw, Polička, králowské wěnné město w Čechach. Swazek I. br. 8. (85 S.) Prag 848, (Kronberger'sche Buchh.) *

Michalcescu, Jon, die Bekenntnisse u. die wichtigsten Glaubenszeugnisse der griechisch-orientalischen Kirche im Orig.-Text, nebst einleit. Bemerkgn. Eingeführt v. Alb. Hauck. (Θησαυρὸς τῆς ὀρθοδοξίας.) (IV, 315 S.) gr. 8. Leipzig 904. J. C. Hinrichs' Verl. n. 5. —; geb. in Leinw. n. 6. —

Michalcescu, Jon, aus Pătârlagele (Rumänien): **Darlegung und Kritik der Religionsphilosophie Sabatiers.** *Bern 1903: Scheitlin, Spring & Co.* (92 S.) 8°
Leipzig, Phil. Diss. v. [13. Juni] 1903

Michalcescu, Jon. Darlegung und Kritik der Religionsphilosophie (Auguste) Sabatiers. 92 S. 8. Bern, Scheitlin Spring & Cie., 1903. (fr. 1. 50)
Berner Studien zur Philosophie und ihrer Geschichte. Hrg. von Dr. Ludwig Stein.... Band 34.

Michaleff, Stephan [aus Ekaterinadar (Russl.)]: Ein Fall von subcutanem Papillom ... Freiburg i. B., Buchdr. H. Epstein, 1892; 34 S. 8.
Freiburg i. B., Med. Fak., Inaug.-Diss. v. 1892

Michalek, Leop., Quelle der Andacht. Ein kathol. Gebetbuch. 2. sehr verm. u. verb. Aufl. 12. (497 S. m. 1 Stahlst.) Regensburg 850, Manz. ⅔ ₰

MICHALIK, Antonius: Doctrina patrum apostolicorum de eucharistia ab exordio ecclesiae usque ad medium saeculi secundi. — (1910) V, 340 XVI Bl. 4° (Handschr.) Diss. 621
Diss. Wien, Univ.

Michalitschke, Ant., Beschreibung u. Gebrauchs-Anleitung des Caelo-Telluriums (zusammenlegbare Sphäre). gr. 8. (20 S. m. 2 Abbildgn. u. 1 Taf.) Prag 898. (J. G. Calve.) n. — 80

Michalitschke, Ant., üb. e. räumliche Darstellung der Tonreihe u. deren Ausnützung in e. Apparate als Lehrmittel im musiktheoretischen Unterrichte. [Aus: „Oesterreich. Mittelschule".] gr. 8. (15 S.) Prag 891. (Dresden, O. Damm.) n.n. — 80

Michalitschke, Ant., die mathematische Geographie u. die Himmelskunde im elementaren Unterrichte an der Volks- u. an der Mittelschule. Ein Beitrag zur Methodik des Gegenstandes. Mit e. Begleitwort v. O. Willmann. (III, 24 S.) 8. Wien 907. F. Deuticke. — 80

— e. Monochord m. spiralförmigem Stege zur Darstellung der pythagoraeischen, der physikalischen u. der gleichschwebend temperirten Tonintervalle. [Aus: „Lotos".] gr. 8. (56 S. m. 1 Taf.) Ebd. 893. n.n. 2. —

Michalitschke, A., die archimedische, die hyperbolische und die logarithmische Spirale. Mit Fig.-Taf. gr. 8. (79 S.) Prag 888. (Haerpfer.) n. 3. —

— die archimedische, die hyperbolische u. die logarithmische Spirale. Zum Gebrauche f. Studirende an Universitäten u. techn. Hochschulen bearb. 2. Aufl. 1. Tl. gr. 8. (79 S. m. 1 Fig.-Taf.) Prag 891. (H. Dominicus.) n. 3 —

Michällus, E. R., die Geldmetalle u. ihre Werthverhältnisse im Alterthum. Ein Beitrag zur Geschichte d. Geldes. [Aus: „Süddeutsches Bank- u. Handelsbl."] 2. Aufl. gr. 8. (23 S.) München 894. H. Lukaschik. n. — 60

Michalke, Alfons, Arzt: ⟨Aus d. Kgl. hygien. Station zu Beuthen O.-S.⟩ Über die Möglichkeiten von Fehldiagnosen auf Grund positiver Gruber-Widal'scher Reaction. *Beuthen O.-S. 1904: R. Guyda.* (42 S.) 8°
Breslau, Med. Diss. v. [30. Jan.] 1904

Michalke, Ernst, Referendar aus Breslau: Reichsgewalt und Reichsoberhaupt in der deutschen Reichsverfassung von 1849. *Breslau 1904: A. Favorke.* (58 S.) 8°
Rostock, Jur. Diss. v. [15. Juli] 1904

Michalke, Karl

Michalke, Herstellung u. Instandhaltung elektr. Licht- u. Kraftanlagen, s.: Gaisberg, S. Frhr. v.

Michalke, Carl, die vagabundierenden Ströme elektr. Bahnen, s.a., Elektrotechnik in Einzeldarstellungen. 4. Hft.

Michalke C, die vagabundierenden Ströme elektrischer Bahnen. (85 S) (Elektrotechnik in Einzeldarstellungen 4) Braunschweig 1905

— Taschenbuch f. Monteure elektr. Beleuchtungsanlagen, s.: Gaisberg, S. Frhr. v.

Michalke, Carl [aus Trebnitz in Schl.]: Untersuchungen über die Extinktion des Sonnenlichtes in der Atmosphäre .... Breslau, Druck d. Bresl. Genossenschafts-Buchdr. (1886); 4 + 60 S. 8°.
Breslau, Phil. Fak., Inaug.-Diss. v. 13. Febr. 1886.

Michalke, Carl, Untersuchungen über die Extinktion des Sonnenlichtes in der Atmosphäre. Inaugural-Dissertation. gr. 8. (58 S.) Breslau 886, (Köhler.) *

Michalke, Max, d. Gedenkfeiern d. schlesischen Regimenter. 1870/1895. gr. 8. (VI, 192 S.) Breslau 896. P. Schweitzer. n.n. — 80

Michalov, Georgios, die geheime Werkstätte der polnischen Erhebung von 1830. Mit Streiflichtern auf Rußland und Frankreich. gr. 8. (152 S.) Amberg 877, Habbel.

v. Michalowich, J. L., Versuch e. faßl. Lehrmethode z. baldigen Erlernung d. Rechtschreibens, z. Gebr. f. Militärschulen. 8. Bresl. 805. Buchheister. 16 gl. Hbg. 8 gl.

Michalowska, Angelika v., der Hirtenkasper. Eine Dorfgeschichte. Berlin 864. Nicolai'sche Verlhdlg. 16. (132 S.) n. 25 ngr.

— nach Gottes Rath. Gedichte. 16. (X und 179 S.) Berlin 863, Nicolai's Verlag. geb. mit Goldschn. *

— Schwarz und Weiß. Bilder aus dem Leben. gr. 16. (III und 208 S.) Berlin 860, Nicolai'sche Verlagsh.

Michalowska, Angelika v., Was den Frauen gefällt. Gedichte. 2. Aufl. 16. (VIII und 184 S.) Berlin 856(57,) Allgemeine Deutsche Verlags-Anstalt.

Michalowska, Angelika v., was den Frauen gefällt. Gedichte. 3. verm. Aufl. 16. (X und 289 S.) Berlin 859, Nicolai'sche Verlagsh. geb. *

Michalowska, Angelika v., was den Frauen gefällt. Gedichte. 4. verm. (Titel-)Aufl. 16. (X, 239 S.) Berlin (859)68, Nicolai's Verlag. geb. mit Goldschn. *

Michalowska, Angelika v., was den Frauen gefällt. Gedichte. 4., verm. (Titel-)Aufl. Berlin (859)869. Nicolai's Verl. 16. (X, 239 S.) In engl. Einb. mit Goldschn. n. 1 ₰ 20 ngr.

Michałowski, Jacob *(geb. Turwia in Pos. 23. 7. 1846)*: Beitrag zur Anatomie und Entwickelungsgeschichte von Papaver somniferum L. Th. 1. Grätz, Pr. Posen 1881. (52 S.) 8° *[Im Buchhandel 1881 bei Köhler in Breslau.]*
Breslau, Phil. Diss. v. 20. Mai 1881

Michaldwski-Valois, Otto Sebast. v., aus der Fremde in die Heimath. Briefe an eine Convertitin. 8. (120 S.) Paderborn 877. Bonifacius-Druckerei. — 90

Michalski, A., die Ammoniten der unteren Wolga-Stufe. Mit 13 lith. Taf. 2. Lfg. (deutsches Resumé). [Mémoires du comité géologique. Vol. III, Nr. 2.] gr. 4. (S. 329—497.) St. Petersburg 894. (Eggers & Co.) Für die 2 Lfgn. n. 30 —
Die 1. Lfg. erschien 1892 u. enthält den russ. Text u. die 13 Taf.

Michalski, F., Leitfaden f. das Registraturwesen u. den allgem. Geschäftsgang der deutschen Stadtverwaltungen. Gekrönte Preisschrift. (XI, 197 S.) 8. Leipzig 904. F. Leineweber. n. 3. 60; geb. in Leinw. n. 5. —

Michalski, Franciscus *(geb. Posen 25. 3. 1808)*: De epilepsia. Vratislaviae (1830). (31 S.) 8°
Breslau, Med. Diss. v. 13. Dez. 1830

Michalski, Franciscus [presb. dioec. Culm.]: De Sylvestri Prieriatis Ord. Praed. Magistri Sacri Palatii '(MCCCCLVI–MDXXIII)' vita et scriptis. P. 1 ... (Erscheint vollst. in: Kirchenhist. Studien. Hrsg. v. Knöpfler ...) Monasterii Guestf., ex typogr. acad. Coppenrathiana, 1892; 2 Bl., 34 S., 2 Bl. 8.
Münster, Kath.-theol. Fak., Inaug.-Diss. v. 7. März 1892

Michalski, Heinr., Anna Kuefer. Roman. (352 S.) 23,5×13,5 cm. München 909. G. Müller. 4.—; geb. 5. —

— Der Sieg der Stärkeren. Roman. Mit e. Einführg. v. Jul. Hart. (VI, 360 S.) gr. 8. Berlin 908. [Verlag Dr. Wedekind & Co.] München, G. Müller. 5.—; geb. 6.—

Michalski, Jacek [med. pract., ehemal. II. Assistenzarzt der chir. Klinik in Zürich, von Hilfikon, Ct. Aargau]: Aus der Züricher chirurgischen Klinik des Herrn Professor Dr. Krœnlein. Ueber Hydronephrosis intermittens. (S.-A. aus „Beiträge zur klinischen Chirurgie". Bd. XXXV. H. 1.) Tübingen 1902. 2 + 248 S. 8°.
Zürich. Med. Diss. 1902/1903.

Michalski, Jacek. Ueber Hydronephrosis intermittens. Diss. Med. Univ. Zürich. *Kopftitel:* Aus der Züricher chirurgischen Klinik des Herrn Prof. Dr. [Ulrich] Krönlein. — ([Mit Figuren.] — Sonderabzug aus Beiträge zur klinischen Chirurgie. Band 35. Heft 1.) IV + 248 S. 8. Tübingen, H. Laupp Jr, 1902.

Michalski, Ignaz Johann, prakt. Arzt aus Wischin W.-Pr Untersuchungen über Syphilis placentae. *Leipzig 1903: B. Georgi.* (29 S.) 8°
Leipzig, Med. Diss. v (15. Okt.) 1902

Michalski, Kasimir: Aus d. Univ.-Frauenklinik zu Breslau. Klassischer und cervicaler Kaiserschnitt. Breslau 1910: Schles. Volksztg. 63 S. 8°
Breslau, Med. Diss. v. 11. Juli 1910, Ref. Küstner
[Geb. 24 Jan. 83 Punitz; Wohnort Breslau; Staatsangeb.: Preußen; Vorbildung Gymn. Schrimm Reife O. 04; Studium. Berlin 2, München 3, Breslau 5 S.; Coll. 17. Juni 10, Approb. 9. Juli 10.] [U 10. 582

Michalski, Otto, Architekt: Der Erweiterungsbau der Victoria Luise-Schule. Hameln 1909: Niemeyer. S. 1—5. 8°
Hameln, Viktoria-Luise-S P 1910 [121] [S 10. 296

Michalski, Stephan [aus Schrimm]: Ueber Reiskörper in Gelenken ... Greifswald, Buchdr. C. Sell, 1897; 28 S., 2 Bl. 8.
Greifswald, Med. Fak., Inaug.-Diss. v. 15. Apr. 1897

Michalsky, Horst, approb. Arzt aus Dresden. Über Paralysis agitans und ihre Beziehung zum Trauma. *Leipzig 1902: G. Kreysing.* (36 S.) 8°
Leipzig, Med. Diss. v. (30. Nov.) 1902

Michalsky, [Otto], Dr.: Das alte Gymnasium im Dienste der neuen Zeit. Rede am Stiftungsfeste des Königlichen Gymnasiums zu Neiße. Neiße 1904: F. Bär. (23 S.) 8°
Neiße, k. kathol. G OP 1904 (230)

Michalsky, das alte Gymnasium im Dienste der neuen Zeit. Rede am 279. Stiftungsfeste des königl. Gymnasiums zu Neisse. (23 S.) 8. Heidelberg 904. C. Winter, Verl. n. — 20

Michalsky, Otto *(geb Alt-Grottkau in Schles 6 3. 1858)* Kant's Kritik der reinen Vernunft und Herder's Metakritik. Einleitung und erster literarischer Teil nebst Voruntersuchungen. Breslau (1883). (39 S.) 8° *[Im Buchhandel 1883 bei Köhler in Breslau] (Fortges in Zeitschr f Philos u philos. Kritik [N F Bd 84.] 1884)*
Breslau, Phil. Diss. v. 24. Juli 1883

Michalsky, [Otto]: Rede bei der Einführung des Direktors. Königshütte O.-S. 1910: Giebler. S. 15—17. 4°
Königshütte, k. G nebst R P 1910 (276) [S 10. 297

Michalsky, *Otto* [Dr.]: Die deutsche höhere Schule in den Strömungen und Strebungen der Gegenwart. (1. Tl.) Sagan, Druck v. C. Koeppel, Herzogl. Hofbuchdr., *1897*; 3—22 S. 4.
Sagan, k kath. G, OP 1897 (211)

Die Berliner Jöhre Funkelnagelneue Bekenntnisse von Rebekka **Michalsky**, gen. Ernest Gregory Eine Satire 1 *Berlin Schoneberg W. Sommer [1901]* 8° [F.]
= 50-Pfennig-Bibliothek. Illustrierte Humoristische Bd 5 [04 0936

Michalsky, Rebekka, gen. Ernest Gregory, die Berliner Jöhre, s. a. Fünfzig-Pfennig-Bibliothek, illustrierte humoristische. 5. Bd.

Michaltschew, Dimitri, philosophische Studien. Beiträge zur Kritik des modernen Psychologismus. Mit e. Vorwort v. Johs. Rehmke. (XV, 575 S.) gr. 8. Leipzig 909. W. Engelmann. 9. —

Michanor, N. F., s.: Antworten, kurze, auf brennende Zeitfragen.

Michanowsky, Samuelo ⟨Schmuila⟩: Das Aneurysma der Arteria anonyma und seine Therapie. Berlin 1910: G. Schade. 30 S. 8°
Berlin, Med. Diss. v. 15. Juli 1910, Ref. Kraus
[Geb. 20. Juni 85 Orscha; Wohnort: Orscha; Staatsangeh.: Rußland; Vorbildung: Gymn. Jaroslavl Reife 05; Studium: Berlin 5, München 2, Berlin 3 S.; Rig. 15. Juli 10.] [U 10. 70

Michatz, Paul, cand. theol. cath.: Die Götterlisten der Serie An: ilu A-nu-um. ⟨Cuneiform Texts from Babylonian tablets etc. in the British Museum Part. XXIV, 1908 London: C T. 24.⟩ Breslau 1900: Schles. Volkszeitung. XX, 100 S. 8°
Breslau, Phil. Diss. v. 31. Juli 1909, Ref. Meißner
[Geb. 25. Mai 83 Königshütte; Wohnort: Königshütte; Staatsangeh.: Preußen; Vorbildung: Gymn. Königshütte Reife O. 06; Studium: Kath. Theol. u. Phil. Breslau 7 S., Rig. 19. Mai 09.] [U 09. 611

Michaud, la grammaire selon l'Académie, p. Bonneau et Lucan. Revue. In-12. (11⅓ B.) Stoutgard 838, Neff.

Michaud, Charles. Neues Taschen-Wörterbuch der deutschen u. französischen Sprache. Mit e. Auswahl v. Gesprächen f. die Reisenden. Deutsch-Französisch. 24. (428 S.) Berl. 892, H. Steinitz. cart. In Leinw. * 1 50

Michaud, Eugène

Michaud, E., discussion sur les sept conciles oecuméniques, étudiés au point de vue traditionnel et libéral. gr. 8. (351 S.) Bern 878. Jent & Reinert. n. 6. —

Michaud, E., le jésuitisme politique et le Comte de Montlosier en 1826. gr. 8. (34 S.) Bern 889. Schmid, Francke & Co. n. 1. —

Michaud, E., la politique de compromis avec Rome en 1689. Le pape Alexandre VIII et le duc de Chaulnes d'après les correspondances diplomatiques inédites du Ministère des Affaires étrangères de France. gr. 8. (148 S.) Bern 888, Schmid, Francke und Comp. *

Michaud, E., s.: Revue internationale de théologie.

Michaud, E[ugene]. Rom und die Lüge Die Affaire Dreyfus und der Klerikalismus. Autorisierte Übersetzung aus der „Revue internationale de Théologie“, Heft 27. Jahrgang 1899. 8. Bern (1899).

Michaud, E[ugène]. Rom und die Lüge. Die Affaire Dreyfus und der Klerikalismus. Autorisierte Übersetzung aus der «Revue internationale de Théologie», Heft 27, Jahrg. 1899. 2. vermehrte Aufl. II + 48 S. 8. Bern, Stämpfli & Co., 1901. [fr. 1. —]

— Rom u. die Lüge. — Die Affaire Dreyfus u. der Klerikalismus. Autoris. Uebersetzg. aus der „Revue internationale de théologie“. Heft 27. Jahrg. 1899. 2. verm. Aufl. (48 S.) gr. 8. Bern 901. Frankfurt a/M., Neuer Frankfurter Verlag. n. — 75

Michaud, E., la théologie et le temps présent. Discours, prononcé pour la fête de l'université de Berne le 26. Novbr. 1892. gr. 8. (44 S.) Bern 893. (Schmid, Francke & Co.) u.n. — 90

[F.] Was d. Altkatholicismus erreicht hat. Von Dr. E. **Michaud**, Prof. .. an d. Univ Bern. Aus d. franz. Orig. d. 'Internat. theol. Zeitschrift' übs. v. Johann Marschall, Cooperator zu Gablonz in Böhmen. *Bonn: (Dr. v. K. Drobnig) 1897.* (24 S.) 1 Bd 8. [98. 6630

Michaud, E. der gegenwärtige Zustand der römisch-katholischen Kirche in Frankreich. Unter Berücksicht. der einschläg. Verhältnisse Deutschlands bearb. v. Fridolin Hoffmann. gr. 8. (VII, 437 S.) Bonn 876. Neußer. n. 9. —

Michaud, Hans, Liebesklage. Ein Zyklus lyr. Dichtgn. in 3 Tln. (VII, 58 S.) 8. Dresden 903. E. Pierson. n. 1. —; geb. n. 2. —

Michaud, (J.), der Monat Mariä für die christliche Jugend. Nach der 6. franzöf. Orig.-Ausg. 16. (416 S. mit 1 Stahlst.) Wiesensteig 856, Schmid'sche Buchh.

Michaud, Jean Jaque, der freundliche Arzt an der Toilette junger Damen und Herren, oder: Neuesten erprobter Rathgeber zur Erhaltung und Erhebung der Schönheit, enthaltend die bewährtesten und zugleich auch natürlichsten Schönheitsmittel. Ferner: Eine gründl. Anleitung zum zweckmäß. Gebrauche der warmen, besonders aber der kalten Bäder, und der wunderbaren Heilkräfte des kalten Wassers überhaupt; Vertreibung der Warzen und Sommerflecken; Behandlung der Haare, Mittel zur Beförderung des Haarwuchses, Färben der Haare, Anleitung zur Bereitung guter und unschädlicher Pomaden rc. Mit e. Anhange über das Auswachsen junger Leute, insbesondere aber d. Mädchen rc. „ Kaschau 835, Heckenast in Pesth. ^{5}/$_{12}$ ℔

Michaud, Joseph François. La troisième croisade, s. Sammlung französischer u. englischer Schulausgaben.

Michaud, Jos.-François, la 3ème croisade, s.: Sammlung französ. u. engl. Textausgaben z. Schulgebrauch.

— croisades, s.: Bibliothek französ. Werke.

Michaud, Jos.-Franç., les croisades de Frédéric Barberousse et de Richard Coeur-de Lion, hrsg. v. F. Hummel, s.: Textausgaben französischer u. englischer Schriftsteller.

— les croisades de Frédéric Barberousse et de Richard Coeur-de-Lion. In gekürzter Fassg. f. den Schulgebrauch hrsg. v. F. Hummel. 8. (84 S.) Gera 889. Schlutter. geb. n. — 60; Wörterbuch (13 S.) n.n. — 15

— Geschichte d. dritten Kreuzzuges, s.: Hausbibliothek ausländischer Classiker.

Michaud, J. F., Geschichte d. 1. Kreuzzuges, s.: Hausbibliothek ausländischer Classiker.

Michaud, (Jos.), Geschichte d. Kreuzzüge. Nach d. 4. franz. Orig.-Ausg. übers. 2—7. (letzt.) Bd. gr. 8. Quedlinburg, Basse. [2. (21 B., 4 Bildn. u. 4 Vign.) 830. 1 Thlr. 16 Gr., 3. u. 4. (45½ B., 4 Bildn. u. 4 Ansichten.), 5. (19 B., 2 Bildn. u. 2 Vign.), 6. u. 7. (46½ B., 2 Bildn. u. 2 Vign.) 831, 32. à 1 Thlr. 12 Gr.)
Der 2 Bd. übers. v. F. H. Ungewitter, d. 3—7. Bd. v. L. G. Förster. 1. Bd. Ebendas. 1827. 1 Thlr. 16 Gr.

Michaud u. Poujoulat, Geschichte der Kreuzzüge. Für die reifere Jugend u. die Gebildeten im Volke bearb. von Gttfr. Hertel. Nebst 1 Charte von Syrien u. Palästina. 12. Leipzig 846, Fr. Fleischer. 1½ ℔

— Histoire de la première croisade, hrsg. v. F. J. Wershoven, s.: Auteurs français. XIII.

— histoire de la première croisade, hrsg. v. H. Aschenberg, s.: Perthes' Schulausgaben engl. u. franz. Schriftsteller.

Michaud, J. F., histoire de la première croisade. Erklärt von F. Lamprecht. Mit einer (lith.) Karte. gr. 8. (XII, 198 S.) Berlin 879. Weidmann. 2. 25

Michaud [J. F.], histoire de la première croisade. Erklärt von F. Lamprecht. 2. verb. Aufl. gr. 8. (208 S. mit 1 Karte.) Berlin 885, Weidmann'sche Buchh.

— dasselbe. Vol. III der Goebel'schen „Bibliothek gediegener u. interessanter franz. Werke". Wörterbuch dazu v. A. Klipstein. 16. (52 S.) Münster 886. Theissing. — 30

—— histoire de la première croisade,
—— histoire de la troisième croisade,
} s. Bibliothek gediegener und interessanter französischer Werke.

—— dass. — s. Bibliothèque française.

— histoire de la troisième croisade, hrsg. v. Otto Klein, s.: Schulbibliothek, franz. u. engl. A 130.

— histoire de la troisième croisade. Für die mittleren Klassen höherer Lehranstalten bearb. v. Heinr. Vockeradt. gr. 8. (XII, 207 S.) Ebend. 877. 2. 10

Michaud, J. F., histoire des croisades, s.: Prosateurs français.

— influence et résultats des croisades, } s.: Schulbibliothek, französische u. englische.

—— der dritte Kreuzzug. [La troisième croisade.] Wortgetreu aus dem Französ. in's Deutsche übers. nach H. R. Mecklenburg's Grundsätzen von R. L. 1.—4. Heft. 32. (S. 1—256.) Ebendas. 878. * 25 Pf. *

—— der dritte Kreuzzug [La troisième croisade]. Wortgetreu aus dem Französ. in's Deutsche übers. nach H. R. Mecklenburg's Grundsätzen von R. L. 5. (Schluß-)Heft. 32. (S. 257—300.) Berlin 881, H. R. Mecklenburg. *
1.—4. Heft. Ebendas. 1878. à * 25 Pf.

—— der erste Kreuzzug. [La première croisade.] Wortgetreu aus dem Französ. in's Deutsche übers. nach H. R. Mecklenburg's Grundsätzen von R. L. 1.—4. Heft. 32. (S. 1—256.) Berlin 878, 79, H. R. Mecklenburg. à Heft * 25 Pf. *

—— der erste Kreuzzug. [La première croisade.] Wortgetreu aus dem Französ. in's Deutsche übers. nach H. R. Mecklenburg's Grundsätzen von R. L. 5. und 6. (Schluß-)Heft. 32. (S. 257—400.) Berlin 880, 81, H. R. Mecklenburg. à Heft * 25 Pf. *

Michaud, Jos.-Fr., moeurs et coutumes des croisades, } s.: Schulbibliothek, französische u. engl.

—— Siège d'Antioche et prise de Jérusalem, s. Schulbibliothek, französische u. englische.

Michaud, Tableau de la première croisade, s.: Hoffmann, G.

Michaud, Jules, neuester Schönheits-Katechismus f. d. weibl. Geschlecht. Enthalt. die gründl. Belehrungen üb. Erlangung, Erhaltung u. Beförderung der Schönheit rc. Aus d. Französ. 12. (6½ B.) Nordhausen 844, Fürst. —

Michaud, Jules, vollständiger Schönheits-Katechismus für Damen. Gründliche Belehrungen zur Erlangung und Erhaltung der Schönheit an allen Theilen des Körpers durch Zusammenstellung einfacher und bewährter Mittel. 2. (Titel-)Aufl. 12. (IV und 143 S.) Leipzig 850, Hentze.

Michaud, Louis. Über das Scheidevermögen der Niere bei Blutentzug und über die Wirkungsweise der Diuretica. Diss. Med. Bern. [Mit Figuren. Sep.-Abdr. aus: Zeitschrift für Biologie, Band 46.] 83 S. 8. München, R. Oldenbourg, 1904.

Michaud, Louis Gabriel

Michaud, L. G. Das öffentliche und das Privatleben Napoleons. A. d. Französ. 8. Leipzig 1846. — Ulm 1848. 49.

Michaud, M., Napoleon Bonaparte, s.: Winkelmann, E.

Michaud de Vilette, Napoleons Feldzüge. Histor.-krit. Gemälde ihrer Ursachen, ihrer Wirkungen. Aus d. Französ. mit Anmerkk. v. *r. (G. W. Becker.) 1s Bdchn. 8. Lpz. 815. Engelmann. 1 ₰ 4 gr. (A. u. d. T.: Napoleons Feldzüge. Histor.-krit. bearb. v. *r.)

Michaud de Vilette. Napoleons Feldzüge. Histor.-krit. Gemälde ihrer Ursachen, ihrer Wirkungen. A. d. Franz. mit Anm. von *r. 1. Bdch. Leipzig 1815. Ü: *Becker, Gtfr. Wilh.* Vgl. Kayser, 4, 107b. (DARP)

Napoleons Feldzüge. Historisch und kritisch bearb. Von *r. Feldzüge in Italien u. Egypten. (A. d. Franz. des Michaud de Villette.) Leipzig 1815. 262 S.

Michaut, C. F., prakt. Erfahrungen, welche ich in meinem Hause bei Anlegung e. flachen Lehmdaches zu machen Gelegenheit hatte. Ein Beitr. z. Vergleichung d. Dorn'schen u. Sachs'schen Dachdeckungs-Methoden. Zu Nutz u. Frommen aller Bauherren, welche flache Dächer anzulegen beabsichtigen. gr. 12. (1 B.) Berlin 837, Förstner.

Michaut, G., s.: Pascal, pensées.

Michaut, G[ustave]. (Charles-Augustin de) Sainte-Beuve avant les «Lundis». Essai sur la formation de son esprit et de sa méthode critique. X + 735 p. 8. Fribourg ⟨Suisse⟩, Libr. de l'Université ⟨B. Veith⟩; Paris, A. Fontemoing, 1903. (fr. 16. —)
Collectanea Friburgensia. Publications de l'Université de Fribourg ⟨Suisse⟩. Nouvelle série, Fasc. 5 ⟨14e de la collection⟩.

Michaut, N., pauca de bibliothecis apud veteres quum publicis tum privatis. gr. 8. (70 S.) Paris 876. Berger-Levrault & Co. n. 1. 80

Michaut, Sophie, dulde, gedulde Dich fein, s.a. Trewendt's Jugendbibliothek. 56. Bd.

Dulde, gedulde Dich fein. Erzählung f. d. Jugend von Sophie **Michaut**. Mit Titelb. *Breslau: E. Trewendt [1900].* (142 S.) 8° [F.]
— Jugendbibliothek, Trewendt's. N. F. Bd 56. [01. 561

— durch Nacht zum Licht, s.a. Woywod's Volks- u. Jugend-Bibliothek. 17. Bd.

Durch Nacht zum Licht. Eine Erzählung f. d. Jugend u. d. Volk von S[ophie] **Michaut**. *Breslau: M. Woywod 1901.* (114 S.) 8° [F.]
— Volks- u. Jugend-Bibliothek, Woywods. Bd 17. [03. 5146

Michaut, S., ehrlich währt am längsten, s.a. Woywod's Volks- u. Jugend-Bibliothek. 23. Bd.

Ehrlich währt am längsten. Erzählung f. d. Volk u. d. Jugend von S[ophie] **Michaut**. Breslau: M. Woywod 1904. (110 S.) 8° [F.]
= Volks- u. Jugend-Bibliothek, Woywods. Bd 23. [05. 3005

Michaut, Sophie: Gehe hin u. thue desgleichen, s.a. Trewendt's Jugendbibliothek.

[F.] Gehe hin und thue desgleichen! Erzählg f. d. Jugend v. Sophie **Michaut**. *Breslau: E. Trewendt [1896?]* (135 S., 1 Taf.) 1 Bd 8.
= Jugendbliothek, Trewendt's. N. F. Bd 43. [96. 743

— Gott lenkt, s.a. Trewendt's Jugendbibl. N. F. 57. Bd.

Gott lenkt. Erzählung f. d. Jugend von Sophie **Michaut**. Mit Titelb. *Breslau: E. Trewendt [1902].* (133 S.) 8° [F.]
(Trewendt's Jugendbibliothek. N. F. Bd 57.) [03. 3350

Michaut, Sophie, Hoffnung läßt nicht zu schanden werden, s.: Trewendt's Jugendbibliothek.

— getreue Nachbarn, s.a. Trewendt's Jugendbibliothek.

Michaut, Sophie: Getreue Nachbarn. Erzählg. f. d. Jugend. Mit Titelb. Breslau: E. Trewendt [1899]. (139 S.) 8°
= Jugendbibliothek, Trewendt's. N. F. No 54.

– In guter Schule, s.a. Trewendt's Jugendbibliothek.

[F.] In guter Schule. E. Erzählg f. d. Jugend v. Sophie **Michaut**. M. Titelbild. *Breslau: E. Trewendt [1897?].* (132 S., 1 Taf.) 1 Bd 8.
= Jugendbibliothek, Trewendt's. N. F. Bd 50. [98. 2167

– Der Witwe Trost, s.a. Trewendt's Jugendbibliothek.

[F.] Der Witwe Trost. E. Erzählg f. d. Jugend v. Sophie **Michaut**. M. Titelbild. *Breslau: E. Trewendt [1896].* (131 S., 1 Taf.) 1 Bd 8.
= Jugendbibliothek, Trewendt's. N. F. Bd 47. [97. 7974

– Überwinde d. Böse m. Gutem!, s.a. Trewendt's Jugendbibliothek.

Michaut, Sophie: Überwinde das Böse mit Gutem! Erzählung f. d. Jugend. Mit Titelb. Breslau: E. Trewendt [1898]. (133 S.) 8°
= Jugendbibliothek, Trewendt's. N. F. No 52.

Michaux, Andreas, s. Eichen.

— flora Borealis Americana sistens caracteres plantarum etc. II Vol. c. tab. aen. 4. Paris. (Levrault, Strasb.) 803. in 8.

— — idem lib. II Vol. c. tab. aen. 4. Paris. (Turneisen, Cassel). 803. in 8.

MICHAUX, Andreas: Geschichte der amerikanischen Eichen oder Beschreibungen und Abbildungen aller Arten und Abarten der Eichen des nördlichen Amerikas; nach ihren Kennzeichen, ihrem Anbau und Nutzen. - Stuttgart 1802 u. 1804. 2 H. übers. u. m. Abb. begleitet v. J. Simon Kerner

Michaux, Andr., Geschichte d. amerikan. Eichen, od. Beschreib. u. Abbild. aller Arten u. Abarten ders. Aus d. Französ. v. Joh. Sim. Kerner. 2 Hfte mit 9 Kpf. gr. 4. Stuttgart, 1802 u. 4. (Beck.) (Hannover, Hahn.) à 2. 12 ill. à 3. —

Michaux, Andr., Gesch. d. amerikan. Eichen, od. Beschreib. u. Abbild. aller Arten u. Abarten derselben rc. 1s u. 2s Hft. Mit 9 Kpf. gr. 4. Stuttg. 802, 4. Löflund. (Hahnsche Hof-B., Hannov.) (à 2 ₰ 12 gr) 5 ₰ ill. (à 3 ₰) 6 ₰

[Michaux, F. A.]: F. A. Michaux's Reise in das Innere der Nordamerikanischen Freistaaten, westwärts der Alleghany-Gebirge. *Aus dem Französischen. Mit einigen Zusätzen und Anmerkungen herausgegeben von* T. F. Ehrmann. *Weimar: Im Verlage des F. S. pr. Landes-Industrie-Comptoirs 1805. XIV. 250 S., Karte.*

=*Bibliothek der neuesten und wichtigsten Reisebeschreibungen zur Erweiterung der Erdkunde nach einem systematischen Plane bearbeitet und in Verbindung mit einigen anderen Gelehrten gesammelt und herausgegeben von M. C. Sprengel, fortgesetzt von T. F. Ehrmann. Siebenzehnter Band, 2. Hälfte.*

Geschichte der Freimaurerei in Halberstadt (1746—1896). Von G[ust.] **Miche.** Halberstadt: Selbstverl. d. Loge [1895]. 96 S. 1 Taf. 8°
Nebst Verzeichn. der Mitgl. von 1835—1896 u. Nachrichten üb. die altschottische Frmrei in Halberstadt. 23.

Die Heil- und Pflegeanstalten des deutschen Reiches und die an ihnen beschäftigten Oberpfleger und Oberpflegerinnen. Zsgest. von (Franz) **Micheel**. *Halle a. S.: C. Marhold 1900.* (21 S.) 8° [Umschlagt. F.] [oo. 6137 3

Die Heil- und Pflegeanstalten des deutschen Reiches und die an ihnen beschäftigten Oberpfleger und Oberpflegerinnen. Zsgest. v. (Franz) **Micheel**-Uchtspringe. [2. Aufl.] Halle a. S.: C. Marhold 1907. (39 S.) 8° [Umschlagt. F.]
Aus: Die Irrenpflege. Jg. 11. 1907. [o8. 2124 3

Micheel, Frdr. Aug., Welches sind die Hauptfehler in unseren kleinen Wirthschaften, und wie sind solche zu beseitigen? Vortrag, geh. im Verein für landwirthschaftl. Interessen zu Anklam. gr. 4°. Anklam, Krüger, 1883. 15 S.

Micheel, Carl, appr. Arzt a. Gammendorf: Aus der Poliklinik für Haut- und Geschlechtskrankheiten zu Rostock. ⟨Direktor: Prof. Dr. Wolters.⟩ Über Orchitis und Epididymitis syphilitica. Rostock i. M. 1906: Adlers Erben. (62 S.) 8°
Rostock, Med. Fak., Ref. Wolters, Diss. v. 15. Sept. 1906
[Geb. 30. März 76 Gammendorf a. Fehmarn; Wohnort: Gammendorf; Staatsangeh.: Preußen; Vorbildung: Gymn. Plön Reife O. 96; Studium: Kiel 1, Rostock 5, Berlin 2 S.; Coll. 6. Febr. 06; Approb. 17. Febr. 06.]

Michel [Sachliches OW]

Michel, Herzog. Ein Lustspiel von einer Handlung . . . [Braunschweig 1749.] V: *Krüger, Joh. Chn.* (BrMm)

Michel, Herzog. Ein Lustspiel von einer Handlung in Versen. O. O. 1763. V: *Krüger, Johann Christian.* (MN) (BGE III³, 167)

Michel, Herzog; Lstspl. in Versen. 8. Frankf. 769. Andreä.

Der Deutsche Michel: no. 1—2, Jan. 1838.
Witzblatt. Of number one, Wollenweber states that he sold 300 copies, at 2 cents. Edited & published by Ludwig August Wollenweber.
Philadelphia, PA

Der deutsche Michel, erläutert von einem seiner Freunde und Leidensgenossen. (Mit einem kolorirten Bildniß.) Leipzig, Renger 1843. 23 S. 8.

Michel, der deutsche. Erläutert von einem seiner Freunde u. Leidensgenossen. gr. 8. Leipzig 843, Renger'sche Buchh. n. 1/6 ℛ — mit 1 Carricatur in kl. Fol. n. 1/3 ℛ — Neuer Abdr. 8. (Berlin, Springer.) n. 1/6 ℛ

Michel, der deutsche. Katholischer Haus-Kalender für das Jahr 1865. Mainz 864. Haas. 4. (61 S. m. Holzschn.) 2 ngr

Michel, der deutsche. Katholischer Haus-Kalender für die J. 1866 u. 67. Mainz, Haas. 4. Jeder Jahrg. (64 S. mit eingedr. Holzschn.) 2 ngr

Michel, der deutsche. Katholischer Hauskalender für die J. 1868—1875. Hrsg. von einem Priester der Diöcese Mainz. 4.—11. Jahrg. Mit verbessertem Verzeichniß der Messen und Märkte. 4. (à Jahrg. 56 S. mit eingedr. Holzschn.) Mainz, Haas. à Jahrg. *

Michel, der deutsche. Katholischer Haus-Kalender für die J. 1876—1880. Hrsg. von einem Priester der Diöcese Mainz. 12.—16. Jahrg. 4. (à Jahrg. 56 S. mit eingedr. Holzschn.) Mainz, Haas. à Jahrg. *

Forts.s.: M i c h e l , Deutscher.

Michel, der deutsche. Illustrirter Familien-Kalender f. Stadt u. Land 1892. gr. 8. (79 S.) Halle a/S. (Leipzig, B. Stiehl.) — 20

— der deutsche. Bayerischer Volkskalender f. Stadt u. Land. 1895. 4. (97 S. m. Abbildgn., 1 Buntdr. u. Wandkalender.) München, O. Th. Scholl. n. — 40

— dasselbe. Bayerischer Volkskalender f. Stadt u. Land. 1898. 4. Jahrg. 4. (96 S. m. Abb., 1 Wandkal. u. Plan d. Sitzungssaales d. Reichstagsgebäudes.) Ebd. — 40

Michel, der deutsche. Volkskalender f. Stadt u. Land. 5. Jahrg. 1899. 4. (98 S. m. Abb. u. 1 Wandkal.) München, O. Th. Scholl. — 50

Michel, der deutsche. Volkskalender für Stadt u. Land. 7. Jahrg. 1901. 4. (111 S. m. Abbildgn. u. 1 Wandkalender.) München, O. Th. Scholl. n. — 50

Michel (Der deutsche), auf breitester demokratischer Grundlage. Centralorgan für Deutschlands 34 Einheiten, unverantwortlich redigirt vom Hausknecht Johann. 1. Jhrg., Oct.-Dec. 1848. 13 Nrn. 4°. Leipzig, Weller.

— der deutsche, auf breitester demokratischer Grundlage. Almanach f. Deutschlands 34 Einheiten, herausg. vom Reichshanswurst. 8. (35 S.) Leipzig 849, Weller. n. 1/6 ℛ

— der deutsche, was er thäte, wäre er gescheit. Ratschläge e. Einsiedlers. 1.—8. Aufl. gr. 8. (44 S.) Bremen 894. C. Hampe. n. — 50

Michel, Der Deutsche, wird schläfrig. Breslau o. J. [1848]. V: *Fritz, Gustav.* (Kat. d. Druckschr. üb. Breslau. Breslau 1903. S. 59.)

Michels, des deutschen, Erinnerungs-Kalender f. das J. 1851. 2 Bl. in qu. Fol. Frankfurt a. M. (Leipzig, Rocca.) n. 1/6 ℛ

— des deutschen, Jubel- u. Fest-Gesänge bei der tausendjähr. Jubelfeier der Deutschen im Jahr 1843. Quer gr. 16. (2 B.) Hamburg 843. (Niemeyer.) *

Michel, des deutschen, Katechismus über den Kulturkampf für das deutsche Volk. 12. (45 S.) Berlin 880. Schleiermacher. n. — 40

— des, Untersuchung betr. das Recht des deutschen Reichsbürgers auf Religionsfreiheit u. dessen Stellung zur römischen Kirche. 8. (IV, 127 S.) Ebend. 881. n. 1. —

Michel, deutscher. Katholischer Haus-Kalender f. d. J. 1891. 27. Jahrg. 4. (56 S. m. Abbildgn.) Mainz, Haas.
Frühere Jgge.s.:Michel, Der deutsche.

— deutscher. Katholischer Haus-Kalender f. d. J. 1892. 28. Jahrg. gr. 8. (56 S. m. Abbildgn.) Mainz, J. P. Haas. n. —20

Michel, deutscher. Hrsg. v. Rich. Nordhausen u. M. v. Reymond. Red.: M. v. Reymond. 1. Jahrg. März 1895—Febr. 1896. 52 Nrn. (Bog. m. Abb.) gr. 4. Berlin, Verlag deutscher Michel. n. 6. —

— dasselbe. 2.—4. Jahrg. 1896—1898. à 52 Nrn. (Bog. m. Abb.) gr. 4. Ebd. à Jahrg. n. 6. —
Kann auch vierteljährlich bezogen werden. — Beim 3. Jahrg. war Carl Kern, beim 4. Gust. Johs. Krauß Redakteur.

— deutscher. Verantwortlich: Ludw. Haman. 5.—8. Jahrg. 1899—1902. à 52 Nrn. hoch 4. (à ca. 8 S. m. Abb.) Leipzig, W. Malende Nachf. à Jahrg. n. 6. —
Erscheint nicht mehr.

Michel, deutscher, wach auf! Ein Wort an alle Deutsche. (22 S.) 8. Berlin (910). Herm. Walther. — 50

Michel! Du schläfst noch! Oder: Sonnenklarer u. handgreiflicher Beweis, daß im Jahre 1848 weder in Berlin, noch in Wien, noch sonst irgendwo in Deutschland eine Revolution od. etwas dem Aehnliches stattgefunden hat. Erbauliche Betrachtungen üb. die Zeit u. ihre Zustände v. Johs. Muckenicht. 8 (32 S.) Landsberg 848, Volger & Klein. 4 ngr

— der g'rade. Wochenbote für Politik, populäres Wissen u. Unterhaltung. Eigenth. u. Redact.: Eduard Breier. Administrator: A. Reichetzer. Mit Illustr. 1—3. Jahrg. 1862—64. à Jahrg. 52 Nrn. (à 2 Bgn.) Wien, Administration. gr. 4. Jeder Jahrg. n.n. 4 ℛ 8 ngr

Michel, Der Krämer, ein schwäbisch Lied. O. O. [181?]. V: *Sautter, Samuel Friedrich.* (Ky) (MGT)

Michel et Nicolas, ou la voix de la conscience. Imité de l'allemand. 12. (3½ B. u. 2 Bild.) Strasbourg 842, libr. Levrault. 6¼ Ngr; color.

MICHEL, Der redliche und aufrichtige Teutsche, Mit allerhand lächerlichen Gemüths-Ergötzungen. Zusammengetragen von einem Feind der Traurigkeit. Mit Titelholzsch. Frölichshausen 1789. 8°. Sehr rar!

Michel (Der rothe) von ***. 8°. Dresden 1892. 4. Aufl. 8°. Dresden, Verl. d. Druckerei Gloss, 1892

Der rothe Michel. Von ***. (5. Aufl.) Dresden 1892: Glöß. 35 S. 8°
[11. 3928]

— der schwäbische, als Allerwelts-Spaßmacher. Ausgewählte Sammlung der beliebtesten Gedichte u. Erzählungen in schwäb. Mundart, sowie der belustigendsten Schwabenstreiche, Witze u. Dummheiten. Nebst e. Anh. von schwäb. Sprüchwörtern u. Redensarten mit ihrer Erklärung. Stuttgart 870. Fischhaber. 16. (283 S.) 12 ngr

Michel, Vetter. Ein Lustspiel. Hamburg 1845. V: *Klee, F.* (EB)

Michel [Verfasser]

Michel, Gedächtnissrede auf Hrn. Hofrath Prof. Dr. Herm. Maas, geh. in der feierl. Sitzg. der Physikalisch-medicin. Gesellschaft in Würzburg am 20. Novbr. 1886. gr. 8. (16 S.) Würzburg 886. Stahel. — 30

Michel, die Kirche Christi u. die christlichen Gemeinden. gr. 8. (VI, 38 S.) Zürich 891. Fäsi & Beer. n. — 90

Michel. Die Kirche Christi und die christlichen Gemeinden. Gr. in-8°. VI, 38 S. Zürich, S. Höhr. 1891 1 —

Michel, die römische Kirche, ihre Einwirkung auf die germanischen Stämme u. das deutsche Volk. gr. 8. (VIII, 421 S.) Halle a/S. 889. Niemeyer. n. 7. —

— die römische Kirche, ihre Einwirkung auf die germanischen Stämme u. das deutsche Volk. 2. wohlf. (Titel-) Ausg. gr 8. (VIII, 421 S.) Halle a/S. 891. M. Niemeyer. n. 3. —

Michel. Das Leben Pascal's in seinen äussern und innern Grundzügen. Zwickau, G., 1860. 32 S. 4. Progr.

— römisches od. deutsches Reich? gr. 8. (15 S.) Ebd. 889. — 30

Michel und Labiche, der Ritter der Damen, s. Both's, L. W., Bühnen-Repertoir.

Michel, A. Zur Frage der ungleichmässigen Accommodation. In-8°. 62 S. Bern. These. 1894.

Michel, A. Zur Kenntniss der Gürberschen Serumalbumin-Krystalle. Mit 1 Tfl. In-8°. 24 S. Basel. These. 1895.

Michel, A., zur Kenntniss der Gürber'schen Serum-Albumin-Krystalle. Nebst e. Nachtrag v. Aug. Gürber. [Aus: „Verhandlgn. d. phys.-med. Gesellsch. zu Würzburg".] gr. 8. (28 S. m. 1 Lichtdr.-Taf.) Würzburg 895. Stahel'sche Verlagsanstalt. n. 1. —

Michel, Adalbert Theodor

Michel, A. Th., Beiträge zur Geschichte des österreichischen Eherechtes. 1. Heft. Maria Theresia — Franz I. (1740—1835.) Graz 870. Leuschner & Lubensky. gr. 8. (95 S.) n. 16 ngr

Michel, A. Th., Beiträge zur Geschichte d. österreichischen Eherechtes. 2. Hft. 1835—1856. gr. 8. (75 S.) Graz 871. Leuschner & Lubensky. n. 1. 60

Michel, Adalbert Thdr., Darstellung der Gewährleistung nach dem österreichischen Privatrechte. gr. 8. (IV u. 66 S.) Prag 849. (Scheib.) n. 8 ngr

— Oesterreichs Eisenbahnrecht. Wien 860. Braumüller. Lex.-8. (XII, 247 S.) n. 1 ₰ 10 ngr

Michel, A. Th. Aeltere Geschichte des Papiergeldes in Oesterreich. (Vorgetragen im Saale der Ressource zu Graz am 24. Febr. 1863.) Abdruck aus der Grazer Tagespost. 8°. (Graz 1863.)

Michel, Dr. Adalbert Theodor —. Grundriß des heutigen österreichischen allgemeinen Privatrechtes, von — —. 1. und 2. Lieferung. Olmütz. 1855. Druck von F. Slawik. Verlag von Ed. Hölzel. (IV, S. 1—192. 8.) geh. (Das ganze Werk wird aus ca. 50 Druckbogen bestehen.)

Michel, Handbuch des allgemeinen Privatrechtes für das Kaiserthum Oesterreich. 2 Bde. Olmütz 853. Hölzel. gr. 8. (XVIII, 5 Bl., 484 S.; 2 Bl., 614 S.) n. 4 ₰. 15 ngr

Michel, A. Th., die Concession der österreichischen Südbahn-Gesellschaft. Mit Erläuterungen. Graz 863. (Kienreich.) gr. 8. (VIII, 69 S.) n. 20 ngr

Michel, A. Th., Leitfaden f. den Unterricht in der landwirthschaftl. Gesetzeskunde. Für landwirthschaftl. Mittelschulen im Auftrage d. h. k. k. Ackerbau-Ministeriums verf. 8. (VIII, 145 S.) Graz 883. Leuschner & Lubensky. n. 1. —; geb. n. 1. 25

Michel, A. Th., die neuen Münzgesetze des Kaiserthums Oesterreich. gr. 8. (VIII und 115 S.) Wien 859, Braumüller's Verlags-Conto.

— Sammlung der neuesten, auf das österreichische allgemeine Privat-Recht sich beziehenden Geseze u. Verordnungen. gr. 8. (VI u. 252 S.) Prag 850, Heß. 1 ₰

Michel, Adolphe, les missionaires bottés de Louis XIV. Roman historique. 8. (160 S.) Paris 872. Sandoz & Fischbacher. n. 2. —

Michel, Albert: Statistische Erhebungen über die Todesfälle von Gastro-Enteritis infantum in den Jahren 1891—93 in der Schweiz. Bern 1899. 14 S. 4°.
Bern. Med. Diss. 1898/99.

Michel, Alfred, a. Suhl: Die Sprache der Composizione del mondo des Ristoro d'Arezzo nach Cod. Ricc. 2164. Halle a. S. 1905: H. John. (35 S.) 8°
Halle, Phil. Fak., Ref. Suchier, Diss. v. 27. Dez. 1905
[Geb. 23. Mai 83 Gräfenroda, Sachsen-Koburg-Gotha; Wohnort: Suhl; Staatsangeh.: Sachsen-Koburg-Gotha; Vorbildung: Gymn. Schleusingen Reife O. 02; Studium: Straßburg 1, Berlin 1, Halle 6 S.; Rig. 2. Aug. 05.]

Michel, Alfred [Dr. jur.]: Der Umfang des Erfordernisses ministerieller Gegenzeichnung nach bayerischem Recht ... München, Druck v. Seitz & Schauer, 1896; 43 S. 8.
Erlangen, Jur. Fak., Inaug.-Diss. v. 1896

Michel, Alfr., d. Umfang d. Erfordernisses ministerieller Gegenzeichnung nach bayer. Recht. gr. 8. (43 S.) München 896. J. Schweitzer Verl. n. 1. 20

Michel, Alfred: Versuche über Darstellung von Magnesium-Baryum-Legierungen durch Schmelzelektrolyse. 1908. 35 S. 8⁰
München, Dr.-Ing.-Diss. v. 27. 5. 1908

Michel, Alfred Ferdinand Erhard: Über die Einwirkung von metallischem Nickel auf Hydroxylaminsalze. Giessen 1909: v. Münchow. 39 S. 8°
Gießen, Phil. Diss. v. 28. Juni 1909, Ref. Elbs
[Geb. 8. Mai 71 Annweiler; Wohnort: München; Staatsangeh.: Bayern; Vorbildung: Gymn. Landau Reife Sommer 89; Studium: München Techn. Hochsch. 8 S.; Rig. 2. Juni 08.] [U 09. 1222

Michel, Andreas [Rechtspraktikant]: Die historische Entwickelung der Auflösung der Ehe nach Nürnberger Recht ... Nürnberg, Druck v. J. Grohrock, 1893; 54 S. 8.
Erlangen, Jur. Fak., Inaug.-Diss. v. 1893

Michel, A[ndreas]: Die Mundflüssigkeit und ihr Einfluss auf die in der Mundhöhle ablaufenden pathologischen Vorgänge. Leipzig: Thieme 1909. 53 S. 4⁰ (8⁰)
(Deutsche Zahnheilkunde in Vorträgen. [N. F.] H. 10.)

Michel, Anton

Michel, A., Gemeinde- u. Bezirksordnung f. das Königr. Württemberg vom 28. VII. 1906. Textausg. m. Anmerkgn., Verweisgn. u. Sachregister. 1. Tl.: Text der Gesetze m. Sachregister. (VIII, 840 S.) kl. 8. Stuttgart 906. W. Kohlhammer. n. 2. 80

Michel, A., Gemeinde- u. Bezirksordnung f. das Königr. Württemberg vom 28. VII. 1906 nebst den Vollzugsbestimmungen. Textausg. m. Anmerkgn., Verweisgn. u. Sachregister. 2. (Schluß-)Tl.: Vollziehungsverfügungen u. Gesamt-Sachregister. (VIII u. S. 317—788.) kl. 8. Stuttgart 907. W. Kohlhammer. 4. 20
1. Tl. Ebd. 906. 2.60 (kplt. geb. 7. 60)

Michel, die Gemeindeordnung u. die Bezirksordnung f. das Königr. Württemberg nebst den hiezu ergangenen Vollzugsbestimmgn. erläutert. (VIII, 1255 S.) gr. 8. Stuttgart 909. W. Kohlhammer. 22. 80; geb. n 24.—; in 2 Bde. geb. n 24. 30

Michel, Ant., über die Oxydation des Oetoglykolisobutyrates, s.: Lesch, Karl.

Michel, Anton, aus Eisenbach: Die rechtliche Stellung der Geistlichen in Württemberg nach reichs- und landesgesetzlichen Bestimmungen. *Stuttgart: W. Kohlhammer 1898.* (122 S.) 8° [F.]
Würzburg, Jur. Diss. v. 1898

Michel, die rechtliche Stellung der Geistlichen in Württemberg nach reichs- u. landesgesetzlichen Bestimmungen. gr. 8. (129 S.) Stuttgart 899. W. Kohlhammer. n. 2.—

M[ichel], A[rnold], und R[itschard], G[ottlieb]. Burgen und Schlösser im Berner Oberland, nach alten Urkunden hrg. von A. M. und G. R.... 8. Thun 1898.

Michel, Artur, Referendar: Über die absolute Nichtigkeit von Zivil- und Strafurteilen nach geltendem Reichsprozeßrecht. Berlin u. Leipzig 1906: W. Rothschild. (67 S.) 8°
Jena, Jur. Fak., Ref. Loening, Diss. v. 18. Sept. 1906
[Geb. 14. Dez. 83 Barmen; Wohnort: Barmen; Staatsangeh.: Preußen; Vorbildung: Gymn. Barmen Reife O. 02; Studium: Tübingen 1, Berlin 6 S.; Rig. 30. Jan. 06.]

Michel, Art., absolute Nichtigkeit v. Zivil- u. Strafurteilen im geltenden deutschen Prozessrecht. (VI, 67 S.) gr. 8. Berlin 906. Wilmersdorf, Dr. W. Rothschild. n. 2.—

Michel, August

Michel, Aug., Discussio in puncto contritionis et attritionis. 4. Augsb. Wolf. 710.

— Predigten. Fol. Ebend. 728.

— theologia canonica moral. III Tmi. fol. ibid. 707.

Michel, Augustus Ferd. (geb. Berlin): De rhachitide. Berolini (1853). (31 S.) 8°
Berlin, Med. Diss. v. 9. Aug. 1853

Michel, C., der praktische Bote, Exekutor und Gefängnißbeamte. Ein Handbuch für preuß. Justiz-Unterbeamte, enthltd. die für dieselben ergangenen Instructionen, mit Ergänzungen, prakt. Erläuterungen u. Schemas ꝛc. nebst Exekutions- und Auctionskosten-Berechnung, mit angehängter Zins-Tabelle u. Erklärung der den Unterbeamten häufig vorkommenden Fremdwörter. Oppeln 856. Clar in Comm. gr. 8. (XII, 132 S.) n. 22½ ngr.

Michel, C., Für die Missachteten des Volkes. Zur socialen Frage. 33 Stn. 8. Chur, Senti & Casanova. 1874. —. 50

Michel, C., Pfr. u. Red., Einige Postulate zum neuen Schulgesetz. I. Das Verhältniss von Staat und Kirche und dieser beiden Potenzen zur Schule. 29 Stn. 8. Chur, Senti & Casanova. 1874. —. 50

Michel, C. G. D., de l'orthographe du verbe ou orthographe des principes. 8. Bresl. 806. W. G. Korn. 8 gr.

Michel, C. G. D., de l'Ortographe du verbe ou Ortographe des princip. 8. Bresl. G. W. Korn. 808.

Michel, C. S., Handbuch des Gefängniß- und Straf-Vollstreckungs-Wesens bei den Gerichten in Preußen für Richter, Subalternbeamte u. Gefängnißinspectoren. Eine systemat. Zusammenstellung der auf die Straf-Vollstreckung, die Gefängniß-Verwaltung, die Beschäftigung der Gefangenen ꝛc. ergangenen gesetzl. Bestimmungen ꝛc., nebst einigen Bemerkungen über den prakt. Dienst der Gefängniß-Vorsteher u. Inspectoren. Berlin 858. Th. Grieben. gr. 8. (X, 231 S.) n. 1 ₰. 10 ngr.

—— Nachtrag zum Handbuche über das Gefängniß- und Straf-Vollstreckungs-Wesen bei den Gerichten in Preußen für Richter, Subalternbeamte und Gefängnißinspectoren. gr. 8. (82 S.) Berlin 860, Th. Grieben. *

Michel, C. S., Handbuch des Gefängniß- und Straf-Vollstreckungs-Wesens bei den Gerichten in Preußen für Richter, Subalternbeamte und Gefängniß-Inspectoren. Eine systematische Zusammenstellung der auf die Straf-Vollstreckung, die Gefängniß-Verwaltung, die Beschäftigung der Gefangenen ꝛc. ergangenen gesetzlichen Bestimmungen ꝛc. 2., mit einem Nachtrag verm. Aufl. Berlin 860. Th. Grieben. gr. 8. (X, 263 S.)

—— Nachtrag zu der im J. 1854 erschienenen amtl. Ausg. des Gesetzes, betreffend den Ansatz der Gerichtskosten, s. Nachtrag.

— Nachtrag zu der im J. 1854 erschienenen amtlichen Ausgabe des Gesetzes, betr. den Ansatz und die Erhebung der Gerichtskosten; enthltd. die von da ab bis heute ergangenen erläuternden Gesetze und Ministerial-Rescripte zusammengestellt u. herausg. Pleß 858. (Berlin, Th. Grieben.) Fol. (2 Bl., 27 S.) n. 10 ngr.

Michel, Carl, s. Michel, Karl.

Michel's, Chr., Alpenkarte. 1:400000. Sect. 3, 4, 10—12, 15—18. München 1878—82. gr.-4. Photolithogr. u. kolor. . . . . (Br. Mus.)

Michel's, Chr., Alpenkarte. 1:400,000. Sect. 3, 4—6, 10—12, 16—18. Photolithogr. und color. gr. 4. München 878,79, J. A. Finsterlin. à Sect. *

Michel's, Ch., Alpenkarte. Sect. 9 und 15. Lithogr. und color. qu. gr. Fol. München 882, J. A. Finsterlin. à Sect. * — 60
Inhalt:
9. Rhein-Thal. — 15. Como-See.

Michel's, Chr., Alpenkarte. Oestliches Blatt: Tyrol mit den angrenzenden Theilen von Bayern, Salzburg, Steyermark, Kärnthen, Krain, Oberitalien und der Schweiz. 1:600000. 7.—9. revid. Ausg. München, J. A. Finsterlin, 1887—91. gr. Fol. Kpfrst. (M. 1,50.)

Michel's, Chr., Alpenkarte. Oestliches Blatt. Tyrol m. den angrenzenden Theilen v. Bayern, Salzburg, Steyermark, Kärnthen, Krain, Oberitalien u. der Schweiz. 1:600,000. 9. revid. Ausg. 1892. Kpfrst. (53,5×53,5 cm.) Münch. 891, J. A. Finsterlin * 1 50 color. * 2 25; auf Leinw. in Leinw.-Carton * 3 —

Michel, Chr.: Alpen-Karte. Oestl. Blatt: Tyrol mit d. angrenz. Theilen. 1:600.000. 10. Ausg. 54x53 cm. Stahlst. Schliersee.

Michel's, C., Alpen-Karte, westliches Blatt: Schweiz mit den angrenzenden Theilen von Baden, Württemberg, Vorarlberg, Italien, Frankreich und vom Elsass. 1 : 600,000. Kupferstich. In-fol. München, Jos. Ant. Finsterlin. 1887. 2 — kolor. 3 —, auf Leinwd. 4 —

—— desgl. — Westliches Blatt. Schweiz m. den angrenz. Theilen v. Baden, Württemberg, Vorarlberg, Italien, Frankreich u. vom Elsass. 1:600,000. 2. revid. Ausg. 1891. Kpfrst. (54×53 cm.) Ebd. 891. * 1 50; color. * 2 25; auf Leinw. in Leinw.-Carton * 3 —

Michel, Ch. Alpen-Karte. 1 : 600,000. Westliches Blatt: Schweiz. 2. Ausg. Gr. in-fol. München, J. A. Finsterlin. 1891. Mk. 1 50 Colorirt, auf Leinwd. in Leinwd.-Decke Mk. 3 —

Michel's Ch. Alpen-Karte. Westliches Blatt. Schweiz m. d. angrenzenden Theilen v. Baden, Württemberg, Vorarlberg, Italien, Frankreich und vom Elsass. 1:600,000. 3. Ausg. 1893. Kpfst. 54×53 cm. München, J. A. Finsterlin. Mk. 1 50 Lwd. 3 —

—— Alpenkarte vom Bayerischen Hochland, Salzburg, Nord-Tyrol nebst Theilen der angrenzenden Länder. 1:600000. 8.—9. Aufl. München, J. A. Finsterlin, 1889—91. gr. qu.-Fol. Kpfrst. (M. 1.)

—— desgl. — vom bayerischen Hochlande, Salzburg, Nord-Tyrol, nebst Theilen der angrenz. Länder. 1:600,000. 9. revid. Ausg. 1891. Kpfrst. (26,5×71,5 cm.) Ebd. 891. * 1 —; color. * 1 50 Auf Leinw. in Leinw.-Carton * 2 —

—— desgl. — von Nord-Italien u. Süd-Tyrol, nebst Theilen von Krain, Kärnthen u. der Schweiz. 1:600,000. 8. revid. Ausg. 1892. Kpfrst. (28×65 cm.) Ebd. 891. * 1 — color., auf Leinw. in Leinw.-Carton * 2 —

Michel, Chr.: Alpen-Karte von Nord-Italien u. Süd-Tyrol. 1:600.000. 9. Ausg. 27,5x65 cm.Stahlst. Schliersee.

Michel's, Chr., Gebirgs-, Post- und Eisenbahn-Reise-Karte vom Bayerischen Hochland, Salzburg, Nordtyrol, nebst Theilen der angrenzenden Länder. 1:600,000. Ausg. 1878 und revid. 2. Ausg. 1879. Kpfrst. und color. qu. gr. Fol. München, J. A. Finsterlin. Auf Leinw. in Carton *

Michel's, Chr., Gebirgs-, Post- und Eisenbahn-Reise-Karte von Tyrol, mit den angrenzenden Theilen von Bayern, Salzburg, Steyermark, Kärnthen, Krain, Oberitalien, der Schweiz, von Baden und Württemberg. 1:600,000. Ausg. 1878. Kpfrdr. und color. Imp.-Fol. München, J. A. Finsterlin. Auf Leinw. in Carton * 6 —

—— spezielle Gebirgs-, Post- und Eisenbahn-Reise-Karte der Alpen. Tyrol mit den angrenzenden Theilen von Bayern, Salzburg, Steyermark, Kärnthen, Krain, Oberitalien und der Schweiz. 1 : 600,000. 6. Aufl. Kpfrst. und color. gr. Fol. Ebendas. 883. * 2 50

Michel's, Chr., Specielle Gebirgs-, Post- u. Eisenbahn-Reisekarte vom Bayerischen Hochlande, Salzburg, Nord-Tyrol, nebst Theilen der angrenz. Länder. 1 : 600000. 6. Aufl. München, J. A. Finsterlin, 1883. gr. Fol. 7. revid. Ausg. Ebda 1887. Kpfrst. gr. Fol. (M. 1.) 8. Aufl. u. d. T.: Alpenkarte.

Michel's, Chr., specielle Gebirgs-, Post- und Eisenbahn-Reise-Karte von Nord-Italien, nebst Theilen von Krain, Kärnthen, Tyrol und der Schweiz. 1 : 600,000. Ausg. 1879. Kpfrst. und color. qu. gr. Fol. München, J. A. Finsterlin. Auf Leinw. in Etui *

Michel, Ch. Speciello Gebirgs-, Post- und Eisenbahn-Reisekarte von Nord-Italien, nebst Theilen von Krain, Kärnthen, Tyrol und der Schweiz. 1 : 600,000. 4. Ausgabe. Kupferst. u. colorirt. In-fol. München, Finsterlein. 1883. 3 35
Auf Leinwand in Carton 4 80

Michel, Chr. Specielle Gebirgs-, Post- und Eisenbahnreisekarte von Tyrol mit den angrenzenden Theilen von Bayern, Salzburg, Steyermark, Kärnthen, Krain, Oberitalien, der Schweiz, v. Baden und Würtemberg, 1 : 600,000. 5. Ausg. Kpfrst. In-fol. München, Finsterlin. 1883.
color. 6 —
auf Leinwand in Carton 8 —

—— Karte von Tyrol. 1 : 600,000. Revid. 2. Ausg. 1879. Kpfrst. und color. Imp.-Fol. Ebendas. Auf Leinw. in Etui * 6 —

—— Karte von Tirol. 1 : 600,000. Revid. 3. Ausg. 1880. Kpfrst. und color. Imp.-Fol. Ebendas. Auf Leinw. in Etui * 6 —

Michel, Ch., specielle Reise- und Gebirgs-Karte vom bayerischen Hochland, Salzburg und Nord-Tyrol nebst Theilen der angrenzenden Länder. 1 : 600,000. Fol. München 868, Mey und Widmayer. aufgez. in Carton *

—— Spezielle Reise- und Gebirgs-Karte vom Bayerischen Hochland, Salzburg, Nord-Tyrol nebst Theilen der angrenz. Länder. M. 1 600000. München [1868?] (Br. Mus.)
——, —— Ebda [1869?] . . . . (Br. Mus.)
——, —— Ebda [1877?] . . . . (Br. Mus.)

Michel, E., königl. sächs. Gesetz betr. die Erhebung v. Kosten f. Amtshandlungen der Behörden der inneren Verwaltung u. v. Gebühren f. die Benutzung öffentlicher Einrichtungen, s.: Handbibliothek, juristische. 186. Bd.

Michel, E., Landgemeindeordng, siehe Handausgabe sächs. Gesetze.

Michel, E., königl. sächsische Landgemeindeordnung, s.: Handbibliothek, Leipziger jurist.

— rev. sächs. revidierte Landgemeindeordnung, s.: Bosse, v.

— die königl. sächsischen Städteordnungen, s.: Handbibliothek, Leipziger juristische.

Michel, Ed. [prakt. Arzt in Wiedlisbach, Kt. Bern]: Beiträge zur Kenntnis der Naevi. Bern 1898. 49 S. nebst 2 Tafeln. 8°.
Bern. Med. Diss. 1897/98.

Michel, Ed., u. S. Schlitzberger, d. prakt. Blumenfreund. Illustr. Anleitg. zur Anzucht u. Pflege d. Blatt- u. Blütenpflanzen in Zimmer u. Garten. Anweisg. zur Behandlg. v. üb. 200 Pflanzenarten; Angabe ihrer gemeins. u. bes. Bedürfnisse in Bezug auf Temperatur, Standort, Begießen, Erdart, Beschaffenheit d. Blumentöpfe, Umpflanzen u. Versetzen d. Pflanzen, Pflanzennährmittel, Schneiden u. Aufbinden, schädl. Insekten, Vermehrg. d. Topfgewächse, Treiben d. Blütenpflanzen, Anwendg. d. zur Ausstellg. v. Gewächsen dien. Geräte, Verwendg. in Terrarien u. Aquarien. gr. 8. (VIII, 178 S. m. Abb. u. 8 farb. Taf.) Cassel 895. Th. G. Fisher & Co. n. 2. —; geb. in Leinw. n. 2. 60

Michel, Edmond

Michel, E., Essai sur l'histoire des fayences de Lyon. gr. 8. Basel, Georg. 1877. 2. 50

Michel, Edmond. Etude biographique sur les Tischbein, peintres allemands du XVIIIme siècle. In-4°, 44 p. avec 5 gravures hors texte. Bâle, Genève et Lyon, H. Georg. 1881.

Michel, Edm. Monuments religieux, civils et militaires du Gatinais, depuis le XIe au XVIIe siècle. (Departement du Loiret et de Seine et Marne). VIe fasc. in-4°, p. 115—170. Av. 15 pl. Genève et Bâle, H. Georg. 1878.
** Fasc. 1—5. Ibid. Le fascicule fr. 10 —

Michel, Edmond. Monuments religieux, civils et militaires du Gatinais (Département du Loiret et de Seine et Marne) depuis le XIe jusqu'au XVIIe siècle. In-4°. IIe partie, fasc. 7, p. 171 à 224. (Bâle, Georg). 1879. 12 50

Michel, Erich [aus Braunschweig]: Beiträge zur Kenntniss des Wesens der Hydraulicitat der Cemente. Braunschweig, Hof-Buchdr. v. Julius Krampe, 1886. 42 S. 8°
Rostock, Phil. Fak. Inaug.-Diss. v. 21. Dez. 1885.

Michel, Erich, Beiträge zur Kenntniss des Wesens der Hydraulicität der Cemente. Diss. Rostock 1886, G. B. Leopolds Univ.-Buchh. 8°. 42 S.

Michel, Ernst: Zur Kenntnis der Jahresperiode unserer Stauden. Göttingen 1909: Kaestner. 102 S. 8°
Göttingen, Phil. Diss. v. 20. Okt. 1909, Ref. Berthold
[Geb. 9. Nov. 85 Eilenburg; Wohnort: Eilenburg; Staatsangeh.: Preußen; Vorbildung: Realgymn. Dessau Reife M. 05; Studium: Berlin 4, Göttingen 3 S.; Rig. 30. Juni 09.] [U 10. 1441

Michel, Eugen, Reg.-Baumeister: Über die keramischen Verblendstoffe. Halle: Knapp 1903. 48 S. 4° ¶ Als Buch 1904.
Hannover, Dr.-Ing.-Diss. v. 16. 7. 1903

Michel, Eug., über die keramischen Verblendstoffe. (III, 48 S. m. 68 Abb.) hoch 4. Halle 904. W. Knapp. n. 2. 40

Michel, [Ferdinand]: Bericht über die Abschieds- und Einweihungsfeier. S. 25—43. 4.
Realschule der israel. Gemeinde Philanthropin (Realschule u. höh. Mädchenschule) *Frankfurt a. M* 1909 (561).
Progr.

Michel, Ferd[inand], Dr.: Bericht über die Jahrhundertfeier der Realschule der israelitischen Gemeinde Philanthropin zu Frankfurt a. M. Frankfurt a. M. 1905: Kumpf & Reis. (27 S.) 4°
Frankfurt a. M., R d. israelit. Gemeinde Philanthropin OP 1905 . (494)

MICHEL, FERDINAND. Ueber die Einwirkung von Phosphorpentachlorid auf Acetyldiphenylamin. Freiburg im Breisgau, 1881.

Michel, Ferdinand [aus Frankfurt a. M.]: Heinrich von Morungen und die Troubadours. Ein Beitrag zur Betrachtung des Verhältnisses zwischen deutschem und provenzalischem Minnegesang. (Separat-Abdruck aus Quellen und Forschungen, Heft XXXVIII.) Strassburg, Karl J. Trübner, 1879. 8. 73 S.

Michel, Ferd., Heinrich von Morungen und die Troubadours, s. Quellen und Forschungen zur Sprach- und Culturgeschichte der germanischen Völker.

Michel, *Ferdinand* [Dr.]: Shakespeare und Bacon. Darlegg u. Würdigg d. sog. Bacon-Theorie. Frankfurt a. M., Druck v. Kumpf & Reis, 1896; 3—38 S. 4.
Frankfurt a. M., R d. israelit. Gemeinde '(Philanthropin)', OP 1896 (427)

Michel, [Ferdinand]: Die mit der Schule verbundenen Stiftungen. S. 199—206. 8.
Progr.

—: Verzeichnis der Programm-Abhandlungen von 1804—1903. S. 206—208. 8.
Festschrift z. Jahrhundertfeier der Realschule der israelit. Gemeinde (Philanthropin) 1804—1904. Teil I. *Frankfurt a. M.* 1904.
Progr.

Michel, F[erdinand] C., Referendar aus Ludwigshafen a. Rh.: Die Simultangründung bei der Aktiengesellschaft unter besonderer Berücksichtigung des neuen Handelsgesetzbuches vom 10. Mai 1897. *Frankfurt a. M. 1899: Gebr. Fey.* (52 S.) 8°
Erlangen, Jur. Diss. v. 20. Okt. 1899

Michel, Ferd. Reinh., über krystallisirte Verbindungen des Aluminiums mit Metallen. Inaugural-Dissertation. gr. 8. (35 S.) Göttingen 860, (Vandenhoeck und Ruprecht's Verlagsh.) **

Michel, Francisque (Hrsg.), s. Baena, Juan Alfonso de: El Cancionero.

Michel, Francisque, histoire des races maudites de la France et de l'Espagne. 2 vols. gr. 8. (XII, 373 u. 341 S.) Paris 847, Franck. n. 4 ₰

Michel, Franc., le Roman du Saint-Graal, publié pour la première fois d'après un Manuscrit de la Bibliothèque Royale. gr. in-12. Bordeaux 841. (Paris, Brockhaus et Avenarius.) n. 1⅔ ₰

Michel, Franz, aus Luxemburg (Stadt): Ueber die Reaktion zwischen Sulfurylchlorid und Amoniak. (Aus dem anorganischen Laboratorium der Universität Bern.) Grüningen 1910 88 S. 8°. [14. XII. 09.]
Bern. Phil. Diss. 1909/10.

Michel, Franz. Ueber die Reaktion zwischen Sulfurylchlorid und Ammoniak (**Umschlag:* Amoniak.) Diss. Phil. Bern. [Mit 1 Figur.] 88 S. 8. Grüningen, J. Wirz, 1910.

Michel, Frdr., Asraklänge u. andere Gedichte. Mit 8 Bildern u. e. Anh. elsäss. Dialektgedichte. (144 S.) 8. Strassburg 906. Schlesier & Schweikhardt. n. 5.—

Michel, Friedr. Aurora. Wissenschaftl.-berufliches Lehr- und Erziehungs-Institut für Knaben in Zürich. Programm und Lehrplan für das Schuljahr 1882/83. In-16°, 15 S. Hott.-Zürich, Druck von Hch. Zürcher.

Michel, Friedrich, aus Schney bei Lichtenfels: Über Dithiocarbamate sekundärer aromatischer Basen und über eine Verbindung des Formaldehyds mit dem Indigo. *Erlangen 1903: H. Vollrath.* (25 S.) 8°
Erlangen, Phil. Diss. v. 23. Juli 1903

Michel, Friedrich, approb. Arzt aus Niederlahnstein: Zur Kasuistik der Gelenkerkrankungen bei Syringomyelie. *Tübingen 1902: H. Laupp Jr.* (24 S.) 8° ¶ (Aus: Beiträge zur klinischen Chirurgie, Bd 30, H. 2.)
Tübingen, Med. Diss. v. 1902

Michel, Friedr. Die französische Conjugation. Sammlung aller regelmässigen, unregelmässigen und mangelhaften Formen des französischen Zeitwortes. In-8°, XII u. 201 S. Zürich, Selbstverlag des Verfassers. 1887. 1 50

Michel, Friedr. Wilh. Conrad (Chirurgus Gissensis) Theses medicae.
Giessae 26. April 1790.

Die Herren von Helfenstein. Ein Beitrag z. Familien- u. Landesgeschichte Kurtriers von Dr. Fritz **Michel**, Coblenz. Trier: F. Lintz 1906. (132 S.) 8°
— **Archiv**, Trierisches. Erg.H. 6. [illegible]

Michel, Fritz, aus Eilenburg: Ueber die Reactionen der Malonesterderivate gegen 2-3-Dichlor-α-naphtochinon. *Erlangen 1900: E. Th. Jacob.* (59 S.) 8°
Erlangen, Phil. Diss. v. 25. Juli 1900

Michel, G. L., illustrirtes zürcherisches Zeughausbüchlein. Ein Führer durch die Sammlung alter Waffen. Mit einer histor. Einleitung von W. M. † 8. (163 S.) Zürich 881. Schultheß. n. 2. 80; cart. n. 3. —

Michel, Gaston, de Montagny la Ville (canton de Fribourg): Les coudes de captures du pays fribourgeois. (Contribution à l'étude des cours d'eau du Plateau suisse.) [Avec 28 figures.] Fribourg (Suisse) 1909. IV + 87 S. 8°. Extrait de Mémoires de la Société fribourgeoise des sciences naturelles. Série: Géologie et géographie. Vol. 7.
Freiburg i. Schw. Math.-naturw. Diss 1908/09.

Michel, Georg, approb. Arzt aus Marktbreit: Aus d. Tübinger Universitäts-Augenklinik. Beitrag zur Kenntnis der Retinitis septica. *Tübingen: F. Pietzcker 1902.* (27 S.) 8°
Tübingen, Med. Diss. v. 1902

Michel, Georg [med. pract. von Seewis, Kt. Graub.]: Das Wachstum der Diphtheriebacillen auf verschiedenen Sera und Glycerinagar. Jena 1897. 4 + 14 S. 8°.
Bern. Med. Diss. 1897/98.

Michel, Georg Adam

— Beitr. z. Oettingischen polit.-kirchl. u. gelehrten Geschichte. 5 Thle. 8. Oetting. 772—79.

Michel, Geo. Adm., († d. 21. März 1781.) Oettingische Bibliothek; z. besond. Gebr. seines Vaterlandes u. z. Behuf d. allgem. Historie der Gelehrsamkeit in Schwaben. 3 Thle. 4. Oetting. 758—68 (1r Thl. 2e Aufl. 788).

— der edle Charakter e. wahren Christen, darnach er sich in allei böse Zeiten schicket. 8. Oetting. 757.

— ein Eben-Ezer d. göttl. Vorsicht, üb. d. theuren Gottesmann Sam. Urlsperger. Fol. Detting. 763

— s. Kirchenordnung, Dettingische.

— kurze katechet Unterweisuug v. d. zu Augsb. geschlossenen Religionsfrieden rc. 8. Detteng. 755.

Michel, Gust., das Buch der Katzen. Mit 26 (eingedr. Holzschn.-) Illustr. 8. (263 S.) Weimar 876. Weißbach. n.n. 6. —

Michel, Gust., Du sollst nicht lügen. Lustspiel in 1 Act. Nach dem Engl. Mit 10 (eingedr. Holzschn.-)Illustr. von F. Schurig. 8. (59 S.) Weimar 877. Weißbach. n. 1. 40

Michel, Gust., Gedichte. (71 S.) 8. Leipzig 905. Modernes Verlagsbureau. n. 1. 50

Michel, Gust., Hautpflege u. Kosmetik, s.: Arzt, der, als Erzieher. 7. Heft.

Michel, Gust., die Hautpflege des gesunden Menschen. Aerztliche Ratschläge. 8. (28 S.) München 902. Verlag der ärztl. Rundschau. n. — 60

— Melitta u. Elisabeth. Schauspiel in 5 Akten. gr. 8. (74 S. m. Musikbeilage 7 S. in qu. 4.). Ebend. 880. n. 2. —

—— Herr Schwebe. Lustspiel in 1 Akte. 8. (32 S.) Weimar 877, [Dittmar's Buchh.] Zuckschwerdt. *

—— Therese. Familiendrama in 3 Aufzügen. gr. 8. (92 S.) Jena 878, (Weimar, Zuckschwerdt.) *

Michel, Gustav [aus Mayen]: Über Wandermilz ... Leipzig, G. Fock, 1891; 41 S. 8.
Jena, Med. Fak., Inaug.-Diss. v. 1891

Michel, H., zwei echternacher Weisthümer, s. Weisthümer.

Michel, Heinrich, über die Wirkung des Staphylococcus pyogenes albus auf die Milch. Diss. Würzburg 1886, Stahelsche Univ.-Buchh. 8°. 24 S.

Michel, Heinr., die Zerstörung v. Hamburg. (Hamburger Skizzen I.) gr. 8. (7 S.) Hamburg 898. A. E. Gröneveld. n. — 20

Michel, Hermann, aus Berlin: Heinrich Knaust. Ein Beitrag zur Geschichte d. geistigen Lebens in Deutschland um d. Mitte d. 16. Jhs. T. 1. *Berlin (1903): Paß & Garleb.* (46 S.) 8° ¶[Erschien vollst. 1903 bei B. Behr, Berlin.]
Berlin, Phil. Diss. v. 10. Jan. 1903

Heinrich Knaust. Ein Beitrag z. Gesch. d. geistigen Lebens in Deutschland um d. Mitte d. 16. Jhs von Dr. Hermann **Michel**. *Berlin: B. Behr 1903.* (VI, 344 S.) 8° [03. 6131]

Michel, Hugo, Anleitung zum Erfinden. Ein Weg zum Reichtum. (128 S.) gr. 8. Berlin (907). Deutsche Verlags-Anstalt „Patria". 3. —

Michel, Hugo, das deutsche Reichspatent, seine Anmeldung, Durchfechtung, Uebertragung u. Anfechtung. Ein Hilfs- u. Lehrbuch f. Studierende, Erfinder, Patentanwälte, Ingenieure u. Techniker. (VII, 223 S. m. 1 Fig.-Taf.) 8. Leipzig 903. W. Engelmann. Geb. in Leinw. n. 4. 40

Michel, Hugo. Verwertung von Patenten und Gebrauchsmustern. Ratgeber für Erfinder, Patentinhaber und Inhaber von Gebr', welche ihre Schutzrechte verwerten wollen. 48 S. 8. Zürich ⟨*und* Leipzig⟩, Th. Schröter, [1906]. [fr. 1. 25]

Michel, Hugo. Wegweiser zum Geldverdienen. 472 Probleme und Geldquellen für Erfinder von H' M', Ingenieur ... (Inhaber des «Internationalen Patentbureau», Berlin-Rixdorf). 34 S. 8. Zürich *und* Leipzig, Th. Schröter, 1904. [fr. 1. 25]

[F.] Geschichte der ehemaligen Herrschaften Alt- und Neuweilnau v. J. **Michel**, Pfarrer. *Frankfurt a. M.: Kommv. d. J. Chr. Herrmann'schen Buchh.. Dr. v. L. Wagner, Usingen 1897.* (1 Bl., 96 S., 1 Bl.) 1 Bd 8. [97 57]

Michel, J. A., das Königreich Böhmen, s. Kaiserthum.

Michel, J. A., s. Kaiserthum, das österreichische.

Michel, J. Aug., Reiseschilderungen u. naturgeschichtliche Aufzeichnungen. Mit einem Bildnisse des Hingeschiedenen u. einer Ansicht des Pavillon du glacier de l'Aar, photogr. von Ad. Braun. Im Auftrag der Familie hrsg. von Aug. Stöber. 8. (270 S.) Mülhausen i/E. 878. (Busleb.) n. 4. 80

Michel, J. C., gerichtl. Thierheilkunde für Beamte, Rechtsgelehrte, Bezirksärzte rc. 8. Zürich 826. (Schultheß). 1 ꝑ 1 gl.

Michel, J. F., üb. Nutzbark. d. in Aachen befindl. Mineral-Wasser. 8. Cölln. (Fleischer, Frankf.) 785.

Michel, J. H., (deutscher Schneidermeister zu London), neuer u. unfehlbarer Grundsatz, nach d. neuesten Mode arithmetisch zuzuschneiden, welches nach Proportion d. menschl. Größe berechnet ist. In 3 Proport.-Tabellen. Basel, Neukirch 3 gl.

[F.] **Michel**, J. Nep. [Rechtspraktikant]: Der Rechts-Charakter der Gesellschaften mit beschränkter Haftung ... *Fürth i. B., G. Rosenberg, 1893;* 40 S. 8.
Erlangen, Jur. Fak., Inaug.-Diss. v. Okt. 1892

Michel, J. T., Uebungsbuch zum Uebersetzen aus dem Deutschen u. Englischen in's Französische. Für die oberen Klassen höherer Lehranstalten. Dresden 870. Adler's Buchh. gr. 8. (VIII, 140 S.) n. 15 ngr.

Michel, Joh.: De exustione mundi suprema, etc., s. Benner, Johann Hermann [Praes.]

Michel, Johann Jakob

Die Bockreiter von Herzogenrath, Valkenburg und Umgebung ⟨1734–1750, u. 1762–1776⟩. Nach d. Quellen u. Gerichtsakten geschildert von Joh. Jak. **Michel**, weil. Pfarrer in Kohlscheid. Nebst e. Namens-Verzeichnis aller hingerichteten, entsprungenen u. aus d. Lande gewiesenen Bockreiter von A(rnold) Daniels, † Pfarrer in Schaesberg. 2. Aufl. Aachen: G. Schmidt 1905. (191 S.) 8° [F.] [06. 3309]

Michel, Joh. Jak., die Jülichsche Unterherrschaft Heiden. gr. 8. (24 S.) Aachen 884, Cremer'sche Buchh.
Aus: Zeitschrift des Aachener Geschichtsvereins, besonders abgedruckt.

Michel, Josef

Michel, Jos., Anleitung zur Kostenberechnung für Hochbauten, sammt vollständiger Preis-Analyse im neuen Metermaße. Zum Selbstunterrichte für Bautechniker, Bauunternehmer, Bauprofessionisten rc. 2., verm. u. verb. Aufl. Mit 4 lith. Bauplänen (in Fol.). gr. 8. (III, 228 S.) Wien 877. Gerold's Sohn. n. 5. 20

Michel, Jos., Anleitung zur Verfassung der Vorausmaße und Kostenanschläge für Hochbauten. Zum Selbstunterrichte für Bautechniker, Bauunternehmer u. für Alle, welche sich dem Baue widmen. Mit 4 autograf. Plänen (in Fol.). Wien 864. Gerold. gr. 8. (VIII, 112 S.) n. 1 ꝑ 4 ngr.

Michel, Jos., praktische Baugewerbs-Lehre zum Selbstunterrichte für absolvirte Techniker, angehende Baumeister, Bauführer ꝛc. Wien 868—70. Gerold's Sohn. br. 8. (VII, 852 S.) n. 3 ₰ 18 ngr

— — Vorlegeblätter. 100 (lith.) Taff. (in Fol.) Ebend. 868—70. in Mappe n. 6 ₰ 12 ngr

— Baupläne zu Wohn- u. Geschäftshäusern für Stadt u. Land. 40 Blatt (qu. gr.) Fol. in autogr. Farbendr. Mit Vorausmass-Berechnung. 10 Lfgn. Fol. (80 S. Text.) Wien 877. Spielhagen & Schurich. à n. 2. 50

—— Baupläne zu Wohn- und Geschäftshäusern für Stadt und Land. 40 Bl. (qu. gr.) Fol. in autogr. Farbendr. Mit Vorausmass-Berechnung. 10 Lfgn. Fol. (à Lfg. 4 Bl. mit 8 S. Text.) Wien 878, Lehmann und Wentzel. à Lfg. * In Mappe *

Michel, Jos., theoretisch-praktisches Compendium des Hochbaues. Handbuch für bautechn. und Unterrichts-Kreise. gr. 8. (VII, 482 S. mit vielen Tab. und Holzschn.) Wien 881, Gerold's Sohn. *

Michel, Jules. Un autel mérovingien à Saint-Maurice; - Deux stèles romaines inédites. [Avec figures. E.] 8. Fribourg 1900.

Michel, Jules. Le clocher de l'Abbaye de Saint-Maurice d'Agaune. [Illustré E.] 8. Fribourg 1900.

Michel, Jules. Les fouilles sur l'emplacement des anciennes basiliques de Saint-Maurice. [Avec 4 planches.] 8. Fribourg ⟨Suisse⟩ 1897
Ed. A. (Mél. Soc Helvét. St.-Maurice [Vol.] 1)
Ed. B [E.]

Michel, Jules. Le traité de 1365 pour la réparation de l'église de l'Abbaye de Saint-Maurice. 8. Fribourg ⟨Suisse⟩ 1896.
Ed. A. (Mél. Soc Helvét. St.-Maurice [Vol.] 1)
Ed. B. [E.]

Michel, Julius von

Michel, Jul. v., pathologisch-anatomische Befunde bei spontan od. traumatisch erworbenen Linsenverschiebungen. Mit 6 Fig. auf Taf. I—III. (24 S.) Lex.-8. Berlin 906. A. Hirschwald. n. 3. —
Sonderabdruck aus: „v. Leuthold-Gedenkschrift".

Michel, Jul. v., Beiträge zur Onkologie des Auges. Mit 9 Fig. auf 2 Taf. gr. 4. (28 S.) Würzburg 899. A. Stuber's Verl. n. 2. —
Sonderabdruck aus: „Festschrift der phys.-med. Gesellschaft Würzburg."

—— s. Beiträge zur Ophthalmologie.

Michel, Jul., über die Cornealleiste des menschl. Embryo, s. Festschrift zur dritten Säcularfeier der Alma Julia Maximiliana.

Michel, Jul., s.: Jahresbericht üb. d. Leistgn. u. Fortschritte im Gebiete d. Ophthalmologie.

Michel, Jul. Ueber die tuberculöse Infection d. Auges. gr. 8. (8 S.) Würzb. 891, Stahel. * — 50
Aus Sitzungsber. d. Würzb. phys.-med. Gesellsch., besonders abgedruckt.

Michel, Jul., die Krankheiten d. Auges im Kindesalter, s.: Handbuch der Kinderkrankheiten.

— dasselbe, s.: Seidel, M., die Erkrankungen der Muskeln etc.

Michel. Jul. v., die Krankheiten der Augenlider, s. Graefe, Alfr., u. Thdr. Saemisch, Handbuch der gesamten Augenheilkunde V, 2.

Michel, Julius von: Die Krankheiten der Augenlider. Mit 74 Fig. im Text u. auf 6 Taf. Leipzig: W. Engelmann 1908. VI, 473 S. 8°
(Handbuch d. gesamten Augenheilkunde. 2. Aufl. Bd 5, Abt. 2.)

Michel, Jul., Lehrbuch der Augenheilkunde. Mit 85 Holzschn. u. 2 Farbentaf. gr. 8. (XVI, 674 S.) Wiesbaden 884. Bergmann. n. 18. —

— Lehrbuch der Augenheilkunde. 2., verb. Aufl. gr. 8. (XI, 780 S. m. 142 Textabbildgn., davon 25 in farb. Druck.) Wiesbaden 890. Bergmann. n. 20. —; geb. n. 21. 60

— klinischer Leitfaden der Augenheilkunde. 8. (IX, 310 S.) Wiesbaden 894. J. F. Bergmann. Geb. n. 6. —

— Klin. Leitfaden d. Augenheilkunde. 2., verm. Aufl. 8. (XIII, 341 S.) Wiesbaden 897. J. F. Bergmann. Geb. in Leinw. n. 6. —

— klinischer Leitfaden der Augenheilkunde. 3. umgearb. Aufl. (XIII, 480 S.) 8. Wiesbaden 903. J. F. Bergmann. Geb. in Leinw. n. 8. 60

—— über natürliche und künstliche Linsentrübung, s. Festschrift zur dritten Säcularfeier der Alma Julia Maximiliana.

—— über den Mikroorganismus bei der sogenannten ägyptischen Augenentzündung [Trachom]. gr. 8. (3 S.) Ebendas. 886. *
Aus: Sitzungsberichte der physikalisch-medicinischen Gesellschaft zu Würzburg, besonders abgedruckt.

— die Prüfung des Sehvermögens u. der Farbenblindheit beim Eisenbahnpersonal u. bei den Truppen. gr. 8. (11 S.) München 878. J. A. Finsterlin. — 30

— dasselbe. s.: Mittheilungen u. Auszüge aus dem aerztlichen Intelligenzblatt.

Michel, Jul., über Sehnerven-Degeneration und Sehnerven-Kreuzung. Fest-Schrift der medizin. Fakultät der Universität Würzburg zur Feier des 70. Geburtstages von Alb. v. Kölliker. gr. 4. (91 S. mit 4 Taf. und 4 Bl. Erklärungen.) Wiesbaden 887, Bergmann. *

Michel, J., die histologische Structur d. Irisstroma. Eine Monographie. Mit 2 lith. Taf. gr. 8. (36 S.) Erlangen 875 Besold. n. 2. —

— s.: Zeitschrift f. Augenheilkunde.

Michel, Carl (I.), zur Behandlung der Krankheiten der Mundrachenhöhle und des Kehlkopfes. Practische Beiträge. gr. 8. (V, 120 S.) Leipzig 880, F. C. W. Vogel. *

Michel, Karl, Beiträge zur Entwicklungsgeschichte der Bierbrauerei. Eine Darstellg. in Wort u. Bild üb. die Einführg. u. Anwendg. der Wissenschaft in den Gewerben unter besond. Berücksicht. der wichtigsten Vorgänge im Braugewerbe von ältester bis jüngster Zeit m. e. Sammlg. v. Porträten nebst Biographien der bekanntesten Vertreter der Physik, Chemie u. Botanik, welche sich um die Brauwissenschaft verdient machten, sowie derjenigen Männer, die in der Praxis Hervorragendes geleistet haben. 3 Bde. (215, 259, 415 u. XLII S.) Lex. 8. München (Theresienhöhe 9) 906. 07. Brautechnist.-Direktor K. Michel. Geb. in Leinw. nn 54. —

— u. Otto Michel, Betriebs-Kontrolle f. Brauerei u. Mälzerei. 3. wesentlich verb. u. verm. Aufl. (III, 512 S. m. Fig.) gr. 8. Mannheim 910. (J. Bensheimer's Verl.) Geb. in Leinw. 7. 50

— d. prakt. Bierbrauer, s. a. Handwerkerbibliothek, illustr. deutsche.

Michel K. der praktische Bierbrauer. (470 S) (Handwerkerbibliothek, Illustrierte deutsche 3-5) Stuttgart 1897

Michel, K., s.: Brau-Industrie-Kalender.

Michel, Carl, die Gebärdensprache, dargestellt f. Schauspieler, sowie f. Maler u. Bildhauer. 2 Thle. Lex.-8. Köln 886. Du Mont-Schauberg. n.n. 30. —
1. Die körperliche Beredsamkeit: Gebärden — Seelenzustände — Stimme — Rollenstudium — Spielen. 2. Aufl. (XXVI, 176 S.) n. 8. —
2. Mimische Darstellungen in 34 Photogr. auf 25 Taf. (6 S. Text.) geb. n.n. 22. —

Michel, Karl: Gebet und Bild in den ersten christlichen Jahrhunderten nach den litterarischen Quellen. *Naumburg a. S.: Lippert & Co. 1902.* (48 S.) 8° ¶ [Erschien vollst. 1902 in: Studien üb. Christl. Denkmäler ⟨N. F. d. Archäol. Studien zum christl. Altert. u. Mittelalter⟩, H. 1.]
Strassburg, Phil. Diss. v. 1902

Gebet und Bild in frühchristlicher Zeit. Von Karl Michel *Leipzig: Dieterich 1902.* (IX, 127 S.) 8°
= Studien über christliche Denkmäler. H. 1. [illegible]

Michel, Carl, Geschichte des Bieres von der ältesten Zeit bis zum J. 1900 m. Einschluss der einschlägigen Gesetze, wie: Malzaufschlag, Bestimmg. der Gewerbefreiheit, Ausschank-Gerechtsamkeit, Auszug aus dem Nahrungsmittelgesetz, gesetzl. Bestimmgn. f. Bieruntersuchg., Statistik des Gerstenbaues, des Hopfenbaues, der Biererzeugg. u. des Eishandels. Lex.-8. (155 S.) Augsburg 901. Gebr. Reichel. n. 4. —

Michel, Carl (II.), Ideen über Förderung der Landwirthschaft, sowie einige Vorschläge zur Hebung der letzteren und über den landwirthschaftlichen Fortbildungs-Unterricht durch Errichtung einer größeren Zahl Ackerbauschulen in Preußen resp. Deutschland. 1.—3. Aufl. 8. (V, 64 S.) Berlin 875. Behne. *

—— Ideen und Vorschläge zur Förderung und Hebung der Landwirthschaft und des landwirthschaftlichen Fortbildungs-Unterrichts. 4. billige Volks-(Titel-)Aufl. gr. 8. (VI, 64 S.) Ebendas. 878. *

Michel, Karl, u. Karl Spitzauer: Kondensation von Zimtaldehyd u. Isobutyraldehyd. S.-Abdr. aus: Sitzungsber. d. kais. Akad. d. Wiss. in Wien. Bd. 110. IIb. S. 979.

Michel, Carl, die Krankheiten der Nasenhöhle u. d. Nasenrachenraumes. Nach eigenen Beobachtgn. Mit 1 color. (lith.) Taf. gr. 8. (III, 108 S.) Berlin 876. Hirschwald. n. 2. 80

Michel, Carl, Lehrbuch der Bierbrauerei nach dem neuesten Standpunkte der Wissenschaft u. Praxis unter Zugrundlegung seiner eigenen Versuche u. Erfahrungen. 1. Bd. Anlage u. Einrichtung von Brauereien. Mit 219 Holzschn. u. Plänen. Lex.-8. (III, 231 S.) Augsburg 880. (Leipzig, Gracklauer.) n. 8. —

Michel, Carl (II.), Lehrbuch der Bierbrauerei nach dem neuesten Standpunkte der Wissenschaft und Praxis unter Zugrundlegung seiner eigenen Versuche und Erfahrungen. (In 4 Bdn.) 1.—3. Bd. Lex.-8. Augsburg, (Schlosser'sche Buchh.) *M 18.; geb. *
Einzeln à Bd. *M 7.; geb. *

Inhalt:
Bd. 1. Anlage und Einrichtung von Brauereien. (III, 231, 32 S. mit eingedr. Holzschn. und Plänen.) 880.
» 2. Die Rohstoffe. (271 S. mit eingedr. Holzschn.) 880.
» 3. Theorie und Praxis des Braugewerbes. (III, 216, VII S. mit eingedr. Holzschn.) 883.

Michel, Carl (II.), Lehrbuch der Bierbrauerei nach dem neuesten Standpunkte der Wissenschaft und Praxis, unter Zugrundelegung eigener Versuche und Erfahrungen. 4. Bd.: Theorie und Praxis der Gährführung und der Kellerwirthschaft. 4. (X, 219 S. mit Fig.) München 886. (Leipzig, Gracklauer.) geb. **
1.—3. Bd. Ebendas. 1880—83. [*M 18.—.] **M 22.50.

Michel, Carl. Lehrbuch der Bierbrauerei m. besond. Berücksicht. der bayerischen Malz- u. Bier-Bereitung, speciell d. Münchener Brauverfahrens. 2. vollständig umgearb. Aufl. 7 Lfgn. gr. 8. (661 S. m. Abbildgn.) Augsb. 892,93, Gebr. Reichel.
à Lfg. * 3 —; * 21 —

— Lehrbuch der Bierbrauerei, nach eigenen Erfahrgn unter Zugrundelegg. der neuesten Theorien m. besond. Berücksicht. der pneumat. Mälzerei, der Dampfkochg., der Vacuumgährg. u. der Hefereinzucht, m. eingeh. Beschreibg. dieser Einrichtgn. u. der Apparate bearb. 3. vollständig umgearb. Aufl. Lex.-8. (XII, 717 S. m. Abbildgn.) Ebd. 900. n. 21.—

MICHEL, C.
Lehrbuch der Bierbrauerei, nach eigenen Erfahrungen unter Berücksichtigung der pneumatischen Mälzerei, der Vacuumgährung, der Hefereinzucht, etc. Dritte Auflage. Augsburg, 1901. roy. 8vo. Ill.

Michel K, Lessing u die heutigen Schauspieler. (Zt- u Strfr. NF 34) Hamburg 1888

Michel, K., Lessing und die heutigen Schauspieler, s. Zeit- und Streit-Fragen, deutsche.

—— Manual für den practischen Brauerei-Betrieb. 2. Aufl. gr. 4. (173 S. mit eingedr. Fig.) Augsburg 886, Gebr. Reichel. *

—— Manual f. den practischen Brauerei-Betrieb. 3. neu verb. Aufl. gr. 4. (143 S. m. Abbildgn.) Ebd. 892. * 3 50

— Manual f. den practischen Brauereibetrieb. 4. Aufl. gr. 4. (III, 111 S. m. Abbildgn.) Ebd. 901. n. 3. 50

Michel, Karl, die Sprache des Körpers. In 721 Bildern dargest. (XLI, 167 S.) Lex. 8. Leipzig 910. J. J. Weber. 10. —

— Tabelle zum direkten Ablesen d. Quantums Würze od. Bier, welches aus 100 kg Malz v. bekanntem Extraktgehalt in verschied. Stärken gewonnen wird, sow. d. Malzquantums, welches zur Erzeugg. e. Hektoliters Würze od. Bier erforderlich ist, m. Berücksicht. auch desjen. Malzquantums, welches f. 1 Saccharometergrad im Hektoliter Würze nöthig ist. gr. 8. (76 S.) Mannheim 897. (J. Bensheimer's Verl.) n. 2. 50

Michel Karl und Spitzauer Karl: Untersuchungen über die Trimethylpentanolsäure. S. 110. IIb 1901 . . . .
Sonderabdruck

Michel, Kaspar (Hrsg.), s. Monatsschrift der Rindviehkunde ...

Michel, L., zur schweizerischen Bundesrevision. Eine Bombe in die kantonale Kleinstaaterei. 8. (19 S.) Chur 873. (Kellenberger.) — 40

Michel, Louise, das 7. Gebot. Kriminalroman. Deutsch v. Egon Berg. 8. (151 S.) Berlin o J. Frankfurt a/O., Th. Heinrich. — 50

Michel, Ludwig [aus Marktbreit] Beitrag zur Casuistik der circulären Darmresection bei Darmtumoren. . . . Würzburg, Buchdr Josef Seelmeyr („Würzb. Telegr"), 1889; 26 S. 8°
Würzburg, Med. Fak., Inaug.-Diss. v. 1889

Michel, M., die Buchführung f. den Handwerker u. Kleingewerbetreibenden. Leitfaden zum Gebrauch f. Meisterkurse, Fortbildungs- u. Mittelschulen. Im amtl. Auftrage hrsg. 2. verm. u. verb. Aufl. (83 S.) 8. Strassburg 904. Strassburger Druckerei u. Verlagsanst. Kart. n. — 80

Michel, M., die Buchführung f. den Handwerker u. Kleingewerbetreibenden. Leitfaden z. Gebrauch f. Meisterkurse, Fortbildungs- u. Mittelschulen. Im amtl. Auftrage hrsg. 3. verm. u. verb. Aufl. (84 S.) kl. 8. Strassburg 910. Strassburger Druckerei u. Verlagsanstalt. Geb. — 80

— Katechismus für die Gesellenprüfung in Elsaß-Lothringen, s.: Walter, W.

— Lesebuch f. Fortbildungsschulen in Elsaß-Lothr., s.: Walter, W.

Michel, Marie, s.: Rebe, Maria.

Michel, Math., le manuscrit de Pline le naturalist, conservé à la bibliothèque de l'Athénée du Luxembourg. Recherches sur les rapports de parenté du manuscrit avec d'autres manuscrits du même auteur, suivies des variantes contenues dans le livre 24 et dans certaines parties des livres 21, 22, 23, 25, 26, 28, 30 et 31. Luxemburg 865. Brück. 4. (51 S.) 9 ngr.

Michel, Matthieu (Hrsg.), s. Bertelius, Joannes. Historia Luxemburgensis ..

Michel, Matthieu Scheffen-Weiszthumb der Statt Echternach. S. I-II u. 1-11 Echternach, Progymn., Progr. 1850/51

Michel, Matthieu: Zwei Echternacher Weisthümer Luxemburg: M. Behrens Sohn 1851 - IV,33 S. 16⁰

Michel, Max. Fr., einige Fälle aus d. Entbindungswissenschaft. 8. Frankf. u. Leipz. 781 u. 784. (Augsb., v. Jenisch u. St.) 4 gr.

Die Einverleibung Frankfurts in den preussischen Staat, als Fall einer Staatensukzession. (Eine völkerrechtl. Studie). Von Dr jur. Max Friedrich Michel. Frankfurt a. M.: Knauer (1910). VIII, 108 S. 8°
[Ersch. auch als Inaug.-Diss. Marburg 1910.] [11. 13403

Michel, Maximilian, Verzeichniss sämmtlicher bis einschliesslich 2. Decbr. 1878 gezogenen Serien von Anlehns-Loosen und anderen mit Serien versehenen Effecten, nebst Angabe der Ziehungs-Termine von 1879, sowie der gekündigten Amerikaner. hoch 4. (27 S.) Frankfurt a. M. 879, (Boselli'sche Buchh.) *

Michel, N., Keller, K., Greuter, U., Leitfaden für den Turnunterricht an Primarschulen, m. Abb., Zürich 1893, 102 S., 16°.

Michel, O. H., unverhoffte Weihnachtsfreude, s.: Jugend- u. Volksbühne.

— Die Wohn- u. Schlafverhältnisse unserer Schulkinder, s. Sammlung pädagogischer Vorträge. XVIII, 2.

Michel, O. H.: Die Zeugnisfähigkeit der Kinder vor Gericht. Ein Beitrag z. Aussagepsychologie. Langensalza: Beyer 1907. IV, 68 S. 8⁰
(Pädagogisches Magazin. H. 312.)

Michel, Oscar [Rechtspractikant in Landau (Rheinpfalz.)]: Die Gesellschaft mit beschränkter Haftung. Annweiler, Druck v. H. Hübner, 1892; 46 S. 8.
Erlangen, Jur. Fak., Inaug.-Diss. v. Juni 1892

MICHEL, OSCAR. Sur un nouveau mode de formation de l'acide azothydrique. Étude de quelques azoïmides aromatiques. (Basel) Zürich, 1893.

Vorwärts zu Christus! Fort mit Paulus! Deutsche Religion! Von Oskar Michel. Berlin & Leipzig: H. Seemann Nachf. [1905]. (424 S.) 8° [F.]
[05. 15989

Vorwärts zu Christus! Fort mit Paulus! Deutsche Religion! Von Oskar Michel. 2. Aufl. Berlin: H. Walther 1906. (424 S.) 8° [F.]

Michel, Otto: Betriebskontrolle f. Brauerei u. Mälzerei, s. Michel, Karl.

Michel, Otto: Der strafbare Betrug im Civilprozess. *Breslau: Schletter 1897.* (44 S.) 8°
Giessen, Jur. Diss. v. 1897

Michel, Otto: Der strafbare Betrug im Civilprozess. Breslau: Schletter 1898. (44 S.) 8⁰
= Abhandlungen, Strafrechtliche. H. 13.

Michel, Otto, approb. Arzt aus Wetzlar Aus d. chirurg. Klinik zu Giessen. Ein Fall von Choledochusdrainage wegen infektiöser Cholangitis. *Giessen 1899: v. Münchow.* (21 S.) 8°
Giessen, Med. Diss. v. 1899

Michel, Otto, Referendar aus Barmen: Über das Verhältnis der Klage aus Bürgerl. Gesetzbuch § 1007 zu der Klage aus Bürgerl. Gesetzbuch § 861. *Rostock 1904: C. Hinstorff.* (74 S.) 8° [F. u. Ant.]
Rostock, Jur. Diss. v. [10. Aug.] 1904

Die Rohrleitungen im Dampfbetrieb. Von Ph[ilipp] Michel. Mit 133 Abb., 1 Taf. u. 2 Anh. Hannover: Jänecke [1910]. VI, 175 S. 8°
(Bibliothek d. gesamten Technik. Bd 146.) [11. 11735 7

Wärme- und Kälteschutz. Von Ph. Michel, Dipl.Ing., Doz., Cothen (Anhalt). Mit 26 Abb. Hannover. M. Jänecke 1907. (104 S.) 8°
— Bibliothek d. gesamten Technik. Bd 22. [06. 11033 7

Michel, Phpp., unsere Zukunfts-Medizin. 1. Thl.: D. Grundlehren d. naturgem. Gesundheitspflege u. arzneilosen Heilweise. gr. 8. (108 S.) Ludwigshafen 897. (Mannheim, R. Stephan.) n. 1. —

Michel, R., s.: Einzelheiten aus Bürgerhäusern u. öffentl. Gebäuden der Stadt Frankfurt O.

Michel, Reinhart [aus Seifhennersdorf bei Zittau]: Die Entwickelung des westgerm. Lautstandes in der Mundart von Seifhennersdorf. . (Aus: Beitr. z. Gesch. d. deutsch. Sprache u. Lit. XV. 1.) Halle a. S., Druck v. Ehrhardt Karras, 1889; 2 Bl. + 69 + 1 S. 8°
Leipzig, Phil. Fak., Inaug.-Diss. v. 17. Aug. 1889

Methodisches Handbuch zu Sprachübungen von Dr. R(einhart) Michel u. Dr. G. Stephan, Schulinspektoren. Leipzig: Quelle & Meyer 1907. (VIII, 157 S.) 8° [07. 1881

Michel, Reinhart, u. G. Stephan: Methodisches Handbuch zu Sprachübungen. (3. Aufl.) Leipzig: Quelle & Meyer 1907. VIII, 157 S. 8⁰

Michel, R., u. G. Stephan, Methodisches Handbuch zu Sprachübungen. 4. Aufl. (VIII, 159 S.) gr. 8. Leipzig 908. Quelle & Meyer. 2.—; geb. 2. 40

— u. G. Stephan, Lehrplan für Sprachübungen. (IV, 120 S.) gr. 8. Ebd. 904. n. 1. 80

Michel, R., vaterländisches Lesebuch, s.: Lange, Karl.

Michel, Rhart., Sprachübungen. Stoffsammlung zu Übgn. in Aussprache, Grammatik, Orthographie u. Schönschreiben. Mit e. Anh. allgem. Stilregeln. (36 S.) 8. Leipzig 903. B. G. Teubner. n. — 20

Michel, Richard [pr. Arzt aus Eisleben]: Über die Exstirpation der Ovarien bei Neurosen und über das spätere Befinden solcher Operierten. . . . Berlin, Buchdr. v. Gustav Schade (Otto Francke) (1889); 30 S. + 1 Bl. 8°
Berlin, Med. Fak., Inaug.-Diss. v. 10. Apr. 1889

Michel, R. Die Cultur d. Chrysanthemum indicum, s. Bibliothek gärtnerisch. Special-Culturen. 12. Bd.

Michel, Rob., der steinerne Mann. Roman. (220 S.) kl. 8. Berlin 909. S. Fischer, Verl. 3.—; geb. n 4. —

Mejrima. Drama in 3 Akten von Robert Michel. Berlin: S. Fischer 1909. 111 S. 8° [10. 1770

— Mostar. Mit photogr. Aufnahmen v. Wilh. Wiener. (III, 64 S. m. Abb. u. 27 Taf.) Lex. 8. Prag 909. C. Bellmann. 6. —

— Die Verhüllte. Novellen. (234 S.) kl. 8. Berlin 907. S. Fischer, Verl. 3.—; geb. n 4. —

Die Verhüllte. Novellen von Robert Michel. 2. Aufl. Berlin: S. Fischer 1907. (234 S.) 8° [F.]

Michel, Rudolf, aus Frankfurt a. M.: Eine neue Methode zur Untersuchung langer Knochen und ihre Anwendung auf das Femur. *Braunschweig 1903: F. Vieweg & Sohn.* (16 S.) 4° ¶ [Aus: Archiv f. Anthropologie, 1903.]
München, Phil. Diss. v. 1903

Michél, Sebastian „Tableau des synonymes français qui au fond, n'ont pas de synonymes entr'eux". Ein Blatt und pg. 1—36. 4°. Franz Datterer. Freising, Progr. 1860/61

Michél, Sebastian „Tableau de synonymes français" etc. (Fortsetzung und Schluss v. J. 1860/61). 1 Seite und pg. 1—22. 4°. Franz Datterer. Freising, Progr. 1861/62

Michel, St., le véritable homme, dit au masque de fer. 8. 8oq.

Michel, Th., der Fortschritt in Winkelbach. Eine Verkettg. v. Schicksalen. gr. 8. (III, 216 S.) München 872. (Nürnberg, Richter & Kappler.) 2. —

Michel, Theodor (geb. am 29 Aug. 1847 in St. Goar): Ueber Staubinhalationen ... Bonn, Druck v. J. F. Carthaus (1872). 24 S., 1 Bl. 8.
Bonn, Med. Fak., Diss. v. 23 Juli 1872

Michel, Tr.

—— Vetter Christoph. 8. (118 S.) Berlin 850, Simion.
aus: Nieritz, Jugendbibliothek rc., besonders abgedruckt

Michel, T., Vetter Christoph. 2. Aufl. 8. (96 S. mit 1 Chromolithogr.) Düsseldorf 880, A. Bagel's Verlag. cart.

Michel, T., der Dämon. Eine Geschichte von der böhmischen Grenze, der reifern Jugend erzählt. Dresden 853. (Leipzig, Hunger.) 8. (98 S. u. 2 Lithogr.) n. 10 ngr

Michel, T., Schneider u. Geiger. Eine Jugend-Erzählung. [Abgedr. aus der Jugend-Bibliothek von Gust. Nieritz.] 8. (138 S.) Berlin 850, Simion. 1/3 ₰

Michel, T., Schneider u. Geiger. Eine Jugend-Erzählung. 2. Aufl. 8. (112 S. m. 1 Chromolith.) Düsseldorf 880. Bagel. cart. — 60

Michel, Wilhelm

Michel, Wilh., Apollon u. Dionysos. Dualistische Streifzüge. (80 S.) gr. 8. Stuttgart 904. A. Juncker. n. 3. —

Michel, Guilelmus: De fabularum Graecarum argumentis metricis. Gissae 1908: de Muenchow. 53 S. 8°
Gießen, Phil. Diss. v. 11. Jan. 1909, Ref. Körte
[Geb. 18. Febr. 84 Babenhausen; Wohnort: Gießen; Staatsangeh.: Hessen; Vorbildung: Ludwig-Georgs-Gymn. Darmstadt Reife M. 02; Studium: Lausanne 2, Berlin 1, Heidelberg 1, Gießen 5 S.; Rig. 31. Juli 08.] [U 09. 1223

Michel, Wilh., Münchener Kunstsommer (I u. II). (S. 157—188 m. Abb. u. 11 Taf.) 36,5×27 cm. München (910). F. Hanfstaengl. à 4. —
Sonderabdrucke aus: „Die Kunst uns. Zeit".

— s.: Putz, Leo, e. deutscher Künstler der Gegenwart.

Wilhelm Michel. Rainer Maria Rilke. Stuttgart, Berlin, Leipzig: A. Juncker [1906]. (14 Bl.) 8° [07. 9144

— Das Teuflische u. Groteske in der Kunst. 2. Aufl. (129 S. m. 97 Abb.) gr. 8. München 911. R. Piper & Co. 1.80; geb. in Halbleinw. 2. 80

— Der Zuschauer. Gedichte. (105 S.) 8. Ebd. 907. 2. 50

Michelangelo Buonarroti's Leben, s. Condivi, Ascanio. — Grimm, Herm.

Michelangelo's Biographie u. Charaktoristik, s.: Springer, A.

—— s. Scheffler, Ludw. v.

Michel Angelo Buonarroti, der v. M. A. B. eigenhänd. geschrieb. Augentractat (XVI. Jahrh.), hrsg. v. A. M. Berger. gr. 8. (28 S.) München 897. (J. Lindauer.) n. — 60

Michelagniolo Buonarroti, Briefe. Übers. v. Karl Frey. (Hortus deliciarum.) (345 S. m. 4 Taf.) kl. 8. Berlin 907. J. Bard. Kart. 4.50; geb. in Ldr. 6.—; Luxusausg., geb. in Perg. 15. —

— Daniel, s.: Meisterbilder 144. Bl.

Die Dichtungen des Michelagniolo Buonarrotti hrsg. u. m. krit. Apparate vers. v. Dr. Carl Frey, Prof. ... an d. Univ. Berlin. M. 1 Porträtradierg v. Albert Krüger u. 1 Heliogr. nach Francesco da Hollanda. *Berlin: G. Grote 1897.* (XXVI S., 1 Bl., 546 S., 1 Bl., 2 Portr.) 1 Bd 4.(8.) [97. 7984

— Dichtungen. Übertr. v. Heinr. Nelson. (XV, 310 S.) 8. Jena 909. E. Diederichs. 5.50; geb. 7. 50

Michelangelo Buonarotti, die Erschaffung Adams, s.: Meisterbilder fürs deutsche Haus.

— die Erschaffung v. Sonne u. Mond, s.: Meisterbilder 153. Bl.

— Der Falschspieler, s.: Blätter, bunte, aus aller Welt.

Michelangelo's u. Rafaels Gedichte. Von Herm. Harrys. Hannover 868. Rümpler. gr. 16. (195 S.) 22½ ngr.; in engl. Einb. mit Goldschn. 1 *ℳ* 7½ ngr.

— u. Rafael's Gedichte. Von Herm. Harrys. Neue Ausg. 8. (195 S.) Halle 883. Gesenius. n. 2. —

— u. Raffael's Gedichte. Von Herm. Harrys. 2. Aufl. Mit e. kurzen biograph. Einführg. (196 S.) kl. 8. Halle 906. H. Gesenius. n. 2. —; geb. in Leinw. n. 3. —

— Gedichte (italien. u. deutsch), übers. u. biograph. geordn. v. Walt. Robert-tornow. Hrsg. v. Geo. Thouret. Lex.-8. (XX, 443 S.) Berlin 896. Haude & Spener. n. 16. —; in Halbfrz. geb. n. 20. —

— Gedichte u. Briefe, s.: Museum, das. VIII.

Buonarotti, d. Aeltere, Michel Angelo, sämmtl. Gedichte italiänisch u. deutsch, mit einigen Anmerk. u. Michel Angelo's Bildnisse hrsg. von Glob. Regis. 8. (21¼ B.) Berlin 812, Duncker u. Humblot.

Michelangelo's sämmtliche Gedichte, in Guasti's Text m. deutscher Uebersetzg. v. Sophie Hasenclever. Eingeführt durch M. Jordan. Lex.-8. (XVIII, 428 S. m. eingedr. Holzschn.-Ornamenten.) Leipzig 875. A. Dürr. n. 20. —; in Leinw. geb. n. 32. —; in Ldr. geb. n. 36. —

— Handzeichnungen. Hrsg. v. Karl Frey. 30 Lfgn. m. etwa 350 Handzeichngn. auf 300 Taf. in getöntem Lichtdr. m. beschreib. Katalog u. e. Studie üb. Michelagniolo als Zeichner. 1.—24. Lfg. (240 Taf. m. Text S. 1—112.) 36,5×29,5 cm. Berlin (907—10). J. Bard. à nn 8.—; f. bisher. Abonnenten à nn 6.—; Luxusausg. à 18.—; f. vollst.: 240.—; geb. 300. —

Michelagniolo Buonarroti, Meisterbilder, s. Weicher's Kunstbücher. Nr. 25.

Michelangelo [Buonarroti]: Die Meisterbilder von Michelangelo (1475-1564). Eine Auswahl von 60 Reprod. nach Orig.-Aufnahmen. Berlin: Weicher 1909. 65 S. 8°
(Weichers Kunstbücher. Nr. 25.)

Michel Angelo, die Propheten u. Sibyllen in der Sixtina. 13 Blätter, m. dem Bildnisse Michel Angelos gestochen v. F. Ruscheweyh. gr. 8. (7 S. Text.) Regensburg 883. Verlags-Anstalt. n. 2. 80

Michelangelo Buonarotti, rime. Nachdichtungen v. Hans Grasberger. gr. 16. (XVI, 213 S.) Bremen 871. Kühtmann & Co. n. 2. 50

Michelangelo Buonarotti, Rime. Nachdichtungen von Hans Grasberger. gr. 16. (XVI, 213 S.) Bremen 872, Kühtmann und Comp. *

Michelangelo Buonarroti, le rime. Nachdichtungen v. Hans Grasberger. 2. Aufl. gr. 16. (XVI, 213 S.) Norden 885. Fischer Nachf. n. 2. 50

Michelangelo Buonarroti: Die delphische Sibylle, s. Meisterbilder für's deutsche Haus.

Michelangelo (Buonarroti). Des Meisters Werke in 169 Abb. Hrsg. von Fritz Knapp. 2. Aufl. Stuttgart & Leipzig: Deutsche Verl.-Anst. 1907. (XLI, 174 S.) 4°
= Klassiker d. Kunst in Gesamtausgaben. Bd 7.

— Zeichnungen im Museum Teyler zu Haarlem. Hrsg. von F. v. Marcuard. gr. Fol. (25 Taf. m. 27 S. illustr. Text.) München 901. Verlagsanstalt F. Bruckmann. Geb. in Leinw. n. 90.—

Neuentdeckte Michelangelo-Zeichnungen [Michelangelo Buonarroti] in den Uffizien zu Florenz von Emil Jacobsen u. P[asquale] Nerino Ferri. Mit 27 Lichtdr.-Taf. u. 17 Abb. Leipzig: K. W. Hiersemann 1905. (40 S., 24 Taf.) 2°

Michelant, Heinr., s. Bibliothek des litterarischen Vereins in Stuttgart XIII, XXIV, LXVII, CLXXVIII.

Michelant, Heinr., Historia del Cavallero Cifar, s. Bibliothek des litterarischen Vereins in Stuttgart, Bd. 112.

Micheler, s.: Abriß d. deutschen Grammatik.

— s.: Abriß der deutschen Sprachlehre.

— s. Abriß der deutschen Verslehre u. Poetik.

Micheler, s.: Lesebuch f. höhere Lehranstalten.

— s.: Lesebuch, literarhistorisches.

— s.: Uebungsaufgaben zum Abriß der deutschen Sprachlehre.

(Micheler, Jos. Dr.) „Oberrealschulrektor Wilhelm Breuning †". pg. 81—88. 8°. H. Stürtz, A.-G.
Würzburg, Progr. 1908/09

Micheler, Joseph „Zur Orientierung über die orthographische Frage". pg. 3—22. 8°. Dorenert & Schmid.
Kaufbeuren, Progr. 1879/80

Micheler, Joseph: Das Tabakwesen in Bayern von dem Bekanntwerden des Tabaks bis zur Einführung eines Herdstättgeldes 1717.... Stuttgart, Druck v. Gebr. Kröner, 1887; 1 Bl. + 77 S. 8°
Jena, Phil. Fak., Inaug.-Diss. v. 1887

Micheler, Joseph, das Tabakwesen in Bayern von dem Bekanntwerden des Tabaks bis zur Einführung eines Herdstättgeldes 1717. Diss. Jena 1887, G. Neuenhahn. 8°. 77 S.

Micheler, Katharina, Flitterwochen in der Küche. Humoristische, belehr. Abhandlgn. üb. die ersten Kochversuche e. unerfahrenen jungen Frau in den Flitterwochen. (48 S.) 8. München (909). C. A. Seyfried & Co. Geb. in Leinw. 1. 20

— Vierzig Minuten Küche od. schnelle, sparsame Küche. Die längste Herstellungsdauer f. jedes Gericht beträgt nur 40 Minuten. Größte Sparsamkeit in Bezug auf Feuerg. u. Zubereitg. Ein den modernen, wirtschaftl. Verhältnissen angepaßtes Kochbuch, berechnet f. den einfachen bürgerl. Haushalt des Mittelstandes. (237 u. XI S.) 8. Ebd. (907). Geb. in Leinw. nn 2.50; erm. Pr. 1. 80

— Studentenküche. Praktische Anleitg. f. Studenten u. andere einsame Menschen, sich mühelos u. billig e. einfache, kräft. u. schmackhafte Mahlzeit zu bereiten. (48 S.) 8. Ebd. (910). Geb. in Leinw. 1. 20

Michelesi Asculanus, Caiet, s.: Annales Minorum.

Michelessi, Domenico

Michelessi, lettre à Visconti sur la revolution arrivée en Suède le 19 d'Août 1772. 8. Greifsw. 773. (Cnobloch in Leipz.) 12 𝒢

Michelessi, Domenico. Mémoires concernant la vie et les écrits du comte F. Algarotti . . . Traduit de l'Ital. Berlin 1772. Ü: *Salvemini di Castiglione, Giov. Franc. Mauro Melch.* (BrMm)

— oratio in Clementem, Trevir. Elector. 4maj. Dresd. 769. Walther. 4 𝒢

— poésies 8. Berl. 771. Rottmann. 8 𝒢

— Schreiben an Visconti üb. d. Staatsveränderung v. 19. Aug. 1772 in Schweden: nebst d. festgestellten Regierungsform v. 21. Aug. 1772; aus d. Schwed. übers. v. J. G. P. Möller. 8. Greifsw. 773. (Cnobloch in Leipz.) 12 𝒢

Michelessi, D. Schreiben an den Herrn Visconti . . . über die . . . in Schweden vorgegangene Staatsveränderung . . . Greifswald 1773. Ü: *Möller, Joh. Georg Peter.* (BrMm)

Michelet, Wahlmann. Ich will die vollständige Verwirklichung der in der März-Revolution gegebenen Verheißungen. — Druck von W. Lohmann. 2 Bl. 4.
Flugblatt. Berlin, 30.Jan.1849.

Michelet, Charles (Louis Pierre) (geb. Berlin 24. 4. 1854): Ueber Diphtherie. Berlin (1879). (28 S.) 8°
Berlin, Med. Diss. v. 9. Aug. 1879

Michelet, George *Frédéric Guillaume* [aus Berlin]: Die Behandlung tuberculöser Abscesse mit Jodoforminjectionen . . . Berlin, Buchdr. v. G. Schade, *1893*; 30 S., 1 Bl. 8.
Berlin, Med. Fak., Inaug.-Diss. v. 6. Okt. 1893

Michelet, Jules, Auszug aus l'oiseau, la mer et l'insecte. Erklärt von O. Schulze. gr. 8. (105 S.) Berlin 884, Weidmann'sche Buchh. *
Anhang (8 S.) *

Michelet, J., Bibel der Menschheit. Aus dem Französ. übers. Prag 865. Steinhauser. 8. (XII, 504 S.) n. 1 𝓇𝓉𝒽 6 ngr.

Michelet, Einleitung in d. allgem. Geschichte. A. d. Franz. mit Vor- u. Nachw. v. J. Gehring. gr. 8. (11½ B.) Stuttgart 834, Hallberger.

Michelet, J., Etudes de la nature, s. Bibliothek gediegener und interessanter französischer Werke.

Michelet. J. Die Frau. — s. Universal-Bibliothek.

— die Frau. Deutsche, autorisirte Ausg. Uebers. von F. Spielhagen. Leipzig 860. Weber. 8. (XVI, 364 S.) n. 1 𝓇𝓉𝒽 10 ngr.

Michelet, J., die Frau. Deutsche autoris. Ausg. übersetzt von F. Spielhagen. 2. durchgeseh. Aufl. 8. (XVI, 364 S.) Leipzig 875, Weber. *

Michelet, Jules: Die Frauen der französischen Revolution. [Les femmes de la révolution française; 1854.] Frei bearb. u. m. geschichtl. Anm. vers. v. Eduard Maria Oettinger. — Brüssel & Leipzig: Schnée 1854. 316 S. 8°

Michelet, J., Der Herzog von Orleans, seine Töchter und die Orgien der Regentschaft. Berlin, Reinhold Schlingmann, 1855. 8°. (1⅓ Rthl. der Vorige, vor 1875.)
— — Dasselbe. 2 Thle. Ebd. 1865. 12°. Mit üppigem bildlichen Umschlag. (1⅓ Rthl.) (5 Mk. Taussig, Prag, 1904; 5 Kr. Halm & Goldmann, 1904.)
Vergriffen u. selten! I: XVI—212 SS. II: IV—184 SS.

— die Hexe. In das Deutsche übertragen von R. Klose. Leipzig 863. R. Schaefer. 8. (XXIII, 396 S.) n. 1 𝓇𝓉𝒽 10 ngr.

(Jules) **Michelet**. Jeanne d'Arc. Publ. et ann. en collabor. avec K[arl] Kühn par S[ébastien] Charléty, Prof. Avec 1 grav., 1 plan d'Orléans et 1 carte de la France du nord. Texte [&] Notes. Leipzig & Berlin: B. G. Teubner 1907. 2 Bde 8°
= **Teubner**, Collection, publ. à l'usage de l'enseignement second.

— dasselbe. publ. par S. Chartély, s. a. Collection Teubner.

Jeanne d'Arc [Histoire de France, Ausz.]. Par J[ules] **Michelet**. Hrsg. u. erl. von Prof. Dr F[ranz] J[osef] Wershoven. Mit 1 Abb. [Nebst] Wörterbuch. Trier: J. Lintz 1907. (VIII, 87, 28 S.) 8°
= **Auteurs** français. 4. [08. 8613

— u. Edgar **Quinet**, die Jesuiten. Vorlesungen. Aus dem Französ. übers. u. mit Anmerk. begleitet von Aug. Stöber. 12. Basel 843, Schweighauser. ⅚ 𝓇𝓉𝒽

— das Insekt. Naturwissenschaftliche Beobachtungen und Reflexionen über das Wesen und Treiben der Insektenwelt. Mit einem Vorwort von J. H. Blasius. Braunschweig 858. Vieweg. 16. (X, 384 S.) n. 1 𝓇𝓉𝒽. 15 ngr.

Michelet, J., — die Liebe, } s.: Universal-Bibliothek.

— die Liebe. Deutsche autorisirte Ausg. Uebers. von F. Spielhagen. 859. (XVI, 492 S.) n. 1 𝓇𝓉𝒽 15 ngr. — 2. durchgesehene Aufl. Leipzig 859. Weber. 8. (XXXVI, 386 S.) n. 1 𝓇𝓉𝒽

— die Liebe. Deutsche autoris. Ausg. Uebers. von F. Spielhagen. 3., durchges. Aufl. Leipzig 868. Weber. 8. (XXXVI, 390 S.) n. 1 𝓇𝓉𝒽 10 ngr.

—— die Liebe. Deutsche autoris. Ausg. übers. von F. Spielhagen. 4. durchgeseh. Aufl. 8. (XXXIV, 390 S.) Ebendas. 874. *

Michelet, Jules, Aus den Lüften. Das Leben der Vögel. Aus dem Französ. 8. (III und 281 S.) Berlin 856(57.) Allgemeine Deutsche Verlags-Anstalt. *

Michelet, J., Aus den Lüften. Das Leben der Vögel. 2. (Titel-)Aufl. Berlin 858. Allgem. Deutsche Verlags-Anstalt. 16. (2 Bl., 281 S.) n. 1 𝓇𝓉𝒽. 20 ngr.

Michelet, J., Aus den Lüften. Das Leben der Vögel. 3. Aufl. Berlin 859. Allgem. Deutsche Verlags-Anstalt. 16. (2 Bl., 281 S.) n. 1 𝓇𝓉𝒽

— aus den Lüften. Das Leben der Vögel. 4. Aufl. Berlin 869. allgemeine deutsche Verl.-Anst. 8. (III, 184 S. mit 1 Chromolith.) 22½ ngr; in engl. Einb. mit Goldschn. n. 1 ℛ

— Luigi XI. e Carlo il temerario. Triest 863. Coen. 16. (144 S. mit 1 Holzschntaf.) n. 8 ngr

—— das Meer. Deutsch von F. Spielhagen. Autorisirte Ausg. 8. (X und 314 S.) Leipzig 861, Weber. *

Michelet, J., la mer, s.: Bibliothèque contemporaine.

Précis de l'histoire moderne par J(ules) Michelet. In Ausz. mit Anm. z. Schulgebr. hrsg. von Prof. Dr. C. Th[eodor] Lion. [Nebst] Anm. *Bielefeld & Leipzig: Velhagen & Klasing 1900.* 2 Bde 8°
— Sammlung, Velhagen & Klasings, franz. u. engl. Schulausgaben. Prosateurs franç. Lfg 28 B.

—— Précis de l'histoire moderne, s.: Prosateurs français.

Michelet, Jules, der kathol. Priester in seiner Stellung zum Weibe u. zur Familie. Aus d. Französ. v. Ludw. Eichler. 8. (21 B.) Leipzig 845, Michelsen.

— die Regentschaft, s.: Sitten-Bilder der Nationen und Jahrhunderte.

— — Die Regentschaft. 2 Bde. (Auch tit.: „Sittenbilder der Nationen und Jahrhunderte. Bd. 5, 6.) Berlin 1864. 8°. (1⅓ Rthl.) (⅚ Rthl. Maske, Breslau, vor 1875.)

— Vide: Studien (Demokratische).

Michelet, Jules, Tableau de la France, hrsg. v. K. A. Mart. Hartmann, s.: Hartmann's, K. A. Mart., Schulausgaben (französ. Schriftsteller), Nr. 20.

Michelet, J., der Vogel, im Auszuge aus der von Sigism. Wolff erschienenen Uebersetzung. Hrsg. vom Münchener Thierschutz-Verein. 8. (148 S. mit eingedr. Holzschn.) München 862, (J. A. Finsterlin.) *

—— das Volk. 8. (26½ B.) Mannheim 846, Hoff.

—— das Volk. Deutsch v. P. Str. gr. 8. (15¼ B.) Nordhausen 846, Fürst.

—— die Welt der Vögel. Bevorwortet von Herm. Masius. Mit Illustr. (in Holzschn.) von H. Giacomelli. 5 Lfgn. (à *ℳ 2.) Lex.-8. (336 S. mit 25 Holzschntaf.) Berlin 870, Sacco Nachf. [Gera, Griesbach's Verlag.] (*ℳ 10.)

— die Welt der Vögel. Bevorwortet von Herm. Masius. 2. Aufl., mit einer Einleitung von Ed. Rüdiger. Mit 180 (Holzschn.-)Illustr. von H. Giacomelli. 6 Lfgn. gr. 8. (XXII, 296 S.) Minden 883. Bruns. à n. 1. 50 (cplt.: n. 9. —; geb. n. 11. —)

Michelet, Karl Ludw. 8 Abhandlungen, Herrn Prof. Dr. K. L. M. zum 90. Geburtstag als Festgruss dargereicht v. Mitgliedern der philosoph. Gesellschaft. s.: Vorträge, philosophische.

Michelet, Carl Ludw., Anthropologie u. Psychologie, od. d. Philosophie d. subject. Geistes. gr. 8. (35½ B.) Berlin 840, Sander'sche Buchh.

– über Preussens Bestimmung u. Aufgabe. Rede gehalten in mehreren Bezirksvereinen. Berlin 866. (J. A. Müller.) gr. 8. (14 S.) n.n. 2 ngr

—Commentaria in Aristotelis Ethicorum Nicomacheorum libros X. 8 maj. Berlin 835. Schlesinger. 2½ ℛ
— s. auch Aristoteles.

Michelet, C. L., und G. H. Haring, historisch-kritische Darstellung der dialektischen Methode Hegels. Nebst dem gutachtl. Berichte über die der Philosoph. Gesellschaft zu Berlin eingereichten Bewerbungsschriften und einer Geschichte dieser Preisbewerbung. 8. (XVI, 173 S. mit 1 Taf.) Leipzig 888, Duncker und Humblot. *

Michelet, Karl Ludw., Einleitung in Hegel's philosoph. Abhandlungen. gr. 8. (5¼ B.) Berlin 832, Duncker u. Humblot. 4 Gr.. Bino. Thlr.

K. L. Michelet's Einleit. in Hegel's philos. Abhandll. *Eb.* 832. gr 8° 6 gl (Aus d. 1ⁿ Bde. v. Hegel's Werken bes. abgedr.)

— Einleitung in die allgemeine Geschichte. Aus d. Franz. mit Vor- u. Nachwort von J. Gehring. gr. 8. Stuttgart 834. Hallberger'sche Verlagsh. ⅞ ℛ

Michelet, Carl Ldw., über Einrichtung der Bezirks-Vereine. Rede, gehalten am 25. April 1849 im geselligen Verein der Stadt-Bezirke 48a u. b. gr. 8. (11 S.) Berlin 849, Gerhard (jetzt: Grobe). 1½ ngr

Michelet, Carl Ludw., über einige Einwände gegen Michelet's „System der Philosophie, als exacter Wissenschaft", besonders hinsichtlich der Wasserzersetzung durch den Galvanismus, s.: Verhandlungen der philosophischen Gesellschaft zu Berlin.

Michelet, Carl Ludw., Entwickelungsgeschichte der neuesten deutschen Philosophie, m. besond. Rücksicht auf den gegenwärt. Kampf Schellings mit der Hegelschen Schule. Dargestellt in Vorlesungen an d. Universität zu Berlin 1842. gr. 8. (25½ B.) Berlin 843. Duncker u. Humblot. Thlr.

—— die Epiphanie der ewigen Persönlichkeit des Geistes. Eine philosoph. Trilogie. 1. Gespräch. Ueber die Persönlichkeit des Absoluten. gr. 8. (14¼ B.) Nürnberg 844, Cramer.

—— dass. 2. Gespräch. A. u. d. Ttl.: Der histor. Christus u. das neue Christenthum. gr. 8. (16½ B.) Darmstadt 847, Leske.

— dass. 3. Gespräch. A. u. d. T.: Die Zukunft der Menschheit u. die Unsterblichkeit der Seele oder die Lehre von den letzten Dingen. gr. 8. (VIII u. 228 S.) Berlin 852, Schneider & Co. n. 1⅓ ℛ

Michelet, Carl Ludw., die Epiphanie der ewigen Persönlichkeit des Geistes. Eine philosophische Trilogie. 3. Gespräch. A. u. d. T.: Die Zukunft der Menschheit u. die Unsterblichkeit der Seele oder die Lehre von den letzten Dingen. 2. mit einem Vorwort verm. Ausg. Berlin 863. Nicolai'sche Verlhdlg. in Comm. gr. 8. (XII, 228 S.) n. 1 ℛ

Michelet, Karl Ldw., die Ethik d. Aristoteles in ihrem Verhältnisse z. Systeme d. Moral. gr. 8. Berl. 827. Duncker u. H. 8 gl

—— Examen critique de l'ouvrage d'Aristote intitulé Métaphysique, ouvrage couronné par l'Acad. des sciences morales et politiques de l'Institut Royal de France, en l'année 1835. gr. in-8. (22¾ B.) Paris 836, Merklein. (Leipzig, Hermann.) *

Michelet, Carl Ludw., das Forum Romanum oder die achte Region des alten Rom. Eine historisch-antiquar. Streitfrage zwischen Italien und Deutschland. Mit 1 (lithogr.) Plane dieses Bezirks. gr. 8. (VI, 82 S.) Berlin 877, Grieben. *

— die gesellschaftliche Frage in ihrem Verhältnisse zum freien Handel. Rede, gehalten in der Sitzung des Freihandels-Vereins vom 12. Juni 1849. gr. 8. (24 S.) Berlin 849, Gerhard (jetzt: Grobe). 3 ngr

Michelet, C. L., s. Gedanke, der.

Michelet, Carl Ludw., die Geschichte der Menschheit in ihrem Entwickelungsgange seit dem J. 1775 bis auf die neuesten Zeiten. 2 Thle. gr. 8. Berlin, F. Schneider. [1. Thl. (VIII und 471 S.) 859. * 2 Thlr., 2. Thl. (IV und 616 S.) 860. * 2 Thlr. 10 Ngr.] *

—— Geschichte d. letzten Systeme d. Philosophie in Deutschland, von Kant bis Hegel. 2 Thle. gr. 8. Berlin, Duncker u. Humblot. [1. (34¼ B.) 837. 3 Thlr., 2. (51 B.) 838. 4 Thlr.]

Michelet, C. L., Hegel u. der Empirismus. Zur Beurthlg. e. Rede Ed. Zellers. gr. 8. (15 S.) Berlin 873. Nicolai's Verl. n. — 50

Michelet, C. L., Hegel, der unwiderlegte Weltphilosoph. Eine Jubelschrift. Leipzig 870. Duncker & Humblot. gr. 8. (VI, 114 S.) n. 20 ngr

— s. Hegel, G. W. F., Werke.

Michelet, Carl Ldw., die Lösung der gesellschaftlichen Frage. gr. 8. (VI u. 149 S.) Frankfurt a. O. 849, Trowitzsch & Sohn. n. ½ ₰

—— Naturrecht oder Rechts-Philosophie als die praktische Philosophie enth. Rechts-, Sitten- und Gesellschaftslehre. 1. und 2. Bd. gr. 8. Berlin 866, Nicolai's Verlag. *

Inhalt:

Bd. 1. Des Vernunftrechts 1. Thl. enth. die Grundrechte und das Einzelrecht. (VIII und 352 S.) * 2 Thlr.

» 2. Des Vernunftrechts 2. Thl. enth. das öffentl. Recht und die allgemeine Rechtsgeschichte. (VIII und 444 S.) * 2 Thlr. 15 Ngr.

Michelet, Car. Ludov. (geb. Berlin 4. 12. 1801): De doli et culpae in jure criminali notionibus. Berolini (1824). (70 S.) 8°

Berlin, Phil. Diss. v. 25. Sept. 1824

Michelet, De Sophoclei ingenii principio. Pr. 1880. 18 S. 4°.

Michelet, C. L., eine Italienische Reise in Briefen. Dem Freunde der Natur, der Kunst und des Alterthums gewidmet. Mit 3 (lith.) Plänen (in 4. u. Fol.). Berlin 856. Schindler. 8. (XII, 244 S.) n. 1 ₰. 20 ngr

— eine italienische Reise in Briefen. Dem Freunde der Natur, der Kunst u. des Alterthums gewidmet. Mit 3 (lith.) Plänen (in 4. u. Fol.). 2. Ausg. Berlin 864. Schindler. gr. 8. (XII, 244 S.) n. 1 ₰ 20 ngr

——, Schelling u. Hegel. Od. Beweis d. Aechtheit d. Abhandl.: Ueber d. Verhältniß d. Naturphilosophie z. Philosophie überhaupt. Als Darlegung d. Stellung beider Männer geg. einander. Ein Beitr. z. Gesch. d. Philosophie. gr. 8. (5⅛ B.) Berlin 839, Dümmler.

—— das System d. philosoph. Moral, mit Rücksicht auf d. jurid. Imputation, d. Gesch. d. Moral, u. d. christl. Moralprincip. gr. 8. (23¼ B.) Berlin 828, Schlesinger.

—— das System der Philosophie als exacter Wissenschaft, enthaltend Logik, Naturphilosophie und Geistesphilosophie. 1.—4. Bd. gr. 8. Berlin, Nicolai'sche Verlagsh. *

Inhalt:

Bd. 1. Logik, Dialektik, Metaphysik. (XVI, 312 S.) 876. *M 7.

» 2. Die Naturphilosophie auf dem Grunde der Erfahrung. (XVI, 486 S.) 876. *M 8.

» 3. Die Philosophie des Geistes. (XV, 668 S.) 878. *M 9.

» 4. Die Philosophie der Geschichte. 1. Abthl.: Die Urwelt, der Orient, Griechenland. (XII, 392 S.) 879. *M 6.

—— das System der Philosophie als exacter Wissenschaft, enthaltend Logik, Naturphilosophie und Geistesphilosophie. 4. (Schluss-)Thl., enthaltend die Philosophie der Geschichte. 2. Abthl.: Rom, das christl. Europa, America, die Nachwelt. gr. 8. (VIII, 684 S.) Berlin 881, Nicolai'sche Verlagsh. *

1.—3. Thl. und 4. Thl. 1. Abthl. Ebendas. 1876—79. *M 30.

Herbert Spencer's System der Philosophie und sein Verhältniss zur deutschen Philosophie von Prof. [Karl Ludwig] Michelet, nebst d. Entgegnungen d. Lic. Dr. Fr[iedrich] Kirchner u. d. Prof. [Adolf] Lasson. Halle a. S.: C. E. M. Pfeffer 1882. (28 S.) 8°

— Vorträge, Philosophische. N. F. H. 2, [1.]

Michelet, Carl Ludwig. Zur Unterrichts-Frage. Nebst Darstellung der vom Ministerium Eichhorn gegen den Verfasser geführten Disciplinar-Untersuchung. Frankfurt a. O. u. Berlin, Trowitzsch u. Sohn 1848. VI 82 S. 8.

Michelet, C. L., Zur Verfassungsfrage. Den Mitgliedern der beiden verfassungsgründenden Versammlungen gewidmet. Frankfurt a. O. u. Berlin, Trowitzsch u. Sohn, 1848. IV, 116 S. 8°.

—— Vorlesungen üb. d. Persönlichkeit Gottes u. Unsterblichkeit d. Seele, od. d. ewige Persönlichkeit d. Geistes. Gehalten 1840. gr. 8. (20¼ B.) Berlin 841, Dümmler.

— Vorschläge zur Umgestaltung der Deutschen Universitäten. Ihren Vertretern gewidmet. gr. 8. (43 S.) Berlin 850, Schneider & Co. n. ¼ ₰

Michelet, Carl Ludw., Wahrheit aus meinem Leben. Nebst 2 Lichtbildern u. 4 Stammtaf. gr. 8. (XI, 548 S.) Berlin 884. Nicolai's Verl. n. 6. —

Michelet, Marie, Puck. 2 Kindergeschichten. Berechtigte Uebersetzg. aus dem Norweg. v. Martha Sommer. 1. u. 2. Aufl. (III, 141 S. m. 25 Abbildgn.) 8. Schwerin 904. 905. F. Bahn. Geb. in Leinw. n. 2. 50

Michelet, N. Ueber die sixtinische Madonna. 11 S. . . . .
Berlin, C. F., Progr. 1837

Michelet, N. De Sophoclei ingenii principio. 16 S. . . . . .
Berlin, C. F., Progr. 1830

1.— Michelet, Paul *Karl August* [aus Berlin]: Ein Beitrag zur operativen Behandlung der Hämorrhoidalknoten. . . . Berlin, Buchdr. v. G. Schade, *1890*; 31 S. 8°

Berlin, Med. Fak., Inaug.-Diss. v. 15. Nov. 1890

Michelet, Paulus Ludov. (Theod.) (geb. Berlin 18. 12. 1835): De gonorrhoea. Berolini (1859). (32 S.) 8°

Berlin. Med. Diss. v. 26. Juli 1859

Israels Propheten als Träger der Offenbarung. Vortrag auf d. 1. religionswiss. Kongr. in Stockholm geh. 1897 von Dr. theol. S[imon] Michelet, Prof., Christiania. Aus d. Norweg. übers. Freiburg i. B., Leipzig & Tübingen: J. C. B. Mohr 1898. (40 S.) 8°

— [Sammlung gemeinverständl. Vorträge u. Schriften aus d. Geb. d. Theol. u. Religionsgeschichte. 13.] [s. d. 9980]

Micheletti, A. M.: De institutione clericorum in sacris seminariis. In decretum et normas S. C. Episcoporum et Regularium die XVIII Ian. 1908 datum commentarium. P. (1.) 2. Friburgi Brisg.: Herder [1908]-1909. 8°

1. [1908.]
2. [u. d. T.:] Micheletti: De ratione studiorum in sacris seminariis ...(1909.) [Nebent.:] Micheletti. Commentarium in S. Cong. Episcop. et Regul. decretum normas. P. 2.

— De institutione clericorum in sacris seminariis. In decretum et normas s. c. episcoporum et regularium die 18. I. 1908 datum commentarium sanctissimo domino nostro Pio PP. X quam humillime dicatum. (VII, 176 S.) gr. 8. Ebd. (909). 2. —

Micheletti, A. M., commentarium in decretum et normas pro reformatione seminariorum sanctissimo domino nostro Pio PP. X. quam humillime dicatum. Pars I. et II. gr. 8. (Rom, Fr. Pustet — Freiburg i B., Herder.) nn 4. 80

I. De ratione pietatis in sacris seminariis. Manuale asceticum, juridicum, paedagogicum ad montem S. Caroli Borromaei, summorum pontificum ac ss. rr. congregat. recentiorum decretorum digestum. Ed. II. (176 S.) (910.) nn 2. —

II. De ratione studiorum in sacris seminariis. Manuale theoretico-practicum ad usum praefecti studiorum ac magistrorum seminariorum. (XI, 326 S.) (909.) 2. 80

— **Summula praelectionum paedagogiae ecclesiasticae generalis et specialis iussu Leonis S. M. PP. XIII habitarum in pontificio collegio apostolico Leoniano** in urbe. Vol. I. et II. gr. 8. Ebd. 13. 60

I. De regimine ecclesiastico religiosorum necnon seminariorum iuxta mentem S. Gregorii M., S. Ignatii Loyol., et S. Caroli Borromaei aliorumque ss. patrum, ecclesiae doctorum et summorum pontificum recentiorum. Vol. I. De regimine in genere. (XIV, 589 S.) (909.) 9. 60

II. De rectore seminariorum clericalium. Manuale canonicum, paedagogicum ad menten S. Caroli Borromaei, summorum pontificum ac ss. rr. congregat. recentiorum decretorum digestum. (XV, 534 S.) (910.) 4. —

Michell, Ed., fünfzehn der hauptsächlichsten Mängel im Betriebe der heutigen Landwirthschaft in ihrer nachtheil. Einwirkg. auf den Reinertrag der Landgüter. gr. 8. (V, 148 S.) Prag 871. Mercy. n. 2. 40

Micheli, F. Jules: Über den Einfluss von Oberflächenschichten auf das Kerr'sche magneto-optische Phänomen. *Leipzig: J. A. Barth 1900.* (34 S.) 8° ¶ [Erschien gekürzt in: Annalen d. Physik, 4. Folge, Bd. 1.]
Leipzig, Phil. Diss. v. [13. Febr.] 1900

Micheli, H. La révolution oligarchique des Quatrecents à Athènes et ses causes. In-8°. 132 p. Genève et Bâle, Georg & Co. 1894. 3 —

Micheli, Jacques-Barthélemy. Supplication avec Supplément presentée aux Loüables Cantons de Zurich et de Berne en Juillet & Decembre 1744. par Noble Jaques Barthelemi M', ... Seigneur du Crest, au sujet du Réglement fait en 1738. par l'Illustre Médiation de Genève. 8. [Bâle] 1745.
Suivi de la Copie *de deux lettres envoyées par* J'-B' Micheli à Zurich *et* à Berne.

[Micheli, Jean-Louis.] Pauline Fathmé, la jeune Galla (÷ 1855). Avec quelques mots d'introduction sur les Gallas et leurs mœurs. [Couverture illustrée.] 8. Bâle 1857.

Micheli, M. Contributions à la flore du Paraguay. III.: Polygalacées, par *R. Chodat.* Avec les planches 28—33. Gr. in-4°. (P. 99—114). Genève, Bâle, Lyon, H. Georg. 1890. 5 —
*** „Mémoires de la Société de physique et d'histoire naturelle de Genève Tome XXX, No 8."

— IV.: Cypéracées, par *P. Maury.* Avec les planches 34—45. Gr. in-4°. (P. 115—157). Genève, Bâle, Lyon, H. Georg. 1890. 8 —
*** „Mémoires de la Société de physique et d'histoire natur. de Genève. Tome XXXI, No. 1."

Micheli, M. Contributions à la Flore du Paraguay. V: Malpighiacées par *Dr. R. Chodat.* 2 feuilles et 6 pl. In-4°. 24 p. Genève et Bâle, H. Georg. 1892. 5 —

Micheli, M. Contributions à la Flore du Paraguay. — Pipéracées par *C. de Candolle.* Avec les planches 52—54. Gr. in-4°. 10 p. Genève, Bâle, Lyon, Georg & Co, 1893. 5 —
*** Mémoires de la Soc. de physique et d'histoire naturelle de Genève. XXXII, N° 2.

Micheli, M., voir: *Mémoires de la Soc. de physique.*

Michelia. Commentarium mycologiae italicae curante P. A. Saccardo. Nr. I—VII. gr. 8. (1. Bd. III, 619 S. u. 2. Bd. S. 1—383.) Patavii 878—81. (Berlin, Friedländer & Sohn.) n. 62. 75

Michelia. Commentarium mycologicum fungos in primis italicos illustrans, curante P. A. Saccardo. Nr. 1—5 oder Vol. I. gr. 8. Patavii. (Berlin, Friedländer und Sohn.) [Nr. 1. (S. 1—115.) 877. *M 7,25.; Nr. 2. (S. 117—275.) 878. *M 10.; Nr. 3. (S. 277—355.) 878. *M 5.; Nr. 4. (S. 357—452.) 878. *M 6.; Nr. 5. (III, S. 453—619.) 878. *M 10,50.] *

Michelia. Commentarium mycologicum, fungos in primis italicos illustrans, curante P. A. Saccardo. Nr. 6—8 oder Vol. II. gr. 8. Patavii. (Berlin, Friedländer und Sohn.) [Nr. 6. 2. Bd. (S. 1—176.) 880. **M 11.; Nr. 7. (S. 177—383.) 881. **M 13.; Nr. 8. (III, S. 385—682.) 882. **M 19.] **
Nr. 1—5. (Ebendas.) 1877,78. *M 38,75.

Micheliade, Die. Germanien 1819. V: *Jassoy, Daniel Ludwig.* (GGr X, 575) (Zeitschr. f. Büch. N. F. 15, 1923, S. 116)

Michelis. Die 6. allgemeine deutsche Künstler-Versammlung und die 2. allgemeine deutsche und historische Kunst-Ausstellung. Köln 1861. Düsseldorf 1862. 8°.

Michelis, Arthur Zur Anatomie schleimhaltiger Samenschalen. 7 S. u. 2 Taf. Progr. St. Rg. *Königsberg* 1877.

Michelis, Arthur, Prof.: Das Ding an sich. Vom physikal. u. v. philos. Standpunkte. Königsberg Pr. 1906: Hartung. (16 S.) 8°
Königsberg, st. RG OP 1906 (20)

Michelis, Arth., Reiseschule für Touristen u. Curgäste. Leipzig 869. Gumprecht. gr. 8. (VIII, 284 S.) n. 20 ngr; geb. n. 25 ngr

Michelis, Arth. [W. B. A. Gumbrecht], Reiseschule f. Touristen u. Curgäste. 2. verb. Aufl. 8. (XI, 295 S.) Leipzig 871. Hässel. n. 2. —; geb. n. 2. 75.

Michelis, Arth., Reiseschule für Touristen und Curgäste. 2. verb. Aufl. 8. (XI, 295 S.) Leipzig 872, Gumprecht. [Haessel.] *M 2.; geb. *

† Michelis, Arth. [W. B. A. Gumprecht], Reiseschule. Allerlei zu Nutz und Kurzweil für Touristen und Curgäste. 3. verb. Aufl. 8. (XII, 312 S.) Leipzig 876, Hässel. geb. *

Michelis, A. [Adf. Gumprecht], Reiseschule. Allerlei zu Nutz u. Kurzweil für Touristen u. Kurgäste. 4., verb. Aufl. 12. (VIII, 336 S.) Leipzig 889. [Haessel.] Stuttgart, Frommann's Verl. n. 3. —; geb. n. 4. —

Michelis, Arthur: Über den Zusammenhang von Materie und Bewusstsein in Zeit und Raum. *Königsberg 1898: Hartung.* (3—14 S.) 4°
Königsberg i. Pr., st. RG, OP 1898 (20)

Michelis, Bernhard Josef

(Michelis, Bern. Jos.,) Dem Glaubensbekenntnisse des Herrn Blumauer ein anderes entgegengesetzt von einem münsterländischen Landpfarrer. Münster u. Osnabrück 1788.
Vgl. Blumauer, Aloys, Glaubensbekenntnis eines nach Wahrheit ringenden Katholiken. Wien 1786, 8°.

Michelis, Bhrd. Jos., d. Wesentl. f. d. prakt. Bienenfreund ꝛc. Aus Riem's Grundsätzen d. Bienenzucht gezogen ꝛc. 8. Münster. 809. Aschendorff. 4 gl.

Michelis, Edouard: Das tragische E n d e der Londoner Carthause, genannt zum englischen Grusse. Ein Beitrag zur Reformationsgeschichte Englands. Von Odilo. Mainz 1837. 12°

Michelis, Ed., Die Hermesianer in Rom oder Fugen zu den acta Romana. Köln 1839, 8°. Bachem.

Michelis, Edouard: Der Erzbischof C l e m e n s August von Köln. Nach den zuverlässigsten Quellen treu und wahr geschildert von Pfr. M. in L. Nebst Anhang: Interessante Charakterzüge und einige bisher ungedruckte Gedichte des Verstorbenen. Mit dessen Portrait. Xanten 1846. – 8°

Michelis, Ed., Lieder aus Westphalen. Aus dem Nachlasse des Verstorbenen u. mit e. Biographie desselben eingeleitet von F. Michelis. Luxemburg 857. Gebrüder Heintze. 16. (VIII, XLI, 187 S. u. Portr. in Stahlst.) n. 1 ℛ.

Michelis, Ed., das h. Meßopfer u. d. Frohnleichnamsfest in ihrer welthistor. Bedeutung. Ein Beitr. z. friedl. Verständigung üb. d. religiöse Frage d. Gegenwart. 8. (8 B.) Erfurt 841. [Leipzig, Hartung.] *

Michelis, Eduard, Das hl. Meßopfer u. das Fronleichnamsfest in ihrer welthistorischen Bedeutung. Ein Beitrag zur friedlichen Verständigung über die religiöse Frage der Gegenwart. Erfurt, Hilienberg. 1841, kl. 8°, 128 S., 1,50 Mk.

Odilo (Eduard Michelis), Ritterus et Baltzerus vapulantes oder Beurteilung des dogmatischen Gutachtens der Herrn Ritter u. Baltzer. Mainz, Kirchheim, 1837, gr. 8°.

Michelis, Ed., die Völker der Südsee und die Geschichte der protestant. und kathol. Missionen unter denselben. gr. 8. (XVIII und 539 S.) Münster 847, Regensberg.

Michelis, Edouard: Ueber allgemeines W a h l r e c h t und allgemeine Wählbarkeit, eine Stimme aus dem Volke. Luxemburg: J. Lamort [1848]. – 8°

Michelis, Edouard (Hrsg.), s. W o r t , Luxemburger, für Wahrheit und Recht.

Michelis, Eduard, die Zolltrennung Österreich-Ungarns in handelspolitischer u. wirtschaftlicher Beleuchtung. (VII, 125 S.) gr. 8. Wien 908. Manz. 2.60

Michelis, Eduard: Die Zolltrennung Österreich-Ungarns in ihren mutmasslichen Rückwirkungen auf die deutsch-österreichisch-ungarischen Handelsbeziehungen. Leipzig: Duncker & Humblot 1908. 67 S. 8° ¶(Aus: Jahrbuch f. Gesetzgeb., Verwalt. u. Volkswirtsch. im dtsch. Reich. N. F. Bd 32, H. 2.)
Heidelberg, Phil. Diss. v. 26. Juli 1909, Ref. Weber
(Nicht für den Austausch, lag nicht vor)
[Geb. 25. Dez. 65 Genf; Wohnort: Wiesbaden; Staatsangeh.: Preußen; Vorbildung: Gymn. Dresden Reife O. 89; Studium: Jura Berlin 2, Wien 1, Leipzig 2, Berlin 3, Phil. Berlin 4 S.; Rig. 20. Juli 09.] [U 09. 2008

Michelis, Friedrich

Michelis, F., der A b f a l l vom Gewissen. Eine altkathol. Antwort auf Bischof Haneberg's Abfall vom Glauben. 8. (28 S.) Kaiserslautern 875. Muschi. n. — 20

— kurzer A b r i ß der Kirchengeschichte vom [alt-]katholischen Standpunkte aus. gr. 16. (128 S.) Constanz 875. Fritz. n. — 90

Michelis, Fr., A b w e h r des von Herrn Georg Eduard Steitz, ev. luth. Pfarrer zu Frankfurt a. M., auf die katholische Beichtanstalt gemachten Angriffes. Paderborn 853. Schöningh. 8. (80 S.) n. 5 ngr.

— meine A n s i c h t e n üb. Wissen u. Glauben u. üb. das Ziel der kathol. Reformbewegung. Mit e. offenen Schreiben an Herrn Lang in Zürich als Einleitg., u. e. Wort an die Schweizer Reformbewegg. als Epilog. gr. 8. (35 S.) Bern 873. Jent & Reinert. n. — 80

Michelis, Frdr., A n t i d a r w i n i s m u s. Weber's Kritik der Weltansicht Du Bois Reymonds u. Sachs' Vorlesungen üb. Pflanzenphysiologie, zwei stumme Zeugen f. die Richtigkeit meiner idealen Weltauffassg. 8. (XI, 75 S.) Heidelberg 886. Weiss' Verl. n. 1. 40

Michelis, Fr., eine katholische A n t w o r t auf die päpstliche Encyklika vom 5. Febr. gr. 8. (16 S.) Bonn 875, Neusser. *

Michelis, Frid., de A r i s t o t e l e Platonis in idearum doctrina adversario. Commentatio critica. gr. 8. (36 S.) Braunsberg 864, Huye. *

— A r i s t o t e l i s περὶ ἑρμηνείας librum pro restituendo totius philosophiae fundamento interpretatus est F. M. gr. 8. (84 S.) Ebend. 886. n 2. 40

Michelis, Fr., Der Atomismus als Problem für das Denken mit besonderer Berücksichtigung des Verhältnisses der atomistlichen zur religiösen Naturauffassung. Natur u. Offbrg 1858.

Ueber die Bedeutung des Neuplatonismus für die Entwickelung der christlichen Speculation. Von Prof. Dr. (Friedrich) **Michelis**, nebst der dabei stattgehabten Diskussion. Halle a. S.: C. E. M. Pfeffer 1885. (S. 51–74.) 8°
= **Vorträge**, Philosophische. N. F. H. 8, [1] [67. 3163

Michelis, Friedr., B e i t r ä g e zur Reform der Grammatik. 1. Heft: Die Grundlegung der Grammatik mit Rücksicht auf die Stellung der Grammatik in der Volksschule und auf den Zusammenhang der modernen Grammatik mit den Principien der Revolution. 8. (VII und 103 S.) Münster 857, Theissing'sche Buchh. *

—— B e m e r k u n g e n zu der durch J. Kleutgen vertheidigten Philosophie der Vorzeit. gr. 8. (77 S.) Freiburg im Br. 861, Herder'sche Verlagsh. *

Michelis, Fr., anti-darwinistische B e o b a c h t u n g e n. gr. 8. (85 S. mit 4 Stnt.) Bonn 877, Neusser. *

—— P r e u ß e n s Beruf für Deutschland und die Weltgeschichte. Ein freies Wort zur rechten Zeit. 8. (27 S.) Paderborn 863, Schöningh.

—— Der häretische Charakter der Infallibilitätslehre. Eine kath. Antwort auf die römische Exkommunikation. Hannover, Meyer, 1872, gr. 8°, 80 S., 1,20 Mk.
Linzer Theol.-pr. Quartalschr. 1872, S. 214–24. Littblätt. zur Sion 1872, S. 54.

—— katholische D o g m a t i k. 2 Thle. in 1 Bd. gr. 8. (IV, 499 S.) Freiburg i. Br. 881, Wagner'sche Universitäts-Buchh. *

—— das Eine, was Bismarck nicht kann. Ein kirchlich-politisches Plaidoyer zur gegenwärtigen Lage Deutschlands und der Welt. 8. (48 S.) [Strassburg 878.] Mannheim, Schneider. *

Michelis, Fr., Entwicklung der beiden ersten Kapitel der Genesis. gr. 8. (Mit 1 lith. Taf.) Münster 845, Theising. 1/2 ₰

—— das Formentwicklungsgesetz im Pflanzenreiche oder das natürliche Pflanzensystem nach idealem Principe ausgeführt. gr. 8. (XXIV, 435 S.) Bonn 869, Henry. *

Michelis, Fr., der Gedanke in der Gestaltung d. Pflanzenreiches. Eine kurze u. faßl. Darstellg. meines in der Schrift: „Das Formentwicklungsgesetz im Pflanzenreiche" ausgeführten Systems. gr. 8. (35 S.) Bonn 871. Aachen, J. Schweitzer. — 30

— der Gedanke in der Gestaltung des Thierreiches. Eine neue Instanz gegen den Darwinismus u. seine Herrschaft in Deutschland. gr. 8. (31 S.) Ebd. 872. — 30

—— die Lügnerin Germania, ertappt, entlarvt und gebrandmarkt. gr. 8. (26 S.) Landsberg a. d. W. 881, Schönrock. *

— das Gesammtergebniss der Naturforschung, denkend erfasst. gr. 8. (VIII, 423 S.) Freiburg i/Br. 885. Wagner. n. 10. —

—— kurze Geschichte des vatikanischen Concils. gr. 8. (27 S.) Constanz 875, Fritz. *

Michelis, Fr., Geschichte der Philosophie von Thales bis auf unsere Zeit. In allgemein faßlicher Darstellung. Braunsberg u. Leipzig. Peter, 1865, gr. 8°, VIII, 344 S., 5,40 Mk.
Recens. Allgem. Littztg 1866, S. 11—2. Vgl. auch die Notiz Litt. Handw. 1865, S. 405.

—— Mein Glaubensbekenntnis. Leipzig. Honer, 1873, 8°, 31 S., 2. Aufl., 40 Pf.

—— s. Glossen, fünfzig.

— Haeckelogonie. Ein akadem. Protest gegen Haeckel's „Anthropogenie." gr. 8. (74 S.) Bonn 875. Neusser. n. 2. —

— dasselbe 2., m. e. krit. Abrechng. als Vorwort versch. Aufl. gr. 8. (106 S.) Ebend. 876. n. 3. —; die kritische Abrechnung. apart (34 S.) 1. 20

(Michelis, Fr.) Die letzten Hermesianer u. ihr Anwalt. Neuß, Schwann, 1844, 8°.

—— der exegetische Hirtenbrief des Bischofes Herzog in seiner Beziehung zum Primat. gr. 8. (23 S.) Freiburg i. Br. 885, (Schmidt. — Vogler.) *

—— der Fuldaer Hirtenbrief in seinem Verhältniß zur Wahrheit. gr. 8. (36 S.) Braunsberg [Leipzig] 870, (Peter's Verlag.) *

— Hobelspäne. Gedichte m. e. geharnischten Vorworte. 8. (XII, 77 S.) Mainz 886. Diemer. n. 2. —

Michelis, Fr., Die vier Jahreszeiten u. die vier Haupttiefste der Kirche. A. a. O. 1858. •

—— Zur Infallibilität. Zwei Vorträge (der zu Paderborn am 20. Juli 1871 gehaltene u. der zu Münster unterdrückte, nebst Vorbericht). Münster, Brunn, 1871, 8°, VIII, 32 S., 50 Pf.

Michelis, F., De Anaximandri infinito. Pr. 1874. 13 S. 4°.

Michelis, Fr., Ist die Annahme eines Raumes mit mehr als drei Dimensionen wissenschaftlich berechtigt? Eine an die Adresse des Hrn. Prof. Dr. Zöllner zu Leipzig gerichtete Frage. gr. 8. (48 S.) Freiburg i. Br. 879, Wagner'sche Buchh. *

—— Kant vor und nach dem J. 1770. Eine Kritik der gläub. Vernunft. gr. 8. (IV, 198 S.) Braunsberg [Leipzig] 871, (Peter's Verlag.) *

Michelis, Fritz, Der Katholicismus u. die Lüge. Eine Zuschrift an die katholische Gemeinde zu Duisburg. Daselbst, bei J. Hamel, 1845, 8°.
Eine kurze, kernhafte Apologie der kath. Kirche, worin ihre Wahrheit, Weisheit, Schönheit u. Gotteswürdigkeit schlagend dargethan wird, indem Verf. zeigt, woher sie ist, was sie ist, was sie hat u. thut, was sie will u. giebt, u. daß die K. der Gegenwart mit der des Altertums übereinstimmt.

— der Katholizismus und die Lüge. Eine Zuschrift an die kathol. Gemeinde zu Duisburg. gr. 12. Duisburg 846, Hamel. n. 6 ngl

— Kirche oder Partei? Ein offenes u. freies Wort an den deutschen Episkopat. Münster 865. Brunn. gr. 8. (55 S.) 7½ ngr

Michelis, Fr., Kritik der Güntherschen Philosophie. Paderborn 854. Schöningh. 8. (IX, 282 S.) 27 ngr

— Staudenmaier's wissenschaftliche Leistung in ihrer Bedeutung für die Gegenwart. gr. 8. (II, 54 S.) Freiburg i/Br. 877. Wagner. n. 1. —

Michelis, Friedr., Der Materialismus als Köhlerglaube. Ein offenes Sendschreiben als Herausforderung zum wissenschaftlichen Kampfe an die Vertreter des neuen Materialismus in Deutschland: Cotta, Burmeister, Birchow, Vogt, Moleschott, Roßmäßler, Müller, Ule, Czolbe, Büchner ꝛc. Münster, Theissing, 1856, gr. 8°, 76 S., 1. u. 2. Aufl., 1 Mk.
Recenss. Histor.-pol. Bl. Bd. 38 (1856), S. 402—5. Kath. Littztg 1856, S. 127—8. Kath. Littbl. zur Sion 1856, S. 267—71.

Michelis, Fridericus, presbyter ⟨geb. am 27 Juli 1815 in Münster Westf.⟩: De enunciationis natura sive de vi, quam in grammaticam habuit Plato ... Bonnae, form. C. Georgii 1849. 2 Bl., 63 S., 2 Bl. 8.
Bonn, Phil. Fak., Diss. v. 26 Mai 1849

—— Der Organismus u. die Kirche. Bern, Jent u. Reinert, 1874. gr. 8°, 43 S., 80 Pf.

—— Parallele zwischen Perikles und Bismarck. Zwei Vorträge über Deutschlands Zukunft. gr. 8. (16 S.) Freiburg i. Br. 882, Kiepert und v. Bolschwing. *

—— *Parallele zwischen Perikles u. Bismarck.* 2 Vorträge über Deutschlands Zukunft. Freiburg i. B., A. Kiepert, 1882. 8°. 26 S. Cart.

—— Parergon an die Adresse der Mainzer Katholiken und des Domkapitulars und Seminarregens Moufang insbesond. gr. 8. (32 S.) Braunsberg 865, Peter. *

—— die Pflicht des deutschen Gewissens gegenüber den römischen Anmaßungen. Vortrag, gehalten bei der ersten öffentl. Versammlung der [Alt-]Katholiken zu Offenbach a. M. am 31. October 1872. gr. 8. (15 S.) Offenbach a. M. 872, Strauß.

— die Philosophie d. Bewusstseins. gr. 8. (VI, 394 S.) Bonn 877. Neusser. n. 7. —

Michelis, Friedrich, Die Philosophie Platons in ihrer innern Beziehung zur geoffenbarten Wahrheit kritisch aus den Quellen dargestellt. Münster, Aschendorff, gr. 8°.

1. Abteil.: Die Einleitungen, die dialektischen u. als Nachtrag die sokratischen Dialoge enthaltend. 1859, XVII, 250 S., 4 Mk.

2. Abteil.: Die Übergangsdialoge, die konstruktiven Dialoge u. die das Resultat zusammenfassenden Abhandlungen enthaltend. 1860, 360 S., 4,50 Mk.

—— die Philosophie Platons in ihrer inneren Beziehung zur geoffenbarten Wahrheit kritisch aus den Quellen dargestellt. (In 2 Abthlgn.) 1. Abthl.: die Einleitungen, die dialekt. und als Nachtrag die sokrat. Dialoge enthaltend. gr. 8. (XVII und 280 S.) Münster 859, Aschendorff'sche Buchh. *

— De Philosopho Platonis dialogo desiderato. Pr. 1870. 10 S. 4°

—— Plato mordens. Ein motivirtes Gutachten über den gegenwärt. Stand der Wissenschaft. Lex.-8. (122 S.) Münster 863, (Mitsdörffer.) *

Michelis, F., die katholische Reformbewegung u. das vatikanische Concil. Nach der Urschrift des verew. Fr. M. hrsg. von Adph. Kohut. gr. 8. (58 S.) Gießen 887. Roth. n. 1. —

Michelis, Friedrich, Renans Roman vom Leben Jesu. Eine deutsche Antwort auf die französische Blasphemie. Münster, Brunn, 1864, 8°, 86 S., 1.—3. Aufl., 1 Mk.

Vgl. Litt. Handw. 1864, S. 110.

—— Renan's Roman vom Leben Jesu. Eine deutsche Antwort auf die französ. Blasphemie. 1.—3., unveränd. Aufl. gr. 8. (64 S.) München 864, Brunn's Verlag.

—— über den Satz Platons: Daß, wenn es besser werden soll, entweder die Philosophen Könige oder die Könige Philosophen werden müssen. Festrede am Geburtstag des Königs am 22. März 1868 beim königl. Lyceum zu Braunsberg gehalten. gr. 8. (16 S.) Braunsberg [Leipzig] 869, Peter's Verlag. *

Michelis, Friedr., Der kirchliche Standpunkt in der Naturforschung. Ein Wort zur Verständigung über das Verhältnis der Naturforschung zu dem Glauben und der Hoffnung des Christen. Sendschreiben an Prof. Dr. M. J. Schleiden. Münster, Theissing, 1855, gr. 8°, 87 S., 1,20 Mk.

—— suum cuique! Ein altkathol. Festgruss an den Fürsten Reichskanzler zu seinem Ehrentage. gr. 8. (16 S.) Mainz 885, Diemer. *

—— 50 Thesen über die Gestaltung der kirchlichen Verhältnisse der Gegenwart. gr. 8. (15 S.) Braunsberg 867, Peter. *

—— dass. — 2., mit einem Appell von der römischen Indexcongregation an den Bischof von Münster verm. Aufl. gr. 8. (VI und 16 S.) Leipzig 868, Dürr'sche Buchh. *

—— zur Unfehlbarkeit des päpstlichen Lehramtes. Vortrag gehalten im Schrannensaale zu Würzburg am 5. Novbr. 1872. Nebst einem Anhang: Hergenröther und die Logik. gr. 8. (36 S.) Würzburg 873, Stahel'sche Buchh.

— die Unfehlbarkeit des Papstes im Lichte der kathol. Wahrheit u. der Humbug, den die neueste Vertheidigung damit treibt. 1. u. 2. Aufl. Braunsberg 869. Leipzig, Peter's Verl. gr. 8. (40 S.) n. 6 ngr

— die naturwissenschaftliche Unhaltbarkeit der Darwin'schen Hypothese. Vortrag. 8. (31 S.) Heidelberg 885. Weiss' Verl. n. — 60

—— Unter welchen Bedingungen kann der Altkatholizismus seine ihm von Gott gegebene Aufgabe, die römische Weltherrschaft endgültig zu stürzen, erfüllen. Eine Gewissensfrage an die Altkatholiken zunächst Badens gestellt. 8. (63 S.) [Strassburg 878.] Mannheim, Schneider. *

—— vernünftige Unterhaltung eines Berliner Katholiken und Protestanten über Knak. 8. (38 S.) Berlin 868, Jansen. *

-- die Verblendung Ketteler's u. der Gewissenskampf deutscher Katholiken gegen Rom. Antwort auf den Culturkampf gegen die kathol. Kirche u. die neuen Kirchengesetze f. Hessen. gr. 8. (30 S.) Bonn 875. Neusser. n. — 50

—— die Versuchung Christi und die Versuchung der Kirche. Predigt eines Minder-Bruders über Matth. 4, 1—10. gr. 8. (39 S.) Braunsberg [Leipzig] 870, Peter's Verlag. *

—— de philosophiae vi ac munere. Oratio. gr. 8. (16 S.) Braunsberg 864, Huye. *

Michelis, F., vindiciarum Platonicarum ex Aristotelis metaphysicis petitarum specimen, sive de negationis natura commentatio. gr. 8. (28 S.) Braunsberg 870. (Huye.) n. — 50

—— Vortrag in der öffentlichen Generalversammlung der altgläubigen Katholiken Königsbergs, gehalten in der Bürgerressource am 31. Mai 1872, nach der stenograph. Aufnahme hrsg. vom Comitee des Katholikenvereins. gr. 8. (17 S.) Insterburg 872. (Königsberg, Braun und Weber.) *

—— Warum werden wir nicht Alle Altkatholiken? Ein Nachklang zur deutschen Nationalfeier auf dem Niederwalde. gr. 8. (25 S.) Mainz 883, Diemer. *

—— Was ist und was will der Altkatholizismus? Eine kurze Belehrung für das kathol. Volk. gr. 8. (16 S.) Constanz 875, Fritz. *

—— Was sagt das Gewissen dazu? Ein nicht culturkämpferischer Freundesbrief an Joh. Bernh. Brinkmann, Bischof von Münster, und den Domkapitular und Regens des dortigen Priesterseminars Wilh. Kramer. gr. 8. (34 S.) Dortmund 884, (Krüger.)

—— Wer ist der Dr. K.? Eine Gewissensfrage an die kathol. Theologen Deutschlands. 8. (23 S.) Münster 866, Brunn's Verlag.

Michelis, Frdr., Deutschlands Zukunft. Ein Mahnwort an alle Katholiken u. Protestanten, welche redliche Deutsche bleiben wollen. gr. 8. (22 S.) Löbau Wpr. 883. Skrzeczek. n. — 50

Michelis, Heinrich

Michelis, Heinr., Arbeiten für die Revisions-Kommissionen der Berufsgenossenschaften bei ihrer Kontroll-Thätigkeit. Nebst einem Anhang: Normalbuch für Gewerbetreibende mit einem Muster für die Wirthschaftskasse der deutschen Hausfrauen. gr. 8. (32 S. mit Tab.) Berlin 888, H. Spamer. *

—— der kaufmännische Bücher-Abschluss. Nebst einem Anhang: Ueber die Bearbeitung des Journals. gr. 8. (31 S.) Berlin 887, [Tonger und Greven.] H. Spamer. *

Michelis, H., der kaufmännische Bücher-Abschluss. Nebst e. Anh.: Ueber die Bearbeitg. des Journals. 2. Aufl. gr. 8. (31 S.) Berlin 888. H. Spamer. n. 1. —

— Conto-Corrent. Abrechnungen f. alle kaufmänn. Geschäfte, insbesondere f. Grosso- u. Bankier-Verkehr. Ein Lehrbuch f. Handelsschulen, sowie zum Selbstunterricht. gr. 8. (96 S.) Ebd. 890. n. 2. —; geb. n. 2. 50

Geschichte und Ziele der modernen internationalen Friedensbewegung. Eine Sedanrede teilweise geh. am 2. Sept. 1906 von Dr. H[einrich] Michelis, Oberl. zu Königsberg i. Pr. Königsberg i. Pr. 1906: Hartung. (24 S.) 8° [F.] 07. 4584 10

Michelis, Heinrich, aus Königsberg i. Pr.: Schopenhauers Stellung zum psychophysischen Parallelismus. *Königsberg i. Pr. (1903): Hartung.* (74 S.) 8°
Königsberg, Phil. Diss. v. 24. März 1903

Unsere ältesten Vorfahren, ihre Abstammung und Kultur. Von Dr. Heinrich **Michelis**, Königsberg i. Pr. Mit 14 Textfig. Leipzig & Berlin: Teubner 1910. 35 S. 4°(8°)
Aus: Himmel u. Erde. Jg. 23. 11. 2311 10

Michelis, Heinrich: Johann Gottfried Herders Erstes kritisches Wäldchen im Auszug f. d. Schulgebr. hrsg. u. erl. Königsberg i. P. 1909: Leupold. 50 S. 8°
Königsberg i. P., st. OR i. E. OP 1909 (24) [S 09. 326

Antisophie von Wilhelm Heinrich **Michelis**. Berlin: G. Eichler 1905. (45 S.) 8° [F.] 05. 6319

— **Eiffelbitten. Roman. (360 S.) gr. 8. Ebd. 905. n. 3. 50; geb. n. 4. 50**

Michelis, Wilh. Heinr., „Menschengröße". Roman. (245 S.) 8. Berlin (910). F. Kater. 1. —

— **Wissenschaft u. Naturheillehre. Anmerkungen zu der Broschüre Dr. med. Kleinschrod's: „Die Naturheillehre u. die Krankheitslehre der heut. Medizin." (12 S.) gr. 8. Berlin 905. Verlag „Unser Hausarzt". n. — 25**

Michelitsch, Anton (Bearb.), s. Ackermann, Josef: Trost der armen Seelen.

Michelitsch, Ant., Atomismus, Hylemorphismus u. Naturwissenschaft. Naturwissenschaftlich-philosoph. Untersuchgn. gr. 8. (VII, 104 S.) Graz 897. („Styria".) n. 1. 60

Michelitsch, Ant., Besuchungen des allerheiligsten Altars-Sacramentes, s.: Liguori, Alfons Maria v.

Michelitsch, Antonius (Hrsg.), s. Decretum. – Sacrae Romanae ... inquisitionis decretum ... "Lamentabili sane exitu ..."

Michelitsch, Anton., Decretum Lamentabili et Motu proprio aliaque adversus modernismum documenta. Erlass Lamentabili u. Motu proprio samt anderen Dokumenten gegen den Modernismus. Ed. M. Ed. II. (Umschlag: Der neue Syllabus samt anderen Dokumenten gegen den Modernismus.) (112 S.) 8. Graz 908. Styria. — 80

Michelitsch, A., Demonstratio catholica sive de ecclesia Christi. [Elementa apologeticae. Tom IV., V.; Gr.-8°. (VIII, 215, IV, 83 S.) Graz: Styria 1904. K 3.

Michelitsch, Anton., Einleitung in die Erkenntnislehre. (VI, 304 S.) 8. Graz 910. Styria. 3. 40

— **Elementa apologeticae. Tom. I—III. gr. 8. Graz 901. Styria. n. 4. 20**
I. Philosophia religionis. Adiectae sunt II cartulae geographicae. (XII, 186 S.) n. 2. 50
II. III. Theoria revelationis et demonstratio christiana. (VI, 45 u. V, 106 S.) n. 1. 70

Michelitsch, Ant., Elementa apologeticae Tom. IV. V. Demonstratio catholica sive de ecclesia Christi. — De magisterio ecclesiae sive de regula fidei. (VIII, 215 u. IV, 83 S.) 8. Graz 904. Styria. n.n. 2. 60; Einbd. — 80 (Vollständig: n.n. 6. 80; geb. n.n. 9. 20; in 1 Bd. geb. n.n. 7. 80)

— der Glaube als göttliche Tugend, s.: Zwerger, Joh.

— **Haeckelismus u. Darwinismus. Eine Antwort auf Haeckels „Welträthsel". gr. 8. (XI, 140 S.) Ebd. 900. n. 1. 70**

— die wahre Kirche Jesu Christi, s.: Zwerger, Joh.

Michelitsch, A., Modernismus-Enzyklika. Lateinisch-deutsch. Sonderabdruck aus: „Der biblisch-dogmatische Syllabus Pius' X." 8°. (139 S.) Graz: Verlagsbuchh. „Styria" 1907. K —.60

Michelitsch, Ant., Elementa apologeticae. Tom. I: Philosophia religionis. Graz, Styria, 1900, 8°, 186 S., 2,50 Mk.

MICHELITSCH, Antonius
Elementa apologeticae Auctore Dr. Antonio Michelitsch. Tom. I.
Enthält:
MICHELITSCH, Antonius
Philosophia religionis. Auctore Dr. Antonio Michelitsch. Adjectae sunt 2 Cartulae geographicae. Graz. 1901. Styria. Gr.-8°. XII, 186 S. K 3.—

— s.: Pius X, epistola encyclica de modernistarum doctrinis.

— s.: „Syllabus" II.

— Der biblisch-dogmatische „Syllabus" Pius' X. samt der Enzyklika gegen den Modernismus, erklärt. (IV, 367 S.) 8. Graz 908. Styria. 3. 80

— dasselbe u. dem Motu proprio vom 18. XI. 1907, erklärt. 2. (veränd.) Aufl. (VIII, 407 S.) 8. Ebd. 908. 3. 80

Michelitsch, A., Der neue Syllabus Lateinisch-deutsch. Sonderabdruck aus: „Der biblisch-dogmatische Syllabus Pius' X." 8°. (31 S.) Graz: Verl.-Buchh. „Styria" 1907. K —.30

Michelitsch, A., Der neue Syllabus samt anderen Dokumenten gegen den Modernismus. 2. Aufl. 8°. (112 S.) K —.90
Graz: Verl.-Buchh. „Styria" 1908.

— Der Syllabus Papst Pius' IX. vom 8. XII. 1864, s.: Glaube u. Wissen. 14. Heft.

MICHELITSCH, Antonius
Elementa apologeticae. Auctore Dr. Antonius Michelitsch. Tom. II. III. Theoria revelationis. Graz. 1901. Styria. Gr.-8°. VI, 106 S. K 2.—

— **Cölibat u. Beicht, s.a. Sammlung zeitgemäßer Broschüren. Nr. 10.**

MICHELITSCH, Anton
Cölibat und Beicht. Eine Entgegnung auf Heigl's Schrift: „Der heil. Alfons Liguori, Grassmann's Broschüre und seine Gegner." Von Dr. Anton Michelitsch. (Sammlung zeitgemässer Broschüren. Nr. 10.) Graz. 1901. Styria. 8°. 44 S. K —.20

Michelitz, Anton

— **disquisitio physiolog. caussarum respirationis. 8maj. Prag 783. Gerle. (W. Vogel in Leipz.) 4 gr**

Michelitz, Ant., († d. 19. Aug. 1818.) materiae med. ad normam pharmacopoeae Austriaco provincialis Vol. I. 8maj. Prag 792. Widtmann. 16 gl.

MICHELITZ, Anton, Über den Nachtheil, den die heutige Frauentracht der Gesundheit bringt ... herausgegeben von —. Prag, gedruckt bei Haase und Widtmann. 1803. K. 8°. 45 S. (50 xr. Taussig, Prag, vor 1885.) (l. c. no. 3244.)
Erschien auch lateinisch ibid. eod. a. (1 Mk. 20 Pfg. Taussig, 1904.)

— üb. d. Nachtheil, welchen die heutige Frauentracht d. Gesundheit bringt, deutsch u. latein. 8. Prag 803. Widtmann. 4 gl.

Michelitz, Anton: Programma quo hodierna vestitus muliebris ratio valetudini perniciosa asseritur.- Über den Nachtheil, den die heutige Frauentracht der Gesundheit bringt. (Lat.u.Dt.) 46 S.u. 45 S., gbd.

Pragae: Widtmann 1803

JB 2.954

— scrutinium hypotheseos spirituum animalium. 8maj. Prag 782. (W. Vogel in Leipz.) 6 gl.
(a. Pott in Lausanne)

Michelius, Joh.: De censura Dionysii Longini Rhetoris. . . , s. Benner, Johann Hermann [Praes.]

Michelko, Vict. Wie photographirt man? Kurze Anleitg. zum Selbstunterricht in d. Anfangsgründen d. Photographie. 12. (74 S.) Wien 892. Hartleben. * 1 10

Michell, A. Beschreibung eines neuen Distanz-Messers zu milit. Zwecken. Mit 1 Taf. München 1861. 27 S.

Michell, Gust., das Buch der Esel. Mit 25 Zeichngn. vom Verf. 8. (III, 287 S.) Jena 884. Mauke.. n. 6. —; geb. n. 7. —

Michell, Gust., das Buch der Esel. 2. (Titel-)Aufl. 8. (287 S. mit 25 Zeichnungen vom Verf.) Jena 886, Mauke. *
geb. *

Michell, G., das Buch der Esel. Mit 25 Zeichngn. vom Verf. 3. (Titel-)Aufl. 8. (287 S.) Leipzig 889. Eb. Volkening. 4. —

Michell, Gust., er ist kein Mädchen. Lustspiel in 1 Aufzuge. Den Bühnen Mscpt. gr.8. (82 S.) Weimar 880. Weißbach. n. — 80

—— Melitta und Elisabeth. Schauspiel in 5 Akten. gr. 8. (74 S. mit Musikbeilage [7 S. in qu. 4].) (Ebendas.) 880. *

Michell, Gust., nach d. Predigt. Lustsp. in 1 Aufz. 16. (46 S.) München (896). Rubinverlag. n. 1. —

Jan Petersen Michell

Jan Petersen Michells([Michell: De Synchondrotomia pubis.[Deutsch:])Ausführliche Abhandlung über die Schaambeintrennung. Aus d. Lat. Mit einigen Anm. u. 1 Kupfertaf. verm. hrsg. von Christian Friedrich Ludwig. Leipzig: Weygand 1784. 254 S. 8°

Michell, Jan. Peters., medicin. Abhandl. v. Katarrhalfiebern, Preisschr.; aus d. Holl. 8. Gob. 793. (Riemann). 8 gl.

Michell, Jan(us) Petersen: Abhandlung von den Nervenkrankheiten. (Dissertatio physico-medica de causis, indole et therapia morborum nervosorum. Dt.) Eine von der Gesellschaft der Künste und Wissenschaften zu Utrecht gekrönte Preisschrift. Übers.mit Zusätzen und Anmerkungen von Joseph Eyerel. 224 S., gbd.

Wien: Öhler 1798

JB 4.488

— Abhandl. v. d. Nervenkrankheiten; aus d. Latein. mit Anmerkk. v. J. Eyerel. gr. 8. Wien 799. Al. Doll. 16 gl.

Michell, Janus Petersen: Semiotisch-praktische Abhandlung über die Mitleidenheit der Geschlechtstheile mit dem Kopfe. (De mirabili, quae caput inter et partes generationi dicatas intercedit, sympathia. Dt.) Übers. und mit Anmerkungen vermehrt von Joseph Eyerel. 138 S., gbd.

Wien: Doll 1804

JB 4.489

Michell, Jan. Pet., De causis, indole et therapia morborum nervosorum, qui in Belgia observantur. 1783. 4°. Deutsch. Wien 1798. 8°. *Hufeland*, Bibl. d. pr. Heilk. I, 1. St. p. 86. N. A. D. B. Anh. zu XXIX—LXVIII, 147. Auch holländisch.

1783

Michellotti, l'Abbé, Lettre à Visconti sur la révolution en Suède 1772. 8. Greifsw. 773. Jetzt Cnobloch in Leipzig.

— — Schreiben an Visconti rc. Ebend. 773. Jetzt Ebend.

Michelli, A., aus dem Herzensleben e. Kaisers. 8. (128 S.) Berlin 894. Wiener. n. 1. —
Früher u. d. T.: Dankmara, A., Palast-Memoiren aus der Zeit Napoleon Bonapartes.

Michelly, Richard, Referendar in Königsberg i. Pr.: Der Gebietsbestand des Deutschen Reichs und die Möglichkeit seiner Veränderung durch das Reich und die Einzelstaaten nach der Verfassung vom 28. März 1849 und dem geltenden Reichsrecht. *Borna-Leipzig 1904: R. Noske.* (XIV, 145 S.) 8° [F.]
Leipzig, Jur. Diss. v. 1904

Michelly, Carolus Sigifredus: De confirmandis ex oratione D. Severi donationibus inter virum et uxorem. Halae (1854): Hendel. 28 S. 8°
Halle-Wittenberg, Jur. Diss. v. 29. Apr. 1854
Geb. [Königsberg i. Pr. 23. 6. 1833]

Michelmann, Emil, aus Göttingen: Die Kartellbestrebungen in der deutschen Zuckerindustrie. *Heidelberg 1902: K. Rößler.* (VIII, 40 S.) 8°
Heidelberg, Phil. Diss. v. 1903

Michelmann, Reinhold, prakt. Arzt aus Berlin: Fötale Harnblasendilatation als Geburtshindernis. *Berlin (1902): G. Schade.* (30 S.) 8°
Berlin, Med. Diss. v. 18. Apr. 1902

Michelotti, A., Alexander v. Orlowsky, s. a. Esser's, J., Sammlg. leicht aufführbarer Theaterstücke.

[F.] Alexander von Orlowsky. Schausp. in 4 Aufz. v. A. **Michelotti.** A. d. Italien. ins Deutsche übertr. v. J[osef] Buhr, Priester d. Bist. Strassburg. *Paderborn: J. Esser 1896.* (53 S.) 1 Bd 8.
— Sammlung, J. Esser's, leicht aufführb. Theaterstücke. H. 39. '96. 6.5.

Michelotti, F. D., hydraulische Versuche zur Begründung u. Beförder. d. Theorie u. Praktik; nebst e. Anh.; aus d. Italien. v. Chr. Gli. Zimmermann, mit Anmerkk. v. J. A. Eytelwein. Mit 4 Kpf. gr. 4. Berl. 808. Reimer. 3 ℛ 20 gℓ

Michelotti, G., description des fossiles des terrains miocènes de l'Italie septentrionale. Ouvrage publ. par la soc. Holland. des sciences et accomp. d'un atlas de 17 planches (lith.) gr. 4. (408 S.) Leide 847. (Leipzig, Fr. Fleischer.) 11½ ℛ

Michelotti, J., Spec zoophytologiae diluvianae. 8maj. Turini 838. Stuttgart, Schweizerharts Buchh. n. 2 ℛ

Michel's, Vetter, Launen. Seitenstück zu Jüngers Vetter Jacobs Launen. 8. Prag, Polt. (Joachim in Lpz.) 803.

Michel's Versucher. Eine kleine aristophanische Zeitcomödie vom Dichter der „Sturmvögel." München 860. Lentner. gr. 8. (21 S.) 4 ngr.

Michels, die Salpeterindustrie Chiles, s.: Semper.

Michels, Albert, a. Kassel: Über μ-Menthone. Hildesheim 1906: A. Lax. (45 S.) 8°
Göttingen, Phil. Fak., Ref. Wallach, Diss. v. 29. Nov. 1906
[Geb. 26. Aug. 78 Kassel; Wohnort: Kassel; Staatsangeh.: Preußen; Vorbildung: Friedrichs-Gymn. Kassel Reife O. 97; Studium: Göttingen 7 S.; Rig. 18. Juli 06.]

Michels, August [aus Geestemünde]: Leben Ottos des Kindes, ersten Herzogs von Braunschweig und Lüneburg. Mit Urkundenregesten.... Einbeck, Druck d. Einb. Zeitung, 1891; 1 Bl., 99 S. 8°
Göttingen, Phil. Fak., Inaug.-Diss. v. [19. Nov.] 1890

Michels, Aug. Leben Ottos d. Kindes, ersten Herzogs v. Braunschweig und Lüneburg. Mit Urkundenregesten. Diss. gr. 8. (99 S.) Einbeck 891. (Gött., Vandenhoeck u. Ruprecht.) * 2 —

Michels, [C.]: Vorlesungen über die Gerichts- und Rechts-Verhältnisse der Provinz Posen, geh. im Sommer 1845. [Hs.]

Michels, Carl, s. Michels, Karl

Michels, Ed., Hageroozen. Verhalen. 8. (215 S. mit lithogr. Titel.) Gent 848. (Bonn, Marcus.) *

Michels, Ernst (geb. Krefeld 18. 7. 1863): Zur Casuistik der Darm-Resectionen wegen maligner Tumoren. Berlin (1885). (30 S.) 8°
Berlin. Med. Diss. v. 11. Juli 1885

Michels, Ernst: Quellenstudien zu Colley Cibbers Lustspiel The Careless Husband. Marburg 1908: Friedrich. 65 S. 8°
Marburg, Phil. Diss. v. 16. Sept. 1908, Ref. Viëtor
[Geb. 25. Jan. 83 Frankfurt a. M.; Wohnort: Eschenheim b. Frankfurt; Staatsangeh.: Preußen; Vorbildung: Reformrealgymn. Frankfurt Reife O. 03; Studium: Tübingen 2, Berlin 1, Marburg 5 S.; Rig. 13. Nov. 07.] [U 09. 3194

Hoffnungen und Enttäuschungen im maurerischen Leben. Von Ferd. **Michels.** Leipzig: Zechel 1889. 14 S. 8°
[Umschlagtit.]
Aus: MitthVdF. 1889—1890 S. 59—68.
Betrachtung üb. die Erscheinung, dass soviele Brr, die dem Bunde freudig beigetreten sind, diesem mehr u. mehr entfremdet werden.

Michels, Ferd. Theodor Körner. Rede, gehalten bei d. Körner-Feier d. Königsberger Männer-Turnvereins am 23. Septbr. 1891. 8. (16 S.) Königsb. 891, Hartung. * — 25

Michels, F., Julius Möller. Rede, geh. bei seiner Gedächtnisfeier zu Königsberg am 29. Septbr. 1887. gr. 8. (16 S.) Königsberg 887. Hartung. n. — 20

Selke, Karl: **Karl Selke. Ein Erinnerungsblatt für Br. von Ferd. Michels. Königsberg: Hartung 1893. 28 S. 1 Bildn. 8°**
Reden u. Ansprachen zum Gedächtnis des Verstorbenen. KB.

Michels, Fr., die feierliche Aufnahme d. Kinder z. ersten heil. Communion. gr. 8. Münster 828. Coppenrath. 4 gℓ

Michels, Franz Joseph (Arnsberg / Westfalen), De fracturis ossium pelvis et de eorum certo quodam casu. Diss. med.-chir. Berlin (A. Petsch) 6. X. 1829. 23 S. mit Biogr. (M.: Funk.) (—.—) 23331
Oppon.: H. Knipfer, F. Hauck, E. Kemper. — Gew.: Franz Egon von Fürstenberg.

Michels, Friedrich

—— Geschichte u. Beschreibung d. ehemal. Abtei Camp bei Rheinberg, nebst Notizen aus e. alten geschrieb. Urkunde, welche d. Abtei u. Umgegend betreffen. M. 1 lith. Abbild. (Fol.) 8. (10½ B.) Crefeld 832, Funcke.

—— die Lehren d. christl. Glaubens, nebst e. kurzen christl. Sittenlehre f. d. reif. Jugend. Zum Gebr. in kathol. Kirchen u. Schulen. 8. (9 B.) Crefeld 830, Funcke.

Michels, Friedrich Wilhelm Carl Franz,
s. Michels, Wilhelm

Michels, Franciscus **Goswinus** a: De intercessione per mandatum. Halae (1867): Hendel. VIII, 96 S. 8°
Halle-Wittenberg, Jur. Diss. v. 9. Nov. 1867
Geb. Soest 8. 3. 1844. V.
Im Buchhandel Berlin: Calvary 1868. 100 S.
Verf. erlebte das goldene Dr.-Jubiläum 1917 als Kaiserl. Geheimer und Oberregierungsrat a. D. und Fideikommissherr in München.

MICHELS, Hans: Brief über die 10. Versammlung deutscher (echter und unechter) Land- und Forstwirthe zu Gratz vom 14. -19. September 1846. - Gratz 1847. 32 S., 1 Titelkupf.

Michels, Herm. (geb. Eilenburg in d. Prov. Sachs. 6. 3. 1847): Ueber Carcinom der Niere. Berlin 1872. 33 S. 8°
Berlin. Med. Diss. v. 25. Apr. 1872

Michels, Jos., Glaube, Hoffnung, Liebe, od. die Führer durch's Leben, drei Predigten. 16. (31 S.) Frankfurt a/M. 872. Hamacher. n. — 30

Michels, Jos., Neujahr, Ostern, Pfingsten, oder Trostesworte in schweren Tagen für die streit. und leid. Christen. Drei Predigten. 8. (23 S.) Frankfurt a. M. 873, Hamacher.

Michels, Jos., Scintillae et effata St. Ignatii, s. Muth, F. A.

Michels, J., u. F. A. Muth, die Weisheit in der Zelle oder Betrachtungen über Kernsprüche des heil. Ignatius, auf alle Tage des Jahres vertheilt, aus dem Lateln. übersetzt, mit Sachregister u. einem Anh. von Gebeten versehen. Frankfurt a. M. 869. Hamacher. 16. (VIII, 472 S. mit 1 Stahlst.) 15 ngr.

Josef Ferdinand Michels

Abhandlung über die Nuzbarkeit der in der kaiserl. freien Reichsstadt Achen befindlichen Mineralwässer worin angezeiget wird, mit welchen Vortheile selbige in verschiedenen Fällen gebraucht zu werden pflegen, mit ... Krankengeschichten erl. von Joseph Ferdinand Michels. Köln 1785: Bourell. 208 S. 8°

Michels, Ivan C.

Mendel, J., u. S. Neuburger (!Entdeckt! in der neuen Welt —). Eine dunkle Münchener Geschichte, aufgehellt durch die „Laterne" von New-York, von *Ivan C. Michels*, Redacteur d. Laterne. (München.) Zu haben in d. Exped. d. „Münchener Generalanzeiger" . . (1870). 8°. Cart. 8 S. — Betrifft 2 jüdische Gauner, ehemal. Inhaber der Bank-Firma Julius Mendel & Co., München (Salvatorstr.), die, wegen betrüger. Bankerotts steckbriefl. verfolgt, 1869 nach New-York durchbrannten.

Michels, K., Anleitg. zur Behandlg. des Lesebuches in den Oberklassen der Volksschule, s.: Gottesleben, R.

— die psychopath. Minderwertigkeiten, s.: Vorträge u. Abhandlungen, pädagogische. 84. Hft.

Michels, K., das 1., 2. u. 5. Schuljahr, s.: Seidel, L. E.

Michels, K., das 3. 4. 6. u. 7. Schuljahr, s.: Seidel, L. E.

Michels, Carl [approb. Arzt aus Reinstedt (Herzogth. Anhalt)]: Ueber die Anwendung der Electricität in der Gynaecologie Würzburg, J. M. Richter's Buchdr., 1888; 14 S. 8°
Würzburg, Med. Fak., Inaug.-Diss. v. 1888

Michels, Carl, über die Anwendung der Electricität in der Gynaecologie. Diss. Würzburg 1888, Stahelsche Univ.-Buchh. 8°. 14 S.

Michels, Car Herm. Ludov Quaestiones controversae de jure patronatus. Berolini (1857). (47 S.) 8°
Berlin, Jur. Diss. v. 7 Aug. 1857

Michels, Louis

—— les bains de Creuznach. Communications faites aux médecins et aux visiteurs de bains. gr. 8. (56 S.) Bonn 860, [Cohen und Sohn.] *

Michels, Louis, contribution à l'étude des corps fibreux de la matrice. 8. (36 S.) Kreuznach 880. Schmithals. n. 1. —

Michels, Louis, Diätetik. Verhaltungsregeln beim Gebrauche einer Brunnen- und Badekur in Creuznach. 1. und 2. Aufl. gr. 8. (16 S.) Kreuznach 875,78, Schmithals. *

—— Diätetik. Verhaltungsregeln beim Gebrauch einer Brunnen- und Badekur in Creuznach. 3. Aufl. gr. 8. (16 S.) Ebendas. 880. *

— the chronic diseases of women with special regard to their treatment in Creuznach. 2. improved ed gr. 8. (VIII, 75 S.) Berlin 872. Mitscher & Röstell. n. 2. 50

— die Fibromyome des Uterus. gr. 8. (61 S.) Stuttgart 877. Enke. n. 1. 20

Michels, Louis, die chronischen Frauenkrankheiten mit besonderer Berücksichtigung ihrer Behandlung im Bade Creuznach. Berlin 862. Mitscher & Röstell. gr. 8. (53 S.) n. 12 ngr

Michels, Louis, die chronischen Frauenkrankheiten mit besond. Berücksichtigung ihrer Behandlung im Bade Creuznach. 2. verm. Aufl. Berlin 869. Mitscher & Röstell. 8. (VIII, 81 S.) n. 16 ngr

— Kreuznachs Heilquellen, deren Wirkg. u. Anwendg. Ein Rathgeber f. Kurgäste. gr. 16. (VII, 37 S.) Berlin 875. Goldschmidt. n. — 30

—— Kreuznach, s. Grieben's Reise-Bibliothek.

Michels, Louis, das Bad Kreuznach. Mittheilungen für Aerzte und Brunnengäste. gr. 8. (72 S.) Berlin 859, A. Hirschwald. *

—— das Bad Kreuznach. Mittheilungen für Ärzte und Brunnengäste. 2. Aufl. 8. (VIII und 69 S.) Kreuznach 864, Voigtländer. *

—— les sources bromurées et iodurées de Creuznach. gr. 8. (39 S.) Berlin 878, Mitscher und Röstell. *

Michels, Ludwig

Michels, Ludov (geb. Essen 2. 2 1833) De vomitu. Berolini (1856). (28 S.) 8°
Berlin, Med. Diss. 6 Aug. 1856

Spaß un Irnst. Gedichte in plattdeutscher Mundart von Max **Michels**. Bd 1. Parchim: Selbstverl.; Wehdemann in Komm. [1910]. 8°
(10. 18392

Michels, Max, Spaß un Irnst. Gedichte in plattdeutscher Mundart. 1. Bd. (IX, 162 S.) kl. 8. Parchim (910). H. Wehdemann Geb. in Leinw. 3. —

Michels, R., der Chassepot-Karabiner M/71 zum Unterricht f. Unteroffiziere eingerichtet in Fragen u. Antworten u. 12 Bildertaf. (in Holzschn.) vollständig erklärt. Mit Zugrundelegg. der vom königl. Kriegs-Ministerium hierüber erlassenen Bestimmgn. gr. 8. (44 S.) Paderborn 876. Badorff. n. - 75

Michels, R., der Chassepot-Karabiner zum Unterricht für Unteroffiziere eingerichtet in Fragen und Antworten und durch 12 Bildertafeln vollständig erklärt. Mit Zugrundelegung der vom königl. Kriegs-Ministerium hierüber erlassenen Bestimmungen. gr. 8. (40 S. mit eingedr. Holzschn.) Paderborn 874, Schöningh.

Michels, Richard *Joseph:* Aus d. Univ.-Frauenklinik zu Bonn. Ueber tiefliegende vom Darm ausgehende Abscesse der Bauchdecken Bonn, Buchdr. v. A. Henry, 1897; 47 S. 8.
Bonn, Med. Fak., Inaug.-Diss. v. [25.] Febr. 1897

Michels, Rob., Brautstandsmoral. Eine krit. Betrachtg. (20 S.) 8. Leipzig 903. [Magazin-Verlag.] J. Rothbarth. n. — 30

Michels, Rob. „Die Entwicklung d. Theorien im modernen Sozialismus Italiens" s.a. Hauptwerke d. Sozialismus u. d. Sozialpolitik. 9. Heft.

— Die Entwicklung der Theorien im modernen Socialismus Italiens. Einleitung zu: „Ferri, Die revolutionäre Methode". 8°. Leipzig, C. L. Hirschfeld, 1908.

— **Patriotismus u. Ethik.** Eine krit. Skizze. Vortrag, geh. am 17. I. 1906 in der Gesellschaft f. eth. Kultur, Berlin (32 S.) gr. 8. Leipzig 906. F. Dietrich. — 50

Michels, Rob., das Proletariat in der Wissenschaft u. die ökonomisch-anthropologische Synthese, s.: N i c e f o r o, Alfredo, Anthropologie der nichtbesitzenden Klassen.

Der italienische S o z i a l i s m u s auf dem Lande. Von Robert Michels (Marburg). Frankfurt a. M : Neuer Frankf. Verl 1902. (14 S.) 8°
Aus: Das freie Wort. Jg. 2.

Michels, Robert, aus Köln a. Rh.: Zur **Vorgeschichte** von Ludwigs XIV. Einfall in Holland. *Halle a. S. 1900: Waisenhaus.* (43 S.) 8° ¶ (Erscheint später vollst.)
Halle, Phil. Diss. v. 7. Nov. 1900

Michels, V., s.: **Monatsschrift**, germanisch-romanische.

Michels, Viktor

Michels, V., mittelhochdeutsches Elementarbuch, s.a. **Sammlung german. Elementarbücher. I. 7.**

Mittelhochdeutsches E l e m e n t a r b u c h Von Dr V[ictor] Michels, Prof , Jena. Heidelberg: C. Winter 1900. (XI, 272 S.) 8°
(Sammlung v Elementarbüchern d. altgerman. Dialekte. 7.)

Michels, Vict., zu Schillers Gedächtnis. Rede, geh. im Auftrag des Senats der Gesamt-Universität bei der akadem. Feier des 9. V. 1905 im grossen Saale des Volkshauses zu Jena. (27 S.) Lex.-8. Jena 905. (G. Neuenhahn). n. — 90

Michels, Vict., Studien üb. d. ältesten deutschen Fastnachtspiele, s.a. **Quellen u. Forschungen** zur **Sprach- u. Culturgeschichte d. german. Völker.**

Studien über die ältesten deutschen Fastnachtsspiele. Von Victor **Michels**. *Strassburg: K. J. Trübner 1896.* (Umgearb. Götting. Habilitationsschr. 1892.) (X S., 1 Bl., 248 S.) 1 Bd 8.
= **Quellen** u. Forschgn z. Sprach- u. Culturgeschichte d. german. Völker. H. 77. (96. 1078

Michels, Victor [aus Stassfurt]: Zum Wechsel des Nominalgeschlechts im Deutschen. I. . Strassburg, Verl. v. Karl J. Trübner, 1889; 2 Bl. + 57 S. + 1 Bl. 8°
Leipzig, Phil. Fak., Inaug.-Diss. v. 2. Sept. 1889

Michels, Wilhelm

Michels, *Friedrich* Wilhelm *Carl Franz* [aus Stassfurt]: Ueber Amidomercaptanderivate ... Berlin, A. W. Schade's Buchdr., 1892; 54 S. 8.
Berlin, Phil. Fak., Inaug.-Diss. v. 1. Aug. 1892

Michels, Wilh. (geb. Lüdinghausen in Westf. 28. 8. 1844): Ueber Diabetes Berlin (1868). (32 S.) 8°
Berlin, Med. Diss. v. 26. März 1868

Michels, Wolfgang, approb. Arzt aus Königsberg Pr.: Aus d. hygien. Institut d. Universität Kiel. **Zur Entstehung des fadenziehenden Brotes.** *Königsberg i. Pr. 1902: Hartung.* (13 S.) 8°
Kiel, Med. Diss. v. [5. Febr.] 1902

Michels-Lindner, Gisela, Geschichte der modernen Gemeindebetriebe in Italien, s.a. **Schriften des Vereins** f. Socialpolitik. 130, II.

G e s c h i c h t e der modernen Gemeindebetriebe in Italien. Von Gisela Michels-Lindner. Leipzig: Duncker & Humblot 1909. VI, 255 S. 8°
(Gemeindebetriebe. Bd 3, T. 2.)
(Schriften d. Vereins f. Socialpolitik. Bd 130, T. 2.)

Michelsen, ... d. Christ am Abend seines Lebens. Eine Predigt. Hamb., (Campe). 3 gγ

Michelsen, Hülfsbuch für eine einfache Behandlung der Winckelmann'schen Bilder, s. **Krieger.**

Michelsen, Rechenschule, s.: **Saggau, Chr.**

Michelsen u. Johannsen, Sammlg. d. hauptsächl. schlesw.-holst. Verordngn. Glückstadt 773.

Michelsen, Alex., de **Pauli ad Romanos epistolae duobus primis capitibus comment.** 4. (5 B.) Lubecae 835. (Lipsiae, Michelsen.) *

Michelsen, Alex., die innere Mission in Lübeck, s. **Mission, die innere, in Deutschland.**

Acta judicialia in causa quae inter comites Holsatiae et consules Hamburgenses medio saeculo 14. agitata est de libertate civitatis Hamburgensis publica. Ad orationem qua professionem juris ordinariam 1844 publice auspicabitur audiendam invitat Andreas Ludovicus Jacobus **Michelsen**. Jenae. (1844.) 4°.

Michelsen, Andr. Ldw. Jac., acta judicialia in causa quae inter Comites Holsatiae et Consules Hamburgenses medio saeculo XIV. agitata est de libertate civitatis Hamburgensis publica. 4 maj. Jenae 844, Frommann. n. 1/3 ℔

Islandiae mille per annos Scandinaviae historiam illustranti gratulatur Andreas Ludovicus Jacobus **Michelsen.** (Insunt: Acta publica inter Foederatas Civitates Americanas et Daniae Regnum de Jure Gentium Maritimo. Particula 1.) Slesvici. 1874. 8°.

Michelsen, Andreas Ludwig Jacob (Hrsg.), s. A c t e n s t ü c k e , Die vier wichtigsten, der Schleswigschen Ständeversammlung v. 1846.

(Ansprache des Abgeordneten Andreas Ludwig Jakob **Michelsen** an seine Wähler. Frankfurt. 1849.) Fol.

Ansprache an die erfahrnen Männer aus Schleswig-Holstein am 27. April 1832 in Kopenhagen versammelt. (Von Andreas Ludwig Jakob **Michelsen**.) Hamburg. 1832. 8°.

Michelsen, Andr. Ludw. Jac., **Archiv** f. **Staats- u. Kirchengesch.**, s. **Archiv.**

[—] Ueber die Aufhebung der Zollfreiheiten in Schleswig-Holstein. Ein publicistisches Votum eines Zollfreien. Kiel. 1836. P.

Michelsen, A. L. J., urkundlicher **Ausgang** der **Grafschaft Orlamünde.** Hauptsächlich nach Urkunden der Hoffmann-Heydenreichischen Handschrift. Programm zu der 4. am 15. Juni 1856 zu Weimar abzuhaltenden Generalversammlung des Vereins für thüring. Geschichte und Alterthumskunde. gr. 4. (38 S.) Jena 856, Frommann. *

Urkundlicher Beitrag zur Geschichte der Landfrieden in Deutschland. Eine archivalische Mitteilung, zur Ankündigung seines Amtsantrittes als erster Vorstand des germanischen Nationalmuseums zu Nürnberg hrgg. v. Andreas Ludwig Jakob Michelsen. Nürnberg. 1863. 8°

Michelsen, A. L. J., urkundlicher **Beitrag zur Geschichte der Landfrieden in Deutschland.** Eine archival. Mittheilung. 4. (31 S.) Nürnberg 863, Literarisch-artistische Anstalt des germanischen Museums. *

[**Michelsen**, A n d r e a s L u d w i g J a k o b]: Urkundliche Darlegung der besonderen Successionsrechte des Herzogl. Schleswig-Holstein-Sonderburgischen Hauses auf den vormals Gottorfischen Antheil des Herzogthums Holstein. (Gotha) o. J. 4°

Michelsen, A. L. J., das alte Dithmarschen in seinem Verhältnisse zum Bremischen Erzstift, beurkundet. gr. 8. (7½ B.) Schleswig 829, Taubstummen-Institut.

— über die Ehrenstücke und den Rautenkranz als historische Probleme der Heraldik. Programm zu der (2.) am 6. Aug. 1854 in Gotha zu haltenden Generalversammlung des Vereins für thüring. Geschichte etc. herausg. Jena 854. Frommann. gr. 4. (2 Bl., 43 S.) n. 10 ngr.

Entstehung und Begründung der Predigerwahl in Schleswig-Holstein als protestantischer Norm. Eine kirchenrechtliche Abhandlung Claus Harms 1841 dargebracht im Namen des akademischen Senats der Christiana-Albertina v Andreas Ludwig Jakob Michelsen. Kiel. (1841.) 4°.

— Entstehung u. Begründung der Predigerwahl in Schleswig-Holstein als protestant. Reform. Eine kirchenrechtliche Abhandlung als Jubelschrift veröffentlicht. gr. 8. Kiel 841, Universitäts-Buchh. n. 6¼ ngl

—— über d. Erbverpachtung kleiner u. größerer Grundstücke, mit besond. Rücksicht auf Mecklenburg. 8. (6 B.) Rostock 832, Stiller.

Michelson, A. „Ueber die Erbverpachtungen größerer und kleinerer Grundstücke, mit besonderer Rücksicht auf Mecklenburg", Rostock 1832 (Stiller).

(Erste u.) Zweite Polemische Erörterung über die schleswig-holsteinische Staatssuccession. Von Andreas Ludwig Jakob Michelsen. Mit bisher ungedruckten Urkunden. (1.) Leipzig. 1844. 2. ebd. 1846. 8°

— polemische Erörterung über die schleswig-holsteinische Staatssuccession. Mit bisher ungedruckten Urkunden. gr. 8. Leipzig 844, Weidmann'sche Buchh. ⅔ ℳ

Michelsen, Andr. Ldw. Jac., zweite polemische Erörterung über die schleswig-holsteinische Staatssuccession. Mit bisher ungedruckten Urkunden. gr. 8. Leipzig 846, Weidmann'sche Buchh. 24 ngl

Michelsen, Andr. Lud. Jac. De exceptione rei venditae et traditae. Berolini (1824) 54 S. 8
Berlin, Jur. Diss. v. 26. Nov. 1824

Michelsen, (A. L. J.,) Dissert. inaug. de exceptione rei venditae et traditae. 8maj. Berolini 825, (Heidelb., Mohr.)

— über die festuca notata und die germanische Traditionssymbolik. Ein germanistischer für die Kgl. Bayer. Akad. d. W. bestimmter Vortrag. Jena 856, Frommann. 4. (30 S.) 10 ngr.

Michelsen, Andr. Ldw. Jac., über die Genesis der Jury. Eine germanistische Untersuchung. gr. 8. (VIII u. 190 S.) Leipzig 847, O. Wigand. n. 1 ℳ

— Grundriß zu Vorlesungen über kathol. u. protestant. Kirchenrecht. gr. 8. Jena 842, Frommann. 1/12 ℳ

— Grundriß zu Vorlesungen über allgemeines u. deutsches Staatsrecht. gr. 8. Ebend. 843. 1/12 ℳ

MICHELSEN, [ANDR. LUDW. JAC.], Grundriss zu Vorlesungen über Europäisches Völkerrecht. Statt handschriftl. Mittheilung gedruckt. U. St. o. A. [1835]. (8 S.) (Uden Titelblad). — Kiel. 1840. (16 S.).

—— Grundriß zu Vorlesungen üb. posit. Völkerrecht. gr. 8. (1 B.) Kiel 840, Universität-Buchh.

—— die Hausmarke. Eine germanist. Abhandlung. gr. 4. (68 S. mit 3 Stnt.) Jena 853, Frommann.

—— der mainzer Hof zu Erfurt am Ausgange des Mittelalters. Eine urkundliche Mittheilung als Einladungsschrift zu der 1., am 4. Juni 1853 in Eisenach zu haltenden Generalversammlung des Vereins für thüring. Geschichte und Alterthumskunde Namens des Vorstandes des Vereins hrsg. gr. 4. (46 S.) Jena 853, Frommann. *

—— s. Jensen, H. N. A., schleswig-holsteinische Kirchengeschichte.

Frisiae septemtrionalis vetus ius aggerale. Textum rec. lect. varietatem adjecit notis iustr Andr Ludov Jac. Michelsen. (Jena 1859.) 4° [Zwischent.]
Viro illustrissimo summe venerando Friderico Carolo de Savigny . . . octogesimum natalem die 21. Februarii a. 1859 . . gratulantur ordinarius senior ceterique doctores ordinis iurisconsultorum Jenensium.

Michelsen, A. L. J., von vorchristlichen Cultusstätten in unserer Heimath. Eine antiquar. Mittheilung. gr. 8. (32 S.) Schleswig 878, Bergas.

Ueber die erste holsteinische Landestheilung. Eine historische Abhandlung, geschrieben zur Säcularfeier des Altonaischen Gymnasiums am 19. September 1838 v. Andreas Ludwig Jakob Michelsen. Mit lithogr. Wappen. Kiel und Eutin. (1838.) 8°.

Michelsen, Andr. Ldw. Jak., die erste holstein. Landestheilung. Eine histor. Abhandlung, geschrieben zur Säcularfeier des Altonaischen Gymnasiums am 19. Sept. 1838. Mit (2) lithogr. Wappen. gr. 8. Kiel u. Eutin 839. Baurmeister u. Griem. ⅓ ℳ

—— die erste holstein. Landestheilung. Eine histor. Abhandl., geschrieben z. Säcularfeier d. Altonaischen Gymnasiums am 19. Sept. 1838. gr. 8. (2½ B. u. 2 lith. Wappen.) Kiel 839. [Hamburg, Schuberth u. Comp.]

Ueber die ehemaligen Landestheilungen in Schleswig-Holstein unter dem Oldenburgischen Hause. Eine staatsrechtliche Erörterung zum fünfzigjährigen Amtsjubiläum des Geheimen Conferenzraths Cay Lorenz Grafen von Brockdorff, Curators der Universität Kiel von 1819—1834 am 13. November 1839 dargebracht im Namen des akademischen Senates v Andreas Ludwig Jakob Michelsen. Kiel. (1839.) 4°

—— über d. vormal. Landesvertretung in Schleswig-Holstein, mit besond. Rücksicht auf d. Aemter u. Landschaften. Eine histor.-publicist. Erörterung. Mit Urkunden. gr. 8. (6 B.) Hamburg 831, Perthes u. Besser.

—— Mémoire contenant l'exposé des droits de succession de la maison de Sonderbourg-Augustenbourg à la partie cidevant Gottorpienne du duché de Holstein. gr. 4. (38 S. mit 1 Tab. in qu. gr. Fol.) Stuttgart 864. (Leipzig, Brockhaus' Sortiment und Antiquarium.)

Nachträge zum Dithmarscher Urkundenbuche. Von Andreas Ludwig Jakob Michelsen. (Separat-Abdruck aus den Jahrbüchern für die Landeskunde etc. Bd. 9. Kiel. 1867.) 8°.

—— Nordfriesland im Mittelalter. Eine histor. Skizze. Mit e. Wappen- u. Urkundenbuche. gr. 8. (18 B. u. 1 Stndr.) Schleswig 828, Taubstummen-Institut.

Michelsen, Andr. Ludw. Jac., der ehemal. Oberhof zu Lübeck u. seine Rechtssprüche. gr. 8. (25½ B.) Altona 839, Hammerich. Thlr.

— Primogenitur-Ordnung im Schleswig-Holsteinischen Fürstenhause. Eine staatsrechtliche Erörterung zum 50-jährigen Amtsjubiläum Sr. Ex. Cay Lorentz v. Brockdorff im Namen des akademischen Senates der Christiana Albertina. Kiel. 1839. 4. P.

Quellenkunde zum deutschen Privatrechte v. Andreas Ludwig Jakob Michelsen. (Statt handschriftlicher Mittheilung. o. O. u. J. (nach 1849.) 8°.

— die Rathsverfassung von Erfurt im Mittelalter. Eine urkundl. Mittheilung, als Programm zu der dritten, am 30. Juli 1855 in Erfurt zu haltenden General-Versammlung des Vereins für thüring. Geschichte und Alterthumskunde Namens des Vorstandes des Vereins hrsg. gr. 4. (47 S.) Jena 855, Frommann. *

— Rechtsdenkmale aus Thüringen, s.a. Rechtsdenkmale.

Rechtsdenkmale aus Thüringen. Namens des Vereins für thüringische Geschichte und Alterthumskunde gesam. und hrsg. v. Andreas Ludwig Jacob Michelsen. Lief. 1.—5. Jena. 1852—1863. 8°.

— Sammlung altdithmarscher Rechtsquellen. Namens d. schleswig-holstein-lauenburgischen Gesellschaft für vaterländische Geschichte herausgeg. gr. 8. Altona 842, Hammerich. n. 3⅞ ₰

– (Hrsg.), s. Schiller, Friedrich von: Briefe.

Sendschreiben an Herrn Conrad Friedrich von Schmidt-Phiseldek, betreffend das Verfassungswerk in Schleswig-Holstein: von einem Schleswig-Holsteiner (d. i.: Andreas Ludwig Jakob Michelsen). Hamburg. 1831. 8°.

Ueber Schleswig-Holsteinische Staatserbfolge. (Urkundliche Darlegung der besonderen Successionsrechte des Herzoglich Schleswig-Holstein-Sonderburgischen Hauses auf den vormals Gottorfischen Antheil des Herzogthums Holstein.) Ein Rechtsgutachten v. Andreas Ludwig Jakob Michelsen. Gotha. 1864. 8°.

— über Schleswig-Holsteinische Staatserbfolge. Ein Rechtsgutachten. Gotha 864. Thienemann. gr. 8. (67 S. u. 1 Tab. in Fol.) 7½ ngr.

Michelsen, A. L. J., Johann Friedrich des Grossmüthigen Stadtordnung für Jena, s.a. Johann Friedrich.

— Johann Friedrich's des Grossmuthigen Stadtordnung für Jena. Zur Feier der Enthüllung des ehernen Standbildes des Kurfürsten auf dem Markte zu Jena am 15. Aug. 1858 zum ersten Male herausg. Jena 858. Frommann. gr. 4. (2 Bl., 90 S.) n. 20 ngr.

Ineditorum Historiam Juris Cimbrici illustrantium particula (continens Statuta Apenradensia et Illustrationem obscuriorum locorum in privilegiis et statutis Apenradensibus auctore Joanne Grammio). Ex schedis suis collegit et Johanneo Haderslebiensi saecularia tertia celebraturo gratulabundus exhibuit Andreas Ludovicus Jacobus Michelsen. Slesvici. 1867. 8°.

Die Landgrafschaft Thüringen unter den Königen Adolf, Albrecht und Heinrich VII. Eine urkundliche Mittheilung zum Gedächtnisse des funfzigjährigen Doctorjubiläums Friedrich Christoph Dahlmann(s) veröffentlicht v. Andreas Ludwig Jakob Michelsen. Jena. 1860. 4°.

— die Landgrafschaft Thüringen unter den Königen Adolf, Albrecht und Heinrich VII. Eine urkundliche Mittheilung. gr. 4. (27 S.) Jena 860, Frommann. *

— Urkundenbuch zur Gesch. d. Landes Dithmarschen, s. Urkundenbuch &c.

– s. Urkundensammlung der Schleswig-Holstein-Lauenburg. Gesellschaft.

Verzeichniss einer systematischen Sammlung von vaterländischen Alterthümern aus der Stadt Schleswig und der Landschaft Angeln, geschenkt an die Schleswiger Domschule v. Andreas Ludwig Jakob Michelsen. Schleswig. 1873. 8°.

— die ältesten Wappenschilde der Landgrafen von Thüringen. Mit 1 lith. Tafel in Farbendr. Programm zu der 5., am 2. Aug. 1857 in Jena zu haltenden Generalversammlung d. Vereins für thüring. Geschichte etc. Jena 857. Frommann. gr. 4. (27 S.) n. 10 ngr.

Widerlegung des gegen das herzoglich augustenburgische Successionsrecht auf Schleswig-Holstein aus dem vorzeitigen Institute der gesammten Hand hergenommenen Einwandes [v. Andreas Ludwig Jakob Michelsen. (Gotha.) 1864.]. 4°

– (Hrsg.), s. Wülfke, Georg Nikolaus: Über die Sylter Landschaftsverfassung ...

Michelsen, Carl, s. Michelsen, Karl

Michelsen, Chr. Fr., Amtm., Ueber die Erbverpachtung kleiner und grösserer Grundstücke mit besond. Rücksicht auf Mecklenburg. 8°. Rostock u. Schwerin, Stiller, 1832.

Michelsen, Chrstn. Friedr., der mecklenburg. patriot. Verein aus seinen Verhandln. dargestellt. gr. 8. (35½ B.) Güstrow 837, [Opitz u. Comp.] *

— über Zunftzwang u. Gewerbefreiheit. gr. 8. (6¼ B.) Güstrow 837, [Opitz u. Comp.]

Michelsen, Conrad, s. Michelsen, Konrad

Michelsen, E. H., das türkische Reich, s. Molbech, Ch.

Die Ackerbauschule in Hildesheim. Ein Beitrag zur Charakterisirung der mittleren landwirthschaftlichen Lehranstalten veröffentlicht v. Eduard Michelsen. Hildesheim. 1868. 8°.

Ackerbauschule in Hildesheim. (Mittlere landwirthschaftliche Lehranstalt.) Bericht . . . erstattet v. Eduard Michelsen.
über das 11. Schuljahr (Ostern 1868—Ostern 1869). Voran geht: F. Wilbrand: Abriss der theoretischen Chemie. Hildesheim. 1869.
über das 12. und 13. Schuljahr (Ostern 1869- Ostern 1871). Voran geht: Eduard Michelsen: Wiederum das Freiwilligenrecht der landwirthschaftlichen Lehranstalten. ebd. 1871. 8°.

Michelsen E.: Die Entwicklung d. mittleren u. niederen landwirthschaftlichen Unterrichtswesens in Preussen v. 1864 bis incl. 1878. [1881]. 12 S. (Særtr.). P.

Michelsen E.: Die Fortschritte d. Dänen im Molkereiwesen. (Rostock 1874). (6) S. 4°.
(I 2 Nr. af »Landw. Annalen d. mecklenburg. patriot. Vereins«).

Michelsen, Ed., u. F. **Nedderich**, Geschichte der deutschen Landwirtschaft, s.a. Thaer-Bibliothek.

— u. F. **Nedderich**, Geschichte der deutschen Landwirtschaft. Nach Langethal's gleichnamigem Werke bearb. 2., verb. Aufl. 8. (VI, 289 S.) Berlin 882. Parey. geb. n. 2. 50

Michelsen, E., u. F. **Nedderich**, Geschichte der deutschen Landwirtschaft. Nach Langethal's gleichnam. Werke bearb. 3., umgearb. Aufl. 8. (VII, 244 S.) Berlin 890. Parey. geb. n. 2. 50

Geschichte der deutschen Landwirtschaft. Für d. Schulgebr. u. f. d. deutschen Landwirts Feierstunden bearb. von Ed. **Michelsen**, weil Dir., u. F. Nedderich, Oberl. in Hildesheim. 4. Aufl. neu bearb. von F. Nedderich. Berlin: P. Parey 1902. (VII, 272 S.) 8⁰
(Thaer-Bibliothek. Bd 4.)

Landwirthschaftsschule zu Hildesheim. Jahresbericht v. Eduard **Michelsen**. 1. 1877—78. Hannover. 1878.

Michelsen E.: Die Molkereischule in Gr.-Himstedt bei Hoheneggelsen. Referat. (Hildesheim 1879). (4) S. P.

Michelsen, E., die Oelkuchen und ihre Verfälschung. Nach A. Völcker's Abhandlung in The Journal of the Royal Agricultural Society of England bearb. 8. (55 S.) Leipzig 878, H. Voigt. *

— dasselbe. s.a. Volksbücher, landwirthschaftliche.

(**Michelsen E.**): Die landwirthschaftlichen Verhältnisse im Vereinsbezirk Hohenhameln ... Hildesh. 1877. 97 S. 1 Tvl. 1 Pl.

—— s.a. Vom Pflug zum Schwert.

Michelsen, E. Vom Pflug zum Schwert. Kriegs-Erinnerungen der landwirthschaftlichen Lehranstalt in Hildesheim aus d. J. 1870/1871. Berlin 1879.

Michelsen, E., vom Pflug zum Schwert. Kriegs-Erinnergn. der landwirtschaftl. Lehranstalt in Hildesheim an das J. 1870/71. Für die Schule u. ihre Freunde veröffentlicht. 3. Aufl. gr. 8. (XIV, 114 S.) Berlin 884. Parey. n. 1. 50

Michelsen, Ed. Vom Pflug zum Schwert. Kriegs-Erinnergn. der landwirtschaftl. Lehranstalt in Hildesheim an d. J. 1870/71. Für die Schule u. ihre Freunde veröffentlicht. 4. durchgeseh. Aufl. gr. 8. (XIV, 114 S.) Berl. 891, Parey. * 1 50

Wiederum das Freiwilligenrecht der landwirthschaftlichen Lehranstalten v. Eduard **Michelsen**. (Bericht der Landwirthschaftlichen Lehranstalt.) Hildesheim. 1871. 8⁰.

Michelsen, Erich, Referendar aus Danzig: Der Forderungsübergang kraft Gesetzes ⟨cessio legis⟩ in historischer und dogmatischer Darstellung. *(Danzig [1901]: J. Sauer.)* (63 S.) 8°
Rostock, Jur. Diss. v. [22. Dez.] 1901

Michelsen, Ernst, der Gustav-Adolfs-Verein in Schleswig-Holstein. Geschichte seiner Anfänge u. ersten Blüthe bis 1865. Festschrift zum 50jähr. Jubiläum des Schleswig-Holstein. Hauptvereins der evangel. Gustav-Adolfs-Stiftg. in Kiel 27. u. 28. Juni 1893 nach gedr. u. ungedr. Quellen im Auftrage des Hauptvereins verf. gr. 8. (V, 56 S.) Kiel 893. Lipsius & Tischer. n. — 50

Die schleswig-holsteinische Kirchenordnung von 1542. Mit einer ausführlichen historischen Einleitung hrgg. v. Ernst **Michelsen**. H. 1: Einleitung. S. 1—284. Kiel. 1909. Bd. 2: Der Text mit wissenschaftlichem Zubehör. ebd. 1920. 8° = Schriften des Vereins für Schleswig-Holsteinische Kirchengeschichte. Reihe 1, H. 5 u. 10.

Michelsen, Ernst, Gerichtsass.: Die Pflichten des Dienstherrn nach dem Bürgerlichen Gesetzbuch. Glückstadt 1909: Augustin. 48 S. 8°
Rostock, Jur. Diss. v. 25. Juli 1909, Ref. Matthiaß
[Geb. 29. Mai 79 Hemmerwurth; Wohnort: Altona; Staatsangeh.: Preußen; Vorbildung: Gymn. Meldorf Reife O. 99; Studium: Jena 3, Berlin 2, Kiel 1 S.; Rig. 26. Febr. 09.] [U 09. 3674

Hermann Tast, Vorkämpfer der Reformation in Schleswig-Holstein v. Ernst **Michelsen**. Sonderabdruck aus Realencyklopädie für protestantische Theologie und Kirche. 3. Aufl. Bd. 14. Leipzig. 1907. 8⁰

Michelsen, Fritz, prakt. Arzt: Beiträge zur Prognose und Therapie des Vorliegens und Vorfalls der Nabelschnur, dargestellt an 100 Fällen der königl. Universitäts-Frauenklinik zu Königsberg i. Pr. ⟨Dir.: Prof. Dr. Winter.⟩ *Königsberg i. Pr. 1901: H. Jaeger.* (51 S.) 8°
Königsberg, Med. Diss. v. 18. März 1901

Michelsen, G. A., d. Fingersatz beim Klavierspiel. Didaktisches u. Kritisches. gr. 8. (48 S.) Leipzig 896. Breitkopf & Härtel. n. 1. —

Michelsen, Hans Christian: Die Klage des Verkäufers gegen den Käufer auf Abnahme der Ware nach gemeinem Zivilrecht und Handelsrecht. *Hadersleben 1897: W. L. Schütze.* (25 S.) 8° [Ant. u. F.]
Erlangen, Jur. Diss. v. 1897

MICHELSEN, HENR. EDV., Diss. inaug. sistens trium partuum historias. Kiliæ. 1836. 4. P.

Michelsen, Joh., Christus der Fisch der freien Geister. (74 S.) gr. 8. München(-Schwabing) (909). E. W. Bonsels & Co. 2. —

Michelsen, Johann von

Michelsen, J. v. Die kgl. württemberg. Verordnung zur Bildung von Offizierzöglingen in den Regimentern. Kiel 1844. 52 S.

v. **Michelsen**, J., die K. Würtembergische Verordnung zur Bildung von Officierzöglingen in den Regimentern. Mit einleit. Bemerkungen u. Erörterungen über die Anwendbarkeit der dort aufgestellten Grundsätze auf hierländ. Zustände. gr. 8. Kiel 844, Schwers. 1/4 ₰

Michelsen, Johann Andreas Christian

— Anfangsgr. der Buchstabenrechenkunst u. Algebra. 8. Berl. 788. (Stuhr). 1 ₰

— Anfangsgründe d. reinen Mathematik. 8. Berl. Voß. 781.

— Anfangsgr. d. reinen Mathematik. 8. Berl. 783. Voß. 14 gr.

* Anleitung zur Buchstabenrechnung und Algebra, auch für diejenigen, welche der Gelegenheit zum mündlichen Unterricht beraubt, selbige durch eignen Fleiss erlernen wollen, von *J. And. Ch. Michelsen.* Berlin, beym Verf. u. in der Hallischen Waisenhausbuchh. 8. I. Th. welcher die Lehre von den einfachen Veränderungsarten der Grössen, und von den Gleichungen des ersten und zweyten Grades enthält. 1786.

Auch unter dem Titel:

* Anfangsgründe der Buchstabenrechnung u. Algebra, von *J. And. Ch. Michelsen.* Berlin, Hesse. 406 S. 8.

Allg. Litt. Zeit. 1789. 1. B. S. 230. 1788.
Goth. gel. Zeit. 1789. 1. B. S. 61.
Gött. gel. Anz. 1788. 2. B. S. 1264.

— Anleit. z. Buchstabenrechnung u. Algebra. 1r Thl. A. u. d. T.: Briefe üb. die ersten Anfangsgr. d. Buchstabenrechnung u. Algebra. 8. Berl. 786. 2e unveränd. Ausg. 790. (Köchly). 1 ℛ 8 gℓ

Michelsen, Jh. Andr. Chr., Anleitung zur Buchstabenrechnung u. Algebra. 1r Thl., welcher die Lehre von den einfachen Veränderungsarten der Größen und von Gleichungen des ersten u. zweiten Grades enthält. 2e Aufl. 8. Berlin 790. (Leipzig, Fr. Fleischer.) 1½ ℛ

— Anleit. z. Differenz-Rechn. s. Euler.

Michelsen, J. A. C., Anleit. z. Geometrie. 1r Bd. m. K. 8. Berlin. 790. Jetzt Reimer.

* *Joh. Andr. Christ. Michelsen,* Professors der Mathematik und Physik am vereinigten Berlinischen und Cölnischen Gymnasium, Anleitung zur juristischen, politischen und ökonomischen Rechenkunst. Erster Theil. Halle, im Verlage des Waisenhauses, in 8. 80 Seiten Vorrede, 452 Seiten Abhandlung. (2 Rthlr. 4 gr.) 1782.
—— 2ter Theil, ibid. 416 S. 8. 1784.

– A n l e i t. z. prakt. Rechenkunst, s.a. M i c h e l s e n: Versuch in sokrat. Gesprächen.

* Anleitung zur practischen Rechenkunst auch unter dem Titel: Versuche in socratischen Gesprächen über die wichtigsten Gegenstände der Arithmetik von *J. And. Chr. Michelsen.* Berl. Maurer. 8. 1. B. (1 Rthlr.) 1784.
— B. 2. (1 Rthlr.) 1785.
— B. 3. (1 Rthlr.) 1786.
Der 2te Band führt auch den Titel: Anleitung zur praktischen Rechenkunst, und der 3te: Fortsetzung der praktischen Rechenkunst.

— Anleit. z. Selbsterlern. der Geometrie. 1r Bd. Mit 4 Kpft. 8. Berl. 790. (Reimer). 14 gℓ

Michelsen, Jh. Andr. Chr., († d. 8. Aug. 1797.) Auflösung verschied. wichtig. Aufgaben d. höhern prakt. Arithmetik. 8. Berl. 781. Maurer's B. 4 gℓ

Allgemein verständliche Auflösung verschiedener wichtigen Aufgaben der höhern praktischen Arithmetik, welche ihrer Brauchbarkeit ungeachtet in den gewöhnlichsten Anleitungen zur Rechenkunst nicht berührt zu werden pflegen. Von *J. And. Ch. Michelsen.* Berlin, Maurer. 62 S. 8. 1786.

* Beyträge zur Beförderung des Studiums der Mathematik, insbesondere für Schullehrer und Praktiker, von *J. And. Ch. Michelsen.* Berlin akad. Kunst- und Buchhandl. I-V. Stück. 464 S. 8. 1789.

— Beitrr. z. Beförder. des Stud. der Mathematik. 5 Stücke. Mit Kpf. 8. Berl. 790. Acad. Buchh. 1 ℛ 16 gℓ

– s. E u c l i d e s: Elemente der Mathematik.

– s. L. Eulers Analysis u. dess. Differentialrechn.

– s. E u l e r, Leonhard: Einleitung in die Analysis des Unendlichen.

Vollständigere Fortsetzung des Versuches in sokratischen Gesprächen über die wichtigsten Gegenstände der ebenen Geometrie, von *Joh. Andr. Christian Michelsen,* Professor der Mathematik und Physik am vereinigten Berlinischen und Kölnischen Gymnasium. Erster Band. Berlin, bey Sigismund Friedr. Hesse. 14 Bog. 6 Kupf. in 8. 1783.

* Gedanken über den gegenwärtigen Zustand der Mathematik, und die Art, die Vollkommenheit und Brauchbarkeit derselben zu vergrössern. Ein Versuch, den Mathematikern und Philosophen zur Prüfung und Ergänzung vorgelegt von *J. And. Ch. Michelsen.* Berl. Hesse. 8. 276 S. 1789.

— Gedanken üb. d. gegenwärt. Zustand d. Mathematik. gr. 8. Berl. 789. Müller; (a. Petsch das.) 16 gℓ

M i c h e l s e n, J. A. Chr.: „Der vollkommene Haushalter und Kaufmann; oder Sammlung von Haushaltungs-, Holz-, Interesse-, Rabatt-, Münz-, Mass- und Gewichtstabellen; nebst den Quadrat- und Cubikwurzeln der Zahlen von 1—1000", Berlin 1787 (Maurer). 2. Auflage ebenda 1796; 3. verm. und verb. Auflage ebenda 1811; 4. verm. und verb. Auflage ebenda 1820.

— d. vollkommene Haushalter u. Kaufmann, od. Samml. von Haushaltungs-, Holz-, Interess- u. and. Tabellen rc. gr. 8. Berl. 787. 2e verb. Aufl. 796. N. Aufl. 820. Maurer's B. 1 ℛ 6 gℓ

– s. H o r a t i u s Flaccus, Quintus: Dichtkunst.

— u. J. L. Bauer, Rabatttabellen, s. Rabatttabellen.

— Theorie u. Gleichungen, s. L. Euler, Analysis. 3r Thl.

— Versuch in sokrat. Gesprächen üb. d. wicht. Gegenstände d. Arithmetik. 3 Bde 8. Berl. 784—86. Maurers B. 3 ℛ (2r u. 3r Bd. a. u. d. T.: Anleit. z. prakt. Rechenkunst. 2 Bde. 8. Ebd. 2 ℛ)

* Versuch, in Sokratischen Gesprächen, über die wichtigsten Gegenstände der ebenen Geometrie, von *Joh. Andr. Christian Michelsen*, Prof. am Berlin. Gymnas. Berlin, bey Hesse. 124 Seit. 2 Kupft. 8. (6 gr.) 1781.
— Vollständigere Fortsetzung des Versuchs in socratischen Gesprächen, über die wichtigsten Gegenstände der Geometrie. I. Band. 227 Seit. 6 Kpft. 8. 1783.
— II. Band. 178 S. 6 Kpft. 8. (1 Rthlr. 4 gr.) 1784.
* Fortsetzung des Versuches in sokratischen Gesprächen. Von *Johann Andreas Christian Michelsen*. Berlin, Hesse. 12 Bogen, 5 Kupfer in 8. (9 gr.) 1782.

—Versuch in socratischen Gesprächen üb. d. wicht. Gegenstände d. ebenen Geometrie. Mit Kpf. 18 Stck. 8. Berl. 782. N. Aufl. 790. 6 gl Fortsetz. 782. Vollständigere Fortsetz. 3 Bde. 783—86. 1 rf 13 gl 8. Ebd. (Stuhr). 1 rf 19 gl

Johann Andreas Christian Michelsen

Versuche in Socratischen Gesprächen über die wichtigsten Gegenstände der Arithmetik. Von Johann Andreas Christian Michelsen. Bd 1.2. [Nebst] Forts. Berlin: Maurer 1783-85. 8°

Bd 1: 1784.
Bd 2: 1785.
[Sondert.:] Michelsen: Anleitung zur praktischen Rechenkunst.
[Forts.u.d.T.:] Michelsen: Vollständigere Fortsetzung des Versuchs in Socratischen Gesprächen über die wichtigsten Gegenstände der ebenen Geometrie. Bd 1.2:1783-84

Michelsen, J. And. Chr. Ueber allgemeine Wittwenverpflegungsanstalten. Ein Versuch zur Berichtigung und Vervollkommnung der Theorie u. Praxis allgem. Wittwenkassen usw. Berlin 1796.

Michelsen, Jh. Andr. Chr., Ueber allgemeine Wittwenverpflegungs-Anstalten. 1. Absch. gr. 8°. Berlin, Maurer's B., 1796.

Michelsen, Jul., s.: Gesundheits-Wesen, d. öffentl., d. Reg.-Bez. Düsseldorf.

Michelsen, Karl

Michelsen, Carl, s.: Echo der dänischen Umgangssprache.

Meister Eckart. Ein Versuch von Carl Michelsen. Berlin: Mittler & S. 1888. 30 S. 8°
Aus: BZC. 17 (1888) S. 210—244.
Handelt von der Lehre der Tempelherren u. des Mystikers Eckart.

Michelsen, Carl, neun Träume. Eine Einleitg. 8. (54 S.) Leipzig 892. A. Janssen. n. 1.—

Michelsen, Carl Chrn. Ludw., Pandekten-Tabellen. 1. Abthl.: die Lehre vom Besitz u. die Lehre von den dinglichen Rechten, dem Eigenthum der Emphyteusis u. Superficies, den Servituten u. dem Pfandrecht, nebst einem Repetitorium, einem Sach- u. Quellen-Lexikon. Kiel 867. G. v. Maack's Verl. gr. Fol. (VI, 23 Tabb.) n. 4 ℳ

Michelsen, Konrad

Michelsen, Conr., die Arbeitsschulen der Landgemeinden in ihrem vollberechtigten Zusammenwirken mit den Lehrschulen. Eine historisch begründete Beantwortung der Zeitfrage: Wie wird die Volksschule von der abstracten Methode emanzipirt u. fruchtbarer gemacht für Herz u. Hand der Zöglinge?" gr. 8. (IV u. 119 S. m. 1 Tab. in gr. 4.) Eutin 851, Völckers. 18 ngl

Dr. Konrad Michelsen. Blätter der Erinnerung an die Einweihung des Denkmals für den Begründer der Hildesheimer Landw. Lehranstalt <22. Dez. 1880>. Von Freundeshand für Freundeskreise hrgg. am 16. Mai 1882. Hildesheim. 1882. 8°

Bruchstücke aus Unterredungen über die Biblische Geschichte, gehalten auf dem Seminar zu Alfeld v. Conrad Michelsen. Alfeld. 1855. 8°.

Die Buchführung auf kleineren landwirthschaftlichen Besitzungen v. Konrad Michelsen. (Mit Anhang: Kassen-Notizbuch vom 1. Mai 1859 bis zum 1. Mai 1860.) Hildesheim. 1860. 8°.

Michelsen, Konr., die Buchführung auf kleineren landwirthschaftlichen Besitzungen. qu. gr. 8. (III und 108 S.) Hildesheim 860, Gerstenberg'sche Buchh. *

Michelsen's, Konr., Buchführung auf kleineren landwirthschaftlichen Besitzungen. 2. Aufl. (1867); 3. umgearb. und verm. Aufl., hrsg. von Adf. Hildebrand. qu. gr. 8. (VI, 51 S.) Hildesheim 876, Gerstenberg'sche Buchh.

Michelsen, Konrad, Buchführung auf kleineren landwirthschaftl. Besitzungen. 5. verb. Aufl. Unter Mitwirkung von F. Burgtorf hrsg. von Ed. Michelsen. qu. 8. (VI, 55 S.) Hildesheim 886, Gerstenberg'sche Buchh. *

Michelsen's, Konr., Buchführung auf kleineren landwirtschaftlichen Besitzungen. 6. verb. Aufl., hrsg. v. Ed. Michelsen. qu. gr. 8. (15; 33; 35 S.) Hildesh. 892, Gerstenberg. 1 50; geb. ** 1 75

Michelsen, C., Katechismus der deutschen Sprache, s. Weber's, J. J., illustr. Katechismen.

Michelsen, Conr., Katechismus d. deutschen Sprachlehre, s. Weber's illustr. Katechismen.

Katechismus der Deutschen Sprachlehre. Von Konrad Michelsen. 3. Aufl., hrgg. v. Eduard Michelsen. Leipzig. 1878. 8°.

Michelsen, Konr., Katechismus der deutschen Sprachlehre. 3. Aufl. hrsg. von Ed. Michelsen. 8. (XII, 237 S.) Leipzig 878. Weber. cart. n. 2.—

Michelsen, Konr., Katechismus der Stilistik, s. Weber's, J. J., illustr. Katechismen.

— Katechismus der Stilistik. Eine Anweisung zur Ausarbeitung schriftlicher Aufsätze. 8. (VIII, 196 S.) Ebend. 881. geb. n. 2.—

Michelsen, K., Katechismus der Stilistik. Eine Anweisung zur Ausarbeitg. schriftl. Aufsätze. 2., durchgeseh. Aufl. Hrsg. v. Ed. Michelsen. 8. (X, 196 S.) Leipzig 889. J. J. Weber. geb. n. 2.—

Michelsen, Konr., landwirthschaftliche Lebensfragen. Beantwortet in Gesprächen. Neue wohlf. (Titel-)Ausg. 8. (XX und 472 S. mit eingedr. Holzschn. und 1 Stnt.) Hildesheim (859—61)64, Gerstenberg'sche Buchh.

— die Lehr- u. Arbeitsschule zu Alfeld. Eine Antwort auf die Frage: „Wie nimmt die Schule Theil am Kampfe gegen den Pauperismus?" 2., mit einem einleitenden Vorworte versehene (Titel-)Ausg gr. 8. (XVI, 76 S.) Hildesheim (1854) 881. Gerstenberg. n. 1.—

—— die Lehr- und Arbeitsschule zu Alfeld. Eine Antwort auf die Frage: „Wie nimmt die Schule Theil am Kampfe gegen den Pauperismus?" 2. mit einem einleitenden Vorworte vers. (Titel-)Ausg. gr. 8. (XVI, 76 S.) Hildesheim 881, Gerstenberg'sche Buchh. *

— Methodologie des Hannoverschen Landeskatechismus. Alfeld 853. (Leipzig, Hoffmann.) gr. 8. (VI, 118 S.) n. 1¼ ngr.

Michelsen, Conr., Philosophie d. Grammatik. Unter steter Leitung der Geschichte entworfen. I. Bd. — A. u. d. Ttl.: Kasuslehre der latein. Sprache, vom kausal-lokalen Standpunkte aus. gr. 8. (14½ B.) Berlin 843, Trautwein'sche Buchh.

Programm der Ackerbauschule bei Hildesheim. (Von Konrad Michelsen. Hildesheim. 1861.) 8°.

—— die deutsche Rechtschreibung. Ein Leitfaden für Zweifelhafte. Nebst einem Wörterverzeichniß. gr. 8. (VIII und 119 S.) Leipzig 858, Weber. *

Haderslebens Seeweg in alter und neuer Zeit v. [Conrad Anton] Michelsen. Hadersleben. 1847. 4°. Gymn.-Progr.

—— Stilistik, s. Weber's, J. J., illustr. Katechismen Nr. 90.

— Andreas Treu, Bauermeister in Wolfendorf. Wahrheit u. Dichtung. 3 Thle. Ebend. 859—62. 8. Jeder Thl. n. 10 ngr.
1. Thl.: Entwaldung u. Entwässerung, Bewaldung u. Bewässerung. 2. verb. Aufl. Mit Holzschn. u. 1 (lith.) Taf. (VI, 152 S.)
2. Thl.: Die Wiesenkultur. Mit Holzschn. (VI, 157 S.)
3. Thl.: Flachs u. Leinwand. (IV, 160 S.)

Michelsen, Conr., histor. Uebersicht d. Studiums d. latein. Grammatik seit d. Wiederherstellung d. Wissenschaften, nebst e. Einleit. üb. d. allgem. Wesen d. Sprache. Ein grammat. Versuch. gr. 8. (9 B.) Hamburg 837, Perthes-Besser u. Mauke.

— der evangel. Verein der Gustav-Adolph-Stiftung. Predigt am Sonnt. Reminiscere über 2 Cor. 9, 12 u. 13. 8. Hadersleben 844. (Schleswig, Bruhn.) n. 1/8 ₰

Michelsen, K. (Hrsg.), s. Vereinsblatt, Hannoversches Land- und Forstwirthschaftliches.

— wie nimmt die Schule Theil am Kampfe gegen den Pauperismus? Beantwortet durch ein Referat über die Lehr- und Arbeitsschule in Alfeld. Hildesheim 854. Gerstenberg. gr. 8. (XIV, 76 S.) n. 12 ngr.

— Wie nimmt die Schule Theil am Kampfe gegen den Pauperismus. Beantwortet durch ein Referat über die Lehr- u. Arbeitsschule in Alfeld. gr. 8°, Hildesheim, Gerstenberg, 1854. 2. mit einem einleitend. Vorworte vers. (Titel-) Ausg. gr. 8°. Ebd. 1881.

Michelsen, Konrad Anton, s. Michelsen, Konrad

Michelsen, Mads, prakt. Arzt aus Schottburg: Ueber die aetiologischen Beziehungen der akuten Entzündungen der Tonsillen zu anderen Erkrankungen mit besonderer Berücksichtigung der Angina tonsillaris retronasalis. *Berlin (1901): E. Ebering.* (42 S.) 8°
Berlin, Med. Diss. v. 15. Nov. 1901

Michelsen, O., wie die Kannibalen v. Tongoa Christen wurden, s.: Kurze, O.

MICHELSEN, Otto (Salzwedel): Ueber Puerperalpsychosen.- München: Schaumberg 1878. 34 S. 25.7.1878 - Urk (Titel: De psychosi puerperali.); Chr 1878/79,11
Diss.Ingolst.-Landsh.-Mchn.

Michelsen, P., die bestimmten algebraischen Gleichgn. des ersten bis vierten Grades. Nebst e. Anh.: Unbestimmte Gleichgn. Für Lehrer-Seminare, höh. Lehranstalten, sowie f. den Selbstunterricht bearb. 2. [Titel-] Aufl. gr. 8. (VIII, 306 S.) Hannover (893.) 899. C. Meyer. n. 4.—; geb. n.n. 4. 50

Michelsen, Paul, aus Berlin: Ueber die Gewichtsverhältnisse der syphilitischen Placenten zu den Kindern. *Erlangen 1900: E. Th. Jacob.* (56 S.) 8°
Erlangen, Med. Diss. v. 19. Juli 1898

Michelsen, Sigismund Heinrich (Rogasen / Posen), Impetiginum nova divisio. Specimen inaug. med. Berlin (A. Petsch) 17. X. 1826. 24 S. mit Biogr. (2.50) 23332
Oppon.: M. Boas, H. Bamberg, J. J. Sachs. — Gew.: C. G. Neumann, A. Assur.

Michelsohn, Felix, Referendar: Die Vis major als sociale Institution des römischen und modernen Rechts. *Berlin 1902: (E. Mandelstamm).* (62 S.) 8°
Rostock, Jur. Diss. v. [5. Juni] 1902

Michelsohn, Hugo [aus Schönlanke '(Posen)']: Ein Fall von primärem Sarcocarcinom des Pancreas ... Würzburg, P. Scheiner's Buchdr., 1894; 34 S., 1 Bl. 8.
Würzburg, Med. Fak., Inaug.-Diss. v. 1894

Michelsohn, Julius [aus Curland]: Zur Multiplicität der primären Carcinome. ... Berlin, Buchdr. v. Emil Streisand (1889); 30 S. + 1 Bl. 8°
Berlin, Med. Fak., Inaug.-Diss. v. 8. Aug. 1889

Michelsohn, Justin, Dr. phil., a. Wilhermsdorf, z. Zt. Rechtsprakt. am Kgl. Amtsgericht Ansbach: Die Behandlung der Prämienreserve im Privatversicherungsgesetz. Borna-Leipzig 1908: R. Noske. (VI, 29 S.) 8° [F.]
Erlangen, Jur. Fak., Ref. Rieker, Diss. v. 16. März 1908
[Geb. 2. Juli 84 Wilhermsdorf (Bez.-A. Neustadt a. d. Aisch); Wohnort: Ansbach; Staatsangeh.: Bayern; Vorbildung: Gymn. Ansbach Reife 03; Studium: Erlangen 8 S.; Rig. 6. Febr. 08.]

Michelsohn, J(ustin), a. Wilhermsdorf, d. z. Rechtsprakt.: Die bayerische Grossindustrie und ihre Entwickelung seit dem Eintritt Bayerns in das Deutsche Reich. Erlangen 1907: Junge & Sohn. (VIII, 164 S.) 8°
Erlangen, Phil. Fak., Ref. v. Eheberg, Diss. v. 8. Aug. 1907
[Geb. 2. Juli 84 Markt Wilhermsdorf (Bez.-A. Neustadt a. A.); Wohnort: Erlangen; Staatsangeh.: Bayern; Vorbildung: Gymn. Ansbach Reife Juli 03; Studium: Erlangen 8 S.; Rig. 11. Juli 07.]

Michelsohn, Max [aus Hausberge (Westfalen)]: Ein Beitrag zur Lehre von den weissen Blutkörperchen. ... Würzburg, Becker's Univ.-Buchdr., 1889; 43 + 1 S. 8°
Würzburg, Med. Fak., Inaug.-Diss. v. 1889

Michelsohn, Oscar, prakt. Arzt aus Czarnikau: Ein Beitrag zur Casuistik der primären Dünndarmsarcome. *Leipzig 1904: B. Georgi.* (39 S.) 8°
Leipzig, Med. Diss. v. (4. Febr.) 1904

Michelsohn, Oskar, aus Hannover: Beiträge zur Behandlung der tuberkulösen Hüftgelenks-Entzündung mit Benutzung der in der Zeit vom 1. Januar 1896 bis zum 31. Dezember 1902 in der Kgl. chirurgischen Universitätsklinik in Göttingen behandelten 209 Kranken. *Göttingen 1903: L. Hofer.* (94 S.) 8°
Göttingen, Med. Diss. 1. [14. Jan.] 1904

Michelsohn, Samuel: Die Metreuryse zur künstlichen Unterbrechung der Schwangerschaft. Würzburg: Mönnich 1910. 44 S. 8°
Würzburg, Med. Diss. v. 18. März 1910, Ref. Hofmeier
[Geb. 29. Mai 79 Riga; Wohnort: Würzburg; Staatsangeh.: Rußland; Vorbildung: Kaiser-Nikolaus-Gymn. Riga Reife Juni 01; Studium: Königsberg 2, Berlin 1, Gießen 2, Leipzig 1, Tübingen 2, Würzburg 3 S.; Rig. 9. März 10.]
[U 10. 4359

Michelsohn-Rabinowitsch, Frau C[ornelia]. Beitrag zur Kenntnis des Hydrophthalmus congenitus. ⟨H' und Elephantiasis mollis der Lider.⟩ Diss. Med. Bern. Mit 14 Abbildungen auf den Tafeln A—E. [Sep.-Abdr. aus: Archiv für Augenheilkunde, Band 55.] *Kopftitel:* ⟨Aus der Berner Universitäts-Augenklinik ⟨Prof. Dr. A[ugust] Siegrist⟩⟩. 29 S. 8. Wiesbaden, J. F. Bergmann, 1906.

Michelsohn-Rabinowitsch, Frau C[ornelia]. Beitrag zur Kenntnis des Hydrophthalmus congenitus. ⟨H' und Elephantiasis mollis der Lider.⟩ Sonderdruck aus: Archiv für Augenheilkunde.... Band 55. Heft 3. ⟨1906.⟩ Mit 14 Abbildungen auf den Tafeln A—E. *Kopftitel:* ⟨Aus der Berner Universitäts-Augenklinik...⟩. 29 S. 8. Wiesbaden, J. F. Bergmann, 1906.
Ausg. B. — Ausg. A: Diss. Med. Bern *(s. Bulletin 1906, S. 332).*

Michelson, A., s. Michelsen, Andreas Ludwig Jakob

Michelson, Eduard

Michelson, Ed. Untersuchungen üb. die Tiefe d. Schlafes. Diss. gr. 8. (54 S. m. 2 Taf.) Dorpat 891, (Karow). * 1 20

Michelson, Eduard, Einige Versuche über die Todtenstarre des Muskels. Diss. Dorpat. 8° 32 pp. 1872

Michelson, Ludw., experimentelle Studien üb. Lymphagoga. Diss. gr. 8. (62 S.) Dorpat 893 (Leipzig, G. Fock.) n. 1. 20

Michelson, P., Atlas der Krankheiten der Mund- u. Rachenhöhle, s.: Mikulicz, J.

Michelson, P., die Electrolyse als Mittel zur radicalen Beseitigung an abnormer Stelle gewachsener Haare. 8. (19 S. mit 3 Abbild.) Berlin 886, Hirschwald. *
Aus: Berliner klinische Wochenschrift, besonders abgedruckt.

Michelson, P., Handbuch der Hautkrankheiten, s. Handbuch der speciellen Pathologie.

Michelson, P., über Herpes tonsurans und Area Celsi, s. Sammlung klinischer Vorträge.

Michelson, P., über Nasen-Syphilis, s.: Sammlung klinischer Vorträge.

Michelson, Paul Osc., zur Histiologie der Vater-Pacini'schen Körperchen. Inaugural-Dissertation. Königsberg 869. (Hübner & Matz.) gr. 8. (33 S.) n. 6 ngr.

Kleine Sammlung wissenschaftlicher Wetterregeln. Von W.[Vladimir] A[leksandrovič] **Michelson**, Prof., Moskau. Braunschweig: Vieweg & Sohn 1906. (17 S.) 8° [F.] [07. 3498 7

Michelson, W. A., kleine Sammlung wissenschaftl. Wetterregeln. (17 S.) kl. 8. Braunschweig 906. F. Vieweg & Sohn. n. —25

Michelsson, Mor., s.: Fabelschatz, russischer.

Michelstadt [Schlagwort]

Michelstadt, s.: Deutschland. Kürschner-Pelp.

Michelstadt, s.: Geolog. Karten (Hessen).

Michelup M. L. Gold- und Silber-Münz-Abbildungen alter und neuer Präge. Lief. 1—18. Prag, Medau 1852.

Michendorf [Schlagwort]

Michendorf, s.: Mark.

Michenfelder, C., Grundzüge moderner Aufzugsanlagen, dargestellt nach den für ihren Bau u. ihren Betrieb massgeb. allgem. Gesichtspunkten. (IV, 110 S. m. 78 Abbildgn.) kl. 8. Leipzig 906. H. A. L. Degener. n. 2. 80; geb. in Leinw. n. 3. 20

Michenfelder, C., neuere Transport- u. Hebevorrichtungen. Mit e. Atlas enth. 200 Abbildgn. (VIII, 59 u. 87 S.) Lex-8. Leipzig 906. H. A. L. Degener. Geb. in Leinw. u. geh. n. 9. —

Michettoni, A. Die Weihe d. Monats d. Verehrung d. h. Geistes. 32°. Einsied., Benziger. 1878.

Michettoni, Luigi, die Weihe des Monats durch Verehrung des hl. Geistes. Aus dem Italienischen übersetzt u. mit einem Anh. verm. v. Maria Magdalena v. Dobeneck. 32. (395 S. mit 1 Steintafel.) Einsiedeln 878. Benziger. — 70

Michettoni, Vincenzo, mein Schutzengel. Gebet- u. Andachtsbüchlein zur Verehrung des heil. Schutzengels. Nach dem Ital. bearb. von M. M. von D. Mit 80 (eingedruckten) Holzschn. 24. (319 S. mit 2 Chromolith.) Einsiedeln 881. Benziger. — 65

Mein Schutzengel. Gebet- u. Andachtsbüchlein z. Verehrung d. heiligen Schutzengels. Nach d. Italien. des P. Vincenzo **Michettoni** bearb von M. M. v. D. Mit 80 Holzschn. *Einsiedeln, Köln: Benziger & Co. [um 1902].* (316 S.) 8° [F.] [03. 13006

SALZBURG, Franz v (d. i. *Franz Micheu*), Des Weibes Sünde. Ein Dutzend Dutzendgeschichten. Leipzig, o. J. (1904). 8° (80 Pfg. Th. Ackermann, 1909.)

Michiel, Marcanton, notizia d'opere del disegno, s.: Frimmel, Thdr., der Anonimo Morelliano.

Michiels, Alfred, Etudes sur l'Allemagne, renfermant une histoire de la peinture allemande. 2. édition. 2 vols. 8. Bruxelles 845. (Bonn, Marcus.) n. $2^{3}/_{6}$ ß

Michiels, Alfr., der Capitain Firmin. Oder: Das Negerleben in Afrika. (Gegenstück zu Onkel Tom's Hütte.) In's Deutsche übertragen. 2 Bde. Quedlinburg 853. Basse. 8. (206; 205 S.) 1 ß.

Michiels, Alfr., geheime Geschichte der österreichischen Regierung seit Ferdinand II. bis auf unsere Zeit. Erste Geschichte Oesterreichs nach authentischen Actenstücken. Deutsche Ausgabe. Gotha 863. Opetz. gr. 8. (VII, 471 S.) 1 ß

—— dass. — Neue Folge: Geschichte der österreichischen Politik seit der Kaiserin Maria Theresia. 1. Aufl. 1864. und 2. (Titel-)Aufl. gr. 8. (VIII und 474 S.) Ebendas. 867.

Michiels, Alfr., geheime Geschichte der österreichischen Regierung seit Ferdinand II. bis auf unsere Zeit. Erste Geschichte Oesterreichs nach authent. Actenstücken. 1. Aufl. 1863. und 2. (Titel-)Aufl. gr. 8. (VIII und 471 S.) Gotha 867, Windaus' Verlag.

Michiels, Alfr., geheime Geschichten der österreichischen Regierung seit Ferdinand II. bis auf unsere Zeit. Erste Geschichte Oesterreichs nach authent. Aktenstücken. 2. (Titel-) Aufl. Gotha 865. Windaus' Verlag. gr. 8. (VIII, 471 S.) 1 ℛ

— histoire des idées littéraires en France au dix-neuvième siècle, et de leurs origines dans les siècles antérieurs. II Tomes. gr. in-8. Paris 842, (et Leipzig, Brockhaus et Avenarius.) n. 5 ℛ

Michiels, Alfred, histoire des idées littéraires en France au 19. siècle, et de leurs origines dans les siècles antérieurs. 3. édit., rev. et augm. 2 vols. gr. 8. (XX u. 910 S.) Bruxelles 848. (Bonn, Marcus.) n. 3½ ℛ

— histoire de la peinture flamande et hollandaise. Tom. I—III. gr. in-8. Bruxelles 844—46. (Bonn, Marcus.) T. I. n. 2⅔ ℛ T. II. III. baar à n. 2½ ℛ

— histoire de la peinture Flamande et Hollandaise. Tome IV. gr. 8. (IV u. 398 S.) Ebd. 848. baar 2½ ℛ (I—IV: baar 10 ℛ)

Michigan Arbeiter-Zeitung : 1889?—1890? **Detroit, MI**
Weekly edition of DETROITER TAGESBLATT.

Michigan Demokrat : 1854—Jan. 10, 1857.
Weekly. Published by a joint stock company composed of Dr. P. Klein, F. Ruehle, J. B. Schmittdiel, G. M. Rich, B. and C. Fischer, and others.
Detroit, MI

Michigan Deutsche Zeitung : 1889—1891?
Weekly. Circulation: 1890, 600. Edited & published by Benno Muehlen, 1889—90; by L. Schairer, 1891.
Port Huron

Michigan Freie Presse : 1878?—1910?
Independent weekly. Continued as NEUE MICHIGAN FREIE PRESSE. Circulation: 1880, 1300; 1890, 1300; 1900, 1400; 1910, 1500. Edited & published by Herman D. Kraeling, 1878—79; by G. Reuther, 1880—84, by Edward Baumheier, 1885—91; by German Printing & Publishing Co., 1892—96; by Benno Muehlen, 1897—98; by Edward Baumheier, 1899; by August Landenau, 1900—06; by Michigan Freie Presse, 1907—10.
Bay City, MI

Michigan Journal : Apr. 15, 1855—1910?
Weekly, 1855; daily, morning except Sunday, 1856—69; daily, evening except Sunday, 1870—Mar. 1876; weekly, Apr. 1, 1876—1910. Republican, 1871—82; Independent, 1886—1910. Sub-title: Ein Unabhängiges Organ für Politik, Tages Neuigkeiten und Unterhaltung. Title varies with frequency: TAGLICHES MICHIGAN JOURNAL, 1856—Mar. 1876; MICHIGAN JOURNAL UND HEROLD. An edition of MILWAUKEE HEROLD (Milwaukee, Wis.), 1891—1910. For weekly edition, see WÖCHENTLICHES MICHIGAN JOURNAL. For Sunday edition, see SONNTAGS-BLATT ZUM MICHIGAN JOURNAL. Circulation: 1870, 1500 (est.); 1875, 1800; 1880, 3500 (est.); 1890, 5000.
Edited & published by August & Conrad Marxhausen, 1855—66; by Conrad Marxhausen, 1866—70, by Fred Cornehl, F. Pope, Jacob Pope & George Goettmann, 1870—76; by F. Pope & F. W. Coleman, 1876—88, by F. W. Coleman, 1889—1910. Strong influence on political development of German-Americans in Michigan.
Detroit, MI

Sonntags-Blatt zum Michigan Journal : 1856?—Mar. 1876?
Sunday supplement to weekly MICHIGAN JOURNAL. Sub-title: [in 1873]: Wochenblatt für Unterhaltung, Literatur, Humor und Europäische Nachrichten. Title varies: SONNTAGSBLATT ZUM MICHIGAN JOURNAL UND HEROLD.
Detroit, MI

Wöchentliches Michigan Journal : 1856?—Mar. 1876. **Detroit, MI**
Weekly edition of MICHIGAN JOURNAL. Sub-title: Organ für Politik, Tages-Neuigkeiten und Unterhaltung. Circulation: 1875, 5000.

Michigan Kinderfreund : 1902?—1921?
Bi-monthly. Organ of Evangelical-Lutheran Children's Friend Society of the Michigan [Joint Wisconsin] Synod.
Octavo, each issue 8 pages. Circulation: 1921, 3300. Published in both English and German editions. Editor [in 1921]: the Rev. Ernest Partefelder.
Bay City, MI

Michigan Staats-Zeitung : 1848?—May 1862. **Detroit, MI**
Daily, morning. Merged with MICHIGAN VOLKSBLATT.

Michigan Staats Zeitung : Nov. 25, 1874—1886?
Independent weekly. For Sunday edition, see SONNTAGS-BLATT. Circulation: 1880, 3200; 1884, 3100. Edited & published by Wilhelm Eichelsdörfer, 1874—85; by Louis Wöhlert, 1885—86.
Grand Rapids, MI

Michigan Staats-Zeitung : 1887?—1905?
Independent weekly. Circulation: 1890, 800; 1900, 1100. Edited & published by Benno Muehlen, 1887—89; by August Sahl & Herman Kraiss, 1890; by Jacob Gansley, 1891; by Karl Duerr, 1892; by E. J. Baumann, 1893—1904; by F. & C. Reuter, 1905.
Lansing, MI

Michigan Volksblatt : May 1, 1853—1915?
Weekly, May 1853—Nov. 1860; daily, evening except Sunday, Nov. 1860—1915. Strongly Democratic, 1853—98; Independent Democratic, 1899—1915; supported Tilden. In the Jubiläums-Ausgabe, Oct. 5, 1903, the Editor states that the paper was established as "Organ der deutschen Demokratie" and during its long life was sincerely but not abjectly Democratic. Moreover, it believed strongly that the slave question was a problem for the "freie südliche Staaten."
Title varies: MICHIGAN VOLKSBLATT, 1853, 57; MICHIGAN DEMOKRAT UND VOLKSBLATT, 1857—Nov. 1860; MICHIGAN VOLKSBLATT, Nov. 1860—1915. Absorbed MICHIGAN DEMOKRAT, 1857; and MICHIGAN STAATS-ZEITUNG, May 1862. For weekly edition, see WÖCHENTLICHES MICHIGAN VOLKSBLATT. For Sunday edition, see SONNTAGSBLATT DES MICHIGAN VOLKSBLATT. Circulation: 1870, 2400 (est.); 1880, 2000; 1890, 3460; 1910, 7953.
Edited & published by F. & W. Schimmel (for a time, with Domedian), 1853—57; edited by Rudolf Diepenbeck, 1853—56; by Elias J. Papp, 1856—Dec. 1891; by Adolf Niederprüm, Dec. 1891—1893; by Eduard Meserich, 1893—?
Other editors: Fritz Donner, 1875—76; August Gierschke; Johann Weber.
Published by Philipp Kramer, 1858—60; by Philipp Kramer & Matthäus Kramer, 1860—July 1880; by Matthäus Kramer, July 1880—Dec. 1891; by an Aktiengesellschaft (Michigan Volksblatt Co.), of which Joseph J. Nocker was first president, Dec. 1891—1915.
Detroit, MI

Sonntagsblatt des Michigan Volksblatt : 1890?—1911?
Sunday edition of MICHIGAN VOLKSBLATT. Circulation: 1897, 5576; 1910, 10,288.
Detroit, MI

Wöchentliches Michigan Volksblatt : Nov. 1860—1911?
Weekly edition of MICHIGAN VOLKSBLATT. Issued semi-weekly, 1895—1911. Title varies: MICHIGAN DEMOKRAT UND VOLKSBLATT, 1860. Circulation: 1870, 9000 (est.); 1880, 11,000; 1897, 17,586; 1907, 22,630.
Detroit, MI

Der Michigan Volksfreund : Jan. 1849—?
Democratic weekly. Sub-title: Ein rein demokratisches Blatt. Edited by C. Beyschlag, & published by Dr. Rudolph, 1849—?
Detroit, MI

Michigan Volksfreund : 1871?—1925?.
Independent weekly. Circulation: 1880, 1800; 1890, 2350; 1900, 2400; 1910, 2400. Edited & published by Rudolph Worch, 1871—1925.
Jackson, MI

Michigan Volks-Zeitung : 1876?—1884?
Independent weekly. Circulation: 1882, 2500. Edited by August Gierschke, & published by Lochbihler & Co., 1876?—1884.
Detroit, MI

Michigan Volkszeitung : 1890?—1918?
Democratic weekly. Circulation: 1900, 1025; 1910, 900; 1915, 900. Edited & published by Benno Muehlen, 1890—91; by Karl Levereng, 1892; by August Greve, 1893—1918.
Manistee, MI

Michl, der deutsche. Humoristisch-satir. Wochenblatt. 1.—4. Jahrg. 1873—1876. à Jahrg. 52 Nrn. (à ½ Bog. mit eingedr. Holzschn.) gr. 4. München, Höpfner. à Jahrg. *
Die Fortsetzung erschien u. d. T.: Figaro.

Michl, der deutsche, unter den Händen der Aerzte. Eine tragikomische wahre Geschichte von J. W. Landshut 860. (Passau, Pleuger.) 8. (8 S.) 1½ ngr.

Michl A.: Das Archontat. Historische Entwicklung desselben, seine Stellung und Amtssphäre zur Zeit des Demosthenes. 36. Prag, Altst. 79. **Progr.**

Michl, A., Sätze u. zusammenhängende Abschnitte aus Cornelius Nepos zur Einübung der lateinischen Casuslehre. gr. 8. (IV, 63 S.) Wien 891. A. Hölder. n. — 70

Michl, Adolf Zur lateinischen Syntax im Untergymnasium. 8 (S. 32—48). **Progr.** Staats-Oberg. *Prag-Neustadt* (Stephansg.) 1890.

Michl, Ant., s. A b h a n d l u n g e n von der Macht der Bischöfe ...

Michl, Ant. (✝ d. 12. März 1813.) Erklär. d. Festtägl. Evangelien in kurzen Predigten f. d. Landvolk. 3 Thle. 795, 97. N. A. 3 Thle. 8. Münch. 809. Lentner. 1 ℛ 16 g

— Erklär. aller Sonnt.-Evangel., in Predigten f. d. Landvolk. 2 Thle. 8. Münch. 790. 2e Aufl. 8. Ebd. 806. Lentner. 1 ℛ 4 g

— etwas üb. d. Bildung des Adels durch Hofmeister, s. L. v. Hartmann, Abhandl. v. d. weisen Befehlen g. Regenten.

Michl: E t w a s
— — über die Erziehung des Adels durch Hofmeister (von *Anton Michl*). Burghausen 1786.
Anon.-Lex. II p. 70 (nach Adelung u. Meusel).

— gelegentheitl. Festpredigten. 8. Münch. 795. Lentner. 14 g

— d. heil. Franz v. Assis war kein Narr, wie die Herren Protestanten Spittler u. Zimmermann glauben. 8. Ohne Druckort 794. (3 Bog.)

Michl, Ant., christl. Kirchengeschichte. 1r Thl. 807. 2r Thl. Zusätze z. ersten enth. 811. 2e A. 812. N. A. gr. 8. Münch. 819. J. Lindauer. 4 ℛ

— Kirchenrecht f. Katholiken u. Protestanten, mit Hinsicht auf d. Code Napoléon u. d. baier. Landesgesetze. gr. 8. Münch. 809. 2e A. gr. 8. Ebd. 816. Lentner. 2 ℛ

– s. M a r i a zu Dorfen.

— neue P r e d i g t e n. 8. Augsb. Rieger. 801.

— neun Predigten auf d. gewöhnl. Feste des Herrn, Mariä u. d. heil. Gottes. 8. Augsb. 801.

— neun sonntägl. Predigten f. d. Landvolk. 8. Augsb. 801. Rieger. 16 g

— Predigten f. d. gemeine Volk. 2 Thle. 782. 2e Aufl. 786. 3r Thl. 788. 3e Aufl. 8. Münch. 791. N. Aufl. 3 Thle. Ebd. 807. Lentner. 2 ℛ

– s. R e f l e x i o n e s in literas ...

Michl, Anton Übersicht der an der meteorologischen Beobachtungsstation in Eger im Jahre 1909 angestellten Beobachtungen
8. 32—24. 8. Progr. K. k. Staatsgymn. *Eger* (*Böhmen*) 1910.

— kurze Uebersicht d. kathol. Kirchenrechts. 1e u. 2e Abtheil. 8. Landsh. 805.

– s.a. V e r s u c h einer Vertheidigung des Pasquills.

V e r s u c h
einer Vertheidigung der Pasquille (von *Anton Michl*). O. O. 1783. (In d. Bibl. des histor. Vereins f. Ober-Bayern.)
Anon.-Lex. IV. p. 303 (nach Baader u. Kayser); der Cat. der genannten Bibl. nennt d. Vf. *„Anton Mühl"*.

Michl, Benno, 2 A n r e d e n an Lehr. u. Schüler d. Gymnas. z. Straubingen b. Einf. d. neuen Studienplans. 8. Straub. Schmidt. (Heigl). 802. 3. (à 1 gr)

— Naturlehre f. die Jugend. 8. Laybach 795. 5e A. mit 1 Kpf. 8. Straub. 830. Schorner. 8 g

— N a t u r l e h r e f. d. Jugend. 8. Salzb. Mayr. 795.

— — dies. m. K. 8. Straub. Schmidt. (Heigl). 807.

— — dies. m. K. 8. Linz, Haslinger. 809.

M i c h l, B., Naturlehre f. die Jugend. 5te Aufl. 8. Straubingen. (München, Fleischmann.) 815.

M i c h l, B., Naturlehre f. d. Jugend. 6. Aufl. 8. (14 B. u. 1 Kpfrt.) Straubing 830, Schorner.

— über Prüfung der Köpfe in latein. Schulen. Eine Rede. 8. Münch. 801. J. Lindauer. 2 g

Michl, Benno, 2 Reden an Lehrer u. Schüler d. Gymnas. z. Straubingen bei Einführ. d. neuen Studienplans. 8. Straub. 802, 3. (Schorner). 2 g

Michl, F., Kaufmann etc S c h l e s i e n s B o d e n p r o d u c t i o n und I n d u s t r i e im Vergleiche mit den anderen Kronländern der österreichisch-ungarischen Monarchie Mit theilweiser Benützung ämtlicher Quellen zusammengestellt und den Bewohnern Schlesiens so wie allen Freunden dieses Landes gewidmet. 8. Troppau 1872.

Michl, Ferdinand

——— Reform der theologischen Studien in Österreich. Mit Rücksicht auf die über diesen Gegenstand bei Gerold in Wien erschienene „Monographie" und auf das „Votum" eines katholischen Theologen in der „Presse." Graz, Moser, 1873, gr. 8°, 144 S., 1,75 Mk.

MICHL, Ferdinand. Engelberti Admontensis abbatis tractatus „de libero arbitrio" ejusdem auctoris tractatus „de gratiis et virtutibus beatae Mariae virginis" — (1862) 56 S. 8° (Handschr.) Diss. 260
Diss. Wien, Univ.

Michl, Ferdinand, Würdigung der bischöflichen Klerikalseminarien als Erziehungs- und Lehranstalten. Wien, Mayer u. Co., 1872, 8°

M i c h l, Linna v., s. R ä t h s e l b i l d e r aus den Tuilerien.

M i c h l, S., Elementar-Körperbildung, oder Anweis., wie d. körperl. Anlagen des Kindes auch ohne künstl. Werkzeuge entwickelt und gebildet werden können. 8. Coblenz, neue Gelehrten-Buchhandl. 819.

— — Leitfaden bey der Entwickelung der deutschen Sprachgesetze für Lehrer in Elementarschulen. 8. Ebend. 819.

MICHL Sigmund. Etwas wider die neue Grundsteuer und Zurechtweisung des in die Irre gerathenen blinden Herrn – s. Etwas.

– Ein paar Worte über die letzthin erschienene Jeremiade und wider die unrichtigen Gedanken des Herrn Hessl von – o. V., Wien 1789 1 vol. 27 S. + 2 Tab.

Michl Wilhelm. Dr. Über die Äquivalenz zwischen Luft und Metallen in bezug auf die Absorption von α-Strahlen verschiedener Geschwindigkeit (mit 2 Textfiguren). S. 120. IIa. 663 . — 55
Separatabdruck

– Über die Photographie der Bahnen einzelner α-Teilchen (mit 7 Textfiguren). S. 121 IIa. 1631 . — 90
Separatabdruck

Die Einheit der Brüder oder Der Weg zur Wahrheit und zum Lichte, entwickelt durch das Lehrlings-, Gesellen- und den Schlüssel zum Meisterwort. Der ganzen Menschheit, besonders aber den höhern, lichtsuchenden Brüdern gewidmet von einem Bruder höherer Grade [d. i. Michler]. Mit Abb. Breslau: Schoene 1824. VIII, 9—60 S. 7 Taf. 8⁰
Kl. 2035. Mit einem allegorischen Umschlag.

Michler H: Urkunden zur Geschichte der Stadt Kaaden. 20. Kaaden 00. Progr.

Michler, Johann Martin

Michler, J. M., Nachträge u. Berichtigungen zu dem Wulff'schen Verzeichniß der im Schleswig-Holsteinischen Amtsexamen bestandenen Theologen. Kiel 865. (Homann.) gr. 4. (42 S.) n. 21 ngr.

Michler, J. M., kirchliche Statistik der evang.-lutherischen Kirche der Provinz Schleswig-Holstein. 2 Bde. gr. 8. (XXV, 1247 S.) Kiel 886 u. 887. (Lipsius & Tischer.) n. 24. —; geb. n. 27. 50

— Verzeichniß der Prediger, welche in der Stadt Rendsburg seit der Reformation gestanden. Nach handschriftl. Quellen bearb. Rendsburg 868. Ehlers. 8. (20 S.) n. 3 ngr.

— Verzeichniß der im Schleswig-Holsteinischen Amtsexamen in den J. 1860—1869 bestandenen Theologen. Kiel 869. Homann. gr. 4. (12 S.) n. 5 ngr.

Michler, Karl, im Banne der Schönheit. Neue Dichtgn. (54 S.) 8. Leipzig-Gohlis 909. B. Volger. 1. —

Michler, Karl, Blätter moderner Lyrik. 8. (28 S. m. Bildnis.) Dresden 900. E. Pierson. n. — 60; geb. n. 1 60

Michler, Karl. Buch der Gefühle. Gedichte. 12. (IV, 43 S.) Dresd. 889, Pierson. * 1 —, geb. * 2 —
2. Aufl. u. d. T

Michler, Karl, Dichtungen. 2. Aufl. v. „Buch der Gefühle". 16. (118 S. m. Bildnis.) Leipzig 892. B. Ottmann. n. 2. 50; geb. in Leinw. n. 4 —

Michler, Karl, Dichtungen. 3. Aufl. M. e. Vorwort v. Karl Stelter. 8. (VIII, 69 S. m. Bildn.) Dresden 897. E. Pierson. n. 1. —; geb. n. 2. —

Michler, Karl, aus Jugendtagen. Gedichte. 8. (VIII, 72 S.) Stuttgart 888, Greiner und Pfeiffer. geb. *

Michler, Karl Wilh., Flickstunde, s. a. Vereins-Theater, neues.

Flickstunde. Soldatenschwank in 1 Akt. Von Karl Wilhelm Michler. Essen (Ruhr): Fredebeul & Koenen 1903 (16 S.) 8⁰
(Vereinstheater, Neues. No 56.)

Michler, Karl Wilh., A der blooen Jacke. Humoristische Soldatengedichte in schles. Mundart. 3. Aufl. (90 S.) kl. 8. Brieg (909). (G. W. Kroschel.) — 60

A der blooen Jacke Humorist. Soldatengedichte in schles. Mundart von Karl Wilhelm Michler. 4 Aufl. Brieg: Selbstverl. [1909] 96 S. 8⁰

— die Schlacht bei Mollwitz. Patriot. Volksstück in 3 Akten. (94 S.) 8. Schweidnitz 904. (G. Brieger.) n. 1. —

Michler, Wilhelm. aus Mehrstetten (Württemberg): Beiträge zur Kenntniss organischer Stickstoff- und Schwefelverbindungen. [S. 30—40 Zur Kenntniss der Mercaptanester. auch in: Liebig's Annalen der Chemie u. Pharm., Bd 176. S. 177—185]. Zür. Orell Füssli Cie Dr. 1874. 40 S. 8⁰.
Zürich. Phil. Diss. [v. 28. Nov. 1874].

v. Michlovich, Jh. Lhrd., Versuch e. faßl. Lehrmethode, wodurch den Schülern die baldige Erlernung d. Rechtschreibens erleichtert wird; z. Gebr. d. Militärschulen. 8. Bresl. 805.

Michna, Eman. Graf, Freih. v. Weitzenau, Böhmens Haus- u. Landwirthschafts-Geräthe, in Verbindung mit d. merkwürd. ökonom. Werkzeugen d. Auslandes beschrieben. 1r Bd. 6 Hefte (jed. mit 4 Kpft. in gr. Fol. u. 4 B. Text in gr. 4.) Prag 826. Enders. 4 ℳ

Michnay, Andr., s. Stadtrecht, Ofner.

Michnay, Andreas Daniel — Bericht über das evangel. Lyceum zu Preßburg in Ungarn. Zugleich als Einladungsschrift an alle edelgesinnte Gönner und Freunde des evangelischen Unterrichtswesens zur dritthalbhundertjährigen Jubelfeier der Stiftung dieser Lehranstalt, die am 30. November d. J. als am Erinnerungstage ihrer Einweihung, Gott zu Lobe gehalten wird. Verfaßt im Auftrage der Kirchengemeinde von — —. Preßburg, 1856. Druck von Karl Fried. Wigand. (20 S. 8.)

Michniewicz, Adf. Rud., die Lösungsweise der Reservestoffe in den Zellwänden der Samen bei ihrer Keimung. (28 S. m. 2 Taf.) gr. 8. Wien 903. (A. Hölder.) n. 1. 10
Sonderabdruck aus: „Sitzungsber. d. k. Akad. d. Wiss."

Michniewicz Adolf Rudolf Dr. Die Lösungsweise der Reservestoffe in den Zellwänden der Samen bei ihrer Keimung (mit 2 Taf.) S. 112. L. 48 . 1.10
Separatabdruck

Michniewicz. Felician, aus Polen. Die Quetschung als chirurgische Operation in ihrer neuesten Form. Diss. Dorpat. 8⁰. 67 pp. 1863

Michnik, Hugo: Aufgaben aus der mathematischen Erd- und Himmelskunde. 1. Über die Länge der Tagbogen der Gestirne. II. Bestimmung der Kurve, die der höchste Punkt der Ekliptik über dem Horizonte eines gegebenen Beobachtungsortes beschreibt. Beuthen 1905: M. Immerwahr. (14 S.) 8⁰
Beuthen O.-S., k. G OP 1905 (209)

Michod, Alexandre s. Schaub, Charles, und Michod, Alexandre.

Micholitsch, Adalbert

Micholitsch A. über den Bau der Pflanzenornamente. (22 S) Krems 1894

Micholitsch Adalbert: Über die Entwicklung der Ornamente. (13). Krems R. 92. Progr.

Micholitsch, Adalb., zur Reform des Zeichenunterrichts. Eine Kritik u. e. Methode. (111 S. m. 107 Fig.) gr. 8. Wien 904. A. Pichler's Wwe. & Sohn. n. 2. 50

Micholitsch, Adb., der erste Zeichenunterricht in der Volksschule. gr. 8. (45 S. mit Fig.) St. Pölten 887, Sydy. *

— Der Zeichenunterricht in der ersten Classe der Mittelschule. 76. ibd. 96.
— Der Zeichenunterricht in der 2. Cl. der Mittelschule. (Der erste Unterricht im Zeichnen nach der Natur). 86. ibd. 90.
— Der Zeichenunterricht in der 3. und 4. Cl. der Mittelschule. (62). ibd. 02.
[illegible]

Micholitsch, Adalb., der Zeichenunterricht in der 3. u. 4. Klasse der Mittelschule. gr. 8. (64 S. m. Abb.) Krems 902. (F. Lamprecht.) n.n. 2. —

— der moderne Zeichenunterricht. Ein Leitfaden f. den gesamten Zeichenunterricht. 1. Bd. (IV, 300 S. m. 316 Fig. u. 4 farb. Taf.) Lex.-8. Ebd. 906. n. 7. —

Micholitsch, Adalb., der moderne Zeichenunterricht. Ein Leitfaden f. den gesamten Zeichenunterricht. 2 Bde. Lex. 8. Wien, A. Pichler's Wwe. & Sohn. 10. 50
1. 2. Aufl. (IV, 300 S. m. 316 Fig. u. 5 [4 farb.] Taf.) 910. 7. —
2. Mit 5 farb. Taf. u. 79 Nachbildgn. nach Orig.-Zeichngn. Dieser Bd. dient auch dem Selbstunterricht. (VII, 98 S.) 907. 3.50

Micholitsch, Th., die Technik der vaginalen Bauchhöhlen-Operationen, s.: **Wertheim, E.**

Michon, Jean Hippolyte.

MICHON, Abbé, Der Beichtvater. Roman. Deutsch von A. Diezmann. 2 Bde. Leipzig, Steinacker, 1866. 8⁰. (fl. 2,42.) (1 fl. 12 xr., neu, L. Rosenthal, 1873.)
Ziemlich zahm, wie die 4 folgenden Romane, im Preise wenig steigend.

— —, Der Jesuit. Deutsch von A. Diezmann. Ebd. 1865. 8⁰. (fl. 2,42.) (1 fl. 18 xr., neu, der Vorige, 1873.)
Vf. war eifriger Gegner der Jesuiten.

JESUIT, Der. Roman von dem Abbé *** *(Michon)*(,) Verfasser des „Verfluchten" und der „Nonne". Deutsch von A Diezmann. Leipzig, Steinacker, 1865. 8⁰. ($1^1/_2$ Rthl.)
Mancherlei Scandalosa, Knabenliebe etc.
Orig.: Le Jésuite. Par l'abbé ***. 2 vols. Paris 1865. Gr. in-8⁰. (3 Mk., wie neu, in eleg. Hfrzbd., R. Levi, 1893.)

— — Dasselbe. Deutsch von C. Homburg. 2 Thle. Stuttgart, Vogler & Beinhauer, 1865. Gr. 12⁰. 308 u. 333 S. (1 Rthl.) (1 Mk. 20 Pfg. der Vorige.)

— — Dasselbe. Aus d. Französ. übers. von Th. List. 2 Bde. Berlin, Humburg & Co., 1865. Gr. 8⁰. ($1^1/_6$ Rthl.)

Michon, abbé I. H. L'Italie politique et religieuse, suivie de la Papauté a Jérusalem. (3ᵉ édition.) 8. Bruxelles et Leipzig 1859.

— —, Der Mönch. Roman von dem Abbé ***. Deutsch von A. Diezmann. Ebd. 1865. 8⁰. (fl. 1,48.) (54 xr., neu, der Vorige, 1873.)
Orig.: Le moine par l'abbée *** (auteur de la religieuse). Paris 1865. Gr. in-8⁰, de 396 pp. (1 Mk. 50 Pfg. Heberle. Cöln, 1891.) — Le même. 3 vols. Ibid. eod. a. 12⁰. (3 Mk. Scheible, c. 1888.)
— — Dasselbe. Deutsch von Dr. Ernst Zoozmann. Berlin 1865. Humburg & Co. Gr. 8⁰. ($^3/_4$ Rthl.)

— — Die Nonne. Deutsch von A. Diezmann. Leipzig 1864. 8⁰. (fl. 2,24.) (1 fl. 12 xr., neu, L. Rosenthal. 1873.)

NONNE, Die. Vom Verfasser des „Verfluchten". (Aus d. Französ. des Abbé *Michon.*) 2 Bde. Hamburg 1864. (Berlin, Schlingmann.) 8⁰. (1 Rthl.) (3 Mk. F. E. Lederer, Berlin, 1908:)

— — Dasselbe, tit.: Die Nonne. Roman vom Abbé ***, Verfasser des „Verfluchten". Deutsch von C. Büchele. 2 Thle. Stuttgart, Rieger'sche Verlagsbuchh., 1864. 8⁰. (28 Sgr.) (2 Kr. A. H. Huber, Salzburg, 1908.)

Michon, der Verfluchte, s.a. **Verfluchte,** der.

VERFLUCHTE, Der. Nach den hinterlassenen Papieren eines katholischen Geistlichen hrsg. (verfasst) von Abbé *** ***(Jean Hippolyte Michon).*** Aus d. Französ. 3 Bde. Brünn, Fr. Karafiat, o. J. (Vorwort dat. Paris 20. Nov. 1862). 8⁰. 267, 299, 288 SS.
— — Dasselbe. 3 Bde. Ebd. 1864. 8⁰. (4 Mk. Bernh. Liebisch, Lpz., 1909.)
Anon.-Lex. V. p. 307 (nach Russell u. Kayser).

— —, Der Verfluchte. Deutsch von A. Diezmann. 3 Bde. Ebd. 1863. 8⁰. (fl. 6—.) (2 fl. 12 xr., neu, der Vorige, 1873.)

(**Michon**, Jean Hippolyte)
Der Verfluchte. Zur Kennzeichnung der kath. Hierarchie und des Jesuitenordens in der Gegenwart. Von einem kath. Prälaten. Bdchn 7-9.
Hamburg: Lit. d. Auslandes 1864. 8⁰

— Der Verfluchte. Zur Kennzeichng. der katholischen Hierarchie und des Jesuitenordens in der Gegenwart. Von einem katholischen Prälaten. Hamburg 1864. (Berlin, Schlingmann.) 8⁰. ($2^1/_2$ Rthl.)
Cat. Büchting.

Michon, J. H., Vorschlag zur Lösung der römischen Frage, s. **Sammlung von Schriften über die römische Frage.**

Michov, Demetrius M., a. Tirnovo ⟨Bulgarien⟩: Die Anwendung des bestimmten Artikels im Rumänischen verglichen mit der im Albanesischen und Bulgarischen. Leipzig: J. A. Barth 1908. (VIII, 111 S.) 8° ¶ (Aus: 14. Jahresbericht d. Instituts f. rumän. Sprache zu Leipzig.)
Leipzig, Phil. Fak., Ref. Birch-Hirschfeld u. Weigand, Diss. v. 10. März 1908
[Geb. 2./15. Aug. 84 Tirnovo; Wohnort: Tirnovo; Staatsangeh.: Bulgarien; Vorbildung: Gymn. St. Cyrillus Tirnovo Reife Juli 02; Studium: Poitiers 2, Straßburg 2, Leipzig 6 S.]

Michoviensis, Iustin., discurs. praedicales sup. litanias lauret. II Tmi. fol. Augsb. Wolf. 735.

Michow, Alfr., Alt Heidelberg. Auswahl der beliebtesten Studenten- u. Volkslieder Deutschlands, nach Wort u. Tonweise aus Vergangenheit u. Gegenwart gesammelt. (544 S.) kl. 8. Berlin (905). A. Michow.
Geb. in Leinw. n. 1. 50

Michow, Alfr., s. a. **Deutschlands Liederschatz.**

Michow, Alfr., Deutschlands Liederschatz. 1. Heft. (126 S.) kl. 8. Berlin (907). A. Michow. - - 10

Michow, Alfr., 167 Soldaten-Lieder, — 65 Tyroler- u. Alpenlieder, } s.: **Deutschlands Liederschatz.**

Michow, Alfr., Verzeichniss der im Druck erschienenen Compositionen von Carl Bohm. Mit Angabe der Arrangements, Preise u. Verlagsfirmen. Die Lieder, ein- u. mehrstimm. Gesänge, nach den Titeln u. Anfängen der Texte alphabetisch geordnet; ferner e. systemat. Aufstellg. seiner gesammten Compositionen. 12. (46 S.) Leipzig 889. (Charlottenburg, A. Michow.) — 75

– 245 Volkslieder-Texte, s. Deutschlands Liederschatz.

Michow, H.: Die geographische Ausstellung auf dem Internationalen Geographen-Kongress in London 1895. ([S.-A.] Mittheilungen der Geographischen Gesellschaft in Hamburg. 1895.) Hamburg 1895. 12 S. 8°.

Michow, H.: Die schulgeographische Ausstellung auf dem geographischen Weltkongress zu Bern 1891. ([S.-A.] Pädagogische Warte.) (Leipzig 1891.) 7 S. 8°.

Michow, H., weitere Beiträge z. älteren Kartographie Russlands. (48 S. m. 1 Abb. u. 5 Karten.) gr. 8. Hamburg 907. L. Friederichsen & Co. 4. —
Sonderabdruck aus: „Mittlgn. d. geogr. Gesellsch. in Hamburg".

Michow, H.: Hamburg. ([S.-A.] Grubes geographische Charakterbilder. Bd. 3. Charakterbilder deutschen Landes und Lebens für Schule und Haus. 15. Aufl.) Leipzig 1896. 24 S. 8°.

Michow, H., das erste Jahrhundert russischer Kartographie 1525—1631 u. die Orig.-Karte des Anton Wied v. 1542. (II, 61 S. m. 1 Abbildg. u. 4 Karten.) gr. 8. Hamburg 906. L. Friederichsen & Co. n. 4. —

Michow, H., die ältesten Karten von Russland, ein Beitrag zur histor. Geographie. gr. 8. (91 S. mit 3 Karten und 1 Skizze.) Hamburg 884, Friederichsen und Comp. *
Aus: Mittheilungen der geographischen Gesellschaft in Hamburg, besonders abgedruckt.

Michow, H., Die deutschen Kolonien.
(Sep.-Abdr. a. d. Exporthandbuch der Hamburger »Börsenhalle«. 1888—89.) . . . . (HC.)

Michow, H., der Taufe Schutz u. Trutz f. junge u. alte Christen, sonderlich gegen die wiedertäuferischen Irrthümer. gr. 8. (55 S.) Stettin 851, Weiß. n. 1/6 ₰

Michow, H., die Urgeschichte des Menschengeschlechts in Betrachtungen über 1. Mose 1 — 9. Hrsg. von dem christl. Vereine im nördl. Deutschland. 8. (157 S.) Eisleben 855. (Leipzig, G. E. Schulze.) *

Michow, H., Caspar Vopell, e. Kölner Kartenzeichner des 16. Jahrh. [Aus: „Hamburg. Festschrift z. Erinnerg. an d. Entdeckg. Amerikas".] Lex.-8. (22 S. m. 2 Taf. u. 4 Fig.) Hamburg 892. L. Friederichsen & Co. n. 2. —

— Caspar Vopell u. seine Rheinkarte vom J. 1558. (25 S. m. 1 Karte.) gr. 8. Ebd. 903. n. 2. —
2 Sonderabdr. a.: „Mittlgn. der geogr. Gesellsch. in Hamburg".

Michow, Heinr., hanseat. Lebensbilder u. Sagen. (32 S.) 8. Leipzig 910. F. Hirt & Sohn. — 50

Anton Wied, ein Danziger Kartograph des 16ten Jahrhunderts. Den Mitgliedern d. 15. Deutschen Geographentages gewidmet von H[einrich] **Michow**. Hamburg 1905: C. Griese. (8 S.) 8° [05. 5887

Michow, A., die Behandlung u. Züchtg. des feinen Kanarienvogels. (4. [Umschlag-]Aufl.) gr. 16. (80 S.) Berlin (901). (Berolina-Versand-Buchh.) — 25

Michow-Bücher, hrsg. v. Karl Schneidt. 1.—24. Bd. 12. Charlottenburg, A. Michow. à n. — 20
1. Das Kind. Novelle v. Ernst Eckstein. (126 S.) 897.
2. Ein treues Leut'. Roman aus d. Alpen v. Arth. Achleitner. (127 S.) 897.
3. Furcht vor d. Leben. Ein Politiker. Zwei Novellen v. Emil Peschkau. (128 S.) 897.
4. „Es waren zwei Königskinder —". Roman von Herb. v. Osten. (122 S.) 897.
5. 6. Der Herr im Hause. Humorist. Roman v. Heinr. Vollrath Schumacher. 2 Tle. (128 u. 176 S.) 897.
7. In schlimmen Händen. Roman v. Ernst Remin. (128 S.) 897.
8. Der gelbe Mann. Eine Geschichte d. komm. Plutokratie v. T. W. Stead. Aus d. Engl. v. Gertrude Eggert. (144 S.) 897.
9. 10. Gaarz' Patienten. 2 Tle. Roman v. Herm. Heiberg. (128 u. 127 S.) 897.
11. Der Zigeuner. Criminal-Roman von Greg. Samarow. (96 S.) 898.
12. Moderne Rothäute. Aus d. Papieren e. weißen Mannes von Rud. v. Gottschall. (96 S.) 898.
13. 14. Ein Opfer. 2 Tle. Roman von H. Schobert. (127 u. 128 S.) 898.
15. Wingolf, e. Studentengeschichte. Home sweet home. 2 Novellen v. Erich Petersilie. (109 S.) 898.
16. Mademoiselle Reseda. Von Julien Gordon. Deutsch v. Frdr. Spielhagen. (86 S.) 898.
17. Ein edles Frauenleben. Roman v. C. Deutsch. (126 S.) 898.
18. 19. Der Lüge Saat. Roman in 2 Bdn. von E. v. Wald-Zedtwitz. (148 u. 138 S.) 898.
20. Nesthäkchen. Roman von Hedda v. Schmid. (200 S.) 898.
21. Sanct Peter's Regenschirm. Humorist. Roman von Koloman v. Mikszáth. Einz. autor. Uebersetzg. von Osc. v. Krücken. (174 S.) 898.
22. 23. Mitgiftjäger. Roman in 2 Bdn. von F. v. Kapff-Essenther. (162 S.) 898.
24. Schuld u. Sühne. Roman v. G. Heyse. (164 S.) 898.
Vom 23. Bd. ab war Alfr. Michow Herausgeber.

Michow-Bücher, hrsg. v. Alfr. Michow. 25.—28. Bd. 12. Charlottenburg 898. [A. Michow.] Berlin, Globus-Verlag. à — 20
25. 26. Die goldene Hoffnung. Roman. Von W. Clark Russell. (237 S.)
27. Ein schwergeprüftes Herz. Roman. Von Rhold. Ortmann. (151 S.)
28. Eine verfehlte Speculation. Roman. Von Ernst Remin. (72 S.)

Michtner, Franz: Versuch einer direkten, teilweisen Ausnützung der Wärme flüssiger Hochofenschlacke zu motorischem Betrieb. – 1904. 64 S., 3 Taf.
Diss. Wien, TH

Micinski, Tadeus, der Roman e. Lehrerin, s.: Welt-Bibliothek. Bd. 6.

Mick, J. (Red.), s. Zeitung, Wiener entomologische.

Mick, Joach., deutsche Sprachlehre f. d. Jugend ꝛc. nach Adelungs Grunds. gr. 8. Wien 807. 2e A. 819. Gerold. 16 gr

Mick, Joach., deutsche Sprachlehre nach Adelungs Grundsätzen, zum Gebrauch für Schüler und Privatlehrer eingerichtet. 2te Aufl. gr. 8. Wien. Gerold. 819.

Mick, Josef, s. Mik

Micka, Andreas, a. Dudweiler: Über die Behandlung von Pseudarthrosen. Schwerin 1905: Bärensprung. (48 S.) 8°
Erlangen, Med. Fak., Ref. Graser Diss. v. 27. Dez. 1905
[Geb. 21. Nov. 79 Dudweiler; Staatsangeh.: Preußen; Vorbildung: Kaiser Wilh.-Gymn. Trier Reife 99; Studium: München 5, Erlangen 5 S.; Coll. 8. März 05; Approb. 26. April 04.]

Mickan, s. Mikan.

Micke, Frz., Gebetbuch für das katholische Volk. Mit besonderer Rücksicht auf das Bisthum Breslau. 3. verm. ꝛc. Aufl. Schweidnitz 857. Weigmann. 8. (XII, 504 S. u. 1 Stahlst.) 18 ngr.; Velinp. 22½ ngr.

Micke, G. T., alphabet. Verzeichn. gleichlaut. Wörter, z. Erlernen d. Rechtschreibens. 8. Regensb. 783. Montag. 6 gr

Micke, Georg, appr. Arzt a. Münster i. W.: Aus der chirurgischen Universitätsklinik zu Gießen. Über Sehnenplastik. Gießen 1905: v. Münchow. (31 S.) 8°
Gießen, Med. Fak., Ref. Poppert, Diss. v. 22. Juni 1905
[Geb. 3. Nov. 80 Münster i. W.; Wohnort: Unna; Staatsangeh.: Preußen; Vorbildung: Gymn. Brilon Reife O. 00; Studium: München 2, Kiel 2, Freiburg i. B. 1, Berlin 2, Gießen 3 S.; Coll. 11. März 05; Appr. 1. Febr. 05.]

Micke, Paulus (Gregorius Emmanuelus) *(geb. Breslau 13. 10 1844)*. De protonotariis apostolicis. Vratislaviae (1866). (X, 66 S.) 8° *[Im Buchhandel 1866 bei Aderholz in Breslau.]*
Breslau, Jur. Diss. v. 8. Aug. 1866

Micke, Paul, de protonotariis apostolicis. Dissertatio inauguralis. Breslau 866. (Aderholz' Buchh.) 8. (X, (66 S.) n. 10 ngr

Micke, R., s. Volksspiegel.

Micke, Rud., Geschichte des zweiten punischen Krieges nebst einer historischen Einleitung. 8. (VIII u. 384 S.) Breslau 851, Trewendt & Granier. 1 1/6 ℛ

Micke, Walther [Kammergerichtsref.]: Das Anwachsungsrecht unter Vermächtnissnehmern ... Berlin, Druck v. H. S. Hermann, 1895: 51 S. 8.
Göttingen, Jur. Fak., Inaug.-Diss. v. [2. Juli] 1895

Mickel, Ernst, s. Luftschiffahrt, Die.

Mickel, Ernst-Ludwig, Referendar, a. Metz: Hingabe an Erfüllungsstatt nach dem Bürgerlichen Gesetz-Buch. Metz 1905: Gebr. Lang. (73 S.) 8°
Heidelberg, Jur. Fak., Ref. Bekker, Diss. v. 15. Dez. 1905
[Geb. 23. Okt. 82 Darmstadt; Wohnort: Metz; Staatsangeh.: Preußen und Hessen; Vorbildung: Gymn. Zabern Reife M. 00; Studium: Gießen 1, München 1, Berlin 1, Straßburg 3 S.; Rig. 26. Juli 05.]

Mickel, Heinrich: Untersuchungen über den Einfluß der Keimungsenergie des Samens auf die Entwickelung und Produktion der Gerstenpflanze. Dippoldiswalde [1909]: Jehne. 81 S. 8°
Leipzig, Phil. Diss. v. 22. März 1909, Ref. Kirchner, Pfeffer
[Geb. 19. Dez. 80 Langendiebach; Wohnort: Dresden; Staatsangeh.: Preußen; Vorbildung: Oberrealsch. Hanau Reife O. 01; Studium: Leipzig 7, Gießen 2 S.; Rig. 23. Juni 08.] [U 09. 3023

Mickel, J. F., φολογία paschalis. Darmst. 1732. 4.

Valentini, Michael Bernhard (Präs.) u. Joh. Fried. Mickel (Ebersgöns) (Resp.)
Disputatio publ. deortu et progressu philosophiae naturalis.
Giessae Aug. 1701: Henning Müller. (2), 28, (2) S. 4°
placidae ventilationi [S. 20-22: Über die kartesianische Naturphilosophie]

Mickelait, E., Kuckuck, Kuckuck, ruft aus dem Wald. Kinderlieder von Hoffmann v. Fallersleben. Hrsg. v. d. Freien Lehrervereinigg. f. Kunstpflege zu Berlin. (32 S. m. farb. Abb.) 31,5×23 cm. Leipzig (909). A. Hahn. Geb. 2.50

Mickell, J. J., Imitationes auf die Epist. Ciceronis ad Famil. 8. Frankf. Hermann. 732.

— Imitationes parall. über den Cornel. Nepos. 8. Ebend. 735.

Mickelthwate, J., u. C. J. Hauschild, Elementarbuch der englischen Sprache, s.: Hauschild, C. J.

Mickevičius [litauische Namensform]
s. **Mickiewicz**. [10. 15342 10

Mickiewicz, Adam. Eine biographische Skizze. gr. 8. (IV und 35 S.) Leipzig 856(57,) Dyk'sche Buchh.

Mickiewicz, Adam, Balladen u. Romanzen, s.: Universal-Bibliothek.

Mickiewicz, Adam, Ballady i romanse. 16. (VI u. 112 S.) Leipzig 852, Brockhaus. 1/2 ℛ; cart. 2/3 ℛ; in Engl. Einb. mit Goldschn. n. 5/6 ℛ

— Ballady i romanse. 16. (111 S.) Leipzig 874. Brockhaus. n. 1. —; geb. n. 1. 80

Mickiewicz, Adam. Die Bücher des polnischen Volkes und der polnischen Pilgerschaft. A. d. Poln. ... Deutschland [Paris] 1833. Ü: *Gauger, J. H.* (wr)

Mickiewicz, Adam, Dziady. Nowe wydanie zupełne. 8. (III und 272 S.) Breslau 862, Schletter'sche Buchh. *

—— dass. — Nowe wydanie zupełne. Edycya 2. (Titel-Aufl.) 8. (III und 272 S.) Ebendas. 864. *

— Farys. Grażyna. 16. (VI u. 84 S.) Ebd. 852. 1/2 ℛ; cart. 2/3 ℛ; in Engl. Einb. m. Goldschn. n. 5/6 ℛ

— Farys. Grazyna. 16. (84 S.) Ebend. 874. n. 1. —; geb. n. 1. 80

—— kurze Gedichte, s. Parnaß, d. poln., 1. Lfg.

— Grazyna, s. a. Bibliothek slavischer Poesieen.

— Grażyna. Powieść Litewska. 32. (50 S.) Posen 851, Merzbach. 1/6 ℛ; in Engl. Einb. m. Goldschn. 1/3 ℛ

Mickiewicz, Adam, Petersburg. Deutsch v. Alb. Zipper. 1. u. 2. Aufl. 16. (51 S.) Hamburg 878. Grüning. — 60; geb. m. Goldschn. 1. 20

—— Pisma, s. Biblioteka pisarzy polskich.

Mickiewicz, A. Russland. A. d. Poln. ... Paris [Zürich] 1833. Ü: *Nessler, Fch.* (wr)

— Rzecz o literaturze słowiańskiej wykładana w kolegium francuzkiém. Rok I. i II. [1840—1842.] Wydanie 2. poprawione. gr. 8. (XXII u. 612 S.) Posen 850. 51, Stefański's Sort.-Buchhandlung. (à 1 1/2 ℛ) 3 ℛ

—— Sonette, s. Universal-Bibliothek.

— Sonety. 16. Lemberg 827. J. Millikowsky. 1/2 ℛ

——, Herr Thaddäus, od. d. letzte Sajasd in Litthauen. Ein Schlachtschitz-Geschichte aus d. J. 1811 u. 1812. In 12 Büchern. A. d. Poln. in Gemeinschaft mit d. Dichter v. R. O. Spazier. 2 Bde. 8. (41 B. u. M's. Bildn.) Leipzig 836, [Lorck.]

— Herr Thaddäus oder der letzte Eintritt in Litthauen. Eine Adelsgeschichte aus den J. 1811 u. 1812 in Versen u. in zwölf Büchern. Aus dem Poln. metrisch übertr. von Alb. Weiß. gr. 8. (281 S.) Leipzig 882. Friedrich. n. 4. —; geb. n. 5. —

Velinės [Dziady, Ausz., lit.]. Parašė A[dam] Mickevičius [Mickiewicz], vertė Varpas ... Tilžėje 1900: (Schoenke). 63 S. 8°
[Die Gespenster.] [10. 15342 10

Mickiewicz, Adam, Vorlesungen üb. slawische Literatur u. Zustände. Gehalten im Collége de France in d. Jahren 1840—1842. Deutsche m. ein. Vorrede des Verf. versehene Ausg. 4 Thle. 12. Leipzig, Brockhaus u. Avenarius. [1. (20 B.) * 2 Thlr. 10 Ngr., 2. (27 3/4 B.) 843. * 2 Thlr. 20 Ngr., 3. (16 1/6 B.) 44. * 1 Thlr. 20 Ngr., 4. (10 1/6 B.) 45. * 1 Thlr. 5 Ngr.] *

Mickiewicz, Adam, Vorlesungen über slawische Literatur und Zustände. [I. Theil. Neue Ausgabe 1849. II—IV. Theil. Gehalten im Collége de France in den Jahren von 1840—1845.] 4 voll. Leipzig 1849. 1843. 1844. 1845.

Mickiewicz, A. Vorlesungen über slawische Literatur und Zustände . . . Neue Ausg. Leipzig 1849. Ü: *Siegfried, Gustav.* (BrMm)

— Vorlesungen über slawische Literatur u. Zustände. Neue (Titel-) Ausg. 8 Lfgn. 8. (1. Bd. XXX u. 652 S. 2. Bd. XIV u. 448 S. 3. Bd. XXVIII u. 358 S. 4. Bd. XIV u. 230 S.) Leipzig (842—47) 849, Brockhaus. (à 1/2 ß) 4 ß

—— Vorlesungen über slawische Literatur und Zustände. Neue Ausg. 4 Bde. 8. Leipzig 849, [Brockhaus.] [1. (XXX und 652 S.) 2. (XIV und 448 S.) 3. (XXVII und 358 S.) 4. (XIV und 230 S.) à Bd. 15 Ngr.]

— Konrad von Wallenrod, übers. von Koniecki, s. Blüthen slavischer Poesie.

— Konrad Wallenrodt, Geschichtl. Erzähl. aus Lithauens u. Preußens Vorzeit. Uebersetzt v. K. L. Kannegießer, gr. 12. Leipzig 834. Brockhaus. 7/12 ß

Mickiewicz, Adam, Konrad Wallenrod. 16. Leipzig 846, Brockhaus u. Av. 1/2 ß — geb. 2/3 ß — in engl. Einband mit Goldschn. 7/8 ß

Mickiewicz, Adam, Konrad Wallenrod. (Neue Ausg.) 16. (V und 117 S.) Leipzig 858, Brockhaus. *
geb. *

— Konrad Wallenrod. Aus dem Poln. metrisch übertragen v. Alb. Weiß. 16. (XV, 104 S.) Bremen 871. Kühtmann & Co. 1 20; geb. 2. —

Mickiewicz, Adam, poetische Werke. Übers. von Siegfr. Lipiner. 1. Bd. A. u. d. T.: Herr Thaddäus oder der letzte Einritt in Lithauen. gr. 8. (XVI, 313 S.) Leipzig 882, Breitkopf und Härtel. *ℳ 6.; geb. *

Mickiewicz, Adam, poetische Werke. Übers. von Siegfr. Lipiner. 2. Bd. A. u. d. T.: Todtenfeier [Dziady]. Übers. und mit erklärender Einleitung versehen von S. L. gr. 8. (XXXII, 284 S.) Leipzig 887, Breitkopf und Härtel. *
geb. *

1. Bd. Ebendas. 1882. *ℳ 6.—; geb. *ℳ 7.50.

Mickiewicz, Adam, poetische Werke. Uebers. v. Siegfr. Lipiner. 1. Bd. Herr Thaddäus od. d. letzte Eintritt in Lithauen. 2. Aufl. gr. 8. (VI, 313 S.) Leipzig 898. Breitkopf & Härtel. n. 6. —; geb. n.n. 7. 50

Mickiewicz, Adam, sämmtl. Werke. 1. Thl. Gedichte A. d. Poln. übertr. v. Carl v. Blankensee. gr. 12. (17 B. u. 2 Stndr.) Berlin 836, Nauck'sche Buchh. *

Mickiewicza, X. A., Katechizm parafialny dla użytku ludu chrześciańsko-katolickiego napisany, Wydanie 3cie, 16. Lwow 840 J. Millikowsky. 1/4 ß

Mickiewitz, s. Mickiewicz

Mickisch: Die Gesellenprüfung, s. Sempke

– Die Meisterprüfung, s. Sempke

Mickiwicz, Adam, s. Mickiewicz

Mickl, Frz. E., s. a.: Unger, Frz.

— Das Schachspiel, s.: Vanderheid.

— Neue Ausgaben d. Wenedikt'schen Spielbücher. 1.—13. Heft. 16. Wien, F. C. Mickl. à — 50

Anleitung, Regeln u. Spielgesetze f. d. Diabolo-Spiel. Einzel-Spiel-, Tennis- u. Real-Diabolo. — Vanderheid, Chr., die Meisterschaft im Langen-Puff, ferner: Das Damenbrett in allen seinen feinen Nuancen u. das so beliebte Karten-Domino. Sämmtlich gemeinfaßlich detaillirt. (8 u. 56 S.) 909. 1868. (3. Heft.)

Unger, Frz., König Eduard VII. Lieblingsspiel: Bridge. Leichtfaßlicher Unterricht m. Spiel-Regeln u. Berechnungstab. f. Bridge u. f. Ecarté. (20 S.) 908. (12. Heft.)

Vanderheid, Christian, Anleitungen, Regeln u. Spielgesetze f. Besigue, Schnapsen od. Sechsundsechzig (m. Preis- u. Neuschnapsen), Russisch-Préférence m. Binagel („Pinnageln"). 4. verm. Aufl. (38 S.) 909. (8. Heft.)

— Das Lieblingsspiel der amerikanischen Freiheitshelden, od.: Wie gewinnt man immer Boston? Ein ausführl. Unterricht, das Boston-Spiel in der kürzesten Zeit vollkommen spielen zu lernen. Anh.: Das älteste, rein deutsche Kartenspiel, das sog. Brandeln, das Vorbild vieler französ. u. engl. Kartenspiele, in seinen Grundsätzen u. Regeln faßlich erklärt. (62 S.) 858. (2. Heft.)

— Pagat-Ultimo! Kleines Lehrbuch d. Tarock-Spieles. 8. Aufl. v. Frz. Unger. (64 S.) 909. (1. Heft.)

— Die Patiencen. Eine Anleitg. z. Erlernen dieser beliebten Unterhaltungsspiele, enth. 31 verschiedene Patiencen f. e. od. zwei Spieler m. e. od. zwei Spielen Karten. 4. Aufl. (46 S.) 907. (6. Heft.)

— Der Préférence-Spieler comme il faut od. gründliche Unterweisg., das Préférence-Spiel vollkommen zu spielen. Nebst e. Anh., drei der unterhalt. Gesellschaftsspiele: das Rabousespiel unter zwei u. mehreren Personen u. das beliebte Verbindungsspiel, dann das Casino u. das interessante italien. Kartenspiel: Coterchio, ferner Baccarat u. Pocer. 3. verm. Aufl. (55 S.) 894. (13. Heft.)

Wanderheid, Christian, die Salon-Hazardspiele: Nascht-Wascht (Pharao), nebst Winken gegen Falschspieler. Macao-Spiel u. Vorsichtsmaßregeln dabei, dann Polnische Bank, ferner Angehen od. Maus nebst Geheimdeutgn. gegen das Kosakengift. (32 S.) 880. (9. Heft.)

— Nie ohne Sechs u. Zwanziger! Leichtfaßliche Anleitg., das beliebte echt volksthüml. Hunderteins-Spiel schnell u. gründlich zu erlernen. Nebst e. kurzen Anleitg., Tatteln spielen zu lernen. (31 S.) 858. (10. Heft.)

— Gründlicher Selbstunterricht z. Erlernung des Jarolasch od. Das russische Whist. (32 S.) 869. (5. Heft.)

— Spielanleitung, Regeln u. Spielgesetze f. Piquet u. Skat. Mit besond. Hinweisen auf die Feinheiten u. Nuancen dieser Spiele u. vielen prakt. Winken. 6. [Titel-]Aufl. (64 S.) [898] 908. (7. Heft.)

— Whist u. Cayenne-Whist. Spielanleitung, Spielregeln u. Spielgesetz, Feinheiten u. Vorteile. 5. [Titel-]Aufl. (63 S.) [857] 908. (11. Heft.)

— Wie erhält man immer elf Mandeln? Vollständ. Unterricht, das beliebte österreich. Spiel Elf Mandeln richtig spielen zu lernen. Nebst e. neuen engl. Unterhaltungsspiel Skwitz, das zwischen zwei u. mehr. Personen gespielt werden kann. Zum Schlusse folgt die Anweisg. zu dem allbeliebten Scherzspiel: Schwarzer Peter. (31 S.) 858. (4. Heft.)

Mickl, Joh. Christian Alois, eine lustige Comedie. Hrsg. v. Rud. Schmidtmayer. (94 S.) gr. 8. Prag 902. (J. G. Calve.) n. 1. 20

Mickl, Joh. Christian Alois, Plus ultra! Ein latein. episches Gedicht üb. die Entdeckg. Amerikas durch Columbus. Mit Unterstützung der Leo-Gesellschaft hrsg. v. P. Rud. Schmidtmayer, O. Cist. gr. 8. (187 S. m. Bildnis.) Wien 902. Verlag der Leo-Gesellsch. n. 3. —

Festgabe für die Schwestern am 12. Aug. 1860. [Am Ende:] Text von L[udw.] Cramolini, Musik von Wilh. **Mickler.** [Darmstadt 1860: Kichler.] 2 Bl. 8⁰ [Umschlagtit.]
Lied ohne Noten: „Laut erklang im frohen Kreise . . .“

Mickley, Ernst Theinert

Mickley, Ernst Th., fort mit dem Brodzoll! 1. u. 2. Aufl. gr. 8. (32 S.) Leipzig 891. Literar. Anstalt A. Schulze. n. — 50

—— u. Friedr. Streißler. Nachschlagebuch der Arbeiterschutz-Gesetzgebung, s.a. Biedermann's, v., Sammlung prakt. Handbücher.

Mickley, E. Th., u. F. **Streißler**, Nachschlagebuch der Arbeiterschutz-Gesetzgebung d. Deutschen Reichs. [v. Biedermann's Sammlung prakt. Handbücher, I.] 1. u. 2. Tausend. 12. (XIV, 117 S.) Leipzig 890. v. Biedermann. n. 1. —
s.: Theinert-Mickley.

Mickley, Paul, das Vater Unser. Predigten. (60 S.) 8. Berlin 904. G. Nauck. n. — 80

Micklin, F. W., Lautir- und Lesebuch für Elementarschulen. Linz a. Rh. 856. (Cöln, Lengfeld.) 8. (47 S.) n. 3 ngr.

Micklitz, Oberförster Julius — Führer zu den Exkursionen bei der 10. Versammlung mähr.-schlesischer Forstwirthe in Karlsbrunn. Verfaßt von dem — — (Separatabdruck aus den Verhandlungen der mährisch-schlesischen Forstsektion.) Brünn. Dr. von A. Rohrers Erben. (21 S. 8.) 1857

Micklitz, Julius — Die forstlichen Vegetations-Verhältnisse des Altvater-Gebirges. Geschildert von — — Festgabe an die Mitglieder der zehnten Versammlung mährisch-schlesischer Forstwirthe zu Karlsbrunn. Mit einer Karte des Altvatergebirges in Farbendruck. (Abgedruckt aus den Verhandlungen der Forstsektion für Mähren und Schlesien. Jahrgang 1857. Der ganzen Folge 28. Heft.) Brünn, 1857. Dr. von Rud. Rohrers Erben. (117 S. 8.)

Micklitz, Rob., neue Beiträge zur Pensions-Statistik der land- und forstwirthschaftlichen Beamten. Vorher: Rechenschaftsbericht des Directoriums des Vereins zur Förderung der Interessen der land- und forstwirthschaftl. Beamten für das vierte Vereinsj. 1883. gr. 8. (57 S.) Wien 884, (Frick.) *

Micklitz, R., neue Beiträge zur Pensions-Statistik der land- und forstwirthschaftl. Beamten. Vorher: Rechenschaftsbericht des Directoriums des Vereines zur Förderung der Interessen der land- und forstwirthschaftl. Beamten für das 5.—7. Vereinsj. 1884—86. gr. 8. (62; 63; 70 S.) Wien, (Frick.) à Jahrg. *

—— und Jul. **Micklitz**, Beleuchtung der Grundsätze und Regeln des rationellen Waldwirthes von M. R. Preßler, unternommen vom prakt. Standpunkte; zugleich Nachweis zum Theil irrig oder unbillig entwickelter, einflußübender Waldwerthe. gr. 8. (VII und 90 S.) Olmütz 861, Hölzel. *
Vgl. auch: Preßler, M. R.

— und Ed. **Lemberg**, Forst-Schematismus für Mähren und Schlesien, oder vollständiges Verzeichniß des gesammten Forst- und Jagd-Personals in beiden Kronländern, nebst Angabe der Güterbesitzer, Waldflächen und Organisation. Nach authentischen Quellen zusammengestellt. 1861. Olmütz 861. Groß-8. (VII, 131 S.) n. 20 ngr.

Micklitz, Rob., forstliche Haushaltungskunde oder Darstellung des Forstorganismus nach seinen Zwecken und Aufgaben, in seiner Begründung und Wirksamkeit. Bearb. mit vorzugsweiser Rücksicht auf Oesterreich. Wien 859. Braumüller. gr. 8. (VIII, 216 S.) n. 1 ₰ 10 ngr.

—— forstliche Haushaltungskunde. Darstellung des Forstorganismus nach seinen Zwecken und Aufgaben, in seiner Begründung und Wirksamkeit. Mit vorzugsweiser Rücksicht auf Oesterreich bearb. 2. verb. Aufl. gr. 8. (XI, 299 S.) [Wien 880, Braumüller.] Berlin, Parey. *

Micklitz, Robert, die Verordnung für die forstlichen Staatsprüfungen in Oesterreich nach dem an der k. k. Forstakademie zu Mariabrunn neu verfaßten Entwurfe dargestellt und kritisch besprochen. 8. (14 S.) Olmütz, Hölzel in Comm. 1869. 20 kr.

—— und Arth. Frhr. v. Hohenbruck, zwei Vorträge über die Pensions-Verhältnisse der land- und forstwirthschaftlichen Beamten. gr. 8. (33 S.) Wien 883, Frick. *
Inhalt:
Micklitz, Rob., Beiträge zur Pensions-Statistik.
Hohenbruck, A. Frhr. v., Mittheilungen über Pensions-Normalien.
Aus: Bericht des Directoriums des Vereines zur Förderung der Interessen der land- und forstwirthschaftl. Beamten an die am 19. März 1883 abgehaltene Generalversammlung, besonders abgedruckt.

Micklitz, Th., s.: Kaiser, unser, als Weidmann.

Mioknat, Alfred, Referendar aus Sulzbach Die Haftung des Rheders nach Seerecht und des Schiffseigners nach Binnenschiffahrtsrecht für ein Verschulden des von dem Schiffer angenommenen Lotsen. *Rostock 1902: C. Hinstorff.* (63 S.) 8°
Rostock, Jur. Diss. v. [25. Sept.] 1902

(**Micko**, Joh.: Führer durch den nördl. Böhmerwald ⟨Nordwald⟩ u. d. Oberpfälzer Wald bis in ihre letzten Ausläufer. Prag '09. 240 S. 1: Sd 5072/54.

Micko Karl Über das z-Azetazetylpyridyl S. 105. 116 420 ver.
Separatabdruck

Mickoleit, Kurt, s.a. Tielo, A. K. T.

Die Dichtung des Grafen Moritz von Strachwitz Ein Beitrag z. deutschen Litteraturgesch. Von A. K. T. Tielo [d. i. Kurt Mickoleit]. *Berlin A. Duncker 1902* (XIX, 254 S.) 8°
[Die Einl. erschien unter d. wirkl. Namen d. Verf. als Inaug.-Diss. München 1902 u. d. T. Graf M. v. Strachwitz als Mensch u. Dichter.]
= Forschungen z. neueren Litteraturgeschichte H. 20

Mickoleit, Kurt: Graf M. von Strachwitz als Mensch und Dichter in den Grundzügen seines Wesens. *Berlin: A. Duncker 1902.* (33 S.) 8° ¶ [Die vollst. Arb. Die Dichtung des Grf. Moritz v. Strachwitz erschien 1902 unter d. Pseudonym d. Verf. A. K. T. Tielo als Forschungen zur neueren Litteraturgesch., 20.]
München, Phil. Diss. v. 1902

Micković, P., Bilder aus der bosnischen Krajina. (12 S.) Wien: Gerold 1894. —.20

Eine alte Lehre. Eine Gabe der Bdr. [Karl Ferd.] Menke und Micksch am 23. Nov. 1815 als an dem Feste der Einweihung des neuen Saals der g. u. v. □ zu den drey Schw[ertern] u. w[ahren] Fr[eunden] im Or. von Dresden. [Dresden 1815.] 2 Bl. 8⁰ [Umschlagtit.]
Abgedr. in: Maurerische Gedichte. [ca 1815] S. 10—11; Gesänge z. Einweihung d. neuen Versammlungssaals d. □ z. d. 3 Schw[ertern] u. w[ahren] Fr[eunden], Dresden. 1815 S. 22 bis 23; Feierlichkeiten b. d. Einweihung d. neuen Versammlungssaals, Dresden. 1815 S. 23—26.
Lied ohne Noten: „Ich will einer Lehr' erwähnen, ..."

Micksch, Heinrich Julius (Dresden), De perforatione cranii. Diss. med.-obstetr. Präs. Ernst Heinrich Weber. Leipzig (Staritz) 8. II. 1828. 27 Seiten. (3.50) 23335
Seinem Vater gewidmet.

Mickszáth, Koloman von, s. M i k s z á t h

מקוה ישראל — Mickwe-Jsrael od. die Propheten u. Hagiographen in Original, korrekt punktirt u. accentuirt, mit einer durchgehends neuen deutschen Uebersetz. u. ein. neu. vollst. Kommentar, so wie mit dem Jonathan, punkt. u. korr., d. Komm. Raschi korr., masoret. Notizen nebst Berichtig. d. Masora u. d. Buxdorf'schen bibl. Concordanz. Bearb. u. hrsg. v. J. Heinemann. 1. u. 2. Lfg. gr. 8. ... Berlin 834. (Leipzig, Leich.) à 12 Gr., Schrbp. à

Über die Brachiopodengattung Obolus Eichwald. Von August **Mickwitz**, Ingen. M. 3 Taf. u. 7 Holzschn. *St.-Pétersbourg Acad. Imp. d. Sc. 1896.* (IV, 215 S., 3 Taf. m. je 1 Erl.-Bl.) 4.
= **Mémoires** de l'Académie Imp. d. sciences de St.-Pétersbourg Sér. VIII. Vol. IV No 2. [97. 2619

Mickwitz, Aug., über die Brachiopodengattung Obolus Eichwald. [Aus: „Memoires de l'acad. imp. des scienses de St.-Pétersbourg".] gr. 4. (IV, 215 S. m. 7 Holzschn., 3 Taf. u. 3 Bl. Erklärgn.) St.-Pétersbourg 896. (Leipzig, Voss' Sort.) n. 11. —

Mickwitz, Chrph., Festspiel. Zur Feier der 25jähr. Directionsführg. des Hrn. Ed. Berent, Director am Revaler Stadttheater. 17. März 1894. 12. (16 S.) Reval 894. (F. Kluge.) n. 1.20

Mickwitz, Chrph. Gedichte. 1. u. 2. Aufl. 8. (XI, 343 S.) Reval 892, Kluge. * 4 —

Mickwitz, Eberhard (Reval/Esthland), De usu belladonnae in morsu canis rabidi. Diss. med. Jena (Fiedler) 30. IX. 1796. 24 S. (4.—) 23336

Mickwitz, Ernst, Gott ist unsre Zuversicht u. Stärke, e. Hülfe in d. großen Nöthen, d. uns getroffen haben. 2 Predigten, geh. an d. Sonntagen vor u. nach der Eröffng. d. dtschn. Schulen in Fellin. (16 S.) 8. Fellin 906. (Riga, Jonck & Poliewsky.) — 50

Mickwitz, Louis, Vergleichende Untersuchungen über die physiologische Wirkung der Salze der Alkalien und alkalischen Erden. Diss. Dorpat. 8⁰. 104 pp. mit zwei Curventafeln. 1874

Mickwitz, Wold., üb. die anatomische u. klinische Bedeutung der Stieltorsion; e. casuist. Beitrag zur Pathologie der Eierstocksgeschwülste. Diss. gr. 8. (69 S.) Jurjew (Dorpat) 891. (E. J. Karow.) n. 1. 50

Micolci, Adph., das Unterrichtswesen des Hamburgischen Staates. Eine Sammlung der geltenden Gesetze, Verordnungen und sonstigen Bestimmungen über das Unterrichtswesen in Hamburg. Mit Genehmigung der Oberschulbehörde zusammengestellt. gr. 8. (XIV, 712 S.) Hamburg 884, (Gräfe.) *

Micoletzky, H., zur Kenntnis des Nerven- u. Excretionssystems einiger Süsswassertricladen nebst andern Beiträgen zur Anatomie v. Planaria alpina, s.: Arbeiten aus dem zoolog. Institut zu Graz. VIII, 2.

Micoletzky Heinrich, Dr. Die freilebenden Süßwassernematoden der Ostalpen. 1. Teil der vorläufigen Mitteilung. Die freilebenden Süßwassernematoden des Lunzer Seengebietes. S. 122. I. 111 . —.40
— — 2. Teil der vorläufigen Mitteilung. S. 122. I. 543 . —.30
Separatabdruck

Micoletzky, Jos., Plan v. Carlsbad u. dessen Umgebung. [Nebst einem genauen Uebersichtskärtchen v. Böhmen nach der neuen Gerichtseintheilung u. einem Uebersichtskärtchen sämmtlicher Eisenbahnen Mitteleuropas.] Imp.-Fol. Lith. Prag 851, Kronberger. n. 12 ngr; col. n. 1 ₰ Auf Leinw. in 8.-Etui n. 24 ngr; col. n. 1⅑ ₰

MICORI, Paul: Die politische Spruchdichtung in der ersten und zweiten Hälfte des 13. Jahrhunderts. — 1907. 182 Bl. Diss. Graz, Univ.

Micq, Jh. Lor.

— Anfangsgr. d. französ. Sprache, f. junge Anfänger. 8. Manh. 807. Schwan u. G. 6 gl.

Micq, Jh. Lor., neue theoret. prakt. französ. Grammatik. 8. Manh. 801. Schwan u. G. 16 gl.

Micrälius, J., 6 Bücher v. alt. Pommerlande, m. Landch. 4. Stettin. (Horvath, Potsd.). 723.

Microcosm, the, of London. Dedicated etc. to his Royal Highness the Prince of Wales. Tom. I. II. III. gr. Fol. Mit 104 grossen colorirten Ansichten. 5 Vign. in Kupfer und 3 in Holzschnitt. London, Akermann.

MICROCOSME, Le, ou le Petit Monde. Panorama moderne de la ville et des habitans de Francfort. (Poème galant.) Par *L. P. D. T.* Darmstadt, imprimé chez J. Franç. Pierre Stahl. 1812. Gr. in-8⁰, de 103 pp. (y comprises les „notes explicatives", p. 27 et suiv.), 1 p. d'errata. (In Frankf. a. M., Stadtbibl.) (3 Mk. Jos. Baer & Co., c. 1886, 10 Mk. Rud. Hönisch, Lpz., 1912.)
Opuscule rare et intéressant. Manque dans la bibliogr. de l'amour etc.

Microcosmus. Eine polemische Zeitschrift f. Staatskunst u. Staatsrechtswissenschaft. Für gebildete Leser aus allen Ständen, herausgeg. von H. Zöpfl. (1r Jahrg. 1832.) 4 Hefte. gr. 8. Heidelb., Oswald. 3 ₰ 8 gl.

Micrologus ... s. Guido von Arezzo.

Micromegas, par Voltaire. Gotha 1752. 8⁰

— — dass. deutsch. 8. Dresd. Walther. 752.

Jean **Micrône**. Gespenster. Phantasie auf Posten. *Graudenz: J. Gaebel 1904.* (2 Bl.) 8⁰ [Umschlagt. Ant. u. F.] [04. 10638

Mieroue, Jean, Corona Schröter. Festschrift zur Enthüllg. ihres Denkmals in Guben (12 S.) 8. Guben 904. F. Rebsch. n. — 50

Microscope, le, bibliographe. 8. Lausanne 771. Pott u. C. 8 gr.

Microscopium Basilii Valentini. 8. Berl. 790. (Montag u. W. in Regensb.) 12 gr.

Microscopium, d. welch. m. d. Thier d. röm. Monarchie m. s. 7 Häupt. u. 10 Hörnern sehen k. 2c. 4. 735.

Microscopium, Ein kleines. Kopenhagen 1735. V: *Berg, Magnus*. (Collin, Anonymer. Kiobenh. 1869.)

(**Mieroys,** Wilhelm Ritter von,) Oberst und Commandant des Infanterie-Regimentes Freiherr Kray Nr. 67. Die Schlacht von Magnano am 5 April 1799 und die derselben vorhergegangenen kriegerischen Ereignisse bei der k. k. Armee in Italien unter dem provisorischen Oberbefehl des Feldmarschall-Lieutenant Paul Freiherr Kray von Krajova anlässlich der 100-jährigen Wiederkehr jener für die k. k. Waffen so glorreichen Tage. Zusammengestellt von W. M., Oberst etc. Mit 1 Übersichtskarte. 8. Eperjes 1899.

Miculcy, Emil, d. Post- u. Telegraphen-Anwärter. Leitfaden f. die Vorbereitg. zum Eintritt in den Reichs-Post- u. Telegraphendienst als Militairanwärter, nebst e. Anh.: 1. Fertigg. v. Uebungsarbeiten, Durchsicht u. Beurtheilg. derselben sow. Zufertigg. v. Uebungsaufgaben, welche zu vollständ. Prüfgn. zusammengestellt sind. (Bes. Vorbereitg. f. d. Annahmeprüfg.) 2. Anstellg. u. Versorgg. der Militairanwärter im Allgem. u. d. Post- u. Telegraphenanwärter im Besond. 2., verm. u. verb. Aufl. 12. (VIII, 164 S.) Gebweiler 898. (Leipzig, F. Luckhardt.) Kart. n. 2. —

Miculcy, Paul, Verzeichnis der nicht angestellten Post- u. Telegraphen-Assistenten, nach dem Tage der Ernennung geordnet, 1902. (Vervollständigt bis Ende Aug. 1903.) (108 S.) 8. Frankfurt a/O. (903). (Strassburg, C. Bongard.) n. 1.20

Miculicz, J., s.: Mikulicz.

Micus. Martin Opitz von Boberfeld, seine Zeit und seine Stellung zur ersten und zweiten schlesischen Dichterschule. 28 S. Paderborn. Progr. 1853

Micus, F. J. De perficienda Gymnasiorum disciplina. 32 S. Progr. Paderborn 1840

Micus, F. J., lyrische Gedichte. 8. (13 B.) Lemgo 830, Meyer.

Micus, Frz. Jos., Biographie des Frhrn. Fd. v. Fürstenberg, s. v. Fürstenberg, Denkmale des Landes Paderborn.

Micus, Frz. Jos., selig, die reines Herzens sind. Matth. 4, 8. Kathol. Gebet- u. Erbauungsb. f. Gymnasiasten u. Zöglinge hhh. Bildungsanstalten überh. gr. 12. (9 B.) Paderborn 838, Wesener. 10 Gr.. f. Pap.

Miczovski, Stanisl.

Miezowski, Stanisl., Szela, der galizische Bauernchef, s.a. Bibliothek, Europäische, 94. Bd.

Miezowski, Stanislaus, Szela, der galizische Bauernchef, oder die Blut- u. Schreckensscenen in Galizien während des polnischen Aufstandes 1846. 8. Grimma 846, Verlags-Compt. n. 1/2 Rthlr

Miesynski, Kázimir, üb. einige Pflanzenreste v. Radács bei Eperjes, s.: Mittheilungen aus dem Jahrbuche der kön. ungarischen geologischen Anstalt.

Mieczyński Zygmunt Napoleon: Über die Bestimmung der Löslichkeit einiger Säuren und Salze der Oxalsäurereihe in Wasser bei verschiedenen Temperaturen (mit 1 Taf.). 8. 94. II. 15 . . . . vgr. Separatabdruck

Midas, Fritz, appr. Arzt a. Fürth: Drei Fälle von Compressionsmyelitis bei Spondylitis Tuberculosa. München 1904: Kastner & Callwey. (39 S). 8°
München, Med. Fak., Ref. v. Bollinger, Diss. v. 11. Okt. 1904
[Geb. 13. Jan. 80 Fürth i. B.; Wohnort: Fürth; Staatsangeh.: Bayern; Vorbildung: Gymn. Fürth Reife Juli 99; Studium: München 4, Würzburg 2, Berlin 3 S.; Coll. 21. Sept. 04; Approb. 5. Juli 04.]

Middel, E., s. Middell, Emil

Middel, Theodor, aus Eickel i. Westf.: Deformation durch Erwärmung als Ursache für die thermische Veränderung der Empfindlichkeit von Wagen. *Greifswald 1900: J. Abel.* (51 S.) 8°
Greifswald, Phil. Diss. v. 26. Febr. 1900

Middelboe, Stephan, Handbuch für den pract. Navigateur. Lex.-8. Tönning 843. (Hamburg, Nestler u. Melle.) n. 5 1/3 Rthlr

Middelboe, Steph., Handbuch für den Navigateur, enthltd. ein kurzes Resumé der für den Seefahrer nothwendigen Vorkenntnisse, sowie einen vollständig deducirten Cursus der Navigation nebst den zu den nautischen Berechnungen gehörenden Tafeln. Flensburg 854. (Herzbruch.) 4. (X, 176 S. mit Holzschn. im Text.) n. 2 Rthlr.

Entwurf zur Regelung der Vorflut und Abwasser-Reinigung im Emschergebiet von **Middeldorf,** Kgl. Wasserbauinsp. Essen-Ruhr 1904: Fredebeul & Koenen. (VII, 101, XVIII S.) 4°(2°) [illegible]

Middeldorf, Eduard: Über den Schwefel der Serum-Albumin-Krystalle und deren Verdauungsprodukte. *Würzburg 1898: Stahel.* (30 S.) 8°
Würzburg, Phil. Diss. v. 1898

Über den Schwefel der Serum-Albumin-Krystalle und deren Verdauungsprodukte. Von Dr. phil. Eduard **Middeldorf.** Aus d. Physiolog. Inst. (Chem. Abt.) d. Univ. Würzburg. *Würzburg: Stahel 1898.* (30 S.) 8. = Verhandlungen d. Physik.-Med. Gesellschaft zu Würzburg. N. F. Bd 31. No 9. [illegible]

Der neue Weingesetzentwurf. Krit. dargest. mit Verbesserungsvorschlägen von Justizrat [Josef] Middeldorf, Aachen. Köln: Bachem in Komm. 1908. 37 S. 8°

Middeldorf, Maria, Katechismus der Haushaltungskunde u. Naturlehre. Lernbüchlein f. Schülerinnen der Volksschule. 8. (96 S. m. 8 Abbildgn.) Düsseldorf 902. L. Schwann. Kart. n. — 50

Katechismus der Haushaltungskunde und Naturlehre. Lernbüchlein f. Schülerinnen d. Volksschule. Von Maria Middeldorf. Mit 8 Abb. 2., verb. Aufl. Düsseldorf: L. Schwann 1903. (96 S.) 8° [F.] [illegible]

Middeldorf, Maria, Katechismus der Haushaltungskunde u. Naturlehre. Lernbüchlein f. Schülerinnen der Volksschule. 3., verb. Aufl. (99 S. m. 8 Abbildgn.) 8. Düsseldorf 905. L. Schwann. Kart. n. — 50

Middeldorf, Maria, Katechismus d. Haushaltungskunde u Naturlehre. Lernbüchlein f. Schülerinnen d. Volksschule 5. Aufl. (99 S. m. 8 Abb.) 8. Düsseldorf 910. L. Schwann Geb. — 50

Middeldorf, W., Die Emscher-Genossenschaft Essen-Ruhr. Essen, 1910. 19 S. mit 22 Abb.

Middeldorpf

—— Instrumenten-Apparat, s. Oliviero, Alois.

Middeldorpf, über die Operation der doppelseitigen Hüftgelenks-Ankylose. gr. 8. (3 S.) Würzburg 886, Stahel'sche Universitäts-Buchh. *
Aus: Sitzungsberichte der physikalisch-medicinischen Gesellschaft zu Würzburg, besonders abgedruckt.

Middeldorpf, A., s. Pfolsprundt, Heinr. v.

Middeldorpf, Albr. Thdr., Beiträge zur Lehre von den Knochenbrüchen. Mit 5 lith. Taf. Breslau 853. E. Trewendt. gr. 4. (X, 150 S.) n. 3 ₰. 10 ngr.

Middeldorpf, Albr. Thdr., Beiträge zur Lehre von den Knochenbrüchen. gr. 4. (X und 150 S. mit 5 Stnt.) Breslau 854, [Trewendt.] *

Middeldorpf, A[lbrecht] Th[eodor] Bemerkungen über Knochenbrüche. Allgemeiner Theil. Breslau 1852. (46 S.) 4° (Mit besond. Erlaubnis d. Ministeriums in deutscher Sprache erschienen.) (Vollst. 1853 bei Trewendt & Granier in Breslau unt. d. T. „Beiträge zur Lehre von den Knochenbrüchen".)
Breslau, Med. Fak., Hab.-Schr. v. 26. Mai 1852

Middeldorpf, Albrecht Theodorus De fistulis ventriculi externis et chirurgica earum sanatione, accedente historia fistulae arte chirurgorum plastica prospere curatae. Vratislaviae 1859. (33 S., 2 Taf.) 4° (Buchausg. 1859 in Komm. bei Max & Ko. in Breslau.)
Breslau, Glückwunsch d. med. Fak. z. 50-jähr. Dr.-Jubil. v. Traug. Wilh. Gust. Benedict am 22. Sept. 1859

Middeldorpf, Albr. Theod., de fistulis ventriculi externis et chirurgica earum sanatione, accedente historia fistulae arte chirurgorum plastica prospere curatae-commentatio. Acced. tabb. II lith. Breslau 859. Max & Co. in Comm. gr. 4. (IV, 34 S.) n. 16 ngr.

—— die Galvanocaustik, ein Beitrag zur operativen Medicin. gr. 8. (XVI und 272 S. mit 4 Stnt. in qu. gr. 4.) Breslau 854, Max und Comp. *

Middeldorpf, Albertus [d. i. Albrecht] Theodorus (geb. Breslau 3. 7. 1824) De glandulis Brunnianis. Vratislaviae (1846). (35 S., 1 Taf.) 4° (Buchausg. 1847 in Komm. bei Max & Ko. in Breslau.)
Breslau, Med. Diss. v. 25. Nov. 1846

Middeldorpf, Alb. Theod., disquisitio de glandulis Brunnianis. gr. 4. (32 S. m. 1 Kupfertaf.) Vratislaviae 847, Max & Soc. in Comm. 1/2 ₰

— der Namen u. das Wesen der Entzündung. Ein Commissionsbericht an den Verein f. physiologische Heilkunde. Lex. 8. (32 S.) Breslau 849, Trewendt & Granier. n. 1/6 ₰

Middeldorpf, Albrecht Theodorus De polypis oesophagi atque de tumore ejus generis primo prospere exstirpato. Vratislaviae 1857 (IV, 24 S., 1 Taf.) 4° (Im Buchhandel 1857 in Komm. bei Max & Ko. in Breslau.)
Breslau, Med. Fak., Antr.-Progr. als ord. Prof. v. [30. Jan. 1858]

—— de polypis oesophagi atque de tumore ejus generis primo prospere exstirpato. Commentatio. Acced. tabul. aer. incis. gr. 4. (IV und 24 S.) Breslau 857, (Max und Comp.) *

Rönckendorf [Karl Rich.]: Willkommen! Ein Herz- u. Scherzlied dem neu aufgenommenen geliebten Br. Rönckendorf II am Tage seiner Reception den 20. November 1860 dargebracht. Durch [Albrecht Theod.] Middeldorpf II. Breslau [1860]: Grass, Barth & Comp. 2 Bl. 8°.
„Sei uns gegrüsst im alten Heiligthum" ...

MIDDELDORPF, Franz Constantin: Anleitung zur Wald-Eintheilung, Schätzung, Werthberechnung, Buch-, Registratur- und Geschäftsführung, erläutert durch das Beispiel an einem Kiefernforst, nach der in den preußischen Staatsforsten üblichen Praxis, für kleine und größere Privatforstbesitzer, Landwirte und Forstbeamte. - Berlin 1868. VIII, 180 S., m. Abb. u. Kt.

Middeldorpf, Anleitung zur Wald-Eintheilung, Schätzung, Werthberechnung, Buch-, Registratur- u. Geschäftsführung erläutert durch das Beispiel an einem Kiefernforst nach der in den preußischen Staatsforsten üblichen Praxis für größere u. kleinere Privatforstbesitzer, Landwirthe, Forstbeamte rc. Mit 1 (lith.) Karte (in qu. 4.) u. in den Text gedr. Holzschn. Berlin 868. Springer's Verl. Lex.-8. (VII, 180 S.) geb. n. 1 ₰ 10 ngr.

MIDDELDORPF, Franz Constantin: Die Vertilgung der Kieferraupe (Phalaena bombyx pini) durch Theerringe nebst Notizen über die Pilzkrankheit der Kieferraupen. - Berlin 1872. IV, 52 S.

—— die Vertilgung der Kiefernraupen [Phalaena bombyx pini] durch Theerringe nebst Notizen über die Pilzkrankheit der Kiefernraupen. gr. 8. (IV, 52 S.) Berlin 872, Wiegandt, Hempel und Parey. *

Middeldorpf, Gustav [aus Stoberau i. Schl. Appr. Arzt, s. Z Assistenzarzt a. d. chirurg. Klinik zu Würzburg]: Weitere Beiträge zur Resection des Ellenbogengelenkes.... Abdr. aus v. Langenbecks Archiv Bd. XXXIII. Berlin, gedr. bei L. Schuhmacher, 1886; 207 S. 8°.
Würzburg, Med. Fak., Inaug.-Diss. v. 1886.

Middeldorpf, Henr., Codex syriaco-hexaplaris, s. Codex.

Middeldorpf, Henricus, Curae hexaplares in Jobum. E codice syriaco-hexaplari Ambrosiano-Mediolanensi. Vratislaviae 1817

Middeldorpf, H., Curae Hexaplares in Jobum. E codice Syriaco-Hexaplari Ambrosiano-Mediolanensi. 4. Vratislaviae, Holäufer. 818.

— Curae Hexaplares in Jobum. E codice Syriaco-Hexaplari Ambrosiano-Mediolanensi. 4. Bresl. 818. J. F. Korn. 1 ₰ 8 gl

Middeldorpf, Henricus, Commentatio de institutis literariis in Hispania quae Arabes auctores habuerunt ... praemio ornata. Goettingae [1810].

Middeldorpf, Hnr., Commentatio de institutis literariis in Hispania, quae Arabes auctores habuerunt. 4maj. Götting. 812. Dieterich. 10 gl

Middeldorpf, Heinr., die Mahnung d. Christenthums an uns zu einer Zeit, wo wir v. ein. gefährl. Seuche bedroht werden. Eine Pred., geh. am 16. Sonnt. nach Trinit. 1831. 8. ... Breslau, Graß, Barth u. Comp.

— die Mahnungen des Christenthums an uns zu einer Zeit, wo wir v. e. gefährl. Seuche bedroht werden. Eine Predigt, gehalten am 16n Sonnt. n. Trin. 1831. in d. Kirche zu St. Bernhardin. 8. Bresl. 831. Graß, Barth u. C. 2 gl

— s. Nahum.

Middeldorpf, Henr. Commentationis de Prudentio et theologia Prudentiana p. 1 Vratislaviae 1823. (40 S.) 4°
[P 2 ist Progr z. Rektoratswechsel v 1826, vgl. Nr 2937; vollst wiederabgedr in: Zeitschr f d hist. Theol Bd 2 1832.]
Breslau, Progr. z. Rektoratswechsel am 20. Okt. 1823

Middeldorpf, Henr. Commentationis de Prudentio et theologia Prudentiana p. 2. Wratislaviae 1826. (32 S.) 4°
[P. 1 ist Progr z. Rektoratswechsel v 1823, vgl. Nr 2934; vollst. wiederabgedr in: Zeitschr f. d. hist. Theol. Bd 2 1832.]
Breslau, Progr. z. Rektoratswechsel am 23. Okt. 1826

Quinquennalia V Friderici Guilelmi III. in Universitate Literaria Vratislaviensi die XVI Novembris 1822 celebranda indicit rector cum senatu. [Verf. Hinrich **Middeldorpf.**] Vratislaviae (1822). (8 S.) 4°

— Symbola exegetico-critica ad librum ecclesiast. 4. Frkf. a. d. O. 811. (Sander in Berl.) 6 gl

Middeldorpf, Hinrich: V e r z e i c h n i s s der sehr werthvollen nachgelassenen Bibliothek des verstorbenen Herrn Hinrich Middeldorpf. Breslau 1862.

Viro summe venerando Henrico Middeldorpfio philosophiae doctori artiumque liberalium magistro quinquagenario honores ante quinquaginta annos felicibus auspiciis adeptos et insigni laude gestos gratulantur Universitatis Vratislaviensis rector et senatus a. d. IV Non. Aprilis a. 1860. Vratislaviae (1860). (2 Bl.) 4°

— Zuschrift an Hrn. Jul. Müller, betreff. seine Beurtheilung d. Schrift e. kathol. Geistlichen u. e. dadurch veranlaßte Recension. gr. 8. Bresl. 827. (Hentze). 8 gl

Middeldorpf, K. u. E. E. **Goldmann.** Experimentelle u. pathologisch-anatomische Untersuchungen üb. Croup u. Diphtherie. gr. 8. (44 S. m. 1 farb. Taf.) Jena 891, Fischer. * 2 50

Middeldorpff, s. M i d d e l d o r p f

Middeleton, s. M i d d l e t o n

Middell, Aemilius [Rhenanus]: De iustitio deque aliis quibusdam iuris publici Romani notionibus ... Mindae, typ. J. C. C. Bruns, 1887; 63 S. 8°.
Erlangen, Phil. Fak., Inaug.-Diss. v 1887.

Middell, Aemilius, de iustitio deque aliis quibusdam iuris publici Romani notionibus. Diss. Erlangen 1887, Th. Blaesing. 8°. 68 S.

Middell, Wilh., Ritual d. Schulfestfeier. (16 S.) 8. Mettmann (907). A. Frickenhaus. — 50

Middelschulte, August: Neue Aufschlüsse in der Kreideformation des nord-östlichen Ruhrkohlenbezirkes durch Tiefbauschächte. *Unna 1898: H. Immenkamp.* (25 S. mit Taf.) 8°
Erlangen, Phil. Diss. v. 24. Mai 1898

Middelschulte, *Heinr.* [Dr. med. pr. Arzt]: Können Gonococcen eine Cystitis hervorrufen? ... Würzburg, J. M. Richter's Buch- u. Kunstdr., 1892; 17 S. 8.
Würzburg, Med. Fak., Inaug.-Diss. v. 1892

Middendorf, A. v., die Barabá, s. Mémoires de l'acad. impér. des sciences de St. Pétersbourg.

Middendorf, Alexander Theodor von, s. M i d d e n d o r f f

Peru. Beobachtgn u. Studien üb. d. Land u. s. Bewohner während e. 25j. Aufenthalts v. E. W. **Middendorf.** Bd I—III. *Berlin: R. Oppenheim 1893—95.* 3 Bde 8.
I. Lima. M. 21 Textb. u. 32 Taf. 1893. (XXXII, 638 S., 1 Bl., 32 Taf.)
II. Das Küstenland von Peru. M. 56 Textb. u. 38 Taf. nach eigenen photogr Aufnahmen. 1894. (XII, 425 S., 38 Taf., 2 Kt.)
III. Das Hochland von Peru. M. 79 Textb. u. 93 Taf. nach eigenen photogr Aufnahmen sowie 1 Kt. 1895. (XV, 603 S., 93 Taf., 1 Kt.) [96. 4934

Middendorf, E. W., Peru. Beobachtungen u. Studien üb. das Land u. seine Bewohner während e. 25jähr. Aufenthalts. I. u. II. Bd. gr. 8. Berlin, R. Oppenheim. n. 28. —; geb. in Halbfrz. n. 36. —
I. Mit 21 Textbildern u. 32 Taf. (XXXII, 639 S.) 893. n. 16. —; geb. n. 20. —
II. Das Küstenland v. Peru. Mit 56 Textbildern u. 38 Taf. nach eigenen photograph. Aufnahmen. (XII, 425 S.) 894. n. 12. —; geb. n. 16. —

Middendorf, E. W., Peru. Beobachtgn. u. Studien üb. d. Land u. s. Bewohner währ. e. 25jähr. Aufenthalts. III. Bd. D. Hochland v. Peru. M. 79 Textbildern u. 93 Taf. nach eig. photograph. Aufnahmen, sow. e. Karte. gr. 8. (XV, 603 S.) Berlin 895. G. Schmidt. n. 20. —; geb. in Halbfrz. n. 24. — (kplt.: n. 48. —; geb. n. 60. —)

Middendorf, E. W., die einheimischen Sprachen Peru's. 1.—3. Bd. Lex.-8. Leipzig 890. Brockhaus. n. 82. —
1. Das Runa Simi oder die Keshua-Sprache, wie sie gegenwärtig in der Provinz von Cusco gesprochen wird. Unter Berücksicht. der früheren Arbeiten nach eigenen Studien dargestellt. (VII, 339 S.) n. 16. —
2. Wörterbuch d. Runa Simi od. der Keshua-Sprache. Unter Berücksicht. der früheren Werke nach eigenen Studien bearb. (X, 867 S.) n. 48. —
3. Ollanta, e Drama der Keshuasprache. Übers. u. m. Anmerkgn. versehen, nebst e. Einleitg über die religiösen u. staatl. Einrichtgn. der Inkas. (VI, 393 S.) n. 18. —

— die einheimischen S p r a c h e n Peru's. 4.—6. Bd. Lex.-8. Leipzig, F. A. Brockhaus. n. 47. — (kplt.: n. 129. —)
4. Dramatische u. lyrische Dichtungen der Keshua-Sprache. Gesammelt u. übers. m. erklär. Anmerkgn. (VII, 316 S.) 891. n. 15. —
5. Die Aimará-Sprache. Mit e. Einleitg. üb. die frühere Verbreitg. der diese Sprache red. Rasse u. ihr Verhältnis zu den Inkas. (VII, 306 S.) 891. n. 20. —
6. Das Muchik od. die Chimu-Sprache. Mit e. Einleitg. üb. die Culturvölker, die gleichzeitg. m. den Inkas u. Aimarás in Südamerika lebten, u. e. Anh. üb. die Chibcha-Sprache. (VIII, 222 S.) 892. n. 12. —

Bemastung und Takelung der Schiffe. Von F[riedrich] L. **Middendorf,** Dir. d. German. Lloyd. Mit 172 Fig., 1 Titelbild u. 2 Taf. *Berlin: J Springer 1903.* (X, 400 S.) 4°(8°) [03. 1608

Middendorf, H., Handwerker-Katechismus. Lehrbuch zur Buchführung in Gesetzeskunde zum Gebrauche bei Fortbildungsschulen u. Kursen, sowie zum Selbstunterricht f. Handwerker. Zugleich e. Leitfaden bei den Meisterprüfgn. f. Prüfer u. Prüflinge. (XVI, 160 S.) gr. 8. Fürstenau 904. F. Salje. n. 2. —; geb. n. 2. 40

Middendorf, Herm., über die Gegend der Varusschlacht nach Vellejus u. Strabo, Tacitus u. Dio, mit besonderer Rücksicht auf den Zug des Germanicus in den Teutoburger Wald u. gegen die Cherusker im Jahre 15 nach Chr. Geburt. Münster 868. Coppenrath'sche Buchh. gr. 8. (IV, 64 S.) n. 12 ngr.

Middendorf. Ueber die Philänensage mit Berücksichtigung ähnlicher Erzählungen aus älterer und neuerer Zeit. 25 S.
Münster, Progr. 1853

Middendorf, Herm., über die Philänensage, mit Berücksichtigung ähnlicher Erzählungen aus älterer und neuerer Zeit. Münster 853. Coppenrath. gr. 4. (25 S.) 7½ ngr.

Middendorf, Herm., u. Frdr. Grüter, Lateinische Schulgrammatik für sämmtl. Gymnasialklassen. 1. Thl. A. u. d. T.: Lateinische Schulgrammatik für die unteren Gymnasialklassen m. einer zum Memoriren bestimmten Wörtersammlung, vielen deutschen u. latein. Uebungsaufgaben zum Uebersetzen u. einem deutsch-latein. u. latein.-deutschen Wörterbuche. gr. 8. (XVI u. 448 S.) Coesfeld 849, Wittneven Vater. n. 1 ß

— — dies. 2. Thl. A. u. d. T.: Lateinische Schulgrammatik f. die mittleren u. oberen Gymnasialklassen enth.: die ausführliche Syntax, sowie die Quantitätslehre, die Metrik u. die bedeutendsten Eigenthümlichkeiten des poet. Sprachgebrauchs, nebst einigen Anhängen. gr. 8. (XVI u. 333 S.) München 851, Coppenrath. ¾ ß

— und Friedr. Grüter, lateinische Schulgrammatik für sämmtliche Gymnasialklassen. 1. Thl. 2. verb. Aufl. A. u. d. T.: Lateinische Schulgrammatik für die unteren Gymnasialklassen. 1. Abth., enthltd. die Elementarlehre, die Formenlehre rc. u. die Wortbildungslehre. — 2. Abth., enthltd. die Anfangsgründe der Syntax mit vielen deutschen u. latein. Uebungssätzen rc. Münster 857. Coppenrath. gr. 8. (XVI, 263; 200 S.) n. 1 ß.

— — 2. Thl. 2. verb. u. verm. Aufl. A. u. d. T.: Lateinische Schulgrammatik für die mittleren u. oberen Gymnasialklassen, enthltd.: die ausführl. Syntax, sowie die Quantitätslehre, die Metrik und die bedeutendsten Eigenthümlichkeiten des poetischen Sprachgebrauchs, nebst einigen Anhängen. Münster 857. Coppenrath. gr. 8. (XVIII, 338 S.) n. 22½ ngr.

— und Frdr. Grüter, lateinische Schulgrammatik für sämmtliche Gymnasialklassen. 2 Thle. Münster, Coppenrath. gr. 8.
1. Thl.: Lateinische Schulgrammatik für die unteren Gymnasialklassen. 3—5. verb. Aufl. 860—64. (XVI, 463 S.) n. 1 ß
2. Thl.: Lateinische Schulgrammatik für die mittleren und oberen Gymnasialklassen, enthaltend: die ausführliche Syntax, sowie die Quantitätslehre, die Metrik u. die bedeutendsten Eigenthümlichkeiten des poetischen Sprachgebrauchs, nebst einigen Anhängen. 3. verb. Aufl. 863. (XVI, 336 S.) n. 22½ ngr.

— u. Friedr. Grüter, lateinische Schulgrammatik für sämmtliche Gymnasialklassen. 2 Thle. Ebend. gr. 8. 1 ß 22½ ngr.
1. Thl. Lateinische Schulgrammatik für die unteren Gymnasialklassen. 6., verb. Aufl. (XVI, 461 S.) 866. n 1 ß
2. Thl. Lateinische Schulgrammatik für die mittleren u. oberen Gymnasialklassen. 4., verb. Aufl. (XVI, 328 S.) 866. n. 22½ ngr.

— — — 1. Thl. A. u. d. T.: Lateinische Schulgrammatik für die unteren Gymnasialklassen. 1. Abthl., enthltd. die Elementarlehre, die Formenlehre mit einer zum Memoriren bestimmten Wörtersammlung u. die Wortbildungslehre. 8., verb. Aufl. Ebend. 870. gr. 8. (XVI, 200 S.) n. 1 ß

Middendorf: Ueber einige Stellen in Horazens Oden und besonders über die 4 und 14 Ode des 4 Buches in Beziehung auf den viedelikisch-rhaetischen Krieg 18 S.–Münster, Progr 1861

Middendorf, H., über Ursprung und Alter der beiden Nationalnamen „Deutsche und Germanen." Progr. des Gymn. Coesfeld 1847. 4°. 20 S.

Middendorf Ueber das Verhältniß der Hellenen zu den Pelasgern, mit besonderer Rücksicht auf die Ansicht Niebuhrs. 24 S. .
Coesfeld, Progr. 1840

Middendorf, H. Ueber die Wohnsitze der Brukterer. 22 S.
Coesfeld, Progr. 1837

Middendorf, Herm., die Wohnsitze d. Brukterer. gr. 8. (3½ B.) Coesfeld 837, Riese'sche Buchh.

Middendorf, Herm., über die Zeit der Abfassung des Heliand. (Aus der Zeitschrift für Geschichte u. Alterthumskunde Westfalens abgedr.) Münster 862. Regensberg. gr. 8. (54 S.) n. 7½ ngr.

Middendorf, Joan. Henr (geb. Wiedenbrück 30. 11 1816) De pulsus symptomatologia. Berolini (1840). (29 S.) 8°
Berlin, Med. Diss. v 22. Juli 1840

Middendorf, Johann Hermann, s. Middendorf, Hermann

Middendorf, Karl Beiträge zu der Lehre von den temporalen und hypothetischen Nebensätzen im Griechischen. 15 S. *Weissenburg* 1876. Progr.

— Die Konstruktion der Nebensätze der oratio obliqua in der attischen Prosa. 10 S. Progr. Kar. *Osnabrück* 1885.

Middendorf, Carol., Observationes in Euripidis Bacchas. Dissertatio philologica. Münster 867. (Coppenrath'sche Buchh.) gr. 8. (III, 50 S.) n. 7½ ngr.

Middendorff, Alexander Theodor von

vom Middendorf, Alexander Theodor: Anſkiev, eine Insel im Eismeere, in der Gegend von Kola. (Bulletin scientifique de l'Académie Impériale des Sciences. T. 2. 1860. p. 152—158.) Petersburg 1860. 7 S. 8°.

v. Middendorff, A. Th., Beiträge zu einer Malacozoologia Rossica. Abth. I—III. [Aus den mémoires de l'académie impériale des sciences de St.-Pétersbourg, VI. série, sciences naturelles, tome VI, abgedr.] Imp. 4. (1: 154 S. m. 14 lith. Taf. 2 u. 3: 281 S. m. 21 lith. Taf.) St. Petersburg 847. 49. Leipzig, Voss. (1: n. n. 1½ ß 2 u. 3: n. n. 3 ß 27 ngr) n. n. 5 ß 12 ngr

Middendorff, A. F v. Beiträge zu einer Malacozoologica Rossica. II. Aufzählung m. Beschreib. der zur Meeresfauna Russland's gehörigen Einschaler. III. Aufzählung und Beschreib. der zur Meeresfauna Russlands gehörigen Zweischaler. (Aus d. Mém. de l'Acad. Imp. d. Sc. VI. Ser. VI. Tom.) St. Petersburg. 1849. 4.

Middendorff, A. (Th.) de, Compte rendu de l'académie impériale des sciences de St.-Pétersbourg, s.a. Compte etc.

Middendorff, A. (Th.) de, Compte rendu de l'académie impériale des sciences de St.-Pétersbourg. Année 1854 et 1855. Lex.-8. (221 S. mit 3 lithogr. Portr.) St.-Pétersbourg 856. (Leipzig, Voss.) **
Vgl.: Fuss, P. H.

Middendorff, A. v., Einblicke in das Ferghana-Thal, s.a. Mémoires de l'Académie impériale des sciences de St.-Pétersbourg.

vom Middendorff, Alexander Theodor: Einblicke in das Ferghana-Thal. Nebst chemischer Untersuchung der Bodenbestandtheile von Carl Schmidt. (Mémoires de l'Académie Impériale des Sciences de St.-Pétersbourg. Sér. 7 T. 29. No. 1.) St.-Pétersbourg 1881. XII, 482, (LX) S., 9 Tf. 4°.

vom Middendorff, Alexander Theodor Einige Geleitszeilen zu dem beifolgenden Entwurfe des Weges zwischen Kola und Kandalakscha. Mit einer Karte. (S.-A. Méllanges mathématiques et astronomiques T. 1. p. 545—553.) Petersburg 1852. 9 S. 8°.

Middendorff (A. T. von). Die Gewaechse Nord- und Ost-Sibiriens. Petersb. 1864. 4°.
The Lichens were worked up by Nylander.

vom Middendorff, Alexander: Der Golfstrom ostwärts vom Nordkap. Geographie und Erforschung der Polar-Regionen. No. 41. (Petermann's Geographische Mittheilungen. 1871. Heft 1. S. 25—34.) Gotha 1871. 10 S. 4°.

Middendorff, A. (Th.) v., die Isepiptesen Russlands. Grundlagen zur Erforschung der Zugzeiten und Zugrichtungen der Vögel Russlands. (Aus d. Mémoires de l'Acad. des Sciences etc.) St. Petersburg 855. (Leipzig, Voss.) Imp.-4. (143 S. u. 2 lith.-Taf. in gr. Fol.) nn. 1 ß. 20 ngr

Middendorff, A. von, Dr., Ueber die Nothwendigkeit von Vorbereitungen für den Empfang vorweltlicher sibirischer Riesenthiere.

Middendorff (A. von). Palaeontologie . . . Norden- und Osten Siberiens. Petersb. 1848. 4°.
Fossil plants by H. R. Goeppert.

Middendorff, A. Th. v., Reise in den äussersten Norden und Osten Sibiriens während der Jahre 1843 und 1844 ... ausgeführt. Band I. IV. Theil 1. 2. nebst Karten-Atlas. 3 voll. und ein Atlas. St. Petersburg 1847—1875. 2°.

—— Reise in den äussersten Norden und Osten Sibiriens während der J. 1843 und 1844 auf Veranstaltung der kaiserl. Akademie der Wissenschaften zu St. Petersburg ausgeführt und in Verbindung mit vielen Gelehrten hrsg. I. Bd. 1. Thl.: Einleitung. Klimatologie. Geognosie. gr. 4. (LVI und 274 S. mit 15 Stnt.) St. Petersburg 848. (Leipzig, Voss.)
Preis des I. Bds. **

—— dass. — I. Bd. 2. Thl.: Botanik. 1. und 2. Lfg. gr. 4. (IX und S. 1—435 mit 18 Stnt.) Ebds. 847—51.

—— dass. — II. Bd. 1. Thl.: Zoologie. 1. Thl. Wirbellose Thiere: Annulaten. Echinodermen. Insecten. Krebse. Mollusken. Parasiten. Bearb. von F. Brandt, W. F. Erichson, Seb. Fischer, E. Grube, E. Ménétriés, A. Th. v. Middendorff. gr. 4. (V und 516 S. mit 32 lithogr. und theils ill. Taf. in gr. 4. und qu. gr. Fol.) Ebds. 851.
Preis des II. Bds. **

—— dass. — III. Bd. 1. Thl.: Ueber die Sprache der Jakuten. 1. und 2. Lfg. Jakutischer Text. — Jakutische Grammatik. gr. 4. (VIII und 400 S.) Ebds. 848—51.
Preis des III. Bds. **

—— dass. — III. Bd. 2. Thl.: Ueber die Sprache der Jakuten. 1. Lfg.: Jakutisch-deutsches Wörterbuch. gr. 4. (178 S.) Ebds. 848.

—— Reise in den äussersten Norden und Osten Sibiriens während der J. 1843 und 1844 auf Veranstaltung der kais. Akademie der Wissenschaften zu St.-Petersburg ausgeführt und in Verbindung mit vielen Gelehrten hrsg. I. Bd. 2. Thl.: Botanik. Bearb. von E. R. v. Trautvetter, F. T. Ruprecht, C. A. Meyer, E. und G. Borszczow. (Mit 32 Stnt.) 3. Lfg. gr. 4. (VII und 148 S. mit 14 Stnt.) St.-Petersburg 856. (Leipzig, Voss.) I. Bd. cplt. **

—— dass. — II. Bd.: Zoologie. 2. Thl.: Wirbelthiere: Säugethiere, Vögel und Amphibien. Bearb. von A. Th. v. Middendorff. 1. Lfg. gr. 4. (S. 1—256 mit 26 lithogr. und theils ill. Taf. in gr. 4. und qu. Fol.) Ebds. 853. pro II. Bd.**

(von **Middendorff**, Alexander): Reise in den äussersten Norden und Osten Sibiriens während der Jahre 1843 und 1844 mit Allerhöchster Genehmigung auf Veranstaltung der Kaiserlichen Akademie der Wissenschaften zu St. Petersburg ausgeführt und in Verbindung mit vielen Gelehrten herausgegeben von A. v. Middendorf. Bd. 4. Uebersicht der Natur Nord- und Ost-Sibiriens. Th. 1. Lfg. 1. Einleitung. Geographie und Hydrographie. (1858.) Lfg. 2. Orographie und Geognosie. 1860. (Nebst Tafel II bis XVIII des Karten-Atlasses.) Th. 2. Lfg. 2. Die Thierwelt Sibiriens (Schluss). Haus- und Ausspannthiere, Fahrzeuge, Fischfang und Jagd. 1874. Lfg. 3. Die Eingeborenen Sibiriens. 1875. St. Petersburg 1858—1875. 4 Bde. 4° u. Fol.

Middendorff, A. Th. v., Reise in den äussersten Norden und Osten Sibiriens während der J. 1843 und 1844 mit allerhöchster Genehmigung auf Veranstaltung der kaiserl. Akademie der Wissenschaften zu St. Petersburg ausgeführt und in Verbindung mit vielen Gelehrten hrsg. 4. Bd.: Sibirien in geographischer, naturhistorischer und ethnographischer Beziehung. gr. 4. (1. Thl. 1.—4. Lfg. und 2. Thl. 1. Lfg. XXXI und 1177 S. mit eingedr. Holzschn. und 18 Stnt. in gr. 4., Fol. und qu. Fol., nebst 1 Bl. Erläuterungen.) St. Petersburg. Leipzig, Voss. pr. compl. *

Inhalt:

Thl. 1. Uebersicht der Natur Nord- und Ost-Sibiriens.
Lfg. 1. Einleitung, Geographie und Hydrographie. Nebst Tafel II bis XVIII des Karten-Atlasses. Bearb. von A. v. Middendorff. (II und S. 1—200.) 859.
» 2. Orographie und Geognosie. Bearb. von A. v. Middendorff. (II und S. 201—332.) 860.
» 3. Klima. Bearb. von A. v. Middendorff. (II, S. 333—523 und XXV S.) 861.
» 4. Die Gewächse Sibiriens. Bearb. von A. v. Middendorff. (IV, S. 525—783 und LVI S.) 864.
» 2. » 1. Die Thierwelt Sibiriens. Bearb. von A. v. Middendorff. (III, S. 785—1094 und XIII S.) 867.

Middendorf, A. Th. v.: Untersuchungen an Schädeln des gemeinen Landbären. Petersburg 1851.

Middendorff, Heinrich, Dr.: Altenglische Flurnamen nach den altenglischen Urkunden vom 7. bis zum 11. Jahrhundert. ⟨T. 1.⟩ *Würzburg 1900: H. Stürtz.* (74 S.) 8°
Würzburg, k. RG, P 1900*

Middendorff, Heinrich, Dr.: Altenglische Flurnamen nach den altenglischen Urkunden vom 7. bis zum 11. Jahrhundert. ⟨T. 2.⟩ *Würzburg 1901: H. Stürtz.* (S. 75—156.) 8°
¶ [Forts. d. P-Beil. 1900.]
Würzburg, k. RG, P 1901*

Middendorff, Heinr., altenglisches Flurnamenbuch. gr. 8. (156 S.) Halle 902. M. Niemeyer. n. 3.—

Middendorff, Heinrich: Studien über Richard Rolle von Hampole unter besonderer Berücksichtigung seiner Psalmencommentare. Magdeburg, Druck v. Friese & Fuhrmann, 1888; 1 Bl. + 61 + 1 S. 8°
Leipzig, Phil. Fak., Inaug.-Diss. v. 31. Jul. 1888

Middendorff, Heinr.,, Studien über Richard Rolle von Hampole, unter besond. Berücksicht. seiner Psalmencommentare. Leipziger Promotionsschrift. gr. 8. (61 S.) Magdeburg 888. (Leipzig, Fock.) *

Middendorff, Max von

Middendorff, M. v., Bestimmungen des Hämoglobingehaltes im Blut der zu- u. abführenden Gefässe der Leber u. der Milz. Inaug.-Diss. gr. 8. (43 S.) Dorpat 888. (Karow.) n. 1.—

Middendorff, Wilh., († d. 27. Nov. 1853), Friedrich Fröbel's letztes Geburtsfest, letzte Lebenstage, Begräbnißfeier ꝛc. Für Freunde Fröbel's mitgetheilt. [Abdr. aus der „Zeitschrift für Frdr. Fröbels Bestrebungen".] gr. 8. (67 S.) Liebenstein 852, Verlagsbuchh. der Kinderbeschäftigungsanstalt. n. 6 ngr

— die Kindergärten. Bedürfniß der Zeit, Grundlage einigender Volkserziehung. gr. 8. (IV u. 86 S.) Blankenburg 848. (Leipzig, Gebhardt & Reisland.) n. 12 ngr

Middendorff, Wilh., über die Kindergärten. Durchgesehen, ergänzt und theilweise verbessert von Wichard Lange. Hamburg 861. Hoffmann & Campe. 8. (XIII, 188 S.) 25 ngr.

Middendorp, H. W., die Anatomie der Grundstein zum Tempel der Medicin. Antrittsrede geh. an der Universität zu Groningen am 7. October 1872. gr. 8. (31 S.) Groningen 872. Schierbeek. n. 1.—

Die Bedeutung der Kochschen Bazillen bei der Tuberkulose u. dessen Heilverfahren. Offener Brief an Prof. Dr. S. S. Rosenstein in Leyden von Prof. Dr. H. W. Middendorp in Groningen. Groningen (Niederl.): K. L. Noording 1900. (25 S.) 8°

Middendorp, H. W., die Beziehung zwischen Ursache, Wesen u. Behandlung der Tuberkulose. Vortrag, geh. im Kongress zur Bekämpfung der Tuberkulose als Volkskrankheit in Berlin, am Donnerstag den 25. V. 1899. Fol. (8 S.) Groningen 899. K. L. Noording. n 1.—

Die Beziehung zwischen Ursache, Wesen und Behandlung der Tuberkulose. Vortrag geh. in Berlin 1899 von Prof. Dr. H. W. Middendorp. Groningen. [Verm. Ausg.] *Groningen: K. L. Noording 1899.* (10 S.) 4°
[illegible] 2

— es giebt keine wahren Tuberkelbacillen u. die sogenannten Tuberkelbacillen sind nicht die Ursache der Tuberculose. Weitere Studien über Prof. Dr. Robert Koch's Irrlehre v. der Aetiologie der Tuberculose u. üb. die Werthlosigkeit u. die Gefahren seines Heilverfahrens. gr. 8. (39 S.) Ebd. 894. n. 1.—

Middendorp, H. W., der Kochsche Bacillus hat nicht krankmachende Wirkung f. die Tuberkulose. (20 S.) gr. 8. Leipzig 907. Eilenburg, Dr. Boden. — 50

Middendorp, H. W., weitere Mittheilungen üb. die v. R. Koch vermeintlich entdeckten aber nicht bestehenden Tuberkelbacillen, den fundamentalen Irrthum in seiner Lehre v. der Aetiologie der Tuberculose u. die Werthlosigkeit u. die Gefahren seines Heilverfahrens. gr. 8. (30 S.) Groningen 891. J. B. Wolters. n. 1. —

Middendorp, H. W., die Ursache der Tuberculose. gr. 8. (44 S.) Groningen 896. J. B. Wolters. n. 2. —

Middendorp, H. W., die Ursache der Tuberkulose nach Prof. Dr. Robert Koch u. dessen Heilverfahren, s. a. Bücherei, freie hygien.

— die Ursache der Tuberkulose nach Prof. Dr. Robert Koch u. dessen Heilverfahren. Vortrag, geh. auf dem 13. internationalen medizin. Kongreß in Paris 1900. gr. 8. (12 S.) Leipzig 902. Dr. Boden. n. — 50

— der Werth d. Koch'schen Heilverfahrens gegen Tuberculose. gr. 8. (54 S.) Emden 891. Haynel. n. 2. —

Midderdorpf, Gustav, weitere Beiträge zur Resection des Ellenbogengelenkes. Diss. Würzburg 1886. 8°. 207 S.
Sonder-Abdruck aus: Archiv für klinische Chirurgie, hrsg. von B. von Langenbeck. 33. Band. Berlin 1886, August Hirschwald.

Middlebourg [Schlagwort]

Middlebourg — Plan de la Capitale et Forteresse — dans Ile de Walcher en Seelande selon l'assiette la plus moderne mis au jour par M. Seutter etc. à Augsbourg. Ohne M. 1 Bl.

The Kangra Earthquake of 4th april 1905. By C. S. Middlemiss. Calcutta: Geol. Survey; Berlin: Friedländer 1910. x,409,xxi S. 8° (Memoirs of the Geological Survey of India. Vol. 38.) [illegible] 2

Middleton, Conyer, Abhandlung von dem Rathe zu Rom. Aus dem Engl. von Windheim. Göttingen 748. 8. 8 gr. Vergl. Knowles.

Middleton, Conyers. Abhandlungen über theologische Gegenstände ... a. d. Engl. ... Leipzig 1793. Ü: *Pistorius, Chn Brandanus Herm.* (MGT)

Middleton, Conyers, Abhandll. üb. etliche theolog. Gegenstände; aus d. Engl. gr. 8. Leipz. 793. (Wienbrack). 18 gr

Middleton, C. Auszug aus [dessen] Lebensgeschichte M. T. Cicero. Kehl 1784. Ü: *Molter, Friedrich Valentin.* (Ky) (MGT)

— Briefe von Rom, wor. d. Gleichh. d. Pabstth. m. d. Heidenth. gez. w. 8. Frankf. 752.

— Röm. Geschichte; aus d. Engl. v. G. K. F. Seidel. 4 Bde. 8. Danz. 791—93. (Taubert; auch Weygand in Leipz. u. W. Heinrichshofen in Magdeb.) 3 rl 8 gr

— röm. Gesch. a. d. Engl. von G. K. F. Seidel. 4 Bde. 8. Danzig, Troschel. 791—93. (à 20 gr.)

Middleton, Conyer, Römische Geschichte unter der Lebenszeit des Cicero. Nach der 3. englischen Ausg. [übers. von Maternus von Cilano]. 1—3. Bd. Altona. 1757—59.

Middleton, C. Römische Geschichte unter der Lebenszeit des Marcus Tullius Cicero ... Altona 1757—59. Ü: *Dusch, Johann Jacob.* (ML) (Ky) (Rotermund, Gel. Hannover. Bremen 1823.)

Middleton, Conyers, Röm. Geschichte unter d. Lebenszeit M. Cicero. 3 Bde. aus d. Engl. (v. Jh. Jak. Dusch). 8. Altona 757—59. Iversen. 2 rl 6 gr

— history of the Life of M. T. Cicero. 4 Vol. 8. maj. Bas. Ettinger. (Levrault in Strasb. a. Tourneisen in Cassel). Schreibp.

— Leben M. T. Cicero, im Auszuge, (v. Fr. V. Molter). 8. Kehl 784. Müller. 6 gr

— germana quaed. antiquitatis monumenta, c. fig. 4. London. 749.

— von d. Rathe z. Rom, a. d. Engl. von Windheim. gr. 8. Hannov. Schmidt. 748.

Middleton J.: Abbildung u. Beschreibung einer neuen englischen Maschine z. schnellen Abfahrung d. Heues von den Wiesen ... Erfunden v. —. Aus d. Engl. übers. herausg. v. F. G. Leonhardi. Leipz. 1797. (6) S. 1 Tvl. 4°.

— Abbild. u. Beschreib. e. Maschine z. schnellen Abfahrung des Heues v. d. Wiesen bei eintret. Regenwetter rc. Aus d. Engl. v. F. G. Leonhardi. gr. 4. Leipz. 797. Baumgärtner. 6 gr

Middeleton, J., Beschreibung d. Landwirthschaft in d. Grafschaft Middlesex; aus d. Engl. v. K. A. Nöldechen. 2 Thle. gr 8. Berl. 800, 801. Nicolai. 1 rl 8 gr

Middleton, I., Choix de modèles à l'usage des charpentiers et menuisiers, avec pl. 4. Leipz. Ind. Comt.

— Maschine z. Abfahr. d. Heues, s. Leonhardi.

Middleton, s. a. Modell- u. Reissbuch.

— Modell- u. Reißbuch f. Tischler rc. s. Modell rc.

Middleton, J., Modell- u. Reißbuch für Zimmerleute u. Tischler, enthält Thüren, Brücken, Balcons, Gartenverzäunung, alle Art. n Gartengeländer, Gartensitze, Lauben und Gartenhäuschen, in Stab- und Lattenwerk rc. nach dem neuesten englischen Geschmack und Gärten entworfen. 16 — 36 Heft mit Kupf. 8. Leipzig, Mag. f. Industrie. 818 — 820. à 1 Rthlr.

Middeleton, Modell- u. Reißbuch f. Zimmerleute u. Tischler. 16 bis 36 Heft. Mit Kpf. 4. Leipz. 823 — 827. Magaz. f. Industrie.

— Modell- u. Reißbuch f. Zimmerleute u. Tischler. 8 Hfte. Mit Kpf. 4. Leipz. 818—829. Magaz. f. Ind. (à 16 gr) 5 rl 8 gr

Middeleton, (J.,) Modell- u. Reissbuch f. Zimmerleute u. Tischler. Nach d. neuesten engl. Geschmack. 8. u. 9. Hft. 4. Leipzig, Magazin f. Industrie. [8. (M. 16 Kpfrt.) 829. 16 Gr., 9. (M. 6 Kpfrt.) 834. 6 Gr.]
1—8. Hft. Ebendas. 1823—27 8 Thlr., hrbgs. Pr. 2 Thlr. 16 Gr.

Middeleton, Hof-Architect, Modell- und Reißbuch für Zimmerleute u. Tischler Nach dem neuesten engl. Geschmack. 9s Hft. Mit 6 Kpfr. 4 Leipzig 834. (Hunger,) 1/4 ₰ — 16—8s Heft mit 128 Kpfrn. Ebd., kosten jetzt nur n 2 2/3 ₰

Middeleton, Model- u. Reissbuch f. Zimmerleute u. Tischler. 3. Aufl. (8 Hfte.) 1. Hft. Mit 16 Kpfrn. 4. Leipzig 843, Hunger.

—— dass. 2. Aufl. 2—4. Hft. 4. (à Hft. 16 Kpfrt.) Ebds. 844, 47. à

Middeleton, Model- u. Reissbuch für Zimmerleute u. Tischler. (In 8 Hftn.) 4. Hft. 2. Aufl. Mit 16 Kpfrn. Leipzig 847, Hunger. n. 1/3 ₰

Middleton, R., Erfahrungen e. Landgeistlichen. Aus dem Engl. v. Anna Späth. 2. Aufl. (2. Heft. Serie: „Einer nach d. anderen".) (78 S.) 8. Barmen (909). E. Müller. — 50

Midelburg, Ada: Zur Kenntnis der Monocelididae, s. Arbeiten aus dem zoolog. Institut zu Graz. VIII,4.

Midhat Pacha, s.: Mémorial.

Midhat, Ahmed, türkisches Highlife. Erzählungen aus der (ottoman.) Gesellschaft. Übers. v. E. S. (VI, 183 S.) kl. 8. Großenhein 897. Dresden, H. Grünberg. 2. 50

Midhat, Ahmed, türkisches Highlife. Erzählgn. aus d. ottoman. Gesellschaft. Übers. v. E. S. 8. (VI, 183 S.) Großenhain 897. H. Starke. n. 3. —

Midia [Schlagwort]

Midia, s.: Europa. Generalkarte.

Midolle, Jean

Midolle, J., Modèles d'Ecritures en tous genres. Publiés par J. Tribelhorn. Livr. 2 à 6. qu. 1/2 Imp.-Fol. (50 sauber lith. Blätter.) St. Gall 841, 42, Tribelhorn. à n. 1 ₰

Midolle, Jean, Modèles d'Ecritures en tous genres. Publiés par J. Tribelhorn. Livr. 7. qu. 1/2 Imp.-Fol. (1 lith. Blatt in Farben- u. Golddruck m. d. Verf. Bildn., u. 16 Bl. deutscher u. franz. Text.) St. Gallen 842, Tribelhorn. *
Livr. 1—6. Le Même 1840—42. à * 1 Thlr.

— Oeuvres. 3 cahiers à 40 planches. I. Gallerie. II. Ecritures anciennes. III. Ecritures modernes. gr. in-Fol. Munich, Bergmann et Roller noires. 6 ₰ color. 12 ₰

Midolle, Jean, Production calligraphique. Cahier d'Ecritures en tous genres et d'ornements modernes. Publie par J. Tribelhorn. (Modèles d'Ecritures. Livr. 1—6. 1/2 Imp.-Fol. (61 sauber lith. Bl., wovon 21 in Farben- u. Golddruck.) St. Gall 840—42. Tribelhorn. à *

Midrasch . . ., s. a. Bibliotheca rabbinica.

Midrasch Bemidbar Rabba, der, d. i. die allegorische Auslegung d. 4. Buches Mose. Zum ersten Male ins Deutsche übertr. v. Aug. Wünsche. Mit Noten u. Verbessergn. versehen v. J. Fürst. gr. 8. (VII, 676 S.) Leipzig 885. O. Schulze. n. 15 —

Midrasch Bereschit Rabba, der, das ist die haggad. Auslegung der Genesis. Zum ersten Male ins Deutsche übertr. von Aug. Wünsche. Mit einer Einleitung v. J. Fürst, Noten u. Verbesserungen von demselben u. D. O. Straschun, u. Varianten v. M. Grünwald. gr. 8. (VIII, 587 S.) Leipzig 881. O. Schulze. n. 13. —

[Hebr.] Midraš Berēsit rabba [**Midraš** rabbot, Berēsit rabba]. Mehtu Jehuda Th"d'r (Theodor). (Lfg 1) Berlin 663 (1903): H. Itzkowski. 4°(8°)
[Nebent.] Bereschit rabba mit krit. Apparate u. Komm. von J. Theodor [...]

— **Debarim Rabba**, der, d. i. die haggad. Auslegg. d. 5. Buches Moses. Zum ersten Male ins Deutsche übertr. v. Aug. Wünsche. Mit Noten u. Verbessergn. v. J. Fürst u. D. O. Straschun. gr. 8. (X, 184 S.) Ebend. 882. n. 5. —

— **Echa Rabbati**, der, d. i. die haggadische Auslegung der Klagelieder. Zum ersten Male ins Deutsche übertr. von Aug. Wünsche. Mit Noten u. Verbesserungen von J. Fürst u. D. O. Straschun. gr. 8. (VI, (176 S.) Ebend. 882. n. 4. 50

Midrasch Echa Rabbati. Sammlung agad. Ausleggn. der Klagelieder. Hrsg. nach e. Handschrift aus der Bibliothek zu Rom Cod. J. I. 4, u. e. Handschrift des British Museum cod. 27089. Kritisch bearb., commentirt u. m. e. Einleitg. versehen v. Salom Buber. (In hebr. Sprache.) (77 u. 161 S.) gr. 8. Wilna 899. Wwe. & Gebr. Romm. (Nur direkt.) n.n. 2. 50

Midrasch Ele Eskerá. Nach einer Handschrift der hamburger Stadt-Bibliothek (Cod. hebr. CXXXVI) zum ersten Mal nebst Zusätzen hrsg. von Adph. Jellinek. 8. (23 S.) Leipzig 853, Colditz. *

Midrasch ele Eskera; die Sage von den zehn Märtyrern metrisch übers. und mit erläuternden Anmerkungen versehen von Paul Möbius. gr. 8. (IV und 36 S.) Leipzig 854, Hinrichs'sche Buchh. *

— der, zum Buche Esther. Zum ersten Male ins Deutsche übertr. von Aug. Wünsche. Eingeleitet u. m. Noten versehen v. Jul. Fürst. gr. 8. (X, 102 S.) Ebend. 881. n. 3. —

— Kohelet, der, zum ersten Male ins Deutsche übertr. von Aug. Wünsche. gr. 8. (XVI, 165 S.) Ebend. 880. n. 4. 40; geb. n. 5. —

Midrasch Kohelet Rabba, s. Grünhut, Lazar.

Midrasch Mischle, der, d. i. die allegorische Auslegung der Sprüche Salomonis. Zum ersten Male ins Deutsche übertr. v. Aug. Wünsche. gr. 8. (IX, 77 S.) Leipzig 885. O. Schulze. n. 3. —

Midrāsch rabbōt [über den Pentateuch und die 5 Megillot mit dem Kommentar Mattenōt kehunna von Issachar Baer b. Naftali Kohen aus Szczebrzescin, herausgegeben von Pheibisch]. Frankfurt a. O. 1732. *

Midrasch Rabboth, über Pentateuch und Megilloth mit den Commentaren, welche in der Ausg. Frankfurt a. O. (1732) gedruckt sind, ausserdem noch Sal. Isaki über das 1. Buch Mose. (In hebr. Sprache.) 2 Thle. 2. Aufl. gr. Fol. (678 S.) Stettin 863. (Berlin, Asher und Comp.) * Velinp. *

Midrasch, rabboth. (In hebr. Sprache.) Leipzig 864. Wienbrack. gr. 8. (538 S.) n. 1 ₰ 10 ngr.

Midrasch Ruth Rabba, der, das ist die haggad. Auslegung des Buches Ruth. Zum ersten Male ins Deutsche übertr. von Aug. Wünsche. Angehängt sind einige Sagen von Salomo und drei Petrussagen. gr. 8. (XIII, 98 S.) Leipzig 883, O. Schulze. *

— Schemot Rabba, der, d. i. die haggadische Auslegung des 2. Buches Moses. Zum ersten Male ins Deutsche übertr. von Aug. Wünsche. Mit Noten u. Verbesserungen von J. Fürst u. D. O. Straschun. gr. 8. (VIII, 407 S.) Ebend. 882. n. 9. —

— der, Schir Ha-Schirim. Zum ersten Male ins Deutsche übertragen v. Aug. Wünsche. gr. 8. (XII, 208 S.) Leipzig 880. O. Schulze. n. 5. 50; geb. n. 6. —

Midrasch Sohir Ha-Sohirim. Zum erstenmale nach e. aus d. 12. Jh. stamm. in Egypten aufgefund. Hs. edirt, kritisch untersucht, m. Quellenangabe u. e. Einleitg. vers. v. L Grünhut. (In hebr. Sprache.) 8. (38 u. 104 S.) Jerusalem 897. (Frankfurt a/M., J. Kauffmann.) n. 1. 60

Midrasch Tanchuma cum commentariis Ez Joseph. [Lignum Josephi] et anaf Joseph [Ramus Josephi] nec non iddicibus utilibus. 2 tomi. (In hebr. Sprache.) gr. 8. (272 u. 248 S.) Berlin 875. Adf. Cohn. n. 8. —

— Tehillim (Schocher Tob). Sammlung agad. Abhandlgn. üb. die 150 Psalmen. Hrsg. nach e. Handschrift aus der Bibliothek zu Parma cod. 1332, mit Vergleichgn. der Lesarten anderer 7 Handschriften aus den Bibliotheken zu Rom cod. 76 u. 81, Florenz cod. 13, Paris cod. 152, u. Privat-Handschriften, wie auch m. Benützg. der v. R. Abraham Brovenzali aus Ferrara nach 6 Handschriften vorgenommenen Correcturen, kritisch bearb., commentiert, u. m. e. ausführl. Einleitg. versehen v. Salom Buber. (In hebr. Sprache.) 3 Bde. (128 u. 542 S.) gr. 8. Ebd. 891. n.n. 4. 50

—— Tehillim, s.a. Wünsche, Aug.

Midrasch [**Midraš**] Tehillim oder Haggadische Erklärung der Psalmen. Nach d. Textausg von Salomon Buber z. ersten Male ins Deutsche übers. u. mit Noten u. Quellenangaben vers. v Prof Dr Aug Wünsche Bd 1 2 (In 7 Lfgn.) *Trier: S. Mayer 18(91)–93* 2 Bde 8° [01. 1808

— Wajikra Rabba, der, d. i. die haggadische Auslegung d. 3. Buches Mose. Zum ersten Male ins Deutsche übertragen v. Aug. Wünsche. Mit Noten u. Verbessergn. v. J. Fürst. gr. 8. (X, 298 S.) Ebend. 884. n. 7. 50

Midsommernacht. Kindersymphonie u. andere Aufführgn., Rätselspiele u. Gedichte, s.: Jugendbände, Münchener.

Genealogische Nachrichten über die bei dem Sethe'schen Fräuleinstift zu Aurich betheiligten Familien. Gesammelt u. hrsg. vom Stiftsrentenmeister Rechnungsr. L. **Midtelstorf**. [Nebst] Zusätze u. Berichtigungen 1885 u. 1892. *Aurich 1883–1892: H. W. H. Tapper & Sohn.* 3 Bde 8° [00. 7708

The American Midwife: vol. 1—2, Nov 1895—Oct 1896.
Medical monthly, published in English and German. Edited & published by A. A. Henske & Henry H. Summa.
St. Louis, MO

Midwood, Frederic H. [aus Manchester, England]: Experimentelle Untersuchungen über den Verlauf der Polarisation an Zink- und Kupferelektroden in wässerigen Lösungen ihrer Sulfate, in Abhängigkeit von der polarisierenden Stromstärke und der Form der Elektroden. Mit 6 Figuren im Text und 5 Tafeln. Zürich-Oberstrass 1902. 60 S. 8°.
Zürich. Phil. Diss. II. S. 1902/1903.

Midwood, Frederic H . Experimentelle Untersuchungen über den Verlauf der Polarisation an Zink- und Kupferelektroden in wässerigen Lösungen ihrer Sulfate, in Abhängigkeit von der polarisierenden Stromstärke und der Form der Elektroden. Diss. Phil. [II.] Univ. Zürich. [Mit 6 Figuren im Text und 6 Kurventafeln.] 61 S. 8. Zürich, Hans Fischer, 1902.

Mie, Ernestus: De functionibus laesione nervorum alienatis. [Praeses:] Fridericus Nasse. Halae (1818): Grunert. 40 S. 8°
Halle-Wittenberg, Med. Diss. v 23. Dez. 1818
Geb. [Esperstedt (Seekr Mansfeld) 2. 9. 1788]

Mie, Friedrich

Mie, F Zum Fünfkampf der Griechen. 1893. S. 785—815. Aus: Jahrbücher f. class. Philol. 1893. H. 12.

Mie, Fridericus [Megalopolitanus]: Quaestiones agonisticae imprimis ad Olympia pertinentes .... Rostochii, typ. acad. Adlerianis, 1888; 61 S. 8°
Rostock, Phil. Fak., Inaug. Diss. v. 22. März 1888

Mie, F., quaestiones agonisticae imprimis ad Olympia pertinentes. Commentatio. gr. 8. (61 S.) Rostock 888. (Leipzig, Fock.) n. 1. 20

Mie, Gustav, Dr.: Entwurf einer allgemeinen Theorie der Energieübertragung. ⟨Mit 7 Textfig.⟩ Wien: Gerold in Comm. 1898. 70 S. 8° ¶ Aus: Sitzungsberichte d. Kais. Akademie d. Wissenschaften in Wien. Math.-nat. Cl. Bd 107. Abth. 2a.
Karlsruhe Te. H., Hab.-Schr. v. 29. 7. 1897

Mie Gustav, Dr. Entwurf einer allgemeinen Theorie der Energieübertragung (mit 7 Textfiguren). S. 107 IIa. 1113 ngr.
Separatabdruck

Die neueren Forschungen über Ionen und Elektronen von Dr. Gustav **Mie**. Prof. in Greifswald. Mit 4 Abb. *Stuttgart: F. Enke 1903.* (S. 54–94.) 8°
— Sammlung Elektrotechn. Vorträge. Bd 4. H. 2. [03. 13286

Mie, Gust., die neueren Forschungen üb. Ionen u. Elektronen. 1. u. 2. Aufl. (III, 40 S. m. 4 Abbildgn.) Lex.-8. Stuttgart 903. 906. F. Enke. n. 1. 20
Sonderabdruck aus: „Sammlg. elektrotechn. Vorträge".

Mie, Gustav [aus Rostock]: Zum Fundamentalsatz über die Existenz von Integralen partieller Differentialgleichungen ... Dresden, Druck v. B. G. Teubner, 1892; 42 S., 1 Bl. 8.
Heidelberg, Naturw.-math. Fak., Inaug.-Diss. v. [3. Aug.] 1891

Mie, Gust., Lehrbuch der Elektrizität u. des Magnetismus. Eine Experimentalphysik des Weltäthers f Physiker, Chemiker, Elektrotechniker. (XX, 736 S. m. 361 Abb.) Lex. 8. Stuttgart 910. F. Enke. 18.60. geb. in Leinw. n 20. —

— Moleküle, Atome, Weltäther, s.a. Aus Natur u. Geisteswelt.

Moleküle, Atome, Weltäther. Von Dr. Gustav **Mie**, Prof., Greifswald Mit 27 Fig. *Leipzig: B. G. Teubner 1904.* (137 S.) 8° [𝔉.]
— Natur, Aus, u. Geisteswelt. Bdch. 58. [04. 19800

Moleküle, Atome, Weltäther. Von Dr. Gustav **Mie**, Prof. 2. Aufl. Mit 27 Fig. Leipzig B. G. Teubner 1907. (141 S.) 8° [𝔉.]
— Natur, Aus, u. Geisteswelt Bdch. 58. [07. 10849

Mie, Hedw., Oldenburg. Klänge aus alter u. neuer Zeit. Mit e. Kunstbeilage: Vollbild nach e. Zeichng. v. Bernh. Winter. (56 S.) gr. 8. Wismar 907. H. Bartholdi. n. 3.—

— unter der Sonne. 3 Erzählgn. (138 S.) 8. Ebd. 906. n. 2.25; geb. n. 3.—

In unlösbaren Banden. Novelle von [Louise] **Mie** d'Aghonne. Deutsch von Paul Heichen. Berlin: A. Weichert [1903]. (S. 51–94.) 8° [F.]
— **Wochen-Bibliothek**, A. Weichert's. Bd 146, [2.] [03. 5300

Miechow [Schlagwort]

Miechow, s.: **Europa. Liebenow.**

Miechowski, Alexander, aus Zakrzewko, Posen: Mitteilungen aus dem botanischen Museum der Universität Zürich. XXIX. Über die Systeme der Festigung in der Blüte. Zürich 1906. 114 + 10 S. 8°. [21. IV. 06.]
Zürich. Phil. Diss. II. S. 1905/1906.

Miechowski, Alexander. Über die Systeme der Festigung in der Blüte. Diss. Phil. [II.] Univ. Zürich. [Mit Figuren.] 123 S. 8. Zürich, Gebr. Leemann & Co., 1906.
Mitteilungen aus dem botanischen Museum der Universität Zürich. [Heft] 29.

Miechura, Jh., s.a. Handbuch d. Schafzucht.

(**Miechura, Joh.,**) Handbuch d. Schafzucht f. Schäferei-Besorger u. Schafmeister. gr. 8. (7 B.) Prag 840, Haase Söhne.

Mieck: Appréciation du commentaire de Voltaire s. l. théâtre de Corneille. Mühlheim a. R. 12 S. 1864. 4°
Schul-/Univ.-Schrift

Mieck: Über die Berücksichtigung der Etymologie beim Unterricht an Realschulen. Düsseldorf. 1867.
Schul-/Univ.-Schrift

Mieck, Entscheidungen des Reichsgerichts, s.: **Camphausen.**

Mieck, Entscheidgn. üb. Wege- u. Vorfluth-Angelegenheiten, s.: **Camphausen.**

Mieck, A., der Hacksilberfund v. Alexanderhof. s.: **Bahrfeld, E.**

Mieck, A. Karte des Kreises Prenzlau. Nach amtlichen Quellen bearbeitet. 1 : 100000. (Prenzlau 1892). 1 Bl. c. L.

Mieck's, A., Kursbuch f. die Uckermark. Sommerhalbj. 1906. Fahrpläne der uckermärk. u. Anschluß-Eisenbahnen mit Angabe der regelmäß. Reiseverbindgn. auf Landwegen. (16 S.) kl. 8. Prenzlau A. Mieck. — 10

Mieck's, A., Kursbuch f. d. Uckermark. Sommerhalbj. 1910 bzw. Winterhalbj. 1910/11. Fahrpläne der uckermärk. u. Anschluß-Eisenbahnen m. Angabe d. regelmäß. Reiseverbindgn. auf Landwegen. (28 bzw. 26 S.) 8. Prenzlau, A. Mieck. à — 10

[**Mieck**, A.:] Studienbilder aus unserm Prenzlauer Museum. 8°
Aus: Prenzlauer Zeitung u. Kreisbl. [1900]. No 302. [00. 10334 9

Mieck, Adalbert: Ueber einen Fall von Verrucae planae iuveniles und über die pathogenetische Wirkung des Lichtes. Saarlouis 1909: Stein. 30 S. 8°
Gießen, Med. Diss. v. 8. April 1910, Ref. Bostroem
[Geb. 28. Juli 82 Dillingen a. S.; Wohnort: Gießen; Staatsangeh.: Preußen; Vorbildung: Gymn. Saarlouis Reife O. 03; Studium: Straßburg 2, München 1, Straßburg 4, Gießen 4 S.; Coll. 23. Juli 09; Approb. 1. März 10.] [U 10. 1152

Mieck, August: Das Gräberfeld ..., s. Arbeiten d. Uckermärk. Museums- u. Geschichts-Vereins.

Mieck, August: Das Gräberfeld bei Oderberg-Bralitz, s. Schumann, Hugo

Mieck, Aug., die Selbsteinschätzung der Landwirthe zur Einkommensteuer. Eine Anleitg. m. Beispielen aus der Praxis. gr. 8. (31 S.) Prenzlau 891. A. Mieck. n. — 60

Mieck, Josef

Mieck, zur Erinnerung an die Gebrüder Erk, s. Festschrift des städtischen Realgymnasiums zu Düsseldorf zur 50jähr. Gedenkfeier.

Mieck, *Joseph* Zur Erinnerung an die Gebrüder Erck. 8 (S. 219—232).
In: Festschrift zur 50jährigen Gedenkfeier der ... Begründung des Rg. (mit Gklassen) *Düsseldorf* 1888 (zu 448).
Progr.

Mieck, *Josef* Über niederrheinische Familiennamen. 4 (S. 3—8).
Progr. Rg. mit Gklass. *Düsseldorf* 1886 (438).

Mieck, Ludwig, a. Dillingen a. d. Saar: Über die Osteome der Kieferhöhle. Straßburg i. E. 1905: C. Müh & Cie. (40 S.) 8°
Straßburg, Med. Fak., Ref. Madelung, Diss. v. 18. Juni 1905
[Geb. 5. Dez. 79 Dillingen a. Saar; Wohnort: Dillingen; Staatsangeh.: Preußen; Vorbildung: Gymn. Trier Reife O. 99; Studium: Bonn 1, Berlin 1, Kiel 2, Straßburg 5 S.; Coll. 2. Juni 05; Approb. 26. Apr. 04.]

Mieck, P., das civilprozessuale Konzentrationsprinzip, das Prinzip, in welchem das Bestreben der Gesetzgebg. wurzelt, Prozessverschleppgn. zu verhüten. gr. 8. (XI, 96 S.) Berlin 901. (Gose & Tetzlaff.) n. 5.—

Mieck, Paul, aus Prenzlau: Die seitens der industriellen Unternehmer in den preußischen Provinzen Rheinland und Westfalen getroffenen Arbeiter-Wohlfahrts-Einrichtungen und ihre volkswirtschaftliche und soziale Bedeutung. *Berlin (1904): J. Belling.* (223 S.) 8°
Freiburg i. B., Rechts- u. staatswiss. Diss. v. 1904

Mieck, P., die Arbeiter-Wohlfahrts-Einrichtungen der industr. Unternehmer in den preuss. Provinzen Rheinland u. Westfalen u. ihre wirtschaftl. u. soziale Bedeutung. (V, 223 S.) gr. 8. Berlin 904. C. Heymann. n. 4.—

Miecklsch, Gottfried (Sagan/Schlesien), Tentamina quaedam physico-medica circa terras medicinales in disputatione. Präs. Johann August Rivinus. Leipzig (Titius) 1. X. 1723. 28 S. (4.50) 23337

Miecley, Eduard, Geschichte des königl. Hauptgestüts Beberbeck u. seiner Zucht. Dargestellt nach den neuesten Forschungen. (45 S. m. Abbildgn. u. 6 Taf.) gr. 8. Berlin 905. R. Schoetz. n. 2.—

– Stutbuch des Kgl. Preussischen Hauptgestüts Beberbeck, s. Oettingen, Burchard von

— s.: **Stutbuch des königl. preuss. Hauptgestüts Beberbeck.**

Mieckley, Ed., s.: **Zeitschrift f. Gestütkunde.**

Festkantate, dem Br C[arl] F[riedr.] v. Brand, bei der Wiederkehr des Tages seiner Geburt, den 31. Oct. 1819 gewidmet von den Brr der ▭ z. d. 3 Sch[wertern in Dresden]. Gedichtet vom Br [Christoph Christian] Hohlfeldt. Comp. vom Br Miecksch. Dresden [1819]: Meinhold & S. 2 Bl. 8° [Umschlagtit.]
Ohne Noten: „Kränzt des Bundes heil'ge Hallen!"

Mieczkowski, Augustus (geb. Goduschut ... 1843) De jure accrescendi et de successione in querela inofficiosi testamenti. Berolini 1867. (72 S.) 8°
Berlin, Jur. Diss. v. 10. Aug. 1867

MIECZKOWSKI, Leo von (Ciborz/Polen): De disciplina ecclesiae nec non iuris civilis usque ad saeculum XVI circa concubinatum vigente. (Titel nach der Urkunde)
16.3.1868 - Urk: F 44; Chr 1867/68,12
Diss.Ingolst.-Landsh.-Mchn.

von **Mieczkowski,** Leo (geb. Nieciszewo in Posen 29. 6. 1840) Funfzig Fälle von Eclampsie. Berlin (1860). (39 S.) 8°
Berlin, Med. Diss. v. 25. Febr. 1869

von Mieczkowski, Leo [app. Arzt aus Cibórz]: Ueber die Fremdkörper der oberen Luftwege unter Berücks. des in d. Heidelberger ambulator. Klinik f. Hals- u. Nasenkranke beobacht. Materials ... Heidelberg, Univ.-Buchdr. v. J. Hörning, 1896; 30 S., 1 Bl. 8.
Heidelberg, Med. Fak., Inaug.-Diss. v. [24. Juli] 1896

a **Mieczkowski,** Leop. Hippolytus Cassianus (geb. Ciborz in Westpr. 13. 8. 1833) De casu rariore paralyseos ex spondylomyelitide carcinomatosa. Berolini (1857). (37 S.) 8°
Berlin, Med. Diss. v. 8. Aug. 1857

Mieczkowski, Wladislaus von, Referendar. Das Delikt des § 189 StGB. ⟨Beschimpfung des Andenkens Verstorbener⟩. *Rostock 1901: C. Hinstorff.* (52 S.) 8° [J.]
Rostock, Jur. Diss. v. [10. Aug.] 1901

Mieczniklewicz, Ildefons [pr. Arzt aus Posen]: Ueber plötzlichen Tod nach Diphtherie. ... Greifswald, Druck v. J. Abel, 1890; 30 S. 8°
Greifswald, Med. Fak., Inaug.-Diss. v. 28. Okt. 1890

Mieczyslawska, Makrena, s. Erzählung. — Märtyrerthum.

Miede, C. H., einige Bemerkungen über die veröffentlichte Erklärung des Vorstandes des Hauptvereins der Gustav-Adolph-Stiftung in Göttingen. gr. 8. (16 S.) Göttingen 847, Vandenhoeck & Ruprecht. 1/12 ₰

Miedel, Julius [Dr.]: De anachronismo, qui est in P. Papinii Statii Thebaide et Achilleide. Passaviae, typ. F. W. Keppleri, *1892;* 63 S. 8.
Passau, G, P 1892*

Die Juden in Memmingen. Aus Anlaß d. Einweihung d. Memminger Synagoge verf. von Dr Julius Miedel. Memmingen: Otto in Komm. 1909. 117 S. 8°   [09. 17648]

Miedel, Jul., oberschwäbische Orts- u. Flurnamen. (87 S.) 8. Memmingen 906. Th. Otto.   n. 1.50

Miedel, Nikol., neue theoretisch-praktische, in fortschreitendem Stufengange methodisch bearb. Schreibschule in deutscher u. englischer Schrift. 4. (VI, S. u. 98 Steintaf.) Kaiserslautern 875. Gotthold.   8. —

MIEDER, Das. Ein Reise-Erlebniß. Von *A. H.* Mit (freiem) TKpf. (Der moderne Boccaccio. VIII.) Budapest. M. DCCC. LXXXIV. (1884.) Kl. 8°. Mit buntem illustr. Umschl.
72 S. Rücks. d. Tit. Druck von Sam. Markus, Budapest.

Miedke, F., Gottes Finger, wahrnehmbar in den wunderbar gefügten Entdeckungen von Meineiden, Mordthaten, Verschwörungen u. a. geheimen Verbrechen, wie auch in den seltsamen Wegen zum Glücke tugendhafter Menschen u. zum Sturze vornehmer Missethäter. Abendunterhaltungen. 16. Weimar 842, Voigt. 1/2 ₰ cart. 7/12 ₰

– Dass., s.a. Miedke, J.

—— was soll ich werden? od. Rathgeber bei der Berufswahl. Ein Buch üb. die Pflichten jedes Standes. Zunächst für d. männliche Jugend. 8. (14 B.) Weimar 842, Voigt.

MIEDKE, J., Gottes Finger, wahrnehmbar in den wunderbar gefügten Entdeckungen von Meineiden, Mordthaten, Verschwörungen u. anderer geheimen Verbrechen, wie auch in den seltsamen Wegen zum Glücke tugendhafter Menschen u. zum Sturze vornehmer Missethäter. Weimar 1842. 12°. (3 Mk. Jul. Neumann, Magdeb., 1908.)

– Dass., s.a. Miedke, F.

Miedke, Karl, Adolph d. Kühne, Raugraf zu Dassel; e. Familiengemälde in 5 Aufz. 8. Augsb. 798. v. Jenisch u. St. 8 ℊ

Miedlig, W., Heimatkunde des Kreises Calbe m. besond. Berücksicht. der Orte Schönebeck, Groß-Salze, Frohse u. Staßfurt, nebst e. Anh. Für den Schulgebrauch bearb. (76 S.) 8. Magdeburg 909. J. Neumann.   — 60

Plan der Stadt Merseburg nach amtl. Quellen entw. u. gez. von W. (auf d. Umschl. H.) **Miodlig.** Massst. 1 : 3000. *Merseburg: F. Stollberg [1901].* (1 Kartenbl. 57 × 84 cm mit Legende.) 8° [kol.]   [01. 10933]

Międzychodzki, Ludw. Adnotationum ad Aeschyli Persas specimen. 12 S.   Progr. *Glatz* 1879.

Mieg, s. Briefe, Freymüthige, an Herrn Grafen v. V. uber den gegenwärtigen Zustand ...

le Mieg, ..., üb. die Eifersucht. 8. Grätz. 784.

Mieg, A., theoretisch äussere Ballistik, nebst Anleitg. zur prakt. Ermittelg. der Flugbahn-Elemente. Mit 5 Taf. in Steindr. gr. 8. (XVIII, 383 S. m. Tab.) Berlin 884. Mittler & Sohn.   n. 8. —

Mieg, A., und **F. Schulz,** Leitfaden für den Turn-Unterricht in den deutschen Heeren und an Lehranstalten. Mit 2 (lith.) Taf. (in Fol.) Ingolstadt 861. Krüll in Comm. 8. (VIII, 112 S.)   n. 15 ngr.

Mieg, A. Die Verwendung des Infanterie-Gewehrs M/71 nebst einer Anleitung zum Distanceschätzen. (Mit) Atl. Berlin 1877. 8° u. 2°.

Mieg, A. Die Verwendung des Infanterie-Gewehrs M/71 nebst einer Anleitung zum Distanzschätzen. Mit Tab. u. Taf. Berlin 1877. 165 S.

Mieg. Über den taktischen Werth der mechanischen Feuergeschwindigkeit „Jahrbuch der Militär Gesellschaft München." (separat gebunden.)   München 1869.

Mieg, A. über den taktischen Wert der mechan. Feuergeschwindigkeit. München 1869. 24 S.

Mieg, Achilles, üb. d. Eigenschaften u. d. Gebrauch d. Sauerwassers zu Sulzbach; in e. Schreiben an D. J. H. Rahn in Zürich. 8. . . . 784.

Mieg. Achilles, Basel. Dissertatio physico-medica inauguralis de flatibus. Basel; med. Diss. 1752.

Mieg. Achilles, als Bewerber um die anatom.-bot. Professur. Specimen observationum anatomicarum atque botanicarum. Basel; med. Diss. 1753.

Mieg. Achilles. Oratio de mirabili corporis humani artificio quibusdamque praecipue momentis humorum circuitum vitalem adiuvantibus, summae nimirum Creatoris Sapientiae manifestis indiciis. [Rektoratsrede]. Basel; med. Diss. 1787.

Mieg, F., s. Mieg, Jh. Fr.

Mieg, Frdr. v., topograph. Beschreibg. d. Bukowina m. militär. Anmerkgn. Hrsg. v. Joh. Polek. [Aus: „Jahrb. des Bukowiner Landesmuseums" V.] gr. 8. (38 S. m. 4 eingedr. Skizzen.) Czernowitz 897. (H. Pardini.) n.n. — 80

Mieg, Friedrich von: [Generalkarte der Bukowina, entworfen und gezeichnet im Jahre 1774.] Hrsg. v. Daniel Werenka. Czernowitz: Selbstverl. d. Herausg. 1895. [Beilage zu: Daniel Werenka, Topographie der Bukowina zur Zeit ihrer Erwerbung durch Österreich.]

Mieg, Guy, Staat von Großbritann. u. Irland, od. hist. u. geogr. Nachr. von d. 3 Königr. m. K. 8, Leipz. Weidmann. 718.

– Dass., s.a. Miege

Mieg. H. le, mehr als 7 Cap. von Weltleut., als ein Fragment einer deutschen Gesch. m. K. 8. Wien, Mößle. 718.

— mehr als 7 Kapitel v. Weltleuten, als e. Fragment e. deutschen Sittengeschichte. Mit Kpf. 8. Wien 783.

Mieg, J. F., Dankrede beim feierl. Antritt d. Regierung Karl Friedrichs am 10. Dec. 1802. zu Heidelberg gehalten. 8. Heidelb. 803.

Mieg, I. Cas., comment. de veritate in praecordiis. 8. Lemgov. 749.

Mieg, Joh.

Mieg, J., neues vollständiges holländisch-deutsches u. deutsch-holländisches Taschen-Wörterbuch zum Schulgebrauch sowie für die Bedürfnisse des Handels u. der Industrie. — Nieuw volledig nederlandsch-hoogduitsch en hoogduitsch-nederlandsch Zakwoordenboek. — Zugleich als 4., gänzlich umgearb. Aufl. des Taschenwörterbuchs von Joh. Cramer. Bielefeld 867. Belhagen & Klasing. br. 8. (VIII, 731 S.) 1 ₰ 25 ngr.

Mieg, Joh., neues vollständiges holländisch-deutsches und deutsch-holländisches Taschen-Wörterbuch zum Schulgebrauch sowie für die Bedürfnisse des Handels und der Industrie. 2. sehr verm. und verb. Aufl. Zugleich als 5. gänzlich umgearb. Aufl. des Joh. Cramer'schen Wörterbuchs. br. 8. (VIII, 721 S.) Bielefeld 872, Belhagen und Klasing.

Mieg, J., neues vollständiges holländisch-deutsches und deutsch-holländisches Taschen-Wörterbuch zum Schulgebrauch, sowie für die Bedürfnisse des Handels und der Industrie. 3. sehr verm. und verb. Aufl. Zugleich als 6. gänzlich umgearb. Aufl. des Taschenwörterbuchs von Joh. Cramer. 8. (VIII, 408 und 388 S.) Bielefeld 878, Belhagen und Klasing.

Mieg, J., neues holländisch-deutsches u. deutsch-holländisches Taschen-Wörterbuch. 4. Aufl. 8. (VIII, 408 u. 388 S.) Bielefeld 887. Belhagen & Klasing. 5. 50

Mieg, J., neues vollständiges holländisch-deutsches und deutsch-holländisches Taschen-Wörterbuch zum Schulgebrauch, sowie für die Bedürfnisse des Handels und der Industrie. 4. Aufl. 8. (VIII, 408; 388 S.) Bielefeld 887, Belhagen und Klasing.

Mieg, J., neues vollständiges holländisch-deutsches u. deutsch-holländisches Taschen-Wörterbuch zum Schulgebrauch sowie f. die Bedürfnisse des Handels u. der Industrie. 5. Aufl. 2 Tle. in 1 Bd. 12. (VIII, 408 u. 388 S.) Bielefeld 899. Belhagen & Klasing. 5. 50; geb. 6. 75

Neues vollständiges Holländisch-deutsches und Deutsch-holländisches Taschen-Wörterbuch zum Schulgebr bearb. von J[oh.] Mieg. 5. Aufl. T 1. 2 (in 1 Bde). *Bielefeld & Leipzig. Velhagen & Klasing 1899.* 8° [F.] [Nebent.] Nieuw volledig Nederlandsch-Hoogduitsch en Hoogduitsch-Nederl. Zakwoordenboek
1 Holländisch-deutsch 2 Deutsch-holländisch. [cu. 107

Mieg, Johann Friedrich

— Schrift u. Geschichtmäß. Bericht von d. christl. Festzeiten u. zweierlei Kirchenkalender. 4. Worms 777.

Mieg, Jh. Fr. I., († d. 23. Apr. 1788.) Deutschlands Geschichten älterer u. neuerer Quellen. 4. Manh. 773.

Mieg, Jh. Fr., Spec. de mechanismo in causa religionis etc. caute vitando. 8maj. (Wien) 776. Blumauer. 6 ℊ.

Mieg, F., de mechanismo in causa religionis etc. caute vitando. 8. Vien. Graeffer. 776.

— Predigten. gr. 8. (Wien) 770. Blumauer. 1 ₰ 4 ℊ.

— üb. d. Studium d. Sprache, besond. d. Muttersprache. 8. Frankf. Eßlinger. 782.

— über d. Studium d. Sprache, besond. d. Muttersprache. 8. Frankf. a. M. 782. (Schäfer). 10 ℊ.

— die Unterpfalz u. deren Haupt- u. Residenzstadt Manheim. 4. Manh. 770.

Mieg, Joh. Friedr. Oratio funebris de Carolo Ludovico, electore palatino. 4. Manhemiae 1766.

Mieg, Johann Rudolf, Basel: Theses medicae inaugurales. Basel, Med. Diss. 1714

Mieg, L. C.

— Ausl. d. Heidelberg. Catechismus in Predigt. 4. Cassel, Cramer. (Krieger in Marburg). 746.

Mieg, L.C.: De baptismo Christi. – Heidelb. 1708.

Mieg, L. C., Betracht. üb. d. Sonn- u. Fest. Evangel. 4. Frankf. 745.

Mieg, L. C., de contentione Petri et Pauli. I—II. Marb. 1705. 4.

— meletemata sac. de officio pastoris evang. etc. 4. Fcft. 747.

Mieg, Ehrd., gemeinnütz. Unterricht f. Bruchpatienten beid. Geschlechts. 8. Basel 803. 2e A. 808. (Neukirch). 9 g$ (Ebner in Ulm). 10 ℛ

Mieg, L., gemeinnütz. Unterr. f. Bruchpatient. beyd. Geschl. 8. Baf. Flick. 808.

Mieg, M., christliche Kinderzucht. E. Vortrag, geh. auf d. Diöcesansynode in Knittlingen im Septbr. 1897. M. Vorwort v. Wunderlich. 8. (32 S.) Stuttgart 897. Holland & Josenhans. n. — 20

Mieg, Matthaeus: De d o m i n i o in genere. 47 S.– Basel, Jur.Diss.v. 18.Dez.1737.

(Mieg, Matthäus.) Der Stadt Mülhausen Geschichte bis zum Jahr 1816 (*Theil 2: 1817). ([Hrg. von] Matheus M', älter.) 2 Theile. 4. Mülhausen 1816–1817.
Theil 2. [Mit 2 Tafeln.]

Mieg, Melchior, Basel: A n i m a d v e r s i o n e s practicae [über Emetica, von der Galle herrührende Krankheiten u.a.] Basel, Med. Diss. 1781

Mieg, Seb., de gradibus propinquitatis, c. fig. 4. Upsal. 746.

Mieg, Walter, a. Spandau ⟨Brandenburg⟩: Über eine Methode der Bestimmung und Trennung von Chlorophyllderivaten. Zürich 1906: Aktienbuchdruckerei. (82 S.) 8°
München, Phil. Fak., Ref. v. Baeyer, Diss. v. 6. März 1906
[Geb. 25. Sept. 78 Spandau; Wohnort: Pasing; Staatsangeh.: Bayern; Vorbildung: Gymn. Heidelberg Reife Juli 97; Studium: München 2, Berlin 1, Genf 1, München 9 S.; Rig. 6. März 06.]

Miege, Guy. Geist- und Weltlicher Staat von Gross-Britannien und Irland. Leipzig 1718. Ü: *Heinzelmann, Joseph Bernhard.* (AarK) (**Bibliotbeca Rinckiana.** Lips. 1747.)

– Dass., s.a. M i e g

Miegel, Agnes. [Berlin 1902.] V: *Winterfeld, Paul von.* (Berl)

Miegel, Agnes, B a l l a d e n u. Lieder. (89 S.) 8. Jena 907. E. Diederichs. 2.—; geb. 3. —

Miegel, Agnes, Gedichte. 8. (VI, 128 S.) Stuttgart 901. J. G. Cotta Nachf. Geb. in Leinw. n. 3. —

Miegel, Agnes, Gedichte. 2. Aufl. (VI, 132 S.) 8. Stuttgart 903. J. G. Cotta Nachf. Geb. in Leinw. n. 3. —

— G e d i c h t e. 3. Aufl. (VI, 132 S.) kl. 8. Stuttgart 908. J. G. Cotta Nachf. Geb. in Leinw. 3. —

Miegius, Jo. Frid.: Exercitatio histor.-polit. de electione imperatoria. Wormatiae 1757.

Miehe, E., u. M. Goerlitzer, Lernstoff f. den evangelischen Religionsunterricht in den höheren Mädchenschulen. Auf Grund d. Normallehrplanes zum Gebrauch f. die Schülerinnen zusammengestellt. gr. 8. (64 S.) Berlin 892. Sophienstädt. Schulbuchh. (G. Touchy). n. — 50

Miehe, E., u. M. Goerlitzer, Lernstoff f. d. evang. Religionsunterr. in d. höh. Mädchenschulen. Auf Grund d. neuen Lehrpläne v. 31. V. 1894 zum Gebrauch f. d. Schülerinnen zusammengest. 3. Aufl. gr. 8. (80 S.) Berlin 898. Sophien-Buchh. n.n. — 50

Miehe, E., u. M. Goerlitzer, Lernstoff f. den evangel. Religionsunterricht in den höh. Mädchenschulen. Auf Grund der neuen Lehrpläne vom 31. V. 1894 zum Gebrauch f. die Schülerinnen zusammengestellt. 4. Aufl. (80 S.) gr. 8. Berlin 904. Schnetter & Dr. Lindemeyer. n.n. — 50

Miehe, E., u. M. Goerlitzer, Lernstoff f. den ev. Religionsunterricht in den höh. Mädchenschulen. Auf Grund der Ausführungsbestimmgn. zu d. Erlasse v. 18. VIII. 1908 üb. d. Neuordng. d. höh. Mädchenschulwesens zusammengestellt. 5. Aufl. (95 S.) 8. Berlin (909). Schnetter & Dr. Lindemeyer. nn — 50; geb. nn — 75

Miehe, Gustav, Prof.: Die Natur in Klopstocks Odendichtung. Halberstadt 1906: H. Meyer. (37 S.) 4°
Halberstadt, RG OP 1906 (316)

Miehe, Gust. Verwandtschaft und Familie in den homerischen Gedichten nach ihrer sittlichen Bedeutung. 21 S. Rg. *Halberstadt* 1878. Progr.

Miehe, H., Taschenbuch d. Botanik, s.: Klinkhardt's, Dr. Werner, Kollegheft.

Miehe, Heinrich, a. Hannover-Linden: Aus d. **Augenklinik** zu Jena. Ueber einen ungewöhnlichen Fall von Sarkom der Aderhaut. Hannover 1908: Jaab & Kohlrautz. (26 S.) 8°
Jena, Med. Fak., Ref. Wagenmann, Diss. v. 23. Juli 1908
[Geb. 21. Juli 80 Linden; Wohnort: Linden; Staatsangeh.: Preußen; Vorbildung: Kaiserin-Auguste-Viktoria-Gymn. Hannover-Linden Reife O. 00; Studium: Marburg 3, Kiel 1, Leipzig 1, Jena 2, Marburg 1, Jena 2 S.; Coll. 25. Jan. 08; Approb. 1. Juni 07.]

Miehe, Hugo: Die B a k t e r i e n u. ihre Bedeutung im praktischen Leben, s.a. W i s s e n s c h a f t u. Bildung.

Die Bakterien und ihre Bedeutung im praktischen Leben. Von Dr. H(ugo) **Miehe**, Leipzig. Leipzig: Quelle & Meyer 1907. (141 S.) 8° [F.]
— **Wissenschaft** u. Bildung. 12. [07. 10700

Miehe, Hugo, Dr.: Ueber correlative **Beeinflussung** des Geotropismus einiger Gelenkpflanzen. *Leipzig 1902.* (67 S.) 8°
Leipzig, Phil. Hab.-Schr. v. 25. Juli 1902

Miehe, Hugo, die Erscheinungen des Lebens. Grundprobleme der modernen Biologie, s.a. Aus Natur u. Geisteswelt.

Die Erscheinungen des Lebens. Grundprobleme d. modernen Biologie. Von Dr. H(ugo) **Miehe**, Privatd. Mit 40 Fig. Leipzig: B. G. Teubner 1907. (VII, 124 S.) 8° [F.]
— **Natur,** Aus, u. Geisteswelt. Bdch. 130. [07. 5671

– **über die Selbsterhitzung des Heues, s.a. Arbeiten der deutschen Landwirtschafts-Gesellschaft. 111. Heft.**

— die Selbsterhitzung des Heus. Eine biolog. Studie. (V, 127 S.) Lex.-8. Jena 907. G. Fischer. n. 3. 50

Miehe, Hugo, aus Braunschweig: Histologische und experimentelle Untersuchungen über die Anlage der Spaltöffnungen einiger Monokotylen. Mit 1 Doppel-Taf. *Cassel 1899: Gebr. Gotthelft.* (24 S.) 8° ¶ Aus: Botanisches Centralblatt, Bd 78.
Bonn, Phil. Diss. v. 24. Juni 1899

Miehe, Raimar, approb. Arzt aus Braunschweig: Ueber conservative Behandlung der Pyosalpinx, speziell durch vaginale Incision. *Leipzig 1901: B. Georgi.* (44 S.) 8°
Leipzig, Med. Diss. v. (19. Juli) 1901

Miehe, Wilhelm [aus Bierbergen, Hannover]: Über die Salzsäure bei Magencarcinom. . . . Würzburg, P. Scheiner's Buchdr., 1890; 44 S. 8°
Würzburg, Med. Fak., Inaug.-Diss. v. 1890

Miehedeirf, Fr., die leichtfaßliche Lichter-, Seife-, Stärke- u. Bierfabrikation nach den neuesten Erfahrungen f. jede Wirthschaft, besonders aber f. Landwirthe unentbehrlich. 1. Aufl. 842. u. 2. Aufl. gr. 12. (à 2½ B.) Erfurt 844, Hennings u. Hopf. à

MIEHL, JAKOB: Festpredigt zur siebenten Säcularfeier des hl. Franciscus von Assisi, gehalten in der neurestaurirten Kirche der ehrwürdigen PP. Franciskaner am Portiunculafeste 1882 zu Frauenkirchen. Stuhlweissenburg 1882. - 8°

MIEHL, JAKOB: Predigt am Feste Mariae Verkündigung. Wien 1867.

Miehle, C., Dtsch. Turner-Marsch-Lied, Text v. Otto Bauer, f. vierstimmigen Männerchor, Spaichingen, 3 S., 8°.

Miehle, Edwin [aus Bromberg]: Zur Casuistik der Cholesteatome des Schläfenbeins. . . . Halle a. S., Hofbuchdr. v. C. A. Kaemmerer & Co., 1890; 36 S. + 2 Bl. 8°
Halle, Med. Fak., Inaug.-Diss. v. 12. März 1890

Miehle, Wilhelm [aus Otterane b. Bromberg]: Das Verhältnis der Handschriften des altfranzösischen Gregorius. . . . Halle a/S., Druck v. Ehrhardt Karras, 1886; 2 Bl. + 42 S. + 1 Bl. 8°.
Halle, Phil. Fak., Inaug.-Diss. v. [14. Okt.] 1886.

Miehle, Wilhelm, das Verhältniss der Handschriften des altfranzösischen Gregorius. Diss. Halle 1886, Lippertsche Buchh. 8°. 42 S.

Miehling, H., Lehrbuch der Pädagogik f. Lyzeen u. verwandte Anstalten. 1. Tl. Die Entwicklg. d. Kindeslebens. (VIII, 195 S. m. Abb.) gr. 8. Hannover 910. Norddeutsche Verlagsanstalt O. Goedel. Geb. in Leinw. 2. 80

Miehlke, Adolf: Die Geschichte unserer Sprachlaute und Orthographie in kurzem Abriss dargestellt. Graudenz, Druck v. G. Röthe, 1891; 1 Bl., S. 1–39; 4°
Graudenz, HB, OP 1891 (49 statt 48)

Miehlke, Adf., die Geschichte unserer Sprachlaute u. Orthographie, in kurzem Abriss dargestellt. gr. 4. (II, 39 S.) Graudenz 891. (Leipzig, G. Fock.) n. 1. 20

Miehr, H., praktisches Handbuch der Lackir-, Vergoldungs-, Bronzir-, Beiz-, Färbe- u. Polirkunst, enthalt. aus der Feder eines Praktikers geflossene, vielfach geprüfte, gründliche Vorschriften zur Bereitung aller Arten v. geistigen u. fetten Glanzlackfirnissen, Goldlacken f. Holz, Leder, Metall u. Papier, nebst genauen Anweisungen zum Vergolden, Bronziren ꝛc. Ein unentbehrliches Handbuch f. Schreiner, Drechsler, Ebenisten ꝛc. [Bildet auch den III. Bd. „der neuen Encyclopädie der Künste u. Wissenschaften".] 8. (VI u. 114 S.) Weimar 852, Rauschke & Schmidt. 12 ngl

Miehr, Wilh., Mittheilungen aus der Klinik für syphilitische und Haut-Krankheiten des Herrn Prof. Dr. Lindwurm im allgemeinen Krankenhause zu München. gr. 8. (112 S.) München 864, Lentner'sche Buchh.

Miekley, Johannes *Friedrich Wilhelm* [aus Potsdam]: Statistische Beiträge zur Lehre des auf Ulcus molle folgenden Bubo inguinalis ... Berlin, Buchdr. J. Rares, 1896; 32 S. 8.
Berlin, Med. Fak., Inaug.-Diss. v. 4. Aug. 1896

Miekley, R., so schreibst du grammatisch richtig Deutsch, s. a. Möller's Bibliothek f. Gesundheitspflege. 40.

So schreibst du grammatisch richtig Deutsch. Die wichtigsten Regeln d. Grammatik nebst zahlr. Beispielen. Aus d. Praxis f. d. prakt. Leben bearb. von R. **Miekley**, Lehrer. Oranienburg-Berlin: W. Möller [1905]. (43 S.) 8° [F.]
= **Bibliothek**, Möller's, f. Gesundheitspflege u. Volksaufklärung. H. 40. [06.1717

— so schreibst du orthographisch richtig Deutsch, s. a. Möller's Bibliothek f. Gesundheitspflege. 39.

So schreibst du orthographisch richtig Deutsch. Die wichtigsten Regeln d. Rechtschreibung nebst e. Wörterverz. Aus d. Praxis f. d. prakt. Leben bearb. von R. **Miekley**, Lehrer. Oranienburg-Berlin: W. Möller [1905]. (48 S.) 8° [F.]
= **Bibliothek**, Möller's, f. Gesundheitspflege u. Volksaufklärung. H. 39. [06.1716

Miekley, Gualtherus, Potsdamensis: De Boethii libri de musica primi fontibus. *Ienae 1898: G. Neuenhahn.* (30 S.) 8°
Jena, Phil. Diss. v. (14. Mai) 1898

Miekley, W[ilhelm]

Anleitung zur zweckmäßigen Behandlung der nach der auflösend-zusammenstellenden Lehrweise bearbeiteten Fibeln von W. **Miekley**. *Potsdam: A. Stein 1899.* (36 S.) 8° [F.]
= **Handbücher**, Steins, f. Lehrer. No 10. [04.1,97

— u. **H. Sühring**, deutsche Fibel, nach d. auflösend-zusammenstell. Lehrweise bearb. Ausg. A mit einfachen Bild. 5., verm. u. verb. Aufl. gr. 8. (112 S.) Potsdam 898. A. Stein. Geb. n.n. — 60

Miekley, W., u. **H. Sühring**, deutsche Fibel, nach d. auflösend-zusammenstell. Lehrweise bearb. Ausg. B m. einfachen Bild. 5., verm. u. verb. Aufl. gr. 8. (68 S.) Ebd. 898. Geb. n.n. — 35; m. Gruppenbildern. 5., verm. u. verb. Aufl. (68 S.) Geb. n.n. — 35

— u. **H. Sühring**, deutsche Fibel, nach der auflösend-zusammenstell. Lehrweise bearb. Ausg. B m. einfachen Bildern. 6. Aufl. gr. 8. (70 S.) Ebd. 899. Geb. n.n. — 35; m. Gruppenbildern. 6. Aufl. (70 S.) Geb. n.n. — 35

Miekley, W., u. **H. Sühring**, deutsche Fibel, nach dem phonetischen Prinzip u. nach der auflösend-zusammenstellenden Lehrweise bearb. Ausg. A m. Gruppenbildern in Stahlst. 7. Aufl. (Neue Rechtschreibg.) (114 S.) gr. 8. Potsdam (904). A. Stein. Geb. n.n. — 60

— — dasselbe. Ausg. B m. Gruppenbildern in Stahlstich. 9. Aufl. (Neueste Rechtschreibg.) (70 S.) gr. 8. Ebd. (903). Geb. n.n. — 35

—— und **H. Sühring**, Fibel oder erstes Lesebuch nach der auflösend-zusammenstellenden Lehrweise. gr. 8. (96 S. mit Abbild.) Potsdam 888, Stein. geb. **

— — dasselbe. Ausg. B. 2 Tle. gr. 8. Ebd. 889. n.n. — 55
1. Das 1. Schuljahr. (56 S. m. Bildern.) n. — 25
2. Das 2. Schuljahr. (72 S.) n. — 30

Miekley, W. u. H. Sühring. Fibel u. erstes Lesebuch nach d. auflösend-zusammenstellenden Lehrweise. Ausg. B. 2 Tle. in 1 Bd. 2. verm. Aufl. gr. 8. Potsd., Stein. * — 55; in 2 Tle. geb. * — 75
1. Das 1. Schulj. (64 S. m. Abbildgn.) 891. geb. * — 35.
2. Das 2. Schulj. (96 S.) 892. geb. * — 40.

— — Fibel u. erstes Lesebuch nach d. auflösend-zusammenstell. Lehrweise. Ausg. B. 2 Tle. gr. 8. Ebd. Geb. n.n. — 75; in 1 Bd. geb. n.n. — 70
1. D. 1. Schulj. 3 Aufl. (64 S. m. Bildern.) 893. n.n. — 35
2. D. 2. Schulj. 2., verb. u. verm. Aufl. (96 S.) 892. n.n. — 40

— — dasselbe. Ausg. B. 2 Tle. in 1 Bd. 3. Aufl. gr. 8. Ebd. Geb. n. — 75
1. Das 1. Schulj. (64 S. m. Abbildgn.) 893. Geb. n. — 35
2. Das 2. Schulj. (96 S.) 894. Geb. n. — 40

Miekley, W., u. **H. Sühring**, Fibel u. 1. Lesebuch nach der auflösend-zusammenstellenden Lehrweise. Ausg. A. 2. Aufl. gr. 8. (104 S. m. Bildern.) Potsdam 894. A. Stein. n. — 50

— — dasselbe. Ausg. C. gr. 8. (64 S. m. Abb.) Ebd. 895. Geb. n.n. — 35

— — neue Fibel, nach rein phonetischem Prinzip u. der auflösend-zusammensetzenden Lehrweise bearb. gr. 8. (94 S. m. Abbildgn.) Ebd. (901). Geb. n.n. — 60

— — neue Fibel, nach rein phonetischem Prinzip u. der auflösend-zusammensetzenden Lehrweise bearb. 3. nach der Orthographie vom J. 1902 bericht. Aufl. (94 S. m. Abbildgn.) gr. 8. Ebd. (904). Geb. n.n. — 60

Neue Fibel nach rein phonetischem Prinzip und der auflösend zusammensetzenden Lehrweise, bearb. von W[ilhelm] **Miekley** u. H. Sühring. Ausg. C. f. Volksschulen mit d. Schriftformen d. preuß. Normalalphab. Berlin-Halensee, Potsdam, Leipzig: A. Stein [1907]. (72 S.) 8° [F.] [08.2016]

Miekley, W., u. H. Sühring, neue Fibel, nach rein. phonet. Prinzip u. der auflösend-zusammensetz. Lehrweise bearb. Ausg. B f. Gemeindeschulen m. den Schriftformen des Berliner neuen Normalalphabets. 51.—60. Taus. (88 S. m. Abb.) gr. 8. Potsdam (910). A. Stein. Geb. nn — 50

Miekley, W., religiöser Lernstoff, s.: Erfurth.

– u. H. Sühring

— — deutsches Lesebuch. 1. Tl. Unterstufe. 4. Aufl. gr. 8. (128 S.) Ebd. 898. Geb. n.n. — 55

— — dasselbe f. Landschulen. 2. u. 3. Tl. gr. 8. Ebd. 898. Geb. n.n. 1. 70
2. Mittelstufe. (IV, 208 S. m. Abb.) n.n. — 70
3. Oberstufe. (S. 209—576.) n.n. 1. —;
2 u. 3 in 1 Halbldrbd. n.n. 1. 60

— — dasselbe. (Ausg. B.) 2. Tl. Mittelstufe (Unter-Abtlg.) u. 3.—5. Tl. (M. je 1 Bildn.) gr. 8. Ebd. 896. Geb. n.n. 4. — (kplt. in 6 Abtlgn.: n.n. 4. 75)
2. Mittelstufe. (Unter-Abteilg.) (II, 192 S.) n.n. — 85
3. Mittelstufe. (Ober-Abteilg.) (II, 208 S.) n.n. — 90
4. Oberstufe. (Unter-Abteilg.) (236 S.) n.n. 1. 10
5. Oberstufe. (Ober-Abteilg.) (243 S.) n.n. 1. 15

— — deutsches Lesebuch f. das 2. Schuljahr, im Anschluß an die Fibel B hrsg. 5. Aufl. gr. 8. (128 S.) Ebd. (899). Geb. n.n. — 55

— — deutsches Lesebuch. I. Tl. Unterstufe. 8., nach der neuesten Rechtschreibung u. den zeitgemäßen Anforderg. bearb. Aufl. (104 S.) gr. 8. Ebd. (904). Geb. n.n. — 55

Miekley, W., u. H. Sühring, Wandfibel. 8 Tafeln à 72×100,5 cm. Potsdam 899. A. Stein. Mit einfachen Bildern od. m. Gruppenbildern à n.n. 3. 80; auf Pappe à n.n. 5. —; kolor. m. einfach. Bildern od. m. Gruppenbildern à n.n. 5. 80; auf Pappe à n.n. 7. —; m. Vorrichtung zum Verdecken der Bilder, auf Pappe à n.n. 6. —; kolor. à n.n. 8. —

Mielach, Heinrich: Untersuchungen über die Desinfektionskraft von „Neomulsion" im Vergleiche mit Creolin Pearson und Lysol unter Berücks. d. gebräuchl. Prüfungsmethoden für Desinfektionsmittel u. d. Geschichte d. Desinfektionslehre. Berlin (1910). 74 S.
Zürich, Vet.-med. Diss. v. 1910.

Mielach, J. C., kleines Angebenken an Kreuth. Ein Handbüchl. d. Wissenswürdigsten üb. d. Verhältnisse dies. Molkenkur- u. Badeanstalt. 16. (9 B., 2 Stahlst., mehr. Holzschn., Tabn. u. 1 Musikbeil.) München 840, Franz.

— das Johanniskäferchen. Schausp. in 1 Aufz. f. d. reif. Jugend. gr. 12. (3 B.) Augsburg 838, (Kollmann'sche Buchh.)

Mielach, J. C., *Ode* z. Feyer d. Allerhöchsten Geburtsfestes Sr. Majest. . . . *Maximilian Joseph*, Königes v. Baiern etc. etc. Augsburg 1823. Mit Brinkhauser'schen Schriften. 8°. Schreibpap. Cart.
4 Bl., letztes leer. 13 vierzeil. Str.

— die Waldkapelle. Schausp. in 1 Aufz. f. d. reif. Jugend. gr. 12. (2⅔ B.) Augsburg 838, (Kollmann'sche Buchh.)

Mielach, J. G., Huldigungen, Baierns erhabenem Königshause dargebracht. 8. Augsb. 825. (Wolff). 1 ƒ

Mielach, O., De nomine Organi Aristotelici. Diss. 1888. 14 S.

Mielau, [Paul]: Die Bedeutung des physikalisch-chemischen Unterrichts und seine Förderung durch praktische Schüler-Uebungen. Kreuznach 1908: Harrach. 40 S. 8°
Kreuznach, R OP 1908 (666) [S 08. 313

Mielay, A., das Berliner Wunderkind. Ein Beitrag zur Tagesgeschichte nach vierzehntägigen genauesten Beobachtungen. 8. (31 S.) Berlin 849, Dümmler's Verl. n. ⅙ ₰

Mielay. Joan. Henr. Alexand. (geb. Fürstenwalde an d. Spree ...) De hydatidibus et cystibus. Pars prior. Berolini (1844). (24 S.) 8°
Berlin, Med. Diss. v. 6. Nov. 1844

Mielberg, J., s. Beobachtungen, magnetische — meteorologische — der Temperatur d. Erdbodens, im Tifliser physikalischen Observatorium.

Mielberg, J., magnetische Beobachtungen des Tifliser physikal. Observatoriums im J. 1886—1887. (Russisch und deutsch.) gr. 8. (XC, 80 u. 80 S.) Tiflis 888. (St. Petersburg, Eggers & Co.) n.n. 4. —

Tiflis. Physikalisches Observatorium.
— — (Mielberg, J.), Meteorolog. Beobachtungen in den Jahren 1887/88 90/91. Tiflis 1889—91, 93.

Mielek, Ernst. Geb. 24. X. 1877, gest. 22 X. 1899. Ein kurzes Künstlerleben. 8. (20 S.) Leipzig 901. F. Hofmeister. — 80

Mielck E.: Zur Vor- u. Kulturgeschichte d. schleswig-holstein. Wälder. [Kiel 1884]. (14) S. (Særtr.). P.

Bau- und brandpolizeiliche Bestimmungen für die Provinz Schleswig-Holstein, zsgest. bis zum 14. März 1875 v. E[duard] **Mielck.** Neumünster. 1875. 8°

Mielck, Ed., Entwurf zu einer Bauordnung für die Herzogthümer Schleswig-Holstein. Kiel 868. Schwers'sche Buchh. 8. (42 S.) n. 9 ngr.

— die Riesen der Pflanzenwelt. hoch 4. (VIII und 128 S. mit 16 lithogr. Abbild.) Leipzig 863, C. F. Winter'sche Buchh. cart. *

Mielck, F., unser Hamburg. Freud' u. Leid aus vergang'ner Zeit. (V, 124 S.) gr. 8. Hamburg (906). (Kramer's Sort.) n. 1, 60

Mielck, Hildemar Herman: Zur Kenntnis nitrierter Amidoderivate des Cumarons und Cumarans. Rostock 1909: Boldt. 89 S. 8°
Rostock, Phil. Diss. v. 28. Juli 1909, Ref. Stoermer
[Geb. 31. Dez. 81 Hamburg; Wohnort: Rostock; Staatsangeh.: Preußen; Vorbildung: Gymn. Wandsbek bis Juli 02; Studium: Leipzig 2, Heidelberg 3, Rostock 7 S.; Rig. 26. Juli 09.] [U 10. 3967

Mielck, Joa. Bartr.

Mielck, J. Bt., Beytr. zur Beförder. d. häusl. Andacht in einer Samml. von Predigten. gr. 8. Hamb. Bohn. 777. Schreibp.

— Beitrag zur Beförderung der häuszlichen Andacht in einer abermahligen Sammlung von Predigten. Dessau und Lpz. 1783.

Mielck, Joa. Bartr., Disp. philos. de divisione in infinitum. Kilonii. 1758. 4. P. (M. 1 Tvl.) [Resp. C. Frid. Schmidt].

Mielck, Johann, a. Hamburg: Über Titrationen mittels Alkalihypojodit. Marburg 1906: (A. Bonz' Erben, Stuttgart). (80 S.) 8°
Marburg, Phil. Fak., Ref. Schmidt, Diss. v. 17. Nov. 1906
[Geb. 12. Sept. 77 Hamburg; Wohnort: Hamburg; Staatsangeh.: Hamburg; Vorbildung: Johanneum Hamburg Reife M. 97; Studium: Halle 2, Marburg 6 S.; Rig. 18. Juli 06.]

Mielck, Josias Bertram. Untersuchungen über die Constitution der Terebin- und Brenzterebinsäure. Tübingen, 1874.

Mielck, Max *Julius* [app. Arzt aus Wiborg in Finland]: Zur Aetiologie des Torticollis muscularis ... Kiel, Druck v. H. Fiencke, 1894; 28 S., 1 Bl. 8.
Kiel, Med. Fak., Inaug.-Diss. v. [21. Mai] 1894

Mielck, Otto [aus Leipzig]: John Sheffield Duke of Buckingham's Zweiteilung und Bearbeitung des Shakespeareschen Julius Caesar.... (Aus: Jahrb. d. deutsch. Shakespeare-Ges. Bd. XXIV.) Halle a/S., *Buchdr. Julius Klinkhardt, Leipzig,* 1889; 1 Bl. + 55 + 1 S. 8°
Halle, Phil. Fak., Inaug.-Diss. v. [8. Dez.] 1889

Mielck, W. B., s. Evangelio, la, sankta Mateo.

— praktische russische Sprachlehre, s.: Vymazal, Fr.

— die Weltsprache. La lingvo internacia, s.: Miniatur-Bibliothek.

Mielck, W. H. Beiträge zur Kenntniss der Piperinsäure. Göttingen, 1869.

Mielck, W. H., und J. B. Mielck, der Inhalt der Pharmacopoea Germanica, des Supplementum Hamburgense 1868, der Pharmacopoea Borussica editione VII., des Codex medicamentarius Hamburgensis editione III. vergleichend zusammengestellt. 4. (IV, 60 S.) Hamburg 872, (Gräfe.) *

Mielck, W. H., der Torfmoos-Verband, s.: Leisrink, H.

Mielck, W. H., Vergangenheit u. Zukunft der Sammlung Hamburgischer Alterthümer. Nach e. Vortrag, geh. im Verein f. Hamb. Geschichte am 1. Decbr. 1892. 8. (69 S.) Hamburg 893 L. Voß. n — 80

Mielck, Wilhelm [Albrecht], a. Hamburg: Pharmakognostisch-chemische Untersuchung des javanischen Lackharzes „Gala-Gala". Straßburg 1908: M. DuMont Schauberg. (75 S.) 8°
Straßburg, Math.-naturwiss. Fak., Ref. Schaer, Diss. v. 25. Mai 1908
[Geb. 30. März 80 Hamburg; Wohnort: Hamburg; Staatsangeh.: Hamburg; Vorbildung: Gelehrtensch. d. Johanneums Hamburg Reife M. 98; Studium: Freiburg i. B. 3, Kiel 1, Straßburg 5 S.]

Mielck, Wilhelm W(alter) O(tto), a. Hamburg: Pacifische Acanthometren. Kiel 1907: Schmidt & Klaunig. (105 S.) 4°
¶ (Aus: Wissensch. Meeresuntersuchungen. Abt. Kiel. N. F. Bd 10.)
Kiel, Phil. Fak., Ref. Brandt, Diss. v. 9. März 1907
[Geb. 24. Nov. 78 Hamburg; Wohnort: Hamburg; Staatsangeh.: Hamburg; Vorbildung: Gymn. Wismar Reife O. 01; Studium: Göttingen 4, Straßburg 1, Kiel 4 S.; Rig. 9. Febr. 07.]

Mielcke, Gesetz-Sammlg. 1806—1902, s.: Grotefend, G. A.

Mielcke, Chrstn. Gtli.
—— Anfangsgründe e. litthauischen Sprachlehre, worin zwar die v. Ruhig ehemals hrsg. Grammatik zum Grunde gelegt, aber mit starken Zusätzen u. neuen Ausarbeitungen verm. worden. 8. (13⅛ B.) Königsberg 800, Hartung. (Leipzig, Fort.)
Beides ungetrennt
Die „Anfangsgründe" apart, 1 Thlr.

Mielcke, Chrstn. Gtli., litthauisch-deutsches u. deutsch-litthau. Wörterbuch, worin das v. Ruhig ehemals hrsg. zwar z. Grunde gelegt, aber mit sehr vielen Wörtern, Redensarten u. Sprüchwörtern zur Hälfte verm. u. verb. worden. 8. (60 B.) Königsberg 800, Hartung. (Leipzig, Fort.) und:

Mielcke, Paul [aus Schulzenhagen]: Beiträge zur Kenntniss der α-Naphtoldisulfonsäure und der α-Naphtoltrisulfonsäure sowie ihrer Derivate .... Freiburg i. B., Univ.-Buchdr. v. H. M. Poppen & Sohn. 1885; 43 S. 8°.
Freiburg i. B., Phil. Fak., Inaug.-Diss. v. 1885.

Mielcke, Paul, Beiträge zur Kenntniss der α-Naphtoldisulfonsäure und der α-Naphtoltrisulfonsäure sowie ihrer Derivate. Diss. Freiburg i. B. 1885, Fr. Wagnersche Univ.-Buchh. 8°. 43 S.

Mielęcka, Anna v., Sei getreu bis an den Tod oder Pauls Sieg. Eine Erzählung für Jung und Alt. Frei nach dem Englischen. 12. (77 S. mit 3 eingedr. Holzschn.-Bildern.) Basel 883, Spittler. *

Mielecke, Georg, a. Buckow: Ueber 2-Aethyl-Propyl- und Benzyl-anilopyrin. Rostock 1907: C. Hinstorff. (66 S.) 8°
Rostock, Phil. Fak., Ref. Michaelis, Diss. v. 14. Mai 1907
[Geb. 26. Sept. 80 Buckow, Kr. Lebus; Wohnort: Rostock; Staatsangeh.: Preußen; Vorbildung: Realgymn. Frankfurt a. O. Prima-Reife O. 99; Studium: Techn. Hochsch. Berlin 7, Univ. Rostock 9 S.; Rig. 10. Mai 07.]

Mielecke, Walter, aus Buckow ⟨Bez. Frankfurt a. O.⟩: Indoxylbildung aus Acylphenylglycin-o-carbonsäuren. *Halle a. S. 1904: H. John.* (56 S.) 8°
Halle, Phil. Diss. v 1904

von **Mielęcki,** Stanislaus [illegible] Ueber Diabetes insipidus Berlin (1875). (32 S.) 8°
Berlin, Med. Diss. v 9 Nov 1875

Mielecki, Walter von, Unterarzt b. 3. Magd. Inf.-Reg. Nr. 66: Ueber Kniescheibenbrüche, insbesondere im deutschen Heere. Leipzig 1907: B. Georgi. (29 S.) 8°
Leipzig, Med. Fak., Ref. Trendelenburg, Diss. v. 23. Juli 1907
[Geb. 20. Dez. 82 Leobschütz; Wohnort: Magdeburg; Staatsangeh.: Preußen; Vorbildung: Gymn. Brandenburg Reife O. 01; Studium: Berlin K. W. A. 9 S.; Coll. 26. Juli 07; Approb. 4. Juli 07.]

Mielert, Benno, approb. Arzt aus Camenz i. Schl.: Zur Casuistik der Ganglien. *Greifswald 1902: H. Adler.* (23 S.) 8°
Greifswald, Med. Diss. v. 20. März 1902

Mielichhofer, Carl, Anleitung zur Schiffbau-Kunst. gr. 8. (IX und 187 S. mit 1 Stnt. in qu. gr. Fol. und vielen in den Text eingedr. Holzschn.) Wien 857, Gerold's Sohn. *

Mielichhofer, Ldw., das Mozart-Denkmal zu Salzburg u. dessen Enthüllungsfeier im Sept. 1842. Eine Denkschrift. gr. 8. (Mit 1 Lithogr.) Salzburg 843, Mayr. ½ ℛ

Mielichhofer, Ludw. (Red.), s. Zeitung, Neue Salzburger

Mielichhofer, Siegm., der Batterie-Bau u. seine wichtigsten Daten. 16. (12 Taf. m. eingedr. Text.) Wien (899). (L. W. Seidel & Sohn.) n. 1. —

Der Kampf um Küstenbefestigungen. Von Sigmund **Mielichhofer,** k. u. k. Hauptm. ... M. 7 Text-Abb. u. 1 Skizze als Beil. *Wien & Leipzig: W. Braumüller 1897.* (101 S., 1 Bl., 1 Taf.) 1 Bd 8. [97. 7130

MIELICHHOFER, Sigmund

Die Küstenartillerie. Von Sigmund Mielichhofer. Mit 7 Text-Abbildungen. Wien. 1900. Seidel & Sohn. Gr.-8°. 70 S. K 2.40

Mielichhofer, Sigm., der Küstenkrieg. Mit 25 Textabbildgn. u. 1 Skizze als Beilage. (IV, 251 S.) gr. 8. Wien 903. L. W. Seidel & Sohn. n. 6. —

— die Vertheidigung v. Küstenbefestigungen u. der angrenzenden offenen Küsten. gr. 8. (IV, 102 S. m. 9 Abbildgn.) Wien 899. W. Braumüller. n. 2 40

Mielisch, Gustavus, theol. cand., Gablenzius: Quae de affectuum natura et viribus Spinoza ⟨Ethices p. III et IV⟩ docuit, ita exponantur, ut, quantum fieri potest, exemplis illustrentur. *Halis Sax. 1900: Wischan & Wettengel.* (53 S.) 8°
Erlangen, Phil. Diss. v. 16. Jan. 1900

Mielitz, Karl, Alt-Berlin. Schauspiel in 5 Akten. 8. (144 S.) Altenburg 892. H. A. Pierer. n. 1. 50

Mielitz, Rich. Wlh.

—— Anweisung z. Gebrauche der kalligraphisch-orthograph. Vorlegeblätter rc. 8. (2½ B.) Halle 844, Anton.

Mielitz, Rich. Wlh., calligraphisch-orthographische Vorlegeblätter f. deutsche Volksschulen zur Verbindung des Schreibunterrichts mit dem orthograph. Unterrichte. Bevorwortet von Wlh. Harnisch. qu. 4. (8 lith. Bogen.) Halle 844, Anton. ¼ ℛ

Mielitz, Wilh., Bilder aus der Geschichte der christlichen Kirche. Den Lehrern an evangel. Volksschulen und allen evangel. Hausvätern dargeboten. Leipzig 853. Brandstetter. gr. 8. (VIII, 103 S.) 12 ngr.

— Elementarbuch für den ersten Unterricht in der französischen Sprache zum Schul- u. Privatgebrauch. Leipzig 853. Hebenstreit. 8. (2 Bl., 226 S.) 15 ngr.

Mielk, Jh. Bartr., († d. 14. Juni 1801.) Beitrr. z. Beförder. d. häusl. Andacht, in e. Samml. von Predigten. gr. 8. Hamb. 777. Bohn. 1 ℛ 8 gr. Schrbp. 1 ℛ 12 gr.

— Beitrr. z. Beförder. d. häusl. Andacht, in e. abermal. Samml. von Predigten. 8. Dessau u. Leipz. 783. (W. Vogel). 1 ℛ 8 gr. Schrbp. 1 ℛ 12 gr.

— s. Millot, Universalhistorie.

Mielke, Adf., Schiller's Demetrius nach s. szenischen Aufbau u. s. trag. Gehalt, s.a. Schriften der literarhist. Gesellsch. Bonn.

Schillers Demetrius nach seinem szenischen Aufbau und seinem tragischen Gehalt. Von Adolf **Mielke** Dortmund F W Ruhfus 1906(1907). (157 S.) 8°
— **Schriften** d. literarhist. Gesellschaft, Bonn. 2. (07. 3480 G

Der du von dem Himmel bist . . Gedichte von Adolf **Mielke**. Dortmund F. W. Ruhfus 1907 (115 S.) 8° (08. 4665

Das Liebesmahl der Apostel. Eine bibl. Scene von Richard Wagner. Kleiner Konzertführer von Adolf **Mielke**. Leipzig: Breitkopf & Härtel [1898]. (12 S.) 8° [F.]
— **Musikbücher**, Breitkopf & Härtels. Abt. 2. No 006. (08. 4696

Mielke, Adf., das Liebesmahl der Apostel. Eine bibl. Scene v. Richard Wagner. Kleiner Konzertführer. 12. (12 S.) Leipzig (902). Breitkopf & Härtel. n. — 10

Mielke, Albert, appr. Arzt a. Pommern: Drei neue Fälle von congenitalen Spontanamputationen. Greifswald 1905: F. W. Kunike. (29 S.) 8°
Greifswald, Med. Fak., Ref. Friedrich, Diss. v. 26. Mai 1905
[Geb. 4. Sept. 78 Darkow i. Pom.; Wohnort: Greifswald; Staatsangeh.: Preußen; Vorbildung: Gymn. Belgard Reife O. 00; Studium: Halle 1, Berlin 5, Greifswald 3 S.; Coll. 14. Jan. 05; Approb. 10. Jan. 05.]

Mielke B. Museen u Sammlungen. Beitrag zu ihrer weit. Entwickl. (39 S) Berlin 1903

Mielke, D. E., das Prinzip des Weltganzen u. der Polarismus. Mit (eingedruckten) Abbildungen. gr. 8. (VI, 69 S.) Leipzig 880. Grieben. n. 1. 20

Mielke, Fritz, Referendar in Zoppot: Universalfideikommiss und Nacherbschaft. *Leipzig 1901: J. B. Hirschfeld.* (58 S.) 8° [F.]
Rostock, Jur. Diss. v. [15. Okt.] 1901

(S) **Mielke**, Fritz, Universalfideikommiß. 901. (RV232.) Jetzt: Tübingen, F. C. B. Mohr.

Mielke, Georg [aus Stargardt i. Pr.]: Anatomische und physiologische Beobachtungen an den Blättern einiger Eucalyptus-Arten. M. 1 Taf. Abbild. ... (Aus: Jahrb. d. Hamburg. Wiss. Anst. IX.) Hamburg, gedr. bei Lütcke & Wulff, 1891; 27 S., Taf. 8.
Jena, Phil. Fak., Inaug.-Diss. v. 1891

Mielke, G., anatomische u. physiologische Beobachtungen an den Blättern einiger Eucalyptus-Arten. [Aus: „Jahrb. d. Hamburg. wiss. Anstalten“]. Lex.-8. (27 S. m. 1 Taf.) Hamburg 892. (L. Gräfe & Sillem.) n. 1. 50

Mielke, Geo., u. Arth. **Seidel**, der rote Hannis od. Das Geheimnis des Schmugglers, s.: Teich's Vereinstheater.

Mielke, Georg [Dr. phil.]: Über die Stellung der Gerbsäuren im Stoffwechsel der Pflanzen. Hamburg, gedr. bei Lütcke & Wulff, 1893; 2 Bl., 38 S. 4.
Hamburg, R vor d. Holstenthore, OP 1893 (732)

— üb. die Stellung der Gerbsäuren im Stoffwechsel der Pflanzen. Progr. gr. 4. (38 S.) Hamburg 893. (Herold's Verl.) n.n. 2. 50

Mielke, Georg, Dr.: Die Unterrichtsräume für Chemie. *Hamburg 1903: Lütcke & Wulff.* (S. 23—27.) 4°
Hamburg, OR u. R auf d. Uhlenhorst, P 1903 (842)

Mielke, Gottfr., die religiöse Fortbildg. d. schulentlassenen Jugend. (VII, 275 S.) gr. 8. Essen 908. G. D. Baedeker. 3. —

Mielke, Gfr., der Sonntag, s.a. Zeitfragen des christl. Volkslebens. 180. Hft.

Der Sonntag. Von Gottfried Mielke. Stuttgart: Ch. Belser 1899 (54 S.) 8°
(Zeitfragen d. christlichen Volkslebens. Bd 24. H. 4.)

Mielke, Gfr., das System Albrecht Ritschl's, dargestellt, nicht kritisirt. gr. 8. (60 S.) Bonn 894. A. Marcus. n. 1.20

Mielke, Hellmuth [Stettin]: Zur Biographie der heiligen Elisabeth, Landgräfin von Thüringen . . Rostock, Carl Boldt'sche Hof-Buchdr., 1888; 75 S. 8°
Rostock, Phil. Fak., Inaug.-Diss. v. 2. Jun. 1886

Mielke, Hellmuth, zur Biographie der heiligen Elisabeth, Landgräfin von Thüringen. Diss. Rostock 1888, G. B. Leopolds Univ.-Buchh. 8°. 75 S.

Mielke, Hellmuth, Coer-Dame, s.a. Goldschmidt's Bibliothek f. Haus u. Reise.

Coeur-Dame. Novelle von Hellmuth **Mielke**. *Berlin: A. Goldschmidt 1900.* (115 S.) 8° [F.]
= Bibliothek, Goldschmidts, f. Haus u. Reise. Bd 84. [illegible]

Mielke, Hellmuth, die heilige Elisabeth, Landgräfin v. Thüringen, s.a. Sammlung gemeinverständlicher wissenschaftlicher Vorträge.

Mielke H, die heilige Elisabeth, Landgräfin von Thüringen. (Sammlung gemeinverständlicher wissenschaftl. Vorträge NF 125) Hamburg 1891

Mielke, Hellmuth, Geschichte des deutschen Romans, s.a. Sammlung Göschen 229. Bdchn.

Mielke, Hellmuth. Geschichte des deutschen Romans. 2., verbesserte und vermehrte Aufl. 147 S. 8. Leipzig, G. J. Göschen, 1909. (geb. M. —. 80)
(Sammlung Göschen. Nr. 229.)

— der Maler. Novelle. (207 S.) 8. Breslau 904. Berlin, S. Schottlaender's schles. Verlagsanst. n. 2.—; geb. n. 3.—

—— Der deutsche Roman d. 19. Jahrh. gr. 8. (VIII, 351 S.) Braunschw. 890, Schwetschke u. Sohn. * 4 –; geb. * 5 —

Mielke, Hellm., d. deutsche Roman d. 19. Jahrh. 2., verm. Aufl. gr. 8. (V, 391 S.) Braunschweig 897. Berlin, C. A. Schwetschke & Sohn. n. 4.—; geb. n. 5.—

— dasselbe. 3., verm. u. verb. Aufl. gr. 8. (VIII, 456 S.) Berlin 898. C. A. Schwetschke & Sohn. n. 4. 50; geb. n. 6.—

(B) — Der deutsche Roman des 19. Jahrh. 898. (KBL 32.) Jetzt: Dresden, C. Reißner.

Ein Seelenleiden. Novelle von Hellmuth **Mielke**. *Berlin: A. Goldschmidt 1902.* (101 S.) 8° [F.]
= Bibliothek, Goldschmidts, f. Haus u. Reise. Bd 103. [illegible]

– Dass., s.a. Goldschmidt's Bibliothek für Haus und Reise.

Mielke, Rob., s.: Adler, der rote.

Mielke, Robert: Die Bauernhäuser in der Mark. Mit 88 Abbildungen. ([S.-A.] Archiv der Brandenburgia. Bd. 5.) Berlin 1899. 40 S. 8°.

Mielke, Rob., die Bauernhäuser in der Mark. gr. 8. (V, 40 S. m. 88 Abb.) Berlin 899. P. Stankiewicz. n. 1.—

Mielke, Robert: Beiträge zur Frage der Kunsterziehung in der Schule. Berlin 1904: A. W. Hayn. (S. 1—9.) 4°
Berlin, k. Friedrich-Wilhelms-G OP 1904 (61)

Mielke, Robert: Beiträge zur Frage der Kunsterziehung in der Schule. T. 2. Berlin 1906: A. W. Hayn's Erben. (S. 3—12.) 4° ¶(Forts. d. P-Beil. 1904.)
Berlin, k. Friedrich-Wilhelms-G OP 1906 (64)

Mielke, Rob., das Dorf. Ein Handbuch der künstler. Dorf- u. Flurgestaltg. (VII, 290 S. m. 256 Abbildgn.) gr. 8. Leipzig 910. Quelle & Meyer. 5.40; geb. in Leinw. 6.—

— Das deutsche Dorf, s.a. Aus Natur u. Geisteswelt.

Das deutsche Dorf. Von Robert **Mielke**. Mit 51 Abb. Leipzig: B. G. Teubner 1907. (131 S.) 8° [F.]
= **Natur, Aus, u. Geisteswelt.** Bdch. 192. [illegible]

— der Einzelne u. seine Kunst. Beiträge zu e. Ökonomie der Kunst. gr. 8. (IV, 147 S.) Berlin 900. [G. H. Meyer.] München, Geo Müller. n. 2. 50; geb. n. 3. 50

— der Einzelne u. seine Kunst. Beiträge zu e. Oekonomie der Kunst. 2. [Titel-]Aufl. (IV, 147 S.) gr. 8. München [900]. 904. G. Müller. n. 2. 50; geb. n. 3. 50

Mielke, Rob. Die Münchener Kunstgewerbe-Ausstellung in Bezug auf Stil u. Zeichenunterricht. gr. 8. (57 S.) Berl. 889, [Claesen u. Comp.] Hessling u. Spielmeyer. * 1 60

— s.: Landeskunde der Prov. Brandenburg.

— Museen u. Sammlungen. Ein Beitrag zu ihrer weiteren Entwicklg. (39 S.) gr. 8. Berlin 908. F. Wunder. n. — 60

Mielke, Rob., das deutsche Pfarrhaus u. die Volkskunst, s.a. Blätter, grüne, f. Kunst u. Volkstum. 7. Hft.

Das deutsche Pfarrhaus und die Volkskunst. Von Robert **Mielke**. München & Leipzig: G. Müller 1904. 15 S. 8°
(Grüne Blätter f. Kunst u. Volkstum. H. 7.)

Mielke, Rob., die Revolution in der bildenden Kunst. 1. u. 2. Aufl. gr. 8. (67 S.) Berlin 891. J. Bohne. n. 1.—

Mielke, Robert. Die Laufenburger Stromschnellen. 5 S. 8. [Berlin, F. Heinicke, 1905.]

— Volkskunst. gr. 8. (VIII, 128 S. m. 85 Abb.) Magdeburg 896. Leipzig, B. Elischer Nachf. n. 2. 50; geb. n.n. 3. 25

[F.] Volkskunst. Von Robert **Mielke**. M. 85 Abb. *Magdeburg: W. Niemann 1896.* (123 S.) 1 Bd 8. [illegible]

Mielke, W., Friedrich der Große. Sein Leben und seine Thaten. Der reiferen Jugend erzählt. 8. (128 S.) Berlin 888. Liebau. geb. 1. 50

Mielke, Wilhelm: Die Charakterentwicklung Parzivals. Gartz a. O. 1904: K. Fiebelkorn. (27 S.) 8°
Gartz a. O., st. G OP 1904 (161)

Miell, Pet., Predigten an Sonn- u. Feyert. Fol. Regensb. Montag u. W. 747.

Mielmann, C., Tabellen zu dem Vereins-Zolltarife, und zwar zur Berechnung der Abgaben nach der neuen Gewichts- und Münz-Eintheilung, sowie zur Reduction des Brutto-Gewichts auf Netto-Gewicht. Bremen 859. Kühtmann & Comp. 4. (35 S.) 9 ngr.

Mielnica [Schlagwort]

Mielnica, s.: Oesterreich-Ungarn. Spezialkarte.

MIELNICKI, Josephus: De priscis liturgiis Graecis et orientalibus. — (1867) 142 S. 4° (Handschr.) Diss. 238
Diss. Wien, Univ.

Mielot, Jean, Leben der heiligen Katharina v Alexandrien. Nach der alten französ Legende bearb. v. Marius Sepet, verdeutscht v. J. Wipfli u. J. J. v. Ah. Mit e. chromolith. Titelbild nach Fra Angelico, e. chromolith. Einschaltbild nach e. alten Tafelgemälde, 26 Einschaltbildern nach alten Miniaturen, auf Tongrund gedr., Randeinfassgn. nach A. Dürer u. a. in reichster Abwechslg. &c. hoch 4. (VIII, 296 S.) Einsiedeln 886. Benziger. n. 12. —

Mielot, Jean, s.: Speculum humanae salvationis.

Mielziner, M., die Verhältnisse der Sklaven bei den alten Hebräern, nach biblischen und talmudischen Quellen dargestellt. Ein Beitrag zur hebräisch-jüdischen Alterthumskunde. gr. 8. (68 S.) Kopenhagen 859. Leipzig, Hinrichs'sche Sortimentsbuchh. *

Mienrad, Der heilige, und seine Verehrer. [Einsiedeln] 1828. V: *Bodenmüller, Elise geb. Lavater.* (catstbzür 3, S. 343)

Mier, Gomez de, s. Gomez de Mier.

Mier, José Eusebio Gomez de, s.a. Gomez de Mier, José Eusebio.

Mier, Jose Euseb. Gomez de, Manual de la Conversacion española, s. Bärmann, J. N.

Mier, J. E. G. de, der echte Spanier od. Anweisung zur gründlichen Erlernung der spanischen Sprache. Nach der neuesten Aufl. der Grammatik der span. Akademie bearb. 10. Aufl., neuer unveränd. Abdr. gr. 8. (XV, 584 S.) Hamburg 889. Verlagsanstalt u. Druckerei, A.-G. n. 6.—

Mierau, Franz [aus Wargitten]: Beiträge zur Kenntnis des Benzenylamidins und verwandter Verbindungen .... Königsberg in Pr., Druck v. M. Liedtke, 1888; 2 Bl. + 29 + 1 S. + 1 Bl. 8°
Königsberg, Phil. Fak., Inaug.-Diss. v. 24. März 1888

Mierau, F., Beiträge zur Kenntnis d. Benzenylamidins u. verwandter Verbindgn. Inaug.-Diss. gr. 8. (29 S.) Königsberg i/Pr. 888. (Koch's Antiq.) n.n. — 80

Mierendorff, J., Frühlings-Blüten. qu. Fol. (4 Farbdr.) Berlin (899). W. Schultz-Engelhard. 3.—

Mierendorff, Joachim, Rechtsanwalt in Rostock: Die Vorlegung von Sachen nach dem Bürgerlichen Gesetzbuche. Rostock 1905: C. Hinstorff. (91 S.) 8°
Rostock, Jur. Fak., Ref. Matthiass, Diss. v. 10. Apr. 1905
[Geb. 8. März 76 Rehfelde b. Sellnow, Prov. Brandenbg.; Wohnort: Rostock i. M.; Staatsangeh.: Preußen; Vorbildung: Gymn. Rostock Reife O. 95; Studium: Rostock 3, Berlin 2 S., dann Rostock; Rig. 27 Febr. 05.]

Mierendorff, Johanna, landschaftliche Scenerien m. Blumenranken. 6 (farb.) Studienblätter. Fol. Leipzig 893. E. Baldamus, Sep.-Cto. n. 7. 50; einzelne Blätter 1. 80

Mierendorff, (Armin.) Otto (geb Stralsund 10.4.1828): De hydrope ovarii. Berolini (1851). (32 S.) 8°
Berlin, Med. Diss. v 15. Dez. 1851

Mierendorff, Richard *Wilhelm Immanuel* [aus Stralsund]: Über die Osteome der Nasenhöhle nebst Beschreibg eines v. Siebbein ausgehenden Osteoms ... Greifswald, Buchdr C. Sell, 1895; 38 S., 1 Bl. 8.
Greifswald, Med. Fak., Inaug.-Diss. v 12. Nov 1895

Mieris, Frans van, Biographie u. Charakteristik, s. Lemcke, C.

Mierisch, Bruno [aus Döbeln i. S.] Die Auswurfsblöcke des Monte Somma .... Wien, Alfred Hölder, K. K. Hof- u. Univ.-Buchh., 1886; 1 Bl. + 78 S. 8°.
Leipzig, Phil. Fak, Inaug.-Diss. v. 20. Nov. 1886.

Mierisch, Carl Friedrich Wilhelm (Bautzen), De incarceratione in annulo canalis inguinalis posteriore. Diss. chir. Leipzig (Staritz) 12. XII. 1845. 23 S. (2.50) 23339

Mieritz, Ludw. v., die sexuelle Moral od. Ein Wort an alle jungen Männer zur Bekämpfg. u. Verhütg. der Geschlechtskrankheiten. (72 S.) 8. Dresden (907). F. Caspar & Co. 1.75; geb. 2.75

Miernicki, F., (22) Tablice ścianne do czytania. gr. Fol. Berlin 852, Mittler & Sohn in Comm. 3/4 ₰

Mierosławski's Operationsplan, s.: Wedell.

Mierosławski, Gl. Histoire de la commune polonaise du dixième au dix huitième siècle. 8. Berlin 1856.

Mieroslawski, (Ludwig). Berichte des Generals M' über den Feldzug in Baden. [Mit 1 Karte.] 8. Bern 1849.

v. Mieroslawsky, Ludw., Berichte über den Feldzug in Baden. 2. Aufl. gr. 12. (53 S. m. 1 lith. Karte in Fol.) Bern 849, Jenni Sohn. 8 ngr.

Mieroslawski, L. v Kritische Darstellung des Feldzuges vom Jahre 1831, und hieraus abgeleitete Regeln für Nationalkriege. Mit Plänen. (2 Bde.) 8. Berlin 1847.

— kritische Darstellung des Feldzuges vom J. 1831 u. hieraus abgeleitete Regeln für Nationalkriege. Aus d. Poln. übers. u. m. Anmerkungen versehen von einem Preuß Offizier R. v. K. 2 Bde. Lex. 8. (671 S. m. 7 lith. Plänen in Fol. u. 4.) Berlin 848, Behr. 4½ ₰

—— Débat entre la révolution et la contrerévolution en Pologne, s.a. Débat.

(Mieroslawski, L. v.) Débat entre la révolution et la contrerévolution en Pologne. Par quelqu un qui ne dit que ce qu'il pense, mais qui ne peut pas dire tout ce qu'il pense. Leipzig, E. Keil u. Comp. 1848. 120 S. 8.

—— Discours prononcé devant le Tribunal à Berlin le 5. Août 1847. gr. 8. (16 S.) Posen 847, Schirmer.

— Mowa. Ludw. v. Mieroslawski's Vertheidigungsrede vor d. K. Kammergericht zu Berlin am 3. August 1847 in polnischer Sprache gehalten. Mit gegenüberstehender deutscher Uebersetzung. (Abdr. aus dem „Polenproceß" hrsg. v. G. Julius.) gr. 8. (17 S.) Berlin 847, Hayn. n. 2 ngr

Mieroslawski, (Ludwig v.) général. Rapports sur la campagne de Bade. (Mit einer Karte.) Berne, Jenni fils 1849. 50 S. 8.

v. Mieroslawsky, Ludw., Rede, gehalten vor dem Criminal-Senat des Kammergerichts zu Berlin am 5. August 1847. Aus dem Französ. gr. 8. (24 S.) Posen 847, Cohn. 1/12 ₰

Mierre, M., la peinture, poëme en trois chants, av. fig. gr. 12. Amsterd., (Varrentrapp in Frkf.) 1 ₰ 4 gr

Tugendhafter Lebenswandel: Fliessen aus der Maurerey neue Anreizungen zum Guten und zur Tugend? Ein Vortrag, bey Gelegenheit einer Aufnahme gehalten in der □ Carl zum Felsen [in Altona] am 3. IX. 5801 von dem Br C. G. **Miersch.** Als Ms. f. Brr Frmr. o. O. [1801]. 24 S. 8° [Umschlagtit.]
Kl. 1128.

Miersch, C.G., Samml. von Lust- u. Schauspiel. 1r. Berl. Schöne. 793.

Worin besteht der wahre Lohn des Maurers? Ein Vortrag am Stiftungs-Feste der □ Carl zum Felsen am 22. III. 5802 gehalten von C. G. Miersch. Als Ms. f. Br. [Altona 1802:] Eckhardt. 24 S. 8° [Umschlagtit.]
Der Lohn, den die Mrei gibt, besteht in dem Frieden der Seele.
Rekt. Kneisner, Hamburg.

[F.] **Miersch,** Heinrich [Referendar]: Der s. g. symbolische Besitzerwerb des gemeinen Rechtes in seinem Verhältnisse zum naturalen ... Greifswald, Druck v. J. Abel, 1896; 77 S. 8.
Greifswald, Jur. Fak., Inaug.-Diss. v. 1896

Miersch, J. G., Anweisung, wie man mittelst e. Sternuhr d. vorzüglichsten Sternbilder kennen lernen, so wie durch den Polarstern d. Zeit erfahren u. d. Weltgegenden finden kann. Neu bearb. v. G. A. Jahn. 4, verb. u. verm. Aufl. M. 1 Sternuhr. 8. (1½ B.) Leipzig 835 Hunger.

Miersch, J. G., die Sternen-Uhr, od. Anweis., wie man durch den Polarstern in jeder hellen Nacht am Himmel sehen kann, um welche Zeit es ist. Mit 1 ill. Kpf. gr. 8. Leipz. 820. 3e A. 823. Magazin f. Ind. 16 gr.

Miersch, J. G. Die Sternuhr. Text und Tafel. Leipzig. 1856.

— die schöne Venus, wie selbige als Abendstern in großem Glanze erscheint, hierauf nahe zur Erde kommt, u. alsdann Morgenstern wird; auf einer Himmelskarte vorgestellt. gr. 8. Leipz. 804. Magaz. f. Ind. u. Lit. 4 gr.

Miersch, Karl Gf., s. Glücksburg, Amalie von.

Miersch, Karl Gf., Jaffieri u. Blanka, oder d. Verschwörung wider Venedig. Schspl. in 5 A. 8. Berl. 795. Schöne. 8 gr.

— Künstlerglück. Lstspl. in 1 A. 8. Berl. 793. Schöne. 2 gr.

— s.a. Ordens-Brüder, Die.

Die Ordens-Brüder oder Der Stein der Weisen. Ein Lustpiel in drey Aufzügen von K. G. **Miersch.** Berlin: Schöne 1793. 86 S. 8°
Kl. 4037, Tt. 2684. Verspottung der Schwärmerei u. Geheimniskrämerei. 100.

— s. Urtheil, Das.

— Versprechen macht Schuld. Lstspl. in 3 Aufz. 8. Berl. 793. Schöne. 6 gr.

Miersch, Walther [aus Dresden]: Ueber die Condensation der verschiedenen isomeren Halogenhydrozimmtsäuren zu den entsprechenden Halogenhydrindonen ... München, kgl. Hof- u. Univ.-Buchdr. v. Dr. C. Wolf & Sohn, 1892; 60 S. 8.
München, Phil. Fak., Inaug.-Diss. v. [18. März] 1892

Mierswa-Judeich, Sidonie

Mierswa-Judeich, S., aus dem Reiche des Naphtha, s. a. Kürschner's, Jos., Bücherschatz Nr. 327.

Aus dem Reiche des Naphtha. Roman von S(idonie) **Mierswa**-Judeich (unter d. Vorr.: Judeich-Mierswa). Mit Ill. von W. Roegge. *Berlin, Eisenach, Leipzig: H. Hillger [1903].* (94 S.) 8° [F.]
— **Bücherschatz,** Kürschner's. No 327. [04. 95]

Miertsching, Joh. Aug., Reise-Tagebuch (des Verf.), welcher als Dolmetscher die Nordpol-Expedition zur Aufsuchung Sir John Franklins auf dem Schiff Investigator begleitete. In den J. 1850 bis 1854. 1. Aufl. 1855. und 2. Aufl. gr. 8. (XVI und 206 S. mit 1 lithogr. Charte in qu. gr. Fol.) Gnadau 856. (Leipzig, H. Schultze.) **

Miertsching, Joh. Aug. — Reise-Tagebuch des Missionars Joh. Aug. Miertsching, welcher als Dolmetscher die Nordpol-Expedition zur Aufsuchung Sir John Franklins auf dem Schiff Investigator begleitete. In den J. 1850—54. 3. Aufl. 8. (XII und 203 S. mit 1 lithogr. Charte in qu. gr. Fol.) Gnadau 864. (Leipzig, H. Schultze.) **

Mierzb, Jan, Służba lekkiej kawaleryi w Polu przełożona z francuzkiego podług połączonych dzieł podpułkownika F. de Brack i jenerała de la Roche Aymon. 16. (XXIV und 344 S. mit 2 Stnt. in 4.) Leipzig 864, (Brockhaus' Sortiment und Antiquarium.) *

Mierzejewski, Lucyan, aus Warschau: Über 2-Amido-8-naphtol-6-sulfosäure-G [γ-Säure]. Basel 1906. 32 S. 8°. [2. VII. 06.]
Basel. Phil. Diss. 1906/1907.

Mierzejewski, Lucyan. Über 2-Amido-8-naphtol-6-sulfosäure-G(γ-Säure). Diss. Phil. Basel. 32 S. 8. Basel, Emil Birkhäuser, 1906.

Mierzluski, S., die Industrie der Essigsäure u. der essigsauren Salze. (IV, 214 S. m. 38 Abbildgn.) gr. 8. Leipzig 905. C. Scholtze. n. 4. 50; geb. n. 5. 50

Mierzinski S, die Praxis und Betriebskontrolle der Schwefelsäure-Fabrikation. (254 S) (Bibliothek Chemisch-technische 274) Wien 1904

— die Praxis u. Betriebskontrolle der Schwefelsäure-Fabrikation f. den Chemiker, Meister, Kammerführer rc. (V, 254 S. m. 19 Abbildgn.) 8. Wien 904, A. Hartleben. n. 4. —; geb. n. 4. 80

Mierziński, Stanislaus

— die Desinfectionsmittel. Mit in den Text gedr. Holzschn. gr. 8. (92 S.) Ebend. 878. n. 2. —

Mierzinski, Stanisl., die Erd-, Mineral- und Lack-Farben, s. Schauplatz, neuer, der Künste und Handwerke.

— die Erd-, Mineral- u. Lack-Farben, ihre Darstellung, Prüfung u. Anwendung. Zum Gebrauche für Fabrikanten, Techniker, Farbwaarenhändler, Maler, Anstreicher etc. 4. Aufl. von Schmidt's „Farbenlaboratorium“, in vollständ. Neubearbeitung. Mit 51 in den Text eingedr. Holzst. gr. 8. (XII, 500 S.) Weimar 881. B. F. Voigt. 10. —

Mierzinski S. die Fabrikation des Aluminiums und der Alkali-Metalle. (Bibliothek, Chemisch-technische 121) Wien 1885

Mierzinski, Stanisl., die Fabrikation d. Aluminiums u. d. Alkalimetalle. Mit 27 Abbildgn. 8. (VIII, 112 S.) Wien 885. Hartleben. n. 2. —

Mierzinski Stanisl., die Fabriktion der ätherischen Oele u. Riechstoffe. Zum Gebrauche f. Fabrikanten, Chemiker, Apotheker, Droguisten u. Parfümisten. Mit 21 in den Text gedr. Holzschn. gr. 8. (VI, 185 S.) Berlin 871. Springer's Verl. n. 5. —

Mierzinski, St., die Gerb- und Farbstoff-Extracte. Mit 59 Abbildgn. 8. (III, 222 S.) Wien 887. Hartleben. n. 3. 25; geb. n. 4. 10

[F.] Handbuch der Farben-Fabrikation. Praxis u. Theorie. Von Dr. Stanislaus **Mierzinski**. In 2 Bdn. M. 157 (Umschl. & Bd 2 162) Abb. Bd 1. 2 *Wien, Pest, Leipzig: A. Hartleben 1898.* 2 Bde 8.
1 (VII, 535 S.) 2. (VIII, 537—1094 S.)
— **Bibliothek**, A. Hartleben's Chemisch-techn. Bd 229. 230. 197.1464

Mierzinski S, Handbuch der praktischen Papierfabrikation. 3 Teile. (Bibliothek, Chemisch-technische 138. 141-42) Wien 1886

— Handbuch der praktischen Papier-Fabrikation. 3 Bde. 8. Ebend. 886. n. 13. 25
1. Die Herstellg. d. Papiers aus Hadern auf der Papiermaschine. Mit 166 Abbildgn. (XIV, 423 S.) n. 6. —
2. Die Ersatzmittel der Hadern. Mit 114 Abbildgn. (VIII, 294 S.) n. 4. —
3. Anleitung zur Untersuchung der in der Papier-Fabrikation vorkommenden Rohproducte. Mit 28 Abbildgn. (VIII, 209 S.) n. 3. 25

— Herstellg. wasserdichter Stoffe u. Gewebe auf sogen. chem. Wege. gr. 8. (121 S. m. 29 Illustr.) Berlin 897. Fischer's technolog. Verl. n. 3. 50; geb. 4. 50

Herstellung wasserdichter Stoffe und Gewebe auf sogenanntem chemischem Wege. Von Dr. S. **Mierzinski**. M. 29 Ill. *Berlin: M. Krayn 1897.* (119 S., 1 Bl.) 1 Bd 8. 197. 244

Mierzinski, Stanisl., die Conservirung der Thier- u. Pflanzenstoffe [Nahrungsmittel etc.]. Mit in den Text gedr. Holzschn. gr. 8. (166 S.) Berlin 878. Springer. n. 3. —

— Die Riechstoffe. (Schauplatz der Künste und Handwerke 16) Weimar 1888

— die Riechstoffe und ihre Verwendung zur Herstellung von Duftessenzen, Haarölen, Pomaden, Riechkissen rc., sowie anderer kosmet. Mittel. 6. neu bearb. und stark verm. Aufl. des „Parfümeur". gr. 8. (XX, 331 S. mit 70 Abbild.) Weimar 888, B. F. Voigt.

Mierzinski, St., die Riechstoffe u. ihre Verwendung zur Herstellung v. Duftessenzen, Haarölen, Pomaden, Riechkissen rc., sowie anderer kosmetischer Mittel. 7. (Titel-) Aufl. gr. 8. (XX, 331 S. m. 70 Abbildgn.) Weimar 894. B. F. Voigt. 4. —

— die Theerfarbstoffe, ihre Darstellung und Anwendung. gr. 8. (636 S. mit eingedr. Holzschn.) Leipzig 878, O. Wigand. *

— s. Winckler, Emil, technisch-chemisches Rezept-Taschenbuch.

Mierzinsky, Th., Catalog der in den letzten fünf Jahren [1864 bis 1868] erschienenen Romane, Erzählungen rc. nach den Schlagwörtern des Titels geordnet. Hannover 869. (Helwing.) 8. (110 S.) n.n. 25 ngr.

Mierzowski, Joseph: Wodurch kann der Übergang einer genuinen Pneumonie in Phthisis vorgetäuscht werden? *Greifswald 1898: J. Abel.* (29 S.) 8°
Greifswald, Med. Diss. v. 25. März 1898

Mierzyński, Anton. Julianus (geb. Krotoschin 29. 12. 1829) De vita, moribus scriptisque latinis Sebastiani Fabiani Acerni. Berolini (1857) (88 S.) 8°
Berlin, Phil. Diss. v. 6. Juni 1857

Mies, Abbildungen von 6 Schädeln (in Lichtdr.) mit erklärendem Text (in Deutsch und Volapük), um die Hauptgruppen der Längenbreiten- und Längenhöhen-Indices gemäß der internationalen Frankfurter Verständigung zu veranschaulichen. Ausg. A.: [In Form von 4 zerlegbaren Modellen]; Ausg. B.: [Auf 3 Taf., aus welchen ein von links, vorne und rechts drei verschiedene Ansichten zeigendes Bild hergestellt werden kann]. qu. Fol. München 888, Lindauer'sche Buchh.
Ausg. A. In Mappe *
Ausg. B. In Mappe **

Mies. Abbildungen v. 6 Schädeln (in Lichtdr.) m. erklärendem Text (in Deutsch u. Volapük), um die Hauptgruppen der Längenbreiten- u. Längenhöhen-Indices gemäß der internationalen Frankfurter Verständigung zu veranschaulichen, e. v. links, vorne u. rechts drei verschiedene Ansichten zeig. Bild. Ausg. C. qu. Fol. Münch. 889. Lindauer. ** 12 —
Ausg. A. Ebd. 1888. * 10 —; Ausg. B. Ebd. 1888. ** 6 —.

— eine neue Methode, den Schädel darzustellen. Mit 1 Abbildg. im Text u. 1 Taf. (Deutsch u. französisch.) qu. gr. 4. (21 S.) Ebd. 889. n. 4. —

Mies, Johs.

Mies, J., was Jeder Gewerbetreibende üb. die neue Gewerbesteuer wissen muß. Volksthümliche Erläuterg. d. am 1. April 1893 in Wirksamkeit tret. Gewerbesteuer-Gesetzes. gr 16. (46 S.) Köln 892. J. P. Bachem. n. — 25

— was Jedermann üb. die neue Einkommensteuer wissen muß! Volksthümliche Auslegg. d. neuen, am 1. April 1892 im Wirksamkeit tret. Einkommensteuer-Gesetzes, nebst Steuer-Tarif. 16. (48 S.) Ebd. 891. n. — 20

MIES, Josef (Köln): Beschreibung und Anwendung eines neuen kraniometrischen Instrumentes. Mit 2 Taf.- München: Wolf (1884). 30 S.,2 Taf.- S.-Abdr.aus: Beiträge zur Anthropologie und Urgeschichte Bayerns. Bd.6.H.2 u.3.
30.,7.1884 - Urk (Titel: De novo instrumento craniometrico.); Chr 1884/85,19
Diss. Ingolst.-Landsh.-Mchn.

Mies, Jos., d. Schädel in d. grossherzogl. anatom. Anstalt zu Heidelberg, s. a. Sammlungen, d. anthropolog., Deutschlands.

Die Schädel in der großherzoglichen anatomischen Anstalt zu Heidelberg, mit Angabe der von Herrn Geheimrath Schaaffhausen gemachten Aufzeichnungen, gemessen u. beschrieben von Dr. Joseph **Mies**, Arzt in Köln. Mit 3 Abb. u. 1 Erkl.-Taf. Braunschweig: F. Vieweg & Sohn 1896. (XVIII, 55 S.) 4°
= **Sammlungen**, Die anthropologischen, Deutschlands. 11. 196. 1551

Mies, Wilhelm: Das Absorptionsspektrum des Paraxylols im Ultravioletten. Leipzig: Barth 1909. 16 S. 8°
Bonn, Phil. Diss. v. 14. Aug. 1909, Ref. Kayser
[Geb. 19. Febr. 88 Diez; Wohnort: Diez; Staatsangeb.: Preußen; Vorbildung: Oberrealsch. Wiesbaden Reife O. 06; Studium: Bonn 2, München 1, Bonn 3 S.; Rig. 14. Juli 09.] [U 09. 414

Miesbach [Sachliches OW]

Miesbach, dessen Alpenvorland u. s. Berge. 12. (59 S. m. 1 Karte u. 2 Ansichten.) Miesbach (894). K. Werkmeister. Kart. n. 1. —

Miesbach [Schlagwort]

Miesbach, s.: Bayern. Karte.

Miesbach [Verfasser]

Miesbach, Louis — La fabrication des briques et des tuiles depuis son origine jusqu' à ce jour. Par — —. Vienne, 1855. Imprimerie de Charles Gerold et fils. (17 S. 8.) Mit zwei Lithographien: Birs Nimrod, und Inscription cunéiforme sur la brique tirée du palais de Nebuchadnezzar, antérieurement, de la Reine Semiramis. Reiffenstein et Roesch à Vienne.

Miesbach, Louis —. L'industrie houilleresse de l'empire d'Autriche. Par — —. Vienne. 1855. Imprimerie de Charles Gerold et fils. (10 S. 8.)

Miescher, Ernst. Alt- und Neu-St. Leonhard. Gedenkschrift zur Erinnerung an die Einweihung der St. Leonhardskirche [in St. Gallen], zusammengestellt von E' M'.... Mit drei Illustrationen [wovon 1 Tafel] nach Zeichnungen des Herrn Baumeister Salomon Schlatter. 8. St. Gallen 1887.

Miescher, Ernst, Pfr. Alt- und Neu-St. Leonhard. Gedenkschrift zur Erinnerung an die Einweihung der St. Leonhardskirche in St. Gallen. In-8°, — S., mit 3 Illustr. St. Gallen, Th. Wirth & Cie. 1887. **— 70**

Miescher, E[rnst]. Ansprache bei der Beerdigung der (*Umschlag: Zur Erinnerung an) Jungfrau Caroline Burckhardt sel.... [zu Basel] den 30. September 1895.... 8. [Basel.]

Miescher, Ernst, die Aufgabe der Mission in Beziehung auf die verschiedenen Motive des Uebertritts. (24 S.) 8. Berlin (905). Buchh. der Berliner ev. Missionsgesellschaft. n. — 20

Sonderabdruck aus: „Verhandlgn. der 11. kont. Missionskonfer."

— die Bekehrung bei Christen u. Heiden, s.a. Missions-Studien, Basler. 30. Hft.

Miescher, E[rnst]. Die Bekehrung bei Christen und Heiden. 72 S. = [Band 4,] S. 121—192. 8. Basel, Basler Missionsbuchh., 1906. [fr. 1. —]

Basler Missions-Studien. Heft 30.

— die Bibel im Geistesleben der Menschen u. Völker. Vortrag, geh. bei der Konferenz christl. Freunde in Baden am 2. V. 1904. (27 S.) 8. Basel 904. Kober. n. — 40

— durch's Gewissen zur Gewißheit. Ein Vortrag. 12. (26 S.) Trüllikon 890. (Basel, Missionsbuchh.) n. — 15

Miescher, Ernst. Zur Erinnerung an Herrn Karl Emil Gonin-Lieb. (Geb.... 1851, gest.... 1893.) Personalien und Leichenrede. gesprochen den 20. Mai 1893... zu Basel. 8. Basel.

Miescher, E[rnst]. Zur Erinnerung an Albert Emanuel Schaffter sel. Personalien und Leichenrede, gesprochen den 20. Oktober 1899... zu Basel. 8. Basel 1899.

Miescher, Ernst, es sei denn — Jesu Gespräch m. Nicodemus üb. das Kommen in's Himmelreich. 8. (63 S.) Basel 897. (Missionsbuchh.) n. — 40

Miescher, E., es sei denn. Jesu Gespräch m. Nikodemus üb. das Kommen ins Himmelreich. Ausgelegt v. M. 2. Aufl. (63 S.) 8. Basel, Basler Missionsbuchh. — 60

— gesegnete Ferien! Allerlei zur Beherzigg., zu Mahng. u. Trost f. die Ferienzeit. 12. (111 S.) Ebd. 896. n. — 40

— in d. Fremde u. Daheim. D. Gleichnis v. verlornen Sohn. Luk. 15, 11—32. Zu erneuter Beherzigg. ausgelegt. 8. (123 S.) Basel 898. Missionsbuchh. n. — 80

— in Jesu Gebetsschule. Das Unser-Vater in Predigten ausgelegt. (III, 72 S.) 8. Basel 906. Basler Missionsbuchh. n. — 80

— die Glocken v. St. Paulus u. die Botschaft, die sie ausrichten. Predigten üb. fünf Glocken-Inschriften. 8. (62 S. m. 1 Abb.) Basel 903. Missionsbuchh. n. — 60

— Gott ist die Liebe. 8 Predigten üb. 1. Joh. 4, 16. 3. Aufl. 12. (39 S.) Ebd. 896. n. — 20

Miescher, E. (Pfarrer zu St. Leonhard in St. Gallen). Göttliches u. Menschliches im Spiegel der Geschichte Josephs. Zwanzig volksthümliche Betrachtungen. In-8°, VIII u. 188 S. Basel, F. Riehm. 1880. **Geb. 3 —**

Miescher, Ernst, Göttliches u. Menschliches im Spiegel der Geschichte Josephs. 20 volksthüml. Betrachtgn. 2. Aufl. gr. 8. (VII, 184 S.) Basel 892. F. Riehm. n. 2. 40; geb. n. 3. —

— heilet die Kranken! Ein Missionsbefehl Jesu. 8. (20 S. m. Abbildgn.) Ebd. 900. n. — 10

— das Hirtenamt u. die Aufgabe der christlichen Kirche, s.: Salis, A.

— von der großen Kunst Gottes. (Predigt üb. 1. Mose 1, 27 a, geh. zu St. Leonhard den 17. X. 1897.) 8. (15 S.) Basel 897. Kober. n. — 20

[Miescher, Ernst.] Leichenrede bei Anlass der Beerdigung des Herrn Chr(istian) Friedrich Lieb-Burckhardt den 24. November 1892... [zu Basel] (*Umschlag: Zur Erinnerung an Herrn C. F' Lieb-B'). [Mit Porträt-Tafel.] 8. Basel.

— die Mission, die Urheberin v. Wirren, s.a. Missions-Studien, Basler. Hft. 1.

Miescher, E[rnst]. Die Mission, die Urheberin von Wirren. 34 S. 8. Basel, Missionsbuchhandlung, 1901.

(Für die Mitglieder der Quartal-Kollekte Nr. 19.) — [Sep.-Ausg. aus: Basler Missions-Studien. Heft 1.]

— Missionszeit, Missionsmethode, Missionsgeist, s.a. Missions-Studien, Basler. 19. Heft.

Miescher, E[rnst]. Missionszeit, Missionsmethode, Missionsgeist. (Vortrag ... am 28. September 1903 gehalten....) 34 S. 8. Basel, Missionsbuchh., 1904 (*Umschlag: 1903). (fr. —. 50)

Basler Missions-Studien. Heft 19.

Miescher, Ernst. Personalien und Leichenrede, gehalten ... [zu Basel] bei der Beerdigung des Herrn Eduard Preiswerk-Groben den 4. April 1895 (*Umschlag: Zur Erinnerung an Herrn E' Preiswerk-G'). [Mit Porträt-Tafel.] 8. Basel.

— letzte Predigten, geh. zu St. Leonhard in St. Gallen. 8. (24 S.) St. Gallen 891. Buchh. d. Evang. Gesellschaft. n. — 25

Miescher, Ernst, s.: Reben am Weinstock.

— ringe recht! Eine Sammlg. Predigten, geh. zu St. Leonhard in St. Gallen. gr. 8. (VIII, 415 S.) St. Gallen 891. Huber & Co. n. 3. 40; geb. n.n. 4. 60

Miescher, E[rnst]. Den Sanftmütigen das Erdreich. Predigt gehalten am 22. Oktober 1905 zu St. Paulus. [Mit Vignette.] 12 S. 8. Basel, Komm. der Missionsbuchh., 1905. [fr. —. 20]

Miescher, E., die St. Gallische Kaufmannsfrau Anna Schlatter, s.a. Reben am Weinstock.

Miescher, Ernst. Die St. Gallische Kaufmannsfrau Anna Schlatter (1773–1826). Ein christliches Lebensbild. [Mit Porträt-Tafel.] 8. Basel 1885.
Reben am Weinstock (Bändchen) 1.

— die Stellung der Jünglinge u. Männer zum irdischen u. himmlischen Beruf. Vortrag. 8. (19 S.) Basel 893. Jaeger & Kober. n. — 20

— was haben wir an Ihm? Vier Predigten. 8. (48 S.) Basel 903. Missionsbuchh. n. — 60

Miescher, E[rnst.] Gustav Werner von Reutlingen (1809–1887). Ein Nachruf an den Vollendeten. [SA.] 8. ⟨Trüllikon, Kt. Zürich⟩ 1888.

Miescher, Frdr., histochemische u. physiolog. Arbeiten. Gesammelt u. hrsg. v. s. Freunden. 2 Bde. gr. 8. Leipzig 897. F. C. W. Vogel. n. 20.—
1. (138 S. m. Bildn.) n. 4.—.
2. (III, 543 S. m. 25 Abb. u. 2 Farbdr.) n. 16.—.

Miescher[-His], Friedrich. Die medizinische Facultät in Basel und ihr Aufschwung unter F(elix) Plater (1536–1614) und C(aspar) Bauhin (1560–1624). Mit dem Lebensbilde von Felix Plater ([und 1 Tabelle:] Das Platersche Geschlecht). Zur vierten Säcularfeier der Universität Basel 6. September 1860, im Auftrage der medizinischen Facultät verfasst von Prof. Dr. F' M'. 4. Basel 1860.

Miescher, Friedr., die medizinische Facultät in Basel und ihr Aufschwung unter F. Plater und C. Bauhin mit dem Lebensbilde von Felix Plater. gr. 4. (58 S. mit 1 Tab. in Fol.) Basel 860, [Bahnmaier's Verlagsh.] Thlr. *

Miescher, Frid. (geb. Bern 1811): De ossium genesi, structura et vita. Berolini (1836). (70 S.) 4°
Berlin, Med. Diss. v. 9. Jan. 1836

Miescher, Friedrich: De inflammatione ossium eorumque anatome generali. Cum tab. Berolini 1826. XIII, 281 S. 4 tab.

Miescher, Frid., de inflammatione ossium eorumque anatome generali. Exercitatio anatom.-patholog. (Accedunt observationes de canaliculis corpusculorum ossium atque de modo, quo terrea materia in ossibus continetur. Auct. Joanne Mueller.) 4maj. (37 B. u. 4 Kpfrt.) Berolini 836, [Thome.] *

Miescher, Fritz, aus Basel: Zur Frage der Wertigkeit der hohen Zange. Leipzig 1909. 42 S. 8°.
Basel. Med. Diss. 1909/10.

Miescher, Fritz. Zur Frage der Wertigkeit der hohen Zange. Diss. Med. Basel. 42 S. 8. Leipzig, Georg Thieme, 1909.

Miescher, K.: Die Besitzinterdicte unter Mitbesitzern. Heidelberg 1876.

Miescher-Rüsch, F. (Prof. Dr.) Statistische und biologische Beiträge zur Kenntniss vom Leben des Rheinlachses. Unter Mitwirkung v. F.W. Glaser, Sohn, Fischermeister in Basel. In-8°, 232 S. Mit 6 Tafeln. 1880.
*** Separatabzug aus der schweiz. Litteratursammlung zur internationalen Fischereiausstellung in Berlin.

Miescher-Rüsch F. (Prof. Dr.) Ueber Ernährung der Sträflinge. Referat aus der Jahresversammlung für Straf- und Gefängnisswesen in Olten 1883. (Separat aus den Verhandlungen.) In-8°, 36 S. Aarau, H. R. Sauerländer. 1884.

Miesegaes, C., s. Misegaes.

Miesegaes, Carsten, Chronik d. freyen Hansestadt Bremen. 3 Thle. gr. 8. Bremen, (Heyse.) [1. (21¼ B.) 828., 2. (24 B.) 829., 3. (29½ B. u. 1 Karte, qu. gr. Fol.) 833. à 2 Thlr.]

Miesemer, Karl, appr. Arzt aus Schiersfeld: Ueber psychische Wirkungen körperlicher und geistiger Arbeit. *(Leipzig: W. Engelmann 1903.)* (62 S.) 8° [Umschlagt.] ¶ (Aus: Kraepelin, Psychol. Arbeiten, Bd 4.)
Heidelberg, Med. Diss. v. 1903

Miesen, Gustav: Der Wagenbau auf der Berliner Gewerbe-Austellung 1896, s. Nesselmann, Alfred

Mieser, Kräuter- und Arzneienbuch. [Beiträge zur deutschböhmischen Volkskunde. 5. Bd. 3. Heft.] Gr.-8°. (XIV, 66 S.) Prag: Calve 1905.

Mieses, F., d. Bibel d. Vernunft. gr. 8. (52 S.) Leipzig (An d. alten Elster 10, I) 895. Selbstverl. n.n. 1.25

[F.] Die Bibel der Vernunft. Von F. Mieses. *Leipzig: Dr. v. C. W. Vollrath 1895.* (52 S.) 1 Bd 8. (98. 6890

Mieses, Fabius, e. Brief an e. Freund (philosophischen Inhalts). [Aus: „Hamagid".] (In hebr. Sprache.) 8. (16 S.) Berlin 891. (Leipzig, M. Schäfer.) n.n. — 60

— gesammelte Gedichte. Hrsg. v. Israel Günzig u. Saul Kronengold. (In hebr. Sprache.) 12. (VIII, 126 S. m. Bild.) Krakau 891. Ebd. n. 2.—

Mieses, Fabius, Geschichte der neuern Philosophie, bearb. und dargestellt von F. M. (In hebräischer Sprache.) gr. 8. (VIII, 160 S.) Leipzig 887. (M. Schäfer.) *

Mieses, Jacques

— das Buch der Schachmeisterpartien, s.: Universal-Bibliothek.

Mieses, Jacques, das Endspiel in der mod. Meisterpraxis, s.: Bibliothek f. Schachfreunde. 7.

Mieses, J., s.: Kongress, der 5., d. deutschen Schachbundes.

Mieses, J., s.: Kongress, der 7., des deutschen Schachbundes.

— kleines Lehrbuch d. Schachspiels, s.: Dufresne, Jean.

Mieses, Jacques: Kleines Lehrbuch des Schachspiels, s. Universal-Bibliothek. (Dufresne, Jean.)

— Lehrbuch des Schachspiels, s.: Bardeleben, C. v.

Wie erlernt man schnell und leicht das Schachspiel? Verständl. leicht faßl. Anleitung mit vielen Diagrammen. Von Jacques **Mieses**. *Berlin: H. Steinitz (1903).* (92 S.) 8° [F.] [illegible]

— wie erlernt man schnell u. leicht das Schachspiel? Verständliche leicht faßl. Anleitung m. vielen Diagrammen. (Umschlag: 2. Aufl.) (92 S.) 8. Berlin (904). H. Steinitz. n. 1. —

Mieses Josef: Der Versuch eines Realwörterbuches zur Mischna.
H. 1907 PN 2253 Diss. Wien, Univ. 2898

Mieses, Jos., Worte der Andacht. 5 Predigten. (71 S.) 8. Przemyśl 908. (Frankfurt a/M., J. Kauffmann.) 1.20

Mieses, Samuel (geb. Brody 20. 11. 1841): Perforatio vesicae felleae cum perihepatitide. Berolini (1864). (32 S.) 8°
Berlin, Med. Diss. v. 15. Aug. 1864

Miesiąc Maryi czyli rozmyślania na każdy dzień miesiąca o jej życiu chwale i opiece porządkiem czasu ułożone a do jej świąt zastosowane. Wydanie 3. gr. 12. (XLVI u. 324 S.) Berlin 852, Behr. n. 1 ₰

Miesiac Maryi czyli rozmyślania na każdy dzień miesiąca o jej życiu chwale i opiece porządkiem czasu ułożone a do jej świąt zastosowane. Wydanie 3. gr. 12. (XLVI und 324 S.) Berlin 856, Behr's Buchh. *

Miesiąc Marynski Maj. Nabożeństwo na każdy dzień w Maju z przydatkiem porannych, wieczornych, do mszy s. do spowiedzi i Kommunii s. modlitw. Z niemieckiego na polski język przełożona przez Ignaca Dziadek. gr. 16. (IV u. 148 S. m. 1 Stahlst.) Ober-Glogau 848, Handel. 1/4 ₰

Mieskowski's Lehrbuch zur practisch-theoretischen Erlerng. der russischen Sprache. 10 Lfgn. 2., unveränd. Aufl. gr. 8. (II, 342 S.) St. Petersburg 887. 888. Hoenniger. à Lfg. n. — 80

— dasselbe. Schlüssel zu den Ubgn. [der 1. u. 2. Aufl.]. gr. 8. (48 S.) Ebd. 890. n. 1. —

Mieskowski, A., neuestes russisch-deutsches Taschenwörterbuch, s.: Collection Feller.

Miesler, Jul., quantitativ-photographische Untersuchungen über elektrische Oscillationen. [Aus: „Sitzungsber. d. k. Akad. d. Wiss."] Lex.-8. (20 S. m. 1 Taf. u. 4 Textfig.) Wien 890. (Tompsky.) n. — 70

— Quantitativ-photographische Untersuchungen über elektrische Oszillationen (mit 1 Taf. und 4 Textfiguren). S 99. IIa. 879 . . . . —.70
Separatabdruck

Miesler, Jul., die elektromotorischen Verdünnungsconstanten von Silber und Kupfersalzen. [Aus dem physikalisch-chemischen Laboratorium der Universität in Wien.] 1. und 2. Mittheilung. Lex.-8. (4; 8 S.) Wien 887, (Tempsky.) **
Aus: Sitzungsberichte der k. Akademie der Wissenschaften, besonders abgedruckt.

Miesler Julius: Die elektromotorischen Verdünnungskonstanten von Silber- und Kupfersalzen. 1. Mitteilung. S. 95. II. 662 . . . . vgr.
— — 2. Mitteilung. S 96. II. 183 . . . . —.20
Separatabdruck

— Die Zerlegung der elektromotorischen Kräfte galvanischer Elemente. 1. Mitteilung. S. 96. II. 983 . . . . vgr.
— — 2. Mitteilung (mit 1 Textfigur). S. 96. II. 1381 . . . . vgr.
Separatabdruck

Mieß, Joh. Chr., geschichtliche Fragmente üb. die Kronstädter allgemeine Pensions-Anstalt. Ein populärer Wegweiser zur Beherzigg. f. Alle, die ihre Glücksverhältnisse verbessern wollen. 3 Hfte. gr. 8. (30, 45 u. 107 S.) Kronstadt 871. 72. Sindel. n. 1. —

Mießen, Elisab., Neuland, s.: Bredow, Maria v.

Mießen, M., Cornelimünster u. seine Heiligthümer. Geschichtliches über den Ort u. kurze Beschreibg. der Kirche u. der in derselben aufbewahrten heil. Reliquien. Den gläubigen Pilgern gewidmet. 12. (15 S.) Aachen 888. Meyers-Kaatzer. n. — 10

Miessler, Adf., deutscher Geographen-Almanach. 1. Jahrg. 1884. gr. 8. (V, 568 S.) Hagen 884, Risel und Comp. *
Nicht weiter erschienen.

Mießler, Franz, Referendar: Der Stahlkammerfachvertrag der deutschen Banken. Borna-Leipzig 1909: Noske. VIII, 49 S. 8°
Leipzig, Jur. Diss. v. 12. Jan. 1910
[Geb. 28. April 84 Worms; Wohnort: Leipzig; Staatsangeh.: Sachsen; Vorbildung: Gymn. Worms Reife O. 02; Studium: Leipzig 2, München 1, Berlin 1, Leipzig 4 S.; Rig. 20. Febr. 06.] [U 10. 2804

Josef MIESSLER Joh. v. Aldringen und Wallenstein, insbesonderes während des 2. Generalates des letzteren.
Diss., Prag 1908/1909

Miessler, Jos., die Wahl Josef II. zum röm. Könige. (13 S.) gr. 8. Aussig 909. (A. Becker.) — 50

Miessler, Otto: Forst-Rechenhelfer, s. Ziegler, v.

Mießler, Otto, Rechenfibel. Nach A. W. Grube's Leitfaden für das Rechnen in der Elementarschule entworfen. 2. Aufl. 8. (38 S.) Görlitz 864, Remer. 2 Ngr.; geb. **

—— s. Ziegler und v. Klipphausen, Forst-Rechenhelfer.

Mießler, Otto, s. Ziegler, v., neuer Rechenknecht.

Miessner: Die Bradsot d. Schafe. Berl. 1909. 4°.
(Mitteilungen d. Kaiser Wilhelms Instituts. Bd. I. H. 3). 373.

Mießner, E., die Geister vom Körnberg. Ein Sang von Einst u. Jetzt. 8. (III, 294 S.) Berlin 890. (A. Senff.) n. 2. —; geb. n. 3. —

Mießner, Elisab., die freie Liebe u. die Frauen. Vortrag, geh. in der Gesellschaft f. eth. Kultur, Berlin, im Verein „Jugendschutz" Berlin u. im „Rechtsschutz-Verein" Dresden. gr. 8. (36 S.) Berlin 900. Herm. Walther. n. — 50

Mießner, Elisab., Lore. E. Gedicht. 8. (220 S.) Berlin 898. F. Dümmler's Verl. n. 2. 40; geb. n. 3. —

Mießner, Elisab., die erotische Strömung in der Frauenbewegung. Vortrag, geh. am 14. I. 1906. (31 S.) gr. 8. Berlin 907. Herm. Walther. — 60

Miessner, Fritz, aus Berlin: Peter Idle: Instructions to his Son. *Greifswald 1903: J. Abel.* (50 S.) 8°
Greifswald, Phil. Diss. v. 28. Nov. 1903

Miessner, Hermann, aus Berlin: Die Drüsen des dritten Augenlides einiger Säugethiere. *Berlin 1900: L. Schumacher.* (33 S.) 8° ¶(Aus: Archiv f. wissensch. u. prakt. Thierheilkunde, Bd 26, H. 2 u. 3.)
Greifswald, Phil. Diss. v. 26. Febr. 1900

Alphabetisches Sachregister zur Telegraphen-Bauordnung und der Allg. Dienstanweisung für Post u. Telegraphie (Abschnitt II², VII¹⁻³). Ein Hilfsbuch für Telegraphenbeamte zsgest. von P. **Mießner**. Berlin: Heymann 1909. 44 S. 8° (10. 3246

Der Andere. Novellen von Wilhelm **Miessner** Zeichn. von Arthur Gratz. Minden i. W.: J. C. C. Bruns 1905. (164 S.) 8° [F.]
— **Miessner**: Novellen. [1] (08. 4323

Gespensternovellen von J[ohann] K[arl] A[ugust] Musäus [u. a.]. Ausgewählt u. eingel. von Wilhelm **Mießner**. Bd 1 Berlin-Leipzig: Buchverl. fürs Deutsche Haus 1908. 8° [F.]
= **Bücher**, Die, d. Deutschen Hauses. Reihe 1. Bd 20. (08. 3781

— **das Leben e. Spiel. Zur Reform der Schauspielkunst. (VIII, 103 S.) 8. Jena 905. E. Diederichs. n. 2. —**

Miessner, Wilhelm: Ludwig Tiecks Lyrik. Eine Untersuchung. § 1. *Berlin: E. Felber 1902.* (63 S.) 8° ¶ [Erschien vollst. 1902 als: Litterarhist. Forschungen, H. 24.]
Heidelberg, Phil. Diss. v. 1902

Miessner, Wilh., Ludwig Tiecks Lyrik, s. a. Forschungen, litterarhistorische. XXIV.

Ludwig Tiecks Lyrik. Eine Untersuchung von Wilhelm Miessner *Berlin: E. Felber 1902* (X, 106 S.) 8°
= Forschungen, Litterarhistorische. H. 24. (02. 6100 2

Mießner, Wilh., ein Menschenleben. Alltagsbriefe unserer Klassiker. Ausgewählt u. eingeleitet. (Buchschmuck v. Arth. Gratz.) (IV, 219 S.) 8. Berlin 907. Verlag Dr. Wedekind & Co. Geb. in Leinw. 4. 50

Novellen. Von Wilhelm **Miessner**. [1] Minden i. W.: J. C. C. Bruns 1905. 8° [F.] (08. 4323

Mießner, Wilhelm (Hrsg.), s. Tieck, Ludwig: Die Reise ins Blaue hinein.

Die Unzulänglichen. Novellenfolge von Wilhelm **Miessner**. Buchschmuck von Arthur Gratz. Minden i. W.: J. C. C. **Bruns** [1907]. (174 S.) 8° [F.]
= **Miessner**: Novellen. 2. (08. 4324

— **Maeterlincks Werke. Eine literarpsycholog. Studie üb. die Neuromantik. (96 S.) 8. Berlin 904. R. Schröder. (Cöpenick, R. Schön.) 1. 50**

Mieste [Schlagwort]

Mieste, s.: Geologische Karten. Karte (Preussen).

Mieste, s.: **Preussen, Messtischblätter.**

Miestinger K.: Zur Bekämpfung d. Getreidehähnchens. Wien 1910. 3 S. Fig. (Sertr.). 4.

Mietcke

— s. a. **Miethke.**

Mietcke, Carl Ludwig (Petersburg), De rigore juris in stupratores violentos quam occassione art. CXIX. C. C. C. Diss. periodica. Präs. Jo. Samuel Friedrich Boehmer. Frankfurt / Oder (J. Chr. Winter) März 1762. S. 1—20. (3.50) 23340
Gew.: Franz Joseph von Weltzeck.

Mietens, Harald: Entstehung der weißen Blutkörperchen und der Milz bei Bufo vulgaris. 4 Fig. im Text. Jena: Fischer 1910. 62 S. 8° ¶ (Aus: Jenaische Zeitschrift f. Naturwiss. Bd 46. N. F. 39, H. 2.)
Jena, Phil. Diss. v. 2. Mai 1910, Ref. Plate
[Geb. 29. Nov. 87 Petersburg; Wohnort: Petersburg; Staatsangeh.: Rußland; Vorbildung: Kirchensch. S. Petri Petersburg Reife O. 03; Studium: Petersburg 1, Marburg 1, Jena 6 S.; Rig. 17. Juni 09.] [U 10. 2358

Mietens, Theodor, Medizinalprakt.: Aus d. Prosektur d. Krankenh. r. d. I. in München. Prosektor: Oberndorfer. Die Funktionen des Stirnhirns und die Symptomatologie der Stirnhirntumoren. Edenkoben 1909: Mietens. 43 S. 8°
München, Med. Diss. v. 10. April 1909, Ref. v. Bollinger
[Geb. 27. April 84 Edenkoben; Wohnort: Edenkoben; Staatsangeh.: Bayern; Vorbildung: Gymn. Landau Reife Juli 02; Studium: München 5, Straßburg 1, Berlin 1, München 3 S.; Coll. 10. April 09; Approb. 31. Jan. 09.] [U 09. 3367

Mietepreller-Verzeichniß

Miethepreller-Verzeichniß des Haus- und Grundbesitzer-Vereins in Kiel. 4. Ausg. März 1898. Kiel. 1898. 8°

Mieter u. Vermieter. Mietvertrag u. Quittungsbuch. Eine vollständ. Zusammenstellg. u. den Bedürfnissen des Verkehrs entsprech., erschöpf. Bearbeitg. der dem Mieter u. Vermieter unter Zugrundelegg. des bürgerl. Gesetzbuches zukomm. Rechte u. Pflichten. Von *. (36 S.) kl. 8. Essen 902. O. Radke's Nachf. n. — 25**

Miether und Vermiether und ihre gegenseitigen Rechte und Pflichten. Ein nützlicher Rathgeber in allen Miethstreitigkeiten und Fragen des Miethverhältnisses. 4. vermehrte und verbesserte Auflage. 8. (14 S.) In Comm. —.35
Wien: Perles 1896.

Miether contra Wirth! Desparates Klagelied eines Berliner Miethsmannes mit 11 lebendigen Kindern u. sonstigen überflüssigen Möbeln. Berlin 858. Lassar. 8. (14 S.) n. 5 ngr.

Mieterzeitung, Allgemeine deutsche, s. Mieterzeitung, Deutsche allgemeine.

Mieter-Zeitung, deutsche. Monatsblatt f. Wohnungs- u. Gemeindefragen. Organ des Verbandes deutscher Mietervereine. Hrsg. vom Vorstande des Verbandes unter Mitwirkg. v. H. Barge, L. Beer, W. Engel u. a. Verantwortlich: O. Meißgeier. 1. u. 2. Jahrg. April 1905—März 1907. à 12 Nrn. (à ca. 8 S.) 4. Leipzig, O. Zöphel. à Jhrg. n. 2. 40

Mieter-Zeitung, deutsche. Monatsblatt f. Wohnungs- u. Gemeindefragen. Organ d. Verbandes deutscher Mietervereine. Hrsg. vom Vorstande des Verbandes deutscher Mietervereine. Verantwortlich: O. Meißgeier. 7. Jahrg. April 1910—März 1911. 12 Nrn. (à ca. 8 S.) 32×24 cm. Leipzig-Gohlis (Pölitzstr. 12), O. Meißgeier. 2. 40

Miether-Zeitung, deutsche allgemeine. Officielles Organ des Vereins Berliner Wohnungsmiether. 1. Jahrg. Oktbr. 1888 — Septbr. 1889. 24 Nrn. (B.) 4. Berlin, Malzahn. n. 2. —

Miether-Zeitung, Allg. deutsche. Offiz. Organ d. Vereins berliner Wohnungsmiether. 2. u. 3. Jahrg. 1889 u. 1890. à Jahrg. 26 Nrn. (à Nr. 8 S.) Fol. Berl., Malzahn. à Jahrg. * 2 70
Fortsetzung erscheint im Selbstverlage d. Vereins.

— **Leipziger. Anzeigeblatt des Leipziger Mietervereins. Red.: O. Meißgeier. Jahrg. 1903—1906. à 12 Nrn. (à ca. 8 S.) 4. Ebd. à Jhrg. n. 1. 20**

— Leipziger. Organ des Leipz. Mietervereins u. der Baugenossenschaft des Leipz. Mietervereins. (E. G. m. b. H.) Red.: O. Meißgeier. Jahrg. 1907—1910 à 12 Nrn. (à 8 S.) 32×23,5 cm. Ebd. à Jahrg. 1. 20

Mieter- u. Baugenossen-Zeitung, Münchener. Hrsg. vom Münchener Mieterverein. Schriftleitung: Rob. Theilhaber. 1. Jahrg. Juli 1909—Juni 1910. 12 Nrn. (à ca. 4 S.) 32×24 cm. München, M. Steinebach. 1. 50

Mieter- u. Baugenossen-Zeitung, Münchener. Hrsg. vom Münchener Mieterverein. Schriftleitung: Rob. Theilhaber. Jahrg. 1910. 24 Nrn. (à ca. 8 S.) 32×24 cm. München. M. Steinebach. 2. 40

Steglitzer **Mietor-Zeitung** [1: Steglitzer Gewerbe-Anzeiger]. Organ d. Vereins Steglitzer Wohnungsmieter. Red.: F[riedrich] Weinhausen. Jg. 2. *(Steglitz 1903: Steglitzer Zeitung.)* 4° ([1: 8°] F.)
[04. 8303

— **süddeutsche.** Organ zur Wahrung u. Förderung der Interessen aller Mieter. Red.: Bernh. Zembsch. 9. Jahrg. 1906. 12 Nrn. (à ca. 4 S.) Lex.-8. Nürnberg (Fürtherstraße 3), H. Goldschmidt. n. 2. —

— süddeutsche. Organ zur Wahrg. u. Förderg. der Interessen aller Mieter. 10. u. 11. Jahrg. 1907 u. 1908. à 12 Nrn. (à 4 S.) Lex. 8. Nürnberg (Fürtherstr. 3), H. Goldschmidt. à Jahrg. 2. —

Mieterzeitung, Württembergische. 1908-13. 4° Stuttgart 1908-13

Mieth ..., s. Miet ...

Mieth, Bernh., freie Aufsätze f. die Mittelstufe. (X, 67 S.) gr. 8. Leipzig 907. E. Wunderlich. n. 1. —; geb. n. 1. 20

Mieth, Bernh., freie Aufsätze f. die Mittelstufe. 2. erweit. Aufl. (XII, 84 S.) gr. 8. Leipzig 909. E. Wunderlich. 1.20; geb. 1. 60

Mieth, Carl Gottlieb (Königshayn/Lausitz), Specimen continens caput juris controversum de VI confessionis extra judicium. Präs. Christian Heinr. Breuning. Leipzig (Langenheim) 12. X. 1768. 8 S. (4.50) 23341

— — Dasselbe. Leipzig (Langenheim) 12. X. 1768. 8 S. (3.75) 23342
Gew.: Adolph Traugott von Gersdorff, Adolph Gottlob von Schachmann.

Mieth, Michael, s. Miethen

— **Samuel Traugott** (Görlitz/Laus.), De simultanee investitorum in feudum successione. Diss. jur. feudal. Präs. Jo. Friedr. Wernher. Wittenberg (J. G. Schlomach) März 1733. 34 S. (4.50) 23344

Miethe, Adolf [aus Potsdam]: Zur Actinometrie astronomisch-photographischer Fixsternaufnahmen. . . . Göttingen, *Carl Boldt'sche Hof-Buchdr. in Rostock,* 1889; 60 S. + 1 Bl. 8°
Göttingen, Phil. Fak., Inaug.-Diss. v. 29. Mai 1889

Miethe, A., zur Actinometrie astronomisch-photographischer Fixsternaufnahmen. gr. 8. (60 S.) Rostock i/M. 890. Volckmann & Jerosch. n. 1. —

— praktische Anleitung zum Photographiren bei Magnesiumlicht, s.: Gädicke, J.

Miethe, A., s.: Atelier, das, d. Photographen.

— Photographische Aufnahmen vom Ballon aus, s.a. Encyklopädie der Photographie.

Photographische Aufnahmen vom Ballon aus. Nach e. Serie von Vorträgen, die im Auftr. d. Berliner Vereins f. Luftschiffahrt geh. worden sind von Geh. Reg.R. A[dolf] **Miethe**, Prof. Mit 1 Dreifarben-Aufnahme. Halle a. S.: Knapp 1909. 70 S. 8°
(Encyklopädie d. Photographie. H. 68.) [09. 12699

— **Dreifarbenphotographie nach der Natur,** s.a. **Encyklopädie der Photographie. 50. Hft.**

Dreifarbenphotographie nach der Natur nach den am Photochem. Laborat. d. Techn. Hochsch. zu Berlin angewandten Methoden. Von Prof. Dr. A[dolf] **Miethe**, Berlin. *Halle: W. Knapp 1904.* (80 S.) 8°
— **Enzyklopädie** d. Photographie. H. 50. [04. 6413 8

Dreifarbenphotographie nach der Natur nach den am Photochemischen Laboratorium der Technischen Hochschule zu Berlin angewandten Methoden. Von Geh. Reg.R. Dr. A[dolf] **Miethe**, Prof. Mit 1 Dreifarbdr. u. 9 Abb. 2. Aufl. Halle: W. Knapp 1908. (VI, 82 S.) 8°
— **Encyklopädie** d. Photographie. H. 50. [08. 7309 3

— u. E. **Lehmann,** über das ultraviolette Ende des Sonnenspektrums. (S. 268—277 m. 2 Fig.) Lex. 8. Berlin 909. G. Reimer. — 50
Sonderabdr. aus: „Sitzungsber. d. preuss. Akad. d. Wiss."

Die geschichtliche Entwicklung der farbigen Photographie. Rede z. Feier d. Geburtstages d. Kaisers Wilhelm II. in d. Techn. Hochschule zu Berlin 1905 gehalten von d. Rektor [Adolf] **Miethe**. Berlin (1905): Denter & Nicolas. (15 S.) 4° [05. 3756

Miethe, A., Grundzüge der Photographie. 12. (IV, 83 S. m. Abbildgn.) Halle 894. W. Knapp. n. 1. —

— Grundzüge der Photographie. 2. verb. Aufl. 12. (IV. 93 S. m. 31 Fig.) Halle 899. W. Knapp. n. 1. —

— Grundzüge der Photographie. 3. verb. Aufl. (IV, 94 S. m. 40 Abb.) 12. Halle 903. W. Knapp. n. 1. —

Künstlerische Landschaftsphotographie. Zwölf Kapitel z. Ästhetik photograph. Freilicht-Aufnahmen v. Dr. A[dolf] **Miethe** ... M. vielen ganzseit. Kunstbl. u. Abb. im Text. *Halle a. S.: W. Knapp 1897.* (3 Bl., 125 S., 1 Taf.) 1 Bd 4. [97. 6980

— künstler. Landschafts-Photographie. 12 Kapitel zur Aesthetik photograph. Freilicht-Aufnahmen. Mit vielen ganzseit. Kunstblättern u. Abbildgn. im Text. 2., durchgeseh. u. verm. Aufl. (VII, 152 S.) Lex.-8. Ebd. 906. n. 8. —; geb. n. 9. —

— Lehrbuch d. prakt. Photographie. M. 170 Abb. gr. 8. (VIII, 440 S.) Ebd. 895. 96. Geb. in Leinw. n. 10. —
Erschien auch in 9 Hftn. à n. 1. —.

— Lehrbuch der prakt. Photographie. 2. verb. Aufl. Mit 180 Abbildgn. gr. 8. (VIII, 445 S.) Ebd. 901. 902. n. 9. —; geb. in Leinw. n. 10. —
Erschien auch in 9 Lfgn. à n. 1. —.

Miethe, A., s.: Notiz-Kalender, photograph.

— photographische Optik ohne mathematische Entwickelungen f. Fachleute u. Liebhaber. gr. 8. (VIII, 153 S. m. 72 Fig. u. 2 Taf.) Berlin 893. R. Mückenberger. n. 5. —

— Unter der Sonne Oberägyptens. Neben den Pfaden der Wissenschaft. Mit 45 Dreifarbenbildern u. 163 Netzätzgn. nach photograph. Naturaufnahmen des Verf. (VIII, 263 S.) gr. 8. Berlin 909. D. Reimer. Geb. in Leinw. m. Goldschn. 16. —

— s.: Taschen-Kalender f. Amateur-Photographen.

— s.: Vorlage-Blätter f. Photographen.

Miethe, E., Arzenstein. Eine Doppelnovelle. 8. (187 S.) Berlin 894. R. v. Decker. n. 3. —

Miethe, F., volle Schatzkammer, worin neue u. untrügl. Anweisungen f. alle diejen. gesammelt sind, welche vortheilhaften Erwerb suchen, u. zu Unternehmungen geneigt sind. Für alle Geschäftsmänner, Land- u. Hauswirthe. Theoret. u. prakt. dargestellt. 8. (9½ B.) Berlin 835, Schumann. (?)

Miethe, F.: „Volle Schatzkammer, worin neue untrügliche Anweisungen für die gesammelt sind, die vortheilhaften Erwerb suchen und zu Unternehmungen geneigt sind; zugleich für Gutsbesitzer, Manufacturisten, Kaufleute, Oekonomen etc. praktisch und theoretisch dargestellt", Berlin 1837 (Schumann).

MIETHE, H.: Taschenbuch der Botanik. - Leipzig 1909. 2 Tl. Insges. VII, 240 S., m. Abb. (Klinkhardts Kolleghefte, H. 3, 4). - 17. verb. Aufl. d. Tl. 1 u. d. T.: Morphologie, Anatomie, Fortpflanzung, Entwicklungsgeschichte, Physiologie. Stuttgart 1959. 291 S., 365 Abb. - 12. veränd. Aufl. d. Tl. 2 u. d. T.: Systematik. ebd. 1958. VIII, 195 S., 307 Abb. beide Aufl. bearb. v. Walter Mevius

Miethe, Karl

Miethe, Carl [prakt. Tierarzt aus Burglehn, Storkow i./Mark (Kgr. Preussen)]: Asellus cavaticus Schiödte in l. teste Leijdig. (As. Sieboldii de Rougemont.) Ein Beitrag zur Höhlenfauna der Schweiz. Genève 1899. 47 S. 3 Taf. 8°. (Extr. de la Revue suisse de Zoologie, Tome 7, S. 273—319.)
Bern. Phil. Diss. 1899/1900.

Miethen, Michael

Mieth, Michael. Neue curieuse Beschreibung Der gantzen Artillerie, Worinnen ... ausführlich gehandelt wird von unterschiedlichen Manieren und Gestalten derer Gieß-Oefen ... Ingleichen, wie ... man aus Stucken ... gluend- und andere Kugeln ... werffen soll. Dabey die Beschreibung der Laveten und Radern ... Item Von Erwehlung derer Buchsen-Meister ... herausgegeben von Michael Miethen ... Dreßden und Leipzig. Bey Gottlob Christian Hilschern ... 1736.
2 Tle. 192 S., 33 Taf. in Kupferst. von G. de Groos. 4°
1. Ausg. 1683, eine zweite 1705
Abb. 127

Mieth, Mich., Geschützbeschr. od. Artilleriebuch, m. K. Fol. Dresd. 705.

— — Neuere curiöse Geschütz-Beschreibung. Dresden 1705. 192 S. 4°
— — Dass. 1736. 4°

Miether..., s. Mieter ...

Miething, Ernst, die Bewegung eines Körpers in einer aus zwei homogenen Ellipsoiden gebildeten Schale unter dem Einfluss der Schwere u. der Anziehung der Schale. Inaugural-Dissertation. gr. 8. (65 S.) Berlin 880. (Göttingen, Vandenhoeck & Ruprecht.) n. 2. —

Miething, Ernst [Dr.]: Leonhard Eulers Lehre vom Äther. Berlin, R. Gaertner, 1894; 30 S. 4.
Berlin, Königstädt. G, OP 1894 (00)

Miething, Moritz Georg [aus Meissen]: Ueber einige Derivate des Dimethyl- und Diaethyltolylphosphins ... Rostock, C. Boldt'sche Hof-Buchdr., 1895; 35 S. 8.
Rostock, Phil. Fak., Inaug.-Diss. v. [1. Juni] 1895

Miethke

— s. a. **Mietcke.**

Miethke, Franz (Heinrich Hermann Franz) (Münchehofe Bez. Potsdam), Ein Beitrag zur Histologie des Lupus erythematosus. Diss. med. u. chir. Berlin (Unger) 14. IX. 1889. 31 S. mit Biogr. (3.—) 23345
Oppon.: Brucke, Kern, Groddeck. — Gew.: (Pflegeeltern) Schmidt.

Miethke, Paul, aus Berlin, Kammergerichtsref.: **Wesen und Umfang der Klage des § 1007 des Bürgerlichen Gesetzbuchs für das Deutsche Reich** ⟨unter Ausschluss des Inhalts der Klage⟩. *Berlin 1900: Knoll & Wölbling.* (40 S.) 8°
Erlangen, Jur. Diss. v. 10. Juli 1900

Miethke, W.

— Skizzen zur Alkoholfrage. Kurze Sammlg. wicht. Materials. Hrsg. v. der ständ. Ausstellg. üb. den Alkoholismus. 3. Aufl. (7.—15. Taus.) (37 S. m. Abb.) 8. Ebd. (908). p — 20

Miethke, W., wie u. warum belehren wir unsere Kinder üb. die Alkoholfrage. Nach e. Vortrag, vor mehr denn 50000 Kindern geh. Mit farb. Abbild. u. Tab. (15 S. m. 1 farb. Taf.) 8. Bremen (909). Berlin, Mässigkeits-Verlag. — 20

Miethling, F., u. H. Krug, die Landlehrerbewegung. Ein Kapitel aus der Geschichte des preuß. Lehrervereins. (55 S.) gr. 8. Weißenfels (906). M. Lehmstedt. n. — 60

Miethmann, Prediger zu Lindenberg und Blankenburg, Predigt zum Gedächtniss Friedrichs des Zweiten Königs von Preussen etc. etc. glorwürdigen Andenkens. Berlin 1786. 8.

Mietkontrakt

Miethcontract, der, nach gemeinem Rechte u. Braunschweig. Landesgesetzen. 8. Helmst. 825. Fleckeisen. 2 gl.

Mietpreise, die, in der Stadt Zürich im J. 1909. Auf Grund des Materials des städt. Wohnungsnachweises bearb. vom städt. statist. Amt. (24 S.) gr. 8. Zürich 910. Rascher & Co. — 40
Sonderabdruck aus: „Statist. Jahrb. d. Stadt Zürich".

Das **Mietrecht** nach dem Entwurf eines Bürgerlichen Gesetzbuchs für das Deutsche Reich u. s. sittl., soz. u. wirtschaftl. Gefahren. Berlin 1896. 8°

Miet- u. Pachtrecht, das. Zum Gebrauche f. Haus- u. Grundbesitzer, Mieter u. Vermieter, Pächter u. Verpächter behufs Vermeidg. der im tägl. Leben aus den Miet- u. Pachtverhältnissen entspring. Verlegenheiten u. Prozessen. 8. (47 S.) Neuwied 883. Heuser's Verl. cart. n. — 50

Mieth-, Pacht- u. Gesinderecht, das, nebst dem amtsgerichtl. Prozeßverfahren nach der deutschen Civilprozeßordnung. Unter Berücksichtigung des gemeinen Rechts, des preuß. Landrechts, d. französ. Civilrechts, sowie der Partikular-Gesetze in Schleswig-Holstein, Hannover u. Hessen-Nassau. Ein prakt. Handbuch f. Jedermann. Mit Anleitung zur selbstständ. Abfassung v. Verträgen, Anstellg. v. Klagen, Betreibung des Prozesses u. Zwangsvollstreckungsverfahrens. Nebst vollständ. Sachregister. In leichtfaßl. Weise bearb. v. einem königl. preuß. Rechtsanwalt. 1—3. Aufl. gr. 8. (159 S.) Wiesbaden 882. Gestewitz. n. 1 —; geb. n. 1. 30

Mieth-, Pacht- u. Gesinderecht, das, nebst dem amtsgerichtlichen Prozeßverfahren nach der deutschen Civilprozeßordnung. Unter Berücksicht. d. gemeinen Rechts, d. preuß. Landrechts, d. französ. Civilrechts, sowie der Partikular-Gesetze in Schleswig-Holstein, Hannover u. Hessen-Nassau. Ein prakt. Handbuch f. Jedermann. Mit Anleitg. zur selbstständ. Abfassg. v. Verträgen, Anstellg. v. Klagen, Betreibg. d. Prozesses u. Zwangsvollstreckungsverfahrens. Nebst vollständ. Sachregister. In leichtfaßl. Weise bearb. v. e. königl. preuß. Rechtsanwalt. 3. Aufl. gr. 8. (159 S.) Frankfurt a/M. 886. Gestewitz. n. 1. —; geb. n. 1. 30

Mieth-, Pacht- u. Gesinde-Recht, das preußische, im Gebiete des allgemeinen Landrechts. Eine populäre Darstellung aller einschlägigen Bestimmungen mit einer Reihe von Formularen zu Mieth- u. Pacht-Verträgen, Klagen rc. 3. Aufl. Mülheim a. d. R. 870. Bagel. 8. (IV, 65 S.) 6 ngr.

Mieth-, Pacht- u. Gesinde-Recht, das preußische im Gebiete d. allgemeinen Landrechts. Eine populäre Darstellg. aller einschlag. Bestimmgn., nebst Anleitg. zum selbstständ. Anstellen v. Klagen aus Mieth- u. Pacht-Verträgen, sowie zur Fortführg. d. sich daraus entwick. Prozesses, Betreiben der Execution rc. Mit e. Reihe v. Formularen zu Mieth- u. Pacht-Verträgen, Klagen rc. Eine unentbehrl. Handbuch f. Jedermann insbesondere f. Miether u. Vermiether, f. Pächter u. Verpächter. rc. 4. Aufl. 8. (IV, 68 S.) Mühlheim 873. Bagel. — 60

—— —— —— das preußische, im Gebiete des Allgemeinen Landrechts. Eine populäre Darstellung aller einschlägigen Bestimmungen, nebst Anleitung zum selbstständigen Anstellen von Klagen aus Miet- und Pacht-Verträgen, sowie zur Fortführung des sich daraus entwickelnden Prozesses, Betreiben der Exekution rc. Mit einer Reihe von Formularen zu Miet- und Pacht-Verträgen, Klagen, Exmissions- [Räumungs-]Klagen, Exekutions-Gesuchen rc. Alles nach den Bestimmungen der deutschen Zivilprozeß-Ordnung und den Ergänzungs-Gesetzen. Ein unentbehrl. Handbuch für jedermann, insbesondere für Mieter und Vermieter, für Pächter und Verpächter, für die Herrschaft und das Gesinde, zur Belehrung über ihre Rechte und Pflichten. 5. und 6. Aufl. (VI, 87 S.) 1876,80; 7. Aufl. 8. (VII, 88 S.) Mülheim 881, Bagel's Verlagsh.

— — — das preußische, im Gebiete d. allgemeinen Landrechts. Eine populäre Darstellg. aller einschläg. Bestimmgn., nebst Anleitg. zum selbständ. Anstellen v. Klagen aus Miet- u. Pacht-Verträgen, sowie zur Fortführg. d. sich daraus entwickelnden Prozesses, Betreiben der Exekution rc. Mit e. Reihe von Formularen rc. Alles nach den Bestimmgn. der deutschen Zivilprozeß-Ordng. u. den Ergänzungs-Gesetzen. Ein unentbehrl. Handbuch f. jedermann. 8. Aufl. 8. (VII, 88 S.) Mülheim 885. Bagel. — 75

Miet-, Pacht- u. Gesinde-Recht, das preußische, im Gebiete d. Allgemeinen Landrechts. Eine populäre Darstellg. aller einschläg. Bestimmgn., nebst Anleitg. zum selbständ. Anstellen v. Klagen aus Miet- u. Pacht-Verträgen, sowie zur Fortführg. d. sich daraus entwickelnden Prozesses, Betreiben der Exekution rc. Mit e. Reihe v. Formularen zu Miet- u. Pachtverträgen, Klagen, Exmissions-(Räumungs-Klagen, Exekutions-Gesuchen rc. Alles nach den Bestimmgn. der deutschen Zivil-Prozeß-Ordng. u. den Ergänzungs-Gesetzen. 10. Aufl. gr. 8. (VII, 104 S.) Mülheim a/d. R. 892. J. Bagel. — 75

Mietsching, C., Liebesparadies d. Liebe Jesu. 8. Bautzen. 713.

Miethskutsche, die, komischer Roman, von C. Nicolai. 2 Thle. 8. Ebend. 817.

Mietsverlustversicherung. ⟨Aus d. Verhandlungen d. 12. ordentl. Landesverbandstages 1909 in Berlin.⟩ Spandau 1909: Graßmann in Stettin. 30 S. 8°
(Mitteilungen d. Preuß. Landesverbandes d. Haus- u. Grundbesitzer-Vereine. H. 50.)

Miethsvertrag für das Gesinde. Eigentum des West- und Ostpreuß. Bauernvereins. 8. (8 S.) Danzig 888, (Dr. B. Lehmann'sche Buchh.)

Miettinger, Gust., neuer vollständiger katholischer Dienstboten-Tempel aus sorgfältig gesammeltem Gebetsmaterial errichtet. Stuttgart 854. Hallberger'sche Verlhdlg. 8. (XIV, 447 S. u. 1 Stahlst.). 21 ngr.

Miettinger, Gust., neuer vollständiger katholischer Dienstboten-Tempel aus sorgfältig gesammeltem Gebetsmaterial errichtet. Neue Aufl. 8. (XIV und 447 S. mit 1 Stahlst.) Stuttgart (861)62, Hallberger'sche Verlagsh.

Miet-Vertrag zwischen — als Vermieter, und — als Mieter. —strasse Nr. — Etage —. Gesetzl. geschützt. [1. Ausgabe.] II + 24 S. 8. (Zürich, M. Diggelmann-Läubli, [Mai 1906].) (fr. —. 25)

Der **Miethvertrag** nach dem Neuen Bürgerlichen Gesetzbuche nebst Miethzins-Quittungsbuch. (4. Aufl.) *Trier: Paulinus-Dr. [1899].* (25 S.) 8° [F.] [illegible]

Miet-Vertrag. ⟨Bearb. auf Grund d. BGB.⟩ *Bielefeld-Gadderbaum: W. Bertelsmann [1900].* (16 S.) 8° [Umschlagt. F.] [illegible]

Mietvertrag, der, nach dem neuen bürgerl. Gesetzbuche nebst Mietzins-Quittungsbuch. 6. Aufl. 12. (26 S. m. Formularen.) Trier (900). Paulinus-Druckerei. n. — 26

Der **Miethvertrag** nach dem Neuen Bürgerlichen Gesetzbuche nebst Miethzins-Quittungsbuch. (6. Aufl.) *Trier: Paulinusdr. [1900].* (25 S.) 8° [F.] [illegible]

Miet-Vertrag. ⟨Nach d. neuen bürgerl. Gesetzbuch bearb.⟩ *Arnsberg: F. W. Becker (1902).* (6 Bl.) 8° [Umschlagt. F.] [illegible]

Mietvertrag u. **Mietzinsquittungsbuch**. 12. (32 u. 16 S.) Kaiserslautern, E. Crusius. 1900. —. 30.

Mieth- und Pachtvertrag, der, und das gerichtliche Verfahren bei den hieraus entstehenden Streitigkeiten mit besonderer Berücksichtigung der kaiserlichen Verordnung vom 10. Novbr. 1858 u. der Ministerialverordnung für Ungarn u. Siebenbürgen vom 17. Dezbr. 1858 erläutert u. mit den nöthigen Formularien versehen von einem praktischen Juristen. Wien 859. F. Manz. gr. 8. (VIII, 196 S.) 1 ₰

Mieth-Vertrag und **Quittungsbuch** auf Grundlage des Neuen Bürgerlichen Gesetzbuches. 55.–60. Taus. *Essen-Ruhr: Fredebeul & Koenen [1899].* (7 S.) 8° [Umschlagt. F.] [illegible]

— u. **Quittungsbuch** a. Grundl. d. neuen bürgerl. Gesetzbuches. 12. (16 S.) Essen (899). Fredebeul & Koenen. n.n. — 05

Mieth-Vertrag und **Quittungsbuch** auf Grundlage des Neuen Bürgerlichen Gesetzbuches. 100.–130. Taus. *Essen-Ruhr: Fredebeul & Koenen 1901.* (7 S.) 8° [Umschlagt. F.] [illegible]

— nach dem neuen bürgerl. Recht u. Mietzins-Quittungsbuch. Eine Zusammenstellg. der Rechte u. Pflichten des Mieters u. Vermieters, die Erfordernisse d. Mietvertrages nebst Entwurf e. Mietvertrages u. 32 Quittungsformularen. 10.—15. Taus. 12. (32 u. 16 S.) Kaiserslautern (902). E. Crusius. — 30

Miethwohnungen, die, od. d. Verhältn. d. Miethleute u. Hausbesitz. geg. einand. 8. Berlin, Oehmigke. 801.

Miethwohnungen, die, oder d. Verhältnisse d. Miethleute u. Hausbesitzer gegen einander. 8. Berl. 801. (Henning in Greiz). 10 gr.

Die Miethwohnungen oder das Verhältniß der Miethleute und Hausbesitzer gegen einander, in ökonomischer, billiger und rechtlicher Hinsicht. Weimar 1801.

Mietje's, Tante, Bilderbuch. (33 Bl. m. farb. Abb.) Lex. 8. Berlin (909). Concordia. Kart. 2. —

Miethzinsbüchel. 8. (16 S.) —.06
Wien: Dr. R. von Ofenheim's Selbstverlag.
In Comm. bei R. Lechner & Sohn 1898.

Mietzke, Ernst

Mietzke, E., „Ut minen ollen fründ Muse sine Huslihrertid". Humorist. Erzählg. in Mecklenburg. Mundart. 8. Berlin 887. O. Dreyer. n. 2. 50

Mietzke, Ernst, ut minen ollen Fründ Muse sine Huslihrertid. In plattdüütsche Mundort. 8. (IV, 227 S.) Berlin 887. O. Dreyer. n. 2. 50; geb. n. 3. —

Mietzke, Johann Philipp (Swinemünde)
Ueber die Hundswuth.
[lt. Dekanatsbuch nur handschriftlich eingereicht.]
Dr. med. Giessen 20.3.1822.

HERMANN MIETZSCH, Die Ernst Julius Richter-Stiftung mineralogisch-geologische Sammlung der Stadt Zwickau. (Mit 1 Portrait.) Zwickau 1875. Commissionsverlag von Gebr. Thost. (R. Bräuninger). 8°.*)

—— die Ernst Julius Richter-Stiftung, mineralisch-geolog. Sammlung der Stadt Zwickau. gr. 8. (93 S. mit eingedr. Holzschn. und Portr. Richter's in Holzschn.) Zwickau 875, (Thost.) geb.

Mietzsch, Herm., Geologie der Kohlenlager. Mit 25 Holzschn. im Text. gr. 8. (VIII, 292 S.) Leipzig 875. Quandt & Händel. n. 6. —

Mietzsch (Hermann), Das erzgebirgische Schiefergebiet in der Gegend von Tharandt und Wilsdruff. (Ohne Druckort und -Jahr.) 8.

— über das erzgebirgische Schieferterrain in seinem nordöstlichen Theile zwischen dem Rothliegenden u. Quadersandstein. Inauguraldissertation. Mit e. lith. Taf. gr. 8. (56 S.) Halle 871. (Glauchau, Burow.) n. 1. —

Mietzschke, Otto, Handbuch d. Fräserei, s.: Jurthe, Emil.

Mieux, Le. Conte moral. Par Lasalle. Av. fig. Paris (Sommer à Lpz.) 1799. 8°

Miéville, B., s. Miéville, Ls.

Miéville, Ernst

Miéville, E., Normen u. Desiderien f. Winterkurorte. (Wintersport.) Hrsg. vom Verband schweizer. Winterkurorte. (23 S.) 8. Zürich 909. Rascher & Co. — 80

Miéville, E[rnest]. Ärztliche Studienreisen durch die Schweizer-Kurorte. Referent: Dr. E. M', St. Imier. Separatabdruck aus Heft 3 der Annalen der Schweizerischen Balneologischen Gesellschaft. S. 28—30. 8. Aarau, H. R. Sauerländer & Co., 1907.

Miéville, E[rnest]. Wintersport. Normen und Desiderien für Winterkurorte. (Vortrag, gehalten an der V. Delegiertenversammlung des «Verbandes schweizer. Winterkurorte». Hrg. vom Verband Schweizerischer W.) [Umschlag illustriert.] II + 23 S. 8. Zürich, Rascher & Co., (1909). [fr. —. 80]

Miéville, Henri, Christus unser Heil. Evangelische Predigten, geh. vor der deutschen Gemeinde zu Vevey. (III, 161 S.) 8. Basel 903. Kober. n. 1. 20; geb. in Leinw. n. 2. —

Miéville, Ls.

Miéville, L., clé des exercices gradués du cours supérieur de langue française à l'usage des allemands. Partie du maitre. gr. 8. (86 S.) Bern 872. Dalp. n. 1. 20

Miéville, B., cours élémentaire servant de base à une étude solide et raisonnée de la langue française. Bern 857. Dalp. 8. (X, 168 S.) n. 15 ngr.

Miéville, L., Cours élémentaire servant de base à une étude solide et raisonnée de la langue française. 1. Édit. 1857. und 2. Édit. gr. 8. (IX und 191 S.) Bern 859, Dalp'sche Buchh. *

—— Cours élémentaire servant de base à une étude solide et raisonnée da la langue française. 1re partie. 8me édit., et 3me partie. 6me édit. 8. Ebendas. 874. [1re partie. (64 S.) * 60 Pf.; 3me partie. (102 S.) * 80 Pf.] cart. *

Miéville, L., cours élémentaire de la langue française. 7. édit. gr. 8. Berne, J. Dalp. rel. 2. — 1875.

—— Cours supérieur et pratique de langue française à l'usage des Allemands. Comprenant: La grammaire et quelques observations sur la structure des vers; — Des exercices gradués sous forme de narrations, de lettres et de dialogues; — Des notes avec l'explication de 157 familles de synonymes. Ouvrage qui fait suite au Cours élémentaire de l'auteur. gr. 8. (XII und 323 S.) Bern 859, Dalp'sche Buchh. *

— lectures graduées à l'usage des écoles moyennes et des collèges allemands. Ebend. 863. gr. 8. (VIII, 304 S.) n. 22⅔ ngr.

Miéville, L., lectures graduées à l'usage des écoles moyennes et des collèges allemands. 3. édit. Bern 869. Dalp. gr. 8. (IV, 366 S.) n. 22½ ngr.; geb. n. 26 ngr.

— lectures graduées à l'usage des écoles moyennes et des collèges allemands. 4. éd. gr. 8. (IV, 366 S.) Ebend. 875. n. 2. 60

Miéville, L., Lectures graduées à l'usage des écoles moyennes et des collèges allemands. 5e édit. 8. (IV, 366 S.) Bern 881, [Dalp'sche Buchh.] Schmid, Francke und Comp. cart. *

Miéville, observations sur le rôle de la langue française dans nos écoles. 46 pp. in-4. Berne, commiss. Huber & Co. 1872. 1. 80

Miéville, L. Observations sur le rôle de la langue française dans nos écoles réales et secondaires et indications méthodologiques sur son enseignement. Bern, Kantonsschule, 1871. 33 S. 4. Progr.

—— Vorschule zum Elementar-Curs der französischen Sprache (Cours élémentaire servant de base à une étude solide et raisonnée de la langue française.) gr. 8. (IV und 60 S.) Bern 861, Dalp'sche Buchh. *

Miez, das Schmeichelkätzchen. Ein Bilderbuch für artige Kinder. (Ausgestanzter Katzenkopf.) 4. (12 farb. S. m. eingedr. Text.) Leipzig 890. Baldamus, Sep.-Cto. 1. 10

Mieze, Frau. (Ausgestanzte Katze.) 8. (14 S. m. z. Tl. farb. Bildern.) München 891. Nürnberg, Th. Stroefer. n. — 40

Mieze's Gedanken. qu. gr. 4. (14 S. m. 8 farb. u. 10 schwarzen Bild.) Konstanz 895. C. Hirsch. — 75

Miezl, mein. (Ausgestanzt.) gr. 8. (14 z. Tl. farb. S. m. eingedr. Text.) Nürnberg 894. Th. Stroefer. n. — 40

Miezl's Sonntagsfreuden. gr. 4. (16 S. m. z. Tl. farb. Abbildgn.) Nürnberg (899). Th. Stroefer. — 60

Mifka Viktor Über die innere Reibung kolloidaler Metallösungen. S 120 IIa. 1173 K —.30
Separatabdruck

Migault, H. G., historische Skizzen üb. die Ursachen d. Bunten u. Wirren in der neuenglischen Orthographie u. Orthoepie. Fünf Vorträge. gr. 8. (V, 85 S.) Heilbronn 876. (Nürnberg, Zeiser.) 1. 80

Migault, Henry Gabr., Versuch einer englischen Schul-Grammatik auf historisch-kritischer Grundlage. 1. Abth.: Die Formenlehre. Nürnberg 863. Zeiser. gr. 8. (XII, 243 S.) n. 28 ngr.

Migault, Henry Gabr., Versuch einer englischen Schulgrammatik auf historisch-kritischer Grundlage. 2. Thl. Englische Syntax nebst Uebungsbuch, namentlich für den höheren Unterricht. 1. Lief. Der Artikel u. das Substantiv. Nürnberg 868. Zeiser. gr. 8. (96 S.) n. 10 ngr.

Migault's, Jean, Tagebuch. Schicksale e. protestant. Familie aus dem Poitou vor u. nach der Aufhebg. d. Edikts v. Nantes. Aus dem Franz. übers., m. geschichtl. Einleitg. u. m. erläut. Anmerkgn. versehen v. F. u. P. Sander. gr. 8. (84 S.) Breslau 885. F. Hirt. n. 1. 50; geb. n. 2. 25

Migault's, Jean, Tagebuch oder Leiden e. protestant. Familie aus dem Poitou vor u. nach der Aufhebg. d. Edictes v. Nantes. Zur Feier der 200jähr. Wiederkehr d. 29. Octbr. 1685, d. Tages d. Edictes v. Potsdam, aus dem Franz. übers. u. hrsg. v. J. L. Mathieu. gr. 8. (84 S.) Berlin 885. (Plahn.) n. 1. —

Migault, Carl Olivarius Timotheus (Bremen), De jure foederum liberis imperii civitatibus competente. Diss. jur. Göttingen (H. M. Grape) 27. VI. 1795. 40 S. (5.—) 23346

Migazzi, Christoph Anton Kardinal. Biogr., s. Wolfsgruber, Cölest.

Migazzi, geistl. Reden b. versch. Gelegenh. 8. Augsburg, Doll. 784.

MIGAZZI, CHRISTOPH: Gehorsamste Vorstellung an Seine Röm. Kais. Königl. Majestät Joseph II. in Betreff des Buchs Monachologia (Born). o. O. (Augsburg). 1784. o. Dr. (Bullmann). 21 S. - 170 mm

Migdal-Oz, s. a. Mosis.

מגדל-עז (Migdal-Oz.) Mosis Vitae Luzzatti Patavini drama quatripartitum monumentum linguae neohebraicae praestantiss. nunc primum ex codice italico edit., c. commentar. Sam. Dav. Luzzatti et Meiri Letteris, additis prolegom. uberrimis, quibus linguae poesisque neohebraicae historia illustratur, e codicillis Franc. Delitzschii. 8maj. (9½ B.) Lipsiae 837, Kuenzel. (?)
Ohne Prolegom. (7⅛ B.)

Migeod, Theod. Georgius (geb. Königsberg i. Pr. 1823) De ophthalmia nonnulla. Berolini (1840). (28 S.) 8°
Berlin, Med. Diss. v. 7. Febr. 1840

Migeot et Collery, Mois de Maria. 4. édit. Luxemburg 864. Brück. 16. (XII, 470 S.) 20 ngr.

Migerka, Rechenschafts-Bericht betr. die Einleitungen zur Eröffnung d. Abend-Kochcurses f. Arbeiter-Frauen u. -Töchter, s.: Vorträge, volksthümliche, d. allg. n.-ö. Volksbildungsvereins.

Migerka, Catharina, s. Migerka, Katharina

Migerka, F. — Beiträge zur Geschichte und Statistik der öffentlichen höheren Handelslehranstalten und Entwurf eines Systems einer allgem. Geographie mit besonderer Berücksichtigung des kommerziellen Bedürfnisses. Von — — (Als Manuskript gedruckt.) Wien, 1857. Dr. von Karl Ueberreuter. (VI. 56 S. 8.)

Migerka, F., administrativer Bericht der Commission üb. die Theilnahme Oesterreichs an der Weltausstellung in Philadelphia, 1876, } s.: Bericht üb. die Weltausstellung in Philadelphia 1876.

— Oesterreichs commercielle u. industrielle Entwickelg. in den letzten Jahrzehnten, s.: Brachelli, H. F.

Migerka, F., Grundriss der Nationalöconomie als Grundlage für Vorträge an Gewerbe- und Handels-Schulen. 1. Aufl. 1870, und 2. unveränd. Aufl. gr. 8. (15 S.) Brünn 872, Winiker. *

Migerka, F., Lesebuch zum Gebrauche beim Wiederholungs- u. Fortbildungs-Unterrichte in Gewerbe- u. Handelsschulen. Im Auftrage der Commission zur Leitung der Gewerbschule in Brünn verfaßt. Brünn 865. Winiker. 8. (XXIV, 376 S.) n. 16 ngr.

Migerka, Dr. F., politische und sociale Oeconomie für die Arbeiterklassen aus W. Chambers: Social Science Tracts. Aus dem Englischen frei übersetzt. gr. 8. (20 S.) Brünn, Winiker in Comm. 1870. 30 kr.

Migerka F, Skizze der Entwicklung der Industrie und des Verkehrs in Österreich während der letzten 4 Jahrzehnte. Wien 1888

Migerka, F., s.: Staubarten, in d. gewerbl. Betrieben vorkommende.

— Das Unterrichtswesen in den Vereinigten Staaten, s. Bericht über die Weltausstellung in Philadelphia 1876.

Migerka, Franz

Migerka, F., Rückblicke auf die Schafwollwaaren-Industrie Brünns 1765—1864 u. vergleich. statist. Darstellg. der Schafwollwaaren-Industrie d. Bezirkes der Handels- u. Gewerbekammer in Brünn in den J. 1851 u. 1863. 2. Aufl. d. 2. Hfts. der statist. Arbeiten der Handels- u. Gewerbekammer in Brünn. gr. 8. (XI, 164 S.) Brünn 890. Rohrer. n. 3. —

Migerka, Helene, Gedichte. 8. (VI, 175 S.) Wien 889. Szelinski. u. 2. —

Migerka, Helene, neue Gedichte. gr. 8. (VII, 196 S.) Leipzig 895. G. Wigand. n. 3. —; geb. n. 4. —

Migerka, Katharina, Anleitung zur Schaffung von Haushaltungs-Abendschulen für unbemittelte Mädchen. (Anhang: Kochrecepte mit Preisangaben.) Gr.-8 (84 S.) * —.60
Wien:Szelinski 1897.

Migerka, Katharina, Anleitg. zur Schaffg. v. Haushaltungs-Abendschulen f. unbemitt. Mädchen. (Anh.: Kochrecepte m. Preisangaben.) 2. Aufl. gr. 8. (84 S.) Wien 897. (G. Szelinski.) n. 1. —

Migerka, Katharina, Anleitung zur Schaffung v. Haushaltungs-Abendschulen f. unbemittelte Mädchen. (Anh.: Kochrecepte m. Preisangaben.) 3. [Titel-]Aufl. gr. 8. (84 S.) Wien [897.] 900. G. Szelinski. n. 1. 20

MIGERKA, Katharina

Auch eine sociale Aufgabe. Ein Erinnerungsblatt an den Huldigungsfestzug der Kinder Wiens am 24. Juni 1898. Von Katharina Migerka. Der Ertrag ist dem angeregten Vereine gewidmet. Wien. 1899. In Comm. Szelinski. Gr.-8°. 20 S. fl. —.20

Migerka, Catharina, Briefe aus Philadelphia [1876] an eine Freundin. [Aus: „Zeitschr. des 1. allgemeinen Beamtenvereins der österr.-ungar. Monarchie".] 8. (III, 144 S.) Wien 877. Gerold's Sohn in Comm. n. 2. 40

Migerka, Katharina, zur Frage der Milchverwertung. (37 S.) gr. 8. Wien 907. A. Hölder. — 44

Migerka, Katharina, Barnardo's Homes (Rettungs- u. Wohlfahrts-Anstalten). gr. 8. (41 S.) Wien 892. (G. Szelinski.) n. — 50

Migerka, Catharina, die stolze Lene. Erzählung für das Volk. Hrsg. u. verlegt v. „Allgemeinen Nieder-Oesterreich. Volksbildungs-Verein". 8. (200 S.) Wien 887. (Szelinski.) n. — 60

— die stolze Lene. Eine Erzählg. f. das Volk. Hrsg. vom Allgemeinen n.-ö. Volksbildungs-Verein. 2. Aufl. gr 8. (IV, 200 S.) Ebd. 889. n. 1 —

Migerka, Katharina. Die stolze Lene. Eine Erzählung f. das Volk. Hrsg. u. verlegt vom „Allgemeinen Nieder-Oesterreich. Volksbildungs-Verein". 2. Aufl. 8. (200 S.) Wien 892, (Szelinski). * 1 —

— die stolze Lene. Eine Erzählg. f. das Volk. Hrsg. u. verlegt vom allgemeinen N.-Ö. Volksbildungs-Verein. 8. [Titel-]Aufl. 8. (200 S.) Ebd. [899.] 900. n. 1 —

Migge, B., Religionsbuch, s.: Dobrick, E.

Migge, Leber., der Hamburger Stadtpark u. die Neuzeit. Die heut. öffentl. Gärten — dienen sie in Wahrheit dem Volke? Betrachtgn. e. Praktikers. (31 S. m. 7 Taf.) gr. 8. Hamburg 909. C. H. A. Kloß. — 75

Migge, Max [app. Arzt]. Aus d. Ambulatorium d. Privatdoz. Dr. P. Michelson. Über Naseurachenpolypen und ihre Behandlung ohne Präliminaroperation. . . Königsberg i. Pr., Buch- und Steindr. E. Erlatis, *1891;* 32 S., 1 Bl. 8°
Königsberg, Med. Fak., Inaug.-Diss. v. 23. Jan. 1891

Migge, Max, üb. Nasenrachenpolypen u. ihre Behandlung ohne Präliminaroperation. Diss gr. 8. (32 S.) Königsberg i/Pr. 891. (W. Koch.) n. — 80

Migge, Otto, das Geheimniß der berühmten italienischen Geigenbauer, ergründet u. erklärt v. M. gr. 8. (IV, 80 S. m. Bildnis.) Frankfurt a. M. 894. Gebr. Staudt. n. 3. 50

Migge, Otto, le secret des célèbres luthiers italiens découvert et expliqué. gr. 8. (V, 89 S. m. Bildnis.) Frankfurt a/M. 894. Gebr. Staudt. n. 4. —

— the secret of the celebrated Italian violin makers. Discovered and explained. gr. 8. (IV, 81 S. m. Bildnis.) Ebd. 894. n. 5. —

Miggeler, J., Turnschule für Knaben u. Mädchen. Zweiter Theil. 4. Auflage. 12. Zürich, Fr. Schulthess. 1874. **2. —**

Mighill, *Thomas Arthur* [aus Haverhill '(Massachusetts)']: Über einige neue Derivate des Piperonals ... Göttingen, Druck v. L. Hofer, 1895; 34 S., 2 Bl. 8.
Göttingen, Phil. Fak., Inaug.-Diss. v [13. Aug.] 1895

Migliaressis, Demetrius. De systemate juris criminalis praecipue de classificatione criminum. Berolini (1845). (50 S.) 8°
Berlin, Jur. Diss. v 12. Apr 1845

Mignard's, Pierre, Biographie und Charakteristik, s. Regnet, C. A.

Mignaty, Margherita Albana, la vita e le opere del Correggio. Prima edizione italiana per cura di Georgina Saffi con proemio di Angelo de Gubernatis. gr 8. (XV, 397 S. m. 1 Lichtdr.) Florenz 888. Münster. (Leipzig, Rübe.) n. 6. —

Migne

— s.a. Handbuch, encyklopäd., der kathol. Liturgie.

Migne, encyclopädisches Handbuch der katholischen Liturgie od. historische u. darstellende Erörterungen üb. den Gesammtritus u. das Ceremonial des Gottesdienstes, die heil. Sakramente, Feste, Hierarchie, Gebäude &c. m. Beifügung einer Menge von Bemerkungen u. d. T.: „Mannigfaltiges" am Ende der einzelnen Artikel. Nebst einem Anh. üb. die Armenische Liturgie. Nach d. franz. Werke fürs Deutsche bearb. v. E. Schinke u. Jos. Kühn. Lex. 8. (888 S.) Breslau 850, Schletter. 1 ₰

Mignerou, neuerfund. Verfahren, Holz zu verbessern u. Stämme zu beugen, nebst e. neuen Zimmerungssystem &c. gr. 4. Leipzig. 805. Joachim. 8 gr. Hbg. Pr. 4 gr.

Mignet, F A. A., s. Mignet, François Auguste

Mignet, F A. M., s. Mignet, François Auguste

Mignet, F[rançois] A[uguste]

— die Begebenheiten der Revolution in Paris an den Tagen d. 26n bis 31n Juli 1830. Aus d. Französ. gr. 12. Stuttg. 830. Hoffmann. 8 gr.

Biographische Bilder von Sieyes, Röderer, Livingston, Talleyrand, Broussais, Merlin, Tracy, Daunou, nebst mehreren Vorträgen in der Academie v. F. A. Mignet, übersetzt v. J. J. Stolz. Leipzig. 1843. 8°. = desselben Historische Schriften und Abhandlungen, Th. 1.

Mignet, [François-]A[uguste]. Die Einführung der Reformation und die Verfassung des Calvinismus zu Genf. Von J. A. M'.... Aus dem Französischen übersetzt von J[ohann] J[acob] Stolz. 8. Leipzig 1843.

Mignet, J. A., die Einführung der Reformation u. die Verfassung des Calvinismus zu Genf. A. d. Franz. v. J. J. Stolz. 8. (15 B.) Leipzig 843, [Köhler'sche Vrlgsb.]

Mignet, F. A. M. Essai sur la formation territoriale et politique de la France, s. Schulbibliothek, französische u. englische.

Mignet, F. A., Benjamin Franklin, s. Conversations- u. Reisebibliothek.

Mignet, F. A. A., la Germanie au 8. et au 9. siècle, s.: Bibliothèque instructive des écoles sécondaires.

— Geschichte der franzöf. Revolution, s.a. Hausbibliothek, historische, 9. Bd.

— Geschichte der franzöf. Revolution, s.a. Hermes, H.

Mignet, F. A., Geschichte d. französ. Revolution 1789—1814, s.a. Universal-Bibliothek.

— Geschichte d. franzöf. Revolution von 1789—1814. Aus d. Französ. v. Ad. Wagner. Nebst e. chronolog. Uebersicht u. 1 Steindr. gr. 8. Jena 825, Frommann.

— Geschichte d. französ. Revolution von 1789—1814. Aus d. Französ. 2 Thle. gr. 8. Wiesb. 825. Ritter. 1 ₰ 12 ℊ.

Mignet, (F. A.,) Geschichte der franzöf. Revolution v. 1789 bis 1814. Nach der neuesten französ. Orig.-Ausg. übers. v. J. H. Ungewitter. 1s—4s Bdchen. 16. Quedlinb. 826—27, Basse. à 9 gr.

— dasselbe, französisch. 2 Voll. Neue Ausg. 8. Quedlinburg 827, Basse.

—— Geschichte d. französ. Revolution v. 1789—1814. N. d. neuesten, verm. u. verb. Ausg. übers., mit d. nöthigsten Anmerkn. u. Beiln. begl. v. Heinr. Elsner. (6 Lfgn.) gr. 8. (44½ B. u. Robespierre's Portr., Stahlst.) Stuttgart 835, [Scheible, Rieger u. Sattler.]
60 Kpfrtaf. hierzu * 2 Thlr.

Mignet, F. A., Geschichte d. französ. Revolution v. 1789—1814. A. d. Franz. Wohlf. Ausg. 8 Lfgn. 8. (37¼ B. u. 1 Stndr.) Wiesbaden 835, Ritter'sche Buchh. Thlr.

—— Geschichte d. französ. Revolution v. 1789—1814. N. d. 6., verm. u. verb. Orig.-Ausg. v. E. Burckhardt. 2 Bde. (od. 25 Lfgn.) gr. 8. (43½ B. u. 18 Stahlstiche m. 45 Revolutions-Scenen, 2 Bildn. Napoleons u. 1 Stndr. gr. 4.) Leipzig 835, 36, Weber. *

— dass. Nach d. verb. u. verm. neuesten, oder 5n Origin.-Ausg., übersetzt von Aug. Schäfer. 1e—4e Lfrg. gr. 12. Mannheim 835, 36. Hoff; München, Finsterlin. ⅔ ₰ cart. ¾ ₰

— dass. Nach der neuesten, verm. u. verb. Ausgabe übersetzt, mit den nöthigsten Anmerkk. u. Beilagen begleitet von Heinr. Elsner. Mit dem Bilde Robespierre. gr. 8. Stuttgart 835, 36. Scheibles Buchh. 1½ ₰ — Mit 60 Kpfrtaf 3⅛ ₰

—— Geschichte d. französ. Revolution. N. d. 6., verm. u. verb. Orig.-Ausg. übers. von L. v. Alvensleben. (6 Lfgn.) 8. (32 B. u. 16 Stnt.) Leipzig 841, Ph. Reclam jun. *

— Geschichte der französ. Revolution. Nach der 6. verm. u. verb. Original-Ausg. übersetzt von L. v. Alvensleben. Mit vielen Lithogr. 6 Hefte. 16. (Mit 16 Lithogr.) Leipzig 841, 42, Reclam jun. (à n. ⅙ ₰) n. 1 ₰

Mignet, F. A., Geschichte der französ. Revolution von 1789 m. Benutzung der besten Quellen bearb. v. Gust. Hermes. 2 Thle. Mit Abbildgn. gr. 8. (...B.) Berlin 842. (Nordhausen, Büchting.)

Mignet, F. A., Geschichte der französischen Revolution. Mit 200 Illustrationen nach Zeichnungen von Raffet u. andern berühmten französ. Malern. Aus dem Französ. übersetzt von Ed. Burckhardt. 15 Liefg. gr. Lex.-8. Leipzig 842, Renger'sche Verlagsbuchh. (à n. ⅓ ₰) compl. in 1 Bd. cart. n. 5 ₰

—— Geschichte d. französ. Revolution. M. 200 Illustrationen nach Zeichnungen v. Raffet u. and. berühmten französ. Malern. A. d. Franz. übers. v. Ed. Burckhardt. (15 Lfgn.) gr. Lex.-8. (37½ B.) Leipzig 842, Volckmar. (Frankfurt a. M., J. Baer.) 5 Thlr., hrbgs. Pr. *
Zu dieser Ausgabe ist die Uebersetzung der vorhergehenden benutzt worden.

—— Geschichte der französischen Revolution 1789—1815. Neue (Titel-)Ausg. gr. 8. (XVI und 472 S. mit 1 Stahlst.) Leipzig (848)65, Senf.

— Geschichte der französischen Revolution von 1789 bis 1814. Nach der neuesten französ. Ausg. übers. von Aug. Schäfer. 2. Aufl. 8. (473 S.) Stuttgart 850, Frz. Köhler. 18 ngr

Mignet, F. A., Geschichte der französischen Revolution 1789—1814. Deutsch von Frdr. Köhler. Mit 16 Illustr. (Holzschntaf.) Leipzig 860. Ph. Reclam jun. gr. 16. (510 S.) n. 16 ngr

—— Geschichte der französischen Revolution 1789—1814. Deutsch von Friedr. Köhler. gr. 8. (510 S. mit 16 Illustr. in Holzschn. von J. G. Flegel.) Leipzig 874, Ph. Reclam jun. geb. *

Mignet, Geschichte d. französ. Revolution 1789—1814. Deutsch von Köhler. 11. Aufl. Neu bearb. u. m. Anmerkgn. versehen v Geerds. Leipzig 895.

— Geschichte der Königin Maria Stuart, s.a. Hausbibliothek, historische, 21. Bd.

Mignet, F. A., Geschichte der Königin Maria Stuart. Neue (Titel-)Ausg. Leipzig (851) 865. Senf. gr. 8. (VIII, 432 S. mit dem Portr. Maria Stuart's nach Zucchari in Stahlst.) 1 ₰

—— Geschichte der Königin Maria Stuart. 3. (Titel-)Ausg. gr. 8. (VIII, 432 S. mit dem Portr. Maria Stuart's nach Zucchari in Stahlst.) Leipzig (865)69, Senf.

Mignet, histoire de la révolution française depuis 1789 jusq'en 1814, s.a. Bibliothek gediegener u interessanter französischer Werke.

— histoire de la révolution française, s.a. Bibliothèque française.

Mignet, A. F. Aug., Histoire de la révolution française, bearb. v. J. Mosheim, s.a. Perthes' Schulausgaben engl. u. französ. Schriftsteller.

Mignet, A., Histoire de la revolution française depuis 1789 jusqu'en 1793, hrsg. v. Arnold Krause, s.a. Prosateurs francais.

— dasselbe, s.a. Schullektüre, französische u. englische.

Mignet, F. A., Histoire de la Révolution Française, depuis 1789 jusqu'en 1814. II Vols. 16. (44¾ B.) Stuttgart 828, Hoffmann. Thlr.

—— le même. II Ts. Nouv. Edit. 8. (52 B. u. 1 Stnt.) Leipsic (Quedlinburg) 827, Basse.

—— le même. II Vols. Nouv. Edit. gr. in-12. (22 B. u. Napoleons Bildn.) Stuttgart 834, Scheible.

Mignet, F. A., Histoire de la révolution franç., depuis 1789 jusqu'en 1814. Nouv. édit. Complette en un Vol. 16. (29 B.) Stuttgart 838, Erhard.

—— le même. Nouv. édit. 8. (...) Stuttgart 838, [Scheible, Rieger et Sattler.]

– le même. Nouv édit. Compiette en un Volume. Stuttgart Erhard 1839 16°

Mignet, F. A, histoire de la révolution Française, depuis 1789 jusqu'en 1814. Nouvelle édition. Avec un vocabulaire. 8. (472 S.) Quedlinbourg 849. Basse. ⁵/₆ ₰

— histoire de la révolution française, depuis 1789 jusqu'en 1814. Nouvelle édit. Avec un vocabulaire. Quedlinburg 857. Basse. 8. (478 S.) 25 ngr.

— **Histoire de la révolution française depuis 1789 jusqu'en 1814. Nouvelle édit. Leipzig u. Odessa 866. Berndt's Verlag. gr. 16. (479 S.)** 15 ngr.

—— dass. — 3. édit. Avec un vocabulaire. 8. (478 S.) Quedlinburg 866, Basse.

Mignet, F. A., Histoire de la révolution française depuis 1789 jusqu'en 1814. 4me édit. Avec un vocabulaire et de notes explicatives. gr. 8. (490 S.) Quedlinburg 868, Basse.

Mignet, M., Histoire de la révolution française depuis 1789 jusqu'en 1814. Hrsg. und mit sprachl., sachl. und geschichtl. Anmerkungen versehen von Adf. Korell. 1. Bd.: Introduction et assemblée constituante. gr. 8. (VIII, 119 S.) Leipzig 877, Teubner.

Mignet, M., Histoire de la révolution française depuis 1789 jusqu'en 1814. Hrsg. und mit sprachl., sachl. und geschichtl. Anmerkungen versehen von Adf. Korell. 2.—4. (Schluss-)Bd. gr. 8. Leipzig, Teubner.

Inhalt:

Bd. 2. Assemblée nationale législative et convention nationale depuis le 21 septbre. 1792 jusqu'au 2 juin 1793. (128 S.) 880. ℳ 1,50.
» 3. Depuis le 2 juin 1793 jusqu'au 4 brumaire an IV (26 octbre. 1795), terme de la convention. (104 S.) 881. ℳ 1,20.
» 4. Directoire, consulat et empire. Depuis le 27 octobre 1795 jusqu'en 1814. (IV, 146 S.) 881. ℳ 1,50.
1. Bd. Ebendas. 1877. ℳ 1,50.

— dasselbe. Mit erklär. Anmerkungen u. einem ausführl. Wörterbuche. 5. Aufl. Bearb. v. J. H. Lohmann. 8. (459 S.) Ebend. 878. n. 3. —; Wörterbuch apart n. 1. —

Mignet, F. A., histoire de la révolution française depuis 1789 jusqu'en 1814. Mit erklär. Anmerkungen. 5. Aufl. Bearb. v. J. H. Lohmann. 8. (380 S.) Quedlinburg 879. Basse. n. 2. 25

—— histoire de la révolution française depuis 1789 jusqu'en 1814. Hrsg. und mit sprachl., sachl. und geschichtl. Anmerkungen versehen von Adf. Korell. 1. Bd.: Introduction et assemblée constituante. 2. verb. Aufl. gr. 8. (XVIII, 125 S.) Leipzig 885, Teubner.
2.—4. Bd. Ebendas. 1880,81. ℳ 4.20.

Mignet, François Auguste.
Histoire de la révolution française depuis 1789 jusqu'en 1814... Münster [1892].
H: *Brüll, Johs.* (Berl)

Histoire de la révolution française depuis 1789 jusqu'en 1814 p. (François-Auguste) **Mignet**. In 2 Tln. Im Auszuge m. Anm. z. Schulgebr. hrsg. v Prof. Dr Arnold Krause, Oberl. zu Berlin. Tl 1. [nebst] Anh. *Bielefeld & Leipzig: Velhagen & Klasing 1896.* 8.
— Sammlung, Velhagen & Klasings, französ. u. engl. Schulausgaben. Prosateurs franç. Lfg 27. Ausg. B. 1896

— **histoire de Marie Stuart. Arrangé à l'usage des écoles et maison's d'éducation par Mme A. Brée. Leipzig 853. Baumgaertner. 8. (VI, 326 S.)** 18 ngr.

— **histoire de la terreur, hrsg. v. Adf. Ey, s.: Schulbibliothek, französ. u. englische.** A 35.

– Histoire de la terreur, s. Schullektüre, Französische und englische.

Mignet, Antonio Perez u. Philipp II. Denkwürdigkeiten des span. Hofes 2c., s. Aula der schönen Literatur, 23.—25. Bdchen.

Mignet, F A. Antonio Perez und Philipp II. A d. Französ. (15¾ B) 8. Stuttgart. 1844 1,80.

Historische Schriften und Abhandlungen v. F. A. **Mignet**. Uebersetzt v. J. J. Stolz. 8°.
Th. 1: Biographische Bilder. Leipzig. 1843.
Th. 2. Historische Schriften. ebd. dass. J.

Historische Schriften und Abhandlungen [Notices et mémoires historiques, deutsch]. Von F[rançois] A[uguste] **Mignet**. Uebers. von J. J Stolz. Th. 1. 2. — Leipzig: Köhler 1843. 8°

—— histor. Schriften u. Abhandlungen. Uebers. v. J. J. Stolz. 1. Thl. A. u. d. Ttl.: Biograph. Bilder von Sieyes, Röderer, Livingston, Talleyrand, Broussais, Merlin, Tracy, Daunou, nebst mehrern Vorträgen in der Academie. gr. 8. (27½ B.) Leipzig 843, [Köhler'sche Vrlgsh.]

—— dass. 2. Thl. A. u. d. T.: Historische Abhandlungen. gr. 8. (22 B.) Ebds. 843.

Mignet, F. A., Vie de Franklin, s. Bibliothek gediegener und interessanter französischer Werke.

— vie de Franklin, s.: Prosateurs français.

— Vie de Franklin, hrsg. v. H. Voss, s.: Schulbibliothek, französ. u. engl. A 64.

Mignet, J A., s. Mignet, François Auguste

Mignet, M., s. Mignet, François Auguste

Mignon. Miniaturzeitschrift f. unsere Frauen- u. Mädchenwelt. Hrsg. v. Adf. Hinrichsen. 2. Jahrg. 1890. 24 Nrn. 12. (à Nr. ca. 30 S.) Danzig, Hinstorff. * 4 —
Nicht weiter erschienen. — 1. Jahrg. 1889 Verlag d. Mignon in Berlin.

Bibliothek **Mignon**. [Jg.] 1, [Bd] 1. Berlin-Gr. Lichterfelde: P. Langenscheidt [1904]. 8° 1907

Mignon-Almanach. Komischer Damenkalender für 1850. Mit zahlreichen Illustr. (in Holzschn.) 32. (126 S.) Hamburg, Berendsohn. In Engl. Einb. m. Goldschn. n. ½ ₰

Mignon-Almanach für 1861. Im kleinsten Formate. (27 S.) Wien 860, Lienhart. geb.

Mignon-Almanach auf die J. 1862—68. Wien, Lienhart. Miniat.-Form. Jeder Jahrg. (ca. 12—20 S.) geb. mit Goldschn. 7½ ngr.

Mignon-Almanach auf das Jahr 1869. Kleinstes Format. geb. in Schuber. Wien, Lienhart. 1868. 36 kr.

Mignon-Almanach auf das Jahr 1870. Kleinstes Format. Wien, Lienhart. In Schuber. 1869. 36 kr.

Mignon-Almanach für das Jahr 1871. Kleinstes Format. Wien: Lienhart 1870.

Mignon-Almanach auf das Jahr 1882. (Portemonnaie-Format mit Deckel) 24 kr. Wien Lienhart 1881.

Mignon-Almanach 1883. 24 kr. Wien Linhart 1882

Mignon-Almanach 1884. Wien, Ig. Linhart. 24 kr 1883

Mignon-Almanach f. d. J. 1885. Wien, Ign. Lienhart. 24 kr. 1884

Mignon-Almanach f. d. J. 1886. Wien: Ign. Lienhart 1885.

Mignon-Almanach für das Jahr 1887. Wien, Lienhart. fl. —.24. 1886.

Mignon-Almanach für das Jahr 1888. Wien, Lienhart. fl. —.24. 1887.

Mignon-Almanach f. d. J. 1889—1892. 128. (à Jahrg. ca. 40 S.) Wien, Lienhart. geb. m. Goldschn. à Jahrg. * — 40

Mignon-Almanach für das Jahr 1893 Ebd. — 20

Mignon-Almanach für das Jahr 1894 Ebd. —.20

Mignon-Almanach für das Jahr 1895 Ebd. —.20

Mignon-Almanach auf d. J. 1896. 128. (35 S.) Wien, J. Lienhart. Kart. n.n. — 30

Mignon-Almanach für das Jahr 1897 Ebd. —.20

Mignon-Almanach für das Jahr 1898 Ebd. —.20

Mignon-Almanach für das Jahr 1899 Ebd. —.20

Mignon-Bloc-Kalender. 1. und 2. Jahrg. 1879 und 1880. Wien, Fromme. à Jahrg.

Mignon-Block-Kalender. 3.—6. Jahrg. 1881—1884. Wien, Fromme. à Jahrg. *
Nicht weiter erschienen.

Mignon, Block-Kalender, pro 1887. I. Jahrgang. Wien, Perles. 1886. fl. —.50.

Mignon-Blockkalender pro 1888. II. Jahrgang. Kleinstes Format. Wien, Perles. fl. —.50. 1887.

Mignon-Block-Kalender pro 1890 Ebd. —.50

Mignon-Block-Kalender pro 1891. V. Jahrg. Ebd. —.50

Mignon-Block-Kalender pro 1892 Ebd. —.50

Mignon-Block-Kalender pro 1893 Ebd. —.50

Mignon-Block-Kalender pro 1894. VIII. Jahrg. Ebd. —.50

Mignon-Block-Kalender pro 1895. IX. Jahrg. Kleinstes Format Ebd —.50

Mignon-Block-Kalender pro 1896. X. Jahrg. Kleinstes Format Ebd. .50

Mignon-Block-Kalender pro 1897. XI. Jahrg. Kleinstes Format Ebd. —.50

Mignon-Block-Kalender pro 1898. XII. Jahrgang. Kleinstes Format Ebd. — 50

Mignon-Block-Kalender pro 1899. XIII. Jahrgang. Kleinstes Format Ebd. —.50

Mignon-, Bloc-, Notiz-Kalender pro 1883. IV. Jahrg. Mit Raum zu Notizen für jeden Tag. Zum Aufstellen auf den Schreibtisch. eleg. ausgestattet 50 kr. Wien Perles 1882.

— Block-Notizkalender pro 1884. IV Jahrg. Wien, Moritz Perles. 1883 50 kr

Mignon-Calendrier. Edit. Fromme. 7. Jahrg. I. Broschirte Ausgabe 30 kr.
— II. Bronce-Ausgabe. Eleganter Bronce-Einband 40 kr.
— III. Elfenbein-Ausgabe. Eleganter Ivoirit-Einband 50 kr.
Wien Fromme 1881

Mignon-Calendrier, Fromme's, 1883. VIII. Année.
I. Broschirte Ausgabe 30 kr
II Bronce-Ausgabe Eleganter Bronce-Einband 40 kr.
III Elfenbein-Ausgabe Eleganter Ivoirit-Einband 50 kr.
Wien Fromme 1882.

— Calendrier Fromme's 1884. IXe Année Wien, Carl Fromme I. Broch. Ausg 30 kr — II. Bronze-Ausg. Eleg Bronze-Einband 40 kr — III. Elfenb.-Ausg Eleg Ivoirit-Einb. 50 kr

Mignon-Calendrier, Fromme's, 1885. X. Année. Wien, Carl Fromme. 1884. I. Broschirte Ausg. 30 kr., II. Bronze-Ausg. 40 kr., III. Elfenbein-Ausg. 50 kr.

Mignon-Kalender für die J. 1878—1880. 128. (à Jahrg. ca. 40 S.) Stuttgart, Neff. à Jahrg. * geb. in Metalldecken à Jahrg. *
Andere Jahrg. sind nicht erschienen.

Mignon-Kalender für das Jahr 1880. 128. (63 S.) Stuttgart, Neff. — 25; in Metalldecken geb. n. — 50

Mignon-Wochenblock-Kalender für 1895. 1.—
Wien: Perles 1894.

Mignon-Wochen-Vormerk-Kalender pro 1897, IV. Jahrg. Wien: Perles 1896. —.60

Mignot, ..., Geschichte d. Ottoman. Reichs, bis zum Belgrader Frieden 1740. 3 Bde. Aus d. Französ. gr. 8. Mietau 774. Hinze. (W. Nauck in Leipz.) 4 ℛ

Mignot, Gesch. des ottomann. Reichs, b. z. Belgrad. Fried. 1740. 3 Bde. a. d. Franz. gr. 8. Mietau, Hinze. (Sommer in Leipz.) 774.

Migotti, Adolf

— Aufstellung einer Differentialgleichung, welcher die Wurzeln der Gleichungen für die Teilung der elliptischen Perioden als Funktionen des Moduls genügen. S. 94. II. 709 . . . . vgr
Separatabdruck

Migotti, A., über die Strictionslinie des Hyperboloides als rationale Raumcurve 4. Ordnung. Lex.-8. (14 S.) Wien 879, (Gerold's Sohn.) **
Aus: Sitzungsberichte der k. Akademie der Wissenschaften, besonders abgedruckt.

Migotti Adolf: Über die Striktionslinie des Hyperboloides als rationale Raumkurve vierter Ordnung. S. 80. II. 1023 . . . . —30
Separatabdruck

Migotti, A., zur Theorie der Kreistheilungsgleichung. Lex.-8. (8 S.) Wien 883, (Gerold's Sohn.) *
Aus: Sitzungsberichte der k. Akademie der Wissenschaften, besonders abgedruckt.

— Zur Theorie der Kreisteilungsgleichung. S. 87. II. 7 . . . . —20
Separatabdruck

Migotti, E. F., die Mechanik u. das Pferd. Studien-Fragmente über die Bewegung des Thierkörpers, mit Bezug auf die daraus resultir. mechanisch begründeten Hilfen. gr. 8. (114 S. m. 5 Taf.) Wien 879. Gerold's Sohn in Comm. n. 4. —

Migotti, J., fertige Kleider, s.: Ausstellungs-Bericht, officieller.

Migotti, Jul., zur Steuerfrage. Versuche die Besteuerung des Grundeigenthumes zweckentsprechend durchzuführen. Wien 860. Gerold in Comm. gr. 8. (IV, 23 S.) n. 12 ngr.

Migotti, J., zur Steuerfrage oder ein Wort f. d. bestehenden Kataster d. Grundeigenthumes zweckentsprechend durchzuführen. gr. 8. (IV u. 23 S.) Wien, Gerold. in Comm. 860. 40 kr.

Migout, J. C., u. C. L. Bergery, theoret.-prakt. Anleitung zur Berechnung der gebräuchl. Maschinen. Für Berg- u. Hüttenleute, Architekten, Artilleristen, Maschinenbauer u. Techniker überhaupt. Deutsch herausg. v. C. H. Schnuse u. W. Kornhardt. Lex.-8. (27⅝ B. u. 6 Figurentaf.) Braunschweig 845, G. C. E. Meyer sen. *

Migout, J. C., et capitaine d'artillerie, C. L. Bergery, Essai sur la théorie des affûts et des voitures d'artillerie. Mit 2 Steintaf. gr. in 8. Paris et Strasb. 837. Levrault. 1⅔ ℛ

Migout, J. C., u. C. L. Bergery, die Theorie d. Laffeten u. Artillerie-Fahrzeuge. A. d. Franz. v. Hoffmann. gr. 8. (20½ B. u. 2 Stnt.) Magdeburg 840, Creutz'sche Buchh.

— — Die Theorie der Lafetten u. Artillerie-Fahrzeuge. Aus d. Französ. von Hoffmann. Mit Taf. Magdeburg 1840. 318 S.

Miguel I., Dom, Usurpator d. Portugies. Thrones. Ein Beitr. zur neuest. Gesch. Portugals, v. einem Augenzeugen. 1. u. 2. Ausg. gr. 8. (à 7 B.) Hamburg 832, 33, Hoffmann u. Campe. à

MIGUEL'S, F. A. W., Homerische Flora. Aus dem Holländischen übers. von J. C. M. LAURENT. Altona. 1830.

Miguet, E., das Kreosot in phys., chem., pharmaceut., medicin., techn. u. ökonom. Beziehung etc. Uebers., nach d. neuesten Standpunkte d. Wissenschaft bearb. u. mit e. Anh. üb. kreosothaltige Mittel u. Surrogate d. Kreosots vers. v. A. Martiny. gr. 8. (7 B.) Weimar 837, Voigt.

Miguette. Eine Eselsgeschichte v. L. — Pfarrhaus, das tierfreundliche. Eine Jugenderinnerg. v. R. (35 S.) kl. 8. Karlsruhe (910). Stuttgart, Verlag f. Volkskunst. — 60

... Avé, Libertas! Poème symphonique pour grand orchestre commémoratif du 1er anniversaire de la proclamation de la République d. États Unis du Brésil p. Leopoldo **Miguéz**. Op. 18. ... Partition ... *Leipzig: J. Rieter-Biedermann [1892?].* (70 S.) 1 Bd 4. [96. 2470

... Parisina '(d'après Lord Byron)'. Poème Symphonique pour Grand Orchestre p. Leopoldo **Miguéz**. Op. 15. ... Partitur ... *Leipzig: J. Rieter-Biedermann [1892?].* (62 S.) 1 Bd 4. [96. 2471

Prométhée. 3me Poème symphonique pour grand Orchestre comp. p. Leopoldo **Miguéz**. Op. 21. Partit. d'Orchestre ... *Leipzig: J. Rieter-Biedermann 1895.* (59 S.) 1 Bd 4. [96. 2472

Migula, (P.,) d. landwirthschaftl. Rechnungs-Gehülfe. gr. 4. Bresl. 825, W. G. Korn.

Migula, Walt., s.: Arbeiten aus dem bacteriolog. Institut der techn. Hochschule zu Karlsruhe.

— die Bakterien, s. a. Weber's illustr. Katechismen. 191. Bd.

Migula, W. Die Bakterien. [Naturwissenschaftl. Bibliothek Bd. II.] 8. (XII, 216 S. m. 30 Abbildgn.) Lpz. 891, J. J. Weber. geb. * 3 —

— Bakterienkunde f. Landwirte, s. a. Thaer-Bibliothek.

Migula, W., Bakterienkunde f. Landwirte. Leichtfaßliche Darstellg. der bisher. praktisch-wicht. Forschungs-Ergebnisse. 8. (VIII, 144 S. m. 30 eingedr. Abbildgn.) Berlin 890. Parey. geb. n. 2. 50

Migula, Walter, Dr.: [1.] Beiträge zur Kenntniss des Gonium pectorale. [2.] Die Artzahl der Bakterien bei der Beurtheilung des Trinkwassers. (1890.) 13 S., 1 Taf. S. 353—361. 8⁰ ¶ [1.] Aus: Botan. Centralblatt. Bd 43. [2.] Aus: Centralblatt f. Bakteriologie u. Parasitenkunde. Bd 8.
Karlsruhe Te. H., Hab.-Schr. v. 23. 12. 1890

— Beiträge zur bakteriolog. Wasseruntersuchung. I. [Aus: „Arbeiten aus d. bacteriolog. Inst. d. techn. Hochsch. zu Karlsruhe".] gr. 8. (8 S.) Karlsruhe 897. Wiesbaden, O. Nemnich. — 80

— d. Characeen, s.: Rabenhorst's, L., Kryptogamen-Flora.

— die Cholera u. andere Volksseuchen, hinsichtlich Entstehung, Verbreitung, Ansteckung u. Schutz vor Ansteckung gemeinfasslich dargestellt. gr. 8. (IV, 92 S.) Karlsruhe 893. O. Nemnich. n. 2. —

Migula, Walter [aus Breslau]: Ueber den Einfluss stark verdünnter Säurelösungen auf Algenzellen. ... Breslau, Druck d. Bresl. Gen.-Buchdr. E. G., 1888; 2 Bl. + 38 S. + 2 Bl. u. 1 Taf. 8⁰
Breslau, Phil. Fak., Inaug.-Diss. v. 29. Dez. 1888

Migula, Walter, über den Einfluss stark verdünnter Säurelösungen auf Algenzellen. Inaugural-Dissertation. gr. 8. (39 S. mit 2 color. Stnt.) Breslau 888, (Preuss und Jünger.) *

— Exkursionsflora v. Deutschland, s.a. Sammlung Göschen.

Exkursionsflora von Deutschland zum Bestimmen der häufigeren in Deutschland wildwachsenden Pflanzen von Dr. W[alter] Migula, Prof. Mit Fig. Bd. 1. 2. Leipzig: Göschen 1906. 8°
1. Pteridophyten, Coniferen u. Monocotyledonen. 2. Dicotyledonen. (Sammlung Göschen. 268. 269.)

Migula, Walther. Dir. Prof. Dr. [Otto Wilhelm] Thomé's Flora von Deutschland, Österreich und der Schweiz. Für alle Freunde der Pflanzenwelt. Band 5: Kryptogamen-Flora: Moose, Algen, Flechten und Pilze (die Farne befinden sich in Band 1); hrg. von Professor Dr. Walter Migula. Liefg. 1. [Mit 6 Tafeln.] IV + 32 S. Gera, Reuss j. L., Friedrich von Zezschwitz, [1901]. Subscr. M. 1. — (pro Liefg.)
Vollständig in drei Bänden (5, 6 und 7) oder ca. 40—45 Lieferungen mit ca. 90 Bogen Text und ca. 320 kolorierten und schwarz-lithographierten Tafeln.

Migula, Walther. Dir. Prof. Dr. [Otto Wilhelm] Thomé's Flora von Deutschland, Österreich und der Schweiz. Für alle Freunde der Pflanzenwelt. Band 5: Kryptogamen-Flora: Moose, Algen, Flechten und Pilze (die Farne befinden sich in Band 1) hrg. von Professor Dr. Walter Migula. Lfg. 2—9. [Mit 49 Tafeln.] *je* IV S. + S. 33—256. 8. Gera, Reuss j. L., Friedrich von Zezschwitz, [1901—1903]. Subscr. M. 1. — (pro Liefg.)
Liefg. 2 u. 3: [1901]. *4—6:* [1902], *7—9:* [1903].

Migula, Walther. Dir. Prof. Dr. [Otto Wilhelm] Thomé's Flora von Deutschland, Österreich und der Schweiz.... Band 5: Kryptogamen-Flora... hrg. von Professor Dr. Walter Migula. Lfg. 10. [Mit 5 Tafeln.] IV S. + S. 257—272. 8. Gera..., Friedrich von Zezschwitz, [1903]. Subscr. M. 1. — (pro Liefg.)

Migula, Walther. Dir. Prof. Dr. [Otto Wilhelm] Thomé's Flora von Deutschland, Österreich und der Schweiz.... Band 5: Kryptogamen-Flora... hrg. von Professor Dr. Walter Migula. Lfg. 11. [Mit 4 Tafeln.] IV S. + S. 273—304. 8. Gera..., Friedrich von Zezschwitz, [1903]. Subscr. M. 1. — (pro Liefg.)

Migula, Walther. Dir. Prof. Dr. [Otto Wilhelm] Thomé's Flora von Deutschland, Österreich und der Schweiz.... Band 5: Kryptogamen-Flora ... hrg. von Professor Dr. Walter Migula. Lfg. 12 u. 13. [Mit 7 Tafeln.] *je* IV S. + S. 305—368. 8. Gera..., Friedrich von Zezschwitz, [1903]. Subscr. M. 1. — (pro Liefg.)

Migula, Walther. Dir. Prof. Dr. [Otto Wilhelm] Thomé's Flora von Deutschland, Österreich und der Schweiz. Band 5: Kryptogamen-Flora ... hrg. von Professor Dr. Walter Migula. Lfg. 14. [Mit 5 Tafeln.] IV S. + S. 369—384. 8. Gera..., Friedrich von Zezschwitz, [1903]. Subscr. M. 1. — (pro Liefg.)

Migula, Walther. Dir. Prof. Dr. [Otto Wilhelm] Thomé's Flora von Deutschland, Österreich und der Schweiz. Band 5: Kryptogamen-Flora ... hrg. von Professor Dr. Walter Migula. Lfg. 15. [Mit 5 Tafeln.] IV S. + S. 385—400. 8. Gera..., Friedrich von Zezschwitz, [1903]. Subscr. M. 1. — (pro Liefg.)

Migula, Walter. Dir. Prof. Dr. [Otto Wilhelm] Thomé's Flora von Deutschland, Österreich und der Schweiz. Band 5: Kryptogamen-Flora... hrg. von Professor Dr. W' M'. Lfg. 16. [Mit 6 Tafeln.] IV S. + S. 401—448. 8. Gera..., Friedrich von Zezschwitz, [1904]. Subscr. (pro Liefg.) M. 1. —

Migula, Walter. Dir. Prof. [Otto Wilhelm] Thomé's Flora von Deutschland, Oesterreich und der Schweiz. Band 5: Kryptogamen-Flora... hrg. von Professor Dr. W' M'. Lfg. 18. [Mit 6 Tafeln.] IV + 16 S. 8. Gera..., Friedrich von Zezschwitz, [1904].

Migula, Walter. Dir. Prof. Dr. [Otto Wilhelm] Thomé's Flora von Deutschland, Österreich und der Schweiz. Lfg. 18 u. 19. Band 5 (*d. i.* 6): Kryptogamen-Flora ... hrg. von Professor Dr. W' M'. [Bd. 2, Lfg. 1 u. 2. Mit 11 Tafeln.] *je* IV S. + S. 1—48. 8. Gera..., Friedrich von Zezschwitz, [1904]. Subscr. (pro Liefg.) M. 1. —

Migula, Walter. Dir. Prof. Dr. [Otto Wilhelm] Thomé's Flora von Deutschland, Österreich und der Schweiz. Liefg. 20. Band 5 (*d. i.* 6): Kryptogamen-Flora ... hrg. von Prof. Dr. W' M'. [Bd. 2. Lfg. 3. Mit 5 Tafeln.] II S. + S. 49—80. 8. Gera..., Friedrich von Zezschwitz, [1905]. Subscr. (pro Liefg.) M. 1. —

Migula, Walter. Dir. Prof. Dr. [Otto Wilhelm] Thomé's Flora von Deutschland, Österreich und der Schweiz. Lfg. 21. Band 5—7: Kryptogamen-Flora ... hrg. von Professor Dr. W' M'. [Bd. 2, Lfg. 4. Mit 4 Tafeln.] IV S. + S. 81—112. 8. Gera..., Friedrich von Zezschwitz, [1905]. Subscr. (pro Liefg.) M. 1. —

Migula, Walter. Dir. Prof. Dr. [Otto Wilhelm] Thomé's Flora von Deutschland, Österreich und der Schweiz. Lfg. 22. Band 5—7: Kryptogamen-Flora ... hrg. von Professor Dr. W' M'. [Bd. 2, Lfg. 5. Mit 5 Tafeln.] IV S. + S. 113—144. 8. Gera ..., Friedrich von Zezschwitz, [1905]. Subscr. (pro Liefg.) M. 1. —

Migula, Walter. Dir. Prof. Dr. [Otto Wilhelm] Thomé's Flora von Deutschland, Österreich und der Schweiz. Lfg. 23. Band 5—7: Kryptogamen-Flora ... hrg. von Professor Dr. W' M'. [Bd. 2, Lfg. 6. Mit 5 Tafeln.] IV S. + S. 145—176. 8. Gera..., Friedrich von Zezschwitz, [1905]. Subscr. (pro Liefg.) M. 1. —

Migula, Walter. Dir. Prof. Dr. [Otto Wilhelm] Thomé's Flora von Deutschland, Österreich und der Schweiz. Lfg. 24. Band 5—7: Kryptogamen-Flora ... hrg. von Professor Dr. W' M'. [Bd. 2, Lfg. 7. Mit 5 Tafeln.] IV S. + S. 177—208. 8. Gera..., Friedrich von Zezschwitz, [1905]. Subscr. (pro Liefg.) M. 1. —

Migula, Walter. Dir. Prof. Dr. [Otto Wilhelm] Thomé's Flora von Deutschland, Österreich und der Schweiz. Lfg. 25—27. Band 5—7: Kryptogamen-Flora ... hrg. von Professor Dr. W' M'. [Bd. 2, Lfg. 8—10. Mit 15 Tafeln.] *je* IV S. + S. 209—288. 8. Gera ..., Friedrich von Zezschwitz, [1906]. Subscr. (pro Liefg.) M. 1. —

Migula, Walter. Dir. Prof. Dr. [Otto Wilhelm] Thomé's Flora von Deutschland, Österreich und der Schweiz. Lfg. 28 u. 29. Band 5—7: Kryptogamen-Flora ... hrg. von Professor Dr. W' M'. [Bd. 2, Liefg. 11 u. 12. Mit 10 Tafeln.] *je* IV S. + S. 289—352. 8. Gera ..., Friedrich von Zezschwitz, [1906]. Subscr. (pro Liefg.) M. 1. —

Migula, Walter. Dir. Prof. Dr. [Otto Wilhelm] Thomé's Flora von Deutschland, Österreich und der Schweiz. Lfg. 30 u. 31. Band 5—7: Kryptogamen-Flora... hrg. von Professor Dr. W' M'. [Bd. 2, Liefg. 13 u. 14. Mit 10 Tafeln.] *je* IV S. + S. 353—416. 8. Gera..., Friedrich von Zezschwitz, [1906]. Subscr. (pro Liefg.) M. 1. —

Migula, Walter. Dir. Prof. Dr. [Otto Wilhelm] Thomé's Flora von Deutschland, Österreich und der Schweiz. Lfg. 32—36. Band 5—7: Kryptogamen-Flora ... hrg. von Professor Dr. W' M'. [Bd. 2, Liefg. 15—19. Mit 25 Tafeln.] *je* IV S. + S. 417—576. 8. Gera..., Friedrich von Zezschwitz, [1906]. Subscr. (pro Liefg.) M. 1. —

Migula, Walter. Dir. Prof. Dr. [Otto Wilhelm] Thomé's Flora von Deutschland, Österreich und der Schweiz. Lfg. 37—39. Band 5—7: Kryptogamen-Flora ... hrg. von Professor Dr. W' M'. [Bd. 2, Liefg. 20—22. Mit 15 Tafeln.] *je* IV S. + S. 577—672. 8. Gera..., Friedrich von Zezschwitz, [1907]. Subscr. (pro Liefg.) M. 1. —

Migula, Walter. Dir. Prof. Dr. [Otto Wilhelm] Thomé's Flora von Deutschland, Österreich und der Schweiz. Lfg. 40—43. Band 5—7: Kryptogamen-Flora .. hrg. von Professor Dr. W' M'. [Bd. 2, Liefg. 23—26. Mit 20 Tafeln.] *je* IV S. + S. 673—784. 8. Gera..., Friedrich von Zezschwitz, [1907]. Subscr. (pro Liefg.) M. 1. —

Migula, Walter. Dir. Prof. Dr. [Otto Wilhelm] Thomé's Flora von Deutschland, Österreich und der Schweiz. ... Lfg. 49—57. Band 5—7: Kryptogamen-Flora ... hrg. von Professor Dr. W' M'. [Bd. 2, Teil 2, Liefg. 1—9. Mit 45 Tafeln.] *je* IV S. + S. 1—240. 8. Gera ..., Friedrich von Zezschwitz, [1907—1908]. Subskr. (pro Liefg.) M. 1. —

Lfg. 49. [1907.] — Lfg. 50—57. [1908.]

Migula, Walter. Dir. Prof. Dr. [Otto Wilhelm] Thomé's Flora von Deutschland, Österreich und der Schweiz. . . Lfg. 58—62. Band 5—7: Kryptogamen-Flora ... hrg. von Professor Dr. W' M'. [Bd. 2, Teil 2, Liefg. 10—14. Mit 40 Tafeln.] *je* IV S. + S. 241—336. 8. Gera ..., Friedrich von Zezschwitz, [1908]. Subskr. (pro Liefg.) M. 1. —

Migula, Walter. Dir. Prof. Dr [Otto Wilhelm] Thomé's Flora von Deutschland, Österreich und der Schweiz. ... Lfg. 97—102. Band V und Folge Kryptogamen-Flora ... hrg. von Professor Dr. W' M' [Bd. 3, Teil 2, Liefg. 1—6. Mit 30 Tafeln.] *je* II S. + S. 1—80. 8. Gera ..., Friedrich von Zezschwitz, [1910]. Subskr. (pro Liefg.) M. 1. —

— — Der Huf des Pferdes und dessen fehlerfreie Erhaltung. A. d. Engl. (VIII.) Deutsch von Guitard. Mit 12 Tafeln in qu. gr. 4°. u. H. (III.) (XXIV., 126 S.) Ebd. 76. Kart. M. 3.—

— d. Keimgehalt u. d. Widerstandsfähigkeit d. Bakterien d. animalen Lymphe. [Aus: „Arbeiten a. d. bacteriolog. Inst. d. techn. Hochsch. zu Karlsruhe".] gr. 8. (8 S.) Karlsruhe 897. Wiesbaden, O. Nemnich. n. — 50

— Compendium der bakteriolog. Wasseruntersuchg., nebst vollständ. Uebersicht der Trinkwasserbakterien. gr. 8. (VII, 440 S. m. 2 Lichtdr.-Taf.) Wiesbaden 901. O. Nemnich. n. 9. —; geb. n. 10. —

— Kryptogamen-Flora, s.a. Thomé, Flora v. Deutschland, Österreich u. der Schweiz.

Migula, W(alter). Kryptogamen-Flora von Deutschland, Deutsch-Österreich und der Schweiz, im Anschluss an [Otto Wilhelm] Thomé's Flora von Deutschland bearb. Band 1: Moose. [Mit 68 Tafeln.] (17 Lieferungen.) VI + 512 S. 8. Gera, R(euss j. L.), Friedrich von Zezschwitz, [1901]-1904. Subskr. (pro Lfg.) M. 1.— [geb. 19.—]

Director Prof. Dr. [Otto Wilhelm] Thomé's Flora von Deutschland ... in Wort und Bild. Band V. Kryptogamen-Flora ... bearb. von Dr. W. M'. Band 1: Moose.

Lfg. 1—3: [1901], *Lfg. 4—6:* [1902], *Lfg. 7—15:* [1903], *Lfg. 16—17:* [1904].

Mit diesen 17 Lfg. sind fernere 24 Tafeln der folgenden Bände ausgegeben worden.

Migula, W(alter). Kryptogamen-Flora von Deutschland, Deutsch-Österreich und der Schweiz, im Anschluss an [Otto Wilhelm] Thomé's Flora von Deutschland bearbeitet. Band 2: Algen. Teil 1: Cyanophyceae, Diatomaceae, Chlorophyceae. [Mit 161 Tafeln.] (Lfg. 18—48.) IV + 918 S. 8. Gera, R(euss j. L.), Friedrich von Zezschwitz, [1904—]1907. (Subskr. pro Lfg. M. 1.— [*cpl.* 31. 50, geb. 35.—])

Direktor Prof Dr. [Otto Wilhelm] Thomé's Flora von Deutschland ... in Wort und Bild. Band VI. Kryptogamen-Flora ... bearb. von Dr. W. M'... Band 2: Algen. Teil 1.

Lfg. 18—19: [1904], *Lfg. 20—24:* [1905], *Lfg. 25—36:* [1906]; *Lfg. 37—48:* [1907].

Mit den 48 Lfg. sind fernere 23 Tafeln der folgenden Bände ausgegeben worden.

Migula, W(alter). Kryptogamen-Flora von Deutschland, Deutsch-Österreich und der Schweiz, im Anschluss an [Otto Wilhelm] Thomé's Flora von Deutschland bearbeitet. Band 2: Algen. Teil 2: Rhodophyceae, Phaeophyceae, Characeae [Mit 126 Tafeln.] (Lfg. 49—64 65.) IV + 384 S. 8. Gera, R(euss j. L.), Friedrich von Zezschwitz, [1907—]1909. (Subskr pro Liefg. M. 1 —; [*cpl.* 18. 75, geb. 22. 50])

Direktor Prof Dr. [Otto Wilhelm] Thomé's Flora von Deutschland, Österreich und der Schweiz in Wort und Bild. Band VII Kryptogamen-Flora ... bearb. von Dr W. M'... Band 2: Algen. Teil 2.

Migula, W(alter). Kryptogamen-Flora von Deutschland, Deutsch-Österreich und der Schweiz, im Anschluss an [Otto Wilhelm] Thomé's Flora von Deutschland bearbeitet. Band 3: Pilze. Teil 1: Myxomycetes, Phycomycetes, Basidiomycetes ⟨Ordn. Ustilagineae und Uredineae⟩. [Mit 99 Tafeln.] (Lfg. 66/67—95/96.) IV + 512 S. 8. Gera, R(euss j. L.), Friedrich von Zezschwitz, [1909—]1910. (Subskr. pro Liefg. M. 1. —; cpl. br. 24. —, geb. 28. —)

Direktor Prof. Dr. [Otto Wilhelm] Thomé's Flora von Deutschland, Österreich und der Schweiz in Wort und Bild. Band VIII. Kryptogamen-Flora ... bearb. von Dr. W. M'.... Band 3: Pilze. Teil 1.

— Deutsche Moose u. Farne, s.: Wegweiser, naturwissenschaftl. A. 5.

— Morphologie, Anatomie u. Physiologie der Pflanzen, s.a. Sammlung Göschen.

Morphologie, Anatomie und Physiologie der Pflanzen von Dr W[alter] Migula. Mit 50 Abb. 2 verb. Aufl. Leipzig Göschen 1906. 130 S. 8°
(Sammlung Göschen. 141) A12.1147 II

— Pflanzenbiologie, s.a. Sammlung Göschen.

Pflanzenbiologie von Dr W[alter] Migula. Mit 50 Abb. 2 verb. Aufl. Leipzig Göschen 1906. 119 S. 8°
(Sammlung Göschen. 127) A12.1139 II

Pflanzenbiologie. Schilderungen aus d. Leben d. Pflanzen von Dr. W[alter] Migula, Prof. Mit 133 Textfig u. 8 Taf. Buchschmuck von Gadso Weiland. Leipzig: Quelle & Meyer 1909. (VIII, 352 S.) 4°(8°) 108. 13313

— allgemeine Pflanzenkunde, s.a. Hillger's illustr. Volksbücher.

Allgemeine Pflanzenkunde von Prof. Dr. W[alther] Migula. Mit 26 Ill. Berlin, Leipzig H. Hillger [1904]. (87 S.) 8° [F.]
— Volksbücher, Hillgers illustrierte. Bd 8. 63.10064

— das Pflanzenreich, s. Reinecke, F.

— die Pflanzenwelt der Gewässer, s.a. Sammlung Göschen.

Die Pflanzenwelt der Gewässer von Prof. Dr. W[alter] Migula. Leipzig: Göschen 1903. 116 S. 8°
(Sammlung Göschen. 158.) [illegible] II

— Allgemeine Pilzkunde, s. Wegweiser, Naturwissenschaftl. A. 8.

— Praktisches Pilz-Taschenbuch, s.: Wegweiser, naturwissenschaftl. A. 20. 21.

— — Bacteriologisches Practicum zur Einführung in die practisch-wichtigen bacteriologischen Untersuchungsmethoden f. Aerzte, Apotheker, Studierende. Mit 9 Abbildgn. im Text u. 2 Taf. m. Photogrammen. gr. 8. (XIX, 200 S.) Karlsr. 892, Nemnich. * 4 50; geb. * 5 50

— Schizophyta: Schizomycetes, s.: Engler, A., u. K. Prantl, die natürlichen Pflanzenfamilien. I. 1 a.

— Synopsis Characearum europaearum. Illustr. Beschreibg. d. Characeen Europas m. Berücksicht. der übrigen Welttheile. Als Auszug aus dessen Beschreibg. der Characeen in Rabenhorst's Kryptogamenflora. II. Aufl., V. Bd., gedr. M. 133 Abb. u. e. Einführg. in d. Studium dieser Gewächse. gr. 8. (VII, 176 S.) Leipzig 898. E. Kummer. n. 8. —

— System d. Bakterien. Handbuch d. Morphologie, Entwickelungsgeschichte u. Systematik d. Bakterien. 1. Bd. Allgem. Tl. M. 6 Taf. gr. 8. (VIII, 368 S. m. 6 Bl. Erklärgn.) Jena 897. G. Fischer. n. 12. —

System der Bakterien. Handb. u. Morphologie. Entwickelungsgesch. u. Systematik d. Bakterien. Von Dr. W[alther] Migula, Prof. zu Karlsruhe. Bd. 1. 2. Jena: G. Fischer 1899-1900. 2 Bde 4⁰ (8⁰)
1. Allg. Teil. Mit 6 Taf. 1897
2. Spec. Systematik d. Bakt. Mit 18 Taf. u. 35 Abb. im Text. 1900.

— **System der Bakterien.** Handbuch der Morphologie, Entwickelungsgeschichte u. Systematik der Bakterien. 2. Bd. Specielle Systematik d. Bakterien. gr. 8. (X, 1068 S. m. 35 Abb., 18 Taf. u. 18 Bl. Erklärgn.) Jena 900. G. Fischer. n. 30. —; (kplt. n. 42. —)

— üb. e. **neues System** d. Bakterien. [Aus: „Arbeiten d. bakteriolog. Instituts d. grossh. Hochschule zu Karlsruhe".] gr. 8. (4 S.) Karlsruhe 895. Wiesbaden, O. Nemnich. n. — 50

— botanisches Vademecum. Kurz gefasster Leitfaden zur Einführg. in das Studium der Botanik f. Studierende, Lehrer u. Freunde der Pflanzenkunde. (XXIV, 815 S. m. Abbildgn.) schmal 8. Wiesbaden 904. Leipzig, O. Nemnich. Geb. in Leinw. n. 7. —

— Vorlesungen über Bakterien, s.: **Bary, A. de.**

— **Wandtafeln** f. Bakterienkunde. Zum Gebrauch bei botan. u. medizin. Vorlesgn. Imp.-Fol. (10 farb. Taf.) Mit Text. gr. 8. (7 S.) Berlin 890. Parey. In Mappe. n.n. 30. —

— üb. den **Zellinhalt** v. Bacillus oxalaticus Zopf. [Aus: „Arbeiten d. bacteriol. Instituts d. gr Hochschule zu Karlsruhe".] gr. 8. (11 S. m. 1 farb. Taf.) Ebd. 894. n. 2. —

Mihaileanu, Petrus, Rumanus: De comprehensionibus relativis apud Ciceronem. (Berolini 1907: G. Schade.) (211 S.) 8°
Berlin, Phil. Fak., Ref. Norden, Diss. v. 21. Dez. 1907
[Geb. 9. Nov. 73 Focsani (Rumänien); Wohnort: Focsani; Staatsangeh.: Rumänien; Vorbildung: Lyzeum Focsani Reife O. 96; Studium: Münster 1, Berlin 9 S.; Rig. 21. Nov. 07.]

Mihailović: Das Erdbeben. 14 S. – Karlstadt, Progr 1858

Mihailović: Thier und Pflanze. 11 S. – Karlstadt, Progr 1857

Mihajlović, Christophor, das Popovopolje in der Hercegovina u. die Merkwürdigkeiten v. Zavala. [Aus: „Wissenschaftl. Mittheilgn. aus Bosnien u. d. Hercegovina", 1. Bd.] Lex.-8. (27 S. m. 11 Abbildgn.) Wien 898. (C. Gerold's Sohn.) n. 1. 50

Mihajlowitsch, Stanoje, a. Belgrad in Serbien: Das Grundrentenproblem ⟨Die Grundrente als Einkommen⟩ ⟨Teildruck⟩. (Berlin 1908: E. Ebering.) (95 S.) 8° ¶(Soll vollständig erscheinen.)
Berlin, Phil. Fak., Ref. Wagner, Diss. v. 14. März 1908
[Geb. 22. Aug. 83 Kovilj (Ungarn); Wohnort: Berlin; Staatsangeh.: Serbien; Vorbildung: Gymn. Nisch Reife 00; Studium: Belgrad 8, Berlin 6 S.; Rig. 27. Febr. 08.]

Mihalu, U(lpin) Traian, a. Algyogy ⟨Siebenbürgen⟩: Währungs- und Bankpolitik Rumäniens von 1867—1905. Die Zeit von 1867—1890. Buch 1 S. 1—320. Straßburg i. E. 1905: C. Müh & Cie. (85 S.) 8° ¶[Erscheint demnächst vollständig.]
Straßburg, Rechts- u. staatswiss. Fak., Ref. Sartorius von Waltershausen, Diss. v. 11. Nov. 1905
[Geb. 17. April 78 Algyogy; Wohnort: Algyogy; Staatsangeh.: Österreich-Ungarn; Vorbildung: Oberrealsch. Hermannstadt Reife 98; Studium: München; Straßburg.]

Mihálik, Johann von — Praktische Anleitung zum Baue der Straßen aus Klinker von — — Wien, 1857. Gedr. bei Josef Stöckholzer v. Hirschfeld. (36 S. 8. Mit 2 lithogr. Tafeln.)

Mihálik, Joh. v., praktische Anleitung zum Baue der Strassen aus Klinkern. 2. umgearb. u. verm. Aufl. mit 3 (lith. u. color.) Taf. (in 4.) Wien 859. Pfautsch u. Voss. 8. (XVI, 42 S.) n. 24 ngr.

— **praktische Anleitung zum Béton-Bau für alle Zweige des Bauwesens. Nach eigenen Versuchen und Erfahrungen. 2. Aufl. gr. 8. (XVI und 466 S. mit 24 zinkograph. Taf. in qu. gr. Fol.) Wien 859, (Pfautsch und Voss.)** *

Mihálik, Joh. v., praktische Anleitung zum Béton-Bau für alle Zweige des Bauwesens. Nach eigenen Versuchen u. Erfahrungen. Mit 24 zinkograph. Taf. (in Fol.) 2. Aufl. 859. n. 8 ₰ — 3., wohlfeile Ausg. Wien 864. Lechner in Comm. gr. 8. (XVI, 466 S.) n. 5 ₰ 10 ngr.

Mihálik, Joh. v., die hydraulischen Kalke u. Cemente; ihre Verwendung. Kurz u. leichtfaßlich für Jedermann. Mit 5 (lith.) Fig.-Taff. (in qu. gr. 4.) Pest 865. (Kilian.) gr. 8. (84 S.) n.n. 20 ngr.

Emlékbeszed Dr Lenhossék Jószef felett. Dr **Mihálkovics Geza** Lenhossék J. arczképél ... *Budapest: Mag. Tud. Akad. 1893.* [Gedächtnisrede auf Dr J. L. M. d. Bildn. J. L.'s.] (38 S., 1 Portr.) 8.
— **Emlékbeszédek,** A Mag. Tud. Akadémia elhúnyt tagjai fölött tartott Köt. vii. Szám 8. [94. 658.]

Mihalkovics, Vict. v., Entwicklungsgeschichte des Gehirns. Nach Untersuchungen an höheren Wirbelthieren u. dem Menschen dargestellt. Mit 7 lith. (zum Thl. farb.) Taf. gr. 8. (VIII, 195 S.) Leipzig 877. Engelmann. n. 12. —

Mihalkovics, Vict. v., **Nasenhöhle** u. Jacobsonsches Organ. E. morpholog. Studie. [Aus: „Anatom. Hefte".] gr. 8. (107 S. m. 79 Fig. u. 11 z. Tl. farb. Taf.) Wiesbaden 898. J. F. Bergmann. n. 12. 60

MIHALOVICS, Eduardus De naturali et supernaturali — (1889) 106 S. 4° (Handschr.) Diss. 406
Diss. Wien, Univ.

MIHALOVICS, Ladislaus. Deus est suprema causa ordinis moralis. — (1894) 62 S. 8° (Handschr.) Diss. 456
Diss. Wien, Univ.

Mihatsch, Heinrich Der Kampf Oesterreichs um die Freiheit Europas im J 1809. Geschichtsbild für die Jugend. (Umschlagtitel: Der 1809.) 8 (S. 3—38).
Progr. Deutsche Staatsrsch. *Karolinenthal* 1889

Mihatsch, Karl

Mihatsch, Carl, der Bau der Wiener Kaiser Franz Josefs-Hochquellen-Wasserleitung. Mit Bewilligung des wohllöbl. Gemeinderathes hrsg. Mit 57 (lith.) Taf. (in gr. Fol.) u. zahlreichen Tab. u. Abbildungen im Texte. gr. 4. (VIII, 116 S.) Wien 881. (Hölder.) n. 72. —

MIHELCIĆ, Franciscus: Super initio, progressu et fatis religionis christianae apud Slavos meridionales in imperio austriaco. — (1860) 142 S. 8° (Handschr.) Diss. 230
Diss. Wien, Univ.

Mihes, Jh. Mich., s. Neveu, ..., d. Zeichnen.

Mihgan **Abû,** s. **Abel,** Ludwig.

Mihiel, s. Saint-Mihiel.

Mihiel, d. wahre Mann m. d. eisernen Maske ꝛc. 8. Hildesheim, Hanisch. 792.

Mihla [Schlagwort]

Mihla, s.: Geologische Karten. Karte (Preussen.)

Mihla, s.: Preussen. Messtischblätter.

Mihlan, Rhold., auf diesem nicht mehr ungewöhnlichen Wege, s. Vereinstheater.

Mihleis, Jo. Georg (Suevo/Strasdorf), Diss. inaug. qua corpori nobilitatis immediatae S. R. J. jus collectandi feudis consolidatis vindicatur. Spec. I. Göttingen (Barmeier) 15. IV. 1793. 36 S. (4.50) 23347
Gew.: Maximilian Emanuel von Rechberg u. Rothenlöwen.

Mihm, Friedr. (Hrsg.), s. Abrahamsohn, Abraham Interessante Berichte über die Reisen nach Amerika.

Mihm, Friedr., interessante Berichte über die Reisen Abr. Abrahamsohn's nach Amerika und besonders zu den Goldminen Kaliforniens u. Australiens. Nach mündlicher Erzählung dargestellt. Ilmenau 856. (Erfurt, Otto.) 8. (VIII, 76 S.) 7½ ngr.

— deutsche Märchen für deutsche Herzen. 2 Bdchn. Ilmenau (857.) (Erfurt, Otto.) 8. (2 Bl., 63 S.; 3 Bl., 63 S.) 10 ngr.

Mihok, **Alex., Ungarns Geld-, Kredit- und Industrie-Anstalten bis Ende März 1873. 1. Jahrg. gr. 8. (115 S.) Pest 873, Aigner.** *

Mihr, Franz, a. Dortmund: Untersuchungen über Autoxydationen. Marburg 1905: J. Hamel. (55 S.) 8°
Marburg, Phil. Fak., Ref. Zincke, Schaum, Diss. v. 28. Sept. 1905
[Geb. 1 Okt. 82 Dortmund; Wohnort: Dortmund; Staatsangeh.: Preußen; Vorbildung: Realgymn. Dortmund Reife O. 01; Studium: Marburg 2, München 1, Marburg 5 S.; Rig. 7 März 05.]

MIHURKO, Heinrich: Regentengröße vom Standpunkt der Geschichte und der Volksmeinung. — 1880. 43 S. Diss. Graz, Univ.

Mik, J., Leitfaden d. Zoologie, s.: Graber.

Mik, J., Naturgeschichte d. Mineralreiches, s.: Pokorny.

Mik: Naturgeschichte des Pflanzenreiches, s. Pokorny

– Naturgeschichte des Thierreiches, s. Pokorny

Mik, Jos., über die Artrechte von Tipula oleracea I. und Tipula paludosa Meig., nebst einigen Worten über das Exstirpiren des Hypopygiums der Dipteren zum Zwecke der Artbeschreibung. gr. 8. (9 S. mit 4 Abbild. im Texte.) Wien 886, (Hölder. — Leipzig, Brockhaus' Sortiment und Antiqu.) *
Aus: Verhandlungen der k. k. zoologisch-botanischen Gesellschaft in Wien, besonders abgedruckt.

Mik, Josef Ein Beitrag zur Biologie einiger Dipteren. 8 (S. 3—20, 1 Taf.). **Progr** K. k. Akademisches G. *Wien* 1894.

Mik, Jos., Flora der Umgebung von Olmütz. Eine systematische Aufzählung der um Olmütz wildwachsenden, und im Freien kultivirten phanerogamen Pflanzen, nebst einem Schlüssel zur Bestimmung der Gattungen in analytischer Anordnung. Mit einem Vorworte von Karl B. Heller. Olmütz 860. Hölzel. 16. (LXIV, 156 S.) n. 20 ngr.

Mik, Jos., Herbarium. (3. Aufl.) Fol. (28 Bl. Etiketten, 156 Bl. Konzeptpap., 2 gummierte Streifen u. 4 S. Text in gr. 8.) Wien 894. A. Pichler's Wwe & Sohn. In Mappe. n. 3. —

Mik, Jos. Pflanzen-Etiketten z. Anlegung v. Schüler-Herbarien. 28 Etiketten d. Pflanzen-Familien u. 480 Pflanzen-Etiketten. Ausg. f. Deutschland. gr. 8. (61 Bl. m. 1 Bl. Text.) Wien 889, Pichler's Wwe. u. Sohn. * — 80

Mik, Prof. Josef, Pflanzen-Herbarium. Mappe zur Anlegung von Schüler-Herbarien. 3. Aufl. Folio. Inhalt: Anleitung zur Anlegung des Herbariums, ca. 100 Blatt starkes Papier zum Einlegen der Pflanzen, 26 Bogen mit Etiketten der wichtigsten Pflanzen-Familien, ca. 400 Pflanzen-Etiketten, gummirte Befestigunsstreifen. In Mappe Wien: Pichler's Witwe & Sohn 1889. 1.80

Mik, Jos., dipterologische Untersuchungen. Hierzu 1 (lith.) Taf. gr. 8. (26 S.) Wien 878. Hölder. n. 1. 60

—— Verzeichnis der Arten-Namen, welche in Schiner's Fauna Austriaca [Diptera, Tom. I. et II.] enthalten sind. gr. 8. (VII, 57 S.) Wien 887, Pichler's Wwe. und Sohn. *

Mik, Josef (Hrsg.), s. Zeitung, Wiener entomologische.

Miku, Alex., Enchiridion fontium historiae Hungarorum, s.: Marozali, Henr.

Mika, Joh. Mar., Anweisung zur körperlichen Beredsamkeit. gr. 8. Prag, Krauß. 817.

Mika, Jos. Marian, Anweis. zur körperl. Beredsamkeit. gr. 8. Prag 802. Krauß. 1 fl 8 xr

— Warnung vor Fehlern, die Unglück u. Verderben über ein ganzes Land verbreiten können, in Predigten. 8. Prag 794. Widtmann. 8 xr (Erschien 1797 unt. d. neuen Titel: die französ. Revolution in ihren moral. Quellen betrachtet.)

Mikado (C. Edler v. der Planitz), Äh! Ah! Militär-Humoresken. 8. (IV, 108 S. m. Abbildgn.) Dresden 899. E. Pierson. n. 1. —

Mikado, Bemmchen in Kamerun, s.: Eckstein's 60 Pfennig-Bibliothek.

†Mikado [Karl Edler v. der Planitz], s. Briefe August Bemmchens in Kamerun.

— sächsisches Gaudeamus. Gedichte in sächs. Mundart. 8. (IV, 88 S.) Dresden 890. Pierson's Verl. n. 2 —; geb. n. 3. —

— s.: Goldblech.

— s.: Knaben, d. sächsischen, Wunderhorn.

Mikado, Militär-Humoresken, s. a. Unterwegs.

— Militär-Humoresken. gr. 8. (66 S.) Leipzig 889. Werther. n. 1. —

— s.: Mopsiade, die.

Mikado (C. Edler v. der Planitz), Wilhelm Tell in d. sächs. Schweiz. Schausp. in 4 Aufzgn. (Frei nach Schiller, in sächs. Mundart.) 8. (95 S.) Dresden 897. E. Pierson. n. 1. —

Mikado, C. v., Schnadahüpfeln der alten Sachsen, s. Schalk-Bibliothek.

Mikalowitch, Nikolai, d. Gottwerdung d. Menschen. E. Beitrag zur Entwicklungsgeschichte d. Menschheit. 8. (116 S.) Chicago 898. (Koelling & Klappenbach.) 2. —

Mikami, Yoshio, mathematical papers from the far east, s.: Abhandlungen zur Geschichte der mathem. Wissenschaften. 28. Heft.

Mikan, Johann Christian

Mikan, Jos. Gf., († d. 7. Aug. 1814.) entomolog. Beobachtt. etc. 4. Prag 797. Calve. 4 gl.

— s. Camerarii opuscula.

— delectus florae et faunae Brasiliensis, jussu et auspiciis Francisci I. Austriae Imperatoris investigatae. Fasc. I—IV. Cum 24 tabb. lithogr. Imper. Fol. Charta velina. Wien 820—25. Verf. (Borosch u. A. in Prag.) (à Hft. 18 ℔) 72 ℔

Mikan, (J. C.,) delectus florae et faunae Brasiliensis fasc. I—III, c. XIV. tab. aen. color. Roy-Fol. Viennae 820—823. (Gerold.)

Mikan, Joh. Chr., Kinder meiner Laune, ältere u. jüngere, ernste u. scherzhafte. Zur fernern Unterstütz. d. Witwen u. Waisen der in Böhmen an d. Cholera Verstorbenen ausgesendet. gr. 8. (22 B. u. Titlkpfr., auch Abbild. v. Cholera-Thierchen.) Prag 833, (Borrosch u. André.)
Ein Anhang enthält: Authentische Nachricht vom leibhaften Daseyn der Cholera-Thierchen.

Mikan, Jh. Chr., Kinder meiner Laune, ältere u. jüngere, ernste u. scherzhafte. Zur fernern Unterstützung der Witwen u. Waisen der in Böhmen an der Cholera Verstorbenen ausgesendet. 2r, andern wohlthät. Zwecken gewidmeter, unveränd. Abdruck der 1n Aufl. Mit Titelkpfr., auch Abbildd. von 6 Cholera-Thierchen. gr. 8. Prag 833. (Borrosch u. André.) n. $1^5/_6$ ℔

Mikan, Jos. Chr., monographia bombyliorum Bohemiae iconibus illustr. 8maj. Prag 796. Herrl. 16 gl.

— über Zuckererzeugung. Mit 4 Kpf. 4. Prag, Widtmann. 18 gl. (Leipz., Centr.-Compt.) 16 gl.

MIKAN, JOHANN CHRISTIAN.
Ueber Zucker-Erzeugung aus Ahornsaft. Prag, 1811. 4to.

Mikan, Joseph Chr., s. Mikan, Johann Christian

Mikan, Joseph Gottfried

– Entomologische Beobachtungen, s. Mikan, Johann Christian

— catalogus plantarum omnium, juxta system. C. a Linné vegetabil., in us. horti botan. Pragens. 8. Prag 776.

— dispensatorium pauperum a facult. med. Prag. concinn. edidit. 8maj. Prag 783. Schönfeld. 6 gl. — Dass. deutsch unt. d. T.: Dispensator., oder Arzneiverzeichniß f. Arme etc. 8. Ebd. 786. 6 gl.

Mikan, Jos. Pantal., († ...) historiae juris Silesiaci epitome; nec non de legum ibidem valentium auctoritate ac collisione dissertatiuncula. 8. Bresl. 774.

Mikan, K., s. Normaliensammlung.

Mikan, Karl, s. Zeitschrift f. den gesamten Finanzwachdienst.

M.-Ostrau R.: Die meteor. Beobachtungsstation. 4. v. K. Mikol 84. Progr.

Mikessić, Adf. von

Mikessić, A. v. Gedrängte Darstellung der gegenwärtigen Organisation des k. k. Heeres. Prag 1873. 139 S.

Mikessić, Adf. v., gedrängte Darstellung der gegenwärtigen Organisation des k. k. Heeres. Leitfaden, vorzugsweise zum Gebrauche für einjähr. Freiwillige. 1. Aufl. 1873, und 2. verb. Aufl. 8. (IV, 135 S.) Prag 874, Kosmack und Neugebauer. *

—— s. a. Leitfaden über die gegenwärtige Organisation der k. k. Armee.

(Mikessić, Adolph Edler v., k. k. Hauptm. im 45. Inft. Reg.) Leitfaden über die gegenwärtige Organisation der k. k. Armee zur Benutzung für die einjährigen Freiwilligen nach den letzten Verordnungen bis Ende Juni 1869. Im Auszuge zusammengestellt 8. Prag 1869.

(Mikessić, Adolph, Edler v) Organisations Entwurf für die österreichische Armee. 8. Wien 1861.

Miketta, Karl, die Amarnazeit. Palästina u. Ägypten in der Zeit israelit. Wanderg. u. Siedelg., s. a. Zeitfragen, biblische. I, 10

Die Amarnazeit. Palästina u. Agypten in d. Zeit israel. Wanderung u. Siedelung Von Dr Karl Miketta, Prof 1 u. 2 Aufl. Münster i. W Aschendorff 1908. (40 S.) 8° [F.]
== Zeitfragen, Biblische. Folge 1. H. 10. 08. 1617, 2

Miketta, Carolus [diac., alumn. sem. cleric. Wratisl.]: Observationes ad historiam Josephi patriarchae. Dissertatio. Theses controversae ... Vratislaviae, typ. R. Nischkowsky, 1896; [nur Titelbl., Vita u. Thesen.] 2 Bl. 8.
Breslau, Kath.-theol. Fak., Lic.-Thes. v. 15. Apr. 1896
(Nicht für den Austausch)

Miketta, Karl, Lic. theol., Prof. am fürstbischöfl. Priesterseminar zu Weidenau in Österr.-Schles.: Der Pharao des Auszuges. T. 1. Eine exeget. Studie zu 2 Moses 1—15. *Freiburg i. B.: Herder 1903.* (48 S.) 8° ¶(Erschien vollst. in: Biblische Studien, Bd 8, H. 2.)
Breslau, Kath.-theol. Diss. v. [26.] Mai 1903

Miketta, Karl, der Pharao des Auszuges, s. a. Studien, biblische.

Der Pharao des Auszuges. Eine exeget. Studie zu Exodus 1–15. Von Dr. Karl Miketta, Prof. zu Weidenau. *Freiburg i. Br.: Herder 1903.* (VIII, 119 S.) 8°
— Studien, Biblische. Bd 8, H. 2. 03. 949

Mikhaël, Ephraim: Die Braut von Korinth,
s. Chabrier, Emanuel

Mikiewicz, Boleslaw, die Durchführbarkeit der Gleichung $a^n + b^n = c^n$ in ganzen Zahlen od. das sogenannte Fermat'sche Problem. (28 S. m. Fig.) gr. 8. Krakau 910. (D. E. Friedlein.) 2. —

Mikindani [Schlagwort]

Mikindani, s.: **Kolonialkarten. Kiepert.**

Mikischka, Karl. Praktische Aufgaben aus der Projektions- und Schatten-Konstruktionslehre zum Gebrauche der Ober-Real- und technischen Schule, wie auch zum Selbstunterricht. 1. Lief. Mit 4 Aufgaben auf 5 Tafeln. Prag, André Karl, Druck. K. Gerabeck 1853.

Mikischka, Karl, die Projektions- und Schatten-Konstruktionslehre in einzelnen Vorlegeblättern mit eingedrucktem Texte, zum Gebrauche der Real-Gewerbeschulen. 1. Lief. Tafel 1—8. Quer-Folio. Prag, K. André Verl. Druck K. Gerabeck 1853.

MIKITA, Alexander: Quomodo religio Jesu Christi in imperio Romano locum religionis status obtinuerit. — (1883) 304 S. 4° (Handschr.) Diss 425
Diss. Wien, Univ.

Mikkola, Joos. J., Berührgn. zwischen d. westfinn. u. slavischen Sprachen, s.a. **Mémoires de la société finno-ougrienne** VIII.

Mikkola, Joos. J.: Berührungen zwischen den westfinnischen und slavischen Sprachen; I. Slavische Lehnwörter in den westfinnischen Sprachen. [= MSFO. VI.] Helsingfors 1894. 4°

Mikkola, Joos. J., Betonung u. Quantität in den westslavischen Sprachen. 1. Heft. (99 S.) 8. Helsingfors 899. (Edlund.) nn 3. 75

— s.: Wörter u. Sachen.

Mikl Q.: Ein latein. Preisgedicht auf die königliche Hauptstadt Prag. Budweis 00.
Progr.

Miklas, Aug., Schreiben u. Zeichnen an der Schultafel. Praktisch-method. Handbuch f. Lehramtskandidaten u. Anfänger im Lehramte. Mit vielen in den Text gedr. Schriftproben u. Illustr. (VIII, 216 S. m. 5 farb. Taf.) gr. 8. Wien 908. H. Kirsch. 6. —

Miklas, Emerich, u. Ferd. Tremel, was wir in der Schule zeichnen. (1000 leichte Zeichenformen f. Volksschüler.) (12 S. u. 144 S. Abb.) Lex. 8. Wien 911. H. Kirsch. 3. —

Miklas, Leop., s.: **Beiträge zur Schwachsinnigen-Fürsorge.**

— Fibel f. abnorme Kinder (Hilfsschulenfibel), s.: **Schiner, Hans.**

— **Handbuch der Schwachsinnigenfürsorge, s.: Bösbauer, Hans.**

Miklaschewsky, M., s. Zolltarif, allgem., d. russ. Kaiserreichs.

Miklaszewski, Boleslaw [dipl. Chemiker aus Ocyest (Russ. Polen)]: Beiträge zur Kenntnis der Anhydrobasen. Vergleichendes Studium der drei isomeren (,?)-Aminophenylbenzimidazole. Zürich-Oberstrass 1900. 40 S. 8°.
Zürich. Phil. Diss. II. S. 1900,1901.

Miklau J.: **Vincenzio da Filicaja (1642—1707) u. seine Canzonen auf die Befreiung Wiens von den Türken. (46.) Wien Währing R. 88.**
Progr.

Miklau, Julius: Bemerkungen und Vorschläge zum Unterrichte in der Erdkunde. 8 (15 S.) Erstes deutsches k. k. G. *Brünn* 1896.
Progr.

Miklau, Jul., P. Maurus Lindemayr. Ein österreich. Dichter d. XVIII. Jahrh. Progr. gr. 8. (28 S.) Marburg a/D. (901). (Brünn, R. Knauthe.) n. — 50

Miklau, Jul., v. unserer Muttersprache. Volksthümlicher Vortrag. 8. (22 S.) Brünn 892. (C. Winkler.) n. — 30

— Franz II. Rákóczy. (1676—1735.) Ein Lebens- u. Charakterbild. Progr. gr. 8. (48 S.) Brünn 894. R. Knauthe. n. 1. —

Miklau, Julius: Streifzüge durch Asien. S. 3—26. 8.
Progr. K. k. Staats-Gymn. *Marburg* 1903.
I. Von St. Petersburg nach Sibirien. II. Durch Sibirien nach China. III. Im Reiche der Mitte. IV. Auf Java und Sumatra. V. Im indischen Ozean und roten Meere. VI. Im Lande Jahvehs und Jesu. VII. Über die cilicischen Pässe nach Armenien und Kaukasien.

Miklautz Norbert: Alboin und Rosamunde im Drama der deutschen Literatur.
II. 1910 PN 3053 **Diss.** Innsbruck. Univ. 376

Miklis, Henr. (geb. Bauerwitz in Schles. 15. 7. 1814): De chorea St. Viti. Berolini (1841). (18 S.) 8°
Berlin, Med. Diss. v. 17. Aug. 1841

Miklitz, s. Micklitz

Miklós v. Miklósvar, Jul., bietet die Anlage v. Weingärten im Sande absoluten Schutz gegen die Reblaus, u. wie verhalten sich solche Weingärten gegen die Angriffe anderer Insecten? [Aus: „Allg. Weinztg."] (Internationaler land- u. forstwirthschaftl. Kongreß zu Wien 1890. Hft. 103.) gr. 8. (10 S.) Wien 890. (W. Frick.) n. — 60

Miklosić, Franz, s. Miklosich

Miklosich, Dominik. dipl. Ing. aus Marburg in Oesterreich: Ueber isomere Dinitrodipropylendiaminkobaltverbindungen. Zürich 1909. II + 55 S. 8°. [17. VII. 09.]
Zürich Phil Diss II S 1908/09

Miklosich, Dominik. Ueber isomere Dinitrodipropylendiaminkobaltverbindungen. Diss. Phil. [II.] Univ. Zürich. II + 55 S. 8. Zürich, Jean Frey, 1909.

Miklosich, Frz. v., über den Accusativus cum Infinitivo. [Aus d. Sitzungsber. der k. Akad. d. Wiss.] Wien 869. (Gerold's Sohn.) Lex.-8. (28 S.) n. 4 ngr.

— Über den *Accusativus cum infinitivo*. S. 60. 1869 . . . . ngr.
Separatabdruck

Miklosich, Franciscus (Hrsg.), s.a. A c t a et diplomata Graeca medii aevi sacra et profana

—— et Jos. Müller, Acta et diplomata graeca medii aevi sacra et profana. Vol. I. et II.: Acta patriarchatus Constantinopolitani 1315—1402 e codicibus manu scriptis bibliothecae palatinae Vindobonensis. Lex.-8. Wien, Gerold's Sohn. [Vol. I. (X und 607 S.) 860., Vol. II. (608 S.) 862.] à Vol. * 6 Thlr. 20 Ngr. *

—— et Jos. Müller, Acta et diplomata graeca medii aevi sacra et profana. Vol. III: Acta et diplomata res graecas italasque illustrantia e tabulariis Anconitano, Florentino, Melitensi, Neapolitano, Veneto, Vindobonensi. Lex.-8. (XXII und 393 S.) Wien 865, Gerold's Sohn. *
Vol. 1 und 2. Ebendas. 1860,62. * 13 Thlr. 10 Ngr.

—— et Jos. Müller, Acta et diplomata graeca medii aevi sacra et profana. Vol. IV: Acta et diplomata monasteriorum et ecclesiarum orientis. Tom. I. Lex.-8. (XIV, 441 S.) (Ebendas.) 870. *
Vol. I—III. Ebendas. 1860—65. *M 53,50.

—— et Jos. Müller, acta et diplomata graeca medii aevi sacra et profana. Vol. V.: Acta et diplomata monasteriorum et ecclessiarum orientis. Tom. II. Lex.-8. (481 S.) Wien 887, Gerold's Sohn. *
Vol. I—IV. Ebendas. 1860—70. *M 69.50.

—— et Jos. Müller. Acta et diplomata graeca medii aevi sacra et profana collecta ediderunt M. u. M. Vol. VI. gr. 8. Wien 890, Gerold's Sohn. ** 14 —
Acta et diplomata monasteriorum et ecclesiarum Orientis sumtus praebente caesarea scientiarum academia Vindobonensi. Tom. III. (VIII, 452 S.)
Vol. I—V Ebd. 1860—87. I. u. II. à [* 20 —.] à * 28 —; III. [* 13 50.] * 16 —; IV. u. V. * 30 —; * 103 —.

Miklosich, Franciscus (Hrsg.), s. A c t a patriarchatus Constantinopolitani.

– (Hrsg.), s.a. A p o s t o l u s . . .

Miklosich, Franc. de, Apostolus e codice monasterii Sisatovae palaeo-slovenice. Wien, 1853, gr. 8°

Miklosich, Frz., Beiträge zur altslovenischen Grammatik. [Aus: „Sitzungsber. d. k. Akad. d. Wiss."] Lex.-8. (58 S.) Wien 875. Gerold's Sohn in Comm. n. — 80

Miklosich Franz Ritter von. Dr. Beiträge zur altslowenischen Grammatik S. 81 81 K — 80
Separatabdruck

— Beiträge zur Kenntniss der slavischen Volkspoesie. I. Die Volksepik der Kroaten. [Aus d. Denkschr. d. k. Akad. d. Wiss.] Ebend. 870. gr. 4. (60 S.) n. 1 Thlr.

— Beiträge zur Kenntnis der slawischen Volkspoesie. 1. Die Volksepik der Kroaten. D 19. 55 vgr
Separatabdruck

—— Beiträge zur Kenntniss der Zigeunermundarten. I. II. Lex.-8. (36 S.) (Ebendas.) 874. *
Aus: Sitzungsberichte der k. Akademie der Wissenschaften, besonders abgedruckt.

— Beiträge zur Kenntnis der Zigeunermundarten. 1. und 2. Teil. S. 77 759. vgr
Separatabdruck

—— Beiträge zur Kenntniss der Zigeunermundarten. III. Lex.-8. (30 S.) (Ebendas.) 876. **
—— dass. — IV. Lex.-8. (54 S.) (Ebendas.) 878. *
Vorstehende drei Schriften sind aus: Sitzungsberichte der k. Akademie der Wissenschaften, besonders abgedruckt.
I. und II. (Ebendas.) 1874. * 50 Pf.

— Beiträge zur Kenntnis der Zigeunermundarten. 3. Teil. S. 83. 535 vgr.
Separatabdruck

— Beiträge zur Kenntnis der Zigeunermundarten. 4. Teil. S. 90. 265 „ —.60
Separatabdruck

Miklosich, Frz., Beiträge zur Lautlehre der rumunischen Dialekte. Vocalismus. I. [Aus: „Sitzungsber. d. k. Akad. d. Wiss."] Lex.-8. (34 S.) Wien 881. Gerold's Sohn in Comm. n. — 60

— Beiträge zur Lautlehre der rumunischen Dialekte. Vokalismus I. S. 98. 819 vgr
Separatabdruck

— dasselbe. II. Lex.-8. (72 S.) Ebend. 882. n. 1. —

— Beiträge zur Lautlehre der rumunischen Dialekte. Vokalismus II. S. 99. 5 vgr
Separatabdruck

— dasselbe. III. Consonantismus I. Lex.-8. (78 S.) Ebend. 882. n. 1. 20

— Beiträge zur Lautlehre der rumunischen Dialekte. Vokalismus III. Konsonantismus I. S. 100. 229 vgr
— — Konsonantismus II. S. 101. 3 vgr.
— — Lautgruppen. S. 102. 3 vgr
Separatabdruck

— dasselbe. Consonantismus II. Lex.-8. (94 S.) Ebend. 882. n. 1. 50

Miklosich, Frz., Beiträge zur Lautlehre der rumunischen Dialekte. (IV. recte V.) Lautgruppen (I.) Lex.-8. (74 S.) Wien 883. (Gerold's Sohn.) n. 1. 20
(I—V.: n. 5. 50)

— und Karadschitsch Wuk Stephanovich. Dr. Bericht über A. Aners Werk „Die Sprachenhalle" (Wien, 1844—1847, Folio.) S. 1. 164 vgr
Separatabdruck

Miklosič, Dr. Franz, Slovensko berilo za osmi gimnazijski razred. Druga, nekoliko predelana izdaja. Vredil J. Navratil. Wien 1881. Karl Graeser. Preis, gebunden 72 kr.

Miklosic, Dr. Fr., Slovensko berilo za peti gimnazijalni razred. Izdal — —. 8. (190 S. 1 Bl.) Na Dunaju. Natisnjeno pri A. Pichlerovi vdovi in sinu. 1853. (Slovenisches Lesebuch für die fünfte Klasse in den Gymnasien.) Preis 24 kr. C. M.
Verlag der Schulbücher-Verschleiß-Administration.

Miklosic, Dr. Fr., Slovensko berilo za sesti gimnazijalni razred. Izdal — —. 8. (186 S. 1 Bl.) Na Dunaju. Tik OO. Mechitaristov. 1854. (Slovenisches Lesebuch für die sechste Gymnasialklasse.) Preis 24 kr. C. M.
Verlag der Schulbücher-Verschleiß-Administration

—— und J. Fiedler, slavische Bibliothek, s. Bibliothek, slavische.

Miklosich, Frz., die Bildung der Nomina im Altslovenischen. (Aus d. Denkschriften d. k. Akad. d. W.) Wien 858. Gerold in Comm. gr. 4. (100 S.) n. 1 Thlr. 20 ngr.

– Die B i l d u n g der Nomina im Altslowenischen. D 9 135
Separatabdruck

Miklosich, Frz. Ritter v., die Bildung der Ortsnamen aus Personennamen im Slavischen. Imp.-4. (74 S.) Wien 864, (Gerold's Sohn.) *

— Die Bildung der Ortsnamen aus Personennamen im Slawischen. D 14. 1 vgr
Separatabdruck

—— die Bildung der slavischen Personennamen. Imp.-4. (118 S.) Wien 860, (Gerold's Sohn.) *
Vorstehende zwei Schriften des Verf. wurden aus: Denkschriften der k. Akademie der Wissenschaften, besonders abgedruckt.

– Die Bildung der slawischen Personennamen. D 10. 215 vgr
Separatabdruck

– Über die Bildung der Personennamen in den slawischen Sprachen (Auszug.) S 32. 626 vgr
Separatabdruck

Miklosich, Frz., die Blutrache bei den Slaven. Imp.-4. (86 S.) Wien 887, (Tempsky.) *
Aus: Denkschriften der k. Akademie der Wissenschaften, besonders abgedruckt.

— Die Blutrache bei den Slawen. D 36. I. 127 vgr
Separatabdruck

Miklosich, Fr. — Chrestomathia palaeoslovenica edidit — —. 8. (92 S.) Vindobonae. Typis Leopoldi Sommer. Apud Guilelmum Braumüller. 1854.

— Chrestomathia palaeoslovenica cum speciminibus reliquarum linguarum slavicarum. Wien 861. Braumüller in Comm. Lex.-8. (114 S.) n. 1 ₰

Miklosich, F., Chrestomathia palaeoslovenica cum speciminibus reliquarum linguarum slavicarum. 2. Editio. 8. maj. (114 Pag.) Wien, Braumüller's Sort. Cto. 186[illegible] 1 fl. 50 kr.

—— chronica Nestoris textum russico-slovenicum versionem latinam glossarium. Vol. I. textum continens. 8. (XIX und 223 S.) Wien 860, Braumüller's Verlags-Conto.

—— die serbischen Dynasten Crnojević. Ein Beitrag zur Geschichte von Montenegro. Lex.-8. (66 S.) (Ebendas.) 886. *
Aus: Sitzungsberichte der k. Akademie der Wissenschaften, besonders abgedruckt.

— Die serbischen Dynasten Crnojević. Ein Beitrag zur Geschichte von Montenegro. S 112. 29 vgr
Separatabdruck

Miklosich, Frz. Die Darstellung im slavischen Volksepos. Imp.-4. (50 S.) Wien 890, (Tempsky). * 2 60

— Die Darstellung im slawischen Volksepos. D 38. 3 „ 2 60
Separatabdruck

—— über die zusammengesetzte Declination in der slawischen Sprache. Lex.-8. (26 S.) Wien 871, (Gerold's Sohn.) *
Aus: Sitzungsberichte der k. Akademie der Wissenschaften, besonders abgedruckt.

— Über die zusammengesetzte Deklination in den slawischen Sprachen. S 68. 1[illegible] vgr
Separatabdruck

—— s. Dictionnaire abrégé de six langues slaves.

—— Ueber die Einwirkung d. Türkischen auf die Grammatik d. südosteuropäischen Sprachen. Lex.-8. (12 S.) (Ebd.) 889. * — 30
aus Sitzungsber. d. k. Akad. d. Wissensch., besonders abgedruckt.

— Über die Einwirkung des Türkischen auf die Grammatik der südosteuropäischen Sprachen. S 120. 1 „ — .30
Separatabdruck

— die slavischen Elemente im Magyarischen. [Aus „Denkschriften der k. Akad. d. Wiss.“] Imp.-4. Ebend. 871. n. 3. 60

Die slawischen Elemente im Magyarischen. D 21. I. 1. vgr
Separatabdruck

Miklosich, Dr Franz, Die slavischen Elemente im Magyarischen. 2. Aufl. Eingeleitet von Dr. L. Wagner. gr. 8. (139 S.) Teschen, Karl Prochaska. 2 fl. 80 kr. 1884

— die slavischen, magyarischen u. rumunischen Elemente im türkischen Sprachschatze. [Aus: „Sitzungsber. d. k. Akad. d. Wiss.“] Lex.-8. (26 S.) Ebd. 889. n. — 50

— Die slawischen, magyarischen und rumunischen Elemente im türkischen Sprachschatze. S. 118/5 „ —.50
Separatabdruck

— die slavischen Elemente im Neugriechischen. [Aus d. Sitzungsber. d. k. Akad. d. Wiss.] Ebend. 870. Lex.-8. (38 S.) n.n. 5 ngr

— Die slawischen Elemente im Neugriechischen. S 63. 529 vgr.
Separatabdruck

— die slavischen Elemente im Rumunischen. (Aus den Denkschr. der k. Akad. der Wissensch.) Wien 861. Gerold in Comm. gr. 4. (70 S.) n. 1 ₰ 5 ngr.

— Die slawischen Elemente im Rumunischen. D 12. 1 vgr
Separatabdruck

— die türkischen Elemente in den süd-ost- u. osteuropäischen Sprachen. [Griechisch, Albanisch, Rumunisch, Bulgarisch, Serbisch, Kleinrussisch, Grossrussisch, Polnisch.] gr. 4. (192 S.) Ebend. 884. n. 9. 50

– Die türkischen Elemente in den südost- und osteuropäischen Sprachen. (Griechisch, Albanisch, Rumunisch, Bulgarisch, Serbisch, Kleinrussisch, Großrussisch, Polnisch.)
1. Hälfte. D 34. 1. 239 vgr.
– 2. Hälfte. D 35. 109 „ 10.—
Separatabdruck

—— die türkischen Elemente in den südost- und osteuropäischen Sprachen. [Griechisch, Albanisch, Rumunisch, Bulgarisch, Serbisch, Kleinrussisch, Grossrussisch, Polnisch.] Nachtrag zu der unter dem gleichen Titel gedruckten Abhandlung. 1. Hälfte. Imp.-4. (88 S.) (Ebendas.) 888. *
Aus: Denkschriften der k. Akademie der Wissenschaften, besonders abgedruckt.
Hauptwerk. Ebendas. 1884. * ℳ 4.50.

– Die türkischen Elemente in den südost- und osteuropäischen Sprachen. (Griechisch, Albanisch, Rumunisch, Bulgarisch, Serbisch, Kleinrussisch, Großrussisch, Polnisch.) Nachtrag 1. Hälfte. D 37. 1. 1 „ 4.50
Separatabdruck

—— Die türkischen Elemente in den südost- u. osteuropäischen Sprachen. [Griechisch, Albanisch, Rumunisch, Bulgarisch, Serbisch, Kleinrussisch, Grossrussisch, Polnisch.] Nachtrag zu der unter dem gleichen Titel gedruckten Abhandlg. 2. Hälfte. Imp.-4. (194 S.) (Ebd.) 890. * 10 —
Vorstehende 2 Schriften sind aus: Denkschr. d. k. Akad. d. Wissensch., besonders abgedruckt.
Hauptwerk u. 1. Nachtrag. Ebd. 1884,88. * 14 —.

Die türkischen Elemente in den südost- und osteuropäischen Sprachen. (Griechisch, Albanisch, Rumunisch, Bulgarisch, Serbisch, Kleinrussisch, Großrussisch, Polnisch.) Nachtrag 2. Hälfte. D 38. 1 „ 10.—
Separatabdruck

Miklosich, Fr. — Evangelium S. Matthaei Paleoslovenice, e Codicibus edidit — —. Vindobonae, 1856. Apud Fridericum Beck Universitatis bibliopolam. (80 S. 8.) (In italienischer Sprache.)

— altslovenische Formenlehre in Paradigmen m. Texten aus glagolitischen Quellen. gr. 8. (XXXV, 96 S.) Wien 874. Braumüller. 5. —

Miklosich, Fr., Formenlehre d. altslovenischen Sprache. Lex. 8. (IV u. 74 S.) Wien 850, Braumüller. n. ²/₃ ₰

— Formenlehre der altslovenischen Sprache. 2. Aufl. Wien 854. Braumüller. gr. 8. (VIII, 179 S.) n. 1 ₰. 10 ngr.

— albanische Forschungen. I—III. [Aus d. Denkschr. d. k. Akad. d. Wiss.] gr. 4. Wien 870. 71. Gerold's Sohn in Comm. n. 6. 60

I. Die slavischen Elemente im Albanischen, m. e. Einleitg. welche die Ausbreitg. d. alban. Volksstammes, die Quellen unserer Kenntniss der alban. Sprache, die Laute derselben u. die Versuche, diese Laute darzustellen, zum Gegenstande hat. (38 S.) n. 2. —

II. Die romanischen Elemente im Albanischen. (88 S.) n. 4 —

III. Die Form entlehnter Verba im Albanischen u. einiger anderen Sprachen. (9 S.) n. — 60

— Albanische Forschungen. 1 Die slawischen Elemente im Albanischen. D 19. 337 vgr.
— — 2. Die slawischen Elemente im Romanischen. D 20. 1 vgr
— — 3. Die Form entlehnter Verba im Albanischen und einigen anderen Sprachen. D 20. 315 vgr.
Separatabdruck

— die Fremdwörter in den slavischen Sprachen. gr. 4. (68 S.) Wien 867, (Gerold's Sohn.) *

Vorstehende zwei Schriften des Verf. wurden aus: Denkschriften der k. Akademie der Wissenschaften, besonders abgedruckt.

— Die Fremdwörter in den slawischen Sprachen. D 15. I. 73 vgr.
Separatabdruck

Miklosich, Franz Ritter von, Dr.: Über den relativen Gebrauch des Pronomens *ov* und der damit zusammenhängenden Formen für alle Personen. S. 1. 119
Separatabdruck

— über die Genitivendung go in der pronominalen Declination der slavischen Sprachen. [Aus d. Sitzungsber. d. k. Akad. d. Wiss.] Ebend. 869. Lex.-8. (7 S.) n. 2 ngr.

— Über die Genitivendung *go* in der pronominalen Deklination der slawischen Sprachen. S. 62. 48 vgr
Separatabdruck

— Geschichte der Lautbezeichnung im Bulgarischen. Imp.-4. (48 S.) (Ebendas.) 883. *

Vorstehende zwei Schriften sind aus: Denkschriften der k. Akademie der Wissenschaften, besonders abgedruckt.

— Geschichte der Lautbezeichnung im Bulgarischen. D 34. I. 97 „ 2.40
Separatabdruck

— zum Glagolita Clozianus. Imp.-4. (22 S.) Wien 860, Gerold's Sohn. **

Vorstehende Schrift des Verf. wurde aus: Denkschriften der k. Akademie der Wissenschaften, besonders abgedruckt.

— Zum *Glagolita Clozianus*. D 10. 195 vgr.
Separatabdruck

— vergleichende Grammatik der slavischen Sprachen. 1. Bd. A. u. d. T.: Vergleichende Lautlehre der slav. Sprachen. Von der kaiserl. Academie der Wissenschaften zu Wien gekrönte Preisschrift. gr. 8. (XVI und 518 S.) Wien 852, Braumüller. **

— vergleichende Grammatik der slavischen sprachen. 3. Bd. A. u. d. T.: Vergleichende Formenlehre der slavischen sprachen. Wien 856. Braumüller. gr. 8. (XVI, 582 S.) n. 4 ₰. 20 ngr.

2. Bd. ist noch nicht erschienen.

— vergleichende Grammatik der slavischen Sprachen. 4. Bd. Syntax. 1. Liefg. Wien 868. Braumüller. gr. 8. (128 S.) n.n. 1 ₰

— vergleichende Grammatik der slavischen Sprachen. 2. Bd. Vergleichende Stammbildungslehre der slav. Sprachen. Hrsg. m. Unterstützg. der kaiserlichen Akademie der Wissenschaften. gr. 8. (XXIV, 504 S.) Wien 875. Braumüller. n.n. 15. —

— dasselbe. 3. Bd. A. u. d. T.: Vergleichende Wortbildungslehre der slavischen Sprachen. Vom französ. Institute gekrönte Preis-Schrift. 2. Ausg. gr. 8. (550 S.) Ebend. 876. n.n. 18. —

— dasselbe. 4. Bd. 2—7. (Schluss-)Lfg. gr. 8. (XII u. S. 129—896.) Ebend. 871—74. n.n. 27. —

— vergleichende Grammatik der slavischen Sprachen. 1. Bd. Lautlehre. Von der kaiserl. Akademie der Wissenschaften gekrönte Preisschrift. 2. Ausg. gr. 8. (V, 598 S.) Wien 879. Braumüller. n.n. 20. —

— vergleichende Grammatik der slovenischen Sprachen. 4. Bd. Syntax. 2. Abdr. gr. 8. (895 S.) Wien 883. Braumüller. n.n. 30. —

— das Imperfect in den slavischen Sprachen. [Aus: „Sitzungsber. d. k. Akad. d. Wiss."] Lex.-8. (28 S.) Wien 874. Gerold's Sohn. in Comm. n. — 40

— über Goethe's „Klaggesang von den edlen Frauen des Asan Aga". Geschichte des Orig.-Textes und der Übersetzungen. Lex.-8. (80 S.) (Ebendas.) 883. *

Aus: Sitzungsberichte der k. Akademie der Wissenschaften, besonders abgedruckt.

— Über Goethes „Klaggesang von der edlen Frauen des Asan Aga" Geschichte des Originaltextes und der Übersetzungen S 103. 185 vgr.
Separatabdruck

— Über die altslowenische Konjugation S. 1 171
Separatabdruck

— altslovenische Lautlehre. 3. Bearbeitung. gr. 8. (310 S.) Ebend. 878. n.n. 7. —

— Lautlehre der altslovenischen Sprache. Lex.-8. (III und 52 S.) Wien 850, Braumüller. *

— über die Lautverbindung kt in den indoeuropäischen Sprachen, s. Festgruss an Otto v. Böhtlingk.

— die Legende d. heiligen Cyrillus, s. a. Dümmler, E.

— und Dümmler Ernst Ludwig Dr. Die Legende vom heiligen Cyrillus. D 19. 203 vgr
Separatabdruck

— Lehre von der Conjugation im Altslovenischen, s. a. Denkschriften der k. Akademie der Wissenschaften. Philosophisch-histor. Classe, I. Bd.

— Lehre von der Konjugation im Altslowenischen. D 1. I. 167
Separatabdruck

— Lexicon linguae slovenicae veteris dialecti. 4maj. (XIV und 204 S.) Wien 850, Braumüller. *

— Lexicon palaeoslovenico-graeco-latinum emendatum auctum. Fasc. I—V. Wien 862—64. Braumüller in Comm. Lex.-8. (IV, S. 1—960.) Jede Liefg. n. 1 ₰ 15 ngr.

— Lexicon palaeoslovenico-graeco-latinum emendatum auctum. Fasc. 6. Wien 865. Braumüller. Lex.-8. (XXVIII u. S. 961—1171.) n. 1 ₰ 15 ngr.

— der praepositionslose Local in den slavischen Sprachen. [Aus d. Sitzungsber. d. k. Akad. d. Wiss.] Wien 868. (Gerold's Sohn.) Lex.-8. (28 S.) n. 5 *ngr.*

— Der praepositionslose Lokal in den slawischen Sprachen. S. 57. 581 . . . . vgr.
Separatabdruck

Miklosich, Dr. Franz Ritter v.: Die slavischen Monatsnamen, s.a. Denkschriften.

—— die slavischen Monatsnamen. Imp.-4. (42 S.) Wien 867, (Gerold's Sohn.) *
Aus: Denkschriften der k. Akademie der Wissenschaften, besonders abgedruckt.

— Die slawischen Monatsnamen. D 17. I. 1 . . . . vgr.
Separatabdruck

— monumenta, s.: Theiner, A.

—— Monumenta linguae palaeoslovenicae, s.a. Monumenta.

Miklosich Franz Ritter von, Dr.: *Monumenta linguae palaeoslovenicae e codice Suprasliensi. Sumtibus caesareae scientiarum Academiae. Vindobonae,* 1851. 8° K 10.–

— monumenta Serbica, s.a. Monumenta.

Miklosich, Fr. Monumenta Serbica spectantia historiam Serbiae Bosnae Ragusii. *Viennae* 1858. *Guilelm. Braumüller.* XII u. 580 S. 8°. 6 fl. Ö.-W.
Enthalten 497 Stück Urkunden, umschliessend den Zeitraum 1114—1497.

—— über die Mundarten und die Wanderungen der Zigeuner Europa's. I.—IV. gr. 4. (Ebendas.) [I. (59 S.) 872. *ℳ 3.; II. (84 S.) 873. *ℳ 4.; III. (46 S.) 873. *ℳ 2,40.; IV. (68 S.) 874. *ℳ 3.] *
Aus: Denkschriften der k. Akademie der Wissenschaften, besonders abgedruckt.

—— über die Mundarten und die Wanderungen der Zigeuner Europa's. V—IX. Imp.-4. Wien, (Gerold's Sohn.) [V. und VI. (70; 68 S.) 875,76. à *ℳ 3.; VII. (89 S.) 877. *ℳ 4.; VIII. (110 S.) 877. *ℳ 5.; IX. (52 S.) 879. *ℳ 2,40.] *
I—IV. (Ebendas.) 1872—74. *ℳ 12,40.

—— über die Mundarten und die Wanderungen der Zigeuner Europa's. X—XII. Imp.-4. Wien 880, (Gerold's Sohn.) [X. (96 S.) *ℳ 4,80.; XI. (53 S.) *ℳ 2,80.; XII. (62 S.) *ℳ 3.] *
I—IX. (Ebendas.) 1872—79. *ℳ 29,80.
Aus: Denkschriften der k. Akademie der Wissenschaften, besonders abgedruckt.

— Über die Mundarten und die Wanderungen der Zigeuner Europas. 1. Die slawischen Elemente in den Mundarten der Zigeuner. D 21. I. 197 . . . . vgr.
— — 2. Beiträge zur Grammatik und zum Lexikon der Zigeunermundarten. D 22. 21 vgr.
— — 3. Wanderungen der Zigeuner. D 23. 1 . . . . vgr.
Separatabdruck

— Über die Mundarten und die Wanderungen der Zigeuner Europas. 4. Märchen und Lieder der Zigeuner der Bukowina. 1. Teil. D 23. 273 . . . . vgr.
Separatabdruck

— Über die Mundarten und die Wanderungen der Zigeuner Europas. 5. Märchen und Lieder der Zigeuner der Bukowina. 2. Teil. D 25. 1 . . . . 3.—
Separatabdruck

— Über die Mundarten und die Wanderungen der Zigeuner Europas. 6. Beiträge zur Kenntnis der Mundart der Zigeuner in Galizien, in Syrmien und in Serbien mit einem Anhang über den Ursprung des Namens „Zigeuner". D 26. 1 . . . . 3.—
— — 7. Vergleichung der Zigeunermundarten. 1. Teil. D 26. 161 . . . . 4.—
— — 8. Vergleichung der Zigeunermundarten. 2. Teil. D 27. 1 . . . . 5.—
Separatabdruck

— Über die Mundarten und die Wanderungen der Zigeuner Europas. 9. Lautlehre der Zigeunermundarten. D 30. 159 . . . . 2.40
— — 10. Stammbildungslehre der Zigeunermundarten. D 30. 291 . . . . 4.80
Separatabdruck

— Über die Mundarten und die Wanderungen der Zigeuner Europas. 11. Wortbildungslehre der Zigeunermundarten. D 31. 1 . . . . 2.80
— — 12. Syntax der Zigeunermundarten. D 31. 55 . . . . 3.—
Separatabdruck

—— die Negation in den slavischen Sprachen. gr. 4. (33 S.) Wien 870, (Gerold's Sohn.) **

— Die Negation in den slawischen Sprachen. D 18. 335 . . . . vgr.
Separatabdruck

— die slavischen Ortsnamen aus Appellativen. I u. II. [Aus „Denkschriften der k. Akad. d. Wiss."] gr. 4. (44 u. 132 S.) Ebend. 872—74. n. 7. 60

— Die slawischen Ortsnamen aus Appellativen. 1. Teil. D 21. I. 75 . . . . vgr.
Separatabdruck

— Die slawischen Ortsnamen aus Appellativen. 2. Teil. D 23. 141 . . . . vgr.
Separatabdruck

— Ein zweifelhafter Punkt der slawischen Grammatik. Das Imperfekt in den slawischen Sprachen. S. 77. 5 . . . . vgr.
Separatabdruck

Miklosich, Franc., Radices linguae slovenicae veteris dialecti. 8 maj. (9¾ B.) Lipsiae 845, libr. Weidmann. *

—— die Rusalien. Ein Beitrag zur slavischen Mythologie. Lex.-8. (20 S.) Wien 864, (Gerold's Sohn.) *
Aus: Sitzungsberichte der k. Akademie der Wissenschaften, besonders abgedruckt.

— Die Rusalien. Ein Beitrag zur slawischen Mythologie. S. 46. 86 . . . . vgr.
Separatabdruck

—— subjectlose Sätze. 2. Aufl. gr. 8. (76 S.) Wien 883, Braumüller. *

— die Sprache der Bulgaren in Siebenbürgen. Aus d. Denkschriften d. k. Akad. d. W. Wien 856. Gerold. gr. 4. (42 S.) n. 20 *ngr.*

– Die Sprache der Bulgaren in Siebenbürgen. D 7.I. 105
Separatabdruck

– Über die Sprache der Bulgaren in Siebenbürgen. (Auszug.) S. 19. 30
Separatabdruck

—— über die Sprache der ältesten russischen Chronisten, vorzüglich Nestor's. Lex.-8. (52 S.) Wien 855, (Gerold's Sohn.) *
Aus: Sitzungsberichte der k. Akademie der Wissenschaften J. 1854, besonders abgedruckt.

— Über die Sprache der ältesten russischen Chronisten, vorzüglich Nestors. S. 14. 3 vgr.
Separatabdruck

— über die Steigerung u. Dehnung der Vocale in den slavischen Sprachen. [Aus: „Denkschr. d. k. Akad. d. Wiss."] Imp.-4. (46 S.) Ebend. 878. n. 2. —

— Über die Steigerung und Dehnung der Vokale in den slawischen Sprachen. D 28. I. 53 . . . . 2.—
Separatabdruck

— die christliche Terminologie der slavischen Sprachen. Eine sprachgeschichtl. Untersuchg. [Aus: „Denkschriften der k. Akad. d. Wiss."] gr. 4. (58 S.) Ebend. 875. n. 3. —

— Die christliche Terminologie der slawischen Sprachen. Eine sprachgeschichtliche Untersuchung. D 24. 1 . . . . vgr.
Separatabdruck

Miklosich, Frz., rumunische Untersuchungen. I. Istro- und macedo-rumun. Sprachdenkmäler. 1. und 2. Abthl. Imp.-4. (92; 94 S.) Wien 881,82, (Gerold's Sohn.) à Abthl. * ℳ 4. *
Aus: Denkschriften der k. Akademie der Wissenschaften, besonders abgedruckt.

— Rumunische Untersuchungen. 1 Istro- und mazedo-rumunische Sprachdenkmäler
A. Istro-rumunische Sprachdenkmäler. D 32. 1 . 4.—
— — *B.* Mazedo-rumunische Sprachdenkmäler D 32. 189 . 4.—
Separatabdruck

— über den Ursprung einiger Casus der pronominalen Declinatien. [Aus: „Sitzungsber. d. k. Akad. d. Wiss." [Lex.-8. (12 S.) Ebend. 874. n.n. — 30

— Über den Ursprung einiger Casus der pronominalen Deklination. S. 78. 143 . — 30
Separatabdruck

Miklosich, Frz., über den Ursprung der Worte von der Form aslov. tr. ъt. [Aus: „Denkschr. d. k. Akad. d. Wiss."] Imp.-4. (49 S.) Wien 877. Gerold's Sohn in Comm. n. 2. —

— Über den Ursprung der Worte von der Form aslov. TRЪT D 27. 261 . 2.—
Separatabdruck

— über den Ursprung der Worte von der Form aslov. trêt. u. trat. [Aus: „Denkschr. d. k. Akad. d. Wiss."] Imp.-4. (54 S.) Ebend. 878. n. 2. 40

— Über den Ursprung der Worte von der Form aslov *trět* und *trat*. D 28. I. 1 . 2.40
Separatabdruck

—— die Verba impersonalia im Slavischen. Imp.-4. (48 S.) Wien 865, (Gerold's Sohn.) *

— Die *Verba impersonalia* im Slawischen. D 14. 199 vgr
Separatabdruck

— vita sancti Methodii. Russico-slovenice et latine. — Wien 870. Braumüller. gr. 8. (29 S.) n. 15 ngr.

— s. Vitae Sanctorum.

— über die langen Vocale in den slavischen Sprachen. [Aus: „Denkschr. d. k. Akad. d. Wiss."] Imp.-4. (68 S.) Ebend. 879. n. 3. —

— Über die langen Vokale in den slawischen Sprachen D 29. 1 75 . 3.—
Separatabdruck

—— über die Wanderungen der Rumunen in den dalmatinischen Alpen und den Karpaten. Imp.-4. (66 S.) (Ebendas.) 879.
aus: Denkschriften der k. Akademie der Wissenschaften, besonders abgedruckt.

Miklosich, Franz u. **Kaluźniacki**, Emil: Über die Wanderungen der Rumänen in den dalmatinischen Alpen und den Karpaten. In: Denkschriften der k. k. Akademie der Wissenschaften, phil.hist. Classe, Wien, Bd 30, 1880, S. 1–66. Sonderdruck: Wien: Gerold 1880.

— Über die Wanderungen der Rumunen in den dalmatinischen Alpen und Karpathen. D 30. 1 vgr.
Separatabdruck

Miklosich, Frz., etymologisches Wörterbuch der slavischen Sprachen. gr. 8. (VIII, 546 S.) Wien 886, (Braumüller.) *

— die Wurzeln des Altslovenischen. Aus den Denkschriften d. k. Akad. d. W. Wien 857. Gerold in Comm. gr. 4. (28 S.) n. 12 ngr.

— Die Wurzeln des Altslowenischen D 8. 134 vgr
Separatabdruck

– Die Wurzeln der altslowenischen Sprache. (Auszug.) S. 23. 113
Separatabdruck

—— die nominale Zusammensetzung im Serbischen. gr. 4. (28 S.) Wien 863, (Gerold's Sohn.) *
Vorstehende zwei Schriften des Verf. wurden aus: Denkschriften der k. Akademie der Wissenschaften, besonders abgedruckt.

– Die nominale Zusammensetzung im Serbischen. D 13. I. 1
Separatabdruck

Miklosich Ivan, Slovensko-nemški Abecednik za obče ljudske šole. (Slowenisch-deutsche Fibel für allgemeine Volksschulen.) Predelal in popravil Ivan Krulic. Wien 1907. Schulbücherverlag. In Halbleinen geb. K —.50.

Miklosich Ivan, Slovensko-nemška začetnica za ljudske šole. (Slovenisch-deutsche Fibel für Volksschulen.) Wien 1881. K. k. Schulbücherverlag. Preis eines Exemplares, gebunden 24 kr.

Miklovich, J., Versuch, mechanisch-physische Zauberkünste zu entschleiern. Mit Fig. 8. (Preßburg, Schwaiger in Comm.) 818.

Miklow, P Das Wasser und seine Anwendung in der Industrie und in Gewerben. – Neusatz, R., Progr 1866, 1867.

Miklucho-Maclay, N. v., Beiträge zur vergleichenden Neurologie der Wirbelthiere. I. Das Gehirn der Selachier. Mit 6 lithogr. Taf. (wovon 1 in Farbendr.). II. Das Mittelhirn der Ganoiden und Teleostier. gr. 4. (VII, 74 S. mit 1 lithogr. Taf.) Leipzig 870, Engelmann. *

— über einige Schwämme des nördlichen stillen Oceans u. des Eismeeres, welche im zoologischen Museum der kaiserl. Akademie der Wissenschaften in St. Petersburg aufgestellt sind, s. Mémoires de l'acad. impér. des sciences de St. Pétersbourg.

MIKO, Johannes De mendacio necessitatis. — (1833) 48 S. 8° (Handschr.) Diss. 32
Diss. Wien, Univ.

Mikocki, Leon, Verzeichniss einer grossen und sehr gewählten polnischen Münz- und Medaillen Sammlung, dann eine Sammlung von Münzen und Medaillen aller Länder. Zum Behufe der öffentl. Versteigerung, welche in Wien am 1. April 1850 beginnen wird. — Catalogue d'une grande et très belle collection de monnaies et médailles polonaises etc. gr. 8. (XII und 188 S. mit 4 Stnt. und 1 Münzmesser.) Wien 850, (Bermann.) * -

Mikocz, Ant., il Corso di Navigazione teorico-pratica, raccolto e tradotto da recenti approvati autori inglesi e francesi arricchito di nuove aggiunte. II Vol. gr. 8. (Mit 15 Kupfertaf.) Venezia 833, 34. (Trieste, Favarger.) $5^1/_2$ ₰

Mikocz, E. Iginio, Guida al navigante. Triest 867. Daso. Lex.-8. (423 S.) n. 3 ₰ 10 ngr.

Mikoczi, Ios., Otiorum Croatiae liber unus, opus posthumum. 8. maj. Budae. (Pest, Eggenberger.) 806.

— — Vgl. Mikorzi

Mikołajczak, Anton *(geb. Chromietz bei Xions in Pos. 24. 1. 1847)*: Ueber die Einwirkung der schwefelsauren Alkalien auf kohlensauren Baryt und kohlensauren Strontian. Breslau 1874. (24 S.) 8°
Breslau, Phil. Diss. v. 30. Juni 1874

Mikołajczak, Josephatus, Posnaniensis. De Septem Sapientium Fabulis Quaestiones Selectae. *Vratislaviae: M. & H. Marcus (1902).* (32 S.) 8° ¶[Erschien vollst. 1902 als Bresl. philol. Abhandl., Bd 9, H 1]
Breslau, Phil. Diss. v 17 März 1902

Mikolajczak, J., De septem sapientium fabulis quaestiones selectae. Diss. 1902. 32 S.
— — compl. S-A. 1902. 72 S.

Mikolajczak, Josephat, Dr.: Ciceros catilinarische Reden in der Schule. Sagan 1906: C. Koeppel. (S. 3—12.) 4°
Sagan, k. kath. G P 1906 (256)

Dangaus augštumas ir žmogaus senumas. Anykščiu šilelis ir daugelis naudingų žinių. Sutaisė ir išleido P. **Mikolainis.** Tilžeje. (Selbstverl.) 1903. 149 S. 8°
[Die Höhe d. Himmels u. d. Alter d. Menschen .. sowie anderes Wissenswerte.]
Aus: 'Naujas Kalendorius' 1904. [10. 14631 10]

Naujas būdas išmokt rašyti. Sutaisė ir išleido P **Mikolainis.** Tilžeje. (Mikolainis) 1905. 24 S. 8° [Umschlagt.]
[Neue Art schreiben zu lernen.] [10. 7381 10]

Naujas budas išmokti rašyti. Sutaisė ir išleido P. **Mikolainis.** Tilžeje [v. Mauderode] 1910. 24 S. 8° [Umschlagt.]
[Neue Art schreiben zu lernen.]

Vaikų draugas. Sutaisė ir išleido P. **Mikolainis.** Tilžeje: (Selbstverl.) 1907. 64 S. 8°
[Der Kinderfreund.] [10. 14653 10]

Laipšniskas mokinimasis aritmetikos arba rokundų mokinimais pirmųjų metų. 1 iki 100. Sutaisė P. **Mikolainis.** Tilžeje [Selbstverl.] 1909. 128 S. 8°
[Elementar-Lehrbuch d. Arithmetik oder d. Rechenunterr. f. d. 1. Schuljahr] [10. 11347 10]

Visas svietas. Žemė, kalnai, vanduo, upės, žmonės, miestai. Kaip turetumem misti. Sutaisė ir išleido P. **Mikolainis.** Tilžeje [Selbstverl.] 1902. 156 S. 8°
[Die ganze Welt. Erde, Berge, Wasser, Ströme, Menschen, Städte. Wie wir leben sollen.]
Aus 'Naujas Kalendorius' 1903. [10. 14645 10]

Mikolaschek, Franz —. Darstellung der katholischen Lehre von der unbefleckten Empfängniß Mariä. Mit einem Anhange von Andachtsübungen von — —. Wien. 1855. Gedruckt bei Karl Ueberreuter. (1 Blatt 64 S. 8.)

Mikolaschek, Karl, Bericht über die internationale Woll-Ausstellung [International wool-exhibition], London 1881. Erstattet im Auftrage der Handels- u. Gewerbekammer in Reichenberg. Mit 11 lith. Taf. gr. 8. (X, 71 S.) Reichenberg 882. (Jannasch.) n. 2.—

Mikolaschek, Karl, Maschinenkunde f. Webeschulen. Auf Grund des neuen Normallehrplanes verf. 1. Thl.: Maschinen-Elemente u. Transmissionen. gr. 8. (IV. 85 S. m. 167 Fig.) Wien 902. F. Deuticke. n. 1.50

Mikolaschek, Karl, Maschinenkunde f. Webeschulen. Auf Grund des neuen Normallehrplanes verf. 2. Tl.: Motoren u. elektr. Beleuchtg. (IV, 102 S. m. 96 Fig. u. 2 Taf.) gr. 8. Wien 903. F. Deuticke. n. 1.80
1. Tl. Ebd. 902. n. 1.50.

Mikolaschek, Karl, Maschinenkunde f. Webeschulen. Auf Grund des neuen Normallehrplanes verf 1. Tl.: Maschinen-Elemente u. Transmissionen. 2. Aufl. (IV, 93 S. m. 188 Fig.) gr 8. Wien 907. F Deuticke. 1.50

Mikolaschek, Karl, mechanische Weberei. [Erweit. Abdr. aus „Karmarsch-Heeren's technisches Wörterbuch".] gr. 8. (101 S. m. Abbildgn.) Reichenberg 892. J Fritsche. n. 1.20

— mechanische Weberei. 3. vollständ. umgearb. Aufl. 1. Abtlg. Die Vorbereitungsmaschinen. (132 S. m. 117 Fig.) Lex.-8. Ebd. 904. n. 2.20

— Mechanische Weberei. 3., vollständig umgearb. Aufl. 2. Abtlg. Einrichtungen zur Bewegg. der Kette. (IV, 181 S. m. 169 Fig.) Lex. 8. Ebd. 908. 3.—
1. Abtl. Ebd. 904. 2.20.

Mikolletzky: Der Unterricht im Freihandzeichnen an unseren Realschulen. 6 S. 8°–Elbogen OR., Progr 1855

Mikoletzky J.: Graphische Flächen- und Körperberechnung. 24. Prag R. I. 76. Progr.

Mikolletzky, J.: Die Construction der Sonnenuhren auf Grundlage der darstellenden Geometrie. 30 S. - Prag, Progr. 1886.

Mikoletzky J.: Über die Methode des geometrischen Elementarzeichnens an der Mittelschule. 37. Prag R. I. 74. Progr.

Mikoletzky, Jos., Aufgaben aus der darstellenden Geometrie. gr. 8. (59 S.) Wien 877. Hölzel. n. 1.—

— Konstruktion algebraischer Ausdrücke u. deren Anwendung in der Elementargeometrie. Zum Gebrauche an Realschulen u. verwandten Anstalten. Mit 96 Fig. auf 2 (autogr.) Taf. gr. 8. (III, 52 S.) Prag 879. Kosmack & Neugebauer. n. 1.50

Mikorzi, Jos., otiorum Croatiae liber unus, opus posthumum. 8maj. Ofen 806. (Pesth, Eggenberger). 1 ℔ 12 ℊ

— — Vgl. Mikoczi

Mikos, Joh. Baron, Hypothesen üb. ein. kosmolog. u. geolog. Momente. gr. 8. (99 S. m. 1 Taf.) Leipzig 895. O. Mutze. n 2.—

— d. wissenschaftl. Weltanschauung auf religiöser Grundlage. gr. 8. (39 S.) Ebd. 895. n. 1.—

Mikosch"s, Baron, Abenteuer auf Reisen. 12. (VI, 102 S. m. 4 Bildern.) Berl. 891, Frankl. * 1 —

Mikosch"s, Baron, Abenteuer auf Reisen. Neue Erlebnisse Mikosch's, s. mündl. Berichten nacherz. v. B. aus d. Winkl. (2. Folge v. „Mikosch, d. ungar. Witzbold".) M. 4 Orig.-Illustr. v. Nik. Estakoff. 9. Aufl. 12. (IV, 102 S.) Ebd. 898. 1.—

Mikosch"s, Baron, Abenteuer auf Reisen. Neue Erlebnisse Mikosch's, seinen mündl. Berichten nacherzählt v. B. aus dem Winkl. (2. Folge v. „Mikosch, d. ungar. Witzbold".) Mit 4 Orig.-Illustr. von Nik. Estakoff. 10. Aufl. 12. (IV, 102 S) Berlin (901). Neufeld & Henius. 1. -

Mikosch, Baron, auf der Ausstellung in Chicago. Seine Erlebnisse in Amerika u. auf der columb. Weltausstellg. Nach seinen eigenen Angaben mitgeteilt von Frz. v. Weißensee. (1.—6. Tausend.) 8. (IV, 99 S.) Berlin 893. [S. Frankl.] Neufeld & Henius. n. 1.—

— dasselbe. 2., illustr. Aufl. (7.—10. Taus.) 8. (IV, 99 S.) Ebd. 898. n. 1.—

— Erlebnisse auf d. Berliner Gewerbe-Ausstellung 1896. Hrsg. v. Fidelio. M. 5 Orig.-Vollbild. u. Vignetten v. H. G. Herrmann. 12. (96 S.) Berlin 896. O. Haebringer. n. — 60

Mikosch jun., B., s.: Reiseonkel's humor. Bibliothek.

Mikosch, Baron, pikante Witze u. Abenteuer. (32 S. m. Abbildgn.) 8. Neuweißensee (906). E. Bartels. — 25

MIKOSCH'S, Baron, pikante Witze und Anekdoten. Mit Illustrationen. (190*.) (25 Pfg. W. A. Gabriel, Berlin.)

MIKOSCH, Baron, der ungarische Witzbold. Lustige Anekdoten aus seinem Leben. Gesammelt u. hrsg. von Sigmar von der öden Burg (ps.). 3 Thle. in 1 Bde. 18. (!) Auflage. Mit 12 Orig.-Illustr. Berlin, o. J. (189*). 8°. (Eleg. Lwdb. frcs. 4—.) (2 fr. 50 cts. Adolf Geering, Basel, 1898.)

— — Dasselbe. Mit einem Anhange: Anekdoten und lustige Begebenheiten von Mikosch's Bedientem „Janosch" Mit 4 Orig.-Illustr. 15. Aufl. Ebd. 1889. 8°. (Origlwdbd. Mk. 3—.) (1 Mk. 80 Pfg. Friedr. Klüber, 1895.)

Mikosch, der ungarische Witzbold. Lustige Anekdoten aus seinem Leben. Gesammelt u. hrsg. von Sigmar v. der öden Burg. Mit e Anh.: Anekdoten u. lust. Begebenheiten v. Mikosch's Bedienten „Janosch". Mit 4 Orig.-Illustr. v. Nik. Estakoff. 6., verb. Aufl. 12. (VIII, 88 S.) Berlin 890. Frankl. In Leinw. cart. n. 1. —

Mikosch, der ungarische Witzbold. 4 Bde. 12. Berlin 893. [S. Frankl.] Neufeld & Henius. à n. 1. —; in 1 Bd. geb. n. 4. —

1. Mikosch, der ungarische Witzbold. Lustige Anekdoten aus seinem Leben. Gesammelt u. hrsg. von Sigmar v. d. öden Burg. Mit e. Anh.: Anekdoten u. lust. Begebenheiten v. Mikosch's Bedienten „Janosch". Mit 4 Orig.-Illustr. v. Nik. Estakoff. 8.—11., verb. Aufl. (VIII, 88 S.) 891—893.
2. Neue Mikosch-Witze. Neue Folge v. „Mikosch, der ungar. Witzbold". Lustige Anekdoten aus seinem Leben. Nebst einigen eingestreuten Scherzen v. Mikosch's Bedienten „Janosch". Gesammelt u. hrsg. von Sigmar v. der öden Burg. Mit 4 Orig.-Illustr. v. Nik. Estakoff. 3.—6. Aufl. (VI, 74 S.) 891—893.
3. Baron Mikosch's Abenteuer auf Reisen. Neue Erlebnisse Mikosch's, seinen mündl. Berichten nacherzählt v. B. aus dem Winkl. (2. Folge v. „Mikosch, der ungar. Witzbold".) Mit 4 Orig.-Illustr. v. Nik. Estakoff. 5. Aufl. (VIII, 102 S.) 893.
4. Baron Mikosch's Memoiren. Mit Erläutergn., Zusätzen u. Anmerkgn. v. J. G. Franz. 2., verb. Aufl. Mit 4 Orig.-Illustr. v. Nik. Estakoff. (VI, 102 S.) 893.

Mikosch, der ungarische Witzbold. Lustige Anekdoten aus seinem Leben. Gesammelt von Sigmar v. der öden Burg. 10. Aufl. 12. (VIII, 88 S. m. 4 Illustr.) Berl. 892, Frankl. cart. * 1 —
Neue Folge u. d. T.: Mikosch-Witze, Neue.

Mikosch, der ungarische Witzbold. Lust. Anekdoten aus s. Leben. Gesammelt u. hrsg. v. Sigmar v. d. öden Burg. M. e. Anh.: Anekdoten u. lust. Begebenheiten v. Mikosch's Bedienten „Janosch". M. 4 Orig.-Illustr. v. Nik. Estakoff. 19. Aufl. 12. (VIII, 88 S.) Berlin 898. Neufeld & Henius. 1. —

Baron **Mikosch**, der ungarische Witzbold. Lustige Anekdoten aus d. Leben. 3 Teile in 1 Bd Mit 12 Ill. 20. Aufl. *Berlin: Neufeld & Henius [1899].* 8° [F.]

Mikosch der ungarische Witzbold. Lustige Anekdoten aus s. Leben. Gesammelt u. hrsg von Sigmar von d. öden Burg. Mit e. Anh.: Anekdoten u. lustige Begebenheiten von Mikosch's Bedienten 'Janosch'. Mit 4 Orig.-Ill. von Nikolaus Estakoff. 20. Aufl. *Berlin: Neufeld & Henius [1899]* (VIII, 88 S.) 8° [F.]

Mikosch, der ungarische Witzbold. Lustige Anekdoten aus seinem Leben. Gesammelt u. hrsg. von Sigmar v. der öden Burg. Mit e. Anh.: Anekdoten u. lust. Begebenheiten v. Mikosch's Bedienten „Janosch". Mit 4 Orig.-Illustr. v. Nik. Estakoff. 20. Aufl. 12. (VIII, 88 S.) Berlin (900). Neufeld & Henius. 1. —

— der ungarische Witzbold. Lustige Anekdoten aus seinem Leben. 3 Tle. in 1 Bd. Mit 12 Orig.-Illustr. v. Nik. Estakoff. 21. Aufl. 12. Ebd. (901). 3. —; geb. in Leinw. 4. —
1. Mikosch der ungarische Witzbold. (III, VIII, 88 S.)
2. Neue Mikosch-Witze. (IV, 76 S.)
3. Baron Mikosch's Abenteuer auf Reisen. (IV, 102 S.)

— der ungarische Witzbold. Lustige Anekdoten aus seinem Leben. 3 Tle. in 1 Bd. Mit 12 Orig.-Illustr. v. Nik. Estakoff. 23. Aufl. kl. 8. Berlin (905). Neufeld & Henius. 3. —; geb. 4. —
1. Mikosch, der ungarische Witzbold. (III, VIII, 88 S.) — 2. Neue Mikosch-Witze. (VI, 74 S.) — 3. Baron Mikosch's Abenteuer auf Reisen. (IV, 102 S.)

Mikosch, Baron, der ungarische Witzbold. Lustige Anekdoten aus seinem Leben. 3 Tle in 1 Bd. Mit 12 Orig.-Illustr. v. Nik. Estakoff. 24. Aufl. kl. 8. Berlin (907). Neufeld & Henius. 3.—; geb. 4. —
1. Mikosch, der ungarische Witzbold. (III, VIII, 88 S.)
2. Neue Mikosch-Witze. (VI, 74 S.)
3. Baron Mikosch's Abenteuer auf Reisen. (IV, 102 S.)

Mikosch, C., die Function der Grannen der Gerstenähre, s.: **Zoebl**, A.

Mikosch, Karl

Mikosch (K.). Anatomie und Morphologie der Knospendecken dicotyler Holzgewaechse. Wien, 1876. 8°.

Mikosch Karl. Dr Arbeiten aus dem pflanzenphysiologischen Institute der Wiener Universität. 9. Beiträge zur Anatomie und Morphologie der Knospendecken dikotiler Holzgewächse (mit 3 Taf.). S. 74. L. [illegible] . 1 40
— — 13. Untersuchung über die Entstehung der Chlorophyllkörner S. 78. L. [illegible] vgr.
— — 21 Untersuchungen über die Entstehung und den Bau der Hoftüpfel (mit 3 Taf.). S. 84. L. [illegible] . 1 40
Separatabdruck

— und Stöhr Adolf Arbeiten aus dem pflanzenphysiologischen Institute der Wiener Universität 18. Untersuchungen über den Einfluß des Lichtes auf die Chlorophyllbildung bei intermittierender Beleuchtung. S. 82. L. [illegible] vgr
Separatabdruck

Mikosch, Karl, Beiträge zur Anatomie u. Morphologie der Knospendecken dicotyler Holzgewächse. [Aus dem pflanzenphysiologischen Institut der k. k. Wiener Universität.] [Aus: „Sitzungsber. d. k. Akad. d. Wiss."] Lex.-8. (33 S.) Wien 876. (Gerold's Sohn.) n. 1. 40

MIKOSCH, Karl: Beiträge zur Anatomie und Morphologie der Knospendecken dicotyler Holzgewächse. - Wien 1877. - Diss. - (Sitzungsber. Akad. d. Wiss. Wien, math.-nat. Kl. Bd. 74, Abt. 1)

Mikosch, *Carl* u. *Cyrill* Reichl Über Eiweißreactionen und deren mikrochemische Anwendung. 8 (S. 3—37).
Progr. K. k. Oberrsch. im II. Bezirk *Wien* 1890.

Mikosch (H.). Entstehung der Chlorophyllkoerner. Wien, 1878. 8°.

Mikosch, Carl, üb. die Entstehung der Chlorophyllkörner. [Mit 2 (lith.) Taf.] [Arbeiten d. pflanzenphysiolog. Institutes der k. k. Wiener Universität. XXX.] Lex.-8. (30 S.) Wien 885. (Gerold's Sohn.) n n. — 90

Mikosch, Carl, über die Entstehung der Chlorophyllkörner. [Arbeiten des pflanzenphysiolog. Institutes der k. k. Wiener Universität XXX.] Lex.-8. (30 S. mit 2 lithogr. Taf.) Wien 885, (Tempsky.) **
Aus: Sitzungsberichte der k. Akademie der Wissenschaften, besonders abgedruckt.

— Über die Entstehung der Chlorophyllkörner (mit 2 Taf.). S. 92. I. 108. . — 90
Separatabdruck

Mikosch Dr K.: Untersuchungen über den Bau der Stärkekörner. 15. Währing R. 87. Progr.

—— und Adf. Stöhr, Untersuchungen über den Einfluss des Lichtes auf die Chlorophyllbildung bei intermittirender Beleuchtung. [Arbeiten des pflanzenphysiolog. Institutes der k. k. Wiener Universität. XVIII.] Lex.-8. (10 S.) (Ebendas.) 880. **
aus: Sitzungsberichte der k. Akademie der Wissenschaften, besonders abgedruckt.

Mikosch, Carl, Untersuchungen über die Entstehung und den Bau der Hoftüpfel. [Arbeiten des pflanzenphysiolog. Institutes der k. k. Wiener Universität. XXI.] Lex.-8. (40 S. mit 3 lithogr. Taf.) Wien 881, (Gerold's Sohn.) *

— Untersuchungen über die Entstehung der Chlorophyllkörner. [Arbeiten des pflanzenphysiolog. Instituts der k. k. Wiener Universität. XIII.] [Aus: „Sitzungsber. d. k. Akad. d. Wiss."] Lex.-8. (24 S.) Ebend. 878. n. — 40

Mikosch, Karl, Untersuchungen über die Entstehung des Kirschgummi. (51 S. m. 4 Taf.) gr. 8. Wien 906. (A. Hölder.) n. 2. 20
Sonderabdruck aus: „Sitzungsber. d. k. Akad. d. Wiss."

— Untersuchungen über die Entstehung des Kirschgummi (mit 4 Taf.). S. 115. I. 911. . 2.20
Separatabdruck

Mikoscha, Jh.

Mikoscha, J., Reise eines Polen d. d. Moldau n. d. Türkey, a. d. Poln. 2 Thle. 8. Leipz. Crusius. (F. C. W. Vogel.) 793.

Mikoscha, Jh., Reise eines Polen durch d. Moldau nach d. Türkei; aus d. Poln. v. S. G. Linde. 2 Thle. 8. Leipz. 793. (W. Vogel). 1 ꝑ

Mikoscha, Joseph Reise eines Polen durch die Moldau nach der Türkei. Aus dem Polnischen übersetzt von Samuel Gottlieb Linde. 8. Leipzig 1793.

MIKOSCH-ANEKDOTEN, Allerlei saftige und seltene. Pressburg 1892
Verboten v L.-G Wien, 21. IV 1896.
— — Dasselbe. II Aufl. (189*.) (2 Mk. eine böhmische Firma, 1901)

MIKOSCH-WITZE, Neue. Gesammelt u. hrsg. v. Sigmar von der öden Burg (ps.). 12 Aufl. Mit 4 Illustr Berlin, o. J 8° (1 Mk. H. Hugendubel, c. 1906.)

Mikosch-Witze, neue. Neue Folge v. „Mikosch, der ungar. Witzbold". Lustige Anekdoten aus seinem Leben. Nebst einigen eingestreuten Scherzen v. Mikosch's Bedienten „Janosch". Gesammelt u. hrsg. v. Sigmar v. der öden Burg. Mit 4 Orig.-Illustr. v. Nikol. Estakoff. 12. (VI, 74 S.) Berlin 890. Frankl. In Leinw. cart. n. 1. —

Mikosch-Witze, neue. Lustige Anekdoten aus seinem Leben. (5. Aufl.) 12. (VI, 74 S. m. 4 Bildern.) Berl. 892, Frankl. cart. * 1 —
2. Folge u. d. T.: Mikosch's, Baron, Abenteuer auf Reisen.

Mikosch-Witze, neue. Neue Folge v. „Mikosch, der ungar. Witzbold". Lustige Anekdoten aus seinem Leben. Nebst einigen eingestreuten Scherzen von Mikosch's Bedienten „Janosch". Gesammelt u. hrsg. v. Sigmar v. der öden Burg. Mit 4 Orig.-Illustr. v. Nik. Estakoff. 13. Aufl. 12. (IV, 76 S.) Ebd. (901). 1. —

Mikosch-Witze, neue. Neue Folge v. „Mikosch, der ungar. Witzbold". Lustige Anekdoten aus seinem Leben. Nebst einigen eingestreuten Scherzen v. Mikosch's Bedienten „Janosch". Gesammelt u. hrsg. v. Sigmar v. der öden Burg. Mit 4 Orig.-Illustr. v. Nik. Estakoff. 14. Aufl. (VI, 74 S.) kl. 8. Berlin (905). Neufeld & Henius. 1. —

Mikosch-Witze, neue. Lustige Anekdoten aus seinem Leben. Nebst einigen ausgestreuten Witzen v. Mikosch's Bedienten „Janosch". Gesammelt u. hrsg. von Sigmar v. der öden Burg. Neue Folge v. „Mikosch, der ungar. Witzbold". 16. Aufl. (IV, 74 S.) kl. 8. Ebd. (910). 1. —

Mikosch-Witze, d. neuesten. (Eine Kiste neuer Humor! Zündende Mikosch-Witze m. Schwefel u. Phosphor. Wirken bei jedermann erheit.) 64. (224 S.) Berlin 896. Neufeld & Henius. In Futteral n. — 50

— die neuesten. (Eine Kiste neuer Humor! Zündende Mikosch-Witze mit Schwefel u. Phosphor. Wirken bei jedermann erheiternd.) 91.—100. Taus. (224 S.) 32. Ebd. (905). Im Futteral — 50

— die neuesten. 101.—110. Taus. (224 S.) 5,6×3,8 cm. Ebd. (909). In imitierter Streichholzkiste — 50

Mikoss, v., ethische Erziehung u. Selbsterziehung. Studie. 1.—2. Taus. (VIII, 72 S.) gr. 8. Wien 909. („St. Norbertus".) 2. —

— Der Sozialismus u. das Heer. Studie. (32 S.) gr. 8. Köszeg(-Güns) 907. E. Roth. 1. —

Mikovec, Ferd. B., s. Mikowec

* *Samuelis Mikovini* nobilis Hungari S. C. C. Majestatis aulico - Cameralis et ad mineras regni Hungariae constituti geometrae regiaeque scientiarum societatis Berolinensis membri epistola ad Illustrem ac Celeberrimum virum D. *Jo. Jac. Marinonium* Patricium Utinensem Caesareum Consiliarium et aulae mathematicum occasione quaestionis de quadratura circuli nuper perperam motae et falso definitae a *D. Josteph. Ign. Car. Leistnero*, Centurione Caesareo, qua diametri ad Peripheriam ratio Leistneriana refellitur; genuina im seriebus infinitis exhibetur; deque theoriae cum praxi cognatione et utili ac necessaria connexione differitur. Viennae Austriae. Prostat apud Paulum Straub. Bibliop. Typis Joannis Petri van Ghelen, Typographi Caesarei. fol. Ohne gezählte Seiten. m. 1 Taf. m. Fig. 1739.

MIKOWEC, FERDINAND B.
Die Alchimisten in Böhmen unter Rudolf II Oesterreichische Blätter für Literatur und Kunst. No. 42–44. Oktober, 1854. Sm. fol.

Mikovec, Ferd. B., und Karl V. Zap, Böhmens Alterthümer und Denkmäler. Mit Zeichnungen von Jos. Hellich und Wilh. Kandler. 2. Aufl. 2 Bde. in 36 Lfgn. qu. gr. 4. (220; 231 S., mit 69 Stahlst.) Prag 870, Kober. à Lfg. * 80 Pf. *

Mikowec, F. B., Alterthümer und Denkwürdigkeiten Böhmens, s. Alterthümer ꝛc.

Mikowec, Ferd. B. Alterthümer und Denkwürdigkeiten Böhmens. Mit Zeichnungen von Jos. Hellich und Wilh. Kandler. Beschrieben von B. Mikowec. *Prag, Kober & Markgraf* (früher *J. L. Kober*). I. Lief. S. 1—20, qu. 4°. Mit 3 Bildertaf. 56 kr. Ö.-W.

INHALT. Otakars Grab in der Domkirche zu Prag. — Ruine Kokořin. — St. Stefanskirche auf der Neustadt Prag,

—— Schloss Friedland und die Burgruinen Bösig und Schreckenstein in Böhmen. gr. 4. (21 S.) Olmütz 859, Hölzel. *

Aus: Album, malerisch-histor., von Böhmen, besonders abgedruckt.

—— das Cistercienserstift Hohenfurt in Böhmen. Eine monograf. Skizze zur 6. Säcularfeier der Gründung Hohenfurts. gr. 4. (20 S. mit 1 Stnt. in Tondr. in qu. Fol.) Olmütz 858, Hölzel. *

Mikowec, Ferd. B., die königliche Burg Karlstein in Böhmen. Eine monographische Skizze. Olmüz 858. Hölzel. gr. 4. (44 S. u. 1 Lithogr.) n. 25 ngr

—— malerisch-historische Skizzen aus Böhmen, s. Album, malerisch-historisches, von Böhmen.

— starožitnosti a památky země české, s. Starožitnosti.

Mikra Parerga; od. Nebenbeschäftig., Anekdoten, Erzähll. 8. Liegnitz 814. Kublmey. 10 gr

Mikrographie des Holzes der auf Java vorkommenden Baumarten, im Auftrage des Kolonial-Ministeriums. Unter Leitg. v. J. W. Moll bearb. v. H. H. Janssonius. Im Anschluss an „Additamenta ad cognitionem florae arboreae Javanicae, auctoribus H. C. Koorders et Th Valeton" (Mededeelingen uit 's lands plantentuin). Publikation des Departements f. Landwirtschaft in Buitenzorg. 1. Bd. Allgemeiner Tl. v. J. W. Moll: Einleitung. Die Anatomie des sekundären Holzes u. die bei der Beschreibg. benutzte Terminologie. Dicotyledones, Polypetalae. Thalamiflorae. (368 S. m. Fig.) gr. 8. Leiden 906. Buchh. u. Druckerei vorm. E. J. Brill. nn 6.

— dasselbe. 2. Lfg. 1. Bd. Allgemeiner Tl. v J. W. Moll: Einleitung. Die Anatomie des sekundären Holzes u. die bei der Beschreibg. benutzte Terminologie. Dicotyledones, Polypetalae, Thalamiflorae (S. 369—569 m. Fig.) u. 2. Bd. Disciflorae. (S. 1—160 m. Fig.) gr. 8. Ebd. 906. nn 6.

Mikrokosmos. Passah 5600. 4. (2 B.) Berlin 840, Simion. *

Mikrokosmos. Zeitschrift zur Förderg. wissenschaftl. Bildg., hrsg. v. der deutschen mikrolog. Gesellschaft unter Leitg. v. R. H. Francé. 1. Bd. 1907. 8 Hefte. (IV, 84 S. m. Abbildgn.) Lex. 8. Stuttgart, Franckh. 4.—

— dasselbe. 2. Bd. 1908/9. (April 1908—März 1909.) 10 Hefte. (IV, 148 S. m. Abbildgn.) Lex. 8. 4.—

— dasselbe. Zeitschrift f. die prakt. Betätigg. aller Naturfreunde. Hrsg. v. Adf. Reitz in Verbindg. m. W. Kuhlmann, H. Lemke, W. Migula u. a. u. anderen hervorrag. Fachgelehrten. 3. u. 4. Jahrg. 1909/10 1910/11. (April 1909—März 1911.) à 12 Hefte u. 3—4 Buchbeilagen. (3. Jahrg. IV, 248 S. m. Abbildgn.) Lex. 8. Ebd. à Jahrg. 4.—

Mikrophotogramme aus dem Pflanzen- u. Thierreich, hergestellt von F. Funcke & W. Thelen in Witten a/d. Ruhr. gr. 16. (20 Bl.) Witten 877. Krüger in Comm. In Mappe. n.n. 8.—

Mikroskop, das, u. seine Anwendung bei Untersuchung von Hopfen, Hefe rc., nebst Beschreibung u. Gebrauchsanweisung des Hefezählers. Eine Anleitung für Brauer u. Brenner. Mit einer autogr. Abbildung eines Mikroskopes in natürlicher Größe. gr. 8. (20 S.) Berlin 882. Klönne & Müller. n. — 50

Mikroskop, Ed. [Pseud.], s.a. Hügel, Ed. Maria

Mikroskop, s.a. Wien wie es ist.

Mikroskop [d. i. Hügel, Eduard Maria]. Wien wie es ist. Eine Sammlung von Original-Volksscenen, Anekdoten, Bonmots, Räthseln etc von Mikroskop. Ein Seitenstück des Werkchens „Berlin wie es isst und trinkt" Leipzig. C. Scheld u. Comp. 1838—1839.
4 Hefte. 8°
1. 64 S.; 2. 64 S.; 3. 48 S.; 4. 62 S. m. zusammen 4 Taf. in kol. Kupferst.
S. auch Xc 35 Moser, Wiener Volksleben 1842—1844.

Mikrostructur des Eisens. Düsseldorf 1887

Mikrotherapie, die. Behandlg. der Erkrankgn. d. Menschen m. Alcaloiden. Von e. älteren pract. Arzte. gr 8. (40 S.) Hamburg 889. Zenichen. n. 1.—

Miksch's, Johs., Gesangsystem, s.: Kohut, A.

Miksch, Alfr., die applicatorischen Übungen der Feld- u Festungs-Artillerie. Eine Studie. gr. 8. (III, 91 S.) Wien 894. L. W. Seidel & Sohn. n. 2.—

Miksch Fr.: Madame de S. 1626—68 (franz.) 25 Kremsier R. 86. Progr.

Miksch, Johs., Lustspiele: Der Ehestifter. — Die Mitgift. — Die Nebenbuhler. 8. (16½ B.) Dresden u. Leipzig 835, Arnoldische Buchh.

Miksch, Walther: Die Verfasserschaft des Arden of Feversham. ⟨Ein Beitrag zur Kydforschung.⟩ Breslau 1907: H. Fleischmann. (82 S.) 8°
Breslau, Phil. Fak., Ref. Sarrazin, Diss. v. 24. Juli 1907
[Geb. 28. Nov. 83 Breslau; Wohnort: Gleiwitz; Staatsangeh.: Preußen; Vorbildung: Oberrealsch. Gleiwitz Reife O. 07; Studium: Breslau 9 S.; Rig. 8. Juni 07.]

Mikše, Frant. O., Orbis pictus. Příroda, život a obcování v obrazech. Se 224 vyobrazeními a s českým, německým, anglickým, francouzským a vlašským názvoslovým. Prag 860. Schaiba. (Silber & Schenk.) qu. 4. (35 S. u. 16 lith. u. color. Taf.) 1 ℳ

MIKSO, STEPHAN: Das Armen-Seelen-Lied. Budapest 1885.

MIKSO, STEPHAN: Jubelklänge Sr. fürstlichen Gnaden des Hochwürdigsten Herrn Primas von Ungarn Johann Simor bei Gelegenheit des ersten oberhirtlichen Besuches, und der Ausspendung des h. Sacramentes der Firmung gewidmet vom St. Ursula Convente. Tyrnau 1887 - 4°

MIKSO, Stephanus· De manichaeismo. — (1861) 80 S. 8° (Handschr.)
Diss. Wien, Univ. Diss. 251

Mikšíčka, M., Pohádky a powjdky lidu morawského. Zásoba rozmanitého a zábawného čtenj o rozličných wěcech, které u nás w Morawě pro obweselenj mysle negrarkgi wyprawowány býwagj. 12. (102 S.) Brünn 847, Wimmer. n. 5⅓ ngr

Mikszath, Koloman von, s.a. K á k a ı, A

Mikszáth, Koloman v · Eine A b g e o r d n e t e n w a h l in Ungarn od. die Kabale v Kortvélyes, s. M e y e r ' s Volksbücher

— aus meiner Advokaten-Zeit (in Scheithauer'scher Stenographie), s.: Bon, Fridthjof, Lang, lang ist's her.

Mikszath, Koloman. Ungarische Dorfgeschichten. Aus dem Ung. v. Ladisl. Neugebauer. Mit 15 Aquarellen v. Bihary, Karlovszky, Margittay. Neoprady, Roskovics u. Vago. Autoris. Übersetzg. gr. 4. (III, 96 S.) Lpz. 890, O. Wigand. geb. m. Goldschn. in Kasten * 40 --

— Erzählungen, s.a. Meyer's Volksbücher.

E r z ä h l u n g e n . [Teilsamml., deutsch.] Von Koloman Mikszáth. Aus d. Ungar. von Andor v. Spóner. Leipzig & Wien: Bibliogr. Inst. [1897]. 143 S. 8°
(Meyers Volksbücher. Nr. 1187/88.)

Mikszáth, Koloman, gesammelte Erzählungen, s.: Universal-Bibliothek.

Mikszáth, Koloman v., die guten Hochländer. Ungarische Dorfgeschichten. Übertragen durch Adf. Silberstein. [Mit 28 (eingedr.) Illustr.] 8. (V, 160 S.) Leipzig 882. Friedrich. n. 5. —; geb. n. 10. —

Mikszáth, Koloman, die guten Hochländer. Ungarische Dorfgeschichten. Uebertr. durch Adf. Silberstein. [Mit 28 Illustr.] 2. Ausg. 8 (150 S.) Szegedin 884. Endrényi & Co. n. 3. 50; geb. n. 6. —

— Intimes aus d. Menschenleben. Erzählgn. u. Skizzen. Autor. Uebersetzg. aus d. Ung. v. Jos. Julian Graf Zamoyski. 8. (III, 156 S.) Leipzig 897. G. H. Meyer. n. 2. —; geb. in Leinw. n. 3. —

' – I n t i m e s aus dem Menschenleben 1897
Jetzt· Berlin· Heilbrunn & Co.

— dasselbe, s.a. Reuter's Bibliothek f. Gabelsberger-Stenographen.

Koloman Mikszáth, Der rote Kasperek. Berlin. Romanwelt 1897 (S. 45 –109) 8° [F.]
= Geschichten, Kurze. 1, 3, [3.] [05. 1303

Mikszáth, Koloman, der kleine Kirchenfürst, s.: Bibliothek berühmter Autoren.

— ungarische Novellen, s.a. Kürschner's, Jos., Bücherschatz.

Ungarische Novellen. Von Koloman Mikszáth. Aus d. Ungar von C[äcilie] Langsch. Mit Ill. von W. Roegge. *Berlin, Eisenach, Leipzig H. Hillger [1903]* (112 S.) 8° [F.]
= Bücherschatz. Kürschner's No 370. [04. 994

— St. Peters Regenschirm. E. Erzählg. Aus d. Ung. übers. v. Ludw. Wechsler. (Fischer & Franke's Bibliothek f. Bücherliebhaber.) 12. (307 S.) Berlin 898. Fischer & Franke. n. 5. —; geb. in Leinw. n. 6. 75

— dasselbe, s.a. Michow-Bücher, Nr. 21.

Sanct Peter's R e g e n s c h i r m . Humorist. Roman von Koloman von Mikszáth. Einzig autor. Übers. von Oscar von Krücken. Charlottenburg: A. Michow 1898. (174 S.) 8°
(Michow-Bücher. Bd 21.)

— der wunderthätige Regenschirm, s.: Reclam's Unterhaltungs-Bibliothek.

— Der taube Schmied, s.a. Universal-Bibliothek.

Der taube Schmied von Koloman v Mikszáth. Autor Übers. aus d. Ungar von Andor v. Spóner Leipzig: Reclam (1910). 119 S. 8°
(Universal-Bibliothek. 5207) [10. 11376

— gesammelte Schriften. (1. Serie in 6 Bdn.) 1.—3. Bd. 8. Leipzig, G. H. Meyer. à n. 1. 20; geb. à n. 2. —
1. Das Gespenst in Lublau. Autor. Uebersetzg. aus d. Ung. von Andor v. Sponer. (141 S.) 898.
2. Intimes aus d. Menschenleben. Erzählgn. u. Skizzen. Autor. Übersetzg. aus d. Ung. v. Jos. Julian Graf Zamoyski. 2. Aufl. (V, 156 S.) 899.
3. Die Kavaliere. Autor. Übersetzg. aus d. Ung. von Andor v. Sponer. (136 S.) 899.
Erschien auch in 18 Lfgn. à n. — 40.

— gesammelte Schriften. 4. Bd. 8. Leipzig. Berlin, G. H. Meyer. Subskr.-Pr. n. 1. 20; Einzelpr. n. 1. 50; Einbd. n. — 80
Frühlingstriebe u. andere Geschichten. Autoris. Übersetzg. aus dem Ung. von Andor v. Sponer. (V, 136 S.) 899.

⑧ Mikszáth, Kolman v., Ges. Schriften. (KVL 30. 32.) — Intimes aus d. Menschenleben. 897. (KVL 30.) Jetzt: Berlin, Heilbrunn & Co.

— Szelistye, das Dorf ohne Männer, s.: Universal-Bibliothek.

Die Taube im Kälig 2 Gesch. in einer von Koloman Mikszáth (auf d. Umschl. Koloman v. Micksáth). Deutsch von Ludwig Wechsler. *Berlin & Leipzig: J. Cotta [1900].* (111 S.) 8° [F.] [01. 1016

— die Taube im Käfig. Zwei Geschichten in einer. Deutsch v. Ludw. Wechsler. 8. (111 S.) Berlin (900). Leipzig, H. Lautenschläger. n. 1. —

Mikszáth, Koloman, des Feldzeugmeisters Tod u. Servus, Vetter Paul!, s.: Meyer's Volksbücher.

— dasselbe, s.: Universal-Bibliothek.

— Der Zauberkasten, s. Universal-Bibliothek Nr. 2790.

Mickzáth, Koloman v., zwischen einst u. jetzt. Erzählungen aus der jüngsten Vergangenheit. Nach dem Ung. v. Rob. Tábori. 2. Aufl. 8. (VIII, 214 S.) Budapest 886. Singer & Wolfner. n. 2. 50; geb. n. 4. —

Mikszewicz, Jul., über das leitende Princip der Wirthschaftslehre, insbesondere der Nationalökonomie, in Bezug auf Moral u. Recht. Eine zur Erlangung der Magisterwürde verfasste Abhandlung. gr. 8. (IV u. 77 S.) Dorpat 852. (Glaeser.) n. 18 ngr.

MIKULA, Josef: Die Kinderbeicht. — (1843) 164 S. 4° (Handschr.) Diss. 64
Diss. Wien, Univ.

Mikulás, D. E., Nachtveilchen. (Gedichte.) gr. 12. (114 S.) Pesth 848, Emich's Sortimentsh. Thlr. *

— ein Sträußchen für die Weißkirchner. (Gedichte.) 16. (47 S.) Pesth 848, Emich's Sortimentsh. *

Mikule, Oswald

Mikule, *Karl Josef Paul* Oswald [Assist.-Arzt am Wilhelm-Augusta-Hosp. zu Breslau]: Aus d. Breslauer chirurg. Klinik. '(Geh. Medizinalr. Prof. Dr. Mikulicz.)' Ein Beitrag zur Chirurgie der Ureterverletzungen ... Breslau, Druck v. F. W. Jungfer, 1897; 44 S., 2 Bl. 8.
Breslau, Med. Fak., Inaug.-Diss. v. 5. Aug. 1897

Mikulo, Osw., ein Beitrag zur Chirurgie d. Ureterverletzungen. Diss. gr. 8. (45 S.) Breslau 897. (Schletter.) n. 1. —

Mikuli, Jac. Ritter v., Bau-Vorschriften f. Eisenbahnen, s.: Rybicki, Stanisl. Ritter v.

Mikulicz, A., s.: Jahrbuch des Bukowiner Landes-Museums.

Mikulicz, Ad.: Mittheilungen über die Gymnasien in Russland. 49 S. 8°–Czernowitz OG., Progr. 1873.

Mikulicz, Andreas: Die Kulturzustände im Herzogtum Bukowina. (1775 – 1875) Czernowitz: Pardini 1878.

Mikulicz, Andreas: Die Musik in der Bukowina vor der Gründung des Vereins zur Förderung der Tonkunst 1775 – 1862. Czernowitz: Pardini 1903.

Mikulicz, Andreas. Volkswirthschaftliche Uebersichts Karte des Herzogthumes Bukowina. Für die Bukowiner Handels- und Gewerbekammer zusammengestellt durch ihren Sekretär . , im Jahre 1873. 1 W Z. = 4.000 W Klafter (1 Karte in Schuber) Fol Czernowitz 1873.

Mikulicz, Andreas: Volkswirtschaftliche Übersichtskarte des Herzogtums Bukowina. Für die Handels- und Gewerbekammer zsgest. im Jahre 1873. (1 288.000.) Czernowitz: Handelskammer 1873. *(Vorabdruck erschienen in VGRA, 1873, S. 276.)*

Mikulicz, J., s. Mikulicz von Radecki, Johann

Mikulicz von Radecki, Johann

Mikulicz, J. u. P. Michelson. Atlas der Krankheiten d. Mund- u. Rachenhöhle. 2 Hälften. hoch 4. (VIII, 76 S. m. 22 farb. Taf.; VIII, 92 S. m. 21 farb. u. 1 schwarz. Taf.) Berl. 891,92, Hirschwald. à Hälfte * 40 —; * 80 —

Mikulicz, Joh., über die Bedeutung der Bluttransfusion und Kochsalzinfusion bei akuter Anämie, s. Klinik, Wiener.

Mikulicz-Radecki, Joh. v., s.: Bibliotheca medica.

Mikulicz, J. v., s.: Chirurgie des Unterleibes.

—— über Gastroskopie und Oesophagoskopie. gr. 8. (32 S. mit eingedr. Holzschn.) Wien 881, Urban und Schwarzenberg. *
Aus: Wiener medicinische Presse, besonders abgedruckt.

— u. Frau Valeska Tomaseczewski, orthopädische Gymnastik gegen Rückgratsverkrümmungen u. schlechte Körperhaltung. Eine Anleitg. für Ärzte u. Erzieher. gr. 8. (XLII, 103 S. m. 103 Abbildgn.) Jena 902. G. Fischer. n. 3. —; geb. n. 4. —

— u. Frau Valeska Tomaseczewski, orthopäd. Gymnastik gegen Rückgratsverkrümmungen u. schlechte Körperhaltung. Eine Anleitung f. Aerzte u. Erzieher. 2. verm. Aufl. (XLII, 107 S. m. 108 Abbildgn.) gr. 8. Jena 904. G. Fischer. n. 3. —; geb. n. 4. —

Mikulicz, J. v., u. Frau Valeska Tomasczewski, OrthopädischeGymnastik gegen Rückgratsverkrümmungn. u. schlechte Körperhaltung. Eine Anleitg. f. Ärzte n. Erzieher. 3. Aufl. (XLII, 107 S. m. 108 Fig.) gr. 8. Jena 908. G. Fischer. 3.—: geb. 4. —

— s.: Handbuch der praktischen Chirurgie.

Die Krankheiten des Mundes v J[ohann] **Mikulicz**, Dir d. chirurg. Univ.-Klinik, u. W[erner] Kümmel, Leiter d. Univ.-Poliklinik f. Ohren- .. Krankh. in Breslau. M. Beiträgen v. A[dalbert] Czerny, Dir. d. Univ.-Kinderklinik, u. J. Schaeffer, Privatdoz. f. Dermatol. in Breslau. M. 2 lith. Taf. u. 62 Abb. im Text. *Jena: G. Fischer 1898.* (IX, 253 S., 2 Taf. m. je 1 Erl.-Bl.) 1 Bd 4.(8.) [98.7380]

Mikulicz-Radetzky, weil. J. v., u. **W. Kümmel**, die Krankheiten des Mundes. 2. Aufl. Neu bearb. v. W. Kümmel. Mit Beiträgen v. A. Czerny u. J. Schaeffer. (VII, 295 S. m. 77 z. Tl. farb. Abbildgn.) Lex. 8. Jena 909. G. Fischer. 9.—; geb. 10. —

Mikulicz, J., über Laparotomie bei Magen- und Darmperforation, s. Sammlung klinischer Vorträge.

Mikulicz, J., s.: Mitteilungen aus d. Grenzgebieten d. Medizin u. Chirurgie.

Mikulicz, J., s.: Neisser, A., stereoscopischer medicinischer Atlas.

— s.: Sammlung klinischer Vorträge.

—— die Verwendung des Jodoforms in der Chirurgie, s. Klinik, Wiener.

Mikulicz-Radecki, (Valerian Ritter) v., Oberstlieutenant des Generalstabs Corps, Commandant des 4. Bataillons des Inft Reg Nr 67 Befehlgebung und Missverständnisse im Kriege (Hiezu die Taf 2, 3 und 4) (Aus: „Organ der milit wissenschaftl Vereine etc" 56. Bd 1898.) 8. Wien 1898.

Mikulicz-Radecki, v., das neue Exerzierreglement der italienischen Infanterie. (46 S) Lex.-8. Wien 906. L. W. Seidel & Sohn. n. 1. 20
Sonderabdruck aus: „Streffleurs österr. milit. Ztschr."

Mikulicz-Radecki, Val. Ritter v., das starre Luftschiff, System Zeppelin. (20 S. m. Abbildgn.) gr. 8. Wien 910. C. Konegen. — 40

Mikulitsch, W., Mimis Badereise, s.: Reclam's Novellen-Bibliothek.

Mikulitsch, W., Mimis Badereise, s.: Universal-Bibliothek.

Mikuliz, Joh., s. Mikulicz von Radecki, Johann

Mikulla, Johannes [Gymnasial-Hilfslehrer]: Der Söldner in den Heeren Kaiser Friedrichs II. ... Gnesen, gedr. bei J. B. Lange, 1885; 2 + 73 S. 8°.
Breslau, Phil. Fak., Inaug.-Diss. v. 19. Dez. 1885.

Mikulla, Johs., der Söldner in den Heeren Kaiser Friedrichs II. Inaugural-Dissertation. gr. 8. (70 S.) Gnesen 885. (Breslau, Köhler.) *

Mikulski, Johann, aus Kule in Littauen (Russland) Ueber cerebrale Hemiplegien ohne anatomischen Befund. (Aus der medizinischen Klinik in Zürich. Prof. Eichhorst.) Berlin 1909. 32 S. 8°. S.-A. aus dem Archiv für Psychiatrie und Nervenkrankheiten. Bd. 46, Heft 2. [21. XII. 09.]
Zürich. Univ. Med. Diss. 1909/10.

Mikulski, Johann. Ueber cerebrale Hemiplegien ohne anatomischen Befund. Aus der medizinischen Klinik in Zürich.... Diss. Med. Univ. Zürich. (Sonder-Abdruck aus dem Archiv für Psychiatrie und Nervenkrankheiten. Band 46, Heft 2.) 32 S. 8. Berlin, L. Schumacher, 1909.

Mikusch: Zur ältesten Geschichte der Stadt Weißkirchen. 11⁴ Mähr.-Weißkirchen 75. Progr.

Mikusch, Gust., kurzgefaßte Anleitung zur Behandlung der Heimatkunde in der Volksschule. 8. (V, 53 S.) Brünn 876. Winiker. n. — 72

Mikusch, Gust., kurz gefaßte Anleitung zur Behandlung der Heimatkunde in der Volksschule, nebst einem Anhang des Wichtigsten aus der mathematischen Geographie. 2., verb. Aufl. Mit 25 (eingedr.) Abbildungen. 8. (VII, 74 S.) Brünn 880. Winkler. n. 1. —

Mikusch, Gust., Beiträge zum Unterrichte in der Geographie. Mit besond. Rücksichtnahme auf Kartenlesen, Terraindarstellg., Kartenprojection ꝛc. u. 48 Abbildgn. gr. 8. (IV, 60 S.) Brünn 883. Winkler. n. 1. 20

Mikusch, Gust., die Elementarklasse. Praktischer Leitfaden für den ersten Unterricht im Anschauen, Sprechen, Lesen, Schreiben, Rechnen und Zeichnen, nebst einem Anhang von Sprüchen, Räthseln und Gedichten zum Memoriren. Für Lehramtskandidaten und Lehrer. gr. 8. (50 S.) Troppau [Wien] 870, Buchholz und Diebel. *

Mikusch, Gust., Elementar-Zeichenschule. Im Anschluss an seine „stigmographische Elementar-Zeichen-Schule". 1. Heft. qu. 4. (10 Stnt.) Troppau [Wien] 870, Buchholz und Diebel. *

—— stigmografische Elementar-Zeichnenschule. 1. und 2. Heft. 2. Aufl. qu. gr. 4. (à Heft 10 Stnt.) Ebendas. 870. à Heft *ℳ 1. *

Inhalt:
Heft 1. Geradlinige Figuren.
» 2. Krummlinige Figuren.

Mikusch, Gust., s.: Jahr- u. Adressenbuch der Zuckerfabriken u. Raffinerien Österreich-Ungarns.

— Wanderungen durch Mähren, s.: Volks- u. Jugend-Bibliothek, österreichische.

Mikusch, Jos., ökonomische Kleinigkeiten, aber in ihren Folgen wichtig ꝛc. 8. Brünn 815. Gastl. 1 ℛ 8 ℊ 1817. Hög. Pr. 12 ℊ (Wien, Bauer u. Dirnböck). 1 ℛ 4 ℊ

Der Bernstein. Vortrag gehalten in der Alterthums-Gesellschaft zu Insterburg am 16. Dezember 1881 von v MIKUSCH BUCH- BERG, Hauptmann. Insterburg 1882. Druck von C. Wilhelmi. 8°

Mikuschewitsch, M[oses]. Nierenchirurgie mit Ausnahme der Tuberkulose. Diss. Med. Basel. *Kopftitel*: Aus der Basler chirurgischen Universitäts-Klinik.... II + 83 S. 8. Basel, Brin & Cie., 1909.

Mikuts, Alfr., Leitfaden f. d. Unterricht in d. höheren Mathematik, s.: Budisavljeviö, Eman. v.

Mikzáth, K., Martha Timar, s. Bibliothek der Gesamt-Litteratur des In- und Auslandes.

Mil, J., vollständiger Lehrbegriff v. d. praktischen Feldwirthschaft, a. d. Engl. 5 Thle. m. K. gr. 8. Wien, Tendler. 766–67.

Mila's Gedichte. 12. (IX, 205 S.) Leipzig 882, (Berndt's Verlag.) *

Mila, Oraison funèbre de Frédéric II roi de Prusse. Berlin 1786. 8.

Mila,..., Predigt üb. Joh. 7,37—43. 8. Stettin 837. Weiß. $^1/_{12}$ ℛ

Mila, A.

— — Geschichte der Bekleidung und Ausrüstung der königlich preussischen Armee in den Jahren 1808 bis 1878. Zugleich eine Ergänzungsschrift der „Uniformirungs Liste des deutschen Reichs-Heeres". 8. Berlin 1878.

(Mila, A.) Geschichte der Bekleidung und Ausrustung der Königlich Preussischen Armee in den Jahren 1808 bis 1878. Zugleich eine Ergänzungsschrift. Berlin, E. S. Mittler 1878. X + 334 S. 8°

(Mila, A.) Uniformirungs-Liste der königlich preussischen Armee und der kaiserlich deutschen Marine. Zweite, bis zur Gegenwart fortgeführte Aufl. Von A. M. 8. Berlin 1872.

— — Uniformirungs-Liste des deutschen Reichs-Heeres und der kaiserlich deutschen Marine. 3. u. 4., bis zur Gegenwart fortgeführte und erweiterte Auflage. (2 Bde.) 8. Berlin 1876 u. 1881

Mila, Guillaume, Geschichtsschreiber von Berlin. gr. 8. (15 S.) Berlin 885, (Mittler und Sohn.) *
Aus: Mittheilungen des Vereins für die Geschichte Berlins, besonders abgedruckt.

Mila, Wilh.

— (u. J. P. Cournon,) systemat. Anweis. z. Erlern. d. französ. Sprache. 2 Thle. 8. Berl. 800. Quien. (Reimer). 1 ℛ (1r Thl. auch u. d. T.: Neue systemat. französ. Sprachlehre f. Deutsche. 8. Ebd. 3e A. 8. Ebd. 818. Schlesinger. 12 ℊ 2r Thl. Auch u. d. T.: Prakt. Lehrbuch d. französ. Sprache, od.: Neue Samml. nützl. u. interess. Aufsätze z. Uebung im Uebersetzen aus d. Deutschen ins Französ. 8. Ebd. 12 ℊ 3e A. 8. Ebd. 818. Schlesinger. 12 ℊ

– s. Archenholz, J. W. von: Histoire d'Elisabeth.

Mila, Wilh., Berlin, od. Gesch. d. Ursprungs d. allmähl. Entwickelung u. d. jetzigen Zustandes dies. Hauptstadt, in Hinsicht auf Oertlichkeit, Verfassung, wissenschaftl. Kultur, Kunst u. Gewerbe, nach d. bewährt. Schriftstellern u. eigenen Forschungen. gr. 8. (34 B.) Berlin 829, Nicolai.

— Berolineum ou nouv. description de Berlin, av. planch. gr. 8. Berl. 805. W. Oehmigke. (Sander). 1 ℛ 8 ℊ

Mila, W., kleine Bildergallerie, ein moral. u. angen. Lesebuch a. alle 3 Reich. in franz. u. deutsch. Spr. m. illum. K. gr. 8. Berl. W. Oehmigke. 810.

— nouv. cours de la langue française, od. Lehrbuch d. französ. Sprache; f. Schulen. 1r, 2r Curs. 8. Berl. 801, 2. Franke. 14 ℊ

– s. Description de l'Amérique ...

—— nouvelle Description de Berlin et de Potsdam, cont. tout ce qu'il y a de remarquable dans ces deux villes, sous le rapport de l'histoire, de la statistique, de la topographie, des édifices, musées, curiosités etc. ou guide de Berlin, de Potsdam et des environs dans un rayon de dix milles, pour l'étranger. Orné de 16 plchs. en taille-douce et d'un Plan de Berlin (Fol.). gr. in-12. (19 B.) Berlin 832, Schlesinger.

—— le même avec plan et sans planches.

Mila,..., nouvelle description de Berlin et de Potsdam, contenant tout ce qu'il a de remarquable dans ces deux villes etc. (Nouv. édition.) Avec 16 planches et un plan. 8. Berlin 835. Schlesinger. $3^1/_2$ ℛ — Ohne planches mit Pl. 2 ℛ — Ohne Plan u. Kpfr. $1^3/_4$ ℛ

– s. Elementarformen des Sprach- und wissenschaftlichen Unterrichts ...

Mila, W., die gelben Erzählungen, od. das Buch d. Kindheit, s. Freville, F. J.

Mila, (W.,) Galerie d. figures pour servir à la connoissance des objets de la nature etc. Franc. et allem. A. u. d. T.: Bildergallerie f. j. Söhne u. Töchter z. Selbstbeschäftigung gr. 8. Berl. 810, Flittner.

— Galerie d. figures pour servir à la connaissance des objets de la nature etc. Franç. et allem. Auch u. d. T.: kleine Bildergallerie f. junge Söhne u. Töchter zur Selbstbeschäftigung rc. Mit 29 ill. Kpf. gr. 8. Berl. 810. N. A. 813. gr. 8. Ebd. (Sander). 3 ₰ 12 gr

— petite Gallerie de figures pour servir à la connoissauce des objets de la nature et de l'art, des moeurs et des coutumes de differens Peuples et à l'usage des jeunes gens. Second Edit. avec 29 planches enluminées, gr 8. Berl. N. Soc. Verlagsbuchh. 813.

– s. Hirt, Aloys Ludwig: Dédale ...

— lectures françaises ou recueil de dialogues, des contes moreaux et de comédies, avec des observations grammaticales etc. à la portée des enfans et à l'usage des écoles. 8. Berl. 2e Ausg. 806. (Schlesinger). 8 gr 3e Ausg. 813. (Rücker). 12 gr

— Lectures françaises ou recueil de Dialogues, des contes moreaux et de comedies avec des observations grammaticales etc. a la portée des enfans et a l'usages des écoles. III Edition revue, corrigée et considerablement augmentée. 8. Berl. Achenwall et C. 815.

— lectures hist., ou précis de l'hist. de France etc. gr. 8. Berl. Quien, 804.

— lectures historiques ou précis de l'histoire de France, depuis le commencement de la Monarchie jusqu' à nos jours etc. gr. 8. Berl. 804. (Schlesinger). 16 gr

Mila, W.: Prakt. Lehrbuch d. französ. Sprache, s.a. Mila: Anweis.

— praktisch. Lesebuch d. franz. Sprache. gr. 8. Ebend. 802.

— prakt. Lehrb. d. franz. Sprache z. Gebr. f. Schulen und Gymnasien. gr. 8. Ebend. 802.

— — prakt. Lehrbuch der franz. Sprache. 3te Aufl. 8. Berlin, Schlesinger. 818.

– s. Noël, Fr.: Leçons de littérature.

Mila, W., Reise durch die Preußischen Staaten, ein Handbuch für Fremde und Einheimische rc. Mit 1 Karte. gr. 8. Weimar, Industrie-Compt. 821.

– s. Schäffer, D. F.: Le voyageur autour du monde ...

– Neue systemat. französ. Sprachlehre, s.a. Mila: Anweisung.

— neue systemat. franz. Sprachlehre, sind jetzt Verl. von Schlesinger in Berl.

— n. syst. franz. Sprachlehre f. Deutsche. gr. 8. Ebend. 802.

— — neue systemat. französ. Sprachlehre für Deutsche. 3te Aufl. 8. Ebend. 818.

— et J.P, Cournon, tableau hist. de la littérat. franç. Tom. 1. 8. Berl. 799. Franke. 1 ₰

Milack, Jh., s. Mercier, der Dürftige. — Dess., der falsche Freund.

Milack, Jh. († d. 19. Febr. 1785.) s. Schutzschrift f. unsere Mitbüger.

Miladinov, Ivan An.

Miladinow, Jv. An., bulgarisch-deutsch-französisches Konversationsbuch. (IV, 200 S.) qu. 16. Sofia (906). (Leipzig, Kößling.) n.n. 2. 50

Miladinow (Miladinoff), Jv. An., bulgarisch-deutsch-französisches Konversationsbuch. (IV, 196 u. IV S.) 11×15 cm. Sofia (907). (Leipzig, Kößling.) nn 2. 50

[Bulgar. u. J.] Némsko-búlgarski i búlgarsko-némski rěčnik. Sústavil Ivan An. Miladinov. 1. Deutsch-bulgarisches u. bulgarisch-deutsches Wörterbuch. Verf. von Ivan An. Miladinoff. 1. Sofija: br. Miladinovi (1893). 8°

[Bulg. u. Ant.] Púlen búlgarsko-némski rěčnik ot Ivan An. Miladinov, bivš učitel v Sof. (T. 1. 2.) Vollständiges bulgarisch-deutsches Wörterbuch von Ivan An. Miladinoff, vormal. Prof. zu Sofia. (Bd. 1. 2.) Sofija: Avtor (1900–08). 8°

— Bulgarisch-deutsches Wörterbuch. (3. u. 4. Lfg.) (II. Bd. S. 433—880.) 8. Ebd. à nn 2. 50

Miladinoff, Jvan An., deutsch-bulgarisches u. bulgarisch-deutsches Wörterbuch. I. Deutsch-bulgar. Thl. 8. (VIII, 612 u. III S.) Sofia 893. 97. (Leipzig, Kößling.) n.n. 8. —

— kurzgef. deutsch-bulgarisches Wörterbuch (enth. ca. 9000 gebräuchlichste Wörter). 8. (94 S.) Ebd. 893. n. 2. —

Miladinoff, Ivan An., vollständiges bulgarisch-deutsches Wörterbuch. I. Tl. 1. Hälfte. gr. 8. (VIII, 249 S.) Sofia (901). (Leipzig, Kössling.) n.n. 2. 50

— vollständiges bulgarisch-deutsches Wörterbuch. I. Tl. 2. Hälfte. (S. 249 – 432.) gr. 8. Ebd. (905). n.n. 2. 50

Miladinović, M., Knes Iro von Semberien. Drama in einem Akt. 8°. (28 S.) Wien: Eisenstein 1909. K —.80

Milak, Jh., s. Adelson u. Salvini.

Milan und Serbien. Ein Mahnwort an die deutschen Kapitalisten von einem ehemaligen Minister. Zürich 1898.

Die Memoiren des Königs Milan. Zehn Kapitel aus dem Leben des ersten Serbenkönigs. Nach seinen hinterlassenen Papieren dargestellt. 8. Zürich 1902.

Wien.
— III. St. R.: Katalog der Lehrerbibl. 98. 99. v. August Milan. 36. 52. Progr.

Milan Aug.: Karls IV. erster Römerzug im Anschlusse an dessen Beziehungen zu Italien und den Päpsten Clemens VI. und Innocens VI. 44. Karolinenthal R. 77. Progr.

Milan August: Österreichs Stellung zur polnischen Insurrection u. dritten Theilung Polens. 47. Wien III R. 94. Progr.

Milan, Edwin, Bergmann's Glück und Leid, s. Walde, J. G., Thomas Waldauf.

Milan, Ed. Leben und Ende Karl Stülpner's aus dem sächsischen Ober-Erzgebirge. Löbau o. J. 8°. Mit farbigen Abbildungen.

—— Leben, Thaten und Ende Carl Stülpner's des kühnen Raubschützen im sächsischen Ober-Erzgebirge und seiner Gesellen. Wahre Geschichte aus unlängst verflossener Zeit nach authent. Quellen erzählt. 8. (447 S. mit 14 ill. Stnt.) Löbau 858, Walde.

—— Ost-Indien, das Land der Wunder und seine Völker, Sitten und Gebräuche, oder Barbarei und Civilisation. 8. (448 S. mit 14 ill. Stnt.) Löbau 858, Walde.

— Sixtiniano, der letzte Räuberfürst, oder: der neue Rinaldini. Eine Räubergeschichte aus dem letzten Jahrzehent unseres Jahrhunderts. Ebend. 858. (294; 280 S. u. 18 color. Lithogr.) 1 ₰. 6 ngr

Milan, Emil, Heimat. Ein unmusikal. Schauspiel in 2 Aufzügen f. Crefeld u. andere Provinzialstädte. gr. 8. (16 S.) Köln 893. J. G. Schmitz. n. — 40

Milan, Emil: Das Herz in der Sprache der Minnesinger. Frauenfeld 1904. 97 S. 8°. [30. VII. 04.]
Zürich. Phil. Diss. I. S. 1904/1905.

Milan, Emil. Das Herz in der Sprache der Minnesinger. Diss. Phil. I. Univ. Zürich. VIII+95[+2] S. 8. Frauenfeld, Huber & Co., 1904.

Milan, Emil, Trari—Trara!, s.: Kleukens, F. W.

Milan, Frz. Xav., († d. 9. Mai 1809.) Nachr. von d. Industrial-Schule bei d. Pfarrkirche St. Michaelis auf dem Elbing vor Breslau. 8. Bresl. 794. W. G. Korn. 4 gr.

Milan, J.

— lange geborgt ist nicht geschenkt, eine Controversschrift. 8. Ebend. 736.

Milan, J., lange geborgt ist nicht geschenkt: Die Vertheid. d. Lichts u. d. Finsterniß. 3 Thle. 8. Augsb. Wolf. 737.

Milan, Io., Quinque demonstrationes ex principiis a quolibet christiano admissis neminem sanae mentis et salutis amantem in secta Schwenkfeldiana perseverare posse. Neisse 1720.

Milan Rudolf: K. k. Schulrath Director Fr. Ot. Novotný. 8. Mähr. Neustadt 96.
Progr.

Milanese, Giovanni. Die Wandmalereien von Prof. Ludwig Seitz in der deutschen Kapelle der Basilika zu Loreto. Beschrieben von Msgr. G' M'. Mit dem Bilde [Tafel] und einer kurzen Lebensskizze des Künstlers, 48 Illustrationen im Text und 2 Einschaltbildern [Tafeln]. II + 87 S. gr.-8. Einsiedeln..., Benziger & Co. A. G., 1909. [fr. 7.75]

Milanesi, Italo, Magister d. Pharmacie aus Lompalanka (Bulgarien): Beiträge zur Kenntniss der (β)2-Naphtochinolin-8-sulfonsäure und des 8-Oxy-(β)2-Naphtochinolins. *Freiburg i. B. 1898: C. A. Wagner.* (61 S.) 8°
Freiburg i. B., Phil. Diss. v. 1898

Milani, *Alfons* [Forstassessor]: Beiträge zur Kenntniss der Reptilienlunge. I. Lacertilia ... (Aus: Zool. Jahrb., VII. Abth. f. Morph. — M. 3 Taf.) ... Jena, G. Fischer, 1894; 1 Bl., 47 S. 8.
Giessen, Phil. Fak., Inaug.-Diss. v. 1894

Milanis, C., s.a. Michaelis, K.

Milanis, C., Licht u. Schatten. Gesammelte Novellen. 8. (291 S.) Dresden 889. Pierson. n. 3. —

Milanković Bogdan: Ueber Alfred de Mussets Gedichte.
M. 1908 PN 2506 Diss. Wien, Univ. 2291

Milanković, Milutin: Beitrag zur Theorie der Druckkurven. – 1904. 41 S. H.
Diss. Wien, TH

Milankovitch, M., Beitrag zur Theorie der Betoneisenträger. (18 S. m. Fig.) gr. 8. Wien 905. Lehmann & Wentzel. n. 1. —

Milankowitsch, U., Organismus des Weltalls u. System des gesammten Lebens, od. Polarsystem der phys. u. geistigen Natur; dargestellt in einzelnen Wirkungen, als allgemeine Thätigkeit der gesammten nichtsinnl., sinnlichen u. geistigen Natur in ihrem Zusammenhange. Mit d. Kritik der Einheit üb. das Unvereinbare. gr. 8. (31½ B.) Wien 845, (Jasper's Verl.) Thlr. *

U.. Milankowitsch: Organismus d. Weltalls u. System d. gesammten Lebens, od. Polarsystem d. phys. u. geist. Natur; dargest. in einzelnen Wirkk., als allgem. Thätigk. d. gesammten nichtsinnl., sinnl. u. geist. Natur in ihrem Zusammenh.; m. d. Krit. d. Einheit über das Unvereinbare. *Wien*, (Mech. Congr. B. in C.) 845. gr8° 2 ₰ 12 gl

Milano la Citta Principale et Fortezza Reale del Ducato medesimo in Italia data in luce da Matth. Seutter etc. in Augsp. Ohne M. 1 Bl.

Milano e la sua Esposizione per il Sempione — 1906 —, con [illustrazioni e] due piante Pharus. IV + 32 [+ 8] p. 8. Milano, Fratelli Treves; Berlino, Pharus Verlag, [1906]. (L. 1. —)

de Milano, Tirso, (Chr. A. Vulpius), s. Don Juan der Wüstling.

Milár-Gersdorff, B. (Frau Bertha Mohr), das Geheimnis v. Szambo. Novelle. In vereinf. deutscher Stenographie (System Stolze-Schrey). (Autogr. v. A. Hauer.) (148 S.) 16. Berlin (904). K. Bontemps. Geb. in Leinw. n. 1. 25

Milár-Gersdorff, B., Hammer u. Pflug. Eine österreich. Dorfgeschichte. gr. 8. (226 S.) Danzig 891. C. Hinstorff. n. 3. —; geb. n. 4. —

Milarch: Über J. Böhme als Begründer der neueren Religionsphilosophie; 2. Abth. Neu-Strelitz 1865. 30 S. 4°
Schul-/Univ.-Schrift

Milarch, (A. A. F.,) Gedanken bei der Wiederkehr der gottesdienstlichen Feier des 18. Oct. 1823. gr. 8. Neubrandenb. L. Dümmler.

Milarch, A. A. F., Predigt am Neujahrstage 1834 üb. Ev. Luc. 2, V. 21. gr. 8. (1 B.) Neubrandenburg, Dümmler.

Milarch, A. A. F., Predigt am Siegesfeste 1843 über Psalm 107, 21. 22. 8. Neubrandenburg 843, Brünslow. 1/12 ₰

Milarch, A. A. F., über Ph. O. Runge's vier Zeiten. 8. Berlin, Nicolai. 821.

Milarch, C., der Altar, eine Abbildung des himmlischen Paradieses. Predigt am 6. Sonntage p. Trin. 1870 über Jesaia Cap. 35 gehalten. 8. (15 S.) Neubrandenburg 870, Brünslow. *

Milarch, C., Predigt, s. Ahrendt, J. F.

Milarch, Ernst, der mathematische Anfangs-Unterricht. gr. 8. (14 S. m. 1 Taf.) Bonn 895. O. Paul. n. — 50

— Die Luftschiffahrt, s.a. Naturstudien f. Jedermann. 5. Heft.

Milarch, (E.): Die Luftschiffahrt (33 S. m. 14 Abb.) Godesberg 1910.

Milarch, Ernst, lenkbare Luftschiffe. Was jeder Deutsche vom deutschen Lenkballon wissen muß. [Aus: „Aus d. Reich der Lüfte, 2. Aufl."] (23 S. m. Abbildgn.) Lex. 8. Bonn 909. C. Georgi. — 50

Aus dem Reich der Lüfte. Fahrten e. rheinischen Luftschiffervereins von E[rnst] **Milarch**. Mit 66 Ill. Bonn: C. Georgi 1908. (155 S.) 8° [F.] (08. 8478

— **Aus dem Reich der Lüfte. Fahrten e. rhein. Luftschiffervereins. 2., m. e. Anh. üb. „Lenkbare Luftschiffe" verseh. Aufl. (VII, 155 u. 23 S. m. 74 Abbildgn.) Lex. 8. Bonn 909. C. Georgi. 4. 50**

Milarch, E[rnst]: Die Verwendung des Differentialquotienten auf der Oberstufe des Realgymnasiums. (Als Anhang: Die reellen Wurzeln der kubischen Gleichung.) Bonn 1907: C. Georgi. (9 S.) 4°
Bonn, st. G u. RG OP 1907 (534)

Milarch, Georg, a. Weimar, Referendar am Landgericht zu Bremen: Wesen, insbesondere rechtliche Konstruktion des Wiederkaufsrechts. Berlin 1906: R. Trenkel. (76 S.) 8°
Erlangen, Jur. Fak., Ref. Oertmann, Diss. v. 6. Okt. 1906
[Geb. 12. Juli 79 Weimar; Wohnort: Bremen; Staatsangeh.: Weimar; Vorbildung: Gymn. Bremen Reife M. 99; Studium: Berlin 6 S.; Rig. 28. Juni 06.]

Milari, H.J. (Red.), s. Wunderthäter, Der.

Milaš, Nikodim

Milasch, Nikodem., die unüberwindliche Abneigung als Ehetrennungsgrund nach dem österreich. bürgerl. Gesetzbuche. (VIII, 114 S.) gr. 8. Wien 905. Manz. n. 2. 10

Das Kirchenrecht der morgenländischen Kirche. Nach d. allg. Kirchenrechtsquellen u. nach den in d. autokephalen Kirchen geltenden Special-Gesetzen vf. v. Dr. Nikodim **Milaš**, griech.-orient. Bischof in Zara. Übs. v. Dr. Alexander R. v. Pessić. *Zara: Selbstv.; Vertrieb d. griech.-orient. erzbisch. Consistoriums in Czernowitz*; (A. d. Umschl. übergekl.: *Czernowitz: H. Pardini) 1897.* (XVI, 621 S., 1 Bl.) 1 Bd 4.(8). (97. 8831

Das Kirchenrecht der morgenländischen Kirche [Pravoslavno crkveno pravo]. Nach d. allgem. Kirchenrechtsquellen u. nach den in d. autokephalen Kirchen geltenden Spezial-Gesetzen verf. von Dr. Nikodemus Milasch (**Milaš**). Übers. von Dr. Alexander R. v. Pessić. 2. verb. u. verm. Aufl. Mostar: Pacher & Kisić 1905. (XV, 742 S.) 4°(8°) (05. 5496

Milas, Nikodem, das orientalische Kirchenrecht. Nach allgemeinen kirchenrechtl. u. besonderen gesetzl. Bestimmgn., welche in einzelnen autokephalen Kirchen Geltg. haben. (In serb. Sprache.) gr. 8. (XV, 655 S.) Zara 890. (v. Schönfeld.) n.n. 10. —

Milasch, Nikodemus, s. Milaś, Nikodim

Milaschewitsch, Const., die Korallen der Nattheimer Schichten, s. Becker, Ewald.

Milašinović, Fr., reventio libelli inscripti: „Le pape et le congrès" promulgati. gr. 8. (48 S.) Agram 860, Gay.

Milau, [Paul]. Die Bedeutung des physikalisch-chemischen Unterrichts und seine Förderung durch praktische Schüler-Übungen. 40 S. 8. Progr. Realschule *Kreuznach* 1908 (666).

Milau, Paul: Aus dem Grenzgebiet zwischen Mathematik und Philosophie. *Kiel 1901: L. F. Jensen.* (38 S.) 4°
Kiel, R, P 1901 (320)

Milbach, Carl, moderne Gladiatoren. Roman. 8. (425 S. m. Titelbild.) Leipzig 897. W. Friedrich. n. 6. 50; Einbd. n.n.n. — 90

Milbach, Carl, moderne Gladiatoren. Roman. (425 S. m. Titelbild.) gr. 8. Dresden 903. Leipzig, H. R. Dohrn. n. 3. —

Milbach, Carl, Rivalen, s. a. Kürschner's, Jos., Bücherschatz.

Rivalen. Novelle von Carl **Milbach**. Mit Ill. von A. v. Schrötter. *Berlin, Eisenach, Leipzig: H. Hillger [1902].* (128 S.) 8° [F.]
— **Bücherschatz, Kürschners.** No 276. (02. 30

Milbach, Karl, ohne Spuren, s. a. Hillger's, Herm., Sammlung illustr. Kriminalromane. 1. Bd.

Ohne Spuren von Karl **Milbach**. Mit Ill. von R. Mauff. Berlin, Leipzig: H. Hillger [1907]. (134 S.) 8° [F.]
— **Sammlung**, Hillgers, illustrierter Kriminalromane. Bd 1. (07. 13629

Ohne Spuren. (Kriminal-Roman.) Von Karl Milbach. Mit Ill. von R. Mauff. Berlin, Leipzig: Hillger [1910]. 126 S. 8°
(Kürschners Bücherschatz. Nr 713.) (10. 7418

— dasselbe, s. a. Kürschner's Bücherschatz.

MILBACHER, Hermann von (Foccianí/Rumän.): Beitrag zur Pathologie des quergestreiften Muskels. Mit 1 Taf.- Leipzig: Hirschfeld 1881. 1 Bl.,28 S.,Taf.
2.8.1881 - Urk (Titel: De pathologia musculi transverse striati.): Chr 1881/82,7
Diss.Ingolst.-Landsh.-Mchn.

Milbauer, Jh., Baierns Friedensweihe. gr. 8. Landsh. 816. Thomann. 4 gr.

Milbauer, Joseph „Ueber den rationellen Betrieb der Landwirthschaft". pg. 1—14. 4°. Franz Seraph Lerno.
Straubing, Progr. 1858/59

Milbauer, Joseph (Lehrer für Arithmetik) „Grundzüge zur Hebung der Volksbildung durch Einführung der naturwissenschaftlichen Unterrichtszweige in allen Lehranstalten" pg. 3—8. 4°. Franz Ser. Lerno.
Straubing, Progr. 1848/49

Milbauer, Joseph „Vom Unterrichte in der Mathematik, insbesondere in der Arithmetik". pg. 1—12. 4°. Franz Seraph Lerno.
Straubing, Progr. 1843/44

Milberg C. W., Memorabilia Vergiliana. Pr. 1857. 88 S. 4°

Milberg, C. W., Mirabilia Vergiliana. Pr. 1867. 40 S. 4°. 1.20
St. Afra bei Meißen.

Milberg, Ernst, die moralischen Wochenschriften des 18. Jahrh. Ein Beitrag zur deutschen Literaturgeschichte. gr. 8. (86 S.) Meissen 880. Mosche in Comm. n. 1. 20

Milberg, Herm., die projectirte Elbcorrection bei Hamburg u. das Gesetz d. Wasserlaufs. Mit 2 Karten d. Elbstromes in Holzschn. gr. 8. (IV, 152 S.) Hamburg 875. Grüning. n. 2. —

— das Gesetz d. Wasserlaufes. gr. 8. (III, 50 S. m. 2 Steintaf.) Ebend. 875. n. 1. —

— Sprüche u. Sinngedichte. 16. (80 S.) Hamburg 876. (Brücker.) 1. 50; geb. m. Goldschn. 2. 50

Milberg, James Hermann

Milberg, J. H., durch die Maeanderbahnen der Astronomie zur Philosophie und zum Christenthum. gr. 8. (89 S. mit 3 Stnt.) Hamburg 873, Mauke Söhne. *

Milberg, Herm., Sonnensystem. Bewegungen u. Bahnen der Gestirne nach einer neuen Auffassung. 8. (58 S. m. 1 Kpfrtaf. in Fol.) Berlin 848, Bessers Verlag (Frz. Duncker) in Comm. n. 1/3 ℛ

Milberg, James Herm., das wahre Sonnensystem. Bewegungen und Bahnen der Gestirne nach einer neuen Auffassung wie dieselbe im Himmelsraume, und zwar nicht in Elipsen, statt hat. 2. Aufl. Lex.-8. (35 S. mit 1 Stnt. in Fol.) München 862, (Kaiser.) *

— die Wiener Weltausstellung u. der Kunstgeschmack in Hamburg. Skizzen. 8. (75 S.) Hamburg 874. Grüning. n. 1. 50

—— über die Werthlosigkeit eiserner Panzerschiffe und Küstenbatterien. Nebst Vorschlägen: zu einem neuen Ankerungssystem überzugehen, die Versandung der Elbe für immer aufzuheben. Lex.-8. (38 S. mit eingedr. Holzschn.) München 862, (Kaiser.) *

Milberg, Karl Wilh. Die Albrechtsburg zu Meißen. Eine historische Skizze. 38 S. **Progr.** Fürst. *Meissen* 1878.

Milbert, M. J., Reise nach Isle-de-France, dem Vorgebirge d. gut. Hoffnung u. der Insel Teneriffa. Nach d. Französ. frei bearb. u. hrsgg. v. J. G. L. Blumhof. Mit 1 Karte v. Isle-de-France u. 3 Tabb. gr. 8. Frkf. 825. Varrentrapp. 3 ℛ 18 ℊ

Milbert, M. J., malerische Reise nach Isle de France rc., s. Zimmermann.

Milbiller, Joseph: Beantwortung

— d. Frage: Ob das Hochstift Passau durch die sogenannte Convention v. 4. Juli 1784 seine Dioces an Oesterreich wirklich abgetreten habe? (v. J. Milbiller). 8. 790.

— s. Bemerkungen, Kurze, eines unpartheiischen Ausländers über die im Jahre 1783 erfolgte Trennung ...

— s. Fürsten, Die, haben kein Majestätsrecht ...

— s.a. Geschichte, Allgemeine, der berühmtesten Königreiche ...

[MILBILLER, Joseph] 1753 - 1816
Allgemeine Geschichte der berühmtesten Königreiche und Freistaaten in und ausserhalb Europa.
Erste Abtheilung. Engelland.
Erstes [- Drittes] Bändchen.
Mit 6 Kupfern.
Leipzig: Wolf. 1797 [- 1798]. 12°.
Zentralbibliothek Zürich

[MILBILLER, Joseph] 1753 - 1816
Allgemeine Geschichte der berühmtesten Königreiche und Freistaaten in und ausserhalb Europa.
Zwote Abtheilung. Die vereinigten nordamerikanischen Provinzen.
Erster [- Zweites] Bändchen.
Mit 6 Kupfern.
Leipzig: Wolf. 1798 [- 1799]. 12°.
Universitätsbibliothek Wien

[Milbiller, Joseph.] Allgemeine Geschichte der berühmtesten Königreiche und Freistaaten in und ausserhalb Europa. Abtheilung 3: Die Schweiz (**Bändchen 1:* Geschichte der Schweiz). Mit Kupfern [12 Tafeln]. 2 Bändchen. 8. Leipzig 1800–1804.

[Milbiller, Joseph.] Allgemeine Geschichte der berühmtesten Königreiche.... Abtheilung 3: Die Schweiz. Mit Kupfern [12 Tafeln]. 2 Bändchen. 8. Leipzig 1800–1806.

— Geschichte d. Deutschen unter d. Regierung d. beiden Kaiser Joseph II. u. Leopold II (Schmids Gesch. d. Deutschen. 20r Thl.) gr. 8. Ulm 803. Stettin. 1 ℛ

— Geschichte der Deutschen unt. d. Regierung Josephs II. und Leopolds d. II. gr. 8. Ulm, Stettin. 806.

— Fortsetz. d. Gesch. d. Deutsch. v. J. Schmidt, siehe J. Schmidt.

— Geschichte Deutschlands im 18. Jahrh. Ein Nachtr. zu Risbecks Gesch. 2 Thle. 8. Zürich 794, 95. Orell. 2 ℛ 12 ℊ

Milbiller, [Joseph]. Geschichte Deutschlands im achtzehnten Jahrhunderte. Ein Nachtrag zu [Johann Caspar] Risbeks Geschichte der Deutschen. 2 Theile. 8. Zürich 1795.

— Geschichte Deutschl. im 18ten Jahrh. Ein Nachtrag zu Risbeks Gesch. 2 Thle. 8. Zürich, Orell, F. u. Comp. 795. (1r 1 Rthlr. 2r 1 Rthlr. 12 gr.)

— kurzgefaßte Gesch. d. Königr. Baiern. 8. Münch. 806. 2e A. 809. 3e A. 822. 4e A. ... 5e Aufl. Mit 1 Abbild. 8. Ebd. 827. Lindauer. 16 ℊ

Milbiller, (J.,) kurzgefaßte Geschichte des Königr. Baiern, z. Gebrauche beim Unterricht in den königl. baierischen Schulen. 5e Aufl. Mit 1 Abbild. gr. 8. München 827, Lindauer.

Milbiller, J., kurzgefaßte Geschichte d. Königr. Bayerns, zum Gebr. beim Unterricht in d. kgl. bayer. Schulen. 6., verb. u. verm. Ausg., neu bearb. v. A. Mengein. Mit d. Bildn. d. Könige u. 2 Taf. (gr. 4. u. qu. gr. Fol.), enthalt. die Reihenfolge d. wittelsbach. Herrscher in Bayern u. e. histor. Uebersicht d. pfälzischen Hauses. gr. 8. (14 B.) München 834, Lindauer.

— kurzgefaßte Geschichte d. Deutschen, zum Gebrauch beim Unterrichte in Gymnasien. Neue Aufl. gr. 8. München 827, Lindauer.

— kurzgefaßte Gesch. der deutschen Nation, zum Gebr. beim Unterricht in Gymnasien. 8. Münch. 804. Lindauer. 1 ℛ N. A. gr. 8. Ebd. 827. 16 ℊ

— kurzgef. Gesch. d. deutschen Nation, vorz. in Hins. auf ihre Cultur rc. 8. München, Lindauer. 806.

Milbiller, Joseph: Neuere Geschichte der Deutschen, s. Schmidt, Michael Ignatz

— s.a. Geschichte, Pragmatische, des Hildebrandismus.

GESCHICHTE, Pragmatische, des Hildebrandismus, aus ächten u. zuverläss. Quellen gezogen, zur Beleuchtung aller finstern Gegenden in unserm deutschen Vaterlande, aufgestellet von einem katholischen Geistlichen. (Vf.: *Josef Milbiller*, geb. 1753, † 1816.) 2 Bde. Mit (drast., unsign.) Titelkpf. (mit origineller Unterschrift). Leipzig, Weygand, 1787. Gr. 8°. (4 Mk. 50 Pfg. C. Uebelen, München, 1892.)
1: TKpf., Tit., 380 S. (Eine Vorrede od. Einleitg. erschien nicht.) 2: Tit. u. 366 S. — Zu wenig bekannt gewordenes Werk über Gregor VII. (1020—85).

— Geschichte des deutschen Reichs unter Franz II. bis zur gänzl. Auflösung. (Schmids neuere Gesch. d. Deutschen, 16r Thl.) gr. 8. Ulm 807. Stettin. 1 ℛ

– s. G e s c h i c h t e der christlichen Religion und Kirche.

– s. G r ü n d e, Historische und staatsrechtliche, gegen die übertriebenen Behauptungen ...

— Grundriß akadem. Vorlesungen über die Gesch. der deutschen Nation rc. 8. Münch. 803. Lindauer. 1 ℔ 2 ℔

Milbiller, Dr. Joseph, k. bayer., geistl. Rath, ord. Prof. der Geschichte und Statistik an der Ludwig-Maximilian-Universität zu Landshut. Handbuch der Statistik der europäischen Staaten zum Gebrauche bei Vorlesungen und zur Selbstbelehrung. (2 Bde.) 8. Landshut 1811.

— Handbuch d. Statistik d. europäischen Staaten. 2 Thle. gr. 8. Landsh. 811. Krüll. 2 ℔ 12 ℔

— Ideal e. Geschichte d. deutschen Nation in philosophischer Hinsicht. 8. Ingolstadt. (Krüll in Landshut.) 800.

SCLITTENFÄHRT. — Inhalt einer Schlittenfahrt, welche heuriges Jahr den 10ten Hornung unter dem Titel Vermischte Wahrheiten in dem Lande der HINKENDEN von dem gesammten Publiko gehalten worden. (Vf. *Josef Milbiller.*) (Titelholzschnitt.) Im Jahre 8771 (d. i. 1771). 8°. (1 Mk. Lehmann & Lutz, Frf. a. M., 1884; jetzt höher!)-
15 S. (incl. Tit.). — S. 3: „Der ganze Zug besteht aus 139. Schlitten, welche (mit ihrem satyr.-jocosen Inhalt), so wie sie hier aufgezeichnet sind, aufeinander folgten." — Anon.-Lex. IV. p. 39 (nach Baader u. Kayser).

– s.a. L e g e n d e n aus der Geschichte des Mittelalters ...

LEGENDEN aus der Geschichte des Mittelalters und der neuern Zeiten (verfaßt von *Josef Milbiller*). 2 Bdchn. Neue unveränderte Auflage. Mit 1 Titelkpf. Frankfurt a. M., Sauerländer, 1819. 8°. ($1^1/_2$ Rthl.) (1 Mk. 20 Pfg., geles. Expl., Völcker; 2 Kr. 40 H. Gilhofer & Ranschburg, 1909.)

— Lehrbuch rc., s. Mengeln, A., kurze Geschichte des Königr. Bayern.

— Lehrbuch der deutschen Geschichte für latein. Schulen u. höhere Lehranstalten. 3e verb. u. verm. Ausg., neu bearbeitet v. Jos. Nep. Uschold. gr. 8. München 835. J. Lindauer. 2/3 ℔ — 4e verb. Aufl. gr. 8. Ebd. 839. 2/3 ℔

Milbiller, Jos., Lehrbuch d. deutschen Geschichte. Für latein. Schulen u. höh. Lehranstalten, neu bearb. v. Joh. Nep. Uschold. 3. u. 4., verb. Aufl. gr. 8. (à 21¼ B.) München 838, 39, Lindauer'sche Buchh. à

Milbiller, Jos., Lehrbuch der deutschen Geschichte. Für latein. Schulen u. höhere Lehranstalten neu bearb. v. Joh. Nep. Uschold. 5., verb. Aufl. gr. 8. (22½ B.) München 842, Lindauer'sche Bh.

Milbiller's, Jos., Lehrbuch der deutschen Geschichte. Für lateinische Schulen und höhere Lehranstalten neu bearb. von Joh. Nep. Uschold. 6. vielfach verb. Aufl. München 854. Lindauer. gr. 8. (X, 344 S.) n. 20 ngr.

— Lesebuch f. die Jugend von reiferem Alter. 8. Münch. 778.

– s. M a b l y von: Unterredungen über die Verbindlichkeiten ...

– s.a. N a c h r i c h t e n von Klostersachen.

§ **NACHRICHTEN** von Klostersachen (von *Josef Milbiller,* 1753—1816). O. O. (Augsburg, Stage) 1777. 8°. (In München: H. Mon. 409.)
Cfr. Baader's, Clem. Alois, Lex. der † Baierischen Schriftst. d. 18. u. 19. Jh. Bd. I, Th. 2, S. 42—45. — Goedeke IV, 129, 14, 1, hat „München 1777".

– s. R i s b e c k, Jh. Kasp.: Geschichte der Deutschen ...

– s.a. S c h l i t t e n f a h r t.

SCHLITTENFAHRT, Die, im Lande der Hinkenden (von *Joseph Milbiller,* 1753—1816). München 1777. 8°.
Goedeke IV, 129, 14, 2. — Sehr rar

– s. S c h m i d t, Mich. Ign.: Geschichte der Deutschen ...

– s. S i n c e r u s, der Reformator.

Milbiller, Jos., († d. 23. Mai 1816.) Skizze einer systemat. Geschichte des deutschen Reichs. 8. Leipz. 787. Weygand. 9 ℔

– s. V o l k s l e h r e r, Der katholische.

— über d. histor. Werth der in Baierschen Handschriften den bajuvarischen Gesetzen vorausgehenden Prologe. gr. 4. Münch. 817. (Franz.) 16 ℔ (Auch in d. Denkschriften d. Akad. d. W.)

– s. Z u s c h a u e r, Der, in Baiern.

Milbitz, Paul, u. Johs. Eißner, Weihnachtsglocken, s.a. Album f. Liebhaber-Bühnen.

W e i h n a c h t s g l o c k e n. Weihnachtskomödie in 1 Akt von Paul Milbitz u. Johannes Eissner. Berlin: Kühling & Güttner [1898]. (18 S.) 8°
(Album f. Liebhaber-Bühnen. No 337.)

Milborn, Vict. Maria v. Die Einwände gegen die Vorlage der k. k. österreich. Regierung, neue Landes-Fischereigesetze betr. gr. 8. (50 S.) Gmunden 889. (Mänhardt). * 1 —

Milborn, Vict. Maria v., der jüngste Entwurf e. Landes-Fischereigesetzes f das Erzherzogth. Oesterreich ob der Enns, s.: Danner, Herm.

Milborn, Viktor Maria von — Gedichte von — —. Prag, 1856. J. G. Calve'sche Buchhandlung. Fr. Becke. (108 S. 8.)

Milborn, Vict. Maria v., Gedichte. Prag 856. Tempsky. gr. 8. (3 Bl., 108 S.) n. 20 ngr.; fein Pap. n. 27½ ngr.

Milbradt, Adolf [(Dr. med.) aus Gulczewo]: Ein Fall von Zungentuberkulose ... *Würzburg, N. Seubert's Buchdr., 1896;* 31 S. 8.
Würzburg, Med. Fak., Inaug.-Diss. v. 1896

Milbradt, Alb., Ernst Hopf, u. K. Märchen, Gutachten, s.: Schriften des deutschen Vereins f. Armenpflege u. Wohlthätigkeit. 57.

Milbradt, Heinrich [aus Posen]: Über Dermoidcysten am Ovarium ... Greifswald, Druck v. J. Abel, 1893; 21 S. 8.
Greifswald, Med. Fak., Inaug.-Diss. v. 10. Nov. 1893

Milbradt, Rudolf [aus Posen]: Zur Casuistik der Verletzungen des Augapfels. . . . Greifswald, Druck v. Julius Abel, 1890; 27 S. 8°
Greifswald, Med. Fak., Inaug.-Diss. v. 28. Febr. 1890

Milbrod, Rud., Rechenbuch f. Gärtner-Lehranstalten, Gartenbau- u. Fachfortbildungsschulen der Gärtner sowie zum Selbstunterricht. (IV, 79 S.) 8. Stuttgart 909. E. Ulmer. Kart. 1.20; Ergebnisse. (8 S.) — 20

Milburn, Thomas, a. Haverthwaite, Engl.: Ueber Aenderungen der Farben bei Pilzen und Bakterien. Halle a. S. [1905]: (Frommann, Jena.) (30 S.) 8° ¶ [Aus: Centralblatt f. Bakteriol. Abt. 2, Bd 13, 1904.]
Halle, Phil. Fak., Ref. Klebs, Diss. v. 19. Dez. 1904
[Geb. 22. Apr. 74 Dalton i. Furness, England, Wohnort Halle, Staatsangeh.: England; Vorbildung: Nationalschule Haverthwaite; 1879—88; Studium: College of Agriculture Preston 10, Halle 4 S.; Rig. 28. Juni 04.]

Die **Milch** und ihre Bedeutung für Volkswirtschaft und Volksgesundheit. Dargest. im Auftr. d. wissensch. Abt. d. Allgem. Ausstellung f hygien. Milchversorgung, Hamburg 1903. (Vorr. Dr G[eorg] H[ermann] Sieveking.) *Hamburg: C. Boysen 1903.* (522 S.) 8°

Milch und Käse als Volksnahrungsmittel. Chur 1887. V: *Frey, J.* (BSchwLk V, 9 ab)

Milch, Süsse und lautere, des Evangelii. Jesnitz 1728. V: *Janzen, Joh. Jac.* (Myl)

Milch, Die unverfälschte, der Christlichen Lehr von der seligmachenden Gnad Gottes . . . O. O. 1716. V: *Hottinger, Joh. Jac.* (Cat. d. Stadtbibl. Zürich. Zürich 1864—97.)

Milch, Die vernünfftige lautere, des heiligen Catechismi . . . Rensb. 1681. Flensb. [1710]. Glückst. 1728. H: *Stöcken, Chn von.* (Bruun, Bibliotheca Danica I. 264) (Collin, Anonymer. Kiobenh. 1869.)

Milch, Die, der lauteren göttlichen Wahrheit, das ist: Katechismus, oder: Die allerersten Anfangsgründe der christlichen Lehre . . . a. d. Böhmischen. Breslau 1837. H: *Elsner, Sam.* (Ky)

Milch, die, der lauteren göttl. Wahrheit, d. i.: Katechismus, od.: Die allerersten Anfangsgründe d. christl. Lehre. Mit e. ganz kurzen Erklär. im Druck hrsg. z. Erbau. d. Jugend d. böhm. Brüder-Gemeinden Gottes. Uebers. a. d. Böhm. (Hrsg. v. Elsner.) 8. (7 B.) Breslau 837, Graß, Barth u. Comp.

Milch, Alfred. Ueber Bewegungsnachbilder. Diss. Phil. Bern. 34 S. 8. Heidelberg, C. F Beisel Nachf., 1910

Milch, B. (Bearb.), s. Bericht über die Schlesische Gewerbe- u. Industrie-Ausstellung.

Milch, B., Katechismus der kaufmännischen Buchführung, s. Weber's, J. J., illustr. Katechismen.

Milch, Bruno, aus dem Logbuche der „Coeur-Dame". Mit dem Motorboot durch Havel, Elbe, Nordsee u. Rhein. (39 S. m. 8 Abbildgn.) 8. Wien 909. Verlag der allg. Sport-Zeitg. 1.—
Sonderabdruck aus „Allg. Sport-Zeitg."

Milch, Friedrich [Referendar am kgl. Amtsger. Mittelwalde]: Die Haftung für die Schulden der offenen Handelsgesellschaft nach dem allgemeinen deutschen Handelsgesetzbuch . . . Breslau, Druck v. Grass, Barth & C., *1892;* 1 Bl., 79 S., 1 Bl. 8.
Breslau, Jur Fak., Inaug.-Diss. v. 13. Dez. 1892

Milch, Frdr, die Haftung f. die Schulden der offenen Handelsgesellschaft nach dem allgemeinen deutschen Handelsgesetzbuch. Diss. gr. 8. (79 S.) Breslau 892. (L. Köhler) n. 1.—

Milch (L.), Über einen nordischen Alkaligranitporphyr als Geschiebe gefunden in Waldow, Kreis Rummelsburg (Hinterpommern). M. 1 Taf. Greifswald 1910. 20 S.

Milch, L., petrographischer Anhang, s.: Frech, Fritz, die Karnischen Alpen.

———, Über die Beziehungen der Böden zu ihren Muttergesteinen.
Aus: Mitteilungen der Landwirtschaftl. Institute d. Kgl. Univ. Breslau. Bd 8, H. 5.

Milch, L. [aus Breslau]: Die Diabasschiefer des Taunus. . . . (Aus: Zeitschr. d. deutsch. geolog. Ges. 1889.) Berlin, Druck v. J. F. Starke, 1889; 50 S. + 1 Bl. u. 8 Taf. 8°
Heidelberg, Phil. Fak., Inaug.-Diss. v. 16. Jun.] 1889

Milch (L.), Zur Entstehung der Aufsätze: „Geologische Probleme und Versuch ihrer Auflösung" und „Verschiedene Bekenntnisse".
Aus: Goethe-Jahrbuch. Bd 31. 1910.

Milch, L., die Grundlagen der Bodenkunde. gr. 8. (VIII, 162 S. m. 7 Holzschn.) Wien 899. F. Deuticke. n. 4. —

———, Die primären Strukturen und Texturen der Eruptivgesteine.
Aus: Fortschritte d. Mineralogie, Kristallographie u. Petrographie. Bd 2.

Milch, Ludwig [aus Posen]: Beiträge zur Kenntniss des Vanadin und Molybdän . . Berlin, Druck v Julius Feiertag (1887); 36 S. 8°.
Berlin, Phil. Fak., Inaug.-Diss. v. 16. Apr. 1887.

Milch, Ludwig, Beiträge zur Kenntniss des Vanadin und Molybdän. Diss. Berlin 1887, Mayer & Müller. 8°. 36 S.

Milch, *Ludwig* [Dr. phil., Assist. am mineral. Museum d. Univ.]: Beiträge zur Kenntnis des Verrucano . . . Leipzig, Veit & C., 1892; IV S., 1 Bl., 145 S., 1 Bl., 1 Tab. 8.
Breslau, Phil. Fak., Hab.-Schr. v. 20. Okt. 1892

— Beiträge zur Kenntniss d. Verrucano. 1. Tl. gr. 8. (V, 145 S. m. 1 Tab.) Leipzig 892. Veit & Co. n. 4.—

Milch, L., Beiträge zur Kenntnis des Verrucano. 2. Tl. gr. 8. (IV, 174 S.) Leipzig 896. Veit & Co. n. 4.—

Milchbrüder, die; Ferdinand u. Ernst, v. X. Y. Z. (C. F. W. Fr. Follenius). 3 Thle. 8. Berl. 798, 99. Nicolai. 2 ℛ 16 gl

Milchbrüder, die, Ferdinand u. Ernst, od. Gesch. zweier Freunde aus d. Pap. derselb. gezog. v. X. Y. Z. d. Verf. d. 2ten u. 3ten Thl. d. Schillerschen Geistersehers. (v. Follenius.) m. K. 3 Thle. 8. Berlin, Nicolai. 798—99. (I. 18 gr. II. 22 gr. III. 1 Rthlr.)

Milchbrüder, die ungleichen, herausg. von Jul. v. Voß. 8. Berlin, Schmidts Wwe u. Sohn. 821.

Die Landesbauernschaft B., Die Milcherzeugungsschlacht in der Landesbauernschaft B. o. J. (1940) München

Milchhoefer, A[rthur], Prof. Dr.: [Von der Akropolis Altathens.] *Kiel: Univ.-Buchh. 1898.* (16 S.) 8°
Kiel, Rede zum Winckelmann-Tage am 9. Dez. 1898

Milchhoefer, Arthur, die Anfänge der Kunst in Griechenland. Studien. Mit Abbildgn. gr. 8. (VII, 247 S.) Leipzig 883. Brockhaus. n. 6. —; geb. n. 7. —

Milchhöfer, A., Antikenbericht aus Attika. S.-A. O. J. 50 S. u. 2 Taf.

Milchhöfer, Arth., über den attischen Appollon. gr. 8. (80 S.) München 873, Th. Ackermann. *

Milchhöfer, A., Athen. S.-A. 1884. 67 S., 4 Kart. u. Taf. 4°.

— Attische Studien: Athen. S.-A. 1888. 14 S.

Rede zum Winckelmann-Tage am 9. Dec. 1895 in d. grossen Aula d. Universität geh. v. Prof. Dr. *Arthur* **Milchhoefer.** [Über die Ausgrabungen in Mykenae.] Kiel, Univ.-Buchh. (P. Toeche.)', 1896; 21 S. 8.

— die Befreiung d. Prometheus, e. Fund aus Pergamon. 42. Programm zum Winckelmannsfeste der archäolog. Gesellschaft zu Berlin. Mit 1 (heliograv.) Taf. u. 3 Zinkdr. gr. 4. (III, 44 S.) Berlin 882. G. Reimer. n. 2. 40

— Bronzi arcaici di Creta. S.-A. 1880. 10 S. u. 2 Taf. 4°.

Milchhoefer, Arthurus: Ueber die alten Burgheiligthuemer in Athen. *Kiliae: Libraria academ. 1899.* (S. 1—29.) 4°
Kiel, Progr. zum Geburtstage d. Kaisers 1899

— Dike. S.-A. 1892. 6 S. u. 1 Taf. 4°.

— Erinnerungen an Heinr. Schliemann. S.-A. 1891. 12 S.

Milchhoefer, [Arthur], Prof. Dr.: Über die Gräberkunst der Hellenen. *Kiel: Univ.-Buchh. 1899.* (22 S.) 8°
Kiel, Rede zum Winckelmann-Tage am 9. Dez. 1899

Milchhoefer, Arth., üb. die Gräberkunst d. Hellenen. Rede zum Winckelmann-Tage, am 9. XII. 1899 in der grossen Aula der Universität geh. gr. 8. (22 S.) Kiel 899. Universitäts-Buchh. n. 1. 40

Milchhoefer, A., die antiken Kunstwerke aus Sparta und Umgebung, s. Dressel, H.

— Ueber die Lage des „Kolonos" in Athen. S.-A. 1884. 14 S.

—— die Museen Athens. 8. (V, 108 S.) Athen 881, Wilberg. *

Milchhoefer, A., Rede zum Winckelmann-Tage am 9. Decbr. 1895 in d. grossen Aula d. Universität. gr. 8. (21 S.) Kiel 896. Universitäts-Buchh. n.n. 1. —

— Res. von C. Wachsmuth, Die Stadt Athen im Altertum II. Bd. 1890. S.-A. 1890. 16 S. —.75

— Sarcofago di Chiusi. S.-A. 1879. 25 S. u. 2 Taf.

— Heinrich Schliemann und seine Werke. S.-A. O. J. 30 S.

Das archäologische Sculpturen-Museum der Kieler Universität. Von Prof. Dr. *Arthur* **Milchhoefer.** Kiel, Druck v. Schmidt & Klaunig, 1896; 16 S., 1 Pl. 8.

Milchhöfer, A., Ueb. Standpunkt u. Methode der attischen Demenforschung. Ak. 1890. 15 S. —.20

Milchhoefer, Arth., archäologische Studien, s.: Furtwängler, Adf.

— Zur Topographie von Athen. S.-A. 1900. 37 S.

— die Tragödien des Aeschylus auf der Bühne. Rede zum Winckelmann-Tage, am 10. XII. 1900 in der grossen Aula der Universität geh. gr. 8. (14 S.) Kiel 900. Universitäts-Buchh. n.n. 1. —

— Übersicht der Schriftquellen zur Topographie v. Athen, s.: Curtius, Ernst, die Stadtgeschichte v. Athen.

— Untersuchungen üb. die Demenordnung d. Kleisthenes. [Aus: „Abhandlgn. d. k. Akad. d. Wiss. zu Berlin".] gr. 4. (48 S. m. 1 farb. Karte.) Berlin 892. (G. Reimer.) Kart. n. 2. 50

— Zur jüngeren attischen Vasenmalerei. S.-A. 1894. 26 S. 4°.

Milchhoefer, Joan. Alex. (geb. Oletzko in Ostpr. 28. 2. 1822): De diagnosi morborum ventriculi. Berolini (1848). (32 S.) 8°
Berlin, Med. Diss. v. 17. Aug. 1848

Milch-Industrie, s.a. Blätter, Bernische, für Landwirthschaft, Wald- und Gartenbau.

Milch-Industrie. Organ f. das Molkereiwesen in Beziehg. auf Technik, Wissenschaft u. Handel. [Früher Bernische Blätter f. Milchwirthschaft.] Unter Mitwirkg. v. Fachgenossen u. Korrespondenten. Hrsg. vom Bernischen Milchinteressentenverein. Red.: Rud. Häni, J. U. Engeler, R. Gerber. 3. Jahrg. 1885. 52 Nrn. (B.) Fol. Bern, Wyß. n. 5. —

Milch-Industrie. Organ f. das Molkereiwesen in Beziehg. auf Technik, Wissenschaft u. Handel. [Früher Bernische Blätter f. Milchwirthschaft.] Unter Mitwirkg. v. Fachgenossen u. Korrespondenten. Hrsg. vom Bernischen Milchinteressentenverein. Red.: Rud. Häni, J. U. Engeler, R. Gerber. 4. Jahrg. 1886. 52 Nrn. (B.) Fol. Bern, Wyß. n. 3. 20

Milch-Industrie. Organ f. das Molkereiwesen in Beziehg. auf Technik, Wissenschaft u. Handel. Unter Mitwirkg. v. Fachgenossen u. Korrespondenten. Red.: F. Anderegg u. R. Gerber. 5. Jahrg. 1887. 52 Nrn. (B.) Fol. Bern, Wyß. n. 6. —

— dasselbe. Red.: F. Anderegg u. J. Klening. 6. Jahrg. 1888. 52 Nrn. (B.) Fol. Ebd. n. 6. —

Milch-Industrie. Organ f. das Molkereiwesen in Beziehg. auf Technik, Wissenschaft u. Handel. Redact.: F. Anderegg, Klening u. J. Andres. 7. u. 8. Jahrg. 1889 u. 1890. à Jahrg. 52 Nrn. (Bog.) Fol. Bern, Wyß. à Jahrg. 6 —

Milch-Industrie. Organ f. das Molkereiwesen. Beilage zu den „Bernischen Blättern f. Landwirtschaft". Hrsg. v. der ökonom. u. gemeinnütz. Gesellschaft d. Kant. Bern durch die Molkereischule auf der Rütti. Red.: F. Anderegg. 9. Jahrg. 1891. 52 Nrn. (Bog.) Fol. Bern, K. J. Wyß. n. 4. 80
Erschien nicht weiter.

Milchjude, Der staatspapierende, oder Leben und Treiben der Vornehmen in Israel. Ein Zeitbild vom Verfasser des jüdischen Gil-Blas. Meissen 1836. V: *Korn, F.* (= *Fch. Nork* = *Selig Kohn*). (BGE [3]IV, 529) (EB)

Milchjude, der staatspapierende, od. Leben u. Treiben d. Vornehmen in Israel. Ein Zeitbild v. Verf. d. jüd. Gil Blas. 8. (9 B.) Meißen 836, Goedsche.

Milchlieferungsordnung der Molkerei-Genossenschaft mit dem Sitz zu Roßdorf. *(Hanau 1903: Waisenhaus.)* (4 S.) 8° [Kopft. J.] [04. 11653. 4

Milchmädchen, das, eine wahre Erzähl. f. Kinder. 8. (...) Hamburg ... (Wesel, Prinz. ?)

Milchmädchen, das. Operette. 8. Mannh. 770. Schwan u. G. 3 Kr

Milchmädchen, das, Operette. 8. Mannh. Schwan. 771.

— von Bercy. Singspiel in 2 Aufz. von Treitschke. gr. 8. Wien, Wallishäußer. 805.

Milchmädchen, das, v. Verf. d. Jägermädchens. 8. Bremen, Müller. 810

Milchmädchen, Das, vom Verfasser des Jägermädchens. Bremen 1812. 2. Ausg. Leipzig 1820. V: *Cramer, Carl Gottlob.* (MGT)

Milchmädchen, das, v. Verf. des Jägermädchens. 8. Bremen, Müller. 812.

Milchmädchen, das, v. Bercy. Schausp. in 2 Akten. Nach dem Franz. v. Theod. Hell. 8. Leipzig, Hinrichs. 812. Velinp.

Milchmädchen, das, vom Verf. d. Jägermädchens. Neue unveränd. Ausg. 8. Leipzig. Ist jetzt Verl. von Weygand'sche Buchh. 820.

Milchmädchen, das. Eine wahre Erzählg. 2. Aufl. gr. 16. (63 S. m. 1 Bild.) Hamburg 893. J. G. Oncken Nachf. — 20

Milchmädchen, Das, und die beiden Jäger; eine Operette. [A. d. Franz.] Mannheim 1772. V: *Anseaume.* Ü: *Schwan, Christian Friedrich.* (GGr)

— das, und die beyden Jäger. Singspiel a. d. Franz. 8. Frankf. Andreä. 772.

Milchmädchen, das, v. Montfermeil; launiger Roman. Nach d. Französ. des Paul de Kock. 2 Bde. 8. Braunschw. 829. Meyer. 2 Rthlr 12 gr

Milchmädchen, Das schöne, und der Guckkasten. Wien 1796. V: *Richter, Jos.* (WBL)

Milch-Merkblatt (Milch u. Milcherzeugnisse.) Bearb. im kaiserl. Gesundheitsamte. (8 S. m. 1 Fig.) gr. 8. Berlin (907). J. Springer. nnn — 10; 10 Stück 1. —

Milchmanns, Frz., Anmerk. üb. d. Natur u. Heilart der Wassersucht, a. d. Lat. v. L. C. Seger. 8. Braunschw. Schulbuchh. 782.

Milchmeyer, Ph. Jak., d. wahre Art, das Pianoforte zu spielen. gr. Fol. Dresd. 797. 2 Rthlr

Milchmeyer, P. J., Journal de Fortepiano, s. a. Journal.

— Journal de Forte-piano. Jena, Voigt. 8 gr

— Journal de Musique, s. a. Journal.

— Journal de Musique. Jena, Voigt. 8 gr

— Pianoforteschule, od. Samml. der besten, f. dieses Instrument gesetzten Stücke; aus d. Werken der berühmtest. Tonkünstler etc. 20 Hfte. gr. 4. Dresd. 797—99. (Joachim in Leipz.) 24 Rthlr

Milchner, Richard [aus Berlin]: Die Osteomyelitis an platten und kurzen Knochen ... Freiburg i. B., Speyer & Kaerner, 1895; 2 Bl., 29 S., 1 Bl. 8.
Freiburg i. B., Med. Fak., Inaug.-Diss. v. 1895

Milchner, Rich., d. Osteomyelitis an platten u. kurzen Knochen. Diss. gr. 8. (29 S.) Freiburg i/B. 895. Speyer & Kaerner. n. 1. 60

Milchsack, G., s.: Ueberlieferungen zur Litteratur, Geschichte u. Kunst.

Milchsack, Gustav, s. Bibliothek des litterarischen Vereins in Stuttgart CL, CLVI.

Milchsack, Gust., Gutenberg, sein Leben u. seine Erfindung. Rede, bei der Gutenbergfeier d. braunschweig. Buchdruckervereins geh. gr. 8. (VII, 32 S.) Wolfenbüttel 900. J. Zwissler. n. 1. —

Otto von Heinemann. Gestorben in Wolfenbüttel d. 7. Juni 1904. (Verf.: Gustav Milchsack.) *Braunschweig 1904: Waisenhaus-Buchdr.* (20 S.) 8° [F.] [04. 12528

Milchsack, Gust., Historia D. Johannes Fausti des Zauberers, s.: Ueberlieferungen zur Litteratur, Geschichte u. Kunst.

Milchsack, G. Die Oster- und Passionsspiele. Eine litterarhistorische Untersuchung über den Ursprung und die Entwickelung derselben bis zum 17. Jahrhundert, vornehmlich in Deutschland. I. Diss. Leipzig 1879. 36 S. 4.

Milchsack, Gust., die Oster- u. Passionsspiele. Literarhistorische Untersuchungen über den Ursprung u. die Entwicklung derselben bis zum 17. Jahrh., vornehmlich in Deutschland. Nebst dem erstmaligen diplomatischen Abdr. des Kuenzelsauer Frohnleichnamsspieles. I. Die latein. Osterfeiern. gr. 4. (VIII, 136 S.) Wolfenbüttel 880. Zwissler. n. 8. —

— Burkard Waldis, s.: Neudrucke deutscher Litteraturwerke des XVI. u. XVII. Jahrh.

Milchschwester, Die. Schauspiel. Leipzig 1776. V: *Weisse, Christian Felix.* (GGr)

Milchschwestern, Die. Schauspiel für Kinder. Leipzig 1777. V: *Weisse, Chn. Fx.* Vgl. Kayser, Schauspiele, S. 65b. 109b. (DARP)

Milchschwestern, die, Schausp. für Kinder. 8. Leipz. Crusius. (W. Vogel.) 777.

Milchschwestern, Die kleinen, von Petersdorf. Volksmährchen in drei Akten. Wien 1806. V: *Gleich, Joseph Alois.* (WBL) (Ky)

— die kleinen, von Petersdorf. Volksmährchen in 3 A. (v. Jos. Al. Gleich). 8. Wien 806 Wallishausser. 6 gr

Milchspeise, geistliche, f. die zarten Lämmlein Jesu, d. i.: für Kinder v. 3—6 Jahren. 32. (...) Nürnberg 836, Raw'sche Bh.

Milch-Speisen u. Getränke. (Von Reuter.) 2. Aufl. 7. bis 11. Taus. (77 S.) 8. Ebd. 903. Geb. n. — 60

Milchtopf, Der, ein altes Gedicht. O. O. 1775. V: *Petermann, Carl Maxim. Wilhelm.* (BGE IV[3], 529)

Milchverbrauch, Der, in Berlin. B. Der Omnibus-, Strassenbahn- und Eisenbahn-Personenverkehr in Berlin von 1896 bis 1902. Berlin 1903. V (A): *Meinerich.* (B): *Hirschberg, Ernst.* (Berl 1904, S. 1283)

A. Der Milchverbrauch in Berlin. [Verf.: Dr. Meinerich.] B. Der Omnibus-, Straßenbahn- u. Eisenbahn-Personenverkehr in Berlin von 1896 bis 1902. [Verf.: Prof. Dr. E[rnst] Hirschberg]. *Berlin: P. Stankiewicz 1903.* (48 S.) 4°
— Statistik, Berliner, hrsg. v. Statist. Amt d. Stadt Berlin. H. 1.

— dasselbe in den ersten 10 Monaten des J. 1910. (1 S.) Lex. 8. Ebd. 910. — 05
Sonderabdruck aus: „Mittlgn. d. statist. Amtes d. Stadt München".

Milchversorgung, die, Münchens, im 1. Halbj. 1910 (1 Bl.) Lex. 8. München 910. (J. Lindauer.) — 05

Milchwirtschaft
v Bernische Blätter für Landwirthschaft, Wald- und Gartenbau.

o. N., Die Milchwirtschaft im b. Allgäu.
Erinnerungsgabe zur deutschen Molkereiausstellung zu Lübeck 1895.
1895 Würzburg

Die *Milchwirthschaft* im bayerischen Allgäu . . . Würzburg 1895. 30 S. P.

o. N. (Fr. Jos. Herz), Die Milchwirtschaft in B. Kurze Übersicht über die b. Molkereistatistik.
Nach amtlichen Erhebungen. Verf. Staatl. Konsulent für Milchwirtschaft in B.
1905 München

Milchwirtschaft, die, in Bayern, s. a. Beiträge zur Statistik des Königr. Bayern. 78. Heft.

Die Milchwirtschaft in Bayern. München: Lindauer 1910. 219 S. 4°(8°)
(Beiträge z. Statistik d. Königreichs Bayern. H. 78.) [10. 1369] 3

Milchwirthschaft, die, u. deren Betrieb in den Bauernwirthschaften Schleswig-Holsteins, gestützt auf langjähr., pract. Erfahrungen. Herausg. von einem Meiereihaushalter u. einer Meierin. Oldenburg in H. 866. (Leipzig, Brauns.) gr. 8. (16 S.) 4½ ngr

Milchwirthschaft, die, in den verschiedenen Gegenden Deutschlands. Hrsg. vom Milchwirthschaftlichen Verein bei Gelegenheit der internationalen Molkerei-Ausstellung in Hamburg im Jahre 1877. Dargestellt von Hach, Kirchner, Holzt etc. gr. 8. (V, 171 S.) Danzig 877. Bremen, Heinsius. n. 2. —

Milchwirthschaft und Käsebereitung, die, wie sie auf den Alpen und in den besten Dorfkäsereien der Schweiz, namentlich der Kantone Bern, Freiburg u. Waadt betrieben wird, mit einer medizinischen Abhandlung, das Hornvieh in gesundem u. krankem Zustande zu behandeln, nach den besten Werken u. bewährtesten Erfahrungen mehrerer alten Praktiker zusammengestellt von einem Landmanne. Ein Handbuch für den Landwirth, Käser, alle Käsereigesellschaften u. jeden Viehbesitzer. Mit 8 lith. Taf. Bern 859. Huber & Co. in Comm. gr. 8. (VIII, 222 S.) n. 1 ₰ 4 ngr

Milchwirtschaft, moderne. Haupt-Katalog der Molkerei-Maschinenfabrik Carl W. Jurany, Wien XX/2, Pasettistrasse 29—31. (IV, 267 S. m. Abbildgn.) gr. 8. Wien (903). (J. Eisenstein & Co.) n. 2. —

Milchwirthschaft, Butter- und Käsebereitung, die rationell-praktische, oder wie man das Milchvieh, einschließlich des Melkens, sowohl durch direkten Verkauf der Milch, Bereitung der Butter oder Fabrikation der verschiedensten, im Handel vorkommenden Sorten Käse, nach Lokalumständen ꝛc. am höchsten auswerthet. Nebst specieller Anweisung zur Behandlung dieser Producte ꝛc. Görlitz 860. (Grünberg, Weiß.) gr. 8. (69 S.) n. 1 ₰ 10 ngr

Milchwirthschaft, die, in ihrem ganzen Umfange. Gründliche Anleitung zur Behandlung der Melkthiere, zum Melken, zur Aufbewahrung u. Behandlung der Milch ꝛc., zur Bereitung der Milchconserve, der Butter, des Schmalzes u. der Käse. Mit besond. Berücksicht. der neuesten bewährten Erfahrungen in diesem Zweige der landwirthschaftlichen Technologie. Mit 62 in den Text eingedr. Abbildgn. Abdr. aus der Encyclopädie der gesammten Landwirthschaft ꝛc. Herausg. von William Löbe. Lex. 8. (71 S.) Leipzig 851, O. Wigand. n. ⅔ ₰

Der Milchw. Verein im Allgäu, Milchwirtschaft und Viehzucht im b. Allgäu.
Erinnerungsgabe für die Besucher des Allgäuer Hauses auf der Wanderausstellung der Deutschen Landw. Gesellsch. München. 1905.
1905 Kempten

Milch-Zeitung. Organ f. das gesammte Molkereiwesen einschließlich Viehhaltg. Unter Mitwirkg. von v. Amsberg, v. Baumhauer, T. D. Curtis ꝛc. hrsg. v. Benno Martiny. Jahrg. 1871. Octbr.—Dezbr. 6 Nrn. (2 B.) hoch 4. Danzig, Kafemann. n. 2. —

— dasselbe. Jahrg. 1872. 24 Nrn. (2 B.) gr. 4. Ebend. n. 8. —

— dasselbe. Jahrg. 1873 u. 1874. à 24 Nrn. (2 B.) gr. 4 Ebend. à Jahrg. n. 12. —

— dasselbe. 4. u. 5. Jahrg. 1875 u. 1876. à 52 Nrn. (B.) gr. 4. Ebend. à Jahrg. n. 15. —

Milch-Zeitung. Organ für das gesammte Molkereiwesen einschließlich Viehhaltung. Begründet von Benno Martiny. Unter Mitwirkung von Fachmännern hrsg. von C. Petersen. 6. u. 7. Jahrg. 1877 u. 1878. à 52 Nrn. (à 1—1½ B.) gr. 4. Danzig. Bremen, Heinsius. à Jahrg. n. 15. —

— dasselbe. 8—11. Jahrg. 1879—1882. à 52 Nrn. (à 1—2 B.) gr. 4. Ebend. à Jahrg. n. 16. —

Milch-Zeitung. Organ f. die gesamte Viehhaltung u. das Molkereiwesen. Begründet v. Benno Martiny. Unter Mitwirkg. v. Fachmännern hrsg. v. C. Petersen. 12—15. Jahrg. 1883—1886. à 52 Nrn. (à 1—2 B.) gr. 4. Bremen, Heinsius. à Jahrg. n. 16. —

Milch-Zeitung. Organ f. die gesamte Viehhaltung u. das Molkereiwesen. Unter Mitwirkg. v. Fachmännern hrsg. v. C. Petersen. 16.—19. Jahrg. 1887—1890. à 52 Nrn. (2½ B.) gr. 4. Bremen, Heinsius Nachf. à Jahrg. n. 16. —

—— Beilage dazu, s. Forschungen auf dem Gebiete der Viehhaltung und ihrer Erzeugnisse.

Milch-Zeitung. Organ f. die gesamte Viehhaltung u. das Molkereiwesen. Unter Mitwirkg. v. Fachmännern hrsg. v. C. Petersen. 20. Jahrg. 1891. 104 Nrn. (2 Bog. m. Abbildgn.) Fol. Bremen, M. Heinsius Nachf. n. 16. —

— dasselbe. 21.—23. Jahrg. 1892—1894. à 104 Nrn. (2 Bog. m. Abbildgn.) Fol. Ebd. à Jahrg. n. 8. —

Milch-Zeitung. Organ f. d. ges. Viehhaltg. u. d. Molkereiwesen. Unt. Mitwirkg. v. Fachleuten hrsg. v. C. Petersen. 24. u. 25. Jahrg. 1895—1896. à 52 Nrn. (à ca. 16 S. m. Abb.) Fol. Bremen. Leipzig, M. Heinsius Nachf. à Jahrg. n. 8. —; einz. Nrn. n.n. — 25

— Organ f. d. Molkereiwesen u. d. ges. Viehhaltg. Unt. Mitwirkg. v. Fachleuten hrsg. v. E. Ramm. 26. u. 27. Jahrg. 1897—1898. à 52 Nrn. (à ca. 16 S. m. Abb.) Fol. Ebd. à Jahrg. n. 8. —; einz. Nrn. n.n. — 25
Kann auch vierteljährlich bezogen werden.

Milch-Zeitung. Organ f. das Molkereiwesen u. die gesamte Viehhaltg. 1871 durch Benno Martiny begründet. 1875—1896 v. C. Petersen hrsg. Unter Mitwirkg. v. Fachleuten hrsg. v. E. Ramm. 28.—31. Jahrg. 1899—1902. à 52 Nrn. Fol. (VII, 832; VII, 832; VIII, 834 u. VIII, 832 S. m. Abbildgn.) Leipzig, M. Heinsius Nachf. à Jahrg. n. 8. —

Milch-Zeitung. Organ f. das Molkereiwesen u. die gesamte Viehhaltg. 1871 durch Benno Martiny begründet. 1875 bis 1896 v. C. Petersen hrsg. Unter Mitwirkg. v. Fachleuten hrsg. v. E. Ramm. 32. u. 33. Jahrg. 1903 u. 1904. à 52 Nrn. (VIII, 832 u. VII, 850 S. m. Abbildgn.) Fol. Leipzig M. Heinsius Nachf. à Jhrg. n. 8.—

— dasselbe. Wochenschrift f. das Molkereiwesen u. die gesamte Viehhaltung. (Begründet 1871 durch Benno Martiny.) Unter Mitwirkg. v. Fachleuten hrsg. v. R. Eichloff. 34. u. 35. Jahrg. 1905 u. 1906. à 52 Nrn. (VIII, 644 u. VIII, 624 S. m. Abbildgn.) Fol. Mit der wissenschaftl. Monats-Beilage: Milchwirtschaftliches Zentralblatt. Unter Mitwirkg. v. Albert, du Roi, Herz hrsg. 1. u. 2. Jahrg. à 12 Nrn. (XV, 576 S. m. Abbildgn. u. XII, 564 S. m. Abbildgn. u. 2 Taf.) gr. 8. Ebd. à Jhrg. n. 12. —; ohne Beilage n. 6. 40

Milch-Zeitung. Wochenschrift f. das Molkereiwesen u. die gesamte Viehhaltg. (Begründet 1871 durch Benno Martiny.) Unter Mitwirkg. v. Fachleuten hrsg. v. R. Eichloff. 36.—39. Jahrg. 1907—1910. à 52 Nrn. (à Jahrg. VIII, 624 S. m. Abb.) 37×25,5 cm. Mit der wissenschaftl. Monats-Beilage: Milchwirtschaftliches Zentralblatt. Unter Mitwirkg. v. Albert, du Roi, Henkel u. a. hrsg. 6. Jahrg. 12 Nrn. (à ca. 40 S.) gr. 8. Leipzig, M. Heinsius Nachf. à Jahrg. 12.—; ohne Beilage 6. 40

Milch-Zeitung. Jetzt: Hannover, M. & H. Schaper. Erscheint v. 1912 an u. d. T.: Milchwirtschaftl. Zentralblatt.

Lindiger, später Zeiler, Bayerische Milchzeitung. Monatsschrift für die Gesamtinteressen des Milch-, Butter- und Käsehandels in B.
1908 München u. ff.

—— kleine. Prakt. Mitteilungen für den Molkereibetrieb und die Viehzucht. Hrsg. von C. Petersen. Jahrg. 1888. 52 Nrn. (à Nr. 1—1½ Bog.) gr. 4. Bremen, Heinsius Nachf. *

—— kleine. Praktische Mitteilgn. f. den Molkereibetrieb u. die Viehzucht. Hrsg. v. C. Petersen. Jahrg. 1889 u. 1890. à Jahrg. 52 Nrn. (à Nr. 1—1½ Bog.) gr. 4. Ebd. à Jahrg. * 5 —
Jahrg. 1891 s. u. d. T.: Molkereibetrieb, der.

— schleswig-holsteinische. Wochenschrift f. Molkereiwesen u. Viehwirtschaft. Red.: Wilh. Matthiesen. 2. Jahrg. 1906. 52 Nrn. (à ca. 4 S.) 4. Süderbrarup, Buchh. der Landpost. n. 2. 16

— schleswig-holsteinische. Wochenschrift f. Molkereiwesen u. Viehwirtschaft. J. Klein. 3.—5. Jahrg. 1907—1909. à 52 Nrn. (à ca. 4 S.) 34,5×25 cm. Süderbrarup, Buchh. der Landpost. à Jahrg. 2. 16
Erscheint nicht mehr.

SCHWEIZERISCHE MILCHZEITUNG. Organ des Ostschweizerischen Käsevereins. 8 vols., sm. fol. Schaffhausen, 1875–'82 [+?]

Schweizerische Milchzeitung ... Jahrg. 27—43. Schaffhaus. 1901—17. St. Fol.
— Monatsbeilage, se Rundschau.

Milčinski, Frz., aus der Werkstätte des Jugendrichters. Vortrag, geh. im Juristenverein „Pravnik" in Laibach. (42 S.) 8. Laibach 910. J. v. Kleinmayr & F. Bamberg. — 60

Milczewsky, Paul [Justizref. aus Stuttgart]: Ueber die Entstehung und das Alter des Pactus und der Lex Alamannorum und das Verhältnis beider zu einander ... Stuttgart, Hoffmannsche Buchdr., 1894; 48 S. 8.
Heidelberg, Jur. Fak., Inaug.-Diss. v. [10. Aug.] 1894

Mild, Bonifacius, Episteln an die Aristokratie, s. Episteln.

—— Dr. Schütte vor dem Schriftsteller-Verein, s. Schütte.

Mild, J. G., auch ein Wort zur Ehre an d. Urne eines seiner Staaten nur allzufrüh entriss. glorwürd. Fürsten Sr. K. K. Majest. Joseph II. 8. Tübing. 790. Osiander. 3 gr.

Mildbraed, J., Generalregister, s.: Jahrbücher, botanische.

Mildbraed, J., Stylidiaceae, s.a. Pflanzenreich, das.

Stylidiaceae mit 200 Einzelbild. in 20 Fig. von J. Mildbraed. Leipzig: W. Engelmann 1908. (98 S.) 4°(8°)
= Pflanzenreich, Das. H. 35. (IV. 278.)

— Die Vegetationsverhältnisse der central-afrikanischen Seenzone vom Viktoria-See bis zu den Kiwu-Vulkanen. Bericht üb. die botan. Ergebnisse der Expedition des Herzogs Adolf Friedrich zu Mecklenburg 1907—1908. (S. 989—1017.) Lex. 8. Berlin 909. G. Reimer. 1. —
Sonderabdr. aus: „Sitzungsber. d. preuss. Akad. d. Wiss."

Mildbraed, Johannes, aus Jahnsfelde b. Trebnitz (Mark): **Beiträge** zur Kenntnis der Podostemonaceen. *Berlin 1904: (Mesch & Lichtenfeld.)* (42 S.) 8°
Berlin, Phil. Diss. v. 16. Jan. 1904

Mildbraed, P., s.: Ergebnisse, wissenschaftliche der deutschen Zentral-Afrika-Expedition unter Führung Adolf Friedrichs, Herzog zu Mecklenburg.

Milde, Emilie, oder des Schicksals Fluch. Eine romantische Erzählung ... Leipzig 1828. V: *Mursinna, Frdr. Samuel.* (Ky)

Milde, Emilie, od. des Schicksals Fluch. Eine romant. Erzähl. vom Verf. d. Wahlreiche (Murfinna). 2 Thle. 8. Leipz. 828. Kollmann. 2 ℳ 9 ℊ

MILDE Königin, gedenke. Eisenstadt ca. 1860. Heinrich Stotz

Milde's Buchhändler-Taschen-Adressbuch für 1895—96. Ein Hand- u. Hülfsbuch f. alle Zweige d. Buchgewerbes. (Enth. sämtl. Adressen d. Verleger, Buch-, Kunst-, Musikalien-, Papier-, Colportagehandlgn. etc., zusammen: ca. 8000 Firmen.) Abgeschl. am 1. Mai 1895. schmal gr. 8. (158 S.) Leipzig, J. Milde. n.n.n. 1. 25; m. Schreibpap. durchsch. n.n.n. 1. 75; geb. n.n.n. 1. 50; durchsch. n.n.n. 2. —; in Ldr. u. durchsch. n.n.n. 3. —

— Chronik d. hervorragendsten Ereignisse d. Welt- u. Naturgeschichte. (Verbrechen, Unglücksfälle, Politik ꝛc.) Juli 1894. 8. (16 S.) Ebd. — 25
Weiter nicht erschienen.

Milde, Gedenk-Blätter aus dem Leben des Benedikt Pociey v. Niepokoyczycki, ehemaligen Präsidenten der polnischen National-Bank ꝛc., eines polnischen Patrioten. Leipzig 865. Gerhard. gr. 8. (31 S.) n. 6 ngr.

Milde, Die Invaliditäts- und Krankheitsverhältnisse bei den grösseren preussischen Knappschaftsvereinen. Kattowitz [1909]. 4°.
Aus Zeitschrift d. Oberschles. Berg- u. Hüttenmänn. Ver. 1909.

Rath. — Milde, Prälat. — Feldzeugmeister Joseph Freiherr v. .. (1772—1852) Ein militärisches Lebensbild. Nebst einem lith. Beiblatte 8. Dresden 1852.

Milde, Feldzeugmeister Joseph Frhr. v. Rath. Ein militär. Lebensbild. Nebst 1 lith. Beiblatte (in qu. gr. 4.) gr. 8. (22 S.) Dresden 852, Türk. n. ½ ℳ

Milde's Westentaschen-Fahrplan. 1882—1884. 64. (à Jahrg. 18 S.) Leipzig, Milde. à Jahrg.
Nicht weiter erschienen.

Milde, August., die St. Paulus-Kirche in Rom. Ein Rückblick aus seinen Denkwürdigkeiten. 8. (2¾ B.) Breslau 843, G. P. Aderholz.

Milde, Bernh., die Arbeiten des inneren Ausbaues, s.a. Bibliothek der gesamten Technik.

Die Arbeiten des inneren Ausbaues. Treppen, Türen ... Für d. Praxis u. d. Schulgebr. bearb. von Bernhard Milde. Mit 158 Abb. Hannover: Janecke 1909. IV, 111 S. 8°
(Bibliothek d. gesamten Technik. Bd 130.) [09. 1100] 7

Milde, Bernh., Bau- u. Möbeltischler-Konstruktionen. Vorlagen-Werk f. Gewerbeschulen u. Vorbilder-Sammlg. f. Bau- u. Möbeltischler. Fol. (10 Taf. Zeichngn. m. Text auf dem Umschlag.) Strelitz 891. M. Hittenkofer. In Mappe. n. 3. 60

— s.: Hochbau-Muster-Hefte, architektonische.

Milde, C. J., s. Milde, Karl Julius

Milde, Emil, über Aluminium u. seine Verwendung, s.a. Sammlung chem. u. chem.-techn. Vorträge. IV. 5.

MILDE, E.
Ueber Aluminium und seine Verwendungen. Stuttgart, 1899. 8vo. Ill.

Milde, Erich, appr. Arzt: Aus d. chir. Universitätsklin. zu Bonn. Ueber Nierenresektionen. Bonn 1910: Heidelmann. 37 S. 8°
Bonn, Med. Diss. v. 20. Juni 1910, Ref. Garrè
[Geb. 11. Dez. 85 Küstrin; Wohnort: Bonn; Staatsangeh.: Preußen; Vorbildung: Wilhelms-Gymn. Kassel Reife O. 04; Studium: Bonn 10 S.; Coll. 13. Mai 10; Approb. 15. Mai 10.] [U 10. 323

Milde, J., König Johann v. Sachsen. Ein Lebensbild. Zur Erinnerg. an den 100jähr. Geburtstag 12. Dezbr. 1801—1901. gr. 8. (16 S. m. 1 Bildnis.) Leipzig (901). J. Milde. — 30

— deutscher Reichsbürgerkalender f. 1898. (Kleine Ausg.) 4. (32 u. 8 S. m. Abb., 1 Farbdr. u. Wandkalender.) Ebd. — 20

— dasselbe. Große Ausg. 4. (64 u. 14 S. m. Abb., 6 Taf., 1 Farbdr. u. Wandkal.) Ebd. — 60; m. Beilage: Bürgerl. Gesetzbuch. gr. 8. (XII, 283 S.) od. Handelsgesetzbuch. gr. 8. (XXII, 160 u. 8 S.) n. — 75

Milde, J., deutscher Reichsbürger-Kalender 1902. Kleine Ausg. Mit 4 Gratis-Zugaben: Erläuterungen zum bürgerl. Gesetzbuch. — Lebensbedürfnisse d. Menschen. — Wandkalender, buntfarb. Chromobild. gr. 4. (38 S., XII, 225 u. 28 S. in gr. 8 m. Abbildgn.) Ebd. n. — 50

— deutscher Reichsbürger-Kalender 1902. Große Ausg. Mit 7 Gratis-Zugaben: Volksthümliche Erläutergn. zum bürgerl. Gesetzbuche, v. Herm. Arnoldt. gr. 8. (XII, 225 S.) Geb. in Leinw. — Absolute u. relative Lebensbedürfnisse des Menschen u. deren Befriedigg., v. Thdr. Canz. gr. 8. (28 S.) — Farbige Weltverkehrskarte der deutschen u. engl. Colonien. — Die Ermordg. des Präsidenten Mac Kinley. 8. (23 S. m. 5 Abbildgn.) — Portemonnaiekalender, Wandkalender, buntfarb. Chromobild. gr. 4. (70 S. m. Abbildgn.) Leipzig, J. Milde. n. 1. —

— der Zusammenbruch der Leipziger Bank u. d. Actiengesellschaft f. Trebertrocknung in Cassel. Nach authent. Quellen. gr. 8. (48 S.) Ebd. 901. — 60

— dasselbe. Das Urtheil am 23. VII. 1902. gr. 8. (4, 48 S.) Ebd. 902. — 40

Milde, Jul.

Milde, J., Atlas zur chirurg. Knochenlehre. — Atlas zur chirurg. Muskellehre, s. Günther, Gust. Biedermann.

Milde, J., Beiträge zur Kenntniss der Equiseten. Mit 3 (theils color.) Steindrtaf. (Für die Kaiserl. Leopold.-Carol. Akad. der Naturforscher.) gr. 4. (58 S.) Breslau u. Bonn 852, Weber. n. 1 ℳ (siehe auch: Actorum, novor., academiae caes. Leopold.-Carol., vol. XXIII, pars 2.)

Milde, Jul., Bryologia silesiaca. Laubmoos-Flora von Nord- u. Mittel-Deutschland, unter besond. Berücksichtigung Schlesiens u. mit Hinzunahme der Floren von Jütland, Holland, der Rheinpfalz, von Baden, Franken, Böhmen, Mähren u. der Umgegend von München. Leipzig 869. Felix. gr. 8. (IX, 410 S.) n. 3 ℳ

Milde, Jul., Chamaeceros fertilis Milde. Novum genus e familia Anthocerotearum. Mit 1 Steindrucktaf. (Aus d. Acta Acad. Caes. Leop.-Carol.) Bonn 857. Weber. gr. 4. (7 S.) n. 12 ngr.

— zur Entwickiungsgeschichte der Equiseten u. Rhizokarpen. Mit 4 Steindrtaf. (in gr. 4. u. qu. Fol., wovon 1 color.) (Fur die Kaiserl. Leopold.-Carol. Akad. der Naturforscher.) gr. 4. (36 S.) Ebd. 852. n. 1 1/3 Thlr. (siehe auch: A c t o r u m, novor., academiae caes. Leopold.-Carol., vol. XXIII, pars 2.)

Milde, Jul., Filices Europae et Atlantidis, Asiae minoris et Sibiriae. Filices, Equiseta, Lycopodiaceae et Rhizocarpeae Europae, insularum Madeirae, Canariarum, Azoricarum, Promontorii viridis, Algeriae, Asiae minoris et Sibiriae. — Monographia Osmundarum, Botrychiorum et Equisetorum omnium hucusque cognitorum. gr. 8. (IV und 311 S.) Leipzig 867, Felix. *

Milde, J., die Gefass-Cryptogamen in Schlesien preussischen und österreichischen Antheils. Mit 25 lith. Taf. (in 4. u. Fol.) (Aus den Verhdlgn. der k. Leop.-Carol. Akad. der Naturforscher.) Bonn 859. Weber. gr. 4. (400 S.) n. 10 Thlr. 20 ngr.

Milde, (Carolus Augustus) Julius *(geb. Breslau 2. 11. 1824)*
De sporarum Equisetorum germinatione. Vratislaviae (1850). (20 S., 2 Taf.) 8° *[Deutsche Bearb. unt. d. T. „Zur Entwicklungsgeschichte der Equiseten und Rhizokarpen" in Nova Acta Acad. Leop.-Carol. Vol. 23. P. 2. 1852.]*
Breslau, Phil. Diss. v. 6. Nov. 1850

Milde (J.) Monographia Botrychiorum. Vindob. 1869. 8°

Milde (J.). Monographia Equisetorum. Dresden, 1865. 4°.

Milde (J.). Monographia generis Osmundae. Vindob. 1868. 8°

Milde, Jul., Monographie der deutschen Ophioglossaceen. Breslau 1856. 4. Progr.

Milde, Jul. Die chirurg. M u s k e l l e h r e , s. G ü n t h e r , Gust. B.: Anatomie. 3 T

— weitere Nachträge zur Kenntniss der Equiseten und ihrer Entwickelung. (in Vol. XXIII. p. 2. der Nova Acta). Mit 2 (theilw. color.) Steindrucktaf. (Aus d. Acta Acad. Caes. Leop.-Carol.) Bonn 854. Weber. gr. 4. (18 S.) n. 15 ngr.

Milde, Jul., Ophioglosseae u. Equisetaceae, s.: R e i s e der oesterreich. Fregatte Novara um die Erde.

— die höheren Sporenpflanzen Deutschland's und der Schweiz. gr. 8. (VIII und 152 S.) Leipzig 865, Felix.

— die V e r b r e i t u n g der schlesicchen Laubmoose nach den Höhen und ihre Bedeutung für die Beurtheilung der schles. Flora. Mit 1 tabula bryo-geographica. gr. 4. (48 S. mit 1 chromolithogr. Taf. in Imp.-Fol.) Jena 861, Frommann. *
aus: Verhandlungen der k. Leopold.-Carolin. deutschen Akademie der Naturforscher, besonders abgedruckt.

Milde, Karl August Johann

Milde, Carl August Johann (Dresden), Nonnulla de **tumoribus emphysematosis capitis.** Diss. med. **Präs. Christian Adolph Wendler.** Leipzig (G. **Kreysing) 22. II. 1859. 16 S. mit Biogr.** (M.: J. **Gruenewald.) (2.—)** 23351

Milde, Karl Julius

Milde, C. J., lübecker A B C. Radiert von A. Bollmann. 4 Lfgn. 4. (25 rad. Bl. und 15 S. Text.) Lübeck 857, (v. Rohden'sche Buchh.) à Lfg. * 20 Ngr. *

Lübecker ABC. Gezeichnet von C[arl] J[ulius] Milde. Rad. von E. Bollmann. 2. Aufl. — Lübeck: Grautoff 1873. 15 S., 26 Taf. 8°

Milde, C. J., Lübecker A-B-C. Radirt von E. Bollmann. 2. Aufl. gr. 8. (15 S. und 26 Stahlst.) Lübeck 873, Grautoff. *
geb. mit Goldschn. *

Lübecker B ü r g e r s i e g e l , s. S i e g e l des Mittelalters.

Milde, C. J., Denkmäler bildender Kunst in Lübeck.

Milde, C. J., Denkmäler bildender Kunst in Lübeck. Mit erläut. histor. Text v. Ernst Deecke. 1. Hft., enthalt.: in Bronce gravirte Grabplatten in Fol. (5 Taf. u. 1 B. Text.) Lübeck 843. (Hamburg, Meissner.) **

Milde, E. J., Denkmäler bildender Kunst in Lübeck. Mit erläut. histor. Text von Ernst Deecke. 2. Heft enth.: Glasmalereien und Ziegelfussböden. gr. Fol. (5 theils lithogr. und ill., theils lithochrom. Taf. mit 7 S. Text in gr. 4. Lübeck 847. (Hamburg, Meissner.) *
1. Heft. Ebendas. 1843. * 2 Thlr.

— S i e g e l der Holstein-Schauenburger Grafen, s.: S i e g e l d. Mittelalters.

— holsteinische und lauenburgische S i e g e l des Mittelalters, — mecklenburgische S i e g e l des Mittelalters, } s. S i e g e l des Mittelalters aus den Archiven der Stadt Lübeck.

— der T o d t e n t a n z in der Marienkirche zu Lübeck, s. T o d t e n t a n z , der.

Milde, Karoiinde S. J. [Pseud.], s.a. G e r h a r d , Karoiine Similde

Milde, Karoline S. J. (Karoline Similde Gerhard), Briefsteller f. Damen, s.: Schoppe, Amalie.

— die Musik im Lichte der Poesie. Dichterworte aus der Weltliteratur, gesammelt. 8. (XX, 304 S.) Leipzig 884, Breitkopf und Härtel. * M 4.; geb. *

Milde, Caroline S. J., der deutschen Jungfrau Wesen u. Wirken. Winke für das geistige u. prakt. Leben. Leipzig 869. Amelang. 8. (XV, 358 S.) In engl. Einband mit Goldschn. 1 Thlr. 20 ngr.

Milde, Caroline S. J., der deutschen Jungfrau Wesen u. Wirken. Winke f. das geist. u. prakt. Leben. 8. (XV, 448 S.) Leipzig 871. Amelang. 5. —; geb. m. Goldschn. m. 1 Chromolith. 5. 50

— dasselbe. 3. verm. u. verb. Aufl. 8. (XVI, 446 S. m. e. chromolith. Titelbilde.) Ebend. 875. geb. m. Goldschn. 6. —

Milde, Caroline S. I. [Wirkl. Name: Caroline Similde Gerhard]: Der deutschen Jungfrau Wesen und Wirken. Winke f. d. geistige u. prakt. Leben. 4. Aufl. — Leipzig: Amelang 1877. XVI, 442 S. 8°
— — 12. Aufl. 1899. VIII, 487 S.

Milde, Caroline S. J., der deutschen Jungfrau Wesen und Wirken. Winke für das geistige und prakt. Leben. Mit 1 Chromolithogr. 4. Aufl. (XVI, 442 S.) 1878; 5. Aufl. (XIII, 442 S.) 1880; 6. Aufl. 8. (XI, 452 S.) Leipzig 882, Amelang's Verlag. geb. mit Goldschn.

Milde, Karoline S. J., der deutschen Jungfrau Wesen u. Wirken. Winke f. das geist. u. prakt. Leben. 7. Aufl. 8. (XI, 455 S. m. 1 Chromolith.) Leipzig 885. Amelang. geb. m. Goldschn. 6. —

Milde, Karoline S. J., der deutschen Jungfrau Wesen u. Wirken. Winke f. das geist. u. prakt. Leben. 8. Aufl. 8. (VIII, 464 S. m. 1 Chromolith.) Leipzig 888. Amelang. geb. m. Goldschn. 6. —

Milde, Karoline S. J. Der deutschen Jungfrau Wesen u. Wirken. Winke f. das geist. u. prakt. Leben. 9. Aufl. 8. (VIII, 472 S. m. farb. Titelbild.) Lpz. 890, Amelang. geb. m. Goldschn. 6 —

— d. deutschen Jungfrau Wesen u. Wirken. Winke f. d. geist. u. prakt. Leben. 11. Aufl. (40. Taus.) 12. (VIII, 488 S.) Leipzig 896. C. F. Amelang. Geb. in Leinw. m. Goldschn. 6. —

Milde, Karoline S. J. (Karoline Similde Gerhard), der deutschen Jungfrau Wesen u. Wirken. Winke f. das geist. u. prakt. Leben. 12. Aufl. (24. Taus.) 8. (VIII, 487 S. m. 1 Farbdr.) Leipzig 899. C. F. Amelang. Geb. in Leinw. m. Goldschn. 6. —

Milde, Karoline S. J. (Karoline Similde Gerhard), der deutschen Jungfrau Wesen u. Wirken. Winke f. das geist. u. prakt. Leben. In Neubearbeitg. v. La Mara. 13. Aufl. Mit e. Jugendbildnis der Verf. (48. Taus.) (XVI, 464 S.) 8. Leipzig 904. C. F. Amelang. Geb. in Leinw. m. Goldschn. 6. —

Milde, Karoline S. J. (Karoline Similde Gerhard), der deutschen Jungfrau Wesen u. Wirken. Winke f. das geist. u. prakt. Leben. In Neubearbeitg. v. La Mara. 14. Aufl. (VIII, 372 S.) 8. Leipzig 910. C. F. Amelang. Geb. in Leinw. m. Goldschn. 6. —

Milde, M., ins Stammbuch. Gedichte, Sprüche u. Goldkörner f. das Album. 8. (80 S.) Augsburg 886. Literar. Institut v. Dr. M. Huttler. n.n. — 70

Milde, Natalie v., s.: Cornelius, Pet., Briefe in Poesie u. Prosa an Feodor u. Rosa v. Milde.

Milde, Natalie v.: Frauenfrage und Männerbedenken. Ein Beitrag zur Verständigung. — Berlin: Oehmigke [1890]. 67 S. 8°

[F.] Goethe und Schiller und die Frauenfrage. Von Natalie v. Milde. *Weimar: ([Dr. v.] Thiem & Limpricht; übergekl.: Hamburg: H. Seippel 1896).* (48 S.) 1 Bd 8. [94. 1608]

Milde, Natalie v., Goethe u. Schiller u. die Frauenfrage. 2., durchgeseh. Aufl. (49 S.) gr. 8. Hamburg 904. H. Seippel. n. 1. —

Milde, Natalie v., Goethe-Geburtstagsbuch. 12. (221 S.) Weimar 894. A. Karrer. Geb. in Leinw. 2. 50

— Ist die Frauenbewegung natürlich? Vortrag, geh. am 5. Oct. 1896 im Auftr. d. Hamburger Ortsgruppe d. Allg. Deutschen Frauenvereins. — Hamburg: Seippel 1896. 20 S. 8°

— Maria Pawlowna. Ein Gedenkblatt zum 9. XI. 1904. (VII, 100 S. m. 1 Bildnis.) 8. Ebd. 904. n. 2. —; geb. in Leinw. n. 3. 60; in Halbfrz. n. 5. —

Milde, Natalie v.: Der Richter zwischen Mann und Weib. — Weimar: Weißbach 1893. 31 S. 8°

Milde, Rob., die Wärme d. menschlichen Körpers, seine alleinige Krankheit u. Heilkraft. Durch langjähr. Erfahrungen gefunden u. erprobt; m. wissenschaftl. Beiträgen üb. den Stand d. Blut- u. Säfte-Systems d. Menschen geschrieben. 8. (43 S.) Breslau 891. (Schubert.) n. 1. —

Milde, Theod., über d. Leben u. d. Werke d. beliebtest. deutschen Dichter u. Tonsetzer. 2 Thle. 8. (22½ B.) Meißen 834, Goedsche.

Milde, Vinc. Ed., allgem. Erziehungskunde, hrsg. v. Thdr. Tupetz, s.a. Schulausgaben pädagog. Classiker.

Milde, Vinc. Ed., allgemeine Erziehungskunde. Neu hrsg. von Frz. Tomberger. gr. 8. (XVI, 320 S.) Wien 877. Graeser. n. 3. 20; geb. n. 4. —

Milde, Vinc. Ed., Lehrbuch d. allgem. Erziehungskunde, zum Gebrauch öffentl. Vorlesungen. 2 Thle. gr. 8. Wien 811—13. Kaulfuß. 3 ₰ 16 gr — Dass. im Auszuge. 2 Thle. gr. 8. Ebd. 821. 2e A. 829. (Schaumburg). 1 ₰ 8 gr

Milde, (Vinc. Ed.,) Lehrbuch d. allgemeinen Erziehungskunde, z. Gebrauch öff. Vorles., 2 Thle. gr. 8. Wien 821, Kaulfuß.

Milde, V. E., Lehrbuch d. allgem. Erziehungskunde im Auszuge. 2 Thle. gr. 8. Wien, Kaulfuß. 821.

— dass., im Auszuge. 2 Thle. gr. 8. Wien 822, Schaumburg.

Milde, Vinc. Ed., Lehrbuch d. allgem. Erziehungskunde im Auszuge. Als Leitfaden bei d. öffentl. Vorlesn. 2 Thle. 2., unveränd. Aufl. gr. 8. (28½ B.) Wien 829, Schaumburg u. Comp.

Milde, Vinc. Ed., Lehrbuch der allgemeinen Erziehungskunde im Auszuge. Als Leitfaden bei d. öffentl. Vorlesungen. 2 Thle. Neue unveränd. Ausg. gr. 8. (26½ B.) Wien 843, Schaumburg u. Comp.

Milde's, Vinzenz Eduard, Lehrbuch der allgemeinen Erziehungskunde, bearb. v. Gerh. Karl Kahl, s.a. Sammlung der bedeutendsten pädagogischen Schriften.

Vinzenz Eduard Mildes Lehrbuch der allgemeinen Erziehungskunde. Für d. Schul- u. Selbstgebr. bearb. von Gerhard Karl Kahl, Sem.Dir. Mit e. Bildn. Mildes. Paderborn: F. Schöningh 1908. (Getr. Pag.) 8° [F.]
— Sammlung d. bedeutendsten pädag. Schriften. Bd 34. [08. 1907]

Vinzenz Eduard **Milde**. (Lehrbuch der allgemeinen Erziehungskunde im Auszuge). Bearb. von Al[ois] Knoppel. Langensalza Greßler 1909. XII, 255 S. 8°
(Greßlers Klassiker d. Pädagogik. Bd 26.) [10. 364]

Milde, Vinc. Ed., Reliquien; nebst einem Abrisse seines Lebens. (Herausg. von J. A. Ginzel.) Prag 853. Heß. gr. 8. (XLVII, 190 S.) n. 24 ngr.

Milde, Vinc. Ed., Reliquien; nebst einem Abrisse seines Lebens. 2. (Titel-)Ausg. gr. 8. (XLVII und 190 S.) Wien (853)59, Braumüller's Verlags-Conto. *

Mildebrath, Berthold, a. Hohenstein: Die deutschen „Avanturiers" des achtzehnten Jahrhunderts. Gräfenhainichen: C. Schulze & Co. 1907. (147 S.) 8°
Würzburg, Phil. Fak., Ref. Roetteken-Brenner, Diss. v. 24. Dez. 1907
[Geb. 31. Aug. 73 Hohenstein; Wohnort: Berlin; Staatsangeh.: Preußen; Vorbildung: Gymn. Potsdam Reife O. 02; Studium: Berlin 8 S.; Rig. 22. Juni 07.]

Mildemann, die Familie, oder Jugendglück und Kindespflicht. Eine belehrende u. unterhaltende Erzählung für die Jugend mit 14 color. (lith.) Bildern. Fürth 860. Löwensohn. 4. (18 S.) 15 ngr.

Milden, B., Ludwig der Springer. Episch-lirisches Gedicht. Braunschweig 858. Leibrock. 16. (114 S.) 22½ ngr.

Milden, F., Agnes, s. Erzählungen, katholische.

Mildenberg, Jos. Benigni v., Transsilvania, s. Transsilvania.

†Mildenberg, L., (Imm. Müller,) ausgewählte Erzählungen f. d. Jugend, zur Belehrung u. sittl. Unterhalt. 2. Aufl. 8. (12 B.) Leipzig 830, Müller.

Mildenberg, (L., Imm. Müller,) neue Jugendbibliothek, s. Jugendbibliothek.

Mildenberg, L., (Imm. Müller,) neue Jugendbibliothek. Eine Samml. ausgewählt. Erzähll., Auszüge aus Reisebeschreibb., Biographien etc. 18 Bdchen. 8. Leipz. 825. Müller. 15 ℛ Schrbp. 21 ℛ 2e Ausg. unt. d. T.: Ausgewählte Erzähll. f. d. Jugend etc. 8. Ebd. 830. 12 ℛ

Mildenberger, A(lfred), appr. Arzt a. Winnenden: Sind im Sehnerven des Pferdes Centralgefäße vorhanden? Tübingen: F. Pietzcker 1905. (20 S.) 8°
Tübingen, Med. Fak., Ref. Schleich, Diss. v. 22. Febr. 1905
[Geb. 6. Juni 80 Winnenden; Wohnort: Stuttgart; Staatsangeb.: Württemberg; Vorbildung: Gymn. Tübingen Reife M. 98; Studium: Tübingen 8, München 2 S.; Coll. 8. Febr. 05; Approb. 13. Okt. 04.]

Mildenberger, W., geometrische Zeichnungen. hoch 4. (75 Stnt.) Barmen 871, (Klein.) *
—— dass. — Zum Gebrauche für Zeichen-Schulen. 1. Aufl. 1872. *ℳ 5,70., und 2. Aufl. hoch 4. (144 lithogr. geometr. Fig. auf 72 Taf.) Leipzig 875, Scholtze.
In Mappe. *

Mildenberger, geometrische Zeichnungen. 2. Aufl. gr. 8. (75 Steintaf.) Rheydt 878. Langewiesche. In Mappe. 4. —

Mildenbergs, Schatzkästlein, s. Müller, G. E

Mildenburg, des armen Herrn von, Geschichte vom Freyherrn von Knigge, 3 Theile, gr. 8. Hannover, 789/90. Ritscher.. Auf Holländisch Papier. 4 Rthl. 5 sgl.
Dasselbe Buch, 8. Auf Druckp. 2 Rthl. 15 sgl.
(Hiervon ist eine neue Auflage unter der Presse.)

Mildenburg, des armen Hrn. v., Gesch., vom Freyherrn v. Knigge. 3 Thle. 8. Hannov. Ritscher. 797.
Koll. Dav.

Mildenburg, des armen Herrn von, Geschichte, in Briefen herausgegeben von A. Freyherrn von Knigge, 3 Theile, zweyte Auflage, 8. Hannover, 797. Ritscher. 2 Rthl. 25 sgl.

Mildenburg, Anna Bahr-, s. Bahr-Mildenburg

Mildenheim, L., Grammatica tedesca ad uso degli Italiani. 8. Triest. (Geistinger, Vienna.) 801.

v. **Mildensee**, J. Groller, die Gefängnisse Sonst u. Jetzt. Versuch einer geschichtl. Darstellung der Gefängnißreformen. gr. 8. (Mit 4 lith. Taf.) Prag 846, Haase Söhne. 1 ℛ

Mildenstein, Ed. v., Chronik der Stadt Leisnig. Ein Handbuch der Geschichte von dem Entstehen, Wachsthum u. der Entwickelung der Stadt Leisnig in ihren sämmtlichen äußeren u. inneren Verhältnissen von den ältesten Zeiten bis zur Gegenwart. Mit Berücksichtigung der Nachbarstädte Colditz, Döbeln, Grimma, Rochlitz, Mitweida, Mügeln u. der gesammten Umgegend. Leisnig 857. Bethke. gr. 8. (338 S.) n. 1 ℛ. 10 ngr.

Mildenstein, Ed. v., Chronik der Stadt Leisnig. Ein Handbuch der Geschichte von dem Entstehen, Wachsthum und der Entwickelung der Stadt Leisnig in ihren sämmtl. äußeren und inneren Verhältnissen von den ältesten Zeiten bis zur Gegenwart. Mit Berücksicht. der Nachbarstädte Colditz, Döbeln, Grimma, Rochlitz, Mitweida, Mügeln und der gesammten Umgegend. 8 Lfgn. gr. 8. (388 S.) Leisnig 857. [Leipzig, Friese.] *

Mildenstein, Ed. v., Erinnerungen eines alten Soldaten aus den J. 1812—1814, s. Volksbücher, neue.

— Johann König von Sachsen. Mit einer geschichtlichen Einleitung über das Haus Wettin und dem Berichte eines Augenzeugen über die letzten Tage des Königs Friedrich August. Leipzig 854. Hinze. (Matthes.) 16. (VIII, 39 S.) 3 ngr.

—— Rosen aus Saron, s. Rosen.

— Rosen aus Saron. Heilige Gesänge und Lieder aus allen christlichen Jahrhunderten. Gesammelt. Mit 1 Kpfr. Leipzig 854. Hunger. 16. (XVI, 224 S.) 20 ngr.

— die Sittenverderbniß und der Unglaube unserer Zeit. Ein Beitrag zur Sittengeschichte mit statistischen Notizen. Leipzig 854. Hunger. 8. (44 S.) 7½ ngr.

— Für den Thron. Denkschrift für Fürsten und Völker. Leipzig 853. Hunger. 8. (59 S.) 10 ngr.

— die Türken, s. Volksbücher, neue.

Mildenstein, Ed. v., die Völker der Erde. Ihre Geschichte, Verfassung, Religion, ihre Wohnsitze und ihre Sitten und Gebräuche. Für die Jugend dargestellt. 2. (Titel-)Aufl. 8. (VIII und 118 S.) Leipzig (854)64, Schlicke. cart.

Mildenstein, Paul [app. Arzt]: Aus d. Mutterhaus-Hospital zu Kiel. Ein Fall von Contractur der Vorderarm-Flexoren nach Humerus-Fraktur. . . . Kiel, Druck v. Schmidt & Klaunig, 1888; 21 + 1 S. + 1 Bl. 8°
Kiel, Med. Fak., Inaug.-Diss. v. 25. Sept. 1888

Mildenstein, Paul, ein Fall von Contractur der Vorderarm-Flexoren nach Humerus-Fraktur. Inaugural-Dissertation. gr. 8. (21 S.) Kiel 888, (Lipsius und Tischer.) *

Milder, Robert. Ein Fürst und sein Minister. Zürich und Winterthur, literarisches Comptoir 1843. 127 S. 8.

Mildheim, Anna, die erneuerte gerühmte Klosterküche. Geschriebenes Kochbuch des alten Klosterkochs Max zu St. Peter. Zum erstenmale gedruckt, durchgesehen u. m. viel. neuen Recepten vermehrt. Ein auserles. Handbuch f. Aufstellung eines guten bürgerl. Tisches, so wie alles dessen, was zu einer feineren Tafel gehört. Während langjähr. Praxis am Heerde geprüft. Als Anhang: ein zweckmäß. Register u. eine sehr nützliche Verdauungs-Tabelle. gr. 16. (14 B.) Leipzig 842, Hartung.

—— vollständ. Kochbuch f. die Bürger-Küche. Mit Angabe der Personenzahl bei Tische. 8. (6 B.) Leipzig 844, Hartung. *

Mildherzigkeit gegen Thiere. Innsbruck 1843. V: *Klanzhnik, S.* (Ky)

Mildherzigkeit gegen Thiere. (Von S. Klanznik.) 12. (2 B.) Innsbruck 843, Wagner'sche Buchh.

Mildmay, der Louise, Gesch., in Briefen, a. d. Engl. 2 Thle. 8. Nrnbg. Monath. 768.

Mildner, Hugo [aus Laurahütte O/S.]: Über einen Fall von schwerer „Chlorose“ ... München, kgl. Hof- u. Univ.-Buchdr. v. Dr. C. Wolf & Sohn, 1895; 25 S. 8.
München, Med. Fak., Inaug.-Diss. v. 1895

Mildner, R. Vortrag über Badeanstalten u. deren innere Einrichtung. (S.-A. a. d. „Ztschr. d. Vereins dt. Ing.“ XXXVI.) Berlin 1892. 4

Mildner, R: Vortrag über Körting's Patent-Dampf-Niederdruck-Heizung. Hannover 1890

Mildner, Rhard., über Ableitung neuer unendlicher Reihen aus einer gegebenen, durch Umstellung der Vorzeichen nach einem bestimmten Gesetze. Lex.-8. (52 S.) Wien 882, (Gerold's Sohn.) *
Aus: Sitzungsberichte der k. Akademie der Wissenschaften, besonders abgedruckt.

Mildner Reinhard. Über Ableitung neuer unendlicher Reihen aus einer gegebenen durch Umstellung der Vorzeichen nach einem bestimmten Gesetze. S. 86. II. 882 . —.80
Separatabdruck

—— Beitrag zur Ausmittelung des Werthes bestimmter Integrale. gr. 4. (18 S.) (Ebendas.) 884. *
Aus: Denkschriften der k. Akademie der Wissenschaften, besonders abgedruckt.

— Beitrag zur Ausmittlung des Wertes bestimmter Integrale. D 48. II. 847 . . . . . 1.20
Separatabdruck

— Beitrag zur Auswerthung unendlicher Producte u. Reihen. Lex.-8. (38 S.) Ebend. 883. n. — 60

— Beitrag zur Auswertung unendlicher Produkte und Reihen. S. 88. II. 591 . . . . . —.60
Separatabdruck

—— über Potenzreihen, deren Glieder mit den aufeinanderfolgenden Gliedern einer arithmetischen Reihe r-ten Ranges multiplicirt oder durch letztere dividirt werden. Lex.-8. (24 S.) (Ebendas.) 883. **
Vorstehende zwei Schriften sind aus: Sitzungsberichte der k. Akademie der Wissenschaften, besonders abgedruckt.

— Über Potenzreihen, deren Glieder mit den aufeinander folgenden Gliedern einer arithmetischen Reihe r-ten Ranges multipliziert oder durch letztere dividiert werden. S. 87. II. 532 . . . . . —.50
Separatabdruck

— Über einige allgemeinere, durch einfache und Doppelintegrale ausdrückbare, unendliche Reihen und Producte. 15. ibd. 95.
Prag.

Mildner Reinhard: Über einige unendliche Reihen, Producte und mit diesen im Zusammenhange stehende bestimmte Integrale. 16. Znaim R. 92.
Prag.

Mildorf, Edw., Gutmann, od. d. aufrichtige Menschenfreund. 2 Thle. 8. Leipz. 799. Junius. 1r Thl. 10 gl. 2r Thl. ...

Mildret, Herb. Ervin, Poker. Die Regeln desselben, nach den besten amerikan. u. engl. Quellen bearb. Mit e. Anh., wie man im Poker gewinnen muss. 2. Aufl. (100 S.) 8. Berlin 906. Standard-Verlag. 2.50

Mildschuh, Wilib., Mietzinse u. Bodenwerte in Prag in den J. 1869—1902. Mit e. Einleitg. üb. die Theorie der städt. Grundrente von Frdr. Freih. v. Wieser, s.a. Studien, Wiener staatswissenschaftliche. IX, 1.

Mietzinse und Bodenwerte in Prag in den Jahren 1869-1902. Von Dr. Wilibald **Mildschuh.** Mit e. Einl. über d. Theorie d. städt. Grundrente von Prof. Dr. Friedrich Frh. v. Wieser. Wien & Leipzig: Deuticke 1909. XLV, 211 S. 8°
(Wiener Staatswissenschaftl. Studien. Bd 9, H. 1.)

Mildthätigkeit, Evangelische. O.O. 1721. V: *Herrenschmid, Joh. Jac.* (Myl)

Mile, R. A., das deutsch-amerikan. Harmonium, sein Bau, seine Behandlung. Für Harmoniumspieler leicht fasslich dargestellt. (20 S.) kl. 8. Hamburg (905). [v. Festenberg-Pakisch & Co.] A. J. Benjamin. — 30

Milech, T., Vetter Christoph, siehe: Jugend-Bibliothek, von Nieritz, Neue Ausg. 58. Bdchn.

Milecka, R. v., siehe: *Walton, O. F.*

* **MILEMARINDO.** — Etwas von dess *Milemarindo* Poetischer Feder, nach beliebter Unordnung (sic!) von guten Freunden hervorgesuchet bey Erster Zusammenkunfft. Augspurg, Zufinden bey Jac. Eberh. Geiger, Buchhändlern, 1712. 8°. 127 S. (Auch in Leipzig, Stadt- oder Universitäts-Bibl.?)
— — Dasselbe (oder Fortsetzung). Ebd. 1713. 8°. (In Stuttgart.)
Beide Drucke von grosser Seltenheit!

Milenowsky, J., Volks-Märchen aus Böhmen. Mit 7 Holzschn. (im Text) nach Zeichnungen von C. T. Reiffenstein. Breslau 853. Kern. 8. (2 Bl., 219 S.) 27 ngr.

Miler, Ferd., Kroatisch-serb. Dolmetscher, — prakt. Lehrgang d. kroatisch-serbischen Sprache, } s.: Klaić, Frz.

Miles christianus s. lib. prec. in gr. stat. milit. compos. 8. Bamb. Goebhard. 751.

Miles christianus s. lib. prec. in gr. stat. milit. compos. 8. Bamb. 751. (Wesché in Frankf.) 8 gl.

Miles, E. J. The geology of the district and the lake-dwellings, s. Europe, illustrated, 101, 102.

Miles, E. J., the geology of the district and the lake-dwellings, s.: Stock, F., Morat.

Miles, E(dwin) J. . Byeways in the Southern Alps. Sketches of Spring and Summer Resorts in Italy and Switzerland (*Umschlag:* Alagna-Macugnaga-Piora ... Vigo di Fassa, &c., &c.). With Illustrations [including 1 Plate]. 8. Zürich, London [1893].

Miles, E. J., byeways in the southern Alps. Sketches of spring and summer resorts in Italy and Switzerland. 8. (X, 120 S. m. Illustr.) Zürich 893. Art. Institut Orell Füssli, Verl. Geb. n. 3.—

Miles, Friedrich (Holstein. Adel), De jure principis circa civium studia, diss. Präs. Jo. Gottl. Heineck. Halle/Magdeburg (Salfeld) April 1738. 54 S. (—.—) 23352
Widm. v.: Jo. Gottl. Heineck.

Miles, Herm., Chronik, s.a. Mitteilungen zur vaterländischen Geschichte (St. Gallen).

Die Chronik des Hermann Miles. (Hrsg.: Ernst Götzinger; Nachw. von T. Schiess.) *St. Gallen: Fehr 1902.* (S. 275–385.) 8°
= Mitteilungen z. Vaterländischen Geschichte. Hrsg. v. Hist. Ver. in St. Gallen. 28, (1)

Miles, J. C., s. Schirrmeister, G., Das bürgerl. Recht Englands.

Miles, James B., philosophische Theologie, oder: Die letzten Gründe alles religiösen Glaubens in der Vernunft beruhend. Aus dem Engl. übertr. von W. A. Lampadius. 8. (XIV und 289 S.) Leipzig 850, Brandstetter.

— **Magnus Henning** (Holst. Adel), De jure principis circa commerciorum libertatem tuendam, diss. Präs. Jo. Gottl. Heineck. Halle/Magdeburg (Salfeld) März 1738. 64 S. (5.50) 23353

Miles, Pliny

Miles, P., eine Nordfahrt, s.a. Conversations- u. Reisebibliothek.

(Conversations- und Reisebibliothek.) Eine Nordfahrt. Streifzüge in Island v. Pliny Miles. A. d. Engl. v. W. E. Drugulin. Leipzig. 1855. 8°.

Miles, Will., Prakt. Belehrungen über den Hufbeschlag. A. d. Engl. Mit 8 Taf. u. H. (VIII., 56 S.) Frankfurt a. M. 50. Jügel. Kart. M. 1.70

Miles, William, praktische Belehrungen über den Hufbeschlag. Aus dem Engl. Mit 8 erläuternden (lith.) Taf. u. eingedr. Holzschn. Frankfurt a. M. 855. Jügel. 8. (VIII, 56 S.) 17 ngr.

Miles, W. Des Pferdes Fuß und wie er gesund zu erhalten ist. Aus d. Engl. Hannover 1851. 8° (Orig. 1846.)

Miles Esq., William, der Huf des Pferdes u. dessen fehlerfreie Erhaltung. Nebst einem Anhang über den Beschlag im Allgemeinen u. den der Jagdpferde insbesondere. Aus dem Engl. nach der 7. Aufl. ins Deutsche übertr. v. Guitard. Mit 12 erläut. (lith.) Taf., u. in den Text eingedr. Holzschn. gr. 8. (XX u. 118 S.) Frankfurt a. M. 852. Jügel's Verl. 1 1/4 ₰

s.a. Hoffmeister

Miles, William, der Huf des Pferdes und dessen fehlerfreie Erhaltung. Nebst einem Anhang über den Beschlag im Allgemeinen u. den der Jagdpferde insbesondere. Aus dem Engl. nach der 8. Aufl. ins Deutsche übertragen von Guitard. Mit 12 erläuternden (lith.) Taf. (in 4.) u. in den Text gedr. Holzschn. 2., verm. u. verb. Aufl. Frankfurt a. M. 861. Jügel's Verlag. gr. 8. (XXIV, 123 S.) 1 ₰ 7 1/2 ngr.

Miles, Will., der Huf d. Pferdes u. dessen fehlerfreie Erhaltung. Nebst e. Anh. üb. den prakt. Hufbeschlag. Aus dem Engl. in's Deutsche übertragen v. Guitard. Mit 12 erläut. (lith.) Taf. (in qu. gr. 4.) u. in den Text eingedr. Holzschn. 3 durchgeseh. Aufl. gr. 8. (XXIII, 123 S.) Frankfurt a. M. 876. Jügel's Verl. 3. —

Miles, Will., der Pferdestall; seine Construction, innere Einrichtung und zweckmäßigste Ausstattung. Aus dem Engl. übersetzt. Lex.-8. (XII und 80 S. mit 20 Stnt. in Lex.-8. und gr. 4.) Frankfurt a. M. 862, Jügel's Verlag. cart.

Miles Ferrarius, s.: Ferrarius, Miles.

Miles Ferrarius, s.: Soesten.

Miles Ferrarius, s.: Eisenbahnen, die, u. die Kriegführung.

Milesbo [Autorname] = Bossi, Emilio.

Milesio's, G. B., Beschreibung des Deutschen Hauses in Venedig. Aus einer Handschrift in Venedig hrsg. u. eingeleitet von Geo. Mart. Thomas. [Aus: „Abhandlungen d. k. b. Akad. d. Wiss."] gr. 4. (100 S.) München 881. Franz in Comm. n.n. 3. —

Milesische Halbinsel [Schlagwort]

Milesische Halbinsel, s.: Milet

Milet. Ergebnisse der Ausgrabgn. u. Untersuchgn. seit dem J. 1899. Hrsg. v. Thdr. Wiegand. 1. Heft. gr. 4. Berlin 906. G. Reimer. Kart. n.n. 5. —
Karte der Milesischen Halbinsel (1:50,000). Von Paul Wilski. 2 Blatt. 1 Blatt 60,5×49,5 cm Farbdr. u. 1 Blatt 58,5×57 cm Schwarzdr. Mit erläut. Text. (V, 24 S. m. 3 Abb.)

Milet, Ergebnisse der Ausgrabgn. u. Untersuchgn. seit dem J. 1899. Hrsg. v. Thdr. Wiegand. Hrsg. v. den königl. Museen zu Berlin. 2. Heft. 35,5×26,5 cm. Berlin 908. G. Reimer. Kart. nn 15. —
Das Rathaus v. Milet. Von Hub. Knackfuss. Mit Beiträgen v. Carl Fredrich, Thdr. Wiegand, Herm. Winnefeld. Mit 20 Taf., 2 Beilagen u. 107 Abbildgn. im Text. (V, 100 S.)
1. Heft. Ebd. 906. Kart. nn 5.—.

Milet, Jacques, l'istoire de la destruction de Troye la grant, translatee de latin en francoys, mise par parsonnages et composee par Jacques Milet, estudiant es loix en la ville d'Orleans, l'an mil quatrecens cinquante le deuxiesme iour du moys de Septembre et imprimee a Paris par Jehan Bonhomme, libraire de l'universite de Paris, le XII de May mil quatre cens quatre vingts et quatre. Authographische Vervielfältigung des der königl. Bibliothek zu Dresden gehörigen Exemplars veranstaltet von E. Stengel. gr. 4. (VIII, 434 S.) Marburg 883, Elwert'sche Verlagsh.
Subscr.-Pr. cart. **
Ladenpr. **

Miletič, Ljubomir

Miletič, Lj., das Ostbulgarische, s.a. Schriften der Balkankommission. 1. 2.

Das Ostbulgarische. Von Prof. Dr. L[jubomir] Miletič. Mit 1 Karte. *Wien: A. Hölder 1903.* (302 S.) 4°
= Dialektstudien, Südslavische. 2.
= Schriften d. Balkancommission. Linguist. Abt., 1, H. 2.

– Die Rhodopemundarten der bulgarischen Sprache (mit 1 Karte), s. Schriften der Balkankommission, Linguistische Abt. Bd. 10.

Miletus, Ed. v., eine irische Fürstentochter. Roman aus der zweiten Hälfte des 18. Jahrh. 1. und 2. Aufl. 8. (346 S.) Braunschweig 883, Sattler. *M 6.; geb. *
—— dass. — 3. Aufl. 8. (346 S.) Ebendas. 884. *
geb. *

MILETUS, Vitus (ps.), Der Jesuiterspiegel. O. J.
Weller, Lex. Ps. p. 361

Milewski, Lud[illegible] (geb. Posen [illegible]). De Abelianarum functionum periodis per aequationes differentiales determinandis. Berlin (1870). [illegible]
Berlin, Phil. Diss. v. [illegible] Mai 1870.

Milewski, Witoldus (geb. Posen [illegible]). De ramis infinitis curvarum algebraicarum ordinis IV. Berolini 1842. [illegible] 4°
Berlin, Phil. Diss. v. 4. Febr. 1842

Milferstaedt, O., wider d. Kurfürsten. Histor. Drama in 6 Vorgängen nach d. gleichnam. H. Hoffmannschen Roman. gr. 8. (79 S.) Berlin 897. A. Entsch. 1.50

Haileybury college, past and present By L[ionel] S[umner] Milford. London & Leipzig Unwin 1909. 336, IV S. 8° [illegible]

Milford, Lola, Triclinium. In drei Gesängen. Weimar 856. Kühn. 16. (3 Bl., 120 S.) n. 12⅓ ngr.

Milham, Willis Isbister, aus Kinderhook (New York, U S.): Ueber die Verwendbarkeit der Braun'schen Röhre zur Messung elektrischer Felder. *Strassburg i. E. 1901: C. & J. Goeller.* (68 S.) 8°
Strassburg, Math.-naturw. Diss. v. 1901

Milhauser, Carl Heinrich, s. M i l h a u s e r , Karl Heinrich

Milhauser, Fr.

(*Ders.*): Ueber d. Begriff des Verbrechens aus d. Standpunkte des Strafgesetzgebers, u. über das Verhältniss des Begnadigungsrechts zur Strafgewalt. Ein Beitrag zur Beurtheilung des Entwurfes zu einem Criminalgesetzbuch für das Königr. Sachsen. *Leipz.*, Kummer. 837. 8. (8 Gr.)

(MILHAUSER, Fr.): Einige Worte z. Begrüssung des Entwurfes zu ein. neuen Criminalgesetzbuche für das Königr. Sachsen. Mit Rücksicht auf die künftige ständische Berathung. *Leipzig*, Kummer. 836. 8. (6 Gr.)

Milhauser, Friedr., das Staatsrecht d. Königr. Sachsen, mit Einschluß d. Privatfürstenrechts u. d. völkerrechtl. Verhältnisse, systemat. dargest. 1. Bd. gr. 8. (21 B.) Leipzig 839, B. Tauchnitz jun.

Milhauser, Johann David

Milhauser, Jo. D.: Diss. de atonia, s.a. A l b e r t i , M. [Praes.]

— Johann David (Prybusio/Schlesien), De atonia. Diss. med. Präs. Michael Alberti. Halle/Magdeburg (Chr. Henckel) Juli 1716. 56 S. (5.50) **23355**

Milhauser, K. H., s. Sammlung der neuern u. beff. Romane d. Franzosen.

Milhauser, Karl Heinrich

Milhauser, Carl Heinrich (Dresden) u. (Resp.) Gustav Ponath (Leipzig), De sophistarum Graecorum origine. Diss. Leipzig (Staritz) 25. X. 1834. 31 S. (3.50) **23354**

Milhauser, Karl Heinr., über Philologie, Alterthumswissenschaft u. Alterthumsstudium. Für Studirende. gr. 8. (6 B.) Leipzig 837, Vogel.

Milhauser, Dr. Karl Heinrich, Deutschlands politische Umbildung. Ein offener Brief an die am 30. März zusammengetretene Frankfurter Versammlung, an die zu erwartende constituirende Nationalversammlung und an alle deutsche Völker und Fürsten. Dresden, Gärtner, 1848. 16 S. 8°.

Milhauser, Carl Heinr., Deutschlands politische Umbildung. Ein offener Brief an die am 30. März zusammengetretene Frankfurter Versammlung, an die zu erwartende constituirende Nationalversammlung u. an alle deutsche Völker u. Fürsten. gr. 8. (16 S.) Dresden 848 (Leipzig, Naumburg.) 1½ ngr.

Miljaeff, Bertold, a. Woronesch (Rußland): Ueber Endocarditis gonorrhoica. Berlin (1907): E. Ebering. (33 S.) 8°
Berlin, Med. Fak., Ref. Kraus, Diss. v. 28. Sept. 1907
[Geb. 23. Sept. 83 Simbirsk (Rußl.); Wohnort: Woronesch; Staatsangeh.: Rußland; Vorbildung: Gymn. Woronesch Reife M. 01; Studium: Berlin 12 S.; Rig. 22. Sept. 07.]

Milian. Von Amalie Crescenzia. 8. (304 S.) Wien 888. Konegen. n. 4.—

Miljan, V. F.: I n s t r u c t i o n od. Selbstlehre üb. das Waschen, Bügeln und Glanciren der Hemden, Krägen und Manschetten, ferner Zubereitung von bester und billigster Stärke, welche der Wäsche eine blendende Weisse und Glanz verleiht. Mit einer Illustrations-Beilage. Graz: Cieslar 1887. 15 S. 12°

MILJANOVIĆ, Vitus De matrimonio clandestino. — (1882) 173 S. 4° (Handschr.) Diss. 395
Diss. Wien, Univ.

[Russ.] Na dosuge (Očerki i razskazy). E[lena] **Milič**. Mainz Saarbach [um 1905]. (175 S.) 8°
[Mußestunden Erzählungen u. Novellen] 05. 11188

[Russ.] Iz mira duši Stichotvorenija. E[lena] **Milič**. (Berlin Avtor [um 1905].) (101 S.) 4°(8°)
[Aus d. Seelen Welt Gedichte] 05. 10889

[Russ.] Na žiznennom puti. Nabroski perom. E[lena] **Milič**. (Berlin Avtor [um 1905].) (23 S.) 4°(8°)
[Auf d. Lebenspfade Federskizzen.] 05. 10890

MILIČEVIĆ, Antonius. De Jansenismo in Gallia. — (1894) 150 S. 4° (Handschr.) Diss. 555
Diss. Wien, Univ.

Miliczek, Profile, s.: Geusen, L.

Milière. Ein Schauspiel, s. Bühnen-Repertoir, Bd. XI.

Milifiori, s. Karoline.

Milim, Otto, 25 Jahre Freimaurer! Erlebnisse u. Enttäuschgn. e. alten Logenbruders. 1.—3. Aufl. (74 S.) 8. Berlin 910. Maritima. 1.—

Die Fragen des Königs Menandros [**Milindapañha**]. Aus dem Pāli zum ersten Male ins Deutsche übers. von Dr phil. F. Otto Schrader (T. 1.) Berlin: P. Raatz [1907]. 8° 07. 14394

Miling, Jo. Franc. Bernardus (geb. am 20 Aug. 1805 in Amelsbüren bei Münster Westf.): Mentis alienationum semiologia somatica ... Bonnae, typ. F. Baaden (1828). 2 Bl., 32 S., 2 Bl. 4.
Bonn, Med. Fak., Diss. v. 15 März 1828

Milinowski, A.

Milinowsky, A., elementar-synthetische Geometrie der gleichseitigen Hyperbel Mit Fig. im Text. gr. 8. (X, 135 S.) Leipzig 883. Teubner. n 3. 60

— elementar-synthetische Geometrie der Kegelschnitte. Mit Fig. im Text. gr. 8. (XII, 411 S.) Ebend 882. n. 8. 80

Milinowski, A., elementar-synthet. Geometrie der Kegelschnitte. — Elementar-synthet. Geometrie der gleichseit. Hyperbel. 2., wohlf. (Umschlag-) Ausg. gr. 8. (XII, 411 u. X, 135 S. m. 274 Fig.) Leipzig (882. 83). 896. B. G. Teubner. n. 4. —

Milinowski, A., die Geometrie für Gymnasien u. Realschulen. Ein Lehr- u. Übungsbuch. I. Tl. Planimetrie. Mit Holzschn. im Text u. 4 Fig.-Taf. (in Holzschn.). gr. 8. (VII, 123 S.) Leipzig 882. Teubner. n. 2. —

— dasselbe. 2. Thl. Stereometrie. 2 Hfte. gr. 8. Ebend. 881. n. 1. 80
1. Lehrbuch. Mit 37 Holzschn. im Text. (VI, 46 S.) n. — 80
2. Übungsbuch. Mit 4 (lith.) Fig.-Taf. (III, 58 S.) n. 1. —

— die Kegelschnitte behandelt für die oberen Classen höherer Lehranstalten, s.: Simon, M.

Milinowski, Alf.: Die Polaren der ebenen Curven. III. Ordnung mit Doppelpunkten. Ein Beitrag zur Geometrie der Lage 30 S u Taf – Tilsit, Progr. 1872.

Kinderlust. Dramat Aufführungen f. Kindergarten u. Vorschulen von Olga Milinowski Berlin E. Bloch (1907). (72 S.) 8° [S.]

Miliotti, Alph., description d'une collection de pierres gravées, qui se trouvent au cabinet impérial de St. Petersbourg. Tom. I. avec 126 figures. Folio. Wien 805. (Hermann in Frankf.) 18 fl Lbg. Pr. 9 fl

Miliotti, A., descript. d'une Collect. des pierres gravées q. s. trouv. au Cab. impér. à St. Petersbourg. 2 Vol. gr. fol. Vien. Camesina. 805.

Militsch, das Gewerbegericht zu Berlin. Vortrag, geh. im Verein der Berliner Magistrats-Bureau-Beamten. gr. 8. (20 S.) Berlin 894. (F. Rosenthal.) n. — 20

Milisch, Oskar [aus Küstrin]: Experimenteller Beitrag zur Lehre von dem Zusammenhang entzündlicher Pancreaserkrankungen mit Nekrosen des Fettgewebes ... Berlin, Druck v. E. Ebering, *1897*; 27 S., 2 Bl. 8.
Berlin, Med. Fak., Inaug.-Diss. v. 7 Aug. 1897

Militair, s. Militär

Militär, das großherzogl. Badische; nach d. Natur gezeichnet u. lithogr. v. Döllinger. 30 Bl. Karlsr., Velten. 6 fl 16 gr. Gemalt 36 fl 16 gr. Fein gemalt mit Gold u. Silber. 92 fl

Militair, das bayrische, vom religiösen Standpunkte aus betrachtet. Weißenburg 861. Meyer in Comm. gr. 8. (16 S.) n. 3 ngr

Militär, europäisches. Ein Bilderbuch für fleißige Kinder. Fürth (857.) Löwensohn. 8. (8 lith. u. color. Taf.) n. 1 ngr

—— europäisches. Ein Bilderbuch für fleißige Kinder. 8. (7 ill. Stnt. mit 1 Bl. Text.) Fürth 858, Löwensohn. *

Militär, europäisches. Ein Bilderbuch für Kinder. Stuttgart 865. Nitzschke. 8. (8 color. Steintaff.) cart. 6 ngr

Militair, das, in mancherlei bunter Gestalt. Ein ABC Buch zur Unterhaltung für gute Knaben. Mit 25 (lith u. color.) Abbildgn. 8. (8 S.) Nürnberg 849, Renner & Co. 9 ngr

Griechisch-Bairisches Militär. Nürnberg 1832. 1 farb. Bl. 4°

Griechisches Militär. München, um 1832. 3 farb. Bl. 2°

Militair, das hannoversche, u. die Vertheidigung des Vaterlandes, von einem alten Prediger für seine Mitbürger u. Landleute. gr. 8. (2 B.) Hannover 842, Helwing'sche Hofbuchh.

Militär, Das hessische. Eine Skizze. [Leipzig 1802.] V: *Ochs, Adam Ludwig von.* (MGT) (Stri)

Paepstliches Militär. o. O. 1830(?) 19 Aquarelle. 4°

Polnisches Militär 1831. Nürnberg 1831. 2 farb. Bl. 2°

Polnisches Militär; gez. v. Heideloff. Nürnberg 1831. 13 farb. Bl. 2°

Polnisches Militär 1832. Heideloff del., Fleischmann sc. 9 col. Bll. fol. Nürnberg.

Portugiesisches Militär. o. O. u. J. 47 Aquarelle.

Das **preußische** Militär. Augsburg 1805. 5 farb. Bl. 4°

[Kurfürstlich Sächsisches **Militär** 1796—1806. o. O. um 1806.] 9 Bl. in kol. Kupferst. 4°.

Schwedisches Militär. o. O. u. J. 1 farb. Bl. 2°

Schweizerisches Militär. o. O. 1809. 4 farb. Bl.

Sizilianisches Militär. o. O. 1800(?) 62 Aquarelle. 2°

Sizilianisches Militär. o. O. um 1820. 36 Aquarelle. 4°

Toskanisches Militär. o. O. 1827. 12 farb. Bl. 2°

Tuerkisches Militär. Wien, o. J. 6 farb. Bl.

Militär, unser, u. seine Zukunft. Allerlei Gedanken u. Bedenken als e. Beitrag zur Sozialpolitik. gr. 8. (48 S.) Leipzig 893. C. Jacobsen. n. — 80

Das Weimarsche Militair seit 1775. (1 Bl.) 4. Weimar 1860. [Böhlau.]

[Württembergisches Militär. o. O. um 1785.]
18 Bl. Aquarelle. 8°.
Abb. 128

Württembergisches Militär, Linie u. Bürgerwehr. Stuttgart 1832. 31 farb. Bl. 2°

Militär u. Zivil. Zeitgemässe Betrachtgn. v. e. Oesterreicher. (VIII, 170 S.) gr. 8. Wien 903. W. Braumüller. n. 2. 50

Militä(ai)r-ABC-Buch, neuestes, mit 24 sauber col. Gruppen österreich. Militärs in neuer Adjustirung, nebst angemess. Leseübungen aus d. Reichen d. Natur, wie auch viel. nützl. Lebensregeln. 5., ganz umgestalt. Aufl. br. 12. (3 B.) Prag 841, Bohmann's Erben. (?) *

Militär-Administrativkarte d. österr.-ungar. Monarchie, enthalt d. Eintheilung des Reiches in d. Heeres- u. Marine-Ergänzungsbezirke mit Angabe d. Bataillons-Stationen beider Landwehren 1883. Wien, L. W. Seidel & Sohn. In Umschl. 1 fl. B. 344

Militär-Adreßbuch sowie Nachweis üb. die Staats- pp. Behörden in Berlin, Charlottenburg, Potsdam m. Fernsprech-Nummern nach amtl. Unterlagen. Jahrg. 1904/05. (163 S.) kl. 8. Steglitz-Berlin, R. Auerbach. 1. 50

Militair-Adreßbuch f. das Deutsche Reich. 1. Jahrg. 1886. Enth. die Offiziere, Aerzte u. höheren Beamten sämmtl. deutscher Truppentheile u. Behörden der Armee u. Marine, einschließlich der Reserve, Land- u. Seewehr. Hrsg. unter Red. von R. Leutsch. hoch 4. (VIII, 413; 254 u. 1 Nachtrag 16 S.) Berlin 885. v. Decker. n.n. 8. 50; geb. n.n. 10. 50; Sep.-Ausg. (VIII, 413 S.) n. 5. —

Militär-Adreßbuch f. die Rheinlande, Bereich VIII. Armeekorps einschließlich Reserve u. Landwehr. Adreßbuch der Offiziere, Beamten u. Behörden, Geschäftszimmer u. Kasinos der dem VIII. Armeekorps zugehör. Truppenteile u. Militärbehörden. Ausg. 1909, nach amtl. Quellen hrsg. u. dem Stande vom 1. XI. 1909. (132 S.) kl. 8. Stuttgart (Augustenstr. 44), Verlag der deutschen Hof- u. Militär-Adreßbücher C. Dieterich. 2. —

Militär-Adreßbuch u. Wegweiser durch die Garnisonen Berlin, Charlottenburg, Potsdam, Spandau nach amtlichen Unterlagen. 12. (175 S.) Steglitz 903. R. Auerbach. n. 1. —

Militär-Acrossen von Metz in alphabetischer Reihenfolge. 8. (15 S.) Metz 884, Lang. *
Aus: Adressbuch von Metz, besonders abgedruckt.

Militär-Akademien, die k. u. k., Militär-Realschulen u. das Officierswaisen-Institut. Aufnahms-Bedingungen. Zusammengestellt nach dem Verordnungsblatt für das k. u. k. Heer, 6. Stück, Normal-Verordngn., v. 15. II. 1900. Circular-Verordng., Abth. 6, Nr. 254, v. 1900. (Ausg. 1901.) gr. 8. (56 S.) Wien 901. L. W. Seidel & Sohn. n. — 60

Militärakademien, die k. u. k., Militärrealschulen u. das Offiziersweiseninstitut. Aufnahmsbedingungen. Zusammengestellt nach dem Verordnungsblatt f. das k. u. k. Heer, 6. Stück, Normalverordngn. vom 15. II. 1900. Zirkularverordnung. Abteilg. 6, Nr. 254 v. 1900; dann Zirkularverordng., Abteilg. 6, Nr. 165 v. 1905, Beiblatt Nr. 5 zum Verordnungsblatt f. das k. u. k. Heer. (55 S.) 8. Wien 905. L. W. Seidel & Sohn. n. — 60

Militärakademien, die k. u. k., Militärrealschulen u. das Offiziersweiseninstitut. Aufnahmsbedingungen. (52 S.) 8. Wien 910. L. W. Seidel & Sohn. — 60

Militär-Album aller Länder. 1.—8. Hft. qu. 8. Leipzig, M. Ruhl. n. 10. —; geb. n. 12 90
1. Die deutsche Armee. (Zugleich als 3. Abthlg. von: Die Uniformen der deutschen Armee.) 1. u. 2. Aufl. (279 Abbildgn. in Farbendr. auf 12 Taf., nebst Liste der Regimenter etc. 12 S.) 892. 894. n. 1. 50; geb. n. 2. –
2. 3. Die österreich.-ungarische Armee. (204 Abbildgn. in Farbendr. auf 16 Taf. m. 1 Bl. Text.) 892. n. 2. –, geb. n 2. 50
4. Die russische Armee. (77 Abbildgn. in Farbendr. auf 8 Taf.) 892. n. 1. 25; geb. n. 1. 60
5. Die französische Armee. (49 Abbildgn. in Farbendr. auf 8 Taf.) 892. n. 1. 25; geb. n. 1. 60
6. Die italienische Armee. (50 Abbildgn. in Farbendr. auf 8 Taf.) 893. n. 1. 25; geb. n. 1. 60
7. Die rumänische Armee. (29 Abbildgn. in Farbendr. auf 5 Taf.) 893. n. 1. 25; geb. n 1. 60
8. Die nordamerikanische Armee. (53 Abbildgn. in Farbendr. auf 8 Taf.) 893. n. 1. 50; geb. n. 2. —

Militär-Album aller Länder. 1. u. 9.—11. Hft. qu. 8. Leipzig, M. Ruhl. n. 5. 60; geb. n. 7. 20
(1.—11. n. 14. —; geb. n. 18. 10)
1. D. deutsche Armee. 4. Aufl. 279 Abb. in Farbdr. (12 Taf.) Nebst Liste d. sämmtl. Regimenter u. selbstständ. Bataillone d. deutschen Armee, m. Bezeichng. d. Garnisonorte, sow. d. Armeekorps, welchen sie angehören. (12 S.) 897. n. 1. 50; geb. n. 2. —
9. Die deutsche Marine u. d. ostafrikan. Schutztruppe. (8 farb. Taf. m. 52 Abb. u. 8 S. Text.) 895. n. 1.50; geb. n. 2. —
10. Die englische Armee. 53 Abb. in Farbendr. (8 Taf.) 895. n. 1. 25; geb. n. 1. 60
11. Die japanische Armee. 42 Abb. in Farbendr. (7 Taf.) 895. n. 1. 25; geb. n. 1. 60

Militär-Album aller Länder. 1. Heft. Die deutsche Armee. 5. Aufl. 233 Abbildgn. in Farbendr. (auf 12 Taf.). Nebst Liste der sämtl. Regimenter u. selbständigen Bataillone der deutschen Armee, m. Bezeichng. der Garnisonorte, sowie der Armeekorps, welchen sie angehören. (14 S.) 8. Leipzig (906). M. Ruhl. n. 1.50; geb. n. 2. —

Militär-Almanach. 1802—1814
s. Oesterreichischer Militaer-Almanach.

Militair-Almanach für 1857 von einem bayerischen Offizier. 2. Jahrg. gr. 16. (283 S. mit 1 lithogr. Karte in Imp.-Fol.) München 857, Fleischmann's Separat-Conto. *

—— für 1858 von J. Würdinger. 3. Jahrg. 16. (308 S. mit 1 Karte in Holzschn. in qu. Imp.-Fol.) Ebendas. 858. *

— allgemeiner, 1r Jahrg. Mit 8 color. Militairgruppen u. 4 Portraits ber. Generale. 12. Darmstadt 827, Leske.

Militäralmanach, Allgemeiner. 1. Jahrgang. Darmstadt 1828. H: *Pabst, Christian Wilhelm.* (Ky) (HS)

Allgemeiner Militär-Almanach. Erster Jahrgang. Mit acht colorirten Militärgruppen nach Zeichnungen von Monten [illegible] Portraits berühmter Generale in Kupfer gestochen von Ernst Rauch und Fleischmann. Darmstadt 1828. Druck und Verlag von Carl Wilhelm Leske. [illegible]

Militär-Almanach, allgemeiner, 1r Jahrg. (v. C. W. Pabst). Mit 8 color. Militärgruppen u. 4 Portr. ber. Generäle. 12. Darmst. 828. Leske. 2 *f* 8 *gr* Hba. Pr. 1 *f* 4 *gr*

Militair-Almanach, allgemeiner. 5. Jahrg. 1841. gr. 16. Glogau 841, Prausnitz. 1 *f*

Militär-Almanach, Allgemeiner, für Officiere und Militär-Personen der deutschen und auswärtigen Staaten. 1.—6. Jahrg. (6 Bde.) 12. Glogau und Leipzig 1837—1842

Militär-Almanach (Heeres-Almanach), allgemeiner, f. Officiere u. Militairpersonen d. deutschen u. auswärt. Staaten. 1—4. Jahrg. 16. (20¾, 19, 16½ u. 18⅓ B.) Glogau 837—40, Prausnitz. à Thlr. *

Militär-Almanach, Bayerischer, für 1856[—59] von einem bayerischen Offizier. München. H: *Würdinger, Jos.* (Bücher-Samml. d. hist. Ver. v. u. f. Oberbayern. Münch. 1867.)

Militair-Almanach, bayerischer, für 1856 u. 1857 von einem deutschen Militair. 1. u. 2. Jahrg. München, Fleischmann. 16. (1.: 283 S. u. 1 lith. Karte in Fol.; 2.: 239 S. u. 2 Portr. in Stahlst.) 1: n. 25 ngr.; 2.: n. 18 ngr.

— — für 1858 und 1859 von J. Würdinger. 3. u. 4. Jahrg. Ebend. 16. (3.: 303 S. u. 1 Karte in Holzschn. in Fol.; 4.: 309 S.) Jeder Jahrg. n. 18 ngr.

—— deutscher, ein Jahrbuch d. militair.-wichtigsten u. interessantesten Ereignisse, hrsg. v. mehr. Offizieren d. preuß. Armee. 1. u. 2. Jahrg. 1838 u. 39. 8. Glogau, Flemming. [1. (9 B. u. 2 Stnt.), 2. (12 B. u. 1 Abbild.) à * 5/12 Thlr.] *

—— illustrirter, für Oesterreich 1855. Von Max v. Riedwald. 16. (320 S. mit 5 Stnt. und 1 lithogr. Karte in 4.) Wien 855, Greß. *

—— dass. — für 1856. Von Max v. Riedwald. 16. (IV und 266 S. mit eingedr. Holzschn. und 2 Holzschnt. in 16. und qu. gr. 8.) Wien 856, v. Gehlen'sche Erben.

Militäralmanach No. 20 oder Schematismus der österreichischen kaiserl. Armee für das Jahr 1810, herausg. von A. Gräffer. 12 Wien 1810 ff.

⟨Heeres-Almanach.⟩ **Militair-Almanach für Officiere . . . 1840**
s. Allgemeiner **Militair-Almanach** für Officiere und Militairpersonen der deutschen und auswärtigen Staaten.

Militär-Almanach, Österreichischer, für d. Jahr[e] 1790[—1811]. Nürnberg u. Wien 1791—1811. H: *Gräffer, August.* (KY 2/419) (wrztg 1792, S. 747; 1793, S. 1690; 1794, S. 1777; 1795, S. 953; 1796, S. 1968; 1797, S. 2253; 1799, S. 2110; 1800, S. 3161; 1801, S. 3597; 1802, S. 3452; 1803, S. 3043; 1804, S. 4003; 1805, S. 4491) (Biblport) (Gilhofer 26/676) (Deutsch 18/53)

— Oestreich., seit sr. Entsteh. v. J. 1790—1814. Wien (Gräffer u. Schmidl). 26 fl 16 kr — Einzelne Jahrgg. von 1798, 799, 1802, 804, 805, 811, 812, 813. à 16 kr

Oesterreichischer **Militäralmanach.** [1804 ff.:] Schematismus der K. K. Armee 1—20. Wien bey Graeffer [u. a.] 1790—1810.
16 Bde 8°
Die Jahrg. 1793, 1794, 1806 fehlen

Militär-Almanach, Oesterreichischer, f. d. J. . . . .
1795. M. kol. Titelk., 1 kol. Kpf. u. kol. Ang. d. Unif. Wien.

Oesterreichischer *Militär-Almanach*
für das Jahr . . . [Mit kol. Kupfern.]
Wien: Gräffer [u. a.]
[Zugl.:] Schematismus der Kaiserl. Kgl. Armee . . .
Nro 10. 1799 – 12. 1801.
15. 1804. 16. 1805. 19. 1808 – 24. 1814.

Oesterreichischer **Militaer-Almanach** für das Jahr . . .
Wien: Cath. Graeffer [1802—1814]. 12°
[Kol. Kupfert. u. kol. Angabe d. Uniformfarben.]
[Nebent.:] Militär-Almanach.
1804—1808 [u. d. T.]: Schematismus der kais. königl. Armée . . .
1810 ff. [u. d. T.]: Schematismus der Oesterreichisch-Kaiserlichen Armée . . .
(13/) 1802: VIII, 254, 52 S.
(14/) 1803: 286, 24 S., 1 Kupfertaf.
(15/) 1804: 384 S., 1 kol. Kupfertaf.
(16/) 1805: 388 S.
(17/) 1806: 417 S.
(18/) 1807: 383 S.
(19/) 1808: 406 S.
(20/) 1810: 420 S.
(21/) 1811: 376 S.
(22/) 1812: 360 S.
(23/) 1813: XIV, 384 S.
(24/) 1814: XVI, 426 S.

—— österreichischer, für 1853 und 1854. Von Aug. Dub. 16. (196 und 192 S.) Wien. (Leipzig, Hübner.) à Jahrg. *

Militair-Almanach, preussischer, für 1852 und 1853. Hrsg. von einem preuss. Officier. 1. und 2. Jahrg. gr. 16. Berlin, Hempel. [1. (CIV und 124 S. mit 1 Portr. des Grafen v. Brandenburg und 16 lithogr. Eisenbahnkärtchen.) 851, 2. (VI und 236 S. mit eingedr. Holzschn., 1 rad. Portr. und 1 Tab. in qu. 4.) 852. à * 20 Ngr.] *

Militär-Almanach, Schweizer, für Offiziere u. Militär-Personen. Bearb. v. J. M. Rudolf.
1843—48. M. Portr., Plänen, Tabellen usw. in Lith. Baden.

—— schweizerischer, s. Rudolf, J. M.

— schweizerischer, auf das Jahr 1854. Herausg. von Heinr. Leemann. Eingeleitet durch die Redaktion d. schweizer. Militärzeitschrift. Basel 854. Schweighauser'sche Verlhdlg. 16. (VII, 564 S.) 1 fl. 15 ngr.

Militär-Almanach, Württembergischer, s. a. F. v. Fromm.

Württembergischer Militär-Almanach. Hrsg. von F. v. Fromm. (22 B.) 8. Ulm 1825. 9,00.

Militär-Amtsblatt. Publikationsorgan des schweizer. Militärdepartements. Red.: Kanzlei des schweizer. Militärdepartements in Bern. 1.—3. Jahrg. 1908—1910. à 12 Nrn. (à ca. 36 S.) 8. Bern, Raillard & Co. à Jahrg. 4. —

Militär-Anwärter, der. Zeitschrift f. alle Militär-Anwärter der deutschen Armee. Red.: Waldemar Erdmann. 1. Jahrg. Juli—Dezbr. 1893. 12 Nrn. (à ca. 1½ Bog.) gr. 4. Berlin, G. Gerstmann. n. 3. 60

— dasselbe. 2. Jahrg. 1894. 24 Nrn. (à ca. 1½ Bog.) gr. 4. Ebd. n. 7 20

Militär-Anwärter, der. Zeitschrift f. alle Militär-Anwärter d. deutschen Armee u. d. kaiserl. Marine. 3. u. 4. Jahrg. 1895—1896. à 24 Nrn. (à ca. 12 S.) gr. 4. Berlin, G. Gerstmann. à Jahrg. n. 7. 20

— dasselbe m. e. Gratis-Beilage: Vakanzenliste f. Militär-Anwärter. 5. u. 6. Jahrg. 1897—1898. à 24 Nrn. (à ca. 12 u. 4 S.) gr. 4. Ebd. à Jahrg. n. 7. 20
Kann auch vierteljährlich bezogen werden.

— der. Zeitschrift f. alle Militär-Anwärter der deutschen Armee u. der kaiserl. Marine m. einer Gratis-Beilage: Vakanzenliste f. Militär-Anwärter. 7.—10. Jahrg. 1899—1902. à 24 Nrn. gr. 4. (à ca. 16 u. 4 S.) Berlin, G. Gerstmann. à Jahrg. n. 7. 20

— der. Zeitschrift f. alle Militär-Anwärter der deutschen Armee u. der kaiserl. Marine m. e. Gratis-Beilage: Vakanzenliste f. Militär-Anwärter. Schriftleiter: H. Sturtz. 11.—14. Jahrg. 1903—1906. à 24 Nrn. (IV, 396; IV, 540; IV, 556 u. IV, 648 S.) gr. 4. Berlin, S. Gerstmann. à Jhrg. n. 7. 20; geb. n.n. 7. 50

— der. Zeitschrift f. alle Militär-Anwärter der deutschen Armee u. der kaiserl. Marine m. e. Gratis-Beilage: Vakanzenliste f. Militär-Anwärter. Schriftleiter: H. Sturtz. 15.—18. Jahrg. 1907—1910. à 24 Nrn. (VIII, 692 u. 96 S.; VIII, 688 u. 96 S.; VIII, 684 u. 96 S. u. VIII, 768 u. 96 S.) Lex. 8. Berlin, S. Gerstmann. à Jahrg. 7. 20

Militäranwärter, der. Lehrbuch zur Erlangg. derjenigen Kenntnisse, welche bei der Prüfg. zur Anstellg. der Anwärter bei den Reichs- u. Staatsbehörden als Subalternbeamte notwendig sind. Methode Rustin. Selbst-Unterrichts-Briefe, hrsg. vom Rustinschen Lehrinstitut. Red. v. C. Ilzig. Bearb. v. Gust. Behrendt, Max Baumann, Frz. Bußler u. v. a. 1.—58. Lfg. Lex.-8. (2047 S. m. Abb., 1 Tabelle, 12 farb. Karten u. 38 farb. Kartens. in gr. 4.) Potsdam (900—902). Bonneß & Hachfeld. Subskr.-Pr. à n. — 90; Einzelpr. à n. 1. 25

Militäranwärter, der. Lehrbuch zur Erlangg. derjenigen Kenntnisse, welche bei der Prüfg. zur Anstellg. der Anwärter bei den Reichs- u. Staatsbehörden als Subalternbeamte notwendig sind. Methode Rustin. Selbst-Unterrichts-Briefe in Verbindg. m. eingeh. Fernunterricht. Hrsg. vom Rustinschen Lehrinstitut f. briefl. Unterricht. Red. v. C. Ilzig. Bearb. v. Gust. Behrendt, Max Baumann, Frz. Bußler u. v. a. 59.—109. Lfg. (1678 S. m. Abbildgn. u. 7 farb. Karten.) Lex.-8. Potsdam (903 bis 906). Bonneß & Hachfeld. Subskr.-Pr. à n. —90; Einzelpr. à n. 1. 25

Militäranwärter, der. Lehrbuch zur Erlangg. derjenigen Kenntnisse, welche bei der Prüfg. zur Anstellg. der Anwärter bei den Reichs- u. Staatsbehörden als Subalternbeamte notwendig sind. Methode Rustin. Selbst-Unterrichts-Briefe in Verbindg. m. eingeh. Fernunterricht. Hrsg. vom Rustinschen Lehrinstitut f. briefl. Unterricht. Red. v. C. Ilzig. Bearb. v. Gust. Behrendt, Max Baumann, Frz. Bußler u. v. a. 110.—118. Lfg. (302 S. m. 6 farb. Karten.) Lex. 8. Potsdam (907. 08.) Bonneß & Hachfeld. Subskr.-Pr. à — 90; Einzelpr. à 1. 25

— der, bei den Provinzialverbänden (Landesdirektionen). Eine Zusammenstellg. der hierauf bezügl. Bestimmgn., soweit sie f. den Militäranwärter v. Interesse sind, nebst Nachweisgn. der bei allen Provinzialverbänden f. Militäranwärter vorhandenen Beamtenstellen u. deren Gehaltssätze. Hrsg. v. der Schriftleitg. der Zeitschrift „Der Militär-Anwärter". (III, 24 S.) 8. Berlin 910. S. Gerstmann. 1. —

Militäranwärter-Berufswahl. H. 1. *Berlin: Kaiser-Wilhelm-Dank [1902.]* 8° [F.] [04. 1307]

Militäranwärter-Bibliothek. 1. Bd. 8. Berlin, Liebel. — 60
Wie bewerbe ich mich um e. Zivilstelle? Unentbehrlicher Ratgeber u. Wegweiser f. den Militäranwärter. Von M. Walter. (73 S.) 907.

Militärarchiv, neues, herausg. v. e. Gesellsch. deutsch. u. Schweizer Officiere. 1r bis 3r Thl. zu 6 Heften. gr. 8. Zürich, Orell, F. u. Comp. 804—5. (à 2 Rthlr. 16.)

Militärarchiv, Neues, hsg. von einer Gesellschaft erfahrener . . . Officiere. Zürich u. Leipzig 1805—6. H: *Thellung von Courtelary, V. E.* (Ky) (MGT)

Militär-Archiv, neues; hrsgg. von e. Gesellsch. deutscher u. schweizer. Officiere, (Thellung v. Courtelary). 1r—3r Thl. zu 6 Heften. gr. 8. Zürich 805—6. Orell. 6 ℛ 16 gl

Militär-Artikel, Die, der neuen Bundesverfassung. Luzern 1872. V: *Stocker, Abraham.* (Cat. d. Stadtbibl. Zürich. Zürich 1864—97.)

Militärarzt, der, s.a. Wochenschrift, Wiener medizinische.

Der Militärarzt. (Beilage z. Wiener medizin. Wochenschr.) Jahrg. 1—38. Wien 1867—1904. 38 Bde.

Der Militärarzt. (Beilage zur Wiener medizinischen Wochenschrift.) Wien 1905 bis 1911. Jahrg. 39 bis 45. 6 Bde.

Militärarzt, der. Zeitschrift f. das gesammte Sanitätswesen der Armeen. Begründet 1866 v. L. Wittelshöfer. Red. v. H. Adler. 24. Jahrg. 1890. 24 Nrn. (½ B.) gr. 4. Wien, Perles. n.n. 12. —

Militärarzt, der. Zeitschrift f. das gesammte Sanitätswesen der Armeen. Begründet 1866 v. Leop. Wittelshöfer. Red. v. Heinr. Adler. 25.—27. Jahrg. 1891—1893. à 24 Nrn. (à ca. ¾ Bog.) gr. 4. Wien, M. Perles. à Jahrg. n.n. 12. —

Militärarzt, der. Zeitschrift f. d. ges. Sanitätswesen d. Armeen. Begründet 1866 v. Leop. Wittelshöfer. Red. v. Heinr. Adler. 29.—32. Jahrg. 1895—1898. à 24 Nrn. (à ca. 4 S.) gr. 4. Wien, M. Perles. à Jahrg. n.n. 12. —; f. Abnehmer der „Wiener medicinischen Wochenschr." unentgeltlich.

Militärarzt, der. Zeitschrift f. das gesammte Sanitätswesen der Armeen. Red. v. Heinr. Adler. 33.—36. Jahrg. 1899—1902. à 24 Nrn. gr. 4. (à ca. 8 Sp.) Wien, M. Perles. à Jahrg. n.n. 12. —; f. Abnehmer der „Wiener medicin. Wochenschrift" unentgeltlich.

Militärarzt, der. Zeitschrift f. das gesamte Sanitätswesen der Armeen. Red. v. Heinr. Adler. 37.—40. Jahrg. 1903—1906. à 24 Nrn. (200, 212, 236 u. 236 Sp. m. Abbildgn.) gr. 4. Wien, M. Perles. à Jhrg. n.n. 12. —; f. Abnehm. d. „Wiener mediz. Wochenschrift" unentgeltl.

Militärarzt, der. Zeitschrift f. das gesamte Sanitätswesen der Armeen. Begründet v. L. Wittelshöfer. 1889—1909 red. v. Heinr. Adler. Red.: Adf. Kronfeld. 41.—44. Jahrg. 1907—1910. à 24 Nrn. (à ca. 16 Sp.) 33×25 cm. Wien, M. Perles. à Jahrg. nn 12.—; f. Abnehmer der „Wiener medizin. Wochenschrift" unentgeltlich.

Militär-Arzt, der, mit dem, was darum u. daran ist, mikroskopisch u. makroskopisch betrachtet. Militär- u. Civil-Aerzten, Staatsmännern, wie auch dem geliebten Publicum zugeeignet. Nebst einem Traum über das Verhältniß der Kleinstaaterei zum Menschen. Von einem Zweihänder. 1. u. 2. Aufl. gr. 8. (VIII, 52 S.) Essen 883. Silbermann. n. 1. 60

Der Militair-Arzt im Felde und in Garnison, oder die Kunst, die Gesundheit des Kriegers zu erhalten und wieder herzustellen; nebst Abhandlung über Aushebung der Recruten. Für Militair- und Commun-Behörden und Militair-Aerzte, so wie für Soldaten und Communal-Gardisten. Herausgegeben von einem Militair-Arzte. 100 S., gbd.

Meissen: Goedsche } 1831
Pesth: Wigand

JB 3.537

Militair-Arzt, der, im Felde u. in Garnison, od. d. Kunst, d. Gesundheit d. Kriegers zu erhalten u. wieder herzustellen; nebst Abhandl. üb. Aushebung d. Rekruten. Für Militair- u. Commun-Behörden u. Militair-Aerzte, so wie f. Soldaten u. Communal-Gardisten. Hrsg. v. e. Militair-Arzte. 8. (8 B.) Meißen 831. [Leipzig, Vetter u. Rostosky.]

Militärarzt, Der schweizerische, als Offizier. [Frauenfeld 1890.] V: *Ziegler, Heinrich.* (Cat. d. Stadtbibl. Zürich. Zürich 1864—97.)

Militär-Befreiung, die, auf gesetzlichem Wege mit Rücksicht auf das Wehrgesetz vom 5. Decbr. 1868, die hiezu erschienene Novelle vom 2. Octbr. 1882, den ungar. Gesetzartikel XL vom J. 1868 und den ungar. Gesetzartikel XXXIX vom J. 1882. 8. (VII, 121 S.) Wien 884, Manz'sche Hofverlagsh. *

Militärbehörden u. **Garnisonen** in Lothringen. Mit Angabe der Wohnung sämmtlicher in Metz garnisonir. Offiziere u. Militärbeamten. [Aus: „Jahrb. f. Lothr."] gr. 8. (15 S.) Metz 878. G. Lang. n. — 50

Militärbehörden, Truppenteile, Offiziere und Militärbeamten ['] der Garnison Graudenz Nach amtl Angaben zsgest. [1.] Nach dem Stande v 1 Mai 1908. Graudenz Kriedte 1908. 8⁰

Militärbehörden, Truppenteile, Offiziere u. Militärbeamter der Garnison Graudenz. Nach amtl. Angaben nach dem Stande vom 1. V. 1910 zusammengestellt. 5 Ausg (58 S.) 8. Graudenz 910. A. Kriedte. — 50

Militär-Bibliographie, allgemeine. Monatliche Rundschau üb. literar. Erscheingn. d. In- u. Auslandes u. kurze Mittheilgn. üb. Zeitfragen. Jahrg. 1893. 1894. à 12 Nrn. (à ca. ½ Bog.) gr. 8. Leipzig, G. Lang. à Jahrg. n. 1. 35

Militär-Bibliographie, allgemeine. Monatl. Rundschau üb. literar. Erscheingn. d. In- u. Auslandes u. kurze Mittheilgn. üb. Zeitfragen. 4. u. 5. Jahrg. 1895—1896. à 12 Nrn. (Bog.) gr. 8. Leipzig, Zuckschwerdt & Co. à Jahrg. n. 1. 35

— dasselbe. 6. Jahrg. 1897. 12 Nrn. (Bog.) gr. 8. Ebd. n. 1. 40

D. Fortsetzg. erschien u. d. T.:

Militär- u. Sport-Bibliographie, allgemeine. Monatsbericht üb. d. Militär- u. Sportliteratur d. In- u. Auslandes, Organ f. militär. Winterarbeiten nebst literar. Aufsätzen u. Besprechgn. 7. Jahrg. 1898. 12 Nrn. (Bog.) gr. 8. Ebd. n. 1. 40

Militär- u. Sport-Bibliographie, allgemeine. Monatsbericht über die Militär- u. Sportliteratur des In- u. Auslandes. Organ f. militär. Winterarbeiten nebst literar. Aufsätzen u. Besprechgn. 8. u. 9. Jahrg. 1899 u. 1900. à 12 Nrn. gr. 8. (à ca. 16 S.) Leipzig, Zuckschwerdt & Co. à Jahrg. n. 1. 40

— — dasselbe. 10. u. 11. Jahrg. 1901 u. 1902. à 12 Nrn. gr. 8. (à ca. 16 S.) Ebd. à Jahrg. 1. 50

Militär- u. Sport-Bibliographie, allgemeine. Monatsbericht üb. die Militär- u. Sportliteratur des In- u. Auslandes. Organ f. militär. Winterarbeiten nebst literar. Aufsätzen u. Besprechgn. Red.: H. Wiegrebe. 12.—15. Jahrg. 1903—1906. à 12 Nrn. (à Jhrg. 192 S.) gr. 8. Berlin, Zuckschwerdt & Co. à Jhrg. 1. 50

Militär- u. Sport-Bibliographie, allgemeine. Monatsbericht üb. die Militär- u. Sportliteratur des In- u. Auslandes. Organ f. militär. Winterarbeiten nebst literar. Aufsätzen u. Besprechgn. Red.: H. Wiegrebe. 16.—19. Jahrg. 1907—1910. à 12 Nrn. (à Jahrg. 192 S.) gr. 8. Berlin, Zuckschwerdt & Co. à Jahrg. 1. 50

Militärbibliothek, s. Bibliothek, milit.

Militärbibliothek. 1.—4. Stück. Hannover 1782—84. H: *Scharnhorst, Georg von.* (Ky) (MS) (MGT)

Militärbibliothek, (v. G. v. Scharnhorst). 16—46 Stck. 8. Hannov. 782—84. Helwing. 1 ₰ 16 gr. Fortsetz., s. Bibliothek f. Officiere.

Militair-Bibliothek, allgemeine Preußische. 1. Bd. A. u. d. T.: Das Königl. Preußische Militär-Pensions-Reglement vom 13. Juni 1825 u. resp. 4. Juni 1851 und Versorgung der altgedienten Militairs und der Militair-Invaliden in Civil-Diensten. Zusammengestellt u. herausg. von G. M. Klette. Berlin 854. Hasselberg. gr. 8. (VIII, 288 S. u. XXVI S. incl. 2 Tab. in Fol.) n. 1 ₰.

— 2. Bd. 1. Abth. A. u. d. T.: Sammlung der Verordnungen über das Heirathen der Militairpersonen und Beamten der Kgl. Preuß. Armee, Versorgung deren Wittwen durch Pensionen, Gewährung von Gnadengehalt an die Hinterbliebenen bei eingetretenen Todesfällen und Unterstützung der Familien activer Militairpersonen bei eintretendem Kriege ɾc. Nach amtlichen Quellen zusammengestellt von G. M. Klette. Berlin 855. Huber. gr. 8. (VI, 126 S.) 15 ngr.

Militär-Bibliothek, österreichische. Red. u. herausg. von Jul. Künell. 1—39. Liefg. Wien 863, 64. (Nürnberg, W. Schmid.) gr. 8. Jede Liefg. n. 10 ngr.

1. 6. 15. 31. Liefg. [8. Bd.] Feldfortification u. Grundzüge der permanenten Befestigung. Verfaßt von Rich. Zeitteles. (342 S. u. 5 lith. Taf. in gr. 8., 4. u. Fol.)
2. 8. 17. 18. 25. 34. Liefg. [3. Bd.] Allgemeine und Militär-Geographie. Verfaßt von Geo. Schaller. (464 S., 2 lith. Taf. u. 1 lith. Karte in Fol.)
3. 7. 16. 32. Liefg. [7. Bd.] Pionnierdienst. Verfaßt von Wendelin Boheim. (S. 1—304 u. 14 lith. Taf.)
4. 5. 9. 13. 19. 23. 27. 33. 37. 38. Liefg. [10. u. 11. Bd.] Allgemeine u. Kriegs-Geschichte. Verfaßt von Bertram Gatti. (1. Bd.: 406 S.; 2. Bd.: S. 1—368 u. 11 lith. Taf.)
10. 11. 20. Liefg. [1. Bd.] Adjutantendienst. Verfaßt von Hugo Schram. (238 S.)
12. 21. 26. Liefg. [5. Bd.] Terrainkunde. Verfaßt von Jul. Künell. 2. Thl.: Terraindarstellung. (248 S. u. 14 lith. Taf.)
14. 24. 39. Liefg. [6. Bd.] Waffenlehre. Verfaßt von Sam. Köchert. (S. 1—224 u. 5 lith. Taf.)
22. 30. 35. Liefg. [2. Bd.] Militär-Administration. Verfaßt von Hugo Schram. (230 S.)
28. 29. 36. Liefg. [9. Bd.] Elemente der Kriegskunst. Verfaßt von Zeno Graf Wellersheimb. (216 S.)

Militär-Bibliothek, österreichische. Redig. u. herbg. von Jul. Künell. 40—58. Liefg. Wien 865—66. (Seidel & Sohn.) (Nürnberg, W. Schmid.) gr. 8. Subscr.-Pr. Jede Liefg. n. 10 ngr.
40. Liefg. [7. Bd.] Böheim, Wendelin, Pionnierdienst. (S. 305—391 mit 2 Steintaff. in gr. 8. u. qu. Fol.)
41. u. 42. Liefg. [11. Bd.] Gatti, Bertram, Allgemeine u. Kriegsgeschichte. 2. Bd. Mittelalter. (S. 369—491 mit 3 Steintaff.)
43., 53., 54. Liefg. [6. Bd.] Köchert, Sam., Waffenlehre. (S. 225—422 mit 3 Steintaff.)
44., 45., 47—50., 52., 55. Liefg. [12. Bd.] — —. 3. Bd. Neue Zeit I. (564 S. mit 4 Steintaff.)
46., 51., 56., 57. Liefg. [4. Bd.] Künell, Jul., Terrainkunde. 1. Thl. Terrainlehre. (304 S. mit 2 Steintaff.)

Militär-Bibliothek, österreichische. 13. Bd. 1. u. 2. Heft: Allgemeine u. Kriegsgeschichte von Bertram Gatti. 4. Bd.: Neue Zeit II. 1. u. 2. Heft. Wien 867. (Seidel & Sohn.) (Nürnberg, W. Schmid.) gr. 8. (S. 1—160.) n. 20 ngr.

Militär-Bibliothek, Oesterreichische. Redigirt und herausgegeben von Julius Künell, k. k. Hauptm. im 75. Inft.-Reg. Graf Folliot de Crenneville. 1. Bd. Adjutantendienst. Verf. von Hugo Schram, k. k. Hauptm. im 18. Inft.-Reg. 2. Bd. Militär-Administration. Verf. von Hugo Schram, k. k. Hauptm. im 18. Inft.-Reg. 3. Bd. Allgemeine und Militär-Geographie. Verf. von Georg Schaller, k. k. Hauptm. im 11. Grenz-Inft.-Reg., Abth.-Vorstand d. k. k. milit.-geogr. Institutes, etc. Mit 2 lith. Taf. und einer Karte von Oesterreich. 4. Bd. Terrainkunde 1. Th. Terrainlehre. Verf. von Julius Künell, k. k. Hauptm. im 75. Inft.-Reg. Mit 2 lith. Taf. 5. Bd. Terrainkunde. 2. Th. Terraindarstellung. Verf. von Julius Künell, k. k. Hauptm. im 75. Inft.-Reg. Mit 14 lith. Taf. 6. Bd. Waffenlehre. Verf. von Samuel Köchert, k. k. Hauptm. der Artill., Prof. des höheren Artill.-Cursus. Mit 8 lith. Taf. 7. Bd. Technischer Pionnierdienst im Felde mit Rücksichtnahme auf die neuesten Erfahrungen im Kriegswesen. Verf. von Wendelin Böheim, k. k. Oberlieut. im Pionnier-Corps, Prof. a. d. Milit.-Akad. zu Wr. Neustadt. Mit 16 lith. Taf. 8. Bd. Feldfortification und Grundzüge der permanenten Befestigung. Verf. von Richard Jeitteles, k. k. Oberlieut. d. Genie-Stabes. Mit 8 lith. Taf. 9. Bd. Elemente der Kriegskunst. Verf. von Zeno Graf Welsersheimb, k. k. Hauptm. des Generalstabes. Mit 5 Holzschn. 10. bis 13. Bd. Allgemeine und Kriegsgeschichte. Verf. von Bertram Gatti, k. k. Hauptm. im 73. Inft. Reg., Prof. an d. k. k. Genie-Akad. 1. Th. Alte Zeit. Mit 7 lith. Taf. 2. Th. Mittelalter. Mit 6 lith. Taf. 3. Th. Neue Zeit I. Mit 4 lith. Taf. 4. Th. Neue Zeit II. Mit 4 lith. Taf. (13 Bde.) 8. Wien 1866—1868.

Militär-Bibliothek, Schweizerische. (9 Bde.) kl. 8. Basel 1819—1839.

Schweizerische Militairbibliothek. Bd 1—9. Basel (c. 1830). 8°.

Militairbibliothek, Schweizerische, 1—9. Bdchn. 16. (157 B., 19 Tab. u. 32 Stnt.) Basel (831—33), Schweighauser.
Bdchn. 1. Organisat. d. Armee. 8 Gr. — Gesetze f. d. Rechtspflege. 10 Gr.] zusamm. nur 16 Gr.
" 2. Infant. Er. Rgl. Soldatenschule. 4 Gr. — P(e)lotonsschule. 6 Gr. — Bataillonsschule. 10 Gr. } zus. nur 18 Gr.
" 3. Reglement f. d. Felddienst. 11 Gr. — f. d. leichte Infanterie. 5 Gr. — f. d. Scharfschützen. 3 Gr. } zus. nur 16 Gr.
" 4. Reglement f. d. Cavallerie. 10 Gr. — Feldbefestigung v. Dav. Rüscheler. 12 Gr.] zus. nur 18 G
" 5. Reglement f. d. Kriegskommissariat. 10 Gr. — f. d. Brigadeunterricht. 10 Gr.] zus. nur 18

Militairbibliothek, Schweizerische, rc.
Bdchn. 6. Reglement f. d. Gesundheitsdienst. 10 Gr. — f. d. Pferdeärzte. 2 Gr. — f. d. Rechnungswesen. 10 Gr. } zus. nur 18 Gr.
" 7. Reglement üb. d. innern Dienst u. Disciplin, nebst Schema e. neuen Reglem. u. d. Verfügung d. Kriegsraths üb. d. Gepäck d. Offiziere. 9 Gr. Unterr. üb. einige Gegenstände d. eidgen. Kriegswesens rc. 7 Gr. Als Anhang: Zusammenstellung d. Kommandoworte f. d. Infanterie-Offiziere. 4 Gr. } zus. nur 15 G
" 8. Zusammenstellung d. eidgenöss. Ordonnanzen u. Vorschriften üb. d. Materielle u. d. Ausrüstung. 18 Gr.
" 9. Kurzer Leitfaden zum Unterr. in d. Artillerie f. d. schweiz. Offiziere rc. 12 Gr. Handbuch d. Batteriebaues, z. Gebr. d. eidgenöss. Artillerie, v. Dav. Rüscheler. 12 Gr.
Ausg. auf Postpap. ist um ein Drittel der angegeb. Preise theurer.

Militärbilderbuch, das. Die Armeen Europas. In Bildern v. Rich. Knötel, m Text v. H. Vogt, hrsg. v. J. Lohmeyer. Mit 36 Bildern in Farbendr. u. 14 Vignetten. gr. 4. (III, 48 S.) Glogau 887. Flemming. geb. 6.—

Militärbilderbuch, Das. Die Armeen Europas. In Bildern von Richard Knötel, mit Text von Oberstlieut. Hermann Vogt, herausgegeben von Julius Lohmeyer. Mit 36 Bildern in Farbendruck und 14 Vignetten. 4. Glogau (1890).

Militärbilderbuch, das. Die Armeen Europas. In Bildern v. Rich. Knötel, m. Text v. Herrm. Vogt, hrsg. v. Jul. Lohmeyer. Mit 36 Bildern in Farbendr. u. 14 Vignetten. 2. Aufl. gr. 4. (III, 48 S.) Glogau 890, Flemming. geb. 8 —

Militär-Bildung und Wissenschaft, Ueber. Beihft. z. „Milit.-Wochenblatt". Berlin 1873.

Militär-Bildungs-Anstalten, die kaiserlich-königlichen, mit besonderer Rücksicht auf die Vorschriften für den Eintritt in dieselben. Zusammengestellt aus den allerhöchst sanctionirten Reglements der Militär-Bildungs-Anstalten. Wien 854. (Seidel.) gr. 8. (50 S. u. 1 Tab. in Fol.) n. 8 ngr.

Militair-Briefstil, der, f. Offizier-Aspiranten, unter Zugrundelegg. der f. Kriegsschulen im J. 1873 hierüber gegebenen Bestimmgn. bearb. 8. (IV, 91 S. m. eingedr. Holzschn.) Potsdam 876. Stein. n. — 80

Militär-Briefstil, Der, für Offizier-Aspiranten unter Zugrundelegung der für Kriegsschulen im Jahre 1873 hierüber gegebenen Bestimmungen bearbeitet. 2. Aufl. Potsdam 1878. V: *Glodkowski* (*Major*). (Russell IX, 297)

Militair-Briefstiel, der, für Offizier-Aspiranten unter Zugrundelegung der für Kriegsschulen im J. 1873 hierüber gegebenen Bestimmungen bearb. 2. Aufl. 8. (IV, 91 S.) Potsdam 878. Stein. n. — 80

Militärbuch. Schweizerisches Militairb'. Basel 1824–1827 s. (Wieland, [Johannes]).

Zum „Militär-Budget." Betrachtungen über österreichisches Heerwesen. (Sep.-Abdr. a. d. militär. Wochenblatte: „Der Kamerad.") gr. 8. (48 S.) Wien. Dirnböck. 1862. 35 kr.

Militair-Budget, das, des norddeutschen Bundes. (11. Abschnitt 58. Artikel des Entwurfes) von einem früheren Abgeordneten. Berlin 867. Gaertner. gr. 8. (20 S.) 3 ngr.

Militärbudget — württembergisches — nach Vorlage des Kriegsministers Wagner. 4°

Militär-C ..., s. Militär -K ...

Militärdebatte des preuss. Abgeordnetenhauses im Jahre 1865 nebst den Reden des Kriegsministers von Roon, des Referenten Dr. Gneist, der Abg. Wagener, Waldeck und Forckenbeck. Hrg. von H. Steinitz. 8 Berlin 1865.

Militairdienst, der, der Prinzen des königl. Hauses, s. Soldaten-Freund, der.

Militä(ai)rdienst-Catechismus f. Unteroffiziere u. Soldaten d. Kgl. Preuß. Infanterie. Ein Leitfaden zum Unterr. angeh. Krieger, aus mehr. Kgl. Dienstvorschriften u. höhern Orts genehm. Werken in Fragen u. Antworten zusammengetr. 8. (12½ B.) Glogau 828, [Flemming.]

Militär-Dienst-Katechismus f. Unterofficiere u. Soldaten d. Kön. Preuß. Infanterie. Ein Leitfaden z. Unterricht angehend. Krieger, aus mehreren Königl. Dienstvorschriften u. höhern Orts genehmigt. Werken in Fragen u. Antworten zusammengetragen. 8. Glogau 828. Neue Günter'sche B. 8 g̃r

Militär-Dienststyl, der. Seine Entstehg., Mängel u. Mittel seiner Besserg. Vortrag geh. im Wiener militär-wissenschaftl. Vereine nebst e. Beispiel-Sammlg. der gebräuchl. Unrichtigkeiten gr. 8. (63 S.) Teschen 873. Prochaska. n. 1. 20

Militär-Dienst-Styl, der, im untergeordneten Verhältniß. Ein Leitfaden zur Verfassung von Aufsätzen des untergeordneten Verhältnisses und von vermischten Aufsätzen. Von einem k. k. Offizier. gr. 16. (V und 121 S.) Wien 861, Dirnböck.

Militär-Dienst-Styl, der, im untergebenen Verhältniß. Ein Leitfaden zur Verfassung von Aufsätzen des untergebenen Verhältnisses und von vermischten Aufsätzen. 2., auf Grund der neuesten Verordnungen über die Vereinfachung der militär. Correspondenz verfaßte Aufl. gr. 16. (IV und 121 S.) Wien 862, Dirnböck's Buchh.

Militär-Dienst-Verpflichtung, besondere, in Folge der auf Kosten des Staates genossenen Erziehung und Bildung. Berlin 1824. fol.

Militär-Diplome, 12 römische, s. Arneth, J.

Militär-Diplome, 12 Römische. Beschrieben v. Jos. Arneth; auf Stein gezeichnet von Alb. Camesina. gr. 4. (Mit 25 Bl. in Farbendruck.) Wien 843. (Rohrmann.) n. 2⅚ ₰

Militär-Eisenbahn-Ordnung. 1. u. 2. Thl. gr. 8. Berlin 887. E. S. Mittler & Sohn. n. 2. 50; kart. n.n. 3. —
1. A. Kriegs-Transport-Ordnung. B. Militärtarif. — Militärische Ausführungsbestimmgn. zu A u. B. (241 S. u. Tekturen 1—20. 7 Bl. m. Abbildgn.) n. 1. 75; kart. n.n. 2. —
2. C. Ausrüstung u. Einrichtung v. Eisenbahnwagen f. Militärtransporte. D. Hergabe v. Personal u. Material der Eisenbahnverwaltungen an die Militärbehörde. E. Kriegsbetrieb u. Militärbetrieb der Eisenbahnen. — Militärische Ausführungs-Bestimmgn. zu C, D u. E. (74 S. u. Tekturen 1—4. 2 Bl. m. 7 Taf.) n. — 75; kart. n. 1. —

Militär-Eisenbahn-Ordnung. 3 Thle. 8. Berlin 888, Mittler und Sohn. **M 2.50.; cart. **
Inhalt:
Thl. I. A. Kriegs-Transport-Ordnung. — B. Militärtarif. Militärische Ausführungs-Bestimmungen zu A. und B. (242 S.) **M 1.25.; cart. **M 1.50.
Daraus einzeln:
Militärische Ausführungs-Bestimmungen zur Militär-Eisenbahn-Ordnung. Ebendas. 888. ** 60 Pf.; cart. ** 75 Pf.
Thl. II. C. Ausrüstung und Einrichtung von Eisenbahnwagen für Militärtransporte. — D. Hergabe von Personal und Material der Eisenbahnverwaltungen an die Militärbehörde. — E. Kriegsbetrieb und Militärbetrieb der Eisenbahnen. Militärische Ausführungs-Bestimmungen zu C., D. und E. (74 S.) ** 55 Pf.; cart. ** 75 Pf.
• III. F. Friedens-Transport-Ordnung. — G. Verzeichniß der Sprengstoffe und Munitionsgegenstände hinsichtlich ihrer Zutheilung zur Gefahrklasse. Militärische Ausführungs-Bestimmungen zu F. (143 S.) ** 70 Pf.; ** cart. 90 Pf.

— dasselbe. I. Thl. (K. Tr. O.) Aenderung der § 9, 2, 4 u. 5, § 48 u. der Anlage XI, sowie der militär. Ausführungs-Bestimmgn. zu § 48 I. Thl. 8. (11 S.) Ebd. 894. — 10 (I. Thl. m. den Deckblättern u. der Aenderg.: n. 1. 80; kart. n. 2. 10)

— dasselbe. III. Thl. (F. Tr. O.) Aenderg. d. § 34, 2—4, d. § 35 u. d. Verzeichnisses der Sprengstoffe u. Munitionsgegenstände (G). 8. (14 S.) Berlin 894. E. S. Mittler & Sohn. — 15 (III. Thl. m. d. Deckblättern u. der Aenderg.: 1. 20; kart. n. 1. 35)

Militär-Eisenbahn-Ordnung. I. u. II. Thl. 8. Berlin, J. Springer. Kart. n.n. 1. 55
Thl. II C. einzeln (16 S. m. 6 Taf.) n.n. — 40
I. (A.) Militär-Transport-Ordng. u. (B.) Militärtarif f. Eisenbahnen. Ausgegeben durch das Reichs-Eisenbahn-Amt. (151 u. 4 S.) 899. n.n. — 75
II. C. Bestimmungen, betr. die Ausrüstg. u. Einrichtg. v. Eisenbahnwagen f. Militärtransporte, D. Vorschrift üb. die Hergabe v. Personal u. Material der Eisenbahnverwaltgn. an die Militärbehörde u. E. Instruktion, betr. Kriegsbetrieb u. Militärbetrieb der Eisenbahnen. Ausgegeben durch d. Reichs-Eisenbahn-Amt. (VIII, 44 S. m. 6 Taf.) 902. n. — 80

Militär-Eisenbahn-Ordnung. Mit den militär. Ausführungs-Bestimmgn. I. u. II. Thl. 8. Berlin, E. S. Mittler & Sohn. n. 1. 10; kart. n. 1. 50
I. A. Militär-Transport-Ordnung. B. Militärtarif. (X, 229 S.) 899. n. — 70; kart. n. — 90
II. C. Bestimmungen, betr. die Ausrüstg. u. Einrichtg. v. Eisenbahnwagen f. Militärtransporte, v. 18. III. 1902. D. Vorschrift üb. die Hergabe v. Personal u. Material der Eisenbahnverwaltgn. an die Militärbehörde v. 7. VII. 1902. E. Instruktion, betr. Kriegsbetrieb u. Militärbetrieb der Eisenbahnen v. 7. VII. 1902. (D. V. E. Nr. 68.) (VI, 56 S. m. 8 Taf.) 902. — 40; kart. n. — 60

Militär-Eisenbahn-Ordnung. II. Tl. Ausg. durch das Reichs-Eisenbahn-Amt. 1. Nachtrag. (3 S. m. 1 Taf.) 8. Berlin 907. J. Springer. — 10
Hauptwerk I. u. II. Tl. Ebd. 899. 902. nn 1.55.

Das **Militär-Eisenbahnwesen** bei den Großmächten. Dresden: E. v. Witzleben 1908. (24 S.) 8°
— **Revue**, Internat., über d. gesamten Armeen u. Flotten. Beih. 97. 108. 7607

Militair-Encyclopädie, allgemeine. Unter Mitwirkung der H.H. Blesson, Louis Schneider, Jordan ꝛc. hrsg. von Heinr. v. Hausen. (In ca. 40 Lfgn.) 1. und 2. Lfg. Lex.-8. (S. 1—160.) Leipzig 856, E. Schäfer. à Lfg. * 10 Ngr. Thlr. *

Militair-Encyclopädie, allgemeine. Unter Mitwirkung von H. H. Blesson, Louis Schneider, Jordan ꝛc. hrsg. von Heinr. Frhrn. v. Hausen. 3—29. (Schluß-)Lfg. Lex.-8. Leipzig 857—59, E. Schäfer. [1. Bd. (V und S. 161—628.) 2. (620 S.) 3. (620 S.) 4. (404 S.)] à Lfg. * 10 Ngr. Thlr. *
1. und 2. Lfg. Ebendas. 1856. * 20 Ngr.

Militair-Encyclopädie, allgemeine. Hersg. u. bearb. von einem Verein deutscher Offiziere u. Anderen. 2., völlig umgearb. u. verb. Aufl. 1—36. Liefg. Zeitz 867,70. Leipzig, Webel. gr. 8. (1—6. Bd. à 384 S.) Jede Liefg. n. 10 ngr.

Militär-Encyklopädie, allgemeine. Hrsg. u. bearb. v. e. Vereine deutscher Offiziere u. Anderen. 2. völlig umgearb. u. verb. Aufl. 37—60. (Schluß-)Lfg. gr. 8. (7. Bd. 386, 8. Bd. 384, 9. Bd. 382 u. 10. Bd. 619 S.) Leipzig 871—74. Webel. à n. 1. —

Militair-Encyclopädie, allgemeine. Hrsg. und bearb. von einem Verein deutscher Offiziere u. A. Supplement. 5 Lfgn. gr. 8. Leipzig, Webel. [1.—3. Lfg. (S. 1—288.) 877. à *M 1,80.; 4. Lfg. (S. 289—368.) 877. *M 1,50.; 5. Lfg. (S. 369—494.) 878. *M 2,40.]
Hauptwerk mit Suppl. 11 Bde. 1868—78. *M 69,30., herabges. Pr. **M 30., geb. *M 75., herabges. Pr. **M 38.

Militär-Erinnerungs-Kalender f. die Königl. Preuß. Armee auf das J. 1829 u. 30. 12. Erfurt 828, 29. (à 18 g̃r) 1 ₰ 12 g̃r

Militär-Ersatz-Instruction für das Königreich Bayern. Unter Zugrundelage der Militär-Ersatz-Instruction für den Norddeutschen Bund vom 26. März 1868. (Beilage zum Verordnungsblatt des k. Bayerischen Kriegsministeriums.) Münch. 1872.

Militärersatzinstruction, die, f. das Königr. Bayern vom 30. Juli 1872, nebst dem Reichsgesetze üb. Einführg. d. norddeutschen Kriegsdienstes in Bayern u. dem Kriegsdienstgesetze vom 9. Nov. 1867 m. den zur Zeit noch gilt. Artikeln d. bayer. Wehrverfassungsgesetzes vom 30. Jan. 1868 u. den zur Militärersatzinstruction ergangenen Vollzugs-Vorschriften. 3 Lfgn. 8. (XI, 427 S.) Bamberg 873. Buchner. n. 4. 50

Militair-Ersatz-Instruction für den norddeutschen Bund. Vom 26. März 1868. Berlin 868. v. Decker. 8. (XX, 236 S.) n. 8 ngr.

— — Dresden 868. Meinhold & Söhne. gr. 8. (XXVI, 278 S.) n. 12 ngr.

—— s. Sachregister, alphabetisches.

Militair-Ersatz-Instruction für die preußischen Staaten. Vom 9. Dezbr. 1858. Berlin 859. v. Decker. 8. (XVI, 168 S.) n. 5½ ngr.

— für die preußischen Staaten u. Verordnung zur Ausführung derselben, vom 9. Dezbr. 1858, nebst der Bekanntmachung, betr. die Einführung in den Herzogth. Schleswig-Holstein, vom 8/10. Dezbr. 1866. 1. Lfg. [Aus Flensburger Norddeutsche Zeitung.] Flensburg 867. Herzbruch. hoch 4. (8 S.) 3 ngr.

Militär-Erziehungs- und Bildungsanstalten. Aufnahms-Bedingungen. Berichtigt bis Ende Februar 1886. 8°. (32 S.) Seidel & Sohn. fl. —.20. 1886.

Militär-Erziehungs-Anstalten, Ueber, und Cadettenhäuser von einem ehemaligen Zöglinge derselben. 8. Berlin und Leipzig 1809.

Militair-Erziehungs Anstalten, Die kais.-königlichen. (Zier Titel, 27 Abbildungen und 1 Uebersichtsblatt. Das Titelblatt nach Zeichnung von F. Kollarz, die übrigen nach Zeichnungen von W. Doderer. Chromolithographien von Reiffenstein und Rösch in Wien.) (Donation Liechtenstein.) gr. Fol. Wien (zirka 1852).

Militär-Erziehungs-Anstalten, die kaiserlich-königlichen, mit besonderer Rücksicht auf die Vorschriften für den Eintritt in dieselben. Zusammengestellt aus dem allerhöchst sanctionirten Reglement für die k. k. Militär-Bildungs-Anstalten. Wien 859. Seidel in Comm. gr. 8. (46 S.) n. 15 ngr.

Militär-Erziehungs- und Bildungs-Anstalten, die k. k. Aufnahms-Bedingungen. Berichtigt bis 31. Jänner 1881. 8. (28 S.) Wien 881, Seidel und Sohn. *

—— —— dass. — Berichtigt bis Ende Septbr. 1881. 8. (28 S.) Ebendas. 881. *

—— —— dass. — Berichtigt bis Ende Juni 1882. 8. (37 S.) Ebendas. 882. *
1883 nicht erschienen.

—— —— dass. — Berichtigt bis Ende Aug. 1884. 8. (37 S.) Ebendas. 884. *

Militär-Erziehungs- und Bildungs-Anstalten, die k. k.; — Aufnahms-Bedingungen. Berechtigt bis Ende März 1887. gr. 8. (88 S.) Wien 887, Seidel und Sohn. *

—— dass. — Ausg. 1888. gr. 8. (56 S.) Ebendas. 888. *

Militär-Erziehungs- u. Bildungs-Anstalten, die k. u. k., [ausschließlich der Cadetenschulen]. Aufnahms-Bedinggn. Zusammengestellt nach dem Verordnungsblatt f. das k. u. k. Heer, 8. Stück, Normal-Verordngn. vom 14. März 1888. Circular-Verordng. vom 12. März 1888, Präs.-Nr. 1337. [Berichtigt bis Ende Decbr. 1889.] 8. (56 S.) Wien 890. Seidel & Sohn. n. — 60

Militär-Erziehungs- u. Bildungs-Anstalten, die k. u. k., [ausschließlich der Cadettenschulen]. Aufnahms-Bedinggn. Zusammengestellt nach dem Verordnungsblatt f. das k. u. k. Heer, 8. Stück, Normal-Verordngn. vom 14. März 1888. Circular-Verordng. vom 12. März 1888, Präs.-Nr. 1337. [Berichtigt bis Ende Apr. 1891.] 8. (56 S.) Wien 891. L. W. Seidel & Sohn. n. — 60

Militär-Erziehungs-Cadetten-häuser 2c. 8. Berlin, Littfas. (Fr. Bruder in Leipz. in Commiss.)

Militär-Etat der III. Armee-Division pro 1878. 8. (24 S. m. 1 Tab.) Brugg 878. Fisch, Wild & Co. n. — 80

Militär-Etat der VI. Armeedivision pro 1878, mit Ordre de bataille. 8°, 24 S. u. Beilage. Brugg, Fisch, Wild & Cie.

—— der VII. Armee-Division pro 1878. 8. (23 S. mit 1 Tab. in 4.) Ebendas. 878.

Militär-Etat des Kantons Basel-Landschaft auf 1. April 1880. In-8°, 31 S. Liestal, Druck von A. Brodbeck.

Militär-Etat des Kantons Bern auf 1. Mai 1888. In 8°, 79 S. Bern, Buchdruckerei von G. Michel.

Militär-Etat des V. Divisions-Kreises. Kantone: Solothurn, Baselstadt, Baselland, Aargau.... 8.
... auf Anfang April 1901. 82 S. Basel, Franz Wittmer, 1901.
... auf Anfang April 1902. 84 S. Solothurn, Zepfel, 1902.
... auf Anfang April 1903. 83 S. Liestal, Gebr. Lüdin, 1903.
... auf Mitte April 1904. 83 + 1 S. Aarau, Buchdr. des Aargauer Tagblatt, 1904.

Militär-Etat des V. Divisions-Kreises. Kantone: Solothurn, Baselstadt, Baselland, Aargau, auf Mitte April 1905. 83 S. 8. Basel, Franz Wittmer, 1905.

Militär-Etat des V. Divisions-Kreises. Kantone: Solothurn, Baselstadt, Basellland, Aargau, auf Anfang April 1906. 85 S. 8. Solothurn, Zepfel, 1906.

Militär-Etat des 5. Divisions-Kreises. Kantone Solothurn, Basel-Stadt, Basel-Land, (*1910: Sol', Baselland, Baselstadt,) Aargau ... 8
... auf Anfang April 1907. 84 S. Liestal, Gebr. Lüdin, 1907.
. für das Jahr 1908. 76 S. Aarau, Emil Wirz, 1908.
.. für das J' 1909 76 S. Basel, Franz Wittmer, 1909.
... auf das J' 1910. 78 S. Solothurn, Zepfel, 1910.

Militäretat. Militär-Etat des VII. Divisions-Kreises (Kantone Thurgau, St. Gallen, Appenzell A.-Rh. und I.-Rh.) auf Ende März 1901. 74 S. 8. Frauenfeld, Huber & Co., 1901.

Militär-Etat des VII. Divisions-Kreises (Kantone Thurgau, St. Gallen, Appenzell A. Rh. und I. Rh.) auf Anfang Mai 1902. 77 S. 8. St. Gallen, A. Loehrer, 1902.

Militär-Etat des VII. Divisionskreises (Kantone Thurgau, St. Gallen, Appenzell A.-Rh. und I.-Rh.) auf Ende März 1903. 77 S. 8. Frauenfeld, Huber & Co., 1903.

Militär-Etat des VII. Divisions-Kreises (Kantone Thurgau, St. Gallen, Appenzell A. Rh. und I. Rh.) auf Mitte März 1904. 73 S. 8. Herisau, Schläpfer & Cie., 1904.

Militär-Etat des VII. Divisions-Kreises (Kantone Thurgau, St. Gallen, Appenzell A.-Rh. und I.-Rh.) auf Mitte April 1905. 75 S. 8. St. Gallen, V. Schmid & Co., 1905.

Militär-Etat des VII. Divisions-Kreises (Kantone Thurgau, St. Gallen, Appenzell A. Rh. und I. Rh.) auf Mitte April 1906. 75 S. 8. Herisau, Schläpfer & Cie., 1906.

Militär-Etat des VII. Divisions-Kreises (Kantone Thurgau, St. Gallen, Appenzell A.-Rh. und I.-Rh.) auf Mitte April 1907. 75 S. 8. Romanshorn, Louis Koch, 1907.

Militär-Etat des 7 Divisionskreises (Kantone Thurgau, St. Gallen, Appenzell A.-Rh. und I.-Rh.) auf Mitte Mai 1908. 69 S. 8. St. Gallen, V. Schmid & Co., 1908.

Militär-Etat des 7. Divisionskreises (Kantone Thurgau, St. Gallen, Appenzell A. Rh. und J. Rh.)... 8.
... auf Ende März 1909. 70 S. Herisau, Schläpfer & Cie., 1909.
... auf Ende April 1910. 69 S. Romanshorn, Louis Koch, 1910.

Militair-Etat, der, und die constitutionelle Doctrin. gr. 8. (35 S.) Berlin 867, v. Decker'sche geheime Ober-Hofbuchdruckerei.

Eidgenoessischer Militär-Etat auf 15. Juni 1877. Bern 1877. 139 S.
(Spätere Jhrg. s. Etat d. Offiz. d. schweizer. Bundesheeres.)

Militär-Etat des Kts. Glarns für das Jahr 1871. 17 Stn. 8.

Militär-Etat f. d. J. 1872. 18 Stn. 8.
Glarus 1872.

Militäretat. Militär-Etat des Kantons Glarus für das Jahr 1901. 28 S. (S. 8 u. ff. Doppelseiten). 8. Glarus, J. Spälti, 1901.

Militär-Etat des Kantons Glarus für das Jahr ... [Mit Wappenvignette.] 8. Schwanden, Dl. Tschudy-Aebly.
... 1902. 28 Doppel-S. 1902. — ... 1903. 27 Doppel-S. 1903. — ... 1904. 27 Doppel-S. 1904. — ... 1905. 27 Doppel-S. 1905. — ... 1906. 27 Doppel-S. 1906.

Militär-Etat des Kantons Glarus für das Jahr ... [Mit Wappenvignette.] 8.
... 1907. 22 Doppel-S. Glarus, Buchdr. »Merkur«, Setty Stüssi, 1907 — ... 1908. 42 S. Schwanden, Buchdr. Sch', [1908]. — ... 1909 44 S. Sch', Rud. Tschudy, 1909. — ... 1910. 39 S. [Glarus, D. Hefti & O Bartel, 1910.] — ... 1911. 39 S. [Gl', J Spälti, 1911]

Militär-Etat, Hessen-Darmstädtischer. 8. Darmstadt. 1799

Militär- Hof- und Civil-Etat, Grossh. Hessischer, für 1810 u. 11. Darmst. 1810-11. H: *Scriba, Johann Gg.* (HS)

Militär-Etat des Kantons Luzern für das Jahr 1883. In-8°, 60 S. Luzern, Druck v. Gebr. Räber.

Militär-Etat des russischen Reichs oder Verzeichniss aller in Kaiserlichen Diensten befindlichen Generalität u. Staabofficier, wie auch der Starschinen, der irregulairen Truppen u. der Ritter des St. Georgen-Ordens. A. d. Russ. 8. St. Petersburg 1777

Militär-Etat des schweizerischen Standes St. Gallen, s. Civil-, Militär- und Kirchen-Etat.

Militär-, Civil- und Kirchen-Etat, des schweizer. Standes St. Gallen, s. Civil-, Militär- und Kirchen-Etat.

Militär-Fecht- u. Turnlehrer-Curs, der k. u. k., in Wiener-Neustadt. Hrsg. vom k. u. k. Reichs-Kriegs-Ministerium, verf. vom k. u. k. Militär-Fecht- u. Turnlehrer-Club. gr. 8. (IV, 87 S. m. Tab. u. 5 Taf.) Wien 892. (L. W. Seidel & Sohn.) Kart. n. 4. —

Militar-Feld-Regulament. Wien 1759.

Zur Militairfrage. Ein Vorschlag. Berlin 1862. 8°.

Militairfrage. Zur Militairfrage v. e. Wilden. 8. (14 S.) Hamburg 893. C. Meißner's Verl. n. — 50

Militairfrage, die, im Januar 1864. gr. 8. (32 S.) Berlin 864, Springer's Verlag. *

— die, und der Landtag in den J. 1860—1862. 8. (63 S.) Berlin 862, v. Decker'sche geheime Ober-Hofbuchdruckerei. *

Militärgazette: 1862.
Weekly for German Americans in Union Army stationed in or near Washington. Publisher, Werner Koch. Editor, Louis Schade. No copy found.
Washington, DC

Militärgemeinde, Die evangelische, (Soldatenkirche) in Rom. Bericht und Bitte an die Brüder in Deutschland ... Düsseldorf 1899. V: *Capellini, Luigi.* (Berl)

Militär-Geographie. Galizien und das westliche Rußland. Wien: k. k. Hof- und Staatsdruckerei 1883. (Als Manuskript gedruckt.)

Militär-Geographie des norddeutschen Bundes, der süddeutschen Staaten und von Österreich. Frankfurt a. M. 1867. V: *Gavenda, Ant. Freih. v.* (KA)

Militär-Geographie des norddeutschen Bundes, der süddeutschen Staaten u. von Oesterreich. Frankfurt a. M. 867. Winter. br. 8. (X, 728 S.) n. 3 ~~n~~ 10 ngr.

Militär-Geographie

— — von Frankreich bis zur Loire u. der deutschen Provinzen Elsaß-Lothringen.
Berlin 1883. 155 S.

Militär-Geographie von Mittel-Europa, s. Pollatschek.

Militär-Geographie d. deutschen Reiches. gr. 8. (IX, 348 S.) Frankfurt a. M. 871. Winter. n. 4. —

Militär-Gerichts-Reglement, Von Sr. Majestät sanctioniertes. 1., 2., 3. und 4. Abtheilung. Kundgegeben in den Befehlen der Militär-Behörde. 1. Abth. am 28. März 1883 unter No. 84, 2. und 3. Abth. am 19. März 1884 unter No. 83, 4. Abth. unter No. 178 vom Jahre 1885. (2 Bde.) (In russischer Sprache.) 8. St. Petersburg 1884—1885.

Militair-Gesang- u. Gebetbuch, evangelisches, m. der preußischen Agende. Kleine Ausg. 16. (LIV, 206 S.) Berlin 885. G. Reimer. Auf ordinär Pap. n.n. — 25; auf stärkerem Pap n.n. — 40; geb. in Leinw. m. Goldschn. n. 1. 60; in Ldr. m. Goldschn. n. 2. —

— — dasselbe. Größere Ausg. auf feinem Pap. 8. (LVI, 256 S.) Berlin 885. G. Reimer. n.n. — 80; geb. in Leinw. m. Goldschn. n. 3. 60; in Ldr. m. Goldschn. n. 5. —; in Saffian m. Goldschn. n. 16. —

Militair-Gesang- u. Gebetbuch, evangelisches. Ohne preuß. Agende. Kleine Ausg. 16. (VI, 206 S.) Berlin 885. G. Reimer. Auf ordinär Pap. n.n. — 20; auf stärkerem Pap. n.n. — 35

— — dasselbe. Größere Ausg. auf feinem Pap. 8. (VIII, 256 S.) Ebend. 885. n.n. — 70

—— —— evangelisches. Ausg. für die königl. sächs. Truppen. 16. (262 S.) Leipzig 886, Pöschel und Trepte. geb. in Leinw. * 80 Pf.; mit Goldschn. * geb. in Leder mit Goldschn. *

Evangelisches **Militär-Gesang-** und Gebetbuch. *Berlin: G. Reimer [1900].* (224 S.) 8° [F.]

Militär-Gesang- u. Gebetbuch, evangelisches. 16. (224 S.) Berlin (901). G. Reimer. n.n. — 25; kart. n. — 40; auf feinem Papier n.n. — 40; geb. in Leinw. m. Goldschn. n. 1. 60; in Ldr. m. Goldschn. n. 2. —

Militär-Gesang- u. Gebetbuch, evangelisches. Neue Ausg. (222 S.) 16. Berlin 906. G. Reimer. Geb. n. — 45; m. Agenda (232 S.) geb. n. — 45

— — dasselbe. Neue große Ausg. (XVIII, 398 S.) kl. 8. Ebd. 906. n. 1. 80; geb. in Kaliko n. 2. 50; in Ldr. m. Goldschn. n. 4. —

Militär-Gesang- u. Gebetbuch, evangelisches. Neue Ausg. 1906. (Feine, kleine Ausg. auf besserem Pap.) (234 S.) 16. Berlin, G. Reimer. — 80; geb. in Leinw. m. Goldschn. 1.60; in Ldr. m. Goldschn. 2. —

Militärgeschäftsstyl, s. Geschäftsbuch, militärisches.

Militair-Gesetz, das hannoversche. Eine Zusammenstellung der neuesten u. hauptsächlichsten, auf die Verpflichtung der Unterthanen zum Militairdienste u. die Verhältnisse der im Militairdienste stehenden Mannschaft sich beziehenden gesetzlichen u. reglementarischen Vorschriften. Hannover 862. Meyer. gr. 8. (VI, 126 S.) n. 15 ngr.

Vollstaendiges Militär-Gesetz für das norddeutsche Bundesgebiet. Berlin 1867. 57 S.

Militair-Gesetz, vollständiges, für das norddeutsche Bundesgebiet. 2. Aufl. Berlin 867. C. Heymann's Verlag. gr. 8. (57 S.) n. 6 ngr.

Großherzoglich Mecklenburg-Schwerinsches Militair-Gesetzbuch. Schwerin 1855.

Militaer-Gesetzbuch für die Schweizer-Regimenter im Dienste Seiner Allerchristlichsten Majestät. Bern 1829. 222 S.

Militair-Gesetz-Codex, s. Kattner, H. J.

Militair-Gesetz-Codex für die schleswig-holsteinische Armee. 1. Thl.: Strafgesetze. gr. 8. (VII und 86 S.) Schleswig 849, (Bruhn's Buchh.) *

—— dass. — 2. Thl.: Strafgerichts- und Proceßordnung. gr. 8. (50 S.) Kiel 849, Akademische Buchhandlung. *

Militaer-Gesetz-Kodex für das preuß. Heer. Hrsg. von H. J. K. 2. Aufl. Bd 1. 2. Bd 2 zsgst. von Voß. Frankfurt a/O. 1854. 1860.
Bd 1. Strafgesetzbuch f. d. preuß. Heer vom 1. VII. 1851. — Kriegsartikel vom 9. XII. 1852. — Verordnung über d. Disziplinar-Bestrafung in d. Armee vom 21. X. 1841 u. i. d. Marine vom 10. IV. 1849. — Verordnung über die Ehrengerichte vom 20. VII. 1843 etc. — Strafgesetzbuch f. d. preußischen Staaten.
Bd 2. Ergänzungen zu Bd 1 u. Gesetze u. Verordnungen, die seit Erscheinen dess. ergangen.

Militär-Gesetz-Codex für das Preussische Heer . . . 2. Aufl. Frankfurt a. O. 1854. H: *Kattner, Hnr. Jul.* (Ky)

Militair-Gesetz-Codex für das Preußische Heer. Herausg. von H. J. K. (Kattner.) 2. Aufl. Frankfurt a. O. 854. Koscky u. Co. 12. (XII, 438 S.) n. 25 ngr.

Militair-Gesetz-Codex für das Preußische Heer. Zusammengestellt von Voß. Frankfurt a. O. 860. Schiefer. 12.
2. Bd.: Ergänzungen zum 1. Bde. Die seit dem Erscheinen des letzteren ergangenen Gesetze u. Verordnungen. Anhang. (XVII, 229 S.) n. 20 ngr.

[F.] **Militairgesetze.** Gesetz betr. d. Unterstützg v. Familien der zu Friedensübgn einberufenen Mannschaften v. 10. Mai 1892. Ges. betr. einige Abändergn . . . der Militairpensionsges. v. 27. Juni 1871 u. v. 4. Apr. 1874, sowie des Reichsbeamtenges. v. 31. März 1873 u. des Ges. üb. d. Reichsinvalidenfonds v. 11. Mai 1877 v. 22. Mai 1893. Ges. betr. d. Ersatzvertheilg v. 26. Mai 1893. Ges. betr. d. Gewährg v. Unterstützgn an Invaliden aus d. Kriegen vor 1870 . . . v. 14. Jan. 1894. Ges. gegen d. Verrath militair. Geheimnisse v. 3. Juli 1893. *Berlin: A. Weichert [1896].* (26 S.) 1 Bd 8.
— **Reichsgesetze,** Deutsche. Bd 6.

— **des norddeutschen Bundes. Heft II., enthltd. Gesetze u. Verfügungen, betr. Belagerungszustand vom 4. Juli 1851, Einstellung des Civilprozeßverfahrens vom 21. Juli 1870, Einstellung Freiwilliger in die Ersatz-Truppentheile vom 17. Juli 1870 u. s. w., Ausstandsbewilligung an einjährig. Freiwillige u. Reisekosten-Vergütigung vom 18. Juli 1870. Berlin 870. Kortkampf. gr. 16. (20 S.)** $2^1/_2$ ngr.
s. Volks-Ausgabe der norddeutschen Bundesgesetze.

Militaer-Gesetze für das Großherzogtum Oldenburg. I. Militär-Strafgesetzbuch. II. Zivilrecht der Militärpersonen. Oldenburg 1840. 1841. 189 S.

Militair-Gesetze für das Großherz. Oldenburg. I. Militair-Strafgesetzbuch. II. Civilrecht der Militair-Personen. gr. 8. Oldenburg 841. (Schulze.) n. $1^1/_3$ ℛℳ

Militair-Gesetze, die, d. Deutschen Reiches m. Erläuterungen, hrsg. auf Veranlassg. d. königl. preuß. Kriegs-Ministeriums. 1—4. Lfg. gr. 8. Berlin 876. Mittler & Sohn. n. 11. 60
1. [Abgeschlossen am 31. Dezbr. 1875.] Geschichtlicher Ueberblick. — Reichsverfassung. (54 S.) n. — 80
2. [Abgeschlossen am 15. Febr. 1876.] Militair-Konventionen. (S. 55–184.) n. 2. 40
3. [Abgeschlossen am 10. Juni 1876.] Wehrpflicht u. Organisation d. Reichsheeres. (XI, 317 S.) n. 6. —
4. [Abgeschlossen am 1. Aug. 1876.] Quartierleistungs-Gesetz. — Naturalleistungs-Gesetz. (122 S.) n. 2. 40

Militair-Gesetze, die, des deutschen Reichs, mit Erläuterungen hrsg. auf Veranlassung des königl. preußischen Kriegs-Ministeriums. 5—8. (Schluß-)Lieferung. gr. 8. Berlin 877. 78. Mittler & Sohn. n. 17. 20 (cplt.: n. 28. 80)
5. [Schluß des 1. Bds.] Kriegsleistungsgesetz. — Festungs-Rayon-Gesetz. (1. Bd. XIV u. S. 123—222.) n. 1. 60
6. [abgeschlossen am 1. Mai 1877.] Rechtsverhältnisse der Beamten der Militair-Verwaltung. (124 S.) n. 2. 40
7. [abgeschlossen am 31. Dezbr. 1877.] Versorgungswesen. (236 S. m. 1 Tab.) n. 5. —
8. [abgeschlossen am 15. Aug. 1878.] Gesetze verschiedenen Inhalts. — 1. Nachtrag. — Chronologische Uebersicht u. Sach-Register. (XIX, 372 S.) n. 8. —

Militär-Gesetze, die, des deutschen Reichs mit Erläuterungen, hrsg. auf Veranlassung des königl. preuß. Kriegsministeriums. 1. Bd. oder 5 Lfgn. Neue Bearbeitung. gr. 8. Berlin 888, Mittler und Sohn. *M 12.50.; geb. *
Inhalt:
Lfg. 1. Geschichtlicher Ueberblick. Reichsverfassung. (S. 1—54) Einzelpr. * 80 Pf.
" 2. Militär-Konventionen. Mit 2 Nachträgen. (S. 55—194.) Einzelpr. *M 2.40.
" 3. Wehrpflicht und Organisation des Reichsheeres. [Neue Bearbeitung, abgeschlossen am 1. April 1888.] (232 S.) Einzelpr. *M 4.50.
" 4. Quartierleistungs-Gesetz. Naturalleistungs-Gesetz. [Neue Bearbeitung, abgeschlossen am 31. Dez. 1887.] (S. 1—151.) Einzelpr. *M 3.—.
" 5. Kriegsleistungs-Gesetz. Festungs-Rayongesetz. [Neue Bearbeitg., abgeschlossen am 31. Dezbr. 1887.] (S. 153—268.) Einzelpr. *M 2.—.

Militär-Gesetze, die, d. Deutschen Reichs m. Erläuterungen, hrsg. auf Veranlassg. d. kgl. preuß. Kriegsministeriums. 2 Bde. od. 8 Lfgn. Neue Bearbeitg. gr. 8. Berlin 890. Mittler & Sohn. n. 27. —; geb. n. 30. —
I. 1. Geschichtlicher Ueberblick. Reichsverfassung. (XI, 54 S.) Einzelpr. n. — 80
2. Militär-Konventionen. Mit 3 Nachträgen. (S. 55—195.) Einzelpr. n. 2. 40
3. Wehrpflicht u. Organisation d. Reichsheeres. Mit 1 Nachtrag. (244 S.) Einzelpr. n. 4. 50
4. Quartierleistungs-Gesetz. Naturalleistungs-Gesetz. [Neue Bearbeitg., abgeschlossen am 15. Novbr. 1887.] (151 S.) Einzelpr. n. 3. —
5. Kriegsleistungs-Gesetz. Festungs-Rayongesetz. Mit 2 Nachträgen. (S. 153—271.) Einzelpr. n. 2. —
(I. Bd. cplt.: n. 12. 50; geb. n. 14. —)
II. 6. Rechtsverhältnisse der Beamten der Militärverwaltung. (XVIII, 170 S.) Einzelpr. n. 3. —
7. Versorgungswesen. (390 S.) Einzelpr. n. 7. —
8. Gesetze verschiedenen Inhalts. Chronologische Uebersicht. (368 u. 38 S.) Einzelpr. n. 4. 50
(II. Bd. cplt.: n. 14. 50; geb. n. 16. —)

Militärgetze, eingeführt durch Verordnung vom 7. November 1867, und Gesetz, betreffend die Verpflichtung zum Kriegsdienste, vom 9. November 1867. Mit den preussischen Ministerial-Instructionen und einem alphabetischen Sachregister. kl. 8. Berlin 1867.

Militärgesetze eingeführt durch Verordnung vom 7. Novbr. 1867 u. Gesetz betr. die Verpflichtung zum Kriegsdienste, vom 9. Novbr. 1867. Mit den preuß. Ministerial-Instruktionen u. einem alphabet. Sachregister. Berlin 869. D. Müller. 8. (IV, 115 S.) n. 8 ngr.

Die Militaergesetzgebung. Abt. 1. 2. 8. Aufl. Wien 1904. 1906.
Abt. 1. Wehrgesetzgebung.
Abt. 2. Gesetze u. Verordn. über den Landsturm.

Militärgesetzgebg, Oesterr., s. Taschenausg., Manz'sche.

Militär-Gesetz-Sammlung, preußische, s. Friccius, K.

Preußische Militair-Gesetz-Sammlung, enth. . . . die bestehenden Gesetze, Verordnungen und allgemeinen Verfügungen, welche sich auf die militairische Rechtspflege beziehen; nach der Zeitfolge geordnet u. mit Anm. versehen . . . hrsg. von Carl Friccius, (Bd 6 ff.:) von Ed. Fleck. Berlin (Bd 1—3:) u. Elbing 1836—67. 7 Bde
Bd [1.] (1701—1835. Nr 1—402.)
" 2. 1835—40. (Nr 403—517.)
" 3. 1841—45. (Nr 518—621.)
" 4. 1846—50. (Nr 622—769.)
" 5. 1851—Juli 1856. (Nr 770—918.)
" 6. Juli 1856—April 1862. (Nr 919—1007.)
" 7. April 1862—Mai 1867. (Nr 1008—1135.)

Militair-Gesetz-Sammlung, Preußische. 4. Bd. 5 Hfte., enth.: die auf die militairische Rechtspflege sich beziehenden Gesetze, Verordnungen u. allgem Verfügungen aus den J. 1846—1850 u. eine Verordnung aus früherer Zeit. [Nr. 622—769.] Nebst chronologischer Uebersicht u. Sachregister des ganzen Bds. Hrsg. v. Carl Friccius. gr. 4. (XX u. 221 S.) Berlin 847. 51, Nicolai. 1. Hft. n. 1/3 ₰ 2—5. Hft. n. 1 2/3 ₰ (I—IV. Bd. n. 9 1/3 ₰)

Militair-Gesetz-Sammlung, preußische. 5. Bd., enthltd. die auf die militairische Rechtspflege sich beziehenden Gesetze, Verordnungen u. allgem. Verfügungen aus d. J. 1851 bis Juli 1856, u. die Verordnungen aus früherer Zeit, nach der Zeitfolge geordnet u. mit Anmerkungen u. einem Register versehen. Herausg. von Carl Friccius. Berlin 856. Nicolai'sche Verlhdlg. gr. 4. (XIV, 439 S.) n. 3 ₰. 25 ngr.

Militair-Gesetzsammlung, preußische. [Gegründet von Carl Friccius.] 6. Bd. 1. 2. Heft. — 7. Bd. 1. Heft. Herausg. von Ed. Fleck. Berlin 859—64. Nicolai'sche Verlhdlg. gr. 4. n. 4 ₰
6. Bd. 1. Heft, enthaltend die seit Juli 1856 bis Juli 1859 ergangenen, auf die militairische Rechtspflege sich beziehenden Gesetze, Verordnungen u. allgemeinen Verfügungen, nach der Zeitfolge geordnet u. mit Anmerkungen versehen. [Nr. 919—963.] 859. (VIII, S. 1—158.) n. 1 ₰ 15 ngr.
" 2. Heft: Die seit Juli 1859 bis April 1862 ergangenen, auf die militairische Rechtspflege sich beziehenden Gesetze, Verordnungen und allgemeinen Verfügungen, nach der Zeitfolge geordnet u. mit Anmerkungen versehen. [Nr. 964—1007.] 862. (VIII, S. 159—248.) n. 1 ₰ 5 ngr.
7. Bd. 1. Heft: Die seit April 1862 bis Septbr. 1864 ergangenen, auf die militairische Rechtspflege sich beziehenden Gesetze, Verordnungen u. allgemeinen Verfügungen, nach der Zeitfolge geordnet u. mit Anmerkungen versehen. [Nr. 1008—1050.] 864. (VI, S. 1—108.) n. 1 ₰ 10 ngr.

Militair-Gesetz-Sammlung, preußische. (Gegründet von Carl Friccius.) 7. Bd. 2. Heft. Hersg. von Ed. Fleck. Die seit Aug. 1864 bis Mai 1867 ergang., auf die militär. Rechtspflege sich bezieh. Gesetze, Verordnungen u. allgem. Verfügungen, nach der Zeitfolge geordnet u. mit Anmerkungen versehen. (Nr. 1051—1135.) Berlin 867. Nicolai'sche Verlagsh. gr. 4. (X u. S. 109—296.) n. 2 ₰

Militär-Gränitz-Rechten. von Ihro k. k. Majestät, für das Carlstädter und Warasdiner Generalat. Vorgeschrieben im Jahre 1754. 4. Wien 1754.

Militär-Grenze — Strassen-Karte: I der Slavonischen, II der Croatischen, III der Banatischen — (Herausg. v. d. K. K. Oesterr. General-Quartiermeisterstabe.) 1:432,000. 3 Bl.

Militärgrenze, Die, und deren Verfassung. Wien 1861. V: *Utješenović-Ostrožinski, Ognjoslav M.* (EB)

Militärgrenzfrage, Die, und die österreichisch-ungarische Constitutionalisirung. Wien 1869. V: *Utješenović-Ostrožinski, Ognjeslav M.* (EB)

Militärgrenz-Frage, Die, und der österreichisch-ungarische Constitutionalismus. gr. 8. (IV u. 54 S.) Wien, Manz'sche B. Sort.Conto. in Comm. 1869. 50 kr.
— — Dasselbe. 2. Auflage. gr 8. (56 S.) Wien, Geitler. 50 kr.

Militär-Gymnastik. Manuscript. Fol. (Verona 1854.)

Militair-Handbuch d. Königr. Bayern, f. d. J. 1831. gr. 8. (13 B.) München 831. (Landshut, Thomann.)

Militär-Handbuch d. Königr. Bayern 1838. gr. 8. (16½ B., 1 ill. Bl. u. verziert. Ttlbl.) München, (Franz.)

Militair-Handbuch des Königreiches Bayern 1838. Mit 1 illum. Blatt: Gradauszeichnungen u. Uniformen d. Generale u. Officiere. gr. 8. München 838. (Franz.) n. $1^2/_3$ ₰

Militär-Handbuch des Königreiches Bayern. 1851. 1853. 1855. 1857. 1859. 1860, 1862. 1864. 1867, 1869. 1870. 1871, 1873. 1875, 1876. 1880. 1883, 1885, 1887, 1889, 1891. 1893. (22 Bde.) 8. München 1851—1893.

Militair-Handbuch des Königreiches Bayern. Verfaßt nach dem Stande vom 13. April 1853. München, (Franz.) gr. 8. (4 Bl., XII, 285 S.) n. 1 ₰. 20 ngr.

— — Verfaßt nach dem Stande vom 1. Juli 1855. München. (Franz. — Palm.) gr. 8. (XXII, 282 S. u. lith. Titel.) n. 1 ₰. 20 ngr.

Militär-Handbuch des Königr. Bayern. Verfaßt nach dem Stande vom 22. Mai 1857. gr. 8. (XXII und 290 S.) München 857, (Franz. — Grubert.) **

Militär-Handbuch des Königreichs Bayern. Verfaßt nach dem Stande vom 20. Febr. 1859. München 859. (Franz. — Palm.) gr. 8. (XXII, 289 S.) n. 1 ₰ 20 ngr.

— — Verfaßt nach dem Stande vom 17. Febr. 1860. Ebend. 860. gr. 8. (XXII, 319 S.) n. 1 ₰ 20 ngr.

Militär-Handbuch des Königr. Bayern. Verfaßt nach dem Stande vom 17. März 1862. gr. 8. (XXII und 312 S.) München 862, (Franz'sche Buchh. — Palm's Hofbuchh.) cart. *

—— dass. — Verfaßt nach dem Stande vom 17. Juni 1864. gr. 8. (XXII und 314 S.) München 864, (Palm's Hofbuchh.) cart. *

Militär-Handbuch des Königr. Bayern. Verfaßt nach dem Stande vom 8. März 1867. München 867. (Franz'sche Buchh.) gr. 8. (XXII, 382 S.) cart. n.n. 1 ₰ 15 ngr.

Militär-Handbuch des Königr. Bayern. Verfaßt nach dem Stande vom 26. März 1869. gr. 8. (XXII, 378 S.) München 869, (Th. Ackermann. — Franz'sche Buchh. — Kaiser. — Palm's Hofbuchh.) cart. **

— — Verfaßt nach dem Stande vom 16. April 1870. München 870. (Franz — Manz.) gr. 8. (XXII, 414 S.) cart. n.n. 1 ₰ 20 ngr.

Militär-Handbuch d. Königr. Bayern. Verfaßt nach dem Stande vom 3. Febr. 1871. gr. 8 (XXIV, 510 S.) München 872. Th. Ackermann. — Franz. — Kaiser. — Palm's Hofbuchh. n. 3. 60

—— dass. — Verfaßt nach dem Stande vom 8. Novbr. 1871. gr. 8. (XXIV, 510 S.) Ebendas. 872. cart. *

Militär-Handbuch d. Königr. Bayern. 1873. Verfaßt nach dem Stande vom 9. Mai 1873. gr. 8. (XXIII, 414 S.) München 873. Th. Ackermann. — Franz. — Kaiser. — Palm's Hofbuchh. n.n. 3. 60

— dasselbe. 1875. Verfaßt nach dem Stande vom 12. März 1875. gr. 8. (XXIV, 436 S.) Ebend. 875. n.n. 3. 60

Militär-Handbuch des Königreichs Bayern. Verfaßt nach dem Stande vom 28. Juni 1876. gr. 8. (XXIV, 428 S.) München 876, (Th. Ackermann.) cart. *
Jahrg. 1877 ist nicht erschienen.

—— dass. — Verfaßt nach dem Stande vom 1. Febr. 1878. gr. 8. (XXIV, 471 S.) München 878, (Th. Ackermann. — Kaiser.) cart. **

—— dass. — Verfaßt nach dem Stande vom 28. Juni 1879. gr. 8. (XXIV, 472 S.) (Ebendas.) 879. cart. **

Militär-Handbuch des Königr. Bayern. Verfaßt nach dem Stande vom 15. Febr. 1880. gr. 8. (XXIV, 471 S.) München 880, (Kaiser.) cart. **

Militär-Handbuch des Königreichs Bayern. Verf. nach dem Stande vom 18. Juni 1881. gr. 8. (XXIV, 480 S.) München 881. (Kaiser.) cart. n.n. 4. —

—— dass. — Verfaßt nach dem Stande vom 1. April 1882 und 1883. gr. 8. (...; XXVI, 498 S.) (Ebendas.) 883. cart. à Jahrg. **

Militär-Handbuch des Königreichs Bayern. Verfaßt nach dem Stande vom 1. Mai 1885. 32. Aufl. gr. 8. (LII, 423 S.) München 885, (Franz' Sortiment. — Kaiser.) cart. **

Militär-Handbuch d. Königr. Bayern. Verf. nach dem Stande vom 1. Mai 1885. 32. Aufl. gr. 8. (LII, 423 S.) München 885. (E. Mangelsdorf [G. Franz'sche Hofbuchh.].) cart. n.n. 4. —

Militär-Handbuch d. Königr. Bayern. Verf. nach dem Stande v. 1. Febr. 1887. 33. Aufl. gr. 8. (LV, 426 S.) München 887. (Franz' Sort. — Kaiser.) cart. n.n. 4. —

Militär-Handbuch d. Königr. Bayern. Verf. nach dem Stande vom 20. Febr. 1889. 34. Aufl. (LVI, 497 S.) 1889 u. verf. nach dem Stande vom 1. Jan. 1891. 35. Aufl. gr. 8. (LVIII, 504 S.) Münch. 891, (Literar.-artist. Anstalt. — Franz' Sort. — Kaiser.) cart. à Ausg. ** 4 —

Militär-Handbuch des Königr. Bayern. Verf. nach dem Stande vom 1. Dezbr. 1893. 36. Aufl. gr. 8. (LX, 530 S.) München, (Th. Ackermann. — Literar.-artist. Anstalt, Th. Riedel). Kart. n.n. 4. —

Militär-Handbuch des Königreiches Bayern. (Fortsetzung.) 1895, 1897, 1900. 1901, 1903. (5 Bde.) 8. München 1895—1903.

Militär-Handbuch d. Königr. Bayern. Verf. nach dem Stande v. 1. XII. 1897. 38. Aufl. gr. 8. (LXIII, 586 S.) München 897. (Th. Ackermann. — Literarisch-artist. Anstalt.) Kart. n.n. 5. —

Militär-Handbuch des Königr. Bayern. Verf. nach dem Stande v. 28. X. 1901. 40. Aufl. gr. 8. (XVIII, 531 S.) München (Literarisch-artist. Anstalt). Kart. n. 3. 30

Militär-Handbuch des Königr. Bayern. Verf. nach dem Stande vom 15. V. 1905. 42. Aufl. (CXXI, 569 S.) 8. München (Th. Ackermann. — Literarisch-artist. Anstalt. — J. Lindauer). Kart. n. 5. 40

Militär-Handbuch des Königr. Bayern. Hrsg. v. Kriegsministerium, Abteilg. f. persönl. Angelegenheiten, nach dem Stande vom 8. VI. 1909. 44. Aufl. (XXII, 671 S.) 8. München, (Literarisch-artist. Anstalt. — J. Lindauer). Kart. nn 4.—; geb. nn 4. 60

— für Elsaß, Bereich XV. Armeekorps. Adreßbuch der Offiziere, Beamten u. Behörden, Geschäftszimmer u. Kasinos der Truppenteile u. Militärbehörden des XV. Armeekorps. Ausg. 1900, nach amtl. Quellen hrsg. u. dem Stande vom Juni 1900. 8. (80 S.) Stuttgart. Wimpfen bei Heilbronn, Verlag der deutschen Hof- u. Militär-Adreßbücher. n. 2. —

— für Schlesien. VI. Armeekorps. Adreßbuch der Offiziere u. Beamten, Geschäftszimmer u. Kasinos d. Truppenteile u. Militärbehörden des VI. Armeekorps. Ausg. 1900, nach amtl. Quellen u. dem Stande von Anfang Dezbr. 1900. 8. (78 S.) Ebd. n. 2. —

Militairhandbuch für das Königreich Württemberg. 8. Stuttgart für die Jahre 1836, 37, 41, 45, 50, 53, 62, 65, 67

— des Königreichs Württemberg. Mit Genehmigung des königl. Kriegs-Ministeriums herausg. v. Hauptmann v. Stadlinger. Mit 2 Supplementen. 8. Stuttgart 836 – 38. Rieger u. C. n. 1 7/24 ℛ — Supplement von v. Stadlinger apart 8. Ebd. 837, 38. n. 5/12 ℛ

—— des Königr. Württemberg. Mit Genehm. d. k. Kriegs-Ministeriums hrsg. von v. Stadlinger. (Jahrg. 1836, 37. u. 41.) 8. Stuttgart, (Scheible, Rieger u. Sattler.) [836. u. 37. (à 24 1/4 B. u. Titlbltt.) à * 1 2/3 Thlr., 41. (...) * 1 Thlr.] *

Militär-Handbuch des Königreichs Württemberg. Amtliche Ausgabe. 1850, 1853, 1858, 1860, 1862, 1865, 1867 (7 Bde) 8. Stuttgart 1850—1867

Militär-Handbuch des Königreichs Württemberg. Amtliche Ausg. gr 8. (VIII u. 294 S.) Stuttgart 850. (Cast.) baar n. 1 ℛ 6 ngr

Militär-Handbuch des Königr. Württemberg. Amtliche Ausg. gr. 8. (VIII und 294 S.) Stuttgart 850, (Verlagsmagazin.) **

— des Königreichs Württemberg. Amtliche Ausg. Stuttgart 853. (Neff.) gr. 8. (VIII, 296 S.) n. 15 ngr.

— des Königreichs Württemberg. Amtliche Ausgabe. Stuttgart 862. (Neff.) gr. 8. (VIII, 328 S.) nn. 1 ℛ 15 ngr.

Militär-Handbuch des Königreich Württemberg. 1865. 1867. Amtliche Ausg. Stuttgart, (Neff). gr. 8. (VIII, 336 S. u. VIII, 336 S.) Jeder Jahrg. n.n. 1 ℛ 15 ngr.

— — des Königreichs Württemberg. Mit Genehmigung des Kriegsministeriums herausgegeben von Expedient Vester 8. Stuttgart 1868.

— des Königr. Württemberg. Zum 25. Juni 1889 hrsg. vom Kriegsministerium. gr. 8. (VI, 414 S.) Stuttgart 889. (Gerschel.) n. 5. 50; herabges. Pr. n. 2. —

— des Königr. Württemberg. Nach dem Stande vom 25. II. 1908 hrsg. vom Kriegsministerium. (XIV, 571 S.) gr. 8. Stuttgart 908. J. B. Metzler. 5.40; kart. n 6.—; geb. in Halbleinw. n 6.80; in Leinw. m. Goldschn. n 8.—

Militär-Hand-Wörterbuch, kurzgef., f. Armee u. Marine. Unt. Mitwirkg. v. Offizieren, Sanitätsoffizieren 2c. der Armee u. d. Marine zusammengest. u. hrsg. v. E. Hartmann. 2 Halbbde. gr. 8. (V, 961 S. m. 2 Taf. u. 2 Farbendr.) Leipzig 895. 96. G. Lang. à n. 8. —; in 1 Halbfrzbd. n. 18. —
Erschien auch in 31 Lfgn. à n. — 50.

Militär-Hinterbliebenengesetz

— das, vom 17. V. 1907 nebst Erläuterungen der wesentlichen Unterschiede gegen die bisher geltenden Gesetze u. einzelnen Beispielen nach den kriegsministeriellen Ausführungsbestimmungen vom 1. VII. 1907. (43 u. 17 S. m. 2 Tab.) kl. 8. Oldenburg (907). G. Stalling's Verl. — 60

Militär-Hinterbliebenen-Gesetz, das neue, vom 17. V. 1907. Amtliche Fassg. (32 S.) kl. 8. Berlin (908). L. Schwarz & Co. — 60

Das Militär-Hospital in Wien. Fol. 1 Mappe.

Militärhumoresken s. a. Nagel's Biblioth. ill. Humoresken.

Militärhumoresken. Mit 26 Ill. von Diba ... Berlin: G. E. Nagel [1902]. (63 S.) 8° [F.]
— Bibliothek, Nagel's, illustrierter Humoresken. 5. [ep. 1903

Militär-Humoresken, J. Pagats. Tuzla [Wien] 1910. H: *Gerscha, J.* (EB)

Militaria! Große Sammlg. patriot. resp. militär. Prologe, Lieder, Reden u. Toaste f. d. verschied. militär. u. Vereinszwecke, zu Kaisers od. d. Landesherrn Geburtstag, zu Krieger-Vereins-Festen, Enthüllungs-Feierlichkeiten 2c. 2c. Nur Originale. 12. (56 S.) Berlin (895). M. Böhm. 1. 50

Militär-Jahrbuch „Austria". Notiz-Kalender f. d. J. 1897. M. e. Uebersichts-Karte d. Militär- u. Landwehr-Territorial-Commanden, dann d. Ergänzungs-Bezirke d. k. u. k. Heeres, d. k. u. k. Kriegsmarine, sow. d. k. k. u. k. ungar. Landwehr u. d. Landsturm-Bataillon-Bezirks-Commanden. Entworfen v. Rud. Zaschkoda. 8. (107 S.) Neutitschein, R. Hosch. Geb. zum Hängen od. Stellen n. 2. 50
D. Fortsetzg. erschien u. d. T.:

– österreichisch-ungarisches. Handbuch mit Notiz-Kalender f. sämmtl. Officiere u. Beamte d. k. k. Armee f. d. J. 1898. M. 1 Uebersichts-Karte d. Militär- u. Landwehr-Territorial-Commanden, dann der Ergänzungs-Bezirke d. k. u. k. Heeres, d. k. u. k. Kriegsmarine, sow. d. k. k. u. k. ung. Landwehr u. d. Landsturm-Bataillon-Bezirks-Commanden. Bearb. v. Rud. Zaschkoda. 2. Jahrg. 8. (159 S.) Neutitschein, R. Hosch. Geb. in Leinw. n. 2. 50

Militär-Instructions-Blätter, Oesterreichisch-Ungarische. Illustrierte militärische Halbmonatsschrift für Lehr- und Lern-Zwecke. Jänner 1897 Wien. Red: *Feix, Ludwig.* (EB)

Militair-Intendantur- u. Administrations-Beamte, der, mobil u. im Kriege. gr. 8. (15 S.) Posen 848, Scherk. n. 1/6 ℛ

Militärjournal. Wien 1780. V: *Bourscheid, F. W. von.* (KY 1/326) (WBL II/101) (BiblPort)

Militaerisches. Altes u. Neues. T. 1—3. Mit Pl. Berlin 1853—1855.

Militärisches. Begründet durch v. Prollius. 1. Bd. Jan.—Juni 1896. 6 Hfte. gr. 8. (480 S. m. 1 Karte.) Leipzig, Zuckschwordt & Co. n.n. 9.50; einz. Hfte. n. 2.—

— dasselbe, Fortsetzg., s.: Rundschau, militärische.

Militairisches u. Aristocratisches von einem bürgerl. Offizier. gr. 8. (23 S.) Berlin 852, Adolf & Co. n. 1/6 ₰

Militarismus, Der Europaeische... Amberg 1876. V: *Pachtler, Mich.* (so)

Militarismus, der, insonderheit in d. Militärrechtspflege. Gumbinnen u. Karlsruhe. gr. 8. (32 S.) Esslingen 902. W. Langguth. n. —50

— der, in Oesterreich-Ungarn. Zeitgemässe Betrachtgn. v. e. Österreicher. gr. 8. (IV, 31 S.) Wien 902. L. W. Seidel & Sohn. n. —80

Militarismus, Der, im heutigen Deutschen Reich. Eine Anklageschrift. Stuttg. 1893. V: *Quidde, Ludwig.* (Mitth. Dr. H. Bäsecke.)

Militarismus, der, im heutigen deutschen Reich. Eine Anklageschrift. Von e. deutschen Historiker. 1.—3. Aufl. gr. 8. (61 S.) Stuttgart 893. R. Lutz. n. —60

Militärjustiz [-Etat] für die Amtsdauer vom 1. April 1903—31. März 1906 (Bundesratsbeschluss vom 23. März 1903). 10 S. 8. (Bern, Stalder & Sieber.)

Militärjustizreglement, w. a. Kriegsrecht, od. Artikelsbriefe Sr. Kön. Majest. v. Großbritt. f. d. deutschen Trupp. 4. Hannov. 737.

Militär-Cabinet, das, in Berlin. Seine Geschichte u. s. gegenwärt. Bedeutg. von G. v. P. gr. 8. (92 S.) Kolberg 898. P. Raschdorff. n. 1.50

Militair-Kalender für das Jahr 1837. Mit 1 Karte der Provinz Sachsen u. 1 Steindruckzeichn. gr. 12. Magdeburg 836. Wagner u. Richter. 1/2 ₰

Militär-Kalender für das Jahr 1853. 2. Jahrg. kl. 8. (180 S.) Troppau, Ad. Traßler Sohn.

Militär-Kalender für das Jahr 1856. Fünfter Jahrgang. Prag. Druck und Papier des artistisch-typ. Instituts von Karl Bellmann. (70 S. 8.)

Militär-Kalender für das Jahr 1857 u. 1858. 6. u. 7. Jahrg. Prag, Bellmann. 8. (68; 112 S.) Jeder Jahrg. n. 12 ngr.

Militär-Kalender für das Jahr 1859. Achter Jahrgang. *Prag.* Druck von *Friedrich Rohlíček* im fürsterzbischöflichen Seminar. 64 S. 8°. Mit dem in Stahl gestochenen Porträt des FM. Radetzky.
INHALT. Kurzgefasstes Armee-Schema. — Geld-Gebühren der k. k. Generalität, Stabs- und Ober-Offiziere.

— auf das J. 1864 mit Armee-Schema. 8. (XX und 140 S.) Wien, Markgraf und Müller. *

— mit Armee-Schema für das J. 1866. 15. Jahrg. Wien, Fromme. 8. (III, 186 S.) n. 16 ngr.

— dass. — für die J. 1866 und 1867. Hrsg. von Demselben. 17. und 18. Jahrg. 8. (IV und 328 S., IV und 232 S.) Wien, (Gerold's Sohn.) à Jahrg. *

Militär-Kalender, für das Jahr 1868 mit Armee-Schema. 17. Jahrg. 8. (147 S.) Wien, Dittmarsch Sep.-Conto. 1867. 80 kr.

— auf das J. 1870 mit Armee-Schema. [Kleiner Schematismus, rectificirt bis 15. Novbr. 1869.] 19. Jahrg. 8. (XVI, 187 S. mit 1 Holzschntaf.) Wien 870, Liter.-artist. Anstalt.

Militär-Kalender, allgemeiner, auf das J. 1866. Frankfurt a. M., Winter. gr. 8. (XVI, 112 S.) 15 ngr.

Allgemeiner
— Militair-Kalender für die preuß. Armee auf das Jahr 1838. Ein Jahrbuch der milit.-wichtigsten und interessantesten Ereignisse, hrsg. von mehreren Offizieren der preuß. Armee. Mit Pl. u. 1 Ans. Glogau 1838. 208 S.
(Fort. u. d. T.: Deutscher Militair-Almanach.)

Bayerischer Militär-Kalender für 1853. 1854. Hrsg. v. einem bayer. Offizier. Jhrg. 2 u. 3. Mit Portr. u. Krt. München 1853. 1854.

— Bayerischer, für 1854. Herausg. von einem Bayerischen Offizier. 3. Jahrg. Mit den (lith.) Portr. des Feldmarschalls Prinzen Carl v. Bayern, des verst. Feldzeugmeisters Grafen v. Pappenheim, dann 1 (lith.) Karte d. Kriegsschauplatzes der europ. u. asiat. Türkei u. 1 (lith.) Eisenbahnkarte von Deutschland (in Fol.). München (Lindauer). 12. (2 Bl., 104 S.) n. 20 ngr.

Militärcalender, Berliner. Berlin 1802—3. H: *Hoyer, Johann Gottfried von.* (MGT)

Militär-Kalender, deutscher, m. e. Anh. f. Corporalschaftsführer auf d. J. 1875. Red. v. e. deutschen Officier. gr. 16. (XVI, 74 S. m. Portr. d. Kaisers Wilhelm I. Holzschntaf.) Leipzig 875. G. Körner. geb. n. 1.—

Militär-Kalender für das k. u. k. Heer „Mars", s. Militär-Kalender, Österreichischer, „Mars".

— illustrirter, auf das J. 1865. 2. Jahrg. Wien, C. A. Müller. 8. (XXXII, 162 S. mit Holzschn.) n. 17 ngr.

Militär-Kalender, k. k. pro 1886. Teschen, Prochaska. Placatformat. Unaufgezogen. fl. —.40.

K. u. k. Militärkalender 1910 gefalzt K —.80
Teschen: Prochaska 1909.

Militär-Kalender, österreichischer, „Mars" für 1882—1885. 15.—18. Jahrg. [Neue Folge 1.—4. Jahrg.] 16. (149, 128; 163, 130 S. mit 1 chromolithogr. Eisenbahnkarte; III, 170, 130; ... S.) Wien, Perles. Jahrg. 1882 * Jahrg. 1883—1885 à *ℳ 3.; geb. à *
Frühere Jahrg. s. „Mars".

Militär-Kalender, österreichischer, „Mars", für 1886—1889. 19.—22. Jahrg. Neue Folge. 5.—8. Jahrg. 16. (III, 177 S. mit 1 chromolithogr. Eisenbahnkarte; III, 189; III, 195, 130; III, 199, 130 S.) Wien, Perles. geb. in Leinw. à Jahrg. *ℳ 3.—; in Leder *

Militär-Kalender f. das k. u. k. Heer „Mars" pro 1890—1893. 23.—26. Jahrg. Neue Folge. 9.—12. Jahrg. 16. (à Jahrg. ca. 200 S. u. Tagebuch.) Wien, Perles. geb. in Leinw. à Jahrg. * 3 — geb. in Ldr. à Jahrg. * 4 —

Militär-Kalender, Oesterreichischer, „Mars" für 1894. 27. Jahrg. Neue Folge. 13. Jahrg. 16. (216 S. mit Tagebuch.) Geb. in Lnwd. Ebd. 1.60, in Leder geb. 2.—

Militär-Kalender f. das k. u. k. Heer „Mars" pro 1895. 28. Jahrg. Neue Folge. 14. Jahrg. 16. (III, 227 S. u. Tagebuch.) Wien, M. Perles. Geb. in Leinw. n. 3.—; in Ldr. n. 4.—

Militärkalender „Mars" für das k. u. k. Heer für 1896. XXIX. Jahrgang. [Neue Folge XV Jahrgang.] 16. (240 S., mit Tagebuch.) In Lnwd. geb. 1.60, in Leder geb. Ebd. 2.—
Wien: Perles 1895.

Militär-Kalender f. d. k. u. k. Heer „Mars" pro 1899. 32. Jahrg. Neue Folge. 18. Jahrg. gr. 16. (III, 229 S. u. Tagebuch.) Wien, M. Perles. Geb. in Leinw. n. 3.—; in Ldr. n. 4.—

Militär-Kalender für das kais. und kön. Heer „Mars" pro 1900. XXXIII. Jahrgang. Neue Folge — XIX. Jahrgang. (Alle bis 31. October 1899 verlautbarten Veränderungen sind im Militär-Schematismus berücksichtigt.) Wien. Perles. 8°. 244 S. mit 1 Tafel und Tagebuch Geb. fl. 1.60

615.059

Militär-Kalender für das kais. und kön. Heer „Mars" pro 1901. XXXVI. Jahrgang. — Neue Folge. — XX. Jahrgang. (Alle bis 31. October 1900 verlautbarten Veränderungen sind im Militär-Schematismus berücksichtigt.) Wien. Perles. 16°. 234 S. Geb. K 3.20

Mars. Militär-Kalender für das Kais. und Kön. Heer (Fortsetzung) pro 1902, 1904, 1905; 37. 39. und 40. Jahrg. (Neue Folge. 21. 23. und 24. Jahrg. (Alle bis 31. October 1901 (beziehgsw.) 31. October 1904 verlautbarten Veränderungen sind im Militär-Schematismus berücksichtigt.) (3 Bde.) kl. 8. Wien 1902—1905.

Militär-Kalender f. das k. u. k. Heer „Mars" pro 1903. 38. Jahrg. Neue Folge. 22. Jahrg. gr. 16. (III, 235 S. u. Tagebuch.) Wien, M. Perles. Geb. in Leinw. n. 3.—; in Ldr. n. 4.—

Militärkalender für das k. u. k. Heer „Mars" für 1904. 39. Jahrg. Neue Folge. 23. Jahrg. 16°. (238 S.) geb. K 3 20
Wien: Perles 1903.

Militärkalender für das k. u. k. Heer „Mars" pro 1905. 40. Jahrg. Neue Folge 24. Jahrg. 16°. (242 S.) geb. K 3.20
Wien: Perles 1904.

Militär-Kalender f. das k. u. k. Heer „Mars" pro 1906. 41. Jahrg. Neue Folge. 25. Jahrg. (III, 232 S. u. Tagebuch.) 16. Wien, M. Perles. Geb. in Leinw. n. 3.—; in Ldr. n. 4.—
Erscheint nicht mehr.

Oesterreichischer Militärkalender für die Jahre 1850, 1851, 1861, 1865, 1866 u. 1867. Hrsg. von der Redaktion des österr. Soldatenfreundes: Hirtenfeld. Meynert. Jhrg. 1 (3. Aufl.), 2, 12, 16, 17 u. 18. Wien 1850—1867.

Österreichischer Militair-Kalender. Jg 1850. 1852. 1853. 1855. 1857. 1859. 1862—68. Wien. 8°.

Militär-Kalender, Oesterreichischer — für d. J. 1853. Herausgegeben von Hirtenfeld und Meynert. IV. Jahrg. Wien, in Kommission bei C. Gerold u. S. 8.

—— österreichischer, für die J. 1854—57. Hrsg. von J. Hirtenfeld. 5—8. Jahrg. 8. Wien, (Gerold's Sohn.) [5. (246 S.) * 15 Ngr., 6. (240 S.) * 16 Ngr., 7. (271 S.) * 15 Ngr., 8. (333 S. mit 1 Stnt. in 4.) * 15 Ngr.] *

Militär-Kalender, österreichischer, für die J. 1858—61. Hrsg. von J. Hirtenfeld. 9—12. Jahrg. 8. Wien, (Gerold's Sohn.) [9. Jahrg. (320 S. mit 2 lithogr. Beilagen in gr. 4. und qu. gr. 4.) * 15 Ngr., 10. Jahrg. (247 S. mit 1 Tab. in qu. 4.) * 15 Ngr., 11. Jahrg. (284 S.) * 16 Ngr., 12. Jahrg. (266 S.) * 16 Ngr.]. *

Militär-Kalender, österreichischer, für die Jahre 1860—64. Herausg. von J. Hirtenfeld. 11—15. Jahrg. Wien, Seitler. 8. Jeder Jahrg. (à ca. 280 S.) n. 16 ngr

—— österreichischer, für die J. 1862 und 1863. Hrsg. von J. Hirtenfeld. 13. und 14. Jahrg. 8. (à Jahrg. 350 S.) Wien, (Gerold's Sohn.) à Jahrg. *

—— dass. — für die J. 1864 und 1865. Hrsg. von Demselben. 15. und 16. Jahrg. 8. (272 und 326 S.) Wien, Seitler. à Jahrg. *

— — für die J. 1866—69. Herausg. von J. Hirtenfeld. 17. bis 20. Jahrg. Wien (Gerold's Sohn). 8. (IV, 328 S.; IV, 232 S.; IV, 278 S.; 262 S.) Jeder Jahrg. n. 16 ngr

— technischer, f. d. J. 1873. Nebst kleinem Schematismus f. d. techn. Waffen u. e. Anh.: Reductions-Tabellen f. altes u. neues Maass u. Gewicht nach dem Gesetze vom 23. Juli 1871. 3. Jahrg. gr. 16. (VI, 210 S. m. eingedr. Holzschn.) Wien, literarisch-artist. Anstalt. geb. n. 3. —

Militär-Kameradschafts-Blatt. Herausgegeben vom Präsidenten des k. k. österreichischen Militär-Veteranen-Reichsbundes. Chef-Redacteur: E. Horwitz. Verantwortlicher Redacteur: Alexander Baron Himmelberg. III. Jahrg. 1898. 26 Nrn. 4. 5.—, pro Semester 2.50, pro Quartal 1.25
Wien: Administration des Militär-Kameradschafts-Blattes 1898.

Militär-Kameradschaftsblatt. Mit der amtlichen Beilage „Militär-Verband". (Organ des I. Militär-Veteranen-Reichsbundes.) III.—IX. Jahrg. 1898—1904. (7 Bde.) Fol. Wien 1898—1904.

(Militär-Kapitulation zur Errichtung von 6 franz. Schweizerregimentern. Zürich 1816.) 4°

Militärcapitulation. Militair-Cap' mit Frankreich. 1816 *s.* Capitulation militaire avec la France....

Militärcapitulation. Militär-Kap' zwischen Frankreich und der Schweiz. Basel 1812 *s.* Capitulation militaire entre la France et la Suisse....

Militärcapitulation. Militair-Kap' zwischen dem souverainen Fürst der vereinigten Niederlande und der Regierung des Standes Graubünden. (Gegeben ... zu Chur den 27ten Okt. 1814.) 4. o O.

Militärcapitulation. Militair-Kap' zwischen Sr. Majestät dem König von Frankreich ... und der Regierung des Standes Graubünden (Geben Zürich, den 17ten December 1814.) 4 o. O.

Militärcapitulation. Militair-Kap' mit S. M. dem König Beider Sizilien. 1828 s. Capitulation militaire avec S. M. le Roi des Deux Siciles ....

Militärkarte von Oesterreich-Ungarn. neue. 1 Blatt. 1:3 Mill. Teschen. Prochaska. Gefalzt fl. —.30. 1884

Militär-Karte von Oesterreich-Ungarn, enth.: das Eisenbahnnetz der Monarchie, die Vertheilung der Nationalitäten, die Bezeichnung der Ergänzungs-Rayons sämmtl. Truppenkörper; dann die Dislokation der Territorial-Behörden, höheren Commanden und Heeres-Anstalten. Entworfen von der Redaktion der österreich.-ungar. Wehrzeitung. Chromolithogr. Imp.-Fol. Wien 879, (Seidel und Sohn.) *

Militär-Karte der kaiserl. königl. Monarchie Oesterreich-Ungarn von K. v. St. [Administration — Nationalitäten — Eisenbahnen] Fol. Teschen 870, Prochaska. 8 —

Militärkarten [Schlagwort]

— s.a. Atlanten. Atlas, geograph., f. Militair.

— s.a. Metz.

Militärkarten. Algermissen, Joh. Ludw., Garnison-Übungs-Karte v. Metz, nach der Generalstabskarte 1:25,000 bearb. 1:50,000. Farbendr. 51,5×54 cm. Leipzig 891. G. Lang. n.n. 2.25

Militärkarten. Algermissen, J. L., Garnison-Übungs-Karte v. Metz, nach der Generalstabskarte 1:25,000 bearb. 1:50,000. 54×56 cm. Farbendr. Leipzig 895. Basel, E. Seifert. n. 3. —

Militärkarten. Algermissen, Joh. Ludw., Garnison-Übungs-Karte v. Metz nach der Generalstabs-Karte 1:25,000 bearb. Nachträge bis 1906. 1:50,000. 54,5×57 cm. Farbdr. Metz (907). G. Scriba. Auf Leinw. 2.75

Militärkarten. Algermissen, J. L., Karte der Kriegsoperationen um Metz. 1:50,000. 5. Aufl. Chromolith. Imp.-Fol. Leipzig 888. Lang. n. 2. —

— — topographische Karte der Umgebung v. Metz. Die Kriegsoperationen um Metz i. J. 1870. 1:50,000. 8. Aufl. 58,5×73 cm. Farbendr. Ebd. 893. n. 2. —

Militärkarten. Armee-Karte, neueste. Uebersicht der Korpsbezirke m. den Standorten des gesamten deutschen Reichsheeres u. der kaiserl. Marine unter Angabe ihrer Truppenteile, der Bezirkskommandos, Truppenübungsplätze u. s. w. Bearb. nach amtlichen Quellen. 3. Jahrg. 1903. 44,5×57,5 cm. Farbdr. Berlin, R. Schröder. n. — 50

Militärkarten. Armee-Karte, neueste. Uebersicht der Korpsbezirke m. den Standorten des gesamten deutschen Reichsheeres u. der kaiserl. Marine unter Angabe ihrer Truppenteile, der Bezirkskommandos, Truppenübungsplätze u. s. w. Bearb. nach amtlichen Quellen. 6. Jahrg. 1906. 44,5×57,5 cm. Farbdr. Berlin, R. Schröder. (Cöpenick, R. Schön.) — 50

— Arnim, H. v., Garnison-Karte der deutschen Armee. Nach dem Stande vom 1. April 1890. 1:1,350,000. Lith. u. color. Imp.-Fol. Berlin 890. Stephany. n. 3. —; m. Leinw.-Einfassg. u. Stäben n.n. 3.75; auf Leinw. in Etui n.n. 5. —

— — Garnisonkarte v. Frankreich. Unter Berücksicht. der Eisenbahnen, Marine-Stationen, Corpsbezirksgrenzen, Festgn. u. Forts, sowie der Truppen in Algerien, Corsica u. Tonkin [Annam]. In den Erläutergn.: Angabe der Stärkeverhältnisse der activen Armee. 1:1,250,000. 2 Blatt. Chromolith. Imp.-Fol. Berlin 888. Schropp. n. 3. —

— Artaria's Universal-Administrativ-Karte der österr.-ungarischen Armee m. der Eintheilung d. Reiches in die Territorial- u. Ergänzungsbezirke d. k. u. k. Heeres u. der Kriegsmarine, der k. k. u. k. ungar. Landwehren u. d. Landsturmes. Bearb. v. Zipser. 1:1,500,000. Farbendr. 70×90 cm. Nebst Uebersicht der regelmäss. Ergänzgn., welche die bestch. Stellungsbezirke Oesterreich-Ungarns an Truppen u. Anstalten f. das steh. Heer, f. die Kriegsmarine, f. die Landwehr u. f. den Landsturm zu leisten haben. 2. Aufl. Octbr. 1892. gr. 4. (22 S.) Wien 893. Artaria & Co. n. 4. —

Militärkarten. Berndt, Übersichts-Karte der Dislocation d. k. u. k. österr.-ung. Heeres u. der Landwehren im J. 1894/95. 1:1,500,000. 84×64 cm. Farbendr. Wien 894. G. Freytag & Berndt. n. 2. —

— Carte des manoeuvres du Ier corps de l'armée suisse. 1899. 1:100,000. 39×59 cm. Farbdr. Bern (A. Francke.) n. 1.60

— Bober, Dislokations-Karten der gesammten russischen Armee (2 [lith.] Bl. 88×72,5, resp. 31×52 cm.) u. tabell. Uebersichten der Eintheilung der russ. Armee in Europa u. in Asien (1 Bl. 60,5×41 cm). Berlin 895. E. S. Mittler & Sohn. n. 3. —

— — dasselbe. 1:25,000. 2 feuilles. Farbdr. Ebd. à n. 2.75
I. Mont Vuilly. 61×78 cm. — II. Fribourg. 61×65,5 cm.

— Carte de la répartition et de l'emplacement des troupes de l'armée française pour l'année 1889. 1:1,950,000. Chromolith. qu. gr. Fol. Avec index de tous les corps de troupes [armée active et armée territoriale] et une liste complète des officiers généraux ou supérieurs qui les commandant 2. année. 8. (35 S.) Paris 889. Le Soudier. n. 1.20

— Darstellung der Kriegsereignisse um Metz 1870, enth. Truppenaufstellgn., nach den besten Quellen. 1:50,000. 1. Schlacht v. Colombey-Nouilly (14. Aug.). 2. Schlacht von Vionville — Mars-la-Tour (16. Aug.). 3. Schlacht von Gravelotte — St. Privat (18. Aug.). 45×62 cm. Farbendr. Metz 896. G. Scriba. n. 1. —

— — dasselbe. Einschliessungs-Aufstellung d. deutsch. u. Vertheidigungsstellung der französischen Armee bei der Uebergabe v. Metz. 45×62 cm. Farbendr. Ebd. 896. n. 1. —

— Dislokationskarte

— — der russ. Armee. 1:1,815,000 bezw. 6,000,000. 46×68,5 cm. Farbdr. Nebst: Gliederung der russ. Armee im europäischen Reichsteile. 1 Blatt. 38×44,5 cm. Berlin (908). R. Eisenschmidt. 1.50

— Dislokationskarte des k. u. k. österreich.-ung. Heeres, der Landwehren u. der Gendarmerie-Korps im J. 1907. 1:1,800,000. Mit Text an den Seiten u. am Fusse. 65,5×95 cm. Farbdr. Nebst Ergänzgn. (4 S.) Lex.-8. Wien (906). G. Freytag & Berndt. n. 2.50

— Dislokationskarte des k. u. k. öster.-ungar. Heeres, der Landwehren u. der Gendarmeriekorps im J. 1910. 1:1,800,000. Mit Text an den Seiten u. am Fusse. 67×96 cm. Farbdr. Nebst Ergänzgn. (4 S.) Lex. 8. Wien (910). G. Freytag & Berndt. 3.50

— Eynatten, Frhr. v., Kriegsspielplan „Soest i. W." 1 : 1000. 150 Bl. in farb. Steindr. à 40×30 cm. Berlin (902). Vossische Buchh. Auf Pappe n.n. 100. — ; Uebersichtskarte dazu. 58×71,5 cm. Lith. n.n. — 40

Militärkarten. Feistle, Kriegsspielplan Metz. 1:6250. 72 Bl. à 54 × 49 cm. Farbendr. München 896. (Literarisch-artist. Anstalt.) n.n. 60. —; Übersichtsblatt dazu, 1 : 100,000. 63 × 38 cm. Lith. n.n. 1. —

— — dasselbe. Südl. u. westl. Anschlussblätter. 60 Bl. à 54 × 49 cm. Farbdr. Ebd. 897. n.n. 50. —

— Frodien, Plan im Massstabe 1 : 25,000, darstellend den Angriff u. die Vertheidigung der Forts e. mod. Festung nebst eingezeichn. Batterieplan z. Verwendung beim Vortrage üb. Festungskrieg f. die Offiziere aller Waffen, die Reserve-Offiziere, sowie die Einjährig-Freiwilligen u. Unteroffiziere der Fussartillerie u. Pioniere. 66×64 cm. Lith. Berlin 895. Liebel. n. 1. —

— Garnison-Karte der deutschen Armee m. Angabe der Armeecorps- u. Landwehr-Bezirks-Grenzen, sowie m. Bezeichng. der Servis-Klassen f. sämmtl. Garnison-Orte. 8. Aufl. Neue Ausg. Herbst 1890. Chromolith. qu. gr. Fol. Nebst e. ausführl. Liste aller Truppentheile u. Landwehr-Bataillone. 8. (12 S.) Leipzig 890. M. Ruhl. n. 1. —

— Garnisonkarte der deutschen Armee. Herbst-Ausg. 1893. 45×60,5 cm. Farbendr. Mit ausführl. Liste aller Truppentheile u. Landwehr-Bataillons-Bezirke. 12. (12 S.) Leipzig, M. Ruhl. n. 1. —

— Garnison-Karte der deutschen Armee. Nach dem Stande vom 1. VII. 1898. 1 : 1,350,000. 72 × 93,5 cm. Farbdr. Berlin 898. R. Mickisch. n 1. 80

— — dasselbe. 16. Aufl. Ausg. f. 1898. 44,5 × 57,5 cm. Farbdr. Nebst Liste der sämmtl. Regimenter u. selbstständ. Bataillone d. deutschen Armee, m. Bezeichng. der Garnisonorte, sowie d. Armeecorps, welchen sie angehören. 8. (12 S.) Leipzig 898. M. Ruhl. n. 1. —

— Garnison-Karte der deutschen Armee. 20. Aufl. 45×58 cm. Farbdr. Nebst Liste der sämmtl. Regimenter u. selbstständ. Bataillone der deutschen Armee, m. Bezeichnung der Garnisonorte, sowie der Armeecorps, welchen sie angehören. 8. (13 S.) Leipzig (901). M. Ruhl. n. 1. —

— Garnison-Karte der deutschen Armee. 24. Aufl. 45×58 cm. Farbdr. Nebst Liste d. sämtl. Regimenter u. selbständ. Bataillone der deutschen Armee, m. Bezeichng. der Garnisonorte, sowie der Armeekorps, welchen sie angehören. (14 S.) kl. 8. Leipzig (906). M. Ruhl. n. 1. —

— Garnison-Karte der deutschen Armee. 26. Aufl. 45×58 cm. Farbdr. Nebst Liste d. sämtl. Regimenter u. selbständ. Bataillone der deutschen Armee, m. Bezeichng. der Garnisonorte, sowie der Armeekorps, welchen sie angehören. (14 S.) kl. 8. Leipzig (909). M. Ruhl. 1. —

— — der französischen Armee 1894. 44 × 55,5 cm. Farbendr. Ebd. 894. n. 1. 25

Militärkarten. Garnison-Karte Aschaffenburg. 1 : 100,000. 35,5×50,5 cm. München 910. Th. (Riedel). nn — 75; kolor. Ausg. nn 1. 10

Militärkarten. Garnison-Karte u. Eintheilung der französischen Armee. Nach authent. Quellen bearb. 2. Aufl. Chromolith. qu. Fol. Nebst Text. 8. (40 S.) Leipzig 888. M. Ruhl. n. 1. 20

– Garnison-Karte

— — Erlangen. 1 : 100,000. 29×36,5 cm. Farbdr. Ebd. 908. nn — 75; schwarz nn — 50

— — von Hannover. Im Auftrage des kgl. Generalkommandos des X. Armeekorps hergestellt durch v. Arnoldi. 3. Aufl. 1 : 25,000. 4 Sectionen à 55×55 cm. Photolith. Hannover (900). O. Borgmeyer. n. 4. —; einzelne Blätter n. 1. 50

— — dasselbe. 1 : 50,000. 54,5×54 cm. Photolith. Ebd. (900). Auf Leinw. n. 1. 50

— Garnison-Uebungs-Karte v. Metz. Nachträge bis 1906. 1 : 50,000. 58,5×57 cm. Farbdr. Metz (907). G. Scriba. 2. —; auf Leinw. 2. 75

— Garnison-Uebungskarte v. Metz u. Umgebungen. 1 : 50,000. Chromolith. qu. gr. Fol. Metz 888. Leipzig, Lang. n. 2. 25; auf Leinw. n.n. 3. —

— Garnisonumgebungskarte v. Dresden. Hrsg. vom topogr. Bureau des königl. sächs. Generalstabes. 1 : 100,000. 48,5×63 cm. Kpfrst. Dresden 893. (C. Höckner's Sort.) n.n. 4. —

— Garnisonumgebungskarte Dresden. Hrsg. vom topogr. Bureau des königl. sächs. Generalstabes 1893. Einzelne Nachträge 1905. 1 : 100,000. 49×63 cm. Kpfrdr. Dresden 905. (G. A. Kaufmann's Bchh.) n.n. 3. —; farbig n.n. 3. 75; Aufzug n.n. 1. —

— Garnisonumgebungskarte v. Leipzig. Hrsg. vom topogr. Bureau des königl. sächs. Generalstabes. 1 : 100,000. 54×40,5 cm. Kpfrst. Dresden 894. (Leipzig, J. C. Hinrichs' Sort.) n.n. 2. —; Kpfrst. u. Farbendr. n.n. 3. —; Aufzug auf Leinw. n.n. 1. —

— — v. Leipzig. Hrsg. v. der Abteilg. f. Landesaufnahme des königl. sächs. Generalstabes 1905. 1 : 100,000. 43×55 cm. Kpfrdr. Ebd. 905. n.n. 2. —; farbig n.n. 2. 60; Aufzug n.n. — 80

— Geiszberg, C., das rothe Kreuz in der österreichisch-ungarischen Monarchie. Karte. 1 : 1,500,000. Chromolith. gr. Fol. Wien 887. (Artaria & Co.) n.n. 4. —

— Gerlach, C. W., die Schlacht bei Leipzig. Die Armeestellgn. nebst kurzer Geschichte der Kämpfe (an der Seite). Entworfen im J. 1813. Neuer Abdr. 1892. Stahlst. u. kolor. 56,5×40 cm. Leipzig, J. C. Hinrichs' Verl. — 60

— Heberle, Karl, topogr. Karte des Truppen-Übungsplatz Münsingen u. Umgegend, nach d. amtl. Orig.-Plan in 1 : 12,500 entw. u. gezeichnet m. Genehmigg. des königl. statist. Landesamts. 1 : 25.000. 41 × 51 cm. Farbdr. Stuttgart 898. J. Weise. n.n. 2. 50; auf Leinw. n.n. 3. 20

— Hoppenstedt, Ubungsplan f. den Unterricht im Gefechts- u. Felddienst. 1:4000. 83×118 cm. Berlin (910). E. S. Mittler & Sohn. 2. —; auf Leinw. m. Stäben 6. —

— Karger, v., Karte zur Ausbildg. der Unteroffiziere u. Patrouillenführer im Gefechts-, Marschsicherungs-, Vorposten- u. Patrouillendienst. 1:6250. 4 farb. Bl. à 30×80 cm. Berlin (905). R. Eisenschmidt. Auf Pappe n. 2. 50

— Kärtchen der Schlachtfelder bei Weissenburg u. Wörth. 2 Blatt à 21 × 17,5 cm. Lith. Weissenburg 895. C. Burckardt's Nachf. n.n. — 20

— Karte der Garnisonen des Reichsheeres. Auf Veranlassg. des königl. preuss. Kriegs-Ministeriums bearb. in der kartograph. Abtheilg. der königl. Landes-Aufnahme. 1 : 900,000. 109 × 133,5 cm. 4 Blatt. Farbendr. u. kolor. Berlin 893. Berliner Lithogr. Institut (J. Moser). n. 5. —; auf Leinw. m. Stäben od. in Mappe n. 10. —

— Karte der Garnisonen des Reichsheeres, am 1. X. 1897. Auf Veranlassg. des königl. preuss. Kriegs-Ministeriums bearb. in der kartograph. Abtheilg. der königl. Landes-Aufnahme. 1 : 900,000. 4 Blatt à 54,5 × 66 cm. Farbdr. Berlin 897. E. S. Mittler & Sohn. n. 5. —; auf Leinw. in Mappe od. m. Stäben n.n. 10. —

— Karte der Garnisonen des Reichsheeres, am 1. X. 1901. Auf Veranlassung des königl. preuss. Kriegs-Ministeriums bearb. in der kartogr. Abtheilg. der kgl. preuss. Landes-Aufnahme. 1 : 900,000. 4 Blatt à 54,5 × 66 cm. Farbdr. Berlin, E. S. Mittler & Sohn. n. 5. —; auf Leinw. in Mappe od. m. Stäben n.n. 10. —

— — dasselbe, Stand am 1. X. 1901. Nach der auf Veranlassg. des königl. preuss. Kriegs-Ministeriums in der kartogr. Abtheilg. der königl. Landes-Aufnahme im Massstab v. 1 : 900,000. bearb. Karte der Garnisonen. 1 : 1,750,000. 56,5 × 69 cm. Farbdr. Ebd. 901. n. 1. —

— — vom Truppen-Übungsplatz Hammelburg. 1 : 25,000. Photolith. Vergrösserg. aus dem topogr. Atlas. 50 × 47 cm. Ebd. 896. n.n. 1. 50

— — zum Kaisermanöver des 13. u. 14. Armeekorps 1899. 1 : 200,000. 28 × 34 cm. Farbdr. Bruchsal, O. Katz. — 40; auf Leinw. — 60

— Karte der Kaisermanöver 1903. Zusammengestellt aus der Reichskarte v. der kartograph. Abteilg. der königl. Landes-Aufnahme. 1 : 100,000. 53,5×76 cm. Photolith. Berlin 903. R. Eisenschmidt. n. — 60; auf Leinw. n. 1. 60

— — dasselbe. Nach Auftrag des Generalstabes des XI. Armee-Korps zu Cassel hergestellt m. Zugrundelegg. der W. Liebenow'schen Karte v. Mittel-Europa. 1 : 300,000. 54×72,5 cm. Farbdr. Frankfurt a/M. (903). L. Ravenstein. n. 1. —

— — dasselbe, 1905. Zusammengestellt in der kartograph. Abteilg. der königl. Landes-Aufnahme. 1 : 100,000. 66,5×82 cm. Lith. Ebd. 905. n. — 60; auf Leinw. n. 1. 80

— — dasselbe, 1904. Zusammengestellt v. der kartograph. Abteilg. der königl. Landes-Aufnahme. 1 : 100,000. 88×66,5 cm. Lith. Berlin 904. R. Eisenschmidt. n. — 60; auf Leinw. 2. —

Militärkarten. Karte der Kaisermanöver 1906. Amtliche Ausg. Zusammengestellt v. der kartograph. Abteilg. der kgl. Landes-Aufnahme. 1 : 100,000. 91,5×75 cm. Lith. Berlin 906. R. Eisenscchmidt. n. — 60; auf Leinw. n. 1. 80

— Karte für das Kaisermanöver 1907. Amtliche Ausg. Zusammengestellt v. der kartograph. Abteilg. der königl. Landes-Aufnahme. 1 : 100,000. 87×59 cm. Lith. Berlin 907. R. Eisenschmidt. — 60; auf Leinw. 1. 60

— — dasselbe 1908. Amtl. Ausg. Zusammengestellt v. der kartograph. Abtlg. der königl. Landesaufnahme. 1 : 100,000. 78×96 cm. Lith. Ebd. 908. — 60; auf Leinw. 1. 80

— — dasselbe 1910. Amtl. Ausg. Zusammengestellt v. der kartograph. Abteilg. der kgl. Landesaufnahme. 1 : 100,000. 73×100 cm. Lith. Ebd. 910. — 60; auf Leinw. 2. —

— Karte der Landwehr-Bezirks-Eintheilung d. Deutschen Reiches. Auf Veranlassg. d. königl. preuss. Kriegsministeriums bearb. in der kartograph. Abtheilg. der königl. Landes-Aufnahme. 1 : 900,000. 2. Aufl. 4 Blatt. Chromolith. Imp.-Fol. Berlin 890. Berliner lithogr. Institut. 6. —

— — der Landwehr-Bezirks-Eintheilung d. Deutschen Reiches. Auf Veranlassg. d. königl. preuss. Kriegs-Ministeriums bearb. in der kartograph. Abtheilg. der königl. Landes-Aufnahme. 1 : 900,000. (3. Aufl.) 4 Blatt à 54,5 × 66,5 cm. Farbendr. Berlin 898. Berliner lith. Institut. 6. —; auf Leinw. in Mappe od. m. Stäben 11. —

— — der Landwehr-Bezirks-Eintheilung des Deutschen Reiches. Auf Veranlassg. des königl. preuss. Kriegs-Ministeriums bearb. in der kartograph. Abtheilg. der königl. Landes-Aufnahme. 1 : 900,000. 4 Blatt à 54,5×67 cm. Farbdr. Berlin (901). Berliner lith. Institut. n. 6. —

— — für die Manöver des XIII. (k. w.) Armeekorps 1901. Hrsg. vom königl. württ. Kriegsministerium. Zusammengestellt aus den Sectionen der Reichskarte Nr. 604, 605, 617, 618, 619, 631, 632, 633, 644, 645, 646. 1 : 100,000. 70,5×70 cm. Lith. Stuttgart (901). (H. Lindemann.) n.n. 1. 50; in Farbdr. n.n. 3. —

— — für die Manöver des XIII. (k. w.) Armeekorps 1904. Hrsg. vom topogr. Bureau des königl. württ. Kriegsministeriums. Zusammengestellt aus den Sectionen der Reichskarte Nr. 589, 590, 591, 604, 605, 606, 619, 620. 1 : 100,000. 79×100 cm. Lith. Stuttgart 904. (H. Lindemann.) n.n. 2. 40; auf Leinw. in Taschenform n.n. 3. 60

— — des Truppenübungsplatzes Münsingen. Hrsg. v. dem königl. württ. statist. Landesamt 1897. 1 : 12,500. 4 Blatt à 40,5 × 50,5 cm. Kpfrst. u. Farbdr. Stuttgart 898. (H. Lindemann.) n.n. 4. —

— — dasselbe m. Umgebung, hrsg. v. d. königl. statist. Landesamt 1896. 1 : 50,000. 48 × 62,2 cm. Kpfrst. Ebd. 896. n.n. — 75

— — für die grosse Parade des 2. Armeecorps bei Biebelried am 1. IX. 1897. 45 × 40,5 cm. Photolith. München 897. (Literarisch-artist. Anstalt.) n. — 40

— — vom Königr. Sachsen m. Landwehreintheilung. Mit Genehmigg. d. königl. Kriegsministeriums hrsg. 1 : 280,000. Chromolith. Imp.-Fol. Dresden 887. Tittel's Nachf. n. 4. —

— — der Standorte des Reichsheeres. Stand am 1. X. 1905. Auf Veranlassg. des königl. preuss. Kriegsministeriums bearb. in der kartograph. Abteilg. der königl. Landes-Aufnahme. 1 : 900,000. 4 Blatt à 54,5×66,5 cm. Farbdr. Berlin 905. (E. S. Mittler & Sohn.) n. 6. —
Bisher u. d. T.: Karte der Garnisonen.

— — topographische, der Umgebung v. Metz. Die Kriegs-Operationen um Metz im J. 1870. 1 : 50,000. 6. Aufl. Farbendr. 53,5×73 cm. Leipzig 891. G. Lang. n. 2. —; auf Leinw. in Etui n.n. 3. 50

— Keller, H., Karte der Militärkreis-Einteilung der Schweiz (mit der amtlichen Verordnung). 1 : 440,000. gr. Fol. Zürich 888. Keller. n. 2. 40

— Klüfer, v., Kriegsspielplan des X. Armeekorps. Bückeburg, Hannover, Springe. 1 : 10,000. 168 Bl. à 40×30,5 cm. Farbdr. Berlin 907. (R. Eisenschmidt.) Auf Pappe nn 85.—; Übersichtsblatt. 1 : 100,000. 58×104,5 cm. Umdruck nn — 60; auf Leinw. nn 1. 20

Hieraus einzeln:
Kriegsspielplan Bückeburg in 56 Bl. Auf Pappe nn 30. —
Kriegsspielplan Hannover in 56 Bl. Auf Pappe nn 30. —
Kriegsspielplan Springe in 56 Bl. Auf Pappe nn 30. —

— Koenigs, Übersichtskarte f. die Herbstübungen des XVI. Armee-Korps 1899. 1 : 200,000. 40,5×52,5 cm. Lith. Metz (899). (P. Müller.) n.n. — 60

— — dasselbe f. die grösseren Truppen-Uebungen des XVI. Armee-Korps 1900. 1 : 200,000. 54,5×59 cm. Farbdr. Ebd. 900. n.n. — 75

— Manöverkarte v. Ludwigsburg u. Umgebung. 1 : 100,000. Steindr. 30,5×30 cm. Stuttgart 892. (R. Roth.) n.n. — 25

— Marsch- u. Unterkunfts-Karte f. die Königs-Manöver 1891. 1 : 50,000. Photolith. 58,5×79,5 cm. München 891. Literar.-artist. Anstalt, Th. Riedel. n.n. 1. —; kleine Ausg. 37×44 cm. n.n. — 50

— Mayerhofer, Hans, Kriegskarte v. Europa u. den Mittelmeerländern. Übersicht der Streitkräfte zu Lande u. zur See im Kriegsfall m. erläut. Text (an den Seiten). 1 : 7,500,000. 65×80,5 cm. Farbendr. Wien 893. G. Freytag & Berndt. n. 2. 50

— Meinnerth, Ph. S., neueste Armee-Karte des Deutschen Reiches. 2. Aufl. Lithogr. u. color. gr. Fol. Leipzig 888. (Gracklauer.) n. — 50

— Meyer, J., Reliefkarte des Schlachtfeldes Spichern. 1 : 50,000. 20,5×25,5 cm. Farbendr. Mit 1 Skizze u. Text an der Seite u. 2 farb. Bildnissen. Zürich 895. Hofer & Co. In Leinw.-Karton n. 2. —

— — Reliefkarte des Schlachtfeldes Wörth. 1 : 50,000. 21,5×25 cm. Farbendr. Mit 1 Skizze u. Text an der Seite u. 2 farb. Bildnissen. Ebd. 895. In Leinw.-Karton n. 2. —

— Militär-Karte v. Oesterreich-Ungarn. 1 : 3,000,000. Chromolith. qu. Fol. Teschen 887. Prochaska. n. — 60

— Mittelbach, R., Dislocations-Karte der Truppen- u. Landwehrbezirke d. Deutschen Heeres. Bearb. nach den Anlagen zur Allerhöchsten Cabinets-Ordre vom 1. Febr. 1890 u. den offiziellen Rang- u. Quartierlisten d. Königl. Preuss., Königl. Bayer., Königl. Sächs. u. Königl. Württemberg. Armeecorps. 1 : 1,300,000. Photolith. u. Farbendr. Imp.-Fol. Kötzschenbroda 890. Mittelbach's Selbst-Verl. n. 4. —

Militärkarten. Müller, Alfr. v., Garnison-Karte von Bremen. (Westliche Hälfte.) Auf dienstl. Veranlassg. bearb. 1 : 50000. 62×43 cm. Photolith. Bremen (900). G. A. v. Halem. n.n. — 90; auf Leinw. n.n. 1. 35

— Müller, G., Militär-Karte d. Deutschen Reichs zur Übersicht d. Quartier-Standes u. der Landwehr-Inspektions-Bezirke vom 1. April 1890 ab. 1 : 1,750,000. Farbendr. qu. gr. Fol. Mit erläut. Textheft. gr. 8. (32 S.) Leipzig 890. Lang. n. 3. —

— Müller, Gust., neue Militärkarte d. Deutschen Reichs zur Übersicht d. Quartierstandes u. der Landwehr-Inspektions-Bezirke vom 1. Apr. 1891 ab. 1 : 750,000. Farbendr. 58×72 cm. Leipzig 891. G. Lang. n. 1. 50; erläut. Text. 8. (61 S.) n. — 60

— Müller, Herm., Dislokationskarte d. deutschen Heeres u. seiner Grenznachbarn. Nach den neuesten amtl. Quellen bearb. v. A. Herrich. Farbendr. 59×81,5 cm. Glogau 893. C. Flemming. n. 1. —

— — Dislokationskarte der Heere Europas. Nach den neuesten amtl. Quellen bearb. von A. Herrich. 1 : 3,250,000. (In 4 Blatt.) I. Sekt. Bl. 3. 63×82 cm. Farbendr. Mit 1 Bl. Text. Ebd. 894. Subskr.-Pr. 1. 50

— Müller-Sagan, Herm., Dislokationskarte der Heere Europas. Nach d. neuesten amtl. Quellen bearb. v. A. Herrich. 1 : 3,250,000. II.—IV. (Schluss-) Sekt. Bl. 1, 2 u. 4. à 63×82 cm. Farbendr. Mit je 1 Bl. Text. Mit Erklärg., nebst e. kurzen Uebersicht der Wehrverhältnisse aller europ. Staaten. 8. (49 S.) Glogau 895. C. Flemming. Subskr.-Pr. à 1. 50

— Müllhaupt, F., militärische u. Verkehrs-Karte der deutsch-französischen Grenzen, sowie der benachbarten Länder v. Belgien, Holland u. der Schweiz. 1 : 250,000. Chromolith. gr. Fol. Bern 888. Müllhaupt. n. 1. 20; auf japan. Papier n. 1. 40; m. Gebirgszeichnung n. 1. 50; auf japan. Papier n. 1. 75

— — Militär- u. Verkehrskarte der franco-italienischen u. schweizerischen Grenzen. 1 : 1,050,000. Chromolith. gr. Fol. Ebd. 888. n. 1. 25; auf japan. Papier n. 1. 50

— Oelhafen, Frdr. v., Dislokationskarte der kgl. bayerischen Truppen vom 1. April 1891. Gleichzeitige Anlage zu „Dienst-Instruktion f. Offiziers-Adspiranten, Reserve- u. Landwehr-Offiziere" d. Verf. Lith. qu. gr. 4. Mit Text auf der Rückseite. Kitzingen 890. Bedacht. n. — 30

— Organisations- u. Dislocations-Uebersicht des k. u. k. Heeres, der k. k. u. kgl. ung. Landwehr, sowie der k. k. u. kgl. ung. Gendarmerie. 3. Ausg. (Novbr. 1894). 90×60 cm. Linz, Städtebilder-Verlag. n. — 50

— Perthes', Just., deutscher Armee-Atlas. Bearb. v. Paul Langhans. gr. 4. (5 farb. Karten.) Mit Begleitworten v. Th. Toeppel. Lex.-8. (12 S.) Gotha 899. J. Perthes. In Lex.-8. gebrochen n. 1. —

— Plan des Dresdener Uebungsplatzes. 1:8000. 47×46 cm. Lith. Dresden (901). (E. Engelmann's Nachf.) n.n. — 80

— dasselbe. 1:12,500. 30×30 cm. Lith. Ebd. (901.) n.n. — 40

— Plan des Dresdener Uebungsplatzes. Bearb. v. der Abteilg. f. Landesaufnahme des königl. Generalstabes 1903. Hrsg. 1904. 1:8000. 47×46 cm. Lith. Dresden (G. A. Kaufmann's Bchh.) n.n. — 80; auf Leinw. n.n. 1. 55

— — dasselbe. 1:12,500. 30×29,5 cm. Lith. Ebd. n.n. — 40; auf Leinw. n.n. — 80

— Ravenstein, Hans, Touristen- u. Radfahrer-Karte der Kaiser-Manöver u. der Kaiser-Parade 1897. Redaction L. Ravenstein. 1:170,000. 65,5×54,5 cm. Farbdr. Frankfurt a/M. 897. L. Ravenstein. n. 1. 50

— Schlachten-Atlas des 19. Jahrh., vom J. 1828 bis 1885. Pläne aller wichtigeren Schlachten, Gefechte, Treffen u. Belagergn. in Europa, Asien u. Amerika, m. Kartenskizzen u. begleit. Texte, nebst Uebersichtskarten u. Skizzen m. compendiösen Darstellgn. des Verlaufes der Feldzüge. Nach authent. Quellen bearb.

1.—43. Lfg. Fol. (145 farb. Karten m. 387 Bl. Text.) Iglau 886—894. P. Bäuerle. Subskr.-Pr. à n. 2. 65; Laden.-Pr. à n. 5. 25

– Schuler, Eug.

— — Dislocations-Karte der italienischen Armee. 1:1,500,000. Farbendr. 79×70,5 cm. Nebst tabellar. Uebersicht der Ordre de bataille u. der Armeeverhältnisse im Frieden u. im Kriege. 45,5×69 cm. Ebd. 891. n. 3. 20

— Schuler, Eug., Dislocationskarte der russischen Armee [im europäischen Reichstheile], nebst tabellar. Übersicht der „Ordre de Bataille" u. der Armeeverhältnisse im Frieden, in der Mobilisirg. u. im Kriege u. der wicht. Verändergn. im J. 1888 u. Anfangs 1889. Nach dem officiellen russ. Truppen-Verzeichnisse „Rosspissanie" bearb. 1:4,500,000. 2. Aufl. Chromolith. Imp.-Fol. Wien 889. Artaria & Co. n. 4. 80

Militärkarten. Schuler, Eug., Dislocations-Karte der indo-britischen Streitkräfte in Ost-Indien u. der russischen Streitkräfte in Asien. Farbendr. 90×71 cm. Nebst tabellar. Uebersicht der Organisation dieser Streitkräfte im Frieden u. im Kriege. 60×81 cm. Wien 892. Artaria & Co. n. 4. —

Militärkarten. Schwabenland, F., Felddienst-Uebungskarte v. Metz. 1:50,000. 52×67 cm. Farbdr. Metz 897. P. Müller. Auf Leinw. n. 3. 25

— Schwabenland, F., Felddienst-Uebungskarte v. Metz. 1:50,000. Ergänzt bis 1910. 51,5×66 cm. Farbdr. Metz (910). P. Müller. Auf Leinw. 2. 50

— — Uebersichtskarte der Kriegsoperationen um Metz im J. 1870. 1:50,000. 51,5×65,5 cm. Farbdr. Ebd. 897. n. 2. —

— Signaturen, die gebräuchlichsten, bei Anfertigung v. Feld-Krokis. Nach d. neuesten Musterblättern d. kgl. Landes-Aufnahme zusammengest. u. gezeichnet f. Officiere u. Unteroffiziere. 1:25,000. 15.—20. Taus. 13×19 cm. Lith. M. Text auf der Rückseite. Berlin 896. R. Eisenschmidt. n. — 25; 21.—26. Taus. Farbendr. n. — 30

— Standquartiere, die, des Russischen Heeres im europäischen Reichsteile. Nach dem neuesten amtl. Verzeichnisse unter Berücksicht. der Eisenbahnen. Karte. 1:3,700,000. Chromolith. qu. gr. Fol. Berlin 890. Eisenschmidt. n. 1. 50

— Sternegg's, v., Schlachten-Atlas des 19. Jahrh., vom J. 1828—1885. 44.—55. Lfg. (36 farb. Kartens. m. 100 Bl. Text.) Iglau 895—898. P. Bäuerle. Subskr.-Pr. à n. 2. 65; Einzelpr. à n. 5. 30
Die früheren Lieferungen s. unter Schlachtenatlas.

— Sternegg's, v., Schlachten-Atlas des 19. Jahrh., vom J. 1828 bis 1895. 56.—59. Lfg. Fol. (10 farb. Kartens. m. 37 u. 17 S. Text.) Iglau 899—901. P. Bäuerle. Subskr.-Pr. à n. 2. 65; Einzelpr. à n. 5. 30

— Szczepanski, v., Musterblätter f. das militärische Planzeichnen. 1:125,000 m. e. Anh.: Rathschläge f. das Zeichnen v. Krokis u. Skizzen. 1. u. 2. Aufl. qu. Lex.-8. (16 lith. S. m. 8 S. Text.) Neisse 891. J. Graveur. n. 1. 25

— Tröltsch, E. de, carte d'emplacement des forces militaires de la France en temps de paix. 1:7,000,000. 2 Blatt. Chromolith. 4. éd., revue et augmentée. Imp.-Fol. Stuttgart 881. (K. Aue.) n. 6. —

— — Dislokations-Karte der französischen Kriegsmacht. 1:1,200,000. 5., durchaus neu bearb Aufl. Farbendr. 90×87 cm. 4 Blatt. Nebst Textbeilage: Uebersicht üb. die französ. Kriegsmacht, enth.: Organisation, Eintheilg., Dislokation u. Stärke der französ. Armee u. Marine. gr. 4. (35 S.) Berlin 891. E. S. Mittler & Sohn. n. 5. —

— — Dislokationskarte der Kriegsmacht d. deutschen Reiches im Frieden. 1:7,000,000. 2 Blatt. Chromolith. 5. Aufl. Imp.-Fol. Ebd. 883. n. 6. —

— Tröltsch, E. v., Truppen u. Festungen der Franzosen zwischen Paris u. der deutschen Grenze. Entworfen nach den besten meist amtl. Angaben. 1:1,700,000. Im Auftrag der Deutschen Partei in Druck gegeben. Farbendr. Mit 1 Bl. Text. Stuttgart 887. (Grüninger.) — 10

Militärkarten. Uebersichtskarte üb. die Dislocation der französischen Armee. Chromolith. qu. gr. Fol. Leipzig 887. M. Ruhl. n. 1. —

— — über die Dislocation der russischen Armee im westlichen Russland. Nebst Angabe der sämmtl. Eisenbahnlinien, Festgn. etc. 2. Aufl. Chromolith. qu. Fol. Ebd. 889. n. — 50

— Uebersichtskarte der Dislocation des k. u. k. österr.-ung. Heeres u. der Landwehren im J. 1898/99. 1:1,800,000. 65,5×94,5 cm. Farbdr. Mit Text an den Seiten. Wien 898. Freytag & Berndt. n. 2. —

— Uebersichtskarte der Dislocation des k. u. k. österr.-ung. Heeres, der Landwehren u. der Gendarmerie-Corps im J. 1902/1903. 1:1,800,000. 65,5×95 cm. Farbdr. Mit Text am Fusse u. an den Seiten. Wien 902. G. Freytag & Berndt. n. 2. —

— — für die Herbstübungen d. VIII. u. XVI. Armee-Korps 1892. 1 : 200,000. Farbendr. 51×52 cm. Mit Truppenverzeichniss am Rande. Metz 892. (P. Müller.) n. — 60

— — zum Kaiser-Manöver im Septbr. 1891, m. Nebenkarte: Kaiser-Parade bei Gamstädt, 14. Septbr. 1891. Farbendr. 30,5×28 cm. Gotha, K. Schwalbe. — 30

— Übersichtskarte üb. die Kaisermanöver 1909 in zweifarbigem Schnellpressendr. Hrsg. vom königl. württ. statist. Landesamt. 1 : 200,000. 48×70 cm. Stuttgart (909). H. Lindemann. 1.20; auf Leinw. n 1.90

— Übersichts-Karte der Standorte der kgl. bayerischen Armee. Bearb. im k. b. Generalstab. Nach dem Stande vom 1. Oktbr. 1893. 1 : 800,000. 51×67 cm. Farbendr. München, (Literar.-artist. Anstalt). n.n. 1. 80

— — für die grösseren Truppenübungen des XVI. Armee-Korps 1902. 1 : 200,000. 44,5×57 cm. Farbdr. Mit Text am Rande. Metz (902). (P. Müller.) n. — 50

— Übersichts-Skizze f. das Manöver des XIII. (k. w.) Armee-Korps. 1901. Hrsg. vom topogr. Bureau des kgl. württ. Kriegsministeriums. 1 : 900,000. 25×80 cm. Lith. Stuttgart (901). (H. Lindemann.) n.n. — 20

— Universal-Administrativ-Karte der österreich.-ungarischen Armee m. der Eintheilung d. Reiches in die Territorial- u. Ergänzungsbezirke d. k. k. Heeres u. der Kriegsmarine, der k. k. u. k. ungarischen Landwehr u. d. Landsturmes. 1 : 1,500,000. Chromolith. Imp.-Fol. Mit Beilage: Uebersicht der regelmäss. Ergänzgn., welche die besteh. Stellungsbezirke Oesterreich-Ungarns an Truppen u. Anstalten f. das steh. Heer, f. die Kriegsmarine, f. die Landwehr u. f. den Landsturm zu leisten haben. gr. 4. (24 S.) Wien 888. Artaria & Co. n. 4. 80; Beilage ap. n. 1 50

— Wege-Karte für das Kaisermanöver 1903. Bearb. in der kartograph. Abteilg. d. königl. preuss. Landes-Aufnahme. 1 : 300,000. 52,5×77 cm. Farbdr. Berlin 903. R. Eisenschmidt. n. — 75; auf Leinw. n. 1. 75

— — dasselbe, 1904. Bearb. in der kartograph. Abteilg. d. königl. Landes-Aufnahme. 1 : 300,000. 59×67,5 cm. Farbdr. Ebd. 904. n. — 50; auf Leinw. n. 1. 50

— — dasselbe, 1905. Bearb. in d. kartograph. Abteilg. d. königl. Landes-Aufnahme. 1 : 300,000. 34×58 cm. Farbdr. Ebd. 905. n. — 50; auf Leinw. n. 1. —

— — dasselbe, 1906. Amtliche Ausg. Bearb. in der kartograph. Abtlg. der königl. Landesaufnahme. 1 : 300,000. 77×59,5 cm. Farbdr. Ebd. 906. n. — 50; auf Leinw. n. 1. —

— Wegekarte f. das Kaisermanöver 1907. Amtl. Ausg. Bearb. in der kartograph. Abtlg. der königl. Landesaufnahme. 1 : 300,000. 49,5×63,5 cm. Farbdruck. Berlin 907. R. Eisenschmidt. — 50; auf Leinw. 1. 25

— — dasselbe 1908. Amtl. Ausg. Bearb. in der kartograph. Abteilung der königl. Landesaufnahme. 1 : 300,000. 52,5×64,5 cm. Farbdr. Ebd. 908. — 50; auf Leinw. 1. 25

— — dasselbe 1910. Amtl. Ausg. Bearb. in der kartograph. Abteilg. der kgl. Landesaufnahme. 1 : 300,000. 54,5×73,5 cm. Farbdr. Ebd. 910. — 50; auf Leinw. 1.30

Militär-Catalog. Verzeichniß kriegswissenschaftl. u. kriegsgeschichtl. Werke aus den Jahren 1859—67. Zusammengestellt von Th. Trautwein. München 867. Lindauer'sche Buchh. gr. 8. (31 S.) n. 3½ ngr.

Militair-Kirchenordnung, die Kgl. Preuß., v. 12. Febr. 1832, mit Anmerkn. gr. 8. (2 B.) Würzburg 833, Stahel.
Aus d. „Religions- u. Kirchenfreunde 1832" abgedruckt.

—— die Kgl. Preuß., v. 12. Febr. 1832. Vertheidigt geg. d. Angriffe d. „kathol. Religions- u. Kirchenfreunds 1832." Nr. 89. 90. gr. 8. (2¾ B.) Stuttgart 834, [Beck u. Fränkel.]

— die Königl. Preuß., vom 12. Febr. 1832. Vertheidigt gegen d. Angriffe des katholischen Religions- und Kirchenfreunds 1832. Nr. 89. 90. gr. 8. Stuttgart 834. Löflund. ¼ ₰

Militär Kirchen-Reglement vom 16. Sept. 1787. Berl., Decker. 16 ₰

Militair - Consistorial - Reglement (Friderichs I. [Dat.:] Cölln a. d. Spree 29. April 1711).

Über die Militär-Konskription im Kgr. Baiern. Nebst einem Anhang von der Nationalgarde 2ter Klasse oder den mobilen Legionen. Zum Unterrichte für das Volk geschrieben von einem Landpfarrer. München 1813. 186 S.

Militär Contributions- und Camerial-Systema. Fol. Wien 1748.

Militär-Convention, die, zwischen Preußen und Koburg-Gotha. Vom nationalen Standpunkte aus beurtheilt. gr. 8. (58 S.) Leipzig (861)62, Voigt und Günther. *

Militär-Konventionen. D. Militär-Gesetze d. Deutsch. Reichs. 2. Lief. Berl. 1876.

Ueber Militär-Konventionen, insbesond. die badische Militär-Konvention vom 25. XI. 1870. Mannheim 1872. 16 S.

Militärconventionen, die — insbesondere die badische Militärconvention vom 25. November 1870. Mannheim 1872. 8.

Militär-Konventionen zwischen Preußen u. Lübeck, Hamburg, Bremen, Lippe, Schaumb. Lippe, Schwarzburg-Sondershausen, d. thüring. Staaten, Anhalt, Oldenburg, Waldeck i. J. 1867. 4.

Militair-Conversations-Lexikon, s. a. Militair-Konversations-Lexikon.

Militair-Conversations-Lexikon, bearb. v. mehr. deutschen Officieren. Redig. u. hrsg. v. Hans Eggert Willib. v. d. Lühe. 1—4. Bd. (à 4 Hfte.) A—L. gr. 8. (196⅓ B.) Leipzig 833—35. [Adorf, Verlags-Bureau.] à Hft. 12 Gr., Vlnp. Thlr.

Militär-Conversations-Lexikon, bearb. v. mehr. deutschen Offizieren. Redig. u. hrsg. v. Hanns Eggert Willib. v. d. Lühe. 5—7. Bd. (à 4 Hfte.) u. 8. Bd. (5 Hfte.) M—Z. u. Nachtrag. gr. 8. (199 B.) Adorf 836—41, Verlags-Bureau. à H. * ½ Thlr., Vlnp. * ⅔ Thlr. * 8½ Thlr., Vlnp. *
1—4. Bd. A—L. Ebds. 1833—35. * 8 Thlr., Vlnp. * 10 Thlr. 16 Gr.

Militär-Konversazions-Lexikon, Oesterreichisches. Unter Mitwirkung mehrerer Offiziere der k. k. Armee. Hrsg. von der Redakzion d. „Oesterreich. Soldatenfreundes": J. Hirtenfeld u. (1. Bd.) H. Meynert. 1—37. Lfg. [Aachen.— Kartätschenschüsse.] Lex. 8. (1. Bd. IV u. 857 S. 2. Bd. 858 S. 3. Bd. S. 1—488.) Wien 850—52, Gerold in Comm. (à n. 7 ngr) n. 8 ßf 19 ngr .

Militär-Konversazions-Lexikon, österreichisches. Unter Mitwirkung mehrerer Offiziere der k. k. Armee. Redig. und herausg. von J. Hirtenfeld. 38—41. Liefg. Karte — Kulm. Wien 853. Gerold in Comm. Lex.-8. (3. Bd.: S. 489—680.) Jede Liefg. n. 7 ngr

Militär-Kopfsteuer, die, des Herrn Dr. Engel. Beleuchtet von einem Mitgliede des Hauses der Abgeordneten. Berlin 864. F. Duncker. gr. 8. (15 S.) n. 2 ngr

Die Militärcostüme der ungarischen Armee von 1799—1878. 6 Bll. Wien.

Militair-Laufbahn, die. Im Wortlaut nach amtl. Quellen. 1. u. 2. Thl. 8. (94 u. 72 S.) Berlin 876. Bochmann. à n. 1. —

Militär-Lazareth, das königliche, an der Müllerstraße in München. Dessen geschichtl. Darstellg. in persönl. u. sachl. Beziehg. während seines nahezu 100jähr. Bestandes. gr. 8. (VIII, 84 S. m. 1 Tab. in qu. gr. Fol.) München 875. (Rieger.) n. 1. —

Militärlazaretteinrichtung kurpfalzbayrische

Churpfalzbaierische Militairlazareth-Einrichtung mit den gehörigen Beylagen von Nro.1.bis 20. Vom 17ten Dezember 1793. 44 S., 41 Bl., gbd.

O.O.: 1794

JB 3.718

Königlich Preußische Militair-Lehrschmiede. Berlin 1883. 8°.

Militär-Lexikon. Handwörterbuch der Militärwissenschaften. Unter der Mitwirkg. von Wille, v. Zepelin, v. Niessen u. Arndt bearb. u. hrsg. v. H. Frobenius. Mit 518 Textillustr., 5 Dislokations-Karten u. 1 tabellar. Übersicht d. Schnellfeuer-Feldkanonen. Lex.-8. (VII, 920 S.) Berlin 901. M. Oldenbourg. n. 25. —; geb. in Halbfrz. n. 28. —
Erschien auch in 20 Lfgn. à n. 1. 25.

— dasselbe. 1. Ergänzungsheft. Unter der Mitwirkg. von Wille u. Plüddemann bearb. u. hrsg. v. H. Frobenius. Mit 32 Textillustr., Tab. u. e. doppelseit. Tafelbild. Lex.-8. (III, 52 S.) Ebd. (902). n. 1. 80

Militär-Lexikon. Handwörterbuch der Militärwissenschaften. 2. u. 3. Ergänzungsheft. Unter der Mitwirkg. v. Wille u. Plüddemann hrsg. u. bearb. v. Frobenius. Lex.-8. Berlin, M. Oldenbourg. n. 6. —
2. Mit 41 Textillustr., Tab. u. e. doppelseit. Tafelbild. (50 S.) (904.) n. 2. —
3. Mit 31 Textillustr. u. 2 doppelseit. Tafelplänen. (100 S.) (906.) n. 4. —; f. Abnehmer des ganzen Werkes n. 3. — (Hauptwerk m. 1.—3. Ergänzungsheft: 34. 80)

Illustrirtes Deutsches **Militär-Lexikon,** unt. Mitw. v. Kgl. Pr. Gen. a. D. [Richard] Wille, Kgl. Pr. Gen. a. D. [Konstantin] v. Zepelin u. a. Fachmännern hrsg. v. J[ustus] Scheibert, Kgl. Pr. Maj. a. D. M. ca 350 Abb. u. e. Anh.: Militär-Litteratur. *Berlin: W. Pauli's Nachf. 1897.* (3 Bl., 725 S., 1 Bl., 39 S.) 1 Bd 4.(8.) [97. 2611

Militär-Lexikon, illustriertes deutsches. Unter Mitwirkung der Kgl. Pr. Generäle a. D. *Wille* u. *von Zepelin*, sowie andern Fachmännern herausg. von *J. Scheibert.* Mit 550 Textabb. u. e. Anhang: Militär-Litteratur. Lex. in-8°. 728 u. 40 S. Zürich, Art. Institut Orell Füssli. 1897. Gebd. in Halbfranz 32 —

Militär-Literatur-Anzeiger 1873. 1. Semester. gr. 8. (16 S.) Berlin, Bolm. — 40

Militaer-Literatur-Zeitung. (Seit 1883) Literar. Beiblatt zum Militär. Wochenbl. Jhrg. 1—93. Mit 1 Inhalts-Verzeichnis von 1838 bis Ende 1848. Berlin 1820—1912. 8°, seit 1881: 4°

Militär-Literatur-Zeitung. Redig. von C. v. Decker, B. Blesson u. v. Malezewski. 1.—13. Bd. Jahrgg. 1820—32. Mit Steintaf. 4. Berl., Mittler. (à Jahrg. 4 ßf) 52 ßf

Militair-Litteratur-Zeitung. Redig. v. C. v. Decker, v. Maliszewski u. L. Blesson. Jahrg. 1828—33. (à 6 Hfte.) od. 9—14. Bd. Mit Stnt. 4. Berlin, Mittler. à J.

—— dies. Redig. von dens. Jahrg. 1834 u. 35. (4 u. 6 Hfte.) od. 15. u. 16. Bd. Mit Stnt. gr. 4. Ebds. à J.
Jahrg. 1820—27. od. 1—8. Bd. Ebendas. à 4 Thlr. — v. Maliszewski trat 1828 d. Redact. bei.

Militär-Literatur-Zeitung 1836—42. (od.) 17—23. Bd. (à 6 Hfte.) Redact.: C. v. Decker, v. Maliszewaki, L. Blesson. Mit Stnt. gr. 4. Berlin, Mittler. à J. *

Militair-Literatur-Zeitung. 1841—1846. Oder 22.—27. Bd. 22. u. 23. Bd. à 6 Hfte. 24.—27. Bd. à 52 Numm. Redaktoren: C. v. Decker, Obrist-Lieuten. v. Maliszewski, L. Blesson. 4. Berlin, Posen u. Bromberg, Mittler. 22.—26. Bd. à n. 4 ßf — 27. Bd. baar 3½ ßf

Militair-Literatur-Zeitung. Red.: v. Maliszewski. L. Blesson. 26—33. Jahrg. 1847—1851. à 52 Nrn. 1852. 8 Hfte. gr. 4. (à Nr. 16—24 S. à Hft. 64 S.) Berlin, Mittler & Sohn. 1847—51. à n. n. 3½ ßf 1852. n. 4 ßf

Militair-Literatur-Zeitung. Redakt.: L. Blesson. 34—37. Jahrg. 1853—56. à Jahrg. 8 Hefte. (à 4 Bog.) gr. 4. Berlin, Mittler und Sohn. à Jahrg. *

Militair-Literatur-Zeitung. Redig. von L. Blesson. 38—42. Jahrg. 1857—61. à Jahrg. 8 Hefte. (à ca. 4 Bog.) gr. 4. Berlin, Mittler und Sohn. à Jahrg. *

Militair-Literatur-Zeitung. Gegründet von C. v. Decker und L. Blesson. Redact.: Borbstaedt. — Poohhammer. 43.—48. Jahrg. 1862—67. à Jahrg. 12 Hefte. (à ca. 4 Bog.) gr. 4. Berlin, Mittler und Sohn. à Jahrg. *

Militair-Literatur-Zeitung. Gegründet von C. v. Decker und L. Blesson. Redact.: Borbstaedt, Pochhammer. 49.—54. Jahrg. 1868—1873. à Jahrg. 12 Hefte. (à 3—4 Bog.) gr. 4. Berlin, Mittler und Sohn. à Jahrg. *

—— dass. — Redact.: F. v. Meerheimb. 55. Jahrg. 1874. 12 Hefte. (à 3—4 Bog.) gr. 4. Ebendas. *
Vgl.: Troschke, C. Frhr. v.

Militair-Literatur-Zeitung. Gegründet von C. v. Decker und L. Blesson. Redact.: F. v. Meerheimb. 56.—60. Jahrg. 1875—1879. à Jahrg. 12 Hefte (à 3—4 Bog.) gr. 4. Berlin, Mittler und Sohn. à Jahrg. *

Militär-Literatur-Zeitung. Gegründet von C. v. Decker und L. Blesson. Redact.: F. v. Meerheimb. 61.—63. Jahrg. 1880—1882. à Jahrg. 12 Hefte. (à Heft 3—4 Bog.) gr. 4. Berlin, Mittler und Sohn. à Jahrg. *

—— Literarisches Beiblatt zum Militär-Wochenblatt. Redig. von Löbell. 64. und 65. Jahrg. 1883 und 1884. à Jahrg. 12 Nrn. (Bog.) gr. 4. Ebendas. à Jahrg. *

Militär-Literatur-Zeitung. Literarisches Beiblatt zum Militär-Wochenblatt. Redact.: v. Löbell. 66.—69. Jahrg. 1885—1888. à Jahrg. 12 Nrn. (Bog.) gr. 4. Berlin, Mittler und Sohn. à Jahrg. *

— dasselbe. Red.: v. Estorff. 70. u. 71. Jahrg. 1889. 1890. à 12 Nrn. (B.) gr. 4. Ebd. n. 6. —

Militär-Literatur-Zeitung. Literarisches Beiblatt zum Militär-Wochenblatt. Red.: v. Estorff. 72.—75. Jahrg. 1891—1894. gr. 4. Berlin, E. S. Mittler & Sohn. à Jahrg. n. 6. —
Erscheint in zwanglosen Nrn. (à 1—1½ Bog.)

Militär-Literatur-Zeitung. Literar. Beiblatt z. Militär-Wochenblatt. Red.: v. Estorff. 76.—79. Jahrg. 1895—1898. gr. 4. (536, 528, 448 u. 400 Sp.) Berlin, E. S. Mittler & Sohn. à Jahrg. n. 6. —

Militär-Literatur-Zeitung. Literarisches Beiblatt zum Militär-Wochenblatt. Red.: v. Estorff u. seit 1900 v. Frobel. 80.—83. Jahrg. 1899—1902. gr. 4. (440, 408, 512 u. 496 Sp.) Berlin, E. S. Mittler & Sohn. à Jahrg. n. 6. —

Militär-Literatur-Zeitung. Literarisches Beiblatt zum Militär-Wochenblatt. Red.: v. Frobel. 84.—87. Jahrg. 1903 bis 1906. à 12 Nrn. (X, 464; X, 440; VIII, 456 u. VII, 456 Sp.) gr. 4. Berlin, E. S. Mittler & Sohn. à Jhrg. n. 6. —

Militär-Literatur-Zeitung. Literarisches Beiblatt zum Militär-Wochenblatt. Red.: Frobel. 88.—91. Jahrg. 1907—1910. à 12 Nrn. (à ca. 48 Sp.) Lex. 8. Berlin, E. S. Mittler & Sohn. à Jahrg. 5. —

—— **deutsche.** Beiblatt zur deutschen Heeres-Zeitung.
Erschien nur während der Jahre 1877, 1878 und 1883 (à Jahrg 12 Nrn.) und war nur mit der Deutschen Heeres-Zeitung zusammen zu beziehen.

— **deutsche.** Beiblatt zur deutschen Heeres-Zeitung. 1. Jahrg. 1883. 12 Nrn. (à ¾—1 B.) gr. 4. Berlin, F. Luckhardt. n. 8. —
Erscheint nicht mehr.

Militär-Maria-Theresien-Orden. (Separat-Abdruck aus dem „Schematismus für das k. u. k. Heer und der k. und k. Kriegs-Marine".) (Wien 1900—1904.)

Militär-Märsche, Altpreussische, aus dem Musik-Archiv der königlichen Hausbibliothek in Berlin mit Allerhöchster Genehmigung Seiner Majestät des Kaisers und Königs Wilhelm II. erstmalig herausgegeben. Ausgabe für grosses Orchester, Infanteriemusik, Cavallerie-, Jäger- und Pioniermusik instrumentirt von C. Frese, königlichem Musikdirigenten im Garde-Füsilier-Regiment. Fol. Leipzig (1892).

Altpreussische **Militär-Märsche** aus dem Musik-Archiv der Kgl. Hausbibliothek in Berlin m. Allerh. Genehmigg S. Maj. d. Kaisers u. Königs Wilhelm II. erstmalig hrsg. Ausg. f. Klavier v. Georg Thouret. *Leipzig: Breitkopf & Härtel (1892).* (2 Bl., 23 S.) 1 Bd 4. [96. 4255

Altpreussische **Militär-Märsche** nach Ms. d. Grossherzogl. Hofbibliothek zu Darmstadt m. Allerh. Genehm. S. Maj. d. Kaisers ... Wilhelm II. erstmalig hrsg. Bearbeitg f. Klavier v. Dr. Valentin Lennert. *Leipzig: Breitkopf & Härtel (1895).* (3 Bl., 27 S.) 1 Bd 4. [96. 4981

Militär-Marsch-Routen-Buch für Böhmen. 8. Wien 1860.

— — Uebersicht der Berichtigungen und Ergänzungen zum Marsch-Routen-Buche für Böhmen vom Jahre 1860. 8. Wien 1862.

Militär-Marsch-Routen-Buch für Dalmatien. 8. Wien 1857.

— — für Illyrien. (Kärnten, Krain und das Küstenland.) 8. Wien 1859.

— — für Kroatien, Slavonien und die dazu gehörige Militärgrenze. 8. Wien 1859.

— — für Mähren und Schlesien. 8. Wien 1859.

— — für das Erzherzogthum Oesterreich mit Salzburg. 8. Wien 1864.

— — für die Woiwodschaft Serbien, das Temeser-Banat und die serb.-banat. Militärgrenze. 8. Wien 1859.

— — für Siebenbürgen. 8. Wien 1864.

— — für Steiermark. 8. Wien 1859.

— — für Tirol-Vorarlberg. Wien 1864. 8°

— — für Ungarn. 8. Wien 1859.

Militär-Marschrouten-Karte der österreichisch-ungarischen Monarchie. Hrsg. vom k. und k. militär-geograf. Institute in Wien. 1:300,000. Bl. E. 8; F. 7—9; G. 5—9; H. 5—11; J. 5—12; K. 5—12; L. 5—10; M. 6—10; N. 5—9; O. 5—9 und Umgebung von Wien (1 Bl.). Lithogr. Imp.-Fol. Wien 877,78, (Artaria und Comp.) à Bl. ** — 50
Ortsnamen-Register dazu: Böhmen. Lex.-8. (74 S.) * 1 80
Dalmatien. Lex.-8. (17 S.) ** — 80
Galizien und Bukowina. (44 S.) ** 1 20
Kärnthen. (44 S.) ** — 50
Krain, Istrien, Görz und Gradisca, ferner das Gebiet von Triest. (29 S.) * 1 —
Kroatien, Slavonien [incl. des kroatisch-slavon. Grenzgebietes]. (35 S.) ** 1 —
Mähren und Schlesien. (40 S.) ** 1 —
Nieder-Oesterreich, Ober-Oesterreich und Salzburg. (51 S.) * 1 35
Siebenbürgen. (50 S.) ** *M* 1; Steiermark. (25 S.) * — 80
Tirol und Vorarlberg. (27 S.) * 80 Pf.; Ungarn. (113 S.) ** 2 50
—— dass. — Bl. L. 12. (Conspect.) Lithogr. Imp.-Fol. Ebendas. 877. ** — 20

Militär-Medicamenten-Catalog sammt Taxe. Wirksam vom 1. April 1873. 4. Wien 873, k. k. Hof- und Staatsdr. *

Militär-Medicamenten-Catalog (N. 7.) sammt Taxe Wirksam vom 1. April 1873. Beigebunden: Nachtrag 1 und 2. 1874. 4. Wien 1873—1874

— — vom Jahre 1875. wirksam vom 1. Janner 1875. 4. Wien 1875

— Giltig vom 1. April 1899. Beigebunden: Nachtrag 1 und 2. 1900. 8. Wien 1899—1900.

—— dass. — wirksam vom 1. Jänner 1876. 8. Ebendas. 875. *

Militär-Medikamenten-Katalog sammt Taxe vom J. 1882, wirksam vom 1. Juli 1882. 8. (20 S.) Wien 882, Hof- und Staatsdruckerei. *

Militär-Medicamenten Katalog (N—7) sammt Taxe vom Jahre 1882, wirksam vom 1. Juli 1882. (Zur Circular-Verordnung Abth. 14, Nr. 1477 ex 1882, N.-V.-Bl. 24. Stück.) Beigeb: 1. Nachtrag. (Zur Circular-Verordnung, Abth. 14, Nr. 1324 von 1884.) 2. Nachtrag. (Zur Circular-Verordnung, Abth. 14, Nr. 1901 von 1885, N.-V.-Bl. für das k. k. Heer, 30. Stück.) 3. Nachtrag. (Zu Abth. 14, Nr. 1815 vom Jahre 1886, N.-V.-Bl. für das k. k. Heer, 31. Stück.) kl. 8. Wien 1882—1886.

— — vom Jahre 1887 (Zu Abth. 14, Nr. 2374 vom Jahre 1887, N.-V.-Bl. für das k. k. Heer, 31. Stück.) 1. Nachtrag. (Zu Abth. 14, Nr. 1695 vom Jahre 1888, N.-V.-Bl. für das k. k Heer, 26. Stück.) 2. Nachtrag. (Zu Abth. 14, Nr. 2489 vom Jahre 1889, N.-V.-Bl. für das k. u. k. Heer, 40. Stück.) 3. Nachtrag. (Zu Abth. 14, Nr. 1707 vom Jahre 1890, N. V.-Bl. für das k. u. k. Heer, 22. Stück.) kl 8. Wien 1887—1890.

Nachtrag 2 zum Militär-Medicamenten-Katalog sammt Taxe vom Jahre 1887. 8. (6 S.) —.2
Wien: Hof- u Staatsdruckerei 1890.

— — vom Jahre 1892. (Zu Abth. 14, Nr. 3379 vom Jahre 1891, N. V.-Bl. für das k. u. k. Heer, 46. Stück.) Beigeb.: 1. Nachtrag. (Zu Abth. 14, Nr 986 vom Jahre 1893, N.-V.-Bl. für das k. u. k. Heer, 20. Stück.) 2. Nachtrag. (Zu Abth. 14, Nr. 1478 vom Jahre 1894, N.-V Bl. für das k. u. k. Heer, 26. Stück.) 8. Wien 1891—1894.

Militär-Medicamenten-Katalog sammt Taxe. Giltig vom 1. Januar 1892. 8. (18 S.) —.10
Wien: Hof- u. Staatsdruckerei 1892.

Militär-Medicamenten-Katalog sammt Taxe. 2. Nachtrag. Nr. 7. Kl.-8. (5 S.) —.02
Wien: Hof- u. Staatsdruckerei 1894.

Militär-Medicamentenkatalog sammt Taxe. Giltig vom 1. Jüli 1895. 8. (18 S.) Wien 895. (Hof- u. Staatsdruckerei.) n. — 20

— — sammt Taxe. Giltig vom 1. Juli 1895. (Zu Abth. 14, Nr. 1211 vom Jahre 1895, N.-V.-Bl. für das k. u. k. Heer, 20. Stück.) 1 Nachtrag. (Zu Abth. 14, Nr. 407 vom Jahre 1896, N.-V. Bl. für das k u. k. Heer, 11. Stück) 8. Wien 1895—1896.

Nachtrag. I., zum Militär-Medicamentenkatalog sammt Taxe vom Jahre 1895. 8. (6 S.) —.02
Wien: Hof- u. Staatsdruckerei 1896.

— zweiter zum Militär-Medicamentenkatalog sammt Taxe vom Jahre 1895. 8. (6 S.) —.03
Wien: Hof- und Staatsdruckerei 1897

Nachtrag 3 zum Militär-Medicamenten-Katalog, sammt Taxe vom Jahre 1895. 8. (6 S.) 2.—
Wien: Hof- und Staatsdruckerei 1898.

(F) N—7. Militär-Medicamentenkatalog sammt Taxe. Giltig vom 1. April 1899. (Zu Abth. 14, Nr. 624 vom Jahre 1899 — Normal-Verordnungsblatt für das k. u. k. Heer 9. Stück.) Wien. 1899. Hof- und Staatsdruckerei. 8°. 18 S. fl. .10

(F) 1. Nachtrag zum Militär-Medicamenten-Katalog sammt Taxe vom Jahre 1899. (Zu Abth. 14, Nr. 2776 vom Jahre 1899 — Normal-Verordnungsblatt für das k. u. k. Heer 26. Stück.) [Wien. 1899. Hof- und Staatsdruckerei.] 8°. 3 S. fl — 01

Militärmeuterei in Baden 1848. Ereignisse in Rastatt, Carlsruhe, Freiburg, Lörrach etc. Von e bad. Offizier. 2. umg. Aufl. (IV. 96) 8. m. 2 Pl. 8. Carlsruhe 1849.

Die Militärmeuterei in Baden. Aus authentischen Quellen zusammengetragen von einem badischen Offizier. Karlsr. 1849.
Umschlagtitel: Die Militärmeuterei in Baden. Die Ereignisse in Rastatt, Bruchsal, Karlsruhe ... enthaltend ...

Militärmeuterei, Die, in Baden. Aus authentischen Quellen ... 2. Aufl. Karlsruhe 1849. V: *Schilling, von.* (BaBb) (Ky)

Militärmeuterei, die, in Baden. Aus authentischen Quellen zusammengetragen von einem badischen Offizier (v. Schilling). 2. gänzlich umgearb. Aufl. Mit einem Plane des Schlosses u. des Fort B. in Rastatt (in Holzschn.) 8. (IV u. 96 S) Karlsruhe 849, Bielefeld. 1/3 ß

Die Deutsche **Militair-Musik** auf der internationalen Ausstellung für Musik- und Theaterwesen Wien 1892. In Bildern . Verlag der Expedition der Deutschen Militair-Musiker-Zeitung (Prager). Berlin [1892]. [Umschlagtit.]
16 S 16 Taf. 8°

[Deckelt.] Die Deutsche **Militär-Musik** auf der internationalen Ausstellung für Musik- u. Theaterwesen Wien 1892. In Bildern ...
Berlin: Dtsch. Militär-Musiker-Ztg [1893]. (16 S., 16 Taf.) 1 Bd 8.

Militär-Musik, die deutsche, auf der internationalen Ausstellung f. Musik- u. Theaterwesen Wien 1892, in Bildern. 12. (16 Lichtdr.-Taf. m. 16 S. Erklärgn.) Berlin 893. E. Prager. In Leinw.-Decke. n. 2. —

Militär-Musiker-Adreßbuch f. das Deutsche Reich. Hrsg. v. Arth. Parrhysius. gr. 8. (516 S.) Berlin (902). A. Parrhysius. n. 5. —; geb. in Leinw. n.n. 5. 50
Erschien früher unter dem Titel: Militär-Musiker-Almanach für das Deutsche Reich.

Militär-Musiker-Adreßbuch f. das Deutsche Reich. Hrsg. v. Arth. Parrhysius. (519 S.) 8. Berlin (905). A. Parrhysius. n. 5. —; Einbd. n.n.n. — 50

Militär-Musiker-Adreßbuch f. das Deutsche Reich, nebst e. Anh., enth.: Die Militär-Kapellmeister der österreichisch-ungar. Armee sowie Verzeichnis v. Zivil-Kapellmeistern Deutschlands. Hrsg. v. Arth. Parrhysius. (Neue Ausg.) (592 S.) 8. Berlin 909. A. Parrhysius. 6.—; geb. in Leinw. n 6. 50

Militär-Musiker-Almanach für das Deutsche Reich. Mit hoher Genehmigung des königl. preuß. Kriegsministerii hrsg. gr. 16. (377 S.) Berlin 879, Prager. *

Militär-Musiker-Almanach für das Deutsche Reich. 1880. Nachtrag. Mit hoher Genehmigung des königl. preuß. Kriegsministerii hrsg. 16. (108 S.) Berlin, E. Prager's Buchh. *

— dass. — 2. Jahrg. 1882. 16. (448 S.) Ebendas. *

— dass. — Redig. und hrsg. von Emil Prager. 3. Jahrg. 1883. 16. (IV, 468 S.) Ebendas. *
Die Fortsetzung bildet: Militair-Musiker-Notiz- und Taschenbuch.

Militair-Musiker-Almanach für das Deutsche Reich. Redig. und hrsg. von Emil Prager. 12. (XXVIII, 510 S. mit 5 Holzschn.-Bildnissen.) Berlin 886, E. Prager. *

Militair-Musiker-Almanach f. das deutsche Reich. Red. u. hrsg. v. Emil Prager. 16. (XXVIII, 510 S.) Berlin 886. E. Prager. n. 3. —

Militär-Musiker-Almanach f. das Deutsche Reich. Red. u. hrsg. v. E. Prager. 16. (XXVIII, 569 S. m. 20 Portr.) Berlin 889. (E. Prager.) n. 3. —; geb. n. 4.—

Militär-Musiker-Almanach f. das Deutsche Reich. Red u. hrsg. v. Emil Prager Ausg. 1892. 12. (XXVIII, 653 S m. 18 Bildnissen.) Berlin, E. Prager. n.n. 3. 50; geb. n.n. 4. 50

Militär-Musiker-Almanach f. d. Deutsche Reich. (1895.) Red. u. hrsg. v. Emil Prager. 12. (VI, XXVI, 679 S. m. 22 Bildn.) Berlin, E. Prager. n.n. 4.—

Militär-Musiker-Almanach f. das Deutsche Reich. Hrsg. von Arth. Parrhysius. (Ausg. 1899.) 8. (511 S.) Ebd. n. 4. 50; Einbd. n.n.n. — 50

Militär-Musiker-Notiz- u. Taschenbuch f. d. J. 1884. Mit dem Bildniß Sr. Maj. d. deutschen Kaisers in Lichtdr. 16. (274 S.) Berlin, E. Prager. geb. n.n. 1. 50

Militair-Musiker-Notiz- und Taschenbuch für die J. 1887—1889. 4.—6. Jahrg. gr. 16. (à Jahrg. IV, 307, Musikbeilage 55 S. und 1 Bild in Lichtdr.) Berlin, E. Prager. geb. à Jahrg. *

Militair-Musiker-Notiz- u. Taschenbuch f. d. J. 1890—1893. 7.—10. Jahrg. 16. (à Jahrg. ca. 300 S. m. Musikbeil.) Berl., E. Prager. geb. in Leinw. à Jahrg. * 1 60

Militär-Musiker-Notiz- u. Taschenbuch f. d. J. 1894. 11. Jahrg. 16. (295 S. m 1 Bildnis-Taf.) Berlin, E. Prager. Geb. in Leinw. n. 1. 60

Militär-Musiker-Notiz- u. Taschenbuch f. d. J. 1899. 16. Jahrg. gr. 16. (320 u. Musikbeilage 93 S. m. 1 Bildn.) Berlin, A. Parrhysius. Geb. in Leinw. n.n. 1. 60

Militair-Musiker-Notiz- u. Taschenbuch f. d. J. 1900. 17. Jahrg. gr. 16. (289 u. Musikbeilage 51 S.) Berlin, E. Prager. geb. n. 1. 60

Militär-Musiker-Notiz- u. Taschenbuch f. d. J. 1903. 20. Jahrg. 12. (277 u. Musikbeilage 93 u. 15 S. m. Fig.) Ebd. Geb. in Leinw. u. geh. n.n. 1. 25

Militär-Musiker-Notiz- u. Taschenbuch f. d. J. 1907. 24. Jahrg. (191 u. Musikbeilage 60 S.) kl. 8. Ebd. Geb. in Leinw. n. 1. —

Militär-Musiker-Notiz- u. Taschenbuch f. d. J. 1911. 28. Jahrg. (228 u. Musikbeilage 90 S.) kl. 8. Ebd. Geb. in Leinw. 1. —

Militair-Musiker-Zeitung, deutsche. Organ zur Hebung deutscher Militair-Musik. Redact. und Hrsgbr.: Emil Prager. 1. Jahrg. Oktbr. 1879 — Septbr. 1880. 52 Nrn. (Bog.) Fol. Berlin, Prager. *

Militair-Musiker-Zeitung, deutsche. Organ zur Hebung deutscher Militair-Musik. Redact. und Hrsgbr.: Emil Prager. 2.—6. Jahrg. 1880—1884. à Jahrg. 52 Nrn. (Bog.) Fol. Berlin, E. Prager's Buchh. à Jahrg. *

Militär-Musiker-Zeitung, deutsche. Organ zur Hebung deutscher Militär-Musik. Redact. und Hrsgbr.: Emil Prager. 7.—10. Jahrg. 1885—1888. à Jahrg. 52 Nrn. (Bog.) Fol. Berlin, E. Prager. à Jahrg. * *

Militair-Musiker-Zeitung, deutsche. Organ zur Hebg. deutscher Militair-Musik. Redact. u. Hrsgbr.: Emil Prager. 11.—14. Jahrg. 1889—1892. à Jahrg. 52 Nrn. (Bog.) Fol. Berl., E. Prager. à Jahrg. * * 6 —

Militär-Musiker-Zeitung, deutsche. Organ zur Hebg. deutscher Militär-Musik. Red. u. Hrsg.: Emil Prager. 13.—16. Jahrg. 1891—1894. à 52 Nrn. (Bog.) Fol. Berlin, E. Prager. à Jahrg. n.n. 6. —

Militär-Musiker-Zeitung, deutsche. Organ zur Hebg. deutscher Militair-Musik. Red. u. Hrsg.: Emil Prager. 17.—20. Jahrg. 1895—1898. à 52 Nrn. (à ca. 2 Bog.) Fol. Ebd. à Jahrg. n.n. 6. —
Kann auch vierteljährlich bezogen werden.

Militär-Musiker-Zeitung, deutsche. Fachblatt f. d. Musiker der Armee u. Marine. Schriftleiter: Thdr. Kewitsch. 21.—24. Jahrg. 1899—1902. à 52 Nrn. Fol. (à ca. 8 S.) Ebd. à Jahrg. n.n. 6. —

Militär-Musiker-Zeitung, deutsche. Fachblatt f. die Musiker der Armee u. Marine. Schriftleitung: A. Pfannenstiel. 25.—28. Jahrg. 1903—1906. à 52 Nrn. (584, 602, 698 u. 754 S.) Fol. Ebd. à Jhrg. n.n. 6. —

Militär-Musiker-Zeitung, deutsche. Fachblatt f. die Musiker der Armee u. Marine. Schriftleitung: A. Pfannenstiel. 29.—32. Jahrg. 1907—1910. à 52 Nrn. (VI, 748; VI, 722; VI, 720 u. VI, 706 S.) 41×29 cm. Ebd. à Jahrg. nn 6. —

Militär-Musik-Zeitung, neue. (Fortsetzung v. „das Musikkorps".) Red.: Th. Kewitsch. 1. Jahrg. April—Dezbr. 1894. 39 Nrn. (à ca. 1 Bog.) gr. 4. Hannover, Lehne & Co. n. 3. 75
f.: Musikkorps, das.

Militär-Musik-Zeitung, neue. Schriftleiter: Th. Kewitsch. 2.—5. Jahrg. 1895—1898. à 52 Nrn. (à ca. 1 Bog.) gr. 4. Hannover, Lehne & Komp. à Jahrg. n.n. 5. —; einz. Nrn. n. — 20
Kann auch vierteljährlich bezogen werden. Der 5. Jahrg. war von A. Oertel redigiert.

Militärmusik-Zeitung, neue. Organ f. deutsche Militärmusik. Schriftleiter: Aug. Oertel. 6.—9. Jahrg. 1899—1902. à 52 Nrn. Fol. (à ca. 8 S.) Hannover, Lehne & Co. à Jahrg. n. 5. —

Militärmusik-Zeitung, neue. Organ f. deutsche Militärmusik. Schriftleiter: Fr. Neuendorf. 10.—13. Jahrg. 1903—1906. à 52 Nrn. (408, 416, 416 u. 416 S.) Fol. Hannover, Lehne & Co. à Jhrg. n. 5. —

Militärmusik-Zeitung, neue. Organ f. deutsche Militärmusik. Schriftleitung: Max Chop. 14.—17. Jahrg. 1907—1910. à 52 Nrn. (à ca. 8 S.) 37,5×28 cm. Hannover, Lehne & Co. à Jahrg. 5. —

Militär-Notizen-Kalender mit Armee-Schema für das Jahr 1868. (147 S. u. Notizbl.) Ebds. Sep.-Conto geb. in Leinwd. 1 fl. 20 kr.

Militair-Notiz-Kalender, preußischer, für 1857—59. 1—3. Jahrg. Berlin, Trowitzsch. 12. Jeder Jahrg. n. 20 ngr

Militair-Notiz-Kalender, preußischer, für 1858—62. 2—6. Jahrg. 12. Berlin, Trowitzsch und Sohn. [1858. (XIV 296 S.) 1859. (XIV und 284 S.) 1860. (XIV und 308 S.) 1861. (XIV und 304 S.) 1862. (XIV und 311 S.)] geb. à Jahrg. *

Militair-Notiz-Kalender, preußischer, für 1863—66. 7.—10. Jahrg. 16. (à Jahrg. ca. 290 S.) Berlin, Trowitzsch und Sohn. geb. à Jahrg. *
Wurde nicht fortgesetzt.

Militair-Oekonomie, über die, im Frieden und Krieg, und ihr Wechselverhältniß zu den Operationen. 1r Bd. Mit 10 lithogr. Tafeln. gr. 4. St. Petersburg, (Leipzig, Cnobloch) 820.

Militairökonomie, üb. die, im Frieden u. Krieg, u. ihr Wechselverhältniß zu den Operationen. 2r u. 3r Bd. gr. 4. St. Petersburg 824, Grdff. à 4 Rthl. 12 gr. 3 Bde.

Militär-Oekonomie-System der kaiserlichen königlichen österreichischen Armee. Bearb. von Franz Hübler. Bd 2, 328 S., Tab.

Wien: Geistinger 1820

JB 3.722

Militär-, Kirchen- u. Schulordnung des preußischen Staates vom 12. Febr. 1832, nebst allen dieselbe bis auf die neueste Zeit ergänz. u. erläut. Verordnungen u. Bestimmungen. Berlin 869. C. Heymann's Verlag. gr. 8. (IV, 128 S.) n. 16 ngr.

Militair-Organisation, die, social und deutsch beleuchtet. 8. (29 S.) Berlin 862, Haude und Spener'sche Buchh. *

Die Militair-Organisation social und deutsch beleuchtet. Berlin 1862. 8°.
Dass. 2. Aufl. 1863.

Militärorganisation des Kantons Bern. 1847. 12.

Militär-Organisation der schweizerischen Eidgenossenschaft. Vom 13. Juni 1874. 8. (Beilage zur schweizerischen Militärzeitschrift.)

Militaerorganisation der schweizerischen Eidgenossenschaft. <Entwurf. Vom 13. VI. 1874.> o. O. 1874. 96 S.

— — der schweizerischen Eidgenossenschaft. <Vom 13. XI. 1874.> Bern 1874. 89 S.

— — der schweizerischen Eidgenossenschaft <vom 13. XI. 1874>. Nebst Bundesgesetz <vom 21. V. 1878> betr. Suspendierung einzelner Bestimmungen der Militärorganisation. Bülach 1874. 114 S.

Militärorganisation der schweizerischen Eidgenossenschaft, Bundesbeschluß vom 13. Wintermonat 1874, in Kraft getreten am 19. Hornung 1875. Mit ausführl. Sachregister. gr. 8. (79 S.) Bern 875. Huber & Co. — 60

Militärorganisation der Schweizerischen Eidgenossenschaft. (Vom 13. Wintermonat 1874). Bern 1887.

Militärorganisation der schweizerischen Eidgenossenschaft. I. Vorentwurf des schweizerischen Militärdepartements; II. Begründung zu demselben. (1904 Juli 7.) 192 S. 8. ([Bern, Stämpfli & Cie.,] 1904.)

Militärorganisation der schweizerischen Eidgenossenschaft. ⟨Vom 12. April 1907.⟩ 24 S. 8.
[Vorlage zur] Volksabstimmung vom 3. November 1907.

Militärorganisation der schweizerischen Eidgenossenschaft. [Bern, Stämpfli & Cie.,] 1907.
Ausg. A: Text der Redaktionskommission auf der Grundlage des Beschlusses des Nationalrates. Weitere Abänderungen vorbehalten. 62 S. 4.
Ausg. B: ⟨[Beschluss der Bundesversammlung] Vom 12. April 1907⟩ 63 S. 8.

Militärorganisation, über die, und die Cavallerie. Replik in Sachen der Brochüre: die neue Militärorganisation und das Büdget des schweiz. Militärdepartements. 24 S. 8. Zürich, Verlagsmagazin. 1877. —. 70

Militärorganisation, Die neue, und das Budget des schweizerischen Militärdepartements für 1877. Zürich 1877. V: *Wille, Ulrich.* (Cat. d. Stadtbibl. Zürich. Zürich 1864—97.)

Militärorganisation, die neue, u. das Budget des schweizerischen Militärdepartements für 1877. gr. 8. (24 S.) Zürich 877. Verlags-Magazin. — 60

Militärorganisation des Kantons Obwalden. 1856.

Militärorganisation, Revidirte eidgenössische. (Nach den Berathungen der ordentlichen eidgen. Tagsatzung des Jahres 1835.) Mit 26 Tabellen. Fol. 1835.

Militärorganisation d. Schweiz v. 13. XI. 1874. M. Erläutergn. v. Mann. Bern 890.

Militärorganisation zweier supponirten Staaten und Krieg auf diese Organisation gegründet. Ein Versuch, die Nothwendigkeit eines Kriegssystems anschaulich zu machen, m. K. 8. Berl. Sander. 811.

Militärorganisation, die, in Unter-Trullikon. Drei Briefe v. Schaggi Müller, Gemeindeschreiber, an seinen Freund den Angestellten Xter Klasse des schweizer. Militärdepartements. Eine erfundene wahre Geschichte. 2. Aufl. 4.—6. Taus. (22 S.) 8. Zürich (905). A. Bopp. n. —50

Militärpensionsgesetz, das deutsche, vom 27. Juni 1871 bez. 4. Apr. 1874 u. 21. Apr. 1886. Gnesener Ausg. 8. (40 S.) Gnesen 886. Berlin, Siemenroth & Worms. n. — 75

Militärpensionsgesetz, Das, vom 27 Dezember 1875 sammt Vollzugsverordnung vom 31 Dezember 1875 und den organischen Bestimmungen für den k k Generalstab, den Vorschriften über die Verfassung der Qualificationslisten und des Avancements im k. k. Heere. Mit Motiven und Erläuterungen nebst einem ausführlichen alphabetischen nach Schlagwörtern abgefassten Materien Register (Separat Ausgabe der neuen österreichischen Gesetze mit Motiven und Erläuterungen Nr 7) 8. Prag 1876.

Militärpensionsgesetz, das, vom 27. Dezbr. 1875, sammt Vollzugsverordng. vom 31. Dezbr. 1875 u. den organ. Bestimmgn. f. den k. k. Generalstab, den Vorschriften üb. die Verfassg. der Qualificationslisten u. d. Avancements im k. k. Heere. Mit Motiven u. Erläutergn. nebst e. ausführl. alphabet. nach Schlagwörtern abgefaßten Materien-Register. 8. (227 S.) Prag 876. Mercy. n. 2. —

Militärpensionsgesetz vom 22.5.93. (Gareis, Reichsgesetze 168) Giessen 1894

Militair-Pensionsgesetz, das neue, u. die Kommunalsteuer-Freiheit der Offiziere. gr. 8. (37 S.) Leipzig 883. F. Duncker. n. — 60

Militärpensionsgesetz, neues. Vom 22. Mai 1893, s.: Garcis, Carl, deutsche Reichsgesetze

Militärpensionsgesetz, öster.. Prag 875.

Militär-Pensionsgesetze, die. 8. (69 S.) Berlin 887. v. Decker. — 75

Militär-Pensions-Gesetze, die. (40 S.) 4. Berlin (906). C. Heymann. n. 1. —

Die Militär-Pensions-Gesetze vom 31. Mai 1906 mit den Ausführungsbestimmungen vom 19. Juni 1906. 1. Gesetz über d. Pensionierung d. Offiziere, einschließl. Sanitätsoffiziere d. Reichsheeres, d. Kais. Marine u. d. Kais. Schutztruppen. 2. Gesetz über d. Versorgung d. Personen d. Unterklassen d. Reichsheeres, d. Kais. Marine u. d. Kais. Schutztruppen. Berlin: C. Heymann 1906. (53 S.) 4° [07. 608]

— die, vom 31. V. 1906 (Reichs-Gesetzblatt S. 565 u. 593) m. den Ausführungsbestimmungen vom 19. VI. 1906. I. Gesetz üb. die Pensionierg. der Offiziere, einschliesslich Sanitätsoffiziere des Reichsheeres, der kaiserl. Marine u. der kaiserl. Schutztruppen. — II. Gesetz üb. die Versorgg. der Personen der Unterklassen des Reichsheeres, der kaiserl. Marine u. der kaiserl. Schutztruppen. (53 S.) Lex.-8 Ebd. 906. n. 1. —

Die neuen Militär-Pensionsgesetze. Mit Genehmigung d. Kgl. Preuss. Kriegsminist. unter Benutzung amtl. Quellen erl. Gesetz über d. Pensionierung d. Offiziere ⟨Offizierpensionsgesetz⟩ O. P. G. v. 31. Mai 1906. Von [Otto] v. During, Major im Kriegsminist. Gesetz über d. Versorgung d. Personen d. Unterklassen ⟨Mannschaftsversorgungsgesetz⟩ M. V. G. v. 31. Mai 1906 von M[ax] Siber, Maj. im Kriegsminist. Berlin E. S. Mittler & Sohn 1906. (Getr. Pag.) 8° [F.] [07. 1889]

— die neuen, f. das Reichsheer, die kaiserl. Marine u. die kaiserl. Schutztruppen vom 31. V. 1906. In Kraft vom 1. VII. 1906 ab. Vollständige, genaue Wiedergabe der amtl. Veröffentlichgn. (94 S.) 16. Berlin (S. 14, Dresdenerstr. 80) (906). L. Schwarz & Co. n. — 50

In Kraft v. 1. Juli 1906 ab. Die neuen Militär-Pensionsgesetze für das Reichsheer, die Kais. Marine u. die Kais. Schutztruppen vom 31. Mai 1906. Vollst. genaue Wiedergabe der amtl. Veröffentlichungen. Oppeln: Oppelner Nachrichten 1907. (66 S.) 8° [F.] [07. 13336 2]

Militär-Pensions-Gesetze, die, d. deutschen Reiches u. diejen. v. 7 d. wichtigsten Kulturstaaten. Auf Grund amtl. Materials dargest. Hrsg. v. Verband deutscher Kriegs-Veteranen. 8. (136 S.) Leipzig 897. Verlag d. Verbandes deutscher Kriegs-Veteranen. n. 2. —

Militär-Pensions-Gesetz-Entwurf, der neue, f. Offiziere u. Mannschaften vor dem Richterstuhle des deutschen Volkes. Von Hauptmann a. D. ***. (30 S.) gr. 8. Stuttgart (905). Nationaler Verlag. n. — 60

Militär-Pensionsgesetz-Novelle, die, und die Dankbarkeit des deutschen Vaterlandes, ein Weihnachtsandenken für die deutschen Krieger von 1870—71 und die Reichstags-Abgeordneten von 1882—83. 1. und 2. Aufl. gr. 8. (16 S.) Berlin 883, Abf. Klein. *

Militair-Pensions-Reglement, das K. Preußische, vom 13. Juni 1825, mit Allegirung der dass. erläut. Allerh. Cabinets-Ordres &c. Zusammengestellt resp. erläutert durch Frdr. Bechstein. gr. 8. (34 S.) Eilenburg 847. (Offenhauer.) n. 1/3 Rthlr.

Bechstein, Friedr.: Das Königlich Preußische Militär-Pensions-Reglement. Mit allen Nachtr. u. Erl. bis zum Ende des Jahres 1858. 2. Aufl. Leipzig 1859.

Ueber Militair-Pferdeställe mit Zubehör. Hierzu 4 Bl. Zeichn. Berlin 1827. VI, 66 S. 8° u. 2°

Über Militair-Pferdeställe mit Zubehör. Berlin 1837. 8°

Militärpflicht, die, Organisation des Militärwesens u. die Bestimmungen üb. die Militäranwärter, s.: Vorträge üb. Gesetzeskunde u. Verwaltung.

Militärpflicht, die, der Theologen im deutschen Reiche. Ein Wort gegen dieselbe. Von einem deutschen Theologen. gr. 8. (20 S.) Leipzig 875, J. Naumann. *

Militärpflichtige, der ein- und dreijährig, Reservist und Landwehrmann, sowie das Militär-Reklamations-Verfahren im Deutschen Reich. Ein Ratgeber und Nachschlagebuch, enthaltend die wichtigsten Reichs-Militärgesetze und Verordnungen &c. für alle militärpflicht. Personen, Eltern und Vormünder &c., sowie für Verwaltungs- und Militär-Behörden. Mit vielen Formularen und Beispielen zu Gesuchen um Zurückstellung und Befreiung vom Militär-Dienst, Entlassung aus demselben, Dispensation von Übungen und Erwirkung von Urlaub. 8. (XII, 271 S.) Mülheim a. R. 887, Bagel. M 2.—; cart.

Militair-Pharmakopoe. Dresden 1841.

Militär-Pharmakopöe. 12. (III, 291 S.) Wien 891. (Hof- u. Staatsdruckerei.) n. 1. 20

Militär-Pharmakopöe, Oesterreichische. gr. 8. Wien 872, k. k. Hof- und Staatsdr. *

Militär-Pharmakopöe (N—8), Oesterreichische. Im Allerhöchsten Auftrage Seiner kaiserlichen und königlichen apostolischen Majestät. 1872. Instruction für die k. k. Militär-Aerzte und Militär-Medicamenten-Beamten, aus Anlass der am 1. Jänner 1873 in Wirksamkeit tretenden neuen Militär-Pharmakopöe. 1872. Angabe der Producten-Mengen, welche bei der Bereitung der in der Militär-Pharmakopöe vom Jahre 1872 vorgeschriebenen einfachen und zusammengesetzten Heilkörper beiläufig erhalten werden. Wirksam vom 1. April 1873. (Ad Circular-Verordnung vom 5. März 1873, Abth. 14. Nr. 408. N. V.-B. 10. Stück.) Militär-Medicamenten-Katalog sammt Taxe. Wirksam vom 1. April 1873. (ad Circular-Verordnung vom 5. März 1873, Abth. 14. Nr. 408. N. V.-B. 10. Stück.) I. Nachtrag. (Ad Abth. 14, Nr. 387 vom 18. März 1874.) II. Nachtrag. Militär-Medicamenten-Katalog sammt Taxe vom Jahre 1875, wirksam vom 1. Jänner 1876. (Zur Circular-Verordnung, Abth. 14, Nr. 2611 ex 1875.) Angabe der Producten-Mengen, welche bei der Bereitung der in der Militär-Pharmakopöe vom Jahre 1872 vorgeschriebenen Heilkörper beiläufig erhalten werden. Wirksam vom 1. Jänner 1876. (Ad Circular-Verordnung vom 19. Jänner 1875, Abth. 14, Nr. 48, N. V. Bl. 3. Stück ex 1875.) (6 Bde.)
8. u. 4. Wien 1872 – 1875.

— — (N—8) I. Nachtrag zur .... (Zu Abth. 14, Nr. 1695 vom Jahre 1888, N. V. Bl. für das k. u. k. Heer, 26. Stück.)
8. (Wien 1888.)

Militärpharmacopöe, russische, s. Codex.

Militär-Pharmacopöe, K. Sächsische. Dresden 1841. V: *Sahlfelder, Joh. Casp.* (call)

Militärpost-Vorschrift f. Berlin. (Mp. V. Berlin.) (26 S.) 8. Berlin 906. E. S. Mittler & Sohn. — 20; kart. — 35

Militair-Privatrecht, das preußische. Zum Gebrauche für Offiziere, Militair-Beamte und Juristen. Nach amtl. Quellen. gr. 8. (XI und 201 S.) Berlin (861)62, Schlesier. *

Militär-Privatrecht, d. preuss. Nach amtlichen Quellen. Berlin 872.

Militärprogramm, das, der Deutschfreisinnigen. gr. 8. (100 S.) Berlin 891. R. Eisenschmidt. n. 1.50

Militärprocess des Kammerassessors Krause zu Bayreuth . . . O. O. [1807]. V: *Krause, Christian Siegm.* (MGT)

Militair-Rang- und Quartier-Liste, K. württembergische. Nach amtlichen Quellen bearbeitet und mit Genehmigung des kgl. Kriegs-Ministeriums herausgegeben von Paul Lemcke, Secondelieut. im Res.-Landw.-Bat. (Stuttgart) Nr. 127, Milit.-Intend.-Secr im kgl. Kriegs-Ministerium. 8. Stuttgart 1876.

Militair-Rang- und Quartier-Liste, königl. württembergische. Nach amtl. Quellen bearb. und mit Genehmigung des kgl. Kriegs-Ministeriums hrsg. von Paul Lemcke. 1876. [Abgeschlossen am 1. Aug.] Lex.-8. (XII, 351 S.) Stuttgart. (Aue.) *
Nicht weiter erschienen.

[Badisches] **Militair-Recht.** [Handschriftliche Darstellung aus dem Anfange des 19. Jahrhunderts.] 4°.

Allgemeines Militär-Reglement für die Schweiz. Eidgenossenschaft. Bern 1817. 8°.
Dass. Zürich 1818.

Allgemeines Militär-Reglement f. d. schweizerische Eidgenossenschaft. 1817. Bern 1841.

Allgemeines Militär-Reglement d. eidgenöss. Contingents-Truppen. Zürich 1807.

Militär-Reglement f. d. Inf. Bd 1. 2. Mit Anl. u. Commando-Buch. Cassel 1799—1802.
— — 1803: F. d. Art.

Militär Reglement, Wilhelm des IX., Landgrafen zu Hessen etc., für die Infanterie I. Th. Dienst-Reglement. II. Th. Vom Dienst im Kriege (2 Bde.) 8. Kassel 1802.

(Preuß. Militär-Reglements und Verordnungen 1708—1798.) 3 Sammelbände. 4°.

Militar Regulament für gesammte k. k. Cavallerie Regimenter in Betreff des Exercitii zu Pferd und zu Fuss. 8. Wien 1765.

Militair-Reitakademie, die zukünftige deutsche. Eine Erwiderg. auf die jüngst bei Mittler & Sohn in Berlin gedruckte Schrift: „Flüchtige Betrachtgn. üb. Umwandlg. d. königl. preuß. Militär-Reit-Instituts i. e. Central-Reit-Schule f. das gesammte deutsche Heer". Nebst einigen Zusätzen. [Aus „Blätter f. Pferdezucht".] gr. 8. (24 S.) Leipzig 871. (Hannover, Schmorl & v. Seefeld.) n. — 50

Militaerrekognoszierung von Tyrol. Aus dem „mémorial topographique" übs. von E. Hößler. München 1846. 257 S

Die **Militair-Revolution** in Potsdam. Druck von Marquardt u. Steinthal. 1 Bl. Fol.
Flugblatt. Berlin, 12. Sept. 1848.

Die **Militär-Revolution** in Potsdam. Druck von Marquardt u. Steinthal. 1 Bl. Fol.
Flugblatt. Berlin, 13. Sept. 1848.

Die **Militär-Revolution** in Potsdam. Unter diesem Titel ist in der Druckerei von Marquardt u. Steinthal ein Plakat erschienen, — Viele Soldaten des Königlichen 1 Garde-Regiments zu Fuß. Gedruckt bei J. Sittenfeld. 1 Bl. Fol.
Flugblatt. Berlin, 14. Sept. 1848.

Militaer Routen aus dem Lombardisch-Venetianischen Königreiche, bis an die Grenze vom Neapolitanischen. (Lithographiert). (Donation Liechtenstein.) 8. (Ohne Ort zirka 1846.)

Militär-Sanitäts-Reglement für die Großherzogl. Hessischen Truppen. Darmstadt 1821. Darmstadt 1822. V: *Wedekind, Freiherr v.* (Verz. d. Büchersamml. d. Friedr.-Wilh.-Inst. Berlin 1890.)

Militär-Sanitäts-Reglement für die Großherzoglich Hessischen Truppen von von Falck u.a. 162 S., gbd.

Darmstadt: 1822

JB 3.548

Militär-Sanitäts-Reglement f. d. Großherzogl. Hess. Truppen. 8. Darmst. 822. Leske. 14 gr

Das Militär-Sanitätswesen a. d. X intern. med. Kongreß z. Berlin 1890. Berlin 1890.

Militär-Sanitätswesen, Unser, und dessen zeitgemässe Reorganisirung. Wien 1887. V: *Hausser, Alexander.* (Mitth. d. Verlagsbuchh.)

Militär-Sanitätswesen, unser, u. dessen zeitgemässe Reorganisirung. gr. 8. (135 S.) Wien 887. Braumüller. n. 1.60

Militär-Sanitätswesen, unser, u. dessen zeitgemässe Reorganisirung. II. Das untergeordnete militär-ärztl. Hilfspersonal. gr. 8. (121 S.) Wien 892. W. Braumüller. n. 1.60 (I. II.: n. 3.20)

Militär-Schematismus, s.: Schematismus f. das k. u. k. Heer.

Militär-Schematismus, k. k., f. 1866. Herausg. v. k. k. Reichs-Kriegs-Ministerium. 8. (1174 S.) Wien, Hof- u. Staatsdr. Geb. 3 fl. 1885.

Militär-Schematismus, k. k. für das Jahr 1867. 1870. 1871. 1872. 1873. 1874. 1875. 1876. Wien 8.

— — K. k., für 1869—1870. 1. und 2. Th. (In 1 Bd.) Für 1871—1876. (7 Bde.) 8. Wien 1869—1876.

Militär-Schematismus, kaiserl. königl., für 1870—1874. gr. 8. (1168 S.) Wien, k. k. Hof- und Staatsdruckerei. à Jahrg. **

Militär-Schematismus, kais. königl., f. 1871. gr. 8. (1168 S.) Wien 871. Prag, Ehrlich. n.n. 6. —

— dasselbe, f. 1874. gr. 8. (921 S.) Wien 874. k. k. Hof- u. Staatsdruckerei. 5. —

—— dass. — für 1875. gr. 8. (941 S.) Ebendas. **

Militär-Schematismus, kais. königl., für 1876. gr. 8. (996 S.) Wien, k. k. Hof- und Staatsdruckerei. cart. **

Militär-Schematismus, K. k., für 1877—1889. Von 1884 an: Herausgegeben vom k. k. Reichs-Kriegs-Ministerium. Anhang zum Militär-Schematismus für das k. k. Heer 1885. Enthält die Artillerie-Waffe mit Rücksicht auf die mit 1. Mai durchgeführte Organisation. (14 Bde., hievon der Jahrgang 1885 in 2 Bdn.) 8. Wien 1877—1889.

Militär-Schematismus, kais. königl. für 1877—1879. gr. 8. (992; 921; 960 S.) Wien, k. k. Hof- und Staatsdruckerei. Jahrg. 1877 ** Jahrg. 1878 und 1879 à **

Militär-Schematismus, k. k., für 1880—1882. gr. 8. (992; 1008; 1027 S.) Wien, Hof- und Staatsdruckerei. geb. à Jahrg. *

—— dass. — Für 1883—1885. Hrsg. vom k. k. Reichs-Kriegs-Ministerium. gr. 8. (1091; 1120; 1134 S.) Ebendas. geb. à Jahrg. **

Militär-Schematismus, k. k., für 1886—1889. Hrsg. vom k. k. Reichs-Kriegs-Ministerium. gr. 8. (1174; 1182; 1190; 1213 S.) Wien, Hof- und Staatsdruckerei. geb. à Jahrg. **

Militär-Schematismus des österreichischen Kaiserthumes für die Jahre 1815—1868. (Vom Jahre 1819 an mit alphabetischem Namensverzeichniss.) Wien 1815—1868.

Militär-Schematismus des Oestreich. Kaiserthums f. 1821—31. 8. Wien, (Gerold, Schaumburg, u. Wallishauser). à Jahrg. 2 ß 16 gr auch 3 ß 8 gr

Militä(ai)r-Schematismus d. österreich. Kaiserthumes. 1828—35. gr. 8. (à ca. 43—45 B.) Wien, (Gerold.) à Jahrg. 1821—27. Ebendas. à 2 Thlr. 16 Gr.

Militär-Schematismus d. österreich. Kaiserthumes. 1836—41. gr. 8. (à ca. 46¼—47 B.) Wien, (Gerold's Vrlsh.) à *

Militair-Schematismus des österreich. Kaiserthumes. 8. (48½ B.) Wien 846. (Gerold, Verl.) *

Militair-Schematismus des oesterreich. Kaiserthumes. Jahrg. 1847—50. 8. Wien, (Gerold, Verlag.) à Jahrg. Schrbpr. à Jahrg. *

Militair-Schematismus des österreichischen Kaiserthumes. 1847. 8. (XVIII u. 772 S.) Wien. (Gerold.) n. 2⅔ ß — Militair-Schematismus. 1848. 8. (VIII u. 777 S.) Ebd. n. 2⅔ ß — 1851. gr. 8. (XXVIII u. 1009 S.) Ebd. n. 2 ß — 1852. gr. 8. (XXVIII u. 1074 S.) Ebd. n. 2 ß Schreibpap. n. 2 11/12 ß

Militär-Schematismus des österreichischen Kaiserthums. Jahrg. 1853—55. Wien. (Braumüller.) gr. 8. (853.: XXIV, 1168 S.; 854.: XXIV, 1216 S.; 855.: XXIV, 1292 S.) Jeder Jahrg. nn. 2 ß. 15 ngr.; Schreibp. nn. 3 ß. 7½ ngr.

Militär-Schematismus des österreichischen Kaiserthumes. Jahrg. 1853—55. gr. 8. Wien 853, (Gerold's Sohn.) à Jahrg. ** Schrbp.

— — Jahrg. 1856—58. Wien. (Braumüller.) gr. 8. (856.: XXIV, 1279 S.; 857.: XXVIII, 1316 S.; 858.: 1268 S.) Jeder Jahrg. nn. 2 ß. 20 ngr.

Militär-Schematismus des österreichischen Kaiserthumes. (Jahrg. 1857—58.) gr. 8. (XXVIII und 1080 S. mit Namen- und Inhalts-Verzeichniss und Veränderungen 240 S.) Wien 857, (Braumüller's Sortiment.) geb. *

—— dass. — (Jahrg. 1858—59.) gr. 8. (1052 S. mit Namen- und Inhalts-Verzeichniss und Veränderungen 216 S.) Wien 858, (Gerold's Sohn.) geb. *

—— dass. — (Jahrg. 1859—60.) Lex.-8. (797 S.) (Ebendas.) 859. geb. *

Militär-Schematismus des österreichischen Kaiserthums für 1859. 1861—62. 1863. u. 1864. Wien, (Tendler & Co. — Prag, Ehrlich.) gr. 8. (797 S.; 1100 S.; 1096 S.; 1121 S.) Jeder Jahrg. n. 2 ß 24 ngr.

Militär-Schematismus des österreichischen Kaiserthumes für 1861—62. gr. 8. (1100 S.) Wien, Hof- und Staatsdruckerei. (Seidel und Sohn.) geb. * Auf Schreibp. *

—— dass. — für 1863—66. gr. 8. (à Jahrg. ca. 1100 S.) Ebendas. à Jahrg. geb. * 2 Thlr.; auf Schreibp. à Jahrg. *

Militär-Schematismus des osterreichischen Kaisertumes. Wien, k. k. Hof- und Staatsdruckerei 1859—1884.
8° u. 4°
Vorh. 1859—1865. 1867 1878. 1882—1884

Militär-Schematismus des östererreichischen Kaiserthumes für 1868. 8. (1102 S.) Wien, k. k. Hof- und Staatsdruckerei. In Umschlag cartonirt. Ausgabe auf Druckpapier 2 fl. 50 kr., auf Schreibpapier 3 fl.

—— **kleiner. Dislocation und Eintheilung des k. k. Heeres,** S. M. Kriegsmarine, der k. k. Landwehr und der k. ungar. Landwehr. Berichtigt bis 20. Mai 1878. 16. (V, 116 S.) Wien 878, Seidel und Sohn. *

— kleiner. Dislocation u. Eintheilung des k. k. Heeres, S. M. Kriegsmarine, der k. k. Landwehr u. der k. ung. Landwehr. Berichtigt bis 25. Jänner 1879. 16. (VIII, 118 S.) Wien 879. Seidel & Sohn. n. 1. —

Militär-Schematismus-Tableau. Fol. Prag 884. Neugebauer. n.n. 1. 60

Verschiedene wichtige Militair-Schriften, die Kriegsbegebenheiten am Rhein v. 13. Dec. 1793—17. Jan. 1794 betr. 8. Rheinstrom 1794.

Militair-Schule, die, d. oldenburgisch-hanseatischen Brigade in Oldenburg. gr. 8. (2¼ B.) Oldenburg 846, Schulze'sche Bh. *

Militär-Schulen in den Jahren 1877—83. Bern 1877—83. 4°.

Militär-Schulen im Jahre 1880. Beschluss des schweiz. Bundesrathes v. 23. Januar 1880. In-4°, 55 S. u. 9 Tabellen. Bern, Druck von R. F. Haller-Goldschach.

Militär-Schulen im Jahre 1881. Beschluss des schweizerischen Bundesrathes vom 14. Januar 1881. In-4°, 50 S. mit 8 Beilagen. Bern, Druck von R. F. Haller-Goldschach.

Militärschulen. Militär-Schulen im Jahre 1901. Beschluss des schweizerischen Bundesrates vom 15. Januar 1901. 79 S. 4. Bern, Gebhardt, Rösch & Schatzmann.

Militär-Schulen im Jahre 1902. Beschluss des schweizerischen Bundesrates Vom 14. Januar 1902. 76 [+ *Beilagen* 7] S. 4. Bern, Gebhardt, Rösch & Schatzmann.
Beilagen: Ausg. A deutsch; Ausg. B franz.

Militär-Schulen im Jahre 1903. Beschluss des schweizerischen Bundesrates. Vom 13. Januar 1903. 71 [+ *Beilagen* 7] S. 4. Bern, Rösch & Schatzmann.
Beilagen: Ausg. A deutsch; Ausg. B franz.

Militär-Schulen im Jahre 1904. Beschluss des schweizerischen Bundesrates. Vom 19. Januar 1904. 85 [+ *Beilagen* 7] S. 4. Bern, Rösch & Schatzmann.
Beilagen: Ausg. A deutsch; Ausg. B franz.

Militär-Schulen im Jahre 1905. Beschluss des schweizerischen Bundesrates. Vom 17. Januar 1905. 75 [+ *Beilagen* 7] S. 4. Bern, Rösch & Schatzmann.
Beilagen: Ausg. A deutsch; Ausg. B franz.

Militär-Schulen im Jahre 1906. Beschluss des schweizerischen Bundesrates. Vom 12. Januar 1906. 2 *Ausgaben*. 69 [+ *Beilagen* 7] S. 4. Bern, Rösch & Schatzmann.
Beilagen: Ausg. A deutsch; Ausg. B franz.

Militär-Schulen im Jahre 1907. Beschluss des schweizerischen Bundesrates. Vom 8. Januar 1907. 2 *Ausgaben*. 74 [+ *Beilagen* 7] S. 4. Bern, Rösch & Schatzmann.
Beilagen: Ausg. A deutsch; Ausg. B franz.

Eidgen. u. kantonale Militärschulen i. J. 1872. 1 Bl. fol. Luzern 1872.

Militärspital. Ein römischer M'. Zürich s. [Fricker, Bartholomaeus].

Militärsprachlehre, kurzgefaßte, für Regiments- und Kompagnie-Schulen der k. k. Armee. Wien 859. Sommer. (Klemm.) 8. (24 S.) n. 6 ngr.

Militär-Sprachlehre, ungarische, zum Gebrauche für Offiziere der k. k. österr. Armee. 2. verb. u. verm. Aufl. Umgearb. von Jul. v. Péterffy. A. u. d. T.: Magyar hadi nyelvtan a c. k. osztrák hadsereg tisztjei számára etc. 1. Heft. Pesth 853. (Geibel.) 16. (3 Bl., 65, 209 S.) 20 ngr.

Militärstaat, Der. In Anwendung auf den Militärstaat Preussen. 1. u. 2. Aufl. Berlin 1859. V: *Frantz, Constantin.* (Scheffer, die Preuss. Publizistik i. J. 1859. Berlin 1902 S. 19.) (KA)

Militairstaat, der. 1. u. 2. Aufl. Berlin 859. F. Schneider. gr. 8. (150 S.) n. 20 ngr.

Militär-Staat, großherzoglich badischer. Carlsruhe 865. Braun'sche Hofbuchh. gr. 8. (X, 72 S.) n. 8 ngr.

Militär-Staat, großh. badischer 1868. Karlsruhe. 8.

Militärstand. Ueber den M' in Deutschland. 8. Herisau 1847.

Militärstand, der, erzieht. Von einem Freiwilligen. München 868. Lentner. gr. 8. (27 S.) 7½ ngr.

Militärstand, der, erzieht. Von einem Freiwilligen. gr. 8. (27 S.) München 868, Stahl. (75 Pf.) *

Militär-Stenograph, der. Zeitschrift f. gründl. Aneigng. u. einheitl. Anwendg. der Gabelsberger'schen Stenographie im Militär. Red. v. Guido Ritter v. Leinner. 1. Jahrg. 1886. 4 Hfte. 8. (1. Hft. 32 S.) Wien. (Leipzig, Robolsky.) n. 2. —

Militär-Stenograph, der. Zeitschrift für gründliche Aneignung und einheitliche Anwendung der Gabelsberger'schen Stenographie im Militär. Red. von Oberl. Lehr. Guido Ritter von Leiner. Herausg. von V. Zwierzina. I. Jahrg. 1886. 4 Hefte. 8°. (1 Hft. 32 S.) Wien, Edmund Schmid. fl. 1.—. Heft apart fl —.30.

Militär-Stenograph, der. Zeitschrift f. gründl. Aneigng. u. einheitl. Anwendg. der Gabelsberger'schen Stenographie im Militär. Red. von Ritter v. Leinner. 2. Jahrg. 1887. 10 Hfte. 8. (1. Hft. 16 S.) Wien. (Leipzig, Robolsky.) n. 3. —

Militär-Stenograph, der. Zeitschrift für gründl. Aneignung u. einheitliche Anwendung der Gabelsberger'schen Stenographie im Militär. Red. von Oberlieutenant Lehr. Guido Ritter v. Leinner. 2. Jahrg. 1887. 10 Hfte. 8°. (1. Hft. 16 S.) Wien, Ed. Schmid. fl. 1.50. Heft apart fl. —.20.

Militärstenograph, der. Monatsschrift f. die Einheitsstenographie in Armee u. Marine. Red.: Mart. Schirmer. Mit Bibliothek Gabelsberger. 3.—5. Jahrg. 1900—1902. à 12 Nrn. gr. 8. (à ca. 8 S. u. 16 S. in 12.) Berlin, Verlag Gabelsberger. à Jahrg. n. 4. —
Die Jahrgge. 3 u. 4 sind v. C. Zander redigiert.

Militärstenograph, der. Monatsschrift f. die Einheitsstenographie in Armee u. Marine. Red.: Alb. Neupert. Mit: Bibliothek Gabelsberger. 6. Jahrg. 1903. 12 Nrn. (II, 94 S.) gr. 8. Berlin, Verlag Gabelsberger. n. 1.50
Erscheint nicht mehr.

Militär-Stenographen-Zeitung, deutsche. Monatsschrift f. die Gabelsbergersche Stenographie in Heer u. Flotte. 1.—3. Jahrg. 1904—1906. à 12 Nrn. Nebst autogr. Beilage: Lese- u. Uebungsblatt. Red. v. Max Fröhliger. 19.—21. Jahrg. 1904—1906. à 26 Nrn. (232, 232 u. 236 S.) 8. Wolfenbüttel, Heckner. à Jhrg. n. n. 2. —

Militär-Stenographen-Zeitung, deutsche. Monatsschrift f. die Gabelsbergersche Stenographie in Heer u. Flotte. 4.—7. Jahrg. 1907—1910. à 12 Nrn. Mit der stenograph. Beilage: Lese- u. Übungsblatt. Organ des Verbandes der Gabelsbergerschen Militär-Stenographenvereine Bayerns u. der übr. deutschen Militär-Stenographenvereine. Geleitet v. Ludw. Ramsauer. Verantwortlich: H. Wessel. 22.—25. Jahrg. 1907—1910. à 26 Nrn. (IV, 340; IV, 340; IV, 332 u. IV, 350 S.) 8. Wolfenbüttel, Heckner. à Jahrg. p nn 2.— ; geb. 3.25

Militär-Stiftungen, welche in der Verwaltung oder in der Obsorge des Reichs-Kriegs-Ministeriums stehen. 1878. — Ergänzung zum Militär-Stiftungs-Buche bis Ende October 1887 (2 Bde.) 4. Wien 1878—1887.

Militär-Stiftungen, welche in der Verwaltung oder in der Obsorge des Reichs-Ministeriums stehen. gr. 4. (286 S.) Wien 878. k. k. Hof- u. Staatsdruckerei. n. 8. —

Militär-Stiftungen, welche in der Verwaltung od. in der Obsorge des Reichs-Kriegs-Ministeriums stehen. (646 S.) 4. Wien 903. Hof- u. Staatsdruckerei. n. 20. —

[Umschlagt.:] [F.] Zur **Militärstrafgerichtsordnung**. E. Mahnwort in letzter Stunde. *Berlin: E. S. Mittler & Sohn 1897.* (311—323 S.) 8.
= Beihefte z. Militär-Wochenblatt. 1897. II. 7.

Militärstrafgerichtsordnung für das Königreich Bayern. (Sondertitel 2 von: Militärstrafgesetzbuch und Militärstrafgerichtsordnung für das Königreich Bayern.) Münch. 1869.

Militär-Strafgerichts-Ordnung, die, f. das Königr. Bayern nach den Gesetzen vom 29. April 1869, 28. April 1872 u. 27. Septbr. 1872. 8. (VI, 85 S.) Erlangen 872. Deichert. n. — 90

— dasselbe in der durch die Gesetze vom 26. April u. 27. Septbr 1872 hergestellten Fassg. Nebst ausführl. Sachreg. 8. (57 S.) Würzburg 872. Stahel — 50

Militärstrafgerichtsordnung vom 1 12. 98. nebst Einführ.-Ges.

Textausgaben u. Kommentare von:

Beck. München 899.	1 50	**Mittler & Sohn.** Berlin 899.
Brogsitter. Düsseldorf 898	2 —	**Pechwell.** Leipzig 899.
Gareis. Giessen 899.	1 20	**Seidenspinner.** 2. Aufl. Berlin 899.
Guttentag. Berlin 899.	1 50	**Selle.** Berlin 900.
Herz. 2. Aufl. Berlin 900	3 —	**Stenglein.** Berlin 900. Lfg. 1.
Herzbruch. Berlin 899.	— 40	**Sturm.** Leipzig 899.
Heymann. Berlin 899.	1 —	**Sturm u. Walde.** Leipzig 899.
Koppmann. München 900. I.	10 —	**Walde.** Leipzig 899.
Kummer. Oldenburg 900.	2 35	**Weigel.** München 899.
Mittermaier, Berlin 899.	2 —	

Entwurf d. Gesetzes. Reichstagsvorlage. 898.
Berathung 1—3 des Entwurfs im Reichstage. Stenograph. Bericht. 898.
Materialien. 2 Hefte. Amtlich. Berlin 898.

— **deutsche. Vom 1. XII. 1898. Nebst d. ergänz. Gesetzen u. e. ausführl. Sachregister. gr. 8. (IV, 152 S.) Berlin 898. C. Heymann's Verl. Kart. n. 1.—**

[F.] Militärstrafgerichtsordnung nebst Einführungs- und Richterdisziplinargesetz Vom 1 Dez. 1898. *Berlin: E. S. Mittler & Sohn 1898.* (1 Bl., 167 S.) 1 Bd 8. (99. 1413)

Militärstrafgerichtsordnung nebst Disziplinargesetz für Militärgerichtsbeamte vom 1.12.98. (Gareis, Reichsgesetze 250-53) Giessen 1898

Militärstrafgerichts-Ordnung vom 1. XII. 1898, s. a. Miniatur-Bibliothek.

Militärstrafgerichts-Ordnung vom 1. XII. 1898. 32. (44 S.) Leipzig, Verlag f. Kunst u. Wissenschaft. —. 10.
Miniatur-Bibliothek No. 198.

Die **Militärstrafgerichtsordnung** nebst Einführungsges. u. d. Gesetze, betr. die Dienstvergehen der richterl. Militärjustizbeamten .. v. 1. Dez. 1898. Erl. von Dr. jur. [Karl] Seidenspinner, Wirkl. Geh. Kriegsr. *Berlin: C. Heymann 1899.* (VII, 344 S.) 8° [F.]
— **Taschen-Gesetzsammlung.** 41. (99. 9754)

— **nebst Einführungs- u. Richterdisziplinargesetz. Vom 1. XII. 1898. gr. 8. (167 S.) Berlin 899. E. S. Mittler & Sohn. n. 1.—; kart. n. 1.20**

Die **Militärstrafgerichtsordnung** nebst Einführungsgesetz und dem Gesetze, betr. die Dienstvergehen d. richterl. Militärjustizbeamten u. d. unfreiwill. Versetzung derselben in e. andere Stelle oder in d. Ruhestand v. 1. Dez. 1898. Hrsg von Dr. [Alex. Paul Alfr.] Pechwell, Oberkriegsger.R. Mit Anm. u. Sachreg. *Leipzig: Rossberg 1899.* (VI, 682 S.) 8° [F.]
— **Handausgabe** Deutscher Reichsgesetze Bd 59. (99. 11607 B)

Militärstrafgerichtsordnung u. Einführungsgesetz. II. Gesetz betr. Errichtung e. bes. Senats f. d. bayer. Heer b. d. Reichsmilitärgericht i. Berlin. III. Richter-Disziplinar-Gesetz. München 1899.

— **v. 1. XII. 1898 nebst d. Einführungsgesetze u. d. Gesetz, betr. d. Dienstvergehen d. richterl. Militärjustizbeamten u. d. unfreiwill. Versetzg. derselben in e. and. Stelle od. in d. Ruhestand, v. 1. XII. 1898. M. e. Anh., enth. d. Militärstrafgesetzbuch v. 20. VI. 1872. Textausg. m. alphabet. Sachreg. 12. (VI, 224 S.) München 899. C. H. Beck. Geb. in Leinw. 1.50**

[F.] Militärstrafgerichtsordnung vom 1 Dezember 1898 nebst dem Einführungsgesetze Handausg. m. Einleitg u. Erläut. v. Dr. Gottlob Weigel, Stabsauditeur bei d. kgl. bayer. 6. Inf.-Brig. *München: C. H. Beck 1899.* (XXII, 285 S.) 1 Bd 8. (99. 1714)

Militärstrafgerichtsordnung nebst Einführungsgesetz u. Gesetz, betreff. die Dienstvergehen d. richterl. Militärjustizbeamten u. die unfreiw. Versetzung derselben in e. andere Stelle oder in d. Ruhestand. Text-Ausg. mit Anm. u. Sachreg. von Dr. Paul Herz, Geh. Adm.R. 2., verm. u. verb. Aufl. *Berlin: J. Guttentag 1900.* (XXIV, 401 S.) 8° [F.]
— **Sammlung,** Guttentag'sche, Deutscher Reichsgesetze. No 3. (00. 408)

Die **Militärstrafgerichtsordnung** nebst dem Einführungsgesetz, den Nebengesetzen u. sämmtl. Ausführungsbestimmungen. Erl. von Dr. jur [Karl] Seidenspinner, Wirkl. Geh. KriegsR 2. Aufl. *Berlin: C. Heymann 1900.* (VIII, 413 S.) 8° [F.]
— **Taschen-Gesetzsammlung.** 41. (00. 7326)

Die **Militärstrafgerichtsordnung** vom 1. Dez. 1898 bearb. für d. standgerichtl. Verfahren von Paul Selle, Justizr *Berlin: H. Walther 1900.* (335 S.) 8° [F.] (00. 11430)

Militärstrafgerichtsordnung nebst Einführungsgesetz und Gesetz, betr. d. Dienstvergehen d. richterl. Militärjustizbeamten u. d. unfreiwill. Versetzung ders. in e. and. Stelle oder in d. Ruhestand. Text-Ausg. mit Anm. u. Sachreg. von Dr. Paul Herz, Senatspräs. im Reichsmilitärgericht. 3., verm. u. verb. Aufl. *Berlin: J. Guttentag 1902.* (654 S.) 8° [F.]
— **Sammlung,** Guttentag'sche, Deutscher Reichsgesetze. No 3. (03. 1750)

Militärstrafgerichtsordnung nebst Einführungsgesetz und Gesetz, betr. die Dienstvergehen der richterl. Militärjustizbeamten u. d. unfreiwillige Versetzung derselben in e. andere Stelle oder in d. Ruhestand. Handausg. mit Anm. u. Sachreg. von Dr. Paul Herz, Senatspräs. u. Dr. Georg Ernst, Geh. Reg.R. 4., verm. u. verb. Aufl. Berlin: F. Vahlen 1907. (XI, 562 S.) 8° [F.] (07. 16809)

Die **Militärstrafgerichtsordnung** vom 1. Dezember 1898 nebst dem **Einführungsgesetz.** Unter Benutzung d. amtl. Quellen, d. Literatur u. d. Rechtsprechung bearb. u. erl. von Dr. jur. A[ntonius] Romen, Wirkl. Geh. Kriegsr., u. Dr. jur. Carl Rissom, Kriegsger.R. Mit e. Anh., enth. d. Reichsgesetze, betr. d. Entschädigung f. unschuldig erlittene Verhaftung u. Bestrafung. Berlin: Guttentag 1910. 957 S. 8°
(Guttentag'sche Sammlung Deutscher Reichsgesetze. Nr 3.) (10. 10460)

Großherzoglich Hessische Militär-Strafgerichts-Ordnung. o. O. 1867.

Militär-Strafgerichts-Ordnung. [Vom 14. Mai 1870]. Aus u. in: Gesetz- u. Verordnungs-Blatt f. d. Ghth. Baden. Jg. 1870. Nr. XLI. 4°.

Militär Strafgerichts Ordnung vom 21. März 1829.
8. Kassel 1829.

Militärstrafgerichtsordnung und Militär-Strafgesetzbuch f. d. Deutsche Reich. Text-Ausg. mit Sachreg. *Berlin: J. Guttentag 1901.* (216, 83 S.) 8° [F.]
[Sondert. 1.] Militärstrafgerichtsordnung. 2. Aufl. 1901.
[2.] Militär-Strafgesetzbuch. 1901 (03. 109)

Militärstrafgerichtsordnung für das Deutsche Reich, nebst Einführungsgesetz und Gesetz, betreff die Dienstvergehen d. richterl. Militärjustizbeamten u. die unfreiwillige Versetzung derselben in eine andere Stelle oder in den Ruhestand Vom 1 Dez. 1898. Text-Ausg. mit Anm. u. Sachreg. von Dr Paul Herz, vortrag Rath im Reichs-Marine-Amt. *Berlin J Guttentag 1899* (XVI, 316 S.) 8° [F.]
— Sammlung, Guttentag'sche, Deutscher Reichsgesetze. No 3. (99. 8600)

Die **Militärstrafgerichtsordnung** für das Deutsche Reich nebst dem Einführungsgesetze u. d. Gesetze, betr. d. Dienstvergehen d. richterl. Militärjustizbeamten u. d. unfreiw. Versetzung ders. in e. andere Stelle oder in d. Ruhestand. Wortlaut d. Gesetze nebst Anm. bearb. von Heinrich Brogsitter, Landrichter zu Elberfeld. *Düsseldorf: L. Schwann 1899.* (VIII, 193 S.) 8° [F.]
— **Hand-Ausgaben,** Schwann'sche, deutscher u. preuss. Gesetze. No 7. (99. 10809)

[F.] **Militärstrafgerichtsordnung** für das Deutsche Reich nebst Ausführgsbest., dem Gesetz betr. d. Dienstvergehen d. richterl. Militärjustizbeamten u. die unfreiwillige Versetzg ders. in e. and. Stelle oder in d. Ruhestand, sowie den dazu gehör sonst. Erlassen u. Formularen. Handausg. mit Anm. u. Sachreg. Bearb. v. J[oh.] Sturm, Kgl. Sächs. Kriegsrath u. H[ans] Walde, Kgl. Sächs. Divisionsauditeur. . [Bd] 1. *Leipzig: A. Berger 1899.* 8.
= **Handbibliothek,** Meinhold's Juristische. Bd 96. (99. 648 2)

Militaerstrafgerichtsordnung für das Deutsche Reich vom 1. XII. 1898 nebst dem Einführ-Gesetze u. dem Gesetze betr. die Dienstvergehen der richterl. Militärjustizbeamten u. die unfreiwill. Versetzung derselben in eine andere Stelle etc. Mit Anhang: Das Militärstrafgesetzbuch vom 20. VII. 1872. Textausg. mit alph. Sachregister München 1899. 224 S.

— f. das Deutsche Reich, nebst Einführungsgesetz u. Gesetz, betr. die Dienstvergehen der richterl. Militärjustizbeamten u. die unfreiwill. Versetzg. derselben in e. andere Stelle od. in den Ruhestand. Vom 1. XII. 1898. Text-Ausg. m. Sachregister. 2. Aufl. — Nebst: Militärstrafgesetzbuch f. das Deutsche Reich, m. Verweisgn. u. Abdr. der entsprech. Bestimmgn. des Reichsstrafgesetzbuchs. Text-Ausg. m. Sachregister. gr. 16. (216 u. 83 S.) Berlin 901. J. Guttentag. Geb. in Leinw. 1.50

Militärstrafgesetz, österr., s. Hamm, Zwergausgabe.

Militär-Strafgesetz über Verbrechen u. Vergehen vom 15. Jänner 1855 f. das Kaiserth. Oesterreich. Amtliche Handausg.] gr. 8. (VII, 288 u. Reg. 139 S.) Wien 855. Hof- u. Staatsdruckerei. n. 1.—

Militär-Strafgesetzbuch für das Herzogthum Anhalt-Dessau-Köthen. o. O. 1855.

Militair-Strafgesetzbuch für die Schleswig-Holsteinische Armee. Th. 1 Strafgesetze. Kiel. 1849. 8°.

Militair-Strafgesetzbuch für die Schleswig-Holsteinische Armee. Altona. 1850. 8°

Militair-Strafgesetzbuch f. die Schleswig-Holsteinische Armee. Enthaltend: I. Strafgesetze nebst Anhang A bis D. II. Strafgerichts- u. Proceßordnung. III. Gesetz, betr. die Klagbarkeit der Schulden von Unterofficieren u. Gemeinen. gr. 8. (XII u. 147 S.) Kiel 850, Akademische Buchh. n. 1/2 ₰

Militaerstrafgesetzbuch für die Herzogtümer Koburg und Gotha, ingleichen das Fürstentum Lichtenberg. Gotha 1832. 91 S.

Militair-Strafgesetzbuch f. d. Hrzgth. Coburg u. Gotha, ingleichen d. Fürstenth. Lichtenberg. 8. (6 1/2 B.) Gotha 832, (Gläser.)

Militär-Strafgesetzbuch für das Königreich Dänemark vom 7. Mai 1881. [Aus: „Ztschr. f. d. ges. Strafrechtswiss."] gr. 8. (44 S.) Berlin 882. Guttentag. n. 1. 50 .

Militär-Strafgesetzbuch, dänisches. v. 7. 5. 81 Berlin 882.

— —, Disciplinar-Strafordnung, Behandlung von Beschwerden, Kriegsartikel. Berlin 1873. 8.

Militär-Strafgesetzbuch f. d. Königr. Hannover. gr. 8. (6 3/4 B.) Hannover 841, Helwing'sche Hofbuchh.

Militär-Strafgesetzbuch, Grossh. hess. 1822. H: *Scriba, Joh. Gg, Ludwig Lynker* & *E. Schenk.* (Hessische Biographien, hgbn. von Herman Haupt. Darmstadt 1918. I, 77)

Militär-Strafgesetzbuch, Grossherzogl. Hessisches. Darmstadt 1822. H: *Lynker, Ludwig Jacob Frdr. Wilhelm.* (MGT) (Ky) H: *Lynker, L. J. F. W., Joh. Gg Scriba & Frdr. Schenck.* (HS)

Großherz. hessisches Militärstrafgesetzbuch (vom 13. VII. 1822). Darmstadt 1822. 295 S.
— — vom 25. VIII. 1858 nebst Vollzugsvorschriften etc. Darmstadt 1858. 355 S.

— Großherzogl. Hess. 8. Darmst. 822. Leske. 1 ₰ 14 gr. Hbg. Pr. 1 ₰ 4 gr.

Großh. Hessisches Militär-Strafgesetzbuch. (Mit) Suppl. Darmstadt 1822—34. 8°.

Supplemente zu dem hessischen Milit.-Strafgesetzbuche. Darmstadt 1834. 228 S.

Militärstrafgesetzbuch, Grossherzoglich hessisches. Nebst Vollzugsvorschriften, und mit Beifügung der weiteren Gesetze und Verordnungen über Vergehen und Strafen der Militärpersonen. 8. Darmstadt 1858.

Militär-Strafgesetzbuch. Vom 20. Juni 1872. — Verordnung üb. die Disziplinar-Strafordnung f. das deutsche Heer. Vom 31. Oktbr. 1872. — Vorschriften üb. den Dienstweg u. die Behandlung v. Beschwerden der Militär-Personen d. Heeres u. der Marine, sowie der Civilbeamten der Militär- u. Marine-Verwaltung. Vom 6. März 1873. — Kriegs-Artikel f. das Heer. Vom 31. Oktbr. 1872. Amtliche Ausg., m. Sachregister. Neue Ausg. 8. (141 S.) Berlin 883. Mittler & Sohn. n. — 80

Militär-Strafgesetzbuch. Vom 20. Juni 1882. Verordnung üb die Disziplinar-Strafordnung f. das deutsche Heer. Vom 31. Oktbr. 1872. Nachtrag vom 2. März 1893. Vorschriften üb. den Dienstweg u. die Behandlg. v. Beschwerden der Militär-Personen d. Heeres u. der Marine, sowie der Civilbeamten der Militär- u. Marine-Verwaltung. Vom 6. März 1873. Nachtrag vom 14. Juni 1894. 8. (13 u. 7 S.) Berlin 894. E. S. Mittler & Sohn. n.n. — 25 (kplt. m. Nachträgen: n.n. — 90; kart. n. 1. 20)

Militär-Strafgesetzbuch, das, die Kriegs-Artikel u. die Disziplinar-Strafordnung im Tornister. 2. verm. Aufl. 32. (112 S.) Berlin 873. Grosser. n. — 50

—— das, vom 20. Juni 1872, die Kriegsartikel und die Disziplinar-Strafordnung für das deutsche Reich. Text mit Sachregister. 8. Aufl. 16. (112 S.) Ebendas. 874.

Militär-Strafgesetzbuch und Militärstrafgerichts-Ordnung. Dresden 1867. 8.

Militärstrafgesetzbuch und Militärstrafgerichtsordnung für das Großherzogtum Baden nebst Einführungs-Vollzugsverordnungen und Materialien. (Karlsr.) 1870. 4°.

Militaerstrafgesetzbuch u. Militärstrafgerichtsordnung für das Kgr. Bayern (29. IV. 1869). Amtl. Ausg. München 1869. 159 S.

—— und Militärstrafgerichtsordnung für das Königr. Bayern. Amtl. Ausg. Lex.-8. (159 S.) München 869, (Kaiser.) **

Militärstrafgesetzbuch und Militärstrafgerichtsordnung für das Königreich Bayern sammt Einführungsgesetz mit Auslegungsbehelfen aus den Motiven zu den Gesetzentwürfen ... nebst ausführlichen alphabetischen Sachregistern. (Würzburger Volksausgabe 21. Bändchen. 12. Abthlg.) Würzb. 1869.

—— —— dass. — sammt Einführungsgesetz, mit Auslegungsbehelfen aus den Motiven rc. nebst ausführl. alphabet. Sachregistern. gr. 16. (IV, 207 S.) Würzburg 869, Stahel'sche Buchh.

Das **Militärstrafgesetzbuch** und die Militärstrafgerichtsordnung für das Königreich Bayern nebst dem Einführungsgesetze zum Militärstrafgesetzbuche u. zur Militärstrafgerichtsordnung vom 29. April 1869. Bamberg 1870.
(Bayerns Gesetze u. Gesetzbücher. Bd 10.)

— — u. Militär-Strafgerichtsordnung (für das Kgr. Sachsen) sowie Verordnungen über die Disziplinarbestrafung in der (sächs.) Armee, über die Ehrengerichte rc. Dresden 1867. 264 S.

Militär-Strafgesetzbuch u. **Militär-Strafgerichtsordnung**, sowie Verordnungen über die Disciplinarbestrafg. in der Armee, über die Ehrengerichte, über das Verfahren der Ehrengerichte rc., ingleichen über den Gerichtsstand der Militärpersonen in bürgerl. Rechtssachen rc. nebst zugehör. Ein- u. Ausführungs- u. anderen Verordnungen. Dresden 868. Meinhold & Söhne. 8. (II, 264 S.) n. 12 ngr.

Militärstrafgesetzbuch und Militärstrafprozeßordnung für das Fürstenthum Schwarzburg-Sondershausen nebst dem Einführungsgesetze vom 15. Juni 1860, dem Staatsvertrage zwischen Preußen und Schwarzburg-Sondershausen vom 15. Juni 1860 und der Militär-Disciplinarstrafordnung vom 11. November 1853. Sondershausen 1860.

Militär-Strafgesetzbuch für das Herzogthum Nassau. Wiesb. 1852.

—— das neue, nebst Einführungsgesetz. 1.—4. Aufl. 32. (63 S.) Potsdam 872,78, Rentel. *

Militair-Strafgesetzbuch und bürgerliche Rechtsverhältnisse der Militairpersonen betreffenden Bestimmungen für das Großherzogth. Oldenburg, nebst der Einführungsverordnung. Mit einem alphabet. Sachregister zum Militair-Strafgesetzbuche und Bemerkungen versehen von Hayessen. gr. 8. (258 S.) Oldenburg (861)62, Schulze'sche Buchh. *

Militair-Strafgesetzbuch f. das deutsche Reich. Nebst Einführungsgesetz. Vom 20. Juni 1872. gr. 8. (40 S.) Berlin 872. v Decker. — 50

—— dass. — 4. Berlin 872, Mittler und Sohn. **
Aus: Armee-Verordnungs-Blatt, besonders abgedruckt.

— dasselbe. Nebst Einführungsgesetz u. e. ausführl. Sachregister. 8. (60 S.) Pirna 872. Verlags-Contor. n. — 50

—— dass. — und Einführungsgesetz vom 20. Juni 1872. Mit ausführl. Sachregister. 8. (IV, 38 S.) Würzburg 872, Stahel'sche Buchh.

— für das Deutsche Reich vom 20. VI. 1872. — Allerhöchste Verordnung über die Disziplinarstrafordnung für das Heer vom 31. X. 1872. — Vorschriften über den Dienstweg und die Behandlung von Beschwerden rc. vom 6. III. 1873. — Kriegsartikel für das Heer vom 31. X. 1872. Amtl. Ausgabe mit Sachregister. Berlin 1873. 141 S.

Militär-Strafgesetzbuch f. d. Deutsche Reich nebst d. Einführungsgesetze. München 1879.

Militär-Strafgesetzbuch für das Deutsche Reich. Vom 20. Juni 1872. Amtl. Ausg. 8. (39 S.) Berlin 888, Mittler und Sohn. *

Militär-Strafgesetzbuch für das Deutsche Reich vom 20. Juni 1872 nebst den Kriegsartikeln u. d. Disciplinar-Strafordnung v. 31. Okt. 1872. Textausg. mit Anm., Verweisen auf d. Entscheidungen d. Reichsgerichts sowie d. Militarstrafgerichtsordnung u. ausführl. Sachreg. von Hans Walde, Kgl. Sächs. DivisionsAuditeur. *Leipzig: A. Berger 1899.* (VII, 96 S.) 8° [F.]
— Handbibliothek, Meinholds Juristische. Bd 7b. [illegible]

Militär-Strafgesetzbuch f. das Deutsche Reich, m. Verweisgn. u. Abdruck der entsprech. Bestimmgn. des Reichsstrafgesetzbuchs. Text-Ausg. m. Sachregister. gr. 16. (83 S.) Berlin 900. J. Guttentag. Geb. in Leinw. 1. —

Militär-Strafgesetzbuch für das Deutsche Reich. Text-Ausg. mit Anm. u. Sachreg. von Dr. Paul Herz, Senats-Präs. beim Reichsmilitärgericht, [&] Dr. Georg Ernst, Kriegsger.R. *Berlin: J. Guttentag 1903.* (409 S.) 8° [F.]
— Sammlung, Guttentag'sche, Deutscher Reichsgesetze. No 67. [illegible]

Militär-Strafgesetzbuch für das Deutsche Reich. Handausg. mit Anm. u. Sachreg. von Dr. Paul Herz, Senatspräs., u. Dr. Georg Ernst, Geh.Reg.R. 2., verm. u. verb. Aufl. Berlin: F. Vahlen 1908. (X, 409 S.) 8° [F.] [illegible]

Militärstrafgesetzbuch für das Kgr. Sachsen. Dresden 1838. 8°.

Militärstrafgesetzbuch für das Königreich Sachsen vom 11. August 1855 nebst Beidruck des allgem. Strafgesetzbuchs u. zweier damit in Verbindung stehender Strafgesetze vom demselben Tage nebst einem Sachregister. Dresden 856. Meinhold. 8. (282 S.) 18 ngr.

— für das Königreich Schweden vom 7. Oktbr. 1881. [Aus: „Ztschr. f. d. ges. Strafrechtswiss."] gr. 8. (47 S.) Ebend. 882. n. 1. 50

— schwedisches, v. 7. 10. 81. Berlin 882.

— das, im Tornister. Vom deutschen Reichstag beschlossen. Vom deutschen Kaiser verordnet. 32. (61 S.) Berlin 872. Grosser. n. — 50

Militärstrafgesetze, die neuen, für das Großherzogthum Baden. Amtliche Ausg. Karlsruhe 870. Malsch & Vogel. gr. 8. (183 S.) n.n. 20 ngr.

Die Königl. Preußischen **Militär-Straf-Gesetze** nebst Gesetz betr. die Einführung derselben im Großherzogthum Hessen vom 19. April 1868. Darmst. 1868.

Militär-Strafgesetz-Entwurf, der, u. d. Allmacht d. neuen Gerichtsherrn. Kritisch-jurist. Studie v. e. höh. aktiven Offizier. gr. 8. (25 S.) Bamberg 898. Handelsdruckerei u. Verlagshandlg. 1. —

Militär-Strafprocess-Ordnung. (D—10.) Amtliche Zusammenstellung der über das Strafverfahren bei den Gerichten des stehenden Heeres und der Kriegsmarine bestehenden Gesetze und Vorschriften. (Zu Präs. Nr. 1630 vom Jahre 1884.) Mit 1 Nachtrag (Wien 1886). kl. 8. Wien 1884—1886.
— — 2. Aufl. Mit 1 Nachtrag (Wien 1886). Separat gebunden: Alphabetisches Wort- und Sachregister zur Militär-Strafprocess-Ordnung. Herausgegeben mit Bewilligung des k. k. Reichs-Kriegs-Ministeriums. kl. 8. Wien 1884—1886.

Militär-Strafproceß-Ordnung. Amtliche Zusammenstellung der über das Strafverfahren bei den Gerichten des stehenden Heeres und der Kriegs-Marine bestehenden Gesetze und Vorschriften. 2. Aufl. 8. (VI, 243 S.) Wien 884, Hof- und Staatsdruckerei. *
1. Aufl. war nicht im Handel.

Militär-Strafprozeß-Ordnung. Amtl. Zusammenstellung der über das Strafverfahren bei den Gerichten des stehenden Heeres und der Kriegs-Marine bestehenden Gesetze und Vorschriften. Hrsg. mit Bewilligung des k. k. Reichs-Kriegs-Ministeriums. Alphabetisches Wort- und Sachregister. 8. (81 S.) Ebendas. 886. *
Hauptwerk. Ebendas. 1884. * ℳ 1.20.

Militair-Straf-Proceß-Ordnung für das Königr. Hannover. gr. 8. (126 S.) Hannover 861, Helwing'sche Hofbuchh. *

Militair-Strafrecht, preußisches. Enthalt.: a) Strafgesetzbuch f. d. preuß. Heer d. d. 3. Apr. 1845. b) Die neuen Kriegsartikel u. Verordnung über deren Anwendung d. d. 27. Juni 1844. c) Verordnungen über die Ehrengerichte zc. d. d. 20. Juli 1843. 16. (7 B.) Trier 845, Troschel. *

Herzoglich Braunschweigisches Militair-Straf-Reglement. Braunschweig 1837. 8°.

Militair-Straf-Vollstreckungs-Reglement. Berlin 1873. 8°
Dass. u. d. T.: Militär-Strafvollstreckungs-Vorschrift. T. 1. 2. 1908—10.

Militair-Straf-Vollstreckungs-Reglement. 8. (XI, 147 S.) Berlin 873. Mittler & Sohn. n. 1. 20

Militair-Straf-Vollstreckungs-Reglement (vom 2. Juli 1873). Berlin: Mittler 1873.

Militär-Strafvollstreckungs-Vorschrift (vom 9. 2. 1888). Mit Deckblättern bis Okt. 1902. Berlin: Mittler 1888.
Th. 1. Strafvollstreckungs- und Dienst-Ordnung.
„ 2. Verwaltungs-Ordnung.

Militär-Strafvollstreckungs-Vorschrift. 1. Thl. Strafvollstreckungs- u. Dienst-Ordng. 2. Thl. Verwaltungs-Ordng. 8. (XX, 500 S.) Berlin 888. Mittler & Sohn. n. 4.—; cart. n. 4. 40; geb. n. 4. 80

Militär-Strafvollstreckungs-Vorschrift. Nachtrag f. die Marine. 8. (12 S.) Berl. 889, Mittler u. Sohn. — 15
Hauptwerk. Ebd. 1888. * 4 —; cart. * 4 40; geb. * 4 80.

Militär-Strafvollstreckungs-Vorschrift. 1. Tl.: Strafvollstreckungsordnung (M. St. V. I. Tl.) vom 19. III. 1908. (D. V. E. Nr. 120.) (XII, 221 S.) 8. Berlin 908. E. S. Mittler & Sohn. 1.15; kart. 1.35

Militär-Strafvollstreckungs-Vorschrift. T. 1. 2. DVE. Nr 120. 120a. Berlin: Mittler. 2 Bde
T. 1. Strafvollstreckungsordnung (MStV. I. T.) vom 19. März 1908. 1908.
„ 2. Verwaltungsordnung f. d. Festungsgefängnisse (MStV. II. T.) vom 1. Dez. 1910. 1910.

Militär-Struwwelpeter, der, oder lustige Geschichten u. drollige Bilder von u. für Militärs von 10 bis 100 Jahren. Von H. [Frei nach dem „Struwwelpeter" von Heinr. Hoffmann.] gr. 4. (45 S. m. eingedr. Chemityp.) Berlin 878. Janke. n. 1. —

Ueber Militär-Systeme. Von G. Th. Stuttgart 1821. 22 S.

Militair-Systeme, (über,) v. J. v. Theobald,) gr. 8. Stuttg. 822, Metzler.

(F) Militär-Tarif. Gravosa-Metković. (Zu Abth. 5, Nr. 43 1/E, B. [von 1899,] vom Jahre 1900 – Normal-Verordnungsblatt für das k. u. k. Heer, 7. Stück.) [Wien. 1900. Hof- und Staatsdruckerei.] Lex.-8°. 2 S. K —04

Militär-Tarif für Eisenbahn-Transporte. Giltig vom 1. November 1892. 4. (112 S.) —.58
Wien. Hof- und Staatsdruckerei 1892.

Militär Tarif (K 16.) für Eisenbahn Transporte Giltig vom 1 Jänner 1898 (Zu Abth 5, Nr 1015/E B vom Jahre 1898 — N V Bl für das k und k Heer 12 Stück) (Aeltere Aufl Siehe N V Bl für das k und k Heer vom Jahre 1892, 37 und 38. Stück, sowie unter dem Titel: „Berechnungs-Tabellen" etc vom Jahre 1877) 4 Wien 1898.

Militär-Taschenbuch für das Jahr 1801. Berlin 1801. H: *Knoblauch, F. H.* (MGT)

Militär-Taschen-Kalender „Janus" für das k. u. k. österreichisch-ungarische Heer 1890. 3. Jahrg. [Auszug aus: Militär-Taschen-Kalender „Austria".] 16. (184 S) Wien, (Seidel & Sohn). n. 1. 60

Militär-Taschen-Kalender „Janus" f. das k. u. k. österreichisch-ungar. Heer 1891. IV. Jahrg. [Auszug aus dem Militär-Taschen-Kalender „Austria".] 16. (160 S. u. Schreibkalender.) Wien, (Seidel & Sohn). Geb. n. 1. 50

Militär-Taschen-Kalender „Janus" f. das k. u. k. österreich.-ungarische Heer 1890—1892. 3.—5. Jahrg. [Auszug aus: Militär-Taschen-Kalender „Austria".] 16. (à Jahrg. ca. 175 S.) Wien, (Seidel u. Sohn). geb. 3. Jahrg. * 1 60; 4. u. 5. Jahrg. à * 1 50
2. Jahrg. u. d. T.: Unteroffiziers-Taschen-Kalender (s. d.). — Vgl.: „Austria".

Militär-Taschen-Kalender „Janus" f. d. bewaffnete Macht d. österr.-ungar. Monarchie 1899. 12. Jahrg. [Auszug aus d. Militär-Kalender „Austria".] 16. (XXXII, 128 S. m. Fig.) Wien (L. W. Seidel & Sohn). Geb. in Leinw. n. 1. 50

Militär-Taschen-Kalender „Janus" f. die bewaffnete Macht der österreichisch-ungarischen Monarchie 1902. 15. Jahrg. [Auszug aus d. Militär-Kalender „Austria".] gr. 16. (XXXII, 112 S. m. Fig.) Wien (L. W. Seidel & Sohn). Geb. in Leinw. n.n. 1.—
Erscheint nicht mehr.

Militär- u. Marine-Taschenkalender (1911), v. Johs. Wilmersdorf. 2. Jahrg. (XV, 411 S.) kl. 8. Dresden, Gebr. Fahdt. Geb. in Leinw. 1. 50

Militärtaschenlexikon pro 1907. 6. Aufl. 2 Teile. 8°. (XXXVIII, 268; IX, 148, 32 S.) geb. K 3.–
Wien: „Elbemühl" 1906.

Militär-Taschenlexikon. 7. Aufl. 1908. 2 Teile. 8°. (XLIV 280, IX, 148 S.) Wien: Verlag der „Elbemühl" 1907. geb. K 3.–

Militärtaschenlexikon. 1908. 8. Aufl. 2 Teile. 8°. (XL, 298; XIV, 174, 32 S.) Wien: „Elbemühl" 1908. geb. K 3.–

Militärtaxe, die. Gesetz, vom 13. Juni 1880 [R. G. Bl. Nr. 70, S. 232] betreffend die Militärtaxe, den Militärtaxfond und die Unterstützung der hilfsbedürftigen Familien der Mobilisirten; und Verordnung des Ministeriums für Landesvertheidigung und des Finanzministeriums vom 20. März 1881 [R. G. Bl. Nr. 26] zur Durchführung des Gesetzes vom 13. Juni 1880 in Betreff der Militärtaxe. gr. 8. (15 S.) Klagenfurt 881, Heyn.

Militärtaxe. Gesetz vom 13. VI. 1880 (R. G. Bl. Nr. 70), betr. die Militärtaxe, den Militärtaxfond u. die Unterstützg. der hilfsbedürft. Familien v. Mobilisierten, abgeändert durch das Gesetz vom 10. II. 1907 (R. G. Bl. Nr. 30) in den Bestimmgn. der §§ 1 bis einschließlich 10 (in Wirksamkeit getreten m. 1. I. 1908). Redaktionelle Beilage des kärntner. Gemeindeblattes v. Mitte Dezbr. 1908. (46 S.) gr. 8. Klagenfurt (908). (J. Heyn). — 90

Militärtaxe, Die, und die Militär-Sparcassen. [Wien 1892.] V: *Sourdeau, Julius Baron.* (EB)

Militär-Taxe, Die neue. Wien 1880. V: *Wintersperger, Ant.* (EB)

Militärtaxgesetz, das, s.a. Gesetz-Ausgabe, Manz'sche.

Das Militaertaxgesetz samt den hierzu erlass. Durchführungsbestimm. M. ausführl. alphabet. Nachschlageregg. Wien 1907. 8°.
(Manz'sche Gesetz-Ausg. Nr. 72.)

(F) Das Militärtaxgesetz samt den hierzu erlassenen Durchführungsbestimmungen. [Manz'sche Gesetzausgabe, Nr. 72.] 8°. (72 S.) Wien: Manz 1907. K —.80, kart. K 1.—

Militär-Telegraphie. Nach dem telegraphischen System des M. J. Swaim für die königl. bayerische Armee bearb. München 862. (Kaiser.) 16. (IV, 107 S. u. 1 lith. Taf. in 4.) n. 16 ngr.

Militär-Telegraphie, Ueber Beihft. z. „Milit-Wochenblatt". — Berlin 1867.

Militär-Transport-Ordnung für Eisenbahnen im Frieden [Friedens-Transport-Ordnung]. Vom 11. Febr. 1888. 8. (IV, 32 S.) Berlin 888, v. Decker's Verlag. *

— dasselbe. [Aus: „Eisenbahn-Verordnungsbl."] 4. (26 S.) Berlin 888. C. Heymann's Verl. n. — 80

—— dass. — Für Eisenbahnen im Kriege. 4. (74 S.) Ebendas. 887. *
Vorstehende zwei Schriften sind aus: Eisenbahn-Verordnungsblatt, besonders abgedruckt.

Militär-Transport-Ordnung u. Militärtarif f. Eisenbahnen, s.a. Militär-Eisenbahn-Ordnung. I.

Militär-Transport-Ordnung und Militärtarif für Eisenbahnen Ausgeg. durch d. Reichs-Eisenb.-Amt. *Berlin: J. Springer 1899.* (151 S.) 8° [K.]
= Militär-Eisenbahn-Ordnung. Th. 1.

Militär-Transport-Ordnung u. Militärtarif f. Eisenbahnen. Ausg. durch das Reichs-Eisenbahn-Amt. 1.—10. Nachtrag. 8. Berlin, J. Springer. 1. 15
1. (4. Bl.) 901. — 10. — 2. (4 Bl. u. S. 121a u. b.) 901. — 10. — 3. (Zu §§ 38 Ziff. 5.) (2 Bl.) 902. — 10. — 4. (3 S.) 903. — 10. — 5. (7 Bl.) 905. — 15. — 6. (16 Bl.) 908. — 15. — 7. (4 Bl.) 908. — 10. — 8. (16 Bl.) 909. — 15. — 10. (4 Bl. u. S. 119—157). 909. — 20.

Zur schweizer. Militär-Turnfrage. Anregung behufs Durchführung und Erweiterung des milit. Vorunterrichts der schweizer. Jugend. Ein Wort zu Artikel 81 der schweiz. Militärorganisation. Von einem Militäroffizier und Turner. In-8°, 24 S. Zürich, Trüb. 1880. — 60

Militär-Turn-Reglement für eidgenössische Schulen, Turnvereine und Militärkurse. Entwurf von einem Milizoffizier und Turner. Zürich 1880. V: *Müller, Johann Jacob.* (BSchwLk V, 10c)

Militär-Turnreglement für eidgen. Schulen, Turnvereine und Militärkurse. In-12°, 46 S. Zürich, Trüb'sche Buchhandlung. 1880. — 80

Russische ältere Militär-Uniformen. o. O. u. J. 16 farb. Bl. 2°

Spanische Militär-Uniformen. o. O. 1842. 8 Bl. 2°

[K.] Militärunterstützungsgesetze. Gesetze betr. d. Unterstützg v. Familien der zu Friedensübgn einberufenen . . . Mannschaften sowie Beihülfe an Kriegsinvaliden. Textausg. m. Sachreg. u. Anm. . . . Z. Handgebr. hrsg. v. W[ilh.] Assmann, Polizeikomm. zu Bochum. *Düsseldorf: L. Schwann 1898.* (50 S.) 1 Bd 8.

[K.] Militärunterstützungsgesetze. Gesetze betr. d. Unterstützg v. Familien der zu Friedensübgn einberuf. u. der in d. Dienst eingetret. Mannschaften sowie Beihülfe an Kriegsinvaliden. Textausg. m. Sachreg. u. Anm. unter Berücks. d. hierzu erlass. Verordngn etc. Z. Handgebrauch hrsg. v. W[ilhelm] Assmann, Polizeikomm. zu Bochum. *Düsseldorf: L. Schwann 1898.* (50 S., 1 Bl.) 1 Bd 8.

Militäruntersuchung, ärztliche; tabellar. Uebersicht der verheiml. u. verstellten Krankheiten u. Gebrechen, welche beim Recrutir- u. Entlassungs-Geschäft zu beachten sind, nach M. Beaupré. Aus den Französ. übersetzt. Roy.-Fol. Weimar 822, Ind.-Compt. Rthlr.

Militärurtheil, Ein, in Österreich. Die Wechsel der Prinzessin Louise von Coburg . . . Wien 1902. V: *Austerlitz, Friedrich.* (EB)

Militärurtheil, e., in Oesterreich. Die Wechsel der Prinzessin Louise v. Coburg. Nach gerichtl. Akten. gr. 8. (46 S.) Wien 902. Wiener Volksbuchh. n. — 50

Militär-Vereinsblatt, badisches. Organ des bad. Militär-Verbandes. Redact.: Krumel. Jahrg. 1880—1884. à Jahrg. 12 Nrn. (à Nr. ½ Bog.) gr. 4. Karlsruhe, Reiff. à Jahrg. *

Militär-Vereinsblatt, badisches. Organ des bad. Militärvereins-Verbandes. Redact.: Krumel. Jahrg. 1885—1888. à Jahrg. 24 Nrn. (à Nr. 1/2—1 Bog.) gr. 4. Karlsruhe, Reiff. à Jahrg.

— dasselbe. Jahrg. 1889. 1890. à 24 Nrn. (à 1/2—1 B.) gr. 4. Ebd. à Jahrg. n. 2. —

Militär-Vereinsblatt, badisches. Organ d. bad. Militärvereins-Verbandes. Hrsg. vom Verbands-Präsidium. Red.: Platz. Jahrg. 1891—1893. à 24 Nrn. (à 1/2—1 Bog.) Nebst: Illustr. Unterhaltungsblatt. (1/2 Bog.) gr. 4. Karlsruhe, J. J. Reiff. à Jahrg. n. 2. —

— dasselbe. Jahrg. 1894. 52 Nrn. (à 1/2—1 Bog.) Nebst: Das eiserne Kreuz. (1/2 Bog.) gr. 4. Ebd. n. 3. —

Militär-Vereinsblatt, badisches. Organ d. bad. Militärvereins-Verbandes. Hrsg. v. Verbands-Präsidium. Red.: Platz. Jahrg. 1895—1898. à 52 Nrn. (à ca. 12 S. m. Abb.) Nebst: D. eiserne Kreuz. gr. 4. Karlsruhe, J. J. Reiff. à Jahrg. n. 3. —

Militär-Vereinsblatt, badisches. Organ des bad. Militärvereins-Verbandes. Hrsg. v. bad. Militärvereins-Verband. Red.: Heusch. 26.—29. Jahrg. 1899—1902. à 52 Nrn. Nebst: Das eiserne Kreuz. Red.: H. Pankow. gr. 4. (à ca. 8 u. 4 S.) Karlsruhe, J. J. Reiff. à Jahrg. n. 3.—

Militär-Vereinsblatt, badisches. Organ des bad. Militärvereins-Verbandes. Hrsg. vom bad. Militärvereins-Verband. Red.: Heusch. 30.—33. Jhrg. 1903—1906. à 52 Nrn. (IV, 428; IV, 444; IV, 440 u. IV, 434 S.) 4. Nebst: Das eiserne Kreuz. Red.: H. Pankow. (à Jahrg. 212 S. m. Abb.) gr. 4. Karlsruhe, J. J. Reiff. à Jhrg. n. 3. —

Militär-Vereinsblatt, badisches. Organ des bad. Militärvereins-Verbandes. Hrsg. vom bad. Militärvereins-Verband. Red.: Heusch. 34.—37. Jahrg. 1907—1910. à 52 Nrn. (à Jahrg. 450 S.) 31×22,5 cm. Nebst: Das eiserne Kreuz. Red.: H. Pankow. (à 4 S. m. Abbildgn.) Lex. 8. Karlsruhe, J. J. Reiff. à Jahrg. 3. —

Militär-Vereins-Kalender, s.: Sachsen.

Militärvereins-Kalender, badischer. 1903. 4. Jahrg. Hrsg. vom Präsidium des bad. Militärvereins-Verbandes unter dem Protektorate Sr. königl. Hoheit des Großherzogs Friedrich v. Baden durch Herm. Fischer. gr. 8. (96 S. m. Abbildgn. u. 1 Taf.) Ebd. n.n. — 30

Militär-Vereins-Kalender, illustr. badischer. 1906. 7. Jahrg. II. Aufl. Hrsg. vom Präsidium des bad. Militärvereins-Verbandes durch Anheuser. (89 S. m. Abbildgn. u. 2 Taf.) gr. 8. Ebd. n.n. — 30

Militär-Vereins-Kalender, illustr. badischer. 1911. 12. Jahrg. V. Aufl. Hrsg. vom Präsidium des bad. Militärvereins-Verbandes durch Anheuser. (88 S. m. Abbildgn., 1 Taf. u. Wandkalender.) gr. 8. Ebd. — 30

Militär-Vereins-Calender, Sachsens, auf die Jahre 1866 ff. . . . Pirna. H: *Staub, Frdr. Wilh.* (Ky)

Sachsens Militär-Vereins-Kalender auf das Jahr 1867. Pirna 1867. 35 Bl.

Militärverfassung, Die, des teutschen Bundes, zunächst in ihrer Anwendung auf das Königreich Hannover . . . Hannover 1831. V: *Grote, Hermann.* (Schletter, Handb. d. jurist. Litt. Grimma 1843. S. 163.) (EngJ)

Militair-Verfassung, die, des teutschen Bundes, zunächst in ihrer Anwend. auf d. Königr. Hannover. Mit Bemerkn. üb. d. gegenwärt. Verhältnisse u. Erwartungen d. Letztern. (Von H. Grote.) gr. 8. (7 B.) Hannover 831, Hahn.

Militair- und Civil-Verfassung, die, des deutschen Bundes, s. Civil- und Militair-Verfassung.

Militaer-Verordnung. Beförderungen bey der Churpfalz-baierischen Armee betreffend vom 16. April 1792. München 1792. 4 S.

Militairverordnung v. 14. Jul. 1820, nebst d. Verordn. in Bezieh. auf Militair- u. Recrutenbeeidigungen f. d. Königr. Hannover. Mit erläut. u. ergänz. Verordn. u. Vorschriften, auch einig. Formularen hrsg. v. J. W. Albers. gr. 4. (17½ B.) Göttingen 830, Vandenhoeck u. Ruprecht.

Militär-Verordnungen d. Churfürsten Karl Theodor. München 1792.

Militär-Verordnungsblatt. Wien 1850. 4°.

Militär-Verordnungs-Blatt, hrsg. vom Großh. Bad. Kriegsministerium. Jg 21. 22. Karlsruhe 1869—70. 8°.

Militär Verordnungsblatt, grossherzoglich hessisches. Jahrgang 1867—1871. Inhalts-Verzeichniss vom Jahre 1824—1868, beigeb. dem Jahrgange 1868. (5 Bde.) 8. Darmstadt 1867—1871.

Kgl. Sächsisches Militär-Verordnungsblatt. Jg 1 ff. Dresden 1892 ff. 4°. (Unvollst.)

Militär-Verordnungsblatt, schweizerisches. 1. Jahrg. 1875/76 und 2.—4. Jahrg. 1877—1879. gr. 4. (Erscheinen unregelmässig.) Bern, (Jent und Reinert.) à Jahrg. *

— dasselbe. 5. u. 6. Jahrg. 1880 u. 1881. gr. 4. (Nr. 1. 1 B.) Ebend. à Jahrg. n. 3. —

— dasselbe. 7. Jahrg. 1882. gr. 4. (Nr. 1. 1¼ B.) Bern, (Huber & Co.). n. 4. —

Militär-Verordnungsblatt, schweizerisches. 8. u. 9. Jahrg. 1883 u. 1884. gr. 4. (Nr. 1. ¾ B.) Bern, Jent & Reinert. à Jahrg. n. 3. —

— dasselbe. 10. u. 11. Jahrg. 1885 u. 1886. gr. 4. (Nr. 1. ¾ B.) Bern, Huber & Co. à Jahrg. n. 4. —

Militär-Verordnungsblatt, schweizerisches. 12.—15. Jahrg. 1887—1890. à 12 Nrn. gr. 4. (à ca. 1 B.) Bern, (Huber & Co.). à Jahrg. n. 4. —

Militär-Verordnungsblatt, schweizerisches. 16.—19. Jahrg. 1891—1894. gr. 4. Bern, (H. Körber). à Jahrg. n. 4. —
Erscheint in zwanglosen Nrn. (à ca. 3 Bog.)

Militär-Verordnungsblatt, schweizerisches. 20.—23. Jahrg. 1895—1898 gr. 4. (190, 174, 193 u. 271 S.) Bern, H. Körber. à Jahrg. n. 4. —

Militär-Verordnungsblatt, schweizerisches. 24.—27. Jahrg. 1899—1902. 8, 9, 10 u. 11 Nrn. gr. 4. (V, 139; VII, 177; V, 202 u. IV, 226 S.) Bern (H. Körber). à Jahrg. n. 4. —

Militär-Verordnungsblatt, schweizerisches. 28.—31. Jahrg. 1903—1906. gr. 4. Bern (H. Körber). à Jhrg. 4. — Erscheint nach Bedarf, etwa 8—12 Mal jährlich.

Militär-Verordnungsblatt, schweizerisches. 32. Jahrg. 1907. Lex. 8. Bern (Raillard & Co.) 4. —

Kgl. Württembergisches Militär-Verordnungsblatt. Jg 1871 ff. Stuttgart 1871 ff. 8°.

Militär-Verpflegs-, Disciplins-, Bequartierungs-, Marche-, Vorspanns-, Recrout- und Rimontirungs-Regulament für die gesammte in denen kaiserl. königlich-teutschen Erblanden verlegte Miliz. Fol. Wien 1748.

Die **Militaerverpflichtung** der preuß. Staatsbürger in ihren verschied. Abstufungen u. Beziehungen, u. deren Ableistung. Berlin 1830. 167 S.

Militär-Verpflichtung, Die, der preussischen Staatsbürger in ihren verschiedenen Abstufungen und Beziehungen und deren Ableistung, sowohl in Folge der jährlichen Ersatzaushebung, als durch freiwilligen Eintritt in das stehende Heer. Eine Zusammenstellung der darüber vorhandenen Bestimmungen, hauptsächlich zur Belehrung der Militairpflichtigen aller Klassen, über ihre Pflichten und Rechte, sowie Derjenigen, welche deren Interesse zu vertreten haben. 8. Berlin 1830.

Militairverpflichtung, die, der Preuß. Staatsbürger in ihren verschied. Abstufungen u. Beziehungen, u. deren Ableistung, sowohl in Folge d. jährl. Ersatzaushebung, als durch freiwill. Eintritt in d. stehende Heer. Eine Zusammenstell. d. darüber vorhand. Bestimmn. ꝛc. gr. 8. (11 B.) Berlin 830, (Rücker.)

Militär-Versorgung, die, der Unteroffiziere, Soldaten und Matrosen des Heeres, der Kriegsmarine, der Landwehr und des Landsturmes und deren Witwen und Waisen, nebst einem Anhang, betr. die Unterstützung der hilfsbedürft. Familien von Mobilisierten des Heeres, der Kriegsmarine, der k. k. Landwehr und des Landsturmes. Zusammengestellt auf Grund der Gesetze vom 27. Decbr. 1875 [R.-G.-B. 49. Stück], 13. Juni 1880 [R.-G.-B. 26. Stück] und 27. April 1887 [R.-G.-B. 18. Stück], deren Durchführungs-Bestimmungen und einschläg. Verordnungen. 12. (32 S.) Wien 888, Manz'sche Hof-Verlags- und Universitäts-Buchh. *
A. u. d. T.:
Manz'sche Gesetz-Ausgabe, Nr. 42.

Militair Verträge der Staaten des 10. Bundes Armee Corps, namentlich: Die Corps-Schluss-Acte, die Schluss-Acte der 2. Division desselben, die Convention wegen Verbindung der Oldenburgischen und der Hanseatischen Contingente zur 3. Brigade des 10. Corps, nebst der Zusatz-Acte und die Militair-Conventionen zwischen den freien und Hansestädten Lübek, Bremen und Hamburg. Auf Befehl eines Hochedlen Raths der freien Hansestadt Hamburg publicirt den 27 Juny 1834. 8. Hamburg 1834.

Militair-Verwaltung, die deutsche. Organ f. die Beamten d. deutschen Heeres. Red. u. hrsg. v. H. Ertz. 2—4. Jahrg. 1874—1876 à 24 Nrn. (B.) hoch 4. Berlin, H. J. Meidinger in Comm. à Jahrg. n. 4. —

Militär-Verwaltung, die deutsche. Organ für die Beamten des deutschen Heeres. Red. u. hrsg. von H. Ertz. 5. Jahrg. 1877. 24 Nrn. (B.) Fol. Berlin, H. J. Meidinger in Comm. n. 4. —

— dasselbe. 6. Jahrg. 1878. Januar—Juli. 12 Nrn. (B.) Fol. Ebend. n. 2. —

(Oertliche) Militär-Verwaltung. Einquartierung. Familienunterstützung nebst Anhang. *Berlin 1902. W. & S. Loewenthal.* (VII, 172 S.) 8° [F.]
= Gemeinderecht, Berliner. Bd 2. [illegible]

Militär-Verwaltung, die, in ihrem Verhältniß zur Landespferdezucht. gr. 8. (7 S. m. 5 Lichtdr.) Dresden 894. (C. Höckner's Sort.) n.n. 1. —

Militär-Veterinärordnung, nebst Anhang. 8. (248 S.) Berlin 886, Mittler und Sohn. **
—— dass. — Anhang: Grundsätze für den Hufbeschlag (Neubearbeitung). 8. (50 S. mit 6 Taf.) Ebendas. 887. **

Militär-Veterinärordnung. Mit Anh. u. 1 Atlas. München 1889. 1902.

Militär-Veterinärordnung v. 3. VI. 1897. Hierzu e. Atlas. gr. 8. (VII, 190 S. m. Fig. u. Atlas v. 22 Bl. in qu. Fol.) Berlin 897. E. S. Mittler & Sohn. n. 2. 70; kart., Atlas geh., n. 3. —

Militär-Veterinärordnung. (M. V. O.) (Nach der gleichnam. k. preuß. Vorschrift.) gr. 8. (VII, 159 S. m. Abbildgn.) Hiezu e. Atlas. qu. gr. 4. (21 Bl.) München 902. (Literar.-artist. Anstalt.) Kart. n. 3. —

Militär-Veterinärordnung (M. V. O.) vom 28. VI. 1906. (D. V. E. Nr. 57.) (VIII, 103 S.) 8. Berlin 906. E. S. Mittler & Sohn. n. — 55; kart. n. — 75

— dasselbe. Anh. I u. II. 8. Ebd. 906. n. — 70; kart. n. — 90
I. (VII, 134 S. m. Abbildgn.) — II. Seuchenvorschrift. (Seuch. V.) Entwurf. (V, 124 S.)

Militär-Veterinärordnung (M. V. O.) vom 28. VI. 1906. (D. V. E. Nr. 57.) Atlas zum Anh. I. (22 Taf.) qu. gr. 8. Berlin 906. E. S. Mittler & Sohn. n. — 80

Militär-Veterinärordnung ⟨M. V. O.⟩ vom 28. Juni 1906. Hierzu Anh. 1 nebst Atlas u. Anh. 2. Berlin E. S. Mittler & Sohn 1906. 3 Bde 8°, 1 Bd quer-8° [F.]
(D. V. E. No 57.) [07. 12293]

Militär-Veterinärordnung (M. V. O.) vom 17. V. 1910. Entwurf. (X, 117 S.) 8. Berlin 910. E. S. Mittler & Sohn. — 70; geb. — 90

Militärvorlage. Gegen die Caprivische Militärvorlage. Von G. v. F. [Aus: „Deutsches Wochenbl."] gr. 8. (16 S.) Berlin 892. H. Walther. — 30

— Zur Militärvorlage. Ein Appell an das deutsche Nationalgefühl. gr. 8. (15 S.) Berlin 893. F. Dümmler's Verl. n. — 30

— Für die Militär-Vorlage. Stenographischer Bericht der am 15. Febr. 1893 in der Victoria-Brauerei zu Berlin stattgehabten Versammlg. Reden von v. Boguslawski, Delbrück, A. Wagner, Frhr. v. Wöllwarth. gr. 8. (32 S.) Berlin 893. Militär-Verlag R. Felix. — 30

— Zur Militair-Vorlage. Heureka. Ein unparteiischer u. prakt. Vermittelungsvorschlag v. X. Y. gr. 8. (24 S.) Berlin 893. H. Steinitz' Verl. n. — 80

— Zur finanziellen u. wirthschaftlichen Seite der Militärvorlage. [Aus: „Dresdn. Anzeiger".] gr. 4. (4 S.) Dresden 893. (C. Höckner's Sort.) — 6

— die, u. der Antrag Bennigsen. (2., durchgeseh. u. verb. Aufl.) 8. (46 S.) Leipzig 893. Renger. n. — 60

Militärvorlage, Die neue. Geschichtlich und statistisch erläutert, militärisch und volkswirthschaftlich beleuchtet. 5. verbess. und verm. Aufl. (Aus: „Politische Zeitfragen Nr. 16".) 8. Berlin 1880.

— die, u. der Reichstag. Zur Orientirg. f. die Neuwahlen am 21. Febr. 1887. gr. 8. (48 S.) Düsseldorf 887. F. Bagel. n. — 50

Militär-Vorlage, die, im deutschen Reichstage. Eine sachgemäße Schilderung der Reichstags-Verhandlgn. f. das deutsche Volk. Mit den stenographisch aufgenommenen Reden d. Reichskanzlers Fürst v. Bismarck u. d. Abgeordneten General-Feldmarschalls Graf v. Moltke. gr. 8. (73 S.) Berlin 887. Górnicki. — 50

Militairvorlagen, die, ihre Gegner und ihre Freunde. Berlin 860. F. Schulze. gr. 8. (30 S.) n. 2½ ngr

Militär-Vorschriften, s. a. Taschen-Ausgabe der Militär-Vorschriften.

Militär-Vorschriften. Taschen-Ausg. [Zusammengestellt für den Feld-Gebrauch.] Nr. 1—17; 23—25; 27; 29—31; 35; 36; 38; 39; 41—52; 54 und 55. 8. Wien, Hof- und Staatsdruckerei. *

Inhalt:

Nr. 1. Geschäftsordnung für das k. k. Heer. (27 S.) 881. * 40 Pf.
„ 2. Beförderungsvorschrift für die Personen des Soldatenstandes. (34 S.) 879. * 40 Pf.
„ 3. Vorschrift über die Beurlaubung der im Gage-Bezug stehenden Personen des k. k. Heeres. (63 S.) 882. * M 1.
„ 4. Verzeichniß der in Kraft stehenden und in Bearbeitung befindlichen Dienstbücher und Vorschriften, vom J. 1875, als Anhang I zur Geschäfts-Ordnung für das k. k. Heer. [Berichtigt bis Ende Juli 1881.] 2. Aufl. (V, 52 S.) 881. * 88 Pf.
„ 5. Chronologisch alphabetische Zusammenstellung aller jener seit dem J. 1848 bis zum J. 1878 auf den verschiedenen Kriegsschauplätzen vorgekommenen Affairen, an denen die k. k. Truppen theilgenommen haben. (109 S.) 881. * 80 Pf.
„ 6. Vorschrift zur Superarbitrirung der Personen des k. k. Heeres. (86 S.) 882. * M 1.
„ 7. Vorschrift zur Verfassung der Qualifikationslisten der Stabs- und Ober-Offiziere des Soldatenstandes, dann Kadetten im k. k. Heere. (57 S.) 879. * 40 Pf.
„ 8. Organische Bestimmungen für das Heerwesen, betreffend den Generalstab. (14 S.) 879. * 20 Pf.
„ 9. Zusammenstellung der für das k. k. Militär bestehenden Vorschriften in Adels-Angelegenheiten. (13 S.) 881. * 20 Pf.
„ 10. Gebühren-Vorschrift für das k. k. Heer vom J. 1876. 1. Thl. 1. Heft: Geld- und Natural-Gebühr. (139 S.) 879. * M 1.
„ 11. —— dass. — 2. Heft: Futter-Gebühren der Thiere, Service und Pauschal-Gebühren. (127 S.) 879. * 80 Pf.
„ 12. —— dass. — 3. Heft: Die Gebühren an Reise- und Transportmitteln. — Die fallweisen Gebühren und besonderen Ansprüche. — Die Schuldigkeiten gegen das Aerar, die Gebührs-Nachträge und Abzüge; dann die Mobilitäts-Gebühren. — [Berichtigt bis Ende April 1882.] (XV, 152 S.) 882. * M 1,80.
„ 13. —— dass. — 2. Thl.: Versorgungs-Gebühren. 2. Aufl. [Berichtigt bis Ende Juni 1882.] (IX, 99 S.) 882. * M 1,20.
„ 14. Instruktion zur Führung des Unterabtheilungs-Grundbuches, vom J. 1878. Instruktion zur Führung des Grundbuches, vom J. 1878. Instruktion zur Führung der Standes-Evidenz über die Aktiv- und Reserve-Gagisten, dann über die im Ruhestande oder im Verhältnisse „außer Dienst" befindlichen Personen, vom J. 1869. Vorschrift über das Legitimations-Blatt, vom J. 1878. Vorschrift zur Verfassung der Konduiten-Listen über die aktiven Personen des Soldatenstandes vom Unteroffizier abwärts, mit Ausschluß der Kadeten im k. k. Heere, vom J. 1878. [Berichtigt bis Ende Jänner 1880.] (VIII, 85 S.) 880. * M 1,20.
„ 15. Bestimmungen über den Vorgang bei Erhebung und Austragung von Aerarial-Verlusten während der Mobilität [im Kriege] vom J. 1878. [Berichtigt bis Ende Februar 1880.] (III, 20 S.) 880. * 40 Pf.
„ 16. Vorschrift für die Behandlung besonderer Personal-Angelegenheiten der Offiziere des Soldatenstandes des k. k. Heeres, vom J. 1879. [Ausg. im Septbr. 1879.] (VI, 31 S.) 879. * 40 Pf.
„ 17. Instruktion über das militärische Dienstes-Verhältniß der im Linien- und Reservestande befindl. Personen des k. k. Heeres und der Kriegs-Marine außer der Zeit der aktiven Dienstleistung, die Evidenthaltung derselben und über die period. Waffenübungen. 1. Thl., vom J. 1871, betreffend die Personen des Mannschaftsstandes. [Berichtigt bis Ende Jänner 1880.] (VII, 126 S.) 880. * M 1,40.
„ 23. Organische Bestimmungen für das Heerwesen, betreffend die Infanterie und die Jäger-Truppe vom J. 1882. [Ausg. im Dezbr. 1882.] (V, 39 S.) 883. * M 1.
„ 24. Organische Bestimmungen für das Heerwesen, betreffend: Die Militär-Territorial-Kommanden, die Truppen-Divisions- und Brigade-Kommanden. Die General-, Flügel- und Personal-Adjutanten. Sämmtlich vom J. 1882. Die Militär-Stations-, Festungs- und Platz-Kommanden, vom J. 1877. Die Ergänzungsbezirks-Kommanden vom J. 1882. [Jene vom J. 1877 berichtigt bis Ende Dezbr. 1882.] (VI, 87 S.) 883. * M 1,60.
„ 25. Organische Bestimmungen für das Heerwesen, betreffend die Militär-Verpflegs-Anstalten und die Militär-Betten-Magazine, vom J. 1882. (VII, 37 S. mit Tab.) 883. * 80 Pf.
„ 27. Organische Bestimmungen für das Heerwesen, betreffend die Train-Truppe, dann das Trainzeugswesen, vom J. 1882. Instruktion für den General-Train-Inspektor, vom J. 1880. (VI, 54 S. mit Tab.) 883. * M 1,40.
„ 29. Organische Bestimmungen für das Heerwesen, betreffend die Militär-Rechnungs-Kontrole, vom J. 1869, und den Truppen-Rechnungsdienst, vom J. 1877. [Berichtigt bis Ende Juni 1880.] (V, 18 S.) 880. * 30 Pf.
„ 30. Organische Bestimmungen für das Heerwesen, betreffend den Artillerie-Stab, die Feld- und Festungs-Artillerie, dann das Artillerie-Zeugwesen vom J. 1876. Dienstvorschrift für die Artillerie-Direktoren [Chefs] bei den General-[Militär-]Kommanden, den Artillerie-Arsenal-Direktor, dann die Festungs-Artillerie-Direktoren, vom J. 1878. [Berichtigt bis Ende Juli 1880.] (VII, 90 S.) 883. * M 1. — Organische Bestimmungen für das Heerwesen, betreffend den Artillerie-Stab, die Feld- und Festungs-Artillerie, vom J. 1882, dann das Artillerie-Zeugwesen, vom J. 1876, letztere berichtigt bis Ende Dezbr. 1882. (VII, 67 S.) 883. * M 1,20.
Nr. 31. Instruktion für die Administration der Militär-Bau-Objekte. 1. Thl. der Baudienst-Vorschriften für das k. k. Heer, vom J. 1877. [Berichtigt bis Ende August 1880.] (VII, 163 S.) 880. * M 2.
„ 35. Organische Bestimmungen und Dienst-Vorschriften, dann Geschäftsordnung und Censurs-Vorschriften für die Fach-Rechnungs-Abtheilung des Reichs-Kriegs-Ministeriums, vom J. 1880. [Ausg. im Juli 1880.] (VI, 27 S.) 881. * 40 Pf.
„ 36. Organische Bestimmungen für das Heerwesen, betreffend die Pionnier-Truppe und das Pionnier-Zeugs-Depot, vom J. 1869. [Berichtigt bis Ende Novbr. 1880.] (V, 23 S.) 881. * 40 Pf.
„ 38. Leitfaden für den Vorgang beim Unterrichte in den Infanterie-Equitationen. Zur Instruktion für die Truppen-Schulen des k. k. Heeres. 2. Aufl. vom J. 1877. [Berichtigt bis Ende Jänner 1881.] (V, 24 S.) 881. * 40 Pf.
„ 39. Vorschrift zur Verfassung der Qualifikations-Listen über die Personen des Auditoriates im k. k. Heere und in der k. k. Kriegs-Marine, vom J. 1878. Vorschrift über die Ernennungen, Beförderungen, Vorrückungen und Rangs-Bestimmungen im k. k. Auditoriate, vom J. 1880. [Berichtigt bis Ende Februar 1881.] (VI, 47 S.) 881. * 60 Pf.
„ 41. Instruktion für die Hufbeschlags-Schulen des k. k. Heeres, vom J. 1874. [Berichtigt bis Ende April 1881.] (V, 14 S.) 881. * 24 Pf.
„ 42. Organische Bestimmungen für das Heerwesen, betreffend die Sanitäts-Truppe, vom J. 1878. Instruktion für den Sanitäts-Truppen-Kommandanten, vom J. 1870. [Berichtigt bis Ende Mai 1881.] (III, 61 S.) 881. * 58 Pf. — Ausg. im Jänner 1883. (V, 43 S. mit Tab.) 883. * M 1.
„ 43. Organische Bestimmungen für das Heerwesen, betreffend die Militär-Intendanz, vom J. 1869. Dienstvorschrift für die Beamten der Militär-Intendantur und für die Militär-Intendanzen im Frieden, vom J. 1869; dann 2. Thl., betreffend den Intendanz-Dienst bei der Armee im Felde und in den in Kriegs-Ausrüstung gesetzten festen Plätzen, vom J. 1878. [Berichtigt bis Ende Mai 1881.] (VII, 81 S.) 881. * M 1. — Organische Bestimmungen für das Heerwesen, betreffend die Militär-Intendantur und die Militär-Intendanz, vom J. 1882. Provisorische Geschäfts-Ordnung und Geschäfts-Eintheilung der Intendanzen, vom J. 1882. Dienstvorschrift für die Militär-Intendanturs-Beamten, vom J. 1882. (X, 54 S.) 883. * M 1.
„ 44. Vorschrift über die Organisation der k. k. Gerichte des stehenden Heeres und der Kriegs-Marine, vom J. 1881. [Ausg. im August 1881.] (VI, 17 S.) 881. * 40 Pf.
„ 45. Organische Bestimmungen für das k. k. Auditoriat, vom J. 1881. Vorschrift über die Ablegung der Prüfungen im k. k. Auditoriate, vom J. 1881. [Ausg. im August 1881.] (VI, 36 S.) 881. * 60 Pf.
„ 46. Instruktion für die Verwaltungs-Kommissionen der Truppen im Frieden, dann für die ökonomische Verwaltung und Verrechnung der Truppenkörper in der Mobilität und im Kriege vom J. 1869. [Berichtigt bis Ende Juli 1881.] (VI, 97 S.) 881. * M 1,60.
„ 47. Organische Bestimmungen für die Militär-Medikamenten-Anstalten, vom J. 1878. Qualifikations-Beschreibungen über Militär-Medikamenten-Beamte, vom J. 1874. [Berichtigt bis Ende August 1881.] (20 S.) 881. * 40 Pf. — [Berichtigt bis Ende April 1883.] (V, 20 S.) 883. * 40 Pf.
„ 48. Organische Bestimmungen für das militär-geographische Institut, vom J. 1881. [Ausg. im April 1881.] (V, 6 S.) 881. * 20 Pf.
„ 49. Organische Bestimmungen für die Monturs-Verwaltungs-Anstalten des k. k. Heeres vom J. 1881. (V, 12 S.) 881. * 40 Pf.
„ 50. Organische Bestimmungen für die Militär-Sanitäts-Anstalten, vom J. 1878. [Berichtigt bis Ende August 1881.] (V, 47 S.) 881. * M 1. — [Ausg. im Dezbr. 1882.] (V, 33 S. mit Tab.) 883. * M 1,20.
„ 51. Organische Bestimmungen für das militär-ärztliche Offiziers-Korps, vom J. 1878. Dienstes-Instruktion für den Chef des militär-ärztl. Offiziers-Korps, vom J. 1875. Organische Bestimmungen und Dienst-Vorschrift für den militär-ärztl. Kurs, vom J. 1875. Instruktion für den Militär-Sanitäts-Komité, vom J. 1875. [Berichtigt bis Ende August 1881.] (VI, 43 S.) 881. * 60 Pf. — Organische Bestimmungen für das militär-ärztliche Offiziers-Korps, vom J. 1882. Dienstes-Instruktion für den Chef des militär-ärztl. Offiziers-Korps, vom J. 1875. Organische Bestimmungen und Dienst-Vorschrift für den militär-ärztl. Kurs, vom J. 1875. (VI, 34 S.) 883. * M 1.
„ 52. Organische Bestimmungen für das Heerwesen, betreffend die Kavallerie-Truppe, vom J. 1881. Instruktion für den General-Kavallerie-Inspektor, vom J. 1874. Instruktion für die im Mobilisirungs-Falle zu aktivirenden Inspizirenden der Kavallerie, vom J. 1878. [Berichtigt bis Ende Oktbr. 1881.] (VIII, 39 S.) 881. * 60 Pf.
„ 54. Inspizirungs-Vorschrift für das k. k. Heer vom J. 1882. [Ausg. im Dezbr. 1882.] (37 S.) 883. * 80 Pf.
„ 55. Evidenz-Vorschrift. 2. Thl.: Gagisten in der Reserve, vom J. 1881. [Berichtigt bis Ende April 1883.] (XI, 79 S.) 883. * M 1,20.

Militär-Vorschriften. Taschen-Ausg. [Zusammengestellt f. den Feldgebrauch.] 1., 3—6., 8., 10—12., 15., 17., 18., 23—25., 27—30., 36., 37., 42., 43., 47., 49—51., 54—63. Hft. 8. Wien, Hof- u. Staatsdruckerei. n. 31. 50

1. Geschäfts-Ordnung f. das k. k. Heer, vom J. 1886. I. Abschnitt. Allgemeine Bestimmgn. (V, 35 S.) 886. n. — 50
3. Vorschrift üb. die Beurlaubung der im Gage-Bezuge stehenden Personen d. k. k. Heeres, vom J. 1885. (IV, 84 S.) 885. n. 1. 20
4. Verzeichnis der in Kraft stehenden u. der in Bearbeitung befindlichen Dienstbücher u. Vorschriften, als Anhang I zur Geschäftsordnung f. das k. k. Heer. 3. Aufl. (IV, 57 S.) 886. n. — 80
5. Chronologische u. alphabetische Zusammenstellung aller jener seit dem J. 1848 bis zum J. 1882 auf den verschiedenen Kriegsschauplätzen vorgekommenen Affairen, an denen k. k. Truppen Theil genommen haben. 3. vollständig ergänzte Aufl. (VI, 125 S.) 885. n. 1. —
6. Superarbitrirungs-Vorschrift f. die Personen d. k. k. Heeres, vom J. 1885. (3. Aufl.) (XI, 96 S.) 886. n. 1. 20
8. Organische Bestimmungen f. den Generalstab, v. J. 1883. (V, 10 S.) 885. n. — 24
10. Gebürenvorschrift f. das k. k. Heer, vom J. 1884. I. Thl. Friedensgebüren. 1. Hft. enth.: Geld- u. Natural-Gebüren, Beförderungsmittel u. Gebüren bei Dienstreisen u. Marschbeweggn. (XIX, 207 S.) 885. n. 1. 80
11. Dasselbe. 2. Hft. Enth.: Futtergebüren der Thiere. Service-Gebüren. Pauschal-Gebüren. Gebüren der Familien der activen Personen d. Heeres. Anhang. (VI, 146 S.) 885. n. 1. 40
12. Dasselbe. 2. Thl. Mobilitätsgebüren. (X, 116 S.) 885. n. 1. 20
15. Vorschrift üb. das Verfahren bei Aufrechnungs-Bedeckungen. Passirungen u. Ersatz-Verhandlungen vom J. 1884. (XII, 50 S.) 885. n. — 72
17. Instruktion üb. das militärische Dienstes-Verhältniß der im Linien-, Reservestande u. in der Ersatzreserve befindlichen Personen d. k. k. Heeres u. der Kriegs-Marine außer der Zeit der aktiven Dienstleistung, die Evidenthaltung derselben u. über die periodischen Waffen- [Dienst-]Übungen. I. Thl.: Ueber das militär. Dienstes-Verhältniß der Personen d. Mannschaftsstandes ꝛc. vom J. 1871. [Berichtigt bis Ende März 1885.] (VII, 136 S.) 885. n. 1. 40
18. Organische Bestimmungen f. das Heerwesen betr. die Personen d. k. k. Heeres nach Standesgruppen, Chargengraden [Rangclassen] u. Dienstverhältnissen, vom J. 1875. [Berichtigt bis Ende Aug. 1886.] (VI, 12 S.) 886. n. — 20
23. Organische Bestimmungen f. das Heerwesen, betr. die Infanterie u. die Jäger-Truppe vom J. 1882. [Ausg. im Dezbr. 1882.] (V, 39 S.) 883. n. 1. —
24. Organische Bestimmungen f. das Heerwesen, betr.: Die Militär-Territorial-Kommanden, die Truppen-Divisions- u. Brigade-Kommanden. Die General-, Flügel- u. Personal-Adjutanten. Sämmtlich vom J. 1882. Die Militär-, Stations-, Festungs- u. Platz-Kommanden, vom J. 1877. Die Ergänzungsbezirks-Kommanden vom J. 1882. [Jene v. J. 1877 berichtigt bis Ende Dezbr. 1882.] (VI, 87 S.) 883. n. 1. 60
25. Organische Bestimmungen f. das Heerwesen, betr. die Militär-Verpflegs-Anstalten u. die Miliär-Betten-Magazine, vom J. 1882. (VII, 37 S. m. Tab.) 883. n. — 80
27. Organische Bestimmungen f. das Heerwesen, betr. die Train-Truppe, dann das Trainzeugwesen, vom J. 1882. Instruktion f. den General-Train-Inspektor, vom J. 1880. (VI, 56 S. m. Tab.) 885. n 1. 40
28. Organische Bestimmungen f. die Militär-Rechnungs-Controle, vom J. 1869, u. Dienstvorschrift f. die Militär-Rechnungs-Control-Beamten, vom J. 1869. [Berichtigt bis Ende Dezbr. 1885.] (VI, 20 S.) 886. n. — 40
29. Organische Bestimmungen u. Dienstvorschrift f. die Truppen-Rechnungsführer u. Rechnungs-Hilfsarbeiter vom J. 1885. (2. Aufl.) (VI, 26 S.) 886. n. — 50
30. Organische Bestimmungen f. das Heerwesen, betr. den Artillerie-Stab, die Feld- u Festungs-Artillerie, vom J. 1882, dann das Artillerie-Zeugswesen, vom J. 1876, letztere berichtigt bis Ende Dezbr. 1885. (VII, 76 S.) 885. n. 1. 20
36. Organische Bestimmungen f. das Pionnier-Regiment u. f. das Pionnier-Zugs-Depot vom J. 1883. (V, 30 S.) 885. n. — 60
37. Organische Bestimmungen f. den Genie-Stab, vom J. 1882, u. f. die Genie-Truppe, vom J. 1883. Dienst-Vorschrift f. die Genie-Chefs bei den Korps- [Militär-]Kommanden vom J. 1877. [Berichtigt bis Ende Apr. 1885.] (VIII, 56 S.) 885. n. 1. —
42. Organische Bestimmungen f. das Heerwesen, betr. die Sanitäts-Truppe, vom J. 1882. [Ausg. im Jänner 1883.] Instruktion f. den Sanitäts-Truppen-Kommandanten, vom J. 1870. (V, 43 S. m. Tab.) 883. n. 1. —
43. Organische Bestimmungen f. das Heerwesen, betr. die Militär-Intendantur u. die Militär-Intendanz, vom J. 1882. Provisorische Geschäfts-Ordng. u. Geschäfts-Eintheilg. der Intendanzen, vom J. 1882. Dienstvorschrift f. die Militär-Intendanturs-Beamten, vom J. 1882. (X, 54 S.) 883. n. 1. —
47. Organische Bestimmungen f. die Militär-Medikamenten-Anstalten, vom J. 1878, Qualifikations-Beschreibgn. üb. Militär-Medikamenten-Beamte, vom J. 1874. [Berichtigt bis Ende Apr. 1883.] (V, 20 S.) 883. n. — 40
49. Organische Bestimmungen f. die Monturs-Verwaltungs-Anstalten vom J. 1883. (V, 12 S.) 885. n. — 40
50. Organische Bestimmungen f. die Militar-Sanitäts-Anstalten, vom J. 1882. [Ausg. im Dezbr. 1882.] (V, 33 S. m. Tab.) 883. n. 1. 20
51. Organische Bestimmungen f. das militär-ärztliche Offiziers-Korps, vom J. 1882. Dienstes-Instruktion f. den Chef d. militär-ärztl. Offiziers-Korps, vom J. 1875. Organische Bestimmgn. u. Dienst-Vorschrift f. den militär-ärztl. Kurs, vom J. 1875. (VI, 34 S.) 883. n. 1. —
54. Inspizirungs-Vorschrift f. das k. k. Heer vom J. 1882. [Ausg. im Dezbr. 1882.] (37 S.) 883. n. — 80
55. Evidenz-Vorschrift. 2. Thl. Gagisten in der Reserve, vom J. 1881. [Berichtigt bis Ende Apr. 1883.] (XI, 79 S.) 883. n. 1. 20
56. Organische Bestimmungen f. das Eisenbahn- u. Telegraphen-Wesen im Kriege, vom J. 1883. (IV, 37 S.) 885. n. — 80
57. Vorschrift üb. die Behandlung der gerichtlichen u. administrativen Vormerkungen, der Abzüge u. Rücklässe v. den aus militärischen Kassen [Militär-Zahlstellen] zu leistenden Zahlungen vom J. 1885. (VII, 43 S. 886. n. — 60
58. Vorschrift zur Verfassung der Qualifications-Listen üb. Truppen-Rechnungsführer u. üb. die zur Beförderung zu Lieutenant-Rechnungsführern vorgemerkten Rechnungs-Hilfsarbeiter vom J. 1884. (V, 28 S.) 886. n. — 40
59. Vorschrift zur Verfassung der Qualifications-Listen üb. die Militär-Rechnungs-Controls-Beamten vom Militär-Ober-Rechnungsrathe 1. Classe abwärts. (V, 31 S.) 886. n. — 48
60. Instruction zur Führung der Standes-Evidenz üb. die Activ- u. Reserve-Gagisten, dann üb. die im Ruhestande od. im Verhältnisse „außer Dienst" befindlichen Personen, vom J. 1869. Vorschrift zur Führung der Standes-Tabelle, vom J. 1885. Bestimmungen üb. die Standesführung der commandirten, isolirten, dann der überzähligen Offiziere, vom J. 1868. [Berichtigt bis Ende Mai 1886.] (V, 43 S.) 886. n. — 60
61. Vorschrift üb. das Legitimationsblatt, vom J. 1878. Vorschrift zur Verfassung der Conduite-Listen üb. active Personen d. Soldatenstandes vom Unteroffizier abwärts, m. Ausschluß der Cadeten im k. k. Heere, vom J. 1878. (VII, 13 S.) 886. n. — 40
62. Dienstvorschrift f. die Beamten der Militär-Intendantur, vom J. 1885. (X, 40 S.) 886. n. — 60
63. Geschäfts-Ordnung f. das k. k. Heer, vom J. 1886. III. Abschnitt. Für die Militär-Territorial-Commanden. (V, 23 S.) 886. n. — 30

Militär-Vorschriften. Taschen-Ausgabe. [Zusammengestellt für den Feld-Gebrauch.] 1., 3.—6., 8., 10.—12., 15., 17., 18., 27.—30., 32., 36., 37., 48., 49. 52., 55. und 72. Heft. 8. Wien 885—88, Hof- und Staatsdruckerei. *

Inhalt:

Heft 1. Geschäfts-Ordnung für das k. k. Heer, vom J. 1886. I. Abschn.: Allgemeine Bestimmungen. (V, 35 S.) 886. * 50 Pf.
" 3. Vorschrift über die Beurlaubung der im Gage-Bezuge stehenden Personen des k. k. Heeres, vom J. 1885. (IV, 84 S.) 885. * M 1.20.
" 4. Verzeichnis der in Kraft stehenden und der in Bearbeitung befindlichen Dienstbücher und Vorschriften, als Anhang I zur Geschäftsordnung für das k. k. Heer. 3. Aufl. (IV, 57 S.) 886. * 80 Pf.
" 5. Chronologische und alphabetische Zusammenstellung aller jener seit dem J. 1848 bis zum J. 1882 auf den verschiedenen Kriegsschauplätzen vorgekommenen Affairen, an denen k. k. Truppen Theil genommen haben. 3. vollständ. ergänzte Aufl. (VI, 125 S.) 885. * M 1.—.
" 6. Superarbitrirungs-Vorschrift für die Personen des k. k. Heeres, vom J. 1885. (3. Aufl.) (XI, 96 S.) 886. * M 1.20.
" 8. Organische Bestimmungen für den Generalstab, vom J. 1883. (V, 10 S.) 885. * 24 Pf.
" 10. Gebürenvorschrift für das k. k. Heer, vom J. 1884. I. Thl.: Friedensgebüren. 1. Heft. Enth.: Geld- und Natural-Gebüren, Beförderungsmittel und Gebüren bei Dienstreisen und Marschbewegungen. (XIX, 207 S.) 885. * M 1.80.
" 11. dass. — 2. Heft. Enth.: Futtergebüren der Thiere. Service-Gebüren. Pauschal-Gebüren. Gebüren der Familien der activen Personen des Heeres. Anhang. (VI, 146 S.) 885. * M 1.40.
" 12. dass. — 2. Thl.: Mobilitätsgebüren. (X, 116 S.) 885. * M 1.20.
" 15. Vorschrift über das Verfahren bei Aufrechnungs-Bedeckungen. Passirungen und Ersatz-Verhandlungen vom J. 1884. (XII, 50 S.) 885. * 72 Pf.
" 17. Instruktion über das militärische Dienstes-Verhältniß der im Linien-, Reservestande und in der Ersatzreserve befindl. Personen des k. k. Heeres und der Kriegs-Marine außer der Zeit der aktiven Dienstleistung, die Evidenthaltung derselben und über die periodischen Waffen- [Dienst-]Übungen. I. Thl.: Über das militärische Dienstes-Verhältniß der Personen des Mannschaftsstandes ꝛc. vom J. 1871. [Berichtigt bis Ende März 1885.] (VII, 136 S.) 885. * M 1.40.
" 18. Organische Bestimmungen für das Heerwesen betr. die Personen des k. k. Heeres nach Standesgruppen, Chargengraden [Rangclassen] und Dienstverhältnissen, vom J. 1875. [Berichtigt bis Ende August 1886.] (VI, 12 S.) 886. * 20 Pf.
" 27. Organische Bestimmungen für die Train-Truppe, vom J. 1884, dann für das Train-Zeugswesen, vom J. 1882. Instruktion für den General-Train-Inspektor, vom J. 1880. (VI, 56 S. mit Tab.) 885. * M 1.40.
" 28. Organische Bestimmungen für die Militär-Rechnungs-Controle, vom J. 1869, und Dienstvorschrift für die Militär-Rechnungs-Control-Beamten, vom J. 1869. [Berichtigt bis Ende Decbr. 1885.] (VI, 20 S.) 886. * 40 Pf.
" 29. Organische Bestimmungen und Dienstvorschrift für die Truppen-Rechnungsführer und Rechnungs-Hilfsarbeiter vom J. 1885. (2. Aufl.) (VI, 26 S.) 886. * 50 Pf.

Heft 30. Organische Bestimmungen für den Artillerie-Stab, die Feld- und Festungs-Artillerie und das Artillerie-Zeugswesen, dann Dienst-Vorschrift für die Artillerie-Brigade-Commanden und Artillerie-Directoren, vom J. 1885. (VII, 76 S. mit Tab.) 885. * M 1.20.
" 32. Vorschrift für den ökonomisch administrativen Dienst bei den Unterabtheilungen des k. k. Heeres, vom J. 1887. (X, 191 S.) 888. * M 2.50.

• 36. Organische Bestimmungen für das Pionnier-Regiment und für das Pionnier-Zugs-Depot vom J. 1883. (V, 30 S.) 885. * 60 Pf.

• 37. Organische Bestimmungen für den Genie-Stab, vom J. 1882, und für die Genie-Truppe, vom J. 1883. Dienst-Vorschrift für die Genie-Chefs bei den Korps-[Militär-]Kommanden vom J. 1877. [Berichtigt bis Ende April 1885.] (VIII, 56 S.) 885. * ℳ 1.—.

• 48. Organische Bestimmungen für das militär-geographische Institut, vom J. 1886. (IV, 12 S.) 887. * 40 Pf.

• 49. Organische Bestimmungen für die Monturs-Verwaltungs-Anstalten, vom J. 1883. (V, 12 S.) 885. * 40 Pf.

• 52. Organische Bestimmungen für die Cavallerie vom J. 1886. Instruction für den General-Cavallerie-Inspector, vom J. 1874. 2. Aufl. [Berichtigt bis Ende Decbr. 1886.] (VII, 27 S.) 887. * 60 Pf.

• 55. Evidenz-Vorschrift. 2. Thl.: Gagisten in der Reserve, vom J. 1881. [Berichtigt bis Ende Decbr. 1887.] (XI, 79 S.) 888. * ℳ 1.20.

• 56. Organische Bestimmungen für das Eisenbahn- und Telegraphen-Wesen im Kriege, vom J. 1883. (IV, 37 S.) 885. * 80 Pf.

• 57. Vorschrift über die Behandlung der gerichtlichen und administrativen Vormerkungen, der Abzüge und Rücklässe von den aus militärischen Kassen [Militär-Zahlstellen] zu leistenden Zahlungen, vom J. 1885. (VII, 43 S.) 886. * 60 Pf.

• 58. Vorschrift zur Verfassung der Qualifications-Listen über Truppen-Rechnungsführer und über die zur Beförderung zu Lieutenant-Rechnungsführern vorgemerkten Rechnungs-Hilfsarbeiter, vom J. 1884. (V, 28 S.) 886. * 40 Pf.

• 59. Vorschrift zur Verfassung der Qualifications-Listen über die Militär-Rechnungs-Controls-Beamten vom Militär-Ober-Rechnungsrathe 1. Classe abwärts. (V, 31 S.) 886. * 40 Pf.

• 60. Instruction zur Führung der Standes-Evidenz über die Activ- und Reserve-Gagisten, dann über die im Ruhestande oder im Verhältnisse „außer Dienst“ befindlichen Personen, vom J. 1869. Vorschrift zur Führung der Standes-Tabelle, vom J. 1885. Bestimmungen über die Standesführung der commandirten, isolirten, dann der überzähligen Offiziere, vom J. 1868. [Berichtigt bis Ende Mai 1886.] (V, 43 S.) 886. * 80 Pf.

• 61. Vorschrift über das Legitimationsblatt, vom J. 1878. Vorschrift zur Verfassung der Conduite-Listen über active Personen des Soldatenstandes vom Unterofficier abwärts, mit Ausschluss der Cadetten im k. k. Heere, vom J. 1878. (VII, 13 S.) 886. * 40 Pf.

• 62. Dienstvorschrift für die Beamten der Militär-Intendantur, vom J. 1885. (X, 40 S.) 886. * 60 Pf.

• 63. Geschäfts-Ordnung für das k. k. Heer, vom J. 1886. III. Abschnitt: Für die Militär-Territorial-Commanden. (V, 23 S.) 886. * 30 Pf.

• 64. Train-Vorschrift für die Armee im Felde, vom J. 1884. (VI, 46 S. mit 3 lithogr. Taf.) 887. * 80 Pf.

• 65. Organische Bestimmungen für die Militär-Kassen und Militär-Zahlstellen und Dienstvorschrift für die Militär-Kassen-Beamten vom J. 1886. (V, 25 S.) 887. * 40 Pf.

• 66. Vorschrift über die zeitliche Beurlaubung der Personen des Mannschaftsstandes des k. k. Heeres vom J. 1887. (16 S.) 887. * 20 Pf.

• 67. Vorschrift über die Heiraten im k. k. Heere, vom J. 1887. (X, 39 S.) 888. * 60 Pf.

• 68. Dienstvorschrift für die Militär-Geistlichkeit vom J. 1887. (59 S.) 888. * 80 Pf.

• 69. Vorschrift zur Verfassung der Qualifications-Listen für Militär-Geistliche, vom J. 1887. (IV, 35 S.) 887. * 50 Pf.

• 70. Vorschrift über die Führung der Militär-Matrikeln vom J. 1887. (19 S.) 887. * 30 Pf.

• 71. Gesetz, betr. die Militär-Versorgung der Witwen und Waisen von Officieren und von Mannschaft des Heeres, der Kriegs-Marine, der Landwehr und des Landsturmes vom J. 1887. (VI, 46 S.) 888. * 80 Pf.

• 72. Vorschrift zur Führung der Truppen-Kassen, vom J. 1888. (IV, 44 S.) 888. * 50 Pf.

73. Organische Bestimmungen für die Feld-Signal-Abtheilungen vom J. 1888. (IV, 14 S.) 889. n. — 40

74. Exercir-Reglement für die k. k. Fußtruppen vom J. 1889. 3. Aufl. d. Reglement vom J. 1874. 1. Hft., enth.: I. Thl. Formelle Schulung. (VII, 85 S.) 889. n. — 40

75. — dasselbe. 2. Hft., enth.: II. Thl. Gefecht. III. Thl. Ehrenbezeugungen u. Paraden, Anhang. (VII, 95 S.) 889. n. — 40

76. Dienst-Reglement f. das k. k. Heer. I. Thl. vom J. 1886. 2. Aufl. d. Reglements vom J. 1873. [Berichtigt bis Mitte Oktober 1889.] 3 Hfte. 1. Hft. Armee — Befehl — Eid. Pflichten u. Verhaltgn. d. Soldaten. Grundsätzliche Bestimmungen. Verhaltungen d. Untergebenen (Niederen). Verhaltungen d. Vorgesetzten (Höheren). Kasern- u. Quartier-Vorschriften. Dienstbetrieb im allgemeinen. Besondere Dienste. (VI, 116 S.) 889. n. — 40

77. — — dasselbe. 2. Hft. Ehrenbezeigungen. Festlichkeiten. Commando u. Dienst in Garnisonen. Aufrechthaltung der öffentl. Sicherheit u. Ordnung. Wachdienst. (VIII, 102 S.) 889. n. — 40

78. — — dasselbe. 3. Hft. Disciplinar-Strafrecht. Militär-Rechtspflege. Kriegs-Artikel. Anhang. (VIII, 80 S.) 889. n. — 20

79. — dasselbe. II. Thl. vom J. 1887. 2. Aufl. d. Reglements vom J. 1874. 4. Hft., enth.: Märsche. Lager. Cantonierungen. (VIII, 128 S. m. 5 Taf.) 890. n. — 60

80. — — dasselbe. 5. Hft., enth.: Aufklärungs- u. Sicherungsdienst. Streif-Commanden. Verkehr m. dem Feinde. Gefecht. Operative u. statist. Berichte u. Nachweisgn. Anhang. (VIII, 66 S.) 890. n. — 40

81. — dasselbe. III. Thl. vom J. 1889. 2. Aufl. d. Reglements vom J. 1876. 6. Hft., enth.: Infanterie u. Jäger. (73 S.) 890. n. — 40

82. Statuten f. d. Militär-Verdienst-Medaille u. f. das Militär-Dienstzeichen vom J. 1890. (14 S. m. Abbildungen.) 890. n. — 30

83. Verfahren bei Widmung von Militär-Heirats-Cautionen im k. u. k. Heere u. in der k. u. k. Kriegsmarine vom J. 1883. (67 S.) 890. n. — 80

Militär-Vorschriften. Taschen-Ausg. (Zusammengestellt f. den Feld-Gebrauch.) 17., 23., 25., 27., 30., 49., 50., 52., 55., 72. u. 84.—87. Hft. 12. Wien, Hof- u. Staatsdruckerei. n. 11. 50

17. Wehrvorschriften. 2. Thl. Vorschrift üb. die Erfüllg. der Dienstpflicht im Heere u. in der Kriegsmarine, vom J. 1889. (Berichtigt bis Ende Febr. 1891.) (XIII, 160 S.) 893. n. 1. —

23. Organische Bestimmungen f. die k. u. k. Infanterie u. die k. u. k. Jäger-Truppe, vom J. 1890, dann f. den General-Infanterie-Inspector, vom J. 1888. Neue Aufl. (VIII, 48 S.) 891. n. — 30

25. Organische Bestimmungen f. die k. u. k. Militär-Verpflegs-Anstalten, vom J. 1891, u. die k. u. k. Militär-Bettenmagazine, vom J. 1890. 3. Aufl. (VI, 45 S.) 893. n. 1. —

27. Organische Bestimmungen f. die k. u. k. Train-Truppe, vom J. 1890, u. f. das Train-Zeugswesen, vom J. 1882. Instruction f. den General-Train-Inspector vom J. 1880. Neuaufl. (VII, 62 S. m. Tab.) 891. n. 1. 60

30. Organische Bestimmungen f. den Artilleriestab, die Feld- u. Festungs-Artillerie, vom J. 1890, u. das Artillerie-Zeugswesen, vom J. 1885, dann Dienstvorschrift f. die Artillerie-Brigade-Commanden u. Artillerie-Direktoren, vom J. 1890. 2. Aufl. (VII, 93 S.) 891. n. 1. 60

49. Organische Bestimmungen f. die k. u. k. Montur-Verwaltungs-Anstalten, vom J. 1890. Dienstvorschrift f. das techn. Hilfspersonal der k. u. k. Montur-Verwaltungs-Anstalten, vom J. 1890. (V, 18 S.) 891. n. — 40

50. Organische Bestimmungen f. die k. u. k. Militär-Sanitäts-Anstalten, vom J. 1890. (3. unveränd. Aufl.) (V, 35 S. m. 1 Tab.) 893. n. — 60

52. Organische Bestimmungen f. die k. u. k. Cavallerie, vom J. 1890. Instruction f. den General-Cavallerie-Inspector, vom J. 1889. (IV, 21 S.) 891. n. — 50

55. Wehrschriften. 4. Thl. Evidenzvorschrift, betr. die in e. Rangclasse eingetheilten, in der Reserve (Seewehr) befindl. Personen d. Heeres u. der Kriegsmarine. (VIII, 104 S.) 893.

72. Vorschrift zur Führung der Truppen-Kassen, vom J. 1888. 3. Aufl. Berichtigt bis Ende Aug. 1894. (IV, 44 S.) 894. n. — 50

84. Vorschrift üb. die Aufnahme v. Aspiranten aus der Privat-Erziehung in die k. u. k. Militär-Erziehungs- u. Bildungs-Anstalten, ausschließlich der Cadettenschulen, vom J. 1888. (Berichtigt bis Ende August 1890.) (44 S.) 891. n. — 60

85. Vorschrift üb. die Aufnahme v. Aspiranten in die k. u. k. Cadettenschulen. (2. Gruppe der Militär-Erziehungs- u. Bildungs-Anstalten.) Vom J. 1891. (V, 33 S.) 894. n. — 50

86. Vorschrift üb. die Ablegung der Cadettenprüfung ohne vorhergegangene Absolvierung e. Cadettenschule, vom J. 1894. (V, 16 S.) 894. n. — 40

87. Organische Bestimmungen f. die Militär-Sanität. Instruction zur Vornahme der Prüfgn. der auf die Beförderg. zu Stabsärzten aspir. Regimentsärzte 1. Classe u. Strafbefugnisse der Militär-Aerzte. Vom J. 1894. (88 S.) 894. n. 1. 20

Militär-Vorschriften. Taschen-Ausg. [Zusammengestellt f. den Feldgebrauch.] 23., 25., 27., 30., 49., 50., 52., 73.—84. Heft. 8. Wien, Hof- u. Staatsdruckerei. * 11 80

23. Organische Bestimmungen f. die k. u. k. Infanterie u. die k. u. k. Jäger-Truppe, vom J. 1890, dann f. den General-Infanterie-Inspector, vom J. 1888. Neue Aufl. (VIII, 48 S.) 891. * — 80.

25. Organische Bestimmungen für die k. u. k. Militär-Verpflegs-Anstalten u. die k. u. k. Militär-Bettenmagazine vom J. 1890. (VI, 38 S.) 890. * 1 —.

27. Organische Bestimmungen f. die k. u. k. Train-Truppe, vom J. 1890, u. f. das Train-Zeugswesen, vom J. 1882. Instruction f. den General-Train-Inspector vom J. 1880. Neuaufl. (VII, 62 S. m. Tab.) 891. * 1 60.

30. Organische Bestimmungen f. den Artilleriestab, die Feld- u. Festungs-Artillerie vom J. 1890, u. das Artillerie-Zeugswesen vom J. 1885, dann Dienstvorschrift f. die Artillerie-Brigade-Commanden und Artillerie-Direktoren, vom J. 1890. 2. Aufl. (VII, 93 S.) 891. * 1 60.

49. Organische Bestimmungen f. die k. u. k. Montur-Verwaltungs-Anstalten vom J. 1890. Dienstvorschrift f. das techn. Hilfspersonal der k. u. k. Montur-Verwaltungs-Anstalten vom J. 1890. (V, 18 S.) 891. * — 40.

50. Organische Bestimmungen f. die k. u. k. Militär-Sanitäts-Anstalten vom J. 1890. (V, 35 S.) 891. * — 60.

52. Organische Bestimmungen f. die k. u. k. Cavallerie, vom J. 1890. Instruction f. den General-Cavallerie-Inspector, vom J. 1889. (IV, 21 S.) 891. * — 50.

73. Organische Bestimmungen f. die Feld-Signal-Abtheilungen, vom J. 1888. (IV, 14 S.) 889. * — 40.

74. Exercir-Reglement f. die k. k. Fußtruppen vom J. 1889. 3. Aufl. d. Reglement vom J. 1874. 1. Heft, enth.: I. Thl. Formelle Schulung. (VII, 85 S.) 889. * — 40.

75. —— dass. — 2. Heft, enth.: II. Thl. Gefecht. III. Thl. Ehrenbezeuggn. u. Paraden, Anhang. (VII, 95 S.) 889. * — 40.

76. Dienst-Reglement f. das k. k. Heer. 1. Thl., vom J. 1886. 2. Aufl. d. Reglements vom J. 1873. [Berichtigt bis Mitte Oktbr. 1889.] 3 Hefte. 1. Heft: Armee — Befehl — Eid. Pflichten u. Verhaltgn. d. Soldaten. Grundsätzl. Bestimmgn. Verhaltgn. d. Untergebenen (Niederen). Verhaltgn. d. Vorgesetzten (Höheren). Kasern- u. Quartier-Vorschriften. Dienstbetrieb im allgemeinen. Besondere Dienste. (VI, 116 S.) 889. * — 40.

77. —— dass. — 2. Heft: Ehrenbezeign. Festlichkeiten. Commando u. Dienst in Garnisonen. Aufrechthaltg. der öffentl. Sicherheit u. Ordng. Wachdienst. (VIII, 102 S.) 889. * — 40.

78. —— dass. — 3. Heft: Disciplinar-Strafrecht. Militär-Rechtspflege. Kriegs-Artikel. Anhang. (VIII, 80 S.) 889. * — 20.

79. Dienst-Reglement f. das k. u. k. Heer. 2. Tl. vom J. 1887. 2. Aufl. d. Reglements vom J. 1874. 4. Heft, enth.: Märsche. Lager. Cantoniergn. (VIII, 128 S. m. 5 Taf.) 890. * — 60.

80. —— dass. — 5. Heft, enth.: Aufklärungs- u. Sicherungsdienst. Streif-Commanden. Verkehr m. dem Feinde. Gefecht. Operative u. statist. Berichte u. Nachweisgn. Anhang. (VIII, 66 S.) 890. * — 40.

81. Dienst-Reglement f. das k. u. k. Heer. III. Thl. vom J. 1889. 2. Aufl. d. Reglements vom J. 1876. 6. Heft, enth.: Infanterie u. Jäger. (73 S.) 890. * — 40.

82. Statuten f. die Militär-Verdienst-Medaille u. f. das Militär-Dienstzeichen, vom J. 1890. (14 S. m. Abbildgn.) 890. * — 30.

83. Verfahren bei Widmung v. Militär-Heirats-Cautionen im k. u. k. Heere u. in der k. u. k. Kriegsmarine, vom J. 1883. (67 S.) 890. * — 80.

84. Vorschrift üb. die Aufnahme v. Aspiranten aus der Privat-Erziehung in die k. u. k. Militär-Erziehungs- u. Bildungs-Anstalten, ausschließl. der Cadettenschulen, vom J. 1888. [Berichtigt bis Ende August 1890.] (44 S.) 891. * — 60.

Militär-Vorschriften. Taschen-Ausg. (Zusammengest. f. d. Feldgebrauch.) Hft. 2—4, 10, 11, 20—23, 27, 30—32, 34, 35, 37, 84, 89—97. 12. Wien, Hof- u. Staatsdruckerei. n. 20. 80

2. Beförderungs-Vorschrift f. d. Personen d. Soldatenstandes im k. u. k. Heere vom J. 1895. (VI, 22 S.) 896. n. — 40
3. Vorschrift üb. d. Beurlaubg. d. im Gagebezuge steh. activen Personen d. k. u. k. Heeres. V. J. 1894. (III, 19 S. m. Tab.) 895. n. — 40
4. Bestimmgn., organ., f. d. k. u. k. Leibgarden v. J. 1892. (Berichtigt bis Ende Juni 1898.) (V, 30 S.) 898. n. — 60
10. Gebürenvorschrift f. d. k. u. k. Heer v. J. 1895. 1. Thl. Gebüren im Frieden. 1. Hft. Enth.: Geld- u. Naturalgebüren. Beförderungsmittel u. Gebüren bei Dienstreisen u. Märschen. (XXI, 235 S.) 895. n. 1. 60
11. Gebürenvorschrift f. d. k. u. k. Heer v. J. 1884. 1. Thl. Friedensgebüren. 2. Hft., enth.: Futtergebüren d. Thiere. — — Service-Gebüren. Pauschal-Gebüren. — Gebüren d. Familien d. activen Personen d. Heeres. — Anh. [Bericht. bis Ende Decbr. 1891]. (2. Aufl.) (VI, 152 S.) 892. n. 1 40
20. Organ. Bestimmgn. f. d. techn. Militär-Comité v. J. 1894. (V, 13 S.) 895. n. — 40
21. Organ. Bestimmgn. f. d. k. u. k. Feld-Artillerie v. J. 1893. (VI, 34 S.) 895. n. — 40
22. Provisor. organ. Bestimmgn. f. d. k. u. k. Festungs-Artillerie v. J. 1892. (V, 20 S.) 895. n. — 40
23. Organ. Bestimmgn. f. d. k. u. k. Infanterie v. J. 1895. (V, 9 S. m. 2 Formularen.) 895. n. — 20
27. Organ. Bestimmgn. f. d. k. u. k. Train-Truppe v. J. 1891. B. Ende März 1895 berichtigt. (VI, 17 S. m. 2. Tab.) 895. n. — 40
30. Baudienstvorschriften f. d. k. u. k. Heer. II. Thl. Beschaffg. v. Immobilien zu Heereszwecken, Auflassg. u. Vermietg. v. Bauobjecten. Pachtg. u. Verpachtg. v. Nutzgn., dann Durchführg. v. Transactionen. (47 S.) 896. n. — 60
31. Dasselbe. III. Thl. Administration d. in Benützg. der Heeresverwaltg. steh. Gebäude u. Liegenschaften. (Immobilien). (VII, 48 S.) 895. n. — 90
32. Vorschrift f. d. ökonomisch-administrativen Dienst bei d. Unterabtheilgn. d. k. u. k. Heeres v. J. 1887. Bericht. bis Ende Sept. 1894 sammt Anh.: Vorschrift f. Transportführer v. J. 1892. 3. Aufl. (XI, 236 S.) 895. n. 2. 40
34. Baudienstvorschriften f. d. k. u. k. Heer. I. Thl. Militärbaubehörden. 1. Abschn.: Allgem. Bestimmgn. 2. Abschn.: Administration d. in Benutzg. d. Heeresverwaltg. steh. Gebäude u. Liegenschaften (Immobilien). 3. Abschn.: Verfassg. v. Special-Bauanträgen. (XII, 243 S.) 896. n. 2. 40
35. Dasselbe. 4. Abschn.: Ausführg. v. Militärbauten. (V, 198 S.) 896. n. 1. 60
37. Organ. Bestimmgn. f. d. Genie-Stab, f. d. Militärbaudienst u. f. d. Militär-Bauingenieure u. d. Hilfspersonal f. den Militärbaudienst. (Neue Ausg.) (27 S.) 894. n. — 40
84. Vorschrift üb. d. Aufnahme v. Aspiranten aus d. Privat-Erziehg. in d. k. k. Militär-Erziehungs- u. -Bildungs-Anstalten, ausschließl. d. Cadettenschulen, v. J. 1888. (Bericht. bis Ende Juni 1898.) (V, 44 S.) 898. n. — 80
89. Wehrvorschriften. 3. Thl. Evidenzvorschrift, betr. d. Personen d. Mannschaftsstandes d. Heeres u. d. Kriegsmarine. (Bericht. bis Ende Septbr. 1894.) (X, 134 S.) 895. n. 1. —
90. Organisation d. administrativen Militär-Fachcurse. V. J. 1894. (IV, 18 S.) 895. n. — 40
91. Bestimmgn. betr. d. Nachweis d. Kenntnisse, welchen d. auf Beförderg. z. Major aspirier. Hauptleute (Rittmeister) zu erbringen haben. V. J. 1894. (V, 7 S.) 895. n. — 20
92. Organisation d. techn. Militär-Fachcurse. V. J. 1894. (VI, 39 S.) 895. n. — 50
93. Dienstvorschrift f. d. Militär-Bauingenieure u. d. Hilfspersonal f. d. Militär-Baudienst. V. J. 1894. (V, 48 S.) 895. n. — 80
94. Verzeichn. üb. A. die Militär-Badeheil- u. Trinkcuranst.; B. d. Curhäuser u. Curstationen d. österr. Gesellschaft vom weißen Kreuze; C. d. Curhäuser, welche zufolge sonst. patriot. Widmgn. bestehen; D. d. v. d. österr. Gesellschaft v. weißen Kreuze z. Verfügg. gestellten Freiplätze u. Curbegünstiggn.; E. d. sonst. in Curorten besteh. Freiplätze u. Curbegünstiggn. (III, 49 S.) 895. n. — 80
95. Gesetz v. 25. Juni 1895, ungar. Gesetzartikel XXXIX v. J. 1895, betr ein. Aenderg. d. Einquartierungsgesetzes vom 11. Juni 1879, bezw. d. ungar. Gesetzartikels XXXVI v. J. 1879. (III, 21 S.) 895. n. — 20
96. Einquartierungsgesetz v. 11. Juni 1879, Gesetzartikel XXXVI v. J. 1879, nach Durchführg. d. Gesetzes v. 25. Juni 1895, Gesetzartikel XXXIX v. J. 1895. (Behelf f. militär. Commanden 2c.) (III, 87 S.) 895. n. — 60
97. Durchführungsbestimmgn. z. Einquartierungsgesetze v. 11. Juni 1879 Gesetzartikel XXXVI v. J. 1879 — u. zu d. Gesetze v. 25. Juni 1895 — Gesetzartikel XXXIX v. J. 1895 —. (III, 109 S.) 895. n. 1. —

Über Militairwachen, Militairarreste und das Unterkommen der Militairsträflinge. Berlin 1840. 8°.

Militair-Waisenhaus, das königl. Potsdamsche große, in den Jahren von 1824 bis 1874. Kurze geschichtl. Darstellg. zur Feier d. 150jähr. Bestehens der Anstalt am 1. Novbr. 1874, zugleich als Fortsetzg. der „Geschichte d. königl. Potsdamschen Militair-Waisenhauses. Berlin bei E. S. Mittler 1824." gr. 8. (VIII, 176 S.) Berlin 874. v. Decker. n. 1. —

Militär-Waisenhaus-Ordnung. (M. W. O.) 8. (X, 405 S.) Berlin 894. E. S. Mittler & Sohn. n. 3. 60; kart. n. 4. —

Militär-Wandkalender, k. k., Placatform. f. 1881. 40 kr.
Teschen. Karl Prochaska.

Militär-Wand-Kalender, k. k., 1882. Placatf. 40 kr.
Teschen: Karl Prochaska.

— **Wandkalender,** k. k, pro 1884. Teschen, Karl Prochaska. Unaufgezogen 40 kr.

— **Wandkalender** pro 1885. Plakatformat. Teschen, Karl Prochaska. Unaufgez. 40 kr. N. b.

Militär-Wandkalender. 1886—1889. [Mit Dislokation des k. k. Heeres und Militär-Karte von Oesterreich-Ungarn.] à Jahrg. 1 Bl. Teschen, Prochaska. à Jahrg. *

Militär-Wandkalender. 1890—93. [Mit Dislokation des k. u. k. Heeres u. Militär-Karte v. Oesterreich-Ungarn.] à Jahrg. 1 Bl. Teschen, Prochaska. à Jahrg. * — 80

Militär-Wandkalender, K. u. k., pro 1894. Placat-Format. Unaufgezogen Ebd. —.40

Militär-Wandkalender 1895. Placatformat. Unaufgezogen Ebd. —.40

Militä:-Wand-Kalender für 1896. Placatformat. Unaufgezogen Ebd. —.40

Militär-Wand-Kalender für 1897. Placatformat. Unaufgezogen Ebd. —.40

Militär-Wand-Kalender, K. und k., für 1898. Placatformat. Unaufgezogen Ebd. —.40

Militär-Wand-Kalender, K. und k., für 1899. Placatformat. Unaufgezogen —.40
Teschen Prochaska 1898.

Militär-Wandkalender für 1888. Querfolio. Einseitig unaufgezogen. Wien, Seidel & Sohn. Baar fl. —.30.

Militär-Wandkalender 1890. Plakat-Format unaufgezogen Wien Seidel & Sohn 1889 —.30

Militär-Wandkalender pro 1893. Plakatformat. Einseitig. unaufgezogen Ebd. —.25

Militär-Wandkalender für 1895. Placatformat. Einseitig. Unaufgezogen Ebd. —.25

Militär-Wandkalender „Austria" 1908. XXI. Jahrg. K —.50
Wien: Seidel 1908.

Militärwandkalender „Austria" 1910. XXIII. Jahrg. 56×86 cm. † * K —.60
Wien: Seidel 1909.

Das **Militärwesen** in seiner Entwickelung während der 25 Jahre 1874-1898 ... Hrsg. von [Gerhard] v. Pelet-Narbonne, Generallt. z. D. Th. 1. 2. Berlin: E. S. Mittler & Sohn 1899. 2 Bde 8°
1. Berichte über d. Heerwesen d. einzelnen Staaten.
2. Berichte über d. einzelnen Zweige d. Kriegswissenschaften u. d. Heerwesens.
(Jahresberichte, v. Löbell's, über d. Veränderungen u. Fortschritte im Militärwesen. Jg. 25.)

Militär- u. Marinewesen, s.a. Gareis, C., deutsche Reichsgesetze in Einzel-Abdrucken.

Militär- und Marinewesen. II. (Gareis, Reichsgesetze 139-40) Giessen 1891

Kurbadische Militär-Witwen-Fisci-Ordnung. (1—3.) Karlsruhe 1805. 1837. 1854.

Militair-Wittwen-Kasse. Lex.-8. (2¼ B. u. Ztlvign.) Berlin 843, Decker'sche Ober-Hofbuchdruckerei.

Militär-Wittwen-Kasse. Gesetz, betr. einige Abänderungen des Reglements für die Offizier-Wittwen-Kasse vom 3. März 1792. Vom 17. Juli 1865. Instruktion zur Ausführung des Gesetzes vom 17. Juli 1865, einige Abänderungen des Reglements für die Offizier-Wittwen-Kasse vom 3. Mai 1792 betr. Vom 26. Septbr. 1865. Berlin 866. v. Decker. gr. 8. (72 S.) n. 10 ngr.

Militär-Wochenblatt. Mit Genehmigung Sr. Majest. des Königs. 1r—17r Jahrg. 1816—32. 4. Berl., Mittler. Jahrg. 1816—21. à 5 ₰ J. 1822—32. à 3 ₰ 8 gr.

Militair-Wochenblatt Mit Genehmigung Sr. Maj. des Königs redigirt vom Königl. Generalstab. 18r—25r Jahrg. 1833—1840. à 52 Numm. Mit Plänen ꝛc. 4. Berlin, Mittler. à J. n 3⅓ ₰

Militair-Wochenblatt. Mit Genehmigung Sr. Maj. des Königs. Redaktion: der Königl. Generalstab. 26.—31. Jahrg. 1841—1846. à 52 Numm. (½ Bog.) Mit Plän. ꝛc. 4. Berlin. Mittler. à n. 3⅓ ₰

Militair-Wochenblatt. 31—36. Jahrg. 1847—1852. à 52 Nrn. Mit Karten u. Plänen. 4. (à Nr. 4—8 S.) Berlin, Mittler & Sohn in Comm. à Jahrg. baar n. 3⅓ ₰

Beihefte zum **Militair-Wochenblatt.** (Red. v. der historischen Abtheilung des Generalstabes.)
1851 für November und December: Aufsätze vermischten Inhalts. 1. Die Gefechte bei Missunde und Friedrichstadt mit Karte u. Plänen. 2. Preussische Sanitäts-Truppen. 3. Kurze Darstellung der allgemeinen Grundsätze des Landkriegsrechtes. Berlin. (1851.) 8°

Militair-Wochenblatt. Redig. von der histor. Abth. des Generalstabes. 37—42. Jahrg. 1853—58. à 52 Nrn. (à ½—1 Bgn.) Mit Plänen u. Beilagen. Berlin, Mittler u. Sohn in Comm. 4. Jeder Jahrg. n. 3 ₰. 10 ngr.

— — Beilagehefte, vgl. Gneisenau, — Reorganisation, die, der Preuß. Armee nach dem Tilsiter Frieden.

— — Repertorium dazu, s. Kletke (G. M.).

— — Supplement-Band zu den Königlich Preußischen Militair-Wochenblättern pro 1848 bis incl. 1854. Herausg. von G. M. Kletke. Berlin 855. Huber. gr. 4. (XX, 94 S.) n. 1 ₰.

Militair-Wochenblatt. Red. von der historischen Abtheilung des Generalstabes. 43—48. Jahrg. 1859—64. à 52 Nrn. (à ½—1 Bgn.) Mit Plänen u. Beilagen. Berlin, Mittler & Sohn in Comm. 4. Jeder Jahrg. n. 3 ₰ 10 ngr.

Militär-Wochenblatt. Redig. von der histor. Abtheilung des Generalstabes. 50. u. 51. Jahrg. 1865 u. 1866. à Jahrg. 52 Nrn. (à 1—1½ Bgn.) Mit Plänen u. Beilagen. Berlin, (Mittler & Sohn.) 4. Jeder Jahrg. n. 4 ₰ 20 ngr.

Militär-Wochenblatt. Redig. von der histor. Abtheilung des Generalstabes. 52. Jahrg. 1867. Januar bis März. 13 Nrn. (à 1—1½ Bgn.) Mit Plänen u. Beilagen. Berlin, (Mittler & Sohn.) 4. n. 1 ₰ 5 ngr.

— — Redact.: Borbstaedt. 52. Jahrg. 1867. April bis Dezbr. 78 Nrn. (à 1—1½ Bgn.). Mit Plänen u. Beilagen. Ebend. 4. n. 4 ₰

— — 53. Jahrg. 1868. 104 Nrn. (à 1—1½ Bgn.) Mit Plänen u. Beilagen. Ebend. 4. n. 5 ₰ 10ngr.

—— dass. — Beihefte dazu. Jahrg. 1868—1874. gr. 8. Ebendas. *
Inhalt: 1868.
Heft 1, 3, 5, 6. Die Theilnahme des V. Armee-Korps an den kriegerischen Ereignissen gegen Oesterreich in den Tagen vom 27. Juni bis 3. Juli 1866, spezieller der 10. Infanterie-Division. Eine Vorlesung gehalten vom General-Lieut. v. Kirchbach. *M. 2,80.
" 2. Nekrolog des Generals der Infanterie v. Brandt (mitgetheilt von der historischen Abtheilung des Generalstabes). — Aphorismen über bevorstehende Veränderungen in der Taktik. Aus den hinterlassenen Papieren des Generals der Infanterie Dr. Heinrich v. Brandt, als dessen letzte bis kurz vor seinem Tode fortgeführte Arbeit. * 80 Pf.
" 4. Die Wehrkraft der Nordamerikanischen Union bei Beginn des Jahres 1868. * 80 Pf.
" 7. Der Gesundheitsdienst bei der englischen Expedition nach Abessinien. Ein Beitrag zur Armee-Gesundheitspflege, bearb. von Dr. W. Roth, Königl. Preuß. Oberstabarzt. *M. 1.
" 8. Stonewall Jackson. Ein militair. Lebensbild von Johen Esten Cooke. — Die artilleristische Formel für „lebendige Kraft" bei Panzerversuchen. * 60 Pf.
1869.
" 1—3. Registrande der geographisch-statistischen Abtheilung des großen Generalstabes. (VI, 164 S.) *M. 2,60.
" 4. Die Königl. Central-Turn-Anstalt zu Berlin. * 60 Pf.
" 5—8. Carl Friedrich Wilhelm v. Reyher, General der Kavallerie und Chef des Generalstabes der Armee. Von v. Ollech. (Fortsetzung.) *M. 3,60.
1870.
" 1—4. —— dass. — (Fortsetzung.) * M. 3,60.
1871.
" 1. Eintheilung und Friedens-Dislokation des Garde-Korps sowie des 1. bis einschließlich 11. Armee-Korps, jedoch mit Ausschluß der Großh. Hessischen (25.) Division. 30 Pf.
" 2. Studien über Frankreich. — Das Völkerrecht und der Krieg von 1870—71. (Nach der französ. Auffassung.) * 60 Pf.
" 3. Die Dampfgewehre und Dampfgeschütze. — Seydlitz. * 60 Pf.
" 4. Die 2. Kavallerie-Division im Feldzuge 1870—71. — Die Kavallerie der französischen Nordarmee. — Zur Festungsfrage. * 60 Pf.
" 5. Ueber gezogenes Geschützsystem und die Idee eines „Einheitsgeschützes der Feldartillerie." * 60 Pf.
" 6. Aufzeichnungen über die Thätigkeit des 2. Armee-Korps, des Pommerschen, an dem Kampfe bei Gravelotte in der Schlacht am 18. August 1870 vor Metz. * 40 Pf.
" 7. Zur Gewehrfrage. * 80 Pf.
1872.
" 1. Betrachtungen über die Formation, Verwendung und Leistungen der Reiterei, angeregt durch die Schrift: Campagne de 1870. La Cavalerie française par le lieutenant colonel T. Bonie. * 60 Pf.
" 2. Friedrich der Große und Westpreußen. Ein Vortrag gehalten in der militairischen Gesellschaft zu Berlin am 24. Januar 1872 von v. Ollech, General-Lieutenant und Direktor der Kriegsakademie. * 40 Pf.
" 3. Die Statistik des eisernen Kreuzes. — Untersuchungen über die Lage des Schwerpunktes unbelasteter und belasteter Reitpferde. — Ueber die Hebelwirkung der Kandare und Vorschläge zur Verbesserung der Militair-Kandaren. — Ueber die Bewaffnung der Kavallerie. *M. 1.
" 4. Frankreich und die Franzosen. * 40 Pf.
" 5. Friedrich Wilhelm von Anhalt. — Friedrich Wilhelm Ernst v. Gaudy. — Beiträge zu einem Verzeichniß der von Friedrich dem Großen ernannten Ritter des Ordens pour le mérite. * 80 Pf.
" 6. Mittheilungen über die Anwendung des indirekten Schusses aus den kurzen 15 cm. Kanonen zum Zerstören von Mauerwerk bei der Belagerung von Straßburg im J. 1870. Mit 8 Taf. *M. 1.
" 7. Die Kosacken. — Die Gestüte des preußischen Staates und die Landespferdezucht in Hinsicht auf den Bedarf des Heeres an Remonten und Augmentationspferden. — Ansichten über die Zutheilung von fahrenden Schützen zu den Reiterdivisionen, angeregt durch den Aufsatz eines Offiziers der 5. Kavallerie-Division über dasselbe Thema, abgedruckt in der Beilage zu Nr. 100 der Norddeutschen Allgemeinen Zeitung vom 1. Mai d. J. *M. 1.
Heft 8. Die Reiterei in der Schlacht bei Vionville und Mars la Tour am 16. August 1870. *M. 1.
" 9. Das neue französische Wehrgesetz. * 60 Pf.
" 10. Die deutsche Artillerie in den fünfundzwanzig Schlachten und Treffen des deutsch-französischen Krieges 1870—1871. — Die Belagerung von la Fère im November 1870. — Der Frontal-Angriff der Infanterie. *M. 1,60.
" 11. Betrachtungen über die Verhältnisse der Preußischen Pferdezucht und die an sie zu stellenden Forderungen. — Die Schlacht bei Beaune la Rolande. *M. 1,20.

1873.

„ 1. Ueber Militair-Bildung und Wissenschaft. — Der Einsiedel'sche und der alte deutsche Hufbeschlag im Frieden und im Kriege. * 80 Pf.

„ 2. Die großen Manöver der italienischen Armee im J. 1872. — Gedanken über die Kavallerie der Neuzeit, zugleich Widerlegung einiger Angriffe des General Faidherbe gegen die preußische Kavallerie von Fr. v. Sch. — Die Breiche von Soissons. — Bericht des General-Komitees der deutschen Vereine zur Pflege im Felde verwundeter und erkrankter Krieger über seine Thätigkeit und der Wirksamkeit der mit ihm verbundenen Vereine während des Krieges von 1870—71. — Ein Rückblick auf die freiwillige Hilfsthätigkeit im Kriege 1870—71. *ℳ 1.

„ 3, 6. Carl Fr. Wilh. v. Reyher. General der Kavallerie und Chef des Generalstabes der Armee. Von v. Ollech. (Fortsetzung.) *ℳ 2.

„ 4. Die Eroberungen der Russen in Central-Asien, das russische Turkestan und dessen Beziehungen zu den Nachbar-Chanaten. * 80 Pf.

„ 5. Die Gefechte des III. Armee-Korps bei le Mans vom 6. bis 12. Januar 1871. — Schlacht bei Amiens. *ℳ 1,20.

„ 7. Zur Geschichte der preußischen und deutschen Artillerie in den Feldzügen von 1866 und 1870—71. — Zur Geschichte der Stadt Metz. *ℳ 1,20.

„ 8, 9. Die sieben Tage von le Mans. Vom Standpunkte des Oberkommandos II. Armee und nach dessen Akten dargestellt vom Freiherrn v. d. Goltz, Hauptmann. *ℳ 2,40.

1874.

„ 1. Die großen Kavallerie-Manöver der preußischen Armee. (Herbst 1873.) *ℳ 1,60.

„ 2. Der Prozeß Bazaine. *ℳ 1,20.

„ 3, 4, 7, 8. Carl Fr. Wilh. v. Reyher, General der Kavallerie und Chef des Generalstabes der Armee. Von v. Ollech. (Fortsetzung.) *ℳ 4.

„ 5, 6. Die Belagerung von Soissons im September und Oktober 1870. Aus den Kriegstagebüchern und eigener Anschauung von Gärtner, Oberst und Bez.-Kommandant. Mit 2 Plänen. *ℳ 2.

— — 1. Beiheft. Die Theilnahme des 5. Armee-Korps an den kriegerischen Ereignissen gegen Oesterreich in den Tagen vom 27. Juni bis 3. Juli 1866, spezieller der 10. Infanterie-Division. Eine Vorlesung gehalten vom General-Lieut. v. Kirchbach. Ebend. 868. gr. 8. (38 S. mit 1 Tab. in gr. Fol.) n. 8 ngr.

— — Beiheft: Jahrg. 1869. A. u. d. T.: Registrande der geographisch-statist. Abtheilung des großen Generalstabes. [Juli 1867 bis Juli 1868.] Ebend. 869. gr. 8. (VI, 164 S.) n. 26 ngr.

— — 54. u. 55. Jahrg. 1869 u. 1870. 104 Nrn. (à 1—1½ Bgn.) Mit Plänen u. Beilagen. Ebend. 4. Jeder Jahrg. n. 4 ₰

Militair-Wochenblatt. Red.: A. Borbstaedt. 56. Jahrg. 1871. 52 Nrn. (à 1—1½ B.) Mit Beilagen. 4. Berlin, Mittler & Sohn. n. 12. —

— dasselbe. 57. Jahrg. 1872. (à 1—2 B.) Mit Beilagen. 4. Ebend. n. 14. —

— dasselbe 58—61. Jahrg. 1873—1776 à 104 Nrn. (à 1—2 B.) Mit Beilagen. 4. Ebend. à Jahrg. n. 16 —

Militär-Wochenblatt. Red.: v. Witzleben. 62—67 Jahrg. 1877—1882. à 104 Nrn. (à 1—2 B.) Mit Beilagen. gr. 4. Berlin, Mittler & Sohn. à Jahrg. n. 16. —

Militär-Wochenblatt. Red.: v. Löbell. 68—71. Jahrg. 1883—1886. à 104 Nrn. (à 1—2 B.) Mit Beilagen. gr. 4. Berlin, Mittler & Sohn. à Jahrg. n. 16. —

Militär-Wochenblatt. Red.: v. Löbell. 72. u. 73. Jahrg. 1887. 1888. à 104 Nrn. (à 1—2 B.) Mit Beilagen. gr. 4. Berlin, Mittler & Sohn. à Jahrg. n. 16. —

— dasselbe. Red.: v. Estorff. 74. Jahrg. 1888. 104 Nrn. (à 1—2 B.) Mit Beilagen. gr. 4. Ebd. n. 16. —

— dasselbe. 75. Jahrg. 1890. 104 Nrn. (à 1—2 B.) Mit Beilagen. gr. 4. Ebd. n. 20. —

Militär-Wochenblatt. Red.: v. Estorff. 76.—79. Jahrg. 1891—1894. à 104 Nrn. (à 1—2 Bog.) Mit Beilagen. gr. 4. Berlin, E. S. Mittler & Sohn. à Jahrg. n. 20. —

Militär-Wochenblatt. Red.: v. Estorff. 80. Jahrg. 1895. 104 Nrn. (à ca. 32 Sp.) M. Beilagen. gr. 4. Berlin, E. S. Mittler & Sohn. n. 20. —

— dasselbe. 81. Jahrg. Jan.—Sept. 1896. 78 Nrn. (à ca. 24 Sp.) M. Beilagen. gr. 4. Ebd. n. 15. —

— dasselbe. 81. Jahrg. Oktbr.—Dezbr. 1896. 26 Nrn. (à ca. 24 Sp.) M. Literar. Beiblatt: „Militär-Literatur-Zeitg." u. „Beihefte". gr. 4. Ebd. n. 4. 50

— dasselbe. 82. u. 83. Jahrg. 1897—1898. à 104 Nrn. (à ca. 24 S.) M. Literar. Beiblatt: „Militär-Literatur-Zeitg." u. „Beihefte". gr. 4. Ebd. n. 18. —
Kann auch vierteljährlich bezogen werden.

— dasselbe, s. a.: Beiheft z. Militär-Wochenblatt.

— dasselbe, literar. Beiblatt, s. a. Militär-Literatur-Zeitung.

Militär-Wochenblatt. Red.: von Estorff u. seit 1900 von Frobel. 84.—87. Jahrg. 1899—1902. à 104 Nrn. Mit literar. Beiblatt: „Militär-Literatur-Zeitg." u. „Beihefte". gr. 4. (2908, 2892, 3008 u. 3024 Sp.) Berlin, E. S. Mittler & Sohn. à Jahrg. n. 18. —
Vergl.: „Beiheft zum Militär-Wochenblatt."

Militär-Wochenblatt. Red.: v. Frobel. 88.—91. Jahrg. 1903—1906. à 156 (1903: 104) Nrn. (XXIV, 3500; XX, 3784; XXIV, 3700 u. XXIV, 3732 Sp) Mit literar. Beiblatt: „Militär-Literatur-Zeitg." u. „Beihefte". à 12 Nrn. gr. 4. Ebd. à Jhrg. n. 18. —

— dasselbe. 1906. Beiheft. 12 Hefte. gr. 8. Ebd. n. 10. 10

1. Ueber Entstehung u. Bedeutung der unter Friedrich dem Großen abgehaltenen Manöver. Vortrag, geh. in der militär. Gesellschaft zu Berlin am 25. X. 1905. Von Graf v. Kielmannsegg. Mit 2 Skizzen. (38 S.) n. — 60
2. Die Verkehrstruppen in Südwestafrika. Vortrag, geh. in der militär. Gesellschaft zu Berlin am 13. XII. 1'05. Von Boethke. Mit 5 Skizzen. (S. 39—56.) n. — 40
3. Die Militärrevolte in Nancy 1790 u. ihre Ursachen. Von W. v. Blume. — Noch nicht veröffentlichte Briefe Metternichs an Schwarzenberg aus dem Feldzuge 1814. Von A. v. Janson. (S. 57—104.) n. — 75
4. Eine Manöver-Kavalleriedivision im kriegsmäßigen Lichte. Von K. Haushofer. Mit Skizzen (im Text u. auf 1 Taf.) (S. 105—148.) n. — 75
5. Rückblick auf die Ereignisse in Peking im Sommer 1900. Vortrag, geh. in der militär. Gesellschaft zu Berlin am 7. II. 1906. Von Belde. Mit 1 Skizze. (S. 149—185.) n. — 60
6. Zum Friedrichstage. Die Schlacht v. Liegnitz am 15. VIII. 1760. Vortrag, geh. in der militär. Gesellschaft zu Berlin am 23. I. 1906. Von Baerecke. Mit 6 Skizzen. — Die seelischen Werte im Frieden u. im Kriege Eine Studie. Von Ernst van den Bergh. (S. 187—236.) n. — 75
7. Exerzier-Reglement, das neue, f. die Infanterie. (S. 237 bis 288.) n. — 75
8. Die befestigte Feldstellung im Dienste der Operation. Applikatorischer Vortrag. Von Warnberg. (Mit Skizze.) (S. 289 bis 312.) n. — 40
9. Schlacht, die, am Scha ho. Mit 9 (farb.) Kartenbeilagen in Steindr. u. 2 Kriegsgliedergn. (S. 313—360.) n. 3. —
10. Der Zug des Majors v. Losthin zum Entsatze v. Neiße u. Cosel, 10.—16. V. 1807. Von v. Hößlin. Mit 2 Skizzen. — Zur Beurteilung der Ueberführung königl. sächs. Truppen zu den Verbündeten bei Leipzig am 18. X. 1813. Nach amtl. u. zuverläss. Quellen bearb. Von Larraß. (S. 361—406.) n. — 75
11. Scharnhorsts militärisches Testament u. sein Verhältnis zu Knesebeck. Von v. Janson. — Aus dem Leben des Generalleutnants Heinrich v. Schönfeldt. Von Ernst v. Schönfeldt. (S. 407—446.) n. — 60
12. England u. seine Armee. Von Heinr. v. Basedow. — Die französische Militärreitschule in Saumur m. e. Rückblick auf die Entwicklung der Reiterei in Frankreich. Von Trautz. Mit e. Plan. (IV u. S. 447—493.) n. — 75

Vergl.: Beihefte zum Militär-Wochenblatt.

Militär-Wochenblatt. Red.: v. Frobel. 92.—95. Jahrg. 1907—1910. à 156 Nrn. (à ca. 24 Sp.) Mit literar. Beiblatt: „Militär-Literatur-Zeitg." u. „Beihefte". Je 12 Nrn. Lex. 8. Berlin, E. S. Mittler & Sohn. à Jahrg. 18. —

— dasselbe. Beihefte. 1907—1910. à 12 Hefte. gr. 8. Ebd. 30. 10

Abel, v., Gefechtskalender nebst Armee-Listen, Personen- u. Truppen-Verzeichnis f. das brandenb.-preußische Heer 1656—1688. (S. 399—437.) (1907. 11. Beiheft.) — 90

Altrock, v., Jena u. Auerstedt. Ein Rückblick u. Ausblick. Vortrag, geh. in der Militär. Gesellschaft zu Berlin am 31. X. 1906. Mit 2 Skizzen u. 4 Textskizzen. — Freytag-Loringhoven, Frhr. v., die Exerzier-Reglements f. die Infanterie v. 1812, 1847, 1888 u. 1906. Ein Jahrhundert takt. Entwicklg. Vortrag, geh. in der Militär. Gesellschaft zu Berlin am 14. XI. 1906. (40 S.) (1907. 1. Beiheft.) — 75

Anders, Hauptmann Friedrich v. Erckert. Ein Lebensbild. Mit 1 Uebersichtsskizze u. 1 Abbildg. (S. 229—277.) (1910. 8. Beiheft.) — 75

Apell, F. v., die Hessen-Casselschen Truppen in den Feldzügen der J. 1706 u. 1707 in Oberitalien u. der Provence. Nach den Urkunden u. Akten des kgl. Staatsarchivs zu Marburg. — Schempp, A. v., Kompetenzstreit zwischen dem Schwäbischen Kreis u. dem Reichs-General-Feldmarschall Herzog Albrecht v. Sachsen-Teschen, K. H., im J. 1795. Auf Grund v. Archivalien bearb. (S. 323—386.) (1908. 8. 9. Beiheft.) 1. —

Arnold, Schwedens Teilnahme am 7jährigen Kriege, s.: Hülsen, Walt. v.

Balck, ein französisches Korpsmanöver als Kriegsspielaufgabe. — Hanika, Joh., die Artillerie im Festungskriege. (S. 109—162.) (1906. 3. Beiheft.) — 80

Bardeleben, C. v., 3 Ranglisten der königl. preußischen Armee aus den J. 1701, 1703 u. 1707. Zusammengestellt. (S. 395—444.) (1909. 11. Beiheft.) — 80

Basedow, Heino v., Reiseeindrücke aus dem militärischen Rußland. — Pflugk-Harttung, J. v., über die Ausrüstung der norddeutschen Heere 1815. (S. 351—382.) (1910. 11. Beiheft.) — 50

Baudouin, das Gefecht v. Pontarlier. (S. 93—130 m. 1 Skizze.) (1910. 4. Beiheft.) — 60

Bergh, E. van den, Österreichs Kämpfe in Bosnien u. der Herzogowina im J. 1878, s.: Görtz, v.

Bethcke, die Gaudi-Handschriften f. d. J. 1759. Bearb. in der kriegsgeschichtl. Abteilung II des Großen Generalstabes. — Konvention, die neue Genfer, vom J. 1906. (S. 193—223.) (1907. 6. Beiheft.) — 50

Betrachtungen, taktische, zum Kampf um Festungen. Von L. M. Mit e. Skizze. (S. 119—152.) (1907. 4. Beiheft.) — 75

Borries, v., die Operationen Mac Mahons v. Châlons bis Sedan, s.: Holzing-Berstett, Frhr. v.

Breitkopf, der Angriff üb. die Ebene nach dem Ex.-R. 1906, beleuchtet durch Beispiele aus der neuesten Kriegsgeschichte. Vortrag, geh. vor den zur Militär-Schießschule kommandiert. Offizieren. Mit 4 Skizzen. — Giehrl, Herm., das Gefecht v. Juschulin-Pjelin am 31. VII. 1904. Mit Skizzen. (S. 53—108.) (1908. 2. Beiheft.) 1. —

— Vorbereitung, Durchführung, Beurteilung gefechtsmäßiger Schießen in größeren Abteilungen. Besonders üb. gefechtsmäß. Belehrungs- u. Prüfungsschießen. Vortrag, geh. vor den zur Militär-Schießschule kommandierten Offizieren. Umgearb. im Frühj. 1908. — Vogel, Port Arthur u. die Theorie vom Festungskrieg. (S. 251—292.) (1908. 6. Beiheft.) — 60

Buddecke, A., operative Entsendungen. — Nachschub, der, im russisch-japan. Kriege. Bearb. auf Grund v. Aufsätzen des „russ. Invaliden". (44 S.) (1909. 1. Beiheft.) — 60

Dusmanis, Vict., Bemerkungen zur Bestimmung der Örtlichkeit der thessalischen Schlacht zwischen Cäsar u. Pompejus, s.: Schwerin, Graf v.

Duvernoy, v., die württembergische Kavalleriebrigade Normann im Feldzuge 1813. Nach Akten des königl. württemberg. geh. Haus- u. Staatsarchivs sowie nach Papieren im Besitze der gräfl. Familie bearb. — Schulz, Otto, Betrachtungen üb. das Verhalten der Japaner u. Russen im Angriff u. in der Verteidigung im Kriege 1904/5 vom infanteristischen Standpunkte aus. Vortrag, geh. am 8. II. 1907 vor den Offizieren der Garnison Nürnberg. (S. 347—397.) (1907. 10. Beiheft.) — 80

Endres, Frz., napoleonische Erinnerungen in der modernen französischen Operationslehre, s.: Ludwig.

Esser, der Sanitätsdienst bei der 17. Division im Feldzuge 1870/71. Nach e. in Gegenwart Sr. königl. Hoh. des Großherzogs Friedrich Franz IV. v. Mecklenburg-Schwerin am 17. III. 1910 den Offizieren u. Sanitätsoffizieren der Garnison Schwerin geh. Vortrage. (S. 323—350 m. 9 eingedr. Tab.) (1910. 10. Beiheft.) — 40

Estorff, Eggert v., vom althannoverschen Heere. Drei Generationen. 1722 bis 1866. (1903). III. Aus dem Leben u. den Schriften des Generals Eggers v. Estorff. Mit 2 Skizzen. (S. 41—76.) (1907. 2. Beiheft.) — 60

Exerzier-Reglement, das neue, f. die Kavallerie. (S. 145 bis 212.) (1909. 4. 5. Beiheft.) 1. —

Felddienst-Ordnung, die neue. (S. 163—214.) (1908. 4. Beiheft.) — 75

Freytag-Loringhoven, Frh. v., die Exerzier-Reglements f. die Infanterie, s.: Altrock, v.

Friederich, die Schlacht bei Zorndorf am 25. VIII. 1758. Vortrag, geh. in der militär. Gesellschaft zu Berlin in Gegenwart Sr. Maj. des Kaisers u. Königs am Friedrichstag 1908. (Mit 5 Skizzen im Text u. 2 Plänen.) (S. 293—322.) (1908. 7. Beiheft.) — 90

Fritsch, Frhr. v., Aufklärungsübungen während der Märsche der Kavallerie zu den großen Truppenübungen. (S. 349—393.) (1909. 10. Beiheft.) — 75

Giehrl, Herm., das Gefecht v. Juschulin-Pjelin am 21. VII. 1904, s.: Breitkopf.

Görtz, v., Sedan u. Pontarlier. — Bergh, E. van den, Österreichs Kämpfe in Bosnien u. der Herzogowina im J. 1878. Mit 1 Übersichtsskizze u. 10 Skizzen im Text. (S. 289 bis 347.) (1909. 8. 9. Beiheft.) 1. —

Hanika, Joh., die Artillerie im Festungskriege, s.: Balck.

Hesse, der Einfluß der heutigen Verkehrs- u. Nachrichtenmittel auf die Kriegführung. Vortrag, geh. in der militär. Gesellschaft zu Berlin am 10. XI. 1909 u. in der militär. Gesellschaft zu Metz am 13. XI. 1909. (S. 1—20.) (1910. 1. Beiheft.) — 50

Hierl, Const., Ziele u. Wege f. das Studium der Kriegsgeschichte, s.: Originalbericht.

Holzing-Berstett, Frhr. v., die Reitkunst im Dienste der Armee. Vortrag, geh. in der militär. Gesellschaft zu Berlin am 9. II. 1910. — Borries, v., die Operationen Mac Mahons v. Châlons bis Sedan. Vortrag, geh. in der militär. Gesellschaft zu Berlin am 23. II. 1910. (S. 61—94.) (1910. 3. Beiheft.) — 50

Hübner, Marokko. Eine militär. Studie. (S. 153—192.) (1907. 5. Beiheft.) — 60

Hülsen, (Walt.) v., Wanderungen üb. französische Schlachtfelder des Krieges 1870/71, s.: Pelet-Narbonne, v.

— York als Erzieher unseres Heeres. Vortrag, geh. in der militär. Gesellschaft zu Berlin am 4. XI. 1908. — Arnold, Schwedens Teilnahme am 7jährigen Kriege. Vortrag, geh. im wissenschaftl. Verein zu Stralsund. Mit Skizze. (IV u. S. 435—482.) (1908. 11. 12. Beiheft.) — 75

Janson, v., ein vergessener Zivilstratege, s.: Schoenaich, Frhr. v.

Jany, zum Friedrichstage. Das Treffen bei Burkersdorf am 21. VII. 1762. Vortrag, geh. in der militär. Gesellschaft zu Berlin am 24. I. 1907. Mit 1 Karte in Steindr. — Schaefer, F., moderne Bewaffnung u. Kriegssanitätsdienst. Vortrag, geh. in der militär. Gesellschaft in Berlin am 20. II. 1907. (S. 77—117.) (1907. 3. Beiheft.) — 80

Körner, E., die historische Entwicklung der chilenischen Wehrkraft. (S. 131—174.) (1910. 5. Beiheft.) — 60

Kranz, W., Beitrag zum Studium des Nahangriffs auf Port Arthur. Die Nordostfront. Hierzu 1 Plan, 10 Grundrißskizzen sowie zugehör. Schnitte. (S. 213—249.) (1909. 6. Beiheft.) — 60

Lenski, v., über Material, Schießverfahren, Taktik u. Organisation unserer Feldartillerie im Vergleich zur französischen. Vortrag, geh. in der militär. Gesellschaft zu Berlin am 4. II. 1908. — Schoenaich, Frh. v., die Exekution gegen Herstal im Septbr. u. Oktbr. 1740. Nach den Akten des Geheimen Staatsarchivs bearb. (S. 215—250.) (1908. 5. Beiheft.) — 60

Ludwig, die operative Bedeutung der Festungen. — Endres, Frz., napoleonische Erinnerungen in der modernen französischen Operationslehre. (S. 279—322 m. 4 eingedr. Kartenskizzen.) (1910. 9. Beiheft.) — 75

Neuber, Vorschläge zum Entwurf der Schießvorschrift f. die Infanterie v. 1905. (S. 225—258 m. Abb.) (1907. 7. Beiheft.) — 50

Originalbericht, e., üb. die Verteidigung v. Korfu im J. 1716 durch den Reichsgrafen Mathias v. Schulenburg. — Hierl, Const., Ziele u. Wege f. das Studium der Kriegsgeschichte. (IV u. S. 384—420.) (1910. 12. Beiheft.) — 60

Pelet-Narbonne, v., die Lehren f. die Kavallerie aus dem mandschurischen Feldzuge. Vortrag, geh. in der militär. Gesellschaft zu Berlin am 4. XII. 1907. Mit 4 Skizzen. — Hülsen, v., Wanderungen üb. französische Schlachtfelder des Krieges 1870/71. Vortrag, geh. in der militär. Gesellschaft zu Berlin am 11. XII. 1907. Mit 3 Skizzen. (S. 1—52.) (1908. 1. Beiheft.) — 80

Pflugk-Harttung, J. v., über die Ausrüstung der norddeutschen Heere 1815, s.: Basedow, Heino v.

Poten, B. v., ein Reiteroffizier vor 100 Jahren, s.: Wachholtz, Frdr. Ludw. v.

Richter, Folgerungen f. die Verwendung der Artillerie aus den Erfahrungen des ostasiatischen Feldzuges 1904/5. (S. 95 bis 144.) (1909. 3. Beiheft.) — 75

Rücker, die Ereignisse vor der ersten Schlacht v. Plewna. Eine kriegsgeschichtliche Studie. Mit Skizze. (S. 397—434.) (1908. 10. Beiheft.) — 60

Schaefer, F., moderne Bewaffnung u. Kriegssanitätsdienst, s.: Jany.

Schempp, Ad. v., Kompetenzstreit zwischen dem Schwäbischen Kreis u. dem Reichs-General-Feldmarschall Herzog Albrecht v. Sachsen-Teschen, K. H., im J. 1795, s.: Apell, F. v.

— Das schwäbische Kreiskorps bei Kehl 1796. Nach archival. Quellen bearb. — Stavenhagen, W., über Heer- u. Befestigungswesen bis Anfang des 18. Jahrh. (S. 175—228 m. 1 Kartenskizze.) (1910. 6. 7. Beiheft.) — 80
Schoenaich, Frhr. v., die Exekution gegen Herstal im Septbr. u. Oktbr. 1740, s.: Lensti, v.
— General v. Rüchel in der Schlacht bei Jena. Eine Rekonstruktion u. krit. Untersuchg. Nach den Akten des Kriegsarchivs bearb. — Janson, v., ein vergessener Zivilstratege. (IV u. S. 459—512.) (1907. 12. Beiheft.) — 80
Schulz, Otto, Betrachtungen üb. das Verhalten der Japaner u. Russen rc., s.: Duvernoy, v.
Schwerin, Graf v., vom Bosporus zum Taurus. Vortrag, geh. in der Militär-Gesellschaft zu Berlin, am 9. III. 1909. Mit 1 Karte, 1 Tab. u. 1 Skizze. — Dusmanis, Viet., Bemerkungen zur Bestimmung der Örtlichkeit der thessalischen Schlacht zwischen Cäsar u. Pompejus. Mit 1 Skizze (S. 231 bis 288.) (1909. 7. Beiheft.) — 60
Schwertfeger, die Neugestaltung der preußischen Armee in den J. 1807—1812. Vortrag, geh. in der militär. Gesellschaft zu Berlin am 27. X. 1909. (III u. S. 445—476.) (1909. 12 Beiheft.) — 50
Sebbeler, Baron L. v., vor 25 Jahren. (Fragment e. Tagebuches.) Geschrieben im J. 1895. Aus dem Russ. übers. v. G. J. (S. 45—80.) (1909. 2. Beiheft.) — 75
Stavenhagen, W., über Heer- u. Befestigungswesen bis Anfang des 18. Jahrh., s.: Schempp, Ad. v.
Vogel, Port Arthur u. die Theorie vom Festungskrieg, s.: Breitkopf, Vorbereitung, Durchführung, Beurteilung gefechtsmäßiger Schießen in größeren Abteilungen.
Wachholtz, Frdr. Ludw. v., auf der Peninsula 1810—1813. Kriegstagebuch. Im Auszuge hrsg. von seinem Enkel H. L. v. Wachholtz. Mit Skizzen. — Poten, B. v., ein Reiteroffizier vor 100 Jahren. Mit Kartenskizze. (S. 259—346.) (1907. 8. 9. Beiheft.) 1.25
Zepelin, C. v., Constantin v. Zepelin, königl. preuß. General der Infanterie. Ein Beitrag zur Geschichte des preuß. Offizierkorps der Befreiungskriege. (S. 21—60.) (1910. 2. Beiheft.) — 70

—— für das deutsche Bundesheer. 1. Jahrg. 1860. Juli bis December. 26 Nrn. (à 1½ Bog.) gr. 4. Darmstadt, Zernin. Halbjährlich *
Vlnp. *

— — 2. Jahrg. 1861. 52 Nrn. (à 1½ Bgn.) Ebend. gr. 4. n. 7 ₰; Velinp. n. 10 ₰ 15 ngr

—— für das deutsche Bundesheer. 3. und 4. Jahrg. 1862 und 1863. à Jahrg. 52 Nrn. (Bog.) Mit Illustr. gr. 4. Darmstadt, Zernin. à Jahrg. *
Velinp. à Jahrg. *

Militärwüthigkeit, Unsere.

Ein Wort an alle nationalgesinnten Deutschen, zugleich offener Brief an die Berliner Zeitung. Von einem Nicht-Antisemiten. Berlin 1888. V: *Hag, B. F.* (Russell XVI, I, 1, S. 1031)

„Militärwüthigkeit", unsere. Ein Wort an alle nationalgesinnten Deutschen, zugleich offener Brief an die „Berliner Zeitung". Von e. Nicht-Antisemiten [B. F. Hag.]. gr. 8. (16 S.) Berlin 888. Knorr. n.n. — 50

Militär-Zeitschrift, demokratische. Redig. von A. C. Wiesner. 1. Jahrg. 1850. 12 Nrn. (à 3—4 Bog.) Mit Karten und Plänen. gr. 8. Zürich, [Meyer.] à Jahrg.

Militär Zeitschrift, Helvetische (12 Bde.) 4 u. 8. 1834—1845. Neue Folge: Schweizerische, milit. Zeitschrift 1850—1854. (5 Bde.) 8. Fortgesetzt unter dem Titel: Allgemeine schweizerische Militär-Zeitung Organ der schweizerischen Armee. 1855—1895. Jahrg. 1—41 (40 Bde.) Fol. Burgdorf, Zürich, Bern u. Basel 1834—1895

Militä(ai)r-Zeitschrift, Helvetische, redig. v. F. Manuel. 1. Jahrg. 1833. Dec. — 1834. Nov. gr. 4. Burgdorf. [Bern, Walthard.]

—— dies. Redig. v. F. R. Walthard. 2. Jahrg. (1835.) 12 Lfgn. (à 2—3 B.) Mit Lithographien. gr. 4. Bern, Walthard.

Militär-Zeitschrift, helvetische, redig. v. F. R. Walthard. 3—6. Jahrg. 1836—39. 12 Nrn. (à 2—3 Bog.) Mit Kart. u. Plänen. gr. 4. Bern, Walthard'sche Buchh. à J.

—— dies. — 7—9. Jahrg. 1840—42. à 4 Quartalhefte. Mit Stnt. gr. 8. Ebds. à J.
1—6. Jahrg. ungetrennt hrbgs. Pr. 8 Thlr.

Militair-Zeitschrift, helvetische. 10. u. 11. Jahrg. 1843 u. 44. à 4 Hfte. gr. 8. Bern, Walthard. à J. *

Forts. u. d. T.: Schweizerische Militär-Zeitschrift.

Militair-Zeitschrift, neue, für Nord-Deutschland. 1. Jahrg. 12 Hefte. gr. 8. (1. Heft. 40 S.) Kiel 852, Schröder und Comp. *
einzelne Hefte à * -

— Schweizerische. 14. Jahrg. 1847. Red.: H. Leemann. 52 Nrn. gr. 8. Bern, Walthard. n. 1⅓ ₰ — (Red.: Aug. Kurz.) Neue Folge. 1 u. 2. Bd. Jahrg. 1850 u. 1851. gr. 8. (1: 370 S. m. 7 Taf. 2: 330 S. m. 6 Taf.) Zürich, Schultheß: à n. 1½ ₰ — 18. Jahrg. 1852. 26 Nrn. Mit Lith. gr. 8. (à 16—24 S.) Basel, Schweighauser. n. 1½ ₰

Vorh. u. d. T.: Helvetische Militär-Zeitschrift.

Militair-Zeitschrift, schweizerische, 19. und 20. Jahrg. 1853 und 1854, oder Neue Folge. 3. und 4. Bd. à Jahrg. 26 Nrn. (à 1—1½ Bog.) Mit Stnt. gr. 8. Basel, Schweighauser's Verlag. à Jahrg. Thlr. *
Fortsetzung hierzu s. Militär-Zeitung, Allgemeine Schweizerische.

Militaer-Zeitung, hrsg. v. Dr. Hirtenfeld, Jhrg. 8—21. Wien 1855—1869. 4⁰
(Früher: Militärische Zeitung, von 1869 ab: Neue Militär-Ztg.)

Militär-Zeitung. 11—14. Jahrg. 1857—61. Redig. von J. Hirtenfeld. à Jahrg. 96 Nrn. (à 1 Bog.) 4. Wien, (Gerold's Sohn.) à Jahrg. *

Militär-Zeitung. Redact.: J. Hirtenfeld. 15.—20. Jahrg. 1862—67. à Jahrg. 104 Nrn. (Bog.) Mit Beilagen. gr. 4. Wien, (Gerold's Sohn. — Geitler.) à Jahrg. *

Militär-Zeitung. Redact.: J. Hirtenfeld. 18—21. Jahrg. 1865—68. à Jahrg. 104 Nrn. (Bgn.) Mit Beilagen. Wien, (Gerold's Sohn. — Geitler.) gr. 4. Jeder Jahrg. n. 7 ₰ 10 ngr

Militär-Zeitung. Hrsgbr. und Redact.: Friedr. Geitler v. Armingen. 28. Jahrg. 1875. 104 Nrn. (Bog.) gr. 4. Wien, (Gerold's Sohn.) *

—— Organ für die Reserve- und Landwehr-Offiziere des deutschen Heeres. Redact.: Oettinger. 8.—11. Jahrg. 1885—1888. à Jahrg. 52 Nrn. (à Nr. 1½ Bog.) gr. 4. Berlin, Eisenschmidt. à Jahrg. *
Vgl.: Verzeichniß der größeren Aufsätze rc.

Vorh. u. d. T. Militär-Zeitung für Reserve- und Landwehr-Offiziere des deutschen Heeres.

— Organ f. die Reserve- u. Landwehr-Offiziere d. deutschen Heeres. Red.: Oettinger. 10.—13. Jahrg. 1887—1890. à 52 Nrn. (1½ B.) gr. 4. Berlin, Eisenschmidt. à Jahrg. n. 16. —

— Organ f. die Reserve- u. Landwehr-Offiziere d. deutschen Heeres. Red.: Oettinger. 14.—17. Jahrg. 1891—1894. à 52 Nrn. (1½ Bog.) gr. 4. Berlin, R. Eisenschmidt. à Jahrg. n. 16. —

— Organ f. die Reserve- u. Landwehr-Offiziere d. deutschen Heeres. Red.: Oettinger. 18.—21. Jahrg. 1895—1898. à 52 Nrn. (à ca. 12 S.) gr. 4. Berlin, R. Eisenschmidt. à Jahrg. n. 16. —
Kann auch vierteljährlich bezogen werden.

— Organ f. die Reserve- u. Landwehr-Offiziere des deutschen Heeres, des deutschen Offizier-Vereins (Waarenhaus f. Armee u. Marine.) Red.: Oettinger. 22.—25. Jahrg. 1899—1902. à 52 Nrn. gr. 4. (à ca. 12 S.) Berlin, R. Eisenschmidt. à Jahrg. n. 16. —

— Organ f. die Reserve- u. Landwehr-Offiziere d. deutschen Heeres, d. deutschen Offizier-Vereins (Waarenhaus f. Armee u. Marine). Red.: Oettinger. 26.—29. Jahrg. 1903—1906. à 52 Nrn. (VIII, 704; VI, 714; VI, 734 u. VI, 734 S.) gr. 4. Berlin, R. Eisenschmidt. à Jhrg. n. 16. —

Militär-Zeitung. Organ f. die Reserve u. Landwehr-Offiziere d. deutschen Heeres, des deutschen Offizier-Vereins Armeemarinehaus. Red.: Oettinger. 30.—33. Jahrg. 1907—1910. à 52 Nrn. (VI, 720; VI, 712; VI, 716 u. VI, 696 S.) 34,5×25,5 cm. Berlin, R. Eisenschmidt. à Jahrg. 16. —

Militär-Zeitung. Red.: v. Grünzweig, Red.: P. Müller. 60. Jahrg. 1905. 52 Nrn. (à ca. 8 S.) 4. Wien (L. W. Seidel & Sohn). n.n.n. 24. —
Nicht durch den Buchhandel zu beziehen.

Militair-Zeitung, allgemeine, herausgeg. v. einer Gesellschaft deutscher Officiere u. Militairbeamten. 1r Jahrg. 1826, Juli bis Dec. 6 Hefte u. 2r Jahrg. 1827, mit Kupfert. gr. 4. Darmst., Leske.

Militä(ai)r-Zeitung, allgem., hrsg. v. e. Gesellschaft deutsch. Offiziere u. Militärbeamten. 3—10. Jahrg. 1828—35. à 12 Hfte. gr. 4. Darmstadt, Leske. à J. Thlr.
1. Jahrg. od. Jul.—Dec. 1826, u. 2. Jahrg. 1827. Ebendas. 7 Thlr. — 2—7. Jahrg., hrbgs. Pr. 14 Thlr. — Der 1. Jahrg. ist nicht mehr vollständig zu haben.

Militär-Zeitung, allgem., hrsg. von e. Gesellschaft deutscher Offiziere u. Militärbeamten. 11—16. Jahrg. 1836—41. à 12 Hfte. gr. 4. Darmstadt, Leske. à J.

—— dies. — 17. Jahrg. 1842. 12 Hfte. gr. 4. Ebds.

Militär-Zeitung, allgemeine. Hrsg. von e. Gesellschaft deutscher Offiziere u. Militärbeamten. 18—22. Jahrg. 1843—47. 12 Hfte. od. 156 Nrn. (½ B.) gr. 4. Darmstadt, Leske. à J. Thlr.

Militär-Zeitung, allgemeine, hrsg. von einer Gesellschaft deutscher Offiziere und Militärbeamten. 23—27. Jahrg. 1848—52. à Jahrg. 156 Nrn. (½ Bog.) oder 12 Hefte. gr. 4. Darmstadt, Leske. à Jahrg.

Militär-Zeitung, allgemeine. Herausg. von einer Gesellschaft deutscher Offiziere und Militärbeamten. 28. u. 29. Jahrg. 1853 u. 1854. à 156 Nrn. (à ½ Bgn.) Darmstadt, Leske. gr. 4. Jeder Jahrg. 7 ₰.

— — 30—33. Jahrg. 1855—58. à 104 Nrn. (à ½ Bgn. mit Beilagen). Darmstadt, Leske. gr. 4. Jeder Jahrg. 4 ₰. 20 ngr.

— allgemeine. Herausg. von einer Gesellschaft deutscher Offiziere u. Militärbeamten. 34. Jahrg. 1859. 104 Nrn. (à ½ Bgn.) Darmstadt, Zernin. gr. 4. 4 ₰ 20 ngr; Velinp. 7 ₰

—— dass. — 35. und 36. Jahrg. 1860 und 1861. à Jahrg. 52 Nrn. (à 1½ Bog.) gr. 4. Ebendas. à Jahrg. Blnb.

— — 37—39. Jahrg. 1862—64. à 52 Nrn. (à 2 Bgn.) Ebend. gr. 4. Jeder Jahrg. n. 8 ₰; Velinp. u. 12 ₰

Allgemeine Militär-Zeitung. Literaturblatt. Bd 1-18. Darmstadt 1862-1879.

— allgemeine. Hersg. von einer Gesellschaft deutscher Offiziere u. Militärbeamten. 40—45. Jahrg. 1865—70. à Jahrg. 52 Nrn. (à 2 Bgn.) Darmstadt, Zernin. gr. 4. Jeder Jahrg. n. 8 ₰
Belinp. Jeder Jahrg. n. 12 ₰

Militair-Zeitung, allgemeine, hrsg. v. e. Gesellschaft deutscher Offiziere u. Militärbeamten. 46—51. Jahrg. 1871—1876 à 52 Nrn. (2 B.) gr. 4. Darmstadt, Zernin. n. 24. —; Ausg. auf Velinpap. n. 36. —

Militair-Zeitung, allgemeine. Hrsg. von einer Gesellschaft deutscher Offiziere u. Militärbeamten. Red.: Zernin. 52—57. Jahrg. 1877—1882. à 52 Nrn. gr. 4. Darmstadt, Zernin. à Jahrg. n. 24. —; Velin-Pp.: à n. 36. —

Militär-Zeitung, allgemeine. Red.: Zernin. 58—61. Jahrg. 1883—1886. à 104 Nrn. (B.) gr. 4. Darmstadt. Zernin. à Jahrg. n. 24. —

Militär-Zeitung, allgemeine. Red.: Zernin. 62.—65. Jahrg. 1887—1890. à 104 Nrn. (B.) gr. 4. Darmstadt, Zernin. à Jahrg. n. 24. —

Militär-Zeitung, allgemeine. Red.: Zernin. 66.—69. Jahrg. 1891—1894. à 104 Nrn. (Bog.) gr. 4. Darmstadt, E. Zernin. à Jahrg. n. 24. —

Militär-Zeitung, allgemeine. Red.: Zernin. 70.—73. Jahrg. 1895—1898. à 104 Nrn. (Bog.) gr. 4. Darmstadt, E. Zernin à Jahrg. n. 24. —
Kann auch halbjährlich für n. 7. — bezogen werden.

Militär-Zeitung, allgemeine. Red.: Zernin. 74—76. Jahrg. 1899—1901. à 104 Nrn. gr. 4. (à ca. 8 u. 4 S.) Darmstadt, E. Zernin. à Jahrg. n. 24.—

— dasselbe. 77. Jahrg. 1902. 52 Nrn. gr. 4. (à ca. 8 u. 4 S.) Ebd. n. 24. —
Erscheint nicht mehr.

Militair- und Marine-Zeitung, allgemeine deutsche. (Mit Illustr.) Redig. von Frhrn. F. v. Biedenfeld. H. Kreisler. 1. Jahrg. 1857. 52 Nrn. (Bog. mit eingedr. Holzschn.) Imp.-4. Weimar, Kühn. *

— — Red.: H. Kreisler. 2. Jahrg. 1858. 52 Nrn. (à 1 Bgn.). Mengeringhausen. (Arolsen, Speyer.) gr. 4. n. 6 ₰.

—— dass. — 2. Jahrg. 1858. (Mit Illustr.) Redig. von H. Kreisler. 52 Nrn. (Bog. mit eingedr. Holzschn.) Imp.-4. Arolsen, (Speyer.) *
Ist nicht fortgesetzt worden.

— allgemeine illustrirte. Red.: Oettinger. 1. Jahrg. 1882. 24 Nrn. (2 B. m. eingedr. Holzschn.) Imp.-4. Hannover, Helwing's Verl. n. 18. 40

— allgemeine illustrirte. Red.: Oettinger. 2. Jahrg. 1883. 36 Nrn. (à 1½—2 B. m. eingedr. Holzschn.) Imp.-4. Berlin, Eisenschmidt. n. 18. 40
Erscheint nicht mehr.

— allgemeine schweizerische. Organ der schweizer. Armee. Red.: Hans Wieland. 1—4. Jahrg. 1855—58. Der Schweizer. Militärzeitschrift 21—24. Jahrg. à 104 Nrn. (à 1 Bgn.). Basel, Schweighauser'sche Verlhdlg. Fol. Jeder Jahrg. n. 2 ₰.
Vgl.: Militär-Zeitschrift, Schweizerische.

— allgemeine schweizerische. Organ der schweizerischen Armee. 5—10. Jahrg. 1859—64. Der Schweizerischen Militärzeitschrift 25—30. Jahrg. Red.: Hs. Wieland. 104 Nrn. (à 1 Bgn.) Basel, Schweighauser'sche Verlhdlg. Fol. Jeder Jahrg. n. 2 ℳ

—— allgemeine schweizerische. Organ der schweizerischen Armee. Redact.: Wieland und v. Elgger. 14.—19. Jahrg. [Der Schweizer. Militär-Zeitung 34.—39. Jahrg.] 1868—1873. à Jahrg. 12 Hefte oder 52 Nrn. (Bog.) hoch 4. Basel, Schweighauser'sche Buchh. à Jahrg. *

—— dass. — 20. Jahrg. [Der Schweizer. Militärzeitschrift 40. Jahrg.] 1874. 52 Nrn. (Bog.) hoch 4. Basel, Schwabe. *

—— allgemeine schweizerische. Organ der schweizer. Armee. Redact.: v. Elgger. 21.—25. Jahrg. [Der schweizerischen Militärzeitschrift 41.—45. Jahrg.] 1875—1879. à Jahrg. 52 Nrn. (Bog.) hoch 4. Basel, Schwabe.
Jahrg. 1875—1878 à *
Jahrg. 1879 *

—— allgemeine schweizerische. Organ der schweizer. Armee. Redact.: v. Elgger. 26.—30. Jahrg. [Der schweizer. Militärzeitschrift 46.—50. Jahrg.] 1880—1884. à Jahrg. 52 Nrn. (Bog.) hoch 4. Basel, Schwabe. à Jahrg. *

—— allgemeine schweizerische. Organ der schweizer. Armee. Redact.: v. Elgger. 31.—33. Jahrg. [Der schweizer. Militärzeitschrift 51.—53. Jahrg.] 1885—1887. à Jahrg. 52 Nrn. (Bog.) hoch 4. Basel, Schwabe. à Jahrg. *

—— dass. — 34. Jahrg. [Der schweizer. Militärzeitschrift 54. Jahrg.] 1888. 52 Nrn. (Bog.) hoch 4. Ebendas. *

—— allgemeine schweizerische. Organ d. schweiz. Armee. Redact.: v. Elgger. 35.—38. Jahrg. Der schweiz. Militärzeitschrift 55.—58. Jahrg. 1889—1892. à Jahrg. 52 Nrn. (Bog.) hoch 4. Basel Schwabe. à Jahrg. * 6 40

— allgemeine schweizerische. Organ der schweizer. Armee. Red.: v. Elgger. 37.—40. Jahrg. Der schweizer. Militärzeitschrift 57.—60. Jahrg. 1891—1894. à 52 Nrn. (Bog.) hoch 4. Basel, B. Schwabe. à Jahrg. n. 6. 40

— allgemeine schweizerische. Organ d. schweizer. Armee. Red.: v. Elgger. 41.—44 Jahrg. D. schweizer. Militärzeitschrift 61.—64. Jahrg. 1895—1898. à 52 Nrn. (Bog.) hoch 4. Basel, B. Schwabe. à Jahrg. n. 6. 40

— allgemeine schweizerische. Organ der schweizer. Armee. Red.: v. Elgger u. seit 1902: U. Wille. 45.—48. Jahrg. Der schweizer. Militärzeitschrift 65.—68. Jahrg. 1899—1902. à 52 Nrn. hoch 4. (à ca. 8 S.) Basel, B. Schwabe. à Jahrg. n. 6. 40

Militär-Zeitung, allgemeine schweizerische. 1901. Red.: U. Wille. Beilage. 2 Hfte. gr. 8. Basel, B. Schwabe. à n. — 80

1. Über die Verwendung der berittenen Maschinengewehr-Schützen-Kompagnien. Ihr Einfluss auf die Taktik der Kavallerie. Von Pet. Sarasin. (23 S. m. 1 Karte.) 901.
2. Die Zuständigkeit d. militärischen Gerichte in d. Schweiz. Von A. Schneider. (24 S.) 901.

Militärzeitung. Beilage zur Allgemeinen Schweizerischen Militärzeitung 1901. Redaktion: Oberst U[lrich] Wille. Heft 1. 8. Basel, Benno Schwabe, 1901. [fr. 1. —]

s. Sarasin, Peter.

Militärzeitung. Beilage zur Allgemeinen Schweizerischen Militärzeitung 1901. Redaktion: Oberst U[lrich] Wille. Heft 2. 8. Basel, Benno Schwabe, 1901. [fr. 1. —]

s. Schneider, A[lbert].

— dasselbe. 1902. Beilage. 2 Hfte. gr. 8. Ebd. n. 1. 80

1. Zwei neue Exerzier-Reglemente f. die Infanterie. Nach e. Vortrage, geh. im bündner. Verein zu Chur am 9. XII. 1901. Von Biberstein. (36 S. m. Fig.) n. 1. —
2. Über die Feuertaktik der schweizer. Infanterie. Preisgekrönte Aufgabe der schweiz. Offiziersgesellschaft. 1901. Von Schibler. (20 S.) n. — 80

Militärzeitung. Beilage zur Allgemeinen Schweizerischen Militärzeitung 1902. Redaktion: Oberst U[lrich] Wille. Hefte 1 u. 2. 8. Basel, Benno Schwabe, 1902.

Heft 1. (fr. 1. 25) s. Biberstein, [Arnold].
Heft 2. [fr. 1. —] s. Schibler, [Ernst].

— dasselbe. 1902. Beilage. 3. Heft. gr. 8. Ebd. n. — 80

Ueber die Ausbildung des Infanteristen zum Schützen im Gelände u. vor der Scheibe. Eine Studie. Von Herm. Merz. (38 S.) 902.

Militärzeitung. Beilage zur Allgemeinen Schweizerischen Militärzeitung 1902. Redaktion: Oberst U[lrich] Wille. Heft 3. 8. Basel, Benno Schwabe, 1902. [fr. 1. —]

s. Merz, Hermann.

— allgemeine schweizerische. Organ der schweizer. Armee. Red.: U. Wille. 49.—52. Jahrg. Der schweizer. Militärzeitschrift. 69.—72. Jahrg. 1903—1906. à 52 Nrn. (VII, 430 u. 50; VI, 434 u. 48; VI, 430 u. 36 u. VI, 418 u. 48 S. m. je 1 Taf. u. 1 Karte.) schmal Fol. Basel, B. Schwabe. à Jhrg. n. 6. 40

— dasselbe. 1903. Beilage. 3 Hefte. gr. 8. Ebd. n.n. 2. 90

1. Die Manöver des IV. Armeekorps 1902. Von F. Gertsch. Mit 1 Karte. (55 S.) 903. n. 1. 60
2. Vorschläge zur Bekleidungsreform der schweiz. Infanterie. Vortrag, geh. in der Offiziersgesellschaft des Kantons Zürich den 15. II. 1903 u. in der Offiziersgesellschaft des Kantons Thurgau, Frauenfeld den 1. III. 1903. Von H. Koller. (25 S. m. Abbildgn.) 903. n.n. — 65
3. Gedanken üb. Führung kombinierter Kavalleriedetachemente in schweizer. Verhältnissen. Von F. Zeerleder. (23 S.) 903. n.n. — 65

Militärzeitung. Beilage zur Allgemeinen Schweizerischen Militärzeitung 1903. Redaktion: Oberst U[lrich] Wille. Heft 1. 8. Basel, Benno Schwabe, 1903. [fr. 1.—]

s. Gertsch, F[ritz].

Militärzeitung. Beilage zur Allgemeinen Schweizerischen M' 1903. Redaktion: Oberst U[lrich] Wille. Hefte 2 u. 3. 8. Basel, Benno Schwabe, 1903.

Heft 2. (fr. —. 80) s. Koller, H[ermann].
Heft 3. [fr. —. 80] s. Zeerleder, F[ritz].

Militärzeitung. Beilage zur Allgemeinen Schweizerischen M' 1904. Redaktion: Oberst U[lrich] Wille. Heft 1 u. 2 u. 3. 8. Basel, Benno Schwabe, 1904.

Heft 1. (fr. 1 50) s. Schoppi, [Richard]. — Heft 2. (fr. 1. —) s. Mechel, H(ans) von. — Heft 3. [fr. 2. —] s. Pietzker, Hermann.

Militärzeitung. Beilage zur Allgemeinen Schweizerischen M' 1904. Redaktion: Oberst U[lrich] Wille. Heft 4. 8. Basel, Benno Schwabe, 1904. [fr. 1. —]

s. Immenhauser, G[ottfried].

Militär-Zeitung, allgemeine schweizerische. Organ der schweizer. Armee. Red.: U. Wille. 1905. Beilage. 1. u. 2. Heft. gr. 8. Basel, B. Schwabe. n. 2. 60

1. Die Manöver d. III. Armeekorps 1904. Von H. Pietzcker. (79 S.) 905. n. 1. 60
2. Die Manöver am Lukmanier vom 4.—8. IX. 1904. Von Karl Egli. (44 S.) 905. n. 1. —

Militärzeitung. Beilage zur Allgemeinen Schweizerischen M' 1905. Redaktion: Oberst U[lrich] Wille. Heft 1 u. 2. 8. Basel, Benno Schwabe, 1905.

Heft 1. (fr. 2. —) s. Pietzker, Hermann. — Heft 2. [fr. 1. 25] s. Egli, Carl.

— allgemeine schweizerische. Organ der schweizer. Armee. Red.: U. Wille u. Fritz Gertsch. 53.—56. Jahrg. Der schweizer. Militärzeitschrift 73.—76. Jahrg. 1907—1910. à 52 Nrn. (à ca. 8 S.) 31.5×19 cm. Basel, B. Schwabe & Co. à Jahrg. 8. —

Militär-Zeitung, allgem. schweizerische. Organ der schweizer. Armee. Red.: U. Wille u. Fritz Gertsch. 53.—56. Jahrg. Der schweizer. Militärzeitschrift. 73.—76. Jahrg. 1907. Beilage. 2 Hefte. gr. 8. Basel, B. Schwabe & Co. 2. —

1. Die Manöver des IV. Armeekorps 1906. Von Karl Egli. (31 S.) 907. 1. 20
2. Die Verpflegung unserer Armee im Kriege. Von G. Immenhauser. (43 S.) 907. — 80

— dasselbe. 1908. Beilage. 1. Heft. gr. 8. Ebd. 1. 20

1. Die Herbstübungen des I. Armeekorps. Von Schaeppi. (43 S.) 908.

— dasselbe. 1909. Beilage. 1. Heft. gr. 8. Ebd. 2. —

1. Der Infanterieangriff nach dem schweizer. Exerzierreglement f. Infanterie 1908 verglichen mit den Bestimmgn. des deutschen (1906) u. des japan. Exerzierreglements (1907) f. Infanterie, erläutert an kriegsgeschichtl. Beispielen. Von Eug. Bircher. (114 S.) 909.

— dasselbe. 1910. Beilage. 1. Heft. gr. 8. Ebd. — 80

1. Ueber den Sanitätsdienst im russisch-japanischen Krieg u. dessen Lehren f. unsere Verhältnisse Von F. Limacher. (35 S.) 910.

Militärzeitung. Beilage zur Allgemeinen Schweizerischen M'.... Redaktion: Oberst U[lrich] Wille (*1909* u. *1910*: und Oberst F[ritz] Gertsch). 8. Basel, Benno Schwabe (*1909* u. *1910*: & Co.).

... 1907. ... 2 Hefte. 1907. — Heft 1 s. Egli, Carl — Heft 2 s Immenhauser, G[ottfried].
... 1908. ... Heft 1. 1908. s. Schaeppi, [Richard].
... 1909. ... Heft 1. 1909. s. Bircher, Eugen.
... 1910. ... Heft 1. 1910. s. Limacher, F[ranz]

—— illustrirte. Militärisch-belletrist. Wochenblatt. Redact.: Ritter v. Hack. Jahrg. 1863. Octbr. bis Dezbr. 13 Nrn. (à 2 Bog. mit eingedr. Holzschn.) Fol. Wien, Markgraf und Müller. *

Militär-Zeitung, Illustrirte. Organ für die k. u. k. österr.-ung. Armee. I. und II. Jahrg. (2 Bde.) Fol. Wien 1892 u. 1893.

Militär-Zeitung, neue, s. Blätter für Kriegswesen ꝛc.

Neue
— Militär-Zeitung. Redig. von Hptm. Scholl. Jhrg. 1—4. Darmstadt 1856—1859. 4°

—— neue. Hrsg. von einer Gesellschaft deutscher Offiziere. Redakt.: Fr. Scholl. 1. Jahrg. Juli — Decbr. 1856. 26 Nrn. (Bog.) gr. 4. Darmstadt, Diehl. *

—— neue. Hrsg. von einer Gesellschaft deutscher Offiziere. Redig. von Fr. Scholl. 2. und 3. Jahrg. 1857 und 1858. à Jahrg. 52 Nrn. (Bog.) gr. 4. Darmstadt, Diehl. à Jahrg.
Die Fortsetzung erschien unter dem Titel: Blätter für Kriegswesen.

— neue. Red.: Frdr. v. Geitler. Jahrg. 1869 u. 1870. à Jahrg. 102 Nrn. (Bgn.) Wien, (Gerold's Sohn.) gr. 4. Jeder Jahrg. n. 7 ₰ 10 ngr.

— neue, Red.: Frdr. Geitler v. Armingen. 23—28. Jahrg. 1871—1875. à 102 Nrn. (B.) gr. 4. Wien, Gerold's Sohn. à Jahrg. n. 22. —

—— für die Reserve- und Landwehr-Officiere des deutschen Heeres. Redact.: v. Marées. 1. und 2. Jahrg. 1878 und 1879. à Jahrg. 52 Nrn. (à 1¼—1½ Bog.) gr. 4. Berlin, Feicht. à Jahrg. *

—— für die Reserve- und Landwehr-Offiziere des deutschen Heeres. Redact.: Oettinger. 3.—7. Jahrg. 1880—1884. à Jahrg. 52 Nrn. (à Nr. 1½ Bog.) gr. 4. Berlin, Eisenschmidt. à Jahrg. *

Forts. u. d. T Militärzeitung.

Militch, E., auf dem Lebenspfade. Skizzen. (In russ. Sprache.) (23 S.) Lex.-8. Berlin (W., Kaiserin Augustastrasse 72 pt.) (905). Frau E. Militch-Wassilieff. n. 1. —

— Mussestunden. (Skizzen u. Erzählgn.) (In russ. Sprache.) (176 S.) 8. Mainz (904). Ebd. n. 3. —

— aus der Seelen-Welt. Gedichte. (In russ. Sprache.) (III, 101 S.) Lex.-8. Ebd. (905). n. 3. —

Milite, de, nobili et ingenuo Saec. XI et XIII., una c. Vindiciis Marquardi de Grumbach dynastae. 8. maj. Nürnberg. Stiebner. 794.

Militemus, Geistliches, oder Soldaten-Büchlein zum Nuz aller redlichen Soldaten . . . Meinung. O. O. 1703. V: *Ritterich von Rathmannsburg, Rüdiger Johann Nicolaus.* (Fiker)

Militsch [Schlagwort]

Militsch, Kreis, s.: Kreiskarten.

Militsch-Trachenberg, s.: Breslau, Reg.-Bez.

Miliz, die, oder d. lächerliche Werbung; Singspl., aus d. Franz. 8. Frankf. 772. Andreä. 6 ₰

Militzen, Die beyden, aus d. Franz. m. Musik. Ebd. 1773. 8°

Militzer, Tafeln zur Reduction gemessener Gasvolumina auf die Temperatur 0° u. den Luftdruck 760mm. [Aus dem Febr.-Hft. 1851 der Sitzungsberichte der math.-naturw. Cl. d. kais. Akad. d. Wissensch. abgedr.] gr. 8. (18 S.) (Wien 851, Braumüller.) n. 4 ngr.

Militzer, Franz, approb. Arzt. Ueber einen Fall von glandulärem Ovarialkystom mit doppelter Stieldrehung. *Greifswald 1899: H. Adler.* (26 S.) 8°
Würzburg, Med. Diss. v. 1899

Militzer, Herm., über die Bestimmung der Constanten eines galvanischen Elementes. [Aus d. Sitzungsber. der k. Akad. der Wiss.] Wien 869. (Gerold's Sohn.) Lex.-8. (9 S. mit 1 eingedr. Holzschn.) 3 ngr.

— Über die Bestimmung der Konstanten eines galvanischen Elementes (mit 1 Holzschnitte). S. 59. II. 472 . ngr.
Separatabdruck

— Hilfstafeln zur Reduktion gemessener Gasvolumina auf die Temperatur 0° und den Luftdruck 760 mm. S. 6. 188 . —.34
Separatabdruck

Militzer Hermann, Dr Vergleichung der drei zu Regnaults Psychrometer von Fastré in Paris verfertigten Thermometer. S. 5. 448 . ngr.
Separatabdruck

Militzer, Herm., über die Verwendung einer gemeinschaftlichen Batterie für vielfache Schliessungskreise. Lex.-8. (41 S.) Wien 867, (Gerold's Sohn.) *
Aus: Sitzungsberichte der k. Akademie der Wissenschaften, besonders abgedruckt.

— Über die Verwendung einer gemeinschaftlichen Batterie für vielfache Schließungskreise. S. 54. II. 392 . —.60
Separatabdruck

Militzer, Johann Georg

(—). — Gratulatio qua virum clarissimum doctissimumque Christ. Benedikt Milk . . . . praemissa brevi disputatiuncula qua docetur interpretationem librorum divinorum ab interpretatione librorum humanorum nihil differre. Zeitz (Huchon) 5. X. 1774. 12 S. (4.—) 23359

Militzer, Johann Georg, De nonnullis moschi, muriatis oxyduli hydrargyri mitis et muriatis oxyduli ferri in organismo sano effectibus. Diss. inaug. Erlangen (Junge) o. J. 36 S. (4.50) 23358

Skizzen Russischer Kulturgeschichte. Von Paul Milukow [**Miljukov**]. Deutsche vom Verf. durchges. Ausg von E. Davidson. Mit e. Vorr d. Verf. z. deutschen Ausg. Mit Taf. Bd 1. 2. *Leipzig: O. Wigand 1898–1901.* 2 Bde 8° [F.] [oc. 8030

Milius, A., s. H a r f e , Die, e. Wochenschrift.

Milius, E., Hydropathie auf der Eisenbahn, s. Komus.

Miliutin, Beschreibung der Kriegs-Operationen des J. 1839 im nördl. Dagestan, s. a. Aufsätze vermischten Inhalts.

Miliutin, Oberst. Beschreibung der Kriegs-Operationen des Jahres 1839. im nördlichen Dagestan. St. Petersburg 1850 (Aus dem Russischen übersetzt.) Mit einer Uebersichtskarte und mehreren Plänen. Beihft. z. „Milit.-Wochenblatt" — Berlin 1853.

—— und Michailowski-Danilewski, Geschichte des Krieges Rußlands mit Frankreich 1799, s. a. Michailowski-Danilewski.

Miliutin, Oberst u. **Michailowski-Danilewski.** Geschichte des Krieges Russlands mit Frankreich unter der Regierung Kaiser Paul's I. im Jahre 1799. Verfasst auf A. B. Sr. M. des Kaisers Nicolaus I. (Der 1. Thl. von Generallieut. Michailowski-Danilewski, die übrigen Theile von Oberst Miliutin.) Nach dem russischen Originale in's Deutsche übertragen von Chr. Schmitt, bayer. Lieut. (5 Bde.) 8. München 1856—1858.

Miliutin, Geschichte des Krieges Rußlands mit Frankreich unter der Regierung Kaiser Pauls I. im J. 1799. 2—5. (Schluß-)Bd. Nach dem russ. Orig. in's Deutsche übertr. von Chr. Schmitt. Lex.-8. München, (Lindauer'sche Buchh.) [2. Bd. (615 S. mit 10 lithogr. Plänen in 8., 4. und Fol. und 13 Bl. Erklärungen.) 857., 3. (482 S. mit 9 lithogr. und ill. Karten in Lex.-8., 4., qu. 4. und qu. Fol. nebst 3 Bl. Erklärungen und 1 Stnt. in qu. 4.) 857., 4. (V und 421 S. mit 7 lithogr. und ill. Karten in Lex.-8., gr. 4. und qu. gr. 4. nebst 6 Bl. Erklärungen.) 858., 5. (VI und 455 S. mit 4 lithogr. Karten in gr 4. und qu. gr 4. nebst 4 Bl. Erklärungen.) 858. à Bd. * 3 Thlr. 16 Ngr.] *

Der 1. Bd. erschien Ebendas. 1856 unter dem Titel: Michailowski-Danilewski und Miliutin, Geschichte rc. und kostet * 3 Thlr Der Name des ersten Mitarbeiters ist auf dem Titel der folgenden Bände weggefallen.

Miliutin. Taschenbuch für russische Officiere. 8. Petersburg 1857.

Miliz-Almanach, Oesterreichischer. (Nr. 1) für das Jahr 1790. 8. Nürnberg und Wien 1790.

Milizen, Die beiden, ein Singspiel a. d. Franz. Frankf. a. M. 1774. Ü: *Faber, Johann Heinrich.* (ML)

H. G. Die Milizen und Lanzknechte des griechischen Alterthums. (Aus. „Die Grenzboten. Zeitschrift für Politik und Literatur." XXI Jahrg. Nr 3.) (Donation Liechtenstein.) 8. Leipzig 1862.

Milizen. Die oberl. M' im März 1898 (*d. i.* 1798) . . . . ⟨SA.⟩ *s.* [Gaudard, August Hermann Gottgetreu].

R u s s i s c h e mobile **Milizen**. Moskau 1855. 4 farb. Bl. 2°

Milizen-Spiegel, worin zu sehen was dem republikanischen Wehrmanne gut oder übel ansteht. Mit dem (lith.) Portr. des Generals Dufour u. 4 (lith.) Abbildgn. 2. unveränd. (Titel-)Ausg. Bern 857. Blom. 8. (IV, 92 S.) n. 8 ngr

Milizia, Franzesco: G r u n d s ä t z e der bürgerlichen Baukunst. Aus dem Ital. von J. J. Volkmann. Leipzig 1784-86. 3 Bde. 8° – Desgl. von C. L. Stieglitz. Leipzig 1824. 3 Bde. 8°

Milizia, (Fr.,) Grundsätze der bürgerl. Baukunst. Aus d. Italien. Nach d. neuesten Ausg. d. Urschrift, durchgesehen u. mit Anmerkk. begleitet v. C. L. Stieglitz. 3 Thle, mit 25 Zeichn. gr. 8. Leipz. 824, Schwickert.

Milizia, Franc., principi di architettura civile, opera illustr. dal prof. Giov. Antolini. Secondo l'ediz. milanese migliorata per cura del Dr. L. M a s i e r i. Con 36 tavole in rame (in 4.) gr. 8. (XII u. 596 S. m. dem Portr. des Verf. in Stahlst.) Milano 847. (Trieste, Favarger.) n. 3 1/3 ₰

MILKAN, Johann Christian: Über Galläpfel und Knoppern, nebst einer kurzgefaßten Naturgeschichte der Insekten, durch welche sie entstehen. - Prag 1816. 12 S., 1 Taf.

Milkau, F., s.: G r u n d l a g e n, die allgem., der Kultur der Gegenwart.

Milkau, Fridericus [Loetzeniensis]: De Vellei Paterculi genere dicendi quaestiones selectae . . . . Regimonti, ex offic. Hartungiana, 1888; 2 Bl. + 100 S. + 1 Bl. 8°

Königsberg, Phil. Fak., Inaug.-Diss. v. 30. Jul. 1888

Milkau, F., de Vellei Paterculi genere dicendi quaestiones selectae. Diss. inaug. gr. 8. (100 S.) Königsberg 888. (Nürmberger's Sort.) n. 1. —

Die Abteilung für niederdeutsche Literatur bei der Universitätsbibliothek zu Greifswald von Fritz **Milkau**. Leipzig: O. Harrassowitz 1907. (9 S.) 8°

Aus: Zentralblatt f. Bibliothekswesen. Jg. 24, H. 2. [c7. 3356 @

Milkau, Fritz, die internationale Bibliographie d. Naturwissenschaften nach dem Plane der Royal Society. Eine orientier. Übersicht. gr. 8. (62 S.) Berlin 899. A. Asher & Co. n. 1.50

Léopold Delisle. Ein Nekrolog von Fritz **Milkau**. Leipzig: Harrassowitz 1910. 17 S. 8°

Aus. Zentralblatt f. Bibliothekswesen. Jg. 27, H. 9. [10. 14586 2

Verzeichniss der Bonner Universitätsschriften 1818—1885. Nebst e. Anh. enth. d. ausserordentl. Promotionen. Im Auftr. d. Bonner Universitäts-bibl. zsgest. v. Fritz **Milkau**. M. e. Vorw. v. d. Dir. d. Bibliothek (C[arl] Schaarschmidt). *Bonn: F. Cohen 1897.* (XXIV, 440 S., 1 Bl.) 1 Bd 8. [97. 2612

Milkau, Fritz, Centralkataloge u. Titeldrucke, s. a. Centralblatt f. Bibliothekswesen.

Centralkataloge und Titeldrucke. Geschichtl. Erörtergn u. pract. Vorschläge im Hinblick auf d. Herstellg e. Gesamtkatalogs d. preuss. wissenschaftl. Bibliotheken v. Fritz **Milkau**. M. 35 Taf. in Zinkätzg u. 1 Tab. *Leipzig: O. Harrassowitz 1898.* (X, 151 S., 36 Bl. Anl.) 8.
= **Beihefte** z. Centralblatt f. Bibliothekswesen. [No] 20. [98. 6890

Milkau, J. A., der schnelle Rathgeber über das Armen- und Kurkosten-Wesen mit den hierauf bezügl. Gesetzen und Ministerial-Bestimmungen. Zum prakt. Gebrauch für Kreis- und Orts-Polizei-Behörden, Dominien rc. 8. (VIII und 186 S.) Bartenstein 861. (Königsberg, Gräfe und Unzer.) *

MILKE, Christian Benedikt - 1801?
M. Christian Benedikt Milkens ... Geographie, tabellarisch eingekleidet zum Schul-Gebrauch.
Leipzig-Altona: Kaven. 1792. 6, 258 S. 8°.
Bayerische Staatsbibliothek München

Milkowicz, Wlodimir: Zwei Fresko-Kalender in den Bukowiner Klosterkirchen Woronetz und Suczawitza aus dem 16. Jahrhundert. In: MKHD, NF 24/1898, S. 1–45. Sonderdruck: Wien: Hölder 1898.

Milkowicz, Wladimir, zwei Fresco-Kalender in d. Bukowiner Klosterkirchen in Woronetz u. Suczawitza aus d. 16. Jahrh. [Aus: „Mitteilgn. d. k. k. Central-Commission f. Erforschg. u. Erhaltg. d. Kunst- u. histor. Denkmale", N. F. 24. Jahrg.] 8. (179 S. m. 5 Taf.) Wien 898. (W. Braumüller.) n.n. 4. —

— ein nord-russischer auf Holz gemalter Kalender aus d. Zeit um 1600. [Aus: „Mitteilgn. d. k. k. Central-Commission f. Erforschg. u. Erhaltg. d. Kunst- u. histor. Denkmale".] 8. (90 S. m. Abb. u. 1 Taf.) Ebd. 896. n.n. 1. 20

Milkowicz, Wladimir. Die Klöster in Krain. Studien zur österr. Monasteriologie. Lex.-8. (226 S.) Wien 889, (Tempsky). * 3 40
Aus: Archiv f. österr. Geschichte, besonders abgedruckt.

Milkowicz Wladimir Die Klöster in Krain. Studien zur österreichischen Monasteriologie. Ar. 74 261 vgr
Separatabdruck

Milkowicz, Wladimir, s.: Monumenta confraternitatis Stauropigianae Leopoliensis.

Milkowičz Vladimir: Studien zur Geschichte des Anfalles Schlesiens an die böhmische Krone.
1883 PN 314 Diss. Wien, Univ 688

Milkowicz, Wladimir, s.: Weltgeschichte.

Milkowska, Hélène: Etude de quelques cas de rétro-déviation de l'utérus gravide. Zurich 1900. 54 p. 8°.
Genève. Thése méd. 1900/1901

Milkowski, s.a. Jeż, Thdr. Thomas.

Aušrant [W zaranu]. Apysaka T. T. Jeż'o [d. i. Zygmunt **Miłkowski**]. Iš lenkiško sutrumpino Draugaitis. Bitėnai Jankus 1903. 120 S. 8°
[Bei Tagesanbruch. Im Ausz übers. aus d. Poln.] (ic. 11345 10

Mill. – John Stuart Mill, s. Lange, F. A.: J. St. Mill's Ansichten.

Mill, John Stuart, Nachruf auf ihn, s.: Gomperz, Th.

Mill, D. (Ludmilla Frydmann), Anaxagoras im 20. Jahrh. (Fortsetzung v. „Experimentelle Erklärg. der Mondwelt" etc.) (16 S.) 8. Wien (-Hietzing, Hietzinger Hof) 908. Frau Ludmilla Frydmann. — 50

— Experimentelle Erklärung der Mondwelt u. des Amerikanebels. (15 S.) 8. Ebd. 908. — 50

Mill, Fred, Anti-Volapük od. die Mezzofanti-Sprache. Eine einfache International-Grammatik als Schlüssel f. alle Sprachen. Gleichzeitig als telephon. Geheimsprache. 8. (52 S.) Neuwied 893. Heuser's Verl. — 75

Mill, J.

— Vers. v. d. Wetter, m. Anmerk. üb. Banbury, a. d. Engl. 8. Leipz. Schwickert. 782.

Mill, Jakob „Elemente der Nationalökonomie. Aus dem Englischen übersetzt von Adolph Ludwig von Jacob, mit Zusätzen von Ludwig Heinrich von Jacob", Halle 1824. — Vorh.. Bibl. des Oberlandesgerichts Celle — Tb. 673 — und Com. Bibl. Hamburg.

Mill, (J.,) Elemente der Nationalökonomie. Aus d. Engl. v. A. L. v. Jakob. Mit Zusätzen vom Staatsr. v. Jakob. 8. Halle 824, Kümmel.

Mill, James, Gesch. d. brit. Indien, s. a. Geschichte d. außereurop. Staaten rc. 5—10. Bd.

Mill, James Esq. Geschichte des britischen Indien. Nach der dritten englischen Original-Auflage übersetzt. (Aus: „Geschichte der aussereuropäischen Staaten. Herausgegeben von mehreren Gelehrten" 5.—10. Bd.) (6 Bde.)

MILL, Johann: Abhandlung von der Eichzucht, dem Bienenbau, den Holzungen. - Leipzig 1765

Mill, John. Vollständiger Lehrbegriff von der praktischen Feldwirthschaft... Leipzig 1764—67. Ü: *Jünger, Christian Friedrich & Joh. Jac. Dusch.* (ML) (WÖ)

Mill, J., Lehrbegr. v. d. prakt. Feldwirthsch. 5 Thle. gr. 8. Leipzig, Weidmann. 764 - 67. (1 - 3r à 1 Rthlr. 8 gr. 4r u. 5r à 1 Rthlr.)

Mill, John Stuart

— — Auszug aus John Stuart Mill's Unterordnung der Frauen [The Subjection of women; 1869] v. Alex. Reyer. — Graz: Pock 1869. 71 S. 8°

— Auszug aus John Stuart Mill's Unterordnung der Frauen v. Alex. Reyer. Graz 870. (Pock.) gr. 8. (71 S.) n. 12 ngr.

— — Übers. v. Ludwig Stöckmann. — Berlin u. Leipzig: Fried 1891. 144 S. 8° (Samml. Fried. 8.)

— — 3. Aufl. 1891. 141 S.

Mill, John Stuart, Betrachtungen über Repräsentativverfassung. Nach der 2. Aufl. aus dem Engl. übers. u. eingeleitet von F. A. Wille. Zürich 862. Meyer & Zeller. gr. 8. (XXVIII, 232 S.) n. 1 Rthlr 6 ngr.

— Betrachtgn. üb. Representativ-Regierungen, deut. v. Wessel. Leipz. 873.

— August Comte u. der Positivismus. Wiederabdruck aus der Westminster-Review. Aus dem Engl. übers. v. Elise Gomperz. gr. 8. (141 S.) Ebend. 874. n. 2. —

Mill, John Stuart, on education, hrsg. v. A. Knobbe, s.: Schulbibliothek französ. u. engl. Prosaschriften.

Mill, John Stuart: Ueber Frauenemancipation. Plato. Arbeiterfrage. Socialismus. Uebers. von Siegm. Freud. Leipzig 1880.

Mill, John Stuart, die **Freiheit,** s.a. **Bibliothek,** russische.

Mill, John Stuart, über Freiheit, s.a. **Universal-Bibliothek.**

– Über die Freiheit. (On liberty, deutsch). Frankfurt 1860. 8° Leipzig 1896. 8°

– über die Freiheit. Aus dem Engl. übers. von E. Pickford. Frankfurt a. M. 860. Sauerländer's Verlag. gr. 8. (XI, 164 S.) 1 ₰

— Grundsätze der politischen Oekonomie, nebst einigen Anwendungen auf die Gesellschaftswissenschaft. Aus d. Engl. übers. u. m. Zusätzen versehen v. Adph. Soetbeer. 2 Bde. gr. 8. (1: XXXVIII u. 600 S. 2: XVIII u. 737 S.) Hamburg 852, Perthes-Besser & Mauke. (1: n. 2 ₰ 24 ngr 2: n. 3 ₰ 6 ngr) n. 6 ₰

— Grundsätze der politischen Oekonomie nebst einigen Anwendungen derselben auf die Gesellschaftswissenschaft. Aus der 5. Ausgabe des Origin. übers. v. Adf. Soetbeer. [2. deutsche Ausg.] Hamburg 864. (Perthes-Besser & Mauke. Lex.-8. (XXIV, 734 S.) n. 4 ₰ 20 ngr

— Grundsätze d. polit. Oekonomie. Deut. v. **Seetbeer.** 4. Ausg. 2 Bde. Leipz. 882-85.

— Die Hörigkeit der Frau. [The Subjection of women; 1869.] Aus d. Engl. übers. v. Jenny Hirsch. — Berlin: Berggold 1869. 176 S. 8°

– die Hörigkeit der Frau. Aus dem Engl. übers. v. Jenny Hirsch. 2. Aufl. Nebst e. Vorbericht enth. e. kurze Uebersicht üb. den gegenwärt. Stand der Frauenfrage v. der Uebersetzerin. gr. 8. (XLV, 176 S.) Berlin 872. Berggold. n. 3. —

— die Hörigkeit der Frau. Aus dem Engl. übers. v. Jenny Hirsch. 3. Aufl. 8. (141 S.) Berlin 891. Berggold. n. 2. —

— dasselbe, s.a. Sammlung Fried.

— on liberty, hrsg. v. Karl Wehrmann, s.a. Schulbibliothek, französ. u. engl Prosaschriften aus d. neueren Zeit.

On liberty by John Stuart **Mill.** F. d. Schulgebr. bearb. u. erkl. v. Dr. Karl Wehrmann, Dir. ... in Kreuznach. M. e. Begleitwort v. Dr. Fr[iedr.] Paulsen, Prof. ... zu Berlin. M. d. Bildn. v. ... Mill. *Berlin: R. Gaertner 1897.* (XII, 100 S.) 1 Bd 8.
— Schulbibliothek französ. u. engl. Prosaschriften aus d. neueren Zeit. Abt. II. Bdch. 23. [97. 8097]

Mill, John Stuart, die inductive Logik. Eine Darlegung der philosoph. Principien wissenschaftlicher Forschung, insbesond. der Naturforschung. Nach dem Engl. in's Deutsche übertr. v. J. Schiel. gr. 8. (LX u. 654 S.) Braunschweig 849, Vieweg & Sohn. n. 2⅔ ₰

Mill, J. St. Principles of political Economy, with some of their application to social philosophy. 2 vol. 8°. London 1848. Book 5. Deutsch von Soetbeer. 2. Aufl. Hamburg 1864. (p. 590.) 3. Aufl. 1870.

— **Produktion auf grosser u. kleiner Stufenleiter,** s.: **Volkswirthschaft, die, in Heften.**

John Stuart **Mill,** Eine Prüfung der Philosophie Sir William Hamiltons [Examination of Sir William Hamilton's Philosophy], deutsch von Hilmar Wilmanns. (Vorr.: Benno Erdmann.) Halle a. S.: M. Niemeyer 1908. (XII, 709 S.) 8° [08. 7371 3]

— über Religion. Natur. Die Nützlichkeit der Religion. Theismus. 3 nachgelassene Essays. deutsch v. Emil Lehmann. Autoris. Uebersetzg. gr. 8. (VI, 213 S.) Berlin 875. Stuttgart, Krabbe. n. 5. —

Mill, John Stuart: Selbstbiographie. [Autobiography: 1873.] Aus d. Engl. v. Karl Kolb. Autoris. dt. Übers. — Stuttgart: Bonz [1874]. 264 S. 8°

Mill's, John Stuart, Selbstbiographie. Aus dem Engl. v. Carl Kolb. Autor. deutsche Uebersetzg. gr. 8. (264 S.) Stuttgart 874. Meyer & Zeller. n. 4. 50

– O Svobode. (On liberty, tschechisch). Leipzig 1861. 8°

Миллъ, Д. С., о свободѣ, s. Библіотека, русская. (Mill, D. S., über die Freiheit, s. Bibliothek, russische.)

— System der deductiven und inductiven Logik. Eine Darlegung der Principien wissenschaftlicher Forschung, insbesondere der Naturforschung. In's Deutsche übertragen von J. Schiel. 2. deutsche nach der 5. des Orig. erweiterte Aufl. 2 Thle. Braunschweig 862. Vieweg & Sohn. gr. 8. (XXIV, 575 S.; XIV, 586 S.) n. 4 ₰ 24 ngr

— **System der deductiven u. inductiven Logik.** Eine Darlegung der Principien wissenschaftl. Forschung, insbes. der Naturforschung. In's Deutsche übertragen von J. Schiel. 3. deutsche nach der 5. des Orig. erweit. (Titel-)Aufl. 2 Thle. Braunschweig 868. Vieweg & Sohn. gr. 8. (XXIV, 575 S., XIV, 586 S.) n. 4 ₰ 24 ngr

Mill, John, Stuart, **System der deductiven und inductiven Logik.** Eine Darlegung der Principien wissenschaftl. Forschung, insbesondere der Naturforschung. In's Deutsche übertragen von J. Schiel. 4. deutsche, nach der 8. des Originals erweit. Aufl. 2 Thle. gr. 8. (XXIV, 607; XIV, 598 S.) Braunschweig 877, Vieweg und Sohn. *

Mill's, John Stuart, gesammelte Werke. Autorisirte Uebersetzung unter Redact. von Th. Gomperz. In 12 Bdn. 1.—11. Bd. gr. 8. Leipzig, Fues's Verlag. *

Inhalt:

Bd. 1. Die Freiheit, übers. von Th. Gomperz. — Das Nützlichkeitsprincip. — Rectoratsrede, übers. von Ad. Wahrmund. (VI, 268 S.) 869. *ℳ 3.

Mill's, John Stuart, gesammelte Werke &c.

Bd. 2—4. System der deductiven und inductiven Logik. Eine Darlegung der Grundsätze der Beweislehre und der Methoden wissenschaftl. Forschung. Mit Genehmigung und unter Mitwirkung des Verf. übers. und mit Anmerkungen versehen von Thdr. Gomperz. 3 Bde. (XXI, 339; X, 375; XI, 394 S.) 873. à Bd. *ℳ 3,60.

" 5—7. Grundsätze der politischen Oekonomie nebst einigen Anwendungen derselben auf die Gesellschaftswissenschaft. Mit Genehmigung des Verf. übers. von Adf. Soetbeer. [3. deutsche Ausg.] 3 Bde. (X, 321; 390; VI, 596 S.) 869,70. à Bd. *ℳ 3.

" 8. Betrachtungen über Repräsentativ-Regierung. Mit Genehmigung des Verf. übers. von Ed. Wessel. (VI, 262 S.) 873. *ℳ 3.

" 9. August Comte und der Positivismus. Kleinere Aufsätze. Wiederabdruck aus der Westminster-Review. Aus dem Engl. übers. von Elise Gomperz. (275 S.) 871. *ℳ 3.

" 10. 11. Vermischte Schriften politischen, philosophischen und historischen Inhalts. Mit Genehmigung des Verf. übers. von Ed. Wessel. 1. und 2. Bd. (252; 250 S.) 874,75. à *ℳ 3.

Mill's, John Stuart, gesammelte Werke. Autoris. Uebersetzung unter Redaction von Thdr. Gomperz. 2., 5. und 12. (Schluß-) Bd. gr. 8. Leipzig, Fues's Verlag. *

Inhalt:

Bd. 2. System der deductiven und inductiven Logik. Eine Darlegung der Grundsätze der Beweislehre und der Methode wissenschaftl. Forschung. Mit Genehmigung und unter Mitwirkung des Verf. übers. und mit Anmerkungen versehen von Thdr. Gomperz. 2. verm. und verb. deutsche Aufl. 1. Bd. (XVI, 367 S.) 884. *ℳ 4.

" 5. Grundsätze der politischen Oekonomie, nebst einigen Anwendungen derselben auf die Gesellschaftswissenschaft. Mit Genehmigung des Verf. übersetzt von Adf. Soetbeer. [4. deutsche Ausg.] 1. Bd. (XVI, 312 S.) 881. *ℳ 3,50.

" 12. Vermischte Schriften. 3. Bd. Ueber Frauenemancipation. Plato. Die Arbeiterfrage. Der Socialismus. Uebersetzt von Siegm. Freud. (V, 238 S.) 880. *ℳ 3.

1., 3., 4. und 6.—11. Bd. Ebendas. 1869—74. *ℳ 28,70.

Mill's, John Stuart, gesammelte Werke. Autoris. Uebersetzung unter Redakt. von Thdr. Gomperz. 3. 4. und 6. Bd. gr. 8. Leipzig, Fues's Verlag. *

Inhalt:

Bd. 3. 4. System der deductiven und inductiven Logik. Eine Darlegung der Grundsätze der Beweislehre und der Methode wissenschaftl. Forschung. Mit Genehmigung und unter Mitwirkung des Verf. übers. und mit Anmerkungen versehen von Thdr. Gomperz. 2. verm. und verb. deutsche Aufl. 2. und 3. Bd. (X, 385; XI, 372 S.) 885,86. à Bd. *ℳ 4.

" 6. Grundsätze der polit. Oekonomie nebst einigen Anwendungen derselben auf die Gesellschaftswissenschaft. Mit Genehmigung des Verfassers übers. von Ad. Soetbeer. [Vierte deutsche Ausg.] 2. Bd. (389 S.) 885. *ℳ 3.50.

1., 2., 5. und 7.—12. Bd. Ebendas. 1869—84. *ℳ 28.50.

Mill's, John Stuart, gesammelte Werke. Autoris. Übers. unter Red. v. Th. Gomperz. 3., 4. u. 6. Bd. gr. 8. Leipzig, Reisland. n. 11. 50 (1—12.: 40. —)

3. 4. System der deductiven u. inductiven Logik. Eine Darlegg. der Grundsätze, der Beweislehre u. der Methoden wissenschaftl. Forschg. Mit Genehmigg. u. unter Mitwirkg. d. Verf. übers. u. m. Anmerkgn. versehen v. Thdr. Gomperz. 2., verm. u. verb. deutsche Aufl. 2. u. 3. Bd. (X, 385 u. XV, 373 S.) 886/87. à n. 4. —

6. Grundsätze der politischen Oekonomie, nebst einigen Anwendgn. derselben auf die Gesellschaftswissenschaft. Mit Genehmigg. d. Verf. übers. v. Adf. Soetbeer. [4. deutsche Ausg.] 2. Bd. (389 S.) 885. n. 3. 50

Mill's, Th., pathol. Anatomie des Gehirns beym Typhus oder Gehirnfieber, mit beygefügten während der jetzigen Epidemie gesammelten Beobachtungen. Nach d. Engl. übers. v. G. von dem Busch. gr. 8. Bremen, Kaiser. 820.

Bücherei des Wiener flugtechnischen Vereines. (Verf.: Karl Milla, Bücherwart.) Abschluss am 15. März 1905. Wien: Verein (1905). (35 S.) 8° [07. 1930 11]

Milla, Karl, d. Flugbewegung d. Vögel. gr. 8. (II, 95 S. m. 27 Abb.) Wien 895. F. Deuticke. n. 3. 60

Milla, Karl, der freie Hebel des Flugschiffes. (29 S. m. 9 Taf.) Lex. 8. Wien 907. (Lehmann & Wentzel.) 4. —

— Wie fliegt der Vogel? (28 S. m. 12 Abb.) Lex. 8. Leipzig 908. B. G. Teubner. 1 —
Sonderabdr. aus: „Monatshefte f. d. naturwiss. Unterr."

Millanvoye, Bertrand: Pierrot's Bekehrung, s. Hess, Ch.

Millar, Geo. Hnr., Entwurf e. physikal. Erdbeschreibung; aus d. Engl. mit Anmerkk. v. Jh. Gli. Geisler. Mit Kpf. gr. 8. Dresd. 788. Walther. 1 ℛ

Millar, John

— über Aufklärung, Ursprung u. Fortschritte des Unterschiedes d. Stände u. des Ranges rc.; nach d. Engl. (v. J. A. Bergk). 8. Leipz. 798. Weygand. 1 ℛ

Millar, J. Über Aufklärung, Ursprung und Fortschritte des Unterschiedes der Stände und des Ranges . . . nach d. Engl. Leipzig 1798. Ü: *Bergk, Johann Adam.* (Ky)

John Millar
1733-1804

Johann Millar's [Observations on the asthma and on the hooping cough. Deutsch:] Bemerkungen über die Engbrüstigkeit und das Hühnerweh. Nebst e. Anh. von der stinkenden Asa. Aus d. Engl. übers. Leipzig: Fritsch 1769. 176 S. 8°

Millar, John, Bemerkk. über d. Engbrüstigkeit. Aus d. Engl. gr. 8. Leipz. 769. Fritsch. (Hahn). 10 gr

— Bemerkk. über den Unterschied d. Stände; aus d. Engl. 8. Leipz. 772. Schwickert. 12 gr

— histor. Entwickelung d. engl. Staatsverfassung; aus d. Engl. v. J. K. E. S. 3 Bde. gr. 8. Jena 819 u. 20. Schmid. 4 ℛ

Millar, John. Historische Entwickelung der englischen Staatsverfassung. A. d. Engl. . . . Jena 1819—21. Ü: *Schmid, Carl Ernst.* (MGT)

— origin of the distinction of ranks. gr. 8. Basel, Tourneisen. (a. Levrault in Strasb.) 794.

Millard, Ed., Nachruf an C. H. Spurgeon, s.: Spurgeon, C. H., mein Werk ist gethan.

Millard, Edw., Brocken v. Gottestisch, s.: Smith, James.

Millard, James

Millard, J., das Abendmahl d. Herrn u. die Stellung der Jünger Jesu zu demselben nach 1. Cor. 11, 23—32. Ein Konferenz-Referat. Nebst Diskussion. gr. 8. (30 S.) Bonn 892. J. Schergens. n. — 25

Millard, J., dennoch!, s. Spurgeon.

– (Bearb.), s. Spurgeon, Charles Haddon. Die Schatzkammer Davids.

Millardet, A., note sur une substance colorante nouvelle [Solanorubine] découverte dans la Tomate. gr. 8. (21 S.) Nancy 876. (Strassburg, Trouttel & Würtz.) n. — 60

Millaud, A., Madame Herzog od. die Verschwörung zu Montefiascone, s.: Theater, neues Wiener.

Millaud, Alb. Paragraph 330, s. Universal-Bibliothek: Najac, E. de.

Millauer, G., Gold u. Silber u. das Kilogramm als Gewichtseinheit oder die Fein-, Preis- u. Legirungsrechngn. mit Zugrundelegung des Kilogramms u. der tausendtheil. Gehaltsangabe, nebst einer Anleitung zur Decimalbruchrechnung rc. Mit besonderer Rücksicht auf die in Bayern gelt. gesetzlichen Bestimmungen. München 870. Gummi. gr. 8. (XV, 157 S.) n. 1 ℛ

Millauer, Maximilian Xaver

Millauer, M. Diplomatisch-historische Aufsaetze über Johann Zizca von Trocznow 8. Prag 1824

Millauer, Max. (Xav.), vaterländisch-histor. Aufsätze. gr. 8. (40 B. incl. 1 Holzschn., 1 Kpfr.- u. 3 Stnt.) Prag 832, Haase Söhne.
Aus d. „Abhandln. d. k. böhm. Gesellsch. d. Wissenschn., 1. Bd." abgedruckt.

Böhmens Denkmahle der Tempelherren. Sammt einer treuen Darstellung der Glasmahlerey bei Sankt Anna in Prag. Von Max. Millauer. Prag 1822: Haase. VIII, 54 S. 1 Taf. 8°
Kl. 2283.

— Böhmens Denkmale der Tempelherren, sammt e. treuen Darstellung d. Glasmalerei an den 5 nördl. Fenstern des ehemal. (templerischen) St. Anna-Klosters. 8. Prag 822. Krauß. 8 gr. Schrbp. 10 gr.

—— Entwurf e. Gesch. d. Studiums d. Pastoraltheologie an d. k. k. Karl-Ferdinand'schen Prager Universität. 2. Aufl. gr. 8. (5½ B.) Prag 832, Calve.

— über die Erbauung der Stadt Budweis in Böhmen. gr. 8. Prag 817. Krauß. 4 gr.

— Fragmente aus dem Nekrolog des Cistercienser-Stiftes Hohenfurt. gr. 8. Prag 819. Krauß. 6 gr.

—— die Grabstätten u. Grabmäler d. Landesfürsten Böhmens. gr. 8. (6 B. u. 1 Stndr.) Prag 830, (Haase Söhne; Kronberger u. Weber.)
Aus d. „Abhandln. d. k. böhm. Gesellsch. d. Wissenschn." abgedruckt.

— die Kirche zu Bohnitz. Ein Beitr. z. vaterländ. Religions- u. Kirchengeschichte. Mit 1 lithogr. Beil. aus den Abhandll. der Kön. Böhm. Gesellsch. d. Wissensch. gr. 8. Prag 830. Kronberger u. W. 6 gr.

—— die Matriken d. Akatholiken. gr. 8. (2½ B.) Prag 830, (Haase Söhne.)

— die Matriken der Akatholiken. gr. 8. Prag 830. (Krauß). Velinp. 6 gr.

— s. B. Oppelt, thematische Predigt-Entwürfe.

—— der deutsche Ritterorden in Böhmen. Ein Beitr. z. Reichs- u. Kirchengesch. Böhmens. gr. 8. (13 B. u. 1 Kpfrt.) Prag 832, Haase Söhne.

Millauer, Ph., Gedichte. 8. Wien, Wimmer. 819.

Millauer, Ph., die Steinkohlengrube bei Lüttich, dramat. Gedicht mit Chören. 12. Wien 813. Wallishauser. 6 gr.

Millauer, Robert, Hauptm. à la suite des k. 2. Fuss-Artillerie-Reg. und Referent bei der Inspection der Artillerie und des Trains. Ueber die Entwicklung und den Gebrauch der Feuerwaffen. Vortrag, gehalten in der Milit. Gesellschaft München am 29. April 1884 Als Manuscript gedruckt. (Aus: „Jahrbuch der Milit. Gesellschaft München 1883.84") 8. München 1884.

Millauer, Rudolf, Gerichtsass.: Die Haftung des Automobilhalters nach geltendem Recht und das zukünftige Reichs-Automobilgesetz unter besonderer Berücksichtigung der bisher ergangenen Rechtsprechung. Stuttgart: Heß 1909. XII, 160 S. 8° ¶(Ersch. als Buch ebd.)
Leipzig, Jur. Diss. v. 18. Jan. 1909
(Nicht für den Austausch, lag nicht vor)
[Geb. 6. Febr. 79 Ellwangen; Wohnort Ellwangen; Staatsangeh.: Württemberg; Vorbildung: Gymn. Ellwangen Reife Juli 98; Studium: Tübingen 5, Leipzig 1, Berlin 1 S., Rig. 14 Dez. 06.] [U 09. 2607

Millauer, X. M., s. Millauer, Maximilian Xaver

§ **NACHBAR**, Der beste (von *Joseph Millbiller*, laut Ersch). 6 Lfrgn. (Das weitere Erscheinen von der Censurbehörde verboten.) München, bey Joseph von Crätz, 1783. 8°.

Mille, les, et un quart d'heure. Contes tartares. 3 Vol. 12. Lpz. Sommer.

Mille, Joseph Nestor: Bericht über den Paramenten-Verein sowie den damit verbundenen „Marien-Verein" der Pfarrei St. Michael in Luxemburg. Luxemburg: J. P. Nimax 1896. 12 S. 8°

MILLEKER, FELIX. Geschichte der Werschetzer Hl.-Kreutz-Berg-Kapelle. Werschetz 1889: Wetter u. Veronits. 16 S. - 16°
- Dass. Werschetz 1905: Wettel u. Veronitz.

—— Geschichte der Großgemeinde Kudritz. gr. 8. (48 S.) Werschetz 888, (Wettel und Veronits.) *

Milleker, Felix, Geschichte der königlichen Freistadt Werschetz. Hrsg. aus Anlass des 1000jähr. Bestandes von Ungarn vom Munizipal-Ausschusse der königl. Freistadt Werschetz. 2 Bde. gr. 8. (XV, 334; III, 398 S. mit 8 Plänen.) Budapest 886, (Ráth.) *

Millen-Meierhoff, Hans v., Geschichten v. heute u. aus der Vergangenheit. Eine Sammlg. 8. (III, 186 S.) Leipzig 899. [Dr. Walther.] W. A. G. Müller. n. 3.—; geb. n. 4.50; erm. Pr. n. 2.25; geb. n. 3.—

Millen-Meierhof, Hans v., „seine Tochter". Dramat. Scherz in 1 Aufz. gr. 16. (48 S.) München 898. Rubinverlag. n. 1.—

Millenet, Prof., (Pseud. Tenelli), s. Eduard, v. d. Verf. d. Durika.

Millenet, Jh. Hnr., s. Tenelli.

Millenet, Johann Heinrich

Millenet, J. H., neue franzöf. Chrestomathie f. Gymnasien rc. gr. 8. Gotha 826. Hennings. 1 Thlr.

Millenet, J. H., neue französ. Chrestomathie f. Gymnasien u. and. höh. Lehranstalten. 2., verb. Aufl. gr. 8. (21½ B.) Gotha 839, Müller.

Millenet, Johann Heinrich [Übers.]
s. Duras, Claire de Durfort D^se de: Eduard. 1826.

Millenet, Johann Heinrich

Meines Oheim's Flausrock. Eine Sammlung Erzählungen. Von M. Tenelli [d.i. Johann Heinrich Millenet]. Leipzig: Kollmann 1824. 199 S. 8°

—— systemat. Leitfaden z. Uebersetzen a. d. Deutschen in's Französische. 2 Thle. gr. 8. Gotha, Müller.
Thl. 1. Die Formenlehre. (6¼ B.) 839. 10 Gr.
- 2. Die Syntax. (9¾ B. u. 1½ B. Tabn.) 838. 12 Gr.

Millenet, s.: Tenelli, M.

Millenet, M., s. Halm, Fr., Griseldis.

Die MILLENIUMSKIRCHE - ein Gnadenort. In: Temesvarer Ztg. Jg. 51. 1902. Nr. 219 v. 28. IX. 1902, S. 2 (Temesvar-Fabrik).

[**Milleniums-Kongreß.**] Montanistischer und geologischer Milleniumskongreß, Budapest 1896. Budapest, 1896.

1. Ihering, A. v., Der Mortier-Ventilator. 24 S. mit 3 Taf.
2. Milosevics, M., Die Entwicklung der Roheisenerzeugung im Gömörer Komitate. 18 S.
3. Hofmann, R., Die Koksbarkeit jüngerer Mineralkohlen. 35 S.
4. Mikó von Bölöny, B., Zur Frage der Genesis des Petroleums. 15 S.
5. Hering, C. A., Das Kupfer in der Vergangenheit, Gegenwart und Zukunft. 12 S.
6. Litschauer, L., System der berggeologischen Aufnahmen. 6 S.
7. Herz, S. v., Die Kohlenlager des Vértes-Gebirges in Felső-Galla und Bánhida. 7 S.
8. Kalecsinszky, A., Die untersuchten feuerfesten Tone der Länder der ungarischen Krone. 7 S.
9. Stein, G., Die Unfallversicherung der Arbeiter. 14 S. mit 2 Tab.
10. Kurovszky, S., Die Gewinnung der Metalle auf nassem Wege. 48 S.
11. Koch, A., Die geologische Karte von Ungarn. 40 S.
12. Koch, A., [J. Boeckh und A. Gesell], Die nutzbaren Mineralien und Erze auf dem Gebiete der Länder der ungarischen Krone. 6 S. mit 1 Karte.
13. Kerpely sen., A. v., Das Eisenhüttenwesen in Ungarn zur Zeit des Milleniums. 71 S. mit 2 Taf.
14. Cséti, O., Neue Hilfsapparate für den Bergingenieur zu dessen trigonometrischen Berechnungen. 10 S. mit 3 Taf.
15. Szellemy, G., Die Erzlagerstätten des Vyhorlat-Guttin-Trachitgebirges. 49 S. mit 2 Taf.
16. Scholtz, W. v., I. Scholtz'sche Chargiervorrichtung nebst Gasfang für Hochöfen. II. Der Scholtz'sche Stahlofen. 10 S. mit 2 Taf.

[**Milleniums-Kongreß.**] Montanistischer und geologischer Milleniums-Kongreß, Budapest 1896. Bericht über die Verhandlungen. Budapest, 1898.

Millenkovich, Steph. v., s.: Milow, Steph.

Millenkovics, Max v., s.: Morold, Max.

Millenkovics, Stephan, s. Millow, Stephan [Pseud.]

Millennium-Tages-Anbruch. (Eine Handleitg. f. Bibelforscher.) 5 Bde. 8. Allegheny, Pa. (Elberfeld, Verlag der Wacht-Turm.) à 1. —; geb. in Leinw. à n.n. 1. 50
1. Der Plan der Zeitalter. Aus d. Engl. nach dem 470. Taus. (367 S. m. 1 Fig. u. 1 Taf.) 901. — 2. Die Zeit ist herbeigekommen, 200. Taus. (366 S.) 903. — 3. Dein Königreich komme. Aus d. Engl. nach dem 90. Taus. (365 S. m. Abb. u. 1 Taf.) 898. — 4. Der Tag der Rache. 30. Taus. (357 S.) 900. — 5. Die Versöhnung v. Gott u. dem Menschen. 50. Taus. (485 S.) 903.

Miller, Der Fall. Besprochen von einem aktiven Officier. 8. Stuttgart 1891

Miller, German-American. Monatsschrift zur Verbreitg. nützl. Kenntnisse im Mühlenwesen u. verwandten Geschäftszweigen. Hrsg.: Eugene A. Sittig & Son. 15. u. 16. Bd. Aug. 1891—Juli 1893. à 12 Hfte. (à 5—6 Bog. m. Illustr.) gr. 4. Chicago. (Leipzig, M. Schäfer.) à Jahrg. n. 5. 75
Früher u. d. T.: Müller, der deutsch-amerikanische.

Miller, German-American. Monats-Schrift zur Verbreitg. nützl. Kenntnisse im Mühlenwesen u. verwandten Geschäftszweigen. Hrsgbr.: Eugene A. Sittig u. Sohn. 15. u. 16. Bd. Oktbr. 1891—Septbr. 1893. à Bd. 12 Hefte. (à Heft 5—6 Bog. mit Illustr.) gr. 4. Chicago. (Lpz., Schäfer.) à Bd. * 5 75
Frühere Bde. s. Müller, der deutsch-amerikanische.

Miller

— s. a. **Mueller, Müller, Muller, Mulller.**

Miller. Zur Limes-Forschung. 6 Artikel. [Mommsens Angriff samt Erwiderg.] gr. 8. (24 Bl.) Stuttg. 892, Verlag d. Deutschen Volksblatt. — 30
Aus: Deutsches Volksblatt, besonders abgedruckt.

Miller, der Mann von Geschmack. Lstspl. 8. Danzig 777. Wedel. 8 K

Miller, der Menschenverächter u. seine fünf Töchter. (von Ldw. v. Baczko). 2 Thle. 8. Königsb. 788. (Unzer). 9 K

Miller, Notwendigkeit u. Wert der Zahnpflege. Nach e. hinterlassenen Schrift bearb. v. Dieck. (Hrsg. vom deutschen Zentralkomitee f. Zahnpflege in den Schulen.) (15 S. m. 6 Abbildgn.) 8. Berlin 909. R. Schoetz. — 20

—— Rom, s. Freund, Wilh. Wanderungen auf klassischem Boden.

Miller, A., pract. Beobachtungen üb. d. Behandl., Erzieh. u. Pflege d. Blumen, besond. v. d. Bau d. Aurikel, Nelken, Tulpen u. Hyacinthen. 8. (14¼ B.) Kitzingen 831, Gundelach.

Miller, A., prakt. Beobacht üb. d. Behandlung, Erziehung u. Pflege d. Blumen, besonders v. d. Bau d. Aurikeln Nelken, Tulpen u. Hyacinthen. 8. Kitzingen, 1831. (Nürnberg, Lotzbeck.) (— 10) — 5

Miller, A. v., Felddienst für Infanterie. Ulm 857. Müller. (Krick.) 16. (XVI, 152 S. u. 1 lith. Taf. in Fol.) n. 21 ngr

Miller, A., die Lehre v. der Geschäftsfirma nach schweizerischem Obligationenrecht unter Berücksicht. der deutschen u. französischen Gesetzgebung u. Gerichtspraxis gr 8. (IV, 53 S.) Bern 884. Jenni n. 1. 20

Miller, Albert, s. Miller-Hauenfels, Albert Ritter v

MILLER, ALEXANDER K. Ueber Dioxybenzoësäuren und Jodsalicylsäuren. Würzburg, 1882.

Miller, Alfred, a. Hechingen: Friedrich Leopold Graf zu Stolberg als Homerübersetzer. Ein Beitrag zur Literaturgesch. des 18. Jahrh. Münster 1908: Theissing. (117 S.) 8° [F.]
Münster, Phil. Fak., Ref. Schwering, Diss. v. 22. Juni 1908
[Geb. 21. Juni 81 Kisslegg; Wohnort: Münster; Staatsangeb.: Württemberg; Vorbildung: Gymn. Ravensburg Reife Juli 03; Studium: Greifswald 1, Straßburg 1, Münster 6 S.; Rig. 17 Dez. 07.]

Miller, Andr., e experimenteller Beitrag zur Kenntnis der Verwandlung der Energieformen. Progr. gr. 8. (31 S. m. 10 Fig.) München 892. (M. Kellerer.) n. 1. —

Miller, Andr., der primäre u sekundäre longitudinale Elastizitätsmodul u. die thermische Konstante d Letzteren. [Mit 2 Taf.] gr. 4. (54 S.) München 886. (Franz' Verl) n.n. 1. 80

Miller, Andr., allgemeine Geschichte der christlichen Kirche. Frei nach dem Engl. 1. u. 2. Lfg. 8. (1. Bd. S. 1—192.) Elberfeld 879. 80. (Langewiesche.) à n. — 60

Miller, Andr., allgemeine Geschichte der christlichen Kirche. Frei nach dem Engl. 3.—21. (Schluß-)Lfg. 8. (1. Bd. S. 192—663; 2. Bd. 652 S.; 3. Bd. 692 S.) Elberfeld 879,80, (Faßbender's Buchh.) à Lfg. 50 Pf. *
compl. 3 Bde. herabges. Preis *
geb. *
1. und 2. Lfg. Ebendas. 1879. à 50 Pf.

Miller, Andr., Geschichte der christlichen Kirche. Eine kurzgefaßte Darstellg. der wichtigsten Ereignisse aus der Geschichte der Kirche. Frei nach dem Engl. 3 Bde. 2., neu durchgeseh. u. bis auf die Gegenwart ergänzte Aufl. (XII, 656; VIII, 644 u. X, 740 S.) 8. Elberfeld 908. 09. R. Brockhaus. Geb. in Halbfrz. 13. 50

Miller, A., üb. die Grundlagen der Bestimmungsmethode d. longitudinalen Elastizitätsmoduls. [Aus: „Abhandlungen d. k. b. Akad. d. Wiss."] gr. 4. (58 S.) München 888. (Franz' Verl.) n.n. 1. 70

Miller, Andr., das magnetische Kraftfeld e. bipolaren Stabes. Progr. gr. 8. (22 S. m. 1 Fig.) München 897. (M. Kellerer.) n. 1. —

Miller, Andr., Theoretisches über e. Influenzversuch. Progr. gr. 8. (28 S.) München 900. (M. Kellerer.) n. 1. —

Miller, Andr., Vergleich der elektrischen Kontakt- u. Influenzwirkung. Progr. (16 S.) gr. 8. München 903. (M. Kellerer.) n. 1. —

Miller, Ant., die Alexandergeschichte nach Strabo. 1. Tl. gr. 4. (66 S.) Würzburg 882, (Stahel'sche Universitäts-Buchh.) *

Miller, Ant. Die Alexandergeschichte nach Strabo. 2. Tl. (Festgabe d. Lehrerkolleg. d. k. alten Gymnasiums zu Würzburg an Prof. Dr. Wilh. v. Christ, Mitglied d. obersten Schulrats etc. zu seinem 60. Geburtstage.) gr. 4. (II, 25 S.) Würzb. 891, (Stahel).
1. Tl. (Ebd.) 1882. * „2 50. * 1 50

Miller, Aut., emendationum in Strabonis libr. I. specimen. gr. 8. (28 S.) Bamberg 858, Buchner'sche Buchh. *

Miller: Strabos Quellen über Gallien und Britannien. 31 S. — Regensburg, Progr. 1868.

Miller, Ant., Strabo's Quellen über Gallien u. Britannien. Regensburg 868. (Manz.) 4. (68 S.) n. 7½ ngr.

Der Rückzug des Kraterus aus Indien. Eine strabonische Studie. — Von Ant. Miller, Stdr. — 1877. Würzburg, ibid. — S. 1—13⁸. (Festgabe an Herrn Dr. Leonhard von Spengel zur Feier seines 50jährigen Doctorjubilaeums von dem Lehrerkollegium der k. Studienanstalt Würzburg.)
Progr. Würzburg, K. Gymn.

Miller, Ant. [Rekt.]: Vorlagen zum Übersetzen ins Lateinische für Abiturienten bayerischer Gymnasien. Würzburg, Druck d. k. Universitätsdr. v. H. Stürtz, 1890; 43 S. 8°
Würzburg, k. altes G, P 1890 •

Miller, A., Vorlagen zum Übersetzen ins Lateinische f. Abiturienten bayerischer Gymnasien. 8. (43 S.) Würzburg 890. Stahel. n. — 60

MILLER, Anton Engelbert (München): De respiratione et digestione.- Monachii: Giesser 1836. 16 S.
24.7.1835 - Urk; F 62
Diss. Ingolst.-Landsh.-Mchn.

Miller, Ant. Thadd., s. Etwas wider d. Feinde Josephs II. — Kaunitz u. Garampi.

MILLER, August (Schmiechen): Ueber delirium tremens.- Ingolstadt: Schröder 1867. 15 S.
25.7.1866 - Urk (Titel: De delirio tremente.); F 71 (= Müller)
Diss. Ingolst.-Landsh.-Mchn.

Miller, August Wolfg., Lindau i. Bodensee. Disputatio medica inauguralis de febre maligna epidemica, quae an. 1715. Lindaviae in Lacu Acronio sitae est grassata.
Basel; med. Diss. 1716.

Miller, Bénigne Emm., nécrologue, s. Reinach, S.

Miller, Bernh., die deutsche Arbeiterbewegung. Ein Beitrag zur Würdigung der Schulze-Delitzsch'schen Genossenschaften und der Lassalle'schen Bestrebungen. gr. 8. (48 S.) Leipzig 863, (Jünger.)

Miller, Bernh., Auswanderer-Buch f. Deutsche nach den Vereinigten Staaten v. Nordamerika. Hrsg. unter Mitwirkung. v. Charl. Hiebl. Mit e. Karte der Vereinigten Staaten v. Nordamerika (Holzschn. in Fol.) 8. Hamburg 874. Richter. n. 4. 50

— deutsches Auswanderer-Buch. Hand- u. Reisebuch nach den Vereinigten Staaten v. Nordamerika. 2. verb. u. verm. Aufl. 16. (XII, 385 S. m. Karte in qu. 4.) Leipzig 874. R. Schäfer. n. 4. —

Bericht an den 3. volkswirthschaftlichen Congress zu Cöln über die Zustände des Realcredits erstens im Königreich Sachsen, mit speciellem Bezug auf die Sächsische Hypotheken-Versicherungs-Gesellschaft von BERNHARD MILLER, sowie zweitens im Kaiserthum Oesterreich von einem Oesterreicher. Leipzig. 1860. Heinrich Hübner. 8°.

—— das allgemeine deutsche Handels-Gesetzbuch. Ein Wegweiser und Commentar der hauptsächlichsten Bestimmungen, welche im tägl. Verkehr vorkommen. 1. Aufl. 1862. und 2., unveränd. Aufl. 8. (III und 101 S.) Leipzig 863, R. Schäfer's Verlag. *

BERNHARD MILLER, Mittheilungen an den 3. volkswirthschaftlichen Congress zu Cöln über die Einrichtung der Handfesten in Bremen. (Ohne bes. Titelblatt. — Dresden, Druck von Ferd. Thomass.) 8°.

— über ländliche Vorschuß- und Credit-Vereine. 1. u. 2. verb. Aufl. Leipzig 861. Hübner. gr. 8. (32 S.) n. 6 ngr.

Miller, Bernh., die gegenwärtigen Zustände des hypothecarischen Credits in Deutschland und ein Vorschlag zur Gründung einer Hypotheken-Assecuranz-Bank. Dresden 856. (Leipzig, Hübner.) gr. 8. (36 S.) n. 6 ngr.

Miller, C., Briefe üb. verschied. Gegenstände im Umgange mit Menschen. 8. Hamb. 791. Matthiesen. 7 gl.

Miller, C., das Buch v. der Amme. Ein Rat- u. Auskunftsbuch üb. Wahl, Pflege u. Behandlg. der Amme. 8. (96 S.) Berlin-Schöneberg 894. A. H. Fried & Co. n. 1. —

Miller, C W., The imperfect and the aorist in greek. S.-A. O. J. 47 S.

Aus meinem Leben von Cha[rle]s **Miller**. [Hrsg.: Anna Miller, geb. Schallehn.] Zürich 1806: Orell Füssli. (151 S.) 8° [F.] [07. 15944 4

Miller, Constantin, s. Miller, Konstantin

Miller, Dickinson Sergeant [aus Philadelphia]: Das Wesen der Erkenntniss und des Irrthums ... Halle a. S., Hofbuchdr. v. C. A. Kaemmerer & C., 1893; 1 Bl., 5—37 S. 8.
Halle, Phil. Fak., Inaug.-Diss. v. [17. Okt.] 1893

Miller, E., Eloge de la chevelure, discours inédit d'un auteur grec anonyme en réfutation du discours de Synésius, intitulé éloge de la calvitie, publié d'après un manuscrit grec de la Bibliothèque Royale. Lex.-8. (5¼ B.) Leipzig 840, Brockhaus et Avenarius. *

Miller, E., s.: Fall Miller, der.

—— Périple de Marcien d'Héraclée epitome d'Artémidore Isidore de Charax, etc., ou supplément aux dernières éditions de petits géographes d'après un manuscrit grec de la Bibliothèque Royale. gr. in-8. (24¾ B. u. 1 Karte.) Leipzig 839, (Brockhaus et Avenarius.) *

Miller, E., siehe: *Reich, Das deutsche.*

Miller, E J. M. D. Byeways in the southern Alps. Sketches of spring and summer resorts in Pfalz and Switzerland. Geb. In-8°. 120 S. Zürich, Art. Inst. Orell Füssli. 1893 3 —

Miller, Edm., an die deutschen Bundesfürsten! An die deutsche Armee! An das gesamte deutsche Volk! Ein Aufschrei mißhandelter Soldaten, deutscher Landeskinder. gr. 8. (60 S.) Stuttgart 891. R. Lutz. n. — 60

— dasselbe. 2.—4. Aufl. Mit zahlreichen Nachträgen. gr. 8. (92 S.) Ebd. 891. 892. n. — 60

— die Ehre. Eine zeitgemäße Betrachtg. d. militär. Ehrengerichtsverfahrens, erläutert durch aktenmäßig festgestellte Beispiele. gr. 8. (76 S.) Zürich 891. C. Schmidt. n. 1. —

Miller, E., aktengemäße Geschichte e. Offiziers-Pensionierung. Zugleich e. Aufschluß üb. antiwürttemberg. Strömgn. im XIII. Armeecorps. 1.—7. Aufl. gr. 8. (77 S.) Stuttgart 890. R. Lutz. n. 1. 20

— dasselbe. [Fortsetzung u. Schluß.] II. Militärische Fragen u. Zustände. 1.—5. Aufl. gr. 8. (94 S.) Stuttgart 890. R. Lutz. n. 1. 20 (cplt. in 1 Bd.: n. 2. 40)

— Konradin v. Hohenstaufen, s. a. Lebensbilder aus d. Geschichte.

[F.] Konradin von Hohenstaufen. Von Edmund Miller z. Hauptm. a. D. M. 6 Ill. u. 1 Titelb. v. Karl Behr, sowie 1 Pl. d. Schlachtfeldes v. Tagliacozzo. *Berlin: E. Ebering 1897.* (4 Bl., 104 S., 2 Bl., 6 Taf., 1 Pl., 2 Tab.) 1 Bd 8.
— Lebensbilder aus d. Geschichte. II. 1. 98. 8376

Miller, E., Preußens Militär-Konventionen. Mit besond. Berücksicht. der Reservatrechte Bayerns, Württembergs u. Sachsens. Kritisch beleuchtet. 1. u. 2. Aufl. gr. 8. (87 S.) Stuttgart 890. R. Lutz. n. 1. 50

Miller, Edm., stehendes Heer od. Miliz-Armee? unter bes. Berücksicht. d. Wehrwesens der Schweiz. gr. 8. (IV, 68 S.) Zürich 896. Th. Schröter. n. 1. 20

Miller, stehendes Heer oder Miliz-Armee? Unter besonderer Berücksichtigung des schweizer. Wehrwesens. 2. Aufl. Zürich 896.

Miller, Eduard, prakt. Arzt in Birnbach im Rottal: Ueber einen Fall von einem Fremdkörper in den Luftwegen. München 1906: G. Schuh & Cie. (39 S.) 8°
Erlangen, Med. Fak., Ref. Hauser, Diss. v. 29. Juli 1907
[Geb. 13. Okt. 66 Mauerstetten, B.-A. Kaufbeuren; Wohnort: Birnbach; Staatsangeh.: Bayern; Vorbildung: Gymn. Augsburg Reife M. 89; Studium: München 10, Erlangen 3, Würzburg 2 S.; Coll. 1. Aug. 06; Approb. 8. Juli 01.]

Miller, Edward D(e Moss): Spencer's Versöhnung des Egoismus und Altruismus. *Berlin (1899): J. S. Preuss.* (53 S.) 8°
Berlin, Phil. Diss. v. 13. Mai 1899

Miller, Elise, Bergfahrten. Mit Bildschmuck. (235 S.) kl. 8. Ravensburg 907. F. Alber. 2.—; geb. 2. 50

Miller, Elise, frisch aus der Schmiede. (Gedichte.) 12. (218 S.) Stuttgart 899. [J. Roth.] München, Allg. Verlags-Gesellschaft. n. 2. 20; geb. in Leinw. n. 3. —

Miller, Elise, religiöse Gedichte. (96 S.) 12. Münster 904. Alphonsus-Buchh. Geb. in Leinw. n. 1. 80

— u. Aug. Reiser, der Geiger v. Gmünd, s.: Dilettantenbühne, katholische.

— Die Talmühle. Preisgekrönte kulturgeschichtl. Erzählg. aus Oberschwaben. Mit Buchschmuck v. Thdr. Bolz. (367 S.) kl. 8. Ebd. 907. 3.60; geb. 4. 80

— der Zauber seiner Geige. Novelletten. (III, 112 S.) kl. 8. Ravensburg (906). F. Alber. n. 1. 20; geb. in Leinw. n. 2. —

Miller, Emil

Miller, Aemil, († d. .. Febr. 1809.) Anthologie aus Römischen Dichtern zur Theorie der Dichtkunst. 1r Theil. gr. 8. Salzb. 796. Duyle. 18 gr.

— Einleitung zu den schönen Wissenschaften. 8. Salzb. 795. Duyle. 4 gr.

Miller, Emil, De foedere pacifico programma, quo ad agenda anniversaria electionis solemnia .... Hieronymus etc. etc. cives academicos invitat, et orationem de cultura civili habendam indicit. Salzburg (Fr. H. Duyle) 14. III. 1799. 16 S. (4.—) 23360

— Vorschlag, d. öffentl. Eide im Staate mehr Zuverlässigkeit zu geben. Nebst Sätzen aus d. prakt. Philosophie. gr. 8. Salzb. 798.

Miller, Emily H. Was Buwi Alles anstellte. Jn's Deutsche übertr. v. Henny Koch. 8. (114 S.) Frankf. a. M. 890, Könitzer's Verlag. * 1 —

Miller, Emily H., „was Buwi Alles anstellte". Jns Deutsche übertr. v. Henny Koch. 2. (Titel-)Aufl. 12. (114 S.) Frankfurt a/M. 892. C. Koenitzer's Verl. Kart. m. Goldschn. n. 1. 50

Miller, Emma, die Kartoffel- u. Kastanienküche. 250 Rezepte f. Kartoffel- u. 80 f. Kastanienspeisen f. die feine u. einfache Küche. 2. Aufl. (128 S.) 12. Leipzig 903. Fritzsche & Schmidt. Kart. n. 1. 25

Miller, Emma, Kartoffeln u. Kastanien. 12. (12, 128 S.) Wiesensteig (899). (Leipzig, Fritzsche & Schmidt.) n. 1. —

Miller, Emma, kleines Kochbuch f. alleinstehende od. kleinere Haushalte, s.: Pröpper, L. Edle v.

— eine süße Liebhaberkunst. gr. 16. (70 S.) Saulgau 895. Ebd. n. 1. —

— dasselbe. Leicht faßl. Anleitung zur Herstellg. v. Conditoreiwaren im Haushalt, wie Bonbons, Pralinés, Chocoladen- u. Marzipanartikel, Torten, Liköre, Conservierung der Früchte u. s. w. 2. stark verm. Aufl. gr. 16. (X, 80 S.) Leipzig 901. Fritzsche & Schmidt. n. 1. 25

Miller, Ernst: Weitere 31 geheilte Fälle von Acarus-Räude beim Hunde. Syke 1910. 55 S.
Giessen, Vet.-med. Diss. v. 1910.

Miller, [Ernst]: Zur Pelasgerfrage. *Ellwangen 1898: L. Weil.* (1—46 S.) 4°
Ellwangen, k. G, P 1898 (614)

Miller, Eug., zum Gesetze gegen das Zuhälterwesen. (lex Heinze.) Die Prostitution. Ansichten u. Vorschläge auf dem Gebiete d. Prostitutionswesens, zusammengest. u. veröffentl. 2. [Titel-] Aufl. (v.: Die Prostitution). gr. 8. (III, 114 S.) München (892) 898. J. F. Lehmann's Verl. n. 2. —

Miller, Eug., die Prostitution, s. a. Abhandlungen, Münchener medicinische.

Miller, E. Die Prostitution. Ansichten und Vorschläge auf dem Gebiete des Prostitutionswesens. In-8°. 114 S. München, J. F. Lehmann (Depot für die Schweiz: E. Speidel, Oberstrass-Zürich. *.* Münchner med. Abhandlungen. Heft 27. 2 70
1892

MILLER, Eugen (Krumbach): Werth der transitorischen Operationen.- München: Wolf 1884, 49 S. 6.12.1884 - Urk (Titel: De operationum transitoriarum vi et effectu.); Chr 1884/85,20
Diss. Ingolst.-Landsh.-Mchn.

Miller, Franz, appr. Arzt aus Augsburg: Aus d. Prosektur d. Krankenhauses r. I. in München. Ueber die auf der Bifurkationshöhe lokalisierten Geschwulstbildungen des Oesophagus. *München 1904: Kastner & Callwey.* (51 S.) 8°
München, Med. Diss. v. 1904

Miller, Frz., S. J., Leben des hl. Johannes Berchmans, s.: Höver, Ferd.

Miller, Frz., der Leinwandhandel, eine vorzügl. Quelle d. vaterländ. Wohlstandes ꝛc. Mit besond. Rücksicht auf Leinwand-Erzeugung in d. Landgerichten Immenstadt, Sonthofen u. Kempten. Der Kön. Baier. Ständeversammlung gewidmet. gr. 8. Kempt. 819. Dannheimer. 7 gr.

Miller, Frz., S. J., Leitsterne f. das Leben u. Wirken des Priesters, s.: Baluv, Bened.

— die Liebe, das Band der Vollkommenheit, s.: Dolfinger, Karl.

— über ein Maximum der Zölle zwischen den süddeutsch. Staaten u. die Ausführung gemeinsam verabred. Maaßregeln gegen fremde feindl. Douanensysteme, ohne einen gemeinschaftl. Handels- u. Zoll-Verband. gr. 8. Darmst. 822. Heyer. 5 gr.

Miller, Frz., über e. Maximum d. Zölle zwischen d. süddeutsch. Staaten, u. d. Ausführung gemeinsam verabred. Maasregeln geg. fremde feindl. Douanen-Systeme ohne ein. gemeinschaftl. Handels- u. Zollverband. 8. (2½ B.) Darmstadt 832, [Heyer'sche Vrlsh.]

— der himmlische Palmgarten, s.: Nacatenus, Wilh.

Miller Frz., Neueste Postkarte von ganz Deutschland, Ungarn, Preussen, Holland, Schweiz, nebst dem grössten Theile von Frankreich, Polen, Italien, gezeichnet und gestochen. M. 1:1500000. Wien, Artaria u. Co., 1816. Imp.-Fol. (1 fl.)

— Jegel- u. Gebetbuch zum Gebrauche der marianischen Männer-Congregationen, s.: Pesch, Tilmann.

Miller, Franz: „Ueber die Verhandlungen zu Darmstadt und die Aufstellung eines mehreren deutschen Staaten gemeinsamen Handelsbundes", 2. Auflage, Darmstadt 1821.

— Art u. Uebung der Andacht zur allerseligsten Jungfrau, s.: Walliet, de.

— Winke zur Beherzigung an deutsche Fürsten u. Völker, über die traurige Lage d. vaterländ. Handels, u. d. Nothwendigkeit schleuniger Abhülfe. 8. Nürnb. 820. Riegel u. W. 4 gr.

Miller, Fr., Worte zur Beherzigung an deutsche Fürsten und Völker über die traurige Lage des vaterländischen Handels und die Nothwendigkeit schleuniger Hülfe. 8. Nürnberg, Riegel und W. 820.

Miller, Frz., die letzten Ziele und die Kampfweise des Jesuitismus, entwickelt an einer Schrift des französ. Jesuiten S. Martin. gr. 8. (22 S.) Halle 886, (Strien.) *

Mille, Franz Georg Anton v.

— Betrachtung über d. unternommenen Rheinübergang.

(v. Miler.) Betrachtungen über den von den Franzosen bei Kehl unternommenen Rheinübergang. 8. Frankfurt a. M. 1796. 1,00.

Miller, F. v., reine Taktik d. Infant., Cavall. u. Artill. 2 Thle. m. K. gr. 8. Leipz. Crusius. (F. C. W. Vogel.) 787–8. (à 3 Rthlr. 4 gr.)

v. Miller, Frz. Geo. Ant., († d. 13. Oct. 1801.) reine Taktik d. Infanterie, Cavallerie u. Artillerie. (Mit J. F. v. Rösch.) 2 Thle. Mit vielen Kpf. gr. 8. Stuttg. 787, 88. (Metzler). 4 ℛ (W. Vogel in Leipz.) 6 ℛ 8 gr. — Dass. ins Französ. übers. v. de la Beaux. 2 Vols. gr. 8. Ebd. 787, 88. 6 ℛ 8 gr.

Miller, Franz v., herzogl. württemb. Rittmeister etc. Reine Taktik der Infanterie, Cavallerie und Artillerie in zwei Theilen verfasst. 1. Th. von der Eintheilung und Stellung der Truppen. 2. Th. von der Bewegung der Truppen. Mit Kupfern. (2 Bde.) 8. Stuttgart 1787.

Miller, Franz Georg Anton von. Reine Taktik der Infanterie, Cavallerie und Artillerie. Stuttgart 1787—88. MV: *Rösch, Jac. Friedrich von.* (Ky)

Miller, Fritz, appr. Arzt a. Oettingen a. R.: Aus der Prosektur des Krankenhauses r. d. I. in München. Ueber ein Neuroepitheliom des IV. Ventrikels. München 1906: Kastner & Callwey. (26 S.) 8°
München, Med. Fak., Ref. v. Bollinger, Diss. v. 13. Juni 1906
[Geb. 28. Aug. 76 Oettingen a. R.; Wohnort: Oettingen; Staatsangeh.: Bayern; Vorbildung: Gymn. Ansbach Reife Juli 97; Studium: Würzburg 4, München 8 S.; Coll. 13. Juni 06; Approb. 17. Juli 03.]

Miller, Geo., das thätige Christenthum, od. kurze u. deutliche Lehren zur Beförderung wahrer Gottseligkeit. 2. u. verb. Aufl. 16. (180 S.) Neu-Berlin 844. (Philadelphia, Schäfer & Koradi.) n. 12 gr.

Miller, Geo., das thätige Christenthum oder kurze und deutliche Lehren zur Beförderung wahrer Gottseligkeit. Ludwigsburg 860. Riehm in Comm. 16. (180 S.) 6 ngr

[Miller, Georg]: Leben, Erfahrung und Amtsführung zweyer Evangelischer Prediger, Jacob Albrecht und Georg Miller. *Sammt einem Anhang, enthaltend eine Übersicht der Lehre des Antinomianismus und der Endlichen Beharrlichkeit. Zusammen getragen und zum Druck befördert durch eine Committee ernannt von der jährlichen Conferenz Neu-Berlin: gedruckt für die Evangelische Gemeinschaft: G. Miller 1834. 176 S.*

Miller, Geo. Noyes, d. Befreiung aus d. Geschlechts-Sklaverei. E. Erzählg. Autor. deutsche Uebersetzg. v. H. B. Fischer. gr. 8. (142 S.) Leipzig 896. M. Spohr. n. 2. 40

Miller, Gerh. Andr., Betracht. üb. d. Art u. Weise der Mitwirkung der Nerven zu den muskulösen Zusammenziehungen, bei Gelegenheit der Berlinischen Aufgabe kürzlich entworfen. Frkf. 8°.

Miller, Gli., s. *Ballads* and songs.

Miller, Glt., s. Shakspeare, Othello.

Miller, Gottlob Dietrich

— s. Anmerkk. zu T. L. U. Jägers Schrift ꝛc., u. setze hinzu: (v. G. D. Miller).

Miller, Glo. Dietr., de eo, quod justum est circa vias publicas et militares in Imperio Romano-German., speciatim in Suevia exstruendas. 4. Giessen 796.

Miller, Gottlob Theodor (Ulm)
Dissertatio inauguralis juridica de eo quod justum est circa vias publicas et militares in imperio Romano-Germanico speciatim in Suevia exstruendas.
Giessae Sept. 1776: Jo. Jak. Braun. 88 S. 4°
pro honoribus ac privilegiis doctoris in utroque jure rite obtinendis.

Miller, Harry East [aus San Francisco]: Einwirkung von Chloral auf bernsteinsaures Natrium bei Gegenwart von Essigsäure-Anhydrid. . . . Strassburg, Univ.-Buchdr. v. J. H. Ed. Heitz (Heitz & Mündel), 1888; 19 + 1 S. 8°
Strassburg, Math.-Naturw. Fak., Inaug.-Diss. v. 1888

Miller, Heinrich (Hrsg.), s. Staatsbote, Pennsylvanischer.

[Miller, Heinrich]. Getreue Warnung gegen die Lock-Vögel, samt einer Antwort auf d andere Anrede an d dten Freihalter d Stadt und County von Phila. durch Germanicus [pseud.]. Phila. 1764.

Miller, Hermann, approb. Arzt aus Rosenheim: **Aus d. Prosektur d. Krankenhauses r. I. in München. Unter welchen Bedingungen tritt nach Verschluß des Ductus thoracicus Ascites auf?** *München 1902: C. Wolf & Sohn.* (40 S.) 8°
München, Med. Diss. v. 1902

Miller, Hugo. Zu Schutz und Trutz. 25-jhr Gesch d Dt-Anischen Typographia. 1. Juli 1833 bis 30. Juni 1898. N. p., n. d.

Miller, J., Anleitung z. Rechenkunst. 8. Marb. Krieger. 805.

Cantate zum Stiftungs-Feste der Loge zur Verschwiegenheit. Gedichtet vom Br. Loest und in Musik gesetzt vom Br. J. **Miller**. Berlin o. J.: Amelang. 4 Bl. 8° [Umschlagtit.]

— s. Lehen-Allotifikationen.

Miller, J. v., Lieder u. Idyllen. (VII, 98 S.) kl. 8. München 907. J. Lindauer. Geb. 2. —

— s. Recht der 3ten Instanz.

Miller, J. A., Geschichte der *neuesten Ereignisse in Rheinbaiern.* Nebst einer Schilderung von *Siebenpfeiffer, Wirth, Hochdörfer, Schüler, Culmann, v. Stichaner, v. Andrian* etc. etc. Auf Kosten d. Verfassers. Weissenburg. In Commiss. bei Fr. Bock Wwe., Buchdr. u. Buchh., 1833. 8°. Mit Autogr. d. Vf. auf d. Umschl. Ppb.
Anschauliche (sehr massvolle) Darstellung vom freisinnigen Standpunkte. Tit. u. 200 S. Ausführliches über das „Hambacher Fest" u. seine Folgen, S. 122 ff. Vergriffen u. selten!

Miller, J. B., die Glasätzerei f. Tafel- u. Hohlglas, Hell- u. Mattätzerei in ihrem ganzen Umfange. Alle bis heute bekannten u. viele neue Verfahren enth.; mit besonderer Berücksichtigung der Monumental-Glasätzerei. Leicht faßlich dargestellt mit genauer Angabe aller erforderlichen Hilfsmittel. Mit 16 (eingedr.) Abbildungen. 8. (IV, 108 S.) Wien 880. Hartleben. 1. 80

Miller, J. B., die Glasätzerei f. Tafel- u. Hohlglas, Hell- u. Mattätzerei in ihrem ganzen Umfange Alle bis heute bekannten u. viele neue Verfahren enthaltend; m. besond. Berücksicht. der Monumental-Glasätzerei. Leicht faßlich dargestellt m. genauer Angabe aller erforderl. Hilfsmittel. 2. Aufl. Mit 18 Abbildgn. 8. (VI, 122 S.) Wien 886. Hartleben. n. 1. 80

Miller, J. B., die Glasätzerei f. Tafel- u. Hohlglas, Hell- u. Mattätzerei in ihrem ganzen Umfange. Alle bis heute bekannten u. viele neue Verfahren enth.: m. bes. Berücksicht. d. Monumental-Glasätzerei. Leichtfaßl. dargest. m. genauer Angabe aller erforderl. Hilfsmittel. 3., sehr verm. u. verb. Aufl. 8. (VIII, 112 S. m. 14 Abb.) Wien 896. A. Hartleben. n. 1. 80; geb. n. 2. 60

Miller, J. B., die Glasätzerei. 4., verm. Aufl. (VI, 111 S. m. 20 Abb.) 8. Wien 910. A. Hartleben. 1.80; geb. 2. 60

Miller, J. B., das englische Recht u. das römische Recht als Erzeugnisse indogermanischer Völker, s.: Vorträge, hrsg. vom deutschen gesellig-wissenschaftl. Vereine von New-York.

—— die Verzierung der Gläser durch den Sandstrahl. Vollständige Unterweisung zur Mattverzierung von Tafel- und Hohlglas mit besond. Berücksicht. der Beleuchtungsartikel. Viele neue Verfahren: Das Lasiren der Gläser. Die Mattdecoration von Porzellan und Steingut. Das Mattiren und Verzieren der Metalle. Nebst einem Anhang: Die Sandblas-Maschinen. 8. (III, 151 S. mit 11 eingedr. Holzschn.-Abbild.) Wien 882, Hartleben's Verlag.

Miller, J. F., histor.-statist. Nachrr. v. den d. Hause Würtemberg zugetheilten Entschädigungsländern. Mit 1 ill. Karte. Stuttg., Eichele. 19 gr.

Miller, J. Fr.

— Gemälde u. Scenen aus Paris. 8. Leipz. Joachim. (auch Holdenecker in Basel.) 806.

Miller, Dr. J. Fr., Gemälde u. Scenen aus Paris. 8. Leipz. 807. Joachim. 16 gr.

MILLER, Dr. J. F., Gemälde und Scenen aus Paris. Leipzig, Joachim, 1808. 8°. (²/₃ Rthl.) Selten!

Miller, I. Geo., trinum jurid., iurisprudentiae consultatoriae etc. exhib. 4. 738.

Miller, J. H., neuer unfehlbarer Grundsatz: nach d. neuesten Mode zuzuschneiden, welches nach Proport. d. menschl. Körpers berechnet ist. Berl., Krause. 4 gr.

Miller, J. H., neue Vorschriften f. Stadt- u. Landschulen. 4. Frkf. a. M. 802. Körner. 9 gr. (Kehr in Kreuznach 830.) 10 gr.

Miller J H, Zustand der Gewerbe in Ulm im Jahre 1812. Manuskript. fol Ulm

Miller, J. K., Friede im Hause. Deutsche autor. Ausg. 8. (XII, 47 S.) Gotha 898. G. Schloeßmann. Kart. n. 1. —

Miller, J. R., Christentum! Berechtigte Übersetzg. v. W. Hark. (222 S.) 8. Leipzig 910. F. Jansa. 2.—; geb. 2. 50

— Aus Seiner Fülle. Tägliche Andachten nach dem Leben Jesu. (VIII, 366 S.) 8. Wandsbek (909). Hamburg, Verlagsbuchh. „Bethel". Geb. in Leinw. 3.—; in Ldr. m. Goldschn. n 4. 50

— In Seinen Fußstapfen. Ein Buch f. junge Christen. Deutsch v. J. A. (110 S.) 8. Ebd. (909). 1.—; geb. m. Goldschn. 2. —

— Das Geheimnis des glücklichen Lebens. Ins Deutsche übertr. v. B. G. (280 S. m. Bildnis.) 8. Ebd. (908). Geb. in Leinw. 3. —

— Stille Stunden. Ein Wegweiser f. solche, die die Hl. Schrift leben wollen. Ins Deutsche übertr. v. B. G. (269 S. m. Bildnis.) 8. Ebd. (907). Geb. in Leinw. 3. —

Miller, Jakob von (Übers.), s. Gánóczy, Anton: Gestraftes Büchelchen.

Miller, Jakob Ferd.

— Diss. inaug. hist.-crit. 8. Pesth 782. Eggenberger. 4 gr

v. *Miller*, Jak. Fd., Pristaldus ex antiquitatib. juris hungarici interpret. crit. restitut. 8. Pesth 805. Eggenberger.

— Versuch patriot. Vorschläge zur Aufnahme der ungarischen Sprache. 8. Pesth 806. Eggenberger. 8 gr

Miller, Januarius, die Firnißfabrikation u. Lackirkunst [illegible] ganzen Umfange. gr. 8. (9 B. u. 1 Stnt.) Kempten 8[illegible], Dannheimer.

Miller, Januarius, Sammlung ausgewählter Gedichte für das Volk. 8. (96 S.) Eßlingen 877. (Weychardt's Sort.) n. 1. 50

Miller, Johann

— erläuterte Darstellung d. Linneischen Sexualsystems deutsch u. lat. herausgegeben v. M. B. Borckhausen mit 108 ausgemalten K. roy. Fol. Frankf. Varrentrapp u. W. 804.

Miller, Joh., Erdbörla' os 'm Wald, s.: Keller, Frz.

Miller, I., Illustrat. systematis sexual. Linnaei c. translat. germ. ed. Borkhausen. c. 108 tab. aen. col. fol. Francf. Varrentrapp et W.

— illustrat. system. sex. Linn., q. e toxtu anglico edit. min. translat. nunc emend. var. propr. additam. accur. T. C. Weiss. c. tab. aen. 8. maj. ibid. 789. illum.

Miller, Johann. Illustratio systematis sexualis Linnaci, denuo edita ac revisa per Mauritium Balthasarem Borckhausen ... Darmstadtii 1792. H: *Merck, Johann Heinrich.* (schstr S. 144)

Miller, Jh. Fr., s.a. Correspondent, der Triester.

Miller, J. F., Trieter Correspondent. 8. Augsb. Stage. 808. Rthlr.
(mehrere Ausgaben s. Correspondent:)

Miller, Jh. Mart.

– s.a. Beitrr. z. Gesch. d. Zärtlichkeit.

BEYTRAG zur Geschichte der Zärtlichkeit. Aus den Briefen zweyer Liebenden. (Zahmer Roman von *Joh. Mart. Miller.*) Mit Titelvign. Leipzig, in der Weygandschen Buchhandlung 1776. 8°. 168 S. (In Breslau, Kgl. u. Univ.-Bibl., und in Berlin, Magistratsbibl.)
— — Dasselbe. (Nachdruck.) Carlsruhe 1776. 8°.
§ — — Dasselbe. (Nachdruck.) Frankf. 1777. 8°.
* — — Dasselbe. Zwote mit einem Anhange von Sophiens fernerem Schicksale vermehrte Auflage. Leipzig, Weygand, 1780. 8°. (4 Mk. Jos. Jolowicz, Posen, 1889.)
— — Dasselbe. (Nachdruck?) Mit 1 Kpf. von Chodowiecki. Frankfurt u. Leipzig 1780. 8°. (10 Mk., mit 1 Beibd., Friedr. Meyer, Leipzig, 1906.)
— — Dasselbe. (Nachdruck.) Bamberg 1780. 8°.
— — Dasselbe. Dritte, rechtmässige, durchgesehene, und mit einem Anhang vermehrte Auflage. Frankfurt und Leipzig 1788. 8°. 3 Bll., 288 S. Mit schönem Titelkpf., D. Chodowiecki del. (Engelmann 340.)
— — Dasselbe, dänisch: (Kopenhagen) 1780. 8°.
Auch im Nyeste Magazin af Fortallinger. Jahrg. II. Bd. I. Heft 1.

Miller, J. Mart., Beytrag zur Gesch. d. Zärtlichk. 8. Bamb. Göbhard. 787.

– s. Beobachtt. z. Aufklärung.

BIEDERSINN und Frauentrug, eine (zahme) Geschichte in Briefen. Vom Verf. der Fragmente zur Geschichte der Zärtlichkeit *(Joh. Martin Miller).* 2 Thle. Dessau 1783—84. 8° Selten! (3 Mk. 60 Pfg., Lehmann u. Lutz, Frankf. a. M., 1884.)
— — Dasselbe. Leipzig 1787. 8°.
Fehlt im Anon.-Lex.

– s. Briefwechsel dreier Freunde.

– s. Briefwechsel zwisch. e. Vater ...

Miller, Jh. Mart., († d. 21. Juni 1814.) etwas von Hölty's Charakter. 8. Augsb. 776.

– s. Etwas über d. Verweis. d. Bürgers Heinzmann.

— Gedichte. 8. Ulm 783. Wohler. 20 gr

Miller, Jh. Mt., s.a. Geschichte Karls v. Burgheim.

— — Karls von Burgheim und Emiliens von Rosenau. In Briefen (von *Joh. Martin Miller*). 4 Bde. Mit 7 Kpfrn. u. 4 reizenden Vignetten nach Chodowiecki von Meil und Geyser. Leipzig, in der Weygandschen Buchhandlung, 1778—79. 8°. (18 Mk., sehr schönes Expl. mit guten Abdrücken, F. Waldau, Fürstenwalde, 1908.)
— — Dasselbe. (Nachdruck.) Hamburg und Altona (Tübingen) 1778. 8°. (In Aarau, Cantonsbibl.)
— — Dasselbe. (Nachdruck.) Frankfurt und Leipzig 1780. 8°.
— — Dasselbe. Ebd. 1781. 8°. (16 Mk., unbeschn., Edm. Meyer, Berlin, 1908.)

— Gesch. Gottfr. Walthers u. d. Städtl. Erleburg; e. Gesch. f. Handwerker rc. 8. Ulm 786. Wohler. 16 gr

– s.a. Karl u. Karoline.

CARL und Karoline; eine (zahme) Geschichte (von *Johann Martin Miller*). Wien 1783.
Anon.-Lex. I. p. 301 (nach Kayser, Meusel und Jördens).

— Lieder m. Musik. 1r Thl. 4. Leipzig, Gräff. 788.

— Lieder. Mit Musik; hrsgg. v. H. A. F. v. Eschstruth. 1r Thl. 4. Leipz. 788. (Wienbrack). 1 ß

. Liederbuch für Freunde des Gesangs. [Hrsg. von Joh. Martin **Miller.**] 3. Aufl. Ulm 1797: Wagner d. Jüngere. 253 S. 8°
Tt. 2311. Ohne Noten.

— Predigten für das Landvolk, s.a. Predigten.

— Predigten f. d. Landvolk. 3 Bde. 8. Leipz. Weygand. 784. (1ß 10 gr. 2ß 20 gr. 3ß 21 gr.)

— 6 Predigten bei Veranlassungen gehalten. 8. Ulm 795. Wohler. 8 gr

— Predigten üb. verschied. Texte u. Evangel., f. Stadtbewohner. 8. Ulm 790. Wohler. 1 ß

– s.a. Siegwart.

§ * **SIEGWART.** Eine Klostergeschichte (von *Joh. Martin Miller*, 1750—1814). 2 Thle. Mit 2 Titelvignetten. Leipzig, in der Weygandschen Buchhandlung 1776. 8°. (In München: P. o. germ. 933 w; daselbst auch Th. 3 mit „Amsterdam 1777": 933x.)
Dieser berühmte Thränen-Roman nimmt auch Bezug auf das Universitätsleben zu Ingolstadt.

— — Dasselbe. Zwote rechtmäßige und verbesserte Auflage. Mit 6 Kpfrn., gez. von Chodowiecki u. 3 Titelvign. gez. v. Mechau, gest. v. Geisler. Ebd. 1777. 8°. (25 Mk. Lipsius & Tischer, Kiel, 1906.)

— — Dasselbe (Nachdruck). 3 Bde. mit 6 Kpfrn. u. 3 Vignetten von Cöntgen. Frankfurt und Leipzig 1778. 8°. (8 Mk. Friedr. Meyer, Lpz., 1906.)

— — Dasselbe (Nachdruck). 3 Bde. Neue verbess. Ausgabe. Carlsruhe, o. J., u. Frankf. u. Lpz. 1778. 8°. (7 Mk., ohne Kpfr., H. Streisand, Berlin, 1908.)

— — Dasselbe. 3 Bde. Mit 3 Titelkpfrn. Stuttgart 1844. 12°.
Dr. Franz Schnitzler's Bibl. München 1802, no. 324.

* **SIEGWART** der Märtyrer der Liebe. Eine Erzählung mit bezüglichen Gesängen fühlenden Herzen gewidmet. Nach einer Klostergeschichte (*Martin Miller's*) aus der Zeit des siebenjährigen Krieges. Druck und Verlag von Trowitzsch und Sohn, Frankfurt a. O. und Berlin, (Oberwasserstr. No. 10.) O. J. (um 1810). 8°. (In Berlin: Yv 9678.)
Titel u. 100 S. — Seltene Volksausgabe!

— s. Volksmährchen, Neue, der Deutschen.

Miller, Johann Max

Die Beleuchtung im Altertum. Die Beleuchtung bei den Griechen. — Von J. M. Miller, G.-P. — 1885, Würzburg, Thein (Stürtz). — S. 3—57.
Progr. Aschaffenburg, K. Gymn.

Die Beleuchtung im Altertum. Die Beleuchtung bei den Römern. — Von demselben. — 1886, Würzburg, ebenda. — S. 3—75.
Progr. Aschaffenburg, K. Gymn.

Miller, Johann Max, Zur Schulturnfrage in Bayern, Aschaffenburg 1868, 14 S., 1 Bl., Gr.-8°.

Miller, Johann Michael [Praes.], s. Cabisius, Johann Gottlob Kaspar: De loco Paulino ex epist. ad Colossenses cap. II. com. 18.

Miller, Johann Peter

— Abhandl. von Erhaltung d. Lebens u. v. der richtigen Beurtheilung d. Selbstmords. gr. 8. Leipz. 771. Weygand. 8 gr.

— Abhandl. von d. Pflichten d. Christen, vor u. in d. Ehe u. im häusl. Leben. gr. 8. Leipz. 771. Weygand. 18 gr.

— theolog.-moral. Abhandl. vom Eide, Meineide u. Gelübde. gr. 8. Leipz. 771. Weygand. 6 gr.

— — De adoptione per comam atque barbam prolusio historico-critica. Ulm (A. L. Stettin) (6. X. 1766). 16 S. (4.50) 23371

— — De adoptione per comam atque barbam prolusio qua ad audiendam in Gymnasio orationem. Ulm (Wagner) (6. X. 1766). 16 S. (4.50) 23372

— de angelis ecclesiar. epistola. 4. Ulm 775. Settin. 3 gr.

— ausführl. Anleit. zur weisen Verwaltung des evangel. Lehramts. gr. 8. Leipz. 774. Weygand. 1 Rthl.

Miller, Joh. Pet. II., († d. 29. Mai 1789.) Anleit. vom rechten Gebrauch d. Abendmahls. gr. 8. Leipz. 771. Weygand. 5 gr.

— Anleit. zur Kenntniß d. besten Bücher in allen Wissenschaften. 8. Halle 766. Umgearb. unt. d. T.: Anleit. z. Kenntn. d. besten Bücher in d. Theologie rc. 8. Leipz. 773. 2e Ausg. 775. 3e Aufl. 781. (Weygand). 14 gr.

— Anl. z. Kenntn. d. besten Bücher in d. Theologie rc. 8. Göttingen, Bossiegel. (auch Weygand in Leipzig.) 781.

— Anweis. zur Katechisirkunst, oder zu Religionsgesprächen. 8. Leipz. 787. Weygand. 9 gr.

Miller, J. P., kurze Anweisung zur griech. Sprache. Leipzig 769. 8. 4 gr. Ebend. 780. 8. 4 gr.

— kurze Anweis. z. griech. Sprache. 8. Leipz. 769. N. A. 793. Weygand. 5 gr.

— Anweis., die Theologie zu studiren. 4. Helmst. 763.

Miller, Joh. Pet. II., Anweis. zur Wohlredenheit nach d. auserles. Mustern französ. Dichter. 8. ... 2e Aufl. 8. Leipz. 767. 3e Aufl. 777.

— Anweisung zur Verwaltung des Lehramts. gr. 8. Ebend. 774.

— Ausz. aus allen 9 Theilen von v. Mosheims Sittenlehre. gr. 8. Helmst. 765. Verm. Ausg. 777. (Leipz., Weygand). 20 gr.

Miller, Johann Peter [Praes.], s. Bluhme, Dietrich Heinrich: De eo quod circa curam pauperum generatim observandum est.

— chrestomathia latina, cont. sel. loca ex optim. auctoribus etc. 8. Helmst. 755, 760 u. 66. 8. Leipz. 771. N. A. 775. (Centr.-Compt.) 5 gr.

— Chrestomathia lat., cont. sel. loca ex opt. auctoribus etc. 8. Helmst. (Weygand, Lips.) 775.

Miller, J. P., Commentat. de ecclesiae evangelicae in Austria etc. 4. Götting. 793. Brose. 5 gr.

— compend. theologiae dogmat. 8. Leipz. 768. Weygand. 16 gr. — Ausz. a. dems. 8. Ebd. 787. 4 gr.

— compend. theologiae dogmat. 8. ibid. 785.

— — Ausz. a. dems. 8. Ebend. 786.

— compend. theol. polem. 8maj. Lpz. 768. Weygand. 16 gr.

— de conjunctione doctrinae evangelicae de gratia divina cum libertate animorum humanorum. (Pr.) 4maj. Götting. 789. Dieterich. 2 gr.

— s. Cornelii Nepotis.

— de Corona Hungariae apostolica, disquis. hist. 4. Ulm, Stettin. 795.

Miller, J. P., cum theopneustia app. nec omniscientiam aliquam nec anamartesiam fuisse conjunctam. Götting. 1789. 4.

—Einleit. in d. theolog. Sittenlehre u. in d. Mosheimische insbesondere. 4. Leipz. 772. Weygand. 1 ℔ 12 gr

—erbaul. Erzähll. d. vornehmst. biblisch. Geschichten. 8. Helmst. 759. 14e von H. G. Kreußler besorgte Aufl. 8. Leipz. 823. Weygand. 8 gr

-- erbauliche Erzähl. d. vorn. bibl. Gesch. 8. Helmst. (Weygand. Leipz.) 808.

Miller, (J. P.,) Erzählungen d. vornehmsten bibl. Geschichten z. Erweckung eines lebendigen Glaubens u. d. wahren Gottseligkeit in d. Jugend durchgesehen, verb. u. verm. v. H. G. Kreußler. 14e Aufl. 8. Leipz. 824, Weygand.

Miller, Jh. Peter, Erzählungen aus der biblischen Geschichte zur Erweckung eines lebendigen Glaubens und der wahren Gottseligkeit in der Jugend. 15e Aufl. 8. Grimma 838. Verlags-Comptoir. n. 1/6 ℔

—Exempel zu leichter erbaul. Katechisirkunst. 8. Leipz. 786. Weygand. 9 gr

— — **De ecclesiae evangelicae in Austria sub Ferdin. I. et Maximil. II. fatis succincta narratio. Göttingen (F. A. Rosenbusch) 1783. 20 S. (4.—)** **23367**

— **Johann Peter,** Filum quod in rudimentis historiae litterariae huc usque in scholis suis sequutus est, suis, in suavissimo hoc itinere comitibus tradit. Halle/Magdeburg (Gebauer) 1761. 8 S. (3.50) 23368

– s. Flori epistome.

Miller, J. Pet., vom rechten Gebr. d. Abendmahls. gr. 8. Leipz. Weygand. 771.

—vom weisen Gebrauch d. Zeit. Ein Ausz. aus d. 6n Thle. der Moral. gr. 8. Leipz. 771. Weygand. 9 gr

Miller, J. P., de catechetico vet. eccl. docendi genere. Helmst. 1751. 4.

—Grundsätze e. weisen u. christl. Erziehungskunst. 8. Götting. 769. N. A. 771. Kübler. 10 gr

—Grundsätze eines blühenden, christl. Staates. gr. 8. Leipz. 773. Weygand. 18 gr

—Handbuch zu gemeinnütz. Bildung d. Jugend in öffentl. Schulen. 4. Ulm 773. Stettin. 1 ℔

— — dasselbe. 8. Bern, Typ. Gesellsch.

—Hoffnung besserer Zeiten für d. Schulen, bei Gelegenheit des 2n Jubelfestes des evangel. Gymnasiums zu Halle. 8. Halle 765. Gebauer. 3 gr

– s. Horatii opera.

—institutiones theologiae dogmaticae, ad us. praelect. 8maj. Leipz. 767. Weygand. 22 gr

Miller, Johann Peter [Praes.], s. Krafft v. Delmensingen, Johann Christoph: De natalibus Suevorum in ill. Ulmensium gymnasio disp.

—Lehrbuch d. ganzen christl. Moral. gr. 8. Götting. 774. N. A. 776. (Leipz., Weygand). 18 gr

– s. Livii, Pat., historiarum.

— — **De moralitate motuum heroicorum quaedam praefatus ad actum oratorium in Gymnasio Hallensi evang.-luth. Halle/Magdeburg (Gebauer) 6. I. 1762. 8 S. mit Namen. (3.50)** **23369**

— s. Jh. Lor. v. Mosheim, auserles. akadem. Abhandl. — Dessen Sittenlehre. — Dessen institut. hist. christ. — Dessen instit. hist. eccles.

Miller, Johann Peter [Praes.], s. Noesselt, Jo. August: Disputatiuncula qua Paullinum illud. ἀληθεύειν ἐν ἀγάπῃ breviter illustratur.

— **Jo. Pet.,** Orationes de rebus academicis in sollennibus Academiae Juliae actibus recitatae nunc primum ex chartis perill. auctoris publici juris fecit et notas adiecit. — Oratio prima de difficultate magistratus academici o. O. u. J. (3.50) **23364**

— — (Göttingen), **De orthodoxia cum dogmatica, tum ethica juste invicem coniungenda. Diss. theol. Halle/Magdeburg (J. J. Gebauer) 14. IX. 1766. 103 S. (6.—)** **23373**
Gew.: Christ. Wilh. Franz Walch, Paul Jak. Foertsch, Gotthilf Traugott Zacharias, Gottfried Less.

— — **Dasselbe. Halle/Magdeburg (J. J. Gebauer) 14. IX. 1766. 103 S. (6.—)** **23374**
Gew.: Christ. Wilh. Franz Walch, Paul Jak. Foertsch, Gotthilf Traugott Zacharias, Gottfried Less. — Widm. v.: Johann Gottfried Taust.

—de orthodoxia cum dogmat., t. ethica etc. conjungenda. 4. Helmst. 766. (Weygand in Leipz.) 6 gr

-- s. Ovidii opera.

— **Jo. Peter,** De *ΠΑΙΔΑΓΩΓΙΑΙ* veterum Graecorum. Leipzig (Saalbach) 18. V. 1735. 44 Seiten. (4.50) **23365**

— — De *ΠΑΙΔΑΓΩΓΙΑΙ* **veterum Graecorum.** Dissert. secunda. **Leipzig (Saalbach) 12. V. 1736. 48 S.** (4.50) **23366**

– s. Paulini a St. Josepho orationes.

—die Pflichten d. Christen, in Ansehung d. Feinde, d. Processe u. d. Zweikämpfe. gr. 8. Leipz. 771. Weygand. 8 gr

— v. d. Pflichten d. Christen in d. Ehe. gr. 8. Leipz. Weygand. 771.

– s. Phaedri fabulae.

– s. Plauti comoediae.

– s. Plinius, Cacc. Sec., hist. naturalis.

—quaestionum scholasticarum probl. I. II. III. et IV. 4. Halle 755—60. Gebauer. 3 gr

— — **(Helmstedt), Questionum scholasticarum problema primum quo actum oratorium. Halle / Sachsen (Gebauer) 8. I. 1755. 16 S. mit Namen. (4.—)** **23375**

— de Christi regis providentia; commentatio. 4. Helmst. 760. (Leipz., Weygand). 2 gr

— die Realschulen u. Unterredung zwischen Charitas u. Theophron. 4. Helmst. 752.

Miller, J. P., De religione M. Tullii Ciceronis. Pr. 1751. 16 S. 4°.

— christl. Religionsbuch, od. Anleit. zu katechet. Unterredungen. gr. 8. Leipz. 777. 2e A. 779. Weygand. 20 gr

— — **Sacra saecularia in jubilaeo secundo Gymnasii evangelico-lutherani ante hos CC. annos sollemni ritu inaugurati pie et decenter celebranda et orationes cum sacram tum saecularem in aede Gymnasiis. Halle (J. J. Gebauer) 28. VIII. 1765. 8 S. mit Namen. (3.50)** 23370

– s. Sallustii quae exstaut etc.

— Samml. ausgesucht. Beispiele, größtenth. aus deutschen Predigten, nebst Anh. z. Wohlredenheit. 8. Leipz. 776. Weygand. 4 gr

— histor.-moral. Schilderungen z. Bildung e. edlen Herzens in der Jugend. 5 Thle. Mit Kpf. 8. Leipz. 753—764. N. A. 781—89. Weygand. 4 ℔ 18 gr (4r Thl. A. u. d. T.: Abriß d. Naturkenntniß u. Religion. 8. Ebd. 779. 16 gr 5r Thl. A. u. d. T.: Anweis. z. Wohlredenheit. 8. Ebd. 789. 12 gr)

— die Schule d. Vergnügens. 9 Progr. 4. Götting. 752. Verb. u. verm. A. 8. Halle 765. Gebauer. 21 gr

— Signa et epist. de coelo delapsae. 4. maj. Ulm, Stettin. 760.

Miller, J. P., de consecratis inde a Christo nato literarum studiis. Ibid. 1766. 4.

– s. C. Suetonius, Tr., chrestomathia.

– s. Taciti opera.

— oratio de theologo amabili. 4. Götting. 766. Vandenhöck u. R. 2 gr

— Unterhaltungen f. denkende Christen z. Vermehrung ihrer Ueberzeugung. 4 Thle. gr. 8. Halle 781, 82. Gebauer. 4 ℔

— theolog. Unterricht von d. evangel. Besserung. 8. Leipz. 772.

– s. Valerii Max., factorum.

– s. Vellejus Paterculus.

– s. Virgilii opera.

– s. Chr. Zimmermann, nov. Lexicon.

— **Joh. Peter Andr.** u. (Resp.) **Matthias Heinrich Frisch** (Berlin), De coniunctione animi cum corpore physica. Disput. philos. Halle/Magdeburg (J. Chr. Hendel) Febr. (8. III.) 1768. 22 Seiten. (4.—) 23376
Gew.: Christoph Friedrich Benjamin Kauffmann, Martin Friedrich Frisch, Gottlob Ferdin. Brehmer. — Widm. v.: Joh. Petr. Andr. Miller, Johann Georg Zierlein.

Miller, Jhs., Beruf und Stellung der Frau. 3. Aufl. 8°. München, C. H. Beck, 1906.

Miller, J., Weltgeschichte, s. a. Becker, K. F.

Miller, Johannes, die allgemeine Weltgeschichte. Dem deutschen Volke treu, wahr und klar erzählt. In 4 Abthlgn. 1—7. Heft. 8. (à Heft 80 S.) Leipzig 859. 60, Ruhl. à Heft 8 Ngr.
Ist nicht fortgesetzt worden.

Miller, Johs., die allgemeine Weltgeschichte. Dem deutschen Volke treu, wahr u. klar erzählt. 1—7. Heft. Leipzig 859, 60. Ruhl. 16. Jedes Heft n. 3 ngr
Inhalt: 1. Bd.: Die Geschichte der alten Welt bis zum Untergang des weströmischen Kaiserthums. (1. Thl. S. 1—240.) — 10. Bd.: Die Geschichte der neuesten Zeit bis auf die Gegenwart. (1. Thl. S. 1—320.)

Miller, John, s. a. Jh. Seb. Müller.

Miller, John, approb. Arzt aus Berlin: Aus d. Kgl. Universitätspoliklinik f. Haut- u. Geschlechtskrankheiten. ⟨Direktor: Prof. Dr. Lesser.⟩ Die syphilitische Nebenhodenentzündung. *Berlin (1904): G. Schade.* (33 S.) 8°
Berlin, Med. Diss. v. 22. Juli 1904

Miller, John A. [aus Buffalo, N.-Y.]: Ein Beitrag zur Kenntniss der Säurenitrile .... Berlin, Druck v. Julius Feiertag, 1888; 46 S. + 1 Bl. 8°
Berlin, Phil. Fak., Inaug.-Diss. v. 10. Aug. 1888

Miller, Joseph von: Analyse der Ferdinands- und Franzens-Quelle in Zaizon. Kronstadt: 1843

s.: Greissing, Joseph von

JB 2.831

Miller, Jos. I., († 1788.) Anleit. zum Gebrauch des katechet. Unterrichts. 3 Thle. gr. 8. Linz 786. Suara. 16 gr

v. Miller, J., krit. Beleuchtung d. Feuerbachschen Grundsätze über Oeffentlichkeit u. Mündlichkeit u. gleiche Gerichtsverfassung, nebst Anh. über die Mittel z. Vereinfachung u. Beförderung d. Rechtspflege in Baiern. gr. 8. Münch. 825. Finsterlin. 16 gr

— Geschichte der heil. Familie Jesu, Maria u. Joseph. Aus d. heil. Schriften, den heil. Vätern u. berühmt. Schriftstellern zusammengestellt, u. allen heilsbegierigen Christen, u. besond. der reifern Jugend gewidmet. Mit 1 Titelkpf. 8. Augsb. 832. Rieger. (Himmer). 6 gr

Miller, Jos. II., das gewöhnlichste für den Gottesdienst d. Jugend, zum Gebrauch d. Schulen u. auch and. vernünftiger Christen. 12. Kempt. 808.

— der gute Kampf des Priesters. Eine Primiz-Rede auf den hochwürd. Hrn. Fr. X. Dobler. Stadtkaplan in Kempten. 8. Kempt. 821. Kösel. 3 gr

—— der heil. Kreuzweg Jesu, s. Kreuzweg ꝛc.

— Samml. kleiner Erzähll. aus d. besten Kinderschriften. 8. Linz 786. Suara. 16 gr

Miller, Jos. Maria, Betrachtt. über d. Strafgerichte Gottes, den Christen d. 19n Jahrh. zur ernsten Beherzigung vorgelegt. 8. Augsb. 825. Doll. 9 gr

Miller, J. M., s.: National-Litteratur, deutsche.

— d. Oeffentlichkeit u. Mündlichkeit d. bürgerl. Gerichtsverfahrens v. d. Richterstuhle d. Kritik, u. eines Kritikasters in d. Halleschen Allgem. Litt.-Zeitg., Sept. 1825, nebst Anh. meiner Rechtfertigung u. Beschwerde ꝛc. gr. 8. Münch. 826. (Finsterlin). 16 gr

— Rhapsodien über Hrn. G. L. Maurers gekrönte Geschichte d. altgerman. rc. Gerichts-Verfahrens, in Hinsicht auf d. Wiedereinführung desselben bei d. Deutschen. gr. 4. Münch. 824. Finsterlin. 4 gr.

— Sendschreiben an den K. K. Landrichter Hrn. M. L. Wellmer über d. Frage: Was haben wir Baiern von der jüngsten Thronveränderung zu hoffen? gr. 8. Münch. 826. Finsterlin. 4 gr.

Miller, Julius [app. Arzt aus Riedlingen]: Ueber Sehnen- und Muskelluxationen ... Tübingen, Druck v. H. Laupp jr., 1892; 75 S. 8.
Strassburg, Med. Fak., Inaug.-Diss. v. 1892

Miller, Just.: De episcopis. – Ulm. 1741.

Miller, K.

Miller, C., Domowy lekarz-homeopata czyli poradnik jak leczyć zwyczajne choroby homeopatycznemi środkami w nieobecności i do przybycia lekarza. Tłómaczenie z niemieckiego. (Der homöopathische Hausarzt, oder Rathgeber zur Heilung aller Krankheiten auf homöopathischem Wege in Abwesenheit und bis zur Ankunft des Arztes.) gr. 8. (X und 284 S.) Leipzig 858, Gerhard.

Miller, K. Das Tertiär am Hochsträss. Stuttgart 1871.

Miller, Karl, Nachricht von Sumatra. Aus dem Englischen.

Miller, Kasp., Versuch einer theoret.-prakt. Anleitung zur Errichtung u. Behandlung d. Amtsregistraturen bei Justiz-, Kriminal- u. Bezirks-Aemtern auf d. Lande in d. k. k. öst. rr.-deutschen Erbstaaten. gr. 8. Grätz 823. Kienreich. 1/2 ₰

Miller, Konr., die römischen Begräbnisstätten in Württemberg. 4. (50 S. m. Illustr.) Stuttgart 884. (Wildt-sche Buchh.) n. 1. 40

Miller, Konr., die Ebstorfkarte, e. Weltkarte aus dem 13. Jahrh. Hrsg. u. erläutert. (Text.) 3., neubearb. Aufl. gr. 8. (128 S.) Stuttgart 900. München, J. Roth. n. 1.20

Kurze Erklärung der Weltkunde des Frauenklosters Ebstorf. Von Dr. Konrad Miller, Prof. in Stuttgart. (M. 1 Faks. d. Karte.) *Köln: J. P. Bachem in Komm. 1896.* (63 S., 1 Karte.) 8° [F.]
— Görres-Gesellschaft z. Pflege d. Wissensch. im kath. Deutschl. Vereinsschrift f. 1896. [No] 2.

Miller K, Karte d. röm. Strassen u Niederlass. in Oberschwaben. 4° Ravensburg 1890

Miller, Konr., die römischen Kastelle in Württemberg. Mit 2 Kartenskizzen u. 18 Situationsplänen. gr. 8. (48 S.) Stuttgart 892. J. Weise. n. 1. 20

Miller, Konr., Monialium Ebstorfensium mappa mundi quae a Belmoto quodam videtur picta a. d. 1284, Hannoverae nunc adservatur. 101×100,5 cm. Lith. Mit: Kurze Erklärg. d. Weltkarte d. Frauenklosters Ebstorf. (Schriften d. Görres-Gesellschaft 1896 II.) gr. 8. (63 S.) Köln 896. (J. P. Bachem.) n. 2. —

Miller, Konrad: Mappae mundi. Die ältesten Weltkarten. Herausgegeben und erlautert von Konrad Miller. Heft 1. Die Weltkarte des Beatus (776 n. Chr.). Mit Abbildungen im Text und der Karte von St. Sever in den Farben des Originals. 1895 Heft 2. Atlas von 16 Lichtdruck-Tafeln 1895. Heft 3. Die kleineren Weltkarten Mit 71 Abbildungen im Text und 4 Tafeln in Farbendruck. 1895. Heft 4. Die Herefordkarte. Mit 2 Uebersichtskarten im Text und der Herefordkarte in Farbendruck als Beilage. 1896. Heft 5. Die Ebstorfkarte. 1896. Heft 6. Rekonstruierte Karten. Mit 58 Cliches (darunter 49 Karten) im Text und 8 Kartenbeilagen. 1898. Stuttgart 1895—1898. 6 Bde. 4°.

Miller, Konr., Mappae mundi. Die ältesten Weltkarten. Hrsg. u. erläut. VI.: Rekonstruierte Karten. Mit 58 Clichés (darunter 49 Karten) im Text u. 8 Kartenbeilagen. gr. 4. (VIII, 154 S.) Stuttgart 898. J. Roth. Kart. n. 10. — (kplt.: n. 40. —)

— mappae mundi. Die ältesten Weltkarten. Hrsg. u. erläutert. 1. Hft.: Die Weltkarte des Beatus (776 n. Chr.). Mit Abbildgn. im Text u. der Karte v. St. Sever in den Farben des Originals. (54×79 cm.) gr. 4. (III, 70 S.) Stuttgart 895. J. Roth. Kart. n. 5. —

Miller, Konr., das Molassemeer in der Bodenseegegend. Mit 1 (lith.) Karte, 10 Profilen u. den (lith.) Abbildgn. der häufigeren Versteinerungen. [Aus: „Schriften des Vereins f. Geschichte d. Bodensee's".] Lex.-8. (80 S.) Lindau 877. Stettner in Comm. n. 2. —

Miller, Konrad [Prof. Dr.]: Reste aus römischer Zeit in Oberschwaben. ... Stuttgart, k. Hofbuchdr. Zu Guttenberg. C. Grüninger, 1889; S. 1—50; 4°
Stuttgart, k. RG, P 1889 (566)

Miller, die Schalthiere d. Bodensee's. Mit 2 chromolith. Taf. [Aus: „Schriften f. Geschichte d. Bodensee's.] gr. 8. (12 S.) Lindau 873. Stettner. n. 1. —

Miller, Dr. Konrad. Die Weltkarte des Castorius, genannt die Peutingersche Tafel. In den Farben des Originals hrsg. und eingeleitet. Ravensburg 1887 und 1888. 1 Bd. Text und 1 Bl. e. L.

Miller, Konr., Weltkarte des Castorius genannt die Peutinger'sche Tafel. In den Farben des Originals hrsg. und eingeleitet. 5 Bl. (in Carton). Chromolithogr. qu. gr. Fol. Nebst einleitendem Text. gr. 8. (128 S.) Ravensburg 888, Dorn'sche Buchh. *

Miller, Konstantin

Miller, Const., württembergisches Beamtengesetz vom 28. VI. 1876/1. VIII. 1907. Textausg. m. Wohnungsgeldtarif, Grundsätzen üb. Gehaltsvorrückg., Beamtenunfallfürsorgegesetzen, einigen wicht. Nebenbestimmgn., Ruhegehaltstabellen u. Sachregister. 2. Ausg. (IX, 116 S.) kl. 8. Stuttgart 907. J. Heß. 1. —

— Besoldungsgesetz vom 15. VII. 1909 m. Besoldungsordng., Gehaltsvorschriften, Ortsklassen, Diätenordnung, Mannschaftsversorgungsgesetz vom 31. V. 1906 m. Dienstgradeinteilg. Vorschriften üb. Anrechng. v. Kriegsjahren, Rententabellen; Militärhinterbliebenengesetz vom 17. V. 1907 m. Ausführungsbestimmgn., Pensionsberechnungstabellen m. Umrechng. auf Witwen- u. Waisengeld, Verzeichnis der f. Militäranwärter vorbehaltenen Stellen, Sachregister. (Für Unteroffiziere, Mannschaften u. Militäranwärter.) (294 S.) 8. Ebd. 910. 1. —

— Besoldungsgesetz vom 15. VII. 1909 m. Besoldungsordnung, Wohnungsgeldzuschußtarif, Ortsklasseneinteilung, Gehaltsvorschriften u. Ausführungsbestimmungen f. Preußen, Bayern, Sachsen u. Württemberg; Offizierpensionsgesetz vom 31. V. 1906 m. Ausführungsbestimmgn. d. Bundesrats, v. Preußen, Bayern, Sachsen u. Württemberg; Militärhinterbliebenengesetz vom 17. V. 1907 m. Ausführungsbestimmgn. u. Tabellen üb. Einkommen, Pensionen, Witwen- u. Waisengeld nebst Sachregister. (Für Offiziere.) (XI, 270 S.) 8. Stuttgart 910. J. Heß. 2. —

Miller, Const., die kirchlichen Gesetze betr. Pension der evangelischen Geistlichen, Fürsorge f. die Hinterbliebenen, Stellvertretg. im Kirchendienst, die Anstaltsgeistlichen m. Gehaltsordnung, sonstigen wichtigen Nebenbestimmungen, Pensionstabellen u. Sachregister. (VI, 84 S.) kl. 8. Stuttgart 909. J. Heß. 1. —

— Reichsbeamtengesetz vom 18. V. 1907, Besoldungsgesetz vom 15. VII. 1909, nebst Gehaltsvorschriften, Diätenordng., Unfallfürsorgegesetz vom 18. VI. 1901, Beamtenhinterbliebenengesetz vom 17. V. 1907 u. Pensions-Berechnungstabellen m. Umrechng. auf Witwen- u. Waisengeld. (VIII, 325 S.) kl. 8. Ebd. 909. 2. —

Miller, Leop., die Sünderin. Die Geschichte e. armen Seele. Ein Roman. (249 S.) 8. München (910). E. W. Bonsels & Co. 3.—; geb. 4.—

Miller, Ludwig, Medizinalprakt. am städt. Krankenh. Augsburg: Zur Lehre von der gleichzeitig extrauterinen und intrauterinen Schwangerschaft. Augsburg 1908: Reichel. 21 S. 8°
Erlangen, Med. Diss. v. 13. März 1909, Ref. Menge
[Geb. 23. Aug. 83 Ottensoos; Wohnort: Augsburg; Staatsangeh.: Bayern; Vorbildung: Anna-Gymn. Augsburg Reife 02; Studium: München 1, Erlangen 9 S.; Coll. 28. Jan. 08; Approb. 6. März 09.] [U 09.777

Miller, Ludwig (Red.), s. Monatsschrift, Wiener entomologische.

— **Markus Tobias** (Ulm), De advocatia liberarum S. R. I. civitatum monastica. Diss. jur. Präs. Franz Justus Kortholt. Gießen (Braun) 22. VI. 1769. 96 S. (5.50) 23377

Miller, Martin, s.a. Miller, Johann Martin

Miller, Martin: Beiträge zur chemischen Kenntnis der Weizenmehle. [1909.] 37 S. 8° ¶ Auch in: Zeitschrift f. d. gesamte Getreidewesen. Jg. 1.
München, Dr.-Ing.-Diss. v. 5. 6. 1909

Kritische und exegetische Beiträge zu Caesar. — Von Max Miller, G. P. — 1874. Aschaffenburg, Wailandt. — S. 3—27⁴.
Progr. Aschaffenburg, K. Gymn.

Miller, Max: Die Disposition der Rede des Demosthenes περὶ τῶν ἐν Χεῤῥονήσῳ. 26 S. 8°. – Passau, Progr. 1871.

Miller, Max, die Disposition der Rede d. Demosthenes περὶ τῶν ἐν Χεῤῥονήσῳ. 8. (28 S.) Passau 872. (Waldbauer.) n. — 40

Miller, Max, die Erwerbsunfähigkeit im Sinne des Invalidenversicherungsgesetzes u. ihre Ursachen. Für Versicherungsbeamte, Beisitzer u. Ärzte bearb. (XI, 194 S.) gr. 8. Gross-Lichterfelde 908. Verlag der Arbeiterversorgg. A. Troschel. 3.60; geb. 4.80

Oppians des Jüngeren Gedicht von der Jagd in vier Büchern. I. Buch, metrisch übersetzt und mit erklärenden Bemerkungen versehen — von Max Miller, Stdl. — 1885. Amberg, J. Habbel. — S. III—LXI.⁴⁹)
Progr. Amberg, K. Gymn.

Miller, Max [Prof.]: Oppian's des Jüngeren Gedicht von der Jagd. In vier Büchern. II. Buch [1—377] metrisch übs. u. m. erkl. Bemerkungen vers. (Buch I: Progr. Amberg 1885; IV: ebd. 1886.) München, Buchdr. v. J. B. Lindl, 1891; 1 Bl., 49 S. 8°
München. k. Luitpold-G, P 1891 •

Oppians des Jüngeren Gedicht von der Jagd. IV. Buch, metrisch übersetzt und mit erklärenden Bemerkungen versehen — von Max Miller, Stdl. — 1886. Amberg, E. Pohl. — S. III—LI.
Progr. Amberg, K. Gymn.

Miller, M., Ferienaufgaben. Lateinische Übungsaufgaben m. Anmerkgn. u. Hinweisgn. auf die Grammatik zur Selbstübg. der Schüler. 1.—3. Abtlg. gr. 8. Amberg 887. E. Pohl's Verl. n. 1.80
1. 2. (63 S.) n. 1.—. — 3. (45 S.) n. — 80.

— dasselbe. Übersetzungen dazu. gr. 8. Ebd. 887. n. 1.20
1. 2. (36 S.) n. — 60. — 3. (23 S.) n. — 60.

— griechische Ferienaufgaben. Übungsaufgaben m. Anmerkgn. u. Hinweisgn. auf die Grammatik [Englmann, Kurz, Halm] zur Selbstübg. der Schüler. Nebst Übersetzungen. gr. 8. Ebd. 888. n. 2.40
Aufgaben. (78 S.) n. 1.40. — Übersetzungen. (48 S.) n. 1.—.

Miller, Max, griechische Ferienaufgaben. Übungsaufgaben m. Anmerkgn. u. Hinweisgn. auf die Grammatik (Englmann, Kurz, Halm) zur Selbstübg. der Schüler. Nebst Übersetzgn. 2. Aufl. gr. 8. München 893. E. Pohl. n. 3.—
Aufgaben. (77 S.) n. 1.80. — Übersetzungen. (48 S.) n. 1.20.

Miller, Max, griechische Ferienaufgaben. Uebungsaufgaben m. Anmerkgn. u. Hinweisgn. auf die Grammatik (Englmann, Kurz, Halm) zur Selbstübg. der Schüler. I. Abteilg.: Formenlehre. II. Abteilg.: Kasus- u. Satzlehre. Nebst Uebersetzgn. 3. Aufl. (77 u. 48 S.) gr. 8. München 903. E. Pohl. n. 3.—

—— lateinische Ferienaufgaben. Übungsaufgaben mit Anmerkungen und Hinweisen auf die Grammatik von Englmann, zur Selbstübung der Schüler. 2. Aufl. 1. und 2. Abtl. gr. 8. Ebendas. 888. *
Inhalt:
Abtl. 1. Lehrstoff der Lateinschule. (VI, 81 S.) *ℳ 1.20.
» 2. Lehrstoff der Sekunda des Gymnasiums. (IV, 46 S.) *ℳ 1.—.

—— dass. — Uebersetzungen dazu. 2. Aufl. 1. und 2. Abtl. Ebendas. 888. [1. Abtl. (51 S.) * 80 Pf.; 2. Abtl. (24 S.) * 60 Pf.] *

— lateinische Ferienaufgaben. Übungsaufgaben m. Anmerkgn. u. Hinweisgn. auf die Grammatiken v. Englmann u. Ellendt-Seyffert zur Selbstübg. der Schüler. Ausg. f. die Grammatik v. Englmann. 1. Abtlg. Lehrstoff der I. bis V. Klasse d. Gymnasiums. 3., verb. u. erweit. Aufl. gr. 8. (IV, 72 u. Anmerkgn. u. Hinweisgn. 16 S.) Ebd. 892. n. 1.80; Übersetzungen dazu (56 S.) n. 1.—

Miller, Max, latein. Ferienaufgaben. Übungsaufgaben m. Anmerkgn. u. Hinweisgn. auf d. Grammatik v. Englmann zur Selbstübg. der Schüler. 2 Abtlgn. gr. 8. München, E. Pohl. n. 4 40
I. Lehrstoff d. I.-V. Klasse d. Gymnasiums. 4. Aufl. (84 u. Übersetzgn. 56 S.) 895. 96. n. 2.80
II. Lehrstoff d. VI. u. VII. Klasse. 3. Aufl. (48 u. Übersetzgn. 24 S.) 895. 96. n. 1.60

Miller's, Max, latein. Ferienaufgaben. (Ausg. A.) Übungsaufgaben m. Anmerkgn. u. Hinweisen auf die Grammatiken v. Englmann u. Landgraf zur Selbstübg. der Schüler. Hrsg. u. neu bearb. v. Karl Kuchtner. 1. u. 2. Abtlg. 8. München, E. Pohl. à 1.60
1. Lehrstoff der I.—V. Klasse des Gymnasiums. 6. verm. u. veränd. Aufl. Mit Übersetzgn. (108 u. 59 S.) 910.
2. Lehrstoff der VI.—IX. Klasse. 4. verm. u. veränd. Aufl. Mit Übersetzgn. (IV, 58 u. 27 S.) 907.

— dasselbe. (Ausg. B.) Übungsaufgaben m. Anmerkgn. u. Hinweisen auf die Grammatiken v. Berger u. Seyffert zur Selbstübg. der Schüler. Hrsg. u. neu bearb. v. Karl Kuchtner. 1. u. 2. Abtlg. 8. Ebd. à 1.60
1. Lehrstoff der I.—V. Klasse des Gymnasiums. 6. verm. u. veränd. Aufl. Mit Übersetzgn. (108 u. 59 S.) 910.
2. Lehrstoff der VI.—IX. Klasse (Sekunda u. Prima). 4. verm. u. veränd. Aufl. Mit Übersetzgn. (IV, 58 u. 27 S.) 907.

Miller, Max, das Jagdwesen der alten Griechen u. Römer, f. Freunde d. klass. Alterthums u. den gebildeten Weidmann nach den Mittheilungen der alten Schriftsteller dargestellt. 8. (III, 104 S.) München 883. Killinger. n. 2.—

Miller, Max. Das Jagdwesen der Griechen u. Römer. 8. Münch. 883, Pohl. * 2 —

Miller, M., deutsches Lesebuch für die 1. und 2. Lateinklasse und für den 1. Kurs der Präparandenschule bearb. gr. 8. (IV, 144 S.) Passau 875, Waldbauer's Buchh. *

Miller, Max, deutsches Lesebuch für Präparandenanstalten u. Realschulen. 1—3. Thl. 8. (IV, 144; VIII, 137 u. VIII, 158 S.) Passau 879. Waldbauer. à n. 1. 20

—— deutsches Lesebuch für Präparandenanstalten und Realschulen. 1. Tl. 2. Aufl. gr. 8. (VI, 142 S.) Passau 880, Waldbauer's Buchh. *
2. und 3. Thl. Ebendas. 1879. à *ℳ 1,20.

—— deutsches Lesebuch für Präparandenanstalten und Realschulen. 1. Tl. 3. Aufl. (VI, 142 S.) Passau 888, Waldbauer's Buchh. *

Miller, Max, Manuale f. Untersuchung u. Begutachtung Unfallverletzter u. Invalider. Mit 6 Abbildgn. im Texte, 6 Befundtab., 8 Untersuchungsschemen, 5 Attestformularien, 4 Beilagen. (VIII, 296 S.) gr. 8. Leipzig 903. F. C. W. Vogel. n. 6.—; geb. n. 7. 25

— zur Methodik d. deutschen Unterrichtes auf der Unter- u. Mittelstufe d. Gymnasiums. gr. 8. (VII, 71 S.) Ebd. 891. n. 1. 20

Miller, Max, über Typhus-Therapie im Münchner Garnisonslazarethe in den Jahren 1841—1886 mit besonderer Berücksichtigung der Jahre 1884—1886. Diss. München 1886, A. Buchholz. 8°. 47 S. mit 3 Taf.

Miller, Max [Assistenzarzt im k. b. 7. Inf.-Reg.]: Ueber Typhus-Therapie im Munchner Garnisonslazaretho in den Jahren 1841 1886 mit besonderer Berucksichtigung der Jahre 1884—1886 .... Bayreuth, Druck v. A. Peter, 1886; 47 S. u. 3 Taf. 8°.
München, Med. Fak., Inaug.-Diss. v. 1886.

— praktische Uebungen. Methodisches Hilfsbuch zum deutschen Unterrichte an den unteren Klassen der Mittelschulen. 8. (94 S.) Straubing 874. Attenkofer. n. — 70

— Übungsbuch der deutschen Sprache f. die erste Lateinklasse. gr. 8. (V, 58 S.) Amberg 881. E. Pohl. n. — 60

Miller, Max, Uebungsbuch der deutschen Sprache f. die Lateinschule. 2. Aufl. gr. 8. (VII, 103 S.) Amberg 884. E. Pohl's Verl. n. 1. 40

—— Übungsbuch der deutschen Sprache für die Lateinschule. 3. verm. und umgearb. Aufl. gr. 8. (VII, 128 S.) Amberg 887, E. Pohl's Verlag. *ℳ 1.40.; geb. *

—— Übungsbuch der deutschen Sprache m. e. orthographischen Wörterverzeichnisse u. einem Anhang: Abriß d. Grammatik. 4. umgearb. Aufl. gr. 8. (VII, 122 S.) Ebd. 891. * 1 —

—— Vorbereitungsbüchlein für den Eintritt in die Lateinschule. gr. 8. (35 S.) Ebendas. 888. *

— Vorbereitungbüchlein f. den Eintritt in die Lateinschule. 2., verm. Aufl. 8. (39 S.) Ebd. 889. n. — 80

— Vorbereitungsbüchlein f. den Eintritt in die erste Klasse des Gymnasiums. 3., verm. Aufl. gr. 8. (39 S.) Ebd. 893. n. 1. —

Miller, Max, Vorbereitungsbüchlein f. den Eintritt in die 1. Klasse des Gymnasiums. 4. verm. Aufl. gr. 8. (47 S.) München 901. E. Pohl. Kart. n. — 80

— Melchior Ludwig (Augusta-Suevus), De morsibus conscientiae. Diss. metaphys.-moral. Präs. Johann Andreas Sixtus. Jena (Strauss) 9. XI. 1765. 24 S. (4.50) 23378
Widm. v.: Jo. Ern. Imman. Walch, Justus Christian Hennings, Johann Andreas Sixtus, Ludw. Ehrenfr. Friedr. Cramer.

Miller, Michael

Miller, bürgerliche u. ländliche Bauwerke in der Rheinpfalz. Photographisch aufgenommen u. hrsg. (30 Lichtdr.-Taf. m. VII S. Text.) Fol. Frankfurt a/M. 905. H. Keller. In Mappe n. 24. —

Miller, Mich., bürgerliche u. ländliche Bauwerke in der Rheinpfalz. Photographisch aufgenommen u. hrsg. Neue Folge. (30 Lichtdr.-Taf. m. VIII S. Text.) 40,5×30,5 cm. Frankfurt a/M. 908. H. Keller. In Mappe 24. —

Miller, Moriz v., Major im k. württemb. General-Quartiermeister-Stab. Darstellung des Feldzugs der französischen verbündeten Armee gegen die Russen im Jahre 1812, mit besonderer Rücksicht auf die Theilnahme der königlich württembergischen Truppen. Mit Karten und Plänen. 4. Stuttgart 1822.

v. Miller, (M.,) Darstell. des Feldzugs d. verbünd. Armee gegen die Russen im J. 1812 mit besonderer Rücksicht auf die Theilnahme d. königl. Würtemb. Truppen rc. 2 Thle. mit 17 Plän. u. 1 Charte. gr. 4. Stuttg. 823, v. Cotta.

Miller, Mor. v., Vorlesungen üb. d. Feldverschanzungs-Kunst, in Verbind. mit d. Pionnier- u. Pontonnier-Dienste, so wie üb. d. stehende Befestigung u. d. Lehre d. Angriffs u. d. Vertheidigung fester Plätze. 2 Thle. gr. 4. Freiburg 831, Herder.
Thl. 1. Die Feldbefestigung, den Pionnier- u. d. Pontonnier-Dienst enth. (30¼ B. u. 85 lith. Figurentaf. qu. Fol.) 5 Thlr.
„ 2. Die stehende Befestigung, Angriff u. Vertheidigung fester Plätze enth. (26¼ B. u. 24 lith. Figurentaf. qu. Fol.) 5 Thlr.

—— Vorlesungen üb. angewandte Taktik, z. Unterr. u. z. Selbststudium bearb. 2 Thle. gr. 4. Freiburg 833, Herder. [1. (15½ B., 15 lith. Planen, 1 Uebersichts-Karte u. Dedicat.-Bl. gr. Fol.) 6 Thlr., 2. (27¾ B., 16 lith. Planen, gr. Fol. u. 1 Tab. qu. gr. Fol.) 6 Thlr. 12 Gr.]
Vgl. Müller.

v. Miller, M. Vorlesungen über angewandte Taktik. 2 Th. (720) 8. M. 30 Plän. Stuttgart. 1829. 31. — N. Aufl. 2 Thle. (XXIX. 309) 4. M. 1 Krte. 31 Plän. Freiburg i. Br. 1834.

Miller, Norman H. J. Ueber Condensationen der Diketone mit Aceton. Würzburg, 1884.

Onophrius Millers Lobspruch auf Ulm 1593. Nach der auf der Staatsbibl. in München befindl. Hs. mitgeteilt von [Hans] Greiner. — Ulm 1909: Frey. S. 143—165. 4°
(Mitteilungen d. Ver. f. Kunst u. Alterthum in Ulm u. Oberschwaben. H. 13/15.)

Miller, Osc., Bericht üb. Gruppe 8 der schweizerischen Landesausstellung Zürich 1883: Papier-Industrie. gr. 8. (23 S.) Zürich 884. Orell Füssli & Co. Verl. n. 1. —

Miller, Oscar. In Fläche und Farbe. Versuche von O' M'. Das Grundprinzip der Kunst — Von Fläche zu Farbe — Aus Buch und Leben. II + 74 S. 8. Frauenfeld, Huber & Co., 1907.
Gedruckt in 120 Exemplaren....

— u. W. H. Lindley, Elektricitätswerk Frankfurt a. M. Gutachten u. Projecte. Fol. (78 S. m. 13 Plänen u. graph. Taf.) Frankfurt a/M. 892. (A. Osterrieth.) Kart. n.n. 10. —

Miller, Oscar. Das Grundprinzip der Kunst. Als Manuskript gedruckt. IV + 32 S. 8. Frauenfeld, Huber & Co., (1905).

Miller O v, Elektrizitätswerk Lauffen-Heilbronn. (22 S) München 1892

— — s.: Lindley, W. H.

— Projekt f. e. Elektricitätswerk in Nürnberg. Veröffentlicht vom Stadtmagistrat Nürnberg. gr. 4. (83 S. m. 8 z. Tl. farb. Taf.) Nürnberg 894. (J. L. Schrag.) Kart. n. 12. —

Miller, Oscar. Alfred Rethel. Rathausvorlesung der Solothurnischen Töpfergesellschaft. Als Manuskript gedruckt. 31 S. 8. Solothurn, [Zepfel,] November 1902.

— die Stenographieen v. Stolze u. Faulmann in ihrer Bedeutung als Schul- u. Verkehrsschriften. Mit 4 stenograph. Taf. u. den photolith. Copien e. Briefes v. Wilh. Stolze u. e. Schreibens v. Karl Faulmann. gr. 8. (VI, 32 S.) Biberist b. Solothurn 886. (Wien, Bermann & Altmann.) n. 1. —

Miller, Osk. v., Elektrizitätswerk Stuttgart. Projekt e. elektr. Centrale f. die Haupt- u. Residenzstadt Stuttgart. Hrsg. v. der Stadtgemeinde Stuttgart. Fol. (127 S. m. 8 Taf.) Stuttgart 893. K. Wittwer. Geb. n. 12. --

Miller, Oscar. Auf der Suche nach der Poetischen Wahrheit. Als Manuskript gedruckt. II + 36 S. 8. Frauenfeld, Huber & Co., (1905).

Miller, Oscar. Mein Verhältnis zur Kunst. Versuche von O' M'. Mein Verh' zur heutigen Malerei — Aus Buch und Leben. 71 S. 8. Frauenfeld, Huber & Co., Frühjahr 1910.

Miller, Osk. v., u. A. Hassold, d. Versorgg. d. Städte m. Elektricität, s.a. Tiefbau, d. städtische.

Die Versorgung der Städte mit Elektricität v. Oskar v. Miller, unt. Mitw. v. Ingen. A. Hassold. H. 1. *Darmstadt: A. Bergsträsser 1896.* 4.(8.)
= Tiefbau, Der städtische. Bd v. [97. 2603]

Miller, Osc., von Stoff zu Form. Essays. (Alfred Rethel. — Wie ich zu meinen Bildern kam u. was sie mir sagen. — Worin liegt der künstler. Wert der Werke Cuno Amiets?) (88 S.) 8. Frauenfeld (905). Huber & Co. 1. 60

— dasselbe. 2. verm. Aufl.: Stoff. Von Stoff zu Form. Form. (168 S.) 8. Ebd. (906). n. 3. 20

Miller, Oscar. Von Stoff zu Form. Essays von O' M'. [Mit illustriertem Umschlag.] 2. u. 3., vermehrte Aufl.: Stoff — Von St' zu F' — Form. 8. Frauenfeld, Huber & Co.
2., verm' Aufl. .... IV + 168 S. (Ostern 1906.) [fr. 4. –]
3, verm' Aufl .... IV + 178 S. (Frühjahr 1907.)

Miller, Oscar. Wie ich zu meinen Bildern kam und was sie mir sagen. Manuscript. Vorgelesen im Kunstverein der Stadt Solothurn, 28. März 1903. 46 S. kl.-4. [Solothurn, C. Gassmann, 1903.]

Miller, Osw., Gedanken üb. d. Tragödie. 4. (V, 22 S.) Aarau 894. (H. R. Sauerländer & Co.) n. 1. —

Miller, [Otto]: [Bericht über seine Einführung als Direktor der Anstalt.] S. 12. 4. Progr. Städt. Gymn. *Ohlau* 1901 (215).

Miller, Otto: Gregorii Cyprii declamatio inedita. (Umschl.-Tit.: ... Pars prior. Ex apographo codicis Leidensis edidit paucisque illustravit.) Oels, herz. Hofbuchdr. v. A. Ludwig, 1890; S. 1–8; 4°
Oels, k. G, P 1890

Miller, Otto, römisches Lagerleben, s.a. Gymnasial-Bibliothek.

Miller, O., Römisches Lagerleben. 1892. 55 S. u. 1 Plan. 1.—

Miller, Otto [Silesius]: De decretis Atticis quaestiones epigraphicae.... Vratislaviae, typ. Grassi, Barthi et soc. (W. Friedrich) 1885; 4 + 60 S. 8°.
Breslau, Phil. Fak., Inaug.-Diss. v. 12. Sept. 1885.

Miller, Otto, de decretis atticis quaestiones epigraphicae. Commentatio inauguralis philologica. gr. 8. (57 S.) Breslau 885, (Köhler. — Maruschke und Berendt.) *

Miller, [Otto]: [Direktor Dr. Gustav Radtke, † 21. August 1906.] S. 18—19 der Schuln. 4. Kgl. ev. Gymn. *Ratibor* 1907 (255).
Progr.

Miller, Peter, s. Miller, Philipp

Miller, Pet. Frz., Ruf z. Nachahmung guter Kinder. Mit Kpf. 8. Prag 808. 3e Aufl. 811. Buchler. 4 gr. (Centr.-Compt. in Leipz.) 12 gr.

— Warnung f. die unerfahrne Jugend, oder Samml. von 212 Unglücksgeschichten. 8. Prag 801. 3e Aufl. od. 257 Unglücksgesch. 8. Ebd. 811. Buchler. 9 gr. (Centr.-Cpt. in Lpz.) 20 gr.

Miller Ph. Schreibvorlagen in Haarstrichen. (16 Bl) fol Ulm

Miller, Philipp

— Abbild. d. nützl., schönsten u. seltensten Pflanzen, so in d. Gärtnerlexico beschrieben sind. 2 Theile. Mit 300 ill. Kpf. Fol. Nürnberg, 1768. 2. Ausg. 1773 u. 1782. (Winterschmidt.) 50. —

Miller, Phil., Abbild. d. schönsten, nützl. u. selt. Pflanzen zum Gärtnerlexicon. 2 Thle. Mit ill. Kpf. Fol. Nürnb. 771—82. Winterschmidt d. J. 50 fl

-- Abhandl. von d. Färberröthe. Mit Kpf. 8. Nürnb. 776. Felssecker. 9 gr.

— Anleit. z. Pflanzung u. Wartung d. Küchen-Gewächse. gr. 8. Bern, Typ. Gesellsch.

Miller, Phil., Gärtnerkalender. Aus d. Engl. v. L. W. B(üttner). 8. Göttingen, 1750. Vandenhoeck u. Ruprecht. — 12½

— Gärtnerlexicon, od. die Engl. Gartenküche. Nach d. 5n Aufl. aus d. Engl. von G. L. Huth (u. G. W. Panzer). 3 Thle. Fol. Nürnb. 750—58. N. A. 4 Thle. Mit Kpf. gr. 4. Ebd. 769—76. Felssecker. 10 fl 16 gr. — Dass. im getr. Ausz. nach d. letzt. engl. Ausg. d. D. Martyn, besonders f. Deutschl. bearb., mit Anmerkk., Zus. u. e. Einleit. in d. Linné'sche Pflanzensystem verm. v. F. Johannot. 1r Thl. gr. 8. Frankf. a. M. 802. Guilhaumann. 2 fl 4 gr.

Miller, Peter. Allgemeines Gärtnerlexikon; a. d. Engl. ... Nürnberg 1775—76. Ü (Th. 3—4): *Panzer, Georg Wolfgang Franz.* (will) (BB) (MGT) (Adel)

Miller, Ph[ilipp]: Die Kunst Wein zu machen. Ein Auszug der besten Artikel aus dem großen englischen Lexicon, wie die Reben zu pflanzen, zu erziehen und zu warten; nebst Beschreibung des Burgunder Weins. Leipzig: Fleischer 1793. -- [Zit. nach Weber]
--- Dass. Neue Ausg. Bern 1796. -- [Zit. nach dem Realkatalog der DSB: 1: Kriegsverlust]
Bibliotheca oeconomica: Bern 1793. -- Bibliotheca oenologica: Bern 1793. -- Dochnahl. Leipzig: Fleischer 1796. -- Heinsius: Bern 1793. -- Simon: Bibliotheca vinaria: Bern 1793. Leipzig 1796. -- Thienemann: Bern 1793. 1796.

— seltene Pflanzen; aus d. Engl. (v. G. W. Panzer). Fol. Nürnb.

Miller, P. Seltne Pflanzen. Nürnberg 1768 [1775]. Ü: *Panzer, Georg Wolfgang Franz.* (BB) (Ky) (will)

Miller, R., die Verhütung der Empfängnis od. Liebe ohne Kinder. Eine Rechtfertigg. u. Kritik der konzeptionswidrigen Mittel. (50 S.) 8. Leipzig (908). (M. Wendel.) 1. —

Miller, (S.), Beiträge zur Beleuchtung der ältern Geschichte der Hohenzollern'schen Lande. Drei Grafen Heinr. v. Werdenberg, Herren zu Trochtelfingen. Berichtigung falscher Angaben über deren Tod, nebst einem Anhang von Urkunden, Stammtafeln und genealogischen Erörterungen. Sigmaringen 863. Liehner. gr. 8. (V, 72 S.) n. 12 ngr.

Miller, S., Erinnerung an die hohe Vermählung der durchl. Prinzessin Stephanie zu Hohenzollern mit Sr. Maj. dem König Don Pedro V. von Portugal. Vier Festgedichte. gr. 8. (29 S.) Sigmaringen 858, Liehner'sche Buchh.

Miller, S., und S. Lorimer, Geschichte, Wesen und Vorzüge der Presbyterialverfassung, nebst einer Beschreibung der wichtigsten Presbyterialverfassungen von Hugo Hellmar. gr. 8. (XV und 215 S.) Halle 849, Schmidt. Thlr. *

—— neuer Marianischer Monat in täglichen Betrachtungen über die Lauretanische Litanei zum Gebrauche bei Mai-Andachten. gr. 12. (220 S. mit 1 Stahlst.) Sigmaringen 858, Liehner'sche Buchh.

Miller, S., über d. Volksschulwesen im Fürstenth. Hohenzollern-Sigmaringen, mit besond. Rücksicht auf e. verunglimpf. Darstell. dess. in d. Augsburger Quartalschrift f. prakt. Schulwesen u. e. Abhandl. d. (Mar. Jos.) Herz in seinem Buche: „Der Geistliche in d. verschied. Verhältnissen seines Berufs rc." gr. 8. (4½ B.) Sigmaringen 838, Beck u. Fränkel. Thlr.
Nal. Müller.

Miller, Sylvester, des christlichen Priesters Beruf, als Bewahrer der Wissenschaft u. des Rechts. Primizpredigt, gehalten am 7. Aug. 1864 zu Langenenslingen. Sigmaringen 864. Liehner'sche Buchh. gr. 8. (16 S.) n. 4 ngr

Miller, Theoph., Ballads and Songs, see Ballads.

Miller, Thomas [Anglus]: Euripides rhetoricus .... Gottingae, typ. expr. offic. acad. Dieterichiana. Guil. Fr. Kaestner, 1887; 3 Bl. + 76 S. + 1 Bl. 8°
Göttingen, Phil. Fak., Inaug.-Diss. v. 8. Jul. 1887

Miller, Thom., Euripides rhetoricus. Dissertatio inauguralis. gr. 8. (76 S.) Göttingen 887, (Vandenhoeck und Ruprecht.) *

Miller, Thomas, Heinrich II. u. die schöne Rosamunde. Ein histor. Roman. Aus dem Engl. von M. B. Lindau. 2 Bde. 8. Leipzig 843, Kollmann. 2¼ ₰

Miller, Thom., place names in the English Bede and the localisation of the mss., s.a. Quellen u. Forschungen z. Sprach- u. Culturgeschichte d. german. Völker.

Place names in the English Bede a. the localisation of the mss. by Thomas Miller. *Strassburg: K. J. Trübner 1896.* (2 Bl., 80 S.) 1 Bd 8.
= Quellen u. Forschgn z. Sprach- u. Culturgeschichte d. german. Völker. H. 78. (96. 1079

v. Miller, W. Die Entwickelung des Elementbegriffes bis zum Tode Lavoisiers. München. 1896.

Miller, W. v., u. H. Kiliani, kurzes Lehrbuch der analytischen Chemie. Mit 69 Abbildgn. im Text u. 1 (chromolith.) Spectraltaf. 8. (XI, 553 S.) München 884. Th. Ackermann's Verl. n. 9. —

Miller, W. v., u. H. Kiliani, kurzes Lehrbuch der analytischen Chemie. 2., verm. u. verb. Aufl. gr. 8. (XII, 609 S. m. 96 Textabbildgn. u. e. farb. Spektraltaf.) München 891. Th. Ackermann's Verl. n. 10. —

Miller, W. v., u. H. Kiliani, kurzes Lehrbuch der analytischen Chemie. 3., verb. Aufl. M. 97 Abb. im Text u. 1 (farb.) Spektraltaf. gr. 8. (XII, 614 S.) München 897. Th. Ackermann. n. 10. —

Miller, W. v., u. H. Kiliani, kurzes Lehrbuch der analytischen Chemie. 4. verb. Aufl. Bearb. v. H. Kiliani. Mit 98 Abbildgn. u. 1 Spectraltaf. gr. 8. (X, 631 S.) München 900. Th. Ackermann. n. 10. —; geb. in Leinw. n. 11. —

Miller, W. v., u. H. Kiliani, kurzes Lehrbuch der analyt. Chemie. 5. verb. Aufl. Bearb. v. H. Kiliani. Mit 96 Abbildgn. u. 1 Spectraltaf. (XI, 639 S.) gr. 8. München 903. Th. Ackermann. n. 10. —; geb. n. 11. —

Miller, W. v., u. H. Kiliani, kurzes Lehrbuch der analyt. Chemie. 6. verb. Aufl., bearb. v. H. Kiliani. Mit 92 Abbildgn. u. 1 (farb.) Spektraltaf. (XI, 643 S.) 8. München 909. Th. Ackermann. 10.—; geb. in Leinw. n 11. —

Miller, W. H., eine Abhandlung über Krystallographie. Für Studirende der Mathematik u. der Mineralogie aus dem Engl. übers. von P. Joerres. Bonn 864. Henry. gr. 8. (VI, 53 S. u. 3 lith. Taf.) u. 15 ngr

Miller, Professor W. H. — Kupfertafeln zum Lehrbuch der Krystallographie von — —. Uebersetzt durch Dr. J. Grailich. Enthaltend: Tafel 1—19. Wien, 1856. Druck und Verlag von Karl Gerolds Sohn. (19 Bl. 4.)

Miller, W. H., Lehrbuch der Krystallographie. Uebers. u. erweitert durch J. Grailich. Mit 1 Hefte von 19 Kpfrtaf. (in 4. u. Fol.). Wien 856. Gerold. gr. 8. (XII, 328 S.) n. 3 ₰. 20 ngr

Miller, W. Lash [aus Toronto, Canada]: Ueber einige Verbindungen der fünfzehnten Reihe und Zur Kenntnis des Acetonoxalesters. . . . München, k. Hof- u. Univ.-Buchdr. v. Dr. C. Wolf & Sohn, 1890; 33 S. 8°
München, Phil. Fak., Inaug.-Diss. v. 1891

Hausa Notes. By Walter R. Miller, Church Missionary Soc. (Vorr.: F[rederick] Lugard, High Commiss., Northern Nigeria.) *London: H. Frowde 1901.* (127 S.) 8° (05. 154

Miller, Warren, The banker's millions, deutsche Ausg., s.: Frost, Joh., Bendetta.

Miller, Wilh., üb. die Bestandtheile d. flüssigen Storax u. einige Derivate derselben. gr. 8. (39 S.) München 874. Th. Ackermann. n. — 80

Miller, Wilh., Instrumentenkunde für Forschungs-Reisende. Unter Mitwirkg. v. C. Seidel bearb. (VIII, 186 S. m. 134 Abbildgn.) Lex.-8. Hannover 906. Dr. M. Jänecke. n. 4.40; geb. n. 5.20

Miller, Wilhelm [aus Friedrichshafen am Bodensee]: Ueber Kalkverbrennungen im Auge. An d. Hand v. 37 Fällen d. Münchener kgl. Univ.-Augenklinik ... München, Buchdr. v. M. Ernst, 1896; 48 S., 1 Bl. 8.
München, Med. Fak., Inaug.-Diss. v. 1896

Miller, Wilh., Meister-Prüfungen f. das Baugewerbe, s.a. Bibliothek der gesamten Technik.

Meister-Prüfungen für das Baugewerbe. Maurer. Zimmerer. Steinmetze. Von W[ilhelm] Miller, Dipl.Ing. u. Prof., Augsburg. Mit 56 Abb. Hannover: M. Jänecke 1907. (91 S.) 8°
= Bibliothek d. gesamten Technik. Bd 21. (o8. 11011 7

— Die Vermessungskunde, s.a. Bibliothek der gesamten Technik.

Miller, Wilh., die Vermessungskunde. Ein Taschenbuch f. Schule u. Praxis. 12. (IX, 164 S. m. 117 Abb.) Hannover 901. Gebr. Jänecke. Geb. in Leinw. n. 3. —

Miller, Wilh., die Vermessungskunde. Ein Taschenbuch f. Schule u. Praxis. 2. Aufl. (IX, 174 S. m. 117 Abbildgn.) 8. Hannover 903. Dr. M. Jänecke. Geb. in Leinw. n. 3. —

Die Vermessungskunde. Von Wilhelm Miller. 2. Aufl. Mit 117 Abb. Hannover: M. Jänecke 1906. (IX, 174 S.) 8°
= Bibliothek d. gesamten Technik. Bd 12. (o8. 11011 7

Die Vermessungskunde. Ein Taschenbuch ... von Wilhelm Miller, Dipl.-Ing. u. Prof. Mit 202 Abb. 3. Aufl. Hannover: Jänecke 1910. XI, 256 S. 8°
(Bibliothek d. gesamten Technik. Bd 12.) [11. 11724 7

Miller, William, a. Glasgow: Zeeman-Effekt an Magnesium, Calcium, Strontium, Zink, Kadmium, Mangan und Chrom. Leipzig: J. A. Barth 1907. (42 S.) 8°
Göttingen, Phil. Fak., Ref. Voigt, Diss. v. 16. Juli 1007
[Geb. 12. März 83 Glasgow; Wohnort: Glasgow; Staatsangeh.: England; Vorbildung: M.A. u. B Sc. v. Glasgow; Studium: Glasgow 3, Göttingen 4 S.; Rig. 19. Dez. 06.]

Miller, Willougby Dayton

Miller, W. D., üb. die Combination v. Zinn u. Gold als Füllungsmaterial f. die Zähne, s.: Zahnheilkunde, deutsche, in Vorträgen.

Lehrbuch der Conservirenden Zahnheilkunde. Von W[illougby] D[ayton] **Miller**, a. o. Prof. an d. Univ. Berlin. M. 420 Abb. *Leipzig: G. Thieme 1896.* (VIII, 416 S.) 1 Bd 8. [96. 9473

Miller, W. D., Lehrbuch der conservir. Zahnheilkunde. M. 449 Abb. 2., umgearb. u. erweit. Aufl. gr. 8. (XI, 462 S.) Leipzig 898. G. Thieme. n. 15.—; geb. in Leinw. n. 16.—

Miller, W. D., Lehrbuch der konservierenden Zahnheilkunde. 3. umgearb. u. erweit. Aufl. (XII, 533 S. m. 487 Abbildgn.) gr. 8. Leipzig 903. G. Thieme. n. 15.—; geb. in Leinw. n. 16.—

Miller's, W. D., Lehrbuch d. konservierenden Zahnheilkunde. In 4. umgearb. u. erweit. Aufl. hrsg. v. W. Dieck. (XII, 502 S. m. 501 Abbildgn.) Lex. 8. Leipzig 908. G. Thieme. 15.—; geb. in Leinw. 16.—

— die Mikroorganismen der Mundhöhle. Die örtl. u. allgemeinen Erkrankgn., welche durch dieselben hervorgerufen werden. Mit 112 Abbildgn. im Texte u. 1 chromolith. Taf. gr. 8. (XX, 305 S.) Leipzig 889. G. Thieme. n. 15.—

Miller, W. D., die Mikroorganismen der Mundhöhle. Die örtl. u. allgemeinen Erkrankgn., welche durch dieselben hervorgerufen werden. 2., umgearb. u. stark erweit. Aufl. gr. 8. (XXVIII, 448 S. m. 134 Text-Abbildgn. u. 18 Photogrammen.) Leipzig 892. G. Thieme. n 12.—

Miller, W. D. [Dr. phil., Prof. am Zahnärztl. Inst. d. Univ. Berlin]: Ueber pathogene Mundpilze .... Berlin, Buchdr. v. Gustav Schade (Otto Francke) (1887); 31 + 1 S. 8°
Berlin, Med. Fak., Inaug.-Diss. v. 12. Okt. 1887

Miller, W. D., Wörterbuch der Bacterienkunde. gr. 8. (VII, 43 S.) Stuttgart 886. Enke. n. 1.—

Miller, Wsewolod

Miller, W., u. R. v. **Stackelberg**, fünf ossetische Erzählungen in diagorischem Dialect. Mit deutscher Übersetzg., Glossar u. Anh. v. R. v. Stackelberg. Lex.-8. (IV, 88 S.) St. Petersburg 891. Leipzig, Voss' Sort. n. 1. 50

Miller, Wsewolod, die Sprache der Osseten, s. a. Grundriss der iranischen Philologie. I. Bd. Anhang.

Die Sprache der Osseten von Wsewolod **Miller**. *Straßburg: K. J. Trübner 1903.* (VI, 111 S.) 4°(8°)
— Grundriß d. Iranischen Philologie. Bd 1, Anh. [03. 19977

Miller, X. J., Ruf z. Nachahmung guter Kinder, m. K. 8. Prag, Buchler. 808.

Miller zu Aichholz, Vikt. v., s. Brahms-Bilderbuch, e.

Ein Brahms-Bilderbuch. Hrsg. von Viktor v. **Miller** zu Aichholz. Mit erl. Text von Max Kalbeck. Wien: R. Lechner (1905). (III, 119 S.) 4° [F.] [06 2533

Miller & Andreae, Katalog der Maschinen zur Schuhfabrikation. Bockenheim-Frankfurt a. M. 1881

Miller, Bleecker-, s. Bleecker-Miller

Miller, Alb. Ritter v. Hauenfels, die steyermärkischen Bergbaue, als Grundlage des provinziellen Wohlstandes in historischer, technischer und statistischer Beziehung. 4. (... S.) Wien 860, Braumüller's Verlags-Conto.
Aus „Ein treues Bild des Herzogthums Steiermark" besonders abgedruckt.

Miller von Hauenfels, Alb., über Bergbau-Schätzungen. Kritische Beleuchtung der hiefür angenommenen Theorien u. Gepflogenheiten u. dießbezügliche Vorschläge. (Abdr. aus dem berg- u. hüttenmännischen Jahrbuche der k. k. Berg-Akademie Leoben u. Schemnitz.) Wien 863. Tendler & Co. in Comm. Lex.-8. (22 S.) n. 8 ngr.

Miller-Hauenfels, Alb. R. v., die Dual-Functionen und die Integration der elliptischen und hyperellipt. Differenziale. gr. 8. (VI, 109 S.) Graz 880, Leuschner und Lubensky. *

Miller-Hauenfels, Alb. R. v., die Gesetze der Kometen abgeleitet aus dem Gravitations-Gesetze. gr. 8. (VIII, 118 S.) Graz 875. Leuschner & Lubensky. n. 3. 50

von **Miller-Hauenfels**, A.: Ueber die Grundgesetze der Meteorologie. Zwei Vorträge, gehalten zu Graz in den Versammlungen des Naturwissenschaftlichen Vereines für Steiermark am 7. Februar und 22. März 1885. ([S.-A.] Mittheilungen des Naturwissenschaftlichen Vereines für Steiermark. Jahrg. 1885.) Graz 1886. 34 S. 8°.

Miller-Hauenfels, Alb. v., allgemeine Integration der linearen Differential-Gleichungen zweiter Ordnung und Ableitung der Differential-Reihen aus den höheren Gleichungen dieser Art. gr. 8. (VIII, 42 S.) Wien 868, Tendler und Comp. [Leipzig, Fues's Verlag.] *

—— höhere Markscheidekunst. Praktisch-theoretische Anleitung beim Markscheiden die vermeidl. Fehler zu umgehen, die unvermeidl. aber in einfacher und streng wissenschaftl. Weise zu verbessern. gr. 8. (XII, 291 S.) Wien 868, Tendler und Comp. [Leipzig, Fues's Verlag.] *

Miller-Hauenfels, Alb. Ritter v., theoretische Meteorologie. Ein Versuch, die Erscheingn. d. Luftkreises auf Grundgesetze zurückzuführen. Mit e. Begleitschreiben v. Jul. Hann. Mit 13 Abbildgn. gr. 8. (VIII, 129 S.) Wien 883. Spielhagen & Schurich. n. 4.—

—— der Referenten-Entwurf für ein neues österreichisches Berggesetz. Referat zum II. Congress österreich. Volkswirthe. gr. 8. (37 S.) Wien 877, Manz'sche Hofbuchh. *

Miller v. Hauenfels A, der Reformentwurf für ein neues österreichisches Berggesetz. (Schriften der Gesellschaft österreischischer Volkswirte) Wien 1877

Miller-Hauenfels, A. R. v., Richtigstellung der in bisheriger Fassung unrichtigen mechanischen Wärmetheorie u. Grundzüge e. allgemeinen Theorie der Aetherbewegungen. gr. 8. (XV, 256 S.) Wien 889. Manz. n. 4. 80

Miller, Alb., der süddeutsche Salzbergbau, in technischer Beziehung dargestellt. Mit 9 zinkograph. Taf. Abgedr. aus den Jahrbüchern (der Montan-Lehranstalt zu Leoben). Wien 853. Tendler u. Co. in Comm. gr. 8. (156 S.) n. 1 rℳ.

— das Schürfen auf Kohlenflötze. gr. 8. (48 S. mit eingedr. Holzschn.) Wien 866, (Tendler und Comp. — Prag, Calve'sche Universitäts-Buchh.) *
Aus: Berg- und hüttenmännische Jahrbücher der k. k. österreichischen Bergakademien, besonders abgedruckt.

— der mühelose Segelflug der Vögel u. die segelnde Luftschiffahrt als Endziel 100jährigen Strebens. Vortrag. gr. 8. (V, 66 S. m. Abbildgn.) Wien 890. Spielhagen & Schurich. n. 2.40

Miller-Hauenfels, A. Ritter von. Die mühelose Segelung der Vögel und die segelnde Luftschiffahrt als Endziel hundertjährigen Strebens. Vortrag, gehalten am 18. Januar 1890 im polytechnischen Club in Graz. Gr.-8. (66 S.) Wien: Spielhagen & Schurich 1890. 1.20

Miller-Hauenfels, A. R. v., üb. Vermeidung v. Constructionsfehlern an Dynamo-Maschinen, s.: Vorträge u. Abhandlungen, technische.

Miller, Prof. Albert — Vorträge über Bergbaukunst an der k. k. Montan-Lehranstalt Leoben. Zweiter Theil, enthaltend: den vorwiegend mechanischen Theil derselben, als: Die Lehre über die Förderung, Wetterführung, Wasserwirthschaft und die Aufbereitung. Verfaßt von — —. Gratz, 1856. Druck und Papier von A. Leykams Erben. (S. 321—448. 8.)

Miller, Prof. A. — Vortragsschriften de: — — an der k. k. Montanlehranstalt in Leoben. 2. Lieferung. (S. 209—320) 8. Gratz. Gedruckt bei A. Leykam's Erben. 1854.

Milleradowics, Pet. Gabr., Diss. de surditate ex retropulsa crusta lactea orta. Hal. 4°.
1769

Millerand als Gesetzgeber. *Berlin: Puttkammer & Mühlbrecht 1901.* (39 S.) 8° [F.]
= Flugschriften d. nationalliberalen Partei, No 25.

Millerbacher, A. J., s. Kriegswesen der Römer.

Millère, Ch., Lectionen im Pistolenschießen. A. d. Franz. M. 1 Stndr. 8. (2 B.) Ilmenau 828, [Weimar,] Voigt.

Millet, Jean François. Eine Kunstgabe m. e. Einleitg. v. Gerh. Krügel. Hrsg. v. der freien Lehrervereinigg. f. Kunstpflege. (35 S. m. 2 Abbildgn. u. 14 Vollbild.) Lex. 8. Mainz (909). J. Scholz. 1. —

Millet, Jean Franç, Aehrenleserinnen, s.: Meisterbilder.

Millet, Jean Franç., Briefe, s.: Cartwright, Julia, Jean François Millet.

— der Frühling, s.: Meisterbilder.

— die Kuh bei der Tränke, s.: Meisterbilder fürs deutsche Haus.

Millet, Jean Franc., der Säemann, s.: Meisterbilder.

— Die Scholle, s.: Meisterbilder.

Millethus, P. W.
— Phantasus. Erträumte Gedichte. (80 S.) kl. 8. Ebd. 905. n. 1. —

— für Pharisäer. Eine Erzählg. in Gedichten. (VIII, 184 S.) schmal 8. Ebd. 904. Kart. n. 3. —

Millethus, P. W., Peter v. Staufenberg. Eine altdeutsche Rittermär. Erneuert von M. (49 S.) kl. 8. Braunschweig 904. (Wolfenbüttel, Lange Herzogstr. 37, Wilh. Pust.) n. 1. —

Milletich Stefan von: Die ästhetische Form des abschließenden Ausgleiches in den Shakespeare'schen Dramen. Diss. Wien, Univ.
D: Agram. 1892
1892 PN 739 56

Milletich, Steph. v., die ästhetische Form des abschliessenden Ausgleiches in den Shakespear'schen Dramen. 2. (Titel-)Aufl. gr. 8. (V, 71 S.) Wien 892. W. Braumüller. n. 1. —

Millet-Mappe. Hrsg. v. Kunstwart. (12 Bl. m. Titelbl. u. III S. Text.) Fol. München (906). G. D. W. Callwey. In Umschlag n. 5. —

Millheim Journal: 1827–1912?
Democratic weekly. Continued in English only. Place of publication varies: Aaronsburg, 1827–71. Title varies: 1) Der Centre Berichter, 1827–47; 2) Demokratischer Berichter und Center County Anzeiger, 1847–71; 3) Demokratischer Berichter, 1871–80; Millheim Journal, 1881–86. Circulation: 1875, 580; 1892, 960; 1907, 1235. Edited by G. W. Foote, & published by T. H. Held & Co., ?–1875; edited by R. A. Bumiller, 1876?–79; by B. O. Deininger, 1880; published by Walter & B. O. Deininger, 1878–80; edited & published by Deininger & Bumiller, 1881–?; by R. A. Bumiller; by F. P. Musser & J. C. Hosterman; by Jean C. Hosterman.
Millheim, PA

Millhouse, John, Dialogues anglais et français. 2. Édit. enrichie d'un voyage à Londres par H. Hamilton. gr. 16. (132 S.) Milano 847. (Trieste, Favarger.) *

Milli und Mimi, die zwei niedlichen Kätzchen. Ein Bilderbuch mit 6 prächt. (lithogr. und color.) Bildern nach Compositionen von Fr. Specht. Nebst kindl. Reimen. 1.—4. Aufl. 4. Eßlingen 870—75, Schreiber. cart. (M 1,20.)

Millian, Thaddäus, der Molkencurort Rožnau in der mährischen Wallachei mit seinen Umgebungen dargestellt in therapeut., naturhistor., topograph. u. ethnograph. Beziehung. Mit Ansichten. Weißkirchen 853. (Olmütz, Hölzel.) Lex.-8. (4 Bl., 80 S. u. 1 lith. Taf.) n. 20 ngr

Milliardenschuld und Amortisation. Eine Antwort an Herrn Nationalrat Cramer-Frey . . . Basel 1898. V: *Steiger, Jac.* (BSchwLk V, 9 h) (Cat. der Stadtbibl. Zürich. Zürich 1864—97.)

[Millich, Hermann]: *Simon der Hasmonäer genannt Simon Hazzaddik. 99 S. 4° (2°) [S. 1—59 deutsche Abh., S. 61—99 lat.: Appendix.]
Halle-Wittenberg, Phil. Diss. v. 14. März 1871
Geb. [Marikowa (Ungarn) 28. 12. 1837]

Millidge, Frank Allan, aus St. John, Canada: Byrons Beziehungen zu seinen Lehrern und Schulkameraden und deren Einfluß auf seine literarische Tätigkeit. *Leipzig 1903: H. Zechel.* (104 S.) 8°
Erlangen, Phil. Diss. v. 27. Juli 1903

Millies, Ernst, die Emeritierungs-Ordnung f. die evangel.-luther. Geistlichen im Großherzogt. Mecklenburg-Schwerin nebst Grundsätzen für die Veranschlagung der Pfarreinkommen u. Satzung f. die Emeritierungskasse. Mit Erläutergn. hrsg. (41 S.) gr. 8. Schwerin 904. F. Bahn. n. 1. —

Millies, H. C., de var. generib. θεοφανειων atq. ἐπιπνοιων θειων in libr. utriusque foed. etc. 8. maj. Halae, Schimmelpfennig. 802.

Millies, J. A., D. de superstitione. Hal. 801. 8.

— commentat. philos. de superstitione. 8maj. Halle 804 Schimmelpfennig. 4 gr.

— de usu libror. V. Test. apocryph. in N. Test. interpretat 8maj. Halle 803. Schimmelpfennig. 4 gr.

Millies, Karl Friedrich

Millies, Carl Friedrich (Leipzig), Collectanea de clysmatibus. Diss. med. Leipzig (Staritz) 15. IX. 1843. 28 S. (3.—) 23379

Millies, Wilhelm, approb. Arzt aus Bredstedt: **Beiträge zur Statistik der Ohren-, Nasen- und Kehlkopfkrankheiten auf Grund des in der Grossherzoglichen Ohren- und Kehlkopf-Klinik zu Rostock vom 17. November 1894 bis 1. Oktober 1899 beobachteten Materials.** *Rostock 1900: C. Boldt.* (32 S.) 8°
Rostock, Med. Diss. v. [30. Jan.] 1900

Milliet, Edmund Wilhelm

Milliet, E. Ad., Alkohol u. Alkoholismus, s.: Lauterburg, Otto.

Milliet, E. W.: Zur Alkoholfrage. Vergleichende Darstellung der Gesetze und Erfahrungen einiger ausländischer Staaten. 634 S. 8° Bern. 1884.

Milliot, W. Zur Alkoholfrage. Referat. Bern 1885. 4 S. Fol.

— Einiges aus den Erfahrungen der schweizerischen Alkoholverwaltung. Bern 1890.

— Glossen zur Statistik des Alkoholismus. Bern 1894. 20 S. 8°.

Milliet E. W., Mitteilungen u. d. schweizer. Alkoholgesetzgebung. (27 S) Basel 1895

Milliet, W. Orientirendes über die Alkoholfrage in der Schweiz. Sep.-Abdr. aus d. Zeitschr. f. schweiz. Statist., 1892.

— Question de l'alcoolisme. Exposé comparatif des lois et des expériences de quelques états étrangers. 8°. 682 p. Berne, impr. Wyss. 1884.

Milliet, (E[dmund] W[ilhelm]). Direktor M' über den im April 1901 in Wien abgehaltenen internationalen Kongress gegen den Alkoholismus. ⟨Referat im bernischen Grossratssaal... 9. Mai 1901.⟩ 6 S. fol.
Beilage 3 zum Delegationsbericht 24 (der Eidg. Alkoholverwaltung.... Bern, Stämpfli & Cie., 1901.)

Thesen und Vorschläge, betreffend die Erstellung einer internationalen Statistik des Alkoholverbrauchs. 4°. Bern. 1895. (Abdruck aus: Protokoll d. internat. statist. Kongr. in Bern. 1895.)

Die beiden Volksabstimmungen über die Alkoholvorlagen in der Schweiz. Separatabdr. aus der Z. f. schweiz. Statistik. 8 S. 4° Bern. 1887.

Milliet, [Edmund Wilhelm]. Bernisches Verwaltungsgericht. Vortrag des Herrn Grossrat Milliet, gehalten an der Versammlung des freisinnig-demokratischen Pressvereins des Kantons Bern am 2. November 1902. ⟨Separatabdruck aus dem «Bund» Nr. 310/311.⟩ 9 S. 8. [Bern, 11. Jont, 1902.]

– (Red.), s. Zeitschrift für schweizer. Statistik.

Milliet, P., und H. Grémont, Herodias. Oper in 4 Akten und 7 Bildern. Musik von J. Massenet. Deutsche Uebersetzung von G. Fr. Reiß. kl. 8. (59 S.) Berlin (885), (Ad. Fürstner.) **

Milliet, Paul, Werther, s.: **Massenet, J.**

Millifiori, Karoline, od. die Schrecken d. gelben Fiebers auf Mallaga. Eine wahre Gesch. aus dem Originale frey übersetzt. 8. Erfurt, Hennings. 804.

Milligan, John C., voir: *Heer, J. C.*

Millin de Grandmaison, Aubin Louis

Millin's, A. L., Biographie von C. W. Kraft und C. A. Böttiger. Leipz. 819. 8.

— — Description d'une mosaïque antique du musée Pio-Clementin à Rome, représentant des scènes de tragédies. av. 28 planches. Fol. Paris. 820. 2

— Einleit. in d. Studium d. alt. Kunstdenkmäler, aus d. Franz. 8. Halle, Hendel. 798.

Millin, A. L., élémens d'histoire naturelle. II Vols. 8. Leipz. 796. (W. Nauck). 1 Rthl. 8 gr.

Millin, A. L., Elémens d'histoire naturelle. II Vol. 8. Leips. Sommer. 796.

Millin de Grandmaison, Aubin Louis.
Mythologische Gallerie ... 1820. Ü: *Parthey, Gustav.* (Koner) (Zeitschr. f. Büch. N. F. 15, 1923, S. 116)

— — mythologische Gallerie, eine Sammlung von mehr als 750 antiken Denkmälern, Statuen, geschnittenen Steinen, Münzen und Gemälden, zur Erläuterung der Mythologie, der Symbolik und Kunstgeschichte der Alten. Aus d. Franz. und mit 190 Original-Kupferblättern versehen. 2 Thle. gr. 8. Berlin, Nicolai. 820. 1

Millin, A. L., mytholog. Gallerie. Eine Samml. v. mehr als 750 antiken Denkmälern, Statuen, geschnitt. Steinen, Münzen u. Gemälden, auf d. 191 Orig.-Kupferblätt. d. französ. Ausgabe. 2., verb. Aufl. gr. 8. (20 B.) Berlin 836, Nicolai'sche Buchh.

Millin's, A. L., mythologische Gallerie. Eine Sammlung von mehr als 750 antiken Denkmälern, Statuen, geschnitt. Steinen, Münzen und Gemälden, auf den 191 Orig.-Kpfrt. der französ. Ausgabe. 2 Bde. Text. — Kupfer. gr. 8. (IV und 304 S.) — Berlin 848, Nicolaische Buchh. *

Millin, A. L., histoire metallique de Napoléon, ou recueil des médailles et des monnaies qui ont été frappées depuis la première campagne de l'Armée d'Italie jusqu'à son abdication en 1815. 4. (Strasbourg et Paris, Treuttel et W. in Comm.) 820. ?

Millin, A. L., histoire métallique de la revolution française, av. fig. Fol. Paris 806. (Land.-Ind.-Compt. in Weimar). 10 Rthl. Hbg. Pr. 5 Rthl.

— Mineralogie des Homer; aus d. Französ. mit Anmerkk. v. F. Th. Rinck. 8. Königsb. 793. (Lauffer in Leipz.) 10 gr.

— Mineralogie d. Homer, a. d. Franz. 8. Königsb. Nicolovius. 793.

Millin, L. A.,
— Mineralogie des Homer. Aus dem Französ. von Rink. Königsb. 794. 8.

— — dasselbe franz. gr. 8. Strasb. König. 799.

Millin, (L. A.) Reise d. d. Lombardy. Nach d. Franz. Mit Bemerkk. u. Zusätzen v. C. L. Ring. 2 Bde. Mit 1 Grundriß u. 2 Vign. gr. 8. Karlsr. 825, Müller. (Ist e. Fortsetzung v. d. Verf. „Reise durch Savoyen u. Piemont ꝛc. 2 Bde." 817, Preis. 3 Rthl. 8 gr)

— Reise durch Savoyen u. Piemont nach Turin u. Genua; aus d. Französ von C. L. Ring. 2 Bde. Mit Vign. gr. 8. Karlsr. 817. Müller. 3 ₰ 8 ℊ

Millin, A. L., Voyages dans les Départemens du midi de la France. III Vol. 8. av. 2 Atlas in-fol. Paris, Schöll. 807. Rthlr.

Millingen, Edwin van, Bericht über die Augenheilanstalt in Constantinopel für die J. 1880 und 1881. gr. 8. (20 S. mit 2 Taf.) Salzburg 883, (Dieter.) *

Millingen, E. van, Bericht der Privat-Augenheilanstalt d. Dr. E. van M. in Constantinopel f. d. J. 1882. gr. 8. (17 S. m. 1 Tab.) Salzburg 883. (Dieter.) n. 1. 60

Millinger, Georg (Red.), s. Post, Ost-deutsche.

Millinger, Leonh., Kriegsereignisse in Kirchdorf, s. a. Wörndle, Heinr. v.

(F) Kriegsereignisse in Kirchdorf und Umgebung aus den Tagen der Tiroler Freiheitskämpfe. Denkschrift zur Enthüllungsfeier des „Wintersteller-Denkmales" in Kirchhof (Tirol). Mit Benützung eigenhändiger Aufzeichnungen des Kirchdorfer Viertelschreibers Leonhard Millinger im Auftrage des Denkmal-Comités bearbeitet und herausgegeben von Heinrich Wörndle. Innsbruck. 1901. Selbstverlag des Wintersteller-Denkmal-Comités. 72 S. mit 1 Tafel. * K 1.—

Millington, (J.) Grundriß d theoret. u. Experimental-Physik. Aus d. Engl. 1r Thl. Mit einem Bericht üb. die Dampfmaschine u. 14 Steintaf. gr. 8. Weimar 825, Indust.-Comptoir.

Million, eine, Dummheiten. Neueste Sammlung piquanter Anecdoten, Bon-Mots, Calembourgs ꝛc. Der klugen Welt gewidmet vom Verein der alten und jungen Esel. 1. Dosis. 16. (158 S.) Hamburg 861, B. S. Berendsohn.

Million, eine, Dummheiten. Neueste Sammlung piquanter Anekdoten, Bon-Mots, Calembours ꝛc. Der klugen Welt gewidmet vom Verein der alten und jungen Esel. 2. und 3. Dosis. 16. (VIII und 152 S., 158 S.) Hamburg 864,65, B. S. Berendsohn. à Dosis cart. 10 Ngr.
1. Dosis. Ebendas. 1861. 10 Ngr.

Million, eine, jährlich an der Spielbank zu gewinnen, oder die Kunst, täglich einen sicheren Gewinn zu erzielen. Eine Beleuchtung bekannter u. Begründung neuer Systeme nach der Wahrscheinlichkeitsrechnung. Leipzig 861. Hübner in Comm. gr. 8. (32 S.) vertlebt 1 ₰

Millionair, der, s. a. Schildbach.

Millionär, Der. Lustspiel in vier A. Wien 1804. V: *Schildbach, Johann Gottlieb.* (GGr)

Millionair, der, Lustsp. in 5 Aufz. 8. Wien, Wallishauser. 804.

Millionen, Begrabene. Zwanzig Capitel zur Geschichte der Wiener Gasfrage von [Ludwig] V[ogler], [August] N[echansky], J[oseph] M[atzenauer], D[onat] Z[ifferer]). Wien 1899. H: *Zifferer, Donat.* (EB)

Millionen f. Deutschland, durch die richtigste Speculat. zu erlang. gr. 8. Leipzig, Supprian. (Mittler.) 795.

Millionen, Die, des Herrn von Dunajewski ... Wien 1889. V: *Mayer, Arthur von.* (EB)

Millionen, die, d. Herrn v. Dunajewski. Von A. v. M. gr. 8. (16 S.) Wien 889. Verlag der Allgem. Sport-Zeitung. n. 1. —

Millionen, 200, Kronen f. neue Kanonen, s.: Lichtstrahlen.

Millionen-Marder, der, der eidgen. Bank, Emil Schärr von Mümliswyl. Seine Lebensgeschichte, sein kolossaler Diebstahl, seine Verhaftung ꝛc. Mit Portr. (in Holzschn.) Bern 870. Jenni. gr. 8. (15 S.) 2 ngr.

Millionkünstler, der, mit neuer Gaukeltasche, enthält eine faßliche Belehrung, die interessant. magischen, chemischen, Karten- und andern Zauber- und Kunststücke auf die kürzeste Art zu erlernen ꝛc. Mit Kupf. 8. Pesth, Müller. 818. Rthlr.

Milliotti, Panayotti, bacc. jur. a. Konstantinopel: Der Ausschluß von der Geschäftsführung bei der offenen Handelsgesellschaft. Leipzig 1906: W. Wigand. (58 S.) 8°
Leipzig, Jur. Fak., Diss. v. 23. Jan. 1906
[Geb. 16. Jan. 83 Konstantinopel; Wohnort: Konstantinopel; Staatsangeh.: Griechenland; Vorbildung: Griech.-Französ. Lyzeum Constantinopel Reife Juni 00; Studium: Leipzig 4, Freiburg i. B. 3, Leipzig 2 S.; Rig. 13. Dez. 04.]

Gedenkblatt zum 100jährigen Stiftungsfeste der Loge „Zum Morgenstern" Or. Hof am 11. Juni 1899. [Von Georg **Millitzer**.] Hof 1899: Mintzel. 47 S. 8°
Gesch. der Loge u. Verzeichn. der Ehrenmitgl., Beamten, Mitgl. u. a. m.

Millitzer, Paul [pr. Arzt in Werningshausen]: Ueber die Entwickelung der operativen Behandlung von Pleura-Exsudaten ... Jena, G. Neuenhahn Univ.-Buchdr., 1892; 51 S. 8.
Jena, Med. Fak., Inaug.-Diss. v. [4. Aug.] 1892

Millius, I., Septuaginta s. Vet. Test. graec. 8. Amsterd. 725.

— Nov. Testam. graec., c. var. lection. MSS. exempl. novis observ. auct. a L. Küster. fol. Lips. 723.

Millman, M. [russ. Transskr.]
s. Mühlmann, Moisej.
[10. 10386

Millmann, F., über Skorbut und Faulfieber. A. d. Engl. gr. 8. Berlin. 795. Jetzt Reimer.

Millmann, Frz.

Millmann, Frz., animadv. de nat. hydropis ejusque curatione. 8. maj. Vien. Graeffer. 780.

— — — 8. maj. Ticini. Wolf. (Rabenhorst, Lips.) 795.

— Bemerk. üb. d. Natur u. Heilart d. Wassersucht. 8. Braunschw. Schulbuchh. 782.

Millmayr, Joseph Anton

Millmayer, J. A., d. Arzt f. Frauenzimmer. 8. Leipzig, Mittler. 800.

Millmayr, Joseph Anton: Der Arzt für Frauenzimmer, oder kurze Anweisung die Krankheiten des weiblichen Geschlechts gründlich zu heilen. Ein Handbuch für angehende praktische Aerzte. 137 S., gbd.

Leipzig: Supprian 1800

JB 3.826

Millner, S., Strafmittel in früheren Jahrhunderten. Ein Beitrag zur Geschichte des Strafrechts. (33 S.) gr. 8. Berlin (Oranienburgerstr. 74) (909). Buchh. Kadimah M. Gonzer. —50

Millot, Claude François Xavier

— Anfangsgr. d. Gesch. v. Frankr. 3 Thle. a. d. Franz. 8. Leipzig, Böhme. 777—80. (1r u. 2r à 16 gr. 3r 20 gr.)

v. Millot, Abt, Anfangsgr. d. Gesch. v. Frankreich. 3 Thle.; aus d. Französ. 8. Leipz. 777—80. (Gnobloch). 2 ₰ 4 𝔤𝔯

— Elémens d'Histoire générale. 9 Vol. 12. Hamb. Fauche. 797.

— — — ancienne et moderne. IX Vol. 12. Berne, Haller. (a. Soc. Typ.) 775.

— histoire d'Angleterre. III Vol. 12. Berne, Soc. Typographique.

— Mémoires hist. et polit. p. servir à l'hist. de Louis XIV. et XV. 4 Vol. gr. 12. Paris (Schweighaeuser, Basle.) 777.

— — polit. et milit. p. servir à l'hist. de Louis XIV. 6 Vol. gr. 12. Basle, Flick. 778.

— mémoires polit. et milit. p. servir à l'hist. de Louis XIV. IV Vols. gr. 12. Basel 778. (Neukirch). 4 ₰ 10 𝔤𝔯

— Nachricht. v. d. Kriegsbegebenh. ꝛc. v. A. M. v. Noailles, s. Nachrichten.

Millot, v., Nachr. v. d. merkw. polit. u. Kriegs-Begebenheiten unt. Ludwig XIV. u. XV. 6 Thle. 8. Heilbronn, Class. 778.

Millot, Abbé. Nachrichten von den merkwürdigsten politischen und Kriegsbegebenheiten, unter Ludwig XIV und Ludwig XV, aus den Original-Papieren des Herzogs Adrian Moritz von Noailles, Marschalls von Frankreich und Staatsministers zusammengetragen. (1682—1755.) Aus dem Französischen. Nebst einem Anhang Briefe (1744—1748). (6 Bde.) 8. Leipzig 1777—1878.

Millot. Nachrichten von den denkwürdigen Begebenheiten unter Ludwig XIV und XV. A. d. Französ. von F. Huber. 3 Bde. 8. Berlin 1792 93.

Millot, (Abbé) Oeuvres, continués par M. M. Millon, Delisle de Sales etc. Histoire ancienne Tom. I à XI. 8. Paris. 820.

— Universalhistorie alter, mittl. u. neuerer Zeiten; aus d. Französ. v. J. B. Mielt; mit Zusätz. u. Berichtigg. v. W. E. Christiani. 1r—9r Thl. 10r—12r Thl. fortges. v. W. E. Christiani, unt. d. T.: Gesch. d. neuesten Weltbegebenheiten v. 1748 bis auf gegenwärt. Zeit. 1r—3r Bd. — 13r Thl. fortges. v. M. A. W. Brorson. Auch u. d. T.: Gesch. d. neuest. Weltbegebenheiten v. 1806 bis z. Frieden v. Amiens. Aus d. Dän. v. Th. H. Jensen. gr. 8. Leipz. 777—806. (W. Vogel). Alle 13 Bde. mit Register. 17 ₰ 20 𝔤𝔯 Allgem. Register über d. 9 ersten Bde.; hrsgg. v. W. E. Christiani. gr. 8. Ebd. 789. 16 𝔤𝔯 (Vergl. J. v. Hormayr, Gesch. d. neuesten Zeit.)

Millot, Claude François Xavier. Universalhistorie, alter, mittlerer und neuer Zeiten. A. d. Franz. . . . Leipzig 1777—87. Ü: *Mielk (Mielck), Johann Bertram.* Wien 1817—19. H (17.—19. Bd.): *Hormayr zu Hortenburg, Joseph Freih. von.* (Adel) (MGT) (Kordes, Schlesw.-holst. u. eutin. Schriftst. Schleswig 1797.)

MILLOT, Claude François Xavier 1726 - 1785
Des Herrn Abt Millot ... Universalhistorie alter, mittler und neuer Zeiten.
Aus dem Französischen. Mit Zusätzen und Berichtigungen
von Wilhelm Ernst Christiani ...
Erster [- Zwölfter] Theil [und Registerband].
Leipzig: Crusius. 1777 [- 1793]. 8°.
Universitätsbibliothek Freiburg/Br.
Wilhelm Ernst Christiani, 1731-1793

Millot. Universal-Historie alter, mittlerer und neuer Zeiten. Aus dem Französischen. Mit Zusätzen und Berichtigungen von Ernst Christiani. (Fortgesetzt von Hormayr.) (16 Bde.) 8. Wien 1794.

— — Universalhistorie alter, mittlerer und neuerer Zeiten, fortges. durch J. Freyherrn v. Hormayr. 17r bis 19r Bd. gr. 8. Wien. Härter. 817 — 819.
Auch unter dem Titel:
Allgemeine Geschichte der neuesten Zeit. 1r — 3r Bd.

Millot, J. A., die Erzeugungskunst, od. wie sogleich beim Beischlafe das Geschlecht des Kindes zu bestimmen. 3te Ausg. 8. Leipz. Gräff. 815.

Millot, J. A., die Erzeugungskunst, oder, wie sogleich beym Beyschlaf das Geschlecht des Kindes zu bestimmen. Aus d. Franz. übers. 4te Aufl. mit Kupf. 8. Leipzig, Wienbrak. 817.

Millot, J. A., die Kunst, sogleich beim Beischlafe d. Geschlecht d. zu erzeug. Kindes zu bestimmen; aus d. Französ. mit Anmerkk. u. Zusätzen v. Fr. H. Martens. Mit 9 Kpf. 8. Leipz. 801. N. A. unt. d. T.: Die Erzeugungskunst, od., wie sogleich beim Beischlaf d. Geschlecht d. Kindes zu bestimmen; aus d. Französ. v. G. W. Becker. 8. Ebd. ... 2e Aufl. Mit 9 Kpf. 807. 3e A. 815. 4e A. 817. 5e A. 825. Wienbrack. 21 𝔤𝔯

Millot, J. A., d. Kunst, sogleich b. Beyschlafe d. Geschl. d. zu erzeug. Kind. z. bestimmen, a. d. Franz. mit Anm. und Zus. v. Martens. mit 9 K. 8. Leipz. Gräff. 807.

Millot, D. B. J. L.

— Entret. sur les plantes utiles à l'homme, s. Maître Pierre.

Millot, Pharmacien Aide-Major, Prof. Dr. D. B. J. L., Histoire pharmacologique du Camphre. gr. in-4. Strasbourg 837. Levrault. n. $1^1/_3$ ₰

Millowitsch, Wilh., glückl. Flitterwochen, s. Wolksbühne, platt-kölnische.

[F.] Glückliche Flitterwochen. Schwank m. Geflöt u. Getriller in 1 Akt nach e. älteren Motiv v. Wilhelm Millowitsch. *Düsseldorf: Schmitz & Olbertz [1899].* (30 S.) 1 Bd 8.
— Volksbühne, Platt-Kölnische. No 6.

Millowitsch, Wilh., glückliche Flitterwochen. Schwank m. Geflöt u. Getriller in 1 Akt nach e. älteren Motiv. (39 S.) 8. Düsseldorf (907). Schmitz & Olbertz. —60

Millowitsch, Wilh., der Giftmord, s.a. Bloch's, Eduard, Theater-Korrespondenz. Nr. 331.

Der Giftmord. Schwank in 1 Akt von Wilh. **Millowitsch** nach einer A. v. Winterfeld'schen Humoreske. *Berlin: E. Bloch [1903].* (41 S.) 8° [F.]
— **Theater-Korrespondenz**, Eduard Bloch's. No 331.

Millowitsch, Wilh.: Heimath, s.a. Volksbühne, platt-kölnische.

[Umschlagt.:] [F.] Heimath. Parodistische Herbergs-Posse m. Gesang in 2 Akten v. Wilhelm **Millowitsch**. M. Vorw.: Das Kölner Hänneschen u. seine Entwickelung zur Rheinischen Volksbühne. Von K. H. *Düsseldorf: Schmitz & Olbertz [1897].* (X, 61 S.) 1 Bd 8.
— **Volksbühne**, Platt-Kölnische. No 1.

– Der Lieutenant vom Himmel, s.a. Volksbühne, platt-kölnische.

[F.] Der Lieutenant vom Himmel. Grosse Posse m. Gesang u. Tanz in 5 Bild. v. Wilhelm **Millowitsch**. *Düsseldorf: Schmitz & Olbertz [1898].* (116 S.) 8.
— **Volksbuehne**, Platt-Kölnische. [No] 4/5.

– Madam sang schön, s.a. Volksbühne, Platt-Kölnische.

[F.] Madam sang schön. Parodist. Posse m. Gesang in 3 Akten v. Wilhelm **Millowitsch** ... *Düsseldorf: Schmitz & Olbertz [1899].* (72 S.) 1 Bd 8.
— Volksbühne, Platt-Kölnische. No 7.

[Umschlagtit.:] [F.] Programm und Gesänge zu Die Kinder des Kapitän Grand. Grosse Ausstattungsposse m. Gesang in 11 Bildern nach d. Jules Verne'schen Ausstattungsst. f. s. Volksbühne bearb. v. W[ilhelm] **Millowitsch**. Musik-Arrang. v. Max Mathieu. — Meier??? Burleske m. Gesang in 1 Akt nach Paul Hambrock v. W. Millowitsch. Musik v. W. Alleter ... *Bonn: Buch- u. Steindr. J. Bach Wwe [1897].* (8, 6 S.) 1 Bd 8.
(Millowitsch's Volksbühne. Plattköln. Ensemble.)

– Drei Tage aus d. Kölner Leben od. Ein weibl. Militärstaat, s.a. Volksbühne, platt-kölnische.

[F.] Drei Tage aus dem Kölner Leben oder Ein weiblicher Militärstaat. Kölner vaterstädtische Posse m. Gesang in 8 Bild. v. Wilhelm **Millowitsch**. *Düsseldorf: Schmitz & Olbertz [1898].* (126 S.) 1 Bd 8.
— **Volksbühne**, Plattkölnische. Nr. 2 3.

[Umschlagt.:] [F.] Text d. Gesänge zu Drei Tage aus d. Kölner Leben od, Ein weiblicher Militairstaat. Grosses Kölner Orig.-Lebensbild m. Gesang in 5 Bild. v. W[ilh.] **Millowitsch**. Musik '(m. Benutzg einiger älterer Melodien)' v. Karl Weiler ... *Bonn: J. Bach Wwe. [1897?].* (16 S.) 1 Bd8.
(Millowitsch's Volks-Bühne. Plattkölnisches Ensemble.)

Millrath, Max: Bilder und Vergleiche in Grillparzer's Esther. S. 3—20. 8.
K. k. Staats-Gymn. mit deutscher Unterrichtssprache *Prag-Neustadt*, Graben 1906.
Progr.

Mills, George, die Kultur der Ananas. Aus d. Engl. übers. u. hrsg. v. d. Redakt. der allgem. Gartenzeitung. gr. 8. (4 B. u. 1 Stnt.) Berlin 845, Nauck'sche Buchh.

Mills, J. Grant. Die moralische Entartung der Naturvölker durch den Spirituosenhandel. London 1886.

Mills, Jak., Grundsätze und Erfahrungen über die Zucht und Veredlung von Pferden, Hornvieh, Schafen und Schweinen. gr. 8. (58 S.) Pesth 44. (Leipzig, Haendel.) n. M. 1.25

Mills, Jakob, prakt. Handbuch für Pferdefreunde. Enthalt. eine gründliche Anweisung zur Stallwirthschaft, sowie zur Pflege der Pferde vor u. nach einer Reise; ferner eine genaue u. prakt. Anleitung zur Auswahl u. zum Ankauf, sowie zur Behandlung der Pferde; ingleichen die besten Vorschriften, wie man sich von den guten Eigenschaften überzeugen u. die Fehler entdecken kann bei Wagen-, Karren- u. Reitpferden. Mit Holzschn. 8. Pesth 841, Verlags-Magazin, jetzt: Leipzig, Haendel. 1/2 ₰

Mills, Jak., praktisches Handbuch für Pferdefreunde. Gründliche Anleitung zur Kenntniß, zum Ankauf u. zur Behandlung der Pferde, sowie zur Stallwirthschaft. Nach dem Engl. Mit Holzschn. 2. Aufl. Leipzig 865. Haendel. 8. (104 S.) 15 ngr

Mills, Johann

— Elemente d. Nationalökonomie; aus d. Engl., mit Zusätzen v. P. v. Jakob. 8. Halle 824. Kümmel. 1 ₰ 18 gr Schrbp. 2 ₰ 8 gr Velp. 3 ₰

Mills, Jh., vollständ. Lehrbegriff d. prakt. Feldwirthschaft; aus d. Engl. 5 Thle. gr. 8. Leipz. 764—67. Weidmann. 6 ₰

Mills, Johann, Versuch von dem Wetter nebst Anmerkungen über des Schafhirten von Banburg Regeln wie man von den Veränderungen desselben urtheilen soll, als ein Anhang zu eben dieses Verfassers Lehrbegriffe von der Feldwirthschaft. Aus dem Englischen übersetzt. Leipzig 1772.

— Versuch von d. Wetter; nebst Anmerkk. über Bambury; aus d. Engl. 8. Leipz. 782. Schwickert. 6 gr

Mills, Lawrence H.

Mills, L. H., a study on the five Zarathushtrian (Zorastrian) Gâthâs, with texts and translations, also with the Pahlavi translation for the first time ed. with collation of manuscripts, and now prepared from all the known codices, also deciphered, and for the first time translated in its entirety into a European language, with Neryosangh's Sanskrit texts ed. with the collation of 5 Mss., and with a first translation, also with the Persian text contained in Codex 12b of the Munich Collection ed. in transliteration, together with a commentary, being the literary apparatus and argument to the translation of the Gâthâs in the XXXIst vol. of Sacred Books of the East. Part I, Yasna XXVIII—XXXIV, and part IV, commentary (in 1 vol.). Published with the assistance of the Secretary of State for India in Council (of Her Britannic Majesty's Government), and also with that of the Trustees of the Parsi Panchayet Translation Fund of Bombay. Lex.-8. (XXVIII, 153 S. u. S. 393—621 m. 3 Inschriften-Taf.) Oxford 892. (Leipzig, F. A. Brockhaus' Sort.) n.n. 20.—

Mills, Lawrence H., A study of the Five Zarathushtrian (Zoroastrian) Gâthâs, with texts and translations, also with the Pahlavi translation ... with Neryosangh's Sanskrit text ... also with the Persian text ... together with a commentary ... Leipsic, Erlangen 1894. 4°

Mills, Lawrence H., Zaraϑuštra, Philo, the Achaemenids and Israel being a treatise upon the antiquity and influence of the Avesta for the most part delivered as university lectures. 2 Tle. in 1 Bde. (XIII, 460 S.) gr. 8. Leipzig 905. 906. F. A. Brockhaus' Sort. n.n. 12.—; geb. n.n. 14.—; einzelne Tle. n.n. 6.—; geb. n.n. 7.—

Zoroaster, Philo and Israel being a treatise upon the antiquity of the Avesta by Dr. Lawrence H[eyworth] Mills, Prof., Oxford. P. 1. *Leipzig: F. A. Brockhaus [in Komm.] 1903–04.* 8°

Mills, Th., patholog. Anatomie d. Gehirns beim Typhus od. Gehirnfieber, mit beigefügt. während d. jetzigen Epidemie gesammelt. Beobachtt.; aus d. Engl. übers. v. G. v. dem Busch. gr. 8. Brem. 820. Kaiser. 10 gr.

Mills, William Hobson, aus Spalding, Engl.: Studien über Halogencumalinsäuren. *Tübingen: F. Pietzcker 1901.* (55 S.) 8° Tübingen, Naturw. Diss. v. 1901

Millstatt und Umgebung. 2. Aufl. Millstatt (typ. v. Waldheim in Wien), (1889). 49 S.

Millstätter-See [Schlagwort]

Millstätter-See. Richter, E., Karte des Millstätter-Sees, des Läng-Sees u. des Klopeiner-Sees. 1 : 25,000. 31,5 × 73,5 cm. Farbdr. Klagenfurt 897. A. Raunecker. n. 2. 40

Millstetter, Fr., Quinque sacra Christi vulnera contra modernam crisin vindicata. Augsburg, Doll, 1797, 8°.

v **Millwitz**, W. Clemens, geognostische Karte vom nördlichen Deutschland, mit beigedr. Erläuterungen. Roy.-Pap. Berlin 835. Schröder. In Futteral color. 5/6 ℔

v. **Milly**, Graf, Kunst, Porzellain zu machen; aus d. Französ. v. J. G. Halle. Mit 6 Kpf. 4. Brandenb. 774. Halle. 1 ℔ 6 gr.

— — dass. 4. Königsb. Kanter. 774.

Milman, a life of Horace, s. Horace, works by Ch. Anthon.

Francis Milman

Animadversiones de natura hydropis ejusque curatione. Auctore Francisco Milman. Viennae & Loadiai: Graeffer 1779. XI,172 S. 8°

Milmann, Frz., animadvers. de natura hydropis ejusque curatione. 8maj. Wien 780. Gräffer. 14 gr.

Francis Milman

Franziskus Milman, [Animadversiones de natura hydropis. Deutsch:] Bemerkungen über die Natur und Heilart der Wassersucht. Aus d. Lat. übers. von L[udwig] C[hristian] Segar. Braunschweig: Verl.d. fürstl. Waisenhausbuchh. 1782. 134 S. 8°

Milmann, F., Unters. üb. Ursprung d. Symptome des Scorbuts und d. Faulfieber, a. d. Engl. gr. 8. Berl. Himburg. 795.

— Untersuchung üb. Ursprung d. Symptome des Scorbuts u. d. Faulfieber; aus d. Engl. v. H. W. Lindemann. gr. 8. Berl. 795. (Reimer). 14 gr.

Milman, Rob., Mitslaw od. die Christianisierg. Pommerns im 12. Jahrh. Nacherzählt v. A. Steen. gr. 8. (III, 262 S.) Gotha 893. G. Schloeßmann. n. 3. —; geb. n. 4. —

Milmann, der Fall von Jerusalem, ein dramat. Gemälde. Aus d. Engl. von A. F. Bloch. 12. Königsb. 823, Unzer.

Milmann geb. Lewensohn, **Ela**: Über die Cervixdilatation nach Bossi. Emmendingen: Dölter 1909. 30 S. 8° Freiburg i. B., Med. Diss. v. 1909, Ref. Krönig
[Geb. 18. Sept. 84 Irkutsk; Wohnort: Irkutsk; Staatsangeh.: Rußland; Vorbildung: Gymn. Irkutsk Reife O. 03; Studium: Freiburg i. B. 4, Berlin 3, Freiburg i. B. 3 S.; Rig. 18. Dez. 08.] [U 09. 958

Milmar [Pseud.], s.a. Menzel, Johann Friedrich Leonhard

Milmar, ..., (Jh. Fr. Leonh. Menzel,) Neujahrsgeschenk f. liebende Jünglinge u. Mädchen. 8. Bayr. 789. Fleischer. 4 gr.

Milne, J. G., Greek inscriptions, s.: Catalogue général des antiquités égyptiennes du musée du Caire, XVIII.

Milne, James, the epistles of Atkins, s.a. Collection of British authors.

The Epistles of Atkins. Being some of the lights, on human nature in the ordeal of war, which illumine the letters of the common soldier, written from South Africa to his people at home ... By James **Milne**. Copyright ed. Leipzig: Tauchnitz 1902, 279 S. 8°
(Collection of British authors. Tauchnitz Ed. Vol. 3592.) [11. 8450

Milne, James Mitchell. [von] Glasgow: On some of the derivatives of Benzyltoluol. Glasgow Bell & Bain Print. 1872. 24 S. 8°.
[Zürich, Phil. Diss. v. 15. Juni 1872].

Milne, John, appendix to recherches sur les tremblements de terre au Japon. Spécialement imprimé pour le congrès géologique de Berlin. gr. 8. (24 S.) Berlin 885. Friedländer & Sohn. n. 1. —

Milne-Edwards, H., Beiträge zur allgemeinen Zoologie. 1. Bdchn. A. u. d. T.: Das Verfahren der Natur bei Gestaltung des Thierreichs geschildert. Aus dem Französ. Stuttgart 853. J. B. Müller. (Leipzig, C. F. Winter.) gr. 8. (XII, 122 S.) 15 ngr.

Milne-Edwards, H., Beiträge zur allgemeinen Zoologie. 1. Bdchn. A. u. d. T.: Das Verfahren der Natur bei Gestaltung des Thier-Reichs. Aus dem Französ. übers. gr. 8. (XII und 122 S.) Stuttgart 853. [Leipzig, Winter'sche Vrlgsh.]

Milne Edwards, Bericht über die Production u. Verwendung des Salzes in England an den französ. Minister des Ackerbaus u. Handels. [Abgedr. aus den „Annalen der Landwirthschaft in den K. Preuß. Staaten."] gr. 8. (98 S.) Berlin 851, Wiegandt & Grieben. n. 12 ngr.

Milne Edwards, H., Handbuch der Zoologie, s. Handbuch der Naturgeschichte.

—— die Mineralogie und Geologie, s. Beudant.

Milne-Edwards, F. S. Beudant, A. v. Jussieu, populäre Naturgeschichte, s. Beudant, F. S.

Milne-Edwards. Das Verfahren der Natur bei Gestaltung des Thierreichs. Aus dem Französ. übers. Stuttgart. 1853.

Milne-Edwards, H., die Zoologie, übers. von Wiebenmann, s. Beudant, Milne-Edwards und Jussieu, Naturgeschichte 2c.

— Die Zoologie. Aus d. Franz. v. L. Carl. 4 Bd. (2 vol.). Stuttg. 1844. 205, 190, 238, 224 S. 12 Tvl.

Milne-Edwards: Die Zoologie. Aus d. Franz. v. L. Carl. 4 Bd. (1 Vol.). Stuttg. 1847. (857) S. Fig.
(= Populäre Naturgesch. d. drei Reiche. Bd. 1-4). 52.

Milner, Ärztlicher Ratgeber für die Soldaten im Felde, Vortr., Leipzig, 40 S., kl.-8°.

Milner, Emanuel, zur Diätenfrage. Eine polit. Studie. gr. 8. (94 S.) Tübingen 874. Fues. n. 1. 50

Milner, Eman., schwäbische Kolonisten in Ungarn, s.a. Zeit- u. Streit-Fragen, deutsche.

Milner, Emanuel: Schwäbische Kolonisten in Ungarn. Vortrag. — Bln.: Habel 1880. 32 S. (Dt. Zeit- und Streitfragen. H. 142.)

Milner, Eman., Politik und politisches Denken. gr. 8. (III, 67 S.) Stuttgart 877, Metzler'sche Buchh. *

— Studien zum österreichischen Staatsrechte. I. Die österreichische Staatsbürgerschaft u. der Gesetzartikel L: 1879 über den Erwerb u. Verlust der ungarischen Staatsbürgerschaft. gr. 8. (III, 105 S.) Tübingen 880. Fues. n. 1. 60

Milner, Ernestvs (geb. am 1 Aug. 1836 in Düsseldorf): De animalibvs animalivm parasitis novoqve corvm genere isopodorvm ordini adscribendo ... Bonnae, form. C. Georgi 1858. 30 S., 1 Bl. 8.
Bonn, Phil. Fak., Diss. v. 12 Aug. 1858

Milner, Ernst: Die arithmetischen Reihen und das Interpolations-Problem. 16 S. – Kreuznach, Progr. 1872.

Milner, Josef

Milner, Joh., Briefe an einen Pfründner als Erwiderung auf die Bemerkungen über das Papsttum von S. Sturges, Pfründner u. Kanzler zu Winchester. Nebst Betrachtungen über die Unverträglichkeit des Hoadlyismus mit den Lehren der Kirche von England. Aus dem Engl. nach der 7. Ausgabe übersetzt von Peter Klee. Frankfurt a. M., Andreä, 1829. 8°. 448 S.
Katholik 1829, Bd. 32 S. 97—104. Kerz' Littztg 1829, Bd. 4 S. 177—92.

Milner, Jos., Gesch. d. Kirche Christi, a. d. Engl. v. Mortimer. 4 Bde. 8. Leipz. Kummer. 801. 806. (1r 20 gr. 2r 18 gr. 3r 20 gr. 4r 21 gr.)

Milner, Jos., Geschichte d. Kirche Christi, aus dem Engl. von Mortimer. 5r Bd. 8. Leipz. Kummer. 813.

Milner, Jos., Predigten. Aus d. Engl. übers. 8. Görlitz 808. (Kummer in Leipz.) 1 ₰

* — Predigten. Aus d. Engl. übers. 8. Görlitz. (Zittau, Schöps in Comm.) 808.

— Ziel u. Ende religiöser Controversen. Ein freundschaftl. Briefwechsel zwischen e. Gesellsch. frommer Protestanten u. kathol. Theologen; aus d. Engl. v. M. Lieber. gr. 8. Frankf. 828, Andreä. 2 ₰

Milner, Richard, aus Kreuznach: Aus d. pathol. Institut in Bonn. Über Blutpigmentbildung und Organisation besonders in einem extraduralen Hämatom. 2. Aufl. [vielmehr Drucklegung einer neuen Durchsicht der 1896 eingereichten, bisher unveröffentlichten Dissertation]. *Berlin 1903: G. Reimer.* (36 S.) 8°
Bonn, Med. Diss. v. 3. Juni 1896

Milo, Aug., Christoph Columbus. Ein dramat. Gedicht. gr. 8. (9½ B.) Schwedt 838, [Jungheim.]

—— das Hohenstaufenlied. gr. 8. (15¾ B. u. Titvign.) Schwedt 836, [Jungheim.]

——, Tankred u. Klorinde. Eine romant. Tragödie in 5 Aufz. gr. 8. (10¼ B.) Schwedt 836. Jantzen. (Berlin, L. Oehmigke.)

— Tankred und Klorinde. Eine romant. Tragödie in 5 Aufz. gr. 8. Schwedt 836. Jantzen. ⅔ ₰ jetzt Windolff u. Striese. ⁵⁄₁₂ ₰

Milobar, Franz. Der Berliner-Kongress und die Bosnische Frage. Diplomitisch-juristische Abhandlung. Diss. Staatsw. Univ. Zürich. IV + 148 S. 8. Zürich-Oberstrass, Hans Fischer, 1902.

Milobar, Franz [aus Petrinja in Kroatien]: Das geschichtliche Verhältnis Bosniens zu Kroatien und Ungarn. Zürich 1898. 144 S. 1 Bl. 8°.
Zürich. Phil. Diss. I. S. 1898/99.

Milocho, Frz., kurzgefasste, theoretisch-prakt. Singschule nebst einigen 4stimmigen Vokalsätzen vorzügl. Meister. qu. 4. (8 B.) Passau 844, Ambrosi's Buchh. *

Milojkovic Dobroslav: Über den Wassergehalt der Kalziumsalze von Bernsteinsäure und Methylathylessigsäure. S. 102. Hb. 807 . . . . vgr.
Sogenstabdruck

Milon: Wie werde ich Athlet? Aufklärungen über eine zu ungewöhnlicher Körperkraft führende Lebensweise. Leipzig um 1897. 96 S.

Milon jun., wie werde ich Athlet? Aufklärungen üb. e. zu ungewöhnl. Körperkraft führ. Lebensweise. Nebst histor. Einleitg., biograph. Notizen, 30 Portr. berühmter Athleten u. Illustr. ihrer Tricks. 2. verb. Aufl. 8. (92 S.) Leipzig (902). A. F. Schlöffel. n. 1. 60

Milon jun., wie werde ich Athlet? Aufklärungen üb. e. zu ungewöhnl. Körperkraft führ. Lebensweise. Nebst histor. Einleitg., biograph. Notizen, 32 Portr. berühmter Athleten u. Illustr. ihrer Tricks. 3. verb. Aufl. (92 S.) 8. Leipzig (905). A. F. Schlöffel. n. 1. 60

Milon, C., Denkwürdigkeiten zur Lebensgesch. Benj. Franklins. 8. Petersb. 793. Logan. (Gnobloch in Leipz.) 12 ₰

Milon, C., Nachr. z. Lebensgesch. Benj. Franklins. 8. Petersb. Logan. 792.

Miloradof, O.: Promemoria zur Petition der Lipowaner an den Hohen Reichsrat de dato 15. März 1870 um Freihaltung von der Militärpflicht auf Grund des Ansiedlungs-Privilegiums. Czernowitz: Eckhardt 1870.

Milord, s. Mylord.

Milosch, der neue Assessor od. aus e. kleinen Stadt, aber nicht v. Gust. Freytag, sondern v. M. 8. (28 S.) Posen 883. Heine. n. 1. 20

Milostki, Poety, przez Józefa Kalasantego z Sidorowa, wydał i historyczno-krytycznym kommentarzem opatrzył Witalis Kukutka. 16. Lemberg 841. J. Millikowsky. ⅔ ₰

Milovan, V., die Erde, ihre Entstehung, Entwicklung, Umwandlung und ihr Ende. Eine naturhistor. Abhandlung. 1. Aufl. (30 S.) 1876. * 60 Pf.; 2. umgearb. Aufl. 8. (III, 102 S. mit 3 lithogr. Taf. und 1 lithogr. Sternkarte.) Graz 879, Cieslar.

Milovan, V., die Erde, ihre Entstehung, Entwicklung, Umwandlung u. ihr Ende. Eine naturhistor. Abhandlg. Mit 3 lith. Taf. u. 1 Sternkarte. 3., durchgeseh. Aufl. 8. (III, 102 S.) Graz 887. Cieslar. n. 1. —

Milovanovitsch, Übertragung der Gabelsbergerschen Stenographie auf die serbische Sprache, s.: Stammbuch des Gabelsbergerschen Systems.

Milovanovitsch, Georg: Das altserbische Familienrecht. Breslau 1910: Gutsmann. 95 S. 8°
Breslau, Jur. Diss. v. 29. Juli 1910, Ref. Schott, Leonhard
[Geb. 31. März 78 Weliko Gradište; Wohnort: Belgrad; Staatsangeh.: Serbien; Vorbildung: 1. Gymn. Belgrad Reife O. 98; Studium: Berlin 5, Breslau 1, Berlin 2 S.; Rig. 22. Juni 10.] [U 10. 515

MILOW, J. R., Sendschreiben an einen Freund in Hamburg von der Salzsäule, in welche Lots Weib nach 1. B. Mosis XIX 26 verwandelt worden. Hamburg. 1766. 4. P. — 2. Sendschreiben. Sm. St. o. A. 4. P.

Milow, Jh. Nikl., († d. 10. Juni 1795.) krit. Anmerkk. über einige Stellen d. Alt. Testam. 8. Kiel 768.

— des Apostels Pauli Erklärung Röm. 2, 1—29. über das künftige Schicksal guter u. rechtschaff. Christen. 8. Wandsb. 784.

MILOW, JO. NIC. (autor), De scribarum erroribus in textu Hebraico V. T. impresso specimen. Kilonii. 1764. 4. P.

— etwas üb. 1 Mos. 49, 10. u. Matth. 5, 31. 32. 8. Hamb. 778.

Milow, J. N., z. Exegetik. 1s Heft. 8. Hamb. Bohn. 778.

— Exegetik. 1s Hft. 8. Hamb. 778. (Schnuphase in Altenb.) 7 gl. Hbg. Pr. 4 gl.

— neue Fibel. 8. Hamb. 785.

— observationes criticae in aliquot veteris foederis loca. 4. Kiel 765.

— erstes u. zweites Sendschreiben an e. Freund in Hamburg von der Salzsäule, in welche Lot's Weib verwandelt worden. 4. Hamb. 767.

Milow, Steph. (Steph. v. Millenkovich), fallende Blätter. Neue Gedichte. 8. (XII, 228 S.) Kassel 903. G. Weiß. n. 2.40; geb. in Leinw. n. 3.20

Milow, Steph., drei Dramen. (Getilgte Schuld. Bedrängte Herzen. Die ungefährliche Frau.) 8. (III, 84; 26; 34 S.) Stuttgart 888, Bonz und Comp. *

Milow, Steph., deutsche Elegieen. Neue, stark verm. u. veränd. Aufl. d. Elegieencyklus „Auf der Scholle". 8. (X, 86 S.) Stuttgart 885. Bonz & Co. geb. m. Goldschn. n. 3. —

Milow, Steph., König Erich. Trauerspiel in 5 Aufzügen. 8. (124 S.) Bremen 879. [Kühtmann und Comp.] Fischer. *

—— König Erich. Trauerspiel in 5 Aufzügen. 2. wesentlich veränd. Aufl. 8. (III, 144 S.) Norden 888, Fischer Nachf. *

Milow, Steph., (Steph. v. Millenkovich), Arnold Frank u. andere Novellen, s.: Heise's, Max. Volksbücherei.

— Arnold Frank, s.: National-Bibliothek, deutsch-österreichische.

Milow, Steph., Frauenliebe. Novellen. 8. (III, 223 S.) Stuttgart 893. A. Bonz & Co. n. 3. —; geb. in Leinw. n. 4. —

— Gedichte. s.a. Heise's. Max. Volksbücherei.

Milow, Steph., Gedichte. Eingeführt u. mit einer Vorrede versehen von Karl Alex. v. Reichlin-Meldegg. Heidelberg 865. Weiß. 16. (XXIII, 180 S.) n. 1 ₰

Milow, Steph., Gedichte. 2., verm. Ausg. Heidelberg 867. Weiß. 16. (IV, 205 S.) geb. mit Goldschn. n. 1 ₰ 10 ngr

— Gedichte. Rev. u. beträchtlich verm. Gesammtausg. 8. (XI, 420 S.) Stuttgart 882. Bonz & Co. n. 5. —; geb. n. 6. —

— neue Gedichte. Stuttgart 870. Kröner. 8. (V, 180 S.) In engl. Einb. mit Goldschn. 1 ₰

—— verlorenes Glück. Eine Erzählung. 8. (212 S.) Heidelberg 866, Weiß.

Milow, Steph. (Steph. v. Millenkovics), Höhen u. Tiefen. Erzähl. Dichtgn. 12. (III, 132 S.) Stuttgart 897. A. Bonz & Co. n. 1.50; geb. in Leinw. n. 2.40

Milow, Steph. (Steph. v. Millenkovich), Jenseits der Liebe. Schauspiel in 3 Aufzügen. (62 S.) 8. Wien 907. P. Knepler. n. 1.50

— Lebensmächte. Roman in 4 Büchern. 8. (396 S.) Stuttgart 890. Bonz & Co. n. 4. —; geb. n. 5. —

—— ein Lied von der Menschheit. 8. (82 S.) Heidelberg 869, Weiß. * cart. mit Goldschn. *

— ein Lied v. d. Menschheit. Hymne. 2., wesentl. veränd. Aufl. 12. (72 S.) Ebd. 896. n. 1.40; geb. in Damast m. Goldschn. n. 2. —

— Drei Novellen, s.a. Reclam's Novellen-Bibliothek.

— dasselbe. s.a. Universal-Bibliothek.

Drei Novellen von Stephan Milow [d. i. v. Millenkovics]. Mit d. Bildn. d. Verf. u. e. Einl. von Dr. Robert Reinhard. Leipzig: Reclam [1908]. 110 S. 8°
(Universal-Bibliothek. 5005.) 09-5133

Milow, Stephan, zwei Novellen. 8. (140 S.) Heidelberg 872. Weiß. n. 2. —

Milow, Steph., auf der Scholle, Elegien. 8. (VI und 84 S.) Heidelberg 867, Weiß. * 15 Ngr.; cart. *

—— auf der Scholle. Elegieen. 2. Aufl. 8. (VI, 84 S.) Ebendas. 878. * cart. mit Goldschn. *

—— in der Sonnenwende. Neueste Gedichte. 16. (VIII, 217 S.) Heidelberg 877, Weiß. * geb. mit Goldschn. *

—— Aus dem Süden. Neue Gedichte. 8. (VIII, 232 S.) Ebd. 889. * 3 —; geb. * 4 —

— wie Herzen lieben. Drei Novellen. 8. (III, 360 S.) Stuttgart 883. Bonz & Co. n. 4. —; geb. n. 5. —

Milowuk, Jos., Verzeichniss Serbischer Bücher. (In Serbischer Sprache.) gr. 8. (2½ B.) Wien 832, Wenedikt.

Milrath, Hugo

— Über die Einwirkung sekundärer asymmetrischer Hydrazine auf Harnstoff. S. 117. Hb. 615 . . . . vgr.
Sonderabdruck

Milrath Hugo Zur Kenntnis der Bildungsbedingungen von Phenylsemikarbazid und von Azetylphenylhydrazin S. 117. Hb. 91 . . . . vgr.
Sonderabdruck

Milrath, Hugo, Prag, s.a. Grieben's Reiseführer.

Prag und Umgebung. Prakt. Führer. 14. Aufl., neu bearb. von Hugo Milrath. Mit 2 Karten. Berlin: A. Goldschmidt 1908–09. (IV, 156 S.) 8°
— **Reiseführer,** Griebens. Bd 26. [08. 13371]

Max MILRATH Der Apparat Franz Grillparzers
Phil. Diss., Prag 1909/1910.

Milroy, Ina A., aus Detroit: **Ueber den Einfluß inaktiver Substanzen auf die optische Drehung des Traubenzuckers.** *Berlin 1904: A. W. Schade.* (49 S.) 8°
Berlin, Phil. Diss. v. 16. Jan. 1904

Mils, Sommerfrischort, bei Hall in Tirol. Innsbruck 1903. V: *Kölner, Otto.* (Margr)

Erinnerung an das Leben und die Verdienste des M. Georg Litzel, weiland Conrectors der freien Reichsstadt Speier. Von August Ferd. Milster, G. P. — 1826. Sp., Kranzbühler jun. — S. 3—19.
Progr. Speier.

Geschichte der Studienanstalt zu Speier. Bei der Feier der fünf und zwanzigjährigen Amtsführung des Herrn Lyceal-Directors Georg Jäger am 8. März 1830 als Zeichen seiner Verehrung und Anhänglichkeit dargebracht von August Ferd. Milster, P. u. Bibl. — 1830. Ebend. jun. — S. 4—14. — Auf S. 3 ist vorausgeschickt: „Des Lehrers Wirken." Ein Sonett von J. Geissel, Domkap., Bisch. Geistl. Rath u. kath. Religionsl. des G.
Progr. Speier.

G. Lizelii graecae interpretationis Virgilii Aeneidos particulae ed. ab A. F. Milster, R. et P. — 1835. Ebend. — S. 1—16.
Progr. Zweibrücken.

Einige Worte der Bitte und Verständigung an meine Mitbürger, insbesondere an die Eltern, Hausherrn und Kostgeber unserer Zöglinge. Von August Ferd. Milster, R. u. P. — 1833. Ebend. — S. 1—31.
Progr. Zweibrücken.

Milster, Egon, aus Berlin, Referendar im Kammergerichtsbezirk: **Die Rechte** und Pflichten des Empfängers unbestellter Ware. *Berlin 1901: W. Pilz.* (46 S.) 8°
Erlangen, Jur. Diss. v. 18. Jan. 1901

Milstetter, F. Tit.

— imago huj. temporis, ab omni retro tempore correcta. 8maj. Augsb. 796. Doll. 12 gr.

— infallibilia strategemata in sign. victoriae obtinendae. 8maj. Augsb. 796. Doll. 6 gr.

Milstetter, F. Tit., quinque sacra Christi vulnera etc. 8maj. Augsb. 796. Doll. 3 gr.

Milt, Frdr., Paul Gerhardt. Ein Gedenkblatt zur 300. Wiederkehr seines Geburtstags 12. III. 1607. Freunden des evangel. Kirchenliedes in Schule u. Haus dargeboten. (72 S. m. Bildnis.) kl. 8. Nagold (906). G. W. Zaiser. n. — 30

Miltenberg [Schlagwort]

Miltenberg, s.: **Deutschland. Kürschner-Pelp.**

Miltenberg [Verf.]

Miltenberg, (Aug. Lafontaine), der Naturmensch. — Der Sonderling, s. Lafontaine.

Miltenberg, R. J., die deutsche Kolonie Dona Francisca in der südbrasil. Provinz Santa Catharina. Dargestellt nach authent. Quellen u. den neuesten Berichten. Nebst einem Anhange, enthaltend Brasiliens Verfassung u. Grundrechte rc. gr. 8. (52 S.) Berlin 852, Schneider & Co. in Comm. n. 1/6 Thlr.

Miltenberg, Wlh. Ad.

— die Höhen d. Erde, od. systemat. Verzeichniß der gemessenen Berghöhen. gr. 4. Frankf. a. M. 815. Brönner. 3 fl Hbg. Pr. 1 fl 8 gr

Miltenberg, Wlh. Ad., Leitfaden z. neuesten Geographie v. Deutschland, nach d. besten Quellen u. neuest. Karten bearb. gr. 8. Frankf. a. M. 809. Jäger. 8 gr

— geograph.-statist. Uebersicht, sowohl d. deutschen, als auch e. mit dies. verbund. benachbart. Staaten. Fol. Frankf. a. M. 809. Jäger. 6 gr Holl. Pap. 9 gr

Kayser, Jo. Friedr. [Präs.] u. Wilh. Adolph Miltenberger (Siegen) [Resp.]
Origines Benedictionis sacerdotalis.
Gissae 10. Feb. 1735: Joh. Müller. (2), 23 S. 4°
pro lusione academica

Milter, J. C., Anfangs-Gründe d. Elementar-Geometrie. F. niedere Gewerbeschulen bearb. 8. (7 B. u. 3 Taf. m. 142 Fig.) Celle 846, Schulze'sche Buchh. *

—— kurzer Grundriß der Zoologie für die unteren Classen der Gymnasien. 2., verb. Aufl. 8. (2 B.) Celle 843, Capaun.

Milter, J. C., kleines latein. Hülfsbuch f. d. unt. Gymnasialclassen. 3., verb. Aufl. gr. 8. (3¾ B.) Celle 830, Schulze'sche Buchh. *

Milter, J. C., kleines lateinisches Hülfsbuch für die unteren Gymnasialclassen. 4. verb. Aufl. gr. 8. (60 S.) Celle 849, Schulze. n. 1/6 Thlr.

Milter, J. C., Muster und Aufgaben zu Briefen und Geschäftsaufsätzen für Gewerbeschulen u. Fortbildungsanstalten. 2., völlig umgearb. Aufl. Celle 857. Schulze. 8. (64 S.) n. 5 ngr

Milter, J. C., die erste Stufe des lateinischen Elementarunterrichts. Für Elementarschulen bearb. gr. 8. (48 S.) Celle 853, Schulze'sche Buchh. *

Milter, Karl

Milter, Carl, die Kartoffelkrankheit. gr. 8. (¾ B.) Braunschweig 845, Oehme u. Müller.

Milthaler, Jul., das Rätsel d. Schönen. Eine Studie üb. d. Prinzipien d. Ästhetik. gr. 8. (VIII, 134 S.) Leipzig 896. W. Friedrich. n. 3.—

Milthaler, Julius: Ueber die Veränderlichkeit der specifischen Wärme des Quecksilbers mit der Temperatur. . . . Leipzig, Johann Ambrosius Barth, 1889; 22 S. + 1 Bl. 8°
Königsberg, Phil. Fak., Inaug.-Diss. v. 21. Febr. 1889

Milthätigkeit, Die belohnte. Schauspiel. Donauwörth 1786. V: *Mayr, Beda.* (ML) (Zeitschr. f. Büch. N. F. 15, 1923, S. 116)

Miltiades. Trauersp. in 5 Aufz. v. Seume. gr. 8. Leipz. Hartknoch. 808. —
Velinpap.

Miltitz, Alex. de, Manuel de Consuls. II Tom. (ou V. Vol.) gr. in-8. Londres et Berlin, Asher et Comp. *

A. s. l. t.:

Tom. I. Tableau du développement des institutions judiciaires et administratives créées pour l'utilité du commerce. Ainsi que de la législation commerciale et maritime des principaux états de l'Europe et des Etats-Unis de l'Amérique du nord. (41 B.) 837.

II. Des Consulats à l'étranger tels qu'ils ont été institués par les principaux états de l'Europe et les Etats-Unis de l'Amérique du nord. II Part. (ou IV Vol.) [I. (36⅛ B.) 838., II. 1. (B. 1—37.) 839., 2. (B. 38—75.) 840., 3. (B. 76—114.) 842.]

Le même: Manuel des Consuls, revu et complété par M. de Hoffmanns. *Paris.* 838—39. 2 Tom. en 3 Vol. 8.

Miltitz, Carl v., s. Miltitz, Karl v.

Miltitz, Friedrich v.

Miltitz, Fr. a, Bibliotheca botanica, secund. botanices partes, locos, chronologiam, formam, auctores, volumen, titulos, pretium et recensiones, concinnata. — A. u. d. T.: Handbuch d. botan. Literatur f. Botaniker, Bibliothekare, Buchhändler u. Auctionatoren, mit Angabe d. Preisse u. Recensionen. Mit Vorr. v. (H. G.) L. Reichenbach. gr. 8. (17½ B.) Berlin 829, Rücker. Thlr.

Miltitz, Haubold v., schmaler Weg u. enge Pforte, Anweis. z. wahren Tugendwandel. 8. Leipz. 724.

Miltitz, Karl v.

v. Miltitz, Frhr. K. B., Ausstellungen. 2 Bde. 8. Erf. 819, 820. Keyser. 3 ₰

— gesammelte Erzählungen. 4 Bde. 8. Leipz. 825—29. Enobloch. 6 ₰

Miltitz, Carl Baron v., Gallerie zu Shakspeares dramat. Werken, s. Retzsch, M., Outlines etc.

— Orangenblüthen. 2 Thle. 8. Leipz. 822—25. Enobloch.

— der Schachspieler, s. Retzsch, M., Schachspieler.

Miltner, Ferd., General-Register, s.: Sammlung von Entscheidungen d. Obersten Gerichtshofes u. Obersten Landesgerichtes f. Bayern in Gegenständen d. Civilrechtes u. Civilprocesses.

Miltner, Frz. Xav., der baiersche Gantproceß, in histor. u. theoret.-prakt. Hinsicht. gr. 8. Landsh. 814. Krüll. 1 ₰ 4 g

Miltner, Frz. Xav.: Der baier. Gantprocess, in histor. u. theoret.-pract Hinsicht. *Landshut*, Manz. 814. gr. 8. (1 Thl. 4 Gr.)

Miltner, F. X., die baierische Gerichtsordnung Max Joseph III. v. J. 1753 histor. dargestellt. 8. Landshut, Krüll. 816.

Miltner, Frz. Xav.: Die baier. Gerichtsordn. Max. Joseph. III. v. J. 1753 histor. dargest. *Landshut*, Manz. 816. 8. (4 Gr.)

Miltner, Frz. Xav., über die Nothwendigkeit der Streitsverkündigung, nach den Bestimmungen der im Königr. Bayern allgemein geltenden Gerichtsordnung vom Jahre 1753. gr. 8. Bamberg 815. jetzt Dresch. $^{1}/_{12}$ ₰

— über die Nothwendigkeit d. Streitsverkündung nach d. baierschen Gerichtsordnung. 8. Bamb. 816. Kunz. 2 gr.

Miltner, Heinr. Ottokar, Beschreibung der bisher bekannten böhmischen Privatmünzen, s. Beschreibung.

Miltner, Heinr. Ottok., *k. k. Polizei-Conc.-Adjunkt etc.* Beschreibung der bisher bekannten böhmischen Privatmünzen u. Medaillen. Herausgeg. von dem Vereine für Numismatik zu Prag. *Prag* 1858. Im Verlage des Vereins. I. Abth. XV. Hft. S. 301—320 4°. Mit 4 Taf. (LVII—LX). 45 kr. CM.

Vergl. Nr. 1376 (April).

INHALT. CVII. Die Lobkowitze. — CVIII. Georg u. Katharina von Lokšan. — CIX. Jenny Lutzer, Sängerin. — CX. Hippolit Malý. — CXI. Don Balthasar de Marradas et Vigne. — Tafeln Nr. 492—515.

Miltner, Heinr. Otokar, *k. k. Polizei-Conc.-Adjunkt etc.* Beschreibung der bisher bekannten böhmischen Privatmünzen u. Medaillen. Herausg. von dem *Vereine für Numismatik* zu Prag. I. Abth. Personenmünzen. Mit Abbild. *Prag* 1858. Im Verl. des *Vereins* und in Comm. bei *Alex. Storch.* XIV. Hft. S. 281—300, 4°. mit 4 Taf. 45 kr.

Die Tafeln enthalten Münzen-Abbildungen u. z. Nr. 451—491; Taf. LIII—LVI, grav. von *F. Libisch*; a. d. lithogr. Anst. und Steindr. d. *E. Kutschera* in Prag.

Miltner, H. O., Beschreibung der bisher bekannten böhmischen Privatmünzen und Medaillen. 1. Abtheilung. Personenmünzen. 18. u. 19. Heft. gr. 4. Prag. Storch in Comm. 1361. 1 fl. 50 kr.

Miltner, H. O., der Führer durch Krakau und Umgegend. 2., veränd. Ausg. 16. (77 S.) Krakau 874, Wildt's Verlag. *

Miltner, Karl [aus Glaesen (Schlesien)]: Statistisches und Experimentelles zur Pathogenese der Bauchfellentzündung .... Erlangen, Druck d. Univ.-Buchdr. v. E. Th. Jacob, 1887; 34 S. 8°.

Erlangen, Med. Fak., Inaug.-Diss. v. 18. März 1887.

Miltner, R. (Red.), s. Unterrichtszeitung, Land- u. forstwirthschaftliche.

Milton, s. Paur, Theodor.

Milton. Singsp. in 1 Aufz. von Treitschke. gr. 8. Wien, Wallish. 805.

Milton. Johann Bunyan. Die Lustspieldichter der Restauration ... Braunschweig 1853. V: *Macaulay, Thomas Babington Lord.* (EB)

Milton. John M. Winterthur 1869 s. [Morf, Heinrich I].

Milton und Elmire. Singspiel in einem Akt. Frankfurt 1775. V: *Reinwald, Wilhelm Friedrich Hermann.* (Ky)

— und Elmire. Singsp. 8. Frankf. Fleischer. 775.

— u. Elmire; Originaloper in 2 A. 8. Augsb. 780. v. Jenisch u. St. 2 gr.

Milton, Herbert, s.a. Herbert.

Milton Herbert

Herbert Milton oder Leben der höheren Stände in London. 1828

s.a. White, Charles [Verf.]

Milton, Herbert, oder Leben der höheren Stände in London. A. d. Engl.... Aachen 1828. V: *White, Charles.* (EE) (EngG) (Ky)

Milton, John. Winterthur [1869.] V: *Morf, Hnr.* (Cat. d. Stadtbibl. Zürich. Zürich 1864—97.)

Milton und seine Zeit, s. Stern, A.

Milton, J., u. K. G. F. Schwalbe, ABC-, Buchstabir- u. Lesebuch d. engl. Sprache 2c. 8. Pirna 804. Friese. 12 𝒦

— neue engl. Sprachlehre, od. gründl. Anweis., die engl. Sprache auf e. neue Methode in kurzer Zeit ohne Lehrer zu lernen. 8. Pirna 804. Friese. 12 𝒦

— erster Unterr. in d. engl. Sprache f. Kinder. 8. Pirna 807. Friese. 9 𝒦

Milton, John

Milton's, John, Abhandlung über Lehre und Wesen der Ehescheidung mit der Zueignung an das Parlament vom J. 1644. Nach der abgekürzten Form des G. Burnett deutsch von F. v. Holtzendorff. Berlin 855. Jonas' Sortshdlg. 8. (V, 45 S.) 7½ ngr.

Milton, John, Allegro et Penseroso, engl. u. deutsch, (v. Otto Hnr. v. Gemmingen). Mit 9 Kpf. gr. 8. Manh. 782. Schwan u. G. 12 𝒦

Milton's, John, Areopagitica. Eine Rede für die Preßfreiheit an das Parlament von England. 1644. Aus dem Engl. übers. von Rich. Roepell. gr. 8. (IV und 48 S.) Berlin 851, Veit und Comp.

— Comus, Lycidas, L'Allegro a il Penseroso, s.a. Collection of brit. a. american standard authors.

Milton's Comus. Uebersetzt u. mit einer erläuternden Abhandlung versehen von Imman. Schmidt. Berlin 860. Haude & Spener. gr. 4. (69 S.) n. 20 ngr.

Miltoni de Doctrina Christianae Libri duo posthumi, quos ex Schedis Manuscriptis deprompsit, et typus mandari primus cur C. R. Sumner. gr. 8. Leipzig 827, E. Fleischer. Rthlr.

— Essay „Of education". Englischer Text u. deutsche Uebersetzg. m. Einleitg. u. erklär. Erläutergn. v. Jos. Reber. gr. 8. (46 S.) Aschaffenburg 892. (Krebs.) n. —80

— JOHANN MILTONS Episches Gedichte von dem Verlohrnen Paradiese. Uebersetzet und durchgehends mit Anmerckungen über die Kunst des Poeten begleitet von Johann Jacob Bodmer. Zürich, Conrad Orell und Comp. 1742. 8°. Titel u. 576 S. Leicht benutztes HPgt. d. Z. 48.—

G. IV. I. 10, 4. Zweite Ausgabe mit wesentlich verbessertem Text.

—— politische Hauptschriften, s.a. Bibliothek, historisch-politische.

Milton, John: Politische Hauptschriften. Uebers. u. mit Anm. versehen von Wilh. Bernhardi. Bd 1—3. Berlin, (Bd 2. 3:) Leipzig 1874—79. 2 Bde

— das verlorene Paradies, s.a. Bibliothek der Gesamtlitteratur des In- u. Auslandes.

Milton, J., das verlorene Paradies, s.a. Bibliothek ausländischer Klassiker.

Milton, J., das verlorene Paradies, s.a. Collection Spemann. — Meyer's Volksbücher. — Universal-Bibliothek.

— verlorenes Paradies, s.a. Sammlung englischer Schriftsteller.

Milton. Das verlorene Paradies, übersetzt von K. Eitner. Leipzig. 8°.

— verlornes Paradies, e. episches Gedicht in 12 Gesängen, von Jh. Jak. Bodmer. 8. Zürich 732. N. A. 742. Verb. Aufl. 754. 4e A. in 2 Bden. 8. Ebd. 780. Geßner. 20 𝒦

— verlornes Paradies. 8. Basel 752. Imhof. 7 𝒦

— dass. übers. von Zachariä. 2 Bde. Mit Kpf. gr. 8. Altona 762. Iversen. 3 ß 4 𝒦

MILTON, JOHN, Das verlohrne Paradies; aus dem Englischen in Reimfreye Verse übersetzt und mit eignen sowohl als andrer Anmerkungen begleitet von FRID. WILH. ZACHARIAE. Mit Kupfern. 1—2. Th. Altona. 1760—63. — 2. durchaus verb. Aufl. T. Th. Sm. St. 1762. (M. Portr. og Tvl.).

Milton, John. Verlohrnes Paradies. Verbesserte Übersetzung. Zürich 1780. Ü: *Bodmer, Joh. Jac.* (AarK) (AarF) Ein episches Gedicht in zwölf Gesängen. Zürich 1754. (Cat. d. Stadtbibl. Zürich. Zürich 1864—97.)

— dass. übers. v. S. G. Bürde. 2 Thle. 8. Berl. 792. (Vieweg in Braunschw.) 1 ß 18 𝒦 Schrbp. 2 ß 12 𝒦 Neu übers. v. S. G. Bürde. 2 Thle. 8. Bresl. 822. J. Fr. Korn. 1 ß 18 𝒦 Schrbp. 2 ß 12 𝒦

Milton, J., verlornes Paradies, übersetzt von J. F. Prieß. gr. 8. Rostock, Stiller. 813.

— verlornes Paradies, übers. von J. H. Prieß. gr. 8. Rostock Stiller. 1 ß 16 𝒦 Schrbp. 2 ß

Milton, John

Das verlorene Paradies. Neu übers. v. Samuel Gottlieb Bürde. Th. 1.2.
Breslau: Korn 1822. 8°

—— verlohrnes Paradies in deutsch. Hexametern. Uebersetzer: C. Fr. v. Rosenzweig. 4 Bdchn. 12. (21½ B.) Dresden 832, (Arnold.)

— verlornes Paradies. Aus d. Engl. neu übersetzt von Friedr Wilh. Bruckbräu. 6 Bdchen. Wohlf. Ausg. 12. München 835. Jos. Lindauer. ½ ℛ

—— verlorenes Paradies. A. d. Engl. übers. v. Kottenkamp. Nebst e. Biographie Milton's, v. Uebersetzer verfaßt. 16. (25¾ B. u. 2 Stahlst.) Pforzheim 841. [Stuttgart, Scheible, Rieaer u. Sattler.]

—— verlorenes Paradies. A. d. Engl. v. Kottenkamp. Nebst e. Biographie Milton's, v. Uebersetzer. 2., unveränd. Ausg. 16. (25¾ B. u. 2 Stahlst.) Pforzheim 842. [Stuttgart, Scheible, Rieger u. Sattler.]

Milton's, John, verlorenes Paradies. Aus d. Engl. übers. von Dr. Kottenkamp. Nebst einer Biographie Milton's, vom Uebersetzer verfaßt. Mit 2 Stahlst. 16. Pforzheim 841, Dennig, Finck u. Comp. (Stuttgart, Scheible, R. u. S.) 1 ℛ — 2. unveränd. Ausg. 16. Ebend. 843. 1 ℛ

— das verlorene Paradies. Das wiedergewonnene Paradies. Uebers. von Bernh. Schuhmann. Stuttgart 855. Cotta. 16. (4 Bl., 466 S.) 1 ℛ. 12 ngr

— dasselbe. Uebers. von Bernh. Schuhmann. 2., vielfach verb. Aufl. gr. 16. (VIII, 412 S.) Stuttgart 877. Cotta. n. 4. 50; geb. m. Goldschn. n. 6. —

— das verlorene Paradies. Deutsch von Adf. Böttger. Illustrirt von Gust. Doré. 10 Lfgn. Fol. (VI, 342 S. m. Holzschntaf.) Leipzig 879. Bach. à n. 4. —

Milton, John, das verlorene Paradies. Deutsch v. Adf. Böttger. Mit 50 Vollbildern nach Originalen v. Gust. Doré. 2. Aufl. Fol. (VI, 343 S.) Berlin (899). Neufeld & Henius. Geb. in Leinw. m. Goldschn. 50. —

— verlorn. u. wiedererob. Paradies m. d. Leb. d. Verfass. 3 Bde. 8. Mannh. Schwan u. G.

—— verlornes, u. wiedererobertes Paradies. A. d. Engl. neu übers. v. Fr. W. Bruckbräu. 6 Bdchn. 1. Aufl. 828. 1 Thlr. Wohlf. Ausg. (à 25½ B.) 12. München 835, Lindauer.

Milton, J. Wiedererobertes Paradies, nebst desselben Samson und einigen andern Gedichten . . . A. d. Engl. . . . Basel 1752. Ü: *Grynaeus, Simon.* (BrMm)

[Grynäus, Simon]. — Johann Miltons wieder-erobertes Paradies, nebst desselben Samson, und einigen andern Gedichten, wie auch einer Lebens-Beschreibung des Verfassers. Aus dem Englischen übersetzt. Basel, Joh. R. Imhof, 1752. 8°. 46 S. 1 (leeres) Bl. 244 S. 1 Bl. und 7 Bl. Verlagsverzeichnis. Etwas mitgenommener und fleck. Pbd. d. Z.

Erstausgabe. Prosaübersetzung des „Paradise regained" ebenso des Trauerspiels Samson, des Lycidas, l'Allegro, Il Penseroso; das letzte Stück, Weyhnacht-Gesang, dagegen ist in Verse (31 Strophen) übersetzt. Den Anfang bildet die Übersetzung der Miltonbiographie E. Fentons. Der Basler Pfarrer Grynäus (1725—1799) empfing während s. Englandaufenthaltes von 1747 bis 1750 starke Eindrücke von der älteren engl. Literatur und wurde einer der ersten deutschen Übersetzer Shakespeares. Zu dieser Miltonbearbeitung mag ihn auch das Beispiel Bodmers angeregt haben.

— dass. mit sm. Leben; nebst dramat. u. kl. neuen Gedichten. 8. Dessau 782. Gel.-Handl. 20 gr

— Paradis perdu, trad. p. J. Delille. III Vols. 8. Leipz. 805. Er. Fleischer. 1 ℛ 12 gr

— le Paradis perdu, trad. p. Delille. 8. Basel 808. Schweighäuser. 18 gr

— le Paradis perdu. Traduction nouvelle, par M. de Chateaubriand. II Tomes. (Mit Miltons Bildniss.) 12. Paris 836. (Francfort, Jugel.) n. 2 ℛ

Milton's „Paradise lost", Schul-Commentar dazu, s.: Baudisch, J.

— — the same, see: Library, english, in verse.

— Paradise lost, a Poem in 12 Books. 8. Altenb. (Academ. Buchh. in Jena.) 796.

— Paradise lost, a poem in 12. Books. 8. Altenb. 796. (Hennings in Neisse). 12 gr

— Paradise lost, with the Life of the Author and Not. III Voll. with Engr. 12. Wien 800. Sammer. 2 ℛ 12 gr Schrbp. 3 ℛ 8 gr

Milton, John, Paradise lost. 2 Vol. gr. 8. Stockholm, 815.

Milton, (J.,) Paradise lost. 2 Voll. 8. Stockholm 822, Gräff.

— Paradise lost, a poem in 12 books. II Vol. 12. Paris and Lyon 835. (Leipzig, G. Wigand.) n. ⅔ ℛ

—— Paradise lost. In Hebrew blank verse. Translator J. E. Salkinson. gr. 8. (VIII, 351 S.) Wien 871, Herzfeld und Bauer. [Brüder Winter.] *

Milton, John, Paradise lost, hrsg. v. Luise Spies, s.: Authors, English. 84. Lfg.

Paradise lost. (Book 1–6.) By John Milton. Mit Anm. [— Anhang] z. Schulgebr. hrsg. von Luise Spies, Oberlehrerin zu Görlitz. [Nebst] Wörterbuch. *Bielefeld & Leipzig: Velhagen & Klasing 1902.* 3 Bde 8°
— Sammlung Velhagen & Klasings, franz. u. engl. Schulausgaben. English authors. Lfg 84 B. [03. 13898]

— — elvesztett Paraditsom. Forditotta frantziúból Bessenyei Sándor. Második ki-Adás. II Darab. 8. Kaschau, Wigand. 817.

—— Ztraceny Raj, s. Bibliotheka nowoceska.

— pädagog. Schriften u. Aeußerungen, s.: Bibliothek pädagog. Klassiker.

Milton, J. Verlust des Paradieses. Ein Heldengedicht. In ungebundener Rede übersetzet. Zürich 1732. Frankf. u. Leipzig 1732. Ü: *Bodmer, Johann Jacob.* (Bächtold, Litt. d. Schweiz. Frauenf. 1892. S. 173.) (ML) (GGr) (JL) (Cat. d. Stadtbibl. Zürich. Zürich 1864—97.)

—— dramat. Werke. — Comus. — Simson Agonistes. — A. d. Engl. übers. v. H....h. 8. (10⅜ B.) Berlin 840. (A. Hirschwald.) *

Milton, John, poetische Werke. Deutsch v. Ad. Böttger. Neue Ausg. Lex.-8. (27½ B. u. M's Bildn.) Leipzig 846, Kößling'sche Buchh. *

— poetische Werke. Deutsch von Adf. Böttger. 3. durchgesehene Aufl. Leipzig 869. Ph. Reclam jun. gr. 16. (XIV, 495 S.) n. 15 ngr; in engl. Einb. n. 22½ ngr

Milton's poetische Werke. Deutsch v. Adph. Böttger. 4. Aufl. gr. 16. (XIV, 494 S.) Leipzig 873. Ph. Reclam jr. n. 1. 50; geb. n. 2. 25

Milton's poetische Werke. Deutsch von Adf. Böttger. 5. Aufl. 8. (XIV, 495 S.) Leipzig 878, Ph. Reclam jun. geb. *

Milton's, John, poetische Werke. Deutsch v. Adf. Böttger. 7. Aufl. 12. (XVI, 495 S.) Leipzig 894. Ph. Reclam jun. 1. 50; geb. in Leinw. n. 2. 25

Milton's, John, poetische Werke. 4 Tle. in 1 Bde. Übers. v. Bernh. Schuhmann, Alex. Schmidt, Imman. Schmidt u. Herm. Ullrich. Hrsg. m. biograph.-literar. Einleitgn. u. vollständ. Kommentar v. Herm. Ullrich. (744 S. m. 2 Bildnissen.) kl. 8. Leipzig (910). Hesse & Becker Verl. 1.50; geb. in Leinw. 2.—; feine Ausg., Halbfrz. 3.—; Salonausg. 3.—; Luxus-Ausg. 4. —

— sämmtl. poetische Werke. Deutsch von Ad. Böttger. Lex.-8. (Mit 1 Stahlstich.) Leipzig 843, Peter. — Neue Ausg. Lex.-8. Ebend. 846, Kößling. n. 2½ ₰

Milton, John, poetical works, siehe Collection of British authors, vol. 194.

— poetical Works s. — Works of engl. Poets.

— Poetical Works in 1 Vol. gr. 8. Leipz. 827. Er. Fleischer. 1 ₰ 8 gr.

Milton, John, poetical Works, printed from the text of Todd, Hawkins and others. A new edition complete in one Volume. With the Poet's life by Edw. Philips. ½ Lex.-8. 26½ B.) Leipsic 834, E. Fleischer.

Milton, John, poetical Works. To which is prefixed the life of the author. 32. (492 Seit. u. Bildn.) London and Berlin 837. Asher and Comp. •

Miltsch, Otto, aus Apolda: Ueber die Einwirkung von Luftsauerstoff auf Alkyläther. *Heidelberg 1903: J. Hörning.* (49 S.) 8°
Heidelberg, Naturw.-math. Diss. v. 1903

Miltsch, Otto, Vademecum. 1. Tl. Die Korporationen ohne Mensurverbot. Zusammengestellt u. hrsg. (121 Taf. m. farb. Abbild. u. 8 S. Text.) kl. 8. Jena (904). (Gr. Lichterfelde, K. G. Th. Scheffer.) Geb. in Leinw. 4.—

Miltz, Otto, das Auge der Polyphemiden, s. Zoologica. 28. Hft.

Miltz, Otto, aus Stettin: Aus d. zoolog. Institute d. Universität Breslau. Das Auge der Polyphemiden. *Stuttgart: E. Nägele 1899.* (58 S.) 4° ¶[Aus: Bibliotheca zoologica.]
Leipzig, Phil. Diss. v. [25. Apr.] 1899

Miltz, Otto, Dr.: Das naturhistorische Museum und der wahlfreie Unterricht in den beschreibenden Naturwissenschaften am Marienstifts-Gymnasium zu Stettin. Ein Beitrag zur Geschichte der Anstalt. Stettin 1907: Herrcke & Lebeling. (47 S.) 4°
Stettin, k. Marienstifts-G OP 1907 (182)

Milukow, Paul, Skizzen russischer Kulturgeschichte. Deutsche v. Verf. durchgeseh. Ausgabe v. Davidson. M. e. Vorrede d. Verf. zur deutschen Ausg. 1. Bd. gr. 8. (XVI, 240 S. m. 6 Taf.) Leipzig 898. O. Wigand. n.6.—

Milukow, Paul, Skizzen russischer Kulturgeschichte. Deutsche, vom Verf. durchgeseh. Ausg. von E. Davidson. 2. Bd. gr. 8. (IX, 447 S. m. 1 Taf.) Leipzig 901. O. Wigand. n. 8. —; (kplt. n. 14. —)

Milusohka, Nika, u. die gelben Affen (Japaner), s.: Selbstherrscher, der allrussische.

Milutinovitz, Simeon, Geschichte Serbiens in d. J. 1813 — 1815. (In serbischer Sprache.) gr. 8. (32 B. incl. lith. Ttl. mit Vign.) Leipzig 837, (Geo. Wigand.)

—— Volkslieder d. Montenegriner u. Herzegowinaer Serben. (In serbischer Sprache.) gr. 8. (21 B.) Leipzig 837, (Geo. Wigand.)

Milwaukee Atlas: Nov. 1858? — Nov. 1860? **Wilwaukee, WI**
Weekly edition of daily Atlas.

Milwaukee Columbia: 1874? — 1875? **Milwaukee, WI**
Daily, except Sunday, edition of Columbia.

Milwaukee Courier: Nov. 7, 1868 — ?
Weekly, published in English and German. Sub-title of German section: Gewidmet den Interessen der Kaufleute, Fabrikanten, Handwerker, Erfinder, sowie der Wissenschaft und Kunst und den öffentlichen Interessen im Allgemeinen. Edited by Augustus Murphy, and published by Augustus Murphy & Co.
Milwaukee, WI

Milwaukee Echo: 1888?
Weekly, devoted to family interests. Large quarto, each issue 16 pages. Edited & published by Francis W. Dahlman.
Milwaukee, WI

Milwaukee Flug-Blätter: Band 1—4, no. 33, June? 1852 — Nov. 11, 1854?
Bohemian fortnightly, June 1852—June 8, 1853; weekly, Sept. 17, 1853—Nov. 11, 1854. Sub-title: 1) Ein Wochenblatt für Ernst und Scherz. Redigirt von Vojta Naprstek in Verbindung mit P. Engelmann, G. Aigner, und Anderen. Holzschnitte von Christian Weber, June 1852—June 1853. 2) Ein Wochenblatt für Ernst und Scherz. Redigirt von Vojta Naprstek. Originalzeichnungen von H. V. Beffatore, E. Dorsch, und Andere. Holzschnitte von Christian Weber, Sept. 1853—Mar. 18, 1854; 3) Ein Wochenblatt für Ernst und Scherz. Herausgegeben und redigirt von Vojta Naprstek unter Mitwirkung von P. Engelmann, L. Wittig, Dr. Guenther, und Anderen. Originalzeichnungen von H. V. Beffatore. Holzschnitte von Christian Weber. Each "Band" contains 26 issues, except Band 4; whole number for entire set: 1—111. Band 1, at least, reprinted in 2. Auflage, dated 1855. Quarto, each issue 4 pages, with slight variations, paged continuously; contents printed for each volume. The title-page of each "Band" indicates number of illustrations, varying 60 to 106. Circulation (claimed by publisher): Sept. 1853, 4500; 1854, 5500. Edited & published by Vojta Naprstek, 1852—54; a radical, anti-Catholic revolutionary.
Milwaukee, WI

Milwaukee Germania: June 18, 1873—Nov. 25, 1924.
Weekly, 1873—Oct. 9, 1889; semi-weekly, Oct. 1899—1922; weekly, 1922—24. An edition of Milwaukee Germania Abend-Post, 1872—1912; of Germania-Herold, 1913—18; of Milwaukee-Herold, 1918—24. Issued in two parts, 1891?—1922; part 2 as Deutsches Volksblatt. Dated also at Buffalo, N.Y. Published by G. Köppen, 1874—? Title varies: Germania, June 1873—Sept. 27, 1918. Merged with Westlicher Herold (Winona, Minn.). Circulation: 1875, 7926; 1891, 81,220; 1895, *89,761*; 1900, *91,450*; 1905, *104,642*; 1911, 108,166; 1916, 100,000; 1919, *70,000*; 1923, *51,465*.
Milwaukee, WI

Milwaukee Germania Abend-Post: Jahrgang 1—22, no. 107, June 18, 1873—Dec. 31, 1912.
Daily, morning except Sunday, June 1873—1874; evening except Sunday, 1875—July 1878; weekly, July 1878—Sept. 1891; daily, evening except Sunday, Sept. 1891—Dec. 1912. Independent Protestant newspaper. Title varies: 1) Germania, June 18, 1873—Apr. 1897; 2) Germania und Abend-Post, May 1897—Nov. 2, 1901; 3) Milwaukee Germania Abend-Post, Nov. 1901—Dec. 31, 1912. Absorbed Deutsches Volksblatt (Buffalo, N.Y.); absorbed Abend-Post, May 1897. United with Der Herold, to form Germania-Herold. Circulation: 1875, 816; 1880, 26,900; 1895, *9065*; 1900, *21,293*; 1905, *23,410*; 1910, 22,500; 1912, *24,608*. For weekly edition, see Milwaukee Germania. For Sunday edition, see Deutsche Sonntagspost. For agricultural supplement, see Haus- und Bauernfreund. For special supplement, see Die Hausfrau. For other special publications, see: 1) Hausbibliothek der Germania; 2) Milwaukee America; 3) Germania Häkelbuch. Edited by Georg Köppen, June 18, 1873—Jan. 1897; by Emil von Schleinitz, Jan. 1897—1899 [editor-in-chief: Sept. 25, 1899—Dec. 1905]; Associate editor: Heinrich Dümling, Sept. 1899—Dec. 1912. Published by German Protestant Printing Association, June 18, 1873—Sept. 1874; by Germania Publishing Co. [George Brumder, chief owner], Oct. 1874—1905; by Germania-Herold Association [William C. Brumder, chief owner], Jan. 1906—Dec. 1912.
Milwaukee, WI

Milwaukee-Herold: Jahrgang 1—99, no. 27, Sept. 21, 1861—Dec. 31, 1955 +.
Daily, morning except Sunday, Sept. 1861—1919; evening except Sunday, 1919—32; semi-weekly, 1832?—1954. Republican, 1861—75; Independent, 1876—95; Independent Republican, 1896—1932; Independent, 1933—54. Suspended: Aug. 1862—Spring 1865. *Joest* gives 1856 as beginning and W. Colemann as editor. Title varies: 1) Der Herold: Sept. 21, 1861—May 1898. 2) Herold und Seebote, May 22, 1898—Dec. 31, 1912. 3) Germania-Herold, Jan. 2, 1913—May 25, 1918. 4) Milwaukee-Herold, May 1918—1954. For weekly edition, see Wöchentlicher Milwaukee Herold. For Sunday edition, see Volks-Magazin. For Sunday edition, see Sonntags-Blatt des Herold. For morning edition, see Germania-Herold. Circulation: 1877, 2656; 1890, 9200; 1880, 4200; 1900, 15,500; 1905, *17,532*; 1910, 16,000; 1920, 31,483; 1925, 27,357; 1930, 27,598; 1945, 11,784; 1950, *8975*. Combined circulation of two editions: 1915, 31,593; 1916, 35,865; 1918, 37,296. Absorbed Milwaukee Seebote. Absorbed Germania. Place of publication varies: Winona, Minn.
Milwaukee, WI

Wöchentlicher Milwaukee Herold : 1869? – 1910?

Weekly edition of daily MILWAUKEE-HEROLD. Printed an edition for Detroit, Mich., entitled MICHIGAN JOURNAL UND HEROLD. Circulation: 1877, 18,520; 1890, 21,000; 1900, 22,000; 1910, 17,500.
Milwaukee, WI

Milwaukee Journal : 1854?--? **Milwaukee, WI**

Republican daily. Edited & published by Bernhard Domschcke.

Milwaukee Journal : 1881--1882.

Daily. Founded by Michael Biron. Frederick Heath in MILWAUKEE LEADER of April 2, 1920 claims Biron changed DER SOCIALIST to MILWAUKEE JOURNAL.
Milwaukee, WI

Milwaukee Seebote : Dec. 1851 – Aug. 1899.

Weekly, Dec. 1851; daily, morning except Sunday [evening except Sunday, 1870–85], Jan. 1852–Aug. 1899. Democratic, of special interest to Roman Catholics. For weekly edition, see DER WÖCHENTLICHE SEEBOTE. For Sunday edition, see SONNTAGSBOTE. Merged with DER HEROLD, to form HEROLD UND SEEBOTE, later MILWAUKEE-HEROLD. Circulation: 1870, 2700 (est.); 1880, 4300; 1898, 7734. Edited & published by Joseph Salzmann [with Aktien-Gesellschaft], 1851 [perhaps longer]; edited by Amand de St. Vincent, 1852? – 1853 [or early 1854]; by F. J. Felsecker, 1853–55; by August Knorr, 1855–57; by Christian Ott, 1857–68; by Karl Kunz, 1868–74, by Emil Knotser [or, Knotzer], 1874–87, by George Meyer; by Ernst Wilhelm Pieper, 1890? – 1893; by Oscar V. Deuster; by Joseph C. Hoffmann; editor-in-chief: P. V. Deuster, 1860–99. Published by August Greulich, Philip Rickert, & N. Paul, 1851–Sept. 1856; by P. V. Deuster & August Greulich, Oct. 1856–Jan. 1860; by P. V. Deuster & Co., Jan. 1860–July 1899.
Milwaukee, WI

Milwaukee Sonntagspost : March 31, 1895?--Oct. 1932.

Weekly. Title varies: GERMANIA SONNTAGSPOST, 1897--1905. Published by MILWAUKEE GERMANIA POST, 1897–1905; by MILWAUKEE-HEROLD, 1906—1932.
Milwaukee, WI

Milwaukee Theatre-Kalender : Jahrgang 1, 1864--?

Annual publication. Octavo, 192 pages. Edited by Willibald Winkler & E. A. Zünd, and published by P. V. Deuster. Devoted to arts and biography of theater people.
Milwaukee, WI

Milwaukee Volksblatt : 1882–1883? **Milwaukee, WI**

Daily, evening except Sunday.

Milwaukee Volksblatt : Jahrgang 1–8?, Jan. 1882–1890?

Sunday edition of DER REFORMER. Circulation: 1885, 3320; 1890, 3000. Edited by Robert Schilling.
Milwaukee, WI

Milwaukee Volkszeitung : Jahrgang 9?—12?, Jan. 1890—Dec. 31, 1892.

Socialistic daily, evening except Sunday. Title varies: MILWAUKEE VOLKSZEITUNG, UND MILWAUKEE'R ARBEITER-ZEITUNG, UND TÄGLICHER REFORMER. For Sunday edition, see VORWÄRTS. Continued from MILWAUKEE'R ARBEITER-ZEITUNG. Continued as WISCONSIN VORWÄRTS. Circulation: 1891, 1500. Edited & published by Jacob Hunger, Jan. 1890; by Simon Hickler, Feb. 1890–June 1891; by Gustave A. Rahn, July–Aug. 1891; by Michael Biron, Aug. 1891—Dec. 1892; published by Socialistic Publishing Society; by Milwaukee Volkszeitung Publishing Co.
Milwaukee, WI

Milwaukee Zeitung : 1848?--? **Milwaukee, WI**

Native-Whig weekly.

Milz, B., die Rauchwaarenfärberei in ihrem ganzen Umfange. Nach altbewährten, unveröffentlichten Recepten u. eigenen Erfahrgn. f. Kürschner u. Zurichter. 8. (109 S.) Leipzig 874. G. Schulze. n. 3. —

Milz, Heinrich

Milz, H.: Die Kaiserstadt A a c h e n unter französischer Herrschaft. 1. Th. 14 S. 2 Th. 40 S. – Aachen, Progr. 1871, 1872.

(Milz, Heinr., u. Edm. Vogt) Bericht über die Einführung des Dir. H. Milz. 10 S. **Progr.** Marz. G. *Cöln* 1885.

Milz, Heinrich, Dir. Prof. Dr.: **Entwickelung der Anstalt in dem ersten Jahrzehnt der preussischen Aera.** *Köln a. Rh. (1901): Kölner Verl.-Anst. u. Druckerei.* (S. 3—31.) 4° ¶(Ergänzung zur Geschichte d. Gymn. 1450—1865 in d. P-Beil. 1886. 88. 89.)
Köln, k. kath. G an Marzellen, P 1901 (487)

Milz, Heinrich Geschichte des Gymnasiums an Marzellen zu Köln. Erster Teil. Die Zeit von 1450—1630. 4 (S. 3—21). Zweiter Teil. Die Zeit von 1630—1794 (Machthöhe und Sturz des Jesuiten-Ordens). 4 (S. 3—26). Dritter und letzter Teil. Von 1794—1865 (Zeit der französischen und 50 Jahre der preussischen Herrschaft). 4 (S. 3—34).
Kath. G. an Marzellen *Köln* 1886 (394). 1888 (403). 1889 (405).

Progr.

Milz, Ioannes Henricus (geb. am 12 Febr. 1830 in Trier): De imperatorum Romano-Germanicorum Italicis contentionibus. Scriptum praemio donatum ... Bonnae, typ. C. Krüger 1855. 3 Bl., 59 S., 1 Bl. 8.
Bonn, Phil. Fak., Diss. v. 13 Aug. 1855

Milz, Jos.

— devoto Jephtae Jud. XI, 29 seqq. commentatio script. 4. Trier 786.

— dogmata fidei catholicae ex Lib. I. Moysis deducta ac stabilita contra Judaeos et acatholicos, adnexis praecipuis ejusdem libri antilogiis inter se conciliatis. 4. Fulda.

— epist. Paulinae et Cathol., una cum apocalypsi S. Joannis, posit. prolog. dilucidatae etc. 4. Trier 785.

— libri historici N. T. IV Evangel. et actum apostolorum positionibus prologeticis dilucidati etc. 4. Trier 784.

— libri historici vet. Test. II Esra, Tobia, Judith, Esther, Jobet, II Machabaeorum, positionibus prologeticis dilucidati et a bibliomachor. dicteriis vindicati. 4. Trier 782.

— libri Josuae, Judicum, Ruth, IV Regum et II Paralipomenon a bibliomachor. dicteriis vindicati, et ad confirmanda nonnulla dogmata catholica contra acathelicos propugnati. 4. Trier 781.

— libri prophetici Psalmorum IV majorum et XII minorum Prophetar., positionibus prologeticis dilucidati etc. 4. Trier 783.

— IV posteriores libri Moysis a bibliomachorum dicteriis vindicati et confirmanda varia dogmata catholica contra acatholicos propugnati. 4. Fulda 780.

Milz, Jos., positiones prologeticae in universam scripturam. 4. Fulda 779.

MILZ, JOSEF: Predigt über den Heiligen Franz Xaver und die Gnaden-Novene zu seiner Ehre vom 3. bis 11. oder 4. bis 12. März. Von P. Josef Milz S. J. (Pressburg 1902) Kath. Lit. Actiengesellschaft. 13 S. - 8°

Mimachi, Hiroschi, appr. Arzt a. Japan: Ueber die Urethrorectalfistel. München 1908: Kastner & Callwey. (33 S.) 8°
München, Med. Fak., Ref. v. Bollinger, Diss. v. 21. Dez. 1907
[Geb. 27. Nov. 65 Asari (Reg.-Bez. Schimaneken, Japan); Wohnort: Okayama; Staatsangeh.: Japan; Vorbildung: Gymn. Schimane Reife März 83; Studium: Med. Hochsch. Okayama 8, München 1 S.; Rig. 21. Dez. 07.]

Mimaut, J. F., Sardiniens ält. u. neuere Geschichte, dess. Gesetzgebung, Topographie, natürl. Erzeugnisse u. Sitten. Deutsch v. Fr. Gleich. 2 Thle. gr. 8. (53 B.) Leipzig 828, [Lehnhold.] 3 Thlr., wß. Pap.

Mimaut, J. F., histor. Nachricht v. d. Zustande d. Insel Malta ꝛc.; aus d. Französ. 8. Altona 800. Bechtold. 4 gr.

Mimer, Anl. vernünft. u. gut. z. werden, f. deutsche Jüngl. v. 10–15 Jahr. 8. Leipz. Sommer. 795.

Mimi, od. d. System d. Liebe. 8. Leipz. 782. Barth. 9 gr

§ **MIMI**, od. das System der Liebe. (Freier philosoph.-satyr. Roman.) (Motto: 3 Versz. aus Wieland's „Musarion".) Leipzig, bey Joh. Phil. Haug, 1782. 8⁰. (4 Mk. 50 Pfg., unbeschn., wie neu, G. Priewe, 1895; 5 Mk. E. Frensdorff, 1904.)
152 S. (incl. Tit., 7 S. Zuschr. [an eine Mlle. J**, dat. A . . ig (d. i. wahrscheinl. Außig in Böhmen), d. 22. Sept. 1776, u. unterz.: N. N.], 2 S. Inh. — Sehr selten!

Mimigardie, s. a. Raßmann.

Mimigardia. Poetisches Taschenbuch f. . . . Hg.: Fr. Raßmann.
1810. 189 S. M. 1 Portr. u. 4 Mus.-Beil.
1811/12. 180 S.
Münster.

Mimik

— der Damen, komische, od. das Wechseln d. Köpfe. 16. Wien, Müller. In Etui. 20 gr

— der Männer, komische, od. das Wechseln d. Köpfe. 16. Wien, Müller. In Etui. 20 gr

Mimik f. geistl. u. weltl. Redner. Mit 1 Kpf. 8. Prag 798. Schönfeld. 12 gr

Mimili. Eine Erzählung v. H. Clauren. 8. Dresd. Hilscher. 816. —

Mimili, eine Erzählung von H. Clauren. 3te Aufl. Mit Mimili's Bildniß. 8. Dresden, Hilscher. 819.

Mimili, die Schwester des Tolpatsch. Eine lehrreiche Geschichte mit vielen schönen bunten Bildern (in eingedr. Holzschn.) 4. (31 S.) Leipzig 851, Naumburg. n. ½ ℳ

Mimis, Constantin (Konstantinopel), De catalepsi adiecta catalepseos simulatae historia. Diss. med. Leipzig ((Staritz)) 21. II. 1834. 32 Seiten. (2.—) 23384
Gew.: Johann Christ. Aug. Clarus, Carl August Kuhl und eine Widmung in griechischer Sprache.

Mimisrach Umimaarabh (Von Ost u. West). Hebr. Monatsschrift f. Literatur u. Wissenschaft. Hrsg. v. Ruben Brainin. (In hebr. Sprache.) 1. Jahrg. Juli 1894—Juni 1895. 12 Hfte. gr. 8. (1. Hft. 144 u. 16 S.) Wien, (Ch. D. Lippe). n. 20. —; Velinausg. n. 25. —

Mimnermi Colophonii, Carminum quae supersunt Comment. praemissa dispos. emend. atque in salutem Graecorum pro patria pugnantium edid. N. Bachius. Accessit epimetrum ad Solonem poëtam. 8maj. Leipz. 826. W. Vogel. 12 gr Schrbp. 18 gr Velinp. 1 ℳ

— Mimnermos, Solons Wunsch, Kleanthes Hymne auf d. höchsten Gott, Archilochus Fragmente rc., übers. v. G. C. Braun. 8. Wetzlar 809.

Mimosa, Gedichte. (VII, 22 S.) 8. Dresden (908). E. Pierson. —75; geb. n 1.75

Mimosen, Ernstes u. Launiges. Novellen, Erzähln. u. Gedichte. Hrsg. v. † Adolar Viviano. 2 Thle. gr. 8. (35 B. u. 2 Titelbild.) München 835, [Augsburg,] Jaquet.

Mimosen. Novellen und Erzählungen aus dem Bündner'schen Natur- und Volksleben, von Joh. Baldino, dem Rhätier zu Solmons. 1. u. 2. Bdchn. Schaffhausen 857, 58. Brodtmann. 16. (IX, 130; 189 S.) Jedes Bdchn. 15 ngr

van der Min, W. J. [geb. zu Aalsmeer]: Ein Fall von perforirender Schädelgeschwulst. . . . Leiden, Blankenborg & Co., *1890;* 4 Bl., 45 S. 8⁰
Freiburg i. B., Med. Fak., Inaug.-Diss. v. 25. Jul. 1890

Mina, des Generals, Leben u. Feldzüge im Gebiete d. Waffen u. der Liebe. Nebst höchst interessanten Anekdoten u. Aufschlüssen über Spaniens innere Lage u. neueste Geschichte; aus d. Französ. v. M. Thieme. 8. Ilmen. 824. Voigt. 20 gr

Minagawa, Yasuaki: Über die Einwirkung von feuchten 'Brustwickeln' auf die Körpertemperatur. Erlangen 1909: Junge. 31 S. 8⁰
Erlangen, Med. Diss. v. 17. März 1909, Ref. Penzoldt
[Geb. 10. Mai 83 Kanagawa; Wohnort: Tokio; Staatsangeh.: Japan: Vorbildung: Mittelschulabt. d. Vereinssch. f. deutsche Sprache Doitsug akukyokai-Gakko Tokio 99; Studium: Tokio Priv. Medizinschule 'Zikey-Jin' Mai 00 bis Juli 04, Spezialabt. d. med. Fak. d. Univ. Juni 06; Coll. 6. März 09; Approb. 13. Sept. 06.] [U 09. 778

Minameyer, Walt., bunt durcheinander. Ernste u. heitere Gedichte. 12. (VIII, 192 S. m. Portr. in Lichtdr.) Kreuznach 890. (Harrach.) geb. n. 4. —

Minameyer, Walter, aus guten und schlechten Zeiten. Gedichte. 12. (VIII, 87 S.) Karlsruhe 888, Gebr. Pollmann. *

Miñano, Don Pedro, der spanische Dollmetscher, mit einem vollständigen Handwörterbuche der gebräuchlichsten Handelsausdrücke u. einem Anh., mit einem Briefsteller u. Formularen f. Rechnungen rc. enthaltend. Ein Hülfsbuch zur Erlernung der spanischen Sprache ohne Lehrer, besonders eingerichtet für Reisende u. Auswanderer nach Californien, Mittel- u. Süd-America. 12. (180 S.) Leipzig 849, Köhler. New-York, Radde. 24 ngr

Minard, Vorlesungen über Eisenbahnen. (Crelle's Journal für die Baukunst. 9. Bandes 2. Heft.) Mit 7 Kpfrtfln. Berlin 1835. 4°.

Minarelli-Fitzgerald, Alexander

Minarelli-Fitzgerald, A. Chev., die Armee während der Operationen. Reformator. Studie über Ausrüstungs-, Verpflegs- und Trainwesen. gr. 8. (140 S. mit 3 Taf.) Graz 887, (Styria.) *

Minarelli-Fitzgerald, das neue Exercier-Reglement f. d. russische Infanterie v. J. 1897 im Vergleich m. d. analogen reglementaren Vorschriften in Deutschland, Italien, Frankreich u. Österreich-Ungarn. Vortrag, geh. am 19. I. 1898 im militär-wissenschaftl. Vereine zu Innsbruck. M. 2 Taf. gr. 8. (41 S) Wien 898. L. W. Seidel & Sohn. n. 1. 20

Minarelli-Fitzgerald, Alex Chevalier, FM. Lord Roberts Exercierreglement f. die englische Infanterie vom J. 1902 im Vergleiche m. den analogen reglementären Vorschriften in Deutschland, Frankreich, Italien, Österreich-Ungarn u. Russland. gr. 8. (44 S.) Wien 902. (L. W. Seidel & Sohn.) n. 1. —
Sonderabdruck aus: „Organ der militär-wiss. Vereine".

Minarelli-Fitzgerald, Alexander Chevalier, k. und k. Major des Generalstabs-Corps. Die Feldzüge der französischen Revolution. Der Feldzug 1794. Mit 2 Tafeln. Sonderabdruck aus dem „Organ der militär-wissenschaftlichen Vereine". 8. Wien 1892.

Minarelli Fitz-Gerald, Alex. Chevalier, die Gefechte in Natal u. der Kap-Kolonie 1899. Nach neuesten engl. Orig.-Quellen u. a. Mit 3 Uebersichts- u. 11 Gefechtsskizzen in Farbendr. (II, 187 S.) gr. 8. Wien 904. L. W. Seidel & Sohn. n. 4. —

— Infanteriemassen im Angriff. Einst u. jetzt. Mit 8 Skizzen in Farbendr. (III, 100 S.) gr. 8. Budapest 905. C. Grill's Sort. n. 4. —

— infanteristische Reflexionen über die Gefechte in Südafrika u. Ostasien. (35 S. m. 2 Tab.) gr. 8. Wien 906. L. W. Seidel & Sohn. n. 2. —
Sonderabdruck aus: „Danzer's Armee-Zeitg."

— moderne Schiess-Ausbildung. Studie über die neueste Schiess-Instruction für die italien. Infanterie vom J. 1898 im Vergleich m. den analogen reglementaren Vorschriften in Deutschland, Frankreich, Österreich-Ungarn u. Russland. gr. 8. (III, 113 S. m. 2 Taf.) Ebd. 899. n. 3. 60

— das moderne Schiesswesen (für Gewehr u. Carabiner.) Im Auftrage des k. u. k. Reichs-Kriegs-Ministeriums zusammengestellt. Lex.-8. (V, 203 S. m. Fig. u. 2 Taf.) Wien 901. Hof- u. Staatsdruckerei. n. 4.—

Minarski, Karl, neue Accorden-Klavier-Stimm-Methode unter Anwendung nur Eines einfachen Accordes. Das gleichmässige Harmonie-Stimmen des Klaviers, unter mehrfacher sicherer Prüfung auf jedem Accorden-Schritte, verglichen mit den bekannten schwierigen Intervallen-Stimm-Methoden. Mit 2 (lith.) Noten-Tafeln. Berlin 861. J. Springer. gr. 8. (V, 66 S.) n. 16 ngr.

Minarski, Karl, Weichsel-Mährchen für die Jugend, nach bisher unbenutzten Quellen erzählt u. herausg. Mit (3 lith.) Abbildgn. Bromberg 855. (Aronsohn.) 8. (4 Bl., 228 S.) 20 ngr.

Minarzik, Ans.

Minarzik, A. Gebirgs-Uebersichts-Karte der A. P. Kaiser-Ferdinands-Nordbahn von Wien bis Brünn und der K. K. nördlichen Staatseisenbahn von Brünn-Prag, Olmütz-Trübau. Wien 1851—1854. 16 Bl. L. Ff.

— Gebirgs-Uibersichts-Karte der K. K. Prag-Dresdner-Staatseisenbahn bis zur sächsischen Grenze. Imp. Fol. 2 lith. Bl. Ebd. 850. baar n. n. 2 ß

Minarzik, Ans., Gebirgs-Uibersichts-Karte der königl. Prag-Dresdner-Staatseisenbahn von Dresden bis zur böhmischen Grenze. Imp. Fol. Lith. Wien 851. (Leipzig, R. Weigel.) baar n. n. 1 ß

Minas Geraës — Karte der Provinz — von Wagner. 2,000,000. G. M. 1862.

Die brasilianische Provinz **Minas Geraes.** Originalkarte nach den offiziellen Aufnahmen des H. G. F. Halfeld, 1836—1855, unter Benutzung älterer Vermessungen und Karten gezeichnet v. Friedrich Wagner. Mit beschreibendem Text v. **J. J. von Tschudi.** = Petermanns Mitteilungen aus Perthes' geogr. Anst. Ergänzungsbd. 3. Nr. 9. Gotha. 1862. 4°.

Minasi, Pater, Beschreibung der Fata Morgana oder der See- und Luftgebilde bei Reggio im Faro di Messina; ausgezogen von Nicholson. (Annalen der Physik, Jahrgang 1802. Neuntes Stück.)

v. **Minasiewicz,** Fr., Ritter, systemat. Darstell. des Tabular-Besitzes, nach d. Oestreichisch. allgem. bürgerl. Rechte. gr. 8. Lemberg 832. Wild u. L. 16 gr.

Minasowicza, Józefa Dyonizego, Twory. 4 Tom. Z. Rycina. gr. 8. (71¼ B., 4 Stahlst. u. 2 Musikbeil.) Lipsk 844, Nakładem Ksiegarni Zagranicznej. (Librairie étrangère.)

Minassian, M. Untersuchungen über den Einfluss der Körperlage auf die Herzthätigkeit. In-8°. 27 S. Basel. These. 1895

Minati, Carlo, dei bagni di Casciana nella provincia di Pisa. Libri due. Con tavole incise. gr. 8. (X, 301 S.) Firenze 877. (Pisa, Hoepli.) n. 6. 50

Minaudière, de la, Apologie des Femmes ou les Allemandes vengées etc. 8. Vienne, Gerold. 782.

Minch, A., Historisch-geographisches Wörterbuch des Gouvernement Saratow. Russische Ausgabe, Saratow und Atkarsk 1898—1902. S. 417

[F.] Die Schwimmkunst. Theorie u. geschichtl. Ueberblick nebst Anleitg f. Lehrer u. Lernende v. Alphons Minch ... *Münster i. W.: Dr. d. Akt. Ges. 'Der Westfale' (1898).* (27 S.) 1 Bd 8. [illegible] 6

Die Schwimmkunst. Theorie u. geschichtl. Ueberblick nebst Anleitung f. Lehrer u. Lernende von Alphons Minch, Schwimmlehrer in Münster. *Münster i. W.: (H. Mitsdoerffer 1898).* (27 S.) 8° [F.] [illegible]

Minchen u. Wilhelm, od. das böse Gewissen. 8. Altenburg, Schnuphase. 808.

Minchens Neujahrbuch, od. Frag- u. Antwort-Spiele. 8. Halle, Dreyßig. 801.

Mincio — Detailkarte vom Manövre-Terrain am —. Vom milit. topogr. Institut in Wien 1859. 21,600. 22 Bl. nebst Uebersichtskarte der Mincio-Linie in 182,000.

Minck: An der Donaumündung. Bilder aus der dtsch.-evgl. Gemeinde zu Galatz in Rumänien. 16 S.

Minck, Franz [aus Hamburg]: Ueber Gallensteine, ihre Aetiologie und Beziehung zur Hepatitis suppurativa ... München, Buchdr. v. M. Ernst, 1891; 56 S. 8.
München, Med. Fak., Inaug.-Diss. v. [22. Juli] 1891

Minck, Johs. Vide: Büff, L.

Minck, Otto, Lehrbuch der doppelten italienischen Buchführung, s.: Strahlendorff, H.

Minckert, Wilhelm: Über Regeneration bei Comatuliden nebst Ausführungen über die Auffassung und Bedeutung der Syzygieen. Berlin: Nicolai 1906 (S. 163—244). 8° ¶(Aus: Archiv für Naturgeschichte Jg. 71, Bd 1.)
Greifswald, Phil. Fak., Ref. Müller, Diss. v. 10. März 1906
[Geb. 21. Febr. 78 Weimar; Wohnort: Helgoland; Staatsangeh.: Preußen; Vorbildung: Gymn. Weimar Reife O. 97; Studium: Berlin 5, Jena 3, Rostock 3, Greifswald 1 S.; Rig. 10. Febr. 06.]

Minckwitz, August v.

Minckwitz, A. v., Geschichte v. Pillnitz vom J. 1403 an. Aus den hinterlassenen Papieren. gr. 8. (IX, 128 S. m. 7 Lichtdr.-Taf.) Dresden 893. W. Baensch. n. 4. —; geb. n. 5. —

— die ersten kursächsischen Leibwachen zu Roß u. zu Fuß u. ihre Geschichte. Aus dem Nachlaß hrsg. durch Geo. v. Schimpff. gr. 8. (V, 125 S.) Ebd. 894. 4. —; geb. n. 5. —

Minckwitz, A. v., die Brigade Thielmann in dem Feldzuge von 1812 in Rußland. [Aus dem Mscr.: Geschichte der Garde du corps.] Hierzu ein (lith.) Situationsplan vom Schlachtfelde der Schlacht an der Moskwa am 7. Septbr. 1812. gr. 8. (48 S.) Dresden 879. Burdach. n. 1. 50

Minckwitz, H. v., Festbericht, s. a. Heym, O., Geschichte d. Reitenden Feldjäger-Korps während der ersten 150 Jahre seines Bestehens 1740—1890.

Minckwitz, H. v., Premierlieut. und Adjutant im Reitenden Feldjäger-Corps. Geschichte des Reitenden Feldjäger-Corps während der ersten 150 Jahre seines Bestehens 1740—1890. Nachtrag: Festbericht über die Tage vom 24.—26. November 1890. 8. Berlin 1891.

Minckwitz, Hans

—— s. Kongress, der 5., des deutschen Schachbundes.

Minckwitz, H., der kleine Schachkönig. Leichtfaßliche Anleitg. zu rascher Erlerng. der Schachspielkunst. gr. 8. (VIII, 152 S. m. eingedr. Diagrammen.) Leipzig 888. Glöckner. n. 2. —; geb. n. 2. 50

Minckwitz, Hans. Der kleine Schachkönig. Leichtfaßliche Anleitg. zu rascher Erlerng. der Schachspielkunst. 2. Aufl. gr. 8. (VIII, 152 S.) Lpz. 889, Gloeckner. * 1 50; geb. * 2 --

Minckwitz, Hans, Deutschlands Traum, Kampf und Sieg. Geharnischte Sonette nebst einem Anhang vaterländ. Gesänge. Leipzig 860. Priber. 16. (VIII, 40 S.) n. 6 ngr.

Minckwitz, Heinrich Eduard

— — (Lueckersdorf), De duello. Diss. Leipzig (Staritz) 27. X. 1842. 28 S. (3.—) 23386
Gew.: Carl Wilhelm Wachsmuth.

Minckwitz, Heinrich Eduard, De fundamento agendi. Leipzig (Staritz) 3. XI. 1842. 11 Seiten. (3.—) 23385
Gew.: Scipius Agricola Herbig.

Minckwitz, Johannes

Minckwitz, J., das ABC des Schachspiels. Anleitung zur raschen Erlernung des edlen Spiels. 8. (VIII, 184 S.) Leipzig 878. Veit & Co. n. 2. 40

Minckwitz, Johs. (II.), das ABC des Schachspiels. Anleitung zur Erlernung des edlen Spiels und Einführung in die Problemkomposition. 2. verb. und verm. Aufl. gr. 8. (VIII, 184 S. mit eingedr. Diagrammen.) Leipzig 884, Veit und Comp. * geb. *

Minckwitz, J., d. ABC d. Schachspiels. Anleitg. z. raschen Erlerng. d. Schachspielkunst u. Einführg. in d. Problemkomposition. 3., verb. u. verm. Aufl. gr. 8. (VIII, 192 S. m. Diagr.) Leipzig 897. Veit & Co. n. 1. 60; geb. in Leinw. n. 2. —

– s. Aeschylus Tragoediae.

Minckwitz, Johannes (Bearb.), s. Aeschylus: Werke.

Minckwitz, Johs.: Aristophanes, s. Volksbibliothek, Deutsche, der griech. und röm. Classiker.

Minckwitz, Johs., Beiträge zur Sprachvergleichung. Prosa, Poesie, Rhythmus u. Uebersetzungskunst. [Aus: „Ztschr. f. vergl. Litt."] gr. 16. (39 S.) Klausenburg 879. (Leipzig, Verl. d. Verfassers.) n. 1. —

— die Pariser Bluthochzeit am 24. Aug. 1572. Für Alt u. Jung nach dem Zeitgenossen Ernestus Varamundus [Hotoman] dargestellt. 2. Aufl. 8. (XXVI, 91 S.) Leipzig 876. Oehmigke. n. 1. —

Minckwitz, Johs., Briefe an Graf v. Platen, s. Briefwechsel.

Minckwitz, Johs., die Buße Kaiser Heinrich IV. zu Canossa vor dem Papste Gregor VII. Nach dem Zeitgenossen Lambertus v. Aschaffenburg. Für Alt u. Jung dagestellt. 2. Aufl. 8. (XXIV, 108 S.) Leipzig 875. Oehmigke. n. 1. —

– s. Dichter, griech.

Minckwitz, J.: Der Entscheidungskampf zwischen W. Steinitz und J. H. Zuckertort um die Meisterschaft der Welt, s. Bibliothek für Schachfreunde.

Minckwitz, Johs. (I.), die Entwicklung eines neuen dramatischen Styls in Deutschland, s. a. Zeit- und Streit-Fragen, deutsche.

Minckwitz J, die Entwicklung eines neuen dramatischen Stils in Deutschland. (Zeit- und Streitfragen, Deutsche 203) Berlin 1884

Minckwitz, Johs.: Euripides, s. Volksbibliothek, Deutsche, der griech. und röm. Classiker.

– s. Euripides Werke.

Minckwitz, Johs., Gedichte. 8. (211 S.) Leipzig 847, Kummer.

Minckwitz, Johs., Gedichte. Mit dem Bildniß des Verf. (in Stahlst.). Leipzig 1854. Arnold. 16. (XII, 411 S.) n. 2 ₰.
Gesammelte Werke. 1. Bd.

—— Grundprobleme der neuhochdeutschen Uebersetzungskunst in Beispielen. 12. (63 S.) Klausenburg 880, H. v. Meltzl. *

— Grundprobleme der neuhochdeutschen Uebersetzungskunst in Beispielen. 12. (63 S.) Klausenburg 880. (Leipzig-Reudnitz, Selbstverl. d. Verf.) n. 1. —

— zwei Habilitationsschriften. Nebst einer offenen Beschwerde gegen die philosoph. Fakultät zu Leipzig u. einer Appellation an das k. sächs. Cultusministerium zu Dresden. 8. (126 S.) Leipzig 850, Leiner. n. 2/3 ₰

Minckwitz, J.: Humor im Schachspiel, s. Bibliothek für Schachfreunde.

Minckwitz, J., Euripides' Iphigenie auf Tauris, nachgedichtet. 1887. 110 S.

—— dem neuen Kaiser. Lex.-8. (8 S.) Leipzig 871, Kollmann. *

Minckwitz, Johs. (I.), Katechismus der Mythologie aller Culturvölker, s. a. Weber's, J. J., illustrirte Katechismen.

Minckwitz J, Katechismus der Mythologie. 2. A. (Weber's Kat. 33) Leipzig 1870

— Katechismus der Mythologie aller Culturvölker. 4., verb. u. verm. Aufl. Mit 72 in den Text gedr. (Holzschn.-) Abbildgn. 8. (VIII, 302 S.) Leipzig 880. Weber. geb. n. 2. 50

—— Katechismus der deutschen Poetik, s. a. Weber's, J. J., illustrirte Katechismen.

— Katechismus der deutschen Poetik. 2., verm. u. verb. Aufl. 8. (XII, 187 S.) Ebend. 877. cart. n. 1. 50

— Katechismus der deutschen Verslehre f. die allgemeine Volksschule. Nach neuen Grundsätzen. 8. (IV, 156 S.) Leipzig 872. Kollmann. n. 1. —

— der 4. Kongress d. deutschen Schachbundes. Hamburg 1885. Unter Mitwirkg. von C. v. Bardeleben u. M. Kürschner hrsg. gr. 8. (IV, 256 S. m. eingedr. Diagrammen.) Leipzig 886. Veit & Co. n. 4. —

Minckwitz, Johs., der Künstler. Eine kultur-historische Novelle aus der Mitte unsers Jahrhunderts. Leipzig 862. C. F. Fleischer. gr. 8. (411 S.) 2 ₰

—— Lehrbuch der rhythmischen Malerei der deutschen Sprache. Zum Gebrauche für Universitäten und andere höhere Unterrichts-Anstalten wie auch zum Selbstunterricht. gr. 8. (XVI und 191 S.) Leipzig 856, Arnoldische Buchh.

Minckwitz, Johs., Lehrbuch der rhythmischen Malerei der deutschen Sprache. Zum Gebrauche für Universitäten und andere höhere Unterrichts-Anstalten wie auch zum Selbstunterricht. 2. (Titel-)Aufl. gr. 8. (VIII und 191 S.) Leipzig (856)58, Arnoldische Buchh.

Minckwitz, Johannes, Lehrbuch der deutschen Prosodie und Metrik. Nach neuen Grundsätzen bearb. zum Gebrauch für Universitäten, Gymnasien, Realschulen rc. gr. 8. Leipzig 844, Teubner. ½ ₰

— Lehrbuch d. deutschen Prosodie u. Metrik. Nach neuen Grundsätzen bearb. zum Gebrauch f. Universitäten, Gymnasien, Realschulen, Seminarien, wie auch zum Selbstunterricht. 2. Ausg. gr. 8. (VIII u. 175 S.) Leipzig 852, Teubner. ½ ₰

—— Lehrbuch der deutschen Verskunst oder Prosodie und Metrik. Nach neuen Grundsätzen bearb. für Universitäten, Gymnasien, Realschulen, Seminarien, wie auch zum Selbstunterricht. 3. Aufl. gr. 8. (XVI und 187 S.) Leipzig 854, Arnoldische Buchh. *

—— Lehrbuch der deutschen Verskunst oder Prosodie und Metrik. Nach neuen Grundsätzen bearb. für Universitäten, Gymnasien, Realschulen, Seminarien wie auch zum Selbstunterricht. 4. (Titel-)Aufl. gr. 8. (VIII und 187 S.) Leipzig (854)62, Arnoldische Buchh. *

—— dass. — 5. Aufl. gr. 8. (XVI und 216 S.) Ebendas. 863. *

— Lehrbuch der deutschen Verskunst od. Prosodie u. Metrik. Nach neuen Grundsätzen bearb. für Universitäten, Gymnasien, Realschulen, Seminarien, wie auch zum Selbstunterricht. 6. (Titel-)Aufl. gr. 8. (VIII, 216 S.) Leipzig (1863) 878. Arnold. n. 1. 60

– s. Lucian's Werke.

Minckwitz, Joh., Über die rhytmische Malerei der deutschen Sprache. Leipzig 1855. 8. . . . . (D.)

—— der illustrirte neuhochdeutsche Parnaß. Eine Grundlage zum bessern Verständniß unserer Litteraturgeschichte in Biographien, Charakteristiken und Beispielen unserer vorzüglichsten Dichter. 10 Lfgn. gr. 8. (VIII und 895 S. mit eingedr. Holzschn.) Leipzig 860. 61, Arnoldische Buchh. à Lfg. 6 Ngr.

—— der neuhochdeutsche Parnaß 1740—1860. Eine Grundlage zum besseren Verständnisse unserer Literaturgeschichte in Biographien, Charakteristiken und Beispielen unserer vorzüglichsten Dichter. 2. Aufl. gr. 8. (XVI und 895 S. mit eingedr. Holzschn.) Leipzig 864, Arnoldische Buchh. 1 Thlr. 6 Ngr.; geb.

— dem Grafen August v. Platen. Gedicht. (Griech. u. Deutsch.) gr. 8. Leipzig 833. Berger. $^1/_{12}$ ₰

—— Graf v. Platen als Mensch u. Dichter. Literaturbriefe. 8. (22½ B.) Leipzig 838, Kummer.

Minckwitz, Johs., deutsche Poetik, s.: Weber's illustrirte Katechismen.

—— der Prinzenraub. Ein geschichtl. Schausp. in 5 Akten. 8. (9 B.) Leipzig 839, Kummer.

Minckwitz, Johs. (II.), die Schachcongresse zu Düsseldorf, Köln und Frankfurt a. M., veranstaltet von dem westdeutschen Schachbunde in den J. 1876, 1877, 1878. 8. (VIII, 178 S.) Leipzig 879, Veit und Comp. *

– s. Sophocles Antigone.

– s. Sophocles König Oedipus.

—— illustrirtes Taschenwörterbuch der Mythologie aller Völker. 1. Aufl. 1852. * 1 Thlr. 18 Ngr. und 2. Aufl. 16. (XV und 679 S. mit eingedr. Holzschn. und 1 Holzschnt.) Leipzig 856, Arnoldische Buchh. *

—— illustrirtes Taschenwörterbuch der Mythologie aller Völker. 3., verb. Aufl. gr. 16. (620 S. mit eingedr. Holzschn.) Leipzig 866, Arnoldische Buchh. *

—— illustrirtes Taschenwörterbuch der Mythologie aller Völker. 4. Aufl. gr. 16. (620 S. mit eingedr. Holzschn.) Leipzig 870, Arnoldische Buchh. *

— illustrirtes Taschenwörterbuch der Mythologie aller Völker. 5. Aufl. gr. 16. (620 S. m. eingedr. Holzschn.) Ebend. 878. n. 3. —; geb. n. 4. —

Minckwitz, Johs., illustrirtes Taschenwörterbuch der Mythologie aller Völker. 8. (XII, 620 S. mit 238 Illustr.) Gera 888, Griesbach's Verlag. *ℳ 2.—.; geb. *

—— Taschenwörterbuch der Mythologie aller Völker. 6. Ster.-Aufl. 12. (620 S. mit 214 eingedr. Holzschn.-Illustr.) Leipzig 880, Arnoldische Buchh. geb. *

— Taschenwörterbuch der Mythologie aller Völker. Mit 214 (eingedr.) Holzschn.-Illustr. 6. Ster.-Aufl. 12. (620 S.) Leipzig 883. Arnold. geb. n. 3. —

— der Tempel. Die Mythologien der vorzüglichsten Culturvölker bis zum Christenthum. Für Jung u. Alt. Mit über 100 Abbildungen in Tondr. auf 46 Taf. br. 8. (VI, 834 u. XIV S.) Leipzig 878. Oehmigke. n. 7. —; geb. n. 9. —

—— Deutschlands Traum, Kampf und Sieg. Geharnischte Sonette nebst einem Anh. vaterländ. Gesänge. 16. (VIII, 40 S.) Leipzig 870, Priber. *

—— Vorschule zum Homer, s. a. Sammlung griechischer und römischer Classiker.

Minckwitz, Johannes. Vorschule zum Homer. 8. Stuttgart 1863.

— die Weisen des Morgenlandes. Eine Anthologie der ältesten Erzählungen, Märchen, Fabeln, Lieder und Sinnsprüche. Für Frauen ausgewählt. 8. (X und 341 S.) Leipzig 862, Arnoldische Buchh.

– die Weisen des Morgenlandes. Eine Anthologie der ältesten Erzählungen, Märchen, Fabeln, Lieder u. Sinnsprüche. Für Frauen ausgewählt. 2., verb. Aufl. Ebend. 865. 8. (X, 341 S.) geb. mit Goldschn. 24 ngr.

— dass. — Neue wohlf. (Titel-)Ausg. 8. (X und 341 S. mit 1 Titelkpfr. in Buntdr.) Leipzig (865)66, Dyk'sche Buchh. * geb. mit Goldschn. *

— gesammelte Werke. I. Bd. A. u. d. T.: Gedichte. 16. (XII und 411 S. mit M.'s Bildn. in Stahlst.) Leipzig 854, Arnoldische Buchh. *

— aus Deutschlands größter Zeit 1813—1876. Gedichte. 3. Aufl. 8. (VIII, 486 S. m. lith. Portr.) Leipzig 876. Oehmigke. n. 7. 50; geb. m. Goldschn. n. 9. —

— die Zerstörung von Jerusalem unter Titus. Im Jahre 70 nach Christi Geburt. Für Jung u. Alt dargestellt nach Flavius Josephus. 2. Aufl. Mit 4 Abbildungen in Holzschn.(-Taf.), 1 (lith. u. color.) Karte von Palästina u. 1 (lith. u. color.) Plan von Jerusalem. 8. (XX, 260 S.) Leipzig 877. Oehmigke. cart. n. 3. 75

Minckwitz, Maria (Helene) Johanna, (aus Leipzig): Beiträge zur Geschichte der französischen Grammatik im siebzehnten Jahrhundert. I. Der Purismus bei Uebersetzern, Lexikographen, Grammatikern und Verfassern von Observations und Remarques. II. Gilles Ménage und seine Observations sur la langue françoise. (S. A. aus: Zeitschrift für französische Sprache und Litteratur. Bd 19 (S. 81—191).) Berl. W. Gronau 1897. 3 Bl., 113 S. 8°.
Zürich, Phil. Diss. I. S. (v. 19. Juli 1897).

Minckwitz, Marie Johanna, ein Schreiben zur Geschichte der französ. Akademie von 1710—1731, s.: Aus roman. Sprachen u. Literaturen.

Mind, (Gottfr.) 10 Blätter Katzengruppen, nach d. Natur gezeichnet u. lithographirt. qu. 4. Leipz. 827, G. Fleischer.

Mind, G., s. a. Katzen-Raphael, der.

(Mind, G.) — Der Katzen-Raphael. 12 Blätter Katzengruppen (in Kpfrst.) nach Gottfried Mind radirt von L. Bellon, C. Eichens, F. Hegi etc. Nebst einer kurzen Lebensskizze Mind's u. der Novellette: „Der Katzen-Raphael" von Frz. Gaudy. Berlin 861. Schröder. gr. 4. (28 S.) n. 2 ₰ 20 ngr.

Mind, Gottfried. [Spielende Kinder.] O. O. u. J. [um 1820].
6 Taf. in Lithogr. + 1 Taf. in kol. Lithogr. (doppelt). 2°.
Bei Brodtmann nach Mind. Vollständige Folge 10 Blatt.

Mindak, Paul, Arzt aus Falkenberg i. Loth.: Ueber einen Fall von Otitis media purulenta acuta nach Influenza. *München 1899: Kastner & Lossen.* (24 S.) 8°
München, Med. Diss. v. 1899

Mindani, Pet. F., comment. de interdictis. 4. Wezlar. 731.

— opera de processibus, mandatis et monitoriis in imperiali camera extrahendis etc. 4. ibid. 738.

Minde, Margarethe, oder die Feuersbrunst zu Tangermünde . . 1617 . . . Tangermünde 1843. V: *Pohlmann, Aug. Wilh.* (Ky)

Minde, J. R., üb. Hypnotismus. Vortrag, geh. im ärztl. Verein zu München, nebst Weitergn. gr. 8. (VIII, 88 S.) München 891. C. Diepolder. n. 2. 80

MINDE, Johann (Stolpmünde/Pommern): De acido boracico. (Titel nach der Urkunde)
24.7.1877 - Urk; Chr 1877/78,9
Diss. Ingolst.-Landsh.-München.

MINDE, Karl, in Leipzig, Prospekt der Verlagshandlung vom September 1893.
Verboten vom K.-G. Znaim, 13. Oktober 1893. §§ 64. 9. 239.

Minde, P. K., wie baue ich mir e. Kriegs-Schiff aus Zigarrenkistenholz. Ein Beitrag zur Förderg. der Handfertigkeit. Mit 111 Zeichngn. (59 S.) gr. 8. Leipzig (907). H. Beyer. 1. —

Minde R. Ueber die Centralbewegung eines Punktes. 1870. 8.
Diss. Jena

Kaufmänn. Verein zu Posen. Fest-Rede des Herrn Dr. Georg Minde-Pouet bei der Fest-Versammlung zur Feier der Wiederkehr des 80. Gründungstages des Kaufmännischen Vereins zu Posen 1901. Posen (1901): W. Decker & Co. (8 S.) 8° [F.] (07. 8437

Bismarck. Festrede geh. auf d. Bromberger Bismarckkommers 1907 von Dr. Georg Minde-Pouet. Bromberg 1907: Gruenauer. (13 S.) 8° [F.] (07. 8436

Minde-Pouet, Georg [aus Berlin]: Heinrich von Kleist. Seine Sprache u. sein Stil. Tl. 1: Dramat. Stil . . . (Erscheint vollst. im gl. Verl.) Weimar, E. Felber, 1896; X, 64 S., 1 Bl. 8.
Berlin, Phil. Fak., Inaug.-Diss. v. 4. Jan. 1896

Heinrich von Kleist. Seine Sprache u. s. Stil. Von Georg Minde-Pouet, Dr. phil. *Weimar: E. Felber 1897.* (VIII, 302 S.) 1 Bd 8. [95. 8419

Minde-Pouet, Geo., Kunstpflege in Posen. Warnungen u. Vorschläge. gr. 8. (IV, 78 S.) Posen 902. J. Jolowicz. n. 1. 20
Sonderabdr. a.: „Zeitschr. d. hist. Gesellsch. f. d. Prov. Posen".

Mindel, C. H. A., Wegweiser Düsseldorfs, od. Grundlage zur geograph.-statist.-topograph.-histor. Darstell. von Düsseldorf, nach seinen frühern u. derzeitigen Verhältnissen. Fol. Leipz. 818. (Literar. Centr.-Compt.) 1 ₰

Minden [Schlagwort]

Minden, s.a. Deutschland. Karte. (Abt. Preussen.) Uebersichtskarte.

– s.a. Europa. Liebenow.

– s.a. Handkarten.

– s.a. Heimatskärtchen. 8.

Minden s.a. Herford.

— s. a.: Paderborn, Diöcese.

– s.a. Radfahrerkarten Mittelbach.

— s. a.: Rheinprovinz, Liebenow, W.

– s.a. Wesergebiet.

– s.a. Westfalen, Wegekarte.

Minden, Reg.-Bez. **Brockmann**, E., Schul-Wandkarte des Reg.-Bez. Minden. 1 : 120,000. 139,5 × 116,5 cm. 6 Blatt. Farbendr. Arnsberg 895. J. Stahl.
Auf Leinw. m. Stäben n. 12. —

Minden — Charte, das Fürstenthum — und die Grafschaften Ravensberg etc. vorstellend. Entworfen von F. L. Güssefeld. Nürnberg bey den Homänn. Erben. 1797. 1 : 230,000. 1 Bl.

Minden, Reg.-Bez. **Entfernungskarten** des Reg.-Bez. Minden. Im Auftrage der königl. Regierung in Minden unter Leitg. v. Rettberg nach den Katasterkarten entworfen. 1:80,000. Lith. Minden, M. Volkening.
à n. 1. 75; auf Leinw. à n. 2. 50
Kreis Büren. 51×61 cm. (901). — Kreis Halle. 28×38 cm. (901.) — Kreis Herford. 40×48 cm. (902). — Kreis Höxter. 62×53 cm. (900). — Kreis Lübbecke. 62×49 cm. (900.) — Kreis Minden. 62×49 cm. (900.) — Kreis Paderborn. 47×57 cm. (902.) — Kreis Warburg. 47,5×53,5 cm. (900.)

Minden, Reg.-Bez. **Entfernungskarten** des Reg.-Bez. Minden. Kreis Bielefeld. Im Auftrage der kgl. Regierg. in Minden unter Leitg. von Rettberg nach den Katasterkarten entworfen im J. 1903. 1 : 50,000. 53×62 cm. Lith. Minden (903). [M. Volkening.] A. Hufeland. n. 1. 75; auf Leinw. n.n. 2. 50

— — dasselbe. Kreis Wiedenbrück. 1 : 80,000. 41×62,5 cm. Lith. Ebd. (903). n. 1. 75;
auf Leinw. n.n. 2. 50

Minden, Stadt. **Hauck**, Plan der Stadt Minden. 1 : 5000. Lith. Imp.-Fol. Minden 888. Marowsky.
n. 2. —; color. n. 3. —

Minden, Kreis. Karte des Kreises Minden. 1 : 80,000. 49 × 46 cm. Farbendr. Minden 890. [J. Keiser & Co.] Jul. Bleek. n. 1. —

— Karte der Umgegend v. Minden i. W. Mit Genehmigg. der kartograph. Abteilg. d. grossen Generalstabes zu Berlin. 1 : 25,000. Chromolith. Imp.-Fol. Minden 889. Keiser & Co. n. 3. —; auf Leinw. n. 4. 50

Minden, Umgegend. **Karte** der Umgegend v. Minden. Bearb. in der kartograph. Abtheilg. d. königl. preuss. Landes-Aufnahme. 1 : 100,000. 57,5 × 83 cm. Farbdr. Berlin 898. (R. Eisenschmidt.) n.n. 2. —

Minden—Hamburg, s.: Automobilkarten. Automobil-Tourenkarte.

Minden — Wilhelmshaven, s.: Automobilkarten. Automobil-Tourenkarte.

Minden [Verf.]

Minden, D., der Humor Kant's im Verkehr u. in seinen Schriften. Ein Vortrag. (Mit dem Bildnisse Kant's aus seinem 80. Lebensjahre.) 12. (42 S.) Dresden 892. H. Minden. n. 1. —

Minden, L. Geschichte der Schützengilde zu Königsberg i/Pr. 8. Königsberg 1851.

Minden, Max v., Beiträge zur anatom. u. physiolog. Kenntnis Wasser-secernier. Organe, s.a. Bibliotheca botanica, Hft. 46.

Minden, Max D. von: Beiträge zur anatomischen und physiologischen Kenntnis Wasser-secernierender Organe. *Stuttgart: E. Nägele 1898.* (72 S.) 4° ¶ (Aus der Bibliotheca botanica. — Mit Tafeln.)
Bonn, Phil. Diss. v. 30. Juli 1898

Minden-Ravensberg unter der Herrschaft der Hohenzollern. Festschrift zur Erinnerg. an die 300jähr. Zugehörigkeit der Grafschaft Ravensberg zum brandenburg.-preuß. Staate. Im Auftrag des minden-ravensberg. Hauptvereins f. Heimatschutz u. Denkmalpflege u. unter Mitwirkg. v. H. Blocks, H. Eickhoff, W. Engels u. a. hrsg. v. H. Tümpel. (VIII, 379 S. m. Abb. u. 2 farb. Karten.) Lex. 8. Bielefeld 909. Velhagen & Klasing.
Geb. in Leinw. 4. —

Minder, Arnold. Untersuchungen über die Wirkung des Digalens beim Pferde. Diss. Vet.-Med. Bern. 75 S. 8. Bern, Stalder & Sieber, 1908.

Minder, Eduard: Zur Technik der Gastrostomie. Bern 1899. 31 S 2 Taf. 8°.
Bern. Med. Diss. 1899/1900.

Minder, F. Über Schwangerschaft, Geburt und Wochenbett im frühen Lebensalter. In-8°. 20 S. Bern. These. 1894

Minder, Jh. Andr., Briefe über d. Erziehung d. häusl. Lebens. 16 Bochen. 8. Hamb. 808. Schmidt. 8 gr

§ **BRIEFE** (14) über Hamburg (von *Joh. Arnold Minder.*) Leipzig, bey Joh. Sam. Heinsius, 1794. 8°. (Auch in Dresden: Hist. urb. Germ. 8° 1917, schönes Expl.) (2 Mk. der Vorige 1906.)
Tit., 2 Bll. Widm. (an Hamburgs Bürger), 294 S. — Interess. Culturbild in anständiger Darstellung. (S. 149—159 Bemerkenswerthes über den Gegner Lessing's, den berühmten Hauptpastor Götze; S. 212 über Bordelle etc. etc.) Selten! Anon.-Lex. I. p. 269 (nach Schröder).

Die Reise durch Holstein im Juni 1811. Meiner innigstgeliebten Marie zu ihrer Geburthsfeier gewidmet (v. Johann Arnold **Minder**). Curslack. 1811. 8°

Minderer, Johann Martin

Minderer, J. Mat., abermals ein Beytrag zur Kenntn. und Heilung der Pest. 8. Riga (Hartknoch, Leipz.) 790.

Johann Martin Minderer

De Peste eique medendi methodo in ratione et experientia fundata. Ienae 1789: Goepferdt. 52 S. 8°
Jena, Med. Diss. v. 1789

Minderer, Jh. Mt., († ... 1812.) comment. de peste. 4. Riga 790. Hartknoch in Leipz. 8 gr — Deutsch unt. d. T.: abermals ein Beitrag z. Kenntniß u. Heilung d. Pest. 8. Ebd. 790. 8 gr.

Minderer, Sebald

— gut kathol. Christ, od. Ausleg. des kl. Katechismus. 12. Passau 748. 2e A. Ebd. 761.

MINDERER, SEBALD, OFM. GutCatholischer Christ, Oder Gründliche Auslegung Der Christ-Catholischen Glaubens- und Sitten-Wahrheiten Des kleinen Catechismi, Durch Fragen, und Antworten vorgetragen. Passau, F. G. Mangold, 1752. 4°. 11 Bl. 662 S. 8 Bl. Benutzter und berieb. Schweinsl.dbd. auf Holzdeckeln, 2 Schließen.

Minderer, Sbld., († d. 30. Nov. 1784.) gut kathol. Christ, od. Ausleg. d. kathol. Glaubens- u. Sittenlehren. 2 Thle. 4. Augsb. 762. Doll. 20 gl.

— s. ferner: B. Eibel, Theolog. moral., Supplem.

— Umsturz der Stadt Jericho, d. i., des Sünders Rechtfertigung. 8. Augsb. 750. Wolf. 6 gl.

Minderlein, Friedrich, approb. Arzt aus Heidenheim: **Beitrag** zur Casuistik der Ösophagusperforation. *München 1901: C. Wolf & Sohn.* (18 S.) 8°
München, Med. Diss. v. 1901

Minderlein, Kaspar: Rechenbüchlein. Nürnberg. 8.

Mindermann, Marie

— Verf. von: An die 23. Streiter des Herrn, siehe: An.

Mindermann, Marie, der Achatschleifer u. Oswald. Zwei Lebensbilder für die reifere Jugend. 2. Aufl. Mit 3 (chromolith.) Illustr. von Rud. Geißler. 8. (168 S.) Glogau 879. Flemming. cart. 1. 50

Mindermann, Marie, Blumen am Wege. Erzählungen, Sagen, Arabesken u. Märchen f. die reifere Jugend. Mit e. (lith.) Titelbilde v. J. Bremermann. 8. (IV, 530 S.) Bremen 873. Kühtmann & Co. 4. 50

Mindermann, Marie, Eigenthümlichkeiten der Bremer Neuzeit. In Briefen. 8. (87 S.) Bremen 852, Kühtmann & Co. n. 12 ngr.

Mindermann, Marie, Feldblumen. Erzählungen für die reifere Jugend. 1—6. Bdchn. Glogau 859—62. Flemming. 16. Jedes Bdchn. n. 10 ngr.

1. Bdchn.: Eine Tante. Ein Lebensbild. (131 S. u. 3 Lithogr.)
2. Bdchn.: Der Achatschleifer u. Oswald. Zwei Lebensbilder für die reifere Jugend. (VII, 182 S. u. 4 Lithogr.)
3. Bdchn.: Der Dreifaltigkeitsring u. ein Neujahrstag. Zwei Erzählungen für die reifere Jugend. Mit (4 lith.) Illustr. von Rud. Geißler. (VII, 112 S.)
4. Bdchn.: Die Blinde. Eine Novelle für die reifere Jugend. Mit 4 (lith.) Illustr. von Rud. Geißler. (100 S.)
5. Bdchn.: Rahel. Eine Novelle für die reifere Jugend. Mit 4 (lith.) Illustr. von Rud. Geißler. (118 S.)
6. Bdchn.: Die beiden Rosenbouquets. Nicolaus Flint. Zwei Erzählungen. Mit 4 Illustr. (Holzschntaf.) von Heinr. Stelzner. (172 S.)

—— plattdeutsche Gedichte in bremischer Mundart nebst einer Sammlung Sprichwörter und Redeweisen. 8. (VIII und 148 S.) Bremen 860, Geisler. *

Mindermann, Marie, Heide und Moos. Märchen für Alt und Jung. Lübeck 854. Boldemann. (Dittmer.) 16. (3 Bl., 260 S. u. 1 Lithogr.) n. 1 thlr. 10 ngr.

Mindermann, Marie, dramatische Kleinigkeiten. Bremen 867. Tannen. 16. (III, 148 S.) 22½ ngr.

—— buntes Laub. Sagen, Arabesken und Märchen für die reifere Jugend. 8. (III und 296 S.) Bremen 863, Geisler's Verlag. 1 Thlr.; cart.

Mindermann, Marie, aus dem Leben. Zwei Erzählungen. 8. (V, 148 S.) Bremen 880, Dierckfen und Wichlein. * geb. *

— siehe: Politik, die, auf der Kanzel.

— Ranken. Gedichte. Bremen 870. v. Halem. gr. 16. (VII, 199 S.) n. 1 thlr.
in engl. Einb. mit Goldschn. n. 1 thlr. 10 ngr.

— Sagen der alten Brema. Bremen 867. Heyse. 8. (III, 216 S.) n. 28 ngr.;
geb. n. 1 thlr.

— bis zum Senator. Eine Erzählg. f. Alt u. Jung. 8. (192 S.) Bremen 877. Tannen. n. 2. —

Mindermann, Marie, bis zum Senator. Eine Erzählg. f. Alt u. Jung. 2. Ausg. 8. (192 S.) Bremen 885. Haake. n. 2. —

— Spruchschatz. gr. 8. (434 S.) Norden 879. Fischer Nachf. n. 6. —; geb. n. 7. —

—— Spruchschatz. gr. 8. (434 S.) Bremen 879, [Kühtmann und Comp.] Fischer. * M 6.; geb. *

—— eine Tante. Ein Lebensbild für die reifere Jugend. 2. Aufl. Mit 2 (chromolithogr.) Illustr. von Rud. Geißler. 8. (141 S.) Glogau 879, Flemming. cart.

Minders, Heinr. Ad.: **Tractatus de origine, progressu, natura, ac moderno statu Nobilitatis et Servitutis in Westphalia; accessit comm. de hominibus proprii s. scolonario vulgo v. Eigenthumsrechten in Westphalen.** *Lemgov.* **713. 4.**

Zur

— — Minderung des menschlichen Elends. Mit niedlicher Titelvignette. Danzig 1775. 8°. (8 Mk., reizendes Expl. in hübsch. Hfrzbde. d. Zeit, Paul Alicke, Dresden, 1908.)

Mindes, J., der Apotheken-Revisor. Ein kurzgefasstes Hilfsbuch zur Identifizierg. u. Prüfg. offizineller u. nichtoffizineller Arzneimittel m. Berücksicht. des deutschen Arzneibuches IV u. der österreich. Pharmakopoe. VIII. Für Apotheker, Sanitätsbeamte u. Drogisten bearb. (IV, 355 S.) 8. Wien 907. F. Deuticke. Geb. in Leinw. 7. —

— Unverträgliche Arzneimittel u. irrationelle Verordnungen. Nach Haagers Tabelle, Berichten der Fachpresse u. eigener Beobachtg. f. Apotheker u. Ärzte. (IV, 55 S.) kl. 8. Ebd. 910. 1. 80

Mindes, J.: Beiträge zur Geschichte der neuen Arzneimittel. Wien 1902

Mindes, J. Manuale der neuen Arzneimittel für Apotheker, Ärzte und Drogisten, enth. über 2000 neue und neueste Arzneimittel. In-8°. II., 335 S. Zürich, Art. Institut Orell Füssli. 1897 Gebd. 5 —

Mindes, J., Manuale d. neuen Arzneimittel f. Apotheker, Ärzte u. Drogisten, enth. üb. 2000 neue u. neueste Arzneimittel. 2., verm. u. verb. Aufl. 8. (IV, 365 S.) Zürich 898. Art. Institut Orell Füssli. geb. in Leinw. n. 4. 60

Mindes. J. Manuale der neuen Arzneimittel für Apotheker, Aerzte und Drogisten. 3. Aufl. 8°. 308 S. Zürich. Verlag: Art. Inst. Orell Füssli. 5 —
1900

Mindes, J., Manuale der neuen Arzneimittel, für Apotheker, Ärzte u. Drogisten zusammengestellt. 4., neu bearb. Aufl. gr. 8. (III, 324 S.) Zürich 902. Art. Institut Orell Füssli. Geb. in Leinw. n. 4. 60

— Manuale der neueren Arzneimittel f. Apotheker, Ärzte u. Drogisten. 5., neu bearb. Aufl. (IV, 586 S.) 8. Ebd. 907. Geb. in Leinw. 10. —

Mindes, J., der Rezeptar. Ein Leitfaden zum Selbstunterricht f. Aspiranten der Pharmazie u. selbstdispensier. Aerzte. (VI, 161 S. m. 68 Abbildgn.) 8. Wien 905. F. Deuticke. n. 3. 50

Mindes, J., die Selbstbereitung pharmazeutischer Spezialitäten. 2., verm. Aufl. (IV, 52 S.) kl. 8. Wien 909. F. Deuticke. Durchsch. 1. 50

Mindestgehälter. Ein Beitrag zum Lohnproblem der techn. Privatangestellten, s. a. Schriften des Bundes der technisch-industriellen Beamten. Nr. 16.

Mindestgehälter. Ein Beitrag z. Lohnproblem d. techn. Privatangestellten. Berlin: Industriebeamten-Verl. (1910). 54 S. 8°
(Schriften d. Bundes d. techn.-industr. Beamten. Nr 16.) (11. 2294

Mindestsätze der Unterhaltungskosten, die nach der Praxis der Deutschen Amtsgerichte von den Erzeugern unehelicher Kinder zu zahlen sind. (§ 1708 BGB.) (Lübeck 1909.)
(S.-A. a.: Bericht der öffentl. unentgeltl. Rechtsauskunftsstelle für die freie u. Hansestadt Lübeck über die Jahre 1907 u. 1908.)
(Zugabe der Jur. Wochenschrift. 1909.)

Minding, E(rnst) Ferd(inand) A(dolph): •De valore integralium duplicium quam proxime inveniendo. 11 Bl. 8° (4°)
Halle-Wittenberg, Phil. Diss. v. [15. Okt. 1829]
Geb. Kalisch 11. 1. 1806. V.
Vom Verf. ersch.: Ueber die Berechnung des Näherungswerthes doppelter Integrale. In: Journal f. d. reine u. angewandte Mathematik. Bd 6. Berlin 1830. S. 91—95. — Verf. erlebte die Diplomerneuerung 1879 als russischer Staatsrat und ordentlicher Professor der Mathematik in Dorpat, vgl. Anh. Nr. 573.

Minding Ferd., Anfangsgründe d. höheren Arithmetik. gr. 8. (13 B.) Berlin 832, Reimer.

Minding, Ferd., Ein neuer Ausdruck des Hauptsatzes der Dioptrik. (Lu le 21 octobre 1845.) (Tiré du Bull. de la Cl. physico-mathém. de l'Acad. des Sc. de St. Pétersbourg. T V, No. 8.)

Minding, F., Beiträge zur Integration der Differentialgleichungen, s. Mémoires de l'académie impér. des sciences de St. Pétersbourg. 7. Série, Tome V. Nr. 1.

Minding, Ferd., Ueber eine angebliche Berichtigung der Formel für barometrische Höhen-Messung. Dorpat 1860.

Minding, de curvatura superficierum Dorp
Schul-/Univ.-Schrift 1863

Minding, Fd., die Einrichtung der Classen-Lotterie mit Freiloosen, in Hinsicht auf ihren durchschnittlichen Erfolg für Unternehmer u. Spieler arithmetisch beleuchtet. Ein Beitrag zur politischen Arithmetik. gr. 8. Berlin 842, Veit u. Comp. 1/4 ₰

Minding, Ferd., Handbuch d. Differential- u. Integral-Rechnung u. ihrer Anwendn. auf Geometrie u. Mechanik. Zunächst z. Gebr. in Vorlesn. hrsg. 2 Thle. gr. 8. Berlin, Dümmler.
A. u. d. Titn.:
Thl. 1. Handbuch d. Differential- u. Integral-Rechnung u. ihrer Anwendungen auf Geometrie. (22 B. u. 1 Figtaf.) 836. 1 Thlr. 12 Gr.
- 2. Handbuch d. theoret. Mechanik. (23 B. u. 2 Figtaf.) 838. 1 Thlr 16 Gr.

Minding, F., Handbuch der theoretischen Mechanik. Berlin. 1838 8.

Minding, Ferd., Dr., Ueber die Curven des kürzesten Perimeters auf krummen Flächen. 1829.

Minding, F., de formae in quam Hamilton integralia mechanices analyticae redegit, origine genuina. Dorpat 4 1864
Schul-/Univ.-Schrift

Minding, Ferd., Sammlung von Integraltafeln zum Gebrauch für den Unterricht an der Königl. Allgem. Bauschule u. dem Königl. Gewerbe-Institut. Im Auftrage des Ministeriums f. Handel, Gewerbe u. öffentliche Arbeiten bearb. 4. (VI u. 186 S.) Berlin 849. (Ernst & Korn.) n 1 1/3 ₰

Minding, Jul., das Ministerium Arnim, der vereinigte Landtag und das Volk. gr. 8. (15 S.) Berlin 848, Stuhr'sche Sortimentsb.

Minding, Jul., die vorzüglichsten Bäder u. Heilquellen Mittel-Europa's. 8. (3 B.) Berlin 846, Morin.

Minding, Julius: Beleuchtung des literarischen Treibens des Herrn Isaac Jacob Sachs, Doctor honorarius der Medicin, Chirurgie und Geburtshülfe..., auch der Philosophie und freien Künste Doctor honorarius und Magister. Ein Beitrag zur Geschichte der Presse. 94 S., gbd.
Berlin: Hirschwald 1842

—— Beleuchtung des literarischen Treibens des Hrn. Dr. Isaac Jacob Sachs. Ein Beitrag z. Geschichte der Presse. 2., durch ein. Nachtrag verm. Aufl. br. 8. (9 1/2 A.) Berlin 842, Aug. Hirschwald, Verl. 10 Ngr. — Der Nachtrag (3 B.) einzeln

— fünf Bücher Gedichte. 8. Berlin, Posen u. Bromberg 841, Mittler. 1 ₰

Minding, Jul., das Leben d. Pflanze. Ein Gedicht. br. gr. 8. (5 1/2 B.) Leipzig 837, Voss. Thlr.

—— Lehrbuch d. Naturgeschichte d. Fische. (Auf Verlangen m. 1 Kpfrt.) gr. 8. (9 B.) Berlin 832, Rücker.
Die Kupfertafel (Fol.), gest. v. F. Guimpel, apart 4 Gr., ill. 16 Gr.

—— Lieder vom alten Fritz. 1. Sammlung. Zum Gedächtniß am 17. Aug. 1846. Mit 1 Zeichnung v. Böhmer. 12. (1 1/3 B.) Berlin 846, Stuhr'sche Buchh. *

Minding, Julius (Carl Julius August) (Brieg/Schlesien), De vitae functionum perturbationibus notiones generales. Diss. pathol. Berlin (Nietack) 3. IX. 1833. 29 S. u. Biogr. (M.: R. Holst.) (3.—) 23390
Oppon.: A. Bornitz, F. Minding, S. Levinstein.

—— die Organe des Gehirns nach dem Gall-Combe'schen System übersichtlich dargestellt. 16. (2 B. u. 1 Abbild.) Berlin 843, Morin.

Minding, Jul., Papst Sixtus der Fünfte. Tragödie in 5 Aufzügen. Für die deutsche Bühne bearb. von Clem. Rainer u. Aug. Becker. Mit einem Vorwort u. einer einleit. Abhandlung „Ueber die tragische Schuld u. die poetische Gerechtigkeit." Oldenburg 870. Schulze. 8. (LIII, 160 S.) n. 28 ngr.

Minding, Jul., Papst Sixtus V. Tragödie in 5 Aufzügen. Für die deutsche Bühne bearb. v. Clemens Rainer u. Aug. Becker. Mit e. Vorwort u. e. einleit. Abhandlg.: „üb. die trag. Schuld u. die poet. Gerechtigkeit." 2. Aufl. 8. (LIII, 160 S.) Oldenburg 872. Schulze. n. 2. 80

—— Taschen-Encyclopädie, s. Behr, A.

— s. Tegnér, E., Frithiofssage.

—— Verfassungs-Entwurf für eine Monarchie auf den breitesten Grundlagen. gr. 8. (15 S.) Berlin 848, Stuhr'sche Sortimentsb.

Minding, Jul., über d. geograph. Vertheilung d. Säugethiere. 4. (13 B.) Berlin 829, Enslin'sche Buchh.

—— Völker-Frühling. (Gedicht.) 1 Bl. in gr. 8. Berlin 848, Stuhr'sche Sortimentsb.

Mindler, F., Gesch. u. Statistik der bayerischen Herrschaft Wertingen. gr. 8. Landshut, Weber. 803.

Mindner, Ferdinand [pr. Arzt]: Aus d. Kgl. Univ.-Frauenklinik zu Breslau. Die individualisierende Methode der Procto-Perineoplastik '(Küstner)' dargest. im Anschl. an 21 danach operierte Fälle v. Damm-Rectum-Spalten ... Breslau, Druck d. Bresl. Gen.-Buchdr., 1897; 34 S. 8.
Breslau, Med. Fak., Inaug.-Diss. v. 28. Juli 1897

Mindner, Ferd., d. individualisier. Methode d. Procto-Perineoplastik (Küstner), dargest. im Anschluss an 21 danach operirte Fälle v. Damm-Rectum-Spalten. Diss. gr. 8. (32 S.) Breslau 897. (Schletter.) n. 1. —

Mindt, Karl: Aus d. chir. Univ.-Klinik zu Königsberg i. P. Über die Luxationen des Talocruralgelenks. Königsberg i. P. 1909: Kümmel. 17 S. 8°
Königsberg, Med. Diss. v. 6. Nov. 1909, Ref. Lexer
[Geb. 29. Mai 81 Bartenstein; Wohnort: Königsberg i. P.; Staatsangeh.: Preußen; Vorbildung: Gymn. Bartenstein Reife O. 03; Studium: Berlin 1, Marburg 4, Königsberg 6 S.; Coll. 14. Dez. 08; Approb. 31. Aug. 09.]
[U 10. 2579

Mindter, J., Gesch. u. Statistik d. Baierschen Herrschaft Wertingen. gr. 8. Landsh. 803. Weber in Münch. 8 gr.

Mine, une, d'or en Australie par W. F.... Traduction de A. G. gr. 16. (64 S.) Metz 894. P. Even. — 25

Mine, Hideyo, prakt. Arzt aus Tokio, Japan: Psammom der Dura mater spinalis. Ein Beitrag zur Lehre von d. Rückenmarks-Geschwülsten. *Erlangen 1901: E. Th. Jacob.* (24 S.) 8°
Erlangen, Med. Diss. v. 28. Sept. 1900

Minen, Von den, und den Miniren überhaupt. (Manuscript.) (1780!)

Minen-Curs, s. Minen-Kurs.

Minen-Handbuch: über Sechs Jahres-Course, Dividenden, &c. an d. Londoner-Börse gehandelter-Actien. Hrsg. von Alfred Neumann. Bankgeschäft. [Jg. 1.] *Berlin: A. Neumann (1902).* 8°

Minen-Curs f. d. Uffze u. Sold. der Mineur-Comp. Abschn. 1. (Mehr nicht vorhanden.) Ingolstadt 1830. 4°

Minen-Kurs für die Uuffz. und Soldaten der k. b. Mineur-Kompagnie. 1. Abschn. (Ging. Tit.) Mit Fig. (Lith.) München 1830. 171 S. 4°

Mineralbad Elster, das, siehe: Elster.

Mineralbad zu Gleißen (2r Jahresbericht, v. Fr. A. Zeuschner, d. 1e Jahrsbericht steht im April-Stücke v. Hufelands Journ.) gr. 8. Berl. 823. Haan.

Mineralbad zu Gleissen. Berlin 1823. V: *Zeuschner, Frdr. August.* (EngM)

Mineralbad. Das M' in Nuolen am Zürcher-See im Kanton Schwyz. [Mit 1 Tafel.] 8. Einsiedeln 1857.

Mineralbrunnen, Der, zu Fachingen, seine Bestandtheile und Heilkräfte. Wiesbaden (ohne Druckjahr). 8.

Mineralbrunnen, der, zu Fachingen, seine Bestandtheile u. Heilkräfte. gr. 8. (1¼ B. u. 2 Stnt.) Wiesbaden 841. [Gießen, Ferber.] *

Mineralbrunnen, der, zu Fachingen, seine Bestandtheile u. Heilkräfte. (Mit 2 Lithogr.) gr. 8. Wiesbaden 841, Haßloch'sche Buchh. n. ⅙ Rthlr.

Mineralbrunnen, Der Lauchstädter, und seine Bedeutung. Lauchstädt 1906. V: *Hoffmann, Johann.* (Berl 1913, S. 732)

Mineralgehalt, Wahrer, und davon abstammende Würkkräfte der Kissinger ... Badebrunnen ... Nürnb. 1747. V: *Oberkamp, Franz Joseph von.* (ML)

Mineralien und deren Benuzung im Grossherzogthum Baden. Karlsruhe 1819.

Mineralien u. deren Benutzung, im Großherzogth. Baden. 8. Karlsr. 820. Müller. 8 gr.

Mineralien, Gesteine, Mineralwässer, nutzbare, Bayerns auf der bayer. Jubiläums-, Landes-, Industrie-, Gewerbe- u. Kunst-Ausstellung zu Nürnberg 1906, ausgestellt vom mineralog. Laboratorium u. der geolog. Sammlg. der k. techn. Hochschule zu München. (82 S.) 8. München (906). (Nürnberg, Vertriebsstelle der offiziellen Drucksachen der bayer. Jubiläums-Landes-Ausstellg.) n. — 80

Die **Mineralien** des Harzgebirges, zusammengefasst nach ihrem Härtegrade von Ch. Zimmermann. Clausthal, 1848.

Mineraliencabinet, s. a. F. W. H. v. Trebra.

Mineraliencabinet, gesammelt und beschrieben ... Clausthal 1795. V: *Trebra, Frdr. Wilhelm von.* (Ky) (MGT) (BrMm)

Mineralienkabinet, gesammelt u. beschrieben v. d. Verfass. d. Erfahrr. vom Innern d. Gebirge. (F. W. H. v. Trebra.) Mit 1 Kpf. gr. 8. Clausth. 795. (Götting., Vandenhöck u. R.) 1 Rthlr. bei Graz u. G. in Freiberg. 8 gr.

(Mineralien-Sammlungen f. Schulen und Schuljugend arrangirt. Deutschbrod, J. Svácha. 1883

Mineralkohlen, die, Oesterreichs. Eine Uebersicht des Vorkommens, der Erzeugungsmengen u. der Absatzverhältnisse. Zusammengestellt im k. k. Ackerbau-Ministerium. Wien 867. Gerold's Sohn. gr. 8. (VIII, 252 S.) 1 ₰ 18 nkr.

Mineralkohlen, die, Oesterreichs. Eine Ubersicht des Vorkommens, der Erzeugungsmengen und der Absatzverhältnisse. Zusammengestellt im k. k. Ackerbau-Ministerium. gr. 8. (VIII, 252 S.) Wien 870, Gerold's Sohn.

Mineralkohlen, die, Oesterreichs. Eine Uebersicht der geolog., Betriebs- und Absatzverhältnisse. Aus Anlass der Pariser Weltausstellung zusammengestellt im k. k. Ackerbau-Ministerium. 2. gänzlich umgearb. Aufl. gr. 8. (XI, 399 S.) Wien 878, Gerold's Sohn. *

Mineralkohlen, die, Oesterreichs. Hrsg. vom Komitee des allgemeinen Bergmannstages, Wien 1903. (XX, 490 S. m. Abb., Taf. u. 12 Karten in Mappe.) gr. 8. Wien (903). (F. Deuticke.) Geb. in Leinw. n.n. 25.—

Mineralog, Der, oder compendiöse Bibliothek alles Wissenswürdigen aus dem Gebiete der Mineralogie. Gotha 1792—94. V: *Andre*, *Christian Carl.* (MGT)

Mineralog, Der, oder compendiöse Bibliothek alles Wissenswürdigen aus dem Gebiete der Mineralogie. Heft 1. Gotha 1792. Heft 2. Gotha und Halle 1794. Heft 3—5. Eisenach und Halle 1796. 8. (In 1 Band).

Mineraloge, der, s. compend. Bibliothek.

Mineraloge, der kleine. 40 Vorlagen zur Selbstanfertigg. v. Kristallmodellen. (40 Taf. m. IV S. Text.) gr. 4. Berlin (906). D. Dreyer & Co. In Mappe 3.—

Ⓑ **Mineraloge**, der kleine. 906. (KBL 34.) Jetzt: Berlin, B. Blaurock.

Mineralogen, Die, gegen das Ende des achtzehnten Jahrh. Frankf. u. Leipzig 1792. V: *Fichtel*, *Johann Ehrenreich von.* (BrMm)

Mineralogen, die, geg. d. Ende des 18ten Jahrh. 8. Wien, Kurzböck. (Comesina.) 792.

Mineralogen, die, gegen d. Ende d. 18n Jahrh. 8. Wien 792. Kurzböck. (Heubner). 8 gr.

Mineralogie, s. a. Miniatur-Bibliothek.

Mineralogie, die, nach ihren neuesten Ansichten dargestellt. Mit Kpf. 8. Wien 814. Rehm. 1 ₰ 16 gr. Schrbp. 2 ₰

Mineralogie, die, nach ihren neuesten Ansichten dargestellt. Wien. 1814. 8. (Aus der kleinen encyklopädischen Bibliothek.)

Mineralogie, Historische, oder Beschreibung der Mineralien, und Anzeigung der Örter wo sie gefunden werden. Bresslau u. Leipzig 1775. V: *Volkelt*, *Johann Gottlieb.* (BrMm)

— histor., od. Beschr. d. Mineral. u. Anz. der Oerter, wo sie gefunden werden. 8. Bresl. Gutsch. 774.

— homérique, ou essai s. les minéraux, dont il est fait mention dans les poëmes d'Homère, p. A. Millin. gr. 8. Strasbourg, König. 790.

Salzburgische Mineralogie. Grundlinien einer Salzburgischen Mineralogie, oder: Kurzgefasste Anzeige der bekanntesten Fossilien des Salzburgischen Gebirges. Salzburg. 1786. 8.

Mineralogie, über, u. das mineral. Studium. 8. Altona, Hammerich. 797.

Mineralquelle, Die, und die Badeanstalt bei Hohenstein. O. O. 1834. V: *Hagen*, *Joh. Nic.* (Kat. d. stat. Bureaus. Dresden 1890.) V: *Streit*, *Ernst Friedrich Wilh.* (call)

Mineralquelle, die, u. d. Badeanstalt bei Hohenstein, histor.-topograph., physikal.-chem. u. medicin.-praktisch beleuchtet. 12. (3½ B. u. 1 Ansicht, gr. 4.) Leipzig 834, (Herbig.)

Mineralquelle, Die, zu Geilnau in der Herrschaft Schaumburg. Gießen 1842. V: *Kaht*, *E.* V (Analyse): *Liebig.* (Linde, Nassauer Brunnenlitt. Wiesbaden 1883.)

Mineralquelle jodhältige bromhältige

Die (jod- und bromhältige) Mineralquelle zu Nezdenitz im Hradischer Kreise Mährens, nach der neuesten chemischen Untersuchung, nebst den geschichtlichen und topographischen Beziehungen, dann deren Werth in medicinischer Hinsicht dargestellt. 32 S., gbd.

Olmütz: Hölzel 1846

JB 2.832

Mineralquelle zu Niederselters, ihre Bestandtheile und Heilkräfte. Wiesbaden (ohne Druckjahr). 8.

Mineralquelle, die, zu Niederselters, ihre Bestandtheile u. Heilkräfte. (Mit 1 Ansicht.) gr. 8. (Mit 1 Steintaf.) Wiesbaden 841. (Haßloch'sche Buchh.) n. ⅙ ₰

Mineralquelle, die, zu Niederselters, ihre Bestandtheile u. Heilkräfte. gr. 8. (2¾ B. u. 2 Stnt.) Wiesbaden 841, (Kreidel.) *

Mineralquelle, die, zu Niederselters, ihre Bestandtheile und Heilkräfte. gr. 8. (44 S.) Wiesbaden 856, Roth. *

Die Rolsdorfer Mineralquelle. 1876—1901. Zur Erinnerung an das 25jähr. Geschäfts-Jubiläum des Herrn Wilhelm Custor. — (Düsseldorf 1901: W. Otto.) 18 Bl. quer-8° 38 A.

Mineralquelle. Die M' in Seewen, Kanton Schwyz, oder die Mineralbäder z. Rössli.... [Mit 1 Tafel.] 8. Schwyz 1867.

Mineralquelle. Die M' in Seewen.... [Mit 1 Tafel.] 8. Schwyz 1873.

Mineralquellen. Die M' von Passugg bei Chur. 8. Chur 1865.

(Mineralquellen. Die M' der Schweiz.) Njbl. s. [Escher, Gottfried von].

Mineralquellen und klimatische Kurorte, schweiz. Herausgegeben von der Redaktion der „Deutschen Bade-Zeitung Union" (Hr. R. Nantwig). Verlag von R. Nantwig in Frankfurt a. M. Br., kl.-8°. 92 S. 1882 1 69

Mineralreich. Das, Oryktognosie und Geognosie. 7. Aufl. Breslau 1860. 8.

Mineralreichthum, über den, u. die fruchtbare Bodenbeschaffenheit im inneren Westen d. nordamerikanischen Union. Nebst einem Vorschlage zu einer, m. einem berg- u. hüttenmännischen Unternehmen verbundenen gemeinschaftlichen Ansiedlung daselbst. Von mehreren Berg- u. Hütten-Ingenieuren. (Hrsg. v. J. P Dippel.) gr 8. (79 S.) Cassel 851. Fischer. 12 ngr

Mineral-Vorkommen, die, in den Hohen Tauern. 4 Blatt. [Aus: „Neue deutsche Alpenzeitg."] Imp.-Fol. Wien 876. Lang in Comm. n — 30

Mineralwasser, das, zu Geilnau, seine Bestandtheile u. Heilkräfte. Wiesbaden 853. Roth. 16. (32 S.) 3 ngr

Mineralwässer, Rätische, ausgestellt... an der Wiener Weltausstellung 1873. Chur [1873]. V: *Killias, Eduard.* (Cat. der Stadtbibl. Zürich. Zürich 1864—97.)

Mineralwasser-Anstalten, die Struve'schen. Mit Portrait von F. A. Adph. Struve (in Holzschn.), den Ansichten der Trinkanstalten in Berlin, Dresden, Brighton, Cöln und Petersburg (6 Holzschn.), u. 1 Ansicht des Laboratoriums in Dresden (Holzschn. in 4.). 1. u. 2. Aufl. Leipzig 853. Weber in Comm. gr. 8. (31 S.) n. 10 ngr

Mineralwasser-Anstalten, die Struve'schen. 3., veränd. Aufl. Leipzig 865. F. C. W. Vogel. gr. 8. (30 S.) n.n. 2½ ngr

Mineralwasser-Fabrikant, der. Fachzeitschrift f. die Mineralwasser- u. Limonaden-Industrie. Organ des allgemeinen Verbandes deutscher Mineralwasser-Fabrikanten. Red.: W. Lohmann. 3.—6. Jahrg. 1899—1902. à 24 Nrn. hoch 4. (à ca. 24 S.) Lübeck, Ch. Coleman. à Jahrg. n. 4. —

Mineralwasser-Fabrikant, der. Fachzeitschrift f. die Mineralwasser- u. Limonaden-Industrie. Organ des allgemeinen Verbandes deutscher Mineralwasser-Fabrikanten. Red.: W. Lohmann. 7. Jahrg. 1903. 24 Nrn. (670 S.) hoch 4. Lübeck, Ch. Coleman. n. 4. —

— dasselbe. Vereinsblatt des allgemeinen Verbandes deutscher Mineralwasser-Fabrikanten. (E. V.) Red.: W. Lohmann. 8.—10. Jahrg. 1904—1906. à 52 Nrn. (974, 1130 u. 1160 S.) hoch 4. Ebd. à Jhrg. n. 6. —

Mineralwasser-Fabrikant, der. Fachzeitschrift f. die Industrie künstl. Mineralwässer, alkoholfreier Getränke u. Brauselimonaden. Vereinsblatt des allgem. Verbandes deutscher Mineralwasser-Fabrikanten. (E. V.) Red.: W. Lohmann. 11.—14. Jahrg. 1907—1910. à 52 Nrn. (VII, 1172; VIII, 1342; VIII, 1210 u. VII, 1186 S.) 31,5×24 cm. Lübeck, Ch. Coleman. à Jahrg. 7. —

Die Mineralwasser-Quellen von Bilin in Böhmen und die an denselben in den Jahren 1888—1890 durchgeführten Sanirungs-Arbeiten. Bericht erstattet von der von dem Quellenbesitzer Sr. Durchlaucht Fürsten Moriz von Lobkowitz eingesetzten wissenschaftlichen Commission: Dr. Wilhelm Gintl, Dr. Gustav Laube, Dipl. Ingenieur Friedrich Steiner. Mit 1 geologischen Karte und 6 Tafeln. Bilin. 1898. Verlag der Brunnendirection. [In Comm. Calve. Prag.] Gr.-8°. 141 S. fl. 2.—

Minerophili, Mineral- u. Bergwerks-Lexicon. 8. Chemnitz 784. (W. Nauck in Leipz.) 16 gr

Minerophili Mineral- u. Bergwerkslexikon. 8. Chemn. (Sommer, Leipz.) 784.

Minerophilus Freibergensis, Neues und Curieuses Bergwercks-Lexicon, Worinnen nicht nur Alle und iede beym Bergwerck, Schmeltz-Hütten, Brenn-Hause, Saiger-Hütten, Blau-Farben-Mühlen, Hammerwercken etc. vorkommende Benennungen, sondern auch derer Materien, Gefäße usw. Beschreibung enthalten, Alles nach dem gebräuchlichen Bergmännischen Stylo usw. zusammen getragen. Chemnitz, 1730. 742 S. mit 1 Taf.

Minerophilus Freibergensus: „Neues und curleuses Bergwercks-Lexicon, worinnen nicht nur alle und jede beym Bergwerck, Schmeltz-Hütten, Brenn-Hause, Saiger-Hütten ...... vorkommende Benennungen, sondern auch derer Materien, Gefäße, Instrumenten und Arbeits-Arten Beschreibung enthalten. Alles nach dem gebräuchlichen bergmännischen Style, so wohl aus eigener Erfahrung, als auch aus bewehrtesten Scribenten mit besondern Fleiß zusammen getragen und in alphabetische Ordnung zu sehr beqvehmen Nachschlagen gebracht", Chemnitz 1730. — Vorh.: Preuß. Oberbergamt Dortmund — E. c. 4 — 2. Auflage ebenda 1743, vorh.: Westfäl. Landesbibliothek Dortmund — Wt 70.

Minerolophilus Freybergensis. Neues Mineral- und Bergwerks-Lexikon. 1. Ed. Chemnitz. 1743. 3. Ed. Chemnitz. 1784. 8.

MINERVA oder Zufällige Gedanken, Betrachtungen und Anmerkungen. [Herausgegeben und großtenteils verfaßt von Fr. Chr. Neubur.] 50 Stucke und Register in 1 Bde. Gottingen, J. Fr. Hager, 1741. 8° 456 S. HPgt. d. Z.

Diesch 564. Kirchner, Grundlagen des dt. Zeitschriftenwesens Nr. 643. Alles was von dieser seltenen Zeitschrift [illegible] erschienen ist

Minerva, erstes und zweites Opfer. Halle 1778—79. V: *Brumbey, Carl Wilhelm.* (Ky) (MGT)

Minerva, erstes u. zweites Opfer, (v. K. W. Brumbey). 8. Halle 778, 79. Hendel. 16 gr

— zwey Opfer. 8. Halle, Hendel. 778-79.

Minerva, ein Journal, hist. polit. Inh., herausg. von Archenholz, s. Archenholz.

Minerva, ein Journal historischen und politischen Inhalts. Berlin u. Hamb. 1792—1821. H: *Archenholz, Joh. Wilh. von & Frdr. Alex. Bran.* (Ebert)

— ein Journal, histor.-polit. Inhalts; hrsgg. von J. W. v. Archenholz. 1r—20r Jahrg. 792—811. 8. Berl. u. Hamb., Hoffmann. à Jahrg. 8 rf — Fortges. v. F. A. Bran. 21r—42r Jahrg. 812—32. 8. Jena, Bran. à Jahrg. 8 rf

Minerva, ein Journal histor. u. politischen Inhalts. Jahrgang 1811—16. Leipz. Expedit. d. Minerva. (jeder Jahrg. 8 Rthlr.) 4

Minerva, ein Journal, historischen und politischen Inhalts. Jahrgang 1817 — 821. 8. Jena, Bran. à Jahrg. 8 Rthlr. 4

Minerva. Ein Journal histor. u. polit. Inhalts. Von D. Fr. A. Bran. Jahrgg. 1822 — 827. 8. Jena, Bran. à 8 Rthl.

Minerva. Ein Journal histor. u. polit. Inhalts. Jahrg. 1828 — 35. à 12 Hfte. 8. Jena, Bran. à J.
Jahrg. 1828—31, hrsg. v. Fr. Al. Bran, J. 1832—35, hrsg. v. Friedr. Bran.
Jahrg. 1809—27. Ebendas. à 8 Thlr.

Minerva. Ein Journal histor. u. polit. Inhalts. Von Friedr. Bran. Jahrg. 1836—42. à 12 Hfte. 8. Jena, Bran. à J. *

Minerva. Ein Journal histor. u. polit. Inhalts. Von Friedr. Bran. 1843—47. à 12 Hfte. 8. Jena, Bran'sche Buchh. à J. *

Minerva. Ein Journal für Geschichte, Politik und Gegenwart. Von Friedr. Bran. Jahrg. 1848 — 52. à Jahrg. 12 und 24 Hefte. 8. Jena, Bran'sche Buchh. à Jahrg. *

Minerva. Ein Journal für Geschichte, Politik und Literatur. Von Friedr. Bran. 62—65. Jahrg. 1853—56. 245—260. Bd. à 3 Hefte (à ca. 8 Bgn.). Jena, Bran. gr. 8. Jeder Jahrg. n. 8 ℛ.

Minerva. Ein Journal für Geschichte, Politik und Literatur. Von Friedr. Bran. 66. Jahrg. 1857. 12 Hefte. gr. 8. (1. und 2. Heft. 252 S.) Jena, Bran'sche Buchh. *

—— (Neue Folge.) Ein Journal in zwanglosen Heften für Geschichte, Politik u. s. w. zugleich als weimarisch-jenaisches Jahrbuch für deutsche Literatur, schöne Kunst und Culturgeschichte, redig. von Friedr. Bran. Octbr. 1857 bis Sptbr. 1858. 2 Bde. (à ca. 4 Hefte.) gr. 8. (1. Bd. 1. Heft. 178 S.) Jena, Bran'sche Buchh. à Bd.
Ist nicht fortgesetzt worden.

— — (Neue Folge.) Ein Journal für Geschichte, Politik u. s. w. zugleich als Weimarisch-Jenaisches Jahrbuch für deutsche Literatur, schöne Kunst und Culturgeschichte, redig. von Friedr. Bran. 1. u. 2. Bd. à 3 Hefte (à 10—12 Bgn.). Ebend. 8. Jeder Bd. 2 ℛ. 21 ngr.

Die Minerva: Aug. 1809 – Mar. 1810. Hanover, PA
Edited & published by Carl F. Melsheimer.

Minerva. Taschenbuch f. d. Jahr . . . . . .
1809. 1 Bl., 32, 208 S. M. 8 Kpf.
1810. 40, 280 S. M. 10 Kpf.
1811. 3 Bl., 64, 379 S. M. 9 Kpf.
1812. 3 Bl., 56, 371 S. M. 9 Kpf.
1813. 2 Bl., 72, 476 S. M. 9 Kpf.
1814. 3 Bl., 60, 448 S. M. 9 Kpf.
1815. 3 Bl., 76, 456 S. M. 10 Kpf.
1816. 3 Bl., 74, 488 S. M. 10 Kpf.
1817. 3 Bl., 56, 500 S. M. 10 Kpf.
1818. 3 Bl., 54, 492 S. 2 Bl. M. 8 Kpf.
1819. 3 Bl., 68, 492 S. 2 Bl. M. 10 Kpf.
1820. 3 Bl., 90 S. 1 Bl. 512 S. M. 8 Kpf.
1821. 3 Bl., 54, 513 S. M. 9 Kpf.
1822. 3 Bl., 32, 523 S. M. 9 Kpf.
1823. 1 Bl., 25 S., 2 Bl. 504 S. M. 9
1824. 3 Bl., 29, 448 S. M. 9 Kpf.
1825. 1 Bl., 30, 547 S. M. 9 Kpf.
1826. 31, 496 S. 2 Bl. M. 9 Kpf.
1827. 2 Bl., 30, 384 S. M. 9 Kpf.
1828. 1 Bl., 28, 462 S. M. 9 Kpf.
1829. 1 Bl., 14, 446 S. 2 Bl. M. 8 Kpf.
1830. nicht erschienen.
1831. 1 Bl., 15, 448 S. M. 9 Kpf.
1832. nicht erschienen.
1833. 16, 400 S.
Leipzig.

Minerva. Taschenbuch für das Jahr ... ([Mit Kupf. u. Stahlst. zu Schillers u. Goethes dramat. Werken v. Johann] H[einrich] Ramberg, [gest. v.] A[madeus] W[enzel] Böhm, [Karl August] Schwerdgeburth, [Wilhelm] Jury [u. a.].)
Leipzig: Fleischer 1812—1831. 12° (später 16°)
[Teilw. Kupfert.]
[2/] 1810: 40, 280 S., 1 Titelkupf., 9 Kupfertaf.
[3/] 1811: 2 Bl., 64, 379 S., 1 Titelkupf., 8 Kupfertaf.
(4/) 1812: 2 Bl., 56, 371 S., 4 Bl., 1 Titelkupf., 8 Kupfertaf.
8/ 1816: 3 Bl., LXXIV, 488 S., 1 Titelkupf., 9 Kupfertaf.
14/ 1822: 3 Bl., XXXII, 523 S., 1 Titelkupf., 8 Kupfertaf.
15/ 1823: 3 Bl., XXI, 504 S., 1 Titelkupf., 9 Kupfertaf.
21/ 1829: XIV, 446 S., 2 Bl., 1 Titelkupf., 7 Kupfertaf. [*1 Kupf. davon fehlt.*]
1830 *nicht erschienen.*
22 = NF 1/1831: XV, 448 S., 1 Titelbild, 8 Taf.

— Taschenbuch f. Damen, für 1809 u. 10, m. K. 12. Leipz. G. Fleischer. (1809 1 Rthlr. 12 gr. 1810 2 Rthlr.) in Maroquin (à 3 Rthlr.)

— Taschenbuch. Jahrg. 1811—16, mit K. 12. Leipzig, Gerh. Fleischer. (à 2 Rthlr.) 1

— — Taschenbuch. Jahrg. 1817 — 21. Mit Kupfern zu Schillers und Göthe's dramatischen Werken. 12. Leipzig, Gerh. Fleischer. Jeder Jahrg. 2 Rthlr. 1

Minerva. Taschenbuch für das Jahr 1821. Leipz. 1820. H: *Blumenhagen, Philipp Wilhelm Georg August.* (MGT)

— Taschenbuch f. d. J. 1822 — 28. Mit Kupf. 16. Leipz., G. Fleischer. à 2 Rthl.

—— Taschenbuch f. d. J. 1829. 21. Jahrg., u. 1831, 33. 22. u. 23. Jahrg. od. neue Folge 1. u. 2. Jahrg. 16. Leipzig, Fr. Fleischer. [829. (29 B. u. 8 Kpfr.), 31. (29 B. u. 9 Kpfr.), 33. (26 B. u. 8 Kpfr.) à 2 Thlr.]
1—20. Jahrg. 1809—28. [Ebendas.] à 2 Thlr. — 23 Jahrge. vollständ. (712 B. u. 209 Kpfr.), hrbgs. Pr. zusamm. genomm. 10 Thlr., einzeln à 12 Gr.

Minerva. Taschenbuch für Freimaurer. 1827 u. 1828. Hrsg. vom Br. [A.] K[ül]. Ms. f. Brr. Berlin 1827: Schade. 11 Bl. VIII, 214 S. 1 Bildn. 1 Musikbeil. 8°

[Dasselbe] 1828. Berlin. Frankfurt a. M.: Wesché [1828]. LXII, 214 S. 2 Bildn. 1 Musikbeil. 8°
Kl. 61, Tt. 206. Vertritt d. Zinnendorfsche Richtung.

—— 366 Sprüche d. Weisheit üb. Welt u. Menschen, Natur u. Philosophie, Kunst u. Wissenschaft, Freundschaft u. Liebe, Schönheit u. Tugend. kl. 16. (5 B.) Wien 832, Haas.

Minerva oder die Fahrt von London nach Wien. Ein statistisch-historisches Gedicht. Marktbreit 1841. V: *Schleussner, Wilhelm.* (BMarsch 1010)

Minerva: Mar. 11, 1843 – July 13, 1844
Anti-Nativist tri-weekly. Sub-title: Ein Blatt für Literatur, Kunst, Wissenschaft und Weltereignisse. Edited by Karl Joseph Koch, & published by Friedrich Wilhelm Thomas.
Philadelphia, PA

Minerva. Wochenschrift f Lit, Kunst, Wissenschaft u Weltereignisse. Ed: F. W. Thomas. V1-2. Phila, 1843-44.

Minerva : 1849--?

Democratic weekly. Sub-title: Freimüthiges Wochenblatt zur Aufklärung der Vernunft und Veredlung des Herzens. Succeeds MARYLAND DEMOKRAT. Edited & published by Karl Joseph Koch. Baltimore, MD

Minerva. Belletristische Monatsschrift zur Unterhaltung und Belehrung für Gebildete. Herausgeber: A. Schmidt. 1. Jahrg. April—Decbr. 1853. 39 Nrn. (à 1 Bgn.). Cassel, Bollmann. 4. n. 2 *ℛ*. 15 *ngr.*

— — 2. Jahrg. 1854. 52 Nrn. (à 1 Bgn.). Ebend. 4. n. 2 *ℛ*. 20 *ngr.*

Minerva : Aug. 29, 1860 -?

Democratic weekly. Sub-title: Ein Wochenblatt für Politik, Wissenschaft, Kunst, soziales Leben und Handel. Edited & published by Dr. C. J. Koch.
La Porte, IN

Minerva. Jahrbuch der Universitäten der Welt. Hrsg. v. R. Kukula u. K. Trübner. 1. Jahrg. 1891—92 1. u. 2. Abdr. 12. (VII, 359 S.) Strassb. i. E. 891,92, Trübner Verlag. 3 —; in Pergament geb. 4 —
Fortsetzung u. d. T.:

— Jahrbuch d. gelehrten Welt. Hrsg. v. R. Kukula u. K. Trübner. 2. Jahrg. 1892—1893. 12. (VII, 827 S. m. rad. Bildnis Th. Mommsens.) Ebd. 893. geb. in Hlbperg. 7 —

Minerva. Jahrbuch der gelehrten Welt. Hrsg. v. R. Kukula u. K. Trübner. 4. Jahrg. 1894—1895. 12. (XVI, 930 S. m. 1 Bildnis.) Strassburg 895. K. J. Trübner, Verl. n. 7. —; geb. in Halbperg. n. 8. —

Minerva. Jahrbuch der gelehrten Welt. Hrsg. v. K. Trübner u. F. Mentz. 8. Jahrg. 1898—1899. 12. (XXIV, 1139 S. m. 1 Bildn.) Strassburg 899. K. J. Trübner. n. 9. —; geb. in Halbperg. n. 10. —

Minerva. Jahrbuch der gelehrten Welt. Hrsg. von K. Trübner u. F. Mentz. 9. u. 10. Jahrg. 1899—1900 u. 1900—1901. 12. (XXXII, 1161 S. m. 1 Bildnis u. XXVIII, 1235 S. m. 1 Bildnis.) Strassburg 900. 901. K. J. Trübner. à n. 9. —; geb. in Halbperg. à n. 10. —

Minerva. Jahrbuch der gelehrten Welt. Hrg. von Dr. K(arl) Trübner. Jahrg. 11. 1901-1902. Mit dem Bildnis von Oscar Montelius.... ([Mit Anhang:] Anzeigen.) XXVIII + 1258 (+ 44 + *Anzeigen zus.* 88) S. 8. Strassburg, Karl J. Trübner, 1902. [geb. M. 12. —]

Minerva. Jahrbuch der gelehrten Welt. Hrg. von Dr. K(arl) Trübner. Jahrg. 12. 1902-1903. Mit dem Bildnis von Léopold Delisle ... ([Tafel. — Mit Anhang:] Anzeigen). XL + 1347 + *Anzeigen* XIX + 83 S. 8. Strassburg, Karl J. Trübner, 1903. [br. M. 13. —, geb. M. 14. —]

Minerva. Jahrbuch der gelehrten Welt. Hrg. von Dr. K(arl) Trübner. Jahrg. 13. 1903–1904. Mit dem Bildnis von John E[yton] B[ickersteth] Mayor... ([Tafel. — Mit Anhang:] Anzeigen). XL + 1404 + *Anzeigen* XXIII + 67 S. 8. Strassburg, Karl J. Trübner, 1904. [M. 14. —, geb. M. 15. —]

Minerva. Jahrbuch der gelehrten Welt. Hrg. von Dr. K(arl) Trübner. Jahrg. 14. 1904—1905. Mit dem Bildnis von Professor Pietro Blaserna... ([Tafel, und Anhang:] Anzeigen). II + XLII + 1454 + *Anzeigen* XIX + 73 S. 8. Strassburg, Karl J. Trübner, 1905. [M. 14. —, geb. 15. —]

Minerva. Jahrbuch der gelehrten Welt. Hrg. von Dr. K(arl) Trübner. Jahrg. 15. 1905—1906. Mit dem Bildnis von Dr. Sophus Müller ... ([Tafel, und Anhang:] Anzeigen.) XLIV + 1493 + *Anzeigen* XXIII + 75 S. 8. Strassburg, Karl J. Trübner, 1906. ([M. 15. —], geb. 16. —)

Minerva. Jahrbuch der gelehrten Welt. Hrg. von Dr. K(arl) Trübner. Jahrg. 16. 1906—1907. Mit dem Bildnis von Nicholas Murray Butler ... ([Tafel, und Anhang:] Anzeigen). XLVIII + 1544 + *Anzeigen* XXXI + 75 + 16 S. 8. Strassburg, Karl J. Trübner, 1907. [M. 15.—, geb. 16. —]

Minerva. Jahrbuch der gelehrten Welt. Begründet von Dr. K(arl) Trübner. Jahrg. 17. 1907—1908. Mit dem Bildnis von †K(arl) Trübner ([Tafel, und Anhang:] Anzeigen). II + L + 1608 + *Anzeigen* XXXI [+ 8] + 71 S. 8. Strassburg, Karl J. Trübner, 1908. [M. 15. —, geb. 16. —]

Minerva. Jahrbuch der gelehrten Welt. Begründet von Dr. K(arl) Trübner. Jahrg. 18. 1908—1909. Mit dem Bildnis von Dr. Theodor Kocher, Professor... in Bern ([Tafel, und Anhang:] Anzeigen). II + LIV + 1360 + *Anzeigen* XXXIX [+ 8] + 69 S. 8. Strassburg, Karl J. Trübner, 1909. [M. 14. —, geb. 15. —]

Minerva. Jahrbuch der gelehrten Welt. Begründet von Dr. K(arl) Trübner. Jahrg. 19. 1909—1910. Mit dem Bildnis von Professor Dr. Theodor Nöldeke in Strassburg [Tafel]. II + LVIII + 1512 S. + *Anzeigen.* 8. Strassburg, Karl J. Trübner, 1910. [M. 16. —, geb. 17. —]

Minerva. Jahrbuch der gelehrten Welt. Begründet von Dr. K(arl) Trübner. Jahrg. 20. 1910—1911. Mit dem Bildnis von Lord Lister in London [Tafel]. II + LXVI + 1612 S. + *Anzeigen.* 8. Strassburg, Karl J. Trübner, 1911. [geb. M. 18. —]

— Illustrierte militär-wissenschaftl. Zeitschrift. Mit dem Beiblatt: Militär-Blatt (in gr. 4). Hrsg. u. Red.: Frz. Kreisel. 1. Jahrg. 1893. 24 Nrn. gr. 8. (à Nr. ca. 64 S. m. Farbendr. u. Karte.) Wien, (L. W. Seidel & Sohn). n. 16. —

— dasselbe. 2. Jahrg. 1894. 24 Nrn. gr. 8. (à Nr. ca. 64 S. m. Farbendr. u. Karte.) Ebd. n. 20. —

— Illustr. militär-wissenschaftl. Zeitschrift. Mit d. Beiblatt: Militär-Blatt. Hrsg. u. Red.: Frz. Kreisel. 3. Jahrg. 1895. 24 Nrn. (à ca. 80 u. 12 S. m. Farbdr. u. Karten.) gr. 8. Wien (L. W. Seidel & Sohn). n. 20. —

— dasselbe. 4. u. 5. Jahrg. 1896—1897. à 12 Nrn. (à ca. 80 S. m. Farbdr. u. Karten.) gr. 8. M. d. Beiblatt: Österreichisch-ungarisches Militär-Blatt. 52 Nrn. (à ca. 12 S.) gr. 4. Ebd. à Jahrg. n.n. 24. —
Weiter nicht erschienen.

Minerva (Zh—AR)
① Monatsblätter für ideale Weltanschauung und schöne Litteratur (Literatur, ab Nr. 4) ④ Minerva (SG) ⑤ Juni 1900—April/Mai 1901 ⑥ 4° (ab Nr. 4 verkleinert) ⑦ Monatsblatt ⑧ Horgen: Schläpfer & Co.; Teufen: G. Theurer (ab Nr. 4) ⑩ Joh. Bohl, Stifsarchivar, St. Gallen ⑭ Be: L.

Minerva. Wissenschaftliche Flugblätter für Reformation der Kultur. Hrg. von Johannes Bohl, Stiftsarchivar in St. Gallen. Nr. 1. 1901 [Oktober/Dezember]. 8 S. 8. (St. Gallen, Honegger.)
Ist nicht fortgesetzt worden.

— Monatsschrift f. Theosophie, occulte Wissenschaft, Religionsphilosophie, Kunst- u. Geisteskultur. Red. v. B. Wiedenmann. 1. Jahrg. April 1909—März 1910. 12 Nrn. (à ca. 36 S.) 8. Leipzig, (Theosoph. Verlagshaus). 5. —
Erscheint nicht mehr.

Minerva. Handbuch der gelehrten Welt. Bearb. v. G. Lüdtke u. J. Beugel. I. Bd. Die Universitäten u. Hochschulen usw., ihre Geschichte u. Organisation. Mit dem Bildnis v. Eduard Suess. (VIII, 623 S.) kl. 8. Strassburg 911. K. J. Trübner. 9. —; geb. in Halbperg. 10. —

Minerva, der Kunstgöttin, liebr. Entdeckung, a. d. der. Ital. Ripa. Ankeft. ins Deutsche übers. 8. Augsb. 704.

Minerva zu den drei Palmen, Loge.
Abendlied. [»Nun ist der Sonne letzter Strahl.«] Von A. L. [Leipzig] o. J. V: *Linge, Albert.* (wolfstieg I, 577)

Minerva zu den 3 Palmen, Loge. Am Feste Johannis des Evangelisten. Noch füllet unsere Herzen. Von A. L. Leipzig o. J. V: *Linge, Albert.* (wolfstieg I, 577)

Minerva zu den 3 Palmen, Loge. »Ein göttlich Kleinod hüten wir ...« Von A. L. Leipz. o. J. V: *Linge, Albert.* (wolfstieg I, 577)

Minerva zu den drei Palmen, Loge, Leipzig. Mein Haus soll auch ein Tempel sein. »Wo freie Maurer Tempel bauen ...« Von A. L. Leipzig o. J. V: *Linge, Albert.*

Minerva zu den 3 Palmen, Loge. 1. April 1891. Die vier Sterne des Maurers. »Euch, ihr Sterne, will ich grüssen ...« [Von] Albert L. [Leipzig 1891.] V: *Linge, Albert.* (wolfstieg II, 867)

Minerva zu den drei Palmen, Loge. 40jähriges Maurer-Jubiläum des Br. J. V. Carus. Leipzig, 5. Nov. 1901. Von A. L. (»Das ist ein hoher Freudentag ...«) Leipzig 1901. V: *Linge, Albert.* (wolfstieg I, 737)

Minerva zu den drei Palmen, Die Loge, ihrem Br. Pinck. 14. April 1901. »Zum Jubeltag wir fest die Kette schliessen ...« A. L. Leipzig 1901. V: *Linge, Albert.* (wolfstieg I, 894)

Minerva zu den drei Palmen, Loge. 29. Okt. 1905. (»Ein Lied wie Engelsreigen«) Von A. L. Leipzig 1905. V: *Linge, Albert.* (wolfstieg I, 581)

Minerva zu den drei Palmen. Leipzig den 9. April 1899. »Wir heben Herz und Hand empor«. Leipzig 1899. V: *Linge, Albert.* (wolfstieg I, 580)

—— medica. — Jahrbücher f. d. gesammte Heilkunde. Hrsg. v. J. H. B. Bauer. 1. u. 2. Hft. gr. 8. Berlin, Th. Enslin. [1. (17¼ B.) 829., 2. (16½ B. u. 1 ill. Stat.) 831. à 1 Thlr. 8 Gr.]

— militär., oder Samml. militär. Aufsätze, in philosoph., histor. u. scientifischer Hinsicht; hrsgg. v. Fr. v. Rouvroy. 1r Bd. 4 Hfte. Mit 3 Kpft. 4. Leipz. 805, Gr. Fleischer. 2 ß 16 g

Minerva: Schweizerische Minerva
① Von einer Gesellschaft vaterländischer Gelehrter herausgegeben (Banduntertitel) ⑤ Ende 1803—Anfang 1804 (2 Hefte als Halbbände) ⑥ 8° ⑦ zwanglos (4 Hefte sollten einen Band bilden) ⑧ Basel: Samuel Flick ⑨ Franz Xaver Bronner. Aarau ⑪ Franz Xaver Bronner. Aarau; Mitarbeiter: Paul Usteri ⑫ Die Zeitschrift soll keine «Partheyschrift» sein und nur der «Veredelung des Zeitgeistes» dienen; enthält wichtige politische Beiträge wie die «Verhandlungen der helvetischen Deputierten zu Paris» im Winter 1802—1803 ⑬ Klages (Zeitschriften) Nr. 42 ⑭ Zh: Z; Aa: K; Lu: Z.

— die Schweizerische. 1r Bd. 1s—4s Stück. 8. Basel 803. (Neukirch). 2 ß

— die zierlich webende, od. Kunst- u. Bildbuch d. Weber- u. Zeichnerarbeit in K. 8. Nürnb. 751.

Minerva-Bücherei. Hrsg. v. Karl Helmuth. 1.—3. Bd. 8. Leipzig, H. Tränker. à 1.20; geb. à 1.80
Hellmuth, Karl, die sexuelle Frage u. ihre Bedeutung f. das geistige u. körperliche Leben des Menschen. (3. Aufl. v. Tl. IV des Werkes: „Wie werde ich e. neuer Mensch" des Verf.) (48 S.) (910.) (Bd. 3.)
— Die Gymnastik des Willens. Eine prakt. Methode zur Erhöhg. der Energie u. Stärkg. des Selbstvertrauens (Umschlag: Selbstbewußtseins). (48 S.) (910.) (Bd. 2.)
— Die Kunst des Atmens. Eine Anleitg. zur Steigerg. der körperl. u. geist. Fähigkeiten. (3. Aufl. des III. Tls. aus dem Buche: „Wie werde ich e. neuer Mensch" des Verf.) (32 S.) (910.) (Bd. 1.)

Minervens Ankunft bey den Musen. Singsp. v. Hrn. v. Neisselrode. 8. Regensb. Montag. 780.

Mines de l'Orient. s. a. v. Hammer Fundgruben.

Mines de l'orient . . . Vienne 1810—19. H: *Hammer-Purgstall, Jos. Freih. von.* (AarK) (Ky)

Mines de l'orient exploitées par une Société d'Amateurs, IV en Vol. en 4 Cahiers. Fol. Vienne, Camesina. (en Comm.) 815.

Minet, Adolphe, die Gewinnung des Aluminiums u. dessen Bedeutung f. Handel u. Industrie s. a. Monographien f. angewandte Elektrochemie. II.

Die Gewinnung des Aluminiums und dessen Bedeutung für Handel und Industrie [L'Aluminium: fabrication, emplois] von Adolphe Minot. Ins Deutsche übertr. von Emil Abel. Mit 57 Fig. u. 15 Tab. *Halle a. S.: W. Knapp 1902.* (VII, 129 S.) 8°
= Monographien über angewandte Elektrochemie. Bd 2. [illegible] 3

MINETTE, eine Erscheinung. Oder die Schule nach dem Tode. Neustadt, Riedel. 1789. 8°. (2 Mk. 50 Pfg. C. G. Boerner, Lpz., 1907.)
Kayser hat „1790" (?).

Minette, eine Erscheinung nach dem Tode. 8. Aisch. Riedel. 790.

Minette; e. Erscheinung, od. d. Schule nach dem Tode. 8. Neustadt, Riedel. 790.

MINETTE und Flagellation. 1. Der Damenklub »Venusia«; 2. Eine Orgie im Hause Orsina. (Um 1900.) 8°.
Verb. d. Ldg. Chemnitz A. III. 286/02.

Minetti, Herm., Syntagma Romano-catholicum continens exquisita erotemata theologico-polemica et apophthegmata de supremo capite ecclesiae necnon de fide catholica, de b. virgine Maria. Stift Tepl 1763, Fol., 2 Bde.
Von Papst Clemens XIII., dem der Verf. das Werk dedicirt u. zugesandt hatte, erhielt dieser ein Anerkennungsschreiben.

MINETTI, JOHANN EVANGELIST MARIA: Predigt bei Gelegenheit einer zweyten Ordensprofess, und zwoer Einkleidungen in der Kirche der wohlehrwürdigen Klosterfrauen der heiligen Elisabeth zu Preßburg. Preßburg 1797. Gedr. bey Johann Nep. Schauff. 14 S. - 4°

Minetti, W., gewerbliche Buchführung u. Kalkulation f. Bauhandwerker, s.: Degener's Leitfäden f. Baugewerkschulen. (Kasten, A.)

Minetti, W., die Giebel-Architekturen. Eine Sammlung v. architekton. Entwürfen f. Giebel-Aufbauten. (In 5 Bdn.) 1. Bd. Giebel in den Formen der deutschen, französ., italien. u. niederländ. Renaissance, sowie des Barocks u. des Rokokos. gr. Fol. (36 Taf. m. XII S. illustr. Text.) Leipzig 902. J. M. Gebhardt.
In Mappe n. 15.—

Minetti, W., äussere Holzarchitektur. Entwürfe v. Gebäuden, Gebäudeteilen u. Einzelarchitekturen in Holz. (In 10 Lfgn.) 1. Serie. 50 Taf. m. erläut. Text. 1.—4. Lfg. gr. Fol. (40 Taf. m. 4 S. Text.) Berlin 898. B. Hessling. à n. 6.—

— äussere Holz-Architektur. Entwürfe v. Gebäuden, Gebäudeteilen u. Einzelarchitekturen in Holz. 1. Serie. 50 Taf. m. erläut. Text. 5. Lfg. gr. Fol. (10 Taf.) Berlin 899. B. Hessling. n. 6.—;
(1. Serie kplt. in Mappe n. 30.—)

Ⓑ — Aussere Holz-Architektur. 899. (KBL 32.) Jetzt: Leipzig, J. M. Gebhardt.

Minetti, W., äussere Holz-Architektur. Entwürfe v. Gebäuden, Gebäudeteilen u. Einzelarchitekturen in Holz. 2. Serie. 50 Taf. m. erläut. Text. gr. Fol. (50 Taf. m. 6 S. Text.) Berlin 900. B. Hessling. In Mappe n. 30.—

— Lehrhefte f. gewerbliche Buchführung u. Kalkulation, s.: Kasten, A.

Mineur-Exercir- und Dienst-Reglement, königlich preussisches. 2 Abschnitte. gr. 8. Berlin 866,67, Bath. à Abschnitt * 1 Thlr. 10 Ngr. *

Inhalt:

Abschnitt 1. Ausführung der verschiedenen Mineur-Arbeiten. (VII und 243 S. mit 213 in den Text gedr. Holzschn.)

" 2. Anwendung der Minen im Kriege. (VI und 158 S. mit 53 in den Text gedr. Holzschn. und 19 Lithogr., wovon 1 ill., in 8. und 4.)

Mineur-Exercir- u. Dienst-Reglement. Abschn. 1. 2. München 1876.

Mineur-Reglement. T. 1. 2. Entw. Berlin 1880. 1883.

Ming, Alois. Die Schenkelhernien an der Basler Klinik von 1899 bis 1905 und ihre Dauerresultate. Diss. Med. Basel. II + 33 S. 8. Sarnen, Louis Ehrli, 1910.

Ming, J., das christliche Mädchen. Ein Lesebuch für Schule u. Haus. Freiburg im Br. 860. Herder. 12. (VIII, 205 S.)
6 ngr; feine Ausg. 10 ngr

Ming, Jean, enfants, louez le seigneur. Recueil d'instructions et de prières à l'usage des enfants chrétiens, qui se préparent à la première confession. 2. éd. 32. (256 S. m. 2 Chromolith. u. chromolith. Umschlag.) Einsiedeln 878. Benziger. cart. n. — 44

Ming, Johann Josef

Ming, J., durch Kampf zum Frieden. Erinnerungen zur vierten Säcularfeier der Friedigung des Vaterlandes durch den sel. Eremiten Nikolaus von Flüe. gr. 8. (32 S. mit 1 Holzschntaf.) Einsiedeln 881, Gebr. Benziger.

[Ming, Johann Joseph.] Bruder Klaus und Hr. Professor Ernst Ludw(ig) Rochholz in Aarau. Von Heinrich am Grund. 8. Luzern 1874.

Ming, J., der selige Bruder Nikolaus von Flüe, sein Leben und Wirken. Aus den Quellen bearb. 1. Bd. gr. 8. (XVI und 446 S. mit 1 Stahlst. und 1 Holzschnittbilde in Tondr.) Luzern 861, Gebr. Räber. *

Ming, J., der selige Bruder Nikolaus v. Flüe, sein Leben und Wirken. Aus den Quellen bearb. 2. (Schluß-)Bd. gr. 8. (XIV und 518 S. mit 2 Tab. in Imp.-Fol., 1 Stahlst. und 1 Holzschnittbilde.) Luzern 863, Gebr. Räber. *
1. Bd. Ebendas. 1861. * 2 Thlr.

Ming, J., der selige Eremite Nikolaus v. Flue, der unmittelbare, persönl. Vermittler u. Friedensstifter auf dem Tage d. Stanserverkommnisses. Aus den Quellen nachgewiesen. Der Lebensgeschichte d. Seligen. 3. Bd. Mit e. artist. (lith.) Beigabe aus Schilling: Das Rathhaus d. Tages, die Pfarrkirche u. den obersten Theil d. Fleckens v. Stans darstellend. gr. 8. (XVII, 385 S.) Luzern 871. Räber. n. 4. 80 (1—3.: n. 16. 80)

Ming, J., der selige Nikolaus von Flüe. Neue Beiträge zur Geschichte seines Lebens, seines Landes und seines Geschlechtes. Mit Berücksicht. daheriger Angriffe aus den Quellen bearb. Der Lebensgeschichte des Seligen 4. Bd. gr. 8. (XVIII, 390 S. mit 1 Photogr.) Luzern 878, Gebr. Räber. *
1.—3. Bd. Ebendas. 1861—71. * ℳ 16,80.

Ming, Johs., Bleibet in meiner Liebe. Ein Lehr- und Gebetbuch zunächst für austretende Schüler und Schülerinnen, und überhaupt für kathol. Jünglinge und Jungfrauen. (Tugendübungen. — Andachtsübungen.) 32. (475 S. mit 6 lithogr. Bildern.) Einsiedeln 856, Gebr. Benziger.

Ming, Johs., die unbefleckte Empfängniß der seligsten Jungfrau und Gottesmutter Maria. Schaffhausen 855. Hurter. 8. (X, 178 S.) 10 ngr

—— die kirchlichen Fest- und Feiertage vertheidiget und nach ihrer hohen Bedeutung dargestellt. 8. (XX und 208 S.) Schaffhausen 854, Hurter'sche Buchh.

— das erste Gebetbüchlein für Kinder. Stans 856. (Lindau, Stettner.) 32. (96 S. u. 1 Lithogr.) 2 ngr

— die Biblische Geschichte nebst einem Abrisse der Kirchengeschichte. Bearb. für Volksschulen. (3 Thle.) Mit vielen Vignetten (Holzschn. im Text u. 3 Lithogr.) geziert. Einsiedeln 853. Benziger. 12. (90; 114; 84 S.) 9½ ngr

—— Kinder lobet den Herrn! Ein Lehr- und Gebetbüchlein für fromme Kinder und zunächst für Erst-Beichtende. (Lebensbilder für Kinder. — Andachtsübungen für Kinder.) 32. (238 S. mit 6 lithogr. Bildern.) Einsiedeln 856, Gebr. Benziger. Thlr.

— Kinder, lobet den Herrn! Ein Lehr- und Gebetbüchlein für fromme Kinder und zunächst für Erst-Beichtende. Enthltd.: I. Lebensvorbilder für Kinder. II. Andachtsübungen für Kinder. Mit 6 lith. Bildern. Stans 856. (Lindau, Stettner.) 32. (238 S.) 3 ngr

Kinder, Lobet den Herrn! Lehr- u. Gebetbüchlein f. fromme Kinder u. zunächst f. Erst-Beichtende. Von Johannes Ming, Pfarrer. *Einsiedeln, Köln: Benziger & Co. [um 1902].* (240 S.) 8° [F.]
[03. 18085]

— Kommet Alle zu Mir, Ich will euch erquicken. Ein Lehr- und Gebetbüchlein für die kathol. Jugend und zunächst für Erst-Kommunikanten. Enthltd.: I. Die würdige Feier der hl. Sakramente. II. Die würdige Feier des Gottesdienstes. Mit 6 lith. Bildern. Einsiedeln 856. Benziger. 32. (318 S.) 5¼ ngr

— Wie die Kinder beten sollen. Ein Lehr- und Gebetbüchlein für die Kinder und für Eltern, Seelsorger u. Lehrer zum Unterricht der Kinder. Luzern 856. Räber. 32. (159 S. u. 1 Lithogr.) 4 ngr

Ming, [Peter Anton]. Die Alkoholfrage. Vortrag anlässlich der Generalversammlung des schweizerischen Vereins abstinenter Eisenbahner aller Kategorien, in ... Luzern. [SA. aus: Volkswohl, Zeitschrift zur Bekämpfung des Missbrauches alkoholischer Getränke.... Jahrg. 4, 1902, N$^{\underline{o}}$. 9^{a} u. 5, 1903, N$^{\underline{o}}$. 1 u. 2.] 12 S. 8. (Sarnen, Josef Müller.)

Ming, P. A., d. Bauer u. d. Abstinenz. (Alkoholgegnerbund. Internation. Verein zur Bekämpfg. d. Alkoholgenusses. Nr. 25.) 1.—5. Tausend. 8. (15 S.) Basel 897. Schriftstelle d. Alkoholgegnerbundes. n.n. — 10

Ming, P[eter] A[nton]. Der Bauer und die Abstinenz. 8.—9. Tausend dieser Ausgabe. IV + 16 S. 8. Basel, Schriftstelle des Alkoholgegnerbundes (Fr. Reinhardt, [1902]). fr. —. 10

Alkoholgegnerbund. (Internationaler Verein zur Bekämpfung des Alkoholgenusses.) [Flugschriften.] Nr. 25.

— Durst und geistige Getränke im Lichte der Erfahrung, Gesundheitslehre und Volkswohlfahrt. Sarnen 1895. 40 S. 8^{0}. — Bremerhaven 1896. Mk. —.30.

Ming, P. A. Der Schnaps und das Volk oder Wer wird Meister? Ein Stück sozialer Frage des Kantons Oberwalden. Sarnen 1877. 36 S. 8^{0}.

— Waget den Riesenkampf! Ein Wort an die Studierenden der katholischen Schweiz und ihre Freunde. Luzern 1893. 48 S. 8^{0}.

Sources syriaques ... Par A[lfonso] Mingana, prof. Vol. 1. Leipzig: O. Harrassowitz (1907). 8° 08. 9111

Mingana, A., sources syriaques. Vol. I. Mšiḥa-Zkha (texte et traduction). Bar-Penkayé (texte). (Zum Tl. in syr. Sprache.) (XI, 271 u. VIII, 204 S.) 8. Leipzig (908). O. Harrassowitz. 30.—

Mingard, Johann Peter Daniel (Vautuatum Capellensis), Systematis physici, Disp. Triges. Quinta. Quam secundam de cosmographia favente Deo. Präs. J. P. de Crosa. Bern (Typ. Ill. Reip. Bern) 1717. S. 1—24. (4.50) 23391
Gew.: Johann Jakob Sinner, Beatus Jakob May, Peter Franz Bergier, Peter Portaz.

Mingarelli, J. Al., de Pindari odis coniecturae. Bonon. 772. 4.

Minges, Parthenius, O. Fr. Min., Beitrag zur pfälzischen Kirchengeschichte des 17. u. 18. Jahrh., speziell zur Geschichte des ehemal. kurpfälz. Oberamtes Kaiserslautern u. des ehemal. Franziskanerklosters daselbst. gr. 8. (III, 32 S.) Speyer 899. Jäger. n. 1.—

— Compendium theologiae dogmaticae specialis. 2 partes. gr. 8. München 901. J. J. Lentner. n. 7.20
I. Continens doctrinam de Deo, creatione, redemptione obiectiva, gratia. (VIII, 282 S.) n. 4.—
II. Continens doctrinam de ss. sacramentis ecclesiae et de novissimis. (VII, 222 S.) n. 3.20

— Compendium theologiae dogmaticae generalis. (3. Bd. von „Compendium theologiae dogmaticae specialis“.) gr. 8. (VII, 289 S.) Ebd. 902. n. 4 —

Minges, Parthenius, O. S. Fr., Geschichte d. Franziskaner in Bayern. Nach gedr. u. ungedr. Quellen bearb. gr. 8. (XV, 302 S.) München 896. J. J. Lentner. n. 5.—

— die Gnadenlehre des Duns Scotus auf ihren angeblichen Pelagianismus u. Semipelagianismus geprüft. (V, 102 S.) gr. 8. Münster 906. Aschendorff. n. 2.50

Minges, Parthenius, P., Dr. philos., Mitglied des Franziskanerklosters zu München: Der angeblich exzessiv indeterministische Gottesbegriff des Duns Scotus. Wien 1906. (50 S.) 8°

München, Theol. Fak., Ref. Atzberger, Diss. v. 4. März 1905

[Geb. 15. Jan. 61 Flemlingen, Rheinpfalz; Wohnort: München; Staatsangeh.: Bayern; Vorbildung: Gymn. Speyer Reife Juli 81; Studium: München 6 S.; Rig. 4. März 05.]

(Nur in beschränkter Zahl für den Austausch)

Minges, Parthenius, O. S. F., der Gottesbegriff des Duns Scotus, auf seinen angeblich exzessiven Indeterminismus geprüft, s.a. Studien, theolog., der Leo-Gesellschaft. 16.

Der Gottesbegriff des Duns Scotus auf s. angeblich exzessiven Indeterminismus geprüft von P. Parthenius Minges. Wien: Mayer & Co. 1907. (X, 173 S.) 8°
— Studien, Theologische, d. Leo-Gesellschaft. 16. 07. 8588

— s.: Horn, Johs., 16 Predigten über die himmlische Glückseligkeit.

Minges, Parthenius, O. f. min., Ist Duns Scotus Indeterminist?, s.a. Beiträge zur Geschichte der Philosophie des Mittelalters.

Minges, Parthenius, P., Mitglied des Franziskanerklosters zu München: Ist Duns Scotus Indeterminist? Münster i. W. 1905: Aschendorff. (48 S.) 8° ¶ (Erschien vollst. 1905 als: Beiträge z. Gesch. d. Philos. d. Mittelalters Bd V, H. 4.)
München, Phil. Fak., Ref. Frhr. v. Hertling, Diss. v. 10. März 1905
[Geb. 15. Jan. 61 Flemlingen, Rheinpfalz; Wohnort: München; Staatsangeh.: Bayern; Vorbildung: Gymn. Speyer Reife Juli 81; Studium: München 6 S.; Rig. 2. März 04.]

— Der angebliche exzessive Realismus des Duns Scotus, s.a. Beiträge zur Geschichte der Philosophie des Mittelalters. VII, 1.

Der angebliche exzessive Realismus des Duns Scotus von P. Parthenius Minges, O. Fr. Min. Münster: Aschendorff 1908. (VIII, 108 S.) 8°
= Beiträge z. Geschichte d. Philosophie d. Mittelalters. Bd 7, H. 1. 08. 11303

— Das Verhältnis zwischen Glauben u. Wissen, Theologie u. Philosophie nach Duns Scotus, s.a. Forschungen zur christlichen Literatur- u. Dogmengeschichte. VII, 4. 5.

Das Verhältnis zwischen Glauben und Wissen, Theologie und Philosophie nach Duns Scotus dargelegt von P. Parthenius Minges, O. Fr. Min. Paderborn: F. Schöningh 1908. (XII, 203 S.) 8°
= Forschungen z. Christl. Literatur- u. Dogmengeschichte Bd 7, H. 4/5. 08. 8094 2

Minghetti, Marco, Rafael. Aus dem Italien. übers. von Sigm. Münz. Lex.-8. (XV, 288 S.) Breslau 887, Schottländer. *M 7.50.; geb. *

Minghetti, M., Rafael. Aus dem Ital. übers. v. S. Münz. Lex.-8. (XV, 288 S.) Breslau 887. Schlesische Verlagsanstalt. n. 7.50; geb. n. 9.50

Minghetti, Marco, Staat und Kirche. Autoris. Uebersetzung aus dem Italien. nach der 2. durchges. Aufl. gr. 8. (XV, 318 S.) Gotha 881, F. A. Perthes. *

Mingoschufte, die. Eine Geschichte zur Warng. f. lose Rangen, v. Onkel Lederstrumpf. gr. 8. (31 S. m. Abbildgn.) Riga (Marstallstr. 1) 899. F. Deutsch. n. 1.50

Mingramm, Gustav, a. Hamburg: Ueber die lupöse Verkrüppelung und Verstümmelung der Finger und Zehen. Tübingen 1904: H. Laupp jr. (13 S.) 8° ¶(Aus: Beiträge zur klinischen Chirurgie Bd 44, H. 2.)
Tübingen, Med. Fak., Ref. v. Bruns, Diss. v. 30. Dez. 1904
[Geb. 18. Dez. 78 Hamburg; Wohnort: Hamburg; Staatsangeb.: Hamburg; Vorbildung: Gymn. Parchim Reife O. 99; Studium: Tübingen 4, Göttingen 3, Leipzig 2 S.; Coll. 28. Juni 04; Approb. 25. Aug. 04.]

Mings, Joannes Fridericus *(geb. Seegenfelde in Westpr. 18. 5. 1818)*: De serierum infinitarum primordiis. Vratislaviae (1844). (55 S., 1 Taf.) 8°
Breslau, Phil. Diss. v. 15. Juni 1844

Minguzzi, G., der Sieg des hl. Aloysius v. Gonzaga, s.: Esser's, J., Sammlung leicht aufführbarer Theaterstücke.

Minguzzi. G., s. a. Esser's, J., Sammlg. leicht aufführb. Theaterstücke.
— e. edelmütige Vergebung,

[J.] Eine edelmütige Vergebung. Schausp. in 5 Aufz. v. G. **Minguzzi.** A. d. Ital. in's Deutsche übertr. v. J[os]. Buhr, Priester d. Bistums Strassburg. *Paderborn: J. Esser 1897.* (74 S.) 1 Bd 8.
= Sammlung, J. Esser's, leicht aufführb. Theaterstücke. H. 44. (98. 4076

Minialow, Eduard, Diäten u. Reisekosten. Gebühren der Auskunftspersonen, Sachverständigen u. Zeugen in gerichtl., polit. u. Finanzangelegenheiten. (VI, 117 S. m. 2 Tab.) gr. 8. Sereth 910. (Czernowitz, H. Pardini.) nn 2. —

Miniana (sol). Anecdoten der französischen Galanterie unter der Regierung Ludwig XIV. Aus d. Spanischen. Frankfurt und Leipzig 1771. 8°. (1 fl. 25 xr. Gilhofer & Ranschburg, Wien, Cat. 2; jetzt theurer!)

v. Miniasiewicz, F.: Systemat. Darstellung d. Tabularbesitzes nach dem österr. allgem. bürgerl. Rechte. *Lemberg.* 832. gr. 8. (16 Gr.)

Miniat, Karl

Miniat, Carl [aus Bern]: Über Monooxybenzalbromindanon. Bern 1900. 42 S. 8°.
Bern. Phil. Diss. 1899/1900.

Miniat, Longin

Miniat, L., Wegweiser zu klimatischen Kuron. Eine Belehrg. f. Kranke u. ihre Angehörigen. 8. (80 S. m. 1 Holzschn.) Bern 883. Fiala. geb. n. 1. 60

Miniatur-Album von Berlin in 12 Original-Ansichten. Lith. von J. Tempeltey. Rechtmässige Original-Ausg. Berlin (853.) Schroeder. qu. gr. 16. 1 ₰.

Miniatur-Album für das Kunstgewerbe. Eine Sammlung interessanter kunstgewerbl. Entwürfe und Ausführungen. 1. Heft. qu. gr. 8. (12 Taf.) [Leipzig 881, Knapp's Verlag.] Karlsruhe, J. Bielefeld's Verlag. *
Nicht weiter erschienen.

Miniatur-Album für das Kunstgewerbe. Eine Sammlung interessanter kunstgewerbl. Entwürfe u. Ausführungen. 1. Hft. qu. gr. 8. (12 Taf.) Leipzig 881. Spohr. n. 1. 50

Miniatur-Album der Wiener Ringstrasse. qu. Fol. (12 Lichtdr.-Taf.) Wien 876. Manz. n. 8. —

Miniatur-Almanach, humoristischer, d. Kladderadatsch f. 1872. Mit vielen (eingedr.) Illustr. (in Holzschn.) 16. (128 S.) Leipzig, R. Schaefer. n. — 60

Payne's Miniatur-Almanach für ... Mit ... Stahlst. ([von] A[lbert] H[enry] Payne.)
Leipzig, Dresden: A. H. Payne [1848—1851.] 16°
[Stahlst.-Vort.]
5/1849: [1848.] 10 Bl., 83 S., 4 Bl., 6 Taf.
8/1852: [1851.] 2 Bl., 190, 6 S., 1 Titelbild, 10 Taf.

Miniatur-Almanach, schweizer., f. d. J. 1874. Hsggb. v. Buri u. Jeker. M. 30 Illustrationen. 144 Stn. 16. Aarau, Commiss.-Verlag v. J. J. Christen. 2. —
1873

Miniatur-Almanach, schweizerischer, auf die J. 1875 und 1876. Unter Mitwirkung schweizer. Schriftsteller und Künstler hrsg. von Rud. Buri. 2. und 3. Jahrg. 16. (187 S. mit eingedr. Holzschn. und 3 Holzschntaf.; 194 S. mit eingedr. Holzschn. und 8 Holzschntaf.) Bern, Buri und Jeker. à Jahrg. *
—— dass. — auf die J. 1877 und 1878. 4. und 5. Jahrg. 16. (à Jahrg. ca. 180 S. mit Holzschntaf.) Bern, Dalp'sche Buchh. à Jahrg. * ℳ 1,60.; geb. *
Nicht weiter erschienen.

Miniatur-Bibel. Ausg. in Heften. Nr. 1—5. Biel. Bonn, J. Schergens. à n. — 30
1. Das Buch des Propheten Jesaja. In möglichst getreuer Uebersetzg. 8. (33 S.) 901.
2. Die Evangelien nach Johannes u. Markus. 12. (32 S.) (902.)
3. Die Briefe Pauli an die Römer, Galater, Epheser, Philipper u. Colosser. 12. (20 S.) (902.)
4. Die Briefe Pauli an die Epheser, Philipper u. Colosser. Extra-Ausg. in grösserer Schrift. 12. (22 S.) (902.)
5. Das Buch Hiob. Extra-Ausg. in grösserer Schrift u. m. erklär. Anmerkgn. 12. (64 S.) (902.)

— dasselbe. Ausg. in Heften. Nr. 6—12. kl. 8. Bonn, J. Schergens. n. 2. 25
6. Weisheitsschriften, die salomonischen. (22 S.) 903. n. — 15
7. Psalmen, die. (40 S.) 903. n. — 30
8. Buch, das, des Propheten Jeremia. (43 S.) 903. n. — 30
9. Daniel u. die 12 kleinen Propheten. In möglichst getreuer Uebersetzg. (40 S.) 904. — 30
10. Das 1. Buch Mose. In möglichst getreuer Uebersetzg. (36 S.) 904. — 30
11. Die Gesetzbücher. 2—5. Buch Mose. (S. 35—138.) 904. — 60
12. Rut, das Büchlein, u. die beiden Bücher Samuelis. (11 u. S. 175—216.) 905. — 30

Miniaturbibel. Das ganze Neue Testament. Nach dem Urtext und mit Benützung der besten Uebersetzungen verdeutscht [von Franz Schlachter]. Erster Probedruck. 180 S. 8. Biel, Expedition der «Brosamen»; Frankfurt a. M. ..., 1902.

— dasselbe. Das ganze Neue Testament. Nach dem Urtext u. m. Benützg. der besten Uebersetzgn. verdeutscht. 2. Aufl. (178 S.) kl. 8. Ebd. 903. Geb. in Leinw. n.n. 1. —; in Ldr. m. Goldschn. n.n. 1. 50

Miniatur-Bibel. Die ganze hl. Schrift nach dem Urtext u. m. Benützg. der besten Uebersetzgn. verdeutscht. 1.—3. Aufl. (VII, 728 S.) kl. 8. Biel 905/06. Bonn, J. Schergens. Geb. in Leinw. n.n. 3. 50; in Ldr.-Imitation n.n. 4. —; in Ldr. n.n. 4. 50; m. Goldschn. n.n. 6. —

Miniatur-Bibel. Die ganze hl. Schrift. Nach dem Urtext u. m. Berücksicht. der besten Uebersetzgn. hrsg. v. Frz. Eug. Schlachter. 9., durchgeseh. Aufl. (VIII, 728 S.) kl. 8. Bonn 907. J. Schergens. Geb. nn 4.25; in Ldr.-Imitation nn 4.50; m. Goldschn. nn 5.—; in Schafldr. nn 4.75; in Bockldr. nn 5.50; in Saff. m. Goldschn. nn 6. —

Miniatur-Bibliothek. [1 Bändchen mit 8 Erzählungen]. Mainz, J. Scholz, ca. 1850. 1 Bl. 92 SS. 1 Bl. und 4 hübsche handkolor. Lithographien. 12°. Zweifarbig lithogr. Or.-Karton. — Eine Tafel eingeklebt. 10.—

Miniatur-Bibliothek. 1.—8. Bdchn. 16. (à 64 S. mit je 1 Chromolithogr.) Basel 873, Spittler. cart. à Bdchn. *

Miniatur-Bibliothek. 9.—12. (Schluß-)Bdchn. 16. (à 64 S. mit 2 Chromolithogr.) Basel, Spittler. cart. à Bdchn. *

Inhalt:

Bdchn. 9. Zwölf Geschichten gesammelt und erzählt von M. K.-S. 875.
" 10. Elf Geschichten gesammelt und erzählt von M. K.-S. 875.
Bdchn. 11. Elf Geschichten gesammelt und erzählt von M. K.-S. 876.
" 12. „Heim, ach nur heim!" Erzählt von M. K.-S. 876.
1.—9. Bdchn. Ebendas. 1873. à 40 Pf.

Miniatur-Bibliothek. 1—6. Bdchn. 16. Köln 888. Püttmann. cart. à n. — 50

1. Ich denke dein! Goldene Sprüche f. das Album der Freundschaft. (96 S.)
2. Liebesgrüße aus dem Reiche der Dichtung. (96 S.)
3. Für Hochzeit u. Polterabend. Ausgewählte Vorträge ernsten u. heiteren Charakters f. Damen. (96 S.)
4. Frohe Stunden Ein Handbüchlein f. gesell. Unterhaltg. bei Familien- u. Vereinsfesten, Landpartieen 2c. (96 S.)
5. Deklamatorium. Eine Auswahl wirkungsvoller Vorträge ernsten u. heiteren Inhalts. (96 S.)
6. Glückwunsch-Büchlein. Eine Sammlg. v. Gratulations-Gedichten zu allen festl. Gelegenheiten. (95 S.)

—— Nr. 436—443 und 446—460. 16. Mülheim 883,84, Bagel's Verlagsh. à Nr. *

Inhalt:

Nr. 436. Die Blumensprache der Liebe und Freundschaft. (64 S.)
" 437. Gesellschaftsspiele. Eine Sammlung von Gesellschafts- und Pfänderspielen aller Art, Rätseln, Scherzfragen 2c. zur Unterhaltung und Erheiterung in frohen Kreisen. (64 S.)
" 438. Der Balldirektor. Eine reichhalt. Sammlung von Cotillon-Touren, nebst Anweisung zur Leitung der Contretänze Française und Quadrille à la cour. Anhang: Von dem Benehmen auf Bällen. (64 S.)
" 439. Gedenkemein. Stammbuchverse und Sprüche der Liebe und Freundschaft. (64 S.)
" 440. Glückwünsche und Lieder zur Verlobungs- und Hochzeitsfeier. (64 S.)
" 441. Polterabend-Scherze. Vorträge, Gedichte, Szenen und humorist. Aufführungen in Kostüm für eine, zwei und mehrere Personen. (64 S.)
" 442. Lieder der Liebe. Ein Blütenkranz der schönsten Braut- und Liebeslieder. (64 S.)
" 443. Kleine Fest- und Lustspiele, sowie lebende Bilder für frohe Familienfeste. (63 S.)
" 446. Der feine Ton im gesellschaftlichen Leben. Ein Ratgeber für Damen und Herren im gesellschaftl. und öffentl. Leben. Hrsg. von Ernestine Hoefer. (62 S.)
" 447. Briefsteller für junge Damen und Herren. Briefe aus dem Familien-, Braut- und Liebesleben. Hrsg. von Ernestine Hoefer. (64 S.)
" 448. Humoristische Vorträge für Damen und Herren. (64 S.)
" 449. Neuester Traumdeuter. Auslegung und Deutung sämmtl. Träume in Poesie und Prosa. (64 S.)
" 450. Goldene Sprüche fürs Leben. Denk- und Sinn-Sprüche berühmter Männer. (64 S.)
" 451. Punktirbüchlein, nebst Blumen- und Karten-Orakel zur Enthüllung der Zukunft. Zur Unterhaltung für heitere Stunden. (64 S.)
" 452. Briefsteller für Herzens-Angelegenheiten. (64 S.)
Nr. 453. Plattdeutsche Polterabendscherze. Humoristische und ernste Gedichte, Vorträge und Szenen für eine, zwei und mehrere Personen. (64 S.)
" 454. Ich gratuliere. Glückwünsche für jung und alt zu Geburts- und Namenstagen, Neujahrs- und anderen Festen, Verlobungen und Hochzeiten 2c. (64 S.)
" 455. Liebesgrüße. Blüten und Perlen deutscher Dichtung. (63 S.)
" 456. Kleine Hochzeits- und Polterabend-Komödien. (64 S.)
" 457. Freudvoll und Leidvoll. Poetische Liebeskunde. (64 S.)
" 458. Für Polterabend und Hochzeit. Kranzgedichte 2c. (64 S.)
" 459. Herzlichen Glückwunsch! Gelegenheitsgedichte. (64 S.)
" 460. Neueste Liebes- und Freundschaftswünsche. (64 S.)
Nr. 444 und 445 nicht erschienen.

Miniatur-Bibliothek. Nr. 7, 8, 12—15, 17—23, 25—27, 28a u. b, 29—102, 105, 106, 108—110, 118—120, 150. 32. Leipzig, Verlag f. Kunst u. Wissenschaft. à Nr. n. — 10; (Einbände à — 15)

Inhaltsübersicht in alphabet. Ordnung:

Arithmetik. 2 Bde. (à 45 S.) 898. (Nr. 41. 42.)
Arnold, E. M., d. deutsche Zeitungswesen. In s. Entwickelg. dargest. (40 S.) 898. (Nr. 120.)
Arzt, der, im Hause. (35 S.) 897. (Nr. 18.)
Aus d. Tagebuche eines Criminal-Commissars. (40 S.) 898. (Nr. 90.)
Bier-Comment, der. (60 S.) 897. (Nr. 22.)
Blumensprache, die, d. Liebe in Versen u. Anderes. 2 Bde. (56 u. 61 S.) 898. (Nr. 72. 73.)
Buchführung, d. dopp. (ital.), in wesentl. Vereinfachg. 1. u. 2. Bd. 16. (53 u. 54 S.) 898. (Nr. 86. 87.)
— Dasselbe. 3. Tl.: Der Abschluss. 16. (48 S.) 898. (Nr. 88.)
Dahms, Johs., vollst. Lehrgang d. vereinfachten deutschen Stenographie nach dem System der Steno-Tachygraphie. 16. (48 S.) 898. (Nr. 100.)
— Leseübgn. zum Lehrgang d. Steno-Tachygraphie. (32 S.) 898. (Nr. 102.)
Elektrizität. I. Bd. (47 S.) 898. (Nr. 106.)
Fremdwörterbuch f. Kaufleute. 1. u. 2. Bd. 5. Aufl. (43 u. 44 S.) 897. (Nr. 12. 13.)
— Dasselbe. 3. Bd. (48 S.) 897. (Nr. 14.)
Geburt, Hochzeit, Tod. E. Rathgeber in Familien-Angelegenheiten. (39 S.) 897. (Nr. 39.)
Gefängnißwesen, über unser heutiges. (44 S.) 898. (Nr. 68.)
Geographie, die gesammte. 1. Bd. D. Gebirge. (50 S.) 897. (Nr. 25.)
— Dasselbe. 2. Bd. D. Ozeane. (54 S.) 897. (Nr. 26.)
— Dasselbe. 3. Bd. D. bedeutendsten Flüsse d. Erde. (55 S.) 898. (Nr. 27.)
— Dasselbe. 4. Bd. Polit. Geographie v. Europa (Deutschland). (48 S.) 898. (Nr. 28a.)
— Dasselbe. Bd. 4b. Polit. Geographie v. Europa. (48 S.) 898. (Nr. 28b.)
— Dasselbe. 5. Bd. Polit. Geographie v. Asien, Afrika, Amerika, Australien. (48 S.) 897. (Nr. 29.)
Geschichte, die, d. Handels. (43 S.) 898. (Nr. 109.)
Grundriß d. Völkerrechts. (45 S.) 898. (Nr. 65.)
Hand-Atlas, neuester vollst., d. deutschen Reiches u. sämtl. Schutzgebiete in 16 (farb.) Karten m. geograph. u. statist. Erläutergn. (32 S.) 898. (Nr. 150.)
Handelsgeographie, die, nebst wicht. statist. Angaben aller Art. (58 S.) 897. (Nr. 23.)
Klein, Carl, d. ges. Handels-Correspondenz. 2 Bde. 16. (à 56 S.) 898. (Nr. 78. 79.)
— vollst. Kochbuch f. d. bürgerl. Tisch in 3 Bdchn. 183 wohlfeile Kochrecepte. 2. Bd. Nr. 60—118. 5. Aufl. (47 S.) 898. (Nr. 81.)
— Dasselbe. 3. Bd. Nr. 119—183. 5. Aufl. (46 S.) 898. (Nr. 82.)
— Stammbuch-Verse f. große u. kleine Kinder, gesammelt u. ergänzt. 2 Bde. Nr. 1—199. (48 u. 61 S.) 898. (Nr. 74. 75.)
Kochrecepte, 50 wohlfeile, f. d. bürgerl. Tisch. (34 S.) 897. (Nr. 15.)
Kolonien, unsere, u. d. Dienst in d. Kolonien. (60 S.) 897. (Nr. 31.)
Konkurs-Ordnung nebst Erläutergn. u. Winken. (47 S.) 898. (Nr. 71.)
Krieg, d. deutsch-französische, 1870/71. E. patriot. Erinnerungsbuch f. Jedermann. 1. Bd. Bis ins Herz v. Frankreich. (61 S.) 898. (Nr. 97.)
— Dasselbe. 2. Bd. V. Gravelotte bis Paris. (52 S.) 898. (Nr. 98.)
— Dasselbe. 3. Bd. D. Ende d. Gloire. (48 S.) 898. (Nr. 99.)
Kühner, A., Gesundheit, Schönheit, Wahrheit. 5. Aufl. (42 S.) 897. (Nr. 30.)
— Pflanzen- od. Fleisch-Kost? Uns. Nahrungs- u. Genußmittel. (56 S.) 898. (Nr. 77.)
— Schlaf, Schlaflosigkeit u. Schlafmittel. (62 S.) 898. (Nr. 21.)
— uns. Zeit, ihre Krankheitsanlagen, Krankheitsarten, deren Verhütg. u. Behandlg. (44 S.) 897. (Nr. 31.)
Kurz, Carl, d. Nothlage d. Handlungsgehülfen. 5. Aufl. (41 S.) 897. (Nr. 20.)
Lehre, die, v. Gelde. (40 S.) 898. (Nr. 108.)
— die, v. d. Kontokorrenten. (45 S.) 897. (Nr. 40.)
Litteraturgeschichte, deutsche. 3. u. 4. Bd. (41 u. 37 S.) 897. (Nr. 7. 8.)
— Dasselbe. 6. Bd. (41 S.) 898. (Nr. 36.)
— Dasselbe. 7. Bd. Von 1850—1870. (43 S.) 898. (Nr. 37.)
— Dasselbe. 8. Bd. Von 1870 bis auf die Gegenwart. (47 S.) 898. (Nr. 38.)
— Dasselbe. II. Thl. 1. Bd. (38 S.) 897. (Nr. 35.)
Münzkunde aller Staaten d. Erde. 5. Aufl. (47 S.) 897. (Nr. 17.)
Partei-Entwickelungen u. -Beweggn., die, im deutschen Reichstage. (48 S.) 898. (Nr. 69.)
Paul, Ewald, über Luft-, Licht- u. Sonnenbäder. (53 S.) 898. (Nr. 83.)
— Winke zur Schönheitspflege. (64 S.) 898. (Nr. 89.)
Pflege, die, d. Haut m. bes. Berücksicht. d. Gesichts- u. Haarpflege. (62 S.) 898. (Nr. 85.)
Prinzipal u. Angestellte nach dem neuen Handelsgesetzbuch. I. Bd.: Handlungsgehülfe u. Handlungslehrling. 16. (38 S.) 898. (Nr. 93.) Geb. — 25
— Dasselbe. II. Bd.: Handlungsreisende, Procuristen, Handlungsbevollmächtigte, Handlungsagenten, Nebenpersonal. 16. (48 S.) 898. (Nr. 94.) Geb. — 25
Prozentrechnung, die, d. Kaufmanns. 16. (48 S.) 898. (Nr. 84.) Geb. — 25
Recht, das, d. Frau nach d. neuen bürgerl. Gesetzbuch. (48 S.) 898. (Nr. 105.)
Regentenfamilien, die, d. ganzen Erde. 1. u. 2. Bd. (46 u. 47 S.) 897. (Nr. 43. 44.)
— Dasselbe. 3. Bd. (39 S.) 898. (Nr. 45.)

Reichel, S., aus Liebe. Erzählg. aus d. Leben. (43 S.) 898. (Nr. 91.)
Reichel, Willy, animal. od. Heilmagnetismus. (61 S.) 898. (Nr. 76.)
Reichstag, d. deutsche. Gemeinfaßl. Darstellg. f. Jedermann. (48 S.) 898. (Nr. 67.)
Roth, R., Herzblättchens Wünschbuch. Wünsche f. Kinder zu Geburtstagen, Neujahr ꝛc. Gesammelt u. hrsg. 16. (48 S.) 898. (Nr. 92.)
Schreibübungen z. Lehrgang d. Steno-Tachygraphie. (32 S.) 898. (Nr. 101.)
Schupp, Zahn-Hygiene. Zahn-Füll- u. Zahn-Ersatzkunst. (39 S.) 898. (Nr. 118.)
Skizzen aus d. Verbrecherleben. 10 Bde. 897. (Nr. 51—60.) 1. Bd. Schwere Jungen. Verbrechersprache. Verbrecher-Album. (52 S.) — 2. Bd. Ein Genie. (43 S.) — 3. Bd. Spieler u. Falschspieler. (39 S.) — 4. Bd. Wie der Zufall spielt. (45 S.) — 5. Bd. Auch e. Jubiläum. Falsche Flebben. (45 S.) — 6. Bd. Die Poesie des Bettlerthums. (45 S.) — 7. Bd. Moderne Hülfsmittel im Kampfe gegen die Verbrecher. (41 S.) — 8. Bd. Die Specialisten im Verbrecherthum. (44 S.) — 9. Bd. Verbrecherhumor. (44 S.) — 10. Bd. Rückwärts — Abwärts. (38 S.)
Staatsrecht, d. heute gelt., unt. bes. Berücksicht. der Verfassg. d. Deutschen Reiches. (47 S.) 898. (Nr. 68.)
Stenographie-System, welches, soll ich erlernen? (29 S.) 897. (Nr. 32.)
Sternenhimmel, der. (48 S.) 898. (Nr. 80.)
Strafe u. Begnadigg., nebst e. Anh.: D. Strafen d. Reichsstrafgesetzbuchs. (46 S.) 897. (Nr. 64.)
Tischreden u. Trinksprüche zu allen festl. u. feierl. Gelegenheiten. 5 Bde. 898. (Nr. 46—50.) 1. Bd. Familien-Festlichkeiten. Geburtstage — Taufen — Einsegngn. — Verlobgn. (45 S.) — II. Bd. Familien-Festlichkeiten. Polterabende, Hochzeiten, silberne u. goldene Hochzeiten. (46 S.) — III. Bd. Weihnachts-, Sylvester-, Neujahrs-Feiern, Zweckessen, Kaisers- u. Königs-Geburtstage, Sedanfeste. (48 S.) — IV. Bd. Vereinsfestlichkeiten. (48 S.) — V. Bd. Diverse. (45 S.)
Tschierschky, Börse u. Terminhandel. (48 S.) 898. (Nr. 110.)
Ueber d. Verhältniß zwischen Mieter u. Hauswirt. 5. Aufl. (47 S.) 897. (Nr. 19.)
— Volks-Bildung. (32 S.) 898. (Nr. 119.)
Vortheile, die, beim Schnellrechnen. 3 Bde 898. Nr. 61—63.) 1. Bd. Die 4 Spezies. (44 S.) — 2. Bd. Decimalbrüche, Kettensatz, Zerfällungsmethode ꝛc. (40 S.) — 3. Bd. Rechenkünste. (42 S.)
Wechsellehre in gemeinverständl. Form, nebst Beispielen. 16. (43 S.) 897. (Nr. 70.) Geb. — 25
Wie verhalte ich mich vor der Polizei u. vor d. Strafgericht? Ein Hilfsbuch f. jedermann. (48 S.) 898. (Nr. 95.)
— führe ich meine Prozesse? (48 S.) 897. (Nr. 33.)
Zins- u. Diskont-Rechnung. 16. (48 S.) 898. (Nr. 96.)

Die Hefte erschienen z. Tl. auch u. d. T.: Gröger's Zehn-Pfennig-Miniatur-Bibliothek u. Zehn-Pfennig-Miniatur-Bibliothek. — Die Nrn. 103, 104, 107, 111—117 u. 129—149 sind noch nicht erschienen.

Miniatur-Bibliothek. Nr. 10, 103, 104, 107, 111—117, 121—149 u. 151—425. 32. Leipzig, A. O. Paul. à — 10

Inhaltsübersicht in alphabetischer Ordnung:

Alfonsus, Alois, die Bienenzucht. (35 S.) (901.) (Nr. 306.)
Alkoholismus, der moderne, seine Hauptursachen, seine Schäden u. die Frage seiner Bekämpfung. (86 S.) (902.) (Nr. 397. 398.)
Anton, R., do you speak English? Praktische Anleitg. zur Konversation in der engl. Sprache. (44 S.) (901.) (Nr. 348.)
— Konjugationsmuster der französischen regelmäßigen u. unregelmäßigen Verben. (72 S.) (902.) (Nr. 373. 374.)
— parlez-vous français? Praktische Anleitg. zur Konversation in der französ. Sprache. (48 S.) (901.) (Nr. 347.)
Aymeric, Jos., kurz gefaßte u. leicht verständliche Grammatik der französischen Sprache zum Selbststudium. (128 S.) (901.) (Nr. 316—320.)

Bakterien, die. Entstehung u. Verbreitg. ansteckender Krankheiten. (87 S. m. 6 Abbildgn.) (900.) (Nr. 232. 233.)
Baringer, W., die deutsche Handelsmarine. (44 S.) (900.) (Nr. 206.)
Beerenobst, das, unserer Gärten. Anleitung zur Pflege u. Vermehrg. der Erdbeere, Himbeere u. s. w. (99 S.) (902.) (Nr. 415. 416.)
Beleuchtung, moderne. I. Tl. Allgemeines. Beleuchtung durch Kerzen und Lampen. (47 S.) 899. (Nr. 176.)
— daselbe. II. Tl. Beleuchtung durch Gase. (48 S.) 899. (Nr. 177.)
— daselbe. III. Tl. Das elektr. Licht. (48 S. m. Fig.) 899. (Nr. 178.)
Bergsport, der. Ein Ratgeber f. Bergsteiger. (138 S.) (901.) (Nr. 342—345.)
Betriebe, technische. Die Bierbrauerei. Von H. Blücher. Mit 9 Abbildgn. im Text. (46 S.) (902.) (Nr. 386.)
— dasselbe. Eisenhüttenkunde. Von H. Blücher. Mit 5 Abbildgn. im Text. (55 S.) (902.) (Nr. 388.)
— dasselbe. Glasfabrikation. Mit 7 Abbildgn. im Text. (47 S.) (902.) (Nr. 383.)
— dasselbe. Die Herstellung des Leuchtgases. Von H. Blücher. Mit 7 Abbildgn. im Text. (46 S.) (902.) (Nr. 389.)
— dasselbe. Die Fabrikation des Porzellans, Steinzeugs, der Fayencen, Majoliken u. Ziegel. (48 S. m. Abbildgn.) (902.) (Nr. 384.)
— dasselbe. Die Spiritusbrennerei, sowie die Fabrikation von Spirituosen. Von H. Blücher. Mit 6 Abbildgn. im Text. (51 S.) (902.) (Nr. 387.)
— dasselbe. Der Steinkohlenteer und seine Verarbeitung. Von H. Blücher. Mit 5 Abbildgn. im Text. (47 S.) (902.) (Nr. 390.)
— dasselbe. Die Zuckerfabrikation. Von H. Blücher. Mit 7 Abbildgn. im Text. (51 S.) (902.) (Nr. 385.)
Bismarck, Fürst. Der erste Kanzler des Deutschen Reichs! 2. veränd. u. verb. Aufl. (38 S.) 899. (Nr. 10.)
Blücher, H., s.: Betriebe, technische.
— organische Chemie. (144 S.) (901.) (Nr. 357—359.)
— Elektrochemie. (172 S. m. Abbildgn.) (902.) (Nr. 377—380.)
— praktische Maschinen-Lehre. 1. Tl. Die Gesetze der Mechanik. (93 S. m. Fig.) (899.) (Nr. 180. 181.)
— dasselbe. 2. Tl. Die einfachen Maschinen u. Bewegungsmechanismen. (96 S. m. Fig.) (899.) (Nr. 182. 183.)
— dasselbe. 3. Tl. Die zusammengesetzten Maschinen. (95 S. m. Fig.) (899.) (Nr. 184. 185.)
— praktische Pflanzenkunde, m. 100 farb. Abbildgn. nach Aquarellen v. G. Schmidt. (107 S. m. 33 Taf.) (900.) (Nr. 250—254.)
Blücher, H., praktische Pilzkunde, m. 32 farb. Abbildgn. nach Aquarellen v. Th. Bach. (95 S.) Kart. 899. (Nr. 200—204.)
Blumenpflege im Zimmer. (48 S.) (900.) (Nr. 237.)
Blut, das, u. seine Erkrankungen. (47 S.) (902.) (Nr. 368.)
Böhme, Edwin, giebt es e. Weiterleben u. Wiedersehen nach dem Tode? (56 S.) (900.) (Nr. 249.)
Briefsteller, vollständiger französischer, f. Handel- u. Gewerbetreibende. Bearb. v. der Dir. der Correspondance polit. europ. in Paris — London. 5 Bde. (48, 48, 48, 48 u. 63 S.) 899. (Nr. 130—134.)
Bronchial-Katarrh, der. (47 S.) (901.) (Nr. 300.)
Brustfellentzündung, die. (47 S.) (901.) (Nr. 312.)
Buchführung, die vereinfachte einfache, f. Kaufleute, Gewerbetreibende u. Handwerker. (96 S.) (900.) (Nr. 271. 272.)
Bürgerkunde, deutsche, v. Politicus. (40 S.) (899.) (Nr. 197.)
Cato, Otto, deutsche Rechtschreibung. (96 S.) 899. (Nr. 169. 170.)
— sprich richtig! Kleine deutsche Formenlehre. (64 S.) (899.) (Nr. 179.)
Chemie, die, in ihren Grundzügen. 2 Bde. (à 56 S.) 899. (Nr. 128. 129.)
Croup u. Diphtherie u. die Wahrheit üb. das Diphtherieheilserum. (96 S.) (901.) (Nr. 355. 356.)
Crueger, Gust., Einteilung, Uniformierung u. Garnisonen des deutschen Reichsheeres. (Nebst e. Verzeichnis sämtl. Truppenteile, Bezirkskommandos u. militär. Behörden.) (174 S.) (902.) (Nr. 400—402.)
Dahms, Johs., kurzer Lehrgang der steno-tachygraphischen Debattenschrift. (48 S.) (899.) (Nr. 104.)
Deutschland zur See. (Umschlag: Die deutsche Kriegs-Marine.) (48 S.) (899.) (Nr. 191.)
Eckart, Rud., die Taufnamen u. ihre Bedeutung. (48 S.) (900.) (Nr. 273.)
Elektrizität. 2. Bd. (56 S. m. Fig.) 899. (Nr. 107.)
Elektrotechnik. (180 S. m. Abbildgn.) (901.) (Nr. 292—295.)
Erfindungen u. Entdeckungen. Elektrische Fernbahnen. (88 S. m. 10 Fig.) (900.) (Nr. 267. 268.)
— — dasselbe. Der Fernseher. Acetylen. (48 S. m. 5 Abbildgn.) (900.) (Nr. 234.)
— — dasselbe. Komprimirte u. flüss. Luft. (47 S. m. 2 Abbildgn.) (900.) (Nr. 231.)
— — dasselbe. Lenkbare Luftschiffe u. Flugmaschinen. (80 S. m. Abbildgn.) (901.) (Nr. 287. 288.)
— — dasselbe. Motorwagen (Automobil[illegible] m. Abbildgn.) (901.) (Nr. 291.)
— — dasselbe. Nernstlampe. Auers elektr. Glühlicht. (56 S. m. Abbildgn.) (900.) (Nr. 221.)
— — dasselbe. Der Phonograph. (48 S. m. 5 Abbildgn.) (900.) (Nr. 270.)
— — dasselbe. Die Photographie in natürl. Farben. (52 S. m. 2 Fig.) (900.) (Nr. 264.)
— — dasselbe. Röntgenstrahlen. (56 S. m. 7 Fig.) (900.) (Nr. 269.)
— — dasselbe. Telegraphie ohne Draht. (40 S. m. Fig.) (899.) (Nr. 205.)
— — dasselbe. Tesla-Licht. Moore'sche Beleuchtg. Preßgas u. Luftgas. (48 S. m. 5 Fig.) (900.) (Nr. 265.)
— — dasselbe. Torpedos u. Seeminen. (46 S. m. Abbildgn.) (902.) (Nr. 290.)
— — dasselbe. Unterseebote u. Torpedobootzerstörer. (43 S. m. Abbildgn.) (901.) (Nr. 289.)
Factus, S., das Kegelspiel. (32 S.) (902.) (Nr. 422.)
Fernsprechwesen, das. (104 S. m. Abbildgn.) (901.) (Nr. 296. 297.)
Fettsucht, die. (47 S.) (900.) (Nr. 284.)
Feuerwerkerei, die, zur Belustigung. Mit 15 Abbildgn. im Text. (128 S.) (902.) (Nr. 418—420.)
Filek v. Wittinghausen, Egid., die österreich. Geschichte. (116 S.) (900.) (Nr. 207—209.)
Freiheitskriege, die deutschen. (96 S. m. 1 eingedr. Karte.) (900.) (Nr. 210. 211.)
Freimut, S., deutsche Handelspolitik. (88 S.) 899. (Nr. 167. 168.)
Friedrich der Große. (140 S.) (900.) (Nr. 246—248.)
Fußballspiel, das. (35 S.) (902.) (Nr. 393.)
Geheimnisvolles aus dem Jenseits. (Von G. W. Geßmann.) (67 S.) (900.) (Nr. 125. 126.)
Geometrie. 1. Bd. Planimetrie. (63 S. m. Fig.) 899. (Nr. 114.)
— dasselbe. 2. Bd. Planimetrie. Constructions-Aufgaben. (48 S. m. Fig.) 899. (Nr. 115.)

— dasselbe. 3. Bd. Ebene Trigonometrie. (40 S.) 899. (Nr. 116.)
— dasselbe. 4. Bd. Stereometrie. (48 S. m. Fig.) 899. (Nr. 117.)
Gerichtsverfassung, deutsche. (44 S.) (902.) (Nr. 412.)
Geschlechts-Krankheiten, die. (110 S.) (900.) (Nr. 281—283.)
Gesetzbuches, des bürgerlichen, 1. Allgemeiner Teil, 2. Recht d. Schuldverhältnisse, 3. Sachenrecht. (86 S.) (900.) (Nr. 226. 227.)
Geßmann, G. W., der Hypnotismus. Gemeinverständlich dargestellt. (72 S.) 899. (Nr. 121. 122.)
— der Spiritismus u. seine Geschichte. Volksthümlich dargestellt. (92 S.) 899. (Nr. 123. 124.)
Gewerberecht, deutsches. (96 S.) (900.) (Nr. 274. 275.)
Gicht, die. (47 S.) (902.) (Nr. 376.)
Gleichungen, eingekleidete. (51 S.) (900.) (Nr. 263.)
Hämorrhoiden u. andere Mastdarmkrankheiten. (47 S.) (902.) (Nr. 364.)
Hand-Atlas v. Afrika u. Australien. (12 [farb.] Karten-Seiten m. erläut. Text.) (24 S.) (901.) (Nr. 154.)
— v. Amerika. (10 [farb.] Karten-Seiten m. erläut. Text.) (20 S.) (901.) (Nr. 155.)
— v. Asien. (10 [farb.] Karten-Seiten m. erläut. Text.) (20 S.) (901.) (Nr. 153.)
— neuester vollständiger, v. Europa (ausser Deutschland u. Oesterreich-Ungarn). 12 (farb.) Karten-Seiten m. erläut. Text. (24 S.) 899. (Nr. 152.)
Hand-Atlas, neuester vollständ. v. Oesterreich-Ungarn. Liechtenstein u. der Schweiz in 12 (farb.) Karten m. geogr. u. statistischen Erläuterungen. (24 S.) 899. (Nr. 151.)
Handelsrecht, das, nach dem neuen Handels-Gesetz-Buch vom 8. V. 1897. (51 S.) (899.) (Nr. 199.)
Heißner, Walth., deutsches Grundbuchrecht. (48 S.) (902.) (Nr. 411.)
Helfer, der, in der Not. Sammlung bewährter, prakt. u. leicht ausführbarer Rezepte f. d. Haus. (56 S.) 899. (Nr. 142.)
Herzkrankheiten, die. (48 S.) (902.) (Nr. 399.)
Illustrationstechnik, moderne. (24 S.) (901.) (Nr. 285. 286.)
Im Banne dämonischer Kräfte. (48 S.) (900.) (Nr. 220.)
Invaliden-Versicherungs-Gesetz, das. (48 S.) (900.) (Nr. 228.)
Joessel, Alfons, praktische Anleitung zum Briefmarken-Sammeln. (52 S.) (900.) (Nr. 278.)
Käfersammlung, die. (96 S. m. Fig.) (899.) (Nr. 192. 193.)
Kalenderkunde. (87 S.) (900.) (Nr. 238. 239.)
Kartenlegen, das. (48 S.) (901.) (Nr. 363.)
Keil, E., die Prüfungen f. Einjährige, Fähnriche, Prima-Aspiranten u. Abiturienten. (76 S.) (900.) (Nr. 212. 213.)
Kirchenrecht, das heutige. (56 S.) (900.) (Nr. 242.)
Kisch, Osk. M., praktische Vogelkunde u. Vogelpflege. Mit 32 farb. Abbildgn. nach Orig.-Aquarellen v. K. Grundmann. (104 S.) (901.) (Nr. 350—354.)
Klein, Carl, wie soll ich mich benehmen? Ein Buch üb. den guten Ton in der Familie, Gesellschaft u. Öffentlichkeit. (96 S.) 899. (Nr. 140. 141.)
— Karten-Künste. Eine Sammlg. v. 50 interessanten, leicht ausführbaren Karten-Kunststücken. (96 S.) 899. (Nr. 144. 145.)
— Liebes-Grüße. Worte der Liebe aus dem Reiche der Dichtg. (96 S.) (900.) (Nr. 243. 244.)
Krankenversicherung, Unfallversicherung, die, und das Hilfskassengesetz. (39 S.) (900.) (Nr. 245.)
Krankheit, die Bright'sche, u. andere Nierenkrankheiten. (46 S.) (902.) (Nr. 425.)
Krüger, Albr., musikalisches Fremdwörterbuch. (56 S.) 899. (Nr. 143.)
— die menschliche Stimme, ihre Organe, Ausbildg., Pflege u. Erhaltung. (39 S.) 899. (Nr. 166.)
Kunst, die, der Deklamation. (60 S.) (900.) (Nr. 260.)
Kurzweil an Winterabenden. (88 S.) 899. (Nr. 164. 165.)
Lange, Wilh., die gesamte Galvanostegie. Die galvan. Verkupferung, Vernickelung, Versilberung usw. (88 S. m. Fig.) 899. (Nr. 173. 174.)
Lawn-Tennis-Spiel, das. (33 S.) (902.) (Nr. 394.)
Leitfaden, praktischer, zur Erlernung des Damespiels, nebst Anh.: Das Mühlespiel. (64 S. m. Diagrammen.) (901.) (Nr. 309. 310.)
— des Rudersport. (48 S.) (902.) (Nr. 372.)
— praktischer, des Schachspiels. (96 S. m. Diagrammen.) 899. (Nr. 160. 161.)
Liebhaberkünste, die. 1. Tl.: Aquarellmalerei. (52 S.) (899.) (Nr. 186.)
— dasselbe. 2. Tl.: Die Malerei auf Porzellan, Glas u. Holz. (46 S.) (899.) (Nr. 187.)
— dasselbe. 3. Tl.: Laubsägearbeiten, Kerbschnitt u. Holzbrand. (48 S.) (899.) (Nr. 188.)
Logarithmen. (39 S.) (899.) (Nr. 196.)
Lungenentzündungen, die. (48 S.) (901.) (Nr. 311.)
Lungen-Tuberkulose. (43 S.) (900.) (Nr. 280.)
Magenkrankheiten, die. (55 S. m. 1 Fig.) (901.) (Nr. 341.)
Masern, Scharlach u. Röteln. (48 S.) (901.) (Nr. 298.)
Materne, R., der Obstbau. Eine gemeinverständl. Anleitung. (96 S.) (902.) (Nr. 423. 424.)
Militärstrafgerichts-Ordnung v. 1. XII. 1898. (44 S.) (900.) (Nr. 198.)
Mineralogie. (96 S. m. Fig.) (899.) (Nr. 194. 195.)
Möbius, Paul, das Fahrrad u. seine richtige Behandlung. (48 S. m. Fig.) (901.) (Nr. 346.)
Möller, Alfr., die Geisteskrankheiten, m. besond. Berücksicht. der Krankheitsunterscheidung. Unter Mitwirkg. von Hollms. (XVIII, 240 S.) (901.) (Nr. 336—340.)
— Geschichte der Geisteskrankheiten, des Irrenwesens u. der Irrenheilkunde seit den ältesten Zeiten u. bei allen Völkern. (76 S.) (902.) (Nr. 370. 371.)
Müller, Herm., Gifte u. Gegengifte. (48 S.) 899. (Nr. 175.)
Muskelrheumatismus u. Gelenkrheumatismus. (47 S.) (902.) (Nr. 369.)
Nahrungsmittel, unsere, u. ihre Verfälschung. (88 S.) (900.) (Nr. 257. 258.)
Neuerungen u. Fortschritte in der Photographie. Ein Rezeptbuch f. den Amateur. (95 S.) (901.) (Nr. 360. 361.)
Neurasthenie, die. (52 S.) (900.) (Nr. 279.)
Optik. Mit 14 Abbildgn. im Text. (56 S.) (902.) (Nr. 417.)
Ortleb, A., u. G. Ortleb, Kulturgeschichte der Aegypter. Mit 32 Abbildgn. in selbst konstr. Federzeichngn. (63 S.) (902.) (Nr. 403. 404.)
— — Kulturgeschichte des antiken Griechenlands in Wort u. Bild. Mit 46 Abbildgn. in selbst konstr. Federzeichngn. (116 S.) (902.) (Nr. 405—407.)
— — Kulturgeschichte der alten Römer. Mit 49 Abb. (124 S.) (902.) (Nr. 408—410.)
Patentrecht u. Musterschutz. (96 S.) (900.) (Nr. 261. 262.)
Physik. Mechanische Erscheing. der festen, flüss. u. luftförm. Körper. (63 S. m. Fig.) 899. (Nr. 148.)
— dasselbe. Erscheinungen d. Wärme, des Lichtes u. des Magnetismus. (56 S.) 899. (Nr. 149.)
Pozzoli, R., Parla italiano? Praktische Anleitg. zur Konversation in der italien. Sprache. (48 S.) (901.) (Nr. 349.)
Pulver, rauchloses, Dynamit u. andere Sprengstoffe. (79 S.) (900.) (Nr. 255. 256.)
Ramshorn, Mor., kurz gefaßte u. leicht verständliche Grammatik der spanischen Sprache zum Selbststudium. (207 S.) (901.) (Nr. 321—325.)
— kurz gefaßte u. leicht verständliche Grammatik der italienischen Sprache zum Selbststudium. (144 S.) (900.) (Nr. 301—305.)
— spanisch-deutsche Handels-Correspondenz. (200 S.) (901.) (Nr. 331—335.)
Rat u. Hilfe in Krankheitsfällen. (126 S.) (900.) (Nr. 223—225.)
Reuter, W., kurz gefaßte u. leicht verständliche Grammatik der englischen Sprache zum Selbststudium. (130 S.) (901.) (Nr. 326—330.)
— englisch-deutsche Handels-Correspondenz. (176 S.) (901.) (Nr. 135—139.)
Revolution, die französische. (48 S.) (900.) (Nr. 219.)
Rezeptschlüssel f. Loter. (91 S.) (900.) (Nr. 217. 218.)
Salta u. Salta-Solo. (40 S. m. Diagr.) (902.) (Nr. 382.)
Schaefer, Fritz, die Kunst, im Auslande Stellung zu finden. Praktische Winke u. Ratschläge für den modernen Kaufmann nebst Anh. engl., französ., span. u. ital. Musterbriefe. (78 S.) (901.) (Nr. 313. 314.)
Schaefer, Karl, das Urheberrecht u. das Verlagsrecht an Werken der Litteratur u. Tonkunst. (Nach dem Reichsgesetz v. 1. I. 1902.) (64 S.) (902.) (Nr. 367.)
Schiller, das Lied v. der Glocke u. andere Gedichte, in stenotachygr. Schrift übertr. (32 S.) (901.) (Nr. 103.)
Schmetterlings-Sammlung, die. (93 u. 111 S. m. Fig.) (899.) (Nr. 189. 190.)
Schumm, Max, Lehrbuch der Graphologie. Deutung d. Charakters aus der Handschrift. Mit vielen Schriftproben u. Abb. (43 S.) (900.) (Nr. 276.)
— Mnemonik. Eine Anleitg. zur Stärkg. des natürl. Gedächtnisses. (40 S.) (900.) (Nr. 277.)
Schwimmen u. Tauchen. (44 S.) (902.) (Nr. 391.)
Segall, S., praktische Anleitung zur Erlernung des Ansatzes v. Gleichungen. (52 S.) (902.) (Nr. 381.)
Senft, Otto, Bank- u. Kreditwesen. (40 S.) (899.) (Nr. 159.)
Sozialismus u. Sozialdemokratie. (72 S.) (899.) (Nr. 156. 157.)
Sport, athletischer. Eine Anleitg. zur richt. Ausübg. der bekanntesten Zweige des Kraftsports. (48 S.) (902.) (Nr. 392.)
Steinhausen, Frz. v., die Haustelegraphie. Anlage u. Wartg. elektr. Klingel- u. Telephonleitgn. (88 S. m. Fig.) 899. (Nr. 171. 172.)
Stellung, rechtliche, der unehelichen Kinder nach dem bürgerlichen Gesetzbuch. (38 S.) (900.) (Nr. 230.)
Strafrecht, deutsches. (104 S.) (902.) (Nr. 413. 414.)
Straßenbahnen, elektrische. Mit 6 Abbildgn. (48 S.) (900.) (Nr. 266.)
Streißler, Frdr., politisches Taschen-Lexikon f. das Deutsche Volk. (94 S.) (900.) (Nr. 235. 236.)
— deutsche Verslehre. (96 S.) (900.) (Nr. 240. 241.)
Suggestion. (71 S.) (902.) (Nr. 395. 396.)
Tagesfragen, volkswirtschaftliche. (44 S.) (899.) (Nr. 158.)
Taschenbuch der Amateur-Photographie. Allgemeinverständl. Anleitg. in der photograph. Praxis. (96 S. m. Fig.) 899. (Nr. 146. 147.)
Telegraphie, die, m. 17 Abbildgn. im Text. (95 S.) (902.) (Nr. 365. 366.)
Transvaal u. seine Geschichte. (39 S. m. 2 eingedr. Karten.) (900.) (Nr. 222.)
Tschierschky, Finanzwissenschaft. 3 Bdchn. (48, 48 u. 35 S.) 899. (Nr. 111—113.)
Ueber die Bewohnbarkeit der Planeten. (31 S.) (900.) (Nr. 259.)
Unterleibstyphus, der. (48 S.) (901.) (Nr. 299.)
Urgiß, Jul., allgemeine Musiklehre. (44 S.) (902.) (Nr. 421.)
Vereinsrecht, das, nach dem neuen bürgerlichen Gesetzbuch. (38 S.) (901.) (Nr. 315.)
Verlöbnis u. Ehe nach dem bürgerlichen Gesetzbuch. (48 S.) (900.) (Nr. 229.)
Vormundschaftsrecht, das, des bürgerlichen Gesetzbuches. (48 S.) (900.) (Nr. 216.)
Wesen, das, des Dramas. (47 S.) (902.) (Nr. 375.)
Wesner, F., gesellschaftliche Tanzkunst. Enth.: Contre-danse u. Quadrille à la cour, erläutert durch 12 choreograph. Taf., sowie Verhaltungsregeln im Ballsaale, beim Tanzen, bei Tische usw. (79 S.) (901.) (Nr. 307. 308.)
Wetterkunde u. Wettervorhersage. (92 S.) (901.) (Nr. 214. 215.)
Wulff, Leop., die Geschichte der großstaatl. Rentenschulden u. das Problem ihrer Tilgung. (48 S.) 899. (Nr. 127.)
Zauberkunststücke u. Taschenspielereien. (79 S.) 899. (Nr. 162. 163.)
Zuckerharnruhr u. einfache Harnruhr. (48 S.) (901.) (Nr. 362.)

Miniatur-Bibliothek. Nr. 33. 91. 271. 272. 326—330. 357—359. 400—402. 426—597 u. 600—726. 32. Leipzig, A. O. Paul. à Nr. —10

Anton, Rhold., kleines deutsch-französisches Handwörterbuch f. Kaufleute. (301 S.) (906.) (Nr. 712—716.)

Baur, Frz., mathematische Geographie, m. 22 den Text erläut. Fig. (140 S.) (905). (Nr. 671—673.)

Betriebe, technische. Hoch, Jul., das Holz u. seine Bearbeitung, m. 5 Abbildgn. im Text. (56 S.) (905.) (Nr. 669.)

Billardspiel, das. Unter freundl. Mitwirkg. des Billard-Weltmeisters Hugo Kerkau. Mit 48 Abbildgn. auf 16 Taf. (88 S.) (903.) (Nr. 451. 452.)

Blücher, H., die Abstammung des Menschen. (80 S.) (905.) (Nr. 674. 675.)

— organische Chemie. Verb. u. verm. Aufl. (168 S.) (906.) (Nr. 357—359.)

— Dampfkessel u. Dampfmaschinen. Mit 36 Fig. im Text. (183 S.) (903.) (Nr. 470—473.)

— Düngemittel u. Futtermittel. (95 S.) (905). (Nr. 648. 649.)

— die Entwicklung der Erde (Geologie). Mit 17 Abbildgn. (96 S.) (906.) (Nr. 676. 677.)

— praktische Pilzkunde. 2. Tl. m. 32 farb. Abbildgn. nach Aquarellen v. K. Grundmann. (40 S. u. 32 Taf. m. Text auf der Rückseite. (904.) (Nr. 650—654.)

Blücher, H., technische Betriebe. Die Kakao-, Schokoladen- u. Zuckerwarenfabrikation. (48 S. m. Abb.) (904). (Nr. 496.)

Börse, die. Fondsbörse, Produktenbörse u. Börsengeschäfte. (86 S.) (903.) (Nr. 429. 430.)

Boxen, das. Mit 13 ganzseit. Abbildgn. (64 S.) (906.) (Nr. 723.)

Brahm, Hans, die Entschädigung unschuldig Verurteilter u. Untersuchungsgefangener. (32 S.) (906.) (Nr. 681.)

— wie führe ich meine Prozesse? Neu bearb. (64 S.) (906.) (Nr. 33.)

— was kosten meine Prozesse? (Gerichts- u. Anwaltskosten; Gebühren f. Zeugen u. Sachverständige.) (95 S.) (905.) (Nr. 667. 668.)

Cruciger, Gust., Einteilung, Uniformierung u. Garnisonen des deutschen Reichsheeres. (Nebst e. Verzeichnis sämtl. Truppenteile, Bezirkskommandos u. militär. Behörden.) (Neue Aufl.) (176 S.) (906). (Nr. 400—402.)

Dichterworte. (80 S.) (906.) (Nr. 696. 697.)

Domino. (40 S. m. Fig.) (905.) (Nr. 666.)

Eberhard, H., der Hund u. seine Rassen, seine Aufzucht u. Pflege. (117 S. m. Abbildgn.) (904.) (Nr. 491. 492.)

Ehe, die, ihr Wesen u. ihre Geschichte. (96 S.) (904.) (Nr. 637. 638.)

Einjährig-Freiwillige, der, u. sein Dienst. (95 S.) (904.) (Nr. 633. 634.)

Erfindungen u. Entdeckungen. Auer's Osmiumlampe. Tantallampe. Bremerlampe. (Neue Aufl.) (46 S. m. Abb.) (906.) (Nr. 431.)

— — dasselbe. Mehrfach- u. Schnelltelegraphie. Der Telephonograph, (System Pollak u. Viráq.) (Neue Aufl.) (48 S. m. Abbildgn.) (906.) (Nr. 441.)

— — dasselbe. Der Telephonograph, System Pollak u. Viráq. Von Emil Klapper. (36 S. m. Abbildgn.) (903.) (Nr. 441.)

Erkrankungen, die häufigsten, der Mundhöhle. (48 S.) (903). (Nr. 436.)

Factus, S., die Kunst des Bauchredens. (39 S.) (903.) (Nr. 426.)

Fehlerbuch, photographisches. (96 S.) (904.) (Nr. 639. 640.)

Feuerlöschwesen, das. (65 S. m. Abbildgn. (903.) (Nr. 468.)

Formeln, mathematische. (88 S.) (905.) (Nr. 664. 665.)

Fortschritte, weitere, f. den Amateur-Photographen. (96 S.) (903.) (Nr. 447. 448.)

Frauenkrankheiten, die häufigsten. (84 S.) (903.) (Nr. 443. 444.)

Freimaurertum, das, u. seine Geheimnisse. (112 S.) (903.) (Nr. 463—465.)

Fritsch, Eug., Aktiengesellschaften. Geschichte. Recht u. Buchhaltg. derselben. (64 S.) (905.) (Nr. 657.)

Gemüsegarten, der. Kurze Anleitg. zur Kultur der hauptsächlichsten Gewächse des Küchengartens, nebst Angabe der empfehlenswertesten Sorten. (96 S.) (903.) (Nr. 466. 467.)

Geschichte der Buchdruckerkunst. (135 S.) (904.) (Nr. 610—612.)

Gesellschafts-Spiele. (80 S.) (906.) (Nr. 717. 718.)

Ginod, Arth., die Gesellschaft m. beschränkter Haftung. (47 S.) (905.) (Nr. 658.)

— u. Hans Brahm, die Kaufmannsgerichte. (56 S.) (905.) (Nr. 663.)

Grundmann, K., das Kunstgewerbe. Mit 63 bunten u. schwarzen Taf. (207 S.) Kart. (906.) (Nr. 701—710.)

Gut Deutsch! (Rechtschreibung, Satzlehre, Satzzeichen, Stil.) (137 S.) (904.) (Nr. 600—602.)

Gut, Alb., die Baustile m. besond. Berücksicht. ihrer Hauptmerkmale. Mit 48 Abbildgn. (72 S.) (904.) (Nr. 608. 609.)

— Grundriß der Kunstgeschichte. 1. Uebersicht üb. die Geschichte der Malerei. (95 S. m. Abbildgn.) (905.) (Nr. 659. 660.)

Hautkrankheiten, die häufigsten. (98 S.) (903.) (Nr. 427. 428.)

Hennecke, Ludw., Haus, Hof u. Garten. Ein Beitrag zur Frage der Anlegg. ländl. Anwesen. (48 S. m. 13 Abbildgn.) (904.) (Nr. 641.)

Hexen u. Hexenprozesse. (48 S.) (904.) (Nr. 632.)

Hoch, Jul., d. Holz u. seine Bearbeitg., s.: Betriebe, techn.

Horn, H., der menschliche Körper (Anatomie). M. e. bunten zerlegbaren Modell u. 53 zum Teil farb. Abbildgn. (214 S.) Kart. (906.) (Nr. 683—690.)

Huhle, Emil, Kirchengeschichte. (199 S.) (903.) (Nr. 477—480.)

— deutsche Kulturgeschichte. (143 S.) (903.) (Nr. 481—483.)

— deutsche Mythologie. (72 S.) (904.) (Nr. 493. 494.)

— Philosophie. (133 S.) (904) (Nr. 497—499.)

Jagd, die. Praktische Anleitg. zur Ausübg. des Waidwerks. (184 S. m. Abbildgn.) (903.) (Nr. 484—487.)

Japan. Land u. Leute. (48 S.) (904.) (Nr. 636.)

Jaskowski, Frdr., das Geheimnis des Menschenlebens philosophisch beleuchtet. (96 S.) (906.) (Nr. 725. 726.)

Influenza, die. (47 S.) (903.) (Nr. 458.)

Kinderpflege u. die Krankheiten der Neugeborenen. (52 S.) (903.) (Nr. 438.)

Klapper, Emil, der Telephonograph, s.: Erfindungen u. Entdeckgn.

Knoop, Jac., Anleitung zur Angelfischerei. (55 S. m. Abb.) (903.) (Nr. 440.)

Konwiczka, Hans, die Praxis des Pflanzensammlers. (64 S. m. 4 Fig.) (906.) (Nr. 680.)

Koran, der. Grundzüge der mohammedan. Lehre. (56 S.) (904.) (Nr. 635.)

Krankheiten, die häufigsten, des Kindesalters. (92 S.) (903.) (Nr. 459. 460.)

Krebsgeschwülste, die. (83 S.) (903.) (Nr. 449. 450.)

Kreißl, Jos., das Versicherungswesen. (113 S.) (903.) (Nr. 455—457.)

Lamberger, Rich., der Getreidebau. (48 S.) (905.) (Nr. 647.)

Leberkrankheiten, die häufigsten. (48 S.) (903.) (Nr. 432.)

Liebesbriefsteller. (Neue Aufl.) (56 S.) (906.) (Nr. 91.)

Liebhaberkünste. Die Oelmalerei. (56 S.) (904.) (Nr. 655.)

Liebing, R., Hygiene des Schulkindes im Elternhause. (110 S.) (905.) (Nr. 661. 662.)

Lustig, Max, das Gedankenlesen. Das zweite Gesicht. (63 S.) (906.) (Nr. 724.)

— die Handlesekunst. Mit 5 Abbildgn. (31 S.) (906.) (Nr. 678.)

Maier, Ernst, 200 Postkartengrüße. Orig.-Verse. (48 S.) (903.) (Nr. 476.)

Maschinen u. Geräte, landwirtschaftliche. (64 S. m. Abbildgn.) (906.) (Nr. 682.)

Mielck, W. B., die Weltsprache. La lingvo internacia. Ein Hilfsmittel für jedermann. Begründung; vollständ. leichte Sprachlehre; umfangreiche Lektüre; Briefstil u. Stammwörterbuch. (168 S.) (904.) (Nr. 613—616.)

Mythologie der Griechen u. Römer. (83 S.) (903.) (Nr. 488. 489.)

Nasen-, Rachen- u. Kehlkopfkrankheiten, die häufigsten, (47 S.) (903.) (Nr. 437.)

Pferde-Rennsport. (56 S.) (906.) (Nr. 720.)

Pikettspiel, das. (56 S.) (904.) (Nr. 607.)

Praxis, die, des Schriftstellers. (38 S.) (906.) (Nr. 679.)

Radrennen. (48 S.) (906.) (Nr. 719.)

Reger, Ludw., Rechtsbeistand beim Viehkauf. Unentbehrlich f. den Landmann, Viehhändler rc.; als kurzer Leitfaden verwendbar f. Gerichtsbeamte, Rechtsanwälte, Tierärzte rc. Für jedermann verständl. Abhandlung der seit 1. I. 1900 gelt. Vorschriften des bürgerl. Gesetzbuches üb. Viehgewährschaft, abgefaßt in 14 Fragen u. m. Beispielen versehen. (48 S.) (905.) (Nr. 670.)

Reiche, Gust., der Ausstopfer. Praktische Anleitg. zum Präparieren, Ausstopfen u. Skelettieren, zur Anlage e. Eiersammlg. u. zur Konservierg. in Alkohol. Mit 15 Illustr. (96 S.) (904.) (Nr. 603. 604.)

Reimer, Geo., Nautik (Schiffahrtskunde). (96 S. m. 9 Fig.) (906.) (Nr. 694. 695.)

Reuter, W., kurz gefaßte u. leicht verständliche Grammatik der englischen Sprache zum Selbststudium. (Neue Aufl.) (178 S.) (906.) (Nr. 326—330.)

Rückenmarksschwindsucht, die, u. andere Rückenmarkskrankheiten. (84 S.) (903.) (Nr. 433. 434.)

Schafkopfspiel, das. (39 S.) (903.) (Nr. 453.)

Schlittschuhlaufen, das. (Umschlag: Der Eissport.) (32 S.) (903.) (Nr. 439.)

Schumachers, Fr., die homöopatische Therapie vom exaktnaturwissenschaftlichen Standpunkte. (62 S.) (903.) (Nr. 469.)

Sechsundsechzig, Binokel, Schafkopf zu zweien, Briscon. (39 S.) (903.) (Nr. 445.)

Seewasser-Aquarium, das. (40 S.) (903.) (Nr. 446.)

Segelsport, der. (52 S. m. Abbildgn.) (903.) (Nr. 454.)

Selbstbildung. (39 S.) (905.) (Nr. 656.)

Shunsho, Daiji, Dschiu-Dschitsu. (72 S. m. Abbildgn.) (906.) (Nr. 721. 722.)

Skatspieler, der tadellose. (112 S. m. Fig.) (904.) (Nr. 630. 631.)

Skrofulose u. Rachitis. (44 S.) (903.) (Nr. 435.)

Streißler, Frdr., der Buddhismus. Seine Geschichte u. sein Wesen. Nach den besten Quellen zusammengestellt. (111 S.) (906.) (Nr. 691—693.)

— wie leitet man Versammlungen? (Der Vereins-Vorstand.) (185 S.) (904.) (Nr. 625. 626.)

Streißler, Ida, israelitische Küche. (142 S.) (904.) (Nr. 627—629.)

Süßwasser-Aquarium, das. (40 S.) (903.) (Nr. 442.)

Traumleben, das, u. seine Deutung. (84 S.) (903.) (Nr. 461. 462.)

Volkswirtschaftslehre, die. (184 S.) (904.) (Nr. 617—619.)

Vymazal, Fr., u. W. B. Mielck, praktische russische Sprachlehre. (128 S.) (904.) (Nr. 620—624.)

Was werde ich? Allgemeiner Führer durch alle Berufszweige. (44 S.) (903.) (Nr. 500.)

— dasselbe. Der Apotheker. (47 S.) (903.) (Nr. 525.)

— dasselbe. Architekt, Bauingenieur u. Staats-Baubeamter. (48 S.) (903.) (Nr. 543.)

— dasselbe. Der Artist. (48 S.) (903.) (Nr. 582.)

— dasselbe. Bäcker u. Konditor. (44 S.) (903.) (Nr. 562.)

— dasselbe. Der Bankbeamte. (32 S.) (903.) (Nr. 590.)

— dasselbe. Der Barbier, Friseur u. Perückenmacher. (44 S.) (903.) (Nr. 553.)

— dasselbe. Der Berg- u. Hütten-Ingenieur. (48 S.) (903.) (Nr. 511.)

— dasselbe. Der Bibliothekar u. Archivar. (44 S.) (903.) (Nr. 567.)

— dasselbe. Der Bierbrauer. (44 S.) (903.) (Nr. 532.)

— dasselbe. Brenner u. Destillateur. (44 S.) (903.) (Nr. 531.)

— dasselbe. Der Buchbinder u. die Buchbinderin. (39 S.) (903.) (Nr. 517.)
— dasselbe. Der Buchdrucker. (43 S.) (903.) (Nr. 507.)
— dasselbe. Der Buchhändler. (39 S.) (903.) (Nr. 510.)
— dasselbe. Der Chemiker. (48 S.) (903.) (Nr. 501.)
— dasselbe. Der Dachdecker. (40 S.) (903.) (Nr. 588.)
— dasselbe. Die Diakonissin. (52 S.) (903.) (Nr. 557.)
— dasselbe. Der Diplomat u. die übrigen Personen des völkerrechtlichen Verkehrs. (45 S.) (903.) (Nr. 522.)
— dasselbe. Der Drechsler u. Bilderschnitzer. (47 S.) (903.) (Nr. 568.)
— dasselbe. Der Drogist. (46 S.) (903.) (Nr. 530.)
— dasselbe. Der technische Eisenbahnbeamte. (43 S.) (903.) (Nr. 577.)
— dasselbe. Der nichttechnische Eisenbahnbeamte. (40 S.) (903.) (Nr. 576.)
— dasselbe. Der Elektro-Ingenieur u. Elektro-Techniker. (48 S.) (903.) (Nr. 583.)
— dasselbe. Der Färber. (47 S.) (903.) (Nr. 548.)
— dasselbe. Fleischbeschauer u. Trichinenschauer. (48 S.) (903.) (Nr. 593.)
— dasselbe. Der Fleischer. (38 S.) (903.) (Nr. 559.)
— dasselbe. Der Förster. (44 S.) (903.) (Nr. 521.)
— dasselbe. Die höhere Forstkarriere. (44 S.) (903.) (Nr. 520.)
Was werde ich? Die Frau im Kunstgewerbe. (43 S.) (903.) (Nr. 516.)
— dasselbe. Der Gärtner. (47 S.) (903.) (Nr. 547.)
— dasselbe. Der Geometer u. der Markscheider. (40 S.) (903.) (Nr. 591.)
— dasselbe. Der Gerber. (46 S.) (903.) (Nr. 533.)
— dasselbe. Der Glaser. (44 S.) (903.) (Nr. 585.)
— dasselbe. Die Hebamme. (56 S.) (904.) (Nr. 596.)
— dasselbe. Der Heizer u. Maschinist. (46 S.) (903.) (Nr. 569.)
— dasselbe. Der Holzschneider u. Zinkograph. (48 S.) (903.) (Nr. 589.)
— dasselbe. Der Instrumentenbauer. Von Paul Merkel. (31 S.) (903.) (Nr. 595.)
— dasselbe. Der Journalist u. Schriftsteller. (39 S.) (903.) (Nr. 504.)
— dasselbe. Der Jurist. (47 S.) (903.) (Nr. 523.)
— dasselbe. Der Kaufmann. (40 S.) (903.) (Nr. 512.)
— dasselbe. Die kaufmännische Gehilfin. (47 S.) (903.) (Nr. 513.)
— dasselbe. Der Kellner. (35 S.) (903.) (Nr. 527.)
— dasselbe. Die Kindergärtnerin. (38 S.) (903.) (Nr. 515.)
— dasselbe. Der Klempner od. Blecharbeiter. (42 S.) (903.) (Nr. 506.)
— dasselbe. Der Koch. (36 S.) (903.) (Nr. 526.)
— dasselbe. Der Kolonialbeamte. (32 S.) (903.) (Nr. 587.)
— dasselbe. Der bildende Künstler. (Akadem. Maler u. Bildhauer.) (48 S.) (903.) (Nr. 594.)
— dasselbe. Der Kürschner. (44 S.) (903.) (Nr. 584.)
— dasselbe. Der Landwirt. (48 S.) (903.) (Nr. 540.)
— dasselbe. Die Landwirtin u. Gärtnerin. (Die Frau in der Landwirtschaft.) (48 S.) (903.) (Nr. 528.)
— dasselbe. Der akademisch gebildete Lehrer. (46 S.) (903.) (Nr. 541.)
— dasselbe. Der seminaristisch gebildete Lehrer. (52 S.) (903.) (Nr. 542.)
— dasselbe. Die Lehrerin. (44 S.) (903.) (Nr. 509.)
— dasselbe. Der Lithograph u. Steindrucker. (48 S.) (903.) (Nr. 570.)
— dasselbe. Der Maler. (51 S.) (903.) (Nr. 575.)
— dasselbe. Der Marine-Ingenieur u. Marine-Maschinist. (39 S.) (903.) (Nr. 564.)
— dasselbe. Der Maschinenbauer, Monteur u. Werkmeister. (48 S.) (903.) (Nr. 508.)
— dasselbe. Der Maschinen-Ingenieur u. Maschinen-Techniker. (48 S.) (903.) (Nr. 502.)
— dasselbe. Der Mathematiker. (42 S.) (903.) (Nr. 556.)
— dasselbe. Maurer- u. Baugewerksmeister. (54 S.) (903.) (Nr. 544.)
— dasselbe. Der Mechaniker u. Optiker. (32 S.) (903.) (Nr. 519.)
— dasselbe. Der Mediziner. (48 S.) (903.) (Nr. 524.)
— dasselbe. Der Müller. (47 S.) (903.) (Nr. 549.)
— dasselbe. Der Musiklehrer. (39 S.) (903.) (Nr. 545.)
— dasselbe. Der Musterzeichner. (43 S.) (903.) (Nr. 529.)
— dasselbe. Der Offizier des stehenden Heeres. (43 S.) (903.) (Nr. 560.)
— dasselbe. Der Offizier u. der höhere Beamte der kaiserl. Marine. (47 S.) (903.) (Nr. 551.)
— dasselbe. Der Opern- u. Konzertsänger. Von Paul Merkel. (46 S.) (903.) (Nr. 581.)
— dasselbe. Der Orchestermusiker. (39 S.) (903.) (Nr. 538.)
— dasselbe. Der Photograph. (48 S.) (903.) (Nr. 539.)
— dasselbe. Die Postbeamtin im Telegraphen- u. Telephondienst. (31 S.) (903.) (Nr. 505.)
— dasselbe. Die mittlere Postkarriere. (47 S.) (903.) (Nr. 514.)
— dasselbe. Der Roßarzt. (48 S.) (903.) (Nr. 555.)
— dasselbe. Der Schauspieler u. die Schauspielerin. (52 S.) (903.) (Nr. 580.)
— dasselbe. Der Schiffsbau-Ingenieur u. Schiffsbau-Techniker. (Der Schiffsbauer.) (54 S.) (903.) (Nr. 565.)
— dasselbe. Der Schlosser. (48 S.) (903.) (Nr. 534.)
— dasselbe. Der Schmied. (48 S.) (903.) (Nr. 586.)
— dasselbe. Der Schneider. (48 S.) (903.) (Nr. 566.)
— dasselbe. Der Schornsteinfeger. (31 S.) (903.) (Nr. 583.)
— dasselbe. Der Schuhmacher. (42 S.) (903.) (Nr. 561.)
— dasselbe. Der Seemann. (44 S.) (903.) (Nr. 574.)
— dasselbe. Der Steinmetz u. Bildhauer. (43 S.) (903.) (Nr. 550.)
— dasselbe. Stellmacher u. Wagenbauer. (46 S.) (903.) (Nr. 587.)
— dasselbe. Der Stukkateur. (45 S.) (904.) (Nr. 597.)
— dasselbe. Der Tapezierer u. Dekorateur. (47 S.) (903.) (Nr. 572.)
— dasselbe. Der Theologe. (36 S.) (903.) (Nr. 546.)
— dasselbe. Der Tierarzt. (56 S.) (903.) (Nr. 554.)
— dasselbe. Der Tischler. (36 S.) (903.) (Nr. 573.)
— dasselbe. Töpfer u. Ofensetzer. (48 S.) (903.) (Nr. 592.)
— dasselbe. Der Uhrmacher. (46 S.) (903.) (Nr. 558.)
— dasselbe. Der Unteroffizier im Heere u. die Militäranwärter-Carriere. (48 S.) (903.) (Nr. 563.)
— dasselbe. Das Unterpersonal in der kaiserl. Marine. (Der Schiffsjunge, Matrose u. s. w. (44 S.) (903.) (Nr. 552.)
— dasselbe. Der höh. Verwaltungsbeamte. (43 S.) (903.) (Nr. 536.)
— dasselbe. Der niedere Verwaltungsbeamte. (Die Subaltern-Karriere.) (36 S.) (903.) (Nr. 535.)
— dasselbe. Der Weberei-Techniker. (48 S.) (903.) (Nr. 518.)
— dasselbe. Der Zahlmeister. (43 S.) (903.) (Nr. 579.)
— dasselbe. Der Zimmermann. (48 S.) (903.) (Nr. 571.)
— dasselbe. Der Zoll- u. Steuerbeamte. (46 S.) (903.) (Nr. 578.)
Whist. (56 S.) (904.) (Nr. 606.)
Wulf, Arth., praktische Fischzucht u. Teichnutzung. Mit zahlreichen Orig.-Zeichngn. (48 S.) (904.) (Nr. 646.)
— die Geflügelzucht. Mit zahlr. Abbildgn. nach Orig.-Zeichngn. des Verf. (102 S.) (903.) (Nr. 474. 475.)
— der Kanarienvogel. Seine Rassen, Pflege u. Zucht. Ein Merkbüchlein f. jeden Vogelfreund. Mit 3 Bildertaf. u. 7 Textbildern, nach Orig.-Zeichngn. des Verf. (46 S.) (904.) (Nr. 495.)
— die Kaninchenzucht. Ein Taschenbüchlein f. Anfänger. Mit zahlreichen Abbildgn. nach Orig.-Zeichngn. des Verf. (47 S.) (903.) (Nr. [illegible])
Wulf, Arth., Molkerei. Die Milch, ihre Eigenschaften, Prüfg., Behandlg. u. Verwertung, sowie die Butter- u. Käsebereitg. Mit zahlr. Orig.-Abbildgn. (96 S.) (904.) (Nr. 642. 643.)
— Die Taubenzucht. Mit Beschreibg. fast aller Taubenrassen u. 30 Abbildgn. (96 S.) (904.) (Nr. 644. 645.)
— Wirtschaftsgeflügelzucht. Praktische Ratschläge f. Haltung, Zucht u. Verwertg. v. Nutzgeflügel. Mit 20 Orig.-Zeichngn. vom Verf. (62 S.) (904.) (Nr. 605.)
Zeuner, Reinh., einfache Buchführung. (Neue Aufl.) (77 S.) (906.) (Nr. 271. 272.)
Zimmergymnastik, die. Mit 22 Abbildgn. (48 S.) (906.) (Nr. 711.)
Zitate, lateinische. (Von Cato major.) (128 S.) (906.) (Nr. 698 bis 700.)

Miniatur-Bibliothek. Nr. 598. 599. 727—869 u. 875—884.

32. Leipzig, A. O. Paul. à Nr. —10

Anton, Rhold., kleines deutsch-englisches Handwörterbuch f. Kaufleute. (294 S.) (910.) (Nr. 831—835.)
Betrieb, technischer, u. Sicherheits-Einrichtungen der Eisenbahnen. (64 S. m. Abb.) (907.) (Nr. 741. 742.)
Binder, Heinr., Schiffahrt u. Seeausdrücke. (71 S.) (908.) (Nr. 786. 787.)
Blücher, H., die Farben. Ihre Herstellg. u. Verwendg. (111 S.) (907.) (Nr. 728. 730.)
Böhm, der Tabak u. seine Verarbeitg. (48 S.) (910.) (Nr. 849.)
Brahm, Hans, das Recht der Schuldverhältnisse des bürgerlichen Gesetzbuches. Neue Bearbeitg. (88 S.) (907.) (Nr. 749. 750.)
Briefe, militärische. (Umschlag: Briefsteller f. militärische Angelegenheiten.) (40 S.) (907.) (Nr. 738.)
Cato, O., kleiner deutscher Sprachhort. Ein deutsches Wörterbuch. (110 S.) (908.) (Nr. 771—773.)
Dehling, Frz., gute Ratschläge f. Anfänger im Gartenbau. (88 S.) (908.) (Nr. 788. 789.)
Donath, P., die Schaf- u. Ziegenzucht. (61 S.) (907.) (Nr. 734.)
Ehrlich, Paul, der Dieselmotor. (54 S. m. Fig.) (909.) (Nr. 813.)
Erbrecht u. Nachlaßbehandlung. Nach dem bürgerl. Gesetzbuch. (72 S.) (910.) (Nr. 879. 880.)
Erwerbs- u. Wirtschaftsgenossenschaft, die. (47 S.) (909.) (Nr. 811.)
Feldmeßkunst, die. (124 S. m. Fig.) (907.) (Nr. 746—748.)
Feuerbestattung, die. (47 S. m. Abb.) (907.) (Nr. 733.)
Fromm, Carl Jos., allgemeine Instrumentationslehre. (71 S.) (908.) (Nr. 761. 762.)
Geduldspiele. (Patiencen.) (78 S. m. Fig.) (908.) (Nr. 775. 776.)
Geheimnisse, die, der Tierdressur. Enthüllungen üb. das Abrichten aller zu öffentl. Schaustellgn. benutzten Tiere. Mit 12 Abb. (151 S.) (907.) (Nr. 737—740.)
Geheimschrift, die. Die sichersten Methoden f. geheimen schriftl. Verkehr. (32 S. m. 2 Tab.) (907.) (Nr. 727.)
Gemmert, F., der Kinematograph. Projektionskunst. (40 S. m. Fig.) (910.) (Nr. 841.)
Geschichte, byzantinische. (79 S.) (909.) (Nr. 809. 810.)
— mazedonische, des Altertums. (48 S.) (909.) (Nr. 803.)
— der orientalischen Völker im heidnischen Altertum. (142 S.) (909.) (Nr. 800—802.)
— römische. (256 S.) (909.) (Nr. 804—808.)
Gesetz, betr. das Urheberrecht an Werken der bildenden Künste u. der Photographie. Kunstschutzgesetz vom 9. I. 1907. (31 S.) (908.) (Nr. 774.)
Gillstoff, Harald, das Wurzelziehen. Das Quadrat- u. Kubikwurzelziehen allgemein verständlich erklärt. (48 S. m. Fig.) (908.) (Nr. 757.)
¿Habla Vd. castellano? (Spanische Konversation.) (48 S.) (907.) (Nr. 732.)
Hausungeziefer, das, seine Lebensweise u. seine Vertilgung. (80 S. m. Abb.) (910.) (Nr. 836. 837.)
Heinrichs, P., unsere wichtigsten Heilpflanzen. Allgemein verständlich dargestellt. (Mit 26 farb. Abb. nach Aquarellen v. F. Arnold.) (X, 186 S.) (908.) (Nr. 790—794.)

Hintz, Aug., der Honig u. seine Verwertung. (63 S.) (910.) (Nr. 848.)
Janotta, Karl Aug., Linguo internaciona di la delegitaro Ido. Die Weltsprache der Zukunft. Systematische Grammatik nebst Lesestücken u. Wurzelverzeichn. (172 S.) (910.) (Nr. 875—878.)
Josefsky, Karl, Rosenkultur. Leicht faßlich dargestellt. (104 S. mit Abb.) (908.) (Nr. 763. 764.)
Kochbuch, vegetarisches. (95 S.) (909.) (Nr. 817. 818.)
Konjugationsmuster der englischen regelmäßigen u. unregelmäßigen Verben. (72 S.) (908.) (Nr. 781. 782.)
Kontinente, versunkene. (96 S.) (908.) (Nr. 766. 767.)
Krieg, der dreißigjährige. (152 S.) (910.) (Nr. 845—847.)
Kunst, die, des Gesanges. (46 S.) (908.) (Nr. 785.)
Larius, P., Phrenologie. (47 S. m. Abb.) (909.) (Nr. 816.)
Laufsport, der. Training des Läufers auf alle Strecken. (Schnellauf, Marathonlauf, Stafetten- u. Hürdenlauf.) (58 S.) (910.) (Nr. 862.)
Lehmstedt, K., Radium u. Radioaktivität. (47 S. m. Fig.) (909.) (Nr. 812.)
Lösen, das, v. Schachaufgaben. Von Traumulus. (Umschlag: Schwarz: Schachaufgaben.) (105 S.) (910.) (Nr. 881—884.)
Lubahn, Johs., Wesen u. Ziel der Bodenreform. Vorwort v. Adf. Damaschke. (64 S.) (908.) (Nr. 768.)
Michelis, Zenta, Erziehung, Dressur u. Pflege der Katze. (32 S.) (908.) (Nr. 769.)
Müller, Heinr., die amerikanische Buchführung. (117 S., 2 Doppels. u. 6 S. m. 10 Formularen.) (910.) (Nr. 826—830.)
Naturheilverfahren, das. Mit vielen Abb. (150 S.) (908.) (Nr. 778—780.)
Neutriepke, Siegfr., der Student. Ein Leitfaden f. alle, die e. Hochschule beziehen wollen. Zur Aufklärg. f. jeden, der sich f. akadem. Leben interessiert. (88 S.) (908.) (Nr. 759. 760.)
Rätsel. (46 S.) (907.) (Nr. 745.)
Ringkampf, der. (40 S. m. Abb.) (908.) (Nr. 765.)
Rollschuh-Sport, der. (56 S. m. Fig.) (910.) (Nr. 855.)
Scheck u. Postscheck. (60 S.) (910.) (Nr. 824. 825.)
Schleyer, A., Tierheilkunde. (244 S.) (910.) (Nr. 850—854.)
Schneeschuhsport, der. (58 S. m. Abb.) (909.) (Nr. 819.)
Schüchternheit. Ihre Ursachen u. ihre Heilg. (54 S.) (909.) (Nr. 813.)
Schulze, Rob., Ansprachen u. Reden f. Bürgermeister, Gemeindevorstände u. Standesbeamte. (144 S.) (910.) (Nr. 867—869.)
Schürmann, Heinr., Grubenexplosionen. (56 S.) (910.) (Nr. 823.)
Singer, Leop., die österreichische Verfassung. (79 S.) (910.) (Nr. 857. 858.)
Sport u. Körperpflege. (96 S.) (910.) (Nr. 863. 864.)
Sprichwörter, deutsche. (160 S.) (910.) (Nr. 859—861.)
— englische. (136 S.) (910.) (Nr. 820—822.)
— französische. (156 S.) (910.) (Nr. 838—840.)
Stein, Mart., französische Geschichte. (176 S.) (910.) (Nr. 842—844.)
Stottern, das, u. seine Beseitigung. Gemeinverständlich dargestellt f. Stotterer, Eltern u. Lehrer. (63 S.) (907.) (Nr. 735.)
Tannert, Geo., das Terrarium. (48 S.) (907.) (Nr. 731.)
— Der Tierfreund. (56 S.) (908.) (Nr. 770.)
Träume u. ihre Deutung. (Traumbuch.) (48 S.) (908.) (Nr. 758.)
Twrdy, Konr., Vermehrung u. Vererbung. Nach dem gegenwärt. Stande der Vererbungsfrage gemeinverständlich dargestellt. (76 S.) (908.) (Nr. 755. 756.)
Vorträge, ernste. (95 S.) (908.) (Nr. 796. 797.)
— heitere. (95 S.) (908.) (Nr. 798. 799.)
Was werde ich? Der Chauffeur. (64 S.) (908.) (Nr. 599.)
— dasselbe. Der Zahnarzt. (48 S.) (905.) (Nr. 598.)
Werner, Physiologie od. Die Lehre vom Leben, in seinen wichtigsten Erscheingn. gemeinverständlich dargestellt. (141 S.) (908.) (Nr. 783—785.)
Werner, Ernst, griechische Geschichte. (77 S.) (907.) (Nr. 743. 744.)
Wettbewerb, der unlautere. (64 S.) (909.) (Nr. 814.)
Wettgehsport, der. (Der Schnell-, Dauer- u. Gepäckgeher.) (56 S.) 910. (Nr. 856.)
Wunderlich, M., Dampfturbinen u. Verbrennungsmotoren. (80 S. m. 23 Abbildgn.) (910.) (Nr. 865. 866.)
Würfelspiele, 50. (48 S. m. Fig.) (908.) (Nr. 777.)
Zschorlich, Paul, europäische Literaturgeschichte des 19. Jahrh. (184 u. XXIV S.) (908.) (Nr. 751—754.)

Miniatur-Bibliothek. Reise- u. Städteführer. Nr. 901—987. 32. Leipzig, A. O. Paul. à Nr. — 10

Augsburg. Führer durch Augsburg. Von H. Caspary. (40 S. m. 1 farb. Plan.) (910.) (Nr. 972.)
Barmen. Von Frz. Henk. (48 S. m. 1 farb. Plan.) (910.) (Nr. 953.)
Bayreuth u. seine Festspiele. Von Paul Sakolowski. Mit 1 (farb.) Plan der Stadt u. 3 Grundrissen des Festspielhauses. (64 S.) (910.) (Nr. 933.)
Berlin. (124 S. m. 1 farb. Plan.) (909.) (Nr. 901.)
— Umgebung. (88 S. m. 1 farb. Plan.) (909.) (Nr. 902.)
Bodetal. Das Bodetal u. seine Umgebung (Quedlinburg, Blankenburg, Ballenstedt). Von O. Cato. Mit 1 (farb.) Plan u. der Bodetal-Karte. (72 S.) (910.) (Nr. 958.)
Bonn u. das Siebengebirge. Von Paul Sakolowski. (64 S. m. 1 Wegekarte u. 1 farb. Plan.) (910.) (Nr. 947.)
Braunschweig. (55 S. m. 1 farb. Plan.) (910.) (Nr. 944.)
Bremen. Von Max Weinhold. (48 S. m. 1 farb. Plan.) (910.) (Nr. 952.)
Breslau. (74 S. m. 1 farb. Plan.) (909.) (Nr. 921.)
Brüssel. Von Paul Sakolowski. (96 S. m. 1 farb. Plan u. 2 Grundrissen.) (910.) (Nr. 961. 962.)
Brüssels Umgebung u. das Schlachtfeld v. Waterloo. Von Paul Sakolowski. (48 S. m. 2 farb. Karten.) (910.) (Nr. 963.)
Budapest. Führer durch die Haupt- u. Residenzstadt Budapest. (68 S. m. 1 farb. Plan.) (910.) (Nr. 976. 977.)
Chemnitz. Führer durch Chemnitz. (38 S. m. 1 farb. Plan.) (910.) (Nr. 974.)
Danzig. (88 S. m. 1 farb. Plan.) (909.) (Nr. 906.)
Dessau u. Umgegend-Wörlitz. (63 S. m. 2 [1 farb.] Plänen.) (910.) (Nr. 939.)
Dortmund. (48 S. m. 1 farb. Plan.) (910.) (Nr. 954.)
Dresden. (86 S. m. 1 farb. Plan.) (909.) (Nr. 919.)
Düsseldorf. (40 S. m. 1 farb. Plan.) (909.) (Nr. 918.)
Eisenach. (48 S. m. 1 farb. Plan.) (909.) (Nr. 930.)
Elberfeld. Von Frz. Henk. (48 S. m. 1 farb. Plan.) (910.) (Nr. 910.)
Elster- u. Saaletal. (56 S. m. 1 farb. Karte.) (910.) (Nr. 957.)
Erfurt. (40 S. m. 1 farb. Plan.) (909.) (Nr. 923.)
Essen a. d. Ruhr. (56 S. m. 1 farb. Plan.) (909.) (Nr. 915.)
Frankfurt a. M. (45 S. m. 1 farb. Plan.) (909.) (Nr. 910.)
Freiburg i. Br. (71 S. m. 1 farb. Plan.) (909.) (Nr. 925.)
Goslar. Führer durch Goslar. Von Paul Sakolowski. (32 S. m. 1 farb. Plan.) (910.) (Nr. 931.)
Göttingen u. Umgebung. Von Paul Sakolowski. (48 S. m. 1 farb. Plan.) (910.) (Nr. 973.)
Halle a. S. (39 S. m. 1 farb. Plan.) (909.) (Nr. 922.)
Hamburg. (104 S. m. 1 farb. Plan.) (909.) (Nr. 908.)
Hannover. (48 S. m. 1 farb. Plan.) (909.) (Nr. 904.)
Harz, der. (96 S. m. 1 farb. Karte.) (910.) (Nr. 955.)
Heidelberg. (48 S. m. 1 farb. Plan.) (909.) (Nr. 929.)
Hildesheim. Führer durch Hildesheim. Von Paul Sakolowski. (40 S. m. 1 farb. Plan.) (910.) (Nr. 932.)
Jena. (32 S. m. 1 farb. Plan.) (910.) (Nr. 946.)
Karlsruhe. (76 S. m. 1 farb. Plan.) (909.) (Nr. 909.)
— (46 S. m. 1 farb. Plan.) (909.) (Nr. 927.)
Kiel. (44 S. m. 1 farb. Plan.) (909.) (Nr. 912.)
Koblenz. (32 S. m. 1 farb. Plan.) (909.) (Nr. 924.)
Köln a. Rh. (48 S. m. 1 farb. Plan.) (909.) (Nr. 905.)
Königsberg i. Pr. (74 S. m. 1 farb. Plan.) (909.) (Nr. 928.)
Königsschlösser. Die bayrischen Königsschlösser u. ihre nähere Umgebung. Von Paul Sakolowski. (128 S. m. 1 farb. Karte u. 1 Grundriss.) (910.) (Nr. 983. 984.)
Kopenhagen. Führer durch Kopenhagen u. Umgebg. (80 S. m. 1 farb. Plan.) (910.) (Nr. 980. 981.)
Leipzig. (77 S. m. 1 farb. Plan.) (909.) (Nr. 903.)
Löwen u. Mecheln. Von Paul Sakolowski. (48 S. m. 2 farb. Plänen.) (910.) (Nr. 971.)
Lübeck. Führer durch Lübeck. (69 S. m. 1 farb. Plan.) (910.) (Nr. 982.)
Magdeburg. (32 S. m. 1 farb. Plan.) (909.) (Nr. 916.)
Mainz. (69 S. m. 1 farb. Plan.) (909.) (Nr. 913.)
Mosel, die, von Koblenz bis Trier. Von Paul Sakolowski. (80 S. m. 1 farb. Karte.) (910.) (Nr. 934.)
München. (68 S. m. 1 farb. Plan.) (909.) (Nr. 907.)
Münster i. W. Führer durch Münster i. W. Von Marie Findeklee. (48 S. m. 1 farb. Plan.) (910.) (Nr. 975.)
Nordhausen a. Harz u. Umgebung. (54 S. m. 1 farb. Plan.) (910.) (Nr. 938.)
Nürnberg. (51 S. m. 1 farb. Plan.) (909.) (Nr. 917.)
Oberammergau u. sein Passionsspiel 1910. Von Paul Sakolowski. Mit 1 (farb.) Grundriss des Festspielhauses, 1 (farb.) Karte der näheren Umgebg. u. ausführl. Inhaltsangabe des Passionsspiels, sowie der Rollenbesetzg. (64 S.) (910.) (Nr. 960.)
Ostende u. die flandrische Küste. Von Paul Sakolowski. (55 S. m. 1 farb. Karte u. 1 farb. Plan.) (910.) (Nr. 967. 968.)
Posen. Von Hugo Sommer. (72 S. m. 1 farb. Plan.) (910. (Nr. 950.)
Prag. Von Karl Pauxner. (71 S. m. 1 farb. Plan.) (907.) (Nr. 887.)
Rhein, der, von Koblenz bis Köln. Von Paul Sakolowski. (48 S. m. 1 farb. Karte.) (910.) (Nr. 942.)
— von Mainz bis Koblenz. Von Paul Sakolowski. (48 S. m. 1 farb. Karte.) (910.) (Nr. 941.)
Rothenburg o. T. u. das Taubertal bis Tauberbischofsheim. Von Paul Sakolowski. (64 S. m. 1 farb. Plan.) (910.) (Nr. 948.)
Sächsisch-böhmische Schweiz, die. (67 S. m. 1 farb. Karte.) (910.) (Nr. 915.)
Salzburg u. seine nähere Umgebung (Gaisberg, Untersberg). Von Paul Sakolowski. (56 S. m. 1 Karte u. 1 farb. Plan.) (910.) (Nr. 985. 986.)
Salzkammergut, das. Von Paul Sakolowski. (64 S. m. 1 farb. Karte.) (910.) (Nr. 978. 979.)

Schottland. Führer durch Schottland. Von W. Kayser. (150 S. m. 1 farb. Karte.) (910.) (Nr. 984—986.)
Starnberger See, der, u. Umgebung. (Staffel-, Kochel- u. Walchensee nebst Isartal.) Von Paul Sakolowski. (47 S. m. 1 farb. Karte.) (910.) (Nr. 969.)
Stettin. (55 S. m. 1 farb. Plan.) (910.) (Nr. 951.)
Straßburg i. E. (85 S. m. 1 farb. Plan.) (909.) (Nr. 928.)
Stuttgart. (46 S. m. 1 farb. Plan.) (909.) (Nr. 920.)
Tegernsee u. Umgebg. (Bad Tölz, Schliersee, Wildbad Kreuth, Wendelstein). Von Paul Sakolowski. (48 S. m. 1 farb. Karte.) (910.) (Nr. 970.)
Thüringer Wald, der. (6) S. m. 1 farb. Karte.) (910.) (Nr. 956.)
Trier. Von Paul Sakolowski. (30 S. m. 1 farb. Plan u. 1 Grundriß.) (910.) (Nr. 955.)
Weimar. (44 S. m. 1 farb. Plan.) (909.) (Nr. 911.)
Wernigerode u. seine Umgebung. (68 S. m. 1 farb. Plan.) (910.) (Nr. 936.)
Weser, die, v. Münden bis Hameln. Von Paul Sakolowski. (48 S. m. 1 farb. Karte.) (910.) (Nr. 943.)
Wiesbaden. (37 S. m. 1 farb. Plan.) (909.) (Nr. 914.)
Worms. (32 S. m. 1 farb. Plan.) (910.) (Nr. 959.)
Würzburg u. seine Umgebung. (55 S. m. 1 farb. Plan.) (910.) (Nr. 949.)
Zittau. Führer durch Zittau u. Umgebung. (71 S. m. 1 farb. Karte u. 1 farb. Plan.) (910.) (Nr. 967.)

Miniatur-Bibliothek, deutsch-österreichische. 1.—5. Bd. 16. Wien, Kratz, Helf & Co. à — 50
1. Nach der Redoute, Komödie in 1 Akt. Von A. M. Kolloden. (VII, 71 S.) 903.
2.3. Bettelkinder. Skizzen. Von Else v. der Helden. (VII, 143 S. m. Bildnis.) (904.)
4.5. St. Elmsfeuer. Skizzen. Von Henry Wenden. (VII, 148 S.) (904.)
Erscheint nicht mehr.

—— ausländ. Dichter. Eine Auswahl d. Schönsten aus ihren Werken. Mit einleit. Biographien u. literar.-histor. Anmerkn. 1. u. 2. Bdchn. kl. 16. Wehlau 840, Loebell. (?) à *
Bdchn. 1. Béranger, Lieder. (7 B.)
" 2. Ossians Gedichte. (8 B.)

— classischer Dichterwerke. 10 Bdchn. 24. Leipzig 880. Matthes. geb. n. 5. 90; cplt. in Leinw.-Kapsel u. d. T.: Perlen deutscher Dichterwerke 7. 50
1. Hermann u. Dorothea. Von Joh. Wolfg. Goethe. (68 S.) n. — 50
2. Wilhelm Tell. Schauspiel in 5 Aufzügen von Frdr. Schiller. (139 S.) n. — 80
3. Minna v. Barnhelm od. das Soldatenglück. Ein Lustspiel in 5 Aufzügen von Ghold. Ephraim Lessing. (107 S.) n. — 80
4. Oden u. Epigramme von Frdr. Glieb. Klopstock. (57 S.) n. — 50
5. Gedichte, Legenden u. prosaische Dichtungen von Joh. Gfr. Herder. (57 S.) n. — 50
6. Gandalin od. Liebe um Liebe. Ein Gedicht in 8 Büchern von Chrph. Mart. Wieland. (94 S.) n. — 80
7. Gedichte von G. A. Bürger. (62 S.) n. — 50
8. Leben des vergnügten Schulmeisterleins Maria Wuz in Auenthal. Eine Art Idylle von Jean Paul. (58 S.) n. — 50
9. Das kalte Herz von Wilh. Hauff. (57 S.) n. — 50
10. Leyer u. Schwert von Th. Körner. (56 S.) n. — 50

Miniaturbibliothek der ausländ. Classiker (in getreuen Uebersetzungen von e. Gesellschaft Gelehrter). 1s—3s Bdchen. A. u. d. T.: Voltaire's Geschichte Carl XII. Königs v. Schweden. Uebers. von C. F. E. Ludwig. 3 Bdchen. — Der franz. Classiker 1s—3s Bdchn. 32. Hamburg u. Leipzig 840. Schuberth u. Comp. n. $^{1}/_{4}$ ℛ

— dass. 4s u. 5s Bdchen. A. u. d. T.: Rasselas, Prinz von Habesch. Eine Erzählung v. Sam. Johnson. Aus d. Engl. übers. von Georg Nicol. Bärmann. 2 Thle. — Der engl. Classiker 1s u. 2s Bdchen. 32. Ebd. 840. n. $^{1}/_{6}$ ℛ

— dass. 6s Bdchen. Wilhelm Tell od. die Befreiung d. Schweiz, von Florian, übers. von A. E. Wollheim. (Franz. Classiker. 4s Bdchen.) 32. Ebd. 840. n. $^{1}/_{12}$ ℛ

— dass. 7s u. 8s Bdchen. Die Frithiofs Sage, aus d. Schwed. des E. Tegnér, übers. von A. E. Wollheim. (Schwed. Classiker. 1s u. 2s Bdchen.) 32. Ebd. 840. n. $^{1}/_{6}$ ℛ

— dass. 9s—11s Bdchen. A. u. d. T.: Meine Gefangenschaft. Memoiren des Silvio Pellico von Saluzzo. Aus d. Italien. v. J. W. Christern. (Italien. Classiker. 1s—3s Bdchen.) 32. Ebd. 840. à n. $^{1}/_{12}$ ℛ

— dass. 12s u. 13s Bdchen. A. u. d. T.: Jean Jacques Rousseau, der Genfer, vom Gesellschaftsvertrage. Aus d. Franz. von G. Werner. 2 Thle. (Franz. Classiker. 5s u. 6s Bdchen.) 32. Ebd. 840. à n. $^{1}/_{12}$ ℛ

— dass. 14s—17s Bdchen. Andersen, der Improvisator. Italienisches Lebens- und Sittengemälde. Aus d. Dän. von Wollheim. 32. Ebd. 840. à n. $^{1}/_{12}$ ℛ
Als Prämie für die Käufer sämmtl. Theile ist geliefert: Jean Pierre Claris von Florian. — Samuel Johnson. Biograph.-literar. geschildert von Emil Ferd. Vogel. — Miniaturbibliothek der Biographien. 1s u. 2s Heft. Mit 2 Portraits. 32. Einzeln n. $^{1}/_{6}$ ℛ

Miniaturbibliothek ausländ. Classiker. Eine Auswahl d. Schönsten u. Gediegensten aus ihren Werken, in vollständigen Uebersetzungen v. einer Gesellschaft Gelehrter. 53 Bdchn. 2. Ausg. 32. (à ca. 125 Seit.) Hamburg 840—44, Schuberth u. Comp. à $^{1}/_{12}$ Thlr.
A. u. d. Tiln.:
Bdchn. 1—3. Voltaire, Carl XII. 3 Bdchn.
" 4., 5. Johnson, Rasselas. 2 Bdchn.
" 6. Florian, Wilhelm Tell.
" 7., 8. Tegnér, Frithjofssage. 2 Bdchn.
" 9—11. Silvio Pellico, Gefangenschaft. 3 Bdchn.
" 12., 13. Rousseau, Gesellschaftsvertrag. 2 Bdchn.
" 14—18. Andersen, Leben eines Improvisators. 5 Bdchn.
" 19. Chateaubriand, Atala.
" 20., 21. St. Pierre, Paul u. Virginie. 2 Bdchn.
" 22—24. Goldsmith, Landprediger v. Wakefield. 3 Bdchn.
" 25—28. Franklin, Leben u. sämmtl. Werke. 4 Bdchn.
" 29., 30. Scribe, das Glas Wasser. 2 Bde.
" 31—34. Voltaire, Geschichte d. russ. Reichs. 4 Bdchn.
" 35., 36. Marmontel, Belisar. 2 Bdchn.
" 37., 38. Andersen, mein Bruder Arthur. 2 Bdchn.
" 39., 40. Cottin, Elisabeth. 2 Bdchn.
" 41., 42. Montesquieu, Verfall d. röm. Reichs. 2 Bdchn.
" 43—45. Florian, Numa Pompilius. 3 Bdchn.
" 46—52. Bulwer, die letzten Tage v. Pompeji. 7 Bdchn.
" 53. Ponsard, Lucretia.
Bei Abnahme des vollständigen Werkes wird: Kuhlmann's Weltgeschichte, 1—8. Lfg. u. Schuberth's Atlas (Karten z. Geschichte u. Geographie.) 2 Hfte. (11 ill. Bl., Stahlst.) als Prämie unentgeldlich beigefügt.

Miniaturbibliothek ausländischer Classiker, in vollständ. Uebersetzungen. Neue Ausg. 1—13. Bd. 32. Ebds. 849. à Bd. * 2½ Ngr. *
Bd. 1—3. Voltaire's Geschichte Carl XII. Königs von Schweden. Aus dem Französ. übers. von C. F. C. Ludwig. 3 Thle. (XVI und 396 S.)
" 4., 5. Rasselas, Prinz von Habesch. Eine Erzählung von Sam. Johnson. Aus dem Engl. übers. von Geo. Nic. Bärmann. 2 Thle. (256 S.)
" 6. Wilhelm Tell, oder: Die Befreiung der Schweiz. Von Florian. Aus dem Französ. übers. von A. C. Wollheim. (112 S.)
" 7., 8. Die Frithiofs-Sage, aus dem Schwed. des C. Tegnér. Uebers. von A. C. Wollheim. (190 S.)
" 9—11. Meine Gefangenschaft. Memoiren des Silvio Pellico von Saluzzo. Aus dem Ital. von J. W. Christern. 2 Thle. (350 S.)
" 12., 13. Jean Jacques Rousseau, vom Gesellschaftsvertrage. Aus dem Französ. von G. Werner. 2 Thle. (271 S.)

Miniaturbibliothek ausländischer Classiker, in vollständ. Uebersetzungen. Neue Ausg. 54—57. Bd.: Raphael. Ein Seelengemälde von A. de Lamartine. Aus dem Französ. übers. von Geo. Nicol. Bärmann. 16. (328 S.) Hamburg 850, Schuberth und Comp. à Bd. * 2½ Ngr. *

—— dass. — 58—60. Bd.: Die classischen Dichter und Schriftsteller des Auslandes in Biographien und kurzen Lebensabrissen. 16. (287 S. und 4 Portr. in Stahlst.) Hamburg 850, Schubert und Comp. à Bd. * 2½ Ngr. Thlr. *
1—53. Bd. Ebendas. 1840—44. * 4 Thlr. 12½ Ngr.

Miniatur-Bibliothek Classiker

Miniatur-Bibliothek der Deutschen Classiker. Lfg. 1.2. 1827-28

s. Bürger, Gottfried August: Bürgers Gedichte.

Miniatur-Bibliothek Classiker

Miniatur-Bibliothek der Deutschen Classiker. Lfg. 5. 1828

s. Körner, Karl Theodor: Anthologie ...

— der neuesten deutschen Classiker. Eine Auswahl des Schönsten u. Gediegensten aus d. Werken der berühmt. deutschen Schriftsteller d. neuesten Zeit. 1s—32s Bdchen. 32. Leipzig … Verlags-Verein. (Schmidt.) (à $\frac{1}{12}$ ℛ) $2\frac{2}{3}$ ℛ

— dass. Ausg. in 16. 1r—4r Bd. (Ebd.) (à $\frac{1}{4}$ ℛ) 1 ℛ

Miniatur-Bibliothek f. junge Mädchen. 10 Bdchn. in feinem Rokoko-Schränkchen. 128. Stuttgart (896). G. Weise. In Karton 6. —

1. Unser Zimmergärtchen. Von Klara Reichner. (63 S.)
2. Der Freundschaftsbund. Ein Kränzchen- u. Festspiel. Von Klara Reichner. (63 S.)
3. E. Sammlg. kleiner Gelegenheits-Gedichte. Von Klara Reichner. (64 S.)
4. Kleiner Briefsteller. Von Klara Reichner. (64 S.)
5. Was soll ich kochen? Ein kleiner Küchen-Leitfaden. Von Klara Reichner. (64 S.)
6. Spruch, e., f. jeden Tag im Jahr. (62 S.)
7. Rätselstrauß. Von Klara Reichner. (64 S.)
8. Ins Album der Freundin. (60 S.)
9. Alphabet d. guten Tones. (63 S.)
10. Zwei Erzählungen: Gottes Auge wacht. Iwan d. Krüppel. Von Klara Reichner. (61 S.)

Die Bändchen sind einzeln nicht käuflich.

Miniatur-Bibliothek, neue. Nr. 2101—2130. 16. (à Nr. ca. 32 S.) Mülheim 886, Bagel. à Nr.

Inhalt:

Nr. 2101. Contre-Tänze und Cotillon-Touren.
„ 2102. Das gratulierende Kind. Kinder-Glückwünsche zu Neujahr, Geburtstag und Weihnachten und sonst. Familienfesten.
„ 2103. Kranzgedichte und Aufführungen zu Polterabend und Hochzeit.
„ 2104. Hochzeitswünsche und Gedichte. Eine Sammlung von Glückwünschen, Reden, Liedern und Aufführungen zu Hochzeitsfesten.
„ 2105. Die Blumensprache der Liebe und Freundschaft.
„ 2106. Festreden und Toaste für allgemeine, patriotische, Familien- und Vereins-Festlichkeiten.
„ 2107. Festprologe und Gedichte zu lebenden Bildern.
„ 2108. Unterhaltungs- und Gesellschafts-Spiele im Zimmer.
„ 2109. Dasselbe im Freien.
„ 2110. Karnevals-Lieder und Ulkereien für heitere Narrenkreise.
„ 2111. Komische Vorträge für heitere Kreise.
„ 2112. Die schönsten Karten-Kunststücke zur Unterhaltung in allen Gesellschaftskreisen.
„ 2113. Der gute Ton. Das Benehmen auf Bällen, nebst einer Anleitung zu Ball-Gesprächen.
„ 2114. Das feine Benehmen bei Besuchen und Gesellschaften.
„ 2115. Die schönsten Braut- und Liebes-Lieder. Neue Sammlung.
„ 2116. Vergißmeinnicht. Stammbuchverse und Sprüche.
„ 2117. Kleine Lustspiele für Familien- und Vereinsfeste.
„ 2118. Polterabendscherze für 1, 2 und mehrere Personen.
„ 2119. Hochzeits-Lieder und Gedichte.
„ 2120. Neues Traumbuch. Auslegung und Deutung sämtl. Träume in Poesie und Prosa.
„ 2121. Vom Herzen zu Herzen. Liebesbriefsteller.
„ 2122. Briefe der Liebe während des Brautstandes.
„ 2123. Heirats-Anträge nebst Antworten.
„ 2124. Rätsel-Büchlein für jung und alt.
„ 2125. Glückwunsch-Büchlein für Familienfeste.
„ 2126. Heitere Lieder und Couplets für frohe Kreise.
„ 2127. Gesellschafts- und Tafel-Lieder für frohe Kreise.
„ 2128. Hübsche Soloscenen und Vorträge für Dilettanten.
„ 2129. Punktirbüchlein nebst Planeten-Deuter zur Enthüllung der Zukunft. Zur Unterhaltung für heitere Stunden.
„ 2130. Die schönsten Deklamationen für Damen und Herren in gesellschaftl. Kreisen.

Miniatur-Bibliothek, novellistische. Herausg. von Friedr. Seebach. A. u. d. T.: Erzählungen und Novellen. Wien 853. Pfautsch u. Voß. 16. Jedes Bdchn. 4 ngr.

1. Bdchn.: 1. Das verletzte Gelübde des Schweigens. 2. „Zur Bajadere." (76 S.)
2. Bdchn.: 1. Der Dolch des Einsiedlers. 2. Das Pfand des Maskenballs. (72 S.)
3. Bdchn.: 1. Das Nachtlager in der Spielhöhle. Von Boz (Dickens). 2. Martha Hall, oder das Opfer eines Volksaberglaubens. Novelle von Carlo Monti. (68 S.)
4. Bdchn.: Wie man eine reiche Frau bekommt. Von Alberic Second. (64 S.)
5—8. Bdchn.: Dame und Milchmädchen. Ein Drama aus der vornehmen Welt. Von Eug. Guinot. (275 S.)
9—10. Bdchn.: Erzählungen und Novellen. I. Dissonanzen. (Von Alex. Gigl.) II. Die zwei Duelle des Bischofs. III. Das Todesurtheil des Vaters. (123 S.)

Miniatur-Bibliothek des Nützlichen und Angenehmen. 1—17. Bdchn. 64. (à ca. 40 S.) Leipzig 861, Matthes. à Bdchn. 5 Ngr.

Inhalt:

Bdchn. 1. Wörterbuch der Blumen-Sprache.
„ 2. Stammbuch-Verse. Der Liebe und Freundschaft gewidmet.
„ 3. Deutung der Träume.
„ 4. Charaden-Kranz. Gewunden von Herm. Fritzsche.
„ 5. Die Sprichwörter der Deutschen.
„ 6. Heitere Räthselfragen in bunter Sammlung.
„ 7. Briefsteller für Liebende.
„ 8. Der spaßhafte Tausendkünstler.
„ 9. Der lustige Declamator.
„ 10. Gesellschaftsspiele für heitere Kreise.
„ 11. Akrosticha nebst Deutung der Namen.
Bdchn. 12. Neues Complimentirbuch.
„ 13. Der heitere Kartenkünstler.
„ 14. Neuestes Punktir-Buch.
„ 15. Trinksprüche für heitere Kreise.
„ 16. Die gewandte Kartenlegerin.
„ 17. Lieder in geselligen Kreisen.

Miniatur-Bibliothek des Nützlichen und Angenehmen. 1. und 18.—34. Bdchn. 64. Leipzig 863—66, Matthes. à Bdchn. cart. 5 Ngr.

Inhalt:

Bdchn. 1. Wörterbuch der Blumensprache. 2. Aufl. (29 S.)
„ 18. Perlen deutscher Poesie. Eine Auswahl. (40 S.)
„ 19. Sonettenkranz aus deutschen Dichtern. (53 S.)
„ 20. Liebeslieder des deutschen Mittelalters. Ins Neudeutsche übertragen. (45 S.)
„ 21. Sprüche und Gedanken aus deutschen Dichtern. (48 S.)
„ 22. Die Hauptgegenstände der griechischen und römischen Götterlehre. (37 S.)
„ 23. Die wichtigsten Thatsachen der allgemeinen Weltgeschichte. (46 S.)
„ 24. Die Literatur der Griechen und Römer in faßlicher Uebersicht. (38 S.)
„ 25. Die Lieblingstänze des modernen Ballsaals. (30 S.)
„ 26. Die schönsten Epigramme aus früherer und neuerer Zeit. (64 S.)
„ 27. Das Wichtigste aus der Geschichte der Musik. (64 S.)
„ 28. Das Wichtigste aus der Literaturgeschichte des deutschen Volkes. (64 S.)
„ 29. Die zehn Gebote der Declamation. (64 S.)
„ 30. Kranioskopie und Physiognomik. (64 S.)
„ 31. Poetik, eine Anleitung zur Dichtkunst. (64 S.)
„ 32. Mnemotechnik oder Erinnerungskunst. (64 S.)
„ 33. Die wichtigsten im Deutschen gebräuchlichen Fremdwörter. (64 S.)
„ 34. Sammlung historischer Anekdoten. (64 S.)

2.—17. Bdchn. Ebendas. 1861. 2 Thlr. 20 Ngr.

— Neue Folge. 1., 3., 5., 7., 9., 12—14. Bdchn. 32. Leipzig 876. Matthes. à n. — 50

1. Neueste Blumensprache. Neueste Aufl. (61 S.)
3. Briefsteller f. Liebende beiderlei Geschlechts. 3. Aufl. (58 S.)
5. Gesellschaftsspiele zur angenehmen Unterhaltg. in fröhlichen Kreisen. 3. Aufl. (62 S.)
7. Polterabend Scherze zur leichten Darstellung im frohen Familienkreise f. Jung u. Alt. 2. Aufl. (60 S.)
9. Bosco, der Zauberkünstler. Eine Sammlg. der überraschendsten Taschenspielerkünste. 2. Aufl. (60 S.)
12. Neuestes Punktir-Buch nebst e. Blumen- u. Karten-Orakel. (44 S.)
13. Tanz-Album d. modernen Ballsaals. 2., verm. u. verb. Aufl. (44 S.)
14. Akrosticha nebst Bedeutung u. Jahrestag der Taufnamen. (58 S.)

—— des Nützlichen und Angenehmen. Neue Folge. 30 Bdchn. 32. Ebendas. 880—83. geb. à Bdchn. *

Inhalt:

Bdchn. 1. Neueste Blumensprache. (61 S.)
„ 2. Deutung der Träume. 5. verm. Aufl. (62 S.)
„ 3. Briefsteller für Liebende beiderlei Geschlechts. 4. Aufl. (59 S.)
„ 4. Einige Gedanken für Stammbücher in Versen und Prosa. Der Liebe und Freundschaft gewidmet. 5. und 6. Aufl. (60 S.)
„ 5. Gesellschaftsspiele zur angenehmen Unterhaltung in fröhlichen Kreisen. 4. Aufl. (62 S.)
„ 6. Die Hellseherin und gewandte Kartenlegerin. 3. Aufl. (62 S.)
„ 7. Polterabend-Scherze zur leichten Darstellung im frohen Familienkreise für Jung und Alt. 2. Aufl. (60 S.)
„ 8. Die Sphinx oder das Buch der Räthsel. 3. Aufl. (62 S.)
„ 9. Bosco, der Zauberkünstler. Eine Sammlung der überraschendsten Taschenspielerkünste. 2. Aufl. (60 S.)
„ 10. Neuestes Complimentirbuch oder Anweisung zum guten Ton und feiner Sitte, nebst Glückwünschen, Beileidsbezeigungen, Anreden, Bitten ꝛc. 2.—4. Aufl. (62 S.)
„ 11. Trinksprüche in heiteren Kreisen. 3. und 4. Aufl. (43 S.)
„ 12. Neuestes Punktir-Buch nebst einem Blumen- und Karten-Orakel. 4. Aufl. (43 S.)
„ 13. Tanz-Album des modernen Ballsaals. 4. verm. und verb. Aufl. (44 S.)
„ 14. Akrosticha nebst Bedeutung und Jahrestag der Taufnamen. (58 S.)
„ 15. Gratulationsbuch für frohe Familienfeste. 2.—4. Aufl. (59 S.)
„ 16. Perlen deutscher Poesie. Eine Auswahl. (60 S.)
„ 17. Liebeslieder aus alter und neuer Zeit. 2. und 3. Aufl. (62 S.)
„ 18. Der lustige Declamator. Eine Sammlung kom. Vorträge. 2. Aufl. (62 S.)
„ 19. Spanische Fächersprache und Symbolik der Farben. 3. Aufl. (43 S.)
„ 20. Die wichtigsten Thatsachen der allgemeinen Weltgeschichte. 2. Aufl. (60 S.)
„ 21. Geschichte der deutschen Literatur mit Bevorzugung der Neuzeit. 2. Aufl. (61 S.)

" 22. Poetik, eine Anleitung zur Dichtkunst. 2. Aufl. (63 S.)
" 23. Fremdwörterbuch. Eine Erläuterung der wichtigsten im Deutschen gebräuchl. Fremdwörter nebst Angabe ihrer Abstammung. 3. Aufl. (62 S.)
" 24. Zimmer-Flora oder Anleitung, die beliebtesten Zierpflanzen des Zimmers zu ziehen und zu vermehren. 2. Aufl. (68 S.)
" 25. Liederbuch für fidele Menschen. 2. Aufl. (61 S.)
" 26. Geschichte der Musik von den ältesten Zeiten bis zur Gegenwart. 3. Aufl. (62 S.)
" 27. Die bildenden Künste. Ihre Meister und Stilweisen in alphabet. Folge. (63 S.)
" 28. Die Gegenstände der Mythologie aller Völker in alphabet. Folge. 2. Aufl. (62 S.)
" 29. Der kleine Opernfreund. Ein Rathgeber für Theaterbesucher. (58 S.)
" 30. Geheimnisse für Toilette und Küche. 2. Aufl. (62 S.)

Miniatur-Bibliothek des Nützlichen u. Angenehmen. 1—30. Bdchen. 32. Leipzig 878—82. Matthes. geb. à n. — 50

1. Neueste Blumensprache. Neueste Aufl. (61 S.)
2. Deutung der Träume. 5., verm. Aufl. (62 S.)
3. Briefsteller für Liebende beiderlei Geschlechts. 4. Aufl. (59 S.)
4. Einige Gedanken in Stammbücher in Versen u. Prosa. 6. Aufl. (60 S.)
5. Gesellschaftsspiele zur angenehmen Unterhaltung in fröhlichen Kreisen. 4. Aufl. (62 S.)
6. Die Hellseherin u. gewandte Kartenlegerin. 3. Aufl. (62 S.)
7. Polterabend-Scherze zur leichten Darstellung im frohen Familienkreise für Jung u. Alt. 2. Aufl. (60 S.)
8. Die Sphinx oder das Buch der Räthsel. 3. Aufl. (62 S.)
9. Bosco, der Zauberkünstler. Eine Sammlung der überraschendsten Taschenspielerkünste. 2. Aufl. (60 S.)
10. Neuestes Complimentirbuch oder Anweisung zum guten Ton u. feiner Sitte, nebst Glückwünschen, Beileidsbezeigungen, Anreden, Bitten 2c. 4. Aufl. (60 S.)
11. Trinksprüche in heiteren Kreisen. 4. Aufl. (43 S.)
12. Neuestes Punktirbuch, nebst einem Blumen- u. Karten-Orakel. 4. Aufl. (43 S.)
13. Tanz-Album des modernen Ballsaals. 4., verm. u. verb. Aufl. (44 S.)
14. Akrosticha, nebst Bedeutung u. Jahrestag der Taufnamen. (58 S.)
15. Gratulationsbuch für frohe Familienfeste. 4. Aufl. (59 S.)
16. Perlen deutscher Poesie. Eine Auswahl. (60 S.)
17. Liebeslieder aus alter u. neuer Zeit. (62 S.)
18. Der lustige Declamator. Eine Sammlung kom. Vorträge. 3. Aufl. (62 S.)
19. Spanische Fächersprache u. Symbolik der Farben. 3. Aufl. (43 S.)
20. Die wichtigsten Thatsachen der allgemeinen Weltgeschichte. 2. Aufl. (60 S)
21. Geschichte der deutschen Literatur m. Bevorzugung der Neuzeit. 2. Aufl. (61 S.)
22. Poetik, eine Anleitung zur Dichtkunst. 2. Aufl. (63 S.)
23. Fremdwörterbuch. Eine Erläuterung der wichtigsten im Deutschen gebräuchlichen Fremdwörter, nebst Angabe ihrer Abstammung. 3. Aufl. (62 S.)
24. Zimmer-Flora oder Anleitung, die beliebtesten Zierpflanzen des Zimmers zu ziehen u. zu vermehren. 3. Aufl. (68 S.)
25. Liederbuch für fidele Menschen. 2. Aufl. (61 S.)
26. Geschichte der Musik von den ältesten Zeiten bis zur Gegenwart. 3. Aufl. (62 S.)
27. Die bildenden Künste. Ihre Meister u. Stilweisen in alphabet. Folge. (63 S.)
28. Die Gegenstände der Mythologie aller Völker in alphabet. Folge. 2. Aufl. (62 S.)
29. Der kleine Opernfreund. Ein Rathgeber für Theaterbesucher. (59 S.)
30. Geheimnisse für Toilette u. Küche. 2. Aufl. (62 S.)

Miniatur-Bibliothek für Sport u. Spiel. 1.—32. Bd. 8. Leipzig, Grethlein & Co. 18. 60

Adolf Friedrich Herzog zu Mecklenburg, treibt Sport! Ein Weck- u. Mahnruf an Deutschlands Jugend. (61 S. m. Abb.) (908.) (Bd. 1.) (Unentgeltlich.)
Arend, Willy, Training des Fliegers. Mit vielen Abb. nach photograph. Aufnahmen. (119 S.) (909.) (Bd. 19.) — 60
Borghese, Fürst, üb. seine Automobil-Wettfahrt von Peking nach Paris in 60 Tagen. Eigener Bericht des Siegers m. Zugrundelegg. e. vor dem König v. Italien geh. Vortrags. Mit vielen Abb. (100 S.) (908.) (Bd. 8. 9.) 1. 20
Dessauer, A., das Segeln m. kleinen Fahrzeugen. Eine leichtfassl. Anleitg. zur Ausübg. des Tourensegelns. Mit Illustr. v. Dreher, A. Zisch u. vom Verf. (113 S.) (910.) (Bd. 32.) — 60
Dörr, Willy, die deutschen Wurfübungen. Mit 37 Abb. u. verschiedenen Rekordtabellen. (92 S.) (910.) (Bd. 25.) — 60
Edwards, Joe, Boxen (Fausthandschuh-Kampf) nach englisch-amerikanischer Methode. (107 S. m. Abb.) (908.) (Bd. 12.) — 60
Falk, Erich, Wandern u. Jugendwandern. (78 S. m. Abb.) (910.) (Bd. 26.) — 60
Fellner, Gust., der praktische Angler. (112 S. m. Abb.) (908.) (Bd. 3.) — 60
Fichard, Frhr. Rob. v., unser Tennis (Lawn-Tennis). Mit 10 Abb., 2 Plänen u. 4 Tab. (88 S.) (908.) (Bd. 2.) — 60
Frerk jr. Frdr. Willy, die Sportphotographie. Mit Abb., Volltaf. u. 2 Kunstbeilagen. (142 S.) (909.) (Bd. 16.) — 60
— Das Wanderfahren des Radlers. (123 S. m. Abb.) (910.) (Bd. 29.) — 60
Gaza, B. v., Rudersport. (Skullen u. Training.) Mit vielen Abb. (103 S.) (909.) (Bd. 17.) — 60
Ittlinger, Jos., Alpinismus. Ein Ratgeber f. Hochtouristen. (159 S. m. Abb.) (908.) (Bd. 5. 6.) 1. 20
Kehling, J., der Schlittensport. (90 S. m. Abb.) (910.) (Bd. 22.) — 60
Lüders, Otto, der Rollschuhsport (Roller-Skating). (104 S. m. 34 Abb. u. 2 Tab.) (910.) (Bd. 21.) — 60
Mylius, E., das Bogenschiessen als Sport u. zum Jagdgebrauch. (78 S. m. Abb.) (908.) (Bd. 11.) — 60
Oelze, F. W., Brieftaubensport u. Brieftaubenphotographie. Unter Mitarbeit v. W. Dördelmann, J. Neubronner u. Fr. Oelze verf. (176 S. m. Abb.) (910.) (Bd. 30. 31.) 1. 20
Otto, Heinr., der Gehsport. Training, Technik u. Taktik des Schnell-, Gepäck- u. Dauergehens. Bearb. unter Mitwirkg. v. Herm. Müller, Emerich Rath u. George H. Allen. (114 S. m. Abb.) (910.) (Bd. 24.) — 60
Rausch, Emil, Training des Schwimmers. Mit vielen Abb. (70 S.) (908.) (Bd. 4.) — 60
Robl, Thaddäus, Training des Stehers. Mit vielen hochaktuellen Abb. (127 S.) (909.) (Bd. 20.) — 60
Runge, Johs., Leichtathletik. Training, Technik u. Taktik des Laufens u. Springens. Mit vielen Abb. (71 S.) (908.) (Bd. 7.) — 60
Salchow, Ulr., das Kunstlaufen auf dem Eise. (82 S. m. Abb.) (910.) (Bd. 23.) — 60
Scharfe, Johs., Fussball ohne Aufnehmen des Balles (Assoziation – Fussball). Mit vielen Abb. im Text u. e. Anh.: „Die offiziellen Spielregeln des Deutschen Fussballbundes". (91 S.) (909.) (Bd. 18.) — 60
Schottelius, Ernst, der Schisport. Mit vielen Abb. (76 S.) (908.) (Bd. 15.) — 60
Trotha, Wilh. v., Sport u. Spiele an Bord. (141 S. m. Abb.) (910.) (Bd. 27. 28.) 1. 20
Vary, Edmond, Jiu-Jitsu, die Kunst der japan. Selbstverteidigg. u. Körperstählg. (81 S. m. Abb.) (908.) (Bd. 10.) — 60
— Die Kunst der Selbstwehr auf der Strasse u. im Hause. Mit vielen Abb. (162 S.) (908.) (Bd. 13. 14.) 1. 20

Miniaturbild, ein, aus der Südsee. 1. Die Tokelau-Inseln u. ihre Bewohner, 2. Die Einführung des Christenthums, 3. Die Kulifänger, 4. Fortgang des Werks. gr. 8. (20 S.) Basel 877. Missionsbuchh. n. — 10

Miniatur-Bildnisse von berühmten Professoren der medizin. Facultät zu Berlin, Busch, Dieffenbach, Jüngken, Kluge, Müller, Schönlein. (6 Blätter.) Berlin 845, Hirschwald'sche Buchh. (Aber.) n. 2/3 ℳ — Einzeln à n. 1/6 ℳ

Miniatur-Block-Kalender mit Gestell pro 1885. I. Jahrg. Wien, Moritz Perles. Eleg. ausgestattet 50 kr.

Miniatur-Blockkalender pro 1886. VI. Jahrg. Wien, Moritz Perles. 50 kr.

Miniature, le, del pontificale Ottoboniano, s.: Codices e Vaticanis selecti. III.

MINIATUREN. Vierzig Faksimilereproduktionen. Mit einer Einleitung von Etienne Forneron, Paris. Wien (C. W. Stern), 1909. 400 Exemplare.
Enthält Miniaturen von Anfang des 17. Jahrhunderts bis zum 19. Jahrhundert unter Louis Philipp, von Boucher, Gillot, Eisen, de Troy, Baudouin, Gravelot, Janninet, Demarteau, Traviès, Lami, Daumier, Isabey, Gavarni, Guy.
(Bd. 2 der Meisterwerke der erotischen Kunst Frankreichs.)

Miniaturen Deutscher Dichtung. Zeitschrift f. Dichtkunst u. Kritik. Unter Mitw. d. hervorragendsten Dichter ... hrsg. von Hermann Kiehne. [1.] Nordhausen a. H.: (Verl. d. Hrsg. 1908). 8° [F.] [illegible]

Miniaturen, Die, des Johann Fouquet, Peintre et enlumineur du Roys Louys XI. im Besitze des Herrn L. v. Brentano, Frankfurt a. M. V: *Steinle, E.* (F. Gwinner, Kunst und Kunstler in Frankfurt a. M. Frankfurt a. M. 1862)

Miniaturen der lateinischen Galenos-Handschrift der kgl. öffentl. Bibliothek in Dresden, Einleitg. u. Beschreibg. v. E. C. van Leersum u. W. Martin, s.: Codices graeci et latini photographice depicti. Suppl. VIII.

Miniaturen v. J. E. Kaffka. 2 Bdchen. gr. 8. Riga. (Rein in Lpz.) 805.

Miniaturen, religiöse. 1. Heft. Wien 865. Typographisch-literarisch-artistische Anstalt. 16. (12 Holzschntaff. in Buntdr.) In Couvert. n. 1 ℛ 10 ngr.

Miniaturen-Ausstellung Berlin 1906 in den Salons Friedmann & Weber. Berlin [1906]. V: *Wolff, Fritz.* Vgl. stadtBiblBerlin 6 (1907), S. 50. (DARP)

Miniaturen-Ausstellung Berlin 1906 in den Salons Friedmann & Weber. (Katalog.) (139 S. m. 6 Taf.) 8. Berlin (906). K. Schnabel. n. 1. 20

Miniatures de l'octateuque grec de Smyrne, préface de D.-C. Hesseling, s.: Codices graeci et latini photographice depicti. Suppl. VI.

Miniatures du psautier de S. Louis, manuscrit lat. 76 A de la bibliothèque de l'université de Leyde, avec préface par H. Omont, s.: Codices graeci et latini.

Miniaturfaçaden-Album. Eine Sammlung interessanter baulicher Entwürfe und Ausführungen. Moderne Monumentalbauten. 5 Hefte. qu. 8. (à Heft 20 photozinkotyp. Taf.) [Leipzig 880—82, Knapp's Verlag.] Karlsruhe, J. Bielefeld's Verlag. à Heft *ℳ 2.

Miniaturgemälde. Erzählungen. Leipzig 1795. V: *Löbel, Renatus Gotthelf.* (MGT) (ML)

Miniaturgemälde, Erzählungen. 8. Lpz. Meyer. (Sommer) 795.

Miniaturgemälde, Erzählungen, (v. R. G. Löbel). 1r Thl. 8. Leipz. 795. (Rauck). 1 ℛ

Miniaturgemälde, das. Lustsp. in 1 Akt, a. d. Franz. von Guttenberg. 8. Wien, Pichler. 805.

Miniaturgemälde aus der Länder- und Völkerkunde, von den Sitten und Gebräuchen ... der verschiedenen Völkerschaften ... Leipzig 1816—27. V: *Ehrenstein, August.* (EngG) (Hall. Litt.-Ztg. 1818. Nr. 198.)

— aus d. Länder- u. Völkerkunde, von d. Sitten u. Gebräuchen, d. Lebensart u. den Kostümen d. verschied. Völkerschaften 2c. Nach d. Französ. bearb. von A. Ehrenstein. 50 Bde. kl. 8. Pesth 816—27. Hartleben. (Einzeln: 1s—6s Bdchen. Rußland, nach Breton. 6 B. Mit 110 Kpf. 4 ℛ — 7s u. 8s Bdch. Illyrien u. Dalmatien. 2 B. Mit 36 Kpf. 1 ℛ 12 gr — 9s bis 12s Bdchn. Das westl. Afrika, nach Breton. 4 B. Mit 47 Kpf. 3 ℛ — 13s—16s Bdchn. Aegypten, nach Breton. 4 B. Mit 67 Kpf. 3 ℛ — 17s—20s Bdchn. Spanien. 4 B. Mit 50 Kpf. 3 ℛ — 21s—22s Bdchn. Brasilien, v. Chr. Aug. Fischer. 2 B. Mit 10 Kpf. 1 ℛ 12 gr — 23s Bdchn. Mahrattenstaaten. Mit 5 Kpf. 18 gr — 24s u. 25s Bdchn. Japan. 2 B. Mit 15 Kpf. 1 ℛ 12 gr — 26s—28s Bdchn. Die Nordpolarländer. 3 B. Mit 12 Kpf. u. 1 Karte. 2 ℛ 6 gr — 29s—31s Bdchn. A. u. d. T.: Die Schweiz 2c. 3 Bdchn. Mit 16 Kpf. 12. 823. 2 ℛ 6 gr — 32s—34s Bdchn. W. A. Gerle. Gemälde v. Böhmen. 3 Bdchn. Mit 25 Kpf. 12. 823. 2 ℛ 6 gr — 35s u. 36s Bdchn. A. u. d. T.: Persien (Iran), nach Jourdin 2c. 2 Bdchn. Mit 14 Kpf. 12. 824. 1 ℛ 12 gr — 37s Bdchn. A. u. d. T.: Guyana. Ein Gemälde d. Entdeckung u. Colonisirung, des jetzigen natürl. u. polit. Zustandes, u. d. verschied. Bewohner dieses Theils v. Südamerika, von Ed. Denis; aus d. Französ. Mit 6 Kpf. 12. 824. 18 gr — 38s—45s Bdchn. A. u. d. T.: Türkei u. Griechenland. Griechenland u. d. Griechen. Die jonisch. Inseln. Oertl. u. histor. beschrieben v. Depping; aus d. Französ. Mit 50 Kpf., 2 Kart. u. 5 Pl. 6 Thle. 12. 824. 4 ℛ 12 gr — 46s—50s Bdchn. A. u. d. T.: Großbritannien u. Irland, nach Depping; aus d. Französ. v. Gerle. 5 Thle. Mit 27 Kpf. 12. Pesth 827. Hartleben. 3 ℛ 18 gr) — Dass. 2e wohlf. Ausg. (1e—8e Liefrg. A. u. d. T.: Die Osmanen, Konstantinopel u. der türk. Staat. Nach v. Hammer, Muradjah d'Ohsson, Reale, Pertusier, Forbin u. A. In 4 Thlen. (8 Bdchn.) Mit 20 Kpf. u. 4 Pl. 2 ℛ — 9e—16e Liefrg. Griechenland u. die Griechen. Mit 26 Kpf. 8 Bdchen. 2 ℛ — 17e—21e Liefrg. Die Schweiz. 5 Bdchen. Mit 16 Kpf. 1 ℛ 6 gr — 22e—24e Liefrg. Persien. Mit 16 Kpf. 18 gr — 25e u. 26e Liefrg. Guyana. Mit 6 Kpf. 12 gr — 27e—34e Liefrg. Großbritannien u. Irland. Mit 36 Kpf. 2 ℛ — 35e—40e Liefrg. Böhmen. Mit 25 Kpf. 1 ℛ 12 gr — 41e—45e Liefrg. Die Nordpolarländer. Mit 12 Kpf. u. 1 Karte. 1 ℛ 6 gr — 46e—49e Liefrg. Illyrien u. Dalmatien. Mit 36 Kpf. 4 Bdchen. 1 ℛ — 50e—57e Liefrg. Spanien. Mit 34 Kpf. 2 ℛ — 58e—61e Liefrg. Neuestes Gemälde v. Japan u. den Japanern. Mit 15 Kpf. 1 ℛ) 12. Leipz. 828—31. Hartleben. 15 ℛ 6 gr

Miniaturgemälde aus d. Länder- u. Völkerkunde, v. d. Sitten u. Gebräuchen, d. Lebensart u. d. Kostümen d. verschied. Völkerschaften aller Welttheile mit Landschafts- u. Städteprospecten, Ansichten v. Palästen u. Abbildungen and. merkwürd. Denkmäler d. ält. u. neueren Baukunst überhaupt. Neue (2.), wohlf. Ausg. 1—61. Lfg. 12. (270⅓ B.) Leipzig, Hartleben's Vrls.-Exped. à 6 Gr.

Lfg. 1— 8. Die Osmanen, Constantinopel u. d. türkische Staat. 4 Bdchn. M. 24 Kpfr. 828. 2 Thlr.
„ 9—16. Griechenland u. Jonien. 8 Bdchn. M. 26 Kpfr. 828. 2 Thlr.
„ 17—21. Die Schweiz. 5 Bdchn. M. 16 Kpfr. 828. 1 Thlr. 6 Gr.
„ 22—24. Persien. 3 Bdchn. M. 16 Kpfr. 829. 18 Gr.
„ 25., 26. Gujana. 2 Bdchn. M. 6 Kpfr. 829. 12 Gr.
„ 27—34. Großbritannien u. Irland. 8 Bdchn. M. 36 Kpfr. 829. 2 Thlr.
„ 35—40. Böhmen. 6 Bdchn. M. 25 Kpfr. 829. 1 Thlr. 12 Gr.
„ 41—45. Die Nordpolarländer. 5 Bdchn. M. 12 Kpfr. u. 1 Karte. 830. 1 Thlr. 6 Gr.
„ 46—49. Illirien u. Dalmatien 4 Bdchn. M. 36 Kpfr. 830. 1 Thlr.
„ 50—57. Spanien. 8 Bdchn. M. 34 Kpfr. 830. 2 Thlr.
„ 58—61. Japan. 4 Bdchn. M. 15 Kpfr 831. 1 Thlr.

Miniaturgemälde f. öffentl., stehende u. Privat-Bühnen. 2 Bde. 16. Cöln 827. Compt. f. Litt. u. K. 1 ℛ 8 gr Schlosser in Augsb. 1 ℛ

—— von Wien u. seiner Umgebung. gr. 12. (3 B.) Wien 834, Beck.
Aus F. Tschischka „Gefährte auf Reisen in d. österr. Kaiserstaate" besond. abgedruckt.

Miniatur-Hotel- und Geschäfts-Adress-Buch, Tiroler, für das Reise-Publikum. [Innsbruck] 1908. V: *Jenny, Rudolf Christoph.* (MARGR)

Miniatur-Kalender auf 1869 u. 1870. Berlin 868. Trowitzsch & Sohn. (4 u. 5 S.) Jeder Jahrg. n. 5 ngr.

Miniatur-Kalender auf 1875. 64. (4 S.) Berlin, Trowitzsch & Sohn. n. — 50

Miniatur-Kalender auf 1876—1880. 64. (à 4 S.) Berlin, Trowitzsch und Sohn. à Jahrg. *

— für 1876—1880. 24. (à 4 S.) Elberfeld, Lucas. à Jahrg.

Miniatur-Kalender auf 1881—1885. 64. (à Jahrg. 4 S.) Berlin, Trowitzsch und Sohn. à Jahrg. *

— für 1881—1885. 24. (à Jahrg. 4 S.) Elberfeld, Lucas. à Jahrg.

Miniatur-Kalender auf 1886—1889. 64. (à Jahrg. 4 S.) Berlin, Trowitzsch und Sohn. à Jahrg. * Aufgezogen à Jahrg. *

Bibliothek, Miniatur-Kinder- — gewählt aus den vorzüglichsten Jugendschriftstellern des In- und Auslandes. Von einem Kinderfreunde. Erster Band I. Lieferung. 128 S. II. Lieferung. 129—224 S. III. Lieferung. 225 bis 320 S. IV. Lieferung. 321 — 416 S. 16. Wien. Druck von Dorfmeister. 1854.

Miniatur-Liederbuch für Damen. Nebst einem Anhang von Stammbuchversen. Sigmaringen 860. Tappen. 32. (VIII, 152 S.) 7½ ngr

Miniaturliederbuch für gesellige frohe Zirkel. 200 der beliebtesten Gesänge u. eine Auswahl der neuesten u. besten Gesundheiten u. Trinksprüche. 12. Leipzig ..., Heutze. 5/12 ₰

Miniatur-Liederbuch f. gesell., frohe Zirkel. 200 der beliebtesten Gesänge u. e. Auswahl d. neuesten u. besten Gesundheiten u. Trinksprüche. Mit Stereot. gedr. 32. (336 Seit.) Cottbus 840, Meyer.

Miniatur-Liederkranz, deutscher, f. heitere u. gesellige Kreise. Eine Auswahl von 256 der beliebtesten Gesänge, so wie eine Sammlung der passendsten Trinksprüche. 32. (320 Seiten.) Guben 842. (Berger.) Thlr.

Miniatur-Muster neuer Vorlagen f. Malerei, sow. f. Brand-, Korb- u. Lederschnitt-Arbeiten. 4. (14 S.) Leipzig 897. E. Volkening. n.n.n. — 10

Miniatur-Panorama des Rheins von Mainz bis Düsseldorf. (Mit Randansichten.) Lith. 2' lang. Coblenz 850, Müller. 1/6 ₰

Miniatur-Salon. Eine Sammlung von Stahlstichen nach berühmten Gemälden lebender Künstler. 1.—10. Hft. Lex.-8. (à 4 Taf. u. Text mit Einfassung.) Frankfurt a/M. 842—46, Sauerländer. à n. 1/2 ₰

Miniatur-Salon. Eine Sammlung v. Stahlstichen nach berühmten Gemälden lebender Künstler. Mit erläut. Skizzen u. biograph. Andeutungen begleit. v. H. Weismann. 1. Bd. (8 Hfte.) gr. 8. (2⅔ B., gest. Ttl. u. 32 Stahlst.) Frankfurt a. M. 846, Sauerländer's Verl. *

— dass. 9—12. Hft. Lex.-8. (16 Stahlst. u. 3½ B. Text.) Ebds. 846. à

Miniatur-Salon. Eine Sammlung von Stahlstichen nach berühmten Gemälden lebender Künstler. 13—20. Heft. Lex.-8. (32 Stahlst. und 110 S. Text.) Frankfurt a. M. 848—52, Sauerländer's Verlag. à Heft * 15 Ngr. *
1—12. Heft. Ebendas. 1846—47. * 4 Thlr. 24 Ngr.

Miniatur-Salon. Eine Sammlung von Stahlst. nach berühmten Gemälden lebender Künstler. Mit erläut. Skizzen und biograph. Andeutungen begleitet von H. Weismann. 21—24. Heft. Lex.-8. (3. Bd. III und 61 S. mit 16 Stahlst.) Frankfurt a. M. 855, Sauerländer's Verlag. *
1—20. Heft. Ebendas. 1846—52. * 8 Thlr. 24 Ngr.

Miniatur-Tages-Block-Kalender für 1897. Mit religiösen Bildchen und Blumen-Ornamenten in Gold und Farbendruck. Format der Rückwand 16 : 10 *cm*. Format des Blockes 5 : 3½ *cm*. Wien: St. Norbertus 1896. —.50

Miniatur-Tages-Block-Kalender für 1898. Mit religiösem Bildchen und Blumen-Ornamenten in Gold- und Farbendruck. Format der Rückwand 16×10 *cm*, Format des Blockes 7:5 *cm* —.50 Wien: St. Norbertus 1897.

Miniatur-Tages-Block-Kalender für 1899. Mit religiösen Bildchen und Blumen-Ornamenten in Gold- und Farbendruck. Format der Rückwand 16:10 *cm*. Format des Blockes 7 : 5 *cm* —.50 Wien. St. Norbertus 1898.

Minich, Albert [aus Temesvár (Ungarn)]: Ueber Periderivate der Naphthalinreihe. Wien 1898. 32 S. 8°.
Basel. Phil. Diss. 1897/98.

Minich, Aug., e. Orientreise. Tagebuch-Blätter e. Ausflugs nach Griechenland, Egypten, Palästina u. der Türkei. 8. (110 S.) Wien 891. J. Hauler. n. 1. —

MINICHHOFER, Gustav: Inhalt, Einteilung und Zweck der Apostelgeschichte. — 1909. 112 S. Diss. Graz, Univ.

Minichthaler, Jos., 7 Besuche bei unserem lieben Herrn im Tabernakel. Eine kleine Gebets- u. Tugendschule. Für das christl. Landvolk zusammengestellt. 16. (85 S.) Wien 894. H. Kirsch. Geb. in Leinw. n. — 60

Minichthaler, Jos., s.: Blätter f. Kanzel-Beredsamkeit.

Minichthaler, Jos., Festrede zur Jubelfeier anläßlich des 50jährigen Bestandes des f.-e. Knabenseminars der Erzdiöcese Wien in Oberhollabrunn, geh. am 7. X. 1906. (11 S.) gr. 8. Wien 906. H. Kirsch. n. — 40

Miniera di secreti, specifici e ricette d'ogni genere, necessarie ed utili ai bisogni, alle industrie e alle comodità della vita. — Coll' aggiunta delle scoperte più recenti riguardanti la stereotipagia, la fotografia, la galvano-plastica etc. Opera indispensabile adogni ceto di persone. gr. 16. (IV und 196 S. mit eingedr. Holzschn.) Triest 861, Coen. *

Miniera di secreti, specifici e ricette d'ogni genere necessarie ed utili ai bisogni, alle industrie e alle comodità della vita. Adorna di vignette intercalate al testo. Opera indispensabile ad ogni ceto di persone. 2. ediz. migliorata ed accresciuta. Triest 863. Coen. 16. (IV, 257 S.) n. 20 ngr

Minieren. Mit Anh. u. Taf. Berlin 1891. 158 S.

Miniewski, Władisł., filozofia nie filozofia w bajkach. 2 tomy. Wydanie Jana Nep. Bobrowicza. Leipzig 857. Librairie étrangère. 16. (2 Bl., 192; 2 Bl., 179 S.) 1 ₰. 15 ngr

Minifior, Miß, d. Graf v. Polen. 8. Leipz. 782. Schwickert 1 ₰ 16 ℊ

Minikus Vincenz. Leitfaden zum Unterricht in der Thier- und Pflanzenkunde und Mineralogie. Zum Gebrauche für Volksschulen. Herausgeber: Stephan Majer (Vezérkönyv az Allat-, Növény-s Ásványtan Oktatásában.) (In ungarischer und deutscher Sprache) 8. (224 S.) Druck von Landerer und Heckenast. 1854.

Minimal-Durchfahrts- und Maximal-Lade-Profile, die, der dem Vereine deutscher Eisenbahn-Verwaltungen angehörenden Eisenbahnen. Nach den Beschlüssen der techn. Kommission des Vereins zusammengestellt von der Redact. des techn. Vereins-Organs. 2. neu bearb. Aufl. Lex.-8. (XIV S. mit 97 Stnt.) Berlin 874. (Wiesbaden, Kreidel's Verlag.) *
Die 1. Aufl. war nicht im Handel.

Minimal-Tarif zur Berechnung v. Druckarbeiten, nebst e. Hinweis auf die zu berücksichtigenden Selbstkosten. Hrsg. v. der Sektion VII (Sachsen) d. deutschen Buchdruckervereins. gr. 8. (11 S.) Lpz. 890. (Mäser). — 75

— russischer, vom 11. Juni 1891, nebst Maximal- u. Vertrags-Tarif. [Aus: „Deutsches Handels-Archiv".] gr. 4. (32 S.) Berlin 893. E. S. Mittler & Sohn. n. — 60

Minimum oder soweit ... sollte jedes Kind beim Austritte aus der Elementarschule gebracht seyn ... Neustadt a. d. O. 1821. V: *Dinter, Gustav Friedrich.* (MGT)

Miningerode, W. Bar. v. Die Besteuerung des Tabacks im Deutschen Reich. Referat im Auftrage der freien Commission für Grundbesitz und landwirthschaftliche Gewerbe, als Grundlage für deren Berathungen in der nächsten Reichstagssession erstattet. Leipzig 1873.

Minjollat, Jos. Essai historique sur Beaurepaire d'Isère. (IX. 64) 8. Vienne 1867.

Minjon, E., die dogmatischen u. literarischen Grundlagen zur Erklärung des biblischen Schöpfungsberichtes. Im Anschluß an S. Thomas Aqu. De Pot. quaest. 4 u. S. Theol. p. 1. qu. 65—73. (VIII, 101 S.) gr. 8. Mainz 910. Kirchheim & Co. 1.50
Erweit. Sept.-Abdr. aus: „Der Katholik".

Miniren. Sonder-Abdr. d. VIII. Abschnittes aus dem Handbuch f. den allgemeinen Pionierdienst. [Neuer Abdr. unter Einfügg. der Tekturen Nr. 1—27.] gr. 8. (IV, 124 u. 34 S. m. Abbildgn. u. 2 Taf.) Berlin 891. Bath. n. 3. —

Minirkunst. Kopenhagen 1773. V: *Geuss, Joh. Mich.* [?]. (Collin, Anonymer. Kiobenh. 1869.)

Minister, Der, ein theatralischer Versuch in fünf Aufzügen. Wien 1771. Vierte ... Aufl. Dresden 1774. N. A. 1788. V: *Gebler, Tobias Philipp Freiherr von.* (MN) (ML) (Ky)

Minister, der. Theatral. Versuch (v. Th. Ph. v. Gebler). 8. Wien 771. Ghelen 3 gr 4 e X Dresd. 774. 5 e X. 789. Walther. 5 gr

Minister, Der; eine Geschichte. Leipzig 1775. V: *Hopffgarten, Ludwig Ferdinand von.* (Ky) (MGT)

Minister, der, eine Geschichte, 8. Daselbst, 775. Feind. 13 gl.

Minister, der, e. Geschichte (v. L. F. v. Hopfgarten). 8. Leipz. 775. Wiedtisch. (Brockhaus). 10 gr

Minister, der,. Drama v. Gebler. 8. Dresden, Walther. 789.

Minister, der, des Innern, die Kammern u. die Provinzialstände. [Auszug aus einem größeren Werke: Die preuß. Politik v. 1848—1852.] Von einem frühern Diplomaten. gr. 8. (20 S.) Hamburg 852, Schuberth & Co. 6 gr.

Minister, e. kleinstaatlicher, d. 18. Jahrh. Leben u. Wirken Friedrich August's, Freiherrn v. Hardenberg. Hrsg. v. e. Mitgliede der Familie. gr. 8. (XV, 276 S.) Leipzig 877. Duncker & Humblot. n. 6. —

Kluger Minister und geschickter Gesandten Staatsschule. *Leipz.* 717. 8.

— ein, in der Kutte od. der Bund der Rache. Historischer Roman. 20 Lfgn. m. je 1 Holzschntaf. gr. 8. (1. Bd. 368, 2. Bd. 271 u. 3. Bd. 310 S.) Wien 871. 72. Hartleben. à — 40

Minister, Ein, in der Kutte oder der Bund der Rache. Historischer Roman. Wien 1872. V: *Bermann, Mor.* (EB)

Minister, der, und der Leibschneider, Roman, von C. G. Cramer. 2 Thle. 8. Hamburg, Herold. 818.

Minister, Der, und der Leibschneider; ein tragikomisches Duett ... Hamb. 1819. V: *Cramer, Carl Glob.* (MGT)

Minister, unsere, seit 1862. Erinnerungen e. Zeitgenossen. gr. 8. (VII, 351 S.) Berlin 890. Eckstein Nachf. n. 4. —

Minister, Unsere, seit 1862. Berlin [1891]. V: *Robolsky, Hermann.* (Kat. d. ständ. Bibl. Stuttg. 1908. S. 472.)

Ministercongress, Der. Drama ... Kiel 1852. V: *Gardthausen, Gustav Waldemar.* (A) (GGr) (schles)

Ministerialamtsblatt. — Ministerialamtsblatt der bayerischen Justizverwaltung. München: Exped. 1872/73. 4°

Die Preussische **Ministerialanweisung**, betr. das Verfahren vor den unteren Verwaltungsbehörden (§§ 57 bis 64 d. Invalidenversicherungsgesetzes) vom 6. Dez. 1899. Mit Kommentar von Hans Seelmann, Stellv. Magistr.-Kommissar zu Königsberg i. Pr. *Berlin-Grunewald: A. Troschel 1903.* (V, 180 S.) 8° [F.]

Die Preussische Ministerialanweisung, betr. das Verfahren bei der Ausstellung und dem Umtausch, sowie bei d. Erneuerung (Ersetzung) u. d. Berichtigung von Quittungskarten (§§ 131 ff., 158, 160 d. Invalidenversicherungsgesetzes v. 19. Juli 1899, RGBl. S. 463.), vom 17. Nov. 1899. Textausg. mit Anm. von Hans Seelmann, Stellv. Magistr.-Kommissar zu Königsberg i. Pr. *Berlin-Grunewald: A. Troschel 1903.* (VIII, 139 S.) 8° [F.]

Die Preußische Ministerialanweisung, betreffend das Verfahren bei der Ausstellung und dem Umtausch, sowie bei der Erneuerung (Ersetzung) und der Berichtigung von Quittungskarten (§§ 131 ff., 158, 160 d. Invalidenversicherungsgesetzes v. 19. Juli 1899, RGBl. S. 463), v. 17. Nov. 1899. Textausg. mit Anm. von Hans Seelmann, Stellv. Magistr.-Kommissar zu Königsberg i. Pr. *Berlin-Grunewald: A. Troschel 1903.* (VIII, 139 S.) 8° [F.] 10

Die Preußische Ministerialanweisung, betreffend das Verfahren vor den unteren Verwaltungsbehörden (§§ 57 bis 64 d. Invalidenversicherungsges.), v. 6. Dez. 1899. Mit Kommentar von Hans Seelmann, Stellv. Magistr.-Kommissar zu Königsberg i. Pr. *Berlin-Grunewald: A. Troschel 1903.* (V, 180 S.) 8° [F.] 10

Ministerialanweisung, betr. das Verfahren vor den unteren Verwaltungsbehörden (§§ 57 bis 64 J.V.G.) vom 15. XI. 1904. Mit Gegenüberstellung der Abweichgn. der Anweisg. vom 6. XII. 1899. (11 S.) Lex.-8. Grunewald-Berlin 905. Gr. Lichterfelde, Verlag der Arbeiter-Versorgung A. Troschel. n. — 50

Ministerial-Blatt der Handels- u. Gewerbe-Verwaltung. Hrsg. im königl. Ministerium f. Handel u. Gewerbe. 1. Jahrg. April—Dezbr. 1901. 24 Nrn. Lex.-8. (XIV, 417 S.) Berlin, C. Heymann. n. 4. 50; geb. n. 7. —

— dasselbe. 2. Jahrg. 1902. 25 Nrn. Lex.-8. (XX, 438 S.) Ebd. n. 6. —; geb. n. 8. —

Ministerial-Blatt der Handels- u. Gewerbe-Verwaltung. Hrsg. im königl. Ministerium f. Handel u. Gewerbe. 3.—6. Jahrg. 1903—1906. à 24 Nrn. (XV, 440; XV, 495; XVI, 358 u. IV, 406 S.) Lex.-8. Berlin, C. Heymann. à Jhrg. n. 6. —

Ministerial-Blatt der Handels- u. Gewerbe-Verwaltung. Hrsg. im königl. Ministerium f. Handel u. Gewerbe. 7. u. 8. Jahrg. 1907 u. 1908. (XIV, 426 u. 498 S.) Lex. 8. Berlin, C. Heymann. à Jahrg. nnn 6. —
Nicht mehr im Buchhandel.

Ministerialblatt d. Handels- u Gewerbe-Verwaltung. 1908-13. 4° Berlin 1908-13

Ministerialblatt für Kirchen-u. Schulangelegenheiten im Königreich Bayern, s.a. Amtsblatt. Staatsministerium für Unterricht und Kultur. Bayern.

Ministerialblatt für Kirchen- u. Schulangelegenheiten im Königreich Bayern. Amtlich herausgegeben vom k. Staatsministerium für Kirchen- u. Schulangelegenh. München 1872—80 — Jahrg. 8—16 — 8°.

Ministerial-Blatt f. Kirchen- u. Schulangelegenheiten im Königr. Bayern. Haupt-Register zu den Jahrgängen 1865—1882. gr. 8. (67 S.) München 883. Franz' Verl. n.n. 2. —

Ministerialblatt für Kirchen- u. Schul-Angelegenheiten im Königr. Bayern. Amtlich hrsg. vom königl. Staatsministerium d. Innern f. Kirchen- u. Schulangelegenheiten. Jahrg. 1888. ca. 36 Nrn. gr. 8. (Nr. 1: 1 B.) München, (Kaiser). n.n. 4. 30

— dasselbe. Jahrg. 1889. 1890. à ca. 36 Nrn. gr. 8. (à ca. 1 B.) Ebd. à Jahrg. n.n. 4. —
Erscheint seit 1865.

— dasselbe. Hauptregister zu den Jahrgängen 1865—1892. gr. 8. (98 S.) München 893. G. Franz' Verl. n.n. 2. —

Ministerialblatt f. Kirchen- u. Schul-Angelegenheiten im Königr. Bayern. Amtlich hrsg. vom königl. Staatsministerium d. Innern f. Kirchen- u. Schulangelegenheiten. Jahrg. 1891—1894. gr. 8. München, (Th. Ackermann's Sort.). à Jahrg. n.n. 4. —
Erscheint in zwanglosen Nrn. (à ca. 1 Bog.)

Ministerialblatt f. Kirchen- u. Schul-Angelegenheiten im Königr. Bayern. Amtl. hrsg. v. kgl. Staatsministerium d. Innern f. Kirchen- u. Schul-Angelegenheiten. Jahrg. 1895. 34 Nrn. gr. 8. (430 S.) München (Th. Ackermann). n.n. 5. —

— dasselbe. Jahrg. 1896. 36 Nrn. gr. 8. (416 S.) Ebd. n. 4. 80

— dasselbe. Jahrg. 1897. 40 Nrn. gr. 8. (472 S.) Ebd. n. 6. 40

— dasselbe. Jahrg. 1898. 32 Nrn. gr. 8. (514 S.) Ebd. n. 8. 60

— für Kirchen- u. Schul-Angelegenheiten im Königr. Bayern. Amtlich hrsg. vom königl. Staatsministerium des Innern f. Kirchen- u. Schul-Angelegenheiten. Jahrg. 1899—1902. gr. 8. München (Th. Ackermann). à Jahrg. n. 6. 75
Erscheint in zwanglosen Nummern.

— f. Kirchen- u. Schul-Angelegenheiten im Königr. Bayern. Amtlich hrsg. vom königl. Staatsministerium des Innern f. Kirchen- u. Schulangelegenheiten. Jahrg. 1903—1906. gr. 8. München (Th. Ackermann).
Erscheint in zwanglosen Nummern. à Jhrg. 6. 75

— dasselbe, Haupt-Register zu den Jahrgängen 1865—1902. (128 S.) gr. 8. München 903. G. Franz' Verl. n.n. 2. 50; geb. in Halbleinw. n.n. 3. —

— f. Kirchen- u. Schul-Angelegenheiten im Königr. Bayern. Amtlich hrsg. vom königl. Staatsministerium des Innern f. Kirchen- u. Schulangelegenheiten. Jahrg. 1907—1909. gr. 8. München, Staatsministerium. à Jahrg. 5. 40
Nicht mehr im Buchhandel.

Ministerial-Blatt f. Medizinal- u. medizinische Unterrichts-Angelegenheiten. Hrsg. im Ministerium der geistl., Unterrichts- u. Medizinal-Angelegenheiten. 1. Jahrg. April—Dezbr. 1901. 8 Nrn. Lex.-8. (XVII, 292 S.) Berlin [Besser.] J. G. Cotta Nachf., Zweigniederlassg. n. 4. 50

— dasselbe. 2. Jahrg. 1902. 12 Nrn. Lex.-8. (XIV, 358 S.) Berlin. J. G. Cotta Nachf., Zweigniederlassg. n. 6. —

— für Medizinal- u. medizinische Unterrichts-Angelegenheiten. Hrsg. im Ministerium d. geistl., Unterrichts- u. Medizinal-Angelegenheiten. 3.—6. Jahrg. 1903 bis 1906. à 24 Nrn. (XV, 422; XV, 438; XV, 508 u. XIV, 584 u. 85 S.) Lex.-8. Berlin. Stuttgart. J. G. Cotta Nachf., Zweigniederlassg. Berlin. à Jhrg. n. 6. —

— f. Medizinal- u. medizinische Unterrichts-Angelegenheiten. Hrsg. im Ministerium d. geistl., Unterrichts- u. Medizinal-Angelegenheiten. 7.—10. Jahrg. 1907—1910. à 24 Nrn. (XVI, 463 u. 64 S.; XVI, 422 u. 84 S.; XVIII, 570 u. 63 S. u. XXIV, 430 u. 71 S.) Lex. 8. Berlin, J. G. Cotta Nachf., Zweigniederlassg. à Jahrg. 6. —

Ministerialblatt f. Medizinal- u. medizin. Unterrichts-Angelegenheiten. Vom 1. I. 1912 an erh. Abonn.-Pr. à Jahrg. 7. 50.

„Ministerialblatt für die gesamte innere Verwaltung in den Königlich Preußischen Staaten; herausgegeben im Bureau des Ministeriums des Innern", Jahrgang 1840—1909, nebst 4 Registerbänden, Berlin (Enslin). — Vorh.: Preußisches Oberbergamt Dortmund. J. H. 23.

Ministerial-Blatt für die gesammte innere Verwaltung in den K. Preuß. Staaten. Herausgeg. im Büreau des Ministeriums des Innern. 6. u. 7. Jahrg. 1845 u. 1846. à 12—15. Numm. gr. 4. Berlin 845, 46. (Enslin'sche B.) à n. 3 ℳ

Ministerialblatt für die gesammte innere Verwaltung in den k. Preuß. Staaten. Hrsg. im Büreau des Ministeriums des Innern. 8—13. Jahrg. 1847—1853. à 12—15 Nrn. gr. 4. Berlin. (Geelhaar) à baar n. 3 ℳ

Ministerial-Blatt für die gesammte innere Verwaltung in den Königl. Preußischen Staaten. Herausg. im Büreau des Ministeriums des Innern. 14—19. Jahrg. 1853—58. à 10—12 Nrn. (à 1—5 Bgn.) Berlin (Geelhaar). gr. 4. Jeder Jahrg. n. 3 ℳ.

Ministerial-Blatt für die gesammte innere Verwaltung in den Königlich Preußischen Staaten. Herausg. im Bureau des Ministeriums des Innern. 20—25. Jahrg. 1859—64. à 10—12 Nrn. (à 1—5 Bgn.) Berlin, (Geelhaar.) gr. 4. Jeder Jahrg. n. 3 ℳ

— — Zehnjähriges Hauptregister für die Jahrgänge 1850—1859 einschließlich. Ebend. 860. gr. 4. (116 S.) n. 1 ℳ 15 ngr.

Ministerial-Blatt für die gesammte innere Verwaltung in den Königl. Preuß. Staaten. Hersg. im Bureau des Ministeriums des Innern. 26—31. Jahrg. 1865—70. à Jahrg. 10—11 Nrn. (à 1—5 Bgn.) Berlin, (Geelhaar.) gr. 4. Jeder Jahrg. n. 3 ℳ

Ministerial-Blatt f. die gesammte innere Verwaltung in den königl. preuß. Staaten. Hrsg. im Büreau d. Ministeriums d. Innern. 32—37. Jahrg. 1871—1876 ca. 11 Nrn. (à 1—6 B.) gr. 4. Berlin, (Geelhaar — Puttkammer & Mühlbrecht.) à Jahrg. n. 9. —

Ministerial-Blatt für die gesammte innere Verwaltung in den königl. preußischen Staaten. Hrsg. im Bureau des Ministeriums des Innern. 38—43. Jahrg. 1877—1882. gr. 4. (à Nr. ca. 36 S.) Berlin, (Kortkampf. — Münnich. — Puttkammer & Mühlbrecht). à Jahrg. n.n. 8. —

— für die gesammte innere Verwaltung in den königl. preußischen Staaten. Hrsg. im Büreau d. Ministeriums d. Innern. 44—47. Jahrg. 1883—1886. gr. 4. (Nr. 1. 24 S.) Berlin. (Kortkampf. — Münnich. — Puttkammer & Mühlbrecht.) à Jahrg. n.n. 8. 50

— dasselbe. Alphabetisches Haupt- u. Sachregister f. die Jahrgänge 1840 bis 1882 einschließlich. Von R. Schmitt. gr. 4. (343 S.) Hagen 883. Risel & Co. n.n. 8. —

— für die gesammte innere Verwaltung in den königl. preußischen Staaten. Hrsg. im Büreau d. Ministeriums d. Innern. 48.—50. Jahrg. 1887—1889. (Erscheinen unregelmäßig.) gr. 4. Berlin, (Münnich. — Puttkammer & Mühlbrecht). à Jahrg. n.n. 8. 50

— dasselbe. 51. Jahrg. 1890. gr. 4. Ebd. n.n. 10. —

— dasselbe. Zehnjähriges Haupt-Register für die Jahrgänge 1880—1889 einschließlich. gr. 4. (34 S.) Ebd. 890. n.n. 3. —

— für die gesammte innere Verwaltung in den königl. preußischen Staaten. Hrsg. im Büreau d. Ministeriums d. Innern. 52.—55. Jahrg. 1891—1894. gr. 4. Berlin, (Puttkammer & Mühlbrecht). à Jahrg. n. 9. — Erscheint in zwanglosen Nrn. (à ca. 2 Bog.)

— f. d. ges. innere Verwaltung in d. kgl. preuß. Staaten. Hrsg. im Büreau d. Ministeriums d. Innern. 56.—59. Jahrg. 1895—1898. à 11 Nrn. gr. 8. (VIII, 280; VIII, 242; XI, 284 u. XI, 262 S.) Berlin (Puttkammer & Mühlbrecht). à Jahrg. n.n. 9. —

— dasselbe. Sachregister f. d. Jahrgänge 1840 bis 1895 einschließl. Von R. Schmitt. 4. (348 S.) Hamm 896. Ebd. n.n. 9. —

— für die gesammte innere Verwaltung in den königl. Preußischen Staaten. Hrsg. im Büreau des Ministeriums des Innern. 60.—63. Jahrg. 1899—1902. à 11 Nrn. gr. 4. (XIV, 264; XIV, 298; XV, 266 u. XV, 238 S.) Berlin (Puttkammer & Mühlbrecht). à Jahrg. n.n. 9. —

— dasselbe. Zehnjähriges Haupt-Register f. die Jahrg. 1890 bis 1899 einschließlich. gr. 4. (46 S.) Ebd. 900. n. 4. —

— für die gesamte innere Verwaltung in den königl. Preußischen Staaten. Hrsg. im Bureau des Ministeriums des Innern. 64.—67. Jahrg. 1903—1906. à 12 Nrn. (1903—1905; 270, 296 u. 216 S.) gr. 4. Berlin, (Puttkammer & Mühlbrecht). à Jhrg. n.n. 9. —

— für die preußische innere Verwaltung. Hrsg. im Ministerium des Innern. 68.—71. Jahrg. 1907—1910. à 12 Nrn. (1909. 10: 274 u. 11 u. 350 u. 15 S.) Lex. 8. Berlin (Puttkammer & Mühlbrecht). à Jahrg. nn 9. —

— der königl. preußischen Verwaltg. f. Landwirtschaft, Domänen u. Forsten. Hrsg. im Ministerium f. Landwirtschaft, Domänen u. Forsten. 1. u. 2. Jahrg. 1905 u. 1906. à 12 Nrn. (XIV, 315 u. XIII, 325 S. m. Abbildgn.) Lex.-8. Berlin, P. Parey. à Jhrg. 5. —

— der königl. preußischen Verwaltung f. Landwirtschaft, Domänen u. Forsten. Hrsg. im Ministerium f. Landwirtschaft, Domänen u. Forsten. 3.—6. Jahrg. 1907—1910. à 12 Nrn. (XII, 384; XII, 370; XII, 360 u. XII, 323 S.) Lex. 8. Berlin, P. Parey. à Jahrg. 5. —

Ministerial-Entschließung vom 7. X. 1903, die Feuer- und Betriebssicherheit in Waren- und Geschäftshäusern betr.

Ministerialentschließungen, die, vom 19. u. 30. Apr. 1878, m. den seitdem verfügten Abänderungen, sowie die Entschließung der kgl. Regierung v. Mittelfranken vom 31. Oktbr. 1891, die Jahresberichte der amtlichen Aerzte, der Anstaltsärzte u. der prakt. Aerzte betr. gr. 8. (38 S.) Ansbach 892. C. Brügel & Sohn. n. — 50

Ministerial-Entwurf zu der von der demnächstigen Ständeversammlung zu berathenden Städteordnung für das Königr. Hannover. Mit Bemerkungen und Erläuterungen von S. gr. 8. (24 S.) Hannover 849, Pockwitz.

Ministerial-Entwurf zu der von der demnächstigen Ständeversammlung zu berathenden Städteordnung für das Königr. Hannover. Mit Bemerkungen u. Erläuterungen v. S. gr. 8. (24 S.) Hannover 852, Pockwitz. 1/3 ℳ

Ministerial-Erlaß betr. Einrichtung u. Betrieb von Aufzügen (Fahrstühlen) vom 20. IV. 1903. Nachtrag zur 2. verb. Aufl. der Polizei-Verordng. betr. die Einrichtg. u. den Betrieb v. Aufzügen (Fahrstühlen), m. Erläutergn., Gebührenordng. u. Dienstvorschriften, nebst Anweisg. zur Berechng. der Seile u. Prüfg. der Aufzüge. (4 S.) gr. 16. Hagen 903. O. Hammerschmidt. n.n. — 10

Ministerial-Erlass v. 22. Octbr. 1894 betr. Tagegelder u. Gebührenordnung f. die Markscheider. [Aus: „Zeitschr. f. Berg-, Hütten- u. Salinenwesen".] Imp.-4. (4 S.) Nebst Ministerial-Erlass v. 13. Septbr. 1895, betr. d. Abänderg. d. Tagegelder- u. Gebührenordng. f. d. Markscheider vom 22. Octbr. 1894. qu. gr. 8. (1 Bl.) Berlin 894. 95. W. Ernst & Sohn. n. — 40

[Ministerial-Erlass vom 4. Okt. 1810 betr. die Vorlesungshonorare; Anfang:] Da die bereits anwesenden öffentlichen Lehrer bei hiesiger Universität ... ihre Vorlesungen ... eröffnen möchten ... so wird hierdurch zu ... Kenntniss gebracht, was ... in Ansehung der Honorarien ... ist festgesetzt worden ... [o. O.] (1810.) (1 Bl.) 2°

Ministerial-Erlasse, die, vom 22. Mai und 16. Juli 1852 in der zweiten Kammer nebst zwei Beilagen (die Ausstattung der kathol. Kirche, gegenüber der für die Evangelischen, betreffend). Paderborn 853. Schöningh. gr. 8. (221 S.) n. 12 ngr.

Ministerialgebäude, das, in Dresden. Dienstgebäude f. die Ministerien des Innern, des Kultus u. öffentl. Unterrichts u. der Justiz. Erbaut in den J. 1900—1904 von E. Waldow. Hrsg. v. der Bauleitg. unter Mitwirkg. v. Tscharmann. Beschreibender Text v. Mackowsky. Mit 58 Textabb. u. 43 Lichtdr.-Taf. (36 S.) 48,5 × 32,5 cm. Leipzig 907. J. M. Gebhardt. In Mappe 30.

Ministerial-Note des Herrn Barons von Groschlag . . . nebst der darauf ertheilten Rückerklärung abseiten des Herrn Fürst-Bischoffs zu Speyer . . . [Bruchsal] 1790. V: *Jochim.* (ML)

Ministerial-Protokoll, den Zusammentritt der ständigen Deputationen, für das Gesetz, die Einführung eines neuen Mass-Systems betreffend. 4° Dresden 1845

Das Hannoversche Ministerial-Schreiben vom 10. Februar 1849 über die Grundrechte des deutschen Volks, besonders abgedruckt mit den Grundrechten des deutschen Volks, dem Entwurf des deutschen Heimathsgesetzes und dem im Schreiben angezogenen Paragraphen des Entwurfs der deutschen Verfassung. Hannover, Hahn, 1849. 39 S. 8°.

Ministerial-Verfügung, Die königlich preussische, über Mysticismus, Pietismus und Separatismus ... Berlin 1826. H: *Hengstenberg, Ernst Wilhelm.* (Ky) (MGT)

Ministerialverfügung, die Königl. Preußische, üb. Mysticismus, Pietismus u. Separatismus, mit einigen Erläuterten Bemerkungen u. einer authent. Erklärung versehen. 8. Berl. 826, L. Oehmigke.

Ministerial-Verfügungen, die, zur Ausführung der Justizgesetze. gr. 8. (256 S.) Berlin 879, v. Decker's Verlag. *

Ministerial-Verfügungen u. **Geschäfts-Anweisungen**, die preußischen, zur Ausführung der Justizgesetze. Mit vollständigem Sachregister. gr. 8. (VIII, 587 S.) Berlin 880. v. Decker. n. 7. 40; cart. n. 8. —

— — dasselbe. Suppl. 1. Lfg. gr. 8. (III, 84 S.) Ebend. 880. n. 1. 20

— — dasselbe. Suppl. 2. Lfg. gr. 8. (IV, 148 S.) Ebend. 881. n. 2. —

Ministerialverfügungen, preussische, zur Ausführung des bürgerlichen Gesetzbuchs u. der Neben- u. Ausführungsgesetze. Nachtrag. gr. 8. (IV, 60 S.) Berlin, R. v. Decker. 1901. 1. —

Ministerialverfügungen. — Preußische Ministerial-Verfügungen zur Ausführung des Schlachtvieh- und Fleischbeschaugesetzes nebst d. Preuß. Ausführungsbestimmungen vom 20. März 1903. Berlin: C. Heymann [1903]. (95, 6 S.) 8°

Ministerialverfügungen, Die preussischen, zur Ausführung des Bürgerlichen Gesetzbuchs und der Neben- und Ausführungsgesetze. Nebst der Geschäftsanweisung für die Gerichtsvollzieher vom 1. Dez. 1899. Berlin 1900. H: *Stegemann, Eduard.* (Berl 1912, S. 671)

Ministerialverfügungen, die preußischen, zur Ausführung des bürgerl. Gesetzbuchs u. der Neben- u. Ausführungsgesetze. Nebst der Geschäftsanweisg. f. die Gerichtsvollzieher vom 1. XII. 1899. Mit chronolog., systemat. u. Sach-Register. 3 Lfgn. gr. 8. (XIV, 457 S.) Berlin 900. R. v. Decker. n. 5. —; geb. n. 6. —
Nachtrag (IV, 60 S.) 901. n. 1. —

—— die preußischen, und Geschäftsanweisungen zur Ausführung der Justizgesetze. 2. Aufl. Mit vollständ. Sachregister. gr. 8. (587 S.) Ebendas. 879. cart.

Ministerial-Verordnung betreffend die Abgabe starkwirkender Medicamente im Handverkauf u. auf ärztliche Recepte vom 3. Juni 1878. 1 Bl. Berlin 887. Springer. n.n. — 30

Ministerial-Verordnung über die Einführung u. den Vollzug des Gesetzartikels XXII vom Jahre 1877, über das in geringeren Prozeß-Angelegenheiten [Bagatell-Angelegenheiten] zu beobachtende Geschäftsverfahren, u. über die auf dasselbe bezüglichen Stempel-Gebühren. gr. 8. (31 S.) Budapest 878. Ráth. n. — 80

Ministerialverordnung betr. die Erlassung sicherheitspolizeilicher Bestimmungen f. den Betrieb v. Automobilen u. Motorrädern nebst den Durchführungsverfügungen der Landesstellen. (Umschlag: Sicherheitspolizeiliche Bestimmgn. f. den Betrieb v. Automobilen u. Motorrädern.) (80 S.) kl. 8. Wien 906. (Hof- u. Staatsdruckerei.) n. 2. 40

Ministerialverordnung vom 11. XII. 1860, Z. 36.418, betr. Grundzüge zur Einführg. v. behördl. autorisierten Privat-Technikern. (Genehmigt m. allerh. Entschließg. v. 29. XI. 1860.) — Kundmachung der k. k. Statthalterei v. Oberösterreich vom 14. VI. 1862, Z. 7168 betr. die Gebühren der behördlich autorisierten Privat-Techniker für die im Auftrage der Behörden verricht. Geschäfte. — Verordnung des Ministeriums des Innern im Einvernehmen m. dem Ministerium f. Kultus u. Unterricht, dann dem Justiz-, Finanz-, Handels- u. Ackerbau-Ministerium vom 8. XI. 1886, L. G. u. V. B. Nr. 24, m. welcher d. Bestimmgn. der Ministerial-Verordng. vom 11. XII. 1860, Z. 36.418, üb. die Einteilg. der behördlich autoris. Privat-Techniker u. die v. den Bewerbern um solche Befugnisse beizubring. Nachweise in einigen Punkten abgeändert werden. (7 S.) Fol. Linz 904. (Zentraldruckerei vorm. E. Mareis.) n. — 60

Ministerialverordnungen, die, v. 15. IX. 1898. R.G.Bl. Nr. 156—164 betr. d. Durchführg. d. Patentgesetzes v. 11. I. 1897. R.G.Bl. Nr. 30. (Nachtrag z. 1. Bd., 2. Abth. d. Manz'schen Taschenausg. d. österreich. Gesetze.) 12. (77 S.) Wien 899. Manz. n. — 80

Ministerial-Zeitung, Deutsche, vom Jahre 1790 und 91. Nürnberg. H: *Sartori, Joseph von.* (MGT) Grattenauer

Ministerium. Staatszeitung, rechte und unrechte Mitte. München 1832. V: *Görres, Johann Joseph von.* (GGr)

Ministerium Dalwigk, das, und seine Ordonaucen vom Septbr. u. Octbr. 1850. Eine vernunftrechtliche Beurtheilung in populärer Form von einem Konservativen. Coburg 862. Streit. gr. 8. (23 S.) n. 5 ngr

Ministerium, das, Eulenburg-Caprivi. Von Nichtborussen. Mißvergnügtes Parteigerede — Byzantinismus — Eine neue Aera. gr. 8. (77 S.) Berlin 892. R. Eckstein Nachf. n. 1. 50

Ministerium, d. geistl., u. die Kirchenverfass. in Danzig betreff. 8. Danzig, Flörke. 780.

Ministerium, Das, der Hölle, vom Geheimschreiber Beelzebubs tradirt. Acherontia [Hamburg] 1796—97. V: *Rebmann, Andreas Georg Frdr.* (MGT) (Wr) (Ky)

Ministerium, das, der Hölle. 2 Thle. 8. Acherontia 5796. (Hamb., Herold jun.) 1 ℛ. 4 gr

— das, der Hölle. 1s u. 2s Heft. 8. Hamburg, Mutzenb. 5796. 97. (1796. 97.) (1s 14 gr. 2s 12 gr.)

— das, der Hölle, v. Geheimschreiber Beelzebubs tradirt. 2 Hefte. 8. Hamb. Villaume. 796-97.

50 Jahre Preußisches Ministerium für Handel und Gewerbe. 1879—1929. Bearb. von Hans-Heinrich Borchard i. Auftr. des Herrn Preuß. Ministers f. Handel u. Gewerbe. — Berlin: Kalkoff 1929. 114 S. 4° (8°)

Ministerium, Das itzt lebende geistliche, im Churfürstenthum Sachsen. O. O. 1722—32. V: *Iccander (= Joh. Chn Crell).* (Kat. des stat. Bureaus. Dresden 1890.)

Ministerium, das, der Medizinal-Angelegenheiten gegenüber d. ärztlichen Publikum. gr. 8. (8 S.) Berlin 849, A. Hirschwald. $1^1/_2$ ngr

Neues Ministerium! (von Auerswald.) Der heutige Allgemeine Staats-Anzeiger — Viele Gutgesinnte. Druck von C. Striese u. Comp. 1 Bl. Fol.
Flugblatt. Berlin, 25. Juni 1848.

Ministerium, neues! Wer wird Minister? Cassel 855. Bertram. gr. 8. (16 S.) $2^1/_4$ ngr

Ministerium, Das öffentliche, in den Königlich Preussischen Rheinprovinzen. Ein Beitrag zur Erörterung der Frage: ob, und mit welchen Attributen, dasselbe bei der künftigen Einrichtung der Gerichtsverfassung beyzubehalten sey. Trier 1817. V: *Artois.* (KGBerlin I, 1889)

— Polignac, das, vor dem Pairsgerichtshofe. 8. (15 S.) Leipzig 863, O. Wigand. *

— Stüve, das, und der hannoversche Landtag von 1849. Heft I.: Das Ministerium Stüve. 2. Abdr. gr. 16. (60 S.) Hannover 849, Pockwitz.

— dass. — Heft II.: Der erste hannoversche Landtag. gr. 16. (VI und 188 S.) Ebds. 850.

Das Ministerium der That ist nach sechswöchentlichen Leiden an Steinschmerzen gestorben. (Minister-Präsident bin ich nicht lang gewesen.) Druck von W. Fähndrich u. Comp. 1 Bl. Fol.
Flugblatt. Berlin, 1848/49.

Ministerpolka, in Wehls Carnevalsbühne gesungen von Casper. (Arnim, von Rohr und Bornemann.) Magdeburg. Druck von C. Baensch jun. 1 Bl. 4.
Flugblatt. Berlin, 1848/49.

Ministerschule, Die, oder Schreiben eines alten Edelmanns . . . Freystadt [Schwabach] 1762. V: nicht *Moser, Frdr. Carl von.* (Mitth. Dr. Arth. Goldmann.)

Ministerschule, Die, oder Schreiben eines alten Edelmanns an einen jungen Minister. Freystadt [Schwabach] 1762. N. A. 1763. V: *Moser, Friedrich Carl von.* (Wr)

Ministerschule, Die, als Anhang zu dem Moserischen Herrn und Diener. 2. Aufl. Freystadt 1763. V: *Moser, Friedrich Carl von.* (zuwzür 1912)

Ministerstreiche, William Pitts des Jüngeren verkehrte. [Zürich] 1795—97. V: *Wichmann, Christian August.* (Ky) (Wr) (MGT) (Pr)

Ministerverantwortlichkeit, Die, in constitutionellen Monarchien. Leipzig 1833. V: *Buddeus, Johann Carl Eman.* (Heis) (Mayer, Conv.-Lex. 1843. VI.) (ADB)

Ministerverantwortlichkeit, die, in constitution. Monarchien. Monographie e. alten Geschäftsmannes (J. Buddeus). gr. 8. ($18^1/_2$ B.) Leipzig 833, Köhler. Thlr.

Ministerwechsel, Der, oder die Goldwäscher zu Grenzdorf. Leipzig 1851. V: *Hübner, H.* (EB)

Ministerwechsel, der, oder: Die Goldwäscher zu Grenzdorf. 2. Aufl. 8. (85 S.) Leipzig 851, Hübner. *

Ministerwechsel, der, oder die Goldwäscher zu Grenzdorf. Ein Beitrag zur Lösung der Frage „Handelsfreiheit oder Schutzzoll". 2. und 3. Aufl., mit Vorwort. 8. (70 S.) Frankfurt a. M. 879, Rommel. *

Ministerwechsel, der, im November 1858. Ein Programm für 1859. Berlin 859. Heinicke in Comm. 8. (27 S.) n. 2½ ngr.

Minister-Weg, Der, des Herrn Milde. Breslau 1848. V: *Fritz, Gustav.* (Kat. d. Druckschr. über Breslau. Breslau 1903. S. 45.)

Ministrant, der, oder kurze Anleitung, wie der Ministrant dem Priester bei der heil. Messe am Altare zu dienen habe. Augsburg 853. Schmid. 32. (31 S. mit Holzschn.) ¾ ngr.

— — Sulzbach 855. v. Seidel. 32. (32 S. m. Holzschn. im Text.) 1⅓ ngr.

Ministrant, der, oder: kurze Anleitung, wie der Ministrant dem Priester bei der heil. Messe am Altare zu dienen habe. 32. (31 S. mit eingedr. Holzschn.) Augsburg 862, Schmidt's Verlag.

Ministrant, der, od.: kurze Anleitg., wie der Ministrant dem Priester bei der heil. Messe am Altare zu dienen habe. Neue verb. Aufl. 32. (32 S.) Augsburg 871. Schmid. — 10

Ministrant, der, od. kurze Anleitg., wie der Ministrant dem Priester bei der heil. Messe am Altare zu dienen habe. Neue verb. Aufl. 32. (32 S.) Augsburg 891. B. Schmid's Verl. — 10

Ministrant, der, od. kurze Anleitg., wie der Ministrant dem Priester bei der hl. Messe am Altare zu dienen habe. Neue verb. Aufl. gr. 16. (32 S. m. Abbildgn.) Augsburg 899. B. Schmid's Verl. — 10

Ministrant, der, od.: kurze Anleitg., wie der Ministrant dem Priester bei der hl. Messe am Altare zu dienen hat. (36 S.) 16. München (904). J. J. Lentner. n. — 10

Ministrant, der andächtige u. gut unterrichtete, od. kurze u. deutl. Anweis., wie der Ministrant dem Priester bei der heil. Messe am Altare dienen soll. Mit 1 Holzschn. Landsh. 831. (Krüll); (a. Beyer in Eichstädt). 1 gr

Ministrant, der andächtige und gut unterrichtete, oder kurze und deutliche Anweisung, wie der Ministrant dem Priester bei der heil. Messe am Altare dienen soll. 3e Aufl. Mit 1 Holzschnitt. 32. Augsburg 834. L. Doll; (Regensb., Manz.) 1 gr — 6e Aufl. 839. 1 gr

— der fromme, od. Altardiener, das ist: kurze u. gründl. Anleitg., wie der Ministrant dem Priester bei der heil. Messe am Altare m. Andacht dienen soll. 22. Aufl. 32. (32 S.) Augsburg 868. Kranzfelder. — 10

Ministrant, der gute, oder Art und Weise, wie man dem Priester bei der heil. Messe am Altare dienen soll. 1.—3. Aufl. 16. (16 S.) Passau 888, Abt.

Ministrant, der gut unterrichtete, od. kurze u. deutl. Anweisung, wie der Ministrant dem Priester bei der heil. Messe am Altare dienen soll. 12. (1 B.) Regensburg 842, Manz.

— der gut unterrichtete, oder kurze und deutliche Anweisung, wie der Ministrant dem Priester bei der heiligen Messe am Altare dienen soll. 3. Aufl. Regensburg 859. Manz. 12. (23 S.) 1 ngr.

Ministrant, der gut unterrichtete, od. kurze u. deutl. Anweisg., wie d. Ministrant d. Priester bei d. hl. Messe am Altare dienen soll. 7. Aufl. gr. 16. (16 S.) Regensburg 896. Nationale Verlagsanstalt. n. — 10

— der kleine. Ein Lehr- u. Gebetbüchlein f. Altardiener. 32. (80 S.) Einsiedeln 871. Benziger. — 20

Der kleine Ministrant. Ein Lehr- u. Gebetbüchlein f. Altardiener. *Einsiedeln, Köln: Benziger & Co. [um 1902].* (79 S.) 8° [J.] (o. Pr.)

— der kleine. Ein Lehr- u. Gebetbüchlein f. Altardiener. 13. Aufl. (80 S. m. Abbildgn.) 16. Einsiedeln (904). Verlagsanstalt Benziger & Co. Geb. in Leinw. n. — 25

Ministrant, der, wie er sein soll. Ein Unterrichts- u. Gebetbüchlein mit der heil. Messe, wie sie der Priester am Altare liest; mit der Vesperandacht f. Sonn- u. Festtage; mit kirchlichen Litaneien 2c. Deutsch u. latein., nach dem röm. Brevier. Sammt den gewöhnl. Andachtsübungen. 12. (240 S. m. 1 Lith.) Einsiedeln 851, Gebr. Benziger. 4 ngr

—— der, wie er sein soll. Unterrichts- und Gebetbüchlein; deutsch und latein. Nebst allgemeinen Andachten. 6. Aufl. 8. (240 S.) Einsiedeln 867, Gebr. Benziger.

—— der wolunterrichtete. Von F. Z. 16. (27 S.) Wien 871, F. Beck's Verlag. *

Ministranten-Büchlein, v. e. Priester der Diöcese Würzburg 3. Aufl. gr. 16. (16 S.) Würzburg (902). Göbel & Scherer. n. — 10

Ministranten-Büchlein, v. e. Priester der Diöcese Würzburg. 4. Aufl. (16 S.) kl. 8. Würzburg (905). Göbel & Scherer. n. — 10

Ministrantenbüchlein. Kurze Anleitg., wie der Ministrant dem Priester bei der stillen, hl. Messe dienen soll Neueste, verb. Aufl. (24 S.) 16. Innsbruck 910. F. Rauch. — 07

Ministratur-Büchlein, enth. die notwend. Anleitg., wie der Ministrant dem Priester bei den Ceremonien der heil. Messe richtig dienen u. antworten soll. 16. (16 S.) Patschkau 886. Buchal. n. — 10

Ministraturbüchlein. Anleitung, wie der Ministrant dem Priester bei der heil. Messe dienen und antworten soll. kl. 8. (16 S.) Patschkau (887), Buchal. *

Ministrier-Büchel nach d. römischen Gebrauche, sammt d. Weise, wie man d. Priestern bei d. Altare dienen soll. 24. (38 S.) Korneuburg 897. Kühkopf & Habel. n. — 20

Ministrirbüchel für die Jugend oder Unterricht wie auf eine Gott und den Menschen wohlgefällige Weise dem Priester bei der heil. Messe am Altare zu dienen ist. Kl. 8. (6 Blätter.) Neuhaus. Druck und Verlag von Alois Landfraß 1853.

Ministrirbüchel für die Jugend oder Unterricht wie auf eine Gott und den Menschen wohlgefällige Weise dem Priester bei der h. Messe am Altare zu dienen ist. 12. (6 Bl. Illustrat.) Prag. Fr. Rohlicek. 1854.

Ministrierbüchlein, s. Ministrirbüchlein.

Ministrir-Büchlein, oder: Unterricht, wie man dem Priester bei der heil. Messe dienen soll. 24. (12 S.) Schwäbisch Hall 848, Haspel'sche Buchh.

Ministrir-Büchlein oder Unterricht des Altardieners, wie er bei dem heil. Meß-Opfer dem Priester antworten und dienen soll. 4. Aufl. Augsburg 853. Jaquet. 16. (16 S.) 1 ngr.

Ministrir-Büchlein oder Unterricht des Altardieners wie er bei dem heiligen Meß-Opfer dem Priester antworten und dienen soll. 5. Aufl. Augsburg 860. Jaquet. 16. (16 S.) 1½ ngr.

Ministrirbüchlein, Das, Eine fassl. Anleitung, wie man fromm u. andächtig bei d. heil. Messe dienen soll. 24. (64 S.) Graz, Ulrich Moser. 10 kr. 1885.

Ministrir-Büchlein, das. Eine faßl. Anleitung, wie man fromm u. andächtig bei der hl. Messe dienen soll. Zusammengestellt v. J. B. 2. Aufl. 16. (64 S.) Graz 890. Moser. n. — 20

Ministrir-Büchlein, das. Eine faßl. Anleitg., wie man fromm u. andächtig bei der hl. Messe dienen soll. Zusammengestellt v. J. B. 3. Aufl. 16. (64 S.) Graz 892. U. Moser. n. — 20

Ministrierbüchlein. Anleitg. f. d. Ministranten b. hl. Meßopfer. 32. (32 S. m. Titelbild.) Klagenfurt 895. (A. Raunecker.) n.n. — 12

Ministrierbüchlein. Anleitung für den Ministranten beim hl. Messopfer. Klgft., St. Josefs-Druck., 1895. 32 S.

Ministrir-Büchlein, das. Eine faßl. Anleitung, wie man fromm u. andächtig bei der hl. Messe dienen soll. 4. Aufl. 16. (64 S.) Graz 900. U. Moser. n. — 20

Ministrier-Büchlein, das. Eine faßl. Anleitg., wie man fromm u. andächtig bei der hl. Messe dienen soll. 5. Aufl. (64 S.) 16. Graz 905. U. Moser. n. — 20

Ministrirbüchlein, bestes, für Knaben, die recht gute Ministranten werden wollen. Würzburg 870. Woerl. gr. 16. (16 S.) ¾ ngr.

Ministrirbüchlein für Knaben, die recht gute Ministranten werden wollen. 16. (18 S.) Würzburg 879. Woerl. n. — 10

Ministrir-Gebete in deutschen Lettern nach der lateinischen Aussprache. 16. (12 S.) Bregenz (894). (J. N. Teutsch.) n. — 04

Miniszewski, J. A., Jan Pleniążek, powieść historyczna zdziejów 15 i 16 wieku. 3 Bde. 12. Warschau 843, Orgelbrand. 2½ ℛ

Mink's Leitfaden der analytischen Geometrie der Ebene und des Raumes f. den Unterricht an höheren Lehranstalten. 2. Aufl., vollständig umgearb. u. erweitert v. Ernst W. Fiedler. gr. 8. (VIII, 96 S. m. 40 Holzschn.) Berl. 889, Nicolai's Verlag. * 1 80

Mink od. **Münk, Hnr. Emm.,** († d. 21. Mai 1772.) s. Student, der tugend- u. lasterhafte.

Der Tugend- und Lasterhafte Studente, poetisch und moralisch entworfen (von *Heinr. Emanuel Mink*). (Kpfrvign.) Das Studentenleben in 30. Kupfern vorgestellet. Verlegt und in Kupfer gebracht von Adam Wolffgang Winterschmidt, in Nürnberg. Franckfurth und Leipzig (Nürnberg) 1764. Gr.-Qu.) 8°. (In Berlin: Bibl. Lipperheide no. 2025.) (50 Mk., Expl. mit nur 26 Kpfrn., J. Halle, München, 1893; 34 Mk., cplt., Paul Graupe, Berlin, 1909; 120 Kr., cplt., Gilhofer & Ranschburg, Wien, 1913.)
Text in Versen. 32 unbeziff. Bll., sign. A 2 bis D 5. (incl. Titel m. Vign.). Mit 30 Kupfervignetten. Sehr seltenes, famos ausgestattetes Studenticum. — Anon.-Lex. IV. p. 129 (nach Meusel, Kayser, Hayn, Will).

Mink, Johs., Lehrbuch für Fortbildungsschulen des Fleischergewerbes. Merk- u. Nachschlagebuch für Meister, Gesellen u. Lehrlinge. Preisgekrönt vom deutschen Fleischerverband Stuttgart 1902. (VIII, 117 S. m. 7 Taf.) 8. Worms 904. L. Ph. Bros. n. 3. —; geb. n. 3. 50

Mink, P. J., die Nase als Luftweg, s.a. **Sammlung zwangloser Abhandlungen aus dem Gebiete der Nasen- usw. Krankheiten.**

Die Nase als Luftweg. Klinisch-experiment. Studie von Dr. P. J. **Mink** in Deventer. *Halle a. S.: C. Marhold 1901.* (61 S.) 8°
— Sammlung zwangloser Abhandlungen aus d. Geb. d. Nasen-, Ohren-, Mund- u. Hals-Krankh. Bd 7, H. 5. 104. 745 3

Mink, **Stanisl., logica memorativa peripatetica,** c. fig. 8. Francf. et Lips. Monath. 725.

Mink, Wilh., **Anfangsgründe der beschreibenden Geometrie, nebst einem Anhang über Kartenprojection. Ein Leitfaden beim Unterrichte an höheren Lehranstalten. 8. (V, 47 S. mit vielen in den Text gedr. Holzschn.) Berlin 878, Nicolai'sche Verlagsh.** *

Mink, W., geometrische **Formenlehre** oder Vorübungen für den Unterricht in der Geometrie. Crefeld 860. Schüller. 8. (39 S. m. Holzschn.) 7½ ngr.

Mink, Wilh., beschreibende und analytische Geometrie als Leitfaden beim Unterrichte an höheren Lehranstalten. Als Ergänzung zu dessen Lehrbuch der Geometrie. gr. 8. (170 S. mit vielen in den Text gedr. Holzschn.) Crefeld 862, Schüller.

—— **Lehrbuch der analytischen Geometrie und Kegelschnitte. Ein Leitfaden beim Unterrichte an höheren Lehranstalten. 8. (IV, 96 S. mit vielen in den Text gedr. Holzschn.) Berlin 878, Nicolai'sche Verlagsh.** *

Mink, Wilh., Lehrbuch d. Geometrie, als Leitfaden beim Unterr. an höh. Bürgerschulen u. ähnl. Lehranstalten. gr. 8. (9½ B. u. 6 Figtaf.) Crefeld 840, Schüller.

Mink, Wilh., **Lehrbuch der Geometrie als Leitfaden beim Unterrichte an höheren Lehranstalten. Neubearbeitung.** s.a. **Emmerich,** Albr., **Leitfaden u. Übungsbuch der ebenen u. sphär. Trigonometrie.**

Mink, Wilh., Lehrbuch der Geometrie als Leitfaden beim Unterrichte an höheren Lehranstalten. 2., umgearb. Aufl. gr. 8. (IX und 198 S. mit vielen in den Text gedr. Holzschn.) Crefeld 854, Schüller'sche Buchh.

—— **Lehrbuch der Geometrie als Leitfaden beim Unterrichte an höheren Lehranstalten. 3., neu durchgeseh. und verb. Aufl. gr. 8. (VII und 204 S. mit vielen in den Text gedr. Holzschn.) Crefeld 860, Schüller.**

Mink, Wilh., Lehrbuch der Geometrie als Leitfaden beim Unterrichte an höheren Lehranstalten. 4. Aufl. 1871, und 5. verb. Aufl. gr. 8. (234 S. mit vielen in den Text gedr. Holzschn.) Elberfeld 875, Friderichs. *

—— Lehrbuch der Geometrie als Leitfaden beim Unterrichte an höheren Lehranstalten. 6. Aufl. (VI, 234 S. mit vielen in den Text gedr. Holzschn.) 1878; 7. Aufl. gr. 8. (IV, 236 S. mit vielen in den Text gedr. Holzschn.) Elberfeld 879, Friderichs. *

Mink, W., Lehrbuch der Geometrie als Leitfaden beim Unterrichte an höheren Lehranstalten. 7. Aufl. 8. Elberfeld 879. Berlin, Wiegandt und Schotte. * 3 —

Mink, W., Lehrbuch der Geometrie als Leitfaden beim Unterrichte an höheren Lehranstalten. 8. Aufl., bearb. v. E. Arndt. 2 Tle. gr. 8. Berlin 890. Wiegandt & Schotte. à n. 1. 50
1. Planimetrie. (VI, 96 S. m. 102 Holzschn.)
2. Trigonometrie u. Stereometrie. (VI, 126 S. m. 63 Holzschn.)

Mink, Wilh., Lehrbuch der Geometrie als Leitfaden beim Unterrichte an höheren Lehranstalten. 9. Aufl., bearb. v. Erdm. Arndt. 1. Tl.: Planimetrie. gr. 8. (VI, 110 S. m. 102 Holzschn.) Berlin 893 Wiegandt & Schotte. n. 1.50

Mink, Wilh., Lehrbuch d. Geometrie als Leitfaden beim Unterr. an höh. Lehranst. 2 Tle. gr. 8. Berlin, Carlshorst, H. Friedrich. à n. 1. 50
1. Planimetrie. 10. Aufl., bearb. v. Erdm. Arndt. (VI, 110 S. m. 102 Holzschn.) (895.)
2. Trigonometrie u. Stereometrie. 9. Aufl., bearb. v. Erdm. Arndt. (VIII, 125 S. m. 62 Holzschn.) 894.

Mink, Wilh., Lehrbuch der Geometrie als Leitfaden beim Unterrichte an höheren Lehranstalten. 1. u. 2. Tl. gr. 8. Gotha [R. Wöpke], Weinheim, F. Ackermann. à 1.50; geb. à 1. 80
1. 11. Aufl., bearb. v. Erdm. Arndt. Planimetrie. (VI, 110 S. m. 101 Holzschn.) Leipzig 906.
2. 10. Aufl., bearb. v. Erdm. Arndt. Trigonometrie u. Stereometrie. (VIII, 125 S. m. 62 Holzschn.) 908.

— Leitfaden der analytischen Geometrie der Ebene u. d. Raumes f. den Unterricht an höheren Lehranstalten. 2. Aufl., vollständig umgearb. u. erweitert v. E. W. Fiedler. gr. 8. (VIII, 96 S. m. 40 Holzschn.) Berlin 889. Nicolai's Verl. n. 1. 80

— Reise durch die Pyrenäen im Jahre 1857. Crefeld 859. (Kühler.) gr. 8. (35 S.) 7½ ngr

Minkel, Adolf [aus Mayen]: Aus d. med. Klinik zu Bonn. Beitrag zur Kenntnis der Addisonschen Krankheit ... Bonn, Druck v. E. Heydorn, *1893*; 34 S., 1 Bl. 8.
Bonn, Med. Fak., Inaug.-Diss. v. [2. Aug.] 1893

Zur Geschichte der Stadt Plathe. (Verf.: Albert **Minkel.**) Bd 1. Plathe: A. Minkel 1904. 8° [F.]
Aus: Plather Zeitung. [07. 11584 9

Minkel, Joseph, aus Mayen: Über glycogen- und fetthaltige Endotheliome der Knochen. *Würzburg: F. Freudenberger 1904.* (24 S.) 8°
Würzburg, Med. Diss. v. 1904

Minkenberg, H., s.: Rechenbuch, Essener.

Minkevitch, Paul, s.: Consulartarif, neuer russischer.

Minkiewicz, Mich., Beitrag zur Kenntniss der in Urechites suberecta enthaltenen wirksamen Substanzen. Inaugural-Dissertation. gr. 8. (90 S.) Dorpat 888, (Karow.) *

Minkiewitsch, Marjan. Tetania parathyreopriva und Hyperparathyreosis. ⟨Experimentelle Studie aus der chirurgischen Klinik in Basel.⟩ Diss. Med. Basel. 39 S. 8. Basel, Friedrich Reinhardt, 1908.

Minkowski, Eugen: Aus d. II. med. Klinik in München. Ueber das Verhalten einiger aromatischer Essigsäure- und Glykokollderivate tierischen Fermenten gegenüber. München: Steinicke 1909. 28 S. 8°
München, Med. Diss. v. 8. Febr. 1909, Ref. v. Müller
[Geb. 17. April 85 Petersburg; Wohnort: Warschau; Staatsangeh.: Rußland; Vorbildung: V. Gymn. Warschau Reife Juni 03; Studium: Warschau 3, Breslau 2, Göttingen 2, Breslau 1, München 3 S.; Rig. 8. Febr. 09.] [U 09. 3368

Minkowski, Herm., zwei Abhandlungen üb. die Grundgleichungen der Elektrodynamik, s.a. Fortschritte der mathematischen Wissenschaften. 1. Heft.

Hermann **Minkowski.** Zwei Abhandlungen über die Grundgleichungen der Elektrodynamik. Mit e. Einführungswort von Otto Blumenthal. Leipzig & Berlin: Teubner 1910. 82 S. 8°
(Fortschritte d. math. Wiss. in Monographien. H. 1.) [10. 13357

— Diophantische Approximationen, s.a. Vorlesungen, mathematische, an der Universität Göttingen. II.

Diophantische Approximationen. Eine Einführung in d. Zahlentheorie von Hermann **Minkowski,** Prof. Mit 82 Fig. Leipzig: B. G. Teubner 1907. (VIII, 235 S.) 8°
— Vorlesungen, Mathematische, an d. Univ. Göttingen. 2. [07. 10647

Minkowski, Herm., Geometrie d. Zahlen. (In 2 Lfgn.) 1. Lfg. gr. 8. (240 S.) Leipzig 896. B. G. Teubner. n. 8.—

— Geometrie der Zahlen. 2. (Schluss-)Lfg. (VIII u. S. 241—256.) Lex. 8. Leipzig 910. B. G. Teubner. 1. — Lfg. 1. Ebd. 896. 8.— (kpl. geb. 10. —)

— Raum u. Zeit. Vortrag, geh. auf der 80. Naturforscher-Versammlg. zu Köln am 21. IX. 1908. Mit dem Bildnis Herm. Minkowskis sowie e. Vorwort v. A. Gutzmer. (III, 14 S.) Lex. 8. Ebd. 909. — 80
Sonderabdruck aus: „Jahresber. d. deut. Mathem.-Vereinigg.“

Minkowski, Herm., Untersuchungen über quadratische Formen. Bestimmung der Anzahl verschiedener Formen, welche ein gegebenes Genus enthält. Inaugural-Dissertation. 4. (58 S.) Königsberg i. Pr. 885, (Koch's Antiqu.) **

Minkowski, Mieczyslaw: Aus d. Königl. Med. Klinik zu Breslau, Direktor: Geheimrat Prof. Dr. v. Strümpell. Über cerebrale Blasenstörungen. Leipzig 1907: A. Pries. (37 S.) 8°
Breslau, Med. Fak., Ref. v. Strümpell, Diss. v. 23. Aug. 1907
[Geb. 15. April 84 Warschau; Wohnort: Warschau; Staatsangeh.: Rußland; Vorbildung: 5. hum. Gymn. Warschau Reife Juni 02; Studium: Warschau 5, Breslau 2, München 1, Breslau 2 S.; Rig. 27. Juni 07.]

Minkowski, Osc., über die Aenderungen der elektrischen Erregbarkeit des Gehirns nach Verschluss der Kopfarterien. Inaugural-Dissertation. gr. 8. (42 S.) Königsberg 881, (Beyer's Verlag.) *

Minkowski, Osc., über die Aenderungen der elektrischen Erregbarkeit des Gehirns nach Verschluss der Kopfarterien. Inaugural-Dissertation. gr. 8. (42 S.) Königsberg 881. (Hartung.) n. 1.—

Minkowski, (Oskar), s.: Ergebnisse der inneren Medizin u. Kinderheilkunde.

Minkowski, O., die Gicht, s.a. **Pathologie u. Therapie, specielle, VII. Bd. 3. Thl.**

Die Gicht. Von Prof. Dr. O[skar] **Minkowski** in Köln. Mit 9 Abb. u. 3 Taf. *Wien: A. Hölder 1903.* (VIII, 381 S.) 8°
— Pathologie, Specielle, u. Therapie. Bd 7, Th. 3, [1.] [03. 3449

Minkowski, O., Untersuchungen üb. den Diabetes mellitus nach Exstirpation d. Pankreas. Aus dem Laboratorium der medicin. Klinik zu Strassburg i. E. [Aus: „Archiv f. experimentelle Pathologie".] gr. 8. (III, 105 S.) Leipzig 893. F. C. W. Vogel. n. 2. —

Minkowsky, P., die Entwickelung der synagogalen Liturgie bis nach der Reformation des 19. Jahrh. (65 S.) 8. Odessa 902. (Leipzig, M. W. Kaufmann.) n. 1. —

Die Entwickelung der synagogalen Liturgie bis nach der Reformation des 19. Jahrhunderts. Von P. **Minkowsky**. Odessa 1902: Lewinsohn. 65 S. 8° [11. 6257

Minks, Arth., Analysis der Flechtengattg. Umbilicaria. s.a. **Mémoires de l'herbier Boissier. 22.**

Analysis der Flechtengattung Umbilicaria. Zugl. e. lichenolog. Beitrag z. Kenntniss d. Entstehung u. d. Begriffes d. naturwiss. Art. Von Dr. Arthur **Minks**. Mit 1 Taf. Genève & Bâle: Georg & Cie 1900. (74 S.) 8° = **Mémoires** de l'Herbier Boissier. No 22, A. [07. 13115

— **Beiträge zur Erweiterung der Flechtengattung Omphalodium,** s.a. **Mémoires de l'herbier Boissier. 21.**

Beiträge zur Erweiterung der Flechtengattung Omphalodium von Arthur **Minks**. Genève & Bâle: Georg & Cie 1900. (16 S.) 8° [Umschlagt.] = **Mémoires** de l'Herbier Boissier. No 21, B. [07. 13113

Minks, Arth., Beiträge zur Kenntniss des Baues u. Lebens der Flechten. I. Gonangium u. Gonocystium, zwei Organe zur Erzeugung der anfänglichen Gonidien des Flechtenthallus. Mit 2 (chromolith.) Doppel-Taf. (in qu. 4.). [Aus: „Verhandlungen d. k. k. zool.-botan. Gesellsch. in Wien".] gr. 8. (126 S.) Wien 876. Braumüller. — Leipzig, Brockhaus' Sort. in Comm. n. 5. —

Minks (A.). Kenntniss des Baues und Lebens der Flechten. Wien, 1876. 8°.

— das Microgonidium. Ein Beitrag zur Kenntniss des wahren **Wesens der Flechten.** gr. 8. (VI, 249 S. mit 6 lithogr. und color. Taf.) Basel 879, Georg. *

Minks (A.). Das Microgonidium . . . Basel, 1880. 8°.

Minks, Arth., d. Protrophie, e. neue Lebensgemeinschaft, in ihren auffälligsten Erscheingn. gr. 8. (VII, 247 S.) Berlin 896. R. Friedländer & Sohn. n. 10. —

— symbolae lichenomycologicae. Beiträge zur Kenntniss der Grenzen zwischen Flechten u. Pilzen. 1. u. 2. Thl. gr. 8. (LXXVII, 176 u. X, 273 S.) Kassel 881. 82. Fischer. à n. 8. —

Minks, M., die Kräuter-Веferl im Rabenbachgraben, s.: Schul- u. Vereinsbühne.

Minks, M., d. christliche Lehrerin, s.: Brunner, Ed.

Minks, M., das Lob Gottes im Wechsel der Zeit, s.: **Brunner, Ed.**

— Pastor bonus, s. Brunner, Ed.

Minkus Friedrich: Studien zur Geschichte der französischen Architektur und Innendekoration von ca. 1750 bis 1815.
1898 PN 1173 **Diss.** Wien, Univ. 1872

Minkus, Fritz, österreichische **Spitzen.** Mit begleit. Text. (40 Lichtdr.-Taf. m. 108. illustr. Text.) 45×34 cm. Wien 908 [F. Wolfrum & Co.]. Plauen, Ch. Stoll. In Mappe 40. —

Minkwitz, J.: Der Schachmatador. Ein Leitfaden zum Selbstunterricht im Schachspiele (ursprünglich von Heinrich Ritter von Levitschnigg). 3., verbesserte Aufl., vollständig umgearbeitet u. mit einer Einführung in die Problemcomposition versehen. Mit Schachpartien berühmter Meister u. einer Auswahl vorzüglicher Schachprobleme. kl. 8⁰. (183 S.) Wien: Hartleben 1886.

Minlos, Emil. Praktische Winke für Volks-Kaffeehallen. Bremen 1888.

Minlos, Rob., der Atheist. Eine Stimme aus dem Osten. 8. (154 S.) Berlin 900. F. Dümmler's Verl. n. 2. —; geb. n. 3. —

Der Atheist. Eine Stimme aus d. Osten. Von Robert **Minlos**. *Berlin: F. Dümmler 1901.* (154 S.) 8° [F.] [01. 1477

Minlos, Rob., über allen Göttern ist Ruh'. Eine monist. Studie. (95 S.) 8. Berlin (908). F. Dümmler's Verl. 2. —; geb. in Leinw. 3. —

Minn, Jos., die Lebensbeschreibungen des Fürstbischofs Christoph Bernhard v. Galen im 17. Jahrh.: s.a. **Beiträge f. die Geschichte Niedersachsens u. Westfalens. 9. Heft.**

Minn, Josef, a. Sobernheim ⟨Rheinland⟩: Die Lebensbeschreibungen des Fürstbischofs Christoph Bernhard von Galen im 17. Jahrhundert. Mit besonderer Berücksichtigung der von Johannes von Alpen verfaßten Biographie. Hildesheim 1907: A. Lax. (81 S.) 8° [F.] ¶[Erscheint als: „Beiträge f. d. Gesch. Niedersachsens u. Westfalens" H. 9 im gleichen Verlage.]
Münster, Phil. Fak., Ref. Erler, Diss. v. 21. Jan. 1907
[Geb. 20. Juni 83 Mutterscheid b. Simmern; Wohnort: Münster i. W.; Staatsangeh.: Preußen; Vorbildung: Gymn. Prüm Reife O. 01; Studium: Münster 6 S.; Rig. 23. Juli 06.]

§ **MINNA,** oder die Philosophie eines Freudenmädchens. (Motto, 6 Versz., unterz. Jacobi.) 1793. Frankfurth u. Leipzig (o. Adresse). 8⁰. Große Seltenheit! (Expl. in München ex bibl. erot. Krenner.) (17 Mk. 50 Pfg. Friedr. Klüber, München, 1899; 36 Mk. Leo Liepmannssohn, Berlin, 1907; im Preise sicher noch steigend!)

Minna. Trauersp. gr. 8. Lingen, Jülicher. 795.

— oder das unschuldige Mädchen; Nachspl. in 1 A. 8. Düsseld. 799. Schreiner. 3 gl

Minna, kom. Erzähl. 8. Altenb. Schnuphase. 807.

Minna, oder das neue Räubermädchen, von G. Bertrand. 8. Leipzig, Rein. 819.

Minna [Pseud.], s. Maedler, Wilhelmine von

Minna's Feierstunden, s.a. **Adolphine.**

Minna, ..., (Soph. Wilh. Singer,) Feierstunden; Deutschlands Töchtern gewidmet. 2 Thle. Leipz. 792, 93.

Minna's Feierstunden. Dtschlds Töchtern gewidmet. 1r Thl. (18 gr.) u. 2r Thl. auch u. d. T. Adolphine. (1 Rthlr.) 8. Lpz. Gräff. 792. 93.

Minna's, ..., (C. E. W. v. Gersdorf,) Gedichte. 8. Leipz. 790. (Schöps in Zittau). 6 gl

Minnas Gedichte. 8. Leipz. (Schöps in Zitt.) 796.

Minna, Tante, s.: **Kochbuch, kurzgefaßtes** Moskauer.

MINNA (d. i. *Wilhelmine v. Maedler*), Lilli in zehn Liedern von —. Mit 10 (blattgr.) Kupfern, gezeichnet von Ramberg. Hannover 1826. 8⁰. Selten! (5 Mk. Max Jaeckel, Potsdam, 1906.)
Weller, Lex. Ps. p. 362; dagegen nennt der Cat. der Privatbibl. des † Königs Georg V. v. Hannover „Witte" als wirklichen Verfasser.

Minne, Der deutschen Freiheit. Ausgewählte Lieder der deutschen Freiheitssänger. Dresden 1863. H: *Schöpff, Friedrich Wilhelm Traugott.* (Haan)

Minne, der deutschen Freiheit. Ausgewählte Lieder der deutschen Freiheitssänger. Dresden 863. Schöpff. 16. (IV, 84 S.) 7½ ngr

Minne, fromme. Ein Geschenk für Frauen und Jungfrauen ausgewählt aus den edelsten Perlen deutscher Dichtung. 1. Aufl. 1866. und 2. Aufl. 16. (XIV und 373 S. mit 1 lithogr. Titelbild in Farbendr. und 5 Holzschntaf.) Leipzig 867, Teubner. geb. mit Goldschn.

Minne, fromme. Ein Geschenk für Frauen und Jungfrauen ausgewählt aus den edelsten Perlen deutscher Dichtung. 3. Aufl. 1869, und 4. Aufl. 16. (XVI, 73 S. mit 6 Holzschntaf. und 1 Chromolithogr.) Leipzig 878, Teubner. geb. mit Goldschn.

Minne, fromme. Ein Geschenk f. Frauen u. Jungfrauen, ausgewählt aus den edelsten Perlen deutscher Dichtg. Mit e. Titelbl. in Buntdr. u. 4 Lichtdr.-Bildern. 5. Aufl. 12. (XIV, 397 S.) Lpz. 891, Teubner. geb. m. Goldschn. * 5 —

Minne und Harm eines Volksdichters. Eisenach 1782—84. V: *Kramann, H. L.* (Erman & Horn, Bibliogr. d. dtsch. Universitäten. 1. Leipz. u. Berl. 1904.)

Minne u. Harm eines Volksdichters. 2 Thle. 8. Eisenach Wittekind. 782—84.

— Religion, Schwärmerey, mehr als Roman, 8. Leipzig, 782. Weygand. 20 sgl.

MINNE. Schwärmerey. Religion. Mehr als Roman. (Vorr. unterz.: *R.*) Mit TVign. Leipzig, Weygand, 1782. Kl. 8⁰. (3 Mk. Beck, Nördl., 1892; 2 Mk. Friedr. Klüber, München, 1905.)
222 S. (incl. 1 Bl. Vorr.), 1 Bl. Err. —

Minneapolis Freie Presse-Herold : Jahrgang 1—56, no. 13, Nov. 1, 1869—Nov. 28, 1924.
Weekly. Republican, 1869—76; Independent, 1877—85 [Ayer, 1882—85 reports the paper as Republican, Independent Republican, 1886—89; Democratic, 1890—1920; Independent, 1921—24]; supported Hayes. Title varies: 1) MINNEAPOLIS FREIE PRESSE, Nov. 1, 1869—Jan. 2, 1891; 2) MINNEAPOLIS FREIE PRESSE-HEROLD, Jan. 9, 1891—Dec. 16, 1919; 3) WESTLICHER HEROLD: MINNEAPOLIS EDITION (Formerly MINNEAPOLIS FREIE PRESSE-HEROLD), Dec. 23, 1919—Nov. 28, 1924. Absorbed MINNEAPOLIS HEROLD, Jan. 1891. Dated also at Winona, Minn., Apr. 30, 1920—Nov. 28, 1924. Circulation: 1870, 450; 1880, 2015; 1900, 5000; 1920, *10,414*. Edited & published by Lambert Nägele, 1869—75?; edited by Rudolph Barttlingck, 1875?—1878; by Dr. A. Hinsche, 1878—86?; by E. A. Zundt, 1886—88; by Emil Blume, 1888—Sept. 1890; by Richard F. Schmidt, editor-in-chief [with Karl Bähr as associate editor], Oct. 1890—Jan. 2, 1891; by Karl Bähr, Jan. 9, 1891—Dec. 1908; by William Dittmann, Jan. 18, 1909—Oct. 1910; by August Bethke, Oct. 18, 1910—June 1911; by Otto P. Woysch, June 29, 1911—Mar. 1913; by Felix Schmidt, 1913—14; by Adolph Duevel, June 12, 1914—1922; by Emil Leicht, 1923—24.
Published by Lambert Nägele, 1875—Oct. 12, 1889; by Richard F. Schmidt (as, Ferrant-Schmidt Lithographic & Publishing Co.), Oct. 17, 1889—1890; by Freie Presse-Herold Printing Co., Jan. 9, 1891—1899; by Adolph Duevel [with J. L. Kuechli, 1903—05], 1900—Nov. 1919; by Westlicher Herold Publishing Co., Winona, Minn., Dec. 1919—1924.
Minneapolis, MN

Minneapolis Herold : 1884?—1891.
Daily, evening except Sunday, 1884—85?; weekly, 1885?—1891. For weekly edition, see WÖCHENTLICHER MINNEAPOLIS HEROLD. Edited & published by Jacquinet & Wesenberg, 1884?—1891.
Minneapolis, MN

Minnebüchlein, darin steht, wie deutsche Liebe liebt. Eine Morgengabe f. Liebende. 1r Thl. Mit Kpf. 12. Berl. 824. Reimer. 2 ℳ

Minneburg, Ernst, Gedichte. 16. (X u. 260 S.) Tübingen 852, Osiander. ⅚ ℳ; in Engl. Einb. m. Goldschn. 1⅓ ℳ

Gustaf Adolfs Minnefest firad i Carlstadt den 6. Nov. 1832. 8. Carlstadt 1833.

Minnegast, s. **St. Johannes-Liebe.**

Minnegesang auf den Grafen Ludwig von Oettingen. Wallerstein 1775. V: *Lang, Jacob Paul.* (ML)

Minneglück und Weiberlist oder Etwas für Antiplatoniker. Berlin 1789. V: *Klischnig, Carl Friedrich.* (BGE) (Ky) (MGT)

Minneglück und Weiberlist, oder etwas für Antiplatoniker, 8. Berlin, 789. W. Vieweg. 15 sgl.

Minnehaha : Jahrgang 1—11, Apr. 1855?—Aug. 1877?
Sunday edition of MINNESOTA VOLKSBLATT, and continued as Sunday edition of TÄGLICHE VOLKSZEITUNG.
St. Paul, MN

Minnehaha : Jan. 1877—Dec. 1932.
Sunday edition of TÄGLICHE VOLKSZEITUNG, 1879—1922; then issued as a semi-weekly edition, 1923—32. Continued from MINNEHAHA, the Sunday edition of MINNESOTA VOLKSBLATT, but probably continued with new serial numbering.
No advertisements printed in MINNEHAHA. Circulation: 1905, *28,401*; 1923, *13,150*; 1930, *24,742*.
St. Paul, MN

MINNEHOF für Liebende. Leipzig 1855. 8⁰. Rar!
Privatmittheilung ohne nähere Angabe.

Minnehöfe, Die, des Mittelalters und ihre Entscheidungen oder Aussprüche ... Leipzig 1821. V: *Spangenberg, Ernst Peter Johann.* (BrVV) (BrMIn)

Minnehöfe, die, des Mittelalters u. ihre Entscheidungen od. Aussprüche. Ein Beitr. z. Geschichte des Ritterwesens u. der romant. Rechtswissenschaft, (v. Er. Pt. Jh. Spangenberg). 8. Leipz. 821. Brockhaus. 1 ℳ 12 gr

MINNEHOLD, Abbé v. (ps.), Schutzfrist des schönen Geschlechts, oder Schönen, nebst einer Dissertation über den Vorzug des schönen Geschlechts u. einem noch nagelneuen Ballgeschichtchen von **, gegen den Verfasser der Schilderungen weiblicher Bosheiten etc. Mit Titelvignette. Wien 1782. 8⁰. Sehr selten! (2 fl. 50 xr. J. Eisenstein & Co., Wien, 1889; jetzt theurer!)
Weller, Lex. Pseud. p. 362.

MINNESÄNGER — Minnelieder. Ergänzung der Sammlung von Minnesängern. Herausgegeben von G. F. Benecke. Göttingen 1810. 8⁰.

Minnelieder eines Klosterbruders. Schaffhausen 1857. V: *Dominicus, Pater.* (Kn 1, 75) (Zeitschr. f. Büch. N. F. 15, 1923, S. 116)

Minnelieder eines Klosterbruders. Schaffhausen 857. Hurter. 16. (4 Bl., 184 S.) 18 ngr.

Minnemann, Carl: Aus d. Psychol. Inst. von Prof. Martius. Untersuchungen über die Differenz der Wahrnehmungsgeschwindigkeiten von Licht- und Schallreizen. Kiel 1908: Schmidt & Klaunig. 62 S. 8° ¶(Ersch. vollst. in e. psychol. Zeitschr.)
Kiel, Phil. Diss. v. 22. Dez. 1908, Ref. Martius
[Geb. 13. März 77 Hamburg; Wohnort: Hamburg; Staatsangeh.: Hamburg; Vorbildung: Wilhelm-Gymn. Hamburg Reife O. 96; Studium: Kiel 2, Tübingen 2, Halle 2, Kiel 9 S.; Rig. 1. Juni 07.] [U 09. 2327

Minner, C., ausgewählte Stücke aus der 3. Dekade des Livius, s.: Jordan, W.

Minner, C., Urbis Romae viri illustres, s.: Lhomond.

Minner, [Christian], Prof. Über eine engere Verbindung zwischen der lateinischen Komposition und Exposition. (Mit Probestücken.) *Stuttgart 1901: C. Liebich.* (S. 1—40.) 4°
Stuttgart, k. RG, P 1901 (650)

Minner, Johann (Frankfurt/M.)
De Thaumatophilia nostri temporis.
MS. 8 Bl. 8°
Diss. phil. Giessen 31.12.1821. vorh. Univ.-Archiv.

Minner, Johann Martin

Minner, J. M., Ansichten von Entstehung, Wesen u. Erscheinungen d. menschl. Sprache u. von e. zeitgemäßen Reform d. Unterrichts- u. Schulwesens. gr. 8. (9½ B.) Stuttgart 839, Liesching u. Comp.]

Minner, Jh. Mt., Aufgaben z. Uebersetzen aus d. Deutschen ins Italienische. 8. Frankf. a. M. 817. Boselli. 16 gl.

— s. Aufruf der Regierung von Nordamerika.

— Encyklopädie e. wissenschaftl. Unterrichts in d. französ. Sprache. 1r Bd. (A. u. d. T.: Wissenschaftl. französ. Sprachlehre, nach bewährten Forschungen.) gr. 8. Frkf. 821. Boselli. 21 gl.

— englisch-deutsche Gespräche f. das gesellschaftl. Leben. Nach F. Beauval. 3 Bde. (A. u. d. T.: English and German Dialogues.) 8. Frankf. a. M. 813. Brönner. 1 ℳ

— italienisch-deutsche Gespräche f. das gesellschaftl. Leben. Nach F. Beauval. 3 Bde. (A. u. d. T.: Dialoghi italiani per la vita sociale secondo quei di Beauval.) 8. Frankf. a. M. 813. Brönner. 1 ℳ

— spanisch-deutsche Gespräche. 8. Frankf. a. M. 813. N. A. 817. Brönner. 16 gl.

— Spanisch-deutsche Gespräche f. d. gesellschaftl. Leben. 2e Aufl. 12. Frankf. 827, Brönner.

Minner, Joh. Mart., spanisch-deutsche Gespräche für das Geschäfts- und Gesellschafts-Leben, zum Gebrauche beider Nationen. 3., verm. und verb. Aufl. 8. (214 S.) Hamburg 851, Hoffmann und Campe.

Minner, J. M., wissenschaftl. italiän. Sprachlehre, nach d. best. Hülfsmitteln u. eignen Forschungen bearb. 8. (16 B.) Frankfurt a. M. 830, (Streng.)

Minner, J. M., wissenschaftl. italien. Sprachlehre, nach den besten Hülfsmitteln u. eigenen Forschungen bearb. 2. Aufl. 8. (16 B.) Frankfurt a. M. (1830) 845, Streng.

Minnerop, Caspar: Aus d. Univ.-Frauenklin. zu Bonn. Über die Operation der Ureterscheidenfisteln. Bonn (1910): Trapp. 100 S. 8°
Bonn, Med. Diss. v. 30. Juli 1910, Ref. Fritsch
[Geb. 21. März 81 Mengede; Wohnort: Recklinghausen; Staatsangeh.: Preußen; Vorbildung: Gymn. Warendorf Reife O. 04; Studium: Münster 5, München 2, Bonn 3 S.; Coll. 18. März 10; Approb. 15. Mai 10.] [U 10. 323

Minnesang, deutscher. Uebertr. v. Bruno Obermann, s. Universal-Bibliothek.

Minnesang, der, des 12. bis 14. Jahrh. Hrsg. v. Fr. Pfaff, s.: National-Litteratur, deutsche.

Minnesänger, s.a. Maness v. Maneck.

Minnesänger, Der. Dorpat 1813. V: *Köchy, Chn Hnr. Gottlieb.* (GGr)

Minnesänger, die, Taschenausgabe m. K. Zwickau, Schumann. 820.

Minnesänger, der, musikalische Unterhaltungsblätter von J. A. Anton. 1r Jahrg. 1834. Novbr. u. Decbr. 9 Numm. Mit Titelvignette. Fol. Mainz, Schott's Söhne. n. 7/12 ℳ — 2r Jahrg. 1835. Redigirt von J. D. Anton. 52 Numm. Mit Titelvign. Fol. Ebd. 3⅓ ℳ — 3r Jahrg. 1836. 52 Numm. Mit Titelvign. Fol. Ebd. Pränum.-Pr. 3⅓ ℳ

MINNESÄNGER, Deutsche, in Bild und Wort. Gezeichnet von E. v. Lüttich, gestochen von E. Forberg. Text von Dr. H. Holland. Wien, P. Kaiser, o. J. (ca. 1876). Gr.-Folio. Leinwandband mit Goldpressung.
Mit 12 Stichen.

Minnesänger, Die, an den Fürstenhöfen im Breisgau. Freiburg 1862. V: *Schreiber, Hnr.* (Zuwachsverz. d. Bibliotheken in Zürich 1898 ff.)

Minnesänger, der, in Lust u. Leid. Ein poetischer Briefsteller u. Rathgeber f. Liebende. Enthält eine Sammlung von 200 der ausgezeichnetsten Lieder der Liebe. Hrsg. von Franz Fischer. 8. (3¼ B.) Erfurt 843, Hennings u. Hopf.

Minnesänger. Zwei St. Gallische M'.... St. Gallen 1866 s.a. [Götzinger, Ernst].

Minnesänger, Zwei st. gallische. 1) Ulrich von Singenberg, der Truchsess; 2) Konrad von Landegg, der Schenk . . . St. Gallen 1866. V: *Götzinger, Ernst.* (Cat. d. Stadtbibl. Zürich. Zürich 1864—97.)

Minnesangs, des, Frühling, hrsg. von Karl Kinzel, s.a. Denkmäler der älteren deutschen Litteratur. II. 1.

Minnesangs, des, Frühling. Hrsg. von Carl Lachmann und Mor. Haupt. gr. 8. (VIII und 340 S.) Leipzig 857, Hirzel. *

— dasselbe, s.a. Bötticher, G., u. K. Kinzel, Denkmäler der älteren deutschen Litteratur.

Minnesangs, d., Frühling. Hrsg. v. Karl Lachmann u. Moriz Haupt. 2. Ausg., besorgt v. W. Wilmanns. gr. 8. (VIII, 340 S.) Leipzig 875. Hirzel. n. 8. —

Minnesangs, des, Frühling, hrsg. von Karl Lachmann u. Mor. Haupt. 3. Ausg., besorgt von F. Vogt. gr. 8. (VIII, 342 S.) Leipzig 882. Hirzel. n. 8. —

Minnesangs Frühling, des, hrsg. v. K. Lachmann u. M. Haupt. 4. Ausg., besorgt v. F. Vogt. gr. 8. (VIII, 343 S.) Leipzig 888. Hirzel. n. 5. —

Minnesinger. Deutsche Liederdichter des XII. bis XIV. Jahrh. aus allen bekannten Handschriften und früheren Drucken gesammelt und berichtigt, mit den Lesarten derselben, Geschichte des Lebens der Dichter und ihrer Werke, Sangweisen der Lieder, Reimverzeichniss der Anfänge und Abbildungen sämmtlicher Handschriften von Friedr. Heinr. von der Hagen. 5. Thl. A. u. d. T.: Bildersaal altdeutscher Dichter. Bildnisse, Wappen und Darstellungen aus dem Leben und den Liedern der deutschen Dichter des XII. bis XIV. Jahrhunderts. Nach Handschriftgemälden, vornämlich der Manesse'schen Sammlung, und nach anderen gleichzeit. bildl. Denkmalen etc. Mit geschichtl. Erläuterungen von Friedr. Heinr. von der Hagen. Mit 75 Abbild. in Fol. gr. 4. (XVIII und 279 S. und 2 S. Erklärung mit 41 Kpfrt. in Fol.) Berlin 856, Stargardt. Thlr. * *
Vlnp. * *

1—4. Bd. Leipzig 838, Barth. * 25 Thlr., Druckvlnp. * * 28 Thlr., Vlnp. * 36 Thlr.

Minnesinger. Deutsche Liederdichter d. 12., 13. u. 14. Jahrh., aus allen bekannten Handschriften u. früh. Drucken gesamm. u. bericht., mit den Lesarten ders., Geschichte d. Lebens d. Dichter u. ihrer Werke, Sangweisen d. Lieder, Reimverzeichniß d. Anfänge, u. Abbildn. sämmtl. Handschriften, v. Friedr. Heinr. von der Hagen. 4 Bde. (5 Abthln.) gr. 4. (320¾ B., 10 lith. Facsim.-Taf. u. 12½ B. Musikbeiln.) Leipzig 838, Barth. * 25 Thlr., f. Drckvlnp. * 28 Thlr., f. geleimt. Pap. * 32 Thlr., geglätt. Vlnp. *

A. u. d. Ttln.:

Thl. 1., 2. Minnesinger. Manessische Samml., a. d. pariser Urschrift, nach G. W. Raßmanns Vergleichung, ergänzt u. hergestellt. 2 Bde.

" 3. Bd. 1. Minnesinger. Aus den Jenaer, Heidelberger fy. Weingarter Sammln. u. den übrigen Handschriften u. früheren Drucken ergänzt u. hergestellt.

Thl. 3. Bd. 2. Verzeichniß d. namhaften 162 Dichter in den vorigen drei Theilen; Anfangszeilen d. Strophen, Kehrreime u. Leichsätze nach den Reimen; Lesarten aller verglichenen Urkunden, mit Nachweisung aller darin enthaltenen Lieder d. einzelnen Dichter; Druckfehler d. früheren Ausgaben.

" 4. Geschichte d. Dichter u. ihrer Werke, Abbildungen d. Handschriften, Sangweisen, Abhandlung üb. d. Musik d. Minnesinger, Alte Zeugnisse, Handschriften u. Bearbeitungen, Uebersicht der Dichter nach d. Zeitfolge, Verzeichnisse d. Personen u. Ortsnamen, Sangweisen d. Meistersänger nach d. Minnesängern.

Exemplare der Ausg. auf geglätt. Vlnpap. mit in Miniatur gemalten Vignetten und Uncialen, werden auf feste Bestellung geliefert. — Ein auf Pergament abgezogenes Prachtexemplar mit in Miniatur auf Goldgrund gemalten Vignetten und Uncialen ist für 100 Carolins verkäuflich.

Minnesinger etc., Ergänzungs-Atlas dazu, s. Bildersaal.

Minnesold u. Ritterwort. Dramat. Stück 8. Wien 792. Hochenleitner. 9 *k*

Minnesota, als eine Heimath für Einwanderer. (In Hinsicht des Klimas, des Ackerbaues, der Industrie und der Schulen.) Eine gekrönte Preisschrift. Aus dem Engl. in's Deutsche übers. von Alb. Wolff. Neue Ausg. umgearb. und verb. von Bernh. Kihlholz. gr. 8. (55 S.) St. Paul, Minn. 867. (New-York, Steiger.)

Minnesota als eine Heimat f Einwanderer. (In Hinsicht d Klimas, des Ackerbaus, d Industrie u d Schulen.) Eine gekrönte Preis-Schr. Aus d Eng ... übers v Albert Wolff. Neue Ausg ... v Bernhard Kihlholz. St Paul, Minn, 1869.

Minnesota der Pionier-Staat des Nordwestens. Eine treue Darstellung seiner Entwicklung, Beschaffenheit und Aussichten. Hrsg. von dem „Saint Paul deutschen Vereine." 12. (63 S.) Saint Paul 859. (Philadelphia, Schäfer und Koradi.) *

Der Minnesota Beobachter : June 1, 1873—Mar. 2, 1894.
Independent weekly. Sub-title: Ein Organ für Unterhaltung und Belehrung (Wochenblatt). Title varies: MANKATO BEOBACHTER. Circulation: 1875, 409; 1880, 600; 1890, 600. Edited & published by L. Schramm, 1873—74; by Johann M. Broome, 1875—92; by L. C. Nenning, 1893—94.
Mankato, MN

Minnesota Demokrat : 1878?—1882?.
Democratic weekly. Circulation: 1881, 2100. Edited by Werner Ropp, 1878–79; by W. F. von Deyn, 1880–82; published by Demokrat Printing Co., 1878–82.
St. Paul, MN

Die Minnesota Deutsche Zeitung : Jahrgang 1—3, no. 16, Jan.? 1856—May 22, 1858?
Independent Democratic weekly. Followed by MINNESOTA STAATS-ZEITUNG. Edited & published by Albert Wolff & Friedrich Orthwein, 1856–57; by Hermann du Brisson & Carl Passavant, 1857; by Charles Carre, 1858; by Samuel Ludvigh, 1858.
St. Paul, MN

Minnesota National-Demokrat : June 6, 1857—1859?
Democratic weekly. Edited & published by Friedrich Orthwein & Albert Wolff, June—Sept.? 1857; by Friedrich Orthwein, Sept.? 1857–1859.
St. Paul, MN

Minnesota Post : 1878?—1879? **Owatonna, MN**
Weekly. Edited & published by J. Hunger.

Minnesota Post : May 1884—Dec. 26, 1895?
Democratic weekly. Sub-title: Ein Wochenblatt im Interesse des Deutschthums im Nordwesten. Circulation: 1890, 850. Edited & published by John P. Mueller, 1884–95.
Shakopee, MN

Minnesota Staats-Anzeiger : Jahrgang 1—2, no. 9, Apr. 18, 1889—June 13, 1890?
Weekly. Edited & published by Ernst Mussgang & ? Dreis, Apr. 18, 1889—Jan. 17, 1890; by Ernst Mussgang, Jan. 24—June 1890.
St. Paul, MN

Minnesota Staats-Zeitung : Jahrgang 1–20, July 24, 1858–Sept. 4, 1877.
Weekly, July 24, 1858–Aug. 24, 1867; tri-weekly, Aug. 27, 1867–Sept. 4, 1877. Numbered also: whole no. 1–473, July 24, 1858–Aug. 24, 1867; whole no. 1–1550, Aug. 27, 1867–Sept. 4, 1877. Succeeded DIE MINNESOTA DEUTSCHE ZEITUNG, when Samuel Ludvigh took it over. United with TÄGLICHES MINNESOTA VOLKSBLATT, to form TÄGLICHE VOLKSZEITUNG. Sub-title: Ein Wochenblatt für Literatur und Neuigkeiten, July 24, 1858–Jan. 1860. Under Ludvigh, Independent, but Radical; Republican with the outbreak of war, and during Reconstruction days. For weekly edition, see MINNESOTA STAATS-ZEITUNG: WÖCHENTLICHE AUSGABE. For Sunday edition, see SONNTAGSBLATT DER MINNESOTA STAATS-ZEITUNG. Circulation: 1870, 1800 (est.); 1875, 480. Beginning with Jahrgang 10, no. 1, the paper carries sub-title: Drei Mal Wöchentliche Ausgabe. Edited & published by Samuel Ludvigh, July 24, 1858–Jan. 1860; by Carl Reuther, Feb. 1–16, 1860; by Carl Reuther & Christian Exel [with Albert Wolff, as editor, July 28, 1860–Nov. 1863], Feb. 25, 1860–Mar. 1864; by Christian Exel, Mar. 19—June 1864; by A. R. Kiefer, June 25, 1864—Aug. 1867; by Wolff & Sander, Aug. 27, 1867—Nov. 1869; by Theodor Sander [infrequently as Theo. Sander & Co.], Dec. 2, 1869–Sept. 4, 1877.
St. Paul, MN

Minnesota Staats-Zeitung : Aug. 31, 1867–Sept. 1877.
Weekly edition of MINNESOTA STAATS-ZEITUNG. Sub-title, beginning with no. 474: Wöchentliche Ausgabe. Numbering of this edition is continuous with the first series of the main edition during the period when it appeared weekly. United with MINNESOTA VOLKSBLATT, to form DIE WÖCHENTLICHE VOLKSZEITUNG. Circulation: 1870, 2500; 1877, 2000.
St. Paul, MN

Minnesota Staats-Zeitung : 1885?—1889?
Independent semi-weekly. Published by Minnesota Staats-Zeitung Publishing Co.
St. Paul, MN

Sonntags-Blatt der Minnesota Staats-Zeitung : 1871?—Sept. 1877.
Sunday edition of MINNESOTA STAATS-ZEITUNG.
St. Paul, MN

Minnesota Thalbote : 1856?—? **Carver, MN**
Edited & published by Friedrich Orthwein.

Minnesota Thal-Bote : 1875?
Weekly, the only paper published in Jordan in 1875. Edited by Dr. H. Schmidt, & published by Minnesota Thal-Bote Co.
Jordan, MN

Minnesota Thal-Bote: Jan. 2, 1890--Oct. 14, 1897.
Independent weekly. Circulation: 1895, 800. Edited by Th. Scheule, & published by H. Roemer, 1890; edited & published by J. A. Roemer, 1891—92; edited by Rudolph Roemer, & published by Greiner & Roemer, 1893--94; edited by G. Lyser, & published by Fred Greiner, Jr., 1895; edited & published by Gustav Lyser, 1896 - 97.
Chaska, MN

Minnesota Volksblatt: Jahrgang 1—16, no. 824, Nov.? 1861—Aug. 30, 1877.
Democratic weekly. For daily edition, see TÄGLICHES MINNESOTA VOLKSBLATT. For Sunday edition, see MINNEHAHA. United with MINNESOTA STAATS-ZEITUNG, to form DIE WÖCHENTLICHE VOLKS-ZEITUNG. Circulation: 1870, 6000; 1876, 3000 (est.). Edited & published by Philipp Rohr, Nov. 1861 -1862?; by Carl H. Lienau, 1862?- May 1869; by Gustavus Leue [with ? Erdmann, May 13, 1869—Sept. 1871]. May 13, 1869—Aug. 30, 1877.
St. Paul, MN

Minnesota Volksblatt: 1898?--1905?
Independent weekly. Circulation: 1901, 1375. Edited & published by J. G. Feuchtinger,1898—1900; published by Volksblatt Publishing Co., 1901—02; edited & published by Hermann Saenger, 1903; edited by F. Martin, & published by Schmieze & Lange, 1904; edited & published by Fr. Martin, 1905.
Perham, MN

Tägliches Minnesota Volksblatt: Oct. 7, 1866—Aug. 1877?
Daily edition of MINNESOTA VOLKSBLATT. The numbering of the daily edition is slightly irregular: Jahrgang 5, no. 1, Oct. 7, 1866, page 1, states: „Da sind wir! Zum ersten Mal als täglicher Gast." This numbering continues regularly through Jahrgang 6, no. 302, Oct. 3, 1867; but, the next issue seen, dated Oct. 17, 1867, is numbered Jahrgang 2 (sic), no. 9.
St. Paul, MN

Minnesota Volksfreund: Sept. 1, 1892—1908?
Democratic weekly. Circulation: 1900, 700. Edited & published by Roderig & Krauth, 1892—1904; by C. Roderig, 1905 -08.
Jordan, MN

MINNESPIEL und Ritterwort. Ein (stellenw. pikantes) dramatisches Stük (!) in fünf Aufzügen. Mit (drastischem) TKpf. Wien u. Leipzig, bei L. Hochenleitter u. Komp. 1792. 8°. 151 SS. Selten!

Minnespiel und Ritterwort. Ein dramatisches Stück in fünf Aufzügen. O. O 1793. V: *Klesheim, Anton Freih. von.* (GGr V/337, Nr. 121/1) (Biblport)

Minnich, C., bergbauliche Mittheilungen v. der Westküste Mexikos. [Aus: „Zeitschr. f. Berg-, Hütten- u. Salinenwesen".] gr. 4. (13 S.) Berlin 893. W. Ernst & Sohn. n. 1. —

Minnich, Frz., über den Croup und seine Stellung zur Diphteritis. gr. 8. (82 S. mit 2 graph. Taf.) Wien 888, Urban und Schwarzenberg. *
—— dass. — s. Klinik, Wiener.

Minnich, Johann Alois

Minnich, J. A., Alpenblumen. Eine Lese schweizer. Gedichte. 12. (9 B.) Luzern 836, Meyer. Thlr.

Minnich, Joh[ann] Alois. Baden in der Schweiz und seine warmen Heilquellen in medizinischer, naturhistorischer und geschichtlicher Hinsicht. Mit mehrern Kupfern [5 Tafeln] und einer Karte. 8. Baden, Zürich. Höhr.
Ausg. A. 1844. – *Ausg. B.* 1845.

Minnich, Joh[ann] Alois. Baden in der Schweiz und seine warmen Heilquellen in medizinischer, naturhistorischer und topographischer Hinsicht. 2. Aufl. 8. Baden 1871. Zehnder.

Minnich, J[ohann] Alois. Baden en Suisse et ses sources minérales chaudes au point de vue de la médecine, de l'histoire naturelle et de la topographie, par J. Aloïse M'.... Traduit de l'Allemand sur la seconde édition par le Dr. Engel,...Strasbourg. 8. Baden 1872.

—— Bilder aus d. Schweiz in Dichtungen gezeichnet. 8. (11½ B.) Zürich 845, Meyer u. Zeller.

—— les eaux thermales de Baden en Suisse, leur analyse chimique et leurs vertus thérapeutiques constatées par l'expérience, avec un apperçu descriptif et géognostique des environs de Baden, leur histoire naturelle, et des esquisses historiques concernant cette ville. gr. 8. (23¼ B., 5 Kpfr. u. 1 Charte.) Zürich 846, Meyer u. Zeller. *

Minnich, Joh. Alois, Reisebilder aus Spanien. 8. (VIII und 252 S. mit 1 lithogr. Ansicht des Saales der Abenzerragen in der Alhambra.) Zürich 862, (Schulthess.)

Minnich, Sergius. Das Fürstentum Neuenburg unter französischer Herrschaft, 1806 — 1813. Diss. Phil. I. Univ. Zürich. 67 S. 8. Zürich, Gebr. Leemann & Co., 1910.

Minnich, *Bernhard* Walter [pr. Arzt]: **Ueber einen Fall perniciöser progressiver Anämie mit leichten Spinal-Symptomen und anatomischen Veränderungen im Rückenmark ... Königsberg i. Pr.,** Druck v. M. Liedtke, 1891; 45 S., 1 Bl. 8.
Königsberg, Med. Fak., Inaug.-Diss. v. 7. Nov. 1891

Minnich, Walt., üb. e. Fall perniciöser progressiver Anämie m. leichten Spinal-Symptomen u. anatomischen Veränderungen im Rückenmark. Diss. gr. 8. (44 S.) Königsberg i/Pr. 891. (W. Koch.) n. 1. —

— zur Kenntniss der im Verlauf der perniciösen Anämie beobachteten Spinalerkrankungen. Aus dem Laboratorium der medicin. Klinik zu Königsberg. [Aus: „Zeitschr. f. klin. Med."] gr. 8. (116 S. m. 4 farb. Taf.) Berlin 893. A. Hirschwald. n. 6 —

Minnich, W[alther]. Das Kropfherz und die Beziehungen der Schilddrüsenerkrankungen zu dem Kreislaufapparat von Dr. W. M', Zürich-Weissenburg. Mit 39 Abbildungen [und 1 Tafel]. IV + 166 S. gr.-8. Leipzig und Wien, Franz Deuticke, 1904. [M.4.50]

MINNICHSDORFER, R.: Der Wiener-Neustädter große Föhrenwald. - Wien 1881

Minnig, Samuel R.: Erzähltes und Erlebtes. Erinnerungen aus d. Geschichte d. Familie Reich u. Erlebnisse d. Geschwister Freimuth in Amerika von –. New Philadelphia, Ohio. Beobachter Publishing Co. 1894. 172, XXIV S. 8°

Minnigerode, v., über chinesisches Theater. 8. (47 S.) Oldenburg 888. Schulze. n. 1. —

Minnigerode, v., über chinesisches Theater. 2. [Titel-]Aufl. 8. (47 S.) Oldenburg [888.] (901). Schulze. n. — 80.

Minnigerode, August Friedrich Freiherr von, Referendar: § 675 im Bürgerlichen Gesetzbuch und der Begriff der Geschäftsbesorgung. Helmstedt (1907): J. C. Schmidt. (52 S.) 8° [F.]
Marburg, Jur. Fak., Ref. Leonhard, Diss. v. 21. Febr. 1908
[Geb. 5. April 82 Schloß Langenberg b. Weißenburg (Elsaß); Wohnort: Cassel; Staatsangeh.: Preußen; Vorbildung: Gymn. Weißenburg Reife M. 01; Studium: Berlin 1, Tübingen 4, Marburg 3 S.; Rig. 20. Dez. 07.]

Minnigerode, Ludw., Beitrag z. Beantwortung d. Frage: Was ist Justiz- u. was ist Administrativ-Sache? gr. 12. (9¾ B.) Darmstadt 835, [Jonghaus.]

—— Bemerkungen üb. d. Stand d. Gesetzgebung u. Jurisprudenz in Deutschland. gr. 12. (6 B.) Darmstadt 836, Jonghaus.

Minnigerode, Wilh. Baron v., Artikel 20 der Reichsverfassung. Eine Studie üb. das allgemeine gleiche Stimmrecht. gr. 8. (30 S.) Berlin 874. Schneider & Co. n. — 60

— die Besteuerung d. Tabaks im deutschen Reich. Referat im Auftrage der „freien Commission f. Grundbesitz u. landwirthschaftl. Gewerbe“ als Grundlage f. deren Berathgn. in der nächsten Reichstagssession erstattet. 8. (34 S.) Leipzig 873. Schmidt & Günther. -- 50

Minnigerode, Wilhelm (Darmstadt)
Thesen aus der gesammten Heilkunde, welche zur Erlangung der Doctorwürde in der Medicin, Chirurgie und Geburtshülfe auf der Ludwigs-Universität den 29.9.1830 öffentlich vertheidigen wird: Wilhelm Minnigerode aus Darmstadt. Giessen: Lichtenberger 1830. 6 S. vorh. 7.
Dr. med. 29.9.1830.

Minnigerode-Allerburg, A. Frh. v., Vivat, crescat, floreat gens Minnigerodiana. Breslau 1875. fol. Nicht im Handel.

Minoja, Ambrosio. Über den Gesang. A. d. Ital. Leipzig 1815. Ü: *Michaelis, Christian Friedrich.* (NN) (Ky) (MGT)

Minoja, A., üb. den Gesang; aus d. Italien. (v. Chr. Fr. Michaelis III.) 8. Leipz. 815. Breitkopf u. H. 6 gr

Minoja, Anastasio

—— Anleitung zur vollständigen Ausbildung im Gesange. Nebst Lehre das Organ zu kräftigen, dauernd zu verschönern, Fehler desselben zu heben und den höchsten Wohlklang der Stimme zu erzielen. 2. (Titel-)Aufl. 16. (V und 100 S.) Leipzig (857)59, Ruhl. *

—— dass. — 3. Aufl. 16. (III und 100 S.) Berlin 861, Reymann. *

Minoja, Anast., Anleitung zur vollständigen Ausbildung im Gesange. Nebst Lehre, das Organ zu kräftigen, dauernd zu verschönen, Fehler desselben zu heben u. den höchsten Wohlklang der Stimme zu erzielen. 4. (Titel-) Aufl. Hildburghausen (861) 865. Kesselring'sche Hofbuchh. 16. (III, 100 S.) 5 ngr.

Minoja, Anast., Geheimnisse der berühmtesten Sänger und Sängerinnen in der Kunst, die größte Virtuosität im Gesange zu erlangen. Eine Anleitung, die Stimme zu verschönern, Fehler derselben zu verbessern, ihre Krankheiten zu heilen. Mit Zugrundlegung der Bekenntnisse der Signora Catalani u. unter Benutzung der Werke der berühmtesten Gesangmeister rc. Leipzig (857.) Ruhl. 16. (2 Bl., 100 S.) n. 15 ngr.

Minoja, Anastasio. Geheimnisse der berühmtesten Sänger und Sängerinnen in der Kunst, die grösste Virtuosität im Gesange zu erlangen. Leipzig.

Minola, Alex. Bertr. Jos., Beiträge zur Geschichte der Stadt Linz a. Rh. [Nach dem Orig.-Mscr. gedr.] 12. (58 S.) Trier 882. Paulinus-Druckerei. *

Minola, Andreas Bartholomaeus

MINOLA.
Beiträge zu Busch: Handbuch der Erfindungen. Erster Band. Leipzig [?], 1806. s.a. Busch, G.

Minola, Andr. Barthol., Beitr. zu Busch's Handb. d. Erfindd. 1r Bd. 8. Thal Ehrenbreitst. 806. Gehra. 1 rf

— Beitr. zur Uebersicht der römisch-deutsch. Geschichte. gr. 8. Cöln 818. (Bachem). 1 rf 8 gr Mathieux das. 20 gr

Minola, A. B., Beiträge z. Uebersicht d. röm.-deutsch. Geschichte. 2. Ausg. gr. 8. (20¼ B.) Köln 833, Mathieux.

— das Rauchfeuer rc. 8. Cöln 816. Mathieux. 3 gr

— kurze Uebersicht dessen, was sich Merkwürd. am Rheinstrom unt. den Römern seit Jul. Cäsar bis z. Erober. Galliens durch die Franken ereignete. Mit Kpf. 8. Thal Ehrenbreitst. 804. (Hinrichs in Leipz.) 20 gr — 2e Aufl. gr. 8. Frankf. a. M. 817. Sauerländer. 1 rf 12 gr (Mathieux in Cöln). 1 rf

— — kurze Uebersicht dessen, was sich unter den Römern seit Jul, Cäsar bis auf die Eroberung Galliens durch die Franken am Rheinstrome merkwürdiges ereignete. 2te Aufl. gr. 8. Frankfurt a. M., Sauerländer (und Cölln, Rommerskirchen.) 817. Rthlr.

—— kurze Uebersicht dessen, was sich unt. d. Römern seit Julius Cäsar bis auf d. Eroberung Galliens durch d. Franken am Rheinstrome Merkwürdiges ereignete. 3. Ausg. gr. 8. (25 B.) Köln 833, Mathieux.

Minola, J. B., s. Minola, Andreas Bartholomaeus

Minona, oder die Angelsachsen. Ein tragisches Melodrama in vier Akten ... Hamburg 1785. V: *Gerstenberg, Heinrich Wilhelm von.* (BrMm) (FE) (MGT) (JL)

Minona; od. die Angelsachsen. Tragisches Melodrama in 4 Akten v. Hrn. v. Gerstenberg. 8. Hamb. Hoffmann. 785. -

MINONA, Carlo (ps.), Erzählungen. 2 Bdchn. Schneeberg, Schumann, 1829. 8°. 21½ Bog. Katinka. — Tarrakanof. — Wilhelmine, od. die Folgen der Untreue. — Sara, od. Liebe u. Treue. — Drei Tage in Dresden, od. der Wahnsinnige. — Die beiden Freunde.
A. G. Schmidt, Gallerie etc.; auch Weller enthüllt den Pseud. nicht.

– s.a. Herbstabend-Unterhaltungen.

— — Herbstabend-Unterhaltungen, von dem Verfasser der Memoiren einer Zeitgenossin. Aus d. Französ. Ebd. 1829. 8°.

—— Iwan, e. histor.-romant. Erzählung. 8. (10½ B.) Schneeberg 829, Schumann.

Minoprio, Jonas, deutscher Bank-Anzeiger. Nachschlagebuch über sämmtliche Bankiers, Banken, Credit-Vereine u. Spar-Kassen in Deutschland, enthaltend Personalien, geschäftliche Statistik etc. Nach Orig.-Mittheilungen zusammengestellt u. bearb. gr. 8. (XI, 578 S.) Frankfurt a/M. 879. Klimsch's Druckerei. n. 20. —

Minoprio, J., die Frankfurter Börse. Handbuch für Banquiers, Makler und Capitalisten enth. eingehende Erklärung aller an der Frankfurter Börse gült. Usancen und gehandelten Papiere. 1. Aufl. (VII, 302 S.) 1871. *M 5,50., und 2. verm. und verb. Aufl. gr. 16. (XII, 428 S.) Frankfurt a. M. 873, Rommel. *

—— die Frankfurter Börse. Handbuch für Geschäftsleute und Capitalisten, enth. eingehende Erklärung aller an der Frankfurter Börse gült. Usancen und gehandelten Papiere. 3. verm. und verb. Aufl. (VIII, 448 S.) 1876. *M 6.; 4. verm. und verb. Aufl. 8. (VIII, 852 S.) Frankfurt a. M. 878, Rommel. *

Minoprio, J., die Frankfurter Börse. Handbuch für Geschäftsleute und Capitalisten, enthaltend eingehende Erklärung aller an der Frankfurter Börse gült. Usancen und gehandelten Papiere. 5. verm. und verb. Aufl. 8. (VIII, 515 S.) Frankfurt a. M. 882. Rommel. cart. *

—— Börsen-Compaß. Rathgeber für Geschäftsleute und Capitalisten bei Capitalanlage und Speculation in Börsen-Papieren. 1. und 2. Heft. 12. (24; 23 S.) Berlin 882, Hanow. à Heft 50 Pf. *
Nicht weiter erschienen.

—— Einleitung in die Volkswirthschaftslehre. gr. 8. (IV, 118 S.) Stuttgart 875, Maier. *

Minoprio's, J., Handbuch d. Kaufmanns. Leitfaden zur Erwerbg. nützl. Kenntnisse f. Kaufleute, Gewerbtreibende, Handwerker, Landwirte u. Lernbegierige aller Berufszweige. 17 Lfgn. gr. 8. (556 S.) Berlin 895—896. Leipzig, C. F. Müller. à n. — 20 (kplt. geb. 5. —)

Minoprio J. Jahrbuch d. Volks- u Staatswirtschaft aller Länder d. Erde. I. Berlin 1880

Minoprio, Jonas, Staat u. Volkswirthschaft. Freimüthige Darlegungen über Staatskunst u. Staatswissenschaft. — Steuer-Reform u. Pfuscherei. — Freiheit in der Volkswirthschaft. National-Reichthum. gr. 8. (54 S.) Berlin 880. Liebau. n. 1. —

Minoprio, Volkswirthschaftslehre. Stuttgart 875.

Minoprio, J., was hilft dem Kaufmann zum Erfolg? gr. 8. (72 S.) Berlin (900). H. Steinitz. n. 1. —

— die Weltbildung des Kaufmanns. Anregende Betrachtungen für denkende Kaufleute über Beruf u. Stellung im Geschäft u. öffentlichen Leben. gr. 8. (VIII, 515 S.) Stuttgart 879. Maier. 6. —

Minoprio, Jonas. Die Weltbildung des Kaufmanns. Anregende Betrachtungen über Wege u. Ziele im prakt Berufe u. öffentl. Leben von Dr – 2, vollst umgearb. u. verm. Aufl Berlin S. Simon (1901). (478 S.) 8°

— die Weltbildung des Kaufmanns. Anregende Betrachtgn. üb. Wege u. Ziele im prakt. Berufe u. öffentl. Leben. 2., vollständig umgearb. u. verm. Aufl gr. 8. (VIII, 478 S.) Berlin (901). Verlag f. Sprach- u. Handelswissenschaft. Geb. in Leinw. n. 8. —

— wie erledigt der Kaufmann seine deutsche Handelskorrespondenz? gr. 8. (95 S.) Ebd. (901). n. 1. —

Minoprio, J., wie erledigt man seine deutsch-englische Handelskorrespondenz? Handelsbriefsteller, Geschäfts-Formulare (Schecks, Wechsel, Anweisgn., Verkaufsnota, Faktura, Quittgn., Vollmacht), Spedition u. Versicherg. usw. (80 S.) 8. Berlin (905). H. Steinitz. n. 1. —

— dasselbe, deutsch-französische Handelskorrespondenz (80 S.) 8. Ebd. (905). n. 1. —

— dasselbe, deutsch-holländische Handelskorrespondenz. (80 S.) 8. Ebd. (906). n. 1. —

— dasselbe, deutsch-italienische Handelskorrespondenz. (80 S.) 8. Ebd. (905). n. 1. —

— daselbe, deutsch-spanische Handelskorrespondenz. (80 S.) 8. Ebd. (905). n. 1. —

— wie macht man Geschäfte an der Börse? Gemeinverständl. dargestellt. gr. 8. (60 S.) Ebd. (900). n. 1. —

— ein Wort üb. die Bank-Frage. gr. 8. (24 S.) Frankfurt a/M. 874. Zimmer. n. — 60

— Zahlstellen-Anzeiger. Alphabetisches Verzeichniss von Staats-Effekten, Provinzial-, Kreis- u. Städte-Obligationen, Pfandbriefen, Eisenbahn-, Bank- u. Industrie-Papieren mit Angabe der Bankhäuser u. Kassen, bei welchen dieselben zahlbar sind. [Aus: „Deutscher Bank-Anzeiger".] gr. 8. (III, 32 S.) Frankfurt a/M. 879. Klimsch's Druckerei. n. — 60

Minor, s.a. Mynor.

Minor, E., Hauptm. in der 6. Artill.-Brigade.
Minor, die englische Landmacht, ihre Organisation u. Stärke. Berlin 869. G. Reimer. gr. 8. (VI, 201 S.) 25 ngr.

Minor, Fr., s. *Cicero* de Natura l. IV.

Minor, J. Zweierlei Hoheit. In-8°. 316 S. Zürich, Verlags-Magazin (J. Schabelitz). 1895. 4 50

Minor, Jakob

Minor, J., Goethes Faust. Entstehungsgeschichte u. Erklärung. 2 Bde. gr. 8. Stuttgart 901. J. G. Cotta Nachf. n. 8. —; geb. n. 10. —
1. Der Urfaust u. das Fragment. (XV, 378 S.)
2. Der erste Teil. (III, 286 S.)

Minor, J., Goethes Fragmente vom ewigen Juden u. vom wiederkehrenden Heiland. Ein Beitrag zur Geschichte der religiösen Fragen in der Zeit Goethes. (VII, 224 S.) 8. Stuttgart 904. J. G. Cotta Nachf. n. 3. 50; geb. in Leinw. n. 4. 50

Minor, Jac., Johann Georg Hamann in seiner Bedeutung für die Sturm- u. Drangperiode. gr. 8. (66 S.) Frankfurt a/M. 881. Literar. Anstalt. n. 1. 60

— die Leiche u. Lieder des Schenken Ulrich v. Winterstetten, hrsg. gr. 8. (XXIV, 67 S.) Wien 882. Konegen. n. 3. —

Minor, J., Goethes Mahomet. Ein Vortrag. (118 S.) 8. Jena 907. E. Diederichs. 2. —

Minor, J., neuhochdeutsche Metrik. Ein Handbuch. gr. 8. (XVI, 490 S.) Strassburg 893. K. J. Trübner, Verl. n. 10. —

— neuhochdeutsche Metrik. Ein Handbuch. 2., umgearb. Aufl. gr. 8. (XIV, 537 S.) Strassburg 902. K. J. Trübner. n. 10. —

— Rede auf Grillparzer, geh. am 15. Jan. 1891 im Festsaale der Universität. 2. Aufl. gr. 8. (23 S.) Wien 891. (A. Hölder.) n. — 60

Minor, J., Ferdinand v. Saar. Eine Studie. 8. (VII, 135 S.) Wien 898. C. Fromme. n. 3. —

Minor, Jac., die Schicksals-Tragödie in ihren Hauptvertretern. gr. 8. (VIII, 189 S.) Frankfurt a/M. 883. Literar. Anstalt. n. 4. —

— Schiller. Sein Leben u. seine Werke. (In 4 Bdn.) 1. u. 2. Bd. gr. 8. Berl., Weidmann. [1. Bd. (III, 591 S.) 889. * 8 —; 2. Bd. (III, 629 S.) 890. * 10 —.] * 18 —

— aus dem Schiller-Archiv. Ungedrucktes u. Unbekanntes zu Schiller's Leben u. Schriften. gr. 8. (XII, 181 S.) Weimar 890. Böhlau. n. 2. —

(Minor, J[acob].) August Wilhelm von Schlegel in den Jahren 1804–1845. [A.] 8. ([Wien] 1887.)

—s.a. Schlegel, Friedrich.

Minor, J. Friedrich Schlegel 1794—1802. Seine prosaischen Jugendschriften. 2. Aufl. 1. Bd. Zur griechischen Literaturgeschichte. 2. Bd. Zur deutschen Literatur und Philosophie. 8°. (XI, 362, XII, 431 S.) Wien: Konegen 1905. K 12.—

— allerhand Sprachgrobheiten. Eine höfl. Entgegng. [Aus: „Wiener Zeitg."] 8. (34 S.) Stuttgart 892. J. G. Cotta Nachf. n — 80

— u. A. Sauer, Studien zur Goethe-Philologie. gr. 8. (XI, 292 S.) Wien 880. Konegen. n. 6. —

Minor, Jakob, Dr.: Studien zu Novalis. 1. Zur Textkritik der Gedichte. S. 169/1.
Separatabdruck

Minor Jakob: Schillers Theorie des Dramas. Ein Maßstab für die Schillerkritik.
1878 PN 104 Diss.Wien, Univ. 9

– Verzeichnis der Schriften Jakob Minors. Von ihm selbst angelegt, herausgegeben von Dr. Rita Zoebl-Minor. Al. 1913. 525
Separatabdruck

— Christian Felix Weiße u. seine Beziehungen zur deutschen Litteratur des 18. Jahrh. gr. 8. (VIII, 406 S.) Innsbruck 880. Wagner. n. 6. 50

— Christian Felix Weiße und seine Beziehungen zur deutschen Litteratur des 18. Jahrh. gr. 8. (VIII, 406 S.) Innsbruck 881, Wagner'sche Universitäts-Buchh. *

[Minor, Jacob.] J(ohann) G(eorg) Zimmermann (1728–1795). [Biographie. Mit Porträt. A.] 8. [Stuttgart 1884.]

Minor, L., s.: Handbuch der patholog. Anatomie des Nervensystems.

Minor Margarete: Charlotte Corday in der deutschen Dichtung.
II. 1909 PN 2728 Diss.Wien, Univ. 305

Minor, Melchior Gottlob

—Betrachtt. über d. Evangelien. 8. Bresl. 756. W. G. Korn. 1 ℳ 8 ₰

Minor, Melch. Gl., Betracht. üb. die Episteln. 2 Thle. gr. 8. Breslau, W. G. Korn. 760.

—Betrachtt. über d. Leidensgesch. Jesu. gr. 8. Bresl. 757. (Gosohorsky). 20 ₰

— Betracht. üb. die Leidensgesch. Jesu. gr. 8. Breslau, Meyer. 757.

Minor, Melch. Glo., Betrachtt. über d. Sonn- u. Feiertags-Episteln. 2 Thle. gr. 8. Bresl. 760. W. G. Korn. 1 ℳ 12 ₰

—Ermunterung z. Glauben rc., in Predigten. 2 Thle. 8. Bresl. 752. W. G. Korn. 16 ₰

Minor, Melch. Gottl., Das Herze der Frommen bey der grossen Friedens-Freude Schlesiens . . . Wegen des 25 December 1745 in Dresden geschlossenen Friedens, d. 12. Januar 1746. Bressl. 4. (56 Seit.)

—geistl. Reden u. Abhandll. 2 Bde. 8. Bresl. 752—54. W. G. Korn. 1 ℳ 8 ₰

—Stimme der Buße, in Predigten. gr. 8. Bresl. 757. W. G. Korn. 16 ₰

—Stimme der Ewigkeit, in Predigten. 2 Thle. 8. Bresl. 776. (W. G. Korn). 16 ₰

— Stimme der Ewigkeit, in Predigt. 2 Thle. 8. Ebend. (a. Meyer.) 776.

Minor, Otto, a. Nassau a. d. Lahn: Aus der Universitäts-Augenklinik zu Leipzig. Zur Casuistik des intermittierenden Exophthalmus. Leipzig 1906: B. Georgi. (54 S.) 8°
Leipzig, Med. Fak., Ref. Sattler, Diss. v. 9. Nov. 1906
[Geb. 15. Nov. 81 Nassau; Wohnort: Crumstadt b. Darmstadt; Staatsangeh.: Preußen; Vorbildung: Gymn. Wiesbaden Reife O. 01; Studium: Kiel 2, Freiburg i. B. 1, Straßburg 1, Kiel 1, Leipzig 4 S.; Coll. 12. Dez. 06; Approb. 5. März 07.]

Minor, Ralph Smith, A. M., aus Deposit Broome Co., N. Y., U. S. A.: Dispersion einiger Metalle, besonders für ultraviolette Strahlung. *Leipzig: J. A. Barth 1902.* (62 S.) 8°
Göttingen, Phil. Diss. v. [31. Dez.] 1902

Minor, Rob., Gesch. d. Trepanation rc. a. d. Engl. 8. Leipzig, Weygand. 786.

Minor, Silesius, Gedichte. gr. 12. Leipzig 835. O. Wigand. 1 ℳ

Minor, Wilhelm, Beiträge zur Kenntnis des p-Amidodimethylanilins. Diss. Erlangen 1887, Th. Blaesing. 8°. 38 S.

Minor, Wilhelm [aus Biebrich a. Rh.]: Beiträge zur Kenntnis des p-Amidodimethylanilins ... Erlangen, *Druck v. Dietzel u. Schwenck in Mainz*, 1887; 38 S. + 1 Bl. 8°.
Erlangen, Phil. Fak., Inaug.-Diss. v. 1887.

Minorita, Rotkäppchen. Deklamationen u. Reigen f. leb. Bilder od. Lichtbilder. Dem Gesangszyklus „Rotkäppchen" v. Frz. Abt, op. 526, angepaßt. (12 S.) 8. München (910). B. Höfling. — 40

— Ein Tag in der hl. Familie. Deklamationen f. leb. Bilder od. Lichtbilder. (4 S.) 8. Ebd. (910). — 40

Minoritätsgutachten des Erziehungsrathes [des Cantons Luzern] in der Jesuitenfrage, nebst Vertheidigung desselben gegen eine versuchte Widerlegung und näherer Würdigung des Majoritätsgutachtens. 8. Luzern 1844.

Minoritäts-Votum üb. die Reorganisation des Schulwesens. Denkschrift an Ein K. Hohes Ministerium der geistlichen rc. Angelegenheiten, zugleich als Gegenschrift gegen die bekannte Berliner Petition von einer Anzahl christl. Volksschullehrer. gr. 8. (31 S.) Frankfurt a. O. 848, Hoffmann. 3 ₰

Minoritätswahlen, die sogenannten, z. hannöv. Ständeversamml. Eine jurist. Abhandl. in Gemäßheit ständ. Actenstücke. gr. 8. ($3^1/_4$ B.) Hannover 840, Helwing'sche Hofbuchh. *

Minorque [Schlagwort]

Minorque — Carte topographique de l'Isle — Dédiée et présentée au Roy, Par le Chevalier de Beaurain, Géographe ord. du Roy et communiquée au Public par les Heritiers de Homann, à Nüremberg. 1: 160,000. 1 Bl.

Minos; e. Zeitschrift, s. A. Hoch.

MINOS. Gericht über die Libellisten in und um Hamburg. Schauspiel aus der Unterwelt in 4 Aufzügen. Plutopolis (Meyn in Hamburg) 1801. 8°. 88 S. Rar! (6 Mk. H. Streisand, Berlin, 1908.)
Weller, fing. Druckorte.

Minos, Johs., ein neuentdecktes Geheimschriftsystem der Alten. Mit Proben aus Nikander, Catull, Tibull, Properz, Ovid, Vergil, Horaz, Phaedrus, Val. Flaccus, Martial u. andern u. m. e. Nachwort über Akrostichisches bei d. klass. Dichtern d. Griechen u. Römer. gr. 8. (VIII, 64 S.) Leipzig 901. (Buchh. G. Fock.) n. 2.40

Minot, Charles Sedgwick, Lehrbuch der Entwickelungsgeschichte des Menschen. Deutsche Ausg. m. Zusätzen des Verf. v. Sándor Kaestner. Lex.-8. (XXXVI, 844 S. m. 463 Abbildgn.) Leipzig 894. Veit & Co. n. 24. —

Minot, Charles S., and Erving Taylor, Normal plates of the development of the rabbit (Lepus cuniculus L.), s. a. Normentafeln zur Entwicklungsgeschichte der Wirbelthiere. 5. Hft.

Minot, Charles Sedgwick: Normal plates of the development of the rabbit (Lepus cuniculus L.). By –, and Ewing Taylor, Boston. With 3 pl. and 21 fig. Jena: G. Fischer 1905. (98 S.) 2°
Normentafeln u. Entwicklungsgeschichte d. Wirbelthiere. H. 5.

Minot's Laurence, Lieder, s. Quellen und Forschungen zur Sprach- und Culturgeschichte der germanischen Völker.

Minotto, A. S., s. Acta et diplomata e. r. tab. Veneto.

Minotto, Edler v. Venedig, Demetrius Graf, Chronik der Familie Minotto. Beiträge zur Staats- u. Kulturgeschichte Venedigs. 1. u. 2. Bd. Imp.-4. Berlin, A. Asher & Co. à n. 30. —
1. Vom 5. Jahrh. bis zum J. 1280. Mit 1 sechsfarb. Wappentaf., 8 Taf. in Autotyp. u. 1 Taf. in Phototyp. (XVI, 350 S. u. Stammtaf. 6 Doppelbl.) 901.
2. Vom J. 1285 bis zum J. 1393. (XII, 296 S. m. Abb.) 902.

Minotto, Demetrius Graf, Edler v. Venedig, Chronik der Familie Minotto. Beitr. zur Staats- u. Kulturgeschichte Venedigs. 3. Bd.: Vom J. 1394 bis zum J. 1504. (XII, 368 S. m. Abb.) 35,5×26,5 cm. Berlin 906. Behrend & Co. 30. —
Bd. I u. II jetzt Ebd. 902. à 30. —

Minovici, Stefan: Die Blutdifferenzierung vom gerichtlichen Standpunkte. Vortrag, geh. zu Berlin (1903) von Dr. –, Prof. Bukarest. Bucuresci: 'Minerva' 1903. (31 S.) 8°

Minovici, Stephan S. [Prof. an d. pharmaceut. Hochsch. d. Univ. Bucarest]: Über einige arómatische Oxazole und Imidazole ... Berlin, Druck v. R. Kühn, 1897; 33 S., 1 Bl. 8.
Berlin, Phil. Fak., Inaug.-Diss. v. 31. Juli 1897

Minra, A. v., Vincta od. Wiedergefunden am Elternherzen, s.: Konkordia-Jugendschriften. 6. Bd.

Minra, F. v., das gestörte Abendessen, s.: Jugendbühne, die. 37.

— die vier Elemente, s.: Jugendbühne, die. 39.

— Ernst u. Scherz, s. a. Danner's, G., Damen-Bühne.

Ernst und Scherz. Märchenspiel in 1 Akt von F. v. Minra. *Mühlhausen i. Th.: G. Danner [1902].* (24 S.) 8° [F.]
— Damen-Bühne. G. Danner's. No 19.

— Heimlichkeiten, s. Glaser's Conrad Theaterbibliothek.

Minra, F. v. (F. v. Arnim), gewonnene Herzen. Erzählg. f. die Jugend. Mit e. Titelbilde v. Fel. Schmidt. 8. (192 S.) Düsseldorf 894. A. Bagel. Geb. n. 2. —

— die Macht der Gewohnheit, — auf Männerjagd, s.: Glaser's, Conr., Theater-Bibliothek.

Minra, F. v., die neue Oper, s. a. Thalia Nr. 113.

Die neue Oper. Schwank in 1 Akt von F. v. Minra [d. i. Frau M. v. Arnim]. *Mühlhausen i. Th.: G. Danner [1904].* (36 S.) 8° [F.]
= Thalia. 113.

— am rechten Ort, s.: Jugendbühne, die. 43.

— der mobile Otto, s. Glaser's Conrad Theater bibliothek.

— Umkehr, s.: Jugendbühne, die. 41.

Minra, F. v., Guschen's Verdienst, s.: Radermacher's, F., Vereinsbühne.

Minranov, s.: Versuch, der, eines Dilettanten.

Minrath, Jakob, approb. Arzt: Aus d. Universitäts-Augenklinik zu Giessen. Bericht über 337 Fälle von Enucleatio und über 78 Fälle von Exenteratio bulbi. *Giessen 1900: v. Münchow.* (31 S.) 8°
Giessen, Med. Diss. v. 1900

Minsberg, F.

– s. Cicero selectae quaedam epistolae ad suas.

Minsberg, F. De consilio Amphictyonum, ad oraculum Delphicum relato. 16 S. . . . .
Leobschütz, Progr. 1827

– s. Czaikowski, Nationalsagen d. Kosaken.

Minsberg, F., geschichtl. Darstellung d. merkwürd. Ereignisse in d. Fürstenthums-Stadt Neiße. (Mit e. Anh. v. Urkunden u. 2 lith. Ansichten, incl. 1 Fol.) 8. ($24^1/_2$ B.) Neiße 834, (Hennings.)

—— Oberschles. Erzählungen u. Sagen. 3. Bdchn. — A. u. d. T.: Erzählungen u. Sagen. 8. (11 B.) Ratibor 833, Juhr. (Leipzig, Wuttig.)
1. u. 2. Bdchn., s. unt. dess. „Oberschles. Sagen u. Erzählungen."

— Oberschlesische Erzählungen und Sagen. 3s Bdchen. A. u. d. T.: Erzählungen und Sagen. 8. Ratibor 833. Juhr'sche B. $^7/_8$ ₰ — Neue unveränd. Ausg. Breslau 840. Hirt. $^1/_2$ ₰

Minsberg, F., Geschichte der Stadt und Festung Groß-Glogau. Hrsg. von dem Geschichtsverein zu Glogau. 1. Bd. 3 Hefte. Mit einem Urkundenbuche. gr. 8. (VIII und 472 S. mit 5 Stnt.) Glogau 853, (Reisner'sche Buchh.) *

—— dass. — 2. Bd. Mit Urkunden und Dokumenten. 4 Hefte. gr. 8. (XXIII und 554 S. mit 6 Stnt. und 1 in Kpfr. gest. Plane in Fol.) Ebds. 853. *

—— Geschichte d. Stadt Leobschütz, Beitr. z. Kunde oberschles. Städte. 8. (20 B. u. 1 Vign.) Neiße 828, (Hennings.)

Minsberg, Museo italiano, s. Museo.

Minsberg, F. De origine urbis Leobsitii. 12 S.
Leobschütz, Progr. 1825

Minsberg, F., oberschles. Sagen u. Erzähll. 2 Bdchen. 12. Neisse 829—32. Hennings. 1 ℛ 12 g

—— Oberschles. Sagen u. Erzählungen. 1. u. 2. Bdchn. 12. (12 u. 9⅓ B.) Neiße 832, Hennings. à
3. Bdchn., s. eben dess. „Oberschles. Erzählungen u. Sagen."

—— Uebungsbuch zum Uebersetzen aus d. Deutschen in's Polnische, mit steter Hinweis. auf Poplinski's „Grammatik d. poln. Sprache." 8. (8 B.) Glogau 834, [Berlin,] Heymann.

Minsberg, F. L. De virtutis exercitio in scholar. discipl. recepto. 10 S.
Progr. Glogau k. 1834

Minsberg, Ferd. Das alte Slaventhum verglichen mit den Zuständen anderer alteuropäischer Volksstämme. 17 S.
Glogau, kath, Progr. 1849

Minsberg, Ferd., Uebungsbuch zum Uebersetzen aus dem Deutschen ins Polnische. Berlin 861. C. Heymann. 8 (124 S.) 9 ngr.

Minsberg, Ferd. Über die Verwandtschaft der slavischen Sprache mit der griechischen, lateinischen und deutschen. 8 S.
Glogau, K., Progr. 1842

Minsinger, Franz

Ueber die Erdbeben. Von Prof. Dr. Minsinger. — 1838. Ebend. — S. 3—15.
Progr. Augsburg

Die Geographie als Wissenschaft nebst einem Beitrag zur Ethnographie. Von Prof. Dr. Minsinger. — 1840. Ebend. — S. 3—21.
Progr. Dillingen

Mathematische Geographie in Verbindung mit populärer Himmelskunde für Studierende am Gymnasium. Von Dr. Franz Minsinger, P. der Math. — 1858. München, Central-Schulbücherverlag. — S. 3—20 mit 1 Figurentaf.
Progr. München.

Minsinger, Frz., Lehrbuch d. Arithmetik u. Algebra. Mit e. Logarithmentafel u. mehr. metrolog. Tabn. üb. d. Maße, Gewichte u. Münzen verschied. Länder. gr. 8. (19 B.) Augsburg 832, Kollmann.

Minsinger, die gemeinen oder Briggischen Logarithmen der Zahlen. 2., verm. Ausg. 4. (4¾ B.) Augsburg 845, Kollmann'sche Buchh.

—— die Logarithmen f. d. Zahlen, Sinus u. Tangenten, nebst d. Sinus f. d. Halbmesser = 1 geord. gr. 8. (4¼ B.) Augsburg 832, Kollmann.

Minsk [Schlagwort]

— s. Umrisse von Bildern der x.

Minsk, s.: Europa. Uebersichtskarte.

Minski, Agnes, a. Irkutsk ⟨Sibirien⟩: Über chronische Proctitis. Emmendingen: Druck- u. Verlags-Ges. vorm. Dölter 1908. (24 S.) 8°
Freiburg i. B., Med. Fak., Ref. Kraske, Diss. v. 1908
[Geb. 14. Sept. 82 Irkutsk; Wohnort: Irkutsk; Staatsangeh.: Rußland; Vorbildung: Gymn. Irkutsk Reife 03; Studium: Freiburg i. B. 10 S.; Rig. 31. Jan. 08.]

Minski, Leo: Zur Frage der Tuberkuloseheilung im frühen Kindesalter. Emmendingen: Dölter 1908. 21 S. 8°
Freiburg i. B., Med. Diss. v. 1908, Ref. de la Camp
[Geb. 22. Sept. 82 Suwalki; Wohnort: Radom; Staatsangeh.: Rußland; Vorbildung: Gymn. Suwalki Reife Juni 01; Studium: Lüttich 2, Berlin 1, Heidelberg 1, Freiburg i. B. 7 S.; Rig. 25. Juni 08.] [U 09. 959

Minski, P. R., üb. Polypen u. polypenähnliche Gewächse der Speiseröhre. Diss. gr. 8. (73 S. m. 1 Lichtdr.) Jurjew (Dorpat) 894. (E. J. Karow) n. 2. —

Minssen, Fritz, approb. Arzt aus Varel: Aus d. pathol. Institute zu Kiel. Ueber primären Lungenkrebs. *Kiel 1900: P. Peters.* (19 S.) 8°
Kiel, Med. Diss. v. [23. Apr.] 1900

Minssen, H., s.: Mitteilungen aus der Praxis des Dampfkessel- u. Dampfmaschinen-Betriebes.

Minsson, Heinr., üb. gemischte Geschwülste der Parotis. Inaugural-Dissertation. gr. 8. (50 S. m. 3 Tab. in qu. Fol.) Göttingen 874. (Vandenhoeck & Ruprecht's Verl.) n. 1. 50

Minssen, Hermann *Friedrich* [aus Varel '(Oldenb.)']: Ueber Methylpentachlor-p-diketo-R-hexen ... Marburg, Buchdr. v. J. Hamel, 1893 ([Umschlagt.:] 1894): 59 S. 8.
Marburg, Phil. Fak., Inaug.-Diss. v. [24. März] 1894

Minssen, Otto, approb. Arzt aus Varel ⟨Oldenb.⟩: Aus d. med. Klinik in Kiel. Angina und Polyarthritis rheumatica. *Kiel 1901: Schmidt & Klaunig.* (34 S.) 8°
Kiel, Med. Diss. v [11. Sept.] 1901

Minster the and steeple in Freiburg in Breisgau described throughout the varied ornamental Parts in the gothi style. 8. Wieth on View from the West-side. Fol. Freiburg... Waizenegger. ½ ℛ

Minster Post: 1895–1918: Minster, OH
Democratic weekly. Published in English and German, 1899—1918. Only paper in Minster 1899–1918. Circulation: 1900, 625; 1910, 850; 1914, *1175*; 1917, *1085*. Edited by John M. Knipp, & published by B. Sherman, 1895—98; edited by Henry Wohlgemuth, & published by B. Sherman, 1899; edited & published by B. Sherman, 1900—02, by B. Sherman & John Haverbeck 1903–04, by John T. Haverbeck 1905—18. See *Ayer, 1807–1918, Mink.*

Minstrel, der, Taschenbuch histor. erzähl. Dichtungen, Balladen, Romanzen u. Legenden. Hrsg. v. Joh. Nep. Vogl. 1. Aufl. (18 B.) 836., neue Ausg. 16. (18 B. u. 1 Stahlst.) Wien 841, Wenedikt'sche Buchh. à

Minstrel, der letzte. Aus d. Engl. des W. Scott, von Ad. Storck. 8. Bremen, Heyse. 820.

Minstrel, Der letzte. Frey bearbeitet [nach Walter Scott] ... Merseburg 1823. Ü: *Weise, Carl Hermann.* (Ky) (MGT)

Minstrelklänge aus Schottland rhythmisch verdeutscht von Wilh. Gerhard. Leipzig 853. O. Wigand. 16. (IV, 242 S.) n. 1 ℛ.

Mintalapok Iparasok etc. (Musterblätter für Gewerbetreibende und Gewerbe-Schulen) I. (m 108 T) fol und 22 Detailbogen in Mappe. Budapest 1895

Minter, Gust. Wilh., s. Arsakyi commentatio.

Mintert, Franz. Ueber Verletzungen und Schutz des Dammes in der Geburt. Halle a. S. 1881 Plötz. 44 S. 8°
Halle-Wittenberg, Med. Diss. v. 20. Juli 1881
Geb. Torgau 19. 1. 1857 V

Mintert, Pet., Lexicon graeco-lat. in Nov. Test. 4. Frft. Varrentrapp et W. 728.

Minto, Will.; Daniel Defoe, s. Zierben der englischen Literatur in biographischen Einzeldarstellungen.

Mintrop, Ludger

Mintrop, L., Beobachtungsbuch für markscheiderische Messungen. Hrsg. von der Bergschule zu Bochum. Bochum, 1909. 119 S. mit Abb.

Mintrop, L., Tabellen der Sohlen- u. Seigerteufen. (V, 38 S. m. 2 Fig.) 8. Bochum 910. W. Stumpf. Geb. in Leinw. nn 1. 20

Mintrop, Th., u. W. Müller, Kinderleben, siehe: Müller, Wolfg.

Mintrop, Thdr., König Heinzelmann's Liebe. Ein Märchen in 70 Bildern. [Des Künstler's eigene Liebe.] Text u. Aphorismen v. B. Lucas. Ins Engl. übers. v. D. Asher. Poetisch eingeleitet v. Emil Rittershaus. Original-Zeichngn. in Lichtdr. ausgeführt. (In 6 Lfgn.) 1. u. 2. Lfg. Fol. (à 12 Taf. in Lichtdr. m. 1 Bl. Text.) Dresden 875. 76. Reinhardt. à 15. —

Mintrop, Wilh., 30 praktische u. theoretische Aufsätze u. Vorträge üb. Landwirtschaft u. Genossenschaftswesen. Für den Privatgebrauch sowie zum Gebrauch in Versammlgn. v. Ortsvereinen, Genossenschaften, Casinos etc. (IV, 167 S.) gr. 8. Neisse (902). Gen.-Sekret. Dr. Mintrop. n. 3. 20

Mintrop, W., etwas über alte u. neue Milchwirtschaft, u. Mittel u. Wege zur höchsten Verwertung der Kuhmilch. 12. (III, 50 S.) Stuttgart 901. E. Ulmer. n. — 50

Mintrop, Wilh., Neuwieder Filialen oder provinziell selbständige Genossenschaftsverbände? Im Auftrage des Vorstandes des schles. Bauernvereins hrsg. (62 S.) 8. Neisse (905.) (J. Graveur's Verl.) n. 1. —

Mintrop, Wilhelm Neuwieder Filialen oder provinziell selbständige Genossenschaftsverbände? Im Auftr. d. Vorstandes d. Schles. Bauernver. hrsg. von Dr. —, Generalsekr. Neisse. Schles. Bauernver. [1905]. (62 S.) 8°

Mintrop, Wilhelm, (Dr.), Generalsekretär: Untersuchungen über Erzeugung, Einfuhr, Verbrauch und Verkaufspreise frischer Kuhmilch in hunderteinunddreißig Stadt- und Landgemeinden der Provinzen Rheinland und Westfalen, sowie eine Darlegung von sanitären und wirtschaftlichen Maßnahmen zur Beseitigung der im Milchverkehr bestehenden Mängel. Mit 9 Tab. Mit Unterstützung hoher Behörden u. nach amtl. Erhebungen bearb. *Cöln 1903: Th. Quos.* (CXXXV, 109 S.) 4° [J.]
Tübingen, Staatswiss. Diss. v. 1903
(Nicht für den Austausch)

Mintrop-Album. 10 Blatt Fotografien nach den Orig.-Kartons aufgenommen von G. u. C. Overbeck. Mit biograf. Text von K. M. Kertbeny. Düsseldorf 867. de Haen. gr. Fol. (16 S. Text.) In Mappe. n. 10 ₰

Mintz, Max, die Patentgesetze aller Völker, s.: Kohler, Jos.

Mintz, Naum [aus Riga]: Ueber Aethyldimethylbernsteinsäure und sym. Aethylmethylglutarsäuren . . . Leipzig-Reudnitz, Druck v. O. Schmidt, 1891; 38 S., 1 Bl. 8°
Leipzig, Phil. Fak., Inaug.-Diss. v. [22. Apr.] 1891

Mintz, Paul, zur Lehre v. der Beihilfe. Diss. gr. 8. (210 S.) Riga 892. (Jonck & Poliewsky.) n.n. 5. —

Mintzlaff, Max, Dir. d. städt. Fleischbeschauamtes: Aus d. Anatom. Inst. d. Tierärztl. Hochsch. zu Dresden. Leber, Milz, Magen und Pankreas des Hundes. Mit 119 Abb. Dresden 1909: Franke. 102 S. 8°
Leipzig, Veterinär-Med. Diss. v. 10. Juli 1909, Ref. Baum
[Geb. 3. Okt. 76 Radeberg; Wohnort: Annaberg; Staatsangeh.: Sachsen; Vorbildung: Realgymn. Dresden-N. Reife O. 97; Studium: Dresden Tierärztl. Hochsch. 8 S.; Coll. 23. Juli 09; Approb. 10. Okt. 02.] [U 09. 2832

Minucius Felix der Jüngere, s. Christus und Antichristus.

Minucius Felix, Marcus

— Gespräche von d. Religion. 8. Berl. 765. Lange. 6 ℊ

Minucii, M. Fel. Octavius, s.a. Bibliotheca patrum, Vol. XIII.

Minucius Felix, M., Octavius, s.a. Bibliotheca sanctorum patrum series III, 1.

Minucii Felicis Octavius, s.a. Corpus scriptorum ecclesiasticorum latinorum.

Minucius Felix, M., Octavius, s.a. Patrum, sanctorum, opuscula.

Minutius Felix, Octavius, s.a. Sammlung der ältesten und vornehmsten Apologeten.

Minucius Felix, M. Octavius teutsch. Lübeck 1735. Ü: *Appel, Johann Wilhelm.* (Myl)

Minucius, Felix, Octavius et Caecilius Cyprian, de vanitate idolorum l.

— — id. l. c. not. C. Cellarii. 8. Lips. Gleditsch. 748.

— id. l. c. not. var. et suis a J. G. Lindner, c. praef. J. A. Ernesti. 8. Langens. 760. Ed. II. 8. Arnst. 773. (Linke in Leipz.) 10 ℊ

Minucius Felix, Marcus. Octavius oder Gespräch zwischen einem Heiden und Christen von der Religion; a. d. Latein. . . . Berlin 1763. Ü: *Lichtwer, Magn. Gfr.* (JL)

Minucii, Fel., Octavius et Caecilius Cyprian de vanitate idolorum liber. 8. Curiae et Plauiae 791. Mit neuem Titelbl. 8. Hof 794. Grau. 4 ℊ (Brockhaus in Leipz.) 5 ℊ

— Octavius od. Apologie d. Christenthums, ins Deutsche übers. mit Anmerkk. v. J. G. Rußwurm. 4. Hamb. 825. Nestler. 16 ℊ

Minucii Felicis, M., Octavius, sive dialogus, Christiani et Ethnici disputantium, – Octavius, oder Schutzschrift für das Christenthum, ein Dialog des M. Minucius Felix. Neu herausg., erklärt u. übersetzt von Joh. Heinr. Bernh. Lübkert. gr. 8. Leipzig 836. Klinkhardt. 1 1/6 ₰

Minucii Felicis, Marc., Octavius. Ad fid. Codd. Reg. et Bruxell. rec. ac variet. lectionis add. Ed. de Muralto. Praef. est Io. Casp. Orellius. 8maj. (9 1/2 B.) Turici 836, Orellii, Fueslini et Soc.

Minucii Felicis, Marci, Octavius. In usum scholarum ed. J. Kayser. gr. 8. (58 S.) Paderborn 863, Junfermann'sche Buchh.

— — s.a. Sammlung der ältesten und vornehmsten Apologeten des Christenthums.

Minucius Felix' Octavius, übers. v. B. Dombart. 2 Tle. Pr. 1875/76. 28. 84 S. 4°. à 1.

—— dass. — Ein Dialog, übers. von Bernh. Dombart. 2. Ausg. 8. (XVI, 142 S.) Erlangen 881, Deichert. *

Minucii Felicis, M., Octavius. Rec. J. J. Cornelissen. 8. (XX, 74 S.) Leiden 882, Brill. **

Minucii Felicis, M., Octavius. Emendavit et praefatus est Aemilius Baehrens. 8. (XXXV, 64 S.) Leipzig 886. Teubner. 1. 35

Minucius, Felix, Oktavius. Aus dem Lat. v. H. Hagen. [Aus: „Alpenrosen".] 8. (89 S.) Bern 890. Haller'sche Buchdr. n. 1. 20

M[arci] Minucii Felicis Octavius. Rec. et praefatus est Herm. Boenig. *Lipsiae: B. G. Teubner 1903.* (XXXI, 116 S.) 8°
(Bibliotheca script. graec. et rom. Teubneriana.) [03. 7404]

Minudier, Vocabulaire portatif pr. les apprentifs de la lang. franç., rangé et publ. pr. J. C. Sagittaire. 8. Halle 782. (Hahn in Hannov.) 12 gl

Minunni, Gaetano, s.: Jahrbuch d. organ. Chemie.

Minunni, G., s.: Jahresbericht üb. d. Fortschritte d. Chemie.

Minus, Peter, offener Brief an Hrn. v. Bülow-Cummerow, s.a. Brief.

Minus, Peter (Gustav Scheidtmann). Offener Brief an Herrn von Bülow-Cummerow die Grundsteuer betreffend. Berlin 1849. 33 S. 8.

— siehe: Brief, offener, an den Hrn. Grafen Pinto.

Minus, des bürgerlichen Rechenmeisters Peter, vertrauliches Sendschreiben an seinen Vetter Michel betr. den Eid auf die Verfassung (von Gust. Scheidtmann). 8. (43 S.) Berlin 851, Schneider & Co. n. 1/6 ₰

Minutalia oder Unterhaltungen und nützliche Belehrungen . . . Eine Zeitschrift. Schweidnitz 1809—10. H: *Becker, J. Benj.* (MGT) Stuckart.

MINUTE, Tausend und eine, oder morgenländische und andere Nachrichten scherzhafter und tragischer Begebenheiten. Th. 1. Leipzig, b. J. Fried. Witzleben. 8°.
M. M. V. 1767. S. 908, s. l. f. n. p. — Wirklich erschienen?

Minuten

— die ersten 55, meines Tagewerks u. ihre Bedeutung f. meine Gesundheit u. mein Seelen-, insbesondere Geschlechtsleben. Worte zur Gesunderhaltg. od. Gesundg. der Individuen u. Völker; zugleich e. Beitrag z. Weiterbildg. der Religion, v. einem Glücklichen. (III, 64 S.) 8. Dresden (909). E. Pierson. — 80; geb. n 1. 80

Minuten, 5, im Fegfeuer, od. Tägliche Beiandgn. der armen Seelen in Begleitg. des heiligsten Herzens Jesu. s.: Gottesblumen. Nr. 1.

Minuten, zehn, vor d. Gnadenbilde d. Mutter d. immerwähr. Hilfe. 16. (8 S. m. Abb.) Münster 895. Alphonsus-Buchh. n. — 02

Minuten - Sonnenuhr, Die. Das einfachste und für das praktische Leben zweckmässigste Bestimmungsmittel der wahren Zeit für Uhrmacher und Uhrenbesitzer... Kronstadt 1859. V: *Leitner von Leitnertreu, Theod. Ign.* (KU) (Pk)

Minutes

Landwirtschaftlicher Verein v Austin Co, Texas. Minutes. 3v, 1868-1906; photostat copies in the U of Texas lib.

Minuth, Fred R., ein sonderbarer Heiliger. Sozialpolitischer Roman. 8. (301 S.) Berlin (902). R. Mosse. 1. 50

Minuth, Fred. R., ihr Verbrechen. Sozialer Roman. (363 S.) 8. Berlin 904. R. Schröder. n. 4. —; geb. n. 5. —

Minutien-Kalender, s. Minuzen-Kalender

Minutier, Vocabulaire portatif p. les apprentifs de la lang. franç. rangé et publ. p. Sagittaire. 8. Halle, Trampe. (Hahn à Hannovre.) 782.

Minuties, Mes, ou politesse à Clergé de France et autres. Stendal 1777. V: *Danzel, Nicol. Alexander.* (schr)

v. Minutoli, Frau Generalin, Hassan-Bey, od. die Sclavin d. Renegaten. gr. 12. Meißen 830. Klinkicht u. S. 1 ₰

Minutoli, Frau v., Reise nach Egypten. Deutsch hrsg. v. Wilhelmine v. Gersdorf. M. 2 col. Kpfr. 8. (14 1/2 B.) Leipzig 829, Lauffer.

Minutoli, der Frau Generalin v., Reise nach Egypten. Deutsch hrsg. von Wilhelmine v. Gersdorf. 2. Ausg. 8. (14 1/2 B. u. 2 col. Kpfrt.) Leipzig 841, Lauffer.

Minutoli, Alex. v., Denkmaeler mittelalterl. Kunst in d. brandenburg. Marken. Lithogr. Abbildn., begleitet v. kunstgeschichtl. Text. 1. Thl. Denkmäler d. Baukunst v. 10. bis z. Mitte d. 13. Jahrh. 1. Lfg. gr. Fol. (5 1/2 B., 4 schw. u. 1 farb. gedr. Taf.) Berlin 836, Steffen u. Comp. (?) *

Minutoli, Alex. v., der Dom zu Drontheim und die mittelalterliche christliche Baukunst der skandinav. Normannen. Nebst 12 lith. Taf. (mit 168 Abbildgn.). Berlin 853. D. Reimer. Imp.-Fol. (Text 4 Bl., 70 S.) n. 12 ℛ. 20 ngr.;
Panorama von Drontheim apart n. 1 ℛ.

Minutoli, Alex. v., die Lage der Weber und Spinner im schlesischen Gebirge und die Maßregeln der preuß. Staats-Regierung zur Verbesserung ihrer Lage. Unter Benutzung amtl. Quellen zusammengestellt. gr. 8. (VIII und 127 S.) Berlin 851, Hertz. Thlr. *

von Minutoli, Alex. Vorbilder für Handwerker und Fabrikanten aus den Sammlungen des Minutoli'schen Instituts zur Veredlung der Gewerbe und Beförderung der Künste zu Liegnitz. Liegnitz 1855. Fol.

Minutoli, C. von, s. Minutoli, Heinrich Frhr. von

Minutoli, Heinrich Frhr. von

v. Minutoli, Frhrr. H. Menu, Abhandll. vermischt. Inhalts. Mit 14 Kpf. gr. 8. Berl. 816. Maurers B. 3 ℛ 2r Cyklus, 1s Bdchen. Mit 5 Steindr. gr. 8. Ebd. 831. (Nicolai). 2 ℛ

v. Minutoli-Menu, Hnr. C., Abhandlungen vermischten Inhalts. Mit 14 Kpfr. u. 1 Vign. gr. 8. Berlin 816. jetzt Heymann. 3 ℛ

Minutoli, C. v., die am Birgelstein in Salzburg ausgegrabenen römischen Alterthümer. Beschrieben von v. M. 2. [Titel-]Ausg. gr. 4. (19 S. m. 12 Taf.) Salzburg [846.] 901. H. Dieter. n. 1. 50

— über die Anfertigung und die Nutzanwendung der farbigen Gläser bei d. Alten. Mit 4 farb. Lithogr. Fol. Berlin 836. (Altenburg, Helbig.) n. 4 ℛ

Minutoli, Heinr. C. (Frhr. Menu) v., über d. Anfertigung u. d. Nutzanwendung d. farbigen Gläser bei d. Alten. Fol. (11 B. u. 4 farb. Stnt.) Berlin 837. [Altenburg, Helbig.] *

Minutoli, (Heinr. C. Menu) v., Beiträge zu einer künftigen Biographie Friedrich Wilhelms III. so wie einiger Staatsdiener u. Beamten seiner nächsten Umgebung. gr. 8. (10 B.) Berlin 843, Mittler, Berl. *

—— dass. Nachträge. gr. 8. (4 B.) Ebds. 844.

—— einige Bemerkungen üb. d. Pferdezucht in Aegypten u. insbesond. üb. d. Pferderaçe v. Dongola. M. 1 Stndr. 8. (6 B.) Berlin 832, Dümmler.

—— Beschreibung einer in d. J. 1826 u. 27 zu Stendal in d. Altmark aufgefund. alten heidnischen Grabstätte. M. 2 ill. Stnt. 8. (2½ B.) Berlin 827, Maurer.

—— Beschreib. e. alten Stadt, die in Guatimala (Neuspanien) unfern Palenque entdeckt worden ist. Nach d. engl. Uebersetz. d. span. Originalhandschrift d. Capit. Don Antonia del Rio u. P. F. Cabrera's Teatro critico Americano, od. Lösung d. grossen histor. Problems d. Bevölkerung Amerika's, nebst e. raisonnir. Verzeichn. u. 14 erläut. (lith.) Tafeln (qu. gr. Fol., incl. 2 ill.), d. Palenqueschen, d. Deppeschen u. a. auf d. hies. Kgl. Kunstkammer vorhand. amerikan. Alterthümer darstell. gr. 8. (14¼ B.) Berlin 832, Reimer.

Minutoli, M. v. Betrachtungen über die Kriegsbaukunst. Mit Taf. 2. verm. Aufl. Berlin 1808. 158 S.

– s.a. Betracht. über die Kriegskunst.

— Betracht. üb. die Kriegskunst. 3e verm. Aufl. Mit 2 Kpf. 8. Berl. 816. Maurers B. 18 gℛ

– s. Darstellung der Verordnu. im türk. Reiche.

— über die Ebene u. Schlacht von Marathon, s. Geographen, die alten, 2. Hft.

—— militairische Erinnerungen, s.a. Erinnerungen.

Minutoli, v. Militairische Erinnerungen. (1792 u. 1793.) Mit Krt. Berlin 1845. 312 S.

— der Feldzug in Holland 1799, ist Verl. v. Voike in Berlin.

— der Feldzug in Nordholland im Jahre 1799, s. Walsh.

Minutoli, (Heinr. Menu) v., der Feldzug der Verbündeten in Frankreich im Jahre 1792. gr. 8. (XIV und 466 S. mit 1 Plane der Kanonade von Valmy in Fol.) Berlin 847, (Schneider und Comp.) *

– s. Festungskrieg, vom.

v. Minutoli-Menu, Hch. K. Friedrich der Grosse und Napoleon. (18½ B.) 8. M. Karte. Berlin 1840. 8,25.

Minutoli, K. v. Friedrich und Napoleon. Eine Parallele. Mit Portr. u. Krt. Berlin 1840. 282 S.

v. Minutoli-Menu, Hnr. C., Friedrich u. Napoleon. Eine Parallele. Mit Portr. u. Karte (Kriegstheater). gr. 8. Berlin 840. Schlesinger. 2 ℛ Velinp. 2¾ ℛ

— u. M. H. Klaproth, üb. antike Glasmosaik. Mit 6 ill. u. 1 schw. Kpft. Fol. Berl. 815. Maurers B. 10 ℛ Hba. Pr. 6 ℛ

Minutoli, (Julius) von. Der Graf von Haugwitz und Job von Witzleben. Eine Zugabe zu meiner Schrift, betitelt: Beiträge zu einer künftigen Biographie Friedrich Wilhelms III., so wie einiger Staatsdiener und Beamten seiner nächsten Umgebung. Aus eigener Erfahrung und mündlich verbürgten Mittheilungen zusammengetragen. Berlin, W. Logier 1844. V 57 S. 8.

— Kriegstheater Friedrichs und Napoleons. Fol. Berlin ... Schlesinger. ½ ℛ

—— üb. einige im hohen Norden unsers europäischen Festlandes aufgefundene griechische, römische u. morgenländische Kunstprodukte. gr. 8. (2 B. u. 1 Stnt.) Magdeburg 842, Baensch.
Aus: Lüdde, Zeitschrift f. vergleich. Erdkunde 1. Bd. 5. Hft. besond. abgedr.

— Notiz über einige in dem Rosenegger'schen Garten zu Birgelstein, in d. Vorstadt Stein v. Salzburg, auf Kosten des Eigenthümers, ausgegrabene römische Alterthümer. Nebst 12 lith. Taf. gr. 4. Berlin 846, Asher u. Comp. n. 1⅓ ℛ

—— Notiz üb. eine im J. 1811 zu Wopernon bei Schiefelbein aufgefund. kleine Erzbildsäule. gr. 4. (1 B. u. 2 Stnt.) Berlin 835, Logier.

—— Notiz üb. d. neue Kunststraße, die aus d. Etschthale in Tyrol üb. d. Stilffer-Joch durch d. Veltlin längs d. Comer-See nach Mailand führt. gr. 4. (3½ B. u. 1 Karte.) Berlin 838, Hasselberg'sche Vrlsh.

—— Notiz üb. den am 24. Okt. 1831 im sogen. Hause d. Faun's zu Pompeji aufgefund. Mosaikfussboden. gr. 4. (2 B. u. 1 Stnt.) Berlin 835, Steffen u. Comp. (?) *

—— über Pioniere, nebst ein. Vorschlage e. berittenes Corps ders. zu organisiren. 8. (1¼ B.) Berlin 837, (Gropius'sche Buchh.) *

– s.a. Reise e. Officiers v. Berlin nach Lausanne.

REISE eines Preussischen Officiers von Berlin nach Lausanne im Herbst 1795. In Briefen (von *Heinr.* Frhrn. *Menu v. Minutoli*). Warschau 1797. (Berlin, gedruckt bei J. H. Brüder.) Kl. 8°. Selten!
Enth. u. A. Abdruck eines Schweizer Volkslieds a. d. J. 1486 u. eines Gedichts des XIV. Jhrhdts. über die verdorbenen Sitten der Frauenzimmer.
Unrichtige Jahrzahlen im Anon.-Lex. III. p. 359 (wohl durch Druckf.).

Minutoli, Hnr. Menu von, Reise durch einen Theil von Deutschland, Helvetien u. Oberitalien, im Sommer 1803. In Briefen an einen Freund. Bd. 1—3. Mit Kpfrn. Berlin 1804—6. 8. . . . . (1).

v. Minutoli, Menu, (Ritter, H. Frhr.,) Reise zum Tempel d. Jupiter Ammion in d. Libyschen Wüste u. nach Ober-Aegypten, in den Jahren 1820 u. 21. Nach den Tagebüchern Sr. Exc. herausgegeben u. mit Beilagen begleitet v. E. H. Toelken. Imp. 4. Mit 1 Atlas in Imp. Fol. von 38 Tafeln in Steindr. u. 1 Karte des Karavanenzuges Berl. 824, Rücker. 32 Rthl. Schweiz. Velinp. 40 Rthl. Velinp. Rthlr.

v. Minutoli, (Ritter, H. Frhr.,) Reise zum Tempel d. Jupiter Ammon ꝛc. Im Auszuge mitgetheilt von Aug. Rücker. Mit 1 Karte des Karavanenzuges u. 12 Kupfertaf. gr. 8. Berl. 825, Rücker.

— Nachtrr. zu meinem Werke: Reise z. Tempel Ammon ꝛc. Mit 7 Kpft. gr. 8. Berl. 827. Maurers B. 4 ℛ

– s. Taschenbuch f. Officiere d. Infanterie.

Minutoli, Hnr. C., Topograph. Uebersicht der Ausgrabungen griech., römischer, arabischer u. anderer Münzen u. Kunstgegenstände am baltischen Meere, als Andeutung des Verkehrs der nordischen mit den morgenländ. Völkern. Berlin 1842.

— topograph. Uebersicht der Ausgrabungen griech., röm., arab. u. anderer Münzen und Kunstgegenstände, wie solche zu verschied. Zeiten in den Küstenländern des baltischen Meeres statt gehabt ꝛc. gr. 8. Berlin 843, Logier. n. $\frac{1}{2}$ ℛ

Minutoli, Heinrich Frhr. Menu von,
s. Minutoli, Heinrich Frhr. von

Minutoli, J. C. von, s. Minutoli, Heinrich Frhr. von

Minutoli, Johann Heinrich Karl von,
s. Minutoli, Heinrich Frhr. von

— Berlin vor 400 Jahren, die Mark Brandenburg, Berlin und Cöln im Jahre 1451. Ein Vortrag. 3. (Titel-)Aufl. Berlin (851.) 853. Allgem. deutsche Verlagsanstalt. Lex.-8. (28 S.) $7\frac{1}{2}$ ngr.

Minutoli, Jul. v., Altes und Neues aus Spanien. 2 Bde. Berlin 854. Allgem. deutsche Verlags-Anstalt. 8. (VIII, 303; 240 S. u. 5 lith. Taf. in Fol.) 2 ℛ 15 ngr.

— die Mark Brandenburg, Berlin u. Cöln im J. 1451. Vortrag gehalten am 1. März 1851 im wissenschaftlichen Vereine. Lex. 8. (28 S.) Berlin 851, Allgem. Deutsche Verlags-Anstalt. — 2. Aufl. Lex. 8. (28 S.) Ebd. 851. n. $\frac{1}{4}$ ℛ

— s.a. ; Buch, das kaiserliche, des Markgrafen Albrecht Achilles.

Minutoli, Dr. Julius v., k. preuss. wirkl. Geheimer Ober-Regierungs-Rath. Das kaiserliche Buch des Markgrafen Albrecht Achilles. Churfürstliche Periode von 1470 bis 1486. Mit einem aus den Archivalien des Plassenburger Haus- und Staatsarchivs bearbeiteten Commentar, als Beitrag zur Charakteristik dieses Fürsten.
8. Berlin 1850.

—— die weiße Frau. Geschichtliche Prüfung der Sage und Beobachtung dieser Erscheinung seit dem J. 1486 bis auf die neueste Zeit. Lex.-8. Berlin 850, A. Duncker.

— die weiße Frau. Geschichtliche Prüfung der Sage u. Beobachtung dieser Erscheinung seit dem J. 1486 bis auf die neueste Zeit. [Abgedr. aus dem Werke „das Plassenburger Archiv, als Quelle f. die Hohenzollern-Brandenburg. Geschichte."] Lex. 8. (29 S.) Ebd. 850. $\frac{1}{4}$ ℛ

v. Minutoli, Jul. Frhr., Friedrich I. Kurfürst v. Brandenburg u. Memorabilia aus dem Leben der Markgrafen v. Brandenburg aus den Quellen des Plassenburger Archivs. Mit 3 lith. Beilagen. Lex. 8. (XXIV u. 510 S.) Berlin 850, A. Duncker. n. 4 ℛ; in Engl. Einb. n. $4\frac{2}{3}$ ℛ

– Der Graf von Haugwitz und Job von Witzleben,
s. Minutoli, Heinrich Frhr. von

— die Canarischen Inseln, ihre Vergangenheit und Zukunft. Berlin 854. Allgem. Deutsche Verlags-Anstalt. Lex.-8. (5 Bl., 259 S.) n. 2 ℛ.

—— Portugal und seine Colonien im J. 1854. 2 Bde. gr. 8. (XVIII und 985 S. mit dem in Stahl gest. Bildnisse S. M. des Königs Don Pedro V. und eine metallograph. und ill. Uebersichtskarte von Portugal und der Aufnahme des Tejo-Stromgebietes von Tancos bis Povoa in Fol.) Stuttgart 855, Cotta'sche Buchh. *

— Spanien u. seine fortschreitende Entwickelung mit besonderer Berücksichtigung des J. 1851. Mit (4) lith. Beilagen. Lex. 8. (XII u. 609 S.) Berlin 852, A. Duncker. n. $4\frac{2}{3}$ ℛ; in Engl. Einb. n. $5\frac{1}{3}$ ℛ

Minutoli, K. von, s. Minutoli, Heinrich Frhr. von

Minutoli, M. von, s. Minutoli, Heinrich Frhr. von

Minutoli, Menu von. s.a. Menu.

Minuzenkalender. Neuer Wirthschaftskalender auf das gemeine Jahr 1857, herausgegeben von der k. k. patriot. ökonom. Gesellschaft im Königreiche Böhmen. Prag. Gedruckt und zu haben bei Gottlieb Haase Söhne. (96 S. 8.)

Minutien-Kalender. Neuer Wirthschafts-Kalender auf das gemeine Jahr 1862. Herausg von der k. k. patriot.-ökonom. Gesellschaft im Königreiche Böhmen. 8. (96 S.) Prag, Haase Söhne. 1861. 17 kr.

Minuzen-Kalender. Neuer Wirthschaftskalender auf die J. 1864 — 67. Hrsg. von der k. k. patriotisch-ökonomischen Gesellschaft im Königr. Böhmen. 8. (à Jahrg. 96 S. mit 1 Titelbilde und Holzschn. im Text.) Prag, Haase Söhne. à Jahrg. *

Minuzen-Kalender. Neuer Wirthschaftskalender auf die Jahre 1864—69. Herausg. von der k. k. patriotisch-ökonomischen Gesellschaft im Königr. Böhmen. Prag, Verl. der „Bohemia." 8. Jeder Jahrg. (96 S. mit 1 Titelbilde u. Holzschn. im Text.) n. $3\frac{1}{2}$ ngr.

Minuzen-Kalender. Neuer Wirthschafts-Kalender auf das J. 1870. Hrsg. von der k. k. patriotisch-ökonom. Gesellschaft im Königr. Böhmen. gr. 8. (96 S. mit 1 Titelbilde in Holzschn. und mehreren eingedr. Holzschn.) Prag 869, Haase Söhne. *

Minuzen-Kalender, Haase'scher. Kleiner Haus- u. Wirthschaftskalender auf das Jahr 1883. Mit einem (farb.) Titelbild u. mehreren (eingedr.) Holzschn. 8. (97 S.) Prag, Haase. n. — 50

Miny, Giovan[ni] U . Reciprocal cumgió, pilgio d'mieu chaer... filg Giovan[ni] G Miny, V. D. M., stò oach Ans Minister della Vda. Baselgia, da Scanf.... Træs alchüns vers in rima composts, da seis addoloro bap Giovan. U. M., V. D. Miny a 1795.... 4. Coira 1795.

Mins, Abraham, a. Kischinew ⟨Rußland, Bessarabien⟩: Über Toxolecithide. Berlin: J. Springer 1908. (31 S.) 8°
Berlin, Med. Fak., Ref. Orth, Diss. v. 13. März 1908
[Geb. 26. Sept. 83 Kischinew; Wohnort: Kischinew; Staatsangeh.: Rußland; Vorbildung: Gymn. Kischinew Reife M. 02; Studium: Berlin 10 S.; Rig.

Minzes, Boris, Dr. ph., a. o. Prof. an der Hochschule zu Sofia (von Odessa): Beitrag zur Geschichte der Nationalgüterveräusserung im Laufe der französischen Revolution (mit besonderer Berücksichtigung des Departement Seine und Oise). ([Erschien, um einen 'Anhang', S. 116—167, vermehrt in:] Staatswissenschaftliche Studien, hg. v. Ldw. Elster [als:] Bd IV, Heft 2 [1 Bl., VII, 167 S. Jena G. F. 1892].) Jena G. Fischer 1892. 3 Bl., 115 S. 8°.
Zürich, Phil. Diss. [v. 25. Juli 1892].

Minzes, Boris, die Nationalgüterveräusserung während der französischen Revolution m. besond. Berücksicht. d. Departement Seine u. Oise, s.a. Studien, staatswissenschaftliche.

Minzes, Dr. Boris. Die Nationalgüterveräusserung während der französischen Revolution mit besonderer Berücksichtigung der Departements Seine und Oise. Ein Beitrag zur socialökonomischen Geschichte der grossen Revolution. Auf Grund ungedr. Quellen. Staatswiss. Studien, Bd. 4, Heft 2. gr. 8°. Jena, Fischer, 1892.

Minzès, Boris, Staatsstreich in Finnland u. nationalrussische Eroberungspolitik. Ergebnisse e. Studienreise in Finnland. Auch e. Beitrag zur Friedenskonferenz. gr. 8. (60 S.) Berlin 899. E. Felber. n. — 80

Minzloff, Ernestine, Livre du jeune âge. Neue Auswahl leichter französ. Uebungsstücke zum Lesen und Lernen. 2., verm. und verb. Aufl. 8. (XXV und 180 S.) Frankfurt a. M. 861, J. Baer. Thlr. *

Minzloff, Karl Rudolf, s. Minzloff, Rudolf

[Deckelt.:] Bilder aus Littauen, photogr. Momentaufnahmen v. R[obert] **Minzloff**, Tilsit. [Nebst] Erläuterg. *Tilsit: [O. Sembill]; Gedr. b. O. v. Mauderode 1894.* 1 Bd 4. 1 Bd 8.
Bilder. (3 Bl., 16 Taf.)
Erläuterg. [m. d. Tit.:] Ueber littauisches Volksthum u. littauische Volkstracht ... v. Girenas [d. i. Gustaf Sauerwein]. (48 S.) [97. 835]

Minzloff, R., Bilder aus Littauen. Photogr. Momentaufnahmen. qu. gr. 4. (16 Taf. m. 1 Bl. Text.) Nebst Textheft: Ueber littauisches Volksthum u. littauische Volkstracht. Culturgeschichtl. Gespräch zwischen den Herren Germanus u. Lithuanus, veranlaßt durch d. Minzloff'schen Littauer-Photographieen u. zur Erläuterg. derselben v. Girenas. (1894.) 8. (48 S.) Tilsit 896. A. Richter. In Karton n. 16. —

[Deckelt.:] Die Hohenzollern von der Kurwürde bis zum Kaiserthron. Hrsg. v. R[obert] **Minzloff**, Tilsit. *[Tilsit: O. Sembill 1896?]* (2 Bl., 20 Taf. in Leporello-Format.) 1 Bd 8. [97. 636]

Minzloff, Rud., Beiträge zur Kenntniß der poet. und wissenschaftl. Literatur Russlands, s. Beiträge.

Minzloff, Rud., Beiträge zur Kenntniß der russ. Literatur, s. Beiträge.

Minzloff, R., catalogue raisonné des Russica de la bibliothèque impériale publique de Saint Pétersbourg. I. Pierre le Grand dans la littérature etrangère d'après les notes de monsieur le comte de Korff. Avec supplément. gr. 8. (XV, 721 S.) St. Petersburg 872. Ricker. n. 12. —

— die altdeutschen Handschriften der Kaiserl. öffentl. Bibliothek zu St. Petersburg. St. Petersburg 853. (Berlin, Mittler u. Sohn.) gr. 8. (127 S. u. 1 lith. Facsimile.) 1 ₰.

— s.: Horaz, Oden.

Minzloff, (Karl) Rud., Kaiser Karl und Alkuin. Ein Gedicht. 2. Aufl. St. Petersburg 862. Haessel. Lex.-8. (18 S.) n. 10 ngr

Minzloff, R., Literaturgeschichte der Völker des Alterthums. 2. Ausg. gr. 8. (IV, 94 S.) Hannover 872, Hahn'sche Buchh.

— Souvenir de la Bibliothèque impériale publique de St.-Pétersbourg, cont. des gravures et autres feuilles volantes du XV. siècle. Imp.-4. (IV und 22 S. mit 8 Stnt., wovon 4 in Bunt- und 2 in Tondr.) Leipzig 862, Brockhaus. *

Mjöberg, Eric, über Aneurus tuberculatus Mjöb. u. seine systematische Beziehung zum A. laevis Fabr. (12 S. m. 4 Fig.) 8. Uppsala 909. Berlin, R. Friedländer & Sohn. nn 1. —

Mjöberg, Eric, zur Kenntnis der Insektenfauna v. Süd-Georgien. (14 S. m. 5 Fig., 1 Taf. u. 1 Bl. Erklärgn.) 8. Uppsala 906. (Berlin, R. Friedländer & Sohn. Sonderabdruck aus: „Arkiv f. zoologi". n.n. 1. —

— Über Psectra diptera Burm. (15 S. m. 3 Fig.) 8. Ebd. 909. nn — 60

— Studien üb. Mallophagen u. Anopluren. (298 S. m. 156 Abb. u. 5 Taf.) 8. Ebd. 910. nn 8. 40
3 Sonderabdrucke aus „Arkiv f. zoologi".

MIOCU, Romulus: Historia ecclesiae Rumaenorum in Transsylvania usque ad unionem ipsorum cum ecclesia Romana. — (1909) 170 Bl. 4° (Handschr.) Diss. 629
Diss. Wien, Univ.

Miodoński, Adam

Miodoński, A., Anonymus adversus aleatores [gegen das Hazardspiel] u. die Briefe an Cyprian, Lucian, Celerinus u. an den karthaginiensischen Klerus. [Cypr. epist. 8. 21—24.] Kritisch verb., erläutert u. ins Deutsche übers. Mit e. Vorwort v. E. Wölfflin. 8. (128 S.) Leipzig 889. Deichert Nachf. n. 2. —

Miodoński, Adam, s.: Auctoris, incerti, exhortatio de paenitentia.

— miscellanea latina. [Aus: „Dissertationes classis philologicae Academiae litterarum Cracoviensis".] gr. 8. (9 S.) Krakau 892. (Buchh. der poln. Verlags-Gesellschaft.) n. — 40

Miodoński, Adam Stephanus [Cracoviensis]: De enuntiatis subiecto carentibus apud Herodotum ... Cracoviae, typ. univ. Jagellonicae, 1891; IV, 58 S. 8.
Erlangen, Phil. Fak., Inaug.-Diss. v. 1886

Miodonski A. S., De usu vocabuli „bestia" apud scriptores Latinos inde a temporibus Plauti usque ad exitum saec II. p. Ch. 1886. 16 S. 1.25

Miodowski, F., Mitteilungen üb. weitere Untersuchgn. m. Naftalan. gr. 8. (12 S.) Leipzig, B. Konegen. n. 1. —
Sonderabdruck aus: „Reichs-Medizinal-Anzeiger".

Miodowski, Felix, Volontärassist. am kgl. pathol. Institut d. Universität: Aus d. chirurg. Abteilung d. k. Garnisonlazarets München. Zur Casuistik der knöchernen Orbitaltumoren. *Breslau 1900: Th. Schatzky.* (42 S.) 8°
Breslau, Med. Diss. v. 1. März 1900

Miodowski, Felix [App. Arzt aus Herrnstadt i. Schl.]: Untersuchungen über Beyerinks Atmungsniveau der Bakterien ... *Würzburg, Buchdr. v. B. Alt, 1896;* 19 S. 8.
Würzburg, Med. Fak., Inaug.-Diss. v. 1896

Mjöen, John Alfred: Über die Polymethacrylsäure ... Leipzig-R., Druck v. O. Schmidt, 1894; 33 S., 1 Bl. 8.
Leipzig, Phil. Fak., Inaug.-Diss. v. [24. Apr.] 1894

Mjøen, J. Alfred: Ueber die chemische Zusammensetzung des Norwegischen Holzteers. Von Dr. –. Christiania: J. Dybwad in Komm. 1901. (44 S.) 4⁰(8⁰)
Skrifter udg. af Videnskabsselskabet i Christiania. 1901. 1. Math.-naturw. Kl. No 3.

Miolati, A., siehe: *Canizzaro, S.*

Miolati, Arthur, aus Mantua (Italien): Über die Umwandlung von Rhodaniden in ringförmige Verbindungen. [S. 7—47 auch in: Liebig's Annalen der Chemie, Bd 262, S. 61—88]. Zür. J. Schabelitz Dr. 1891 52 S. 8⁰.
Zürich. Phil. Diss. [v. 22. Dec. 1890].

Mioni, Hugo, Corso di religione per le scuole cittadine. Vol. I. Apologia del cristianesimo. — Storia della chiesa. (IV, 119 S.) 8. Wien 909. A. Pichler's Wwe. & Sohn. Geb. 1.50

Mioni, Hugo, Gino e il suo angelo. Racconto antischiavista. (24 S.) kl. 8. Trieste 903. Salzburg, St. Petrus Claver-Sodalität. — 10

Mioni, Hugo, der Schutzgeist des Kaisers v. Birma, s.: Hausschatz-Bibliothek.

Mioni, Hugo, die Sklaven. Afrikanisches Schauspiel in 3 Akten. Aus dem Ital. übers. v. Alois Wechner. (80 S.) kl. 8. Brixen 902. Preßvereins-Buchh. n. — 80

— Die Sodalität des hl. Petrus Claver, e. Propagandagesellschaft f. Afrika. (II, 44 S. m. 1 Vollbild u. 1 Bildnis.) kl. 8. Salzburg (900). St. Petrus Claver-Sodalität. — 35

— die Sodalität des hl. Petrus Claver, e. Propagandagesellsch. f. Afrika. 12. (II, 48 S. m. 1 Taf. u. 1 Bildn.) Salzburg (Dreifaltigkeitsgasse 12) (901). St. Petrus-Claver-Sodalität f. die afrikan. Missionen. n. — 35

— Diözese Triest-Capodistria, s.a. Wirken, das soziale, der katholischen Kirche in Österreich. 4, II.

Mioni, Hugo. Diözese Triest-Capodistria. Von Dr. Hugo Mioni, Prof. Wien. Opitz 1909. 95 S. 8⁰
(Das soziale Wirken d. kath. Kirche in Österreich. Bd 4, H. 2.)

Miorini, Wilhelm v

— Aufgaben aus der sphärischen Trigonometrie. 20. ibd. 04. Progr.

v. **Miorini**, W[ilhelm]: Ein Beitrag zur Centralprojection der Kegelschnittslinien. (Mit einer Figur im Texte.) S. 3—9. 8.
K. k. Staats-Realschule im VI. Bezirke (vormals Gumpendorfer Communal-Oberrealschule *Wien* 1901.
Progr.

—: Über eine Erweiterung der Sätze von Pascal und Brianchon. Eine Studie. (Mit einer Figurentafel.) S. 3—12. 8.
K. k. Staats-Realschule (vormals Gumpendorfer Communal-Oberrealschule im VI. Bezirke) *Wien* 1902.
Progr.

— Die Erweiterung des Tactionsproblems auf homothetische Kegelschnitte mit 1 Tafel. 20. Mähr.-Ostrau R. 88. Progr.

Miorini, W. v.: Zur Construction der Achsen einer durch 5 Bestimmungsstücke gegebenen Kegelschnittslinie mit 1 Tafel. 7 S. – Bielitz, Progr. 1887.

Miorini Wilhelm von: Construction von Kegelschnittslinien. Mit 4 Tafeln (7). Mähr. Ostrau R. 91. Progr.

— Der Feuerbach'sche Kreis vom Standpunkte der neueren Geometrie mit 6 Tafeln. 12. Bielitz R. 86. Progr.

Miorini W. v.: Über gemeinschaftliche Schnittpunkte und Tangenten von 2 Kegelschnittslinien und die analogen Probleme für 2 Flächen II. Grades. 18. Wien R. III. 85. Progr.

Miot de Melito. — Memoiren des Grafen Miot de Melito, ehemaligen Ministers, Botschafters, Staatsraths u. Mitglieds des Instituts. 1788—1815. Deutsch bearb. u. aus den hinterlass. Papieren des Verf. ergänzt durch den HerSg. des französ. Orig. (v. Fleischmann.) 2 Bde. Stuttgart 866, 67. E. Schweizerbart. gr. 8. (XII, 530 u. XI, 420 S.) Jeder Bd. 2 ₰

Miotti, Pt., üb. die Falschheit u. Gottlosigkeit d. Kant'schen Systems ꝛc. gr. 8. Augsb. 802. Wien 806. Rehm. 2 ₰ 8 gl

— s. Frommberger, ...

— Vernunftlehre. gr. 8. Wien, v. Mösle. 14 gl

Miquel, Dr., Massregeln zur Erleichterung gesunden Wohnens. (Verhandl. d. Deutsch. Ver. f. öffentl. Gesundheitspflege.) 8⁰. Braunschweig 1888.

Miquel, die Mikro-Organismen der Luft, s.a. Tagesfragen, hygienische.

Miquel: Die Mikro-Organismen der Luft. Uebers. von E. Emmerich. München 1889

Miquél, die Organisation des Handwerkerstandes. Vortrag, gehalten im Vereins-Verband zu Landsberg a/W. am 26. Januar 1879. Mit dem Statut der Schuhmacher-Innung zu Osnabrück vom 12. Juli 1878 u. dem Erlaß des preußischen Handelsministers Maybach vom 4. Januar 1879. gr. 8. (26 S.) Landsberg a/W. 879. (Schaeffer & Co.) n. — 40

Miquel, Antoine

Miquel, A., Abhandl. v. d. Convulsionen d. Schwangern, Gebärenden u. Wöchnerinnen. Eine gekrönte Preisschrift. Aus d. Französ. Hrsgg. v. L. Cerutti. gr. 8. Leipz. 824. Mag. f. Ind. 16 gl

Miquel, A(ntoine): Abhandlung von den Konvulsionen der Schwangern, Gebärenden und Wöchnerinnen. Eine gekrönte Preisschrift. (Traité des convulsions chez les femmes enceintes, en travail et en couche. Dt.) Hrsg. von (Friedrich Peter) Ludwig Cerutti. 134 S., gbd.

Leipzig: Magazin für Industrie und Literatur 1826

JB 3.981

Miquél, F. W., Beiträge zu einer pädagogisch-psycholog. Lehre vom Gedächtniss. I. gr. 8. (132 S.) Hannover 850, Rümpler. 3/4 ₰

— Beiträge eines mit der Herbart'schen Pädagogik befreundeten Schulmannes zur Lehre vom biographischen Geschichtsunterricht auf Gymnasien. gr. 8. (61 S.) Leer 847, Prätorius & Seyde. 1/4 ₰

— wie wird die deutsche Volksschule national? gr. 8. (120 S.) Lingen 851, Jüngst. n. 1/2 ₰

Miquel, Fried. Ant. Wilh., Annales musei botanici Lugduno-Batavi, s. Annales.

—— Catalogus musei botanici Lugduno-Batavi. Pars I. Flora Japonica. gr. 8. (VII, 229 S.) Haag 870, Nijhoff. *

— Commentarii phytographici, quibus varia rei herbariae capita illustrantur. Fasc. I. Comment. de vero Pipere Cubeba. C. 3 tabb. Fol. maj. Lugduni 839. Luchtmans. (Leipzig, Weidmann.) n. $2^2/_3$ ₰ — Fasc. II. Observationes de Piperaceis et Melastomaceis. C. 8 tabb. Ibid. 840. n. $5^5/_6$ ₰ — Fasc. III. Sylloge plantarum novarum vel minus cognit. ex ordin. Araliacearum, Cactearum, Hyponidearum, Cycadearum et Urticacearum. Ibid. 840. n. $4^5/_6$ ₰

— Commentarii phytographici. Fasc. III. Cum III tab. Fol. Lugd.-Bat. 841, Luchtmans. (Leipzig, Weidmann; T. O. Weigel.) ist d. Pr. n. $6^1/_2$ ₰

Miquel, F. A. Guil., Cycadeae quaedam Americanae, partim novae. [Overgedrukt uit Verh. der 1. Klasse v. het K.-Nederlandsche Instituut, 3. Reeks, 4. Deel.] Met 4 (lith.) platen (wovon 3 color. in gr. 4. u. Fol.) gr. 4. (8 S.) Amsterdam 850, Sulpke. n. 18 ngl

— Disquisitio geographico-botanica de plantarum regni Batavi distributione. 8maj. Lugduni Batav. 837. van den Heuvell. (Lipsiae, Weidmann; T. O. Weigel.) n. $1^1/_3$ ₰

—— Homerische Flora. A. d. Holländ. übers. v. J. C. M. Laurent. 8. (5 B.) Altona 836, Hammerich.

Miquel, Fred. Ant. Guil., Flora Indiae Batavae. Accedunt tab. lapidi incisae. (In III vol. s. 24 fasc.) Vol. I. Fasc. 1—5. Vol. II. Fasc. 1., Vol. III. Fasc. 1 et 2. Et. s. t.: Flora van nederlandsch Indië. Met platen. 1. Deel. 1—5. Stuk. 2. Deel 1 Stuk. 3. Deel 1. and 2. Stuk. Lex.-S. [Vol. I. (XVI und S. 1—864.) Vol. 2. (S. 1—176.) 3. (S. 1—352. mit 18 Stnt.) Amstelaedami 855—56. (Lipsiae, Fr. Fleischer.) à Fasc. * 1 Thlr. 10 Ngr. *

Miquel, Friedr. Ant. Wilh., Flora Indiae Batavae. Accedunt tab. lapidi incisae. Vol. I. Fasc. 6, Vol. I. Pars II, Fasc. 1—4, Vol. II. Fasc. 2—7. et Vol. III. Fasc. 3 et 4. (Finis.) Et s. t.: Flora van nederlandsch Indië. Met Platen. Lex.-8. Amsterdam 857—60. Leipzig, Fr. Fleischer. [Vol. I. Fasc. 6. (XVII—XXIV und S. 865—1116.) Vol. I. Pars 2. Fasc. 1—4. (XII und 704 S. mit 10 Stnt.) Vol. II. Fasc. 2—7. (IX und S. 177—1103 mit 12 Stnt.) Vol. III. Fasc. 3 et 4 (XII und S. 353—773 mit 6 Stnt. in Lex.-8., 2 lithogr. Karten und 1 Tab. in qu. Fol.)] à Fasc. * 1 Thlr. 10 Ngr. *
Vol. I. Fasc. 1—5., Vol. II. Fasc. 1., Vol. III. Fasc. 1 et 2. Ebendas 1855.56. * 10 Thlr. 20 Ngr

—— dass. — Suppl. I. Prodromus florae Sumatranae. Fasc. 1—4. Et. s. t.: Flora van nederlandsch Indië. 1. Bijvoegsel. 1—4. Stuk. Met platen. Lex.-8. (XX und 656 S. mit 4 Stnt.) Amsterdam 860. 61. Leipzig, Fr. Fleischer. à Fasc. * 1 Thlr. 10 Ngr. *

Miquel, Fred. Ant. Guil., Flora van Neederlandsch Indie. Met Platen. — Flora Indiae Batavae. Vol. I. cont. Dicotyledones Polypetalas. Pars I. Fasc. 1—6. Pars II. Fasc. 1. — Vol. II. cont. Dicotyledones Monopetalas. Fasc. 1—6. — Vol. III. cont. Monocotyledones. Fasc. 1—3. Amstelaedami 855—58. (Leipzig, Fr. Fleischer.) gr. 8. (1. Bd.: XXIV, 1116 S., 14 lith. Taf. u. lith. Portrait; 2. Bd.: 960 S. u. 8 lith. Taf.; III. Bd.: S. 1—528. u. 5 lith. Taf.) Jedes Heft n. 1 ₰. 10 ngr.

Miquel, Fred. Ant. Guil., Flora van Nederlandsch Indie. Met Platen. — Flora Indiae Batavae. Accedunt tab. lapidi incisae. Vol. I. Pars II. Fasc. 2—4. — Vol. II. Fasc. 7. — Vol. III. Fasc. 4. (Schluss.) Amsterdam 859, 60. (Leipzig, Fr. Fleischer.) gr. 8. (I. 2.: XII, 704 S. u. 11 lith. Taf.; II.: IX, S. 961—1103 u. 5 lith. Taf.; III.: XII, S. 529—773, 2 lith. Taf., 2 lith. Karten u. 1 Tab.) Jedes Heft n. 1 ₰ 10 ngr.

— — Supplem. I.: Prodromus florae Sumatranae. (4 Fascc.) Ebend. 860, 61. gr. 8. (XX, 656 S. u. 4 lith. Taf.) n. 4 ₰ 10 ngr.

— Genera Cactearum descripta et ordinata, quibus praemissi sunt characteres totius ordinis et adfinitatum adumbratio. 8maj. Roterodami 840. Bädeker. n. $1/_3$ ₰

Miquel, F. A. W., Illustrationes Piperacearum, s. a. Acta, nova acad. Caes. Leopoldinae-Carolinae vol. XXI. Suppl.

—— Illustrationes Piperacearum. [Vratislaviae, 1844.] 4°.

— Illustrationes Piperacearum. Mit 92 (lith.) Taf. (in gr. 4. u. qu. gr. Fol.) gez. v. Q. R. M. Ver Huell. [Für die Kais. Leopold.-Carol. Akad. d. Naturforscher.] gr. 4. (87 S.) Breslau u. Bonn 846, Weber. n. 10 ₰ (siehe auch: Actorum, novor., acad. Caes. Leopold.-Carol., vol. XXI. suppl.)

Miquel, F. A. W., illustrations de la flore de l'Archipel Indien. Tome I. gr. 4. (X, 113 S. m. 37 Steintaf.) Amsterdam 871. 74. Leipzig, F. Fleischer. n. 25. 50

—— Monographia Cycadearum. Fol. maj. (23 B. u. 8 ill. Taf.) Trajecti ad. Rh. 842, Natan. (?) *

— Monographia generis Melocacti. — Epistola de nova fungorum Entophitorum genere, s. Acta n. phys.-med. Acad. Caes. Leopold. Carol. XVIII. Suppl. I et XIX. Prs. II.

—— Monographia generis Melocacti. 4maj. ($15^1/_4$ B. u. 11 Stnt.) Bonnae 841, Weber. *
Bildet auch den Supplem.-Bd. zu: Acta Acad. Caes. Leop. Carol. Nat. Cur. Vol. XVIII.

— de palmis archipelagi Indici observationes novae. Amstelodami 868. (Leipzig, F. Fleischer.) gr. 4. (33 S. mit 1 Chromolith. in qu. Fol.) cart. n.n. 17 ngr.

— Comment. praemio ornata de organorum in vegetabilibus ortu et metamorphosi. Mit 2 Steindr. 4maj. Lugduni Batav. 833. Luchtmans. (Lipsiae, Weidmann) n. 2 ₰

Miquel, Fred. Ant. Guil., Commentatio de vero Pipere Cubeba, deque speciebus cognatis ac cum eo commutatis, cui praemissa est disput. taxonomica et geographica de Piperaceis. Cum tribus lapidi incisis. Fol. maj. Lugd. Batav. 839 Luchtmans. (Lips., Weidmann; T. O. Weigel.) n. $3^7/_{12}$ ₰

—— Prodomus systematis Cycadearum. gr. 4. (VI und 86 S.) Utrecht 861, van der Post jr. *

—— Prolusio florae Japonicae. 8 Fasciculi. Fol. (VIII und 392 S. mit 2 Stnt.) Amsterdam 865—67. Leipzig, Fr. Fleischer. à Fasc. * 1 Thlr. 21 Ngr. *

— sertum exoticum contenant des figures et descriptions de plantes nouvelles ou peu connues. 1. Livr. Roy.-4. (5 Steindrucktaf. u. Text.) Rotterdam 843. (Leipzig, Dyk'sche Buchh.) n. $1^1/_3$ ₰

—— s. Siebold, Ph. Fr. de, Flora japonica.

— Stirpes Surinamenses selectae. Accedunt tabb. LXV (lith. in gr. 4. u. gr. Fol.) [Natuurkundige verhandelingen van de Hollandsche matschappij der wetenschappen te Haarlem. II. Verzameling. 7. Deel.] gr. 4. (VIII u. 234 S.) Lugduni Bat. 850, (Düsseldorf) Arnz & Co. n. $10^2/_3$ ₰

—— Sumatra, seine Pflanzenwelt und deren Erzeugnisse. gr. 8. (XXIV und 656 S. mit 4 Stnt.) Leipzig 862, Fr. Fleischer. *

—— Systema Piperacearum. 2 Fasc. 8maj. Roterodami, Kramers. (Leipzig, Dyk'sche Buchh.) [1. ($19^3/_4$ B.) 843. ** 3 Thlr., 2. ($17^1/_4$ B.) 44. ** 2 Thlr.] **

F. A. W. Miquel tentamen florae Homericae, of Bijdragen tot de Kennis der Planten, die in de Gedichten van Homerus voorkomen. Roterdam 1835. 8. — *German. vert.* J. C. M. Laurent. Altona 1836. 8.

— Systema Piperacearum. Fasc. I. II. 8maj. Roterodami 843, 44, Kramers. (Leipzig, Dyk'sche Buchh.) I. baar 3 ₰ II. baar 2 ₰

Miquel, J., die Ausscheidung des Hannoverschen Domanialguts und das Verfahren der Festsetzungs-Commission auf Grund des Gesetzes vom 24. März 1857. Eine Erwiderung. Leipzig 863. O. Wigand. gr. 8. (80 S.) n. 10 ngr.

Miquel, J., Denkschrift betr. die Reorganisation der Armen- und Wohltätigkeits-Verwaltung der Stadt Frankfurt a. M. 4°. Frankfurt a. M. 1881.

Miquel, J., das neue hannoversche Finanzgesetz vom 24. März 1857. 1. und 2., verb. Aufl. gr. 8. (77 S.) Leipzig 861, O. Wigand. *

Miquel, R., der Landdrosteibezirk Osnabrück, seine klimatischen, Bevölkerungs- u. gesundheitlichen Verhältnisse. Zugleich ein Bericht über Stand u. Verwaltung der öffentlichen Gesundheitspflege mit besonderer Berücksichtigung der Jahre 1875—80. gr. 8. (IV, 223 S.) Osnabrück 882. Veith. n. 4. —

— die Theorie natürlicher Entwicklung u. ihre nächsten Beziehungen zum Leben u. Denken der Menschen. gr. 8. (IV, 123 S.) Leipzig 877. O. Wigand. n. 2. —

Mir. Glasilo koroških Slovencev. V Celovcu. St. Hermagoras-Druck., 1882—. Quart u. Folio.

[Russ.] Dětskij **mir.** Meždunarodnaja vystavka v S.-Peterburgě 1903 g. Germanskij otděl. *Berlin 1903: (V. Beul).* (73 S.) 8°
[Die Kinderwelt. Internat. Ausstellung in St. Petersburg 1903. Deutsche Abteilung.] [04. 11b]

Mir ist's, als ob Charfreitag wär'. gr. 8. (16 S.) Friedenau-Berlin 891. Buchh. der Goßnerschen Mission. n. — 8

MIR Selbst, Deutsches Schimpfwörterbuch oder die Schimpfwörter der Deutschen, gesammelt u. alphabetisch geordnet. Arnstadt 1839. 8°. Selten! (4 Mk. 25 Pfg. H. Streisand, Berlin, 1908.)

Mir s. a.: **Huldschiner, Rich.**

Mir

— s. a.: **Aus dem Badeleben.**

Etwas Buecherschmuck. Plauderei von **Mir.** *(Berlin [1904]: Imberg & Lefson.)* (7 S.) 8° [04. 8]

MIR (ps.), Chaisenhausiade. Humoristisch-phantastisch-poetisches Zeitgemälde in Bild und Vers. 1878.
Weller, Lex. Ps. p. 363.

Mir (Hch. Brenner), s.: Schabeck, d. letzte.

Mir. Sylvester-Büchel zum Todtlachen für 10 kr. Ein gescheidtes Narren-Orakel mit genauem Tageskalender und 365 Prophezeiungen für das Jahr 1855, welche alle in Erfüllung gehen müssen! Von — —. Im Selbstverlage des Herausgebers. kl. 8. (54 S.) Wien. Druck von M. Lell

Mir, Ali, eine nicht vollzogene Ehe. (Roman.) (116 S.) 8. Dresden 903. E. Pierson. n. 2. —; geb. n. 3. —

Mir, Miguel, historia de la pasión de Jesucristo. 3. ed. (IX, 544 S. m. 24 Abb. u. Titelbild.) 8. Freiburg i/B. 909. Herder. 5. 60

Mir, Miguel, Zusammenhang zwischen Wissen und Glauben. Mit Genehmigung des Verf. aus dem Span. übers. von Joh. Zehly. gr. 8. (XVI, 362 S.) Regensburg 883, Manz. *

Mir, Miguel, Zusammenhang zwischen Wissen u. Glauben. Mit Genehmigg. d. Verf. aus dem Span. übers. v. Johs. Zehly. gr. 8. (XVI, 362 S.) Regensburg 883. Verlags-Anstalt. n. 5. 40

Mira. Neue Rechentafel für Mathematikkundige und Laien. O. O. 1903. V: *Mayer, Max.* (Doubletten-Anzeiger 1903 No. 7.)

Mira, Carl, die weisse Rose. Ein Sang aus alter Zeit. gr. 8. (VII, 298 S.) Heidelberg 891. C. Winter. n. 4. —; geb. n. 5. —

Mira, Tirza, wenn Blüten u. Träume zerstoben... Gedichte. (VIII, 56 S.) 8. Dresden (908). E. Pierson. 1. —; geb. n 2. —

Mirabaud, P., u. A. de Reuterskiöld, die schweizer. Postmarken. 1843—1862. gr. 4. (XIII, 278 S. m. Abbildgn. u. 14 Taf.) Paris 899. (Leipzig, Gebr. Senf.) n.n. 120. —

Mirabeau, Comtesse de, „Baron d'Aché", s.: Adels-Bibliothek.

Mirabeau an die Berliner! Das sind des Volkes wahren Freunde. — Ein Volksfreund. Druck von F. Reichardt u. Co. 1 Bl. Fol.
Flugblatt. Berlin, 6. Sept. 1848.

Mirabeau, Franç., französischer Sprachquetscher. E. neue leichte Methode, die französ. Sprache in 12 eingetheilten Lectionen vollkommen sich eigen zu machen. Nebst Gesprächen (theilweise m. Aussprache), Sprichwörtern u. Wortsammlg. 5. Aufl. 16. (160 S.) Wien 897. (Leipzig, Literar. Anstalt, A. Schulze.) n. — 72

Mirabeau, François, Französischer Sprachquetscher. Eine neue, leichte Methode, die französische Sprache in 12 eingetheilten Lectionen zu erlernen. Nebst Aufgaben, Gesprächen, Sprichwörtern und Wortsammlung. 3. Auflage. 16 (159 S.) Wien Wenedikt 1889 —.36

Mirabeau, G. B. R. v., Anklage gegen die Agiotage, s.: Bibliothek, historisch-politische.

Mirabeau, Honoré Gabriel Riquetti Comte de.

Mirabeau, Graf, Abentheuer, s. Lesuire.

Mirabeau, le Comte de, aux Bataves sur le Stadhoudérat. gr. 8. Strasbourg, Treuttel. 788.

Mirabeau, H. G. R. C. de.
Der Brief an des jetzt regierenden Königs von Preussen Majestät ... Prenzlau 1788. H: *Arnim, Magnus Wilhelm von.* (MGT)

v. Mirabeau, Graf, der Brief an den König v. Preußen, nach der von w. Grossing bekannt gemachten deutsch. Uebersetzung rc., mit Bemerkk. e. Märkischen Patrioten, (M. W. v. Arnim). 8. Premzl. 788. (Maurer in Berl.) 6 gl

Der Brief des Grafen von Mirabeau an des jetzt regierenden Königs von Preussen Majestät nach der von dem Herrn von Grossing bekannt gemachten teutschen Uebersetzung, und von ihm darüber gemachten Anmerkungen mit Bemerkungen eines märkischen Patrioten darüber. — Prenzlau, gedruckt bey sel. C. G. Ragoczys Wittwe 1788.

— Briefe an einen Freund in Deutschland, 1786—90 geschrieb.; (herausgg. v. J. v. Mauvillon). 8. Braunschw. 792. (Dyck in Leipz.) 1 ß 16 gl

— Briefe an den Kön. v. Preußen. 8. Prenzl. (Maurer in Berl.) 788.

MIRABEAU. Briefe an Sophie aus dem Klofter von Vincennes. Deutfch mit einer Einleitung von Otto Flake. Mit einer Porträtradierung von Peter Halm. München, Georg Müller, 1910. Gr. 8°. LXX, 500 S.
800 in der Preffe numer. Expl. Halbldrbd.

[Mirabeau, Honoré Gabriel Riquetti Comte de]: Mirabeaus Briefe an Sophie aus dem Kerker von Vincennes. Deutsch mit e. Einl. von Otto Flake. Mit e. Poträtradier. von Peter Hahu. München u Leipzig 1910 8°

Mirabeau. Briefwechsel mit dem Fürsten von Arenberg, s. Briefwechsel.

Mirabeau, s.: Carl Friedrich's v. Baden brieflicher Verkehr.

Mirabeau, discours choisis, hrsg. v. Emil Grube, s.: Prosateurs français.

Mirabeau, Discours choisis, hrsg. von Otto Klein, s.: Schulbibliothek, französ. u. engl. A.

— Discurs über Nationalerziehung; übers. mit Not. von F. E. v. Rochow. 8. Berl. 792. Nicolai. 4 gl

— l'éducation civile d'un Prince. gr. 8. Strasb. Treuttel. 789.

Essai sur la Secte des Illuminés. (Aussi avec le titre: Histoire secrète de la cour de Berlin, ou correspondance d'un voyageur françois [Comte *de Mirabeau*] .... Ouvrage posthume. Tome 3.) S. l. M.DCC.LXXXIX. (1789.) 8°. Demi-veau, reliure de l'époque. Avec les armes de Max Comte de Preysing sur le plat; bel expl.
2 ff. pour les titres XVI—13. pp. — Autre édit. Paris 178.. in-8° de 282 pp.

Mirabeau, H. G. R. C. de.
Gedächtniss; a. d. Franz. Augsburg 1791. Ü: *Wilhelm, Gottlieb Tobias.* (MGT)

MIRABEAU, Geheime Geschichte des Berliner Hofes, oder Briefwechsel eines reisenden Franzosen, geschrieben in den Jahren 1786 und 87. Aus d. Französ. 2 Thle. Cölln (fing.) 1789, 8°. 506 S. (9 Mk. Friedr. Klüber, München, 1898.)
— — Dasselbe. Aus d. Französ. übersetzt und mit einigen Anmerkungen begleitet. O. O. 1789. Kl. 8°. (4 Mk. 50 Pfg. Rich. Bertling, Dresden, 1892; 5 Mk. E. Frensdorff, c. 1902.) (Expl. in Hannover, Stadtbibl.)
Orig.: Histoire secrète de la cour de Berlin, ou correspondance d'un voyageur français, depuis le 5. juillet 1786 jusqu'au 19. janvier 1787. Ouvrage posthume. 2 vols. S. l. (Alençon, Melassis le jeune) 1789. 8°. (In Düsseldorf, Kgl. Landesbibl.) (10 Mk. Friedr. Klüber, München, c. 1900; 10 Mk. Ferd. Schöningh, Osnabr., 1907.)
Mirabeau a désavoué cet ouvrage. (Quérard, l. c.) — Rep. Rotterdam (Paris) 1789. 8. II. 139 + 148 pp. Avec 2 magnifiques portraits en taille-douce (Frédéric Guillaume II et Catherine II). (9 Mk. E. Frensdorff, 1907.) Rep. Paris 1789. 8. III. (Expl. in Hannover, Stadtbibl.)

[MIRABEAU.] — Geheime Gefchichte des Berliner Hofes oder Briefwechfel eines reifenden Franzofen, vom 5. Juli 1786 bis den 19. Jenner 1787. Aus dem Franzöfifchen überfetzt von F. W. v. Schütz. Cölln, Peter Sandhof, 1789. 8°.

Geheime Geschichte des Berliner Hofes oder Briefwechsel des Grafen [Honoré Gabr. Viktor Riquetti v.] Mirabeau nach dem Franz. Orig. frei übers. [von Friedr. Wilh. v. Schütz]. Rotterdam [Berlin]: 1789. 124 S. 8°
Auszug aus: Geh. Gesch. des Berliner Hofes oderBriefwechsel einesreisendenFranzosen. 1789. MLB. Brünn.

[MIRABEAU] — Geheime Gefchichte des Berliner Hofes oder Briefwechfel eines reifenden Franzofen, vom 5. Juli 1786 bis zum 19. Januar 1787. Aus dem franzöfifchen [des Grafen Mirabeau]. 2 Teile in 1 Band. Cölln bey Peter Sandhof, 1798. 8°. 220 und 286 S.

Mirabeau, H. G. R. C. de.
Geschichte des Berliner Hofs; a. d. Franz. O. O. 17?? Ü: *Schütz, Friedrich Wilhelm von.* (MGT) (Kordes, Schlesw.-holst. u. eutin. Schriftst. Schlesw. 1797.)

— Hommes à célébrer, pour avoir, en ces derniers âges, mérité de leur siècle et de l'humanité etc. gr. 8. Strasb. König. 790.

— Jugendgeschichte, von ihm selbst, in e. Brief an seinen Vater aus d. Kerker zu Vincennes; (aus d. Französ.) v. F. W. Rübiger. 8. Manh. 792. Schwan u. G. 12 gl

— Leben u. Selbstgeständniß rc.; aus d. Französ. 8. Leipz. ... N. A. 807. (W. Nauck; a. Aue in Altona). 10 gl

— Leben u. Selbstgeständn. rc. a. d. Franz. 8. Leipz. Sommer. 807.

— — dass. 8. Mannh. Schwan u. G. 792.

— lettre remise à Frédér. Guillaume II. 8. Strassb. 787. Acad. B. 9 gl

— lettre sur le renvoi de l'affaire du régiment de Touraine à un conseil de guerre. 4. Frkf. a. M. 791. Varrentrapp. 1 ß

Mirabeau, H. G. R. C. de.
Lettres ... à un de ses amis en Allemagne ... [Braunschweig] 1792. H: *Mauvillon, Jacob von.* (BrMm)

— lettres à un de ses amis en Allemagne (c'est à dire Mauvillon), écrittes durant les années 1786—90. gr. 8. Braunschweig 792. Leipz., Dyck. 2 ß

de Mirabeau, Comte. Les Lettres de cachet et des prisons d'état. *Hamburg.* 1782

— lettres à Champfort. 8. Leipz. 796. Schmidt. 16 gl

— Lettres à Champfort. 8. Leips. Wolf. 796.

— Lettres à ses commettans pend. la tenue des états généraux de 1789. 8. Londr. (Kupferberg à Mayence.) 789.

— lettres à Msr. ** sur Lavater et Cagliastro. gr. 8. Berl. 786. (Köchly). 8 gr

— Lettres à Mr. ** sur Lavater et Cagliostro. gr. 8. Berl. Lagarde. 786.

— Lettres originales écrites du donjon de Vincennes pend. les ann. 1777—80. cont. tous les détails sur sa Vie privée etc. IV Vol. 12. Par. et Strasb. Treuttel. 792.

Mémoire in Betreff einer beabsichtigten intimen durchgreifenden Association und teilweise neuen Reform des Freimaurerordens, um denselben zu seinen ersten Prinzipien zurückzuführen, damit er wahrhaftig zum Wohle der Menschen wirke; red. von dem Br [Honoré Gabr. Viktor Riquetti Graf v.] Mi[rabeau], gegenwärtig genannt Arkesilaos, im J. 1776.
cf. Bbl. 21 (1907) S. 248—250.
Fehlt bei Kloss.

Mirabeau's Memoiren. Geschrieben von ihm selbst, seinem Vater, Oheim u. Adoptivsohn. A. d. Franz. v. Le Petit u. Anderen. 1—7. Bd. 8. (21½ B.) Quedlinburg, Basse. [1. u. 2. (25 B. u. 1 Facsim.), 3. (11 B.) 835., 4. (11⅓ B.), 5. (19⅓ B.) 836., 6. (19⅚ B.) 837., 7. (21½ B.) 838. à 1⅓ Thlr.]

— Mémoires polit. et milit. pour serv. à l'Hist. de Louis XIV. et XV. VI Vol. 12. Laus. Pott. 782.

— über Moses Mendelsohn, üb. die bürgerl. Verbesser. d. Juden; aus d. Französ., nebst Anmerkk. 8. Berl. 787. Maurers B. 14 gr

— sur Moses Mendelsohn, sur la réforme pol. des juifs etc. 8. Strassb. 788. Acad. B. 12 gr

Mirabeau, de, sur Moses Mendelssohn et sur la réforme politique des juifs. Nouvelle édition. 8. (VIII und 114 S.) Leipzig 853, [Mendelssohn.]

— v. d. preuß. Monarchie, s.a. Mauvillon.

Mirabeau, H. G. R. C. de.

Über die Preussische Monarchie unter Friedrich dem Grossen; a. d. Franz. Breslau 1790—91. Ü: *Schummel, Joh. Gottlieb.* (Ky)

Mirabeau (d. Aelt.), Victor Riquetti Marquis de: „Ueber die preussische Monarchie unter Friedrich d. Gr.; aus dem Französischen von J. G. Schummel", 1. (einziger) Band, 2 Teile, Breslau 1790, 1791 (Frommann in Jena).

v. Mirabeau, Hon. Gabr. Vict. Riquetti. Über die preussische Monarchie unter Friedrich dem Grossen. Dtsch. von Jac. v Mauvillon. 4 Bde. 8. Braunschweig 1793-94.

— de la Monarchie Prussienne, sous Frédéric le Grand. VIII Vols. gr. 8. Strassb. 788. Acad. B. (W. Vogel in Leipz.) 16 ₰ — Dass. in gr. 4. Ebd. 24 ₰ (Vergl. v. Mauvillon, Grundsätze.)

[MIRABEAU, Honoré Gabriel Riquetti, Comte de] 1749 - 1791
Nachrichten und Erinnerungen an verschiedene teutsche Völker, die von ihren Fürsten nach America geschickt worden sind.
[A. d. Franz.]
o. O. 1778. 16 S. 8°.
Staatsarchiv Bamberg
Übers. v. Mirabeau, Avis aux Hessois, Kleve 1777, s. Nr. 147
Weitere Ausg. 1777 u. 1783, s. Nr. 148, 149, 289.
Sabin 51693 u. Palmer: ohne Verfasser.
Beigebunden:
Schreiben des Landgrafen von Hessen an den Commendanten seiner Truppen im Amerika. [S. 14-16; Übers. v. Lettre du Landgrave de Hesse, 1777], s. Nr. 142.
2. deutsche Ausg. beider Schriften in Baudouin de Guémadeuc, Der geplünderte Spion, 1783, s. Nr. 289.

— Originalbriefe, geschrieb. aus d. Kerkerthurm zu Vincennes in d. J. 1777—79, gesamml. v. P. Manuel; aus d. Französ. (v. Ph. W. Hausleutner). 1r Thl. 8. Königsb. 792. (Leipz., Michelsen). 1 ₰ 4 gr Schrbp. 1 ₰ 12 gr (L. Schumann in Leipz.) Hbg. Pr. 21 gr

Mirabeau, H. G. R. C. de.

Originalbriefe, geschrieben aus dem Kerkerthurme zu Vincennes . . . A. d. Frantz. . . . Bd. 1. Frankf. u. Leipzig [Königsberg] 1792. Ü: *Hausleutner, Philipp Wilhelm.* (MGT) (Ky) (BGE)

— Originalbriefe, geschrieben aus dem Kerkerthurme zu Vincennes in d. Jahren 1777—1780 rc. 1r Bd. 8. Königsberg 792. (Leipzig, Künzel.) ⅞ ₰

— Originalbriefe, geschr. a. d. Kerkerthurm zu Vincennes, gesamm. v. Manuel, a. d. Franz. 1r Th. 8. Königsb. Nicolovius. 792.

Schreibp.

Mirabeau, Oeuvres oratoires, ou recueil de ses discours, rapports, adresses, opinions, discussions, reparties etc. à l'assemblée nationale, précédé d'une notice historique sur sa vie et terminé par l'oraison funèbre que Cerutti etc. 2 Vol. 8. Paris. 819.

—— ausgewählte Reden, s.a. Schullektüre, französische und englische.

Mirabeau's ausgewählte Reden. Für den Schulgebrauch erläutert von H. Fritsche. 3 Hefte. gr. 8. Berlin, Weidmann'sche Buchh. à Heft ℳ 1,20.
Inhalt:
Heft 1. Reden aus dem J. 1789. (144 S.) 877.
» 2. Reden aus der ersten Hälfte des J. 1790. (126 S.) 877.
» 3. Reden aus der Zeit vom Juni 1790 bis April 1791. (140 S.) 878.

Mirabeau, ausgewählte Reden. Erklärt von H. Fritsche. 1. Heft: Reden aus dem J. 1789. 2. verb. Aufl. gr. 8. (163 S.) Berlin 884, Weidmann'sche Buchh.
1. und 3. Heft. Ebendas. 1877,78. à ℳ 1,20.

— ausgewählte Reden. Erklärt v. H. Fritsche. 1. Hft. Reden aus dem J. 1789. 3., verb. Aufl. gr. 8. (178 S.) Berlin 889. Weidmann. n. 1.—

MIRABEAU, Honoré Gabriel Riquetti, Comte de 1749 - 1791
Des Grafen von Mirabeau Sammlung einiger philosophischen und politischen Schriften, die vereinigten Staaten von Nordamerika betreffend. Nebst einem Schreiben von demselben an den Übersetzer.
Aus dem Französischen [von Johann Brahl].
Berlin-Libau: Lagarde und Friedrich. 1787. VI, 326 S. 8°.
Herzog-August-Bibliothek Wolfenbüttel
Übers. v. Considérations sur l'ordre de Cincinnatus.
Sabin 49396. Baginsky 896. Palmer.
Johann Brahl, 1754-
Darin u. a. enthalten:
Richard PRICE, Betrachtungen über die amerikanische Revolution, S. 149-221.. in d. franz. Ausg. enthaltend als Observations sur l'importance de la Révolution de l'Amérique. Engl. Original Observations on the Importance of the American Revolution, 1784.
Richard Price, 1723-1791

— Sammnl. einiger Schrift. d. vereinigt. Staaten v. Nordamerika betr. a. d. Franz. gr. 8. Leipz. (Friedrich in Liebau.) 787.

— Samml. einig. philosoph. u. polit. Schriften d. vereinigt. Staaten v. Nordamerika betreff.; aus d. Französ. (v. Jh. Brahl). gr. 8. Berl. (Leipz.) 787. (Rein). 1 ß

Mirabeau, H. G. R. C. de. Schreiben über Cagliostro und Lavater; a. d. Franz. Berlin 1786. Ü: *Catel, Samuel Hnr.* (MGT)

Mirabeau, Graf v., Schreiben an Friedrich Wilhelm II., itzt regierenden König von Preussen, am Tage seiner Thronbesteigung. Paris (fing.), 1787 8° 102 S. (Besaß Regierungsrath Pfister in München.)

— Schreiben an *** üb. Lavater u. Cagliostro. 8. Berl. (Lpz.) 786. (Rein). 5 gl

— Schreiben an *** üb. Lavater u. Cagliostro. 8. Leipz. (Friedrich in Liebau.) 786.

Mirabeau, H. G. R. C. de. System der Natur, oder von den Gesetzen der physischen und moralischen Welt; a. d. Franz. Frankf. u. Leipzig 1783—91. Ü: *Schreiter, Carl Gottfried.* (Ky) (MGT) (ErschDL)

— System d. Natur, od. v. d. Gesetzen der physisch. u. moral. Welt; aus d. Französ. (v. K. G. Schreiter). 2 Thle. gr. 8. Frankf. u. Leipz. 783, 91. Siegert in Liegnitz. (Barth in Leipz.) 2 ß

Mirabaud, System d. Natur. Deutsch bearb. u. m. Anmerkn. versehen. (Ausg. in 1 Bde.) Lex.-8. (37¾ B.) Leipzig 841. [Berlin, Klemann.]

Mirabau, ..., System der Natur oder von den Gesetzen der physischen u. moral. Welt. In 4 Liefg. gr. 8. Leipzig 841, Lauffer. 1. Liefg. 5/12 ß

— System der Natur. Deutsch bearbeitet und mit Anmerkk. vers. (Ausg. in 1 Bde.) Lex.-8. Leipzig 841. G. Wigand. 3⅓ ß

Mirabeau über das königl. Veto; Rede gehalten in der französ. constituirenden National-Versammlung am 1. Septbr. 1789. Uebers. und mit einem Nachwort versehen von Herm. Abeken. gr. 8. (16 S.) Berlin 848, Besser'sche Sortimentsb.

[1789—1848.] Mirabeau über das königl. Veto; Rede gehalten in der französ. constituirenden National-Versammlung am 1. September 1789. Uebersetzt u. mit einem Nachwort versehen von Herm. Abeken. gr. 8. (16 S.) Berlin 848, Hertz. 3 ngr

Mirabeau, Sigm., üb. Drillingsgeburten, s. a. Abhandlungen, Münchener medicinische.

Mirabeau, Sigmund [aus Heilbronn a. N.]: Ueber Drillingsgeburten ... München, J. F. Lehmann, 1894; 1 Bl., 44 S. 8. München, Med. Fak., Inaug.-Diss. v. 1894

Mirabeau, Victor Riqueti, Marquis de

Mirabeau (d. Aelt.), Victor Riquetti Marquis de: „Landwirthschafts-Philosophie, oder Politische Oekonomie der gesammten Land- und Staats-Wirthschaft, gebaut auf der unwandelbaren Ordnung physischer und moralischer Gesetze, zu sicherer Beförderung des Wohlstandes der Länder. Aus dem Französischen frey übersetzet und mit Anmerkungen versehen von Christian August Wichmann", 2 Bände, Liegnitz und Leipzig 1797, 1798. — Vorh. Büch. der Industrie- und Handelskammer Leipzig.

— der polit. u. ökonom. Menschenfreund, od. prakt. Vorschläge z. Aufn. u. Bevölker. d. Staaten; aus d. Französ. 3 Thle. 8. Hamb. 759. Hertel. 1 ß

Mirabeau, H. G. R. C. de. Landwirthschaftliche Philosophie; a. d. Franz. Lign. 1797—98. Ü: *Wichmann, Christian August.* (Ky)

v. Mirabeau, Graf, landwirthschaftl. Philosophie; aus d. Französ., mit Anmerkk. (v. Chr. A. Wichmann). 2 Thle. 8. Lign. 797, 98. Siegert. 3 ß 4 gl

Mirabeau's Leben, s.: **Stern, A.**

Mirabelli, Ant., Petreidos libri XXIV. 4 Voll. Neapel 859. (Rom, Spithöver.) gr. 8. (XII, 1530 S.) n. 8 ß

Miraben, Aristide. Jeanne d'Albret. Thèse. In-8°, 58 p. Genève (Bâle, H. Georg). 1881.

Mirabilia Romae. E codicibus Vaticanis emendata edid. Gust. Parthey. Accedit ichnographia Romae. (lith.) ab Heinr. Kieperto delineata (in qu. 4.). Berlin 869. Nicolai's Verl. 8. (XX, 75 S.) n. 22½ ngr

Mirabilia Romae. (Facsimilierter Neudruck des in der Herzoglichen Bibliothek zu Gotha befindlichen Exemplars, hergestellt in der Reichsdruckerei in Berlin. Hrgg. von der Gesellschaft der Bibliophilen in Weimar. 1904.) 8°.

Mirabilia Romae. (Vorr. R[udolf] Ehwald.) ([Weimar]: Gesellsch. d. Bibliophilen [1904].) (24 S., 92 Bl.) 8°
= Gesellschaft d. Bibliophilen. [7.] les. 7010

Mirabilis, oder der Alte überall u. Nirgends. Eine Erzählung von Wilh. v. Gersdorf. 8. Leipzig, Lauffer. 821.

Mirabundus Innocentius

Das römische Interdict über altkatholische Kirchen und seine Anerkennung durch deutsche Staatsregierungen. Von Innocentius **Mirabundus**. Bonn 1894: J. Bach Wwe. (63 S.) 8° [Umschlagt. J.] 103.10795 10

Miracula, Illustria, D. Francisci Xaverii Oberburgi in Styria Inferiore Thaumaturgi ... Tyrnaviae 1736. V: *Bonaperger, Joseph.* (Jes)

Miraculis, de, 'Ευχειρίδιον, a philosopho theologis exhibit. 8. Zwick. Schumann. 805.

Miraculoso, oder der Schreckensbund der Illuminaten ... Koburg 1802. V: *Arnold, Ign. Ferd. (Ferd. Theod. Cajetan).* (Ky) (BGE)

Mirafälle [Schlagwort]

Mirafälle, s. a. **Wiener Ausflugskarten.**

Miraflores, Marquis v., Denkwürdigkeiten. Deutsch von L. Starklof. 1. Aufl. 1847. 2 Thlr. 20 Ngr. und 2., unveränd. Ausg. 2 Thle. 8. (XX und 550 S.) Leipzig 850, [Costenoble.] *

v. Miraflores, Marquis, Memorias zur Geschichte der ersten 7 Jahre der Regierung der Königin Isabella II. Uebers. aus dem Span. v. L. Starklof. 2 Thle. 8. (1: XIV u. 255 S. 2: VIII u. 295 S.) Leipzig 847, Vereins-Verlagsbuchhandl. 2⅔ ℔ — Denkwürdigkeiten. Deutsch v. L. Starklof. 2. unveränd. (Titel-) Ausg. 2 Thle. 8. Leipzig (847) 851, Costenoble. n. 2 ℔ Herabges. Pr. n. ½ ℔

Mirakel in München, nebst einem kleinen Zug Bayerische Verordnungen. Gera [1784]. V: *Bisping, Frdr. Hnr.* (MGT)

Mirakelbüchlein, neues, oder: die unentschleierten Geheimnisse der Natur, enthltd.: Die Unglückstage, Amulete u. deren Verfertigung, Talismane ꝛc. Nebst Kunde von dem wunderbarsten Talismane; dem gelehrten Maschinenmenschen des weltberühmten, vermeintlich großen Zauberers Albertus Magnus, Bischof zu Regensburg im Jahre 1260. München 868. Gummi. 16. (32 S.) 2 ngr.

Mirakelstück, ein lustig, von der gar schweren Kunst der Malerey mit 4 Personen u. hat 5 Aktus. 8. (34 S.) Weimar 878. Böhlau. n.n. — 75

Mirakuloso, od. d. Schreckensbund d. Illuminaten. Ein fürstl. Familiengemälde a. d. Nachlaß e. Staatsverbrechers, u. der rothen Maske auf dem Wischerad, m. 1 K. 8. Coburg, Ahl. 802.

Mirakuloso, od. d. Schreckensbund der Illuminaten, (v. Th. F. K. Arnold). 8. Coburg 802. (Riemann) 1 ℔ 2 gl

Miral, Leon, Herr Sauftleben, s.: Bely, Adrien.

Miralba, d. Räuberhauptmann, nach d. Frz. der Mad. Bournon-Malarme. 2 Thle. 8. Greiz, Henning. 801.

Miram C. E.: Beitrag zu einer Anatomie d. *Pentastoma taenioides. R.* (1834). 24 S. 1 Tvl. (Særtr.). 4°.

Miram, Joh. Ed., Rigenser. Zur Casuistik der spontanen Amputationen und ihrer Folgezustände. Diss. Dorpat. 8°. 51 pp. mit einer lithographirten Tafel. 1877.

Miramare

— — S. a. Triester-Ansichten.

Miramare. in Aquarell gemalt für Albums. Triest. H. F. Münstersche Buch-, Kunst- und Musikalienhandlung. 1864. 7 fl. 50 kr

Miranda, oder das Schwerdt der Rache, heroische Oper in 3 Aufz. von F. A. Kanne. 8. Ebend. 811.

Miranda, Isabelle v.; e. trag. Gesch. 8. Augsb. Stage. 778.

Miranda, Königin im Norden, Geliebte Pansalvins. Germanien [Erfurt] 1798. V: *Albrecht, Johann Friedrich Ernst.* (BGE) (GGr)

Miranda, Königin in Norden, Geliebte Pansalvin's. 8. Erf. u. (Gotha) 798. Hennings. 1 ℔ 8 gl

Miranda, s.a. Lappe.

Miranda, des Generals, Briefwechsel mit Dümouriez, Pache u. Bournonville 1793; aus d. Französ. 8. Greiz 794. Henning. 9 gl

Miranda, Armin di, Feldpostbriefe e. Fünfundzwanzigers während d. deutsch-französischen Krieges von 1870—1871. gr. 8. (195 S.) Aachen 871. Kaatzer. n. 2. —

Miranda, Armin di, Richard v. Cornwallis u. sein Verhältniß zur Krönungsstadt Aachen. Ein Beitrag zur deutschen Kaiser-Geschichte. Urkundlich u. quellengemäß dargestellt. Mit Benutzung von bisher nicht veröffentlichten Documenten. [Mit 2 (Lichtdr.-)Abbildungen.] gr. 8. (36 S.) Bonn 880. (Aachen, Barth.) n. 2. 70

— Wilhelm IV. v. Jülich. Urkundlich u. quellengemäß dargestellt [m. Benutzg. v. bisheran nicht veröffentlichten Dokumenten.] 8. (134 S.) Leipzig 875. T. O. Weigel.

Miranda, Eugenie v., die Kunst, durch e. rationelle Pflege des Körpers in kurzer Zeit sympathisches Aeußere u. imponierende Umgangsformen zu erlangen. Eine Anweisg. zur Korrektur allerlei körperl. Mängel u. Fehler, zur Beseitigg. v. Schönheitsfehlern aller Art sowie zur Vervollkommng. v. Haltg., Gang u. Gebärden. (Neue [Titel-] Ausg. v. M., wie fesßle ich e. Mann!) (V, 171 S.) 8. Leipzig [901] (905). Modern-medizin. Verlag. n. 2. —

— die Macht der Frau. Ein unschätzbarer Ratgeber für die Damenwelt. (VII, 171 S. m. Abbildgn.) gr. 8. Ebd. (903). 3. —; erm. Pr. n. 2. —

— wie eignet man sich gute Manieren u. gewandtes Benehmen an? Ein moderner Ratgeber in allen Fragen der Etikette, der guten Sitte u. des feinen Tons. (Neue [Titel-] Ausg. v. M., die feine Welt.) (III, 97 S.) 8. Ebd. [901] (905). n. 1. 25

Miranda, Eugenie v., wie eignet man sich gute Manieren u. gewandtes Benehmen an? Ein moderner Ratgeber in allen Fragen der Etikette, der guten Sitte u. des feinen Tons. 2. Aufl. (III, 92 S.) 8. Leipzig (909). Modern-medizin. Verlag. 1. 25

Miranda, Lucii de, Manuale praelatorum regularium. fol. Col. 712.

Die Automobilen für schwere Lasten und ihre Bedeutung für militärische Verwendung. Von Cav. Pietro **Mirandoli**, Oberstlt. im italien. Geniekorps. Uebers. aus d. Italien. von Otfried Layriz, Oberstlt. z. D. Mit 21 Abb. *Berlin: E. S. Mittler & Sohn 1901.* (IV, 60 S.) 8° [J.] (01. 1060)

* **MIRANDOR** (ps.), Die Heldenmüthige Printzeßin Bellisandra, Oder die nach vielen (!) Ungemach endlich beglückte Kayserin aus Persien, in einem angenehmen Liebes- und Helden-Roman der galanten Welt vor Augen gestellet, von MIRANDOR. Mit Titelkpfr. Franckfurth und Leipzig (Nürnberg), 1742. Verlegts Johann Albrecht. 8°. 288 S. (In Berlin: Yv 3491.)
Kurzer Inhalt bei Wolfg. Menzel II. p. 430.
— — Dasselbe. Nürnb., b. Felseckers Erben. 8°.
Oster-Meß-Verz. 1743, Bog. F 4a.

— — Dasselbe, titulo: Die heldenmüthige Bellisandra oder die in Mannskleidern versteckte Printzessin von Babylon und Kaiserin von Persien .... von *Mirandor.* Mit Titelkpfr. Frankf. 1754. 8°.
Weller, Bautzen, Cat. 21 (1871.) no. 298; Weller, Lex. Ps. p. 363.

Mirandulae, Octav., Illustrium poetarum Romanorum veterum Flores, collecti et in titulos singulos digesti, nunc vero diligent. emend. atque dispositi, novis etiam passim aucti et adspersis annotationibus illustr. a Lud. Jul. Billerbecko. 8maj. (42 B.) Lipsiae 834, Voss.

Mirani, Johann Heinrich

Mirani, J. Hnr., historisch-romant. Erzählungen aus der Vorzeit Böhmens. 1. u. 2. Bd. — A. u. d. T.: Der blinde König. Der Schleier-Hauptzug. gr. 12. Wien 842, Stöckholzer v. Hirschfeld. 1½ ₰

Mirani, Joh. Heinr., historisch-romantische Erzählungen aus d. Vorzeit Böhmens. 2 Bde. gr. 12. (16½ B. u. 2 Kpfr.) Wien 845, Stöckholzer v. Hirschfeld.

Mirani, Joh. Heinr., das Vokalquartett, s. Erinnerungsblätter, 3. Bdchn.

Mirant, P. Laurentius [Autorname] = Martin, P. Laurentius s.a. Laurentius von Schnifis, P.

Mirant, Laurent., O. Cap., seraphische Geistesblumen. Religiöse Erwäggn. u. Andachten. Neu bearb. v. Rufin Steimer, O. Cap. (259 S. m. 2 Stahlst.) 16. Einsiedeln 908. Verlagsanstalt Benziger & Co. Geb. in Leinw. 1. 20; in Ldr. 2. —

§ **MIRAPILICH** (ps.), Taimuth, Oderneue wol aussstaffierte Fausen-Liberey Königs Ptolomaei Evergetis in Egypten; Das ist: der lachende Democritus oder: das frey weite Feld ehrlicher Belustigung: bestehend in kurtzweiligen Erzehlungen, Schimpff- und ernsthafften Begebenheiten, schönen Poetereyen, Gedicht- und Fabel-vollen Erfindungen etc. Neben kurtzweiligem *Anhang* eines Almanachs Oder: Immerwährenden Calenders und Practic etc. (Mit Liedern.) Augspurg 1696. 8°. 250 S. (In München: L. eleg. m. 77.) (5 fl. Gilhofer & Ranschburg, Wien, 1897.)
Sehr seltenes derbes Scherz- u. Anekdotenbuch.
— — Dasselbe. 2 Thle. Ebd. 1699—1701. 8°.
Prof. v. Karajan's Bibl. I. Lpz. 1875, no. 5069. — Mit Theil 2 besonders rar!

Mirator, F., Seminar-Geheimnisse. Kuriose Geschichten aus e. Erziehungs-Institute f. Studirende. gr. 8. (19 S.) München 896. (Pössenbacher'sche Buchdr.) — 60

Mirau, Leo

— Grüsse vom Silberstrom. B.-Aires '09. 11 Bl.

Mirau, Leo, Lieder aus weiter Ferne. (32 S.) kl. 8. Buenos Aires 904. (Leipzig, K. Kaupisch.) n. 1. —

Mirau, Leo: Meine Lieder. B.-Aires '09. 63 Bl.

Mirau, Leo, meine Lieder. 2. Aufl. (VIII, 118 S.) kl. 8. Buenos Aires 910. L. Mirau. (Leipzig, O. Maier.) 1. 50
1. Aufl. (120 S.) 909. 1. —

Miraeus (Lemire, Aubert). Gentis Spinolae illustrium elogia. 4. Coloniae Agr. 1611.

Mirbach, Altes u. Neues, Helles u. Dunkles. Von Röntgen-Dörchläuchting. (47 S.) gr. 8. Berlin 904. Zürich, C. Schmidt. 1. —

Mirbach, v., Entwurf e. Reichs-Münzgesetzes, s.: Kanitz, Graf v.

Mirbach, Frhr. v., in St. Denis während d. Waffenstillstandes 1871. gr. 8. (III, 93 S.) Berlin 876. Bath. n. 1. 50

Mirbach, Frhr. v., in St. Denis während des Waffenstillstandes 1871. 2. (Titel-) Ausg. gr. 8. (III, 93 S.) Berlin (1876) 878. Peiser's Sort. in Comm. n. 1. —

— Sind die heimischen Kreditansprüche oder die internationalen Goldbewegungen schuld an unseren hohen Diskont-(Zins-)sätzen?, s.: Arendt, O.

Mirbach, Graf v., welcher Kapitalwert des Grundbesitzes ist gerechterweise bei der Veranlagung zur Vermögenssteuer zu Grunde zu legen?, s.: Freudenstein, Otto.

Mirbach, C. v.: Das Wappen Ihrer Mayestät der Kaiserin und Königin von Preussen Auguste Victoria, Prinzessin zu Schleswig-Holstein. Görlitz 1890. 4.

Mirbach, Ernst Frhr. v., üb. Ausbildung der Kompagnie im Felddienst. gr. 8. (VIII, 154 S.) Berlin 884. Mittler & Sohn. n. 2. 50

Mirbach, Frhr. E. v., offizielle Ausgabe der nach den Allerhöchsten Befehlen veränderten kaiserl. u. königl. Wappen, d. Reichsadlers, der Kronen, Insignien, Standarten u. s. w. Das Wappen Ihrer Maj. der deutschen Kaiserin u. Königin v. Preußen Auguste Viktoria, Prinzessin zu Schleswig-Holstein. Gezeichnet v. R. u. G. Otto. Mit allerhöchster Genehmigg. veröffentlicht. (Ausg. A.) Imp.-4. (16 Bl. in Farbendr. u. 13 S. Text) Görlitz 890. C. A. Starke. In Mappe. n. 24. —; geb. n. 26. —; geb. in Calico n. 30. —; Ausg. B [Fürstenausg.] geb. in Leder n. 60. —; Ausg. C in Umschlag (9 Bl.) [Ausg. f. kunstgewerbl. Zwecke]. n. 16. —

— dasselbe. Nachtrag. Bl. I. Farb. Lichtdr. Imp.-4. Ebd. 893. n. 4. —

Denkschrift des Evangelischen Kirchenbau-Vereins für Berlin zu seinem fünfzehnjährigen Bestehen 1890 2. Mai 1905. Den Mitgliedern ... von E[rnst] Fʳʰ v. **Mirbach**. Berlin (1905): J. Sittenfeld. (IX, 141 S.) 8° [J.] [08. 6457

Die Entwickelung der Arbeit des Evangelisch-Kirchlichen Hülfsvereins und ihre litterarischen Hülfsmittel. Bericht, erstattet auf d. Jahres-Versammlung d. Ev.-kirchl. Hülfsvereins 1903 von [Ernst] Fʳʰ v. **Mirbach**, Oberhofmeister d. Kaiserin. *(Berlin 1903: Gutenberg.)* (20 S.) 8° [J.] [03. 7330

Mirbach, Ernst Frh. v.: Die Erlöser-Kapelle zu Mirbach in der Eifel. Die Burg Mirbach (Verf.: –.) (Mit 1 Kt.) Berlin 1903: Sittenfeld. 64 S., 66 Taf. 4°
(Mirbach, v.. Geschichte d. Geschlechtes Mirbach. Th. 2.)

Geschichte des Geschlechtes Mirbach. Der Familie gewidmet von Ernst Frh. v. **Mirbach**, Kammerherr. Th. (1.) 2. Potsdam 1903(–11): Vereinsdr. 4°(8°) [11. 16666

Mirbach, Ernst Frhr. v., die Kaiser-Wilhelm-Gedächtniß-Kirche, d. engeren Ausschuß d. evang.-kirchl. Hülfsvereins, d. Vorstande d. Kirchenbauvereins, d. Gemeinde, den Freunden u. Förderern d. Kirchenbaues, z. 22. III. 1897. gr. 4. (VI, 265 S. m. 14 Taf. u. 2 Fksms.) Berlin 897. E. S. Mittler & Sohn. n. 5. —; geb. in Leinw. n.n. 5. 50

Mirbach, E. Frhr. v., Lieder für Soldaten. Gesammelt. 7. Aufl. 16. (VI, 396 S.) Berlin 889. Mittler & Sohn. cart. n.n. — 65

Mirbach, Ernst Frhr. v., die Freiherren und Grafen v. Mirbach. Ueberblick über die Geschichte des Geschlechts und Darstellung des Zusammenhanges der noch blühenden Linien, nebst Angabe der Mitglieder derselben. Nach urkundl. Material zusammengestellt. Lex.-8. (IV, 57 S. mit 9 Wappen-Abbild. und 2 Stammtaf.) Berlin 887, Mittler und Sohn. **

Mirbach, Ernst Frh. v.: Das Pfingsthaus, die Pfingst-Kapelle zu Potsdam und der Pfingst-Kapellen-Verein, Zweigverein d. Evangelisch-Kirchlichen Hülfsvereins unter d. Protektorat Ihrer Majestät d. Kaiserin u. Königin Ernst Frh. v. Mirbach, Kammerherr. Berlin 1898: Sittenfeld. XII, 183 S. 4°

Mirbach, Ernst Frhr. v., die Reise des Kaisers u. der Kaiserin nach Palästina. 3 Vorträge, geh. in Potsdam. gr. 8. (III, 108 S. m. 1 Taf. u. 1 Karte.) Berlin 899. E. S. Mittler & Sohn. n. 1. 40

Das Wappen Ihrer Majestät der deutschen Kaiserin und Königin von Preussen Auguste Victoria, Prinzessin zu Schleswig-Holstein. Veröffentlicht und entworfen nach alten Original-Siegeln von E. Freiherr von Mirbach. (Mit 16 Tafeln.) Gez. v. R. und G. Otto. Görlitz. 1890. 4°.

Mirbach, Margareta, im Kampfe um d. Ehre. Erzählg. nach d. Holl. gr. 8. (280 S. m. 2 Photograv.) Regensburg 896. Nationale Verlagsanstalt. n. 3. —; geb. in Leinw. n. 4. —; m. Goldschn. n. 4. 50

Mirbach, Margarethe, Nach oben! Gedichte. 12. (XIV, 267 S. m. Bildnis.) Köln (900). J. P. Bachem. Geb. in Leinw. m. Goldschn. n. 4. 50

Mirbach, Margarethe, aus stiller Welt. Ein Trostbüchlein. 8. (VIII, 118 S.) Dülmen 890. Laumann. n. 1. 50; geb. n. 2. 50

Mirbach, Marie Freiin v., für unsere Mädchen. 12 Vorträge f. die schulentlassene weibl. Jugend auf dem Lande. (VII, 162 S.) 8. Berlin 910. Deutsche Landbuchh. Geb. in Leinw. 1. 50

v. Mirbach, Otto, Briefe aus u. nach Kurland während der Regierungsjahre des Herzogs Jakob. Mit Rückblicken in die Vorzeit. 2 Thle. Mit 10 Lithogr. gr. 8. Mitau 844, Lucas; A. Neumann. n. 4 ℳ — Neue Ausg. 846. 2 ℳ

— dies. Neue Folge. 2 Bde. gr. 8. Ebd. 840. Lucas. ...

— s.a. Briefe, Römische.

Mirbach, Otto v., römische Briefe aus d. letzten Zeiten d. Republik. 2 Thle. 8. (36½ B.) Mitau 835, Reyher.

—— dass. — 3. u. 4. Bd. — A. u. d. T.: Römische Briefe ꝛc. Neue Folge. 1. u. 2. Bd. 8. (41¾ B. u. 2 Kart.) Mitau 841, Lucas.

Mirbach, O. Vide: Volkshalle (Westphälische.)

MIRBACH, Rudolph Frh. von (Schloss Windau/Kurland): De modo praeformationis herniarum. (Titel nach der Urkunde) Diss. Ingolst.-Landsh.-Mchn.
6.7.1872 - Urk; Chr 1871/72,20

Mirbach, Werner Frh. von, aus Potsdam, Referendar am Kgl. Amtsgericht zu Rixdorf: Das Durchsuchungsrecht. *Berlin 1903: J. Sittenfeld.* (XI, 135 S.) 8°
Erlangen, Jur. Diss. v. 31. Okt. 1902

Mirbach, Wern. Frhr. v., die völkerrechtlichen Grundsätze des Durchsuchungsrechts zur See. (VII, 135 S.) gr. 8. Berlin 903. C. Heymann. n. 3. —

Mirbach, Wilh. Graf v. Zur Territorialgeschichte des Herzogtums Jülich. II. Teil. 37 S. [I: 1874.] Progr. *Bedburg* 1881.

Mirbach-Harff, E. Graf v., Geschichte der Herren, Freiherren und Grafen von Pallant. Vierteljahrsschrift Herold. Berlin 1873. 8. Auch S.-A.

Mirbach-Sorquitten, Julius von

Mirbach-Sorquitten, Graf v., wichtige Aeußerungen, d. Währungsfrage betr., s.a. Schriften des deutschen Bimetallistenbundes.

[F.] Wichtige Aeusserungen, die Währungsfrage betreffend, unt. bes. Berücks. d. Ausführgn d. Gegner d. bimetallist. Bestrebgn, aus den Verh. d. Reichstages. Zsgst. v. Graf [Julius] v. Mirbach-Sorquitten, Mitgl. d. Herrenhauses ... *Berlin: H. Walther 1896.* (32 S.) 1 Bd 8.
— Schriften d. Deutschen Bimetallistenbundes. H. 22. 97. 1165

Mirbach-Sorquitten, Graf v., die kommunale Besteuerung unter besond. Berücksicht. der Kommunalverbände der östl. preuß. Provinzen. Referat, geh. in der XXIV. General-Versammlung der Vereinigung der Steuer- u. Wirthschafts-Reformen am 15. II. 1899. gr. 8. (24 S. m. 5 Tab.) Berlin 899. (Wilmersdorf, Allgem. Verlags-Agentur.) n. — 40

Mirbach-Sorquitten, Graf v., Die kommunale Besteuerung unter besond. Berücksicht. der Kommunalverbände der östlichen preussischen Provinzen. Referat. S. (24 S. m. 5 Tab.) Charlottenburg, Allgemeine Verlags-Agentur. 1900.

Mirbach-Sorquitten, Graf v., währungspolitische Betrachtungen. gr. 8. (16 S.) Berlin 891. H. Walther. n. — 50

Mirbach-Sorquitten, Graf v., der Fortfall d. Identitätsnachweises beim Getreideexport. [Aus: „Deutsches Wochenbl."] gr. 8. (24 S.) Berlin 888. Walther & Apolant, Verl. n. — 50

— Vide: Musterstatuten.

Die wirthschaftliche Lage der Landkreise und der Provinzen in Preußen nach der Durchführung der Steuer-Reform. Referat geh. in der 23. General-Versamml. d. Vereinigung d. Steuer- u. Wirthschafts-Reformer 1898 zu Berlin von [Julius] Graf v. Mirbach-Sorquitten. Berlin: Vereinig. d. Steuer- u. Wirthsch.-Reformer 1898. (24 S.) 8° [F.] 105. 573 2

Zur Reform der direkten Steuern. Vortrag, gehalten in der XV. General-Versammlung der Vereinigung der Steuer- und Wirtschafts-Reformer am 26. Februar 1890. von GRAF von MIRBACH-Sorquitten, Mitglied des Herrenhauses und des Reichstages. Berlin 1890. Verlag von Walther & Apolant. 8°.

Mirbach-Sorquitten v.: Die schwere Schädigung der Landwirthschaft, des Gewerbes, der Industrie, des Handwerks, aller körperlichen und geistigen Arbeit durch die Goldwährung. (o.O. u. J.).

Mirbach-Sorquitten, [Jul.] Grf v.: Die für Preussen u. für d. Deutsche Reich vorgeschlagenen Steuern. An welchen Leitsätzen ist bei d. Reichssteuerreform festzuhalten? Vortr. Königsberg i.Pr. (1909). 8°
Aus: Ostpreuss. Zeitung.

— aus d. Verhandlgn. d. Reichs-Silber-Kommission v. 1894, s.a. Schriften des deutschen Bimetallistenbundes.

[F.] Aus den Verhandlungen der Reichs-Silber-Kommission von 1894. Die z. Beurtheilg d. Währgsfrage wichtigsten Ausführgn d. Kommissionsmitglieder ... unt. bes. Berücks. der von d. Gegnern d. bimetallist. Bestrebgn abgegebenen Erklärgn. Nach d. amtl. stenogr. Berichten zsgest. v. Graf [Julius] v. Mirbach-Sorquitten. *Berlin: H. Walther 1896.* (51 S.) 1 Bd 8.
— Schriften d. deutschen Bimetallistenbundes. H. 21.

Vortrag des Referenten FRHRN. von MIRBACH-Sorquitten über das Thema: „Grosser, mittlerer und kleiner Grundbesitz. Ihre wirthschaftliche und soziale Bedeutung" in der XII. General-Versammlung der Steuer- und Wirthschafts-Reformer am 28. Februar 1887 im grossen Saale des Architektenhauses zu Berlin. ib. 1887. — 8°.

Mirbach-Sorquitten, Frhr. v., Währung, Preisrückgang, mobiles Capital. 8. (24 S.) Berlin 886. Walther & Apolant. n.n. — 25

Mirbach-Sorquitten, Frhr. v., zur Währungs- u. Wucherfrage. 2 Vorträge, geh. am 16. Febr. 1880 in der General-Versammlung der Steuer- u. Wirthschafts-Reformer. Nach dem stenograph. Bericht. gr. 8. (42 S.) Berlin 880. Verlagsh. (F. Graf Behr). n. — 50

Mirbeau, Octave, der Abbé. Roman. Autoris. Übersetzg. aus dem Franz. v. Ludw. Wechsler. 2. Taus. 8. (324 S.) Wien 903. Wiener Verlag. n. 3. —; geb. n.n. 4. 50

— die Badereise e. Neurasthenikers. (Les 21 jours d'un neurasthénique.) Übers. v. Geo. Nördlinger. 8. (349 S.) Budapest 902. G. Grimm. n. 3.—

Mirbeau, Octave, Bauernmoral. Einzig autoris. Übersetzg. aus dem Franz. 8. (137 S.) Wien 902. Wiener Verlag. n. 2. —; geb. n.n. 3. —

— Enthüllungen e. Kammerzofe. (Nach ihrem authent. Tagebuch.) Deutsch nach der 65. Aufl. des Originals v. Frz. Hofen. 1. u. 2. Aufl. gr. 8. (à 386 S.) Budapest 901. G. Grimm. n. 3. —

MIRBEAU, Octave

(F) Octave Mirbeau. Der Garten der Qualen. Deutsch nach der 17. Auflage des Originals von Franz Hofen. Budapest. 1901. Grimm. 8°. 266 S. K 3.60

— der Garten der Qualen. Deutsch nach der 17. Aufl. des Originals v. Frz. Hofen. 2. Aufl. 8. (275 S.) Ebd. 902. n. 3. —

Mirbeau, Octave, e. Golgatha. (Le calvaire.) Autoris. Übersetzg. aus d. Franz. v. Therese Krüger. 8. (XII, 393 S.) München 896. A. Langen. n. 4. —

Mirbeau, Octave, Laster u. andere Geschichten, s.a. Bibliothek berühmter Autoren. 5. Bd.

— — Laster und andere Geschichten. Deutsch von F Weil Wien 1903. 8⁰. (50 Pfg. der Vorige, c. 1905.)

— der Herr Pfarrer u. andere Geschichten, s.a. Bibliothek berühmter Autoren. 20. Bd.

Octave **Mirbeau**: Der Herr Pfarrer u. andere Geschichten. Aus d. Franz. übers. von Franz Weil. Umschlag von Leo Kober. 1.–5. Taus. Wien & Leipzig: Wiener Verl. 1904. (87 S.) 8°
= **Bibliothek** berühmter Autoren. Bd 20. (06. 13446 8

— Sebastian Roch. Sittenroman. Einzig berechtigte Übersetzung aus dem Franz. v. Frz. Hofen. 2. Taus. 8. (378 S.) Wien 902. Wiener Verlag. n. 3. —; geb. n.n. 4. 50

— Tagebuch e. Kammerjungfer. Roman. Einzig autoris. Übersetzg. aus dem Franz. Umschlagbild v. Fritz Schönpflug. 7. Taus. 8. (V, 432 S.) Ebd. 901. n. 3. —

— — Das Tagebuch einer Kammerjungfer. Übersetzt von Julius Robert. Wien, Budapest und Leipzig, Sachs & Pollack, 1902. 8⁰.
Verb. d. Ldg. II Berlin 2b J. 87/13.

— — Dasselbe. Ebd. 1903. 8⁰. (Mk. 3—.) (2 Mk. 25 Pfg. Max Harrwitz, 1904.)

Mirbeck, C L. B Altona (1 10000.) B. Baker sculps. Islington. o. J. 1 Bl. Fol., 58/44 cm.
Gehört nach F Geerz, Geschichte der geogr. Vermessungen etc., S. 94, III c, zu C S. Gähler, Kurze Beschreibung der an der Elbe belegenen Stadt Altona. Altona. 1802.

Mirbel, s. Brisseau.

Mirbelli, Coelest., commentarius ad fragmenta legum Arrii Menandri de re militari. Cum not. Jh. Geo. Harnisch. 4. Leipz. 762. 4 gl

Mirbt, Carl, s. M i r b t , Karl

Mirbt, E., s. M i r b t , Karl

Mirbt, Ernst Sigmund

Mirbt, E. S., Kant u. seine Nachfolger, od. Gesch. d. Ursprungs u. d. Fortbild. d. neueren deutschen Philosophie. 1. Bd. gr. 8. (22½ B.) Jena 841, Hochhausen.

—— was heißt Philosophiren u. was ist Philosophie? Sieben einleit. Vorlesn. 8. (11 B.) Jena 839, Hochhausen.

Mirbt, Fritz, Wahrheit u. Leben. Ausgewählte Predigten u. Reden. (VIII, 204 S.) gr. 8. Berlin 910. G. Nauck. 3.—; geb. n 4. —

Mirbt, Karl

Mirbt, Carl, die Absetzung Heinrich IV. durch Gregor VII. in der Publicistik jener Zeit, s.a. Studien, kirchengeschichtliche.

Mirbt, C., die Absetzung Heinrich's IV. durch Gregor VII. in der Publicistik jener Zeit. [Aus: „Kirchengeschichtliche Studien".] gr. 8. (50 S.) Leipzig 890. Hinrichs' Verl. n. 1. —

Mirbt, Carl, Johannes Calvin, s.a. Flugschriften des Evangel. Bundes.

Mirbt, Karl: Johannes C a l v i n (Rede geh. bei d. Calvinfeier d. reform. Gemeinde in Braunschweig, 1909) von Dr. Carl Mirbt, Prof. Halle Evang. Bund 1909. 19 S. 8⁰ [Umschlagt.]
Flugschriften d. Evang. Bundes. 272.

Die deutsch-evangelische Diaspora im Auslande. Vortrag, in Chemnitz 1910 geh. von Prof. D. [Karl] **Mirbt**. Halle ⟨Saale⟩: Ev. Bund 1910. 20 S. 8° (11. 6770 4

Die Eigenart der deutschen Mission. Vortrag in Edinburgh, 1910. Von Carl **Mirbt**. Basel: Missionsbuchh. 1910. 14 S. 8°
Aus: Evang. Missions-Magazin. 1910. (11. 1160 4

Zur feierlichen Einführung des Neuen Rectors der Universität am 18. Oct. 1891 ... ladet ein der zeitige Rector Heinrich **Weber**, Dr. d. Phil., ord. Prof. d. Math. — Inhalt: Die Wahl Gregors VII. v. Carl **Mirbt**. Marburg, C. L. Pfeil'sche Univ.-Buchdr., 1891; 1 Bl., 53 S. 4.

— die Entstehung d. Papsttums, s.a. Flugschriften d. Evangelischen Bundes.

MIRBT, Prof. Dr. E., Die Entstehung des Papstthums. (Flugschriften des evangelischen Bundes, Nr. 45= IV. Reihe, Nr. 9.) Leipzig, Braun.
Verboten v. Kr. Jicin, 23. XII 1899. § 303.

Mirbt, Carl, die katholisch-theologische Fakultät zu Marburg. Ein Beitrag zur Geschichte der kathol. Kirche in Kurhessen u. Nassau. (XII, 261 S.) gr. 8. Marburg 905. N. G. Elwert's Verl. n. 5. —

Mirbt, Carl, die preussische Gesandtschaft am Hofe d. Papstes. gr. 8. (64 S.) Leipzig 899. Buchh. d. Ev. Bundes v. C. Braun. n. 1. —

— die evangelische Mission als Kulturmacht, s.a. Beiträge zur Missionskunde. 9. Heft.

Die evangelische Mission als Kulturmacht. Von Dr. Carl Mirbt, Prof. Berlin: Berliner ev. Missionsgesellsch. 1905. (22 S.) 8° [F.]
— Beiträge z. Missionskunde. H. 9. [05. 9888 4

— Mission u. Kolonialpolitik in den deutschen Schutzgebieten. (XII, 287 S.) gr. 8. Tübingen 910. J. C. B. Mohr. 6.—; geb. 7. 50

— der deutsche Patriot u. die Jesuitenfrage. Vortrag, geh. am 13. März 1893. gr. 8. (32 S.) Marburg i/H. 893. O. Ehrhardt. n. — 40

— der deutsche Protestantismus u. die Heidenmission im 19. Jahrh., s.a. Vorträge d. theolog. Konferenz z. Gießen.

[F.] Der deutsche Protestantismus und die Heidenmission im 19. Jahrhundert v. D. Carl Mirbt, Prof. ... an d. Univ. Marburg. *Giessen: J. Ricker 1896.* (56 S.) 1 Bd 8.
— Vorträge d. theol. Konferenz zu Giessen. Folge XI. [96. 7760

— die Publizistik im Zeitalter Gregors VII. gr. 8. (XX, 629 S.) Leipzig 894. J. C. Hinrichs' Verl. n. 16. —

— Quellen zur Geschichte des Papstthums. gr. 8. (XII, 288 S.) Freiburg i/B. 895. Tübingen, J. C. B. Mohr. n. 4. —; Einbd. n.n. 1. —

Mirbt, Carl, Quellen zur Geschichte des Papsttums u. des römischen Katholizismus. 2., verb. u. wesentlich verm. Aufl. gr. 8. (XXII, 482 S.) Tübingen 901. J. C. B. Mohr. n. 7. 50; geb. n.n. 8. 50

— die Religionsfreiheit in Preussen unt. d. Hohenzollern. Rede zur Feier d. Geburtstages Sr. Maj. d. Kaisers u. Königs, am 27. I. 1897 in d. Aula d. Universität Marburg geh. gr. 8. (21 S.) Marburg 897. N. G. Elwert's Verl. n. — 50

a. **Mirbt,** Carl [cand. theol. u. Inspector d. theolog. Stifts zu Göttingen]: Die Stellung Augustins in der Publicistik des Gregorianischen Kirchenstreits. Erster Teil .... Leipzig, Druck v. August Pries, 1888; 1 Bl. + 75 S. 8°
Göttingen, Theol. Fak., Inaug.-Diss. v. 7. Jan. 1888

— die Stellung Augustin's in der Publicistik des gregorianischen Kirchenstreits. gr. 8. (V, 113 S.) Leipzig 888. Hinrichs' Verl. n. 3. —

Mirbt, Carl [cand. theol. u. Inspector d. theolog. Stifts zu Göttingen]: Thesen ... *Leipsig, Druck v. August Pries* (1888); 1 Bl. 8°
Göttingen, Theol. Fak., Thes. v. 7. Jan. 1888

— der Toleranzantrag des Centrums. Vortrag auf der XIV. Generalversammlg. des evangel. Bundes zu Breslau, 10. X. 1901. gr. 8. (40 S.) Leipzig 901. Buchh. des ev. Bundes v. C. Braun. n. — 60

— dasselbe. 2., durch e. Abwehr ultramontaner Angriffe verm. Aufl. gr. 8. (V, 47 S.) Ebd. 902. n. — 60

— der Ultramontanismus im 19. Jahrh., s.a. Flugschriften des evangelischen Bundes. 204.

Mirbt, Karl: Der Ultramontanismus im neunzehnten Jahrhundert. Von Dr. Carl Mirbt, Prof., Marburg. Leipzig: C. Braun 1902. (18 S.) 8°
Flugschriften d. Evangel. Bundes. 204.

Mirbt, Carl, die Wahl Gregors VII. gr. 4. (56 S.) Marburg i/H. 892. N. G. Elwert's Verl. n. 2. —

— der Zusammenschluss der evangel. Landeskirchen Deutschlands, s.a. Reden, Marburger akademische. Nr. 9.

Mirbt, Karl: Der Zusammenschluß der evangelischen Landeskirchen Deutschlands. Rede, geh. beim Antritt d. Rektorats 1903 von Carl Mirbt. Marburg: N. G. Elwert 1903. (26 S.) 8°
Reden, Marburger akademische. No 9.

Mirchand, s. Mīrḫwānd

Mirchler, Univ. Prof. Dr. Ernst, Mittheilungen des statistischen Landesamtes des Herzogthumes Bukowina. I. Heft. Lex.-8. (201 S.) In Comm. Czernowitz: Pardini 1892. * 2.40

Mirchond, s. Mīrḫwānd

Mircoli, Stef., Néphrites primitives mycotiques épidémiques des enfants, s. Beiträge zur pathologischen Anatomie und zur allgemeinen Pathologie.

Mirecourt, Eugène de [Autorname] = Jacquot, Charles-Jean-Baptiste.

Mirecourt, Eug. v., sieben Erwählte, s. Sommertage, fröhliche, und Winternächte.

Mirecourt, Eug. de, les femmes galantes des Napoléons. Secrets de cour et de palais, illustré par des lettres et des conversations authentiques. I—III. 8. (232 S.) Berlin 862, J. Abelsdorff. à * 10 Ngr. *

— die galanten Frauen der Napoleoniden. Hof- und Palastgeheimnisse und darauf Bezug habende Gespräche und Briefe. I—III. 8. (232 S.) Berlin 862, J. Abelsdorff. à * 10 Ngr. *

— Memoiren der Ninon de L'Enclos. 2—4. Bd. 16. Sondershausen, Neuse. [2. Bd. (242 S.) 857. * 8 Ngr., 3. (248 S.) 858. * 10 Ngr., 4. (288 S.) 859. * 10 Ngr.] *
Der 1. Bd. erschien ebendas. in dem Sammelwerke: Unterhaltungs-Bibliothek, und kostet * 8 Ngr.

— Napoleon III. Nach dem Leben gezeichnet. Berlin 860. Abelsdorff. 8. (72 S.) n. 10 ngr.

Mirecourt, E. de, Ninon de l'Enclos, s. Unterhaltungs-Bibliothek, neue elegante.

— George Sand, vgl. Sand, histoire de ma vie.

Mirès und was daran hängt. Mit Bewilligung des Verf. aus dem Französ. übers. Berlin 861. F. Duncker. 8. (40 S.) 7½ ngr.

Mirès, der Börsenschwindler, und die öffentliche Corruption in Frankreich. gr. 8. (16 S.) Wien, Förster & Brüder. 1861 15 kr.

Mirgel, Hubertus: De synaloephis et caesuris in versu hexametro Latino. Gottingae 1910: Dieterich. 63 S. 8°
Göttingen, Phil. Diss. v. 25. Mai 1910, Ref. Leo, Pohlenz
[Geb. 21. Aug. 85 Elsen Rhpr.; Wohnort: Elsen; Staatsangeh.: Preußen; Vorbildung: Ritterakad. Bedburg Reife O. 05; Studium: Marburg 2, Bonn 1, Berlin 1, Göttingen 6 S.; Rig. 2. März 10.] [U 10. 1442

Mirgel, Leonhard [aus Bonn]: Aus d. geburtshülfl.-gynäkolog. Klinik zu Bonn. Sieben Fälle von Kaiserschnitt ... Bonn, Buchdr. v. A. Henry, 1896; 40 S., 2 Bl., 1 Tab. 8.
Bonn, Med. Fak., Inaug.-Diss. v. 2. Apr. 1896

Mīrḫwānd

— Mirchond's Geschichte der Seldschuken aus dem Persischen ... übersetzt ... von Johann August Vullers. Giessen 1837.

—— Geschichte d. Seldschuken, a. d. Persischen zum ersten Mal übers. u. mit histor., geograph. u. literar. Anmerkn. erläut. v. Joh. Aug. Vullers. Mit ein. Sachregister. gr. 8. (16½ B. u. 1 Geschichtstaf.) Giessen 838, Ricker. *

— Geschichte der Sultane aus d Geschlechte Bujeh. Persisch u. Deutsch v. Fr. Wilken. gr. 4. Berlin 835. Dümmler. n. 1⅓ ₰

Mirhwänd. Mohammedi filii Chondschahi vulgo Mirchondi historia Gasnevidarum Persice ... edidit ... Latine vertit annotationibusque historicis illustravit Fridericus Wilken. Berolini 1832. 4°

Mirchondi, Mohammedi filii Chondschahi vulgo, Historia Gasnevidarum Persice. Ex Cod. Berolinensibus aliisque nunc primum edidit, lectionis varietate instruxit, Latine vertit annotationibusque historicis illustr. F. Wilken. 4 maj. (37½ B.) Berolini 832, Duncker et Humblot. Thlr.

Mirchond. Historia Priorum Regum Persarum ... Viennae 1782. H: *Jenisch, Bernh. Freih. von.* (BrMm) (ErschDL)

— Mohammedis filii Chavendschahi vulgo Mirchondi historia Samanidarum Persice ... edidit, interpretatione Latina ... illustravit ... Fridericus Wilken. Goettingae 1808.

— Mirchondi historia Seldschukidarum Persice ... edidit ... Joannes Augustus Vullers. Gissae 1837.

Mirchondi Historia Seldschuckidarum, persice e codicibus msptis. Parisino et Berolinensi nunc prim. ed. lectionis variet. instr. annotationibus crit. et philolog. illustr. Jo. Aug. Vullers. 8maj. (18 B.) Gissae 838, Ricker. *

— Mirchondi historia Thaheridarum historicis nostris hucusque incognitorum Persiae principum. Persice et Latine edidit E. Mitscherlich. [Als Mscr. gedruckt.] o. O. u. J. [Goettingae 1814?]

— historia Thaheridarum, historicis nostris hucusque incognitorum. Persiae Principum ab E. Mitscherlich. 8. Berl. 819.

Miri: Leben und Thaten Miri-Way's, Protectors von Persien. 1713.

Miriam; nach d. Engl. v. Fr. v. Oertel. 8. Leipz. 801. (Fort). 1 ₰ 12 ℊ Hbg. Pr. 20 ℊ

Miriam, n. d. Engl. von Friedrich v. Oertel. 8. Leipzig, Tauchnitz. 801.

Mirjam. Eine Gedichtsammlung zum Besten des Prignitzer Rettungshauses in Schönebeck bei Pritzwalk. Mit Beiträgen von A. Ahlfeld, F. Besser, Hoffmann ꝛc. Halle 860. Fricke. 16. (XIV, 226 S.) n. 15 ngr.

MIRJAM. Die Jüdin. Aus dem Leben eines Malers. Von M. N. Budapest, Alfred Sachs, 1910. 8°.
Verb. d. Ldg. I Berlin 38 J. 36/12; Z. f. B. 1914, Beibl. S. 386.

Mirjam, F., das Kätchen v. Heilbronn. Eine Prophezeiung auf das Deutsche Reich. (30 S.) kl. 8. Karlsruhe 908. (F. Gutsch.) — 50

Miřička, August

Die Formen der Strafschuld und ihre gesetzliche Regelung. Von Dr. August **Miřička**. Leipzig: C. L. Hirschfeld 1903 [übergekl.: Tübingen: J. C. B. Mohr 1907]. (VII, 223 S.) 8° [illegible] 11

Miřička, Aug., Ist die militärische Strafgerichtsbarkeit auf Militärdelikte einzuschränken? Eine militärstrafprocessuale Reformfrage. gr. 8. (VIII, 117 S.) Wien 899. Manz. n. 2. 40

Mirifici, des zu Wasser u. Lande herumreisenden, Begebenheiten. 8. Frkft. 751.

Mirike, H., Reise von Konstantinopel nach Jerusalem, mit Anmerkk. v. J. H. Reiz. 8. Augsb. 789. Bürglen. (Brockhaus in Leipz.) 9 ℊ

Mirina, Königin der Amazonen. Dramatisch. Gedicht in 3 Akten v. Holbein, mit Portrait. 12. Wien, Geistinger.

Mirina, Königin d. Amazonen, in 3 Akten, von Franz v. Holbein. gr. 8. Rudolst. Hofbuchh. 812.

Miris, von [Pseud.], s. a. Bonn, Ferdinand bzw. Franz

Miris, v., lustige Botanik und Mineralogie. Der lustigen Naturgeschichte 2. Thl. Allen Freunden der Wissenschaft gewidmet. 2. und 3. Aufl. 8. (48 S. mit vielen Illustr.) München 878,86, Braun und Schneider. cart. *

Miris, v., die politische Drehkrankheit. Populär-wissenschaftl. Vortrag. 12. (28 S. m. Bildnis.) Regensburg 894. J. Habbel. — 30

MIRIS, von (d. i. *Franz Bonn*), Lustige Ehegrammatik. Ein unentbehrliches Hilfsbuch für Eheleute u. Solche, die es werden wollen. 2. Aufl. München, o. J. 8°. (Prachtbd., Mk. 1,50.) (1 Mk. A. Graeper, Barmen, 1894.)
Zahm. — Ed. I. c. 1877.

— lustige Ehegrammatik. Ein unentbehrl. Hilfsbuch f. Eheleute u. Solche, die es werden wollen. Aus dem deutschen Original der Einfachheit halber in's Engl. u. sodann aus dem Engl. wieder in's Deutsche zurückübers. 8. (IV, 59 S.) München 892. Braun & Schneider. Geb. in Leinw. n. 1. 50

Miris, v., „Franz der Streber". Illustr. v. H. Schließmann. 12. (104 S.) München 887. Braun & Schneider. n. 1. 50

Miris, v., ein wichtiger literarischer Fund. 12. (16 S.) München 880, Braun und Schneider.

Miris, Emil, Geburts- u. Namenstags-Wünsche. Eine gediegene Auswahl bester Kinderglückwünsche. 16. (32 S.) Reutlingen 893. Enßlin & Laiblin. n. — 10

Artiger Kinder | bestes Glückwunschbuch. | Eine Sammlung | schönster Glückwünsche | zu Neujahr, Weihnachten, Geburts- und | Namenstagen u. s. w. | von E. Miris. | Reutlingen. | Druck und Verlag von Enßlin und Laiblin. (= *Nr.* 555).
o. J., 32 S., 134 × 90, auf dem U. ein Klebebildchen als Vignette und der Vermerk: Stereotyp-Ausgabe.
LBS d. D. oct K 3356.
Eine »Neue Stereotyp-Ausgabe« o. J. erschien um 1919 (LBS d. D. oct K 3357).

Miris, E., neueste Glückwünsche u. Festgedichte. E. Auswahl d. vorzüglichsten Wünsche u. Gedichte zu Namens- u. Geburtstagen, zu Weihnachts-, Sylvester-, Neujahrs-, Verlobungs-, Polterabend-, zu grüner, silberner, goldener, diamantener Hochzeitsfeier, Abschied, Wiederkehr, zur Genesg., Beförderg., zu Jubiläen ꝛc. Neue Ster.-Ausg. 8. (96 S.) Reutlingen 897. Enßlin & Laiblin. — 50

— s. Hunde-Geschichten, allerlei.

Miris, E., artiger Kinder bestes Glückwunschbuch. Eine Sammlung schönster Glückwünsche zu Neujahr, Weihnachten, Geburts- u. Namenstagen u. s. w. 16. (32 S.) Reutlingen 888. Enßlin & Laiblin. n. — 10

Miris, v., lustige Naturgeschichte oder Zoologia comica. Das ist eine genaue Beschreibung aller in diesem Buche vorkommenden lebenden Thiere der Welt mit 86 naturgetreuen (eingedr. Holzschn.-)Abbild. Wissenschaftlich bearb. Menagerien gegenüber Mscr. 1.—3. Aufl. 8. (VIII, 88 S.) München 877, Braun und Schneider. cart.

—— lustige Naturgeschichte oder Zoologia comica. Das ist eine genaue Beschreibung aller in diesem Buche vorkommenden lebendigen Thiere der Welt. Wissenschaftlich bearb. Menagerien gegenüber Mscr. 4.—6. Aufl. 8. (IV, 88 S. mit 86 naturgetreuen, eingedr. Holzschn.-Abbild.) Ebendas. 878—84. cart. *

— lustige Naturgeschichte od. Zoologia comica. Das ist e. genaue Beschreibg. aller in diesem Buche vorkomm. lebend. Thiere der Welt m. 86 naturgetreuen Abbildgn. 5. Aufl. Wissenschaftlich bearb. 8. (VIII, 88 S.) Ebd. 887. cart. 1. 50

v. Miris (= C. Bonn). *Lustige Naturgeschichte* oder Zoologia comica ... mit 86 naturgetreuen Abbildungen [= Holzschnitte nach A. Oberländer]. 7. Aufl. München, Braun & Schneider (c. 1890). VIII, 88 S. Kl.-8°. Illustr. OrKart. Selten. 9.—

Miris, Emil, neueste Neujahrswünsche. Eine Sammlung v. Kinderglückwünschen an Eltern, Großeltern, Geschwister, Verwandte, Paten, Pfleger, Vormünder u. Gönner. Den lieben Kindern dargereicht. 12. (16 S.) Reutlingen (899). Enßlin & Laiblin. — 10

—— 's Nibelungenringerl. Harmlose Schnadahüpfeln für drei Tage und einen Vorabend. 1.—4. Aufl. gr. 16. (32 S.) Ebendas. 878,79. *

— zu heiterer Polterabendfeier. Neueste Sammlung bester u. gediegenster Vorträge u. Gedichte. Neueste Ster.-Ausg. 8. (96 S.) Ebd. 897. — 50

— der letzte Sonntagsjäger. Humoristische Studie. 2. Aufl. 8. (62 S.) Ansbach 893. M. Eichinger. Ka n. 1. 50

—— der pädagogisch verbesserte Struwwelpeter. Ein lust. Bilderbuch für Kinder von 30—60 Jahren. Frei nach Heinr. Hoffmann. Mit (eingedr. Holzschn.-)Illustr. von A. Oberländer. gr. 8. (30 S.) Ebendas. 880. *

— neueste Tafelreden u. Toaste auf alle im Leben vorkommenden Fälle heiterer u. ernster Veranlassung. Ster.-Ausg. 8. (48 S.) Ebd. 887. — 15

— von mir is's. Gedichte. 8. (158 S.) Ebd. 890. geb. n. 3. —

— neueste u. beste Vorträge f. Polterabend u. Hochzeitsfeiern. Ernstes u. Heiteres zu Polterabenden, grünen, silbernen u. goldenen Hochzeitsfeiern &c. Ster.-Ausg. 8. (192 S.) Ebd. 895. — 60

Mirisch, Chr. Fr., († d. .. Nov. 1818.) Apologie meiner 10jährigen Amtsführung. gr. 8. Halle 815. Kümmel. 4 Gr.

Mirisch, (Max), Dir. Dr.: [Bericht über seine Einführung als Direktor der Anstalt.] *Königsberg i. Pr. 1901: Hartung.* (S. 26—27.) 4°

Königsberg i. Pr., k. OR auf d. Burg, OP 1901 (22)

—: Professor Wilhelm Fuhrmann †. S. 12—13. 4.
Progr. Kgl. Oberrealschule auf der Burg *Königsberg i. Pr.* 1905 (24).

Mirisch, Max (geb. am 1 Jan. 1853 in Bonken Oberschl.): Geschichte des Suffixes -olus in den romanischen Sprachen mit besonderer Berücksichtigung des Vulgär- und Mittellateins ... Bonn, Druck v. P. Neusser (1882). 2 Bl., 38 S., 1 Bl. 8.

Bonn, Phil. Fak., Diss. v. 9 Juni 1882

Miriwitz, A., die Sklavin der Liebe. (80 S.) 8. Leipzig (907). Cimbria-Verlag. 1. 50

MIRIWITZ, A. Die Sklavin der Liebe. Leipzig, Cimbria-Verlag (um 1910). 8°.
Verb. d. Ldg. I Berlin 38 J. 1430/11.

Mirkin, Abram. Zur Kenntnis des Brasilins. Diss. Phil. Bern. 28 S. 8. Bern, W. Wälchli, 1909.

Mirkin, Isaak. Hat Kant Hume widerlegt? Eine erkenntnistheoretische Untersuchung. Diss. Phil. Bern. (Separat abgedruckt aus den «Kantstudien», hrg. von H[ans] Vaihinger und M Scheler, Band 7, Heft 2/3.) IV + 70 S. 8. Halle a. S., C. A. Kaemmerer & Co., 1902.

Mirkin-Nekritsch, Gitta. Über Typhus abdominalis bei Kindern. Nach Beobachtungen im Zürcher Kinderspital in den Jahren 1874—1904. Diss. Med. Univ. Zürich. *Kopftitel:* Aus dem Züricher Kinderspital. 35 S. 8. Zürich, Gebr. Leemann & Co., 1906.

Mirkoff, Wladislav, a. Sofia: Strafbare Handlungen wider die Ehre nach deutschem und bulgarischem Rechte. Halle a. S. 1905: C. A. Kaemmerer & Co. (103 S.) 8°

Halle, Jur. Fak., Ref. Finger, Diss. v. 9. März 1905

[Geb. 31. Juli 80 Sofia; Wohnort: Sofia; Staatsangeh.: Bulgarien; Vorbildung: Gymn. Sofia Reife M. 99; Studium: München 1, Halle 6 S.; Rig. 17. Febr. 05.]

Mirković, Milan. k. k. Artill. Oberlieut. etc. Geschichte Oesterreichs unter der Regierung Seiner Majestät des Kaisers Franz Josef I. vom 2. December 1848 bis 2. December 1878. Für das Heer. 8. Wien 1879.

Mirković, Peter, die Ausgrabungen auf dem Jezerinafelde unterhalb Pritoka bei Bihać, s.: Kovačević, Const.

— Bilder aus der bosnischen Krajina. [Aus: „Wissenschaftl. Mittheilgn. aus Bosnien u. d. Hercegovina" 1. Bd.] Lex.-8. (12 S.) Wien 893. (C. Gerold's Sohn.) n. — 40

Mirkovszky, G., Entwurf zu einem Künstlerhaus, – Kamin u. Kandelaber, } s.: Studien aus der Special-Schule von Th. R. v. Hansen.

Mirkowszky, G., Entwurf zu einem Künstlerhaus, —— Kamin und Kandelaber, } s. Studien aus der Special-Schule von Th. R. v. Hansen.

Miro

— s. a. **Mirus.**

Miro, Carl Ehrenfried, s. Miro, Karl Ehrenfried

Miro, Heinrich

Miro, H., בית יעקב Allgem. Gebetbuch f. gebild. (Frauen) (Bekenner) mosaischer Religion. Zum Gebr. bei d. öffentl. u. häusl. Andacht. Nach vorhand. alten Gebeten bearb. 3., u. 4. verm. u. verb. Aufl. (1. u. 2. Aufl. mit deutsch. Lettern.) (à 18 B.) Breslau 835, 37, Verlags-Comtoir. à 1 Thlr., 5., verm. u. verb. Aufl. (3. Aufl. m. deutsch. Lett.) 8. (19½ B.) Glogau 842, Prausnitz. *

Miro, H., allgemeines Gebetbuch für gebildete Bekenner der mosaischen Religion. Zum Gebrauch bei der öffentl. und häusl. Andacht. Nach vorhand. alten Gebeten bearb. 5., verm. und verb. Aufl. (3. Aufl. mit deutschen Lettern.) 8. (XXII und 256 S.) Rogasen 862, Alexander. *

Miro, H., allgemeines Gebetbuch für gebildete Bekenner der mosaischen Religion. Zum Gebrauch bei der öffentlichen und häuslichen Andacht. Nach vorhandenen alten Gebeten bearb. 5. verm. u. verb. Aufl. (3. Aufl. mit deutschen Lettern.) Rogasen 863. Alexander. 8. (XXII, 256 S.) n. 20 ngr.

Miro, Heinr., תפלת ישרים Gebetbuch für Israelitische Frauen. Zum Gebrauch bei der öffentlichen u. häuslichen Andacht. Nach vorhandenen alten Gebeten bearb. 4. Aufl. mit deutschen Lettern. Breslau 858. Hancke. 16. (XXVI, 221 S.) n. 20 ngr.

—— Leitfaden beim Unterr. in d. israelit. Religion. 2. Ausg. 8. (10¾ B.) Breslau 835, Verlags-Comtoir. ½ Thlr., 3., völlig umgearb. Aufl. 16. (7½ B.) Breslau 839, (Kern.) *

Miro's Techinna f. Israels Frauen. 6. Aufl. Völlig umgearb. v. L. A. Rosenthal. 8. (VIII, 240 S.) Rogasen 887. Alexander. n. 1. 25; geb. m. Goldschn. n. 2. 25

—— Zurückweisung d. Antwort ein. Christen auf d. Worte ein. Juden nach beendigter Landestrauer. gr. 8. (1 B.) Breslau 840, Kern.

De iride lunari diff. praef. *I. Fr. Miro*, Resp. *J. Leuchtero*, Vratisl. Vitemb. 2 Bog. 1716.

Miro, Karl Ehrenfried

Miro, Carl Ehrenfried (Palaeogotterano/Thüring.), Rector Academiae Vitembergensis Christian Friedrich Matthaei .... orationem .... beneficii mareschalliani lege futuro jovis die habendam civibus academicis significat. — (De abdicatione filiorum Romanis usitata. Comment. II.) o. O. (15. post Trinit. 1792.) (4.—) 23393

Miroir du Clergé. [Münster?] 1797. V: *Cossart*. (BrMm)

Miroir du Clergé. II Vols. 8. Münster. Ed. II. 799. Theyssing. 1 ₰

Miroir, Le, des enfans, ou les Animaux parlans. Berlin 1836. V: *Müchler, Carl Frdr.* (Ky)

Miroir, le, des enfans, ou les animaux parlans. Av. 48 Fables et Fig. col. 8. (52 Blätt.) Berlin 836, Hasselberg.
Vgl. Müchler, K., Kinderspiegel.

— de la France, recueil hist. polit. et littér. No. 1—18. gr. 8. Tübing. 804. v. Cotta. 7 ₰ 12 gr

—— le, des Modes. Journal du Beau-Monde. Réd. p. Alex. Comar. 1. Année 1835. 52 Nrs. (Feuilles.) Av. 104 Planch. col et Vign. gr. in-4. Berlin, Expédition. *

Miroir d'or, le, ou les rois de Chéchian, trad. de l'Allem. de Chr. Mart. Wieland. IV parts. 8. Frcft. Varrentrapp et W. 773.

Miroir, le, de Souabe, d'après le manuscrit franç. de la bibliothèque de la ville de Berne, publié par G.-A. Matile. Fol. (57 B. u. 1 Facsim.) Neuchatel 843. (Tübingen, Fues, Verl.) **

Le Miroir de la Vanité, Mad. (ps.), Gespräche im Reiche der leblosen Sachen zwischen unterschiedlichen Stücken des galanten Frauenzimmerputzes. 1. Entrevüe zwischen einem alamodischen Reiffrock und einer Coëfe oder Kopfzeuge, worinnen beyder Herkunfft und wunderliche Fata nebst curieusen Reflexionen über die Galanterie, beschrieben von —. Mit 1 Titelkpfr. 2. Entrevüe zwischen einem Eventaille und einer Schreibfeder. Cölln 1738. 4⁰. Tit., 2 Bll., 38 S. (1 Mk. 50 Pfg., nur Entrevüe 1, Th. Ackermann, 1883; jetzt theurer!)

— — Dasselbe, tit.: Gespräche zwischen einem alamodischen Reifrock und einer Coëfe oder Kopfzeug. 2 Entrevüen. O. O. 1738. 4⁰.
Beide Drucke von grösster Seltenheit!

Mirol, der Gräfin, Begebenheiten. 8. Bresl. 747.

Mirolubow, Elisabeth. Über Granulosis rubra nasi und über Miliaria crystallina und alba. Diss. Med. Bern. (Sonderabdruck aus «Deutsche Medizinal-Zeitung» [Jahrg. 27,] 1906. No. 62—63.) *Kopftitel:* Aus der Dermatologischen Universitäts-Klinik zu Bern. ⟨Direktor: Prof. Dr. [Joseph] Jadassohn.⟩ II + 24 S. 8. Berlin, Leonhard Simion Nf., 1906.

Miron, der edle, u. sein Gefährte. 8. Leipz. 800. H. Richter. 20 gr

Miron, Valentineano Joan (geb. [Siomfaleu] in Rumänien 30. 9. 1842): Ueber den Bau der Milz. Berlin (1869). (29 S.) 8⁰
Berlin, Med. Diss. v. 12. Aug. 1869

de Mirone (de Saumery). Anecdotes venitiennes et turques, ou nouveaux Mémoires du comte de Bonneval depuis son arrivée à Venice jusqu' à son exil dans l'isle de Chios au mois de Mars 1739. 2 v. 8 Londres 1740 — 2 v. 8. Francfort 1740. — 2 v. 12. Utrecht 1740. — 2 v. 8. Leipzig 1740. 2,00. — 2 v. 8. Vienne 1740. — 2 v. 8. La Haye 1748.

§ **MIRONE**, de (d. i. nach Weller: *Pierre Lambert de Saumery;* nach Holzmann & Bohatta: *Jean. Bapt. de Boyer* Marquis *d'Argens*), Anmuthige, seltsame, doch wahrhafte Begebenheiten der Frau Herzogin von Vaujour. (Zahmer Roman.) Aus d. Frantzös. übers. von C. G. J. Mit Titelkpfr. Franckfurt u. Leipzig (Knoch in Frankf. a. M.) 1742. 8⁰. 2 Alphab. (3 Mk. K. W. Hiersemann, Lpz., 1905; 4 Mk. H. Hugendubel, München, 1909.)

— — Der glückliche Betrüger, oder seltene Begebenheiten des Freyherrn von Janzac, von Mr. *de Mirone*. Aus dem Frantzösischen übers. Anno 1741. 8⁰. 17 Bogen.
Bibl. J. J. Schwabii II. p. 293; Cat. Meissner II.
Orig.: L'heureux imposteur, ou avantures du Baron de Janzac. Utrecht 1740. 8⁰. (⅔ Rthlr. Scheible, vor 1875.)

Mirone, de, Mémoires du Comte de Bonneval, dep. son arrivée à Venise jusqu'au s. exil d. l'Isle de Chio. II Tom. 8. Leipz. Weidmann. 740.

— geh. Nachricht. aus Venedig u. der Türkey, od. neue Lebensbeschr. d. Gr. v. Bonneval, a. d. Franz. 8. Ebend. 740.

Mironescu, Theodor, aus Rumänien: ⟨Aus d. Pharmakol. Institut d. Universität Berlin.⟩ Pharmakodynamische Studien über Euphthalmin. *Berlin (1904): G. Schade.* (31 S.) 8⁰
Berlin, Med. Diss. v. 24. Juni 1904

Mironow, Nicolaus, aus St. Petersburg: Die Dharmaparīkṣā des Amitagati. Ein Beitrag zur Literatur- u. Religionsgeschichte d. indischen Mittelalters. *Leipzig 1903: G. Kreysing.* (56 S.) 8⁰
Straßburg, Phil. Diss. v. 1903

Mirot, L. O., Eva u. ihre Töchter. Aus dem Franz. 8. (116 S.) Dresden 901. E. Pierson. n. 2.—; geb. n. 3.—

Miraudet, Abhandl. von d. Raygrase. 8. Carlsr. Macklot. 766.

Mirovics, Jlja, Sophja Perowskaja, die Märtyrerin der russischen Revolution. Biogr. Skizze. Nach russ. Quellen. 2. Aufl. 8°. New York, Wm. Frantz, 1883.

Mirow, [Ernst]: [Abschiedsworte auf den am 25. Januar 1910 verstorbenen Professor Gustav Schumann.] S. 17—20. 4.
Progr. Kgl. Matthias Claudius-Gymn. mit Realschule u. Vorschule *Wandsbek* 1910 (392).

Mirow, *Ernst Direktor a. D. Dr. Hermann Klapp, † 30. Januar 1891.* 4 (S. 19—22).
Matthias Claudius-G. mit Rsch. u. Vsch. *Wandsbek* 1895 (291).
Progr.

Mirow, Ernst Quaestionum aristotelearum specimen. IX S. *Wandsbeck* 1881.
Progr.

Mirow, Ernst: Wandsbek und das litterarische Leben Deutschlands im 18. Jahrhundert. *Wandsbek 1897: F. Puvogel.* (52—63 S.) 4°
Wandsbek, Matthias Claudius-G m. R u. VS, Festschr. 1897 (1898 Nr 300)

Mirow, Friedrich [app. Arzt aus Güstrow (Mecklenb.)]: Ein Fall von Hysteria virilis mit Paraplegia inferior und schwerer Magenneurose ... München, kgl. Hof- u. Univ.-Buchdr. v. Dr. C. Wolf & Sohn, 1894; 46 S. 8.
München, Med. Fak., Inaug.-Diss. v. 1895

Mirow, J. A., der Prediger in seinen verschied. Verhältnissen rc. gr. 8. Hannov. Helwing. 808.

Mirow, L., Mozarts letzte Lebensjahre. Eine Künstlertragödie in 3 Bildern. Mit einleit. Vorwort u. e. Nachwort. (144 S.) 8. Leipzig 904. Gotha, R. Wöpke. n. 1. 50; geb. n.n. 2. 85

(B) **Mirow**, L., Mozarts letzte Lebensjahre. 904. (KBC 34.) Jetzt: Leipzig, M. Boerkel.

Mirow, L., W. A. Mozart. Ein Beitrag z. Mozart-Kultus in übersichtl. Darstellg. d. f. Mozart in Wort u. That in letzter Zeit geschaffenen. 8. (V, 47 S.) Hildesheim 898. Gerstenberg. n. 1. —

Mirowo, Jwan, mene tekel upharsin! Russische Visionen. gr. 8. (48 S.) Hermannstadt 891. Michaelis & Seraphin. n. 1. —

Mirowsky, M[oissey], aus Russland (Grodno): Die Ersatzmethoden des Argentum nitricum zur Verhütung der Ophthalmoblennorrhoea der Neugeborenen. Basel 1907. 26 S. 8°.
Basel. Med. Diss. 1906/1907.

Mirowsky, M[oissej]. Die Ersatzmethoden des Argentum nitricum zur Verhütung der Ophthalmoblennorrhœa der Neugeborenen. Diss. Med. Basel. 26 S. 8. Basel, Friedrich Reinhardt, 1907.

Mirre, Curt, Referendar a. Magdeburg: Die Stellung der völkerrechtlichen Literatur zur Lehre von den sogenannten Nebenrechten der gesandtschaftlichen Funktionäre. Ein Beitrag zur Systematik des Gesandtschaftsrechtes. Greifswald 1904: J. Abel. (51 S.) 8°
Greifswald, Jur. Fak., Ref. Stoerk, Diss. v. 19. Okt. 1904
[Geb. 10. Juli 81 Magdeburg; Wohnort: Magdeburg; Staatsangeh.: Preußen; Vorbildung: Gymn. Magdeburg Reife O. 99; Studium: München 3, Berlin 1, Greifswald 3 S.; Rig. 7. Dez. 03.]

Mirre, L., Tabellen zum preußischen Mietstempel. (14 S.) gr. 8. Breslau 911. J. U. Kern. p — 40

Mirring, Emil, Paul u. Katharina. Schausp. in 4 Akten. gr. 8. (87 S.) Berlin 895. E. Rentzel. n. 1. —

Mirror, the, of litterature, amusement, and instruction. 1833. With numerous wood cuts and engravings. 12 monthly Parts. gr. 8. London; Francfort, Jügel. n. 4 ℔

Mirsa Mohammed Mahadi Khan Masenderani. Geschichte des Nadirschach, Kaysers von Persien. Aus d. Persischen ins Französ. übers. von Will. Jones, nach d. französ. Ausgabe ins Deutsche übers. 4. Greifswald 1773.

Mirsch, M.

— Leitfaden mit Musterstatuten für freie Hilfskassen. (82 S) Berlin 1892

Mirsch, Paul, de M. Terenti Varronis antiquitatum rerum humanarum libris XXV. gr. 8. (144 S.) Leipzig 883. (Hirzel.) n. 2. —

Mirsky-Tauber, Regina, Hausfrauenlieder u. andere harmlose Gedichte. 16. (V, 91 S.) Prag 898. H. Dominicus. n. 1. —

Mirsky-Tauber, Regina, Hausfrauenlieder u. andere harmlose Gedichte. 2. Aufl. gr. 16. (V, 91 S.) Prag 901. J. G. Calve. n. 1. —

Mirsky-Tauber, Regine, Schüttelreime. Ein kurzweilig Büchlein. (64 S.) gr. 8. Prag 904. J. G. Calve. n. — 60

Mirthe. s.a. **Myrthe**.

Mirthe u. Schwert. Erzählung aus d. letzten deutschen Befreiungskriege. 8. Meißen 819. Goedsche. 1 ℔ 14 ℊ

Mirtlsperger, Anton [app. Arzt aus Buchbach]: Über einen Fall von subacuter käsig-eitriger Bronchial-Drüsen-Tuberculose bei einem Erwachsenen ... München, Buchdr. Kastner & Lossen, 1895; 2 Bl., 24 S. 8.
München, Med. Fak., Inaug.-Diss. v. 1895

Mirtow, Olga, die Verbannten. Roman. (Einzige autoris. Übertragg. aus dem Russ. v. Fega Frisch.) (518 S.) 8. Frankfurt a/M. 910. Literar. Anstalt. 5.—; geb. in Leinw. 6. 50

Mirtsch, Albert: Eine Frucht mit Hydrencephalocele und anderen Missbildungen. *Königsberg i. Pr. 1898: M. Liedtke.* (27 S.) 8°
Königsberg, Med. Diss. v. 25. Juni 1898

Mirtsch, Alb., eine Frucht m. Hydrencephalocele u. and. Missbildgn. Diss. gr. 8. (27 S.) Königsberg 898. (W. Koch.) n. — 80

Mirus

— s. a. **Miro.**

Mirus, A. E., de Gregorio M. et festo Gregoriano. I—II. Helmst. 1768. 4.

Mirus, Adam Erd., bibl. Antiquitäten-Lexikon. 8. Leipz. Hilscher. (Comt. f. Litt.) 727.

— von freyen, mechan. u. Bauer-Künsten der Ebräer. 8. 12. Dresden, Gerlach. 713.

— kurze Fragen a. d. Arithmetica sacra. 12. Dresden, Gerlach. 709.

— — a. d. Astronomia. 12. Ebend. 716.

— — a. d. Begräbn. d. Israeliten. 12. Ebend. 712.

— — a. d. Chronologia. 12. Ebend. 709.

— — a. d. Dienstbark. d. Israeliten. 12. Ebend. 714.

— — a. d. Ethica. 12. Ebend. 716.

— — a. d. Fabeln. 12. Ebend. 720

— — a. d. Geburt Jesu C. 12. Ebend. 715.

— — a. d. Geographia. 12. Ebend.

— — a. d. Geometria et optica sacra. 12. Ebend. 712.

— — a. d. Grammatica. 12. Ebend.

— — a. d. Heraldica sacra. 12. Ebend. 724.

— — a. d. Hermenevtica sacra. 12. Ebend. 712.

— — a. d. Historia. 12. Ebend.

— — a. d. Leiden u. Sterben Jesu. 12. Ebend. 721.

— — a. d. Logica sacra. 12. Ebend. 710.

— — a. d. Metallurgia sacra. 12. Ebend. 713.

— — a. d. Ministerio. 12. Ebend. 714.

— — a. d. Oeconomia sacra. 12. Ebend. 714.

— — a. d. Physica. 12. Ebend.

— — a. d. Pnevmatica sacra. 12. Ebend. 714.

— — a. d. Politica sacra. 12. Ebend. 717.

— — a. d. Proverb. sacr. 12. Ebend. 716.

— — a. d. Reisen d. Israelit. 12. Ebend. 714.

— — a. d. Rhetorica sacra. 12. Ebend. 712.

— — a. d. Strathmica sacra. 12. Ebend. 719.

— Lexicon antiquitat. Eccles. 8. Bud. 717.

— Onomasticum biblic. od. Lexikon aller Nominor. propr. 8. Leipz. Hilscher. (Comt. f. Litt.) 721.

— Universa Philologia. 8. Lips. 716.

— zwey Predigten. 8. Helmst. Kühnlin. 783.

Mirus, Adolf

Mirus A., ein Besuch in der Industrieausstellung zu Nordhausen. Nordhausen 1862

Mirus A., über die Gewerbeausstellung in Freiburg a. d. Unstr. (16 S) Halle 1862

Mirus A., üb. d. Gew.-Ausst. des Herzogt. Nassau zu Wiesb. 1863. Wiesbaden 1863

Mirus, Adph., über Gewerbeförderung und Gewerbsthätigkeit in Königreich Württemberg. Leipzig 861. Weber. gr. 8. (XII, 58 S.) n. 15 ngr.

Mirus, Adf., das Körner-Museum im Körner-Hause zu Dresden, sow. Schloß Löbichau (Sachsen-Altenburg) m. s. Erinnerungen an Theodor Körner u. dessen Pathe Dorothee Herzogin v. Curland. 8. (V, 54 S.) Weimar 898. L. Thelemann. n. 1. —

Mirus, A., üb. das Liszt-Museum zu Weimar. 12. (16 S.) Weimar 889. Thelemann. n. — 50

Mirus, Adf., das Liszt-Museum zu Weimar u. seine Erinnerungen. 2., auf Grund eingeh. Mittheilgn. neu bearb. Aufl. Mit 4 Abbildgn., nach Orig.-Zeichngn. von L. v. Jordan. 8. (V, 64 S.) Weimar 892. L. Thelemann. n. 1. —

Mirus, Adf., das Liszt-Museum zu Weimar u. seine Erinnerungen. 3. Aufl.. auf Grund amtl. Genehmigg. Mit Abbildgn. der Heimstätten Liszts u. seines Standbildes. 8. (XI, 81 S.) Leipzig 902. Breitkopf & Härtel. n. 1. —

— Frhr. August v. Loën, Großherzogl. Sächs. Wirkl. Geheimrath, General-Intendant d. Großherzogl. Hoftheaters u. der Hofkapelle rc. Ein Beitrag zur Geschichte d. Hoftheaters zu Weimar. Mit dem Bildniß v. Loën's. gr. 8. (IV, 67 S.) Ebd. 889. n. 1. 50

Mirus A. Salzmünde in seiner Wechselwirkung für landwirtschaftliche, industrielle und gemeinnützige Zwecke. Weimar 1863

Mirus, Alex., übersichtl. Darstellung d. Preuss. Staats-Rechts, nebst e. kurzen Entwicklungs-Gesch. d. Preuss. Monarchie. gr. 8. (24½ B.) Berlin 833, Herbig.

—— die Grundsätze d. Preuss. Handels-Gesetzgebung, mit Rücksicht auf d. neuesten Verordn., systemat. dargestellt. gr. 8. (41 B.) Berlin 834, Hirschwald.

Mirus, Alex.: Die Preuss. Handels-Gesetzgeb. mit Berücksicht. d. neuesten Verordnn. in d. Vereinstaaten Deutschlands systemat. dargest. 2. verb. u. verm. Ausg. *Berlin*, Hirschwald. (834.) 838. gr. 8. (2 Thl. 18 Gr.)

Mirus, Alex.: Das See-Recht u. d. Fluss-Schiff-Fahrt nach d. Preuss. Gesetzen, m. Rücks. auf d. wichtigst. fremden Seegesetzgebungen, systemat. bearb. in 2 Bdn. — 1. Bd. *Leipz.*, Hinrichs. 838. gr. 8. (2 Thl. 16 Gr.) 2. Bd. *Ebend.* (2 Thl. 8 Gr.)

Mirus, A. G., Michaëlis archangeli cum diabolo certamen de corpore Mosis. Helmst. 1766. 4.

Mirus, August Georg

— s. Val. Cato, dirae.

Mirus, Aug. Geo., († im Sept. 1783.) Gedanken üb. den Flor u. d. Aufnahme der Schulen. 4. Lüneb. 777. Lemke. 2 gr.

Mirus, August Georg, Schedium super dicto Hesiodi Ἐργ. vers. XL. ΠΛΕΟΝ ΗΜΙΣΥ ΠΑΝΤΟΣ (Dimidium plus toto.) Examen publ. in schola Helmstedt senatoria simul ad declamationes quasdam .... Helmstedt (Leuckard) 24./25. IX. (1764). 12 S. mit Namen. (4.—) 23394

— **August Gottlob** (Zittau), De poenis clericorum earumque praescriptione. Diss. jur. Präs. Gebhard Christian Bastineller. Wittenberg (Eichsfeld) 15. XI. 1729. 52 S. (5.—) 23395

Mirus, Bernhard

Mirus, B., Grundlinien einer Anatomie und Physiologie des Schafes. S.-A. 12°. Nordhausen 40. Fürst. M. 1.25

Mirus, Bernh., Handbuch f. Schäfereibesitzer. 4 Bdchn. 12. Nordhausen 840, Fürst. Thlr.
A. u. d. Titln.:
Bdchn. 1. Anleitung zu e. ration. Betriebe d. Schafzucht. (6 B.) 9 Gr.
" 2. Die Krankheiten d. Schafe, der Ursachen, der Erkenntniß u. Heilung nach allopath. u. homöop. Grundsätzen. (5½ B.) 9 Gr.
" 3. Grundlinien e. Anatomie u. Physiologie d. Schafes. Zunächst f. d. Bedürfniß denk. Landwirthe bearb. (7 B.) 10 Gr.
" 4. Grundsätze d. Züchtung u. Veredlung d. Schafes, nebst Anleit. z. Kenntniß d. verschied. Rassen dess., u. 2 Anh. von d. Errichtung d. Stammschäfereien u. d. Musterung d. Heerden. (5½ B.) 9 Gr.

Mirus, Bernhard: Die K r a n k h e i t e n der Schafe, deren Ursachen, Erkenntniss und Heilung nach allopathischen und homöopathischen Grundsätzen . . . Nordhausen 1840. 132 S.
(Mirus, Bernhard: Handbuch für Schäfereibesitzer. Bd 2.)

— die Kunst Arak, Rum u. Cognac aus Kartoffeln, Zucker aus Runkelrüben, so wie auch ein. von d. ächten nicht zu unterscheid. künstl. Champagner sicher u. mit geringen Kosten darzustellen. 12. (3 B.) Nordhausen 839, Fürst.

Mirus, Bernh., die Kunst, Arak, Rum u. Coignac aus Kartoffeln, Zucker u. Runkelrüben, so wie auch einen von d. ächten nicht zu unterscheidenden künstlichen Champagner sicher u. mit geringen Kosten darzustellen. Neue Ausg. 12. (68 S.) Nordhausen 847. (Leipzig, Hentze.) ⅓ ₰

Mirus, C. A., s.: M i t t e i l u n g e n d. Geschichts- u. Alterthumsvereins zu Leisnig.

(Mirus, C. Th.): (Neues) Reichstagsdiarium v. 1770—77. *Eb.* 4. (5 Thl. 18 Gr.) (auch später fortges.)

Mirus, Carl Adolf, s. M i r u s , Karl Adolf

Mirus, Carl Ehrenfried, s. M i r u s , Karl Ehrenfried

Mirus, Carl Moritz, s. M i r u s , Karl Moritz

Mirus, Chr. Erdm., († d. 18. Juni 1803.) Anzeige der v. Mich. Dienel verfertigten astronom. Kunstwerke. 8. Görlitz 792.

— der kommen sollende Planet von 1778 betrachtet. 8. Zittau.

— **Christian Erdmann** (Zittau/Lausitz), De testamentis mente captorum invalidis, contra Johannem a Sande, Hoppium multosque alios ICtos. Diss. jur. Präs. Conr. Wilh. Strecker. Erfurt (Grosch) 23. IV. 1725. 27 S. (4.50) 23400
Gew.: Christoph Ignatius von Guden.

— **Christ. Friedr. Wilhelm** (Meißen), Diss. med. sistens observationem dysenteriae atque inflammationis arteriae pulmonalis morbo syphilitico supervenientis una cum epicrisi. Präs. Christian Friedrich Ludwig. Leipzig (Richter) 6. XI. 1812. 34 S. (3.50) 23401
Gew.: Traugott Wilhelm Mirus.

Mirus, E., drei Lebenserfahrungen. Nach der 17. Aufl. des engl. Orig. 8. (VI und 238 S.) Leipzig 862, [Hartknoch.] *

Mirus, E., drei Lebenserfahrungen. Nach der 17. Aufl. des engl. Originals. Leipzig 862. Wiedemann. 8. (VI, 238 S.) n. 25 ngr.

Mirus, Eduard

Mirus, Ed., L i e d e r b u c h f. die unteren Classen österreichischer Mittelschulen u. verwandter Lehranstalten. Sammlung von 2- u. 3stimm. Knabenchören. Lex.-8. (X, 102 S.) Wien 900. A. Hölder. Geb. in Leinw. n. 1.68

Mirus, Eduard, Liederbuch für die unteren Klassen österreich. Mittelschulen u. verwandter Lehranstalten. Sammlung von 2- u. 3stimm. Knabenchören. 2., verb. Aufl. (X, 102 S.) Lex.-8. Wien 906. A. Hölder. Geb. n. 1.48

— u. Norb. Brücke, deutsche Meßgesänge f. gemischten Chor. Zum Gebrauche an österreich. Mittelschulen u. verwandten Lehranstalten hrsg. (In neuer Rechtschreibg.) (V, 58 S.) 8. Ebd. 902. Kart. n. — 64

— kleine S a m m l u n g ausgewählter Männerchöre f. Hochschüler u. f. Studierende an den obersten Classen österreichischer Mittelschulen, sowie f. Sangesfreunde. Gesammelt u. hrsg. gr. 8. (V, 100 S.) Ebd. 901.
Geb. in Leinw. n. 1.20
Aus dem Handel gezogen.

— kleine S a m m l u n g ausgewählter Männerchöre f. die obersten Classen österreichischer Mittelschulen. Gesammelt u. hrsg. gr. 8. (V, 100 S.) Ebd. 902.
Geb. in Leinw. n. 1.20

— **Friedr. Wilhelm Ehrenfried** (Sachsen/Thüring.), De hodiernis judiciis morum in republica. Präs. Christian Heinr. Breuning. Leipzig (Langenheim) 19. III. 1777. 15 S. (4.—) 23402

Mirus, Heinr. Dichterworte, f. häusliche u. öffentliche Feste ausgewählt. 8. (232 S.) Bresl. 890, Koebner. * 2 —; geb. * 2 50

— **Johann Alexander,** Observationes de jurejurando. Diss. Berlin (L. W. Kraus) 30. III. 1828. 51 S. (4.—) 23403

— **Johann Gottlieb** (Zittau), Specimen continens caput juris controversum de non usu quartae falcidiae in legato debiti. Leipzig (Langenheim) 3. IX. 1766. 8 S. (3.50) 23404

Mirus, Karl Adolf

Mirus, Carl Adf., mein Lebenslauf. Mit e. Nachwort hrsg. v. Karl Vollmöller. (22 S.) 8. Leisnig 908. (Dresden, H. Burdach.) — 50

Mirus, Karl Adolf: Mein L e b e n s l a u f . Von Hofrat Dr. Carl Adolf Mirus, Leisnig. Mit e. Nachwort hrsg. von Karl Vollmöller. Leisnig: Haus Mirus 1908. (22 S.) 8°

Mirus, Karl Ehrenfried

— **Carl Ehrenfried** (Palaeo-Gotterano/Thüringen), De rerum cognitione eloquentiae procreatrice. Präs. Mich. Weber. Wittenberg (Tzschiedrich) (Aug. 1791). 16 S. (4.—) 23398
Gew.: Carl Friedrich Wilh. von Mandelsloh.

Mirus, Karl Gf., († d. 26. April 1790.) s. 1) Geschichte Jesu Christi. 2) Versuch e. Gesch. d. Königs David.

Mirus, Karl Moritz

— **Carl Moritz** (Leisnig), De reservato rustico. Diss. jur. Leipzig (A. Fest) 1. IV. 1828. VI, 51 S. (3.50) 23399
Seinem Vater gewidmet.

Mirus, Leon: Die Futterstoffweberei in Elberfeld und Barmen. Leipzig 1909: Haberland. 74 S. 8°
Leipzig, Phil. Diss. v. 15. April 1909, Ref. Bücher, Eulenburg
[Geb. 12. Aug. 81 Leipzig; Wohnort: Leipzig; Staatsangeh.: Sachsen; Vorbildung: Realgymn. Leipzig Reife O. 02; Studium: Leipzig Handelshochsch. 4, Univ. 4 S.; Rig. 12. Mai 08.] [U 09. 3024

Mirus, Paul A. L.: Die Impffrage und der Verband deutscher Impfgegner-Vereine. 2. Aufl. Dortmund 1910. 8° *[1. Aufl. 1909.]*

Mirus, Paul A. L., die Impffrage u. der Verband dtscher. Impfgegner-Vereine. 2. Aufl. (23 S.) gr.8. Dortmund 910. R. Keßler. — 25
1. Aufl. (24 S.) 910. — 50

Mirus, Paul A. L., ist die Abstinenz Endziel? Vortrag, gehalten in der Guttemplerloge „Samariter" zu Bochum. (16 S.) gr. 8. Leipzig 904. K. Lentze. n. — 20
Sonderabdruck aus: „Vegetar. Warte".

Mirus, Richard von

Mirus, v., der Felddienst des Kavalleristen. Sonderausg. des 3. Thls. von v. M.'s Leitfaden, auf Grund der neuen Felddienstordng. v. 1. I. 1900. Neu bearb. v. G. v. Pelet-Narbonne als Vorausg. v. dessen 25. Aufl. 12. (87 S. m. 50 Abbildgn.) Berlin 900. E. S. Mittler & Sohn. — 30

Mirus, europ. Gesandtschaftsrecht. Leipz. 847.

Mirus, v., Hülfsbuch beim theoretischen Unterricht, s.a. Pelet-Narbonne, G. v., der Kavalleriedienst u. die Wehrkräfte d. Deutschen Reiches.

Mirus, Hülfsbuch beim theoretischen Unterricht des Kavalleristen für jüngere Offiziere und Unteroffiziere. Zugleich zur Selbstbelehrung. Nach den neuesten Verordnungen zusammengestellt u. bearb. Berlin 855. Mittler u. Sohn. gr. 8. (XVI, 383 S. u. 1 Tab. in 4.) 1 ₰. 15 ngr.

Mirus, v., Hülfsbuch beim theoretischen Unterrichte des Kavalleristen für jüngere Offiziere und Unteroffiziere zur Selbstbelehrung. 2. Aufl. 1868. * ℳ 4,50., und 3. nach den neuesten Verordnungen bericht. Aufl. gr. 8. (XVIII, 446 S.) Berlin 872, Mittler und Sohn. *
—— dass. — 4. unter Anleitung des Verf. nach den neuesten Verordnungen bericht. Aufl. gr. 8. (XVIII, 454 S.) Ebendas. 874. *

Mirus', v., Hülfsbuch beim theoretischen Unterricht des Kavalleristen für jüngere Offiziere u. Unteroffiziere. Zugleich zur Selbstbelehrung. 5. Aufl., bearb. u. hrsg. von G. v. Pelet-Narbonne. gr.8. (XXI, 463 S. mit 1 Tab. in qu. Fol.) Berlin 877. Mittler & Sohn. n. 6. —

— Leitfaden für den Kavalleristen bei seinem Verhalten in und außer dem Dienste. Zum Gebrauch in den Instruktions-Stunden. Zugleich zur Selbstbelehrung. Nach den neuesten Verordnungen zusammengestellt u. bearb. Berlin 856. Mittler u. Sohn. 16. (XII, 338 S.) $7^1/_2$ ngr.

Mirus, R., Leitfaden für den Kavalleristen bei seinem Verhalten in und außer dem Dienste. Zum Gebrauch in den Instruktions-Stunden. Zugleich zur Selbstbelehrung. 3., nach den neuesten Verordnungen bericht. Aufl. Berlin 863. Mittler & Sohn. 16. (XIV, 335 S.) $7^1/_2$ ngr.

Mirus, v., Leitfaden für den Kavalleristen bei seinem Verhalten in und außer dem Dienste. Zum Gebrauch in den Instruktionsstunden und zur Selbstbelehrung. 3. Aufl. 1863. $7^1/_2$ Ngr. und 4., nach den neuesten Verordnungen bericht. Aufl. 16. (XIV und 327 S.) Berlin 867, Mittler und Sohn. *

—— Leitfaden für den Kavalleristen bei seinem Verhalten in und außer dem Dienste. Zum Gebrauch in den Instruktionsstunden und zur Selbstbelehrung. 6. und 7. Aufl. 1869,71. * 80 Pf., und 8. nach den neuesten Verordnungen bericht. Aufl. 16. (XVI, 333 S.) Ebendas. 872. *

—— dass. — 9. unter Anleitung des Verf. nach den neuesten Verordnungen bericht. Aufl. gr. 16. (XV, 335 S.) Ebendas. 874.

—— Leitfaden für den Kavalleristen bei seinem Verhalten in und außer dem Dienste. Zum Gebrauch in den Instruktionsstunden und zur Selbstbelehrung. Bearb. und hrsg. von G. v. Pelet-Narbonne. 10. und 11. nach den neuesten Verordnungen bericht. Aufl. (XVI, 331 S.) 1875,77; 12. nach den neuesten Verordnungen bericht. und durch ein Kapitel über den Körper des Pferdes, sowie durch 2 (eingedr. Holzschn.-)Zeichnungen verm. Aufl. gr. 16. (XIV, 268 S.) Berlin 878, Mittler und Sohn.

Mirus', v., Leitfaden für den Kavalleristen bei seinem Verhalten in und außer dem Dienste. Zum Gebrauch in den Instruktionsstunden und zur Selbstbelehrung. Bearb. und hrsg. von G. v. Pelet-Narbonne. 13. verb. und verm. Aufl. 8. (XIV, 264 S.) Berlin 880, Mittler und Sohn.

—— dass. — Im Anschluß an die maßgebenden Bestimmungen bearb. und hrsg. von G. v. Pelet-Narbonne. 14. verb. und verm. Aufl. 8. (XIV, 268 S.) Ebendas. 882. *

Mirus', v., Leitfaden f. den Kavalleristen bei seinem Verhalten in u. außer dem Dienste. Zum Gebrauch in den Instruktionsstunden u. zur Selbstbelehrg. Im Anschluß an die maßgeb. Bestimmgn. bearb. u. hrsg. von G. v. Pelet-Narbonne. 15. verb. u. durch Abschnitte üb. den Reitdienst u. den Schießdienst, sowie zahlr. Holzschn. im Text verm. Aufl. 8. (XIII, 266 S.) Berlin 884. Mittler & Sohn. n. — 80

—— Leitfaden für den Kavalleristen bei seinem Verhalten in und außer dem Dienste. Zum Gebrauch in den Instruktionsstunden und zur Selbstbelehrung. Im Anschluß an die maßgebenden Bestimmungen bearb. und hrsg. von G. v. Pelet-Narbonne. Mit 16 in den Text gedr. Holzschn. 16. verb. Aufl. (XIII, 260 S.) 887; 17. verb. Aufl. 8. (XII, 258 S.) Berlin 888, Mittler und Sohn. *

Mirus, v., Leitfaden f. den Kavalleristen bei seinem Verhalten in u. außer dem Dienste. Zum Gebrauch in den Instruktionsstunden u. zur Selbstbelehrg. Im Anschluß an die maßgeb. Bestimmgn. bearb. u. hrsg. von G. v. Pelet-Narbonne. 18., verb. Aufl. Mit 30 in den Text gedr. Holzschn. 8. (XII, 262 S.) Berlin 890. Mittler & Sohn. n. — 80

Mirus', v., Leitfaden f. den Kavalleristen bei seinem Verhalten in u. außer dem Dienste. Zum Gebrauch in den Instruktionsstunden u. zur Selbstbelehrg. Im Anschluß an die maßgeb. Bestimmgn. bearb. u. hrsg. von G. v. Pelet-Narbonne. 21., verb. Aufl. 12. (X, 264 S. m. 30 Holzschn.) Berlin 894. E. S. Mittler & Sohn. n. — 80

[F.] [Richard] v. **Mirus'** Leitfaden f. d. Kavalleristen bei seinem Verhalten in u. ausser d. Dienste. Z. Gebr. in d. Instruktionsstunden u. z. Selbstbelehrg. Im Anschl. an die massgebenden Bestimmgn neu bearb. v. G[erhard] v. Pelet-Narbonne, Generallt. v. d. Kav. z. D. 22., völlig umgearb. Aufl. M. d. Bildn. Sr. Maj. des Kaisers . . ., 16 Volltaf. u. 98 Abb. im Text. *Berlin: E. S. Mittler & Sohn 1896.* (VIII, 264 S., 1 Portr., 1 Tab.) 1 Bd 8. [97. 3275

[F.] [Rich.] v. **Mirus'** Leitfaden für den Kavalleristen b. s. Verhalten in u. ausser d. Dienste. Z. Gebr. in d. Instruktionsstunden u. z. Selbstbelehrg. Im Anschluss an d. massgeb. Bestimmgn neu bearb. v. G[erhard] v. Pelet-Narbonne, Generallt. v. d. Kav. z. D. 23., umgearb. u. verm. Aufl. M. d. Bildn. . . . d. Kaisers . . ., 1 Abb. d. Kaiserproklamation, 2 Bildnisstaf. unserer Reitergenerale, 16 Vollbild. u. 101 Abb. im Text. *Berlin: E. S. Mittler & Sohn 1897.* (VIII, 266 S., 1 Portr., 1 Doppeltaf., 1 Taf., 1 Beil.) 1 Bd 8. [98. 1360

Mirus', v., Leitfaden f. d. Kavalleristen bei s. Verhalten in u. außer d. Dienste. Zum Gebrauch in d. Instruktionsstunden u. z. Selbstbelehrg. Im Anschluß an die maßgeb. Bestimmgn. neu bearb. von G. v. Pelet-Narbonne. 24., umgearb. u. verm. Aufl. M. d. Bildnisse Sr. Maj. d. Kaisers u. Königs, 1 Abb. d. Kaiserproklamation, 2 Bildnißtaf. uns. Reitergenerale, 16 Vollbild. u. 100 Abb. im Text. 8. (VIII, 268 S. m. 1 Tab.) Berlin 898. E. S. Mittler & Sohn. n.n. — 75

Mirus, Richard von. L e i t f a d e n für den Kavalleristen bei seinem Verhalten in und ausser dem Dienste. Zum Gebrauch in d. Instruktionsstunden u. z. Selbstbelehrung. Im Anschluss an d. massgebenden Bestimm. neu bearb. von G[erhard] v. Pelet-Narbonne, Generallt. z.D. 26. umgearb. Aufl. Mit Abb. Berlin: E. S. Mittler & Sohn 1901. (VIII, 306 S.) 8°

[Richard v.] **Mirus'** Leitfaden für den Kavalleristen bei seinem Verhalten in u. ausser d. Dienste. Zum Gebr. in d. Instruktionsstunden u. z. Selbstbelehrung. Im Anschl. an d. massgebenden Bestimmungen neu bearb. von G[erhard] v. Pelet-Narbonne, Gen.Lt. z. D. 27. umgearb. u. verm. Aufl. Mit d. Bildn. S. M. d. Kaisers, 6 Bildertaf., sowie 16 Vollbild. u. 133 Abb. *Berlin: E. S. Mittler & Sohn 1902.* (VIII, 307, 8 S.) 8° [F.] [og. 4666]

Mirus, Richard von: L e i t f a d e n für den Kavalleristen bei seinem Verhalten in und außer dem Dienste. Zum Gebr. in Instruktionsstunden u. z. Selbstbelehrung. Unter Mitw. e. aktiven Offiziers neu bearb. von G[erhard] v. Pelet-Narbonne; Gen.Lt. z.D. 29. umgearb. u. verm. Aufl. Mit d. Bildn. Sr. Maj.; 5 farb., 6 schwarzen Bildertaf., sowie 11 Vollbild., 115 Abb. u. 3 Kartenskizzen. Berlin: E. S. Mittler & Sohn 1904. (VIII, 344 S.) 8°

[Richard] v. **Mirus'** Leitfaden für den Kavalleristen bei seinem Verhalten in und außer dem Dienste. Zum Gebr. in Instruktionsstunden u. z. Selbstbelehrung hrsg. von G[erhard] v. Pelet-Narbonne, Gen.Lt. z. D., bearb. von E. v. Pelet-Narbonne, Lt. im 3. Garde-Ulanen-Regt. [Ausg. f. Bayern.] 30. Aufl. Mit d. Bildn. S. K. H. d. Prinz-Regenten, 5 farb., 8 schwarzen Bildertaf. sowie 11 Vollbild., 115 Abb. u. 3 Kartenskizzen. Berlin: E. S. Mittler & Sohn 1905. (XVI, 344 S.) 8° [F.] [o6. 12404]

Mirus', v., Leitfaden f. den Kavalleristen bei seinem Verhalten in u. außer dem Dienste. Zum Gebrauch in den Instruktionsstunden u. zur Selbstbelehrg. hrsg. von G. v. Pelet-Narbonne, bearb. von E. v. Pelet-Narbonne. 31. Aufl. Mit dem Bildnisse Sr. Maj. des Kaisers u. Königs, 5 farb., 7 schwarzen Bildertaf., sowie 11 Vollbildern, 115 Abbildgn. u. 3 Kartenskizzen im Text. (VIII, 344 S.) kl. 8. Berlin 906. E. S. Mittler & Sohn. n.n. — 75; kart. n.n. — 85

Mirus', v., Leitfaden f. den Kavalleristen bei seinem Verhalten in u. außer dem Dienste. Zum Gebrauch in den Instruktionsstunden u. zur Selbstbelehrg. hrsg. von G. v. Pelet-Narbonne, bearb. von E. v. Pelet-Narbonne. Ausg. f. Bayern. (XVI, 344 S.) kl. 8. Berlin 906. E. S. Mittler & Sohn. n.n. — 75; kart. n.n. — 85

[Richard] v. Mirus' Leitfaden für den Kavalleristen bei seinem Verhalten in und außer dem Dienste ... hrsg. von G[erhard] v. Pelet-Narbonne, Gen.Lt. z. D., bearb. von E. v. Pelet-Narbonne, Lt. 32. Aufl. Mit Bildn. Sr. M., Bildertafeln ... Berlin: E. S. Mittler & Sohn 1908. (VIII, 346 S.) 8° [F.] [o8. 2849]

Mirus', v., Leitfaden f. den Kavalleristen bei seinem Verhalten in u. außer dem Dienste. Zum Gebrauch in Instruktionsstunden u. zur Selbstbelehrg. hrsg. u. bearb. v. E. v. Pelet-Narbonne. 35., völlig umgearb. Aufl. Mit dem Bildnisse Sr. Maj. des Kaisers u. Königs, 5 farb., 7 schwarzen Bildertaf., sowie 7 Vollbildern, 118 Abb. u. 1 Kartenskizze im Text. (VIII, 346 S.) kl. 8. Berlin 911. E. S. Mittler & Sohn. p nn — 70; geb. nn — 80

— dasselbe. Ausg. f. Bayern. Mit dem Bildnisse Sr. kgl. Hoh. des Prinz-Regenten, 5 farb., 8 schwarzen Bildertaf., sowie 7 Vollbildern, 118 Abb. u. 1 Kartenskizze im Text. (XVI, 346 S.) kl. 8. Ebd. 911. p nn — 70; geb. nn — 80

Mirus, R., das Treffen bei Wartenburg, am 3. Oktbr. 1813. gr. 8. (VI und 114 S. mit 1 lithogr. Plane in gr. Fol.) Berlin 863, (Mittler und Sohn.) *

— Samuel Gotthelf (Sckesgena/Meißen), De forma medicaminum pro curandis morbis apte et utiliter. Diss. med. Präs. Christian Michael Adolph. Leipzig (Stopffel) 24. X. 1749. 40 Seiten. (5.50) 23405

Mirusblatt. Nr 1. (Leisnig: Selbstverl. d. Hofrat Dr. Mirus) 1903. 8°

Miruss, Alexander

Miruss, A., diplomatisches Archiv für die deutschen Bundesstaaten, s.a. Archiv.

Miruss, Alexander. Diplomatisches Archiv für die deutschen Bundesstaaten, grösstentheils nach officiellen Quellen, mit erläuternden Anmerkungen herausgegeben. (3 Theile in 5 Bdn.) 8. Leipzig 1846—1848

— übersichtliche Darstellung des Preuß. Staats-Rechts, nebst einer kurzen Entwicklungs-Geschichte der Preuß. Monarchie. gr. 8. Berlin 833. Herbig. $1\frac{5}{6}$ ℛ

—— das europäische Gesandschaftsrecht nebst einem Anhange von dem Gesandschaftsrechte des deutschen Bundes, einer Bücherkunde des Gesandschaftsrechts und erläut. Beilagen. 2 Abthlgn. gr. 8. (VI, 560 und 400 S.) Leipzig 847, W. Engelmann.

Miruss, A., die Gesetzgebung für die hohenzollern'schen Lande, s.a. Gesetzgebung die, für die hohenzollern'schen Lande.

Miruss, A., die Gesetzgebung für die Hohenzollern'schen Lande seit deren Vereinigung mit der Krone Preussen, nebst den bezügl. Staats-Verträgen, geschichtl. Rückblicke, Uebersicht der Genealogie, Behörden u. Literatur der Hohenzollern'schen Geschichte u. Landeskunde, mit Anmerkungen. Berlin (856.) Allgem. Deutsche Verlags-Anstalt. gr. 8. (XIII, 504 S.) n. 2 ℛ. 15 ngr.

Miruss, A., die Gesetzgebung für die hohenzollern'schen Lande, seit deren Vereinigung mit der Krone Preussen, nebst den bezügl. Staats-Verträgen, geschichtl. Rückblicke, Uebersicht der Genealogie etc. mit Anmerkungen. 2. Aufl. Fortgeführt u. ergänzt bis Ende 1868 von A. Koller. Berlin 869. Kortkampf. gr. 8. (XIII, 504 S. u. Anh. 107 S.) n. 1 ℛ 20 ngr.

Miruß, Alex., die Grundsätze der Preuß. Handels-Gesetzgebung, mit Rücksicht auf die neuesten Verordnungen, systematisch dargestellt. gr. 8. Berlin 834. Hirschwald. $2\frac{3}{4}$ ℛ
— 2e verb. u. verm. Ausg. gr. 8. Ebd. 838. $2\frac{3}{4}$ ℛ

Miruss, Alex., die preuss. Handels-Gesetzgebung, mit Berücksichtig. d. neuesten Verordnn. in d. Vereinstaaten Deutschlands systemat. dargest. 2., verb. u. verm. Ausg. gr. 8. (45 B.) Berlin 838, A. Hirschwald.

—— die Hoheitsrechte in d. deutschen Bundes-Staaten, insbesond. mit Berücksichtigung d. preuss. Gesetzgebung bearb. 2 Abthln. gr. 8. (76 B.) Augsburg 840, Kollmann'sche Buchh.

—— das See-Recht u. d. Fluss-Schifffahrt nach d. preuss. Gesetzen, mit Rücksicht auf d. wichtigsten fremden Seegesetzgebungen, systemat. bearb. 2 Bde. gr. 8. Leipzig, Hinrichssche Buchh. [1. (36 B.) 838. $2\frac{2}{3}$ Thlr., 2. (37 B.) 839. $2\frac{1}{3}$ Thlr.]

Mirza, eine morgenländische Geschichte; a. d. Engl. Regensburg 1818. Ü: *Jägle, Joh. Jacob.* (Ky)

Mirza, eine morgenländ. Geschichte; aus d. Engl. (v. J. Jak. Jägle). 8. Regensb. 818. (Montag u. W.)

Mirza, Nadir, od. Nachrr. u. besond. Begebenheiten d. Marquise von St. J. 8. Bresl. 752. (Gosohorsky). 8 gr

Mirza, Nadir, od. Nachricht. u. besondere Begebenheiten d. Markise v. St. J. 8. Breslau, Meyer. 752.

Mirza, die Tochter Jephta's, Trauerspiel in 5 Aufz., von K. L. Kannegießer. 8. Prenzlau, Ragoczy. 818.

Mirza, Abu Taleb Khan, Reise durch Asien, Afrika u. Europa, in d. Jahren 1799—803. Nebst e. Widerlegung d. Begriffe, welche man in Europa von d. Freiheit der asiatischen Weiber hat. Aus d. Franz. gr. 8. Heidelb. Engelmann u. M. 812.

Mirza Schaffy im deutschen Reichstage, s.a. Unterwegs.

Mirza Schaffy im Deutschen Reichstage. Ein Vademecum f. die Reichsboten u. die Wähler. 8. (48 S.) Leipzig 887. Werther. 1.—

Mirza Schaffy im Waffenrock. Ein lust. Vademecum f. den Einjährig-Freiwilligen. Von Abdullah-Aga. 12. (48 S.) Celle 884. Literar. Anstalt. —80

Mirza-Schaffy. Lieder. — Aus d. Nachlasse, s. Bodenstedt, Friedr.

Misanders Herz-Spiegel wahr. Gottseligkeit rc. 12. Chemnitz. (Bauer, Leipz.) 726.

MISANDER (d. i. *Joh. Sam. Adami*), Tractat von der Polygamie, oder Viel-Weiberey .... Weissenfels, Joh. Fr. Wehrmann, 1713. 8°. 14 Bog. (Georgi, Europ. B.-Lex.)

Misanthrop, der, Sittengemälde v. W. Kraus. 8. Wien, Schaumburg. 797.

Misanthropie et repentir. Drame en cinq actes de Kotzebue, traduit de l'allemand par Weiss, avec l'original allemand en regard. gr. 8. Strasb. König. 800.

Misanthropus Audax. D. i. Der alles anbellende Menschen-Hund. Wider die Fehler, Irrthümer, Missbräuche und abergläubische, gotteslästerliche, teuffelische Zauber-Werke u. andere Laster, welche leider! heutiges Tages häuffig im Schwang gehen ... zu gesammengetrag. v. S. R. A. Augspurg 1710. Leipzig 1713. V: *Acxtelmeier, Stanisl. Reinh.* (BGE III³, 224/5)

Mis'ar ben Muhalhil Abū Dulaf. Abu Dolef Misaris ben Mohalhal de itinere Asiatico commentarius. Dissertatio inauguralis quam ... publice defendet Kurd de Schloezer. Berolini 1845.

Misař Dr. Vladimir: Über den allgemeinbildenden Wert des physikalischen Unterrichtes. 12. Wien III. R. 00. **Prag.**

Misasi, N., kalabrische Novellen, s.: Collection Spemann.

Misboekje voor godvruchtige Kinderen. Freiburg i. Br. 1879. V: *Mey, Gustav.* (Kat. Herder 1801—95.)

Misboekje voor godvruchtige kinderen, met 43 gravuren. In het Nederlandsch vertaald en bewerkt door een r. k. pr. 2. uitgaaf. 16. (132 S.) Freiburg i. Br. 886, Herder'sche Verlagsh. * 60 Pf.; geb. * [Holländische Uebersetzung von: Mey, G., Meßbüchlein für fromme Kinder.]

Miscella historiae Universitatis Heidelbergensis inservientia. Heidelb. 1785—86. V: *Büttinghausen, Carl.* (KY) (ML)

Miscella historiae Universitatis Heidelbergiensis inservientia (a Karl Büttinghausen). II Prts. 8. Heidelb. 785, 86. (Löffler in Manh.) ...

Miscella litteraria, in quibus quidam rumores arguuntur ... [Berol. 1817.] V: *Wolf, Friedrich August.* (MGT)

Miscellan-Atlas f. Chartensammler u. Freunde der Erdkunde rc. 1ste—5te Liefer. zu 12 Blatt. qu. Fol. Weimar, Geogr. Instit. 806-7. (à 2 Rthlr.)

MISCELLANEA Anglicana als 1. funffzehen Gespräche, worunter die zwölff letzten von den Gesetzen, Müntzen, Gebäuden, etc. des Königreichs Engelland handeln, etc. 2. Sechs auserlesene Brieffe. 3. Eben so viel nicht unangenehme Historien. 4. 200. Sinnreiche Sprichwörter. 5. Einige Loca aus des Epicteti vortreffl. Handbuche, zum Nutzen derjenigen, so Englische Bücher nicht leicht haben können zus. getragen von Arnold Chr. Beuthnern, S. A. st. ap. H. C. Cröcker (Jena). 8°.
So angef. im Frf. u. Lpz. M. M. V. 1712. F 3b.

* Miscellanea Berolinensia ad incrementum scientiarum ex scriptis societati regiae scientiarum exhibitis edita. Berol. 4. Vol. I-VII. 1710-1743.
Continuatio I. 1723.
—— II. 1724.
—— III. f. Tom. IV. 1734.
Continuatio IV. f. Tom. V. 1737.
—— V. f. Tom. VI. 1740.
—— VI. f. Tom. VII. 1743.

Miscellanea --- , Miscellanea // Berolinensia // ad // incrementum scientia- //rum, // ex scriptis // Societati Regiae // Scientiarum // exhibitis // edita, // cum figuris aeneis et indice // materiarum. // Berolini, // sumptibus // Johan. Christ. Papenii, // Bibliopolae Regii & Societatis Privilegiati. // A. MDCCX. - 31 Tafeln. 1 Titelkupfer und 11 Blatt (nicht paginiert) Titelblatt, Vorreden, Untertitel. - 394 S.
B. S. T. 4°.89ª.

Miscellanea // Berolinensia // ad // incrementum scien- // tiarum, // ex scriptis // Societati Regiae // Scientiarum// exhibitis // edita, // Continuatio I. // Cum figuris et indice // materiarum // Berolini, // sumptibus // Joh. Christoph. Papenii, // Bibliopolae Regii & Societatis Privilegiati. // M DCC XXIII. - 8 Tafeln. 1 Titelkupfer und 6 Blatt (nicht paginiert) Titelblatt, Vorreden und Untertitel. - 188 S.
B. S. T. 4°.89ᵇ.

Miscellanea Berolinensia, ad increm. scientiar. ex scriptis societatis regiae exhibita. VII Tmi. c. continuat. ad Tom. VII. ab Elsnero, c. fig. 4. Berol. 723-46.

— — ad increment. scientiarum ex Scriptis societatis regiae scientiarum exhibitis edita. Cont. IV. sive Tom. V. c. fig. 4. Halae, Renger. 757.

Miscellanea Berolinensia

Miscellanea Berolinensia, ad incrementum scientiarum ex scriptis societati regiae scientiarum exhibitis edita. Tom.3-6= Continuatio 2-5. gbd., Abb.

Berolini: 1727-40

JB 6.184

— Chymiae et metallurgiae und 155 Experimente aus den Schrift. ein. Chymici. 8. Hof, Vierling. (Grau.) 766.

MISCELLANEA CHYMIÆ ET METALLURGIÆ, oder hundert und fünf und funfzig wahre Experimenta, aus denen hinterlassenen Schriften eines berühmten Chymici, verbotenes gezogen mit allen von demselben angemerkten Handgriffen und Productis; ächten Liebhabern zur Nachahmung und Belustigung vorgelegt, besonders denen Herren Bergofficianten zu Erkänntniss und Untersuchung verschiedener unansehnlicher verachteter Steine und Erden. Hof, bey Johann Gottlieb Vierling, 1766. pp. 152, 16mo. Illustrated title-page.

— Cracoviensia. Fasc. I et II. 4. Krakau 814, 17. (Leipz., J. A. G. Weigel). 1 ℛ 8 𝒢

Miscellanea Cracoviensia nova. Krakau 1829. H: *Bandtke, Georg Samuel.* (Ky) (BrMm)

Miscellanea Cracoviensia nova. Fasc. I. (Edid. G. S. Bandtkie.) 4maj. (17 B.) Cracoviae 829. (Lipsiae, Weigel.)

— maximam partem critica; edi curaverunt Fr. Tr. Friedemann et J. D. Gf. Seebode. Vol. I. in IV part. 8maj. Hildesh. 822. Gerstenberg. 4 ℛ Vol. II. part. I—IV, 8maj Wittenb. 824. Zimmermann. 4 ℛ Vol. II. part. IV. 827. (Hahn in Hannov.) 1 ℛ

— curiosa s. Ephemeridum med. Phys. Dec. IIItiae Annus III. VII et VIII. 4. Lips. B. Fleischer.

Miscellaneorum curiosorum, sive Ephemeridum germ.. Acad. Caes. Nat. Decadis IIIii Index generalis. 4. Francof. Andreae. 713. Rthlr.

Miscellanea. – Miscellanea curiosa. Von allerhand auserlesenen Historischen, Politischen, Mercantilischen, Ökonomischen, Mathematischen und andern . . Begebenheiten. 8 H. Dresden 1727–1730. 4°
Hrsgeg. v. P. J. Marperger.

Miscellanea curiosa physico-medica

Miscellanea curiosa physico-medica Academiae naturae curiosorum sive ephemerides. (Dec.I), ann.1 - 10, Dec.II, ann.1 - 10, Dec.III, ann.1 - 10 cum append., Reg.Dec.I - II, Sachreg.Dec.I - III, gbd., Abb.

Lipsiae, Norimbergae, Francoforti: 1670 - 1739
Fortsetzung s.: Acta physico-medica. Vol.2-6
Norimbergae: 1730 - 1742

JB 6.012

Miscellanea. – Miscellanea Duisburgensia edita, inedita, vetera, nova, theologica, historica, philologica . . . Fasc. 1–8. Amsterdam und Duisburg: Böttiger 1732–35. 8°
Editio II: Amstelodami et Duisburgi 1736, T. 1. Fasc. 1.
Forts. u.d.T.: Miscellanea Groningana.

— Duisburgensia ad increment. rei literar. omuis etc. II Tmi. 8 fasc. 8. Duisb. 733.

Miscellanea. – Miscellanea maxime eclesiastica et Coloniensia (collecta per L. F. Heythuysen quondam secretarium . . . vicariatus Coloniensis 1753). fol.

Miscellanea Poeticarum Exercitationum Scenicis nuper Ludis exhibita . . . Viennae Austriae 1717. V: *Spillhoffer, Maximilian.* (Jes) (SO)

Miscellanea gentis Kollichianae. Lignitii 1811. 8. — 2. Aufl. Lignitii 1813. 8.

— Göttingensia XIV part. in disputat., part. programmata cont. 4. Götting.

Miscellanea. – Miscellanea Groningana in miscellaneorum Duisburgensium continuationem publicata. T. 1–4 (je Fasc. 1–4). Amsterdam und Duisburg: Böttiger (2ff: Groningae. Hajon. Spandaw) 1736–45. 8°
Anf. u.d.T.: Miscellana Duisburgensia.

— Gröningana. III. Tmi et T. IVti. fasc. 1. 2. 3. 8. Gröning. 737—46.

— Gröningensia nova; ad hist. reformationis eccles. spect. ed. Gerdes. VIII Tomi. 4. Gröning. 745—763. Rump. 8 ℛ 10 𝒢

Miscellanea Hafniensia, theologici et philologici arg. vide Münter, Fr.

— Historiae Palatinae, cum max. vero Bipont. inserr. 4. Francof. 710.

Miscellanea. – Miscellanea historico-juridico-Mecklenburgica. 4 Bde. o.O. 1747–49.

Miscellanea iuridica. [Wien ca. 1880.] H: *Siegel, Heinrich.* (EB)

Miscellaneorum ex Mss. Libris Bibliothecae Collegii Romani Societatis Jesu. 2 Tomi. in 8maj. Romae. 754 — 755.

Miscellanea Lipsiensia ad incrementum Rei Literariae edita . . . Lipsiae 1716—23. H: *Pezold, Carl Frdr.* (Jöch) (Barbier) (BrMm)

— Lipsiensia. Lips. 716-33. 4 Tom. (12 P.) 8. 3 rthlr. Nova. Lips. 742-47. 5 Vol. 20 P. 8. Jedes Vol. hat 4 Part.

— Lipsiensia ad increm. rei literar. c. fig. XII Tmi. 8. Lips. Gleditsch. 741. (à 6 gr.)

Miscellanea Lipsiensia nova. Lipsiae 1742—48. H: *Mencke, Frdr. Otto.* (Barbier)

Miscellanea. – Miscellanea litteraria de quisbusdam ineditis historiae Silesiacae scriptoribus ac operibus specimen 4 St. Oels: Strauchelius (St. 2: Breslau: Fellgiebel. 3f: Michael Hubertus) 1712–17.
Hrsgeg. v. H. Chr. Runge.

Miscellanea Lubecensia. Rostochii 1758-61. H: *Ostermeier, Joach. Hnr., Frdr. Joach. Schnobel & Joh. Dan. Overbeck.* (BrMm)

— Lubecensia. Vol. I—IV. 8. Rost. 758—61. (Bödner in Schwerin). 16 𝒢 Vgl. Nova Bibliotheca Lubecensis.

Miſcellanea mechanica, in quibus de variis objectis Mechanices et doctrinae motus tractatur. Regiomontani. 8. 1731.

Miscellanea. – Miscellanea medico-chirurgica practica et forensia. 7 T. Leipzig 1731–37. Hrsgeg. v. Gli Budaeus.

Miscellanea: Monatlich-Musicalische Miscellanea
① bestehende In Concert-weis / Teutsch zweystimmigen geistlichen Arien, benebenst dem Genera Baß und Bassetto. Zu allgemeiner Erbauung / und Christlicher Ergetzung aufgesetzt und zum Truck befördert. Von Johann Ludwig Steiner ⑤ 1724 ⑥ 8° ⑦ Monatsblatt ⑧ Zürich: Hardegger & Rahn ⑩ Johann Ludwig Steiner ⑪ Johann Ludwig Steiner (Komponist) ⑬ BGSZ: 99 (p. 99, Nr. 72); Edgar Refardt: Historisch-Biographisches Musikerlexikon der Schweiz (1928), p. 299—300 ⑭ Zh: Z ⑮ Jeweils ein Heft für den Cantus Primus (Titelblatt), eines für den Cantus Secundus und eines für den Secundus Bassus Generalis. — Bei BGSZ: 99 (p. 99, Nr. 72) wird angenommen, die Erscheinungszeit dieser Notenhefte habe sich auf mehrere Jahre erstreckt. Die Anmerkung in der Vorrede über das von etlichen Jahren angefangene Werk dürfte sich jedoch auf die Komposition und nicht auf den Druck der Notenhefte beziehen.

Miscellanea Napoleonica a cura di Alberto Lumbroso. gr. 8. Roma 895. Bonn, F. Teubner. n.n. 5. —; erhöht. Preis n.n. 25. —
Général Jouan, souvenirs militaires, Jéna–Dresde (1806—1813). — Oberstlt. Bucher, Erlebnisse aus d. J. 1809. — Francesco Orioli, ricordi sullo stato romano nei tempi Napoleonici. (XIV, 206 S.)

Miscellanea parlamentaria. Vienna 1891. Vienna 1891. V: *Salvadori, Giovanni.* (EB)

Miscellanea philologa. Ediderunt gymnasiorum Batavorum doctores societate conjuncti. 8maj. (IV und 116 S.) Ultrajecti 854, Kemink et fil. *

Miscellanea philologa. Festschrift zur Feier d. 10jähr. Stiftungsfestes d. philolog. Vereins zu Göttingen. gr. 8. (77 S.) Göttingen 876. (Peppmüller.) n. 1. 20

Miscellanea philologa et paedagogica. Ediderunt gymnasiorum Batavorum doctores societate conjuncti. Nova series. Fasc. 1 et 2. 8maj. Amstelodami, Müller. [1. (VIII und 288 S.) 850., 2. (VIII und 282 S.) 851. à Fasc. * 1 Thlr. 26 Ngr.] *

Miscellanea philologica. Gel. 1857. 15 S. 4°.

— Philologica et theol. 8. Coburg. 715.

Miscellanea physico-medico-mathematica, oder Angenehme, curieuse und nützliche Nachrichten von physical-u. medicinischen, auch dahin gehörigen Kunst-u. Literatur-Geschichten... hrsg. von Andreas Elias Büchner. An. 1727-30. Erfurt: Jungnicol 1731-34. 8°
An. 1727, Quart. 1-4: 1731. An. 1729, Quart. 1-4: 1733.
An. 1728, Quart. 1-4: 1732. An. 1730, Quart. 1-4: 1734.

— poëtica, continente poësie div. di Torq. Tasso. 8. Hamb 797. (Campe). 1 ₰ 12 gl

— poetica, contenente poesi div. di Torg. Tasso. 8. Hamburg. Hoffmann. 797.

— in prosa, ossia scelta div. del Conte Algarotti, Landi etc 8. Hamb. 797. (Campe). 1 ₰ 12 gl

Miscellanea S. Gallensia
v. Novellae Litterariae.

Miscellanea di studi in onore di Attilio Hortis. 2 Tle. (XI, 1055 S. m. 1 Bildnis u. 3 Taf.) Lex. 8. Triest 910. (F. H. Schimpff.) 40. —

Miscellanea Tigurina
① Edita, Inedita, Vetera, Nova, Theologica, Historica, &c. &c. omnia partim rariora, partim lectu ad profectum in eruditione & pietate utilia ⑤ 1722—1724 ⑥ 8° ⑦ alle 2 Monate ⑧ Zürich: Bodmersche Druckerei (1722), Geßnersche Druckerei (1723/1724) ⑩ Johann Jakob Ulrich ⑫ theologische Zeitschrift ⑬ BGSZ: 99 ⑭ Zh: Z; Lu: Z ⑮ Aufsätze in deutscher und lateinischer Sprache. Viele Synodalreden des Antistes Johann Jakob Breitinger (1575—1645).

— Tironiana. Aus d. Codex Vaticanus Latinus Reginae Christinae 846 (Fol. 99—114) hrsg. v. Wilh. Schmitz. M. 32 Taf. in Lichtdr. gr. 4. (V, 79 S.) Leipzig 896. B. G. Teubner. In Leinw.-Mappe n. 20. —

Miscellaneen. Leipzig 1774. V: *Mangelsdorf, Carl Ehregott.* (MGT) (Adel) »1775« (Ky)

— besteh. aus 600 besond. Anekdoten, kurz. Geschichten, epigram. Gedichten, (v. H. G. Hoff). 2 Thle. 8. Wien 781—83 Gheleu. 1 ₰ 12 gl

Miscellaneen bestehend aus 600 besonderen Anekdoten, kurzen Geschichten ... Wien 1781—85. V: *Hirsch, Michael Christian & Heinrich Georg Hoff.* (Ky) (ML) (will) (MGT)

Miscellaneen; eine Wochenschrift zur nützlichen und unterhaltenden Lektüre. Halle 1782. H: *Krüger, Johann Heinrich* (MGT) & *Meyer.* (Ky)

Miscellaneen, e. Wochenschrift f. d. Liebhaber e. nützl. Lektüre (v. J. H. Krüger u. ... Meyer). 8. Halle 782. Michaelis.

Miſcellaneen, eine Wochenschr. f. d. Liebhaber ein. nützl. Lektüre. 8. Halle, Michaelis. 783.

Miscellaneen oder der Beobachter an der Oder. Eine Wochenschrift ... Breslau 1804. H: *Woltersdorf, Ernst Gabr.* (MGT) Barth.

Miscellaneen. Eine Sammlung merkwürd. Auszüge aus franz. und engl. Zeitschriften zur belehr. Unterhaltung u. zur Beförderung des Sprachstudiums. 1r Jahrg. 1834. 1r Bd. 48 Numm. (1/2 Bog.) gr. 4. Lindau 834. Kranzfelder. n. 1 1/3 ₰

Miscellaneen zum nordischen Archiv. Riga 1807—9. H: *Kaffka, Johann Christoph.* (Ky) (R-N)

— s. Christen, s.a. Kirsch.

Miscellaneen. – Miscellaneen für Christen und für solche, die es werden wollen. 2 T. Leipzig: Kummer 1784–85. Hrsgeg. v. Gg. Frdr. Kirsch.

Miscellaneen zur Geschichte König Friedrichs des Grossen. Hrsg. auf Veranlassung u. mit Unterstützung der königl. preuss. Archiv-Verwaltung. gr. 8. (XI, 494 S.) Berlin 878. Mittler & Sohn. n. 12. —

Miscellaneen, Historische. Halle 1783—84. V: *Schmidt, Christoph v. genannt Phiseldeck.* (EB)

Miscellaneen artistischen Inhalts. Herausgegeben von J. G. Meusel. 1.—30. Heft. Erfurt 1779 - 1787.

Miscellaneen historischen, statistischen u. ökonomischen Inhalts z. Kunde d. deutschen u. angränzenden Nordens besonders d. Herzogthümer Schleswig u. Holstein herausg. v. A. Niemann. Bd. 1—2 (Bd. 2 i 2 St.; 2 Vol.). Altona u. Leipz. 1798—1800.

Miscellaneen theologischen Inhalts. Frankfurt u. Leipzig 1782. V: *Plitt, Johann Friedrich.* (MGT)

— theolog. Inh. 8. Frankf. (Korn d. ält., Bresl.) (auch Krieger, Marb.) 783.

Miscellaneen eines Landpredigers. Dessau 1782. V: *Langreuter, Dietrich Carl Gerhard.* (Ky) (ML)

— eines Landpredigers. 8. Dessau 782. Gel. Buchh. 3 gl

— eines Landpredigers, (a. unt. d. Tit.: theol. Miscellaneen). 8. Glogau, Günther d. j. 799.

Miscellaneen. – Miscellaneen zum Lehnrechte. 4 Bde. Halle: Hendel 1787–94. 8°
Hrsgeg. v. Karl Frdr. Zepernick.

— f. allerlei Leser. 16 Pack. (v. K. E. Mangelsdorf). 8. Leipz 775. Jacobäer. (Aue in Altona). 6 gl

Miscellaneen. – Miscellaneen der böhmischen und mährischen Litteratur, seltener Werke, und verschiedener Handschriften. Bd. 1. (= 3 T.) Prag: Caspar Widtmann 1784–85.
Hrsgeg. v. Faust. Prochaska.

— der morgenl. Literatur, od. unterhalt., belehr. Erzähl. a. dem Orient v. Cardonne, a. d. Franz.. 8. Dessau, Gel. Handl. 781.

— üb. ber. Männer u. Frauen, die bey froher Laune gestorben, nach d. Franz. des Deslandes,. m. Zus. von K. H. Heidenreich. 8. Leipz. Martini. 797.

Miscellaneen. – Neue Miscellaneen artistischen Inhalts. 14 H. Leipzig: Fleischer 1795–1803. 8°
Hrsgeg. v. Jh. Gg. Meusel.
Vorh. u.d.T.: Neues Museum für Künstler.
Forts. u.d.T.: Archiv für Künstler.

Miscellaneen, Neue, historischen, politischen, moralischen ... Inhalts. Leipzig 1777—85. V (1—4): *Lynar, Rochus Friedrich Graf zu.* (5 ff.): *Küttner, Carl Gottfried.* (ML) (Ky) (ErschDL)

— neue historische, moral., poet. u. a. verschied. Inh. 20 Stcke 8. Leipz. 780—85. (Aue in Altona). 5 ß

— neue histor., moral., poet., a. versch. Inh. 20 Stck. 8. Leipzig, Jacobäer. 780—85.

Miscellaneen, Neue Nordische. Von Aug. Wilh. Hupel. Stück 1. 2. Riga, Joh. Fr. Hartknoch, 1792. Mit Titelvignette, (Chrn. Gottl.) Geyser sc. (Verlagszeichen Hartknochs) und einer Kupfertafel. 512 S. 8°. Kart. 12.—
Diesch 323c. Vgl. A.D.B. XIII. 422: „Historisch-geographisch-ökonomisches Sammelwerk."

— nordische, s.a. A. W. Hupel.

Miscellaneen. – Nordische Miscellaneen. 28 S. Riga: Hartknoch 1781–91. 8°
Hrsgeg. v. A. W. Hupel.

— nordische; (hrsgg. v. Gh. Kaffka). April bis Octbr. 1807 Dann fortges. unt. d. T.: nordische Miscellen. Nov. — Decbr. 1807, u. Jahrg. 1808, 9. 4. Riga.

Miscellaneen für die Rechte und Gesetze der beyden vereinten Fürstenthümer Ansbach und Bayreuth. Ansbach 1788. V: *Büttner, Heinrich Christoph.* (MGT)

— f. das Schul- u. Erziehungswesen in Bayern. 2 Stck. 8. Augsb. Stage. 776.

Miscellaneen für das Schul- und Erziehungswesen in Bayern. München 1776. H: *Finauer, Peter Paul.* (MS) (weber)

— theologische. 8. Glogau, neue Güntersche Bhdl. 799.

Miscellaneen zur Unterhaltung in müssigen Stunden. Hadamar 1801. V: *Walther, Friedrich Ludwig.* (HS) (MGT)

Miscellaneen, z. Unterhaltung in müßigen Stunden. 8. Hadamar 801. Gel. Handl. 16 gl

Miscellaneen und Urkunden zur Sächsischen Geschichte ... Leipzig 1798. V: *Giese, Carl Frdr.* (NN) (Ky) (MGT) (GGr)

— u. Urkunden zur Sächs. Geschichte. in 2 Abthll. (von K. F. Giese). gr. 8. Leipz. 798. Andrä. 12 gl

— u. Urkunden zur sächs. Gesch. in 2 Abth. gr. 8. Leipzig, feld. (Bauer) 798.

Miscellaneous Collections from the best English and German Authors (by D. Braubauch). 8. Bremen 793.

— letters, verm. Briefe aus d. besten engl. Schriftstellern, (v. J. J. Ebert). Züllich. 763. (Frommann in Jena). 16 gl

MISCELLANIEN. Erstes Pacquet von einem, der wollt' und konnte. Leipzig, 1775. 8°. Rar! (1/3 Rthl. Scheible, vor 1875; jetzt theurer!)

Miscellanien. – Miscellanien. 6 H. Stettin 1777–79. 8°
Hrsgeg. v. Chr. Ldw. Lieberkühn.

Miscellanien. – Miscellanien von einem, der wollte und konnte. Leipzig: Jacobäer 1775.

Miscellanien. – Miscellanien literärischen Inhalts. Samml. 1–6. Nürnberg 1778–82. 8°
Hrsgeg. v. Gg. Thdr. Strobel.

MISCELLANIEN, vor allerley Leser. Leipzig, Jacobäer, 1775. 8°.
Cat. Monath III. Nürnb. 1784. p. 100.

Miscellanien. – Neue Miscellanien (St. 9ff.. Miscellaneen) historischen, politischen, moralischen, auch sonst verschiedenen Inhalts. 20 St. Leipzig: Jacobäer 1775–85. 8°
2. Aufl. 1780–85.
Hrsgeg. v. Rochus Frdr. Graf v. Lynar, sp. Karl Gfr. Küttner.

Miscellany, the literary, for english readers abroad and at home. Edited by H. J. Whitling. 1848. 24 Nrs. (Bog.) Lex.-8. Nuremberg, Fr. Campe.

the Miscellany Moral, or a Collect. of select. Pieces in prose and verse. 8. Züllich. 776. Frommann in Jena. 20 gr

Miscellany, The students, a new select Collection of various pieces in prose and verse ... Flensburgh 1779. H: *Dusch, Johann Jacob.* (Ky) (ML) (Rotermund, Gel. Hannover. Bremen 1823.)

Miscellen. [SA.] s. [Wackernagel, Rudolf].

Miscellen für Böhmen. . . . Görlitz 1790—93. V: *Dlabacz, Gottfried Johann.* (Ky) (MGT)

Miscellen für Böhmen, (von Gf. Jh. Dlabacz). 3 Stücke. 4. Görlitz. 790—93.

Miscellen f. protestantisches Christenthum u. Kirche. Journal in zwanglosen Heften, von C. L. L. Thiele. 1s Heft. gr. 8. Berl. Maurer'sche Buchh. 815.
Auch unter dem Titel:
Für die protestantische Kirche und deren Geistlichkeit. 1r Bd. 1s Hft.

Miscellen f. protestant. Christenthum und Kirche, Kirchen-Reform, Predigt- und Schulwesen, v. C. L. L. Thiele. 2s Heft. Mit 1 K. gr. 8. Berlin, Maurer. 816.

Miscellen, dramatische. 12. Wien ... Tendler. 16 gr

Miscellen, dramatische, v. Berling, Grillparzer, Halirsch, Haug, Frt. v. Lanoy, J. F. v. Mosel, L. Schmidt, D. Sommer, Wedmann, Bar. v. Zedlitz u. a. m. 12. (8½ B.) Wien 830, Tendler.

Miscellen, englische. 8. Eisen. Wittekind. 783.

— englische. (Eine Anekdote von Swift.) 8. Leipz. 798. (W. Rauck). 5 gr

— engl. 8. Leipz. Sommer. 798.

— englische. Herausgg. v. J. C. Hüttner. 25 Bde. zu 3 Heften. gr. 8. Tübing. 800—806. Cotta'sche Buchhandl. (à 1 ₰) 25 ₰

Miscellen, entomologische. Hrsg. v. dem Verein f. schles. Insektenkunde. gr. 8. (65 S. m. 1 Photogr.) Breslau 874. Maruschke & Berendt. n. 1. 60

Miscellen, Franzoesische. Stuttgart 1803–6. V: *Chezy, Wilhelmine Christiane Helmina von.* (EE) (Ky) (MGT) (GGr) (Kn)

— französ., (hrsgg. v. Helm. v. Chezy). 18 Bde. zu 32 Heften. gr. 8. Tübing. 803—6. v. Cotta. (à 1 ₰) 18 ₰

Miszellen f. Freunde der Lectüre, ein Beitrag f. Lesebibliotheken. 8. Elberf. Büschler. 812.

Miscellen für Freunde d. Lektüre. Ein zweckmäß. Beitrag für Leihbibliotheken. 8. Elberf. 812. (Schönian). 1 ₰ 8 gr

— für Gartenfreunde, s.a. W. G. Becker's Taschenb. f. Gartenfreunde.

— für Gartenfreunde, Botaniker u. Gärtner. 5 Bde. 8. Leipzig, Voß. 802.

Miscellen. – Miscellen aus dem Gebiete der Geschichte und Kultur. 26 H. Heidelberg: Engelmann 1812.
Hrsgeg. v. Al. Schreiber.

Miscellen, Glätzische. Eine Wochenschrift von und für die Grafschaft Glatz. Glatz 1812. H: *Kögler, Joseph.* (LVS) (Nent)

Miscellen. – Historische Miscellen. Blätter der ernsten und angenehmen Unterhaltung gewidmet. Hamburg 1819.

— histor., v. Ueberkingen, e. durch seinen Sauerbrunnen u. sein Bad berühmten im Baierischen liegenden Dorfes, (v. G. Veesenmeyer). 4. Ulm. 807.

Miscellen, Historische, von Ueberkingen, einem durch seinen Sauerbrunnen ... berühmten ... Dorfe. Ulm 1808. V: *Veesenmeyer, Georg.* (MGT) (BrMm) (Ky) (EngG) (Call)

Miscellen, Historisch-politische, aus dem Jahrh. der Contraste. Germanien [Basel] 1805. V: *Rebmann, Andr. Georg Friedrich.* (Ky) (Wr)

— histor.-polit., a. d. Jahrh. d. Contraste f. unbefangene Leser. 8. Germanien. (Flick, Basel.) 805.

— histor.-polit., aus d. Jahrhundert d. Contraste f. unbefangene Leser, (v. Rebmann). 8. Germanien 805. (Neukirch in Basel). 1 ₰ 8 gr

Miscellen. – Miscellen statistisch-medicinischen Inhalts. 4 H. Dillingen: Brönner 1815–17. 8°
Hrsgeg. v. Jh. Sim. Wacker.

— theolog. Inhalts. 8. Marb. 783. Kriegcr. 6 ℊ

Miscellen, Italienische. Stuttgart 1804—6. H: *Rehfues, Philipp Joseph* (EE) & *Joh. Frdr. Tscharner.* (ErschDL)

— italienische,. 5 Bde zu 3 Heft. gr. 8. Tübing. Cotta. 804–6. (à 1 Rthlr.)

— juristische, besond. d. Preuß. Recht betr., herausg. von C. L. Paalzow. 1s—3s Stck. gr. 8. Berlin, Schmidt. 804–805. (à 20 gr.)

— kleine literar., Origin., Ausz., Uebers. ꝛc. 8. Leipzig, Joachim. 800.

—— literarische, hrsg. v. den Hermann'schen Erben. Anno 1829, 30. à 64 Nrn. (½ B.) Mit Vign. gr. 4. Hamburg, (Herold.) à J.

Miscellen aus der neuesten ausländischen Litteratur. Hamb. 1814—32. H (Heft 1—14): *Bran, Friedrich Alexander.* (Ky) (Schr) (ErschDL)

— aus d. neuesten ausländischen Literatur. In Bds. 1s Hft. 2e Aufl. u. 2s—14s Heft. (Redig. von F. A. Bran.) 8. Jena 814—15. 14 ß Jahrg. 1816 bis 32. d. Jahrg. 12 Hefte. 8. Ebd. (a Jahrg. 9 ß) 153 ß

— aus d. neuesten ausländ. Literatur. Ein periodisches Werk in zwanglosen Heften, politischen, histor., statist., geograph. u. literärischen Inhalts. 14 Hefte. gr. 8. Leipz. Expedit. d. Minerva. 814 u. 15. (jedes Heft 1 Rthlr.)

— — derselben 2s bis 14s Heft. 8. Ebend. 814. 15. a Heft 1 Rthlr.

— — dieselben für 1816, d. Jahrg. in 12 Hften. gr. 8. Ebend.

— — aus der neuesten ausländischen Literatur. In Bds. 1s Heft. 2te Aufl. Mit 1 Kupf. 8. Jena, Bran. 816.

— — derselben Jahrg. 1816 bis 21. in geschloss. Jahrg. zu 12 Heften. 8. Ebend. à Jahrg. 9 Rthlr.

Miscellen a. d. neuesten ausländ. Literatur, v. Fr. A. Bran Jahrg. 1822 — 827. 8 Jena, Bran. à 9 Rthl.

—— aus d. neuest. ausländ. Literatur. Ein period. Werk, polit., histor., statist., geograph. u. literar. Inhalts. Jahrg. 1828—35. à 12 Hfte. 8. Jena, Bran. à J.
Jahrg. 1828—31. hrsg. v. Fr. Al. Bran, J. 1832—35. hrsg. v. Fr. Bran.
Jahrg. 1814 u. 15 in 14 Hftn. à 1 Thlr., 1816—27. à J. 9 Thlr. Ebendas.

Miscellen aus d. neuesten ausländ. Literatur. Ein period. Werk, polit., histor., statist., geograph. u. literar. Inhalts. Von Friedr. Bran. Jahrg. 1836—42. à 12 Hfte. 8. Jena, Bran'sche Buchh. à J.

Miscellen aus der neuesten ausländ. Literatur. Ein period. Werk, polit., histor., statist., geograph. u. literar. Inhalts. Von Friedr. Bran. 1843—47. à 12 Hfte. 8. Jena, Bran'sche Buchh. à J.
Vrgl. 9. Bd. 2. Abthl. S. 40.

Miscellen aus der neuesten ausländ. Literatur. Ein period. Werk, politischen, histor., statist., geograph. und literar. Inhalts. Von Friedr. Bran. Jahrg. 1848—52. à Jahrg. 12 Hefte. (à ca. 11 Bog.) 8. Jena, Bran'sche Buchh. à Jahrg.
Vgl. 10. Bd. 2. Abthl. S. 33.

Miscellen der russischen und mogolischen Literatur. Riga 1802. V: *Bergmann, Benjamin von.* (Ky)

— der russisch. u. mogol. Literatur, auf d. J. 1802. 2 Stücke. (v. Benj. v. Bergmann). 8. Riga 802. Meinshausen. 1 ß

Miscellen. – M ü n c h n e r Miscellen zum Nutzen und Vergnügen für alle Stände. Jg. 1. 2. München. Zeitungs-Compt 1809–10. 4°

Miscellen, neue, u. Erzählungen ꝛc. s. Egloffstein, H. A. G. v., im Alphabet.

Miscellen, Nordische. Hamburg 1804—10. H: *Bran, Frdr. Alexander.* (ErschDL) (Schr)

— nordische, Jahrg. 1804—7. zu 12 Stck. in 8 Bdn. 8. Hamb. Hoffmann. (à 4 Rthlr.)

— nordische, (v. Kaffka). s.a. Miscellaneen, nord.

Miscellen, Nordische. Riga 1805—9. H: *Kaffka (Engelmann), Johann Christoph.* (MGT) (Ky)

— nordische. Jahrgang 1811. Hamburg, Hofmann und Campe.

— Ostfriesische, s.a. F. W. Schröder.

—— Ostfriesische, nützl., ernst. u. komischen Inhalts. 2. Bd. — A. u. d. T.: Neue Mittheilungen f. alle Stände. Gesamm. u. hrsg. v. F. W. Schröder. 1. Bd. M. 4 Stndr. 8. (24 B.) Leer 828. (Potsdam, Vogler.)
1. Bd. Ebendas. 1826. 1 Thlr. 12 Gr.

— ostfriesische, nützlichen, ernsten u. komischen Inhalts. 1r u. 2r Bd. 8. Leer. 830. (Vogler in Potsd.) 2 ß 16 ℊ (2r Bd. Auch u. d. T.: Neue Mittheilungen f. alle Stände. gesammelt u. hersgg. v. F. W. Schröder. 1r Bd. Mit 4 Steindr. 8. Ebd. 830. 1 ß 8 ℊ)

Miscellen, philatelistische. Unabhängige Monatsschrift f. Briefmarkensammler, zugleich Offertenblatt. Red.: Carl Beck. 4.—6. Jahrg. 1907—1909. à 12 Nrn. (à ca. 12 S. m. Abb.) Lex. 8. Berlin (O. 27, Blumenstr. 87), R. F. Funcke. à Jahrg. 1.25
Erscheinen nicht mehr.

— polit., f. das Königr. Baiern. (v. Frhr. Jh. Ch. Ant. M. v. Aretin). 3 Hefte. 8. . . . 805.

Miscellen, Politische, für das Königreich Bayern. O. O. 1806. H: *Aretin, Joh. Chph Anton Maria Freiherr von.* (Ky) (Kn)

Miscellen, Politische, für Südteutschland. O. O. 1805. H: *Aretin, Joh. Christoph Anton Maria Freiherr von.* (MGT) (Ky) (Kn)

Miscellen, Politische, vom Verfasser der »sibyllinischen Bücher aus Österreich«. Wien 1848. V: *Moering, Carl.* (Ky)

Miscellen, politische, vom Verfasser der „sibyllinischen Bücher aus Oesterreich." (Carl Moering.) 8. (IV und 323 S.) Wien 848, Tendler und Comp. Thlr.

Miscellen, Preussisch-Brandenburgische. Berlin 1804—5. H: *Bratring, Friedrich Wilhelm August.* (Hitzig)

— Preuß.-Brandenb., hrsgg. v. F. W. A. Bratring. Jahrg. 1804 u. 5. à 4 Quartale. 8. Berl. Schmidt. 8 ß

Miscellen. – R e i c h s k a m m e r g e r i c h t l i c h e Miscellen. 2 Bde. Wetzlar: Tasche (Müller) 1805. 8°
Hrsgeg. v. Jos. Ant. Vahlkampf

Miscellen, Rheinpfälzische, in zwanglosen Heften. O. O. 1801. V: *Wedekind, Georg Joseph.* (Ky) (MGT)

— rheinpfalzische, in zwanglosen Heften; v. Verf. d. Abhandl.: die Aufhebung d. Sporteln rc. (Geo. Jos. Wedekind.) 1s Hft. 8. ... 801.

— r u s s i s c h e, herausg. v. J. Richter. 1r—3r Bd. 8. Leipz. Hartknoch. 803–804. (1r 1 Rthlr. 20 gr. 2r u. 3r à 2 Rthl. 8 gr.)

Miscellen. – S p a n i s c h e Miscellen. 1 H. Berlin Unger 1803
Hrsgeg. v. Chr Aug. Fischer

Miscellen, Spanische und Portugiesische. Leipzig 1806. H: *Bucher, Friedrich Benjamin.* (Ky) (MS)

— spanische u. portugiesische (v. F. B. Bucher). 1r Bd. 3 Stcke. 8. Leipz. 806. C. G. Weigel. à 12 Gr 1 ß 12 Gr

Miscellen. – Miscellen für die kgl. baierischen S t a a t e n und die angränzenden Länder. 3 H. München 1806. 8°
Hrsgeg. v J C A. M. v. Aretin.

Miscellen, Süddeutsche, für Leben, Literatur und Kunst. Stuttgart 1811—14. H: *Rehfues, Philipp Joseph von.* (ErschDL) (EE)

— s ü d d e u t s c h e, für Leben, Litteratur u. Kunst, 1811. 1s bis 4s Quart. gr. 4. Tüb. Cotta. (à 1 Rthlr.)

— s ü d d e u t s c h e, für Leben, Literatur u. Kunst. 1812 und 813. (der Jahrg. 4 Rthlr.) 1814. (1s Quartal 1 Rthlr.) gr. 4. Tübingen, Cotta.

— t h e o l o g i s c h e, s.a. R u p e r t i, Ge. Alex.

—— über Uhren. gr. 8. (1¾ B.) Wien 845, Gerold, Berl.
Aus Littrow's Kalender f. alle Stände 1845 besond. abgedruckt.

Miscellen, Ungarische. 1.—3. Heft. Pest 1805. H: *Lübeck, Joh. Carl.* (GGr VII/102, Nr. 198/4; VII/46, 1805—1807) (Oesterreichs Pantheon 4/199) (»1.—5. Heft Pest 1807«) (BiblPort) Hartleben.

Miscellen. – U n g a r i s c h e Miscellen. Aus dem Archiv für Geographie, Historie, Staats- und Bürgerkunde. 2 H. Wien: Strauß 1818.

—— z u r U n t e r h a l t u n g. Hrsg. v. Al. Schreiber. 1. Quart. 8. (18 B.) Baden 827. (Karlsruhe, Marx.)

Miscellen aus der Welt- und Menschenkunde, ein Lesebuch vom Verfasser der Wanderungen durch die historische Welt. Danzig 1805. V: *Feyerabend, Carl B.* (BGE IV^3, 560)

— aus der Welt- u. Menschenkunde. Ein Lesebuch v. Verf. der Wanderungen durch die histor. Welt. 2 Bde. Mit Kpf. 8. Leipz. ... N. A. 816. Hinrichs. 1 ß 16 Gr

— für die neueste W e l t k u n d e, s.a. Z s c h o k k e.

Miscellen der neuesten Weltkunde. Aarau 180?—11: H: *Zschokke, Joh. Hnr. Dan.* (MGT) »1807—13« (EngG) (Ky)

Miscellen für die neueste Weltkunde
④ Aarauer Zeitung; Wöchentliche Unterhaltungsblätter für Welt- und Menschenkunde ⑤ 3. 1. 1807—29. 12. 1813 ⑥ 4° ⑦ wöchentlich 2× ⑧ Aarau: Heinrich Remigius Sauerländer ⑨ Kritische Beiblätter zu den Miscellen für die neueste Weltkunde (1807/08); Summarium der neuesten politischen Tagesereignisse (1807—1813) ⑩ Samuel Flick'sche Buchhandlung in Basel, dann Sauerländer in Aarau ⑪ Heinrich Zschokke ⑫ historisch-politisch ⑬ BGSZ 143, S. 74 ff; Aarauer Zeitung vom 7. 9. 1816, Nr 108, S. 536 ⑭ Lu: Z; Be: L ⑮ Die Zeitschrift enthält historische Aufsätze, statistische Nachrichten, Bibliographien, politische Mitteilungen, Tagesneuigkeiten. Sie richtet sich vornehmlich an die Interellektuellen. 1813 wurde sie von der Regierung unterdrückt.

Miscellen. – Miscellen für Z e i t u n g s l e s e r oder historisch-politische Denkwürdigkeiten . . . 6 H. Pesth: Hartleben 1809

M i s c e l l o n i s, Heriscundi, sciagraphia iuris univ. in IV tabulis. 8. Lips. Fritsch. 788.

Misch, E. R, die Ehe zwischen Juden u. Christen. Ein Votum mit Bezug auf das preuß. Recht u. Toleranzedict. gr. 8. (16 S.) Leipzig 847, O. Wigand. n. 4 Ngr

—— P r e u ß e n s P a t r i m o n i a l g e r i c h t e. gr. 8. (31 S.) Leipzig 847, O. Wigand.

Misch, F. R., Petition für die Juden in Preußen. gr. 8. Stettin 846, Nicolai. n. ½ ß

—— P e t i t i o n für die Juden in Preußen. gr. 8. (62 S.) Stettin 847, [Gutberlet.]

Misch, Georg, aus Berlin: Zur Entstehung des französischen Positivismus. (Th. 1.) *Berlin 1900: G. Reimer.* (43 S.) 8°
Berlin, Phil. Diss. v. 12. Okt. 1900

Misch, Geo., Geschichte der Autobiographie. 1. Bd. Das Altertum. (VIII, 472 S.) gr. 8. Leipzig 907. B. G. Teubner. 8.—; geb. in Halbfrz. 10.—

Misch, Julius, aus Berlin: Das Binnennetz der spinalen Ganglienzellen bei verschiedenen Wirbeltieren. *Leipzig: G. Thieme 1903.* (86 S.) 8°
Berlin, Phil. Diss. v. 18. Juli 1903

Misch, M., unterm Pantoffel, s.: Bloch's, Ed., Theater-Korrespondenz.

Misch, Mart., Beiträge zur Kenntnis der Gelenkfortsätze des menschl. Hinterhauptes u. der Varietäten in ihrem Bereiche. Mit zahlr. Abbildgn. u. 1 Fig.-Taf. (IV, 107 S.) Lex.-8. Berlin 905. M. Günther. n. 4.—

Misch, Mary, Baronin Fifi, s.: Roman-Gallerie f. Salon u. Reise.

— s. a.: Misch, Rob.

Misch, Rob., der Adelsmensch, s.: Engelhorn's allgem. Romanbibliothek. 17. Jahrg.

Misch, Rob., Biederleute. Satirische Komödie in 4 Akten. (125 S.) 8. Köln 904. A. Ahn. n. 2.—

Misch, Rob., das Ewig-Weibliche. Ein heiteres Phantasiespiel in 4 Aufzügen. gr. 8. (120 S.) Leipzig 902. H. Seemann Nachf. n. 2.—

Ⓡ Misch, Rob., das Ewig-Weibliche. 902. (KBL 32.) Jetzt: Berlin, Harmonie.

— die drei Freunde. Roman. (362 S.) 8. Berlin (904). C. Duncker. n. 3. 50

Misch, Rob., aus d. Geleise, s.a. Kürschner's Bücherschatz.

[F.] Aus dem Geleise. Roman v. Robert Misch. M. 25 Ill. v. M. Ränicke. *Berlin, Eisenach, Leipzig: H. Hillger [1897].* (125 S.) 1 Bd 8.
— Bücherschatz, Kürschners. No 40. [97. 6299

— die Großstädterin. Ein satir. Eheroman. 8. (129 S.) Berlin 901. C. Duncker. n. 2. 50

Misch, Rob., der Irrweg. Roman. 8. (184 S.) Berlin 895. Bibliograph. Bureau. n. 2.—

Misch, R., die Junggesellen, s. Universal-Bibliothek Nr. 2299.

— Villa Kaltenbach. Roman. (321 S.) 8. Leipzig (903). [H. Seemann Nachf.] Berlin, Harmonie. n. 2.—

— Kaltenbachs. Eine heitere Geschichte aus Berlin W. Neue illustr. Ausg. 6. Taus. (212 S. m. Bildnis.) 8. Berlin (906). Harmonie. n. 2. 75; geb. n. 3. 75

— Kinder. Eine Gymnasiasten-Komödie in 4 Akten. (72 S.) gr. 8. Berlin (907). Harmonie. 1.50; geb. 2. 50

— Krieg im Haus. Romantisches Verslustspiel in 4 Akten. (123 S.) gr. 8. Leipzig (903). Berlin, Harmonie. n. 1.20

— Künstlerehe, s.: Collection Freunds ‚Moderne'. I.

— die Massagekur, s.a. Bloch's, Ed., Theater-Korrespondenz.

[F.] Die Massagekur. Schwank in 1 Akt v. Robert Misch. *Berlin: E. Bloch [1893].* (44 S.) 1 Bd 8.
— Theater-Korrespondenz, Eduard Blochs. No 257. [96. 2080

— u. Mary Misch, Misch-Masch. Primanerliebe u. and. Geschichten. Mit Illustr. von H. Colanus. 12. (III, 192 S.) Berlin 895. E. Ebering. n. 2.—; geb. in Leinw. n. 3.—
Vergriffen.

— der todte Musikant. Humoristischer Roman. 8. (128 S.) Berlin (900). R. Taendler. n. 3.—; geb. n. 4.—

— Frau Hella's Ruhm. Roman. 8. (194 S.) Berlin 898. J. Gnadenfeld & Co. n. 2.—; geb. in Leinw. n. 3.—

[F.] Frau Hella's Ruhm. Roman v. Robert Misch. *Berlin [&] Leipzig: W. Süsserott 1898.* (1 Bl., 194 S.) 1 Bd 8. [98. 1839

— Schauspielerehe. Novelle. (158 S.) 8. Köln (904). A. Ahn. n. 2.—

— das Schützenfest, s.: Erzähler, deutsche. 3. Bd.

— u. Wilh. Jacoby, das Schützenfest, s.: Mehr Falter.

— der sechste Sinn, s.: Moser, Gust. v.

— die Töchter des Doktors, s.: Erzähler, deutsche. 3. Bd.

— Rittergut Tressin. Roman. (180 S.) 8. Berlin (903). C. Duncker. n. 2. 50

— Uebermenschen. (Tiger Borgia. Ein Renaissance-Akt. Schicksalswende. Ein Empire-Akt. Der Prophet. Ein moderner Akt.) (74 S.) 8. Berlin (905). Harmonie. n. 1. 50; geb. n. 2. 50

— „Und der Ruhm ein eitler Wahn". Die Geschichte e. Premièren-Erfolges. 11. Taus. (140 S.) 8. Berlin (906). Harmonie. n. 2.—; geb. in Leinw. n. 3.—

Ⓑ — Und d. Ruhm e. eitler Wahn. 906. (KBL. 34.) Ladenpr. aufgeh.

— Mamsell Unschuld. Eine Mädchenkarrière in 15 Kapiteln. (Ein lust. Versbuch.) Illustr. v. Hans Schwegerle. (131 S.) gr. 8. Berlin (907). Harmonie. 3.—; geb. 4.—

Misch, Willi, prakt. Arzt zu Berlin: Einige Beobachtungen über Hetralin. Hamburg 1906: H. O. Persiehl. (16 S.) 8°
¶ (Wird im nächsten Jahre nachgeliefert.)
Leipzig, Med. Fak., Ref. Boehm, Diss. v. 20. Jan. 1906
[Geb. 25. Sept. 79 Herne; Wohnort: Berlin; Staatsangeh.: Preußen; Vorbildung: Gymn. Recklinghausen Reife O. 99; Studium: Bonn 5, Berlin 3, Gießen 1 S.; Coll. 30. Jan. 06; Approb. 22. Febr. 04.]

Misch-Kastner, Mary, Annemarie. Roman. (229 S.) 8. Köln (904). A. Ahn. n. 2. 50

Mischaikoff, Georg. aus Dubnitza (Bulgarien)': Aus dem pathologischen Institut in Zürich. Ueber Knochenbildung in der Trachealschleimhaut des Menschen. Zür. E. Meyer Dr. 1894. 29 S., 1 Bl. 8°. Zürich. Med. Diss. [v. 12. März 1894].

Mische, Karl, appr. Arzt a. Büren in Westf.: Zur Casuistik der Leberruptur. Leipzig 1905: B. Georgi. (34 S.) 8°
Leipzig, Med. Fak., Ref. Trendelenburg, Diss. v. 22. Dez. 1905
[Geb. 15. Sept. 75 Büren; Wohnort: Büren; Staatsangeh.: Preußen; Vorbildung: Gymn. Paderborn Reife O. 90; Studium: Leipzig 2, Greifswald 3, Leipzig 9 S.; Coll. 22. Dez. 05; Approb. 12. Juli 04.]

Mischel, (A.,) der Sieg der reinen Liebe. Eine poet. Erzählung in 3 Gesängen. 8. Leipz. 825, Hartmann.

Mischel, A., der Sieg d. reinen Liebe. Eine poet. Erzähl. in 3 Gesängen. 2. Ausg. 8. (5 B.) Ronneburg 832, Weber.

Mischel, Frz., Berichtigungen zur deutschen Übersetzung, i.: Oupnek'hat.

Mischel, Franziscus Adolf Gotthelf (Dresden), De percussione et auscultatione chirurgiae subsidiis. Diss. med. Leipzig (E. Stang) 29. VII. 1850. 16 S. mit Biogr. (M.: Fr. Barthel.) (2.50) 23406
Gew.: August Christian Gotthelf Mischel (Vater).

Mischel, Joh(ann) Alexander (Übers.):

s.: Du Verney, (Guichard Joseph): Tractatus de organo auditus oder Abhandlung vom Gehör... (Traité de l'organe de l'ouie... Dt.) Berlin: (1732)

JB 4.294

Mischel, Joh(ann) Alexander (Übers.):

s.: Garengeot, (René) Jacques Croissant de: Splanchnologia sive anatomia viscerum, das ist: gründliche Abhandlung von allen Eingeweiden... (Splanchnologie ou l'anatomie des viscères... Dt.) Berlin: 1744

JB 577

Institutio anatomica, worinnen eine zwar kurtze dennoch aber deutliche Beschreibung allen den menschlichen Cörper ausmachenden Theile gegeben... wird. Wobey gefügt ist; Der Methodus secandi..., samt e. Anhang von verschiedenen Vorstellungen derer Theile des menschlichen Cörpers... von Johann Alexander Mischel. Th.1.2. Hamburg: Hertel 1744. 1 Bd 8°

Mischel, Joh(ann) Alexander (Übers.):

s.: Saint-Yves, Charles de: Tractat von denen Kranckheiten der Augen... (Nouveau Traité des maladies des yeux... Dt.) Berlin: (1730)

JB 4.201

— Rudolf Oskar Gotthelf (Dresden), Über die in den Gelenken spontan sich bildenden fremden Körper (Gelenkmäuse). Diss. med. Präs. E. L. Wagner. Leipzig (C. E. Elbert) 19. VI. 1865. 26 S. mit Biogr. (M.: Fr. Barthel.) (2.50) 23407
Oppon.: Moritz Benndorf, Woldemar Petzoldt, Julius Meyer.

Mischel, Wolf. Die Erkenntnistheorie Maimonides'. Diss. Phil. Bern. 65 S. 8. Berlin, H. Itzkowski, 1903.

Mischer, Rudolf, Prof. Dr.: (1.) Die Entwicklung des Menschen von der Jugend bis zum reiferen Alter. (2.) Macht, Wesen und Recht der Persönlichkeit. (Umschlagt.: Zwei Schulreden ...) *Seehausen i. A. 1900: R. Schröter.* (S. 3—14.) 4° [Ant. u. F.]
Seehausen i. A., G in Umwandl., OP 1900 (267)

Mischer, Rud., über die zweite Lagrange'sche Form des d'Alembert'schen Princips. Inaugural-Dissertation. gr. 8. (28 S.) Jena 881. (Neuenhahn.) n. — 80

Mischer, Oskar Heinr. Rudolf Psychologische Fragen. 25 S. *Seehausen* 1884. Progr.

Mischer, Rudolf Die Gesetze der Bewegung punktueller Massen. 23 S. Progr. *Minden* 1877.

Mischer, Rudolf, Prof. Dr., Dir.: Auf der Grenze von Naturwissenschaft und Philosophie. *Seehausen i. A. 1903: R. Schröter.* (14 S.) 4° [F.]
Seehausen i. A., R, OP 1903 (318)

Mischer, Rud., in der Tiefe wohnt das Licht. Eine Erzählg. (72 S.) 8. Leipzig (908). O. Wigand. 1.50

Mischer, *Rudolf* [Prof. Dr.]: Aus der Praxis des physikalischen Unterrichts. Seehausen i. d. A., Druck d. Schröterschen Buchdr., 1897; 3—18 S. 4.
Seehausen i. d. A., G, OP 1897 (259)

Mischer, Rudolf, Prof. Dr., stellv. Dir.: [Kurzer Rückblick auf die Geschichte der Anstalt als Gymnasium.] *Seehausen i. A. 1901: R. Schröter.* (S. 28—30.) 4°
Seehausen i. A., G i. Umw. in eine R, OP 1901 (270)

Mischewski, Curt, Handbuch d. Photographie, s.: Pizzighelli, C.

Mischi, J. Deutsche Worte im Ladinischen. Brixen, Privatg., 1882. 32 S. Progr.

Mischi, J., deutsche Worte im Ladinischen. gr. 8. (32 S.) Wien 885. (Pichler's Wwe. & Sohn.) n. — 70

Mischinsky, L., die auf besondere Menschen lisst nach der reinen Vorschrift (Seth) lib. V. cap. 10. aus besondern hohen Geheimnissen verzeichnete sechs Pentacula. Caleb magiae albae Hoffmannianae, mit ihrem Gebrauch und Tugenden von — zu Raab. 746. 4. 16 Bl. u. 7 Tabellen.

Mischke, Geschichte des königl. preußischen 13. Infanterie-Regiments von 1813 bis 1838. 2. Ausg. [Auszug aus des Verf. grösseren als Mscr. gedr. Werke.] Münster 868. (Coppenrath.) gr. 8. (IV, 67 S.) n. 7½ ngr.
S. auch: Cramer, F.

Mischke, Albert v.: Festrede gehalten bei der Auf Allerhöchsten Befehl Sr. Maj. d. Kaisers u. Königs am 18. Oct. 1895 stattgeh. Feier d. Enthüllg d. Kaiser Friedrich-Denkmals auf d. Schlachfelde v. Wörth v. A[lbert] v. Mischke, Gen. d. Infant. . . . Berlin: A. Duncker 1895. (9 S.) 1 Bd 4.

Mischke, C. Das Gesetz d. Herrn od. das erste Hauptstück d. kleinen Katechismus Luthers. In Entwürfen zum Gebrauch f. die Oberstufe evangel. Volksschulen bearb. gr. 8. (IV, 112 S.) Lpz. 891, F. Brandstetter. * 1 40

—— Der christliche Glaube od. das II. Hauptstück d. kleinen Katechismus Luthers. In Entwürfen zum Gebrauche f. die Oberstufe evang. Schulen bearb. gr. 8. (IV, 98 S.) [Halle a. S. 890, Heynemann.] Lpz., F. Brandstetter. * 1 —

Mischke, C., der kleine Katechismus Luthers. In Entwürfen zum Gebrauche f. die Oberstufe evangel. Schulen bearb. 3 Bdchn. gr. 8. Leipzig, F. Brandstetter. n. 3 80
1. Das Gesetz des Herrn od. das 1. Hauptstück d. kleinen Katechismus Luthers. (IV, 112 S.) 891. n. 1. 40
2. Der christliche Glaube od. das 2. Hauptstück d. kleinen Katechismus Luthers. (IV, 98 S.) 890. n. 1. —
3. Das Gebet des Herrn u. die hl. Sakramente od. das 3. bis 5. Hauptstück des kleinen Katechismus Luthers. (VI, 113 S.) 894. n. 1. 40

Mischke, C., der Lehrplan f. d. Bibellesen in Volks-, Mittel- u. höhern Mädchenschulen, zur Schulbibelfrage, s.a. Abhandlungen, pädagogische.

[F.] I. Der Lehrplan für das Bibellesen in Volks-, Mittel- u. höh. Mädchenschulen. II. Zur Schulbibelfrage. Von C. Mischke, Rektor . in Pr. Friedland '(Westpr.)'. *Bielefeld: A. Helmich [1896?].* (39 S.) 1 Bd 8.
— Abhandlungen, Pädagogische. Heft 30. [97. 2,82

Mischke, C., und A. Tromnau, der religiöse Lern- und Merkstoff für evangelische Schulen. Mit Berücksicht. der 3 Unterrichtsstufen zusammengestellt. gr. 8. (92 S.; Begleitwort 4 S.) [Berlin 885.] Gera, Th. Hofmann. *

Mischke, C., s.: Mittelschule u. höhere Mädchenschule, die.

— die Stellung der Mittelschule u. höheren Mädchenschule im Gesamtorganismus unseres Schulwesens u. ihre zweckentsprechende Einrichtung. Vortrag, geh. am 19. Mai 1891 zu Berlin. gr. 8. (IV, 51 S.) Halle 892. H. Schroedel. n. — 75

Mischke, H., die Elemente der Gesetzeskunde u. Volkswirtschaftslehre, s.: Rasche, E.

Mischke, J. G., das erste Schuljahr. 8. (41 S.) Langensalza 864, Verlags-Comptoir.

Mischke, J. G., das erste Schuljahr in der ein- u. mehrklassigen Schule. 2., vollständig neu bearb. Aufl. gr. 8. (IV, 66 S.) Langensalza 880. Beyer & Söhne. — 75

Mischke, J. G., das erste Schuljahr in der ein- u. mehrklassigen Schule. 4. Aufl. gr. 8. (IV, 66 S.) Langensalza 885. Beyer & Söhne. — 60

Mischke, J. G., das erste Schuljahr in der ein- u. mehrklassigen Schule. 5. Aufl. 8. (IV, 64 S.) Langensalza 889. Beyer & Söhne. n. — 75

Mischke, J. G., d. erste Schuljahr in d. ein- u. mehrklass. Schule. 6. Aufl. gr. 8. (IV, 64 S.) Langensalza 895. H. Beyer & Söhne. n. — 75

Mischke, Johann Benjamin (Danzig), De dispensatione divina ab obligatione praecepti decalogi septimi legisque Judaeorum ritualis. Präs. Johann Friedrich Bahrdt. Leipzig (Langenheim) 3. X. 1765. 19 S. (5.—) 23408

Mischke, Karl [aus Schlesien]: Beobachtungen über das Dickenwachsthum der Coniferen. . . . (Aus: Bot. Centralblatt 1890 Bd. XLIV.) Kassel, Druck v. Gebr. Gotthelft, 1890; 29 S., 1 Bl. 8°
Berlin, Phil. Fak., Inaug.-Diss. v. 9. Okt. 1890

SCHÜLER, FAHRENDE (= Vaganten). — Mischke (in Mischendorf, Brandenb., geb. 11. Jan. 1863), Der fahrenden Schüler Liederbuch. Eine Auswahl der Vagantengesänge in modernen Uebertragungen, mit einer Einführung in das Wesen und die Poesie der „Fahrenden". Berlin, Letto, 1893. Kl. 8°. XII, 208 S.

— — Nachtrag. Als Manuskript gedruckt. Ibid. eod. a. Kl. 8°. VI—22 S.
Enthält die, wegen ihrer „Anstößigkeit" in obiger Sammlung fehlenden Gedichte. (Dr. Ed. Grisebach's Cat. no. 213 -14.)

Mischke, Karl, Naturgeschichte der Ziffern. Vortrag, geh. in der deutschen Gesellschaft f. Natur- u. Völkerkunde Ostasiens zu Tokio, Japan (Sitzg. in Yokohama am 27. VI. 1906). (48 S. m. Fig.) gr. 8. Bremen 907. M. Nössler. 1. —
Sonderabdruck aus: „Deutsche Japan-Post".

Mischke-Kollande, August von, s. Mitschke - Kollande

Mischko, Bolon, ungarische Paprika, s.a. Paprika.

MISCHKO, Bolon, Frische ungarische Paprika. Eine Sammlung volksthümlicher Charakterzüge und belustigender Anekdoten. Nach dem Tode seines Vaters in einer unveränderten Gestalt verbessert und vermehrt ans Licht gestellt durch Stephan Mischko. Mit color. Titelbild in Steindruck. Leipzig, Ignaz Jackowitz, 1831. 8°.

Mischko, Bolon, frische ungarische Paprika. Eine Sammlung volksthüml. Charakterzüge u. belustigender Anekdoten. Nach d. Tode seines Vaters in einer veränderten Gestalt, verbess. u. verm., ans Licht gestellt durch Steph. Mischko. 2. Aufl. 12. (8 B. u. 1 ill. Ttlkpfr.) Leipzig 844, Jackowitz.

Mischko, Steph., s. Mischko, B., frische ungar. Paprika.

Mischle Sindbad, Secundus-Syntipas (hebr. Text), edirt, emendirt und erklärt. Einleitung und Deutung des Buches der Sieben weisen Meister, von P. Cassel. 2. Aufl. Guben und Berlin 1890. 8°. (Mk. 10—) (7 Mk. Adolf Weigel, 1908.)
Zuerst gedr. Berlin 1888. 8° (Mk. 10—.) (7 Mk. Jos. Baer & Co.)
— — Dasselbe. 3. Aufl. Berlin 1891 8°. (7 Kr Gilhofer & Ranschburg, 1909.)

MISCHLEI, GEORG: Andachten, den Tag heilig zuzubringen. Ofen 1786: K. K. Univ.-buchdruck. 48 S. - 150 mm

Mischler, Chr., die Unfallverhütungsvorschriften der landwirtschaftl. Berufsgenossenschaften Elsaß-Lothringens. (4 S.) gr. 8. Gebweiler (909). J. Boltze. — 20
Sonderabdruck aus: „Lehrb. f. d. landw. Winterich. Elsaß-Lothr., I. Bd."

Mischler, Ernst, s.: Arbeitsnachweis, der.

— Gemeinnützige Arbeitsvermittlung und unentgeltlicher Wohnungsnachweis in Graz und Steiermark. Lex.-8°. Graz, Selbstverlag d. Arbeitervermittlungsanstalt, 1903.

Mischler, Ernst, die öffentl. Armenpflege in Oesterreich, s.: Verwaltung, sociale, in Oesterreich. II, 4.

Mischler, E., die Armenpflege in den österreichischen Städten u. ihre Reform. [Aus: „Statist. Monatsschrift".] Lex.-8. (III, 96 S.) Wien 890. (Deuticke) n. 2. —

Mischler, Ernst (Red.), s. Armenpflege und Wohltätigkeit in Österreich.

Mischler, Ernst, das Armenwesen in Steiermark, s.a. Mitteilungen, statistische, üb. Steiermark.

Das Armenwesen in Steiermark. Bearb. v. Dr. Ernst **Mischler**, o. ö. Univ.-Prof. in Graz .. M. 10 graph. Taf. *Graz: In Comm. b. Leuschner & Lubensky; (Dr. v. Laykam) 1896.* (IX, 258 S., 10 Taf.) 4.(8.)
= **Mittheilungen**, Statistische, üb. Steiermark. H. 1. [98. 3183

— Bericht über die Tätigkeit der steiermärkischen Arbeitsvermittlung in Graz im Jahre 1909. 8⁰. Graz, Verlag, Leykam, 1910.

— s.: Besitz- u. Schuldverhältnisse, ländliche, in 27 Gemeinden Steiermarks.

— s.: Blätter f. das Armenwesen.

Die landwirtschaftlichen Dienstboten in Steiermark. Auf Grund landschaftl. amtl. Materials mit Unterst. d. k. k. Ackerbau-Minist. dargest. von Prof. Dr. E[rnst] **Mischler** u. Dr. H[ubert] Wimbersky. Dem 8. internat. landwirtsch. Kongress in Wien 1907 überreicht. Graz: Selbstverl. 1907. (27 S.) 8° [Umschlagt.] [08. 16820

— s.: Einzelfragen der Finanzpolitik der Gemeinden.

— s.: Forst- u. Weideservituten, die, in vier Gemeinden Steiermarks.

Mischler, Ernst, Handbuch der Verwaltungs-Statistik. 1. Bd. Allgemeine Grundlagen der Verwaltungs-Statistik gr. 8 (XX, 323 S.) Stuttgart 892. J. G. Cotta Nachf. n. 6. —

Mischler, Ernst, der öffentliche Haushalt in Böhmen. Ein Beitrag zur Kenntniss und Beurtheilung des Finanzwesens der Selbstverwaltung in Oesterreich. gr. 8. (XI, 206 S.) Wien 887, Deuticke. *

Mischler, Ernst, die Literaturstatistik in Oesterreich. gr. 8. (23 S.) Wien 886. Hölder. n. -- 80

Internat. statist. Institut. Die Methode der Armenstatistik. Referat von Univ.Prof.Dr.Ernst **Mischler**. Berlin 1903: J. Sittenfeld. (38 S.) 8° [05. 1737

— s.: Mittheilungen d. statistischen Landesamtes d. Herzogth. Bukowina.

— die Organisierung der Landesstatistik in der Bukowina. [Aus: „Statist. Monatsschr."] Lex.-8. (13 S.) Wien 891 (Czernowitz, Pardini.) n. — 60

— s.: Oesterreichs Wohlfahrts-Einrichtungen.

Mischler, E., s. Schriften d. Vereins f. Sozialpolitik.

— s.: Staatswörterbuch, österreichisches.

—— s. Städtebuch, österreichisches.

— alte u. neue Universitäts-Statistik. Antrittsrede, geh. zu Beginn d. Winter-Semesters 1884/85. gr. 8. (IV, 32 S.) Prag 885. Dominicus. n. — 80

— Wegweiser durch die freiwillige Armenpflege in Steiermark. Aus Anlass der Jubiläumswohlfahrts-Ausstellung, Wien 1898. gr. 8⁰. Graz, Leuschner u. Lubensky, 1898.

Mischler, K. Quartier- und Strassenplan der Stadt Bern 1899 (m. Strassenverzeichnis [an den Seiten] u. Hausnummern). 7. Aufl., verb. Abdruck. 1:6250. 50×60 cm. Farbdr. Bern. Hans Kœrber. 1899.

Mischler, Marie, soziale u. wirtschaftliche Skizzen aus der Bukowina. [Aus: „Deutsche Worte"] 2. Abdr. gr. 8. (III, 131 S.) Wien 893. L. Weiß. n. 1. 70

Mischler, Pet., zur Abhilfe des Nothstandes im Erz- und Riesengebirge. Gutachten des Central-Comité's zur Förderung der Erwerbsthätigkeit im Erz- und Riesengebirge über Auftrag des k. k. böhm. Landesausschusses erstattet und bearb. gr. 4. (XI und 195 S.) Prag 862, Bellmann's Verlag. *

Mischler, Pet., das deutsche Eisenhüttengewerbe vom Standpunkte der Staatswirthschaft. Mit Benutzung amtl. Quellen. 1. Bd. gr. 8. (XVI und 607 S.) Stuttgart 852, Cotta'sche Buchh. *

Mischler, Pet., das deutsche Eisenhüttengewerbe vom Standpunkte der Staatswirthschaft. Mit Benutzung amtlicher Quellen. 2. Bd. Mit 3 lith. Taf. (in Fol.) u. einer Beilage, enthltd. das neue K. K. Berggesetz für die Oesterreich. Monarchie. Stuttgart 854. Cotta. gr. 8. (VIII, 400 S.) n. 1 ₰. 14 ngr

Mischler, Dr. Peter — Entstehung des National-Reichthums und Lehre vom natürlichen Reichthum der Länder. Von — —. Wien, 1857. Druck und Verlag von Fried. Manz. (191 S. 8.)

—— Handbuch der National-Oekonomie. 1. Bd. 2 Thle. gr. 8. Wien 856(57,) Manz.

Inhalt:

Thl. 1. Grundsätze der National-Oekonomie. (XVI und 294 S.) 1 Thlr. 21 Ngr.

2. Entstehung des National-Reichthums und Lehre vom natürl. Reichthum der Länder. (VII und 191 S.) 1 Thlr.

Mischli. משלי Sprüche Salomo's mit einer deutschen wörtlichen Uebersetzung. *Prag* 1858. Druck und Verlag von *M. J. Landau.* 116 S. 8⁰.

Mischlich, Adam

Mischlich, A., Lehrbuch der hausanischen Sprache (Hausa-Sprache), s. a. Archiv f. das Studium deutscher Kolonialsprachen. I.

Lehrbuch der hausanischen Sprache (Hausa-Sprache) von A. **Mischlich**, Bezirksleiter in Togo. *Berlin: G. Reimer in Komm. 1902.* (X, 184 S.) 8°
— **Archiv** f. d. Studium deutscher Kolonialsprachen. Bd 1. [02. 336

Mischlich, Adam, Wörterbuch d. Hausasprache, s. a. Lehrbücher des Seminars f. orientalische Sprachen.

Wörterbuch der Hausasprache von Adam **Mischlich**. T. 1. Berlin: G. Reimer 1906. 8°
— **Lehrbücher** d. Seminars f. Oriental. Sprachen. Bd 20. [06. 15114

Mischlich, Philipp [app. Arzt aus Nauheim bei Gr.-Gerau (Hessen)]: Über Thrombose des Sinus transversus nach Mittelohreiterungen und ihre chirurgische Behandlung ... Strassburg i. E., Buchdr. Ch. Müh & C., 1894; 44 S., 1 Bl. 8.
Strassburg, Med. Fak., Inaug.-Diss. v. 1894

Mischlinge, gebunden u. ungebunden, z. Unterhalt. in Feierstunden. — Du fragst, wer uns erschaffen hat? — Freund † Kantharos in Lindenstadt. gr. 8. (10 B.) Leipzig 839, Schreck.

Mischmasch, ein Lesebüchlein für jeden, dem's hell od. dunkel im Kopfe ist. 8. Mühlhausen 799. Danner. 12 gl

Misch-Masch. – Angenehmer Misch-Masch. Artiger, Lustiger und Sinnreicher Historien, Zusammengetragen von Einem Feind der Traurigkeit. Gedruckt, im Jahr 1727. Kl. 8° Frontispiz (handkoloriert), 2 Bl. 256 S. Pgt. d. Z.

MISCHMASCH alt u. neuer Aufsätze zum Vergnügen, oder: Allerley für die Laune, wie man gestimmt ist. Bd. 1. (einz.). London (fing.) 1787. 8°. (1 Mk. 80 Pfg. Theod. Ackermann, München, 1888; 5 Mk. Friedr. Klüber München, 1905.)

Mischmasch und Grillen, s. Ahlefeldt, Joh. Ad.

Mischmasch und Grillen für die Herzogthümer Schleswig-Holstein . . . Itzehoe 1795—96. V: *Ahlefeldt, Carl Chn Friedrich Ulrich Freiherr von.* (Ky)

— u. Grillen f. die Herzogthümer Schleswig-Holstein, d. Herrschaft Pinneberg u. Grafschaft Rantzau, aber NB. nicht ohne Selbstlauter. Von e. das. Pflanzer rc. (Graf Karl Chr. Fr. Ulr. v. Ahlefeldt). gr. 8. Itzehoe 795. u. 96.

Mischmasch, Ein, von allerley ernsthaften und lustigen Possen . . . O. O. 1756. V: *Reichel, Joh. Gfr.* (Anz. f. d. Alt. 22, 373.) *Schönaich, Christoph Otto Freih. v.* (Schr) (GGr) (Ladendorf, Schönaich. Lpz. 1897. S. 75.) (Waniek, Gottsched. Lpz. 1897. S. 609.) (Cat. d. Stadtbibl. Zürich. Zürich 1864—97.)

— ein, von allerlei ernsthaften u. lustigen Possen (v. Cph. O. v. Schönaich.) 8. Sorau 756. 3 gl

MISCHMASCH scherzhafter Possen. Mit 6 Kpfrn. O. O. u. J. Kl. 8°. (In Warmbrunn.) Sehr rar!

MISCH-MASCH, Hilari (ps.), Nützliche Tischreden, d. i. Melancholey vertreibende Einfälle. 1756. Weller, Lex. Pseud. p. 364. — Sehr selten!

שִׁשָּׁה סִדְרֵי מִשְׁנָה (Mischna, mit Vokal- u. Lesezeichen u. mit getreuer, möglichst wörtlicher, deutscher (v. J. Moser berichtigter Uebersetzung, nebst erklär. Anmerkk., in hebräischer Schrift. 1r u. 2r Bd.) gr. 4. (M. 1 Steintaf. in qu. gr. Fol.) Berl. 831, 32. (Leipz., Barth). Subscr.-Pr. (à 2 ℛ) 4 ℛ Fein Pap. (à 3 ℛ) 6 ℛ

Mischna. Cum commentariis Bertinoro, Jomtob Heller et recentiorum in his Akiba Eiger, denuo et Benj. Wolf Eiger et N. A. Goldberg. (In hebr. Sprache.) Vol. I—V. gr. 4. Berlin 861. 62, Adolf und Comp. à Vol. * * 2 Thlr. * *

Inhalt:

Vol. I. Ordo I. de seminibus. (380 S.)
» II. Ordo II. de festis. (X und 348 S.)
» III. Ordo III. de mulieribus. (VI und 394 S.)
» IV. Ordo IV. de damnis. (III und 400 S.)
» V. Ordo V. de sacrificiis. (V und 326 S.)

Mischna. Cum commentariis Bertinoro, Jomtob Heller et recentiorum, in his R. Akiba Eiger, denuo edd. Benj. Wolf Eiger und N. A. Goldberg. (In hebr. Sprache.) Vol. 6.: Ordo VI. de impuritatibus. (Schluss.) gr. 4. (IV und 456 S.) Berlin 862, Cohn. *
Vol. 1—5. Ebendas. 1861,62. * 10 Thlr.

Mischna. Cum commentariis Obadja Bertinoro, Jomtob Heller [compendiose] et Israel Lipschitz [Tiferet Israel], accedunt: Novellae et glossae auctorum celeberrimorum. 6 voll. gr. 8. Berlin 876. Adf. Cohn. n. 24. --

I. Seraim [de seminibus]. (XII, 573 S.)
II. Moed [de festis]. (II, 723 S.)
III. Naschim [de mulieribus]. (II, 400 S.)
IV. Nesikin [de damnis]. (II, 568 S.)
V. Kodaschim [de sacrificiis]. (II, 675 S.)
VI. Tohorot [de immunditiis]. (II, 508 S.)

Mischna sive totius Hebraeorum juris, rituum, antiquitatum, ac legum oralium systema, cum clarissimorum rabbinorum Maimonidis et Bartenorae commentariis integris. Quibus acc. variorum auctorum notae ac versiones in eos quos ed. Codices. Latinitate donavit ac notis ill. Guil. Surenhusius. P. 1—6. Amstelaedami. 6 Bde fol.

P. 1. 1698.
„ 2. . . . ordo festorum. 1699.
„ 3. . . . de re uxoria. 1700.
„ 4. . . . ordo damnorum. 1702.
„ 5. . . . ordo sacrorum. 1702.
„ 6. . . . ordo puritatum. 1703.

Mischnah. Auszüge aus derselben, s. Friedmann, M.

Mischnah, od. d. Text d. Talmuds. 6 Thle. gr. 4. Anspach, Haueisen. (Gassert.) 760—63. (I. Seraim. 1 Rthlr. 4 gr. II. Moed. 1 Rthlr. 4 gr. III. Naschin. 1 Rthlr. 4 gr. IV. Nesikin. 1 Rthlr. 4 gr. V. Kodaschin. 1 Rthlr. 8 gr. VI. 1. Tohoroth. 1 Rthlr. 8 gr. VI. 2. Tohoroth. 12 gr.)

שִׁשָּׁה סדרי מִשְׁנָה (Mischnah, mit Vocalzeichen, beigefügt. deutsch. Uebersetz. (hebr. Lettern) u. kurzen Erläutern., mit d. Commentar מלא כף נחת (welcher e. Auszug aus Bertinoro u. Jom Tob liefert, u. nicht mit e. ältern gleiches Namens zu verwechseln ist.) Hrsg. v. e. Verein gelehrt. Männer. 6 Bde. gr. 4. Berlin, (Eichler.) [1. (25 B. u. 1 Stnt. gr. qu. Fol.) 831., 2. (29½ B.) 832., 3. (27 B.), 4. (34 B.) 833., 5. u. 6. (72½ B.) 834. à 2 Thlr., Schrbp. 3 Thlr.] 12 Thlr., Schrbp.

Mischnah-Text d. talmudischen Tractats „Babo mezihah" m. Commentar Bartenore. (In hebr. Sprache.) 8. (51 S.) Posen 893. A. Spiro. Kart. n. — 75

Mischnajot. [Text vokalisiert, mit deutscher Übersetzung, dem Kommentar Melō kaf nāchat und deutschen Noten. Herausgegeben von J. M. Jost. 6 Teile.] 2 voll. Berlin 1832—1834.

Mischnaioth. Hebräischer Text mit Punktation, deutscher Uebersetzung und Erklärung von A. Sammter. (In 40 Lfgn.) 1.—8. Lfg. gr. 8. (1. Bd. S. 1—196; Einleitung S. 1—24; 2. Bd. S. 1—32.) Berlin 885—87, [Adf. Cohn.] H. Itzkowski, gr. Hamburger Str. 18. 19.
1.—4. Lfg. à ** M 1.—.; 5.—8. Lfg. à ** 75 Pf. **

Mischnaioth. Hebräischer Text m. Punktation, nebst deutscher Uebersetzg. u. Erklärg. v. A. Sammter u. E. Baneth. 8.—11. Lfg. gr. 8. (2. Bd. S. 1—128.) Berlin 888. (Frankfurt a/M., Kauffmann.) à n.n. — 75

Mischnaiot. Hebräischer Text m. Punktation nebst deutscher Uebersetzg. u. Erklärg. 12.—41. Lfg. gr. 8. Berlin. (Frankfurt a/M., J. Kauffmann.) à nn — 75

12. 13. 32. 35. 38. 39. II. Thl. Seder Moët. Von E. Baneth. (S. 129—320.) 889—909.
23. 25. 29—31. 33. 34. 36. 37. III. Thl. Seder Naschim. Von Rabb. Dr. M. Petuchowski. (S. 1—288.) 896—908.
14—22. 24. 26—28. IV. Thl. Seder Nerikim. Von D. Hoffmann. (XXIV, 384 S.) 898. 99.
40. VI. Tl. Seder Tohoroth v. D. Hoffmann. 1. Heft. Kelim, Abschn. 1—6. (82 S.) 910.
41. V. Tl. Sedar Kodaschim v. J. Cohn. 1. Heft. Sebachim, Abschn. 1—5. (32 S.) 910.

Mischnajoth Berachoth. (In hebr. Sprache.) 5. Aufl. 8. (32 S.) Frankfurt a/M. 893. J. Kauffmann. Kart. n. —55

Mischnath Ha-MMiddoth, s.a. **Abhandlungen zur Geschichte der Mathematik.**

Mischnat ha-middot, die erste geometrische Schrift in hebräischer Sprache, nebst Epilog der Geometrie von Abraham bar Chijja. Aus Handschriften in München und Rom herausg. von M. Steinschneider. Berlin 864. Asher & Co. gr. 8. (VI, 10 S.) n. 8 *ngr.*

Mischnath ha-Middoth (Lehre von den Maassen) aus einem Manuscripte der Münchener Bibliothek . . . herausgegeben und mit einigen Bemerkungen versehen von M. Steinschneider (Berlin 1864); ins Deutsche übersetzt, erläutert und mit einem Vorwort versehen von Hermann Schapira. Suppl. z. hist.-lit. Abth. d. Ztschr. f. Math. u. Phys. (1869).

Mischnatraktat, der, v. der Prügelstrafe, m. dem Kommentar des Obadja v. Bertinoro. Erläutert v. Walt. Windfuhr. (IX, 27 S.) 8. Leipzig 910. R. Haupt. 1. 80

Mischnatractate, ausgewählte in deutscher Uebersetzg., unter Mitwirkg. v. Baentsch, Beer, Hölscher u. a. hrsg. v. Paul Fiebig. 1—3. 8. Tübingen, J. C. B. Mohr. n. 3. 40
1. Joma. Der Mischnatractat „Versöhnungstag" ins Deutsche übers. u. unter besond. Berücksicht des Verhältnisses zum Neuen Testament m. Anmerkgn. versehen v. Paul Fiebig (VII, 34 S.) 905. n. 1. —
2. Pirque 'aboth. Der Mischnatractat „Sprüche der Väter", ins Deutsche übers. u. unter besond. Berücksicht. des Verhältnisses zum Neuen Testament m. Anmerkgn. versehen v. Paul Fiebig. (VII, 43 S.) 906. n. 1. 20
3. Berachoth. Der Mischnatractat „Segenssprüche" ins Deutsche übers. u. unter besond. Berücksicht. des Verhältnisses zum Neuen Testament m. Anmerkgn. versehen v. Paul Fiebig. Mit e. Anh., bietend: e. Reihe alter u. wicht. jüd. Gebete. (VII, 43 S.) 906. n. 1. 20

Mischnatractate, ausgewählte, in deutscher Uebersetzg., unter Mitwirkg. v. Beer, Hölscher, Kahle u. a. hrsg. v. Paul Fiebig. 4.—6. 8. Tübingen, J. C. B. Mohr. Subskr.-Pr. 7.20; Einzelpr. 7. 90
4. Abodah zarah. Der Mischnatractat „Götzendienst" ins Deutsche übers. u. unter besond. Berücksicht. des Verhältnisses zum Neuen Testament m. Anmerkgn. versehen v. Paul Krüger. (V, 28 S.) Subskr.-Pr. — 80; Einzelpr. — 90
5. Schabbath. Der Mischnatractat „Sabbat" ins Deutsche übers. u. unter besond. Berücksicht. des Verhältnisses zum Neuen Testament m. Anmerkgn. versehen v. Geo. Beer. (XII, 120 S.) Subskr.-Pr. 3.—; Einzelpr. 3. 20
6. Sanhedrin u. Makkot. Die Mischnatractate „Sanhedrin" u. „Makkot", ins Deutsche übers. u. unter besond. Berücksicht. des Verhältnisses zum Neuen Testament m. Anmerkgn. versehen v. Gust. Hölscher. (VIII, 143 S.) 910.) Subskr.-Pr. 3.40: Einzelpr. 3. 80

1—3. Ebd. 905. 06. 3.40.

Mischne Thora oder Jad hachasaka von R. Moses, Sohn d. Maimon (Maimonides), in 14 Büchern, das gesammte Gebiet der Gesetze des Judenthums umfassend, aus dem Urtexte ins Deutsche übersetzt von A. Waff. 4. Bd.: Das jüdische Civil- u. Strafrecht. 8. (320 S.) Frankf. a. M. 892, Hofmann. * 3 —
1.—3. Bd. noch nicht erschienen.

Mischner, Jos., durch Sturm zur Stille! **Gedichte e. Kriegers** v. 1870/71. 8. (VIII, 86 S. m. e. Abbildg.) Leipzig 890. Neumann's Verl. n. 1. 20; geb. n. 2. —

Mischner, Jos., durch Sturm zur Stille! Patriotische u. christl Gedichte e. Kriegers v. 1870/71. 2., verb. u. verm. Aufl. 12. (VIII, 103 S. m. 1 Abbildg.) Leipzig 891. A. Neumann's Verl. n. 1. 40; geb. in Leinw. n. 2. 20

Mischner, Joseph: An Hrn Geh. Kirchenrat Prof. D. Fricke. Gedicht. *Leipzig 1897.*
in: **Festschrift** f. . . . Prof. D. **Fricke** z. **Feier** s. 50j. Präsidiums in d. Lausizer Prediger-Ges. zu Leipzig. (98. 1084

Mischner, Jos., Weckrufe e. Veteranen. Gesänge. 8. (VIII, 96 S. m. 1 Abb.) Dresden 895. F. Sturm & Co. n. 1. 25; geb. n. 2. —

Mischol, D[omenik]. (Das Mineral- und Moorbad) Andeer und (seine) Umgebung. [Ansichten-Album.] Hrg. von D. M'. . . . [II + II S. + 8 Tafeln.] quer-8. Andeer, Verlag: Hotel Fravi ... (Lichtdruck von Brunner & C°, ... Zürich, [1910]).

Mischol, D[omenik]. Domleschg. [Ansichten-Album.] Nach 33 Originalaufnahmen von D. M', Schiers. [Mit illustriertem Titel.] [II S. + 20 Tafeln.] quer-4. Chur, Verlag Jul. Rich (Druck vom Lichtdruck-Institut, Zürich), [1909]. [fr. 5. —]

Mischol, D[omenik]. Am Davoser Landwasser. [Ansichten-Album.] Hrg. von D. M'. . . . [II S. + 11 Tafeln.] quer-8. (Zürich, Brunner & C°, [1910].) [fr. 2. 50]

Mischol, D[omenik]. Aus Rhætikon und Silvretta. [Ansichten-Album.] Nach Originalaufnahmen von D. M', Schiers. [Mit illustriertem Titel.] [II S. + 20 Tafeln.] quer-4. (Zürich, Lichtdruck von S. Bürgisser & C°; [Chur, Verlag Jul. Rich, 1907].) [fr. 4. —]

Mischol, D[omenik]. Schiers, Graubünden, phot. & herausgeg. v. D. M', Turnlehrer. . . . ([Leporello-Album von 11 Ansichten mit Begleittext von] D[aniel] A[ugust] L[udwig].) 1 Bl. quer-fol., *zus.-gefaltet in illustriertem Umschlag* [4 S.] 8. (Zürich, Druck: Polygraphisches Institut A. G., [1905].) fr. 1. 40

Mischol, D[omenik]. Splügen und seine Pässe. [Ansichten-Album.] Hrg. von D. M'. . . . [II S. + 12 Tafeln.] quer-8. (Zürich, Brunner & C°, [1910].) [fr. 2. 50]

Mischpat, En. Berlin 1781.
V: *Wessely, Hartwich.* (MGT)

Mischpat Emet. Kritische Blätter über Ben Abuja, Göthe's Faust in hebräischer Umdichtung von Max Letteris. Enth. Urtheile und Berichte von Bock, H. Brill, J. Fürst etc., sowie vom Hrsgbr. Alex. Langbank. gr. 8. (68 S.) Leipzig 870, Leiner. *

Mischpeter, Emil Über die Ausdehnung ungleichmäfsig erwärmter Körper. 19 S. u. Taf. *Progr.* Burg Rg. *Königsberg* 1876.

Mischpeter, Emil [Prof. Dr.]: Die Behandlung des Trägheitsmoments in der Schule. Königsberg i. Pr., Hartungsche Buchdr., 1896; 18 S., 1 Bl., 1 Taf. 4.
Königsberg in Pr., k. RG auf d. Burg, OP 1896 (18)

Mischpeter, E., Beobachtungen der Station zur Messung der Temperatur der Erde in verschiedenen Tiefen im botanischen Garten zu Königsberg in Pr. Jan. 1879 bis Decbr 1880. gr. 4. (27 S.) Königsberg 886. (Berlin, Friedländer & Sohn.) n. 1. —

Mischpeter, E., Beobachtungen der Station zur Messung der Temperatur der Erde in verschiedenen Tiefen im botanischen Garten zu Königsberg in Pr. Jan. 1881 bis Dec. 1882. [Aus: „Schriften d. physikal.-ökonom. Gesellsch. zu Königsberg".] gr. 4. (26 S.) Königsberg 887. (Berlin, Friedländer & Sohn.) n. 1. —

— dasselbe. Januar 1883 bis December 1884. gr. 4. (26 S.) Königsberg 888. (Koch.) n. — 80

— dasselbe. Januar 1885 bis December 1886. gr. 4. (26 S.) Ebd. 889. n. — 90

Mischpeter, E., Beobachtungen der Station zur Messg. der Temperatur der Erde in verschiedenen Tiefen im botanischen Garten zu Königsberg i/Pr. Jan. 1887 bis Decbr. 1888. [Aus: „Schriften d. phys.-ökon. Ges. zu Königsberg".] gr. 4. (S. 33—58.) Königsberg i/Pr. 890. (W. Koch.) n. — 75
s.: Beobachtungen etc.

Mischpeter, E.: Ueber die Transformation der Θ-Function mit zwei Variablen. 1874. 4.
Diss. Rostock.

Mischpoke, die, im Berliner Buchhandel. Offener Brief an den Journalisten Isidor Feilchenfeld v. Sally Simon Tilles. [Aus: „Das 20. Jahrhundert".] gr. 8. (24 S.) Berlin 891. [P. Heichen.] Elberfeld, Th. Heinrich's Verl. — 30

— dasselbe. Moment-Photographieen aus den Kreisen unserer israelit. „Herren Kollegen" v. Sally Simon Tilles (Paul Heichen). 2., verm. u. verb. Aufl. 8. (36 S.) Elberfeld 892. Th. Heinrich's Verl. — 30

Mischrumi, das räthselhafte Mädchen aus Medina. Rudolstadt 1804. V: *Tschink, Cajetan.* (WBL) (Ky)

Mischrumi, das räthselhafte Mädchen aus Medina, (v. Kaj. Tschink). 8. Rudolst. 804. (Fr. Fleischer in Leipz.) 1 ℛ 4 𝑔𝑟

Mischrumi, das räthselhafte Mädchen aus Medina; eine abenteuerl. Gesch. 8. Rudolstadt, Klüger. 804—5. (I. 16 gr. II. 12 gr.)

Misdroy [Sachliches OW]

Misdroy. Seebad u. klimatischer Kurort. Insel Wollin. Amtl. Führer, hrsg. von der Badedirektion Misdroy. [Nebst] Verkehrs-Beil. (Wollin-Misdroy 1909. Lipski). 8°
[Umschlagt.:] Seebad Misdroy. Klimat. Kurort. Sommer-Saison Mai–Okt.

Misdroy, Ahlbeck, Swinemünde, Dievenow, Heringsdorf, Zinnowitz. Prakt. Handb. f. Reisende. 10. Aufl. Bearb. v. Th[eod.] Stromer. *Berlin: A. Goldschmidt 1896.* (69 S., 1 Bl., 4 S., 3 Kt., 2 Pl.) 1 Bd 8.
= Reisebücher, Griebens. Bd 56.

Misdroy und Umgebung [**Misdroy**, Ahlbeck, Swinemünde]. Prakt. Reisehandbuch. 13. Aufl., neu bearb. von Th[eodor] Stromer. Mit 3 Karten. *Berlin: A. Goldschmidt 1903–04.* (29 S.) 8° [J. u. Ant.]
= Reiseführer, Griebens. Bd 56.

Misdroy, Dievenow, Kammin, Ahlbeck, Bansin, Koserow, Swinemünde, Heringsdorf, Zinnowitz. Prakt. Handb. f. Reisende. 11. Aufl. Bearb. v. Th[eodor] Stromer. *Berlin: A. Goldschmidt 1898.* (80 S., 1 Bl., 3 Kt., 2 Bl.) 1 Bd 8.
= Reisebücher, Griebens. Bd 56.

Misdroy, Swinemünde, Ahlbeck, Heringsdorf, Bansin. Prakt. Reisehandb. 12. Aufl., neu bearb. von Th[eodor] Stromer. Mit 3 Kartenbeil. *Berlin: A. Goldschmidt 1900.* (54 S.) 8°
= Reisebücher, Griebens. Bd 56.

Misdroy [Schlagwort]

— s.a. Flaggenkarte.

Misdroy, s.a. Heringsdorf.

Misdroy, s.a. Ostseebäder.

Misdroy, s.a. Uekeritz. — Usedom.

Misdroy. Karte, grosse, der Umgegend v. Misdroy. Nach Messtischblättern berichtigt u. bearb. 1896. 1 : 25,000. 55 × 44,5 cm. Farbendr. Misdroy 896. R. Schück. — 75; auf Leinw. 1. —

Misdroy. Pläne v. Misdroy 1 : 12,500 u. Umgegend v. Misdroy 1 : 75,000. 26,5 × 18 cm. Farbendr. Misdroy 893. R. Schück. n. — 50

Misegaes, C., Chronik d. freien Hansestadt Bremen. 3 Thle. gr. 8. Brem. 828—32. (Heyse). 6 ℛ

Miselet, ..., üb. die Empfindsamkeit in Rücksicht auf d. Drama, die Romane u. d. Erziehung, aus d. Französ. v. A. C. Kayser. 8. Jena 778. Academ. Buchhdlg. 6 𝑔𝑟 (Hennings in Neisse). 16 𝑔𝑟

Miseno, oder die Kunst, in allen Lagen des Lebens glücklich zu seyn. Nach d. Portug. frei übers. v. U. D. Wilke. 3 Thle. Mit 2 Steint. gr. 8. Düsseldorf 826. (Schaub in Elberfeld). 3 ℛ 12 𝑔𝑟

Miser, Just., patriot. Poesieen. 8. (4⅛ B.) Halle 838, (Anton.)

Misera, Heinr., die historische u. wirtschaftliche Bedeutung der Gemeinde, s.a. Vorträge u. Abhandlungen, hrsg. v. der Leo-Gesellschaft. 13. Hft.

MISERA, Heinrich
Die historische und wirtschaftliche Bedeutung der Gemeinde. Von Dr. Heinrich Misera. Wien. 1900. Mayer & Co. Gr. 8°. 32 S. K —.60

Miserables, les! Eine Stimme aus der Gehilfenwelt als Desert zum Cantate-Essen. Leipzig 864. Wengler in Comm. 8. (14 S.) n. 3½ ngr.

Miseras, L., Erfahrungen u. Empfindungen der Frommen auf d. Wege nach d. Himmel. 5. Aufl. 8. Elberfeld ..., Hassel.

Miserere! Andachten u. Gebete in allgemeinen Nöthen, insbesondere zur Abwendung pestartiger Krankheiten. Nebst einigen mit Zifferrnoten versehenen Gesängen. gr. 16. (62 S.) Paderborn 879. Junfermann. n. — 20

Miserere mei, Deus! Vollständiges Beicht-Büchlein für fromme Christgläubige jedes Standes und Alters, enth. einige vierzig, zum Theil umfangreichere Andachtsübungen: Gebete vor und nach der Beichte von St. Augustinus, St. Ephrem, St. Bernardus rc. herausg. von einem katholischen Priester. Münster 862. Brunn. 16. (159 S.) 6 ngr.

Miserere mei, Deus! Vollständ. Beicht-Büchlein für fromme Christgläubige jeden Standes u. Alters, enthltd. einige vierzig, zum Theil umfangreichere Andachtsübungen: Gebete vor u. nach der Beichte von St. Augustinus, St. Ephrem, St. Bernadus rc. hrsg. von einem katholischen Priester. 2. (Titel-)Aufl. Regensburg 867. Coppenrath'sche Buchh. 16. (159 S.) 6 ngr.

Misericordia, Dei argumentum quatuor meditationum ... [Augustae Vind. et Ingolstadii 1760.] V: *Neumayr, Frz.* (Jes) (SO)

Misericordias Domini. Der Landesverein f. innere Mission der evangel.-luth. Kirche im Königr. Sachsen in seinem 1. Vierteljahrhundert. Blätter der Erinnerg. an die Tage nach Misericordias Domini 1893, hrsg. vom Sekretariat d. Landesvereins. gr. 8. (84 S.) Dresden 893. Niederlage d. Vereins zur Verbreitg. christl. Schriften. n. 1. —

Mises, Dr. [Pseud.], s.a. F e c h n e r, Gustav Theodor

Mises, . . ., (Gust. Th. Fechner,) vergleichende Anatomie der Engel. Eine Skizze. 8. Leipz. 825. Ind.-Compt. 6 *gl*

†Mises, Dr., (Gust. Theod. Fechner,) Nr. 1., Beweis, daß der Mond aus Jodine bestehe. 2. Aufl. 8. (2 B.) Leipzig 832, Voß.

† Mises, Dr., (Gust. Theod. Fechner,) über Einige Bilder d. zweiten leipziger Kunst-Ausstellung. gr. 8. (8¾ B.) Leipzig 839, Voß.

—— das Büchlein vom Leben nach d. Tode. No. 6. gr. 12. (2⅙ B.) Dresden 836. [Leipzig, Voß.]

—— Gedichte. 8. (12 B.) Leipzig 841, Breitkopf u. Härtel.

§ Mises, Dr. [Gustav Theodor Fechner], s. K u n t z e, Johs. Emil.

— Panegyrikus d. jetzigen Medicin u. Naturgeschichte. 8. Leipz. 822. (Lehnhold). 8 *gl*

† Mises, (Gust. Theod. Fechner,) vier Paradoxa. 12. (4 B.) Leipzig 846, Voß.

Mises, (G. Th. F e c h n e r), Räthselbüchlein. 16. (96 S.) Leipzig 850. G. Wigand, jetzt Schlicke. n. ½ *ℛ*

Mises, Räthselbüchlein. 2. Aufl. 16. (96 S.) Leipzig 858, Schlicke.

Mises, (Gust. Thdr. Fechner), Räthselbüchlein. 3., verm. Aufl. 16. (IV und 108 S.) Leipzig 865, Schlicke.

†Mises, [Fechner, Gust. Thdr.], Räthselbüchlein. 4. verm. Aufl. gr. 16. (IV, 128 S.) Leipzig 875, Schlicke. geb. *

†Mises, [Fechner, Gust. Thdr.], kleine Schriften. 8. (VIII, 560 S.) Leipzig 875, Breitkopf und Härtel. *

—— Nr. 5. Schutzmittel für die Cholera, nebst e. Anh., enthalt. d. vornehmst. Meinungen d. Aerzte üb. d. Sitz u. d. Wesen od. d. nächste Ursache, die Contagiosität od. Nichtcontagiosität dies. Krankheit. 8. (10¾ B.) Leipzig 832, Voß.
Dess. „(No. 2.) Panegyrikus d. jetz. Medizin u. Naturgeschichte." 8. Leipzig, [Lehnhold.] 822. 8 Gr.
—— „(No. 3.) Stapelia mixta." 8. Leipzig, Voß. 824. 1 Thlr. 8 Gr.
—— „(No. 4.) Vergleich. Anatomie d. Engel." 8. Leipzig, Indust.-Comptoir. 825. 6 Gr.

—— Schutzmittel für die Cholera, nebst e. Anh., enth. die vornehmsten Meinungen d. Aerzte üb. d. Sitz u. d. Wesen od. d. nächste Ursache, d. Contagiosität od. Nichtcontagiosität dies. Krankheit. No. 5. 2. Aufl. 16. (11 B.) Leipzig 837, Voß.
Vgl. d. Bd. 2. Abthl. S. 34.

— Stapelia mixta. Mit Holzschn. 8. Leipz. 824, Voß.

Mises, das Wünschelmännchen, s.: V o l k s b i b l i o t h e k d. Lahrer Hinkenden Boten.

Mises, F. v., über die Nerven der menschlichen Augenlider. [Mit 1 (lith.) Taf.] [Aus: „Sitzungsber. d. k. Akad. d. Wiss."] Lex.-8. (9 S.) Wien 882. (Gerold's Sohn.) n.n. — 50

Mises, Herm., über die reactionäre Strömung unserer Zeit. gr. 8. (21 S.) Wien 880. Rosner. n. — 60

Mises, Ludw. v., die Entwicklung des gutsherrlich-bäuerl. Verhältnisses in Galizien (1772—1848), s.a. S t u d i e n, Wiener staatswissensch. IV. 2.

Mises, Ludwig v., Die Entwickelung des gutsherrlich-bäuerlichen Verhältnisses in Galizien. gr. 8⁰. Wien, F. Deuticke, 1902. (Wiener staatswissensch. Studien, Bd. 4, Heft 2.)

Mises, Richard v.: Die Ermittlung der Schwungmassen im Schubkurbelgetriebe. – 1906. 45 S. Aus: Zs. d. Oesterr. Ing.- u. Archit.-Vereines. 1906. Nr. 42 – 44
Diss. Wien, TH

Mises, Rich. v., Theorie der Wasserräder. (120 S. m. 24 Fig.) Lex. 8. Leipzig 908. B. G. Teubner. 3.60
Sonderabdr. aus: „Ztschr. f. Mathematik u. Physik".

Misfortunes, a booby's, or this is the way of awkward boys. An instructive story with many coloured illustrations. 3. edition. Leipzig 859. Naumburg. (Mainz, Janitsch.) gr. 4. (28 S. m. Holzschn.) 24 *ngr.*

Misgeld, Heinrich *Joseph Anton Bernard* [pr. Arzt zu Ringenberg '(Rheinl.)']: '(Aus d. chirurg. Klinik zu Marburg.)' Operationen am intraperitonealen Verlaufe des Magendarmkanals '(bis z. 1. Apr. 1894)' ... Marburg, Univ.-Buchdr. v. J. A. Koch, 1895; 119 S. 8.
Marburg, Med. Fak., Inaug.-Diss. v. 31. Okt. 1895

Misgur, Paola, Konversations-Grammatik der italienischen Sprache. Methode zur leichten u. raschen Einführg. (IV, 175 S.) 8. Triest 906. (Wien, J. Eisenstein & Co.) n. 2.—

Misiewicz, M., der heut. wissenschaftl. Standpunkt d. Lehre v. Harnblasenkatarrh, s.a. K l i n i k, Wiener, 1897.

Misiewicz, M.: Der heutige wissenschaftliche S t a n d p u n k t der Lehre vom Harnblasenkatarrh. Von Dr. M. Misiewicz in Warschau. Wien: Urban & Schwarzenberg 1897. (325–352 S.) 8⁰
Klinik, Wiener. 1897. H. 12.

Misiniade, od. Gesch. v. Meißens Erbauung. Eine Romanze mit Musik. 4. Leipz., Centr.-Compt. 6 *gl*

Misipporus, J. J., Ueber Alter und sittlich-religiösen Charakter der ältern Freimaurerei, s. U e b e r.

Miske, Kálmán Frh. v.: Die prähistorische Ansiedelung Velem St. Vid. Von –. Bd 1. Wien: Konegen 1908. 4⁰

Miskolcz [Schlagwort]

Miskolcz, s.: E u r o p a. Liebenow.

Miskowtiec, Hieron. R, Maria, die Gottheit Jesu Christi im Lichte der Vernunft, s.: T a s c h e n b u c h - A p o l o g i e. II.

Mislei, die Mutter Gottes. Geschildert von den heiligen Vätern u. Lehrern der Kirche, mit einem Anh. wunderbarer Erzählungen aus dem Italien. Vom Uebersetzer mit Anmerkungen u. Registern verm. Mit einer Vorrede von Th. Schmude. Wien 866. Mayer & Co. gr. 8. (XII, 619 S.) n. 2 *ℛ*

Misler, A. (Red.), s. S c h u l b l a t t, Katholisches.

Misler, Jo. Gottfried (Hamburg), De querela et exceptione non numeratae pecuniae in cambiali negotio maxime ad jura Hamburgensia applicata. Diss. jur. Gießen (E. H. Lammers) 19. XII. 1747. 80 S. (6.—) 23409
Gew.: Johann Gottfried Misler (Vater).

— **Johann Gottfried** (Hamburg). De beneficio inventarii Hamburgensi hodierno. Diss. jur. Göttingen (Barmeier) 12. X. 1790. 24 S. (4.50) 23410

Misler, Jo. Hartmann (Hamburg)
De effectu temporis circa fidejussionem secundum art. XV. stat. Hamb., von Bürgen und Bürgschaften meditatio.
Giessae 9. Mai 1752: E.H. Lammers. 23 S. 4°
pro petitione summorum in jure honorum.

Mislet, P., Der Monat Mai. Die göttliche Mutter Mariens, Ursache ihrer Größe und unsere Hoffnung. 24. (VIII, 222 S.) –.40
in Lwd geb. mit Rothschnitt –.60
Innsbruck: Vereinsbuchhandlung und Buchdruckerei Innsbruck 1892.

v. Misley, J. P., Altanlara, Entdeckung d. einzig mögl. lokalen Grundwissenschaft durch eine totale Einigung d. ersten bisher blos partial behandelten Ursprungsgründe d. Philosophie u. Mathesis, als 2r Bd. d. Totalgrund-Mathesis. Mit 2 großen Kpft. gr. 8. Wien 825. (Leipz., Liebeskind). 2 ß 16 gl

— Grundriß e. Totalgrundmathesis, oder Anwendung d. Mathematik auf rein geistige Gegenstände vermittelst d. Construction einer reflexionellen Mappa d. Totalgrundes u. der Größenverhältnisse aller im Weltall mögl. Wissens- u. Sittlichkeits-Entwickelungen z. Unbeendbaren d. Weltall-Erziehungswirthschaft. gr. 8. Wien 816. Gerold. 1 ß 12 gl Schreibp. 1 ß 16 gl

Misley, Joh., Grundriß einer Totalgrundmathesis, oder Anwendung der Mathematik auf rein geistige Gegenstände vermittelst der Construction einer reflexionellen Mappa des Totalgrundes und der Größenverhältnisse aller im Weltall möglichen Wissens- und Sittlichkeits-Entwickelungen zum unbeendbaren der Weltall-Erziehungswirthschaft. gr. 8. Wien, Gerold. 819.
Schreibpap.

Mislin, Jaques, Jerusalem. (Ein Gedicht.) Frei aus d. Franz. v. S. Brunner. 8. (3½ B.) Regensburg 844, Manz.
Vgl.: Bibliothek guter kathol. Bücher. Neue Reihenfolge 1. Samml.

Mislin, Livre d'heures. Avec un choix d'autres prières. Ouvrage orné de 24 miniatures du XIV. et du XV. siècle et de riches encadrements de la même époque. Wien 867. Reiss. 8. (IV, 534 S. mit 24 Chromolith. u. chromolith. Titel.) 14 ß;
ermässigter Preis 9 ß 20 ngr.

Mislin, (J.), die heiligen Orte. Pilgerreise nach Jerusalem von Wien nach Marseille durch Ungarn, Slavonien, die Donaufürstenthümer, Constantinopel ꝛc. Nach der 2. Aufl. des französ. Orig. umgearb. u. verm. Ausg. 3 Bde. Mit vielen (14 lith.) Karten u. Plänen. Wien 860. (Gerold.) Lex.-8. (LII, 2046 S. u. Portr. in Stahlst.) n. 10 ß

Mislin, J, die heiligen Stätten, s. a. Bibliothek f. die reifere christl. Jugend, 11. Bd.

Mislin, Jacque, Die hl. Stätten. Pilgerreise nach Jerusalem durch Österreich, Ungarn, Slavonien, die Donaufürstentümer über Konstantinopel, den Archipel, den Libanon, Syrien, Alexandria, Malta, Sizilien und Marseille. Mit 1 Stahlstiche. Aus dem Französ. Manz, jetzt Verl.-Anstalt, Regensburg, 1852, 8°, 4 Teile, 9 Mk.
Dasselbe Werk erschien in deutscher Übersetzung nach der 2. umgearbeiteten und vermehrten Aufl. des französ. Originals im Herderschen Kommiss.-Verlage zu Freiburg i. d. B.:

Mislisch, Paul, approb. Arzt aus Kiel: Beitrag zur Casuistik der Chorea mit Psychose. *Kiel 1904: H. H. Peters.* (14 S.) 8°
Kiel, Med. Diss. v. [30. Mai] 1904

Mislowitzer, Adressbuch d. Specialärzte u. Brunnenärzte Deutschlands, nebst e. Verzeichniss d. öffentl. u. privaten Heilanstalten im Deutschen Reiche. 8. (V, 119 S.) Leipzig 897. F. Fleischer, Verl.
Kart. n. 1. 20

Mislowitzer, Eduard, approb. Arzt aus Zippnow: Über einen ungewöhnlichen Fall von Glioma retinae. *Würzburg 1903: F. Scheiner.* (20 S.) 8°
Würzburg, Med. Diss. v. 1903

Mislowitzer, Emil [aus Zippnow in Westpreussen]: Über die Perforationen des Magencarcinoms nach aussen. . . . Berlin, Buchdr. v. Gustav Schade (Otto Francke) (1889); 30 S. + 1 Bl. 8°
Berlin, Med. Fak., Inaug.-Diss. v. 5. März 1889

Misnah treatise, the, Sanhedrin, ed. by Sam. Krauss, s.: Study-series, Semitic. XI.

Mišnatraktat, der, Berakhoth, v. W. Staerk, s.: Texte, kleine. f. theologische u. philologische Vorlesungen u. Übgn.

Misniado oder Geschichte Meissens, ein scherzhaftes Gedicht. Leipzig 1798. V: *Hering, Carl Gottlieb.* (Ky) (MGT)

Misogug, od. d. Weiber wie sie sind; e. orientalische Gesch. 2 Thle. 8. Lpz. Hinrichs. 792.

MISOGUG, oder die Weiber wie sie sind! In 2 Thln. (Aus d. Französ.) (1 Rthl.) Leipzig, Reinicke, 1792. 8°.

Misogup, oder d. Weiber wie sie sind! eine oriental. Geschichte. 2 Thle. 8. Halle 892, ist Verl. v. Reinicke u. C.

Misogyn, Ursachen, das weibl. Geschlecht zu verachten, oder böse Weiber. 2 Thle. 8. Schwab. 764. Enderes. 5 gl

Misogyn, O. S., s.: Knochen, polnische.

Misogynis [Pseud.], s. Scheibe, Johann Adolf

MISOGYNOKALOS (ps.), Gründlicher Erweis der Vorzüge jener Männer, welche hässliche Weiber haben. Zum Trost und Aufmunterung aller hässlichen Schönen, verfasst von —. Mit satyrischer Titelvignette. Wien, o. J. (1780). 8°. Aeusserst seltenes Schriftchen. (2 fl. J. Eisenstein & Co., Wien, 1889; jetzt theurer!)
Der Pseudonym fehlt bei Weller.

MISOPHILETES (ps.), Feierliche Kriegserklärung wider die verjährte Forderung des schönen Geschlechts etc. 1782. 8°. (Auf blauem Papier.) Rarität!
Auct. Frh. v. Lindenthal. Lpz. 1859. p. 353. — Weller, Lex. Ps. p. 364.

MISOPIETISTA, Vincentius, Gespräch von Pietisten. 1717. — Der lustige und feurige Pietist, dem Kirchen- und Polizei-Wesen schädliche, von —. Gedruckt in Aequinoctio (Zürich) 1718. (Expl. in Zürich.)

Misotakis, Joh**s**., ausgewählte griechische Volksmärchen. Für die deutsche Jugend bearb. 1. und 2. Aufl. gr. 8. (VII, 162 S. mit 5 Chromolithogr.) Berlin 884, Drewitz. geb.

Mispelbaum, C., die „Heilkunst"-Methoden. Auskunftsbuch f. jedermann, zur Bekämpfg. des Kurpfuschertums im 20. Jahrh. („Ziel u. Zweck" der Arztmethode, Apothekertechnik, Naturheilmethode usw.) (VII, 105 S.) 8. Berlin (910). (Halle, Paalzow & Co.) 1.80

Mispelbaum, Franz [aus Coblenz]: Ueber Psychosen nach Influenza. . . . (Aus d. „Zeitschr. f. Psychiatrie etc." Bd. 47.) Berlin, *Druck u. Verl. v. Georg Reimer*, 1890; 4 Bl. + 27 S. 8°
Bonn, Med. Fak., Inaug.-Diss. v. [21.] Jul. 1890

מזרח (Misrach, enthaltend in 49 schön verzierten Feldern sämmtliche Gebete zu den ספירת העומר.) Entworfen u. lithogr. von J. Kornick. Fol. Frankfurt a/O. 842, Horwitzky. ¼ ℳ

Missa, s.a. Praeparatio ad Missam.

Missa. Textbuch lat. u. deutsch. *Leipzig: Breitkopf & Härtel [1895].* (7 S.) 8° [Ant. u. F.]
— Textbibliothek, Breitkopf & Härtel's. No 114. [95. 9??]

Missa beati Alberti Magni, episcopi et confessoris. Ed. III. Fol. (2 S.) Kempten 899. J. Kösel. — 20

— in honorem apparitionis B. Mariae V. immaculatae. Fol. (2 S.) Ebd. 893. n. — 10

Missa armenica, s.a. Ritus missae ecclesiarum orientalium s. romanae ecclesiae unitarum. IV.

Missa Armenica quam ex lingua Armenica in idioma Latinum trad. cum comm. praevio Maximilianus Princeps Saxoniae [Max Prinz v. Sachsen]. Ratisbonae [usw.]: Pustet 1908. XXII, 58 S. 8°
(Ritus missae ecclesiarum orientalium S. Romanae Ecclesiae unitarum. Fasc. 4.) A 12. ??

Missa, Beethovens, solemnis op. 123. Kurze erklärende Beschreibung bei Gelegenheit des Beethovenfestes aufgezeichnet von einem Mitgliede des Bonner Sängerchors. Bonn 1845. V: *Heimsoeth, Friedrich.* (Russell III, 57)

— chaldaica, s.a. Ritus missae ecclesiarum orientalium s. romanae ecclesiae unitarum. II.

Missa Chaldaica quam ex lingua Chaldaica in idioma Latinum trad. cum comm. praevio Maximilianus Princeps Saxoniae [Max Prinz v. Sachsen]. Ratisbonae [usw.]: Pustet 1907. XX, 67 S. 8°
(Ritus missae ecclesiarum orientalium S. Romanae Ecclesiae unitarum. Fasc. 2.) A 12. ??

— pro defunctis iuxta editionem Vaticanam. Labore Camilli Grunewald, s.: Einzel-Ausgaben der vatikan. Mess-, Vesper- u. a. Gesänge. I.

— pro defunctis conformis editioni vaticanae a ss. d. n. Pio PP. X evulgatae. Ed. Schwann E. (24 S.) 8. Düsseldorf (907). L. Schwann. In Leinw. kart. — 30

— dominica, ante festum nativitatis S. Ioannis Baptistae, sub titulo de perpetuo succursu. Fol. (2 S.) Münster i/W. 893. Regensberg. n. — 10

Missa dominicae I octobris in solemnitate SS. Rosarii B. Mariae Virg. Fol. (1 Bl.) Kempten 888. Kösel. n. — 10

Missa in festo beati Alberti Magni, episcopi et confessoris, die 15. Novembris. Fol. (2 S.) Kempten 882, Kösel'sche Buchh. *

— in festo apparitionis B. Mariae V. immaculatae, die 11. Februarii. Ed. II. Fol. (2 S.) Ebd. 894. n. — 10

— in festo S. Bedae venerabilis conf. et eccl. Doct. Die 27. mai. Ed. II. Fol. (2 S in Rot- u. Schwarzdr.) Ebd. 901. n. — 10

Missa in festo S. Blasii, episc. et mart. et S. Wendelini, conf. Fol. (2 S.) Luzern 895. (Räber & Co.) — 15

Missa in festo Sancti Bonifacii, episcopi et martyris. Fol. (2 S.) Kempten 875, Kösel'sche Buchh. *

Missa in festo Sancti Bonifacii, episcopi et martyris, die 5. Junii. Ed. II. Fol. (2 S.) Kempten 896. J. Kösel. n. — 10

Missa in festo B. Petri Canisii confessoris, die 27. Aprilis. Ed. II. Fol. (2 S.) Kempten 894. J. Kösel. n. — 10

— in festo ss. Cyrilli et Methodii pontificum et confessorum [die 5. Julii]. Fol. (2 S.) Ebend. 881. n. — 10

Missa in festo SS. Cyrilli et Methodii pontificum et confessorum. Die 5. julii. Ed. II. Fol. (2 S. in Roth- u. Schwarzdr.) Kempten 892, Kösel. * — 10

— in festo s. familiae Jesu Mariae, Joseph, dominica III. post Epiphaniam. Fol. (2 S.) Ebd. 893. n. — 10

— in festo ss. septem fundatorum ordinis servorum B. Mariae Virginis, die 11. Februarii. Ed. II. Fol. (2 S.) Ebd. 894. n. — 10

— in festo beatae Crescentiae Höss, virg. III. Ord. Die 7. aprilis. Fol. (2 S. in Rot- u. Schwarzdr.) Ebd. 901. n. — 10

Missa in festo S. Joannis a Capistrano confessoris. Die 28. martii. Ed. II. Fol. (2 S. in Roth- u. Schwarzdr.) Kempten 892, Kösel. * — 10
Ed. I. Ebd. 1891. * — 10.

— in festo Sancti Joannis Damasceni confessoris et ecclesiae doctoris. Die 27. martii. Ed. II. Fol. (2 S. in Roth- u. Schwarzdruck.) Ebd. 892. * — 10
Ed. I. Ebd. 1891. * — 10.

— in festo Sancti Justini martyris. Fol. (2 S.) Ebend. 875. n. — 10

— in festo S. Joannis Baptistae de la Salle confessoris. Die 15. maji. Fol. (2 S. in Rot- u. Schwarzdr.) Ebd. 901. n. — 10

— in festo Sancti Pauli a Cruce confessoris. Fol. (2 S.) Ebendas. 875. *

—— in festo Sancti Silvestri abbatis. Die 26. novembris. Ed. II. Fol. (2 S. in Roth- u. Schwarzdr.) Ebd. 892. * — 10
(Ed. I.) Ebd. 1891. * — 10.

— graeca, s.a. Ritus missae ecclesiarum orientalium s. romanae ecclesiae unitarum. III.

Missa Graeca quam ex lingua Graeca in idioma Latinum trad. cum comm. prævio Maximilianus Princeps Saxoniæ [Max Prinz v. Sachsen]. Ratisbonæ [usw.]: Pustet 1908. XXIX, 103 S. 8°
(Ritus missæ ecclesiarum orientalium S. Romanæ Ecclesiæ unitarum. Fasc. 3.)
A 11. 8374

Missa de B. Hemma die XXVII. Junii in universa Dioecesi Gurcensi dicenda. Clagenfurti, Kleinmayr, 1745. Folio. 3 S.

— in honorem B. Clementis M. Hoffbauer confessoris. Fol (2 S.) Ebd. 893. n. 10

Le dimanche dans l'octave de l'ascension. Messe et office de la bienheureuse Jeanne d'Arc [Darc], vierge [Missa in honorem beatae Johannae virginis Aurelianensis]. 1. Messe d'après l'éd. vaticane ... 2. Office ... d'après l'éd. vaticane ... Düsseldorf: Schwann 1910. 27** S. 8°
A 11. 2671

— b. Mariae V. de suffragio. 1 Blatt. gr. 8. Ebd. 887. n. — 10

— Ss. Rosarii B. Mariae Virg. Ed. III. Fol. (2 S.) Ebd. (899). n. — 10

— syriaca-antiochena, s.a. Ritus missae ecclesiarum orientalium s. romanae ecclesiae unitarum. V.

Missa Syriaca-Antiochena quam ex lingua Syriaca in idioma Latinum trad. cum comm. prævio Maximilianus Princeps Saxoniæ [Max Prinz v. Sachsen]. Ratisbonæ [usw.]: Pustet 1908. XIV, 54 S. 8°
(Ritus missæ ecclesiarum orientalium S. Romanæ Ecclesiæ unitarum. Fasc. 5.)
A 11. 8376

— syro-maronitica, s.a. Ritus missae ecclesiarum orientalium s. romanae ecclesiae unitarum. I.

Missa Syro-Maronitica quam ex lingua Syriaca in idioma Latinum trad. cum comm. prævio Maximilianus Princeps Saxoniæ [Max Prinz v. Sachsen]. Ratisbonæ [usw.]: Pustet 1907. XVI, 64 S. 8°
(Ritus missæ ecclesiarum orientalium S. Romanæ Ecclesiæ unitarum. Fasc. 1.)
A 11. 8372

— III in die nativitatis Domini. Missa dominicae resurrectionis. Missa „de angelis" (ex Ord.) cum responsoriis Missae et Credo III. iuxta editionem vaticanam. Labore Camilli Grunewald. Editionem curavit Paul. Gladich, s.: Einzel-Ausgaben der vatikanischen Mess-, Vesper- u. a. Gesänge. II.

—— in vigilia immaculatae conceptionis beatae Mariae Virginis. Fol. (4 S.) Ebendas. 876.

Missa in vigilia immaculatae conceptionis beatae Mariae virginis. Ed. II. Fol. (4 S.) Kempten 885. Kösel. — 20

Muguette. Oper in 4 Akten von Michel Carre u. Georges Hartmann. Musik von Edmond Missa. Deutsch von Ludwig Hartmann. Berlin, Köln, Leipzig: A. Ahn [1904]. (50 S.) 8°
— Operntext-Bibliothek, Ahns. No 98. (05. 3770

Missae. Missions-Blatt, Calwer, 1838. 26 Numm. (1/2 Bog.) Mit Holzschnitten. 4. (Stuttgart, Steinkopf.) n. 7/12 ß

Missae pro defunctis. Ed. Ratisbonensis V. Cum textu et cantus sacr. rituum congregatione adprobato. Fol. (IV, 48 S.) Regensburg 877. Pustet. n. 1. 60

Missae pro defunctis ad commodiorem ecclesiarum usum ex missali romano desumptae. Accedit ritus absolutionis pro defunctis ex rituali et pontificali romano. Ed. III post typicam. gr. 4. (IV, 48 S. m. Abb.) Regensburg 896. F. Pustet.
Auf starkem Maschinenpap. n. 1. 20; auf italien. Handpap. n. 2. 40; Einbde. in Ldr. n.n. 3. — ; m. Goldschn. n.n. 3. 60; in Chagrin m. Goldschn. n.n. 5. 60

— dasselbe. Ed. IV. post typicam. Fol. (IV, 52 S. m. Abb. u. 1 Stahlst.) Ebd. 897. n. 2. —; Ausg. m. Titelbild zum Kanon in Farbdr. n. 4. —; geb. in Ldr. n.n. 7. 50; m. Goldkreuz u. Goldschn. n.n. 8. 20; in Chagrin m. Goldverzierg. u. Goldschn. n.n. 10. 40

Missae pro defunctis ad commodiorem ecclesiarum usum ex missali romano desumptae. Accedit ritus absolutionis pro defunctis ex rituali et pontificali romano. Ed. VIII. post typicam. (In Rot- u. Schwarzdr.) (II, 47 S.) gr. 8. Regensburg 903. F. Pustet. 1. 20; geb. in Leinw. n. 2. 80; in Schafldr. n. 5. —; m. Goldkreuz u. Goldschn. 5. 80; in Chagrin m. Goldkreuz u. Goldschn. n. 7. 20

— dasselbe. Ed. IX. post typicam. (In Rot- u. Schwarzdr.) (IV, 52 S. m. 1 Stahlst.) gr. 4. Ebd. 904. 2. —; geb. in Leinw. n. 3. 80; in Ldr. n. 6. —; m. Goldschn. n. 7. —; in Chagrin m. Goldschn. n. 9. —

— pro defunctis ad commodiorem ecclesiarum usum ex missali romano desumptae. Accedit ritus absolutionis pro defunctis ex rituali et pontificali romano. Ed. X. post typicam. (In Rot- u. Schwarzdr.) (IV, 52 S. m. Abb. u. 1 Stahlst.) 37×26 cm. Regensburg 907. F. Pustet. 2.20; geb. in Leinw. 4.20; in Ldr. 8.20; m. Goldschn. 9.20; in Chagrin m. Goldschn. 11.20

— dasselbe. Ed. XI. post typicam. (In Rot- u. Schwarzdr.) (IV, 48 S. m. Abbildgn.) 32×24 cm. Ebd. 908. 1.20; geb. in Leinw. 3.20; in Ldr. 7.—; m. Goldschn. 8.—; in Chagrin m. Goldschn. 10.—; auf italien. Handpap., geh. 2. 40

— defunctorum. fol. ex Ducali Campid. Typogr. (Göbhard, Bamb.) 794.

— defunctorum. Fol. ex Ducali Campid. Typograph. 794. (Wesché in Frankf.) (Landes in Pressb.) 12 gr

— defunctor. archi-dioecesis Pragensis. Fol. Wien 795. Tendler. 8 gr

— defunctorum ex Missali Cisterciensi. fol. Paris. (Göbhard, Bamb.) 784.

Missae defunctorum cum ordine et canone ad ritum ecclesiae romanae ex missali romano accurate exscriptae et editae. Ratisbonae 855. Pustet. Fol. (39 S. mit Holzschn. im Text u. 1 Stahlst.) 15 ngr.

Missae defunctorum, juxta usum ecclesiae Romanae cum ordine et canone extensae. fol. Campid., (Landshut, Krüll.)

— defunctorum juxta usum ecclesiae Romanae. Fol. Wien 800. Trattner. 8 gr

— id. lib., cum ord. et canone extenso. Fol. maj. Mechl. 800. (Mainz, Müller). 2 ß

— id. lib. Fol. Campid. 825. (Kempt., Kösel). 12 gr

— id. lib. Fol. maj. Campidonae 825, (Leipz., Centr. Cpt.)

Missae defunctorum, juxta usum ecclesiae Romanae, cum ordine et canone extensae. Fol. maj. (9 B., Titkpfr. u. Titvign.) Viennae 834, Mechitaristen-Congreg.-Buchh.

Missae defunctorum, juxta usum Ecclesiae Romanae cum ordine et canone extensae. Cum licentia Superiorum. Fol. (9 schwarz u. roth gedr. B. u. 1 Stahlst.) Prag 846, Haase Söhne, Vrlgs.-Expedition. 22 Ngr.; Schreib-Velinp.

Missae defunctorum, juxta usum ecclesiae romanae, cum ordine et canone extensae. Fol. (36 S. m. 1 Stahlst.) Viennae 851, Libraria Mechitharist. 1 ℳ

Missae defunctorum, juxta usum ecclesiae romanae cum ordine et canone extensae. Accedit ritus absolutionis post missam ex rituali romano. Fol. (38 S.) Kempten 874. Kösel. 1. 65

Missae in festis sancti Augustini, episcopi et confessoris, sancti Cyrilli, episcopi Alexandrini, confessoris et ecclesiae doctoris, sancti Cyrilli, episcopi Hierosolymitani, confessoris et ecclesiae doctoris, sancti Justini martyris et sancti Josaphat, episcopi et martyris. Fol. (10 S.) Kempten 883, Kösel'sche Buchh. *

Missae in festis S. Benedicti Josephi Labro, confessoris, S. Joannis Baptistae de Rossi, confessoris, S. Laurentii a Brundusio, confessoris, beati Urbani II., papae et confessoris, S. Clarae a Cruce de Montefalco, virginis. Fol. (à 2 S.) Kempten 883. Kösel. n. — 20

— in festis propriis patronorum regni Hungariae. Ebend. 869. Imp.-4. (12 S.) 7⅓ ngr.

Missae in summis festis [Graduale Romanum, Ausz.]. Juxta editionem Vaticanam a SS. D. N. Pio PP. X evulgatam. Ed. Schwann P 1 Düsseldorf Schwann [1910]. 45 S. 8° A 12.070

Missae pro aliquibus locis statuum foederatorum Americae. (16 S.) gr. 8. Düsseldorf (910). L. Schwann. 1. —

— pro Sanctis monachis ord. Benedicti. fol. Augsb. 721.

Missarum novissimarum supplementum. Missae Sanctorum et Beatorum anno 1867 coelitum numero adscriptorum. Fol. (8 S.) Regensburg 868, Pustet.

—— patronorum et festorum propriorum archidioecesis Bambergensis. Jussu et auctoritate rev. ordinarii Bambergensis. Fol. (16 S.) Regensburg 870, Pustet.

Missae patronorum et festorum propriorum dioecesis Brixinensis Missalis Romani editioni Ratisbonensi accommodatum. Regensburg 870. Pustet. Fol. (20 S.) 6 ngr.

Missae patronorum et festorum propriorum regni Poloniae et Sueciae, item Russiae, magni ducatus Lithuaniae, et ducatus Silesiae. gr. 8. (32 S.) Regensburg 865, Pustet.

—— dass. — quibus accedunt aliae quaedam, quae in antiquioribus missalibus non extant. Fol. (32 S.) Ebendas. 869.

— patronorum et festorum propriorum regni Poloniae et Sueciae, item Russiae, magni ducatus Lithuaniae et ducatus Silesiae. Ebend. 870. gr. 8. (32 S.) 5 ngr.

— pontificales in festis solemnioribus ad usum episcoporum ac praelatorum excerptae ex missali romano. (In Rot- u. Schwarzdr.) (III, 167 S. m. 1 Farbdr.) Fol. Ebd. 903. n. 20. —; geb. in Chagrin m. Goldschn. n. 44. —; in Kalbldr. m. Goldschn. n. 50. —

—— pontificales una cum officio ad ritus sacrorum ordinum juxta usum SS. Romanae ecclesiae, uno contextu ordineque digesto, ex missali romano Urbani Papae VIII. auctoritate recognito et ex pontificali Clementis VIII. excerpto. Fol. (VIII und 316 S. mit 13 Holzschn. und ill. Titel in Holzschn.) Mechliniae 848. (Moguntiae, Kirchheim.) *

Missae propriae Aquisgranensis. Fol. (6 S.) Aachen 887. Jacobi & Co. n. 1. 20

— propriae archidioecesis Monacensis et Frisingensis missali Romano accommodatae et ab apostolica sede approbatae. Regensburg 869. Pustet, gr. 4. (11 S.) 4 ngr.

— — S. Augustini. fol. Monachii. (Gobhard, Bamb.)

— propriae pro clero romano. (41 S.) Lex. 8. Ebd. (910). — 50

— propriae pro dioecesi Brugensi. (29 S.) gr. 8. Ebd. (909). — 60

— propriae pro dioecesi Mechliniensi. (39 S.) gr. 8. Ebd. (910). — 60

— propriae dioecesis Argentinensis necnon aliae ex indulto apostolico eidem dioecesi concessae. (8 S.) Lex. 8. Ebd. (909). — 20

— propriae dioecesis Paderbornensis. Fol. (11 S.) Paderbornae 848, Schöningh. 12 ngr.

— propriae dioecesis Paderbornensis. Ebend. 870. Fol. (18 S.) 7⅓ ngr.

— propriae dioecesis Paderbornensis. gr. 8. (12 S.) Ebend. 872. — 30

— propriae dioecesis Paderbornensis. Auctoritate reverendissimi domini Francisci Caspari episcopi Paderbornensis. Fol. (24 S.) Paderborn 884. Junfermann. n. 2. —

— propriae dioecesis Paderbornensis. Auctoritate reverendissimi domini Wilhelmi episcopi Paderbornensis. (31 S. in Rot- u. Schwarzdr.) gr. 4. Paderborn 904. Junfermann. n. 2. —

— propriae dioecesium Angliae. (28 S.) gr. 8. Ebd. (910). — 60

— propriae ecclesiae cathedralis et dioecesis Tornacensis a sancta sede approbatae. (22 S.) Lex. 8. Ebd. (910). — 40

Missae propriae festorum dioecesis Argentoratensis. Fol. maj. (15 B.) Argentorat. 838, (Levrault.)

— propriae festorum dioecesis Moguntinae. gr. Fol. (36 S.) Moguntiae 852, Kirchheim. n. 26 ngr.

— propriae festorum dioecesis Warmiensis.

— dass. — auctoritate reverendissimi loci ordinarii editae. Accedunt missae pro universali ecclesia a s. sede novissime praescriptae. Fol. (23 S.) Braunsberg [Leipzig] 869, Peter's Verlag. *

— propriae festorum dioecesis Warmiensis. Kempten 870. Kösel. Fol. (8 S.) 6 ngr

— propriae festorum ordinis Capucinorum. Ebend. 870. gr. 4. (32 S.) 7½ ngr

— propriae festorum ord. Eremit. S. Augustini. Fol. 795. (Kempt., Kösel). 6 gr

— propriae pro universa Germania. fol. Vien. Tendler. 802.

— propriae pro universa Germania. Fol. Wien 802. Trattner, 8 gr

— propriae et indultae pro vicariatu apostolico Luxemburgensi. Luxemburg 865. Brück. Fol. (36 S.) n. 20 ngr

— propriae pro usu mensis Sanctae Mariae. Fol. Kempt., Kösel. 6 gr

— propriae ordinis S. Benedicti. (74 S.) gr. 8. Ebd. (910). — 60

— propriae patronorum et festorum regni Poloniae et Sueciae. Fol. Kempt. 792 Kösel. 7 gr

— propriae patronorum et festorum Regni Poloniae et Sueciae ad normam Missalis Romani accommodatae. Acced. Missae quaedam novissimae. Fol. (7 B.) Campidonae 832, Koesel.
Bildet einen Anhang zum Missale Romanum ex decreto ..., Kempten 1834.

— propriae patronorum et festorum regni Poloniae et Sueciae ad normam Missalis Romani accommodatae. Accedunt Missae quaedam novissimae. Fol. (7 B. m. schwarz u. roth. Schrift.) Campidonae 843, libr. Kösel.

— propriae Sanctorum pro archi-dioecesi Viennensi, ad normam missalis romani dispositae. Fol. Wien 824. Wimmer. 1 ℔ 8 gr

Missae propriæ Sanctorum pro Archidioecesi Viennensi. Mechitharisten-Druckerei in Wien. (63 S. Folio.)
1856.

— propriae Sanctorum pro archidioecesi Vienennensi. Fol. (12 S.) Ebend. 871. — 50

— propriae sanctorum archidioecesis Coloniensis jussu et auctoritate eminentissimi et reverendissimi domini Joannis de Geissel, archiepiscopi Coloniensis. S. sedis apostolicae legati nati etc. editae et a S. rit. congregatione approbatae. Ed. 3. gr. 4. (VIII, 56 S.) Ebend. 871. 2. 40

Missae propriae Sanctor. Canon. regular. S. Augustini etc. Fol. Münch. 750. Lentner 6 gr Kösel in Kempt. 777. 4 gr

— propriae sanctorum in Hispania celebrandae. (105 S.) gr. 8. Ebd. (910). 2. —

— prop. sanctor. Conventualium. fol. Venet. (Göbhard, Bamb.)

— propriae Sanct. Conventualium. Fol. Venet. (Wesché in Frankf.) 8 gr

— propriae Sanctorum Dioecesis Basileensis. Fol. Kempt. Kösel. 7 gr

— propria Sanct. dioecesis Brixinensis. Fol. Kempt. 823. Kösel. 7 gr.

— propria Sanct. Dioecesis Constantinensis. Fol. Kempt. 804. Kösel. 7 gr

— propriae Sanct. Dioecesis Eystettensis. Fol. Kempt. 823. Kösel. 12 gr

— propriae sanctorum dioecesis Monasteriensis ad graduale romanum. (45 S.) Lex. 8. Ebd. (910). — 50

— propriae sanctorum dioecesis Osnabrugensis cum supplemento, quod continet missas nonnullorum ss. patronorum in ecclesiis eorum propriis a s. sede apostolica approbatae et concessae ac de mandato illustrissimi et reverendissimi domini domini Huberti, episcopi Osnabrugensis, editae. (32 S.) gr. 4. Osnabrück 904. G. Pillmeyer. n.n. 1. 50

— propriae Sanctor. dioeces. Seccoviensis. Fol. Grätz. 805. Ferstl. 12 gr II. Ed. Fol. 1 ℔ 9 gr Velinp. 2 ℔

Missae propriae Sanctorum Dioecesis Seccoviensis. Fol. min. (82 P.) Gratz, Kienreich. 1864. 2 fl.

— propriae sanctorum dioecesis Seccoviensis. Fol. (60 S.) Ratisbonae 893. Graz, U. Moser. n. 2. —

— propriae sanctorum ecclesiae cathedralis et dioecesis Namurcensis, ed. jussu reverendissimi ac illustrissimi D. D. Th.-Lud. Heylen, episcopi Namurcensis. (32 S.) 8. Ebd. (909). — 80

— propriae sanctorum ecclesiae et dioecesis Trevirensis, jussu et auctoritate rev. et illustr. Domini Guil. Arnoldi, s. sedis Trevirensis episcopi, recognitae, et ad majorem celebrantium commoditatem, ad longum positae. Editio novissima. Fol. (32 S.) Mechliniae 846. Treviris, Gall. n. 1 ℔ Ausg. in gr. Fol. n. 1⅓ ℔

Missae propriae sanctorum ecclesiae et dioecesis Trevirensis, jussu et auctoritate rev. et illustr. Domini Dr. Guill. Arnoldi, s. sedis Trevirensis episcopi, recognitae, et ad majorem celebrantium commoditatem, ad longum positae. Editio II. Mecheln 859. (Trier, Gall.) Fol. (31 S.) n. 1 ℔ 10 ngr

— propriae Sanctor. Metrop. eccles. etc. Salisburgi. 8. Salisb. 802. Mayr. 16 gr

— propriae sanctorum metropolitanae ecclesiae et archidioecesis salisburgensis. Fol. Salzb. 821, Mayr.

— propriae Sanctorum ad usum fratr. S. Francisci etc. Fol. Colon. 781. Fabricius. 12 gr

Missae propriae Sanct. ad usum fratrum Minorum S. Francisci Capucinorum. Fol. Kempt. 788. Kösel. 6 gr

— propriae Sanct. ordinis S. P. Benedicti. Fol. 795. (Kempt., Kösel). 7 gl

Missae propriae sanctor. trium Ordinum Fratrum Minorum. 8. maj. Antw. (Göbhard, Bamb.) Rthlr.

— propriae Sanctor. trium ordinum fratrum minorum. Fol. Antw. (Wesché in Frankf.) 12 gl 8maj. 4 gl

— propriae sanctorum quae in archidioecesi Olomucensi atque in dioecesi Brunensi celebrantur. Ebend. 869. Fol. (24 S.) 12 ngr

— regni Sueciae. fol. Augsb. 722.

— votivae per annum. Fol. (4 S.) Kempten 883. Kösel. — 15

Missal und Vesperal, das kleine röm., z. Gebr. d. Layen an allen Sonn- u. Festtagen d. Jahres. 1. Aufl. (470 Seit.) 839. u. 2., verm. Aufl. gr. 18. (510 Seit. u. 5 Holzschn.) Mainz 841, Kirchheim, Schott u. Thielmann. à

Missal u. Vesperal, das kleine römische, z. Gebrauche d. Layen, enthalt. die Meß- u. Vesper-Liturgie der Sonntage u. Feste des Jahrs. 3., mit d. vormittägigen Officium des Charfreitags u. Charsamstags u. mehreren Hymnen verm. Aufl. 18. (15 B.) Mainz 844, Kirchheim, Schott u. Thielmann.

Missale, die Feier des heil. Dienstes in der kathol. Kirche, s. Feier.

Missale. Ein Deutsch-Latein. Messbuch für Katholische Christen. Nachgesehen von J[ean] Hartard, Pfarrer. [Mit Randverzierungen und 2 Tafeln.] 768 S. 8. Einsiedeln..., Benziger & Co. A. G., 1909. [geb. fr. 2. 50 bis 8. —]

Missale Coloniensis ecclesiae jussu sereniss. et referendiss. Domini D. Clementis Augusti, Archiep. et principis Electoris Coloniensis sedis apostol. legati nati utriusq. Bavar. Ducis etc. Fol. 761. (Cöln, J. G. Schmitz). 5 ₰ 8 gl

— defunctorum nitidissime impressum. Fol. Ofen 780. Typ. 12 gl

— defunctor. ord. Praemonstr. Fol. (Wesché in Frkf.) 10 gl

Missale defunctorum, juxta usum ecclesiae romanae cum ordine et canone extensae. Campoduni 857. Koesel. Fol. (37 S. m. Holzschn. im Text u. Titel in Stahlst.) 15 ngr

Das Meßbuch mit dem Ritus der Dominikaner [Missale Dominicanum] lat. u. deutsch m. hist. u. liturg. Erl. von P. Bertrandus Schmalohr. Kevelaer: van den Wyenbergh 1910. XXXIV, 776, [256] S. 8°

Missale Gothicum secundum regulam Beati Isidori in usum Mozarabum prius editum. Denuo Opera et impensa Domini Cardinalis Franc. Ant. Lorenzanae, in Fol. maj. Romae, 804.

— sive Missae propriae Ord. S. Benedicti. fol. Campid. (Göbhard, Bamb.)

— sive missae propriae ord. S. Benedicti. Fol. Campid. (Wesché in Frankf.) 4 gl

— Monasticum, sub regula S. Benedicti. 4. maj. Venet. (Göbhard, Bamb.) 723.

Missalis monast. supplement. fol. Münst. Aschendorff.

— novum romanum ex decreto concilii Tridentini restitut. fol. Augsb. 754.

— ad usum Canonici Ord. Praemonstratensis. fol. Virdun. (Göbhard, Bamb.) 756.

Missale parvum sive missale romanum in breviorem et commodiorem formam redactum et variis devotionum exercitiis auctum per Ferd. Janner. Regensburg 870. Manz. gr. 16. (III, 648 S.) n. 1 ₰ 4 ngr

Missale parvum sive missale romanum, in breviorem et commodiorem formam redactum et variis devotionum exercitiis auctum. Ed. II. emendata et aucta. 16. (XXVIII, 648 S.) Regensburg 877. Manz. n. 3. 40

—— romano-bohemicum conformatum, juxta decret. s. s. concilii Tridentini restitut., S. Pii V. Pont. Max. jussu edit., et Clementis VIII. primum, denuo Urbani Papae VIII. auctorit. recognit. In quo missae propriae, tam de sanctis, qui in regno Bohemiae ab antiquo coluntur, quam quae auctoritate pontificia hucusque concessae, pro majori celebrantium commoditate accurate positae sunt, ex mandato reverend. ac celsiss. principis Aloysii Josephi. Fol. (190 B. m. 6 Stahlst. in Etui.) Prag 845, Haase Söhne, Vrlgs.-Expedition. Schreibp. * 7 Thlr.; Velinp. *

Missale, romano-monast. - Benedictin. ad norm. breviar. Einsiedlens. fol. Bamb. Göbhard. 780.

— romano-monast.-Benedictin. ad norm. breviar. Einsiedlens. Fol. Bamb. 780. (Wesché in Frankf.) 5 ₰

Missale Romanum, s. a. Schott, Anselm.

— romanum. fol. Venet. (Göbhard, Bamb.) 763.

— — id. lib. fol. ibid. 769.

— — id. lib. fol. ex Ducali Campid. Typographo. (Göbhard, Bamb.) 805.

Das Römische Messbuch. (Missale Romanum.) Ins Deutsche übers. u. mit Erkl. vers. von Johann Jakob Hansen, Pfarrer. *Paderborn: Bonifacius-Dr. 1899.* (XVI, 807 S.) 8° [F.]

— romanum, ex decreto sacrosancti concilii Tridentini restitutum S. Pii V. etc. IV Tom. fol. maj. Passau, Ambrosi. 796.

— — idem lib. fol. maj. Pass. (Mayr, Salisb.) 796.

— — idem lib. fol. maj. Kempt. Kösel. 805.

— romanum, ex decreto sacrosancti Concilii Tridentini restitutum S. Pii P. M. jussu editum, Clementis VIII. et Urbani VII. auctoritate recognitum; in quo missae noviss. Sctrum accurate sunt dispositae. Fol. maj. Campid. 823. (Leipz., Centr.-Compt.) 7 ₰ 18 gl (Landsh., Krüll). 7 ₰

Missale Romanum, ex decreto Sacrosancti Concilii Tridentini restitutum S. Pii Pontif. Maximi jussu editum, Clementis VIII. et Urbani VIII. auctoritate recognitum; in quo Missae novissimae Sanctorum accurate sunt dispositae. (Mit vielen Holzschnitt-Vign., 4 Kpfrn. u. Titelvign.) Fol. Campidonae 834. Koesel. n. $5^1/_3$ ₰ — Ein Anhang hierzu ist: Missae propriae patronorum et festorum Regni Poloniae et Sueciae ad normam Missalis Romani accommodatt. Acced. Missae quaedam noviss. Fol. Ibid. 832. n. $5/_{12}$ ₰

Missale Romanum, ex decreto Sacrosancti Concilii Tridentini restitutum S. Pii Pontif. Maximi jussu editum, Clementis VIII. et Urbani VIII. auctoritate recognitum; in quo Missae novissimae Sanctorum accurate sunt dispositae. Fol. (177½ B. mit Einfass. u. viel. Holzschn.-Vign., 4 Kpfr. u. Ttlvign.) Campidonae 834, Koesel.
Anhang, vgl. Missae propriae etc.

Missale Romanum ex decreto Sacrosancti Concilii Tridentini restitutum, S. Pii V. jussu editum, Clementis VIII. et Urbani VIII. Papae auctoritate recognitum. Et novis missis et indulto apostol. hucusque concessis auctum. Fol. maj. (179 B., 10 Stndr. u. Ttlvign.) Mechliniae 835. (Moguntiae, Kirchheim, Schott et Thielmann.) *

—— id. — 12maj. (27⅓ B., schw. u. rother Druck.) Moguntiae 840, Kirchheim, Schott et Thielmann. *

—— Romanum ex decreto sacrosancti Concilii Tridentini restitutum, S. Pii Pontif. Max. jussu editum, Clementis VIII. et Urbani VIII. auctorit. recognitum; in quo Missae noviss. sanctor. accurate sunt dispositae. Edit. stereot. 8. (61 B. u. Ttlbild.) Berolini 841, Stange. (Lipsiae, Armbruster.)

—— romanum ex decreto s. s. concilii Tridentini jussu edit., S. Pii V. Pont. Max. restitutum, Clementis VIII. et Urban VIII. auctor. recognit., cum missis sanctor. usque ad hanc diem per summos Pontifices concessis, accurate suis locis dispositis, impressum. Fol. (183½ B., schwarz. u. roth. Schrift, 2 Kpfr. u. Ttlvign.) Wien 842, Mechitaristen-Congreg.-Buchh. Thlr. *

—— romanum ex decreto s. s. concilii Tridentini restit., S. Pii V. jussu editum, Clementis VIII. et Urban VIII. papae auctor. recognit., in quo missae propriae dioecesis Brixensis accurate sunt dispositae. Fol. (103½ B., 4 Stnt. u. Ttl. in Buntdr.) Oeniponte 845, Rauch. (Libr. Wagner.) *

— **Romanum, juxta decretum S. S. concilii Tridentini restitutum S. Pii V. Pont. Max. jussu editum, et Clementis VIII. primum denuo Urbani Papae VIII. auctoritate recognitum. In quo missae auctoritate Pontificia hucusque concessae, pro majori celebrantium commoditate accurate positae sunt. Fol. (Mit 6 Stahlst. in Etui.) Prag 845, Haase filii. n. 7 ℛ Velinp. n. 7⅔ ℛ**

Missale romanum ex decreto s. s. concilii Tridentini restitutum, S. Pii V. jussu editum, Clementis VIII. et Urbani VIII. Papae auctor. recogn., et novis missis ex indulto apostolico hucusque concessis auctum. gr. Imp. 4. (93½ B. od. 187 B. gr. Fol. m. Einfass., verziert. Anfangs-Buchstaben, 10 Kpfrn., 10 Holzschn. u. Ttlvign.) Mechliniae 846. (Mainz, Kirchheim, Schott u. Thielmann.) *

—— romanum ex decreto ss. Concilii Tridentini restitutum, s. Pii V. jussu editum, Clementis VIII. et Urbani VIII. auct. recognitum et novis missis ex indulto apost. hucusque concessis auctum. Fol. maj. (740 S. und 10 Kpfr.) Mechliniae 846. (Moguntiae, Kirchheim.) *

Missale Romanum ex decreto sacrosancti concilii Tridentini restitutum, S. Pii V. pontificis maximi jussu editum, Clementis VIII. et Urbani VIII. auctoritate recognitum. Editio novissima ad exemplar Romanum anni MDCCCXLII accurate expressa, mendis diligenter sublatis, novis iterum et ab sancta apostolica sede approbatis festis aucta, novis item initialibus literis et (5) imaginibus aeri incisis exornata. Fol. (522, 40 u. CLXVIII S.) Ratisbonae 849, Pustet. 6 ℛ; Ausg. m. gemalten Initialen 9 ℛ

— **romanum, ex decreto SS. Concilii Tridentini restitutum, S. Pii V. Pont. Max. jussu editum, Clementis VIII. et Urbani VIII. auctoritate recognitum, in quo missae novissimae accurate sunt dispositae. Campoduni 857. Koesel. Fol. (XLII, 663 S. mit Holzschn. im Text u. 6 Stahlst.) 6 ℛ. 15 ngr**

— — Editio II. ad exemplar Romanum anni MDCCCVI accurate expressa, mendis deligenter sublatis novis interim et a S. S. Patre Pio Papa IX. ad hunc diem ordinatis seu indultis festis aucta, novis item initialibus, ljteris et imaginibus aeri incisis splendidius ornata. Ratisbonae 858. Pustet. Fol. (L, 732 S. mit Holzschn. im Text u. 6 Stahlst.) 6 ℛ. 15 ngr;
Velinp. n. 9 ℛ.;
mit lith. Titel in Farbendr. n. 8 ℛ.; Velinp. n. 10 ℛ.;
mit gemalten Initialen bei den Hauptfesten n. 13 ℛ.;
Velinp. n. 16 ℛ.;
mit allen gemalten Initialen n. 36 ℛ.;
mit gemalter Einfassung u. allen gemalten Initialen nn. 70 ℛ.

—— **romanum** ex decreto sacrosancti concilii Tridentini restitutum, S. Pii V. pontificis maximi jussu editum. Clementis VIII. et Urbani VIII. auctoritate recognitum. Ad exemplar romanum a. 1856. Novis interim et a S. S. patre Pio papa IX. ad hunc diem ordinatis seu indultis festis auctum, initialibus literis et imaginibus splendidissimis exornatum. (In 10 Fasc.) Fasc. 1—3. gr. Fol. (232 S. mit eingedr. Holzschn.) Wien 860, Reiß. **

—— **romanum** ex decreto sacrosancti concilii Tridentini restitutum, S. Pii V. pontificis maximi jussu editum, Clementis VIII. et Urbani VIII. auctoritate recognitum. Ad exemplar romanum a. 1856. Novis interim et a S. S. patre Pio papa IX. ad hunc diem ordinatis seu indultis festis auctum, initialibus literis et imaginibus splendidissimis exornatum. Fasc. 4—10. (Schluß.) gr. Fol. (CCVIII und S. 233—574 mit eingedr. Holzschn. und 1 Holzschntaf. in Farbendr.) Wien 861, Reiß. à Fasc. * 8 Thlr. *
Fasc. 1—3. Ebendas. 1860. * 8 Thlr.

—— **Romanum** ex decreto sacrosancti concilii Tridentini restitutum, S. Pii V. pontificis maximi jussu editum, Clementis VIII. et Urbani VIII. auctoritate recognitum. Accuratissima editio cum additamentis novissimis. gr. 8. (LXXX und 820 S.) Regensburg 861, Pustet.

Missale romanum ex decreto SS. Concilii Tridentini restitutum, S. Pii V. p. m. jussu editum, Clementis VIII. et Urbani VIII. auctoritate recognitum, et novis missis ex indulto apostolico hucusque concessis auctum. Mecheln 862. (Mainz, Kirchheim.) 12. (LXXX, 692 S.) n. 1 ℛ 18 ngr

Missale romanum ex decreto sacrosancti concilii Tridentini restitutum, S. Pii V. p. m. jussu editum, Clementis VIII. et Urbani VIII. auctoritate recognitum. Accuratissima editio cum additamentis novissimis. Fol. (XXXVI und 649 S. mit 2 Stahlst.) Rom 862, (Spithöver.) *

— — in usum dumtaxat ecclesiarum ditionis austriacae. Cum novis missis per summos pontifices hucusque concessis. Wien 862. (Mechitharisten-Congreg.-Buchhdlg.) Fol. (XXXVIII, 656 S. u. 3 Stahlst.) n. 8 ℛ

Missale romanum ex decreto sacrosancti concilii Tridentini restitutum, S. Pii V. pontificis maximi jussu editum, Clementis VIII. et Urbani VIII. auctoritate recognitum. Accuratissima editio cum additamentis novissimis. Fol. (XXXIV und 776 S. mit 4 Stahlst. und eingedr. Holzschn.) Regensburg 863, Pustet.
Mit Farbendr.-Titel. *
Velinp. 9 Thlr.; mit Farbendr.-Titel. *

—— dass. — Fol. (XI und 858 S. mit 6 Stahlst. und Suppl. 72 S.) Prag 865, Haase Söhne. *
Doppel-Velinp. *
Zur Ausgabe für ausserhalb Böhmen erschien ein Supplement.

— — Dasselbe mit Supplement für ausserhalb Böhmen. Ebds. Auf Schreibvelinpapier. 1865. 14 fl.
(Die Ausgabe für Böhmen ist ausserhalb desselben nicht zu gebrauchen und umgekehrt.)
Einbände hiezu.

Nr. 1.	Leder, blinde Pressung, farbiger Schnitt	4 fl.
„ 1a.	„ Goldpressung „ „	5 fl.
„ 2.	„ blinde Pressung Goldschnitt	6 fl.
„ 3.	„ Gold- und blinde Pressung, Goldschnitt	7 fl.
„ 4.	„ „ „ „ „ „ feiner	8 fl.
„ 5.	„ starke Vergoldung, Goldschnitt	7 fl.
„ 6a.	Chagrin, blind gepresst m. Goldverz., Goldschn.	9 fl. 30 kr.
„ 6b.	„ reich vergoldet „ „	11 fl. — kr
„ Va.	„ mit Farben ausgelegt „	14 fl. — kr.
„ Vb.	„ „ „ „ Bronze-Ecken „	16 fl. — kr.
„ VI.	„ reich mit Knöpfen beschlagen, 8 Bronze-Ecken, Bronze-Rückenschild, Schliesse, antiker Goldsch.	23 fl.

— romanum ex decreto sacrosancti concilii Tridentini restitutum, S. Pii V. pontificis maximi jussu editum, Clementis VIII. et Urbani VIII. auctoritate recognitum. Prag 865. Verl. der Bohemia. Fol. (XI, 858 S. mit 6 Stahlst. u. Suppl. 72 S.) n. 10 ₰
Doppel-Velinp. n. 12 ₰
Zur Ausgabe für ausserhalb Böhmen erschien ein Suppl.

— — Editio Ratisbonensis V., missis novissimis aucta. Regensburg 866. Pustet. Fol. (XXXVI, 768 S. mit 5 Stahlst., 1 Steintaf. in Tondr. u. eingedr. Holzschn.) 6 ₰

— — Editio Ratisbonensis VI., missis novissimis aucta. Ebend. 868. gr. 8. (882 S. mit eingedr. Holzschn. u. 1 Stahlst.) 2 ₰ 10 ngr.

— — Editio VII. missis novissimis aucta. Ebend. 869. Imp.-4. (XL, 691 S. mit eingedr. Holzschn. u. 5 Stahlst.) 4 ₰ 15 ngr.;
Velinp. 6 ₰

— — Additae sunt missae novissimae. Regensburg 870. Manz. gr. Fol. (XXXVI, 800 S. mit 6 Stahlst.) n. 7 ₰ 8 ngr.

—— dass. — Accedunt missae dioecesi Wratislaviensi propriae jussu et auctoritate Henr. Foerster principis-episcopi Wratislaviensis editae. Fol. (XXXVI, 710 S. mit 5 Kpfrst.) Ebendas. 872. *

Missale romanum ex decreto sacrosanti concilii Tridentini restitutum S. Pii V. pontificis maximi jussu ed. Clementis VIII. et Urbani VIII. auctoritata recognitum. Accuratissima ed. Cum additamentis novissimis. Fol. (XXXII, 611 S. m. 1 Kpfrst.) Romae 872. (Leipzig, Brockhaus' Sort.) n.n. 20.

—— dass. — Fol. (CCVIII, 574 S. mit eingedr. Holzschn., Initialen und Miniaturen in Farben, Gold und Silber.) Wien 872. Reiß. Subscr.-Pr. *ℳ 291.; Ladenpr. *

Missale Romanum ex decreto S. Concilii Tridentini restitutum, S. Pii V. Pont. Max. jussu editum, Clementis VIII., Urbani VIII. et Leonis XIII. auctoritate recognitum. Editio typica Sacr. Rituum Congregationis. Ausg. Nr. 1a auf starkem Maschinenpapier mit chromoxylogr. Titel- u. Canon-Bild u. 27 Holzschn. kl. Fol. (IV, 832 S.) Regensburg 886. Pustet. n. 21. —
Ausg. Nr. 2a wie Nr. 1a, aber mit gemaltem Canon. n. 30. —. — Ausg. Nr. 3a wie Nr. 1a, aber mit 27 gemalten Bildern und Initialen des Canon. n. 100. —. — Ausg. Nr. 4 wie Nr. 1a, mit sämmtl. Bildern, Vignetten u. Initialen (über 500) in Handmalerei. n. 180. —.

— dasselbe. Editio prima juxta editionem typicam S. Rit. Congregationis. Ausg. 1a auf starkem Maschinenpapier mit Titel- u. Canon-Bild in xylogr. Farbondr. u. 40 Holzschn. 4. (V, 783 S.) Regensburg 886. Pustet. n. 16. —
Ausg. Ib wie Ia, mit gemaltem Canon. n. 21. —. — Ausg. IIa auf italien. Handpapier, sonst wie Nr. 1a. n. 21. —. — Ausg. IIb wie IIa, mit gemaltem Canon. n. 28. —. — Ausg. IIIa wie Nr. 1a, aber mit gemalten Bildern u. Initialen der Hauptfeste und des Canon. n. 97. —. — Ausg. IIIb wie IIIa, aber auf Handpapier, die Malereien auf Goldgrund. n. 112. —.

Missale Romanum ex decreto S. Concilii Tridentini restitutum, S. Pii V. Pont. Max. jussu editum, Clementis VIII., Urbani VIII. et Leonis XIII. auctoritate recognitum. Sep.-Ausg. f. die Congregatio Ss. Crucis et Passionis D. N. J. C. 4. (V, 783 S.) Regensburg 886. Pustet. n. 16. —

— dasselbe. Editio secunda juxta editionem typicam S. Rituum Congregationis. 8. (LXIV, 516, 204 S.) Ebd. 887. n. 7. —

Missale romanum ex decreto sacrosancti concilii Tridentini restitutum S. Pii V. pontificis maximi jussu editum, Clementis VIII., Urbani VIII. et Leonis XIII. auctoritate recognitum. 7. ed., juxta editionem typicam. gr. 8. (LXVI, 536 u. 208 S. m. Holzschn. u. farb. Titelbild.) Regensburg 894. F. Pustet. n. 7. —

— dasselbe. Ed. VIII. juxta editionem typicam. 12. (CXVI, 716 u. 292 S. m. Abbildgn. u. 1 Stahlst.) Ebd. 894. n. 4. 80; Einbd. in Halbchagrin n.n. 2. —; in schwarzem Ldr. n.n. 3. —; m. Goldschn. n.n. 3. 50; in rotem Ldr. m. Goldschn. n.n. 4. —; in schwarzem Chagrin n.n. 4. 50; m. Goldschn. n.n. 5. —; in rotem Chagrin m. Goldschn. n.n. 6.

Missale romanum ex decreto sacrosancti concilii Tridentini restitutum, S. Pii V. pontificis maximi jussu editum, Clementis VIII. Urbani VIII. et Leonis XIII. auctoritate recognitum. Ed. X. juxta editionem typicam. gr. 4. (42, 568 u. 212 S. m. Abb., farb. Titel u. 1 Farbendr.) Regensburg 896. F. Pustet.
Ausg. I auf starkem Maschinenpap. n. 16. —;
Ausg. II auf italien. Handpap. n. 21. —

Missale Romanum ex decreto sacrosancti concilii Tridentini restitutum, S. Pii V. pontificis maximi jussu editum, Clementis VIII., Urbani VIII. et Leonis XIII. auctoritate recognitum. Ed. XV. juxta editionem typicam. gr. 4. (42, 572 u. 218 S. m. Abbildgn., farb. Titel u. 1 Farbdr.) Regensburg 899. F. Pustet. Ausg. Ia auf starkem Maschinenpapier 16. —; Ausg. II m. sämtl. Illustr. des Kanon in Farbdr. 21. —

— dasselbe. Ed. XVI. post typicam a. s. rituum congregatione approbata Fol. (38, 612, 228 u. IV S. m. Abbildgn., farb. Titel u. 1 Farbdr.) Ebd. 899. Ausg. Ia auf starkem Maschinenpapier 21. —; Ausg. II ebenso m. sämtl. Illustr. des Kanon in Farbdr. 26. —; Ausg. Ib auf italien. Handpap. 30. —

— dasselbe. Ed. XVII. juxta editionem typicam. 12. (CXVI, 720 u. 300 S. m. Abbildgn. u. 1 Stahlst.) Ebd. 900. 4. 80

— dasselbe. Ed. I. post alteram typicam anno superiore a. s. r. c. declaratam. (In Rot- u. Schwarzdr.) Fol. (34, 616, 228 u. IV S. m. Abbildgn., farb. Titel u. 1 Farbdr.) Ebd. 901. 21. —;
m. sämtl. Initialen in Farbdr. 26. —

— dasselbe. Ed. II. post alteram uti typicam a. s. r. c. declaratam. gr. 4. (42, 572 u. 216 S. in Rot- u. Schwarzdr. m. Abbildgn., farb. Titel u. 1 Farbdr.) Ebd. 902. Ausg. Ia auf starkem Maschinenpap. 16. —; Ausg. Ib auf italien. Handpapier 21. —; Ausg. II m. sämmtl. Illustr. des Kanon in Farbdr. 21. —

— dasselbe. (Ausg. in Rot- u. Schwarzdr.) Ed. III. post alteram typicam. 8. (CVIII, 712 u. 296 S. m. Abb.) Ebd. 903. 4. 80; geb. von n. 6. 80 bis n. 10. 80

Missale romanum, ex decreto sacrosancti concilii Tridentini restitutum, S. Pii V. pontificis maximi jussu editum, Clementis VIII., Urbani VIII. et Leonis XIII. auctoritate recognitum. (Ausg. in Rot- u. Schwarzdr.) Ed. V. post alteram uti typicam a S. R. C. declaratam. (LXIV, 544 u. 216 S. m. Abbildgn. u. Titelbild.) gr. 8. Regensburg 905. F. Pustet. 7. —; geb. v. 9.50—15. —

— dasselbe. (In Rot- u. Schwarzdr.) Ed. VI post alteram typicam. (CVIII, 712 u. 296 S. m. Abbildgn. u. 1 Stahlst.) kl. 8. Ebd. 905. 4. 80

— dasselbe. Ed. VII. post alteram uti typicam a. s. r. c. declaratam. (48, 576, 223 u. 2 S. in Rot- u. Schwarzdr. m. 1 Stahlst.) Lex.-8. Ebd. 906. n. 10. —; geb. von 17. — bis 25. —

— romanum ex decreto ss. concilii Tridentini restitutum S. Pii V. pontificis maximi jussu editum, Clementis VIII., Urbani VIII. et Leonis XIII. auctoritate recognitum. (In Rot- u. Schwarzdr.) Ed. XIV. post alteram typicam. (CXXVIII, 768 u. 350 S. m. Abbildgn. u. Titelbild.) 16. Ebd. 910. 4.50; geb. von 5.50 bis 7. 50

— dasselbe. Ed. XV. post II. uti typicam a. s. r. c. declaratam. (Auf ind. Pap.) (LXIV, 552, 228 u. 35 S.) gr. 8. Nebst: Orationes pro commemoratione feriae in adventu. (2 S.) 8. Ebd. 910. nn 7.—; geb. von nn 9.50 bis nn 16. —

— dasselbe. Ed. XVII. post alteram typicam. (In Rot- u. Schwarzdr.) (36, 624, 248 u. 32 S. m. farb. Titel u. 2 farb. Taf.) 36,5×26 cm. Ebd. 910. 21.—; geb. von n 36.— bis n 270. —

— Romanum pro dioecesi Gurcensi, supplementum cont. missas in festis novissimis ac propriis. Fol. (VI und 57 S.) Klagenfurt (861)62, (Leon'sche Buchh.) * *

— romanum ex ordinario missae juxta editionem vaticanam a SS. D. N. Pio PP. X. evulgatam. Appendix. (12 S.) Lex. 8. Regensburg 907. F. Pustet. — 40

— romanum, ord. Cisterciens. c. festis noviss. fol. Augsb. 730.

— ad usum Sacerdotum Caecutientium concinnatum. Cum adprobatione S. Rituum Congregationis. kl. Fol. (VIII, 128 S.) Ebd. 884. n. 6. —

— ad usum sacerdotum caecutientium concinnatum. Ed. III. (In Schwarz- u. Rotdr.) Fol. (VII, 124, 8 4 S. m. 1 Abbildg. u. 1 Farbdr.) Ebd. 902. 10. —; geb. in Ldr. m. Goldschn. n. 16. —; in Chagrin m. Goldschn. n. 19. —

Missale der geweihten Stätten. (VIII, 319 S. m. Abb.) kl. 8. Straßburg (908). F. X. Le Roux & Co. Geb. von 6.— bis 24. —

— vetus, rom. monast. Lateranense. 4. Romae et Lips. Veith. 756.

Missalek, Wilh., die Bedeutung der Phonetik für den Deutschunterricht. Hrsg. v. Verf. der nach phonet. Grundsätzen bearb. „Rechtschreiblesefibel", M. gr. 8. (40 S.) Breslau 901. W. G. Korn. n. — 50

Missalek, Wilh., Diktierstoffe (Lehrerheft) zu den Rechtschreibübungen f. die Hand der Schüler. 2. Aufl. (VIII, 64 S.) 8. Breslau 906. Priebatsch. n. — 60

Missalek, Wilh., Diktierstoffe (Lehrerheft) zu den Rechtschreibübungen f. die Hand der Schüler. 3. Aufl. (VIII, 64 S.) 8. Breslau (909). Priebatsch. — 60

Missalek, Wilh., Fibel f. Lesen u. Rechtschreibung, nach d. Kombinier-Methode bearb. gr. 8. (51 S.) Breslau 896. M. Woywod. n. — 40; Begleitwort z. Verständnis u. Gebrauch (23 S. m. 1 Fig.) n. — 30; 2 Lesetafeln dazu à 91×60,5 cm. n. 1. —

Fibel für Lesen und Rechtschreiben nach phonetischen Grundsätzen bearb. von Wilhelm **Missalek**. Ausg. A, f. mehrklass. Schulen. 4. Aufl. Breslau: W. G. Korn 1907. (92 S.) 8° [F.] [07. 1883

Fibel für Lesen und Rechtschreiben nach phonetischen Grundsätzen bearb. von Wilhelm **Missalek**. Ausg. A, f. mehrklass. Schulen. 4. Aufl. (Mit Einführung in d. Lateinschrift.) Breslau: W. G. Korn 1907. (112 S.) 8° [F.] [07. 1884

Fibel für Lesen und Rechtschreiben nach phonetischen Grundsätzen bearb. von Wilhelm **Missalek**. Ausg. A, f. mehrklass. Schulen beider Konfessionen. 5. Aufl. Breslau: W. G. Korn 1908. (92 S.) 8° [F.] [08. 7373 2

Fibel für Lesen und Rechtschreiben nach phonetischen Grundsätzen bearb. von Wilhelm **Missalek**. Ausg. A, f. mehrklass. Schulen beider Konfessionen. 5. [durch Lateinschrift verm.] Aufl. Breslau: W. G. Korn 1908. (112 S.) 8° [F.] [08. 7374 2

Fibel für Lesen und Rechtschreiben nach phonetischen Grundsätzen bearb. von Wilhelm **Missalek**. Ausg. B., f. einfache Schulverhältnisse. Breslau: W. G. Korn 1907. (72 S.) 8° [F.] [07. 1885

Fibel für Lesen und Rechtschreiben bearb. von Wilhelm **Missalek**. Ausg. B, f. einfache Schulverhältnisse beider Konfessionen. 2. Aufl. Breslau: W. G. Korn 1908. (72 S.) 8° [F.] [08. 7375 2

— Fibel f. Lesen u. Rechtschreiben, nach phonet. Grundsätzen bearb. Ausg. A, f. mehrklass. Schulen. 6. Aufl. (92 S. m. Abb.) 8. Breslau 909. F. Hirt. Geb. nn — 50

— dasselbe. Ausg. B f. einfache Schulverhältnisse. 4. Aufl. (72 S. m. Abb.) 8. Ebd. 909. Geb. nn — 40

Rechtschreiblesefibel nach phonetischen Grundsätzen bearb. von Wilhelm **Missalek**. *Breslau: W. G. Korn 1900.* (96 S.) 8° [F.] [01. 1478

Rechtschreiblesefibel nach phonetischen Grundsätzen bearbeitet von Wilhelm **Missalek**, Lehrer in Breslau. 2. Aufl. *Breslau: W. G. Korn 1901.* (96 S.) 8° [F.] [02. 6200 2

Rechtschreiblesefibel nach phonetischen Grundsätzen bearb. von Wilhelm **Missalek**, Lehrer in Breslau. 2. Aufl. Ausg. mit Anhang. *Breslau: W. G. Korn 1901.* (104 S.) 8° [F.] [02. 3[illegible]

Rechtschreiblesefibel nach phonetischen Grundsätzen bearb. von Wilhelm **Missalek**. Lehrer in Breslau. 3. Aufl. *Breslau: W. G. Korn 1902.* (96 S.) 8° [F.] [04. [illegible] 2

Rechtschreiblesefibel nach phonetischen Grundsätzen bearb. von Wilhelm **Missalek**, Lehrer in Breslau. 3. Aufl. *Breslau: W. G. Korn 1902.* (112 S.) 8° [F.] [03. [illegible]

Rechtschreibübungen für die Hand der Schüler bearb. von Wilhelm **Missalek**. H. 1. 2. [Nebst] Lehrerheft. Breslau: Priebatsch 1904. 3 Bde 8° [Umschlagt. F.]
1. (Unterstufe.) 2. (Mittel- u. Oberstufe.) [05. 6330 2

— Rechtschreibübungen f. die Hand der Schüler. 2 Hefte. 8. Breslau, Priebatsch. n.n. — 35
Lehrerheft. (VI, 66 S.) — 60
1. (Unterstufe.) (24 S.) n.n. — 15
2. (Mittel- u. Oberstufe.) (32 S.) — 20

Rechtschreibungen für die Hand der Schüler bearb. von Wilhelm **Missalek**. 3. Aufl. H. 1. Breslau: Priebatsch 1908. 8° [F.] [08. 7376 2

— Rechtschreibübungen, f. die Hand der Schüler bearb. 1. u. 2. Heft. 8. Breslau, Priebatsch. nn — 35
1. (Unterstufe.) 4. Aufl. Der Gesamtaufl. 130.—139. Taus. (24 S.) 910. nn — 15
2. (Mittel- u. Oberstufe.) 4. Aufl. der Gesamtaufl. 116.—125. Taus. (32 S.) 909. — 20

Sprachlehre in Beispielen und Übungen für die Schüler der Mittel- u. Oberstufe bearb. von Wilhelm **Missalek**. H. 1. 2. Breslau: Priebatsch 1905. 2 Bde 8° [Umschlagt. F.]
1. (Mittelstufe.) 2. (Oberstufe.) (05. 6133) 2

— Sprachlehre in Beispielen u. Uebungen f. die Schüler der Mittel- u. Oberstufe bearb. 2 Hefte. 8. Ebd. 905. n. — 50
1. (Mittelstufe.) (28 S.) — 20. — 2. (Oberstufe.) (56 S.) — 30.

Sprachlehre in Beispielen und Übungen f. d. Schüler d. Mittel- u. Oberstufe bearb. von Wilhelm **Missalek**. 2. Aufl. H. 1. 2. Breslau: Priebatsch 1908. 2 Bde 8° [Umschlagt. F.]
1. (Mittelstufe.) 2. (Oberstufe.) (08. 7377) 2

— Sprachlehre in Beispielen u. Übungen, f. die Schüler der Mittel- u. Oberstufe bearb. 2 Hefte. 2. Aufl. 8. Ebd. 908. — 50
1. (Mittelstufe.) (28 S.) — 20. — 2. (Oberstufe.) (56 S.) — 30

Kleine deutsche Sprachlehre von Wilhelm **Missalek**. Breslau: Priebatsch 1908. (64 S.) 8° [Umschlagt. F.] (08. 2478)

— die grundleg. Übungen in d. Rechtschreibung, f. d. Schul- u. Hausgebrauch systemat. bearb. 2., durchgeseh. Aufl. 8. (48 S.) Ebd. 897. n. — 20

— die grundlegenden Übungen in der Rechtschreibung, f. den Schul- u. Hausgebrauch systematisch bearb. 3., umgearb., nach dem neuen Regelbuche rev. Aufl. 8. (48 S.) Breslau 902. M. Woywod. n. — 25

— die grundleg. Uebungen in der Rechtschreibung, f. den Schul- und Hausgebrauch system. bearb. 4. Aufl. (In der neuen Rechtschreibg.) (48 S.) 8. Ebd. (903.) n. — 25

Die grundlegenden Übungen in der Rechtschreibung, f. d. Schul- u. Hausgebr. systemat. bearb. von Wilhelm **Missalek**. 4. Aufl. Breslau: Priebatsch 1907. (48 S.) 8° [Umschlagt. F.] (08. 3390)

— Die grundlegenden Übungen in der Rechtschreibg., f. den Schul- u. Hausgebrauch systematisch bearb. 5. Aufl. (48 S.) 8. Ebd. 910. — 25

Welche Forderungen stellt die Gegenwart an eine mustergiltige Fibel?' Geschrieben als Begleitwort z. Rechtschreiblesefibel nach phonet. Grundsätzen von Wilhelm **Missalek**. Lehrer in Breslau. *Breslau: W. G. Korn 1900.* (16 S.) 8° [Umschlagt. F.] (04. 1025)

Missbach, E. Rob., Flora v. Deutschland, s.: Sturm, J.

Missbach, Rob., s.: Festschrift zum 100jährigen Geburtstage Emil Adolf Rossmässlers.

Mißbach, Rob., der Pflanzensammler, s.: Wegweiser, naturwissenschaftliche. A. 18.

Missbach, Rob., der Schulgarten im Dienste d. Volksschule, s.a. Bausteine, pädagog., Hft. 4.

Der Schulgarten im Dienste der Volksschule. Von Rob. **Missbach**, Dresden. *Dessau-Leipzig: R. Kahle [1898].* (46 S.) 8°
— Bausteine, Pädagogische. H. 4. (09. 4478)

Missbildungen
angeborene

[Über angeborene Missbildungen.] Sammelband. 8°
Darin 18 Nrn. [Ausschnitte aus Journal der practischen Arzneykunde u. Wundarzneykunst Bd 2. 13. 14. 17. 20. 22. 24. 31. u.a. 1796 ff.]

MISSBRAUCH. Über den – der Billigkeit einiger Herrn Räte . . . Gedr. mit Schulzisch-Gastheimischen Schriften, 1781.
1 vol. 29 S.

Mißbrauch (Der) geistiger Getränke im Großherzogtum Baden. Untersuchungen über das Vorkommen von Trunksucht, veranstaltet vom badischen Landesverein gegen den Mißbrauch geistiger Getränke. 51 S. Karlsruhe. 1896.

Missbrauch, Der, der Gewalt. Ein Originallustspiel von fünf Aufzügen. Wien 1778. V: *Weidmann, Paul.* (BrMm) (Jahrb. d. Grillp.-Ges. XIII.)

Mißbrauch d. Gewalt. Lstspl. 8. Dessau 783, Gelehrt. Buchh. 4 gr.

Mißbrauch, der, der Gewalt. Lustsp. in 5 Aufz. v. Weidmann. 8. Wien. Wallishauser. 803.

Mißbrauch, üb. den, der geistl. Macht, s. Cranz.

Missbrauch, der, des Reichstagswahlrechts durch die Sozialdemokratie. Ein Mahnwort an das deutsche Volk v. Arminius. (16 S.) 8. Berlin 904. O. Eisner. n. — 20

Missbrauch (Vom) des freien Willens. Lasset uns alle Socialisten und Kommunisten werden im Geiste und in der Wahrheit. 8°. Berlin 1871.

UEBER den Missbrauch der Wörtchen Von und Euer Gnaden. Wien 1781. 8°. Rarl (In Wien, Stadtbibl.)

Missbrauch, Der, der Zahlen, erläutert durch die neuerdings gemachten Versuche . . . Erfurt 1846. V: *Unger, Ephr. Sal.* (Ky)

Mißbrauch, der, d. Zahlen, erläutert durch die neuerdings gemachten Versuche, das bei d. Feuer-Versicherungs-Bank f. Deutschland eingeführte Rechnungswesen zu verdächtigen. M. e. Sendschreiben an Herrn Ober-Gerichts-Procurator A. W. Wüstenfeldt in Bückeburg. (Von E. S. Unger.) 8. Erfurt 846, Keyser. (Leipzig, Frohberger.) n. 1/4 ₰

Mißbräuche, die, des Aderlassens. Aus d. Französ. (v. Chr. G. W. Behrisch). 8. Leipz. 767. (Brockhaus). 10 gr.

Mißbräuche Aderlassen

Die Mißbräuche des Aderlassen, bewiesen aus Gründen, welche von der Natur und dem Verfahren der berühmtesten Aerzte zu allen Zeiten hergenommen sind. Nebst einem Anhange, über die Mittel, die Arzneykunst zu verbessern. Zur Anwendung für junge Aerzte und Warnung für das Publicum aus dem Französischen übers. von Christ(ian) Georg Wolfg(ang) Behrisch. 324 S., gbd.

Leipzig: Heinsiuß 1767

JB 2.648

Die Mißbraeuche der militärischen Dienstgewalt und das Beschwerderecht im deutschen Heer. Kritisch beleuchtet von ***. Stuttgart 1890. 54 S.

Missbräuche, Einige, der Gerichtspflege auf dem Lande in der Oberlausiz. [Görliz 1794.] V: *Schmidt, Christian Ehrenfried.* (OL)

—**über,** unter Handwerksgesellen. gr. 8. Potsdam 796. Horvath. 2 gl

Ueber Deutschlands holzverschwenderische *Missbräuche*, wie diese abzustellen u. die Holzersparungskunst am leichtesten erreicht werden könne. Herausg. v. einem Patrioten. Meiss. 1796. 105 S.

— **üb.,** Deutschl. Holzverschwender. 8. Meißen, Erbstein. 796.

—**über,** Deutschlands Holzverschwender. 8. Meißen 796. (Goedsche). 6 gl

Über
— — Missbräuche und Mängel der katholischen Geistlichkeit, nebst Vorschlägen, wie solche verbessert werden könnten. Frankfurt a. M. u. Leipzig (Ulm, Stettin'sche Buchhdlg.) 1793. 8°. (14 ggr.)
Ersch II. 1823. Sp. 521.

Missbräuche (Ueber die) des kais. Russischen Postwesens im deutschen Reiche. 8°. Strassburg, König, 1789.

Über **Misbräuche** des Kaiserl. Reichs-Postwesens im Deutschen Reiche und ihre Abstellung. Von einem deutschen Biedermanne. Deutschland 1789. 8. . . . . . ib.

Missbräuche (Ueber) und Unordnungen, so unter Handwerksgesellen, bes. unter Huthmachergesellen in preuss. Staaten noch üblich sind. 8°. Potsdam 1795.

Mißbündniß, das, oder d. verkannte Hofmeister; e. rührendes Lstspl. in 1 A. 8. Augsb. 783. v. Jenisch u. St. 3 K

Misselbach, Joh. Georg
Theses.
Giessae 1. Sept. 1800. 8 S.

Misselwitz, Fritz, das Turnen der Knaben im Alter von 8—16 Jahren. 1. u. 2. Bdchn. 8. Leipzig 897. E. Strauch. à n. — 80
1. Allgemeines. Reck- u. Barrenturnen. E. Handbuch f. Schul- u. Zöglingsturnen. (79 S.)
2. Bock. Pferd. Schaukelringe. Kletterstangen. Leitern. Ein Handbuch f. Schul- u. Zöglingsturnen. (88 S. m. Fig.)

Misselwitz, Karl Aug., grundlegender Rechenunterricht in Haus u. Schule im Zahlengebiete von 1 bis 12. 8. (VII, 88 S.) Chemnitz 877. Focke. n. — 80

Misselwitz, M., Allgemeiner Turn-Verein zu Bautzen 1846—1921, 4 S., Gr.-8°.

Die **Misserfolge** der Germanisirungsarbeit in Nordschleswig v. Br. [Theodor Brix?] Ausschnitt aus: Die Nation, Jg. 16, Nr. 2. Berlin. 1898. 4°.

Mißerfolge, die, der Staatsmedicin u. ihre Opfer in Hamburg. Protest gegen die Auffassg. über das Wesen der Cholera u. gegen die Vorbeugungs- u. Behandlungs-Mittel dieser Krankheit Seitens der heut. Staats-Medicin-Schule. Von ***. gr. 8. (32 S.) Hagen i/W. 892. H. Risel & Co. n. — 50

Misses, Isaac, Darstellung und kritische Beleuchtung der jüdischen Geheimlehre. Erstes Heft. Krakau 1862.

Amor's **Missethaten.** Aus dem Französischen von Jean qui rit. Mit Vollbildern. 8°. (110 S.) Budapest, Grimm. fl. 1.50. 1886.

Davoust's **Missethaten.** Eine actenmässige, gründliche Widerlegung des Memoir's dieses Marschalls an Ludwig XVIII. 8. Hamburg 1814.

Natur und Leben. Gedichte v. Agnes **Missfeldt.** 3. Aufl. Kiel. 1901. 8°

Volkslied und Kunstgesang. Dramatisch-deklamatorisch-musikalische Aufführung v. Agnes **Missfeldt.** Kiel. o. J. 8°.

Polizei-Verordnungen und Bekanntmachungen betr. den Kieler Hafen resp. die Schiffahrt auf demselben, zsgest. v. C. **Missfeldt.** Kiel. 1891. 8°

Mißfeldt, C., Sammlung der Polizei-Verordnungen, Regulative u. Statuts der Stadt Kiel, die Bauordnung m. sämmtlichen Nachträgen u. Aenderungen, die Gesinde- u. die Sabbath-Ordnung, nebst e. Anh., enth. Bestimmungen üb. Staats- u. Kommunal-Steuern, Kirchen-, Schul-, Standesamt-, Impf-, Grundbuch- u. Militärwesen etc. Zusammengestellt u. bearb. gr. 8. (IX, 238 S.) Kiel 890. Universitäts-Buchhandlg. geb. 4. 50

Missgeburt des Müssiganges oder allerhand Durcheinander. Wien 1781. V: *Sagar (Saagar), Johann.* (KY 5/6) (GGR IV/255, Nr. 34/3) (GGR IV³/665, Nr. 34/3) (Brünner Zeitung 1781, Beil. zu Nr. 45) (Geissau, Verzeichniss, S. 40) (Kalender der Heiligen 1782, S. 24) (Verzeichnis der Bücher, welche die Camesianische Buchhandlung ... anhero gebracht hat, 1802, S. 25) (BIBLPORT) (WBL 28/68)

Mißgeburten (Erstlingspoesieen), poet., erzeugt z. Erbauung gefühlloser Seelen, vornehml. aber als Musterverse f. angeh. Dichter u. talentvolle Deklamatoren dienlich. Derenhalben geträumt, gereimt, item geleimt, auch z. Nutzen d. Welt als Geburtstags- u. Weihnachtsgeschenk passend an's Licht gestellt v. † L. Lostewam, etc. (1. Hft.) 32. (48 Seit.) Berlin 837, Brandenburg. (?) ⅙ Thlr., m. Goldschn. in Futteral Thlr.

Missgriff, Christinens. A. d. Engl. von Sophie von Verena. Lpzg. 1865. V: *Craik, Dinah Mary geb. Mulock.* (RUSSELL II/1, S. 134)

Missgriffe, Die, der Bourbons in Frankreich seit 1814. Leipzig 1830. V: *Becker, Gottfried Wilhelm.* (KY)

Mißgriffe, die, der Bourbons in Frankreich seit 1814. Von *r. (G. W. Becker.) gr. 12. (4½ B.) Leipzig 830, Fest. Thlr.

Missgriffe und Ungerechtigkeiten, Die, in der zürcherischen Gesetzgebung in Hinsicht auf den Haushalt der Gemeinden . . . Aussers. [1885]. V: *Cramer-Wyss, Hnr.* (Cat. d. Stadtbibl. Zürich. Zürich 1864—97.)

Misshandelt die Thiere nicht! Gedichte. Gesammelt von Leipert. Klgft., Leon, 1875. 24 S.

Mißhandlungen, die, in der Armee. Ein Gespräch, veröffentlicht von einem Unteroffizier. gr. 8. (16 S.) Berlin 885, Knorr's Verlag.

Misshandlungen. Napoleons M' der Schweiz. Ein historischer Commentar, zu der von den hohen verbündeten Mächten erlassenen Antwort auf die Schweizer Neutralitätsakte. 8. Germanien [Frankfurt] 1814.

(*S. 17–79 abgedruckt aus* [Gentz, Friedrich von] Fragmente aus der neuesten Geschichte des [Politischen] Gleichgewichts in Europa [St.] Petersburg 1806.)

Napoleons Misshandlungen der Schweiz. Germanien (Schäfer in Frankfurt) 1814.
Weller, fing. Dr

Mißhandlungen, die, der Soldaten in Sachsen u. anderswo. Zeitgemäße Betrachtgn. e. deutschen Staatsbürgers. 8. (24 S.) Chemnitz 892, C. A. Hager. — 15

Mißheirath, die,. Schausp. in 5 A. 8. Berlin, Frölich. (Dunker u. H.) 804.

Missi, Mathias

Missi, M., et A. Oberkofler, calendarium poeticum, continens momenta ex vita sanctorum, applicationes et axiomata. 8. (VI, 487 S. m. 12 Bildertaf.) Innsbruck 890. Wagner. n. 5. 20

Missi, Math., et Ant. Oberkoffer, Florale poeseos christianae. Opus tripartitum. 8. (VII, 272; 207 u. 144 S. m. Titel u. 1 Taf. in Farbendr.) Bozen 883. (Wohlgemuth.) n. 5. —

— — memoriale jubilaei sacerdotalis summi pontificis Leonis XIII. gr. 8. (55 S.) Ebd. 887. n. 2. —

Missio foederati Belgii seu missionis Batavae descriptio, quam Rmus Dnus Theodorus de Cock deposito provicarii munere s. r. congregationi obtulit a. 1706. Nunc primum ed. A. van Lommel. gr. 8. (VII, 107 S.) Haag 879, Nijhoff. *

Mission. Arbeitendes Volk heraus! Wien, Druck von A. Wacht, s. a.

Mission, die ärztliche. Blätter zur Förderg. der deutschen missionsärztl. Bestrebgn. Hrsg. v. Herm. Feldmann. 1. Jahrg. 1906. 6 Hefte. (96 S. m. 9 Abbildgn.) gr. 8. Gütersloh, C. Bertelsmann. n. 1. 60

Mission, die ärztliche. Blätter zur Förderg. d. deutschen missionsärztl. Bestrebgn. Zugleich Organ des deutschen Instituts f. ärztl. Mission u. der deutschen Vereine f. ärztl. Mission. Hrsg. v. Herm. Feldmann. 2.—5. Jahrg. 1907—1910. à 6 Hefte. (96, 96, 120 u. 144 S. m. Abb.) gr. 8. Gütersloh, C. Bertelsmann. à Jahrg. 1. 60

Mission, Die ausserordentliche, und die Jesuiten als Missionäre. Mit besonderer Beziehung auf die in Frankfurt a. M. vom 21. November bis zum 5. Dezember 1852 gehaltene Mission. [Frankfurt a. M.] 1852. V: *Brühl, Johann Augustin Moritz.* (StB Frankf I, 119)

— die außerordentliche, u. die Jesuiten als Missionäre. Mit besonderer Beziehung auf die in Frankfurt a. M. am 21. Novbr. bis zum 5. Dezbr. 1852 gehaltene Mission. Zu ihrem Andenken! [Enthält auch ein genaues Referat der Schlußrede des hochw. P. Reh.] gr. 8. (32 S.) Frankfurt a. M. 852, Lizius. n. n. 3 ℳ

Mission, die, der Brüdergemeine in Missionsstunden. Hrsg. v. G. Burkhardt. 1.—3. Hft. gr. 8. Leipzig, F. Jansa. à n. 1. 50

1. Grönland. Von G. Burkhardt. – Alaska. Von H. Schneider. (V, 142 S.) 897.
2. Suriname. Von G. Burkhardt. (IV, 156 S.) 896.
3. Deutsch-Ostafrika, Nyassa-Gebiet. Von G. Burkhardt. (IV, 117 S.) 898.

Mission, die, der Brüdergemeine in Missionsstunden. Hrsg. v. G. Burkhardt. 4. Hft. gr. 8. Leipzig, F. Jansa. n. 1. 50

Süd-Afrika. Von G. Burkhardt. (IV, 111 S.) 901.
1.—3. Hft. Ebd. 896—898. à n. 1. 50.

— die, der Brüdergemeine in Missionsstunden. Hrsg. v. G. Burkhardt. 5. Heft. gr. 8. Herrnhut 905. Missionsbuchh. n. 1. —

Moskitoküste in Nicaragua. Von Ad. Schulze. (IV, 79 S.) Hft. 1—4 jetzt Ebd. 896–901. Erm. Pr. à n. 1. —.

Mission, buddhistische. Das „christl." Barbarentum in Europa. Aufruf an alle Erleuchteten u. wahren Jünger d. erhab. Buddha, die noch im tiefsten Abgrunde religiöser Unwissenheit versunk. Barbaren u. Heiden des Westens auf d. Weg zur Erlösg. zu führen. V. e. Lama. M. e. Vorrede u. Anmerkgn. v. Verf. der „Lotusblüten". 8. (48 S.) Leipzig 898. W. Friedrich. n. — 50

Mission, die europäische, Ungarns u. Franz Deák. Aus dem Ungar. gr. 8. (175 S.) Budapest 870. (Rosenberg.) 2. 40

— die evangelische. Ein Ruf an das Christenvolk. Hrsg. von der evangel. Missions-Gesellschaft zu Basel. 12. (24 S. und Erklärung der Karte 12 S. mit einer lithogr. Weltcharte in Fol.) Basel 855, Bahnmaier's Buchh.

Mission, die evangelische. Ein Ruf an die evangel. Glaubensgenossen in Rußland. 8. (64 S. mit 1 lithogr. Weltcharte in gr. Fol.) Riga 861. (Eisleben, Kuhnt'sche Buchh.) cart. *

Mission, die evangelische. Ein Ruf an das Christenvolk. Hrsg. von der Evangel. Missionsgesellschaft in Basel. Mit 1 (chromolithogr.) Missions-Weltkarte (in qu. gr. Fol.). 8. (24 S. und Beschreibung der Karte 15 S.) Basel 878, Missionsbuchh. *

— die evangelische, in den deutschen Kolonien. Ein Leitfaden f. Missionsstudien-Kränzchen. (43 S.) 8. Berlin (S.W. 48, Wilhelmstr. 34) 909. Christl. Verein junger Männer. — 30

— und Kirche, evangelisch-lutherische, unter den Deutschen Nord-Amerika's. Mittheilungen von Fr. Brunn. Redact.: Ed. R. Gnauck. Jahrg. 1866 und 1867. à Jahrg. 12 Hefte. (Bog.) gr. 8. Dresden, (Naumann.) à Jahrg. *

—— und Kirche, evangel.-luther. Mittheilungen von Fr. Brunn. Redact.: Ed. R. Gnauck. Jahrg. 1868—1872. à Jahrg. 12 Nrn. (Bog.) gr. 8. Dresden, Naumann. à Jahrg. *

—— dass. — Redact.: H. J. Naumann. Jahrg. 1873 und 1874. à Jahrg. 12 Nrn. (Bog.) gr. 8. Ebendas. à Jahrg. *

—— und Kirche. Evangelisch-lutherische Mittheilungen von Fr. Brunn. Jahrg. 1875. 12 Nrn. (Bog.) gr. 8. Dresden, Naumann. *
Fortsetzung u. d. T.: Kirche und Mission, evangelisch-lutherische.

Mission, die Finnisch-Lappische, bis 1726, s. Schriften, kl., z. Beförderung d. christl. Glaubens 2c. No. 19.

Mission, die Finnisch-Lappische bis 1726, und d. Leben des ersten Apostels der Norweg. Finnen, Thomas von Westens. (Aus „Christoterpe, von A. Knapp," abgedr.) 8. Augsburg 833 (Nürnberg, Raw.) $1^1/_2$ ℛ

Mission, die, der Frauen unter den Frauen. Frei nach dem Engl. 16. (24 S.) Elberfeld 878. Buchh. der evangel. Gesellschaft. n. — 40

Mission, die, der Frauen unter den Frauen. 16. Köln 878. Bonn, Schergens. * — 40

— dasselbe. 16. (24 S.) Köln 878. Scheve & Co. n. — 40

Mission, die, unter den Gefallenen. Aus dem Engl. gr. 16. (III, 112 S. mit 1 Holzschntaf.) Hamburg 874, Agentur des Rauhen Hauses. *

Mission, Die göttliche, Preussens oder das Christenthum und der deutsche Beruf Preussens. Eine Zeitstudie dem gesammten deutschen Volk ans Herz gelegt von Einem Kurhessen. (1. u. 2.) Auflage. Wien 1868. V: *Preser, Carl.* (Hdschr. Mitth. von Friedrich Müller, München)

Mission, die göttliche, Preußens oder das Christenthum u. der deutsche Beruf Preußens. Eine Zeitstudie, dem gesammten deutschen Volke ans Herz gelegt von einem Kurhessen. 1. u. 2. Aufl. Wien 868. Herzfeld & Bauer. Lex.-8. (27 S.) n. 5 ngr.

Mission, Die göttliche, Preußens oder das Christenthum und der deutsche Beruf Preußens. Eine Zeitstudie, dem gesammten deutschen Volke an's Herz gelegt von einem Kurhessen. Wien 1869. Neue Aufl. 1870. V: *Preser, Carl.* (Singer, A., Bismarck in d. Literatur. Würzburg 1909. S. 28.)

Mission, die heilige. Eine Sammlung werthvoller kath. Schriften des In- u. Auslandes. 1—8. Vereinssammlung à 6 Lfgn. 8. Regensburg 843, Manz. à Vereinssamml. 2 Thlr. 15 Ngr.

Vereinssammlung 1. 1843.
A. u. d. Ttln.:
Lfg. 1., 2. O'Connell, Dan., Irland's Zustände alter u. neuer Zeit. Aus d. Engl. v. C. Willmann. 1. Bd. 2 Abthl. (24 B.) 1 Thlr. $3^3/_4$ Ngr.
" 3. Göttliche Offenbarung üb. den sündhaften Zustand der Christenheit 2c. v. Heinr. Suso. 2. Aufl. (8 B.) $11^1/_4$ Ngr.
" 4. Leben des heil. Korbinian. Von Fr. X. Sulzbeck. ($9^1/_2$ B.) $11^1/_4$ Ngr.
" 5. Die vorzüglichsten Wahrheiten der Religion. Von A. v. Lamartine. ($14^1/_2$ B.) 20 Ngr.
" 6. Leben des heil. Franziskus von Sales, dargestellt v. D. B. Karz. ($17^1/_2$ B. u. 1 Stahlst.) $22^1/_2$ Ngr.

Vereinssammlung. 2. 1844.
A. u. d. Ttln.:
Lfg. 1., 2. Leben der geistl. Ordensstifterinnen. Mit Vorw. v. F. S. Häglsperger. 2 Bdchn. ($13^1/_2$ B. u. 1 Stahlst.) 1 Thlr. $7^1/_2$ Ngr.
" 3., 4. Christus u. das Jahrhundert. Von Roselly de Lorgues. Nach der 5. Orig.-Aufl. aus d. Franz. übers. v. J. Röttinger. ($25^1/_2$ B.) 22 Ngr.
" 5. Geschichte des Papstes Leo X. u. seine Zeit. Von J. M. Audin. 1. Bd. 1. Abthl. ($14^1/_2$ B.) Für 2 Bde. (4 Abthlgn.) 1 Thlr. 25 Ngr.
" 6. Jerusalem. Histor. Gemälde von den Schicksalen der heil. Stadt seit ihrer Gründung bis auf unsere Tage. Aus d. Franz. v. Jul. Röttinger. (14 B. u. 1 Stahlst.) $17^1/_2$ Ngr.

Vereinssammlung. 3. 1844.
A. u. d. Ttln.:
Lfg. 1., 2. Geraldine. Eine Glaubensgeschichte. Nach dem Engl. 2 Thle. (25 B.) 1 Thlr. 15 Ngr.
" 3., 4. Rußland, Finnland u. Polen. Geschildert v. X. Marmier. Aus d. Franz. 2 Bde. ($35^1/_2$ B.) 1 Thlr. 25 Ngr.
" 5. Irlands Zustände alter u. neuer Zeit. 2. Bd. 1. Abthl. A. u. d. Ttl.: Irland u. O'Connell. Beiträge zur Kenntniß der neuern Gesch. Irlands. Nebst O'Connell's Proceß. Zugleich als Fortsetzg. von Irlands Zuständen alter u. neuer Zeit 2c. Nach den besten Quellen dargestellt v. M. Brühl. 1. Thl. ($12^1/_2$ B.) Für 2 Bde. 1 Thlr 15 Ngr.
" 6. Leben der heil. Elisabeth v. Ungarn. Von Alb. Werfer. (9 B. u. 1 Stahlst.) $11^1/_4$ Ngr.

Vereinssammlung. 4. 1844, 45.
A. u. d. Ttln.:
Lfg. 1—4. Der Todeskampf u. der Tod in allen Klassen der Gesellschaften, aus dem Gesichtspunkte d. Humanität, Physiologie u. Religion betrachtet v. H. Lauvergne. Bearb. v. C. Willmann. 2 Abthlgn. (29 B.) 2 Thlr. $7^1/_2$ Ngr.
" 5. Ennen, Johs., kurzer Inbegriff der Geschichte von Trier u. Beschreibg. der dortig. Kirchen u. Heiligthümer 2c. Hochdeutsch m. Anmerkgn. u. mit den 12 Holzschnitten des Originals. Hrsg. v. P. D. A. Schmitz. (14 B.) $18^3/_4$ Ngr.
" 6. Papst Leo X. u. seine Zeit. Von J. M. Audin. Aus d. Französ. 1. Bd. 2. Abthl. ($15^1/_2$ B.) (S. 2. Vereinssammlung.)

Mission, die heilige. Eine Sammlung werthvoller kath. Schriften des In- u. Auslandes. 1—8. Vereinssammlung à 6 Lfgn.

Vereinssammlung. 5. 1845, 46.
A. u. d. Ttln.:
Lfg. 1. Irlands Zustände alter u. neuer Zeit. 2. Bd. 2. Abthl. (23 B.) (S. 3. Vereinssamml.)
" 2. Kurze u. leichtfaßl. Betrachtung der wichtigsten Unterscheidungslehren der Katholiken u. Protestanten v. Ludw. Preysinger. 3., verm. Aufl. ($7^1/_2$ B.) 10 Ngr.
" 3., 4. Papst Leo X. u. seine Zeit. 2. Bd. 2 Abthlgn. ($32^1/_4$ B.) (S. 2. Vereinssamml.)
" 5. Die Herrlichkeit des Christenthums 2c. Aus d. Latein. des J. Osorio übersetzt v. J. B. Mayer. ($11^1/_2$ B.) $12^1/_2$ Ngr.
" 6. Die Jesuitenfresser, nebst Wanderpaß u. Signalement des ewigen Juden v. E. Sue. Aus d. Französ. v. Vict. Joly übers. (13 B.) $22^1/_2$ Ngr.

Vereinssammlung. 6. 1847.
A. u. d. Ttln.:
Lfg. 1. Avrillon, Betrachtungen auf alle Tage der heil. Fastenzeit. Aus d. Französ. v. J. Stablbaur. ($29^1/_2$ B. u. 1 Stahlst.) 1 Thlr.
" 2. Brunner, Seb., der Babenberger Ehrenpreis. Neue Aufl. (20 B.) 1 Thlr. $3^3/_4$ Ngr.
" 3., 4. Gundinger, Ant., das Gebet. 1. Bdchn. Das Vater-Unser. (26 B.) 1 Thlr. $3^3/_4$ Ngr.
" 5. Leben der ehrw. Dienerin Gottes Maria Clotilde von Frankreich. Nach d. Franz. v. Mich. Singel. ($9^1/_2$ B. u. 1 Stahlst.) $11^1/_4$ Ngr.
" 6. Missionsstreit. Gedicht. ($4^1/_4$ B.) $7^1/_2$ Ngr.

Vereinssammlung. 7. 1847.
A. u. d. Ttln.:
Lfg. 1. Leben des ehrw. Diener Gottes Paul v. Kreuze. Aus d. Italien. (23 B.) 25 Ngr.
" 2., 3. Triumph des Evangeliums. Memoiren eines von den Verirrungen der heut. Philosophie zurückgekommenen Weltmenschen. Aus dem Span. übers. v. J. F. A. Buynand des Echelles. 1. Bd. ($26^1/_2$ B.) $27^1/_2$ Ngr.
" 4. Brunner, Seb., die Welt ein Eros. (12 B.) $22^1/_2$ Ngr.
" 5. Gundinger, Ant., das Gebet. 2. Bdchn. Der englische Gruß. ($14^1/_2$ B.) 20 Ngr.
" 6. Leben u. Betrachtungen des heil. Antonius von Padua. Mit Betrachtungen u. Andachtsübungen. ($18^1/_2$ B. u. 1 Stahlst.) $18^3/_4$ Ngr.

Vereinssammlung. 8. 1847.
A. u. d. Ttln.:
Lfg. 1. Vertheidigung der kathol. Kirche, ihrer Lehren u. Uebungen gegen mehrere Beschuldigungen ihrer Gegner. Von Jos. Pehl. ($15^1/_4$ B.)
" 2., 3. Triumph des Evangeliums. Memoiren 2c. 2. Bd. ($28^1/_2$ B.) (S. 7. Vereinssamml.)
" 4., 5. Gundinger, Ant., das Gebet. 3. u. 4. Bdchn. ($41^1/_2$ B.) (S. 6. u. 7. Vereinssamml.)
" 6. Geschichte des heil. Irenäus 2c. Von J. M. Prat. Aus d. Französ. v. Joh. Nep. Dischinger. ($20^1/_2$ B.)

Mission, die heilige. Eine Sammlung werthvoller kathol. Schriften des In- und Auslandes. 9. Vereinssammlung. 6 Lfgn. 8. Regensburg 847—48, Manz.

Inhalt:

Lfg. 1. Leben des Abbé Goudrin. Von Augustin Goudrin. (429 S.)
" 2. Das Priesterthum und das Opfer Jesu Christi in ihrer Bedeutung. Eingeführt von J. Gaume. (352 S.)
" 3., 4. Triumph des Evangeliums. Uebers. aus dem Span. von J. F. A. Buynand des Echelles. 3. Bd. (439 S.)
" 5., 6. Spiegel evangel. Vollkommenheit, wie der Mensch zu näherer Vereinigung mit Gott gelangen kann. Nach dem Werke eines gelehrten Kartheusers frei bearb. von Jos. Maria Siegl. 2 Aufl. (XX und 622 S. mit 2 Kpfrt.)

1—8. Vereinssammlung. Ebendas. 1843—47. 20 Thlr.

Mission, die heilige. Ein Andenken an die schönen Tage der Mission. Zugleich eine nützliche Missions-Erneuerung. Von einem kathol. Priester J. E. 8. (64 S.) Dülmen 852. Münster, Aschendorff. n. 1/12 ₰

Mission, Die heil. Erinnerung an die Mission und Missions-Erneuerung. Dülmen 1863. V: *Eming, Johann Heinrich.* (Rass)

Mission, die heilige. Ein Andenken an die schönen Tage der Mission. Zugleich eine nützl. Missions-Erneuerg. Von e. kathol. Priester J. E. 12. (78 S. m. e. Titelbild.) Dülmen 890. Laumann. n. — 20

—— die heilige, während der Fastenzeit. Gehalten von einem kathol. Stadtpfarrer und hrsg. von einem seiner Verehrer. gr. 8. (VIII, 271 S.) Regensburg 869, Manz.

—— die heilige, in meiner Pfarrei, od. Missionspredigten auf alle Sonntage des Kirchenjahres, neu hrsg. u. verbessert v. Ant. Westermayer. 2 Bde. gr. 8. (45 B.) Regensburg 845, Manz. Thlr.

Mission, Die heilige, in meiner Pfarrei, oder: Missionspredigten auf alle Sonntage des Kirchenjahres . . . 2. Aufl. Regensburg 1848. V: *Kronenberger, Ernst* [?]. (Ky) »Cöln 1808« (schmal)

— die heilige, in meiner Pfarrei, oder: Missionspredigten auf alle Sonntage des Kirchenjahres, (von Kronenberger?) neu hrsg. u. verbessert v. Ant. Westermayer. 1 u. 2. Bd. 2. verb. Aufl. gr. 8. (1: XII u. 408 S. 2: 300 S.) Regensburg 848, Manz. 1 5/6 ₰ — 3. Bd. A. u. d. T.: Der heil. Mission für meine Pfarrei prakt. Unterricht über die Vollkommenheitslehre Jesu. Neu hrsg. u. verb. von Ant. Westermayer. gr. 8. (XVI u. 231 S.) Ebd. 848. 2/3 ₰

—— die heilige, der ehrw. Väter der Gesellschaft Jesu, gehalten zu Würzburg vom 13. bis zum 27. Febr. 1853. gr. 8. (24 S.) Würzburg 853, Stahel'sche Buchh. *

Aus: „Katholische Wochenschrift," hrsg. von Fr. X. Himmelstein, besonders abgedruckt.

—— die, der Jesuiten in Heidelberg. (Abgehalten vom 3. bis 17. Aug. 1851.) Von kathol. Seite beleuchtet. 8. (15 S.) Heidelberg 851, Rieger'sche Buchh.

Mission aux Indes (etc.)
v. **Nouvelles** de la Société missionaire suisse aux Indes.

—— die innere. Ein Wort an das Volk aus dem Volke. (Volksbuch.) In Abendunterhaltungen. 8. (66 S.) Elberfeld 850. [Iserlohn,] Bädeker. *

Mission, die innere. Ein Wort der Belehrg. f. unser Volk. 5. Gabe d. evangel. Vereins f. die Pfalz. 12. (64 S.) Speyer u. Ingelheim 850. Kaiserslautern, Buchh. d. Evangel. Vereins f. die Pfalz. — 10

Mission, innere. Zeitschrift f. Verständnis u. Förderg. evangel. Liebesarbeit in Berlin. Unter Mitwirkg. v. Weser u. Conrad hrsg. v. Wilh. Pfeiffer. 3. Jahrg. 1906. 4 Hefte. (128 S.) gr. 8. Berlin (N.W. 52, Alt-Moabit 133), Geschäftsstelle. n.n.n. 2. 40

Nicht mehr im Buchhandel. Erschien früher u. d. T.:

—— die innere, ihre Arbeiten und Aufgaben in Ostpreußen. gr. 8. (IV, 64 S.) Berlin 872, Heinersdorff. [Bielefeld, Gülker und Comp.] *

Mission, Innere, und Association. Eine Denkschrift an den Kirchentag von 1853 . . . Berlin 1853. V: *Huber, Victor Aimé.* (Ky) (zu) (Cat. d. Stadtbibl. Zürich. Zürich 1864—97.)

— innere, und Association. Eine Denkschrift an den Kirchentag von 1853 von V. A. H. (Huber.) Berlin 853. Hertz. gr. 8. (24 S.) n. 4 ngr

Mission, die innere, in Berlin. Uebersicht der dem Werke der inneren Mission dien. Anstalten u. Vereine, f. das J. 1881 zusammengestellt. Hrsg. v. dem Berliner Hülfs-Verein d. Central-Ausschusses f. die innere Mission der deutschen evangel. Kirche. gr. 8. (XII, 176 S.) Berlin 883. F. Schulze's Verl. n. 2. —

— die innere, in Berlin. Zeitschrift f. Verständnis u. Förderg. evangel. Liebesarbeit in der Hauptstadt. Unter Mitwirkg. v. Weser u. Conrad hrsg. v. dem 1. Geschäftsführer des Stadtausschusses f. innere Mission Wilh. Pfeiffer. 1. u. 2. Jahrg. 1904 u. 1905. à 4 Hefte. (209 u. 93 S.) gr. 8. Berlin, M. Warneck. à Jhrg. n. 2. —

— die Innere, in Breslau. Eine Festschrift, dem XXIV. Kongreß f. Innere Mission dargebracht vom Vorstande d. Evangel. Vereinshauses u. d. Evangel. Vereins f. Innere Mission. gr. 8. (IV, 71 S.) Breslau 886. (Dülfer.) n. — 50

— die innere, in Deutschland. Eine Sammlung von Monographien über Geschichte u. Bestand der inneren Mission in den einzelnen Theilen des deutschen Reiches. Hrsg. von Th. Schäfer. 1—5. Bd. gr. 8. Hamburg 878—81. Oemler. n. 16. 60

1. Die innere Mission in Hannover. Dargestellt von W. Rothert. (XII, 244 S.) n. 4. —
2. Die innere Mission in Württemberg. Dargestellt von Herm. Schmidt. (XV, 288 S.) n. 4. 80
3. Die innere Mission in Bayern diesseits des Rheins. Dargestellt von Herm. Beck. (VIII, 240 S.) n. 4. —
4. Die innere Mission in Lübeck. Dargestellt von Alex. Michelsen. (X, 104 S.) n. 2. —
5. Die innere Mission in Bremen. Dargestellt von J. Fr. Iken. (XIV, 98 S.) n. 1. 80

— die innere, in Deutschland. Eine Sammlg. v. Monographieen üb. Geschichte u. Bestand der inneren Mission in den einzelnen Teilen d. deutschen Reichs. Hrsg. v. Thdr. Schäfer. 6. Bd. gr. 8. Hamburg 883. Oemler. n. 4. — (1—6.: n. 20. 60)

Die innere Mission in Schlesien. Dargestellt v. O. Schütze. (XII, 296 S.)

— die innere, in Deutschland. Eine Sammlg. v. Monographien üb. Geschichte u. Bestand der inneren Mission in den einzelnen Teilen d. Deutschen Reiches. Hrsg. v. Th. Schäfer. 1. Bd. gr. 8. Stuttgart 889. Gundert. n. 6. —

Die innere Mission in Hannover. 2., völlig umgearb. Aufl. Von W. Rother. Mit 6 Bildertafeln f. Normalpläne u. 1 Karte. (451 S.)

— die innere, im evangel. Deutschland. Organ des Central-Ausschusses f. die innere Mission der deutschen evangel. Kirche. Hrsg. v. Lindner, Hesekiel, M. Hennig u. W. Scheffen. Neue Folge v. Joh. Hinr. Wicherns „Fliegenden Blättern" aus dem Rauhen Hause. 1. Jahrg. (63. Jahrg. der „Flieg. Blätter"). 1906. 12 Hefte. (VII, 472 S.) gr. 8. Hamburg, Agentur des Rauhen Hauses. n. 4. —

— die innere, im evangelischen Deutschland. Organ d. Central-Ausschusses f. die innere Mission der deutschen evangel. Kirche. Neue Folge v. Joh. Hinrich Wicherns „Flieg. Blättern aus dem Rauhen Hause". Hrsg. v. W. Scheffen, Hesekiel, Hennig, Mahling. 2.—5. Jahrg. (64.—67. Jahrg. der „Flieg. Blätter".) 1907—1910. à 12 Hefte. (VI, 482; XVI, 488; VIII, 472 u. VIII, 480 S.) 8. Hamburg, Agentur des Rauhen Hauses. à Jahrg. 4. —

—— die innere, und die Kirche. Referat der Commission für innere Mission auf der 7. rhein. Provinzial-Synode. gr. 8. (17 S.) Duisburg 850. (Bonn, Marcus.) **

— die innere, in der St. Matthäus-Gemeinde. Zweiter Bericht des Parochial-Vereins ꝛc. Berlin 854. Schlawitz. gr. 8. (2 Bl., 43 S.) n. 5 ngr

— innere, an den Studenten. gr. 8. (16 S.) Leipzig 887. Buchh. d. Vereinshauses. n. — 30

—— die innere, und ihr Vater. (Aus einem hamburger Briefe.) 1. und 2. Aufl. gr. 8. (23 S.) Hamburg 851, Richter.

—— die, unter Israel. Quartalschrift für Juden-Missionsstunden. Im Auftrage des rheinisch-westphäl. Vereins für Israel hrsg. von R. Vormbaum. Neue Folge. 1864—67. à Jahrg. 4 Hefte. gr. 8. (à ca. 40 S.) Köln, (Hassel.) à Jahrg. *

—— die, unter Israel. Quartalschrift im Auftrage des rhein.-westphäl. Vereins für Israel hrsg. von R. Vormbaum. Neue Folge. 5.—11. Jahrg. 1868—1874. à Jahrg. 4 Hefte. gr. 8. (à Heft ca. 86 S.) Köln. (Barmen, Klein.) à Jahrg. *

Mission, die, unter Israel. Quartalschrift im Auftrag des rhein-westphäl. Vereins für Israel hrsg. von R. Vormbaum. Neue Folge. 12. Jahrg. 1875. 4 Hefte. gr. 8. (à Heft ca. 86 S.) Köln. (Barmen, Klein.) *
Nicht weiter erschienen.

Die Katholische Mission: 1903—1906. St. Louis, MO
A monthly published by Herder.

Mission, die katholische — in Inner-Afrika. Ausgezogen aus den bisher darüber erschienenen Missionsberichten. Veranstaltet von f. b. Konsistorium in Brixen. 1853. 8. (40 pag. und 1 Karte.) Innsbruck. Gedruckt bei Felizian Rauch.

Mission, Die, der Kinder. Gewidmet allen Kindern, Eltern, Lehrern, Erziehern, Priestern und Kinderfreunden. Salzburg o. J. 2. Aufl. 1875. 3. Aufl. 1878. V: *Hager, Edmund.* (Hr) (Scriptores Ordinis s. Benedicti. Vindobonae 1881 S. 166.)

Mission und lebendige Kirche
v. Magazin für die neueste Geschichte der protestantischen Missions- und Bibelgesellschaften.

—— die, im hl. Lande. Pilger-Berichte, Beschreibgn. u. Almosen-Ausweise. Hrsg. v. dem General-Commissariate d. hl. Landes in Wien. Mit Illustr. 1. Jahrg. 1889. 6 Hefte. Lex.-8. (à Heft ca. 50 S.) Würzb. u. Wien, Woerl. 3 50; geb. 5 —
Nicht weiter erschienen.

(U.-Titel:) Die lutherische Mission in Südindien. | (Fig.: *Eingeborener mit Götzenbild, Flußlandschaft,* 96 × 61) | Herausgegeben vom ev.-luth. Missionsverein für Bayern in Nürnberg. | In Commission bei Gottfr. Löhe in Nürnberg (= *Missions-Tractat,* 3).
Kol.: Gedruckt bei U. E. Sebald in Nürnberg.
o. J. (um 1875), 16 S., 130 × 100.
UB Tü Gk II. 69c.

Mission und Pfarramt. Hrsg. im Auftr. d. Berliner Missionsgesellsch. von Missionsinsp. M[artin] Wilde. Jg. 1, H. 1. Berlin: Berliner Missionsgesellsch. 1908. 8° [F.] [08. 9371

— u. Pfarramt. Hrsg. im Auftrage der Berliner Missionsgesellschaft v. M. Wilde. 1.—3. Jahrg. 1908—1910. (144, 148 u. 140 S.) gr. 8. Buchh. der Berliner ev. Missionsgesellschaft. à Jahrg. nn 1. 75

Mission, Die, unsere Pflicht, unsere Ehre,
s. Missionstraktate, Kleine.

— die, des Protestantismus u. die Missionen der Jesuiten. gr. 8. (22 S.) Heidelberg 851, Akademische Anstalt für Literatur u. Kunst. 3 ngr

Die Rheinische Mission und Der Herero-Aufstand. Erlebnisse u. Beobachtungen rheinischer Missionare. H. 1–4. Barmen: Missionshaus 1904. 4 Bde 8° [F.] [07. 17862

Mission, Die rheinische, im Juni 1869. Eine Denkschrift ... Barmen 1869. V: *Fabri, Frdr.* (Ky)

—— die rheinische, im Juni 1869. Ein Denkschrift mit allerlei Betrachtungen über allgemeine Missionsfragen (von F. Fabri). 8. (50 S.) Barmen 869, (Buchh. der evangel. Gesellschaft.)

— die rheinische, im Juni 1869. Eine Denkschrift mit allerlei Betrachtungen über allgemeine Missionsfragen. (v. F. Fabri.) Barmen 869. Klein. 8. (50 S.) 7½ ngr

— die rheinische, in Kaiser Wilhelms-Land, s. Missionstraktate, rheinische. Nr. 123.

Die Rheinische Mission in Kaiser Wilhelms-Land. 2. umgearb. Aufl. *Barmen: Missionshaus 1904.* (51 S.) 8° [F.]
— Missionstraktate, Rheinische. No 123. [04. 14947

Die Rheinische Mission in Kaiser Wilhelms-Land. 3. Aufl., durchges. u. erg. von Missionar A. Hanke. Barmen: Missionshaus 1908. 69 S. 8°
(Rheinische Missionsschriften. Nr 123.) [09. 2167

— theosophische. Bericht über die Thätigkeit der theosoph. Gesellschaft in Leipzig während der J. 1897—1899. (2. [Umschlag-]Aufl.) gr. 8. (45 S.) Leipzig (Inselstr. 25) (900). Theosoph. Central-Buchh. — 30

Missionair, der, romant. Darstellungen u. Abentheuer aus Süd-Amerika. A. d. Holländ. v. Ed. Heine. 8. (19 B.) Halberstadt 840, Helm.

Missionaire, le, s. Heidenbote, der evangelische.

Missionaire, le, s. Missionnaire, Le

Der Missionar: Jahrgang 1, no. 1—12, Jan.—Dec. 1881—1883?
Published by Missionsgesellschaft in der Ev. Synode von Nord Amerika. Edited by C. Bechtold.
Marthasville, MO

Der Missionar: no. 1, Oct. 1903 – no. 15, Dec. 20, 1904. Valdivia
Monthly.

Missionar, der, der Chinesen, siehe: Gützlaff.

Missionar, e. deutscher, unter den Santals, s.: Missionstraktate, kleine.

Der kath. u. protest. Missionar. Paderb., Bonif.-Dr., 1899, kl. 8°, 10 Pf. (Bonif.-Broich. Jahrg. 30, Heft 7 u. 8.)

Missionar, der kleine. 8. (16 S.) Berlin 863, (Beck.)

Missionar, der kleine. Eine Geschichte f. die Jugend. Aus dem Französ. von Ed. V. 10. (112 S.) Bremen 879. Verl. d. Tractathauses. cart. n. — 60

Der Kleine Missionar: Band 1—4, no. 8, Jan. 1894—Aug. 1897?
Lutheran monthly, octavo in size, each issue 4 pages. Edited by the Rev. F. E. Tilly. Place of publication varies: Winfield Junction, N.Y.
Bridgeport, CT

Missionar, e., im fernen Nord-Osten. Ein Lebensbild aus der Missionsthätigkeit der russ. Kirche. gr. 8. (16 S.) Stuttgart 884. (Roth.) n. — 50

Missionar, e., in kaiserl. russischer Uniform (Burchard Frdr. Lemm), s.a. Missions-Traktate, kleine.

Missionar, ein, in kaiserlich-russischer Uniform. 16. (16 S.) Basel 881, Missionsbuchhandlung. *

Missionär. Ill. Zeitung für das Kath. Volk. Herausgegeben von L. Herren. Jg. 1. 1881. Aachen: Schweitzer.

Missionär, der. Illustrierte Zeitschrift f. das kathol. Volk. Hrsg. v. der Gesellschaft des göttl. Heilandes. Verantwortlich: L. Herren. 22. Jahrg. 1902. 12 Nrn. gr. 4. (à ca. 32 S.) Herbesthal. (Aachen, J. Schweitzer.) n. 2. —

Missionär, der. Illustrierte Monatsschrift f. kathol. Familien zur Belehrg. u. Unterhaltg. Hrsg. v. der Gesellschaft des göttl. Heilandes in Rom. Verantwortlich: Jak. Geißer. 23.—26. Jahrg. 1903—1906. à 12 Hefte. (à Jhrg. VIII, 376 S.) gr. 4. Herbesthal. (Aachen, J. Schweitzer.) à Jhrg. n. 2. —

Missionär, der, Fortsetzung, s.: Monatshefte, illustrierte, fürs christliche Haus.

Missionär, der, und sein Lohn oder die Früchte des Evangeliums in der Südsee, nach Geo. Pritchard. gr. 16. (128 S.) Cincinnati 856(60). (Philadelphia, Schäfer und Koradi.) *

Zwei **Missionare** unter dem Islam. 3. Aufl. Berlin: Deutsche Orient-Mission 1900. (16 S.) 8° [F.]
= **Orient-Mission,** Deutsche. H. 2. [06. 4064

Missionäre-Treiben, Das, in Ungarn seit dem Jahre 1842. Von einem Wohlmeinenden. Pesth 1842. V: *Schulhof.* (Lit.-Blatt des »Orients«. 1844 No. 27. S. 430.)

Missionárnj-Knizkaka, tolická, nebo: Uwedenj ku krestanskému ziwotu. Wydaná od shromázdenj neysweteyssiho Wykupitele. Sseste wydánj. 16. (27 B. u. Ttlkpfr.) Wien 842. (Leipzig, Friedr. Fleischer.) * —

Mission book, the new, of the congregation of the most holy redeemer. A manual of instructions and prayers drawn chiefly from the works of St. Alphonsus Maria de Liguori. 16. (465 S. m. Titelbild.) St. Louis, Mo. 898. Freiburg i/B., Herder. Geb. in Leinw. n. 2. 25

Missionbuch, s. Missionsbuch

Ueber die Missionen. Briefe eines Pfarrers an einen Mitbruder. kl. 8 (115 S.) Linz, Tanner'sche B. (Th. Ewert.) 1869. 60 kr.

— der Augustiner v. Mariä Himmelfahrt. Organ der Erzbruderschaft v. Mariä Himmelfahrt f. die Bekehrg. des Orients. 2.—5. Jahrg. 1907—1910 à 12 Nrn. (186, 188, 186 u. 191 S. m. Abb.) Lex. 8. Straßburg, (F. X. Le Roux & Co.). à Jahrg. nn 2. —

Missionen, Die, der evangelischen Brüder in Grönland und Labrador. Gnadau 1831. V: *Kölbing, Frdr. Ludwig.* (Ky) (zu) (Cat. d. Stadtbibl. Zürich. Zürich 1864—97.)

Missionen, die, der evangel. Brüder in Grönland u. Labrador. (Von Fr. L. Kölbing.) 2 Thle. 8. (28 B. u. 2 Tab.) Gnadau 831, Burkhard. (Leipzig, Kummer.)

Missionen, die evangelischen. Illustr. Familienblatt. Hrsg. v. Jul. Richter. 1. Jahrg. 1895. 12 Nrn. (à ca. 1 1/2 Bog.) gr. 8. Gütersloh, C. Bertelsmann. n. 3.

Missionen, die evangelischen. Illustr. Familienblatt. Hrsg. von Jul. Richter. 2.—4. Jahrg. 1896—1898. à 12 Hfte. (à ca. 24 S.) gr. 8. Gütersloh, C. Bertelsmann. à Jahrg. n. 3. —

Missionen, die evangelischen. Illustr. Familienblatt. Hrsg. v. Jul. Richter. 5.—8. Jahrg. 1899—1902. à 12 Hfte. gr. 8. (à ca. 24 S.) Gütersloh, C. Bertelsmann. à Jahrg. n. 3. —; m. Saat u. Ernte n. 3. 75

Missionen, die evangelischen. Illustriertes Familienblatt. Hrsg. v. Jul. Richter. 9.—12. Jahrg. 1903—1906. à 12 Hefte. (à Jhrg. IV, 288 S.) Lex.-8. Gütersloh, C. Bertelsmann. à Jhrg. n. 3. —; m. Saat u. Ernte n. 3. 75

Missionen, die evangelischen. Illustriertes Familienblatt. Hrsg. v. Jul. Richter. 13.—16. Jahrg. 1907—1910. à 12 Hefte. (à Jahrg. IV, 288 S.) Lex. 8. Gütersloh, C. Bertelsmann. à Jahrg. 3. —; m. Saat u. Ernte 3. 75

— **die evangelischen, in d. deutschen Kolonieen u. Schutzgebieten.** Hrsg. v. dem Ausschuß d. deutschen evangel. Missionen. 2., verb. u. verm. Aufl. (6. u. 7. Taus.) gr. 8. (88 S. m. Abb.) Berlin 897. Buchh. d. Berliner evang. Missionsgesellschaft. n. — 80

Die evangelischen **Missionen** in den deutschen Kolonien und Schutzgebieten. Hrsg. von d. Ausschuss d. deutschen ev. Missionen. 3. Neubearb. Aufl. (Vorr.: [Alexander] Merensky.) *Berlin: Berliner ev. Missionsgesellsch. [1902].* (134 S.) 8° [F.] [03. 1034 4

— die evangelischen, in den deutschen Kolonieen u. Schutzgebieten. Hrsg. v. dem Ausschuß der deutschen evangel. Missionen. 3. neubearb. Aufl. (8.—10. Tausend) gr. 8. (136 S. m. Abbildgn.) Berlin 903. Buchh. der Berliner ev. Missionsgesellschaft. n. 1. —

Missionen, die katholischen. Geschildert aus der Neuzeit. Mit einem Anhange: Zwei Missionen in den J. 1716 und 1718. gr. 8. (VIII und 260 S.) Regensburg 851(52,) Manz. –

Missionen, die katholischen. Illustrirte Monatschrift im Anschluß an die Lyoner Wochenschrift d. Vereins der Glaubensverbreitg. hrsg. v. einigen Priestern der Gesellschaft Jesu. 1. Jahrg. Juli 1873 — Decbr. 1873. 6 Nrn. (2—3 B. m. eingedr. Holzschn.) gr. 4. Freiburg i. B. Herder. n. 2. —

— dasselbe. Jahrg. 1874—1876 à 12 Nrn. (à 2—3 B. m. eingedr. Holzschn.) gr. 4. Ebend. à Jahrg. n. 4. —

Missionen, die katholischen. Illustrirte Monatschrift im Anschluß an die Lyoner Wochenschrift des Vereins der Glaubensverbreitung. Unter Mitwirkung einiger Priester der Gesellschaft Jesu hrsg. Jahrg. 1877—1883. à 12 Hfte. (à 2—3 B. mit eingedr. Holzschn.) gr. 4. Freiburg i/Br., Herder. à Jahrg. n. 4. —

Missionen, die katholischen. Illustrirte Monatsschrift im Anschluß an die Lyoner Wochenschrift d. Vereins der Glaubensverbreitg. Unter Mitwirkg. einiger Priester der Gesellschaft Jesu hrsg. Jahrg. 1884—1886. à 12 Hfte. (à 2—3 B. m. Holzschn.) gr. 4. Freiburg i/Br., Herder. à Jahrg. n. 4. —

Missionen, die katholischen. Illustrirte Monatsschrift im Anschluß an die Lyoner Wochenschrift d. Vereins der Glaubensverbreitg. Unter Mitwirkg. einiger Priester der Gesellschaft Jesu hrsg. v. F. J. Hutter. Jahrg. 1887—1890. à 12 Hfte. (à 2—3½ B. m. eingedr. Holzschn.) gr. 4. Freiburg i/Br., Herder. à Jahrg. n. 4. —

— die katholischen. Illustrirte Monatschrift im Anschluß an die Lyoner Wochenschrift d. Vereins der Glaubensverbreitg. Unter Mitwirkg. einiger Priester der Gesellschaft Jesu hrsg. v. F. J. Hutter. Red. f. Oesterreich: Jos. Gratl. 19.—23. Jahrg. 1891—1895. à 12 Hfte. (à 2—3½ Bog.) gr. 4. Freiburg i/B., Herder. à Jahrg. n. 4. —

— d. katholischen. Illustr. Monatschrift im Anschluß an d. Lyoner Wochenschrift d. Vereins d. Glaubensverbreitg. Hrsg. v. einigen Priestern der Gesellschaft Jesu. Red.: Adph. Streber; für Oesterreich: Jos. Gratl. 24.—27. Jahrg. Octbr. 1895—Septbr. 1899. à 12 Nrn. (à ca. 24 S.) gr. 4. Freiburg i/B, Herder. à Jahrg. n. 4. —

— die katholischen. Illustrierte Monatsschrift, im Anschluß an die Lyoner Wochenschrift des Vereins der Glaubensverbreitg. hrsg. v. einigen Priestern der Gesellschaft Jesu. Red.: Adph. Streber. 28.—31. Jahrg. Oktbr. 1899 —Septbr. 1903. à 12 Nrn. gr. 4. (à ca. 24 u. 4 S.) Freiburg i/B., Herder. à Jahrg. n. 4. —

— die katholischen. Illustr. Monatsschrift, im Anschluß an die Lyoner Wochenschrift des Vereins der Glaubensverbreitg. hrsg. v. einigen Priestern der Gesellschaft Jesu. Verantwortlich: Alois Rees, in Oesterreich-Ungarn: Jos. Gratl. 32.—35. Jahrg. Oktbr. 1903—Septbr. 1907. à 12 Nrn. (à Jhrg. VIII, 284 u. 24 S.) 4. Freiburg i/B., Herder. à Jhrg. n. 4. —; geb. n. 6. —
Die Jhrgge. 32—34 sind v. A. Streber redig.

Missionen, die katholischen. Illustr. Monatschr. im Anschluß an die Lyoner Wochenschrift d. Vereins der Glaubensverbreitg., hrsg. v. einigen Priestern der Gesellschaft Jesu. Verantwortlich: Alois Rees, in Österreich-Ungarn: Jos. Gratl. 36.—39. Jahrg. Oktbr. 1907 —Septbr. 1911. à 12 Nrn. (36.—38. Jahrg. VIII, 308; VIII, 308 u. VIII, 336 S.) 30,5×22,5 cm. Freiburg i. B., Herder. 36. u. 37. Jahrg. à 4.—; 38. u. 39. Jahrg. à 5. —

Missionen, d. katholischen, im nordöstl. Arkansas u. d. Benediktiner-Frauenkloster Maria Stein bei Pocahontas, Randolph County, Arkansas. Eine geschichtl. Darstellg. der kathol. Missionen im Nordosten v. Arkansas seit deren Gründung durch Bischof Eduards Fitz-Gerald D. D. 27. Aug. 1868 u. d. Klosters Maria Stein seit s. Anfang 14. Dezbr. 1887 bis auf d. Gegenwart. E. Festschrift z. gold. Jubiläum d. Diözese Little Rock u. zum Silberjubiläum d. Mission v. Nordost-Arkansas. gr. 8. (112 S. m. Abb. u. 1 Bildn.) Little Rock, Ark. 893. (Luzern, Räber & Co.) n. 2. 40

ALLGEMEINES MISSION-FRAG-BÜCHLEIN, in drey Schulen ordentlich eingetheilet. Mit beygesetzten Gesängern und nutzbaren Bericht von der Christen-Lehr-Bruderschaft vermehret. Raab 1758: Streibig. 10, 229 S. - 140 mm
- Tyrnau 1758: Akadem. Buchdruck. 252 S. - 8°
- Raab 1759: Streibig. 4, 229 S. - 140 mm
- Tyrnau 1760: Akadem. Buchdruck. 140 S. 1 t. - 140 mm
- Tyrnau 1766: Akadem. Buchdruck. 240 S. - 140 mm
- Clausenburg 1768: Akadem. Buchdruck. 166 S. - 12°
- Tyrnau 1770: Akadem. Buchdruck.
- Tyrnau 1774: Mit dasigen Buchstaben. 240 S.
- Tyrnau 1778: Druck. Univ. 240 S. - 150 mm
- Tyrnau 1781: Druck. Univ. 240 S. - 150 mm

ALLGEMEINES MISSION FRAGBÜCHLEIN, in drey Schulen ordentlich eingetheilet; mit beygesetzten Gesängern, und einem nutzbaren Bericht von der Christenlehrbruderschaft vermehret. Anbey mit den fünf Hauptstücken Petri Canisii versehen. Zum Gebrauche aller Seelsorger, Aeltern, Kinder, und Mitgliedern der Christenlehr-Bruderschaft. Pressburg 1773: Landerer. 214 S. 1 t. - 150 mm
- Dass. Presburg 1773: Patzko. 8, 236, 2 S. - 12°
- Dass. Pressburg 1775: Druck. Patzko. 176 S. - 150 mm
- Dass. Preßburg o. J.: Joh. Mich. Landerer. 176, 2 S. - 145 mm
- Dass. Oedenburg 1779: Druck. Siess. 266 S. - 150 mm
- Dass. Ofen 1799: Kön. Hung. Univ. Buchdruckerey. 256 S. - kl. 8°
- Dass. Preßburg 1868: Patzko. 236 S. - 12°
- Vgl. Allgemeines Mission-Frag-Büchlein. J. 1758. T. 0360.

Mission-Greuel in Frankreich, od. die Familie du Plessis; aus d. Französ. v. Th. Fr. Schink. 2 Thle. 8. Berl. 820. Schlesinger. 2 ₰ 12 ℊ
vgl. Missions-Greuel ...

Mission House Aerolith: 1894—1920
Monthly. Published in English and German. Organ of Mission House College. Edited by the Rev. Dr. Carl F. Heyl, 1894—98. Published by Mission House of Evangelisch-Reformirte Kirche. Cleveland, OH

Missionnaire, le. Organe de la mission bâloise pour les pays de langue française. Rédact.: Ed. Barde. 1re—5e année. 1880—1884. à Jahrg. 12 Nrn. (à Nr. ½—1 Bog. mit eingedr. Holzschn.) gr. 4. Basel, Missionsbuchhandlung. à Jahrg. *

Missionaire, le. Organe de la mission bâloise pour les pays de langue française. Réd.: Ed. Barde. 1—3. année. 1880—1882. à 12 nrs. (à ½—1 B. m. eingedr. Holzschn.) gr. 4. Basel, Missionsbuchh. à Jahrg. n. 1. 20

Missionaire, le. Organe de la mission bâloise pour les pays de langue française. Red.: Ed. Barde. 4—7. année. 1883—1886. à 12 nrs. (à ½—1 B. m. Holzschn.) gr. 4. Basel, Missionsbuchh. à Jahrg. n. 1. 20

Missionaire, le. Organe de la mission bâloise pour les pays de langue française. Red.: E. Barde. 8.—11. année 1887—1890. à 12 nrs. (à ½—1 B. m. eingedr. Holzschn.) gr. 4. Genève. Basel, Missionsbuchhandlg. à Jahrg. n. 1. 20

Missionnaire, le. Organe de la mission bâloise pour les pays de langue française. Red.: Ed. Barde. 12.—15. année. 1891—1894. à 12 nrs. (à $^1/_2$—1 Bog. m. Abbildgn.) gr. 4. Genève. Basel, Missionsbuchh. à Jahrg. n. 1.20

Missionnaire, le. Organe de la mission bâloise pour les pays de langue française. Red.: Ed. Barde. 16.—19. année 1895—1898. à 12 nrs. (Bog. m. Abb.) gr. 4. Genève. Basel, Missionsbuchh. à Jahrg. n. 1.20

Missionnaire, le. Organe de la mission bâloise pour les pays de langue française. Red.: Ed. Barde. 20 et 21. année. 1899 et 1900. à 12 nrs. gr. 4. (à ca. 8 S. m. Abb.) Genève. Basel, Missionsbuchh. à Jahrg. n. 1.20

Missions évangéliques, les, au 19me siècle. Journal mensuel rendant compte de tout les travaux missionnaires actuels. Publié par la Société des missions de Bâle et sous la direction du L. Nagel. 25 et 26 année. 1885 et 1886. à 12 nrs. (2 B.) gr. 8. Basel, Missionsbuchh. à Jahrg. n. 4.—

Missions évangéliques, les, au 19me siècle. Journal mensuel rendant compte de tous les travaux missionnaires actuels. Publié par la Société des missions de Bâle et sous la direction de L. Nagel. 27. et 28. année. 1887. 1888. à 12 nrs. (2 B.) gr. 8. Neuchâtel. Basel, Missionsbuchh. à Jahrg. n. 4.—
Fortsetzg. s.: Revue des missions contemporains.

Missions-Andacht zu Ehren des h. Franziskus Xaverius. 12. ($5^1/_4$ B. u. 1 Stahlst.) Münster 845, Regensberg. *

Missionsandenken. Mit Genehmigung des hochw. Bischofs von Lausanne und Genf. 16. (16 S.) Einsiedeln 847, Gebr. Benziger.

Missions-Andenken. Unterricht und Warnung vor unzüchtigen und zweideutigen Reden und Scherzen. 8. (12 S.) Wien. Gedruckt bei Anton Schweiger. 1854.

Missions-Andenken und Missions-Lieder. Gesammelt und herausg. von einem Missions-Priester. 5., mit Liedern u. Litanei verm. Aufl. Wien 859. Mayer & Co. 32. (158 S.) $4^1/_2$ ngr.

Missionsanfänge, die, in Labrador, s. a. Missions-Traktate, kleine.

Missions-Anfänge, die, in Labrador. 1. und 2. Aufl. 1855; 3. Aufl. (81 S.) 1868; 4. Aufl. 16. (23 S.) Basel 877, Missionsbuchh. *

Missionsansprache ausgehend in Kiel in d. Jahren 1827—37. (Kiel). P.

Missionsansprache ausgehend von Kiel im J. 1833. O. O. V: *Harms, Claus.* (A)

Missionsanstalten

— in England, s. Mortimer.

Missionsanstalten, neueste britische, holländ. u. deutsche, im schönsten Verein. meist aus d. Engl. u. Holländ. übers. v. G. S. Strake. Mit e. Vorrede v. C. G. L. Meister. 8. Brem. 803. Seyffert. (Müller). 8 gl.

Missionsarbeit, erste, in Westindien, s.: Nachrichten aus der Heidenwelt.

Missionsarbeit, rheinische, 1828—1903. Gedenkbuch zum 75jähr. Jubiläum der rhein. Mission. (Einbd.: 75 Jahre rhein. Missionsarbeit.) (VII, 319 S. m. Abbildgn.) 8. Barmen 903. (Leipzig, H. G. Wallmann.) Geb. in Leinw. n.n. 1.—

Missions-Atlas der Brüdergemeine. Hrsg. von der Missionsdirektion der Evangel. Brüder-Unität. — Herrnhut: Missionsverwaltung 1895. 16 Kt. mit Text. 4°

Missions-Atlas, rheinischer. 2. Ausg. 1891. 9 (farb.) Karten, nebst Text. gr. 4. (10 S.) Barmen, Comptoir d. Missionshauses. * 2 80

Missionsberichte, Berliner. Jahrg. 1847—1851. — Red.: Mühlmann. Jahrg. 1852. à 12 Nrn. gr. 8. (à 16—24 S.) Berlin. (J. A. Wohlgemuth.) à n. $^1/_3$ ℳ

Missionsberichte, Berliner. Jahrg. 1853—57. Red.: Mühlmann. — Jahrg. 1858. Red.: Wallmann. à 12 Nrn. (à 1—2 Bgn.). Berlin, W. Schultze. gr. 8. Jeder Jahrg. nn. 15 ngr.

Missions-Berichte, Berliner. Jahrg. 1859—63. Red.: Wallmann. — Jahrg. 1864. Red.: C. H. Chr. Plath. à 24 Nrn. (à 1 Bgn.) Berlin. (Halle, Fricke.) gr. 8. Jeder Jahrg. nn. 12 ngr.

Missionsberichte, Berliner. Redact.: C. H. Chr. Plath. Jahrg. 1865. 24 Nrn. (Bgn.) Mit Beilagen. Berlin. (Halle, Fricke) gr. 8. n.n. 12 ngr.

— — Jahrg. 1866—69. à Jahrg. 24 Nrn. (Bgn.) Mit Beilagen. Berlin, W. Schultze. gr. 8. Jeder Jahrg. n.n. $12^1/_2$ ngr.

— — Red.: Wangemann. Jahrg. 1870. 24 Nrn. (Bgn. mit eingedr. Holzschn.) Mit Beilagen. Ebend. gr. 8. n.n. 15 ngr.

Missions-Berichte, Berliner. Red.: Wangemann. Jahrg. 1871—1876 à 24 Nrn. (B. m. eingedr. Holzschn.) Mit Beilagen. gr. 8. Berlin, Missionshaus. à Jahrg. n.n. 1.50

Missions-Berichte, Berliner. Red.: Wangemann. Jahrgang 1877—1882. à 24 Nrn. (B. m. eingedr. Holzschn.) gr. 8. Berlin, Missionshaus. à Jahrg. 1. 50

Missions-Berichte, Berliner. Hrsg. u. Red.: Wangemann u. Kratzenstein. Jahrg. 1883—1886. à 24 Nrn. (B. m. Holzschn.) gr. 8. Berlin, W. Schultze. à Jahrg. n.n. 1.50

Missions-Berichte, Berliner. Hrsg. u. Red.: Wangemann. Jahrg. 1887—1890. à 24 Nrn. (B. m. eingedr. Holzschn.) gr. 8. Berlin, W. Schultze. à Jahrg. n.n. 1.50

Missions-Berichte, Berliner. Hrsg. u. Red.: Wangemann 46.—49. Jahrg 1891—1894. à 24 Nrn. (à ca. 2 Bog. m. Bildern.) gr. 8. Berlin, Buchh. der Berliner evangel. Missionsgesellschaft.) à Jahrg. n. 1.50

Missions-Berichte, Berliner. Hrsg. u. Red.: Kratzenstein. Jahrg. 1895. 24 Nrn. (Bog. m. Abb.) gr. 8. Berlin (Buchh. d. Berliner ev. Missionsgesellschaft). à Jahrg. 1. 40

— dasselbe. Hrsg. u. Red.: Gensichen. Jahrg. 1896—1898. à 12 Nrn. (à 2–4 Bog. m. Abb.) gr. 8. Ebd. à Jahrg. 1. 40

Missions-Berichte, Berliner. Hrsg. u. Red.: Gensichen. Jahrg. 1899—1902. à 12 Nrn. 8. (à ca. 48 S. m. Abbildgn.) Berlin. (Buchh. der Berliner ev. Missionsgesellschaft.) à Jahrg. 1. 40

Missions-Berichte, Berliner. Hrsg. u. Red. Gensichen. Jahrg. 1903—1906. à 12 Nrn. (682, 504, 550 u. 622 S. m. Abbildgn.) 8. Berlin, (Buchh. der Berliner ev. Missionsgesellschaft). à Jhrg. 1. 40

Missionsberichte, Berliner. Hrsg. v. der Berliner Missionsgesellschaft. Schriftleiter: Gensichen. Jahrg. 1907—1910. à 12 Nrn. (568, 576, 240 u. 256 S. m. Abb.) gr. 8. Berlin, (Buchh. d. Berliner ev. Missionsgesellschaft). à Jahrg. 1.40

Missions-Berichte d. Gesellschaft z. Beförder. d. evangel. Missionen unt. d. Heiden, zu Berlin f. d. J. 1833 u. 34. à 4 Hfte. 1835, 12 Hfte. gr. 8. Berlin, (Fröhlich u. Comp.) [833. (13¼ B.), 34. (12½ B.) à 12 Gr., 35. (12 B.) 22 Gr.]
Jahrg. 1835 hat auch d. T.: Berliner Missions-Berichte.

Missions-Berichte d. Gesellschaft z. Beförderung d. evangel. Missionen unt. d. Heiden zu Berlin, f. d. J. 1836—42. à 12 Hfte. gr. 8. Berlin, (Besser; J. A. Wohlgemuth.) à J. *

Missionsberichte der Gesellschaft zur Beförderung d. evangel. Missionen unter den Heiden, zu Berlin, f. 1843—47. à 12 Nrn. à 1—1½ B.) gr. 8. Berlin. (Wohlgemuth's Buchh. u. J. A. Wohlgemuth, Berl.) à Jahrg.

Missions-Betstunden. Eine Zeitschrift in monatl. Lfrgg. von 1 Bog. Redig. vom Directorium und zum Besten des allgem. protestant. Pfarrwaisenhauses zu Wiedsbach. Nürnberg, Raw. pro Jahrg. ½ ℳ

Missions-Bibliothek. gr. 8. Freiburg i/B., Herder.
Allaire, Olivier Louis, C. S. Sp., unter den Schwarzen am Kongo. Nach den Berichten des A. Übers. v. F. Mersmann. (VIII, 108 S. m. 29 Abb., Bildnis u. 1 Karte.) 910. 1.60; geb. in Leinw. 2. 20
Bringmann, Augustin, S. J., P. Florian Baucke, e. deutscher Missionär in Paraguay (1749—1768). Nach den Aufzeichngn. Baucke's neu bearb. Mit 25 Bildern u. 1 Karte. (IX, 140 S.) 908. 1.60; geb. in Leinw. 2. 20

Missions-Bibliothek f. Jung u. Alt. 2 Bdchn. 12. New-York 879. (Dresden, H. J. Naumann.) geb. n. 1. 25
Bartholomäus Ziegenbalg, oder die ersten Anfänge der luther. Mission unter den Tamulen in Ostindien. Von Aug. Emil Frey. (113 S. mit eingedr. Holzschn. u. Portr. in Holzschn.)

Missions-Bibliothek, kleine, s. Burkhardt, G.

Missions-Bilder. 1.—6. Heft. gr. 8. Calw. (Stuttgart, J. F. Steinkopf.) *
Inhalt:
Heft 1. Neuseeland. (109 S. mit eingedr. Holzschn. und 1 Holzschntaf. in qu. Fol.) 864. * 7½ Ngr.
" 2. 3. Polynesien. (222 S. mit eingedr. Holzschn.) 864. * 15 Ngr.
" 4. Nordamerikanische Indianer. (133 S. mit eingedr. Holzschn.) 866. * 7½ Ngr.
" 5. Die Mission in den Polarländern. (119 S. mit eingedr. Holzschn.) 867. * 7½ Ngr.
" 6. Die evangelischen Missionen in Mittel- und Südamerika. (128 S. mit eingedr. Holzschn.) 867. * 7½ Ngr.

Missions-Bilder. 7.—13. Heft. gr. 8. Calw. (Stuttgart, J. F. Steinkopf.) 7.—11. Heft à *
12. und 13. Heft à *
Inhalt:
Heft 7. Jamaika und die Bahama's. (109 S. mit eingedr. Holzschn.) 869.
" 8. Sierra Leone und Yoruba. (146 S.) 870.
" 9. West-Afrika. (112 S. mit eingedr. Holzschn.) 870.
" 10. Madagaskar. (109 S.) 871.
" 11. Das Kapland. (120 S. mit eingedr. Holzschn.) 873.
" 12. Südost-Afrika. (112 S. mit eingedr. Holzschn.) 874.
" 13. Ost-Afrika. (127 S. mit eingedr. Holzschn.) 875.

Missions-Bilder. 2.—4. Heft. 2. umgearb. Aufl. gr. 8. Mit eingedr. Holzschn. Calw, Vereinsbuchh. à Heft *
Inhalt:
Heft 2. 3. Die Südsee. (219 S.) 876.
" 4. Nordamerikanische Indianer. (104 S.) 877.
1. Heft und 5.—13. Heft. Ebendas. 1864—75. à * ℳ 1.

Missions-Bilder. 5. Heft: Die Mission in den Polarländern. 2. umgearb. Aufl. gr. 8. (96 S. mit eingedr. Holzschn.) Calw 880, Vereinsbuchhandlung. *

—— dass. — Neue Serie: Asien. 10 Hefte. Mit eingedr. Holzschn. Ebendas. à Heft *
Inhalt:
Heft 1. Syrien und Palästina. (120 S.) 876.
" 2. Vorderasien. (109 S.) 876.
" 3. Die Indusländer. (112 S.) 878.
" 4. Die Gangesländer. (112 S.) 878.
" 5. Malabar. (112 S.) 878.
" 6. Die Tamil- und Teluguländer. (112 S.) 878.
" 7. Ceylon und Hinterindien. (112 S.) 879.
" 8. Die ostasiatische Inselwelt. (112 S.) 879.
" 9. China's Missionen. (112 S.) 879.
" 10. China's Missionsgemeinden. (112 S.) 879.

— dasselbe. Neue Serie: Asien. 1—3. Bd. gr. 8. (Mit eingedr. Holzschn.) Ebend. 880. n. 10. —
1. Vorderasien. (227 S.) n. 2. —. — 2. Indien. (560 S.) n. 5. —. — 3. Ostasien. (334 S.) n. 3. —

Missionsbilder, ostafrikanische. 4 Hfte. 12. Berlin, M. Warneck. à — 15
1. Kiase u. Kazidi, die beiden Aussätzigen. (24 S. m. Abb.) (900.)
2. Weihnachtsfeiern, drei, in Deutsch-Afrika. (23 S. m. 1 Abbildg. u. 1 Titelbild.) (901.)
3. Musa u. Mariamu. Alles verlassen u. wieder bekommen. (24 S. m. Titelbild.) (901.)
4. Kinder, schwarze u. weiße, in Hohenfriedeberg. (24 S. m. Titelbild.) (901.)
Erscheinen nicht weiter.

Missionsbilder m. Versen f. Kinder. Hrsg. v. der Missionskonferenz in der Prov. Brandenburg. Nr. 1—4. 16. (à 8 S. m. 8 farb. Bildern.) Berlin 893. Buchh. der Berliner evangel. Missionsgesellschaft. à n. — 5
1. Südafrika. — 2. Indien. — 3. Ostafrika. — 4. China.

Missionsbilder in Versen f. Kinder. Hrsg. v. d. Missionskonferenz der Prov. Brandenburg. Nr. 2—10. (à 8 S. m. 8 farb. Bild.) 16. Ebd. à n. — 05
2. Indien. 3. Aufl. 898. — 3. Ostafrika. 2. Aufl. 896.
4. China. 2. Aufl. 896. — 5. Grönland. 896.
6. Kamerun. 895. — 7. Westindien. 895.
8. Die Kols. 895. — 9. Battas. 897.
10. Die Südsee. (Witi-Inseln.) 898.

— m. Versen f. Kinder. Hrsg. v. d. Missionskonferenz in der Prov. Brandenburg. Nr. 7 u. 8. 16. (à 8 S. m. 8 farb. Bildern.) Berlin (899). (Buchh. der Berliner ev. Missionsgesellschaft.) à n. — 05
7. Westindien. 2. Aufl. — 8. Die Kols. 2. Aufl.

Missions-Bilderbuch, neues. 1 Jahrg. 1893. 4 Hfte. (à ca. 2 Bog. m. z. Tl. farb. Illustr.) gr. 4. Lahr, E. Kaufmann. 3. —; geb. in 1 Bd. 3 50, einzelne Hfte. kart. à 1 —

MISSIONS-BILDERBUCH, NEUES, in 4 Teilen. Mit vielen Vollbildern in Farbendruck und Holzschnitten im Texte. Druck und Verlag von Ernst Kaufmann in Lahr, Baden und ... New York [1893]. 37 Bl. 4°. Orhlwd. m. farb. Deckelbildern. 14.—
★ 1. Ausg. Interessantes Bilderbuch mit Gedichten u. Missionsberichten. — 1 Vortitel scheint zu fehlen.

Missions-Bilderbuch m. Versen f. Kinder. Hrsg. v. der Missionskonferenz in der Prov. Brandenburg. 16. (II, 80 S. m. farb. Bildern.) Ebd. 899. Kart. n. — 80

Missionsblatt. Hsg. von der Missionsgesellschaft zu Bremen. Bremen 1826—32. H: *Ball, Ernst Friedrich.* (Ky)

Missions-Blatt, hrsg. v. d. Barmer Missions-Gesellschaft. Redig. v. E. F. Ball. 1—10. Jahrg. 1826—35. à 26 Nrn. (½ B.) Mit Vign. 4. Barmen. (Elberfeld, Schönian.) à J.

Missions-Blatt. Redact.: Ernst Friedr. Ball. 11—17. Jahrg. 1836—42. à 26 Nrn. (½ Bog.) 4. Barmen. (Berlin, J. A. Wohlgemuth.) à J. *
1—10. Jahrg. 1826—35. Ebendas. hrbgs. Pr. à J. * 8 Gr.

Missionsblatt. Hrsg. von der barmer Missions-Gesellschaft. Redact.: Ernst Friedr. Ball. (18—22. Jahrg.) 1843—47. à 26 Nrn. (½ B.) gr. 4. Barmen, (Sartorius; Berlin, Wohlgemuth's Buchh.) à Jahrg. **

Missions-Blatt. Hrsg. von der barmer Missionsgesellschaft. Redig. von E. F. Ball. (23—27. Jahrg.) 1848—52. à Jahrg. 26 Nrn. (à ½—1 Bog.) gr. 4. Barmen, (Sartorius. — Berlin, J. A. Wohlgemuth.) à Jahrg. **

Missions-Blatt. Redig. von Ernst Friedr. Ball. (28—31.) Jahrg. 1853—56. à Jahrg. 26 Nrn. (à ½—1 Bog.) gr. 4. Barmen, (Sartorius. — Berlin, J. A. Wohlgemuth. — Leipzig, Wagner.) à Jahrg. **

Missions-Blatt. Redig. von Ernst Friedr. Ball. (32—35.) Jahrg. 1857—60. à Jahrg. 26 Nrn. (à ½—1 Bog.) gr. 4. Barmen. (Leipzig, Wagner.) à Jahrg. **

—— dass. — Hrsg. von Thümmel. Redig. von Ernst Friedr. Ball. (36.) Jahrg. 1861. 24 Nrn. (à ½—1 Bog.) gr. 4. Ebendas. **

Missions-Blatt. Hrsgbr.: Thümmel. Redact.: Ernst Friedr. Ball. (37.—39.) Jahrg. 1862—64. à Jahrg. 24 Nrn. (à ½—1 Bog.) gr. 4. Barmen. (Leipzig, Wagner.) à Jahrg. **

—— dass. — Hrsg. von der rhein. Missions-Hülfs-Gesellschaft zu Barmen. Redact.: Ernst Friedr. Ball. (40.—42.) Jahrg. 1865—67. à Jahrg. 24 Nrn. (à ½—1 Bog.) gr. 4. Ebendas. à Jahrg. **

Missions-Blatt. Hrsg. von der Missions-Hülfs-Gesellschaft in Barmen. Redact.: Ernst Friedr. Ball. 43.—49. Jahrg. 1868—1874. à Jahrg. 24 Nrn. (à ½—1 Bog.) 4. Barmen, (Klein. — Wiemann. — Leipzig, Wagner.) à Jahrg. **

Missionsblatt. Hrsg. von der Missions-Hülfs-Gesellschaft in Barmen. Redact.: Ernst Friedr. Ball. 50.—54. Jahrg. 1875 1879. à Jahrg. 12 Nrn. (Bog.) 4. Barmen, (Klein. — Wiemann.) à Jahrg. **

Missionsblatt. Hrsg. von der Missions-Hülfs-Gesellschaft in Barmen. Redact.: Ernst Friedr. Ball. 55. Jahrg. 1880. 12 Nrn. (Bog.) gr. 4. Barmen, (Klein. — Wiemann.) **
—— dass. — Redact.: Ernst Friedr. Ball unter Mitwirkung von A. Schreiber. 56.—59. Jahrg. 1881—1884. à Jahrg. 12 Nrn. (Bog.) gr. 4. (Ebendas.) à Jahrg. **

Missionsblatt. Hrsg. von der Missions-Hülfs-Gesellschaft in Barmen. Redact.: Ernst Friedr. Ball unter Mitwirkung von A. Schreber. 60. Jahrg. 1885. 12 Nrn. (Bog.) gr. 4. Barmen, (Klein. — Wiemann.) **
—— dass. — Redact.: A. Schreiber. 61.—63. Jahrg. 1886—1888. à Jahrg. 12 Nrn. (Bog.) gr. 4. (Ebendas.) à Jahrg. **

Missionsblatt. Hrsg. v. d. Missions-Hülfs-Gesellschaft in Barmen. Redact.: A. Schreiber. 64.—67. Jahrg. 1889—1892. à Jahrg. 12 Nrn. (à Nr. 1 Bog. m. Abbildgn.) gr. 4. Barm., Comptoir d. Missionshauses. à Jahrg. ** 1 25

Missionsblatt. Hrsg. v. der Missions-Hülfs-Gesellschaft in Barmen. Red.: A. Schreiber unter Mitarbeit v. Kriele. 66.—69. Jahrg. 1891—1894. à 12 Nrn. (Bog. m. Abbildgn.) gr. 4. Barmen, Comptoir d. Missionshauses. à Jahrg. n.n. 1. 25

Missionsblatt. Hrsg. v. d Missions-Hülfs-Gesellschaft in Barmen. Red.: Ed. Kriele. 70.—73. Jahrg. 1895—1898. à 12 Nrn. (Bog. m. Abb.) gr. 4. Barmen, Comptoir d. Missionshauses. à Jahrg. n.n. 1. 25
D. 70. Jahrg. war noch von A. Schreiber herausgegeben.

Missionsblatt. Hrsg. v. d. Missions-Gesellschaft in Barmen. Red.: Ed. Kriele. 74.—77. Jahrg. 1899—1902. à 12 Nrn. gr. 4. (à ca. 8 S. m. Abbildgn.) Barmen, Comptoir d. Missionshauses. à Jahrg. n.n. 1. 25

Missionsblatt. Barmen. Red.: Ed. Kriele. 78.—81. Jahrg. 1903—1906. à 12 Nrn. (à Jhrg. II, 96 S. m. Abbildgn.) gr. 4. Barmen, Comptoir des Missionshauses. à Jhrg. n.n. 1. 25

Missionsblatt. Barmen. Hrsg. v. der Missions-Gesellschaft in Barmen. Red.: Ed. Kriele. 82.—85. Jahrg. 1907—1910. à 12 Nrn. (à Jahrg. 96 S. m. Abb.) 31×23,5 cm. Barmen, Comptoir des Missionshauses. à Jahrg. nn 1. 25

— herausgeg. von dem Verwaltungs-Ausschusse des protestant. Centralmissions-Vereins f. Bayern in Nürnberg. (1. Jahrg.) 1844. Juli—Dezbr. 12 Numm. (½ Bog.) gr. 4. Nürnberg 844. (Raw'sche Buchh.) n. 6¼ ngl

— dass. 2. Jahrg. 1845. 24 Numm. n. 5/12 ℛ (7. J.) 1846. n. 5/12 ℛ

— hrsg. von dem Verwaltungs-Ausschusse des protestantischen Centralmissions-Vereins für Bayern in Nürnberg. (3-6.) Jahrg. 1847—1850. — Red.: Steger. (7 u. 8.) Jahrg. 1851 u. 1852. à 24 Nrn. Mit Kpfrn. gr. 4. (½ B.) Nürnberg, Raw in Comm. 1847-49. à n. n. 5/12 ℛ 1850—52. à n. n. ⅓ ℛ

— herausg. von dem Central-Ausschusse des evangelisch-lutherischen Missions-Vereins für Bayern in Nürnberg. Red.: Steger. 9—13. Jahrg. 1853—57. à 24 Nrn. (à ½ Bgn.) Nürnberg, Raw in Comm. gr. 4. Jeder Jahrgang n. 15 ngr.

— herausg. von dem Central-Ausschusse des evangelisch-lutherischen Missions-Vereins für Bayern in Nürnberg. Red.: Steger. (14—20.) Jahrg. 1858—64. à 24 Nrn. (à ½ Bgn.) Nürnberg, Raw in Comm. gr. 8. Jeder Jahrg. nn. 15 ngr.

— hersg. von dem Central-Ausschusse des evangelisch-luther. Missions-Vereins in Nürnberg. Redact.: Steger. (21—26.) Jahrg. 1865—70. à Jahrg. 24 Nrn. (½ Bgn.) Mit Kpfrn. Nürnberg, Raw'sche Buchh. gr. 8. Jeder Jahrg. n.n. 15 ngr.

Missionsblatt, hrsg. v. dem Central-Ausschusse d. evang.-luth. Missions-Vereins f. Bayern in Nürnberg. Red.: Steger. (27.) Jahrg. 1871. 12 Nrn. (½ B.) gr. 8. Nürnberg 871. Löhe in Comm. n.n. 1. 50

Missions-Blatt: Jahrgang 1, no. 1, Oct. 1851—?
Monthly. Sub-title Missions-Blatt des Amerikanischen und Auswärtigen Christlichen Vereins. Small folio, each issue 4 pages. Published by D. Fanshaw, NYC.
New York, NY

—— allgemeines, für Holstein. Redig. von Meßtorff. 1—3. Jahrg. 1859—61. à Jahrg. 12 Nrn. (à 1—$1\frac{1}{2}$ Bog.) gr. 8. Altona. (Leipzig und Dresden, Naumann.) à Jahrg. *

— allgemeines, für Holstein. Red. von Meßtorff. 1—3. Jahrg. 1861—63. à 12 Nrn. (à 1—$1\frac{1}{3}$ Bgn.) Altona. (Leipzig, Naumann.) gr. 8. Jeder Jahrg. n. 15 ngr.

Amerikanisches Missionsblatt: Jahrgang 1—10, 1902—Dec 1911?
Roman Catholic monthly. Sub-title: Illustrierte Monatsschrift für die christliche Familie zur religiösen Anregung, Belehrung und Unterhaltung. Herausgegeben zum Besten der St Josephs Technischen Schule. Shermerville. Place of publication varies. Shermerville, Ill. Quarto, each issue 40—60 pages, illustrated. Circulation 1911, 14,800. Edited by the Rev. Herman Richarz, published by Gesellschaft des Göttlichen Wortes (Society of the Divine Word).
Techny, IL

Missionsblatt, Barmer. Barmen 1826—41. H: *Ball, Ernst Frdr.* (winer

Missionsblatt aus der Brüdergemeinde. Hamburg 1837—38. H: *Holm, Nicolaus Johann.* (winer)

— aus der Brüdergemeine. Redigirt von N. J. Holm. 1r—3r Jahrg. 1837—1839. à 26 Numm. ($\frac{1}{2}$ Bog.) gr. 4. Hamburg, Perthes, Besser u. Mauke. (Leipzig, Kummer.) (à n. $\frac{1}{2}$ ℛ) $1\frac{1}{2}$ ℛ

— aus der Brüdergemeine. Redig. von N. J. Holm. 4.—10. Jahrg. 1840—1846. 26 Numm. ($\frac{1}{2}$ Bog.) gr. 4. Hamburg 840—46, Perthes-Besser u. Mauke; Berlin, Wohlgemuth. à n. $\frac{5}{12}$ ℛ

— aus der Brüdergemeinde. 11. Jahrg. 1847. Redig. v. J. R. Passavant. 26 Nrn. 4. ($\frac{1}{2}$ B.) Stuttgart. — 12 Jahrg. 1848. Redig. v. J. R. Passavant. 26 Nrn. 4. ($\frac{1}{2}$ B.) Hamburg. — 13. Jahrg. 1849. 26 Nrn. 8. ($\frac{1}{2}$ B.) Ebd. — 14 u. 15. Jahrg. 1850 u. 1851. à 12 Nrn. Mit Beilagen u. Abbildungen. 8. (à $\frac{1}{2}$ B.) Bautzen. — Redig. von J. R. Römer. 16. Jahrg. 1852. 12 Nrn. Mit Beilagen u. Abbildungen. 8. (à 1 B.) Ebd. (Berlin, J. A. Wohlgemuth.) — Hamburg, Perthes-Besser & Mauke.) à Jahrg. n. $\frac{5}{12}$ ℛ

— aus der Brüdergemeine. Redig. von J. R. Römer. 17—22. Jahrg. 1853—58. à 12 Nrn. (à 1—$1\frac{1}{2}$ Bgn.). Mit Beilagen u. Abbildgn. in Holzschn. Bautzen. (Hamburg, Agentur des Rauhen Hauses.) 8. Jeder Jahrg. nn. $12\frac{1}{2}$ ngr.

— aus der Brüdergemeine. Red.: J. R. Römer. 23—28. Jahrg. 1859—64. à 12 Nrn. (à 1—$1\frac{1}{2}$ Bgn.) Mit Beilagen und Abbildgn. Bautzen. (Hamburg, Agentur des Rauhen Hauses.) gr. 8. Jeder Jahrg. nn. $12\frac{1}{2}$ ngr.

— aus der Brüdergemeine. Redact.: J. R. Römer. 29—33. Jahrg. 1865—69. à Jahrg. 12 Nrn. (à 1—$1\frac{1}{2}$ Bgn.) Mit Beilagen u. Abbildungen. Bautzen. (Hamburg, Agentur des Rauhen Hauses. — Leipzig, H. Schultze.) gr. 8. Jeder Jahrg. n.n. $12\frac{1}{2}$ ngr.

— — 34. Jahrg. 1870. 12 Nrn. (à 1—2 Bgn.) Mit Beilagen u. Abbildungen. Bautzen. (Dresden, Naumann.) gr. 8. n.n. 15 ngr.

— aus der Brüdergemeine. Red.: J. R. Römer. 35—40. Jahrg. 1871—1876 à 12 Nrn. (à 1—2 B.) gr. 8. Bautzen. (Hamburg, Agentur d. Rauhen Hauses — Leipzig, H. Schultze.) à Jahrg. 1. 50

— aus der Brüdergemeine. Red.: A. Glitsch. 41—46. Jahrgang. 1877—1882. à 12 Nrn. (à 1—2 B.) gr. 8. Herrnhut. (Dresden, Naumann. — Hamburg, Agentur des Rauhen Hauses. — Leipzig, H. Schultze's Sort.) à Jahrg. 1. 50

— aus der Brüdergemeine. Red.: A. Glitsch. 47—49. Jahrg. 1883—1886. à 12 Nrn. (à 1—2 B. m. Illustr.) gr. 8. Herrnhut. (Gnadau, Unitäts-Buchh.) à Jahrg. 1. 50

— dasselbe. 50. Jahrg. 1886. 12 Nrn. (à 1—2. B. m. Illustr.) gr. 8. Ebend. n. 1. —

Missionsblatt aus der Brüdergemeine. Red.: A. Glitsch. 51. Jahrg. 1887. 12 Nrn. (à 1—2 B. m. Illustr) gr. 8. Herrnhut. (Gnadau, Unitäts-Buchh.) n. 1. —

— dasselbe. 52. Jahrg. 1888. 12 Nrn. (à 1—2 B. m. Illustr.) gr. 8. Ebd. n. 1, 35

— dasselbe. 53. Jahrg. 1889. 12 Nrn. (à 1—2 B. m. Illustr.) gr. 8. Ebd. n. 1. 40

— dasselbe. Red.: H. Schneider. 54. Jahrg. 1890. 12 Nrn. (à 1—2 B. m. Illustr.) gr. 8. Ebd. n. 1. 40

— aus der Brüdergemeine. Red.: H. Schneider. 55.—58. Jahrg. 1891—1894. à 12 Nrn. (à 1—2 Bog. m. Illustr.) gr. 8. Herrnhut (Gnadau, Unitäts-Buchh.) à Jahrg. n. 1. 40

— d. Brüdergemeine. Red.: H. Schneider. 59.—62. Jahrg. 1895—1898. 12 Nrn. (à ca. 2 Bog. m. Taf.) gr. 8. Herrnhut, Missions-Buchhandlung. à Jahrg. n. 1. 40
D. 62. Jahrg. war von Th. Bechler redigiert.

— der Brüdergemeine. Red.: Th. Bechler. 63.—66. Jahrg. 1899—1902. à 12 Nrn. gr. 8. (à ca. 36 S. m. Taf.) Herrnhut, Missionsbuchh. à Jahrg. n. 1. 40

— der Brüdergemeine. Red.: Th. Bechler. 67.—70. Jahrg. 1903—1906. à 12 Nrn. (388, 388, 404 u. 404 S. m. 10, 8, 10 u. 12 Taf.) gr. 8. Herrnhut, Missionsbuchh. à Jhrg. n. 1. 40

— der Brüdergemeine. Red.: Th. Bechler. 71.—74. Jahrg. 1907—1910. à 12 Nrn. (à Jahrg. IV, 388 S. m. 12 Taf.) 8. Herrnhut, Missionsbuchh. à Jahrg. 1. 40

—— Calwer, hrsg. v. mehr. Missions-Freunden. (Redig. v. Chr. Gtl. Barth.) 1—7. Jahrg. 1828—34. à 26 Nrn. ($\frac{1}{2}$ B. Mit Holzschn.) 4. Tübingen. (Stuttgart, Steinkopf.) à J.

— Calwer, 1r, 2r Jahrg. 1831, 32. gr. 4. Nürnb. (Raw). 1 ℛ

—— Calwer, Redakt.: (Chr. Gtl.) Barth. Jahrg. 1835—42. à 26 Nrn. ($\frac{1}{2}$ Bog. u. Holzschn.) 4. Tübingen, (Fues; Stuttgart, J. F. Steinkopf.) [J. 1835—41. à * $\frac{1}{2}$ Thlr., 42. M. d. Beil.: Beleuchtung d. Missionssache, * $\frac{3}{4}$ Thlr.]

—— calwer, Redact.: Barth. Jahrg. 1843—46. à 26 Nrn. ($\frac{1}{2}$ B.) 4. Tübingen, (Fues, Verl.; Stuttgart, Steinkopf; Berlin, J. A. Wohlgemuth, Verl.) à J. *

—— dass. Jahrg. 1847. 26 Nrn. Redig. v. J. R. Passavant. 26 Nrn. ($\frac{1}{2}$ B.) 4. Ebds. *

—— dass. Mit dem Beiblatt Beleuchtungen der Missionssache. Ebds. à J. * –

—— calwer. Redig. von (C. G.) Barth. 21—24. Jahrg. 1848—51. à Jahrg. 24 Nrn. (Bog. mit eingedr. Holzschn.) gr. 4. Tübingen, (Fues'sche Sortimentsh.) — Stuttgart, J. F. Steinkopf. à Jahrg. *
Mit: Beleuchtungen der Missionssache. 7—10. Jahrg. 1848—51. à Jahrg. 12 Nrn. (½ Bog.) gr. 4. à Jahrg. * — Das Beiblatt „Beleuchtungen" allein. à Jahrg. *

—— dass. — Redig. von Dems. 25. Jahrg. 1852. 24 Nrn. (Bog. mit eingedr. Holzschn.) gr. 4. Ebds. *

—— calwer. Redig. von (C. G.) Barth. 26—29. Jahrg. 1853—56. à Jahrg. 24 Nrn. (Bog. mit eingedr. Holzschn.) gr. 4. Tübingen, (Fues'sche Sortimentsh. — Stuttgart, J. F. Steinkopf.) à Jahrg. *

Missions-Blatt, calwer. Redig. von (C. G.) Barth. 30—34. Jahrg. 1857—61. à Jahrg. 24 Nrn. (à ½—1 Bog. mit eingedr. Holzschn.) gr. 4. Tüblugen, (Fues' Sortimentsh. — Stuttgart, J. F. Steinkopf.) à Jahrg. Thlr. *

—— Calwer. Redact.: (C. G.) Barth. 35. Jahrg. 1862. 24 Nrn. (à ½—1 Bog. mit eingedr. Holzschn.) gr. 4. Tübingen, (Fues'sche Sortimentsh. — Stuttgart, J. F. Steinkopf.) **

—— dass. — Redact.: Gundert. 36.—40. Jahrg. 1863—67. à Jahrg. 24 Nrn. (à ½—1 Bog. mit eingedr. Holzschn.) gr. 4. Ebendas. à Jahrg. *

—— Calwer. Redact.: Gundert. 41.—47. Jahrg. 1868—1874. à Jahrg. 24 Nrn. (Bog. mit eingedr. Holzschn.) gr. 4. Tübingen, (Fues. — Stuttgart, J. F. Steinkopf.) à Jahrg. *

—— Calwer. Redact.: Gundert. 48. und 49. Jahrg. 1875 und 1876. à Jahrg. 12 Nrn. (Bog. mit eingedr. Holzschn.) gr. 4. Tübingen, (Fues'sche Sortimentsh. — Stuttgart, J. F. Steinkopf.) à Jahrg. *

—— dass. — Eine allgemeine illustr. Missionszeitschrift. Redact.: Gundert. 50.—52. Jahrg. 1877—1879. à Jahrg. 12 Nrn. (Bog. mit eingedr. Holzschn.) hoch 4. Calw, Vereinsbuchh. à Jahrg.

—— Calwer. Eine allgemeine illustr. Missionszeitschrift. Redact.: Gundert. 53.—56. Jahrg. 1880—1883. à Jahrg. 12 Nrn. (Bog. mit eingedr. Holzschn.) hoch 4. Calw, Vereinsbuchhandlung. à Jahrg.
—— dass. — Redact.: W. Kopp. 57. Jahrg. 1884. 12 Nrn. (Bog. mit eingedr. Holzschn.) hoch 4. Ebendas.

—— Calwer. Eine allgemeine illustr. Missions-Zeitschrift. Redact.: W. Kopp. 58. und 59. Jahrg. 1885 und 1886. à Jahrg. 12 Nrn. (Bog. mit eingedr. Holzschn.) hoch 4. Calw, Vereinbuchhandlung. à Jahrg.

— Calwer. Eine allgemeine illustr. Missions-Zeitschrift. Red.: Joh. Hesse. 60.—63. Jahrgang. 1887—1890. à 12 Nrn. (B. m. eingedr. Holzschn.) hoch 4. Calw, Vereinsbuchhandlung. à Jahrg. n. 1. 50

— Calwer. Eine allgemeine illustr. Missions-Zeitschrift. Red.: Joh. Hesse. 64.—67. Jahrg. 1891—1894. à 12 Nrn. Bog. m. eingedr. Holzschn.) hoch 4. Calw, Vereinsbuchh. à Jahrg. n. 1. 50

— Calwer. Eine allgem. illustr. Missions-Zeitschrift. Red.: Joh. Hesse. 68.—71. Jahrgang. 1895—1898. à 12 Nrn. (Bog.) hoch 4. Calw u. Stuttgart, Vereinsbuchh. à Jahrg. 1. 50

— Calwer. Eine allgemeine illustr. Missions-Zeitschrift. Red.: Joh. Hesse. 72.—75. Jahrg. 1899—1902. à 12 Nrn. gr. 4. (à ca. 8 S.) Calw u. Stuttgart, Vereinsbuchh. à Jahrg. 1. 50

— Calwer. Eine allgemeine illustr. Missionszeitschrift. Red.: Joh. Hesse u. seit 1906: Joh. Frohnmeyer. 76.—79. Jahrg. 1903—1906. à 12 Nrn. (à Jhrg. 96 S.) gr. 4. Calw u. Stuttgart, Vereinsbuchh. à Jhrg. 1. 50

— Calwer. Eine allgemeine illustr. Missionszeitschrift. Hrsg. v. Wilh. Dilger. 80.—83. Jahrg. 1907—1910. à 12 Nrn. (à Jahrg. 96 S.) 33×23,5 cm. Calw u. Stuttgart, Vereinsbuchh. à Jahrg. 1. 50

Missionsblatt, Das erste bis dritte, hsg. von einigen Missionsfreunden in Kiel. Kiel 1822 ff. H (Bd. 1—3): *Harms, Claus.* (Ky) (MGT)

Missionsblatt, das erste Kielische, herausgeg. von einigen Missionsfreunden in Kiel. 8. Kiel 822, Akad. Buchh.

— das erste Kielische, herausgg. v. einigen Missionsfreunden in Kiel. 8. Kiel 822. Hesse. 2 gl

— evangelisch-luther. Redacteur: K. Graul. Jahrg. 1846. 26 Numm. gr. 8. Dresden, Naumann. Leipzig, Dörffling. n. 12 ngl

— Evangelisch-Lutherisches. Red.: K. Graul. 1847. 26 Nrn. gr. 8. (Bog.) 1848 u. 1849. (Jeder Jahrg.) Mit 4 Aquarell-Bildern. à 24 Nrn. gr. 8. (Bog.) — Hrsg. v. G. Schneider. Jahrg. 1850—1852. à 24 Nrn. gr. 8. (Bog.) Dresden, Naumann. Leipzig, Dörffling & Franke. à n. 12 ngl

— evangelisch-lutherisches. 8. u. 9. Jahrg. 1853—54. Red.: Schneider. — 10—12. Jahrg. 1855—57. Red.: Graul. Mitred.: Besser. — 13. Jahrg. 1858. Red.: Graul. à 24 Nrn. (à 1 Bgn.). Leipzig, Dörffling u. Franke. — Naumann. gr. 8. Jeder Jahrg. n. 12 ngr

— evangelisch-lutherisches. Jahrg. 1859 u. 60. Red.: Graul. — Jahrg. 1861—64. Red.: Hardeland. à 24 Nrn. (à 1 Bgn.) Leipzig, Dörffling & Franke. — Naumann in Comm. gr. 8. Jeder Jahrg. n. 12 ngr

— Evangelisch-Lutherisches. Redact.: Hardeland. Jahrg. 1865—70. à Jahrg. 24 Nrn. (Bgn.) Leipzig, (Dörffling & Franke. — J. Naumann.) gr. 8. Jeder Jahrg. n. 12 ngr

— evangelisch-lutherisches. Red. unter Mitwirkg. v. Hardeland v. Härting u. Cordes. Jahrg. 1871—1876 à 24 Nrn. (B.) gr. 8. Leipzig, Dörffling & Franke — J. Naumann in Comm. à Jahrg. n. 1. 20

— evangelisch-lutherisches. Red., unter Mitwirkung v. Hardeland, v. Cordes. 32—37. Jahrg. 1877—1882. à 26 Nrn. (B.) gr. 8. Leipzig, J. Naumann in Comm. à Jahrg. n. 1. 20

— evangelisch-lutherisches. Red., unter Mitwirkg. v. Hardeland, v. Cordes. 39—41. Jahrg. 1884—1886. à 26 Nrn. (B.) gr. 8. Leipzig, (J. Naumann). à Jahrg. n. 1. 20

— evangelisch-lutherisches. Red., unter Mitwirkg. v. Hardeland, von Cordes. 42. Jahrg. 1887. 26 Nrn. (B.) gr. 8. Leipzig, (J. Naumann). n. 1. 20

— dasselbe. Red. v. Handmann. 43.—45. Jahrg. 1888—1890. à 26 Nrn. (B.) gr. 8. Ebd. à Jahrg. n. 1. 20

— evangelisch-lutherisches. Red. v. Handmann. 46.—49. Jahrg. 1891—1894. à 26 Nrn. (à ca. 1½ Bog.) gr. 8. Leipzig, (J. Naumann's Sort.). à Jahrg. n. 1. 20

— evangelisch-lutherisches. Red. unt. Mitwirkg. von Schwartz v. Handmann. 50.—53. Jahrg. 1895—1898. à ca. 26 Nrn. (à ca. 24 S. m. Abb.) gr. 8. Leipzig, Verlag d. evang. luther. Mission. à Jahrg. n. 1. 20

— evangelisch-lutherisches. Red. unter Mitwirkg. von v. Schwartz v. Handmann. 53.—57. Jahrg. 1899—1902. à 24 Nrn. gr. 8. (à ca. 24 S. m. Abbildgn.) Leipzig, Verlag der ev.-luther. Mission. à Jahrg. n. 1. 20

— evangelisch-lutherisches. Red. unter Mitwirkg. von v. Schwartz, v. Handmann. 58.—60. Jahrg. 1903—1905. à 24 Nrn. (564, 600 u. 616 S. m. Abbildgn.) gr. 8. Leipzig, Verlag der ev.-luther. Mission. à Jhrg. n. 1. 20

— dasselbe. 61. Jahrg. 1906. 24 Nrn. (596 S. m. 52 Abbildgn.) gr. 8. Ebd. n. 1. 50

— ev.-lutherisches. Red. unter Mitwirkg. von v. Schwartz u. Handmann. 62.—65. Jahrg. 1907—1910. à 24 Nrn. (à ca. 24 S. m. Abb.) 8. Leipzig, Verlag d. ev.-luther. Mission. à Jahrg. 1. 50

Evangelisch-Lutherisches Missions-Blatt: Jahrgang 1—8, no. 10, Apr 1875—Jan. 1883; Monthly. Title varies: Missions-Blatt für die Evangelisch-Lutherische Kirche in Amerika, May 1875—Mar 1876. Place of publication varies: New York, N.Y. Edited by August Emil Frey, 1875—83. Published by August Emil Frey unter Mitwirkung mehrerer Lutherischer Pastoren, Apr 1875—Mar 1878; by Evangelisch-Lutherischer Verlags-Verein in New York, Apr. 1878—Jan. 1883.
Brooklyn, NY

— des Frauen-Vereins für christliche Bildung des weiblichen Geschlechts im Morgenlande. Redact.: C. H. Chr. Plath. Jahrg. 1862—65. à Jahrg. 12 Nrn. (Bog.) gr. 8. Berlin. (Leipzig, Bredt.) à Jahrg. *

— dass. — Redact.: Disselhoff. Jahrg. 1866—67. à Jahrg. 12 Nrn. (Bog.) Mit Stnt. gr. 8. Berlin, W. Schultze. à Jahrg. ** —

— des Frauen-Vereins für christliche Bildung des weiblichen Geschlechts im Morgenlande. Redact.: Wangemann. 4. und 5. Jahrg. 1868 und 1869. à Jahrg. 12 Nrn. (Bog. mit Stnt.) gr. 8. Berlin, W. Schultze. 1868 **
1869 **

— dass. — Redact.: A. Disselhoff. 6.—10. Jahrg. 1870—1874. à Jahrg. 12 Nrn. (à 1—1½ Bog.) gr. 8. Ebendas. à Jahrg. **

Missionsblatt des Frauen-Vereins für christliche Bildung des weiblichen Geschlechts im Morgenlande. Redact.: A. Disselhoff. 11.—15. Jahrg. 1875—1879. à Jahrg. 12 Nrn. (à 1—1½ Bog.) gr. 8. Berlin, W. Schultze's Verlag. à Jahrg. *

— des Frauen-Vereins für christliche Bildung des weiblichen Geschlechts im Morgenlande. Redact.: A. Disselhoff. 16.—18. Jahrg. 1880—1882. à Jahrg. 12 Nrn. 8. (à Nr. 24 S.) Berlin, (W. Schultze's Verlag.) à Jahrg. **

— des Frauen-Vereins f. christliche Bildung d. weiblichen Geschlechts im Morgenlande. Red. Schrader 19—22. Jahrg. 1883—1886. à 12 Nrn. (B.) gr. 8. Berlin, W. Schultze. à Jahrg. n.n. 1. 50

— des Frauen-Vereins f. christliche Bildung d. weiblichen Geschlechts im Morgenlande. Red.: Schrader. 23.—26. Jahrg. 1887—1890. à 12 Nrn. (1½ B.) gr. 8. Berlin, W. Schultze. à Jahrg. n. 1. 50

— d. Frauen-Vereins f. christliche Bildung des weiblichen Geschlechts im Morgenlande. Red.: Thiele. 27.—30. Jahrg. 1891—1894. à 12 Nrn. (à ca. 1 Bog.) gr. 8. Berlin, Buchh. der Berliner evangel. Missionsgesellschaft. à Jahrg. n.n. 1. 50

— des Frauen-Vereins f. christl. Bildung des weibl. Geschlechts im Morgenlande. Red.: Thiele. 31.—34. Jahrg. 1895—1898. à 12 Nrn. (à ca. 24 S.) gr. 8. Berlin. (Buchh. d. Berliner evang. Missionsgesellschaft.) à Jahrg. n. 1. 50

— des Frauen-Vereins f. christliche Bildung des weiblichen Geschlechts im Morgenlande. Red.: Thiele. 35.—38. Jahrg. 1899—1902. à 12 Nrn. gr. 8. (à ca. 20 S.) Potsdam. (Berlin, Buchh. der Berliner ev. Missionsgesellschaft.) à Jahrg. n. 1. 50

— des Frauen-Vereins f. christliche Bildung des weiblichen Geschlechts im Morgenlande. Red.: Thiele u. seit 1906: Ohly. 39.—42. Jahrg. 1903—1906 à 12 Nrn. (à Jhrg. 200 S.) gr. 8. Berlin, (Buchh. der Berliner ev. Missionsgesellschaft.) à Jhrg. n. 1. 50

— des Frauen-Vereins f. christliche Bildung des weiblichen Geschlechts im Morgenlande. Red.: Ohly. 43.—46. Jahrg. 1907—1910. à 12 Nrn. (200, 200, 200 u. 204 S.) 8. Berlin, (Buchh. der Berliner ev. Missionsgesellschaft). à Jahrg. 1. 50

— der hannoverschen evang.-lutherischen Freikirche. Red.: C. Dreves. 1. Jahrg. 1899. 12 Nrn. Lex.-8. (à ca. 8 S.) Celle. (Hannover u. Celle, Schulbuchh.) n. 4. —

Missionsblatt der Hannoverschen Evang.-lutherischen Freikirche Jg. 1 Hermannsburg, (Celle Großgebauer) 1899. 8° A 11 13763

— dasselbe. 2.—4. Jahrg. 1900—1902. à 12 Nrn. Lex.-8. (à ca. 8 S.) Ebd. à Jahrg. n. 2. —

— f. die evangelischen Gemeinden. Hrsg. Fr. Breitenbach. 1. Jahrg. 1890. 26 Nrn. (B.) gr. 4. Erlangen, Vereinsbuchhandlg. (Karl Bauf). n. 1 80

— der Gemeine getaufter Christen. Hrsg. von J. G. Oncken, in Verbindung mit mehreren Missionsfreunden. Jahrg. 1854—1856. à Jahrg. 12 Nrn. (Bog.) Lex.-8. Hamburg, (Kittler.) à Jahrg. *

— der Gemeine getaufter Christen. Hrsg. von J. G. Oncken, in Verbindung mit mehreren Missionsfreunden. 14—17. Jahrg. 1857—60. à Jahrg. 12 Nrn. (Bog.) Lex.-8. Hamburg, (Kittler.) à Jahrg. *

— dass. — Jahrg. 1861. 12 Nrn. (Bog.) Lex.-8. Hamburg, Oncken. **

— der Gemeine getaufter Christen. Hrsg. von J. G. Oncken in Verbindung mit mehreren Missionsfreunden. 20.—25. Jahrg. 1862—67. à Jahrg. 12 Nrn. (Bog.) Lex.-8. Hamburg, J. G. Oncken. à Jahrg. **

— der Gemeine getaufter Christen. Hrsg. in Verbindung mit mehreren Missionsfreunden. 26.—32. Jahrg. 1868—1874. à Jahrg. 12 Nrn. (Bog.) gr. 8. Hamburg, J. G. Oncken. à Jahrg. **

— der Gemeine getaufter Christen. 33.—36. Jahrg. 1875—1878. à Jahrg. 12 Nrn. (Bog.) gr. 8. Hamburg, Oncken. à Jahrg. **
Die Fortsetzung bildet: Der Wahrheitszeuge.

—— hannoversches. Illustrirte Monatsschrift. Redact.: H. Harms. 1.—5. Jahrg. 1880—1884. à Jahrg. 12 Nrn. (à Nr. 3/4—1 Bog. mit eingedr. Holzschn.) gr. 8. Stade, Pockwitz. à Jahrg.

—— hannoversches. Illustrirte Monatsschrift. Redact.: H. Harms. 6. und 7. Jahrg. 1885 und 1886. à Jahrg. 12 Nrn. (à Nr. 1/2—1 Bog. mit eingedr. Holzschn.) gr. 8. Stade, Pockwitz. à Jahrg.

—— dass. — Lutherische Monatsschrift. Redact.: E. F. Wyneken. 8. und 9. Jahrg. 1887 und 1888. à Jahrg. 12 Nrn. (à Nr. 1/2—1 Bog. mit eingedr. Holzschn.) gr. 8. Ebendas. à Jahrg.

—— hannoversches. Allgemeine ev.-luth. Monatsschrift. Redact.: E. F. Wyneken u. H. Wyneken. 10. Jahrg. 1889. 12 Nrn. (à Nr. 1/2—1 Bog. m. eingedr. Holzschn.) Mit Beiblatt: Hannov. Missions-Volksblatt. gr. 8. Stade, Pockwitz. 1 20

— dasselbe. Organ d. Hannov. Missionsvereins. 11. Jahrg. 1890. Mit Beiblatt: Hannov. Missions-Volksblatt. Red.: C. Busse. 12 Nrn. (à 1/2—1 B. m. eingedr. Holzschn.) gr. 8. Hannover, Feesche. n.n. 1. —

— Hannoversches. Organ d. Hannov. Missionsvereins. Red.: C. Busse. 12. u. 13 Jahrg. 1891. 1892. à 12 Nrn. (à 1/2—1 Bog. m. eingedr. Holzschn.) Mit Beiblatt: Hannov. Missions-Volksblatt. gr. 8. Hannover, H. Feesche. à Jahrg. n.n. 1. —

— dasselbe. 14. u. 15. Jahrg. 1893. 1894. à 12 Nrn. (à 1/2—1 Bog.) Mit Beiblatt: Hannov. Missions-Volksblatt. gr. 8. Ebd. à Jahrg. n. 1. 20

— hannoversches. Organ des Verbandes Hannov. Missionsvereine. Red.: C. Busse. 16. Jahrg. 1895. 12 Nrn. (à 8 S.) gr. 8. Mit Beiblatt: Hannov. Missions-Volksblatt. Hannover, H. Feesche. 1. 20

— dasselbe. Red.: W. Wendebourg. 17.—19. Jahrg. 1896—1898. à 12 Nrn. (à ca. 8 S.) gr. 8. Mit Beiblatt: Hannoversches Missions-Volksblatt. Ebd. à Jahrg. n.n. 1. —

— hannoversches. Organ des Verbandes hannov. Missionsvereine. Red.: W. Wendebourg. 20.—23. Jahrg. 1899—1902. à 12 Nrn. (à ca. 8 S.) Mit Beiblatt: Hannoversches Missions-Volksblatt. gr. 8. (à ca. 4 S. m. Abbildgn.) Hannover, H. Feesche. à Jahrg. n.n. 1.—

Missionsblatt, hannoversches. Organ des Verbandes hannov. Missionsvereine. Red.: W. Wendebourg. 24.—27. Jahrg. 1903—1906 à 12 Nrn. (à Jhrg. IV, 96 S.) Mit Beiblatt: Lutherisches Missionsvolksblatt. (à Jhrg. IV, 48 S. m. Abb.) Lex.-8. Hannover, H. Feesche. à Jhrg. n.n. 1. —

— hannoversches. Organ des Verbandes hannov. Missionsvereine. Red.: W. Wendebourg. 28.—31. Jahrg. 1907—1910. à 12 Nrn. (à Jahrg. IV, 96 S.) Mit Beiblatt: Luther. Missionsvolksblatt. (à Jahrg. 48 S. m. Abb.) Lex. 8. Hannover, H. Feesche. à Jahrg. 1. 20

— Hermannsburger. Herausg. von Harms. 1—5. Jahrg. 1854—58. à 12 Nrn. (à 1 Bgn.). Celle, Schulze. (Leipzig, Naumann.) gr. 8. Jeder Jahrg. nn. 12 1/2 ngr

— — 1. Jahrg. 1854. 2. u. 3. Aufl. Leipzig, Naumann in Comm. gr. 8. (196 S.) n. 10 ngr

— — 2. Jahrg. 1855. 2. Aufl. Ebend. gr. 8. (196 S.) nn. 12 1/2 ngr

— Hermannsburger. Herausg. von Harms. 6—11. Jahrg. 1859—64. à 12 Nrn. (à 1 Bgn.) Hermannsburg. (Leipzig, Naumann. — Celle, Schulze.) gr. 8. Jeder Jahrg. 15 ngr

— Hermannsburger. Hersg. von Harms. 12—17. Jahrg. 1865—70. à Jahrg. 12 Nrn. (Bgn.) Hermannsburg. Leipzig, (J. Naumann. — Celle, Schulze'sche Buchh.) gr. 8. Jeder Jahrg. 15 ngr

— Hermannsburger. Hrsg. v. Th. Harms 18—23. Jahrg. 1871 - 1876 à 12 Nrn. (B.) gr. 8. Hermannsburg, Missionshausdr. à Jahrg. 1. 50

— Hermannsburger. Hrsg.: Th. Harms. 24—29. Jahrg. 1877—1882. à 12 Nrn. (B.) gr. 8. Hermannsburg. Missionhausdr. à Jahrg. n. 1. 50

— Hermannsburger. Hrsg.: Th. Harms. 30. Jahrg. 1883. 12 Nrn. (B.) Nebst Beiblatt. (1/2 B.) gr. 8. Hermannsburg, Missionshausdruckerei. 1. 50; ohne Beiblatt 1. —

— dasselbe. 31—33. Jahrg. 1884—1886. à 12 Nrn. (B.) Nebst Beiblatt. (1/2 B.) gr. 8. Ebend. à Jahrg. n. 2. —; ohne Beiblatt 1. 50

— Hermannsburger. Hrsg.: E Harms. 34. Jahrg. 1887. 12 Nrn. (B.) Nebst Beiblatt. (1/2 B.) gr. 8. Hermannsburg, Missionshausdruckerei. n. 2. —; ohne Beiblatt 1. 50

— dasselbe. Hrsg.: G. Oepke. 35. u. 36. Jahrg. 1888. 1889. à 12 Nrn. (B.) Nebst Beiblatt. (1/2 B.) gr. 8. Ebd. à Jahrg. n. 2. —; ohne Beiblatt 1. 50

— dasselbe. Hrsg.: E. Harms. 37. Jahrg. 1890. 12 Nrn. (B.) Nebst Beiblatt. (1/2 B.) gr. 8. Ebd. n. 2. —; ohne Beiblatt 1. 50

— Hermannsburger. Hrsg. v. den beiden Missionsdirectoren. Verantwortlich: Egm. Harms. 38.—41 Jahrg. 1891—1894. à 12 Nrn. (à 1—1 1/2 Bog.) Nebst Beiblatt. Hrsg.: Haccius. 9.—12. Jahrg. 1891—1894. à 12 Nrn. (1/2 Bog.) 8. Hermannsburg, Missionshandlg. à Jahrg. n. 2. —; ohne Beiblatt 1. 50

— Hermannsburger. Hrsg. v. den beiden Missionsdirectoren. Verantwortlich: Egm. Harms. 42. Jahrg. 1895. Nebst Beiblatt. Hrsg.: Petersen. 13. Jahrg. 1895. 12 Nrn. (à ca. 1 1/2 Bog.) 8. Hermannsburg, Missionshandlg. n. 2. —; ohne Beiblatt 1. 50

— dasselbe. Hrsg.: Haccius. 43.—45. Jahrg. 1896—1898. Nebst Beiblatt. Hrsg.: Petersen. 12 Nrn. (à ca. 1 1/2 Bog.) 8. Ebd. à Jahrg. n. 2. —; ohne Beiblatt 1. 50

— Hermannsburger. Hrsg.: Geo. Haccius. 46. u. 47. Jahrg. 1899 u. 1900. Nebst Beiblatt. Hrsg.: Thom. Petersen. à 12 Nrn. gr. 8. (à ca. 20 u. 8 S.) Hermannsburg, Missionshandlg. à Jahrg. n. 2.—; ohne Beiblatt 1.50

— dasselbe. 48. u. 49. Jahrg. 1901 u. 1902. à 24 Nrn. gr. 8. (à ca. 16 S.) Ebd. à Jahrg. n. 1. 60
Das Beiblatt erscheint nicht mehr.

— Hermannsburger. Hrsg.: Geo. Haccius. 50.—53. Jahrg. 1903—1906. à 24 (v. 1906 an 12) Nrn. (IV, 384; IV, 384; IV, 384 u. IV, 400 S.) 8. Hermannsburg, Missionshandlg. à Jhrg. n. 1. 60

— Hermannsburger. Hrsg.: G. Haccius u. Fr. Haeder. 54.—57. Jahrg. 1907—1910. à 24 Nrn. (à ca. 32 S.) 8. Hermannsburg, Missionshandlg. à Jahrg. 1. 60

—— das, aus Hessen. Redact.: Heinr. Bernhardt. Jahrg. 1886. 12 Nrn. (Bog.) gr. 4. Cassel, (Röttger.) **
Erscheint nicht mehr.

— illustr., f. das deutsche Volk. Wohlfeile Ausg. des „Missions-Freund". Hrsg. v. A. Merensky. 52. u. 53. Jahrg. 1897—1898. à 12 Nrn. (Bog.) gr. 4. Berlin, Buchh. d. Berliner evang. Missionsgesellschaft. à Jahrg. n. — 80
Wird in weniger als 10 Exemplaren nicht geliefert.

— illustriertes, f. das deutsche Volk. Wohlfeile Ausg. des „Missions-Freund". Hrsg. u. red. v. A. Merensky. 54.—57. Jahrg. 1899—1902. à 12 Nrn. gr. 4. (à ca. 8 S.) Berlin, Buchh. der Berliner ev. Missionsgesellschaft. à Jahrg. — 80
Wird nur in Partien v. mindestens 10 Exemplaren abgegeben.

— illustriertes, f. das deutsche Volk. Wohlfeile Ausg. des „Missions-Freund". Hrsg. u. red. v. A. Merensky. 58.—61. Jahrg. 1903—1906. à 12 Nrn. (à Jhrg. 96 S.) gr. 4. Berlin, Buchh. der Berliner ev. Missionsgesellschaft. à Jhrg. — 80
Wird nur in Partien v. mindestens 5 Expl. abgegeben.

— illustriertes, f. das deutsche Volk. Wohlf. Ausg. des „Missions-Freund". Hrsg. u. red. v. A. Merensky. 62.—65. Jahrg. 1907—1910. à 12 Nrn. (à Jahrg. 96 S.) Lex. 8. Berlin, Buchh. der Berliner ev. Missionsgesellschaft. à Jahrg. — 80
Wird nicht unter 5 Expl. abgegeben.

— für unsere liebe Jugend. Hrsg.: Geo. Haccius. 2.—5. Jahrg. 1899—1902. à 12 Nrn. 4. (à ca. 4 S. m. Abbildgn.) Hermannsburg, Missionshandlg. à Jahrg. — 20

— für unsere liebe Jugend. Hrsg.: Geo. Haccius. 6.—9. Jahrg. 1903—1906. à 12 Nrn. (à Jhrg. 48 S. m. 24 Abb.) 4. Hermannsburg, Missionshandlg. à Jhrg. — 20

Missionsblatt f. unsere liebe Jugend. Hrsg.: Haccius u. Haeder. 10.—13. Jahrg. 1907—1910. à 12 Nrn. (à Jahrg. 48 S. m. Abb.) gr. 8. Hermannsburg, Missionshandlg. à Jahrg. — 20

— katholisches. Ein Sonntags-Blatt zur Unterhaltung, Belehrung, Warnung u. Erbauung f. alle heilsbegierigen Christen, die fromm leben u. selig sterben wollen. 1. Jahrg. 1852. 52 Nrn. (½ Bog.) gr. 8. Dülmen. (Münster, Aschendorff.) n. n. ⅔ ℛ

— katholisches. Ein Sonntagsblatt zur religiösen Belehrung u. Erbauung für alle heilsbegierigen Christen, die fromm leben u. selig sterben wollen. Unter Mitwirkung mehrerer Geistlichen redig. von A. Laumann. 2—7. Jahrg. 1853—58. à 52 Nrn. (à ½ Bgn. mit Beilagen.) Dülmen. (Münster, Aschendorff.) gr. 8. 2—4. Jahrg. à n. 20 ngr; 5—7.: à nn. 24 ngr

— katholisches. Ein Sonntagsblatt zur religiösen Belehrung und Erbauung für alle heilsbegierigen Christen, die fromm leben und selig sterben wollen. Unter Mitwirkung mehrerer Geistlichen red. von A. Laumann. 8—13. Jahrg. 1859—64. à 52 Nrn. (à ½ Bgn.) Dülmen. (Münster, Aschendorff.) gr. 8. Jeder Jahrg. nn. 24 ngr

— katholisches. Ein Sonntagsblatt zur religiösen Belehrung u. Erbauung für alle heilsbegier. Christen, die fromm leben u. selig sterben wollen. Unter Mitwirkung mehrerer Geistlichen redig. von A. Laumann. 14—19. Jahrg. 1865—70. à Jahrg. 52 Nrn. (½ Bgn.) Mit Beilagen. Dülmen, Laumann'sche Verlagsh. gr. 8. Jeder Jahrg. n. 24 ngr

— katholisches. Ein Sonntagsblatt zur religiösen Belehrg. u. Erbaug. f. heilsbegier. Christen rc., besonders zur Auffrischg. der in der Mission gehörten Heilswahrheiten u. zur Befestigg. der gefaßten Vorsätze. 20—22. Jahrg. 1871—1873 à 52 Nrn. (½ B.) gr. 8. Dülmen, Laumann. à Jahrg. 2. 40

— dasselbe. 23. u. 24. Jahrg. 1874 u. 1875 à 52 Nrn. (½ B.) gr. 8. Ebend. à Jahrg. 2. 50

—— katholisches. Ein Sonntagsblatt zur religiösen Belehrung und Erbauung für heilsbegier. Christen, die fromm leben und selig sterben wollen. Besonders zur Auffrischung der in der Mission gehörten Heilswahrheiten und zur Befestigung der gefaßten Vorsätze. 24. — 28. Jahrg. 1875 — 1879. à Jahrg. 52 Nrn. (Bog.) gr. 8. Dülmen, Laumann'sche Buchh. à Jahrg.

— katholisches. Ein Sonntagsblatt zur religiösen Belehrung u. Erbauung für heilsbegierige Christen, die fromm leben u. selig sterben wollen. Besonders zur Auffrischung der in der Mission gehörten Heilswahrheiten u. zur Befestigung der gefaßten Vorsätze. Red.: J. Fing. 28—31. Jahrgang. 1879—1882. à 52 Nrn. (B.) gr. 8. Dülmen, Laumann. à Jahrg. 2. 50

— katholisches. Ein Sonntagsblatt zur religiösen Belehrg. u. Erbaug. f. heilsbegier. Christen, die fromm leben u. selig sterben wollen. Besonders zur Auffrischg. der in der Mission gehörten Heilswahrheiten u. zur Befestigg. der gefaßten Vorsätze. Red.: J. Fing. 32—35. Jahrg. 1883—1886. à 52 Nrn. (B.) gr. 8. Dülmen, Laumann. à Jahrg. 2. 50

— katholisches. Ein Sonntagsblatt zur religiösen Belehrg. u. Erbaug. f. heilsbegier. Christen, die fromm leben u. selig sterben wollen. Besonders zur Auffrischg. der in der Mission gehörten Heilswahrheiten u. zur Befestigg. der gefaßten Vorsätze. Red.: Fr. Schnell. 36. Jahrg. 1887. 52 Nrn. (B.) gr. 8. Dülmen, Laumann. 2. 50

— dasselbe. Red.: J. Fing. 37.—39. Jahrg. 1888—1890. à 52 Nrn. (B.) gr. 8. Ebd. à Jahrg. 2. 50

— katholisches. Ein Sonntagsblatt zur religiösen Belehrg. u. Erbaug. f. heilsbegier. Christen, die fromm leben u. selig sterben wollen. Besonders zur Auffrischg. der in der Mission gehörten Heilswahrheiten u. zur Befestigg. der gefaßten Vorsätze. Red.: J. Fing. 40. Jahrg. 1891. 52 Nrn. (Bog.) gr. 8. Dülmen, A. Laumann. 2. 50

— dasselbe. Red.: E. Lafeld. 41. Jahrg. 1892. 52 Nrn. (Bog.) gr. 8. Ebd. 2. 50

— dasselbe. 42 u. 43. Jahrg. 1893. 1894. à 52 Nrn. (Bog.) gr. 8. Ebd. à Jahrg. 2. —

— katholisches. Sonntagsblatt z. religiösen Belehrg. u. Erbaug. f. Christen, d. fromm leben u. selig sterben wollen. Bes. zur Auffrischg. d. in der Mission gehörten Heilswahrheiten u. zur Befestigg. d. gefaßten Vorsätze. Red.: E. Lafeld. 44.—47. Jahrg. 1895—1898. à 52 Nrn. (Bog.) gr. 8. Dülmen, A. Laumann. à Jahrg. n. 2. —
Kann auch vierteljährlich bezogen werden. — Redakteur war seit dem 46. Jahrg. B. Komnik.

— katholisches. Sonntagsblatt zur religiösen Belehrg. u. Erbaug. für Christen, die fromm leben u. selig sterben wollen, besonders zur Auffrischg. der in der Mission gehörten Heilswahrheiten u. zur Befestigung der gefaßten Vorsätze. Red.: B. Komnik. 48. u. 49. Jahrg. 1899 u. 1900. à 52 Nrn. gr. 8. (à ca. 16 S.) Dülmen, A. Laumann. à Jahrg. 2. —

— dasselbe. Nebst: Hausschatz. Red.: Frz. Eßmann. 50. u. 51. Jahrg. 1901 u. 1902. à 52 Nrn. gr. 8. (à ca. 16 u. 16 S.) Ebd. à Jahrg. 2. —

— katholisches. Sonntagsblatt zur religiösen Belehrg. u. Erbaug. f. Christen, die fromm u. selig sterben wollen, besonders zur Auffrischg. der in der Mission gehörten Heilswahrheiten u. zur Befestigg. der gefaßten Vorsätze. Red.: B. Komnik. Nebst: Hausschatz. Red.: Frz. Eßmann. 52.—55. Jahrg. 1903—1906. à 52 Nrn. (à ca. 16 u. 16 S.) gr. 8. Dülmen, A. Laumann. à Jhrg. 2. —

— katholisches. Zugleich Ludgerusblatt zur religiösen Belehrg. u. Erbaug. f. Christen, die fromm u. selig sterben wollen, besonders zur Auffrischg. der in der Mission gehörten Heilswahrheiten u. zur Befestigg. der gefaßten Vorsätze. Red.: B. Komnik. Nebst: Hausschatz. Red.: Frz. Eßmann. 56.—59. Jahrg. 1907—1910. à 52 Nrn. (à ca. 16 u. 16 S.) gr. 8. Dülmen, A. Laumann. à Jahrg. 2. —

— für Kinder. Jahrg. 1842—1846. à 12 Hefte. (à 1/2 Bog.) Jedes mit 1 Holzschn. 12. Calw. (Stuttgart, J. F. Steinkopf. Berlin, Wohlgemuth.) à n. 1/3 Thlr.

— für Kinder. Red. v. (C. G.) Barth. 6—11. Jahrg. 1847—1852. à 12 Nrn. 8. (Bog. m. eingedr. Holzschn.) Calw. Stuttgart, J. F. Steinkopf in Comm. à n. 8 1/2 ngr

— für Kinder. Redig. von (C. G.) Barth. 12—17. Jahrg. 1853—58. à 12 Nrn. (à 1 Bgn. mit Holzschn. im Text.) Calw. — (Stuttgart, J. F. Steinkopf. — Berlin, Wohlgemuth.) 12. Jeder Jahrg. n. 10 ngr

— für Kinder. 18—21. Jahrg. 1859—62. Red. von Barth. — 22. u. 23. Jahrg. 1863 u. 64. Red. von Gundert. à 12 Nrn. (à 1 1/2 Bgn. m. Holzschn.) Calw. (Stuttgart, J. F. Steinkopf.) 12. Jeder Jahrg. n. 8 1/2 ngr

— für Kinder. Redact.: Gundert. 24—29. Jahrg. 1865—70. à Jahrg. 12 Nrn. (1/2 Bgn. mit eingedr. Holzschn.) Stuttgart, J. F. Steinkopf. 12. Jeder Jahrg. n. 8 1/2 ngr

— für Kinder. Red. v. Gundert. 30—35. Jahrg. 1871—1876 à 12 Hfte (1/2 B. m. eingedr. Holzschn.) 12. Calw. Stuttgart, J. F Steinkopf in Comm. à Jahrg. n. — 85

— für Kinder. Red. v. Gundert. 36—41. Jahrg. 1877—1882. à 12 Hfte. (à 1/2—3/4 B. m. eingedr. Holzschn.) 8. Calw, Vereinsbuchh. à Jahrg. — 75

— für Kinder. Red.: v Gundert. 42—45. Jahrg. 1883—1886. à 12 Hfte. (à 1/2—3/4 B m. Holzschn.) 8. Calw, Vereinsbuchh à Jahrg. — 75

— für Kinder. Red. von Gundert. 46.—49. Jahrg. 1887—1890. à 12 Hfte. (à 1/2—3/4 B. m. eingedr. Holzschn.) 8. Calw. Vereinsbuchhandlg. à Jahrg. n. — 75

— für Kinder. Red. v. Gundert. 50. u. 51. Jahrg. 1891. 1892. à 12 Hfte. (à 1/4—3/4 Bog. m. eingedr. Holzschn.) 8. Calw u. Stuttgart, Vereinsbuchh. à Jahrg. n. — 75

— dasselbe. Red. v. Joh. Hesse. 52. u. 53. Jahrg. 1893. 1894. à 12 Nrn. (à 1/4—3/4 Bog. m. eingedr. Holzschn.) 8. Ebd. à Jahrg. n. — 75

— f. Kinder. Red. von Joh. Hesse. 54.—57. Jahrg. 1895—1898. à 12 Nrn. (à ca. 12 S. m. Bild.) 12. Calw u. Stuttgart, Vereinsbuchh. à Jahrg. — 75

— für Kinder. Red. v. Joh. Hesse. 58.—61. Jahrg. 1899 1902. à 12 Nrn. 12. (à ca. 12 S. m. Abbildgn.) Calw u. Stuttgart, Vereinsbuchh. à Jahrg. — 75

— für Kinder. Red. v. Joh. Hesse u. seit 1906 v. Joh. Frohnmeyer. 62.—65. Jahrg. 1903—1906. à 12 Nrn. (à Jhrg. 144 S. m. Abbildgn.) kl. 8. Calw u. Stuttgart, Vereinsbuchh. à Jhrg. — 75

— für Kinder. Hrsg. v. W. Dilger. 66.—69. Jahrg. 1907—1910. à 12 Nrn. (à Jahrg. 144 S. m. Abb.) kl. 8. Calw u. Stuttgart, Vereinsbuchh. à Jahrg. — 75

Missionsblatt für die Neue Kirche: 1889–? Chicago, IL

— Königsberger. Vom Missions-Verein herausgg. Jahrg. 1824. 8. Königsb., Unzer.

— dasselbe 1825. 15 Heft. 8. Königsb., Unzer.

— Königsberger, Jahrg. 1838. Vom evang. Missionsvereine zu Königsberg in Pr. hrsg. 12 Hfte. (Bog.) Königsberg, (Gräfe u. Unzer.)

— Königsberger. Vom Missionsverein hrsg. Red.: Baumann. Jahrg. 1901. 12 Nrn. gr. 4. (à ca. 8 S.) Königsberg i/Pr. (Collegienstr. 8), Ostpreußische Druckerei u. Verlagsanstalt. n.n.n. 1. 20
Nicht durch den Buchhandel zu beziehen.

— Leipziger. 1847. 12 Nrn. gr. 4. (1/2 Bog.) Leipzig, Karl Tauchnitz. 9 ngr

Missionsblatt des allgemeinen evangelisch-protestantischen Missionsvereins s. a. Basler Protestantenblatt, Mittheilungen des allgemeinen evangelisch-protestantischen Missionsvereins.

—— des allgemeinen evangelisch-protestantischen Missionsvereins. Im Auftrage des Centralvorstandes des Vereins hrsg. und redig. von Schilck. 1.—4. Jahrg. 1885—1888. à Jahrg. 12 Nrn. (à Nr. 1/2 Bog.) gr. 8. Heidelberg, C. Winter'sche Sortimensbuchh. à Jahrg. **

—— des allgemeinen evangelisch-protestantischen Missionsvereins. Redig. v. Schilck. 5.—8. Jahrg. 1889—1892. à Jahrg. 12 Nrn. (à Nr. 1/2 Bog.) gr. 8. Eberbach. (Heidelb., C. Winter's Sort.) à Jahrg. ** — 60

— dasselbe. 8.—10. Jahrg. 1892—1894. à 12 Nrn. (1/2 Bog.) gr. 8. Ebd. à Jahrg. n. — 60

— d. allgem. evang.-protestant. Missionsvereins. Im Auftr. d. Zentralvorstandes d. Vereins hrsg. u. red. v. Schück. 11.—14. Jahrg. 1895—1898. à 12 Nrn. (à 8 S. m. Abb.) gr. 8. Heidelberg, Evang. Verl. à Jahrg. n. — 60

Missionsblatt des allgem. evangelisch-protestantischen Missionsvereins. Im Auftrage des Zentralvorstandes des Vereins hrsg. Red. v. Schück. 15.—18. Jahrg. 1899—1902. à 12 Nrn. gr. 8. (à ca. 8 S. m. Abbildg.) Heidelberg, Ev. Verlag. à Jahrg. n. — 60

— des allgemeinen evangelisch-protestantischen Missionsvereins. Im Auftrage des Zentralvorstandes des Vereins hrsg. v. Aug. Kind. 19.—22. Jahrg. 1903—1906. à 12 Nrn. (à ca. 8 S. m. Abb.) gr. 8. Heidelberg, Ev. Verlag. à Jhrg. n. — 60

— des allg. evangelisch-protestantischen Missionsvereins. Im Auftrage d. Zentralvorstandes d. Vereins hrsg. v. Aug. Kind u. seit 1910 v. Witte. 23.—26. Jahrg. 1907—1910. à 12 Nrn. (IV, 98; IV, 106; IV, 116 u. IV, 140 S. m. Abb.) gr. 8. Heidelberg, Evangel. Verlag. à Jahrg. — 60

Missionsblatt und Nachrichten aus dem ärztlichen Dienst der Schweizerischen Ostasien-Mission
v. Mittheilungen des allgemeinen evangelisch-protestantischen Missionsvereins.

—— Nürnberger. Redact.: Steger. 28.—30. Jahrg. 1872—1874. à Jahrg. 24 Nrn. (à ½ Bog.) gr. 8. (Ebendas.) Nürnberg, Löhe in Comm. à Jahrg. *

—— Nürnberger. Redact.: Steger. (31.—33. Jahrg.) 1875—1877. à Jahrg. 24 Nrn. (à ½ Bog.) gr. 8. Nürnberg, (Löhe.) à Jahrg. **

—— dass. — Redact.: Pauli. 34. und 35. Jahrg. 1878 und 1879. à Jahrg. 24 Nrn. (à ½ Bog.) gr. 8. Ebendas. à Jahrg. **

Missionsblatt, Nürnberger. Redact.: Pauli. 36.—40. Jahrg. 1880—1884. à Jahrg. 24 Nrn. (à Nr. ½ Bog.) gr. 8. Nürnberg, (Raw'sche Buchh.) à Jahrg. **

— Nürnberger. Hrsg. vom Central-Ausschuß d. evangelisch-luther. Missions-Vereins f. Bayern in Nürnberg Red.: Ittameier. Jahrg. 1885 u. 1886. à 24 Nrn. (½ B.) gr. 8. Rothenburg o/T., (Peter). à Jahrg. n.n. 1. —

— Nürnberger. Hrsg. vom Central-Ausschuß d. evangelisch-luther. Missions-Vereins f. Bayern in Nürnberg. Red.: Ittameier. Jahrg. 1887—1890. à 24 Nrn. (½ B.) gr. 8. Rothenburg o/T., (Peter). à Jahrg. n.n. 1. —

Missionsblatt, Nürnberger. Hrsg. vom Central-Ausschuß d. evangelisch-luther. Missions-Vereins f. Bayern in Nürnberg. Red.: Ittameier. Jahrg. 1891. 1892. à 24 Nrn. (½ Bog.) gr. 8. Rothenburg o/T., (Peter) à Jahrg. n.n. 1. —

— dasselbe. Red.: v. Bezschwitz. Jahrg. 1893. 1894. à 24 Nrn. (½ Bog.) gr. 8. Ebd. à Jahrg. n.n. 1. —

— Nürnberger. Hrsg. v. Central-Ausschuß d. evang.-luther. Missions-Vereins f. Bayern in Nürnberg. Red. v. Bezschwitz. Jahrg. 1895—1898. à 24 Nrn. (à 8 S.) gr. 8. Rothenburg o/T. (Peter.) à Jahrg. n.n. 1. —

— Nürnberger. Hrsg. vom Central-Ausschuß des ev.-luther. Missions-Vereins f. Bayern in Nürnberg. Red.: H. Köberle. Jahrg. 1899—1902. à 12 Nrn. Fol. (à ca. 8 S. m. Abbildgn.) Rothenburg o/T. (J. P. Peter.) à Jahrg. n.n. 1. —

— Nürnberger. Hrsg. vom Central-Ausschuß des evangelisch-luther. Missions-Vereins f. Bayern in Nürnberg. Red.: Gottfr. Seiler. Jahrg. 1903—1906. à 12 Nrn. (à 8 S. m. Abbildgn.) Fol. Rothenburg o/T., (J. P. Peter). à Jhrg. n.n. 1. —

— Nürnberger. Hrsg. vom Zentral-Ausschuß d. evang.-luther. Missions-Vereins f. Bayern in Nürnberg. Red.: Gottfr. Seiler. 64.—67. Jahrg. 1907—1910. à 12 Nrn. (à Jahrg. II, 96 S. m. Abb.) 32,5×23 cm. Rothenburg o/T., (J. P. Peter). à Jahrg. nn 1. —

Missionsblatt der Ostasien-Mission
Missionsblatt der Ostasien-Mission — Nachrichten aus der ärztlichen Mission
v. Mittheilungen des allgemeinen evangelisch-protestantischen Missionsvereins.

— Schlesisches, s.a. Sonntags- u. Missions-Blatt, katholisches.

Missions-Blatt, schlesisches. Eine kathol. Zeitschrift für alle Stände. Redig. von Frz. v. Roschütz. 1. Jahrg. 1848. 12 Hefte. (à ca. 2 Bog.) 4. Breslau, (F. Aderholz.) Thlr. *
Vgl.: Sonntags- und Missionsblatt, katholisches.

— schleswig-holsteinisches. Berichte der schleswig-holsteinischen evangel.-luther. Missionsgesellschaft. Red.: Fiensch. 12.—15. Jahrg. Neue Folge 1.—4. Jahrg. 1887—1890. à 12 Nrn. (1½ B.) gr. 4. Breklum, Christliche Buchhandlg. à Jahrg. n. 1. 20

— Schleswig-Holsteinisches. Berichte der Schleswig-Holstein. evang.-luth. Missionsgesellschaft. Red.: Fiensch. 16.—18. Jahrg. Neue Folge. 5.—7. Jahrg. 1891—1893. à 12 Nrn. (Bog. m. Illustr.) Breklum, (Christl. Buchh.). à Jahrg. n.n. 1. 20

— Schleswig-Holsteinisches. Berichte d. Schleswig-Holstein. evang.-luth. Missionsgesellschaft. Red.: R. Bahnsen 20.—23. Jahrg. Neue Folge. 9.—12. Jahrg. 1895—1898. à 12 Nrn. (Bog.) gr. 4. Breklum. (Christl. Buchh.) à Jahrg. n.n. 1. 20
D. 22. Jahrg. war in Vertretg. von B. C. Braren redigiert.

— schleswig-holsteinisches. Berichte der schlesw.-holstein. evang.-luth. Missionsgesellschaft. Red.: R. Bahnsen. 24. u. 25. Jahrg. Neue Folge. 13. u. 14. Jahrg. 1899 u. 1900. à 12 Nrn. gr. 4. (à ca. 8 S. m. Abb.) Breklum (Christl. Buchh.). à Jahrg. n. 1. 20

— dasselbe. Hrsg. v. R. Bahnsen u. Th. Dittmer. 26. u. 27. Jahrg. Neue Folge. 15. u. 16. Jahrg. 1901 u. 1902. à 12 Nrn. gr. 4. (à ca. 8 S. m. Abbildgn.) Ebd. à Jahrg. n.n. 1. —

— schleswig-holsteinisches. Berichte der schlesw.-holst. ev.-luth. Missionsgesellschaft zu Breklum. Hrsg. v. R. Bahnsen u. Th. Dittmer. 28.—31. Jahrg. Neue Folge 17.—20. Jahrg. 1903—1906. à 12 Nrn. (à ca. 16 S. m. Abbildgn.) Lex.- 8. Breklum, Missionshaus. Postfrei à Jhrg. n.n. 1. —
Nicht durch den Buchhandel zu beziehen.

— schleswig-holsteinisches. Berichte der schlesw.-holst. evang.-luther. Missionsgesellschaft zu Breklum. Hrsg. v. Bracker. 21.—24. Jahrg. 1907—1910. 12 Nrn. (à Jahrg. 192 S. m. Abb.) Lex. 8. Breklum, (Christl. Buchh.). à Jahrg. 1. —

—— des amerikanischen und auswärtigen christlichen Vereins. 3. Jahrg. Octbr. 1853 — Septbr. 1854. 12 Nrn. (Bog.) Imp.-Fol. New-York 855. (Philadelphia, Schäfer und Koradi.) *

—— des rheinisch-westphälischen Vereins f. Israel. Redact.: E. F. Ball. 1. u. 2. Jahrg. 1845 u. 1846. à 12 Nrn. (½ Bog.) gr. 4. Barmen, (Sartorius; Berlin, J. A. Wohlgemuth, Berl.) à J. *

— des Rheinisch Westphälischen Vereins f. Israel. Red.: Ernst Frdr. Ball. (3—5. Jahrg.) 1847—1849. — Red.: L. v. Rhoden. (6—8.) Jahrg. 1850—1852. à 12 Nrn. gr. 4. (½ Bog.) Barmen. (Sartorius. — Berlin, J. A. Wohlgemuth.) à Jahrg. baar n. n. ¼ ℛ

— des Rheinisch-Westphälischen Vereins für Israel. Red.: L. v. Rohden. (9—14.) Jahrg. 1853—58. à 12 Nrn. (à ½ Bgn.) Barmen. (Leipzig, Wagner.) gr. 4. Jeder Jahrgang n. 10 ngr.

— des Rheinisch-Westphälischen Vereins für Israel. 15.—18. Jahrg. 1859—62. Red.: L. v. Rohden. — 19. Jahrg. 1863. Red.: C. Axenfeld. à 12 Nrn. (à ½ Bgn.) Barmen. (Leipzig, Wagner.) gr. 4. Jeder Jahrg. nn. 12½ ngr.

—— dass. — Redact.: C. Axenfeld. (19.—23.) Jahrg. 1863—67. à Jahrg. 12 Nrn. (½ Bog.) gr. 4. Ebendas. à Jahrg. * * —

—— des rheinisch-westphälischen Vereins für Israel. Redact.: C. Axenfeld. 24.—30. Jahrg. 1868—1874. à Jahrg. 12 Nrn. (à ½—1 Bog.) 4. Barmen, (Klein. — Wiemann.) à Jahrg. *

—— des rheinisch-westphälischen Vereins für Israel. Redact.: J. Bonnet. 31.—33. Jahrg. 1875—1877. à Jahrg. 12 Nrn. (à ½—1 Bog.) 4. Barmen, (Klein. — Wiemann.) Jahrg. 1875 * M 1.; Jahrg. 1876 und 1877 à *

— des rheinisch-westphälischen Vereins f. Israel. Red.: J. Bonnet. 33—38. Jahrg. 1877—1882. à 12 Nrn. (à ½—1 B.) gr. 4. Barmen, (Klein. — Wiemann). à Jahrg. n.n. 1. 25

— des rheinisch-westphälischen Vereins f. Israel. Red.: F. Stolle u. L. Wallis. 39. u. 40. Jahrg. 1883 u. 1884. à 12 Nrn. (à ½—1 B.) gr. 4. Barmen, (Klein). à Jahrg. n.n. 1. 25

— dasselbe. 41. u. 42. Jahrg. 1885 u. 1886. à 12 Nrn. (à ½—1 B.) gr. 4. Barmen, (Wiemann). à Jahrg. n. 1. 50

— des rheinisch-westphälischen Vereins f. Israel. Schriftleitung: F. Stolle u. Uhlig. 43.—46. Jahrg. 1887—1890. à 12 Nrn. (à ½—1 B.) gr. 4. Barmen, Comptoir d. Missionshauses. à Jahrg. n.n. 1. 25

— des rheinisch-westfälischen Vereins f. Israel. Schriftleitung: Frdr. Stolle. 47.—49. Jahrg. 1891—1893. à 12 Nrn. (à ½—1 Bog.) gr. 4. Köln, (C. Römke & Co.) à Jahrg. n.n. 1. 50

— des Rheinisch-Westphälischen Vereins für Israeliten. Redakteur: C. F. Ball. (1., 2. Jahrg.) 1845, 1846. à 12 Numm. (Bog.) gr. 4. Barmen 845, 46. (Sartorius.) à n. ⅓ ℛ

vgl. Missionsblatt des rheinisch westphälischen Vereins für Israel.

Missionsblatt des westdeutschen Vereins f. Israel. Schriftleiter: Frdr. Stolle. 51.—54. Jahrg. Neue Folge. 3.—6. Jahrg. 1895—1898. à 12 Nrn. (Bog.) gr. 8. Barmen. (Köln, C. Römke & Co.) à Jahrg. n. 1. 50

— des westdeutschen Verein f. Israel. Schriftleiter: F. Stolle. 55.—58. Jahrg. Neue Folge. 7.—10. Jahrg. 1899—1902. à 12 Nrn. gr. 8. (à ca. 16 S.) Köln. (C. Roemke & Co.) à Jahrg. n. 1. 50

— des westdeutschen Vereins f. Israel. Schriftleiter: Karl Wagner. 59.—62. Jahrg. (Neue Folge: 10.—14. Jahrg.) 1903—1906. à 12 Nrn. (IV, 196; IV, 200; IV, 184 u. IV, 184 S.) gr. 8. Köln, Westdeutscher Verein f. Israel. à Jhrg. n. 1. 50

— des westdeutschen Vereins f. Israel. Schriftleiter: Karl Wagner. 63.—66. Jahrg. 1907—1910. à 12 Nrn. (à Jahrg. IV, 184 S.) gr. 8. Köln, (Roemcke & Co.). à Jahrg. 1. 50

— württembergisches. Hrsg.: Völter. 25. Jahrg. 1906. 4 Nrn. (38 S.) 8. Besigheim. (Stuttgart, J. F. Steinkopf.) n.n. — 50

— württembergisches. Hrsg.: Völter. 26. Jahrg. 1907. 4 Nrn. (à 8 S.) 8. Besigheim. (Stuttgart, J. F. Steinkopf.) nnn -- 50

Nicht mehr im Buchhandel.

Missions-Blätter. Redig. von Brobst. 1. Bd. oder Juni 1853 — Mai 1854. 12 Nrn. (Bog.) Fol. Allentown. (Philadelphia, Schäfer und Koradi.) *

Missionsblätter. Redig. und hrsg. von Brobst. 2—7. Bd. oder Novbr. 1854 bis Octbr. 1860. à Bd. 12 Nrn. (Bog.) gr. Fol. Allentown. (Philadelphia, Schäfer und Koradi.) à Bd. *

Missions-Blätter. Illustr. Zeitschrift f. das kathol. Volk. Organ der St. Benediktus-Genossenschaft f. ausländ. Missionen zu St. Ottilien. Red. v. Cyrillus Wehrmeister, O. S. B. Neue Folge. 11. Jahrg. Oktbr. 1906—Septbr. 1907. 12 Hefte. (à ca. 16 S.) Lex.-8. St. Ottilien, Missions-Verlag. 1.50

Missions-Blätter. Illustrierte Zeitschrift f. das kath. Volk. Organ der St. Benediktus-Missions-Genossenschaft zu St. Ottilien u. der dort errichteten Herz-Jesu-Bruderschaft. Red. v. Chrysostomus Schmid, O. S. B. Neue Folge. 12.—14. Jahrg. Oktbr. 1907—Septbr. 1910. à 12 Hefte. (IV, 188; IV, 192 u. IV, 192 S.) Lex. 8. St. Ottilien, Missions-Verlag. à Jahrg. 1.50

Fliegende Missions-Blätter : 1901—1912? Quincy, IL
Between Oct. 1901 and April 1903 moved to St. Louis.

Fliegende Missions Blätter : 1907.
Published by Eden Publishing House.
St. Louis, MO

— v. St. Odilien. Red. v. Cyrillus Wehrmeister, O. S. B. 15. Jahrg. (Neue Folge. 1. Jahrg.) Oktbr. 1910—Septbr. 1911. 12 Nrn. (à ca. 24 S. m. Abb.) gr. 8. Ebd. 1.50

Der Missionsbote : Apr. 1, 1847—Dec. 1852?
Lutheran monthly. Place of publication varies: Ann Arbor, Mich.; Rondout (Kingston), N.Y.; Addison, Ill. Merged with Der Friedensbote (St. Louis, Mo.), Jan. 1853. Edited by J. M. Steiner; by Francis A. Hoffmann.
Massilon, OH

Der Missionsbote : 1850?—1852.
Monthly. Organ of Der Deutsche Evangelische Kirchenverein in Ohio. Merged with Der Friedensbote (St. Louis, Mo.).
Cleveland, OH

Missionsbote, der. 1—3. Bd. oder Jahrg. 1859—61. à Jahrg. 12 Nrn. (Bog. mit eingedr. Holzschn.) 4. Bremen, Verlag des Traktat-Hauses. à Jahrg. *

Missionsbote, der. Hrsg. f. die Missions-Gesellschaft der bischöfl. Methodistenkirche. Red.: P. G. Junker. 36. Jahrg. 3. Folge. 1. Bd. 1894. 12 Nrn. (½ Bog. m. Abbildgn.) 8. Bremen, Verlag d. Traktathauses. 1.20

Missionsbote, der. Hrsg. f. d. Missions-Gesellschaft der bischöflichen Methodistenkirche. Red.: P. G. Junker. 37. Jahrg. 3. Folge. 2. Bd. 1895. 12 Nrn. (à 8 S. m. Abb.) 8. Bremen, Verlag d. Tractathauses. 1.20

— dasselbe. Red.: R. Wobith. 38.—40. Jahrg. 3. Folge. 3.—5. Bd. 1896—1898. à 12 Nrn. (à 8 S.) 8. Ebd. à Jahrg. — 80
D. 40. Jahrg. war von J. J. Sommer redigiert.

Missionsbote, der. Hrsg. f. die Mission der bischöfl. Methodistenkirche. Red. v. G. A. Schneider. Verantwortlich: H. Burkhardt. 41.—44. Jahrg. 3. Folge. 6.—9. Bd. 1899—1902. à 12 Nrn. gr. 8. (à ca. 8 S. m. Abbildgn.) Bremen, Verlag des Tractathauses. à Jahrg. n. — 80
Die Jahrgge. 41 u. 42 sind von R. Möller redigiert.

Missionsbote, der. Hrsg. f. die Mission der bischöfl. Methodistenkirche. Red. v. G. A. Schneider. Verantwortlich: H. Burkhardt. 45.—48. Jahrg. 3. Folge. 10.—13. Bd. 1903—1906. à 12 Nrn. (à 8 S. m. Abbildgn.) 8. Bremen, Buchh. u. Verlag des Tractathauses. à Jhrg. n. — 80

Missionsbote, der. Hrsg. f. die Mission der bischöfl. Methodistenkirche. Red. v. K. Ulrich. 49.—52. Jahrg. 1907—1910. à 12 Nrn. (à ca. 32 S. m. Abb.) Lex. 8. Bremen, Buchh. u. Verlag des Traktathauses. à Jahrg. — 80

Missionsbote: 1877-1941? **Norristown, PA**

Der Missionsbote : Jahrgang 1– **55, Jan. 1878**—Nov. **1932**?
Monthly. Organ der Vereinigten Lutherischen Kirche in Amerika. Sub-title: 1) Eine allgemeine illustrirte Missionszeitschrift. Im Auftrag der Heiden-Missions-Committee der Allgemeinen Kirchenversammlung, Jan. 1878--Dec. 1885; 2) Eine allgemeine illustrierte Missionszeitschrift. Im Auftrag der Heidenmissions-Committee des Allgemeinen Kirchenvereins der Lutherischen Kirche von Nord-Amerika, Jan. 1886—?; 3) Herausgegeben von der Heidenmissions-behörde der Vereinigten Lutherischen Kirche in Amerika. Quarto, Jan. 1878—1912; then, octavo, each issue 8 pages; title-page and contents, 4 pages; illustrated, including portraits. Edited by the Rev. E. Wischan, Dr. A. Späth & the Rev. H. Grahn [with the Rev. F. W. Weiskotten, Jan. 1881—1885], Jan. 1878—1885. Editor-in-chief, E. Wischan [with associate editors: Späth, Grahn & Weiskotten], 1886—Nov. 1889; F. W. Weiskotten [associate editors: Grahn & Späth], Dec. 1889--Nov. 1900; H. Bielinski [associate editors: Grahn & Späth], Apr. 1901—?; edited by Paul C. Burgdorf, ?--Nov. 1932.
Philadelphia, PA

Der Missionsbote : Jg. 1—30, No. 11, Jan. 1885—Nov. 1915.
Published by Reformed Church of U.S.A. in the interest of Missions. Edited by N. Gehr.
Cleveland, OH

Evangelischer Missionsbote : 1901?--1923?
Monthly. Organ of Evangelische Gemeinschaft. Quarto, each issue 16 pages. Circulation: 1905, 2500; 1910, 4600; 1920, 4500. Edited by G. Heinmiller, 1901—17; by the Rev. T. S. Meckel, 1918—23. Published by Thomas & Mattill, 1901—02; by Mattill & Lamb, 1903--04; by J. H. Lamb, 1905—11; by C. Hauser, 1912--23.
Cleveland, OH

Missions- u. Heidenbote, der, nebst Beiblatt. Begründet v. Ludw. Doll. Hrsg.: Jul. Stursberg. 18.- 20. Jahrg. 1896—1898. à 12 Nrn. (à 24 Sp. u. 8 S. m. Abb.) 4. Neukirchen b/Moers, Missionsbuchh. à Jahrg. n. 1.60

Missions- u. Heidenbote, der, nebst Beiblatt. Begründet v. Ludw. Doll. Hrsg.: Jul. Stursberg. 21.—23. Jahrg. 1899—1901. à 12 Nrn. 4. (à ca. 24 Sp. u. 8 S. m. Abbildgn.) Neukirchen, Missionsbuchh. Stursberg & Co. à Jahrg. n. 1.60; geb. n. 2.20

— — dasselbe. 24. Jahrg. 1902. 12 Nrn. 4. (à ca. 24 Sp. u. 8 S. m. Abbildgn.) Ebd. n. 2.—

Missions- u. Heidenbote, der, nebst Beiblatt. Begründet v. Ludw. Doll. Hrsg.: Jul. Stursberg. 25.—28. Jahrg. 1903—1906 à 12 Nrn. (à Jhrg. 240 Sp. m. Abbildgn.) gr. 8. Neukirchen, Missionsbuchh. Stursberg & Co. à Jhrg. n. 2.—; geb. in Leinw. n. 2.75

Missions- u. Heidenbote, der, nebst Beiblatt. Begründet v. Ludw. Doll u. Jul. Stursberg. Hrsg.: G. Paschen. 29.—32. Jahrg. 1907—1910. à 12 Nrn. (à ca. 20 Sp. u. 10 S. m. Abb.) gr. 8. Neukirchen, Missionsbuchh. Stursberg & Co. à Jahrg. 2.—; geb. in Leinw. 2.75

Missions-Bote, der kleine, im Dienste des schles. Kolhs-Missions-Vereins zu Breslau hrsg. von P. Gerhard. Jahrg. 1871 und 1874. à Jahrg. 4 Hefte. (à 16 S.) 8. Breslau, (Dülfer's Verlag.) à Jahrg. *

Missionsbote, der kleine, im Dienste d. schles. Kolhs-Missions-Vereins zu Breslau hrsg. v. P. Gerhard. 1—3. Jahrg. 1873—1875 à 4 Hfte. (à 16 S.) 8. Breslau, Dülfer in Comm. à Jahrg. n. — 60

Missions-Bote, der kleine, im Dienste des schles. Kolhs-Missions-Vereins zu Breslau, hrsg. von P. Gerhard. 4—10. Jahrg. 1876—1882. à 4 Nrn. (à 1—1½ B.) Breslau, Dülfer in Comm. à Jahrg. n. — 60

Missions-Bote, der kleine, im Dienste d. schles. Kolhs-Missions-Vereins zu Breslau, hrsg. v. P. Gerhard. 11—14. Jahrg. 1883—1886. à 4 Nrn. (à 1—1½ B.) 8. Breslau, (Dülfer). à Jahrg. n. — 60

Missions-Bote, der kleine, zum besten d. schlesischen Missions-Hilfsvereins f. die Kols u. Deutsch-Ostafrika hrsg. von P. Gerhard. 15.—18. Jahrg. 1887—1890. à 4 Nrn. (à 1-1½ B.) 8. Breslau, (Dülfer). à Jahrg. n. — 60

— der kleine, zum besten d. schlesischen Missions-Hilfsvereins f. die Kols u. Deutsch-Ostafrika hrsg. v. P. Gerhard. 19.—22. Jahrg 1891-1894. à 4 Nrn. (à 1—1½ Bog.) 8. Breslau, (C. Dülfer). à Jahrg. n. — 60

— d. kleine, z. Besten d. schlesischen Missions-Hilfsvereins f. d. Kols u. Deutsch-Ostafrika hrsg. v. P. Gerhard. 23.—26. Jahrg. 1895—1898. à 4 Nrn. (à 24 S.) 8. Breslau. (C. Dülfer.) à Jahrg. n. — 60

Missionsbote, der kleine, zum besten des schles. Missions-Hilfsvereins f. die Kols u. Deutsch-Ostafrika hrsg. von P. Gerhard. 27.—30. Jahrg. 1899—1902. à 4 Nrn. 8. (à ca. 24 S.) Breslau (C. Dülfer). à Jahrg. n. — 60

— der kleine, zum besten des schles. Missions-Hilfsvereins f. die Kols u. Deutsch-Ostafrika hrsg. v. P. Gerhard. 31.—34. Jahrg. 1903—1906. à 4 Nrn. (96, 84, 82 u. 82 S.) 8. Breslau, (C. Dülfer). à Jhrg. n. — 60

— der kleine, zum Besten des schles. Prov.-Vereins f. die Mission unter den Kols u. in Deutsch-Ostafrika hrsg. v. Johs. Gerhard. Begründet v. Paul Gerhard. 35.—37. Jahrg. 1907—1909. à 4 Hefte. (à ca. 16 S.) 8. Breslau, (C. Dülfer). à Jahrg. — 60
Nicht mehr im Buchhandel.

Missionsbote: Kleiner Missionsbote
v. China-Bote.

— **Steyler.** Vormals Steyler Herz-Jesu-Bote. Monatsschrift der Glaubensverbreitg. Organ der Gesellschaft des göttl. Wortes. Religiös Unterhaltendes f. christl. Familien. Red.: F. Schwager. Verantwortlich: In Deutschland J. Reidick; in Oesterreich Mich. Münzingen. 30. Jahrg. Oktbr. 1902—Septbr. 1903. 12 Nrn. gr. 4. (à ca. 16 S. m. Abbildgn.) Steyl, Missionsdruckerei. n. 1.—
Vergl.: Herz-Jesu-Bote, Steyler.

— Steyler. Monatsschrift der Glaubensverbreitg. Organ der Gesellschaft des göttl. Wortes. Red.: Frdr. Schwager. Verantwortlich: In Deutschland G. Grenz; in Oesterreich Mich. Münzinger. 31.—33. Jahrg. Oktbr. 1903—Septbr. 1906. à 12 Nrn. (à 16 S. m. Abbildgn.) gr. 4. Steyl, Missionsdruckerei. à Jhrg. n. 1. —

— Steyler. Illustrierte Monatsschrift der Glaubensverbreitg. Organ der Gesellschaft des göttl. Wortes. Verantwortlich: In Deutschland G. Grenz; in Oesterreich Mich. Münzinger. 34.—38. Jahrg. Oktbr. 1906—Septbr. 1911. à 12 Nrn. (à Jahrg. 192 S. m. Abb.) Lex. 8. Steyl, Missionsdruckerei. à Jahrg. 1. —

Missions-Bruderschaft zu Ehren des heiligen Franziscus Xaverius, wie solche in der Diöcese Paderborn in allen Pfarrkirchen gehalten wird. Paderborn 861. Junfermann. 8. (16 S.) 1 ngr.

Missionsbuch, Elsässisches, v. e. Priester d. Gesellschaft Jesu. Mit d. Kreuzweg u. d. Messe f. die Verstorbenen verm. 12. Mit 3 Holzschn. Strasb. 824, 27. (Mainz, Müller). 8 gr.

Missionbuch, Elsässisches, v. e. Priester d. Gesellsch. Jesu. Mit d. Kreuzweg u. d. Messe f. d. Abgestorbenen vermehrt. 12. (14 B. u. 3 Holzschn.) Straßburg 827. (Mainz, Kirchheim, Schott u. Thielmann.)

— Elsassisches, durch einen Priester der Gesellschaft Jesu. Arlon 863. (Luxemburg, Brück.) 12. (X, 364 S. m. Holzschn.) $7\frac{1}{2}$ ngr.

Missionsbuch, elsässisches. Von e. Priester der Gesellschaft Jesu. 16. (336 S. m. Titelbild.) Saarlouis 891, Stein Nachf. — 45

Missionsbuch, elsässisches. Von e. Priester der Gesellschaft Jesu 16. (338 S. m. Abbildgn. u. Titelbild.) Saarlouis 893. F. Stein Nachf. — 45

— dasselbe. Verb. u. verm. Aufl. (Orig.-Ausg.) 16. (464 S. m. Abbildgn.) Straßburg 894. F. X. Le Roux & Co. — 50

[F.] Elsässisches Missions-Buch, v. e. Priester d. Ges. Jesu. 43. Aufl., neubearb. v. J. G. Aman, Rektor . . . zu Metz . . . *Saarlouis: Hausen & C. 1896.* (XVI, 413 S.) 1 Bd 8. 96. 4934

— elsässisches, v. e. Priester der Gesellschaft Jesu. 46. Aufl., neubearb. v. J. G. Aman. 16. (XVI, 428 S. m. Titelbild.) Saarlouis 901. F. Stein Nachf. — 60; geb. in Leinw. n. — 90; in Ldr. n. 1.15; m. Goldschn. n. 1.35

Elsässisches Missions-Buch von einem Priester der Gesellschaft Jesu. 47. Aufl. neubearb. von J. G. Aman, Rektor zu Metz. *Saarlouis: Hausen & Co. 1902.* (XVI. 423 S.) 8° [F.]

[F.] Missionsbuch im Geiste des heiligen Alphonsus. E. Unterr.- u. Andachtsbuch als beständ. Hausmission. Hrsg. v. den P. P. Redemptoristen. '(Ausg. f. Deutschland.)' . . . *Dülmen: A. Laumann 1896.* (XXIV, 588 S., 1 Taf.) 1. Bd 8. 96. 7367

Missionsbuch im Geiste d. hl. Alphonsus. E. Unterrichts- u. Andachtsbuch als beständ. Hausmission. Hrsg. v. d. Redemptoristen. (Ausg. f. Deutschland.) 3. Aufl. gr. 16. (XXIV, 604 S. m. 1 Farbdr.) Dülmen 897. A. Laumann. Geb. in Leinw. n. 1.50

Missionsbuch im Geiste des hl. Alphonsus. Ein Unterrichts- u. Andachtsbuch als beständ. Hausmission. Hrsg. v. den P. P. Redemptoristen. (Ausg. f. Deutschland.) 6. Aufl. gr. 16. (XXIV, 613 S. m. 1 Farbdr.) Dülmen 899. A. Laumann. Geb. in Leinw. n. 1.50

Missionsbuch im Geiste des heiligen Alphonsus. Ein Unterrichts- u. Andachtsbuch als beständ. Hausmission. Hrsg. von d. P. P. Redemptoristen. ⟨Ausg. f. Deutschl.⟩ 9. Aufl. *Dülmen: A. Laumann (1903).* (XXIV, 613 S.) 8° [F.] 03. 4430

Missionsbuch im Geiste des heiligen Alphonsus. Ein Unterrichts- u. Andachtsbuch als beständ. Hausmission. Hrsg. von d. P. P. Redemptoristen. ⟨Ausg. f. Deutschl.⟩ 10. Aufl. *Dülmen: A. Laumann (1903).* (XXIV, 613 S.) 8° [F.] 03. 4430 6

Missionsbuch im Geiste des heiligen Alphonsus. Ein Unterrichts- u. Andachtsbuch als beständ. Hausmission. Hrsg. von d. P. P. Redemptoristen. ⟨Ausg. f. Deutschl.⟩ 11. Aufl. *Dülmen: A. Laumann (1903).* (XXIV, 613 S.) 8° [F.] 03. 4433 6

Missionsbuch im Geiste des heil. Alfonsus. Ein Unterrichts- u. Andachtsbuch ... Hrsg. von den P.P. Redemptoristen. ⟨Ausg. f. Deutschland.⟩ 12. Aufl. Dülmen: A. Laumann (1907). (XXIV, 613 S.) 8° [F.] 08. 684, 6

— großes katholisches, oder Anleitung zu einem christl. Lebenswandel. Herausgeg. von der Versammlung des allerheil. Erlösers. (Mit 2 Lithogr.) gr. 18. Einsiedeln 840. (St. Gallen, Scheitlin u. Zollikofer.) n. $\frac{1}{2}$ rℓ — Neue durchgeseh. Aufl. kl. 8. Ebend. 842, Gebr. Benziger. $\frac{1}{2}$ rℓ Velinp. $\frac{5}{8}$ rℓ Mit 8 Kupfern. $\frac{2}{3}$ rℓ

—— kathol., v. e. Priester d. Gesellsch. Jesu. Mit d. Kreuzweg u. d. Messe f. d. Verstorbenen vermehrt. 18. ($9\frac{1}{4}$ B. u. 1 Holzschn.) Einsiedeln 830. (Augsburg, Kollmann.) (auch Orell in Zürich).

—— katholisches, od. Anleit. zu e. christl. Lebenswandel. Hrsg. v. d. Versamml. d. allerheil. Erlösers. 9—13. Aufl. 18. (à ca. 464—468 Seit. u. 1. Stahlst.) Wien 835—41, Mechitaristen-Congregations-Buchhandl. à

Missionsbuch, kathol., von einem Priester der Gesellschaft Jesu. Mit dem Kreuzwege und der Messe für die Abgestorbenen verm. (Mit Titelbild u. Titelvign.) 18. Einsiedeln 839, 37. (Regensburg, Manz.) $\frac{1}{4}$ rℓ

—— katholisches. 1. Aufl. 839. $\frac{1}{4}$ Thlr., u. neue, v. ein. kathol. Landpfarrer verbess. u. verm. Ausg. 18. (à ca. 300 Seit. u. Ttlbild.) Einsiedeln 842, Gebr. K. u. N. Benziger.

Missionsbuch, katholisches, od. Anleit. zu e. christl. Lebenswandel. Hrsg. v. d. Versamml. d. allerheil. Erlösers. Neue stark verm. Orig.-Ausg. 18. (552 Seit., 1 Stahlst. u. lith. Ttl.) Aachen 841, Cremersche Buchh.

—— kathol., od. Anleitung zu einem christl. Lebenswandel. Hrsg. v. der Versammlung des allerheil. Erlösers. Neue, verm. Orig.-Ausg. 18. (15 B., 1 Stahlst. u. lith. Ttl.) Aachen 843, Cremer'sche Buchh.

Missionsbuch, kathol., od. Anleitung christl. zu leben u. selig zu sterben. Zum Nutzen u. Troste bußfertiger Seelen neu hrsg. von ein. kathol. Pfarrer. 12. (12 B. u. 2 Stnt.) Einsiedeln 845, Gebr. Benziger.

—— kathol., od. kurze Anweisung recht zu beten, fromm zu leben u. glückselig zu sterben. Nach den Werken d. Alex. Wille, Peter Canisius, Rob. Bellarmin u. andern gottsel. Schriftst. aus der G. J. gr. 12. ($20\frac{1}{2}$ B. u. 1 Stahlst.) Augsburg 846. (Regensburg, Manz.)

— dass. Neueste verm. Ausg. Mit 4 Stahlst. 8. Würzburg 846, Etlinger. $\frac{1}{2}$ rℓ

—— katholisches, oder: Anleitung christl. zu leben und selig zu sterben. Zum Nutzen und Troste bußfertiger Seelen. 18. Aufl. 18. (188 S. mit 1 Stnt. und Titel in Golddr.) Einsiedeln 847, Gebr. Benziger.

— katholisches, oder Anleitung christlich zu leben u. selig zu sterben. Zum Nutzen u. Troste bußfertiger Seelen. 18. Aufl. 18. (288 S. m. 1 Lith. u. Titel in Golddr.) Einsiedeln 847, Gebr. Benziger. 6 ngr

Missionsbuch, katholisches, oder: Anleitung zu einem christl. Lebenswandel. Hrsg. von der Versammlung des allerheil. Erlösers. Neueste verm. Ausg. 8. (394 und VI S. mit 4 Stahlst.) Würzburg 847, Etlinger'sche Vrlgsh.

—— katholisches, oder: Auserlesene Andachtsübungen nach Anleitung der Mission in der Kirche und zu Hause täglich zu verrichten. Hrsg. von der Versammlung des allerheil. Erlösers. 10—19. Aufl. 1848—50. und 20., umgearb. und verb. Aufl. gr. 16. (X und 406 S. mit 1 Stahlst.) Würzburg 850, Etlinger'sche Vrlgsh.
Feine Ausg. mit 3 Stahlst.

—— katholisches, oder: Anleitung christlich zu leben und selig zu sterben. Zum Nutzen und Troste bußfertiger Seelen hrsg. von einem Priester der Gesellschaft Jesu. 8. (XVI und 352 S. mit 1 Stahlst.) Augsburg 851, Schlosser's Buchh.

Missionsbuch, katholisches. Unterrichte, Betrachtungen u. Gebete nach den vorzüglichsten Missionsbüchern. Bearb. vom Verf. der „Marien-Kapelle," „Passionsblumen" 2c. 12. (381 S. m. 2 Lith. u. lith. Titel.) Einsiedeln 851, Gebr. Benziger. 6 ngr

Missionsbuch, katholisches. Ein Wegweiser zum himmlischen Vaterlande. Ein Unterrichts- und Erbauungsbuch, worin außer dem Inhalte der gewöhnl. Missionspredigten, Ermahnungen zur Vermeidung der häufigsten Sünden und Laster 2c. enthalten sind. Ein Auszug aus dem vollständ. Missionsbuch vom Verf. des „Der heil. Rosenkranz, das schönste und heiligendste Gebet." 12. (540 S. mit 1 Stahlst.) Köln und Neuß 860, Schwann'sche Verlagsh.
Mnv.

Missionsbuch, katholisches. Unterrichte, Betrachtungen u. Gebete nach den vorzügl. Missionsbüchern. 15. Aufl. Einsiedeln 860. Gebr. Benziger. 8. (384 S. mit 3 Abbildungen.) 5½ ngr.

[F.] Katholisches Missionsbuch. 44. Aufl. des Elsäss. Missions-Buches neubearb. v. J. G. Aman, Rektor zu Metz *Saarlouis: Hausen & C. 1897.* (XVI, 471 S.) 1 Bd 8. (pl. 4133

— katholisches, od. Anleitg. zu e. christl. Lebenswandel. Hrsg. v. d. Kongregation d. allerheiligsten Erlösers österreich. Provinz. gr. 16. (696 S. m. Abb. u. 1 Farbdr.) Einsiedeln 898. Verlagsanstalt Benziger & Co.
Geb. in Leinw. n. 1. 30

Katholisches Missions-Buch oder Anleitung zu einem christlichen Lebenswandel. Hrsg. von d. Kongreg. d. allerheil. Erlösers österr. Prov. *Einsiedeln, Köln: Benziger & Co. [um 1902].* (696 S.) 8° [F.]

— katholisches. 52. Aufl. des elsäss. Missions-Buches, neubearb. v. J. G. Aman. (XVI, 472 S. m. Titelbild.) 16. Saarlouis (907). F. Stein Nachf. Geb. in Leinw. — 90

— Königsberger. Vom Missionsverein herausgg. Jahrg. 1824 u. J. 1825. 1s Heft. 8. Königsb., Unzer. 12 gr

- Königsberger, Jahrg. 1838. Vom evangel. Missionsvereine zu Königsberg in Pr herausg. 12 Hfte. Bog.) Königsberg, (Gräfe u. Unzer). n. 7/12 ℛ

— d. neue, d. Congregation d. allerheiligsten Erlösers. E. Unterrichts- u. Gebetbuch, hauptsächl. entnommen aus d. Werken d. hl. Alf. v. Liguori. Geeignet, d. Früchte e. hl. Mission zu bewahren. Übers. aus d. Engl. 32. (XXIV, 492 S. m. farb. Titelbild.) Freiburg i/B. 895. Herder. 1. —; geb. in Leinw. n. 1. 30

— dasselbe. 16. 2. Aufl. (XXIV, 504 S. m. Titelbild.) Ebd. 898. 1. —; geb. in Leinw. n. 1. 35

— das neue, der Congregation des allerheiligsten Erlösers. Ein Unterrichts- u. Gebetbuch, hauptsächlich entnommen aus den Werken des hl. Alfons v. Liguori. 3. Aufl. 16. (XXIV, 504 S. m. Titelbild.) Freiburg i/B. (901). Herder.
Geb. in Leinw. n. 1. 20

Missionsbuch, das neue, der Congregation des allerheiligsten Erlösers. Ein Unterrichts- u. Gebetbuch, hauptsächlich entnommen aus den Werken d. hl. Alfons v. Liguori. 5. Aufl. (XXIV, 504 S. m. Titelbild.) 16. Freiburg i/B. 905. Herder. n. — 90; geb. in Leinw. n. 1. 20

Missionsbuch, das neue, der Congregation des allerheil. Erlösers. Ein Unterrichts- u. Gebetbuch, hauptsächlich entnommen aus den Werken des hl. Alfons v. Liguori. 6. Aufl. (XXIV, 504 S. m. Titelbild.) 16. Freiburg i/B. (908). Herder. — 90; geb. in Leinw. 1.20; in Ldr. m. Goldschn. 2. —

Missionsbuch, Neues katholisches. Gebete, Betrachtungen und Unterweisungen ... Münster 1858. H: *Vahrenhorst, Johann Georg.* (Rass)

Missionsbuch, neues katholisches, Gebete, Betrachtungen und Unterweisungen nebst einem vollständigen Gesangbuche. Von e. Priester d. Diöc. Münster. Münster 858. Aschendorff. 12. (2 Bl., 846 S. u. 1 Lithogr.) n. 15 ngr.

Missionsbuch, neuestes, ein vollständiges Gebet- und Andachtsbuch für kathol. Christen, von einem Geistlichen der Diöcese Rottenburg. 8. (XII und 658 S. mit 1 Stahlst. und lithochrom. Titel.) Reutlingen 853, Fleischhauer und Spohn.

— Rette deine Seele! Jubiläumsgabe 1395—1895. Aus Anlaß d. hl. Mission in Mariabuchen (6. bis 13. Oktbr. 1895) zusammengest. v. F. C. gr. 16. (112 S.) Würzburg 895. A. Göbel. n. — 20

— vollständiges. Ein katholisches Lehr- und Erbauungsbuch, worin außer dem Inhalte der gewöhnl. Missionspredigten, Ermahnungen zur Vermeidung der häufigsten Sünden u. Laster, Unterweisungen in Betreff der nothwendigsten Tugenden und verschiedene andere Belehrungen enthalten sind. Nebst vollständ. Gebetbuche. Ausgearb. vom Verf. des: „Der heil. Rosenkranz, das schönste u. heiligendste Gebet." 2 Thle. 854. (XVI, 816 S. u. 1 Stahlst.) — 2. Aufl. 856. (XIII, 719 S. u. 1 Stahlst.) — 3. Aufl. Cöln u. Neuß 858. Schwann. 12. (XI, 372; 336 S. u. 1 Stahlst.) 22½ ngr; Velinp. 1 ℛ.

Missions-Bücherwart
Missions-Magazin: Evangelisches Missions-Magazin
s.a. Magazin für die neueste Geschichte der protestantischen Missions- und Bibelgesellschaften.

MISSIONSBÜCHLEIN

Missionsbüchlein [auf deutsch und französisch] Luxemburg: Erben Chevalier 1788.
1 Bd., 8°.

Missionsbüchlein. 1. Aufl. gr. 8. (1½ B.) 840. ⅛ Thlr., 2. verb. u. verm. Aufl. 8. (2¼ B.) Heidelberg 841, K. Winter.

Missionsbüchlein. 3., verb. u. verm. Aufl. 8. (2¼ B.) Heidelberg 844, Carl Winter.

— oder praktische Auslegung des Missionstextes Luc. 6, 38. Herausg. von dem christl. Vereine im nördlichen Deutschland. 2 Thle. Eisleben 852, 53. Christlicher Verein. (Leipzig, G. E. Schulze.) 12. (3 Bl., 86; 4 Bl., 126 S.) 1.: 2¼ ngr.; 2.: 3 ngr.

Missionsbüchlein, oder kurze Anleitung, wie man sich während und nach einer Mission zu verhalten hat. Herausg. von einem kathol. Geistlichen. 3., verb. u. verm. Aufl. Crefeld. (853.) Klein. 8. (31 S.) 1½ ngr.

Missionsbüchlein. 4. verb. u. verm. Aufl. Heidelberg 860. K. Winter. 8. (36 S.) n. 2 ngr.

MISSIONSBÜCHLEIN. Pest 1864: Landerer u. Heckenast. 32 S. - 180 mm

Missionsbüchlein. 37. Gabe d. evangel. Vereins f. die protestant. Pfalz. 12. (142 S.) Westheim 877. Kaiserslautern, Buchh. des Evangel. Vereins f. die Pfalz. — 30

Missionsbüchlein. 37. Gabe des evangelischen Vereins für die protestantische Pfalz. gr. 16. (142 S.) Westheim 877. (Speyer, Neidhard's Buchh.) *

Missionsbüchlein. Zur Bewahrg. u. Erneuerg. der Missionsfrüchte. Von e. Missionär aus dem Kapuzinerorden. 16. (VIII, 232 S.) Mainz 886. Frey. n. — 75; geb. n. 1. —

Missionsbüchlein. (Von Fr. Askani.) 2. verm. u. verb. Aufl. (72 S.) 8. Freiburg i/B. (904). O. Fleig. n.n. — 50

Missionsbüchlein, Aachener, 1910. (Vom 6.–20. III.) (59 S.) 16. Aachen, A. Jacobi & Co. — 15

Missions-Büchlein, Christkatholisches —, oder: Auserlesene geistliche Uebungen in den Wahrheiten Christi; gewidmet allen Besorgten um das Heil ihrer Seele. Vortreffliches Gebetbuch, enthaltend außer Anleitung zur öffentlichen Verehrung Gottes alle nothwendigen Stücke zur Hausandacht. Vom Verfasser der Himmelstöne. Neuhaus. 1855. Druck und Verlag von Alois Jos. Landfraß. (316 S. 2 Bl. u. 1 Bild. 8.)

Missions Büchlein, christkatholisches . . . Von dem Verfasser der Himmelstöne. Neuhaus, 1857. Dr. und Verlag von Alois Josef Landfraß. (316 S. 8. Mit einem Titelbilde)

Missions-Büchlein, christkatholisches, oder auserlesene geistl. Uebungen in den Wahrheiten Christi. Von dem Verf. der Himmels-Töne. Neuhaus 866. Landfraß & Sohn. gr. 16. (320 S. mit 1 Stahlst. u. 14 Holzschntaff.) n. 7½ ngr.

—— für Dienstboten. Anleitung zu einer guten Generalbeicht, nebst einem schönen Tugendbeispiele eines frommen christl. Dienstboten, der heil. Jungfrau Zita, mit Lehrstücken zur Nachfolge, und einem Anhange: Von der Nothwendigkeit einer immerwährenden Buße; recht oft zu beherzigen nach der Mission. 8. (46 S.) Dülmen 852. Münster, Aschendorff'sche Buchh.

Wurde auch unter den Titeln: Missionsbüchlein für Eheleute und Missionsbüchlein für Söhne und Töchter ausgegeben.

Missionsbüchlein für Dienstboten. Anleitung zu einer guten Generalbeicht, nebst einem schönen Tugendbeispiele eines frommen christl. Dienstboten, der heil. Jungfrau Zita, mit Lehrstücken zur Nachfolge, und einem Anhang: Von der Nothwendigkeit einer immerwährenden Buße; recht oft zu beherzigen nach der Mission. Neueste Aufl. 8. (48 S.) Dülmen 882. Laumann'sche Verlagsh. *

—— für Eheleute. Anleitung zu einer guten Generalbeicht, nebst Morgen-, Abend- und Meßgebeten am Beichttage. 15.—17. verb. Aufl. 8. (48 S.) Ebendas. 881—84. *

—— für Eheleute. Anleitung zu einer guten Generalbeicht, nebst Morgen-, Abend- und Meßgebeten am Beichttage. 18. und 19. Aufl. 8. (55 S.) Dülmen 886, Laumann'sche Verlagsh. *

Missionsbüchlein f. Eheleute. Anleitung zu e. guten Generalbeicht, nebst Morgen-, Abend- u. Meßgebeten am Beichttage. 24. Aufl. 12. (56 S.) Dülmen i. W. 891, Laumann. — 15

— f. Eheleute. Anleitung zu e. guten Generalbeicht, nebst Morgen-, Abend- u. Meßgebeten am Beichttage. 26. Aufl. Von e. Priester d. Franciscanerordens verb. 12. (53 S.) Dülmen i/W. 893. A. Laumann. — 15

Missionsbüchlein für Eheleute. Anleitung zu e. guten Generalbeicht nebst Morgen-, Abend- u. Messgebeten am Beichttage. 28. Aufl. Von e. Priester d. Franciscanerordens verb. *Dülmen: A. Laumann (1893).* (53 S.) 8° [F.] [... 661 6

[F.] **Missionsbüchlein** für Eheleute. E. Andenken an d. gnadenreichen Tage d. Mission. Nebst Anleitg z. e. Generalbeicht. Neu bearb. v. e. Missionar d. Franziskanerordens ... *Dülmen i. W.: A. Laumann (1895).* (264 S.) 1 Bd 8. [96. 1917

Missionsbüchlein f. Eheleute. E. Andenken an d. gnadenreichen Tage d. Mission. Nebst Anleitg. zu e. Generalbeichte. Neu bearb. v. e. Missionar d. Franziskanerordens. 11.—15. Taus. 16. (264 S.) Dülmen 896. A. Laumann. Geb. in Leinw. n. — 65

— dasselbe. Anleitg. zu e. guten Generalbeichte, nebst Morgen-, Abend- u. Meßgebeten am Beichttage. 30. Aufl. V. e. Priester d. Franciscanerordens verb. 12. (55 S.) Ebd. 896. — 15

Missionsbüchlein f. Eheleute. Ein Andenken an d. gnadenreichen Tage d. Mission. Nebst Anleit. zu e. Generalbeicht. Neu bearb. von e. Missionar des Franziskaner-Ordens. 35.—39. Taus. 16. (256 S.) Dülmen 899. A. Laumann. Geb. in Leinw. n. — 65

Missionsbüchlein für **Eheleute**. Ein Andenken an d. gnadenreichen Tage d. Mission. Nebst Anleitung zu e. Generalbeicht. Neu bearb. von e. Missionar d. Franziskanerordens. 40.–44. Taus. *Dülmen i. W.: A. Laumann 1899.* (256 S.) 8° [F.] [00. 11692

Missionsbüchlein für Eheleute. Ein Andenken an d. gnadenreichen Tage d. Mission. Nebst Anleitung zu e. Generalbeicht. Hrsg. von P. Martinus. 55.–59. Taus. *Dulmen: A. Laumann 1901.* (256 S.) 8° [F.] [03. 5027 6

Missionsbüchlein für Eheleute. Ein Andenken an d. gnadenreichen Tage d. Mission. Nebst Anleitung zu e. Generalbeicht. Hrsg. von P. Martinus. 60.–66. Taus. *Dulmen: A. Laumann 1901.* (256 S.) 8° [F.] [03. 5026 6

Missionsbüchlein für **Eheleute**. Ein Andenken an d. gnadenreichen Tage d. Mission. Nebst Anleitung zu e. Generalbeicht. Neu bearb. von P. Martinus, Missionar. 67.–71. Taus. Dülmen: A. Laumann 1903. (259 S.) 8° [F.] [03. 13547 6

Missionsbüchlein für **Eheleute**. Ein Andenken an d. gnadenreichen Tage d. Mission. Nebst Anleitung zu e. Generalbeicht. Neu bearb. von P. Martinus, Missionar. 72.–76. Taus. **Dülmen**: A. Laumann 1903. (259 S.) 8° [F.] [03. 13548 6

Missionsbüchlein für Eheleute. Ein Andenken an d. gnadenreichen Tage d. Mission. Nebst Anleitung zu e. Generalbeicht. Neu bearb. von P. Martinus, Missionar. 77.–80. **Taus.** Dülmen: A. Laumann 1903. (259 S.) 8° [F.] [03. 13549 6

Missionsbüchlein für Eheleute. Ein Andenken an d. gnadenreichen Tage d. Mission. Nebst Anleitung zu e. Generalbeicht. Hrsg. von P. Martinus. 81.–84. Taus. Dülmen: A. Laumann 1903. (504 S.) 8° [F.]
[03. 13350 6

Missionsbüchlein für Eheleute. Ein Andenken an d. gnadenreichen Tage d. Mission. Nebst Anleitung zu e. Generalbeicht. Hrsg. von P. Martinus. 85.–87. Taus. Dülmen: A. Laumann 1903. (504 S.) 8° [F.]
[03. 13351 6

Missionsbüchlein für Eheleute. Ein Andenken an d. gnadenreichen Tage d. Mission. Nebst Anleitung zu e. Generalbeicht. Neu bearb. von P. Martinus. 81.–85. Taus. Dülmen: A. Laumann 1905. (259 S.) 8° [F.]
[06. 10865 6

Missionsbüchlein für Eheleute. Ein Andenken an d. gnadenreichen Tage d. Mission. Nebst Anleitung zu e. Generalbeicht. Neu bearb. von P. Martinus. 86.–90. Taus. Dülmen: A. Laumann 1905. (259 S.) 8° [F.]
[06. 10866 6

— f. Eheleute. Ein Andenken an die gnadenreichen Tage der Mission. Nebst Anleitg. zu e. Generalbeicht. Neu bearb. v. Martinus, O. S. F. 91.—95. Taus. (259 S.) 16. Dülmen 907. A. Laumann. Geb. in Leinw. — 50

— zur Ehre Gottes u. Hülfe der Seelen. 12. Mainz. 773. (Frankf., Streng). 3 g.

Missionsbüchlein, größeres zur Benützung bei Missions-Andachten, insbesondere aber zum heilsamen Andenken an die bei einer Mission empfangenen Gnaden u. zur sichern Bewahrung derselben bis zum Tode. Hrsg. von einem kathol. Geistlichen der Erzdiözese Köln. 2. Aufl. 16. (75 S.) Köln u. Neuß 852, Schwann in Comm. n. 1/12 ℛ

Missionsbüchlein, Hermannsburger, für Kinder. 1.—3. Heft. 8. Hermannsburg 870, Missionshausdruckerei. [1. und 2. Heft. (IV, S. 1—164.) 869. à Heft * 50 Pf.; 3. Heft. (III, S. 165—208.) 870. 30 Pf.] *

— Hermannsburger, für Kinder. 1—3. Heft. Hermannsburg 869. (Leipzig, J. Naumann.) 8. (IV, 208 S.) n. 13 ngr.

— Hermannsburger für Kinder. 3., völlig umgearb. Aufl. 8. (VIII, 400 S.) Hermannsburg 878. Missionshausdr. n. 1. 50

— der alten deutschen Jesuiten-Missionäre. Gebet-, Lehr- u. Trost-Büchlein f. das christl. Volk. Neue verb. Aufl. 24. (270 S.) Aachen 893. R. Barth, Verl. Geb. n. — 50

— der alten deutschen Jesuiten-Missionäre. Gebet-, Lehr- u. Trost-Büchlein f. das christl. Volk. Neue verb. Ausg. 16. (268 S.) Aachen 896. R. Barth, Verl. Geb. n. — 50; erhöhter Preis n. — 60

Missionsbüchlein d. alten deutsch. Jesuiten-Missionare. Gebet-, Lehr- u. Trostbüchlein f. das christl. Volk. Neue verb. Aufl. (240 S.) 16. Münster (910). H. Schöningh. Geb. in Leinw. — 50

— illustrirtes. Hersg. vom Kinderfreund. Bremen 868. Verlag des Tractathauses. 16. (VII, 172 S. mit eingedr. Holzschn. u. 1 Holzschntaf.) cart. n. 7 ngr.

Missionsbüchlein für Jünglinge und Jungfrauen. E. Andenken an d. gnadenreichen Tage d. Mission. Nebst Anleitg z. e. Generalbeicht. Neu bearb. v. e. Missionar d. Franziskanerordens ... *Dülmen i. W.: A. Laumann (1895).* (255 S.) 1 Bd 8.
[96. 1918

Missionsbüchlein f. Jünglinge u. Jungfrauen. Ein Andenken an d. gnadenreichen Tage der Mission. Nebst Anleitg. zu e. Generalbeicht. Neu bearb. v. e. Missionar d. Franziskanerordens. 16.—20. Taus. 16. (256 S.) Dülmen 896. A. Laumann. Geb. in Leinw. n. — 65

[F.] Missionsbüchlein für Jünglinge und Jungfrauen. E. Unterr.- u. Andachtsbuch als beständ. Hausmission. Hrsg. v. d. P. P. Redemptoristen. '(Ausg. f. Deutschl.)' ... (Ausz. aus: Missionsbuch im Geiste d. heil. Alphonsus.) *Dülmen i. W.: A. Laumann 1897.* (VIII, 310 S.) 1 Bd 8.
[97. 6414

— dasselbe. Ein Unterrichts- u. Andachtsbuch als beständ. Hausmission. Hrsg. v. d. Redemptoristen. (Ausg. f. Deutschland.) 4. u. 5. Aufl. 16. (à VIII, 310 S. m. Titelbild.) Ebd. 898. Geb. n. — 75

— f. Jünglinge u. Jungfrauen. Ein Andenken an die gnadenreichen Tage der Mission. Nebst Anleitg. zu e. Generalbeicht. Neu bearb. v. e. Missionar des Franziscanerordens. 45.—49. Taus. 16. (252 S.) Dülmen 898. A. Laumann. Geb. in Leinw. n. — 65

Missionsbüchlein für Jünglinge und Jungfrauen. Ein Andenken an d. gnadenreichen Tage d. Mission. Nebst Anleitung zu e. Generalbeicht. Neu bearb. von P. Martinus. 65.–69. Taus. *Dülmen: A. Laumann 1901.* (252 S.) 8° [F.]
[02. 3029 6

Missionsbüchlein für Jünglinge und Jungfrauen. Ein Andenken an d. gnadenreichen Tage d. Mission. Nebst Anleitung zu e. Generalbeicht. Neu bearb. von P. Martinus. 70.–74. Taus. *Dülmen: A. Laumann 1901.* (252 S.) 8° [F.]
[02. 3030 6

Missionsbüchlein für Jünglinge und Jungfrauen. Ein Andenken an d. gnadenreichen Tage d. Mission. Nebst Anleitung zu e. Generalbeicht. Neu bearb. von P. Martinus, Apost. Missionär d. Franziscanerordens. 75.–79. Taus. *Dülmen: A. Laumann 1901.* (252 S.) 8° [F.]
[02. 3031

Missionsbüchlein für Jünglinge und Jungfrauen. Ein Unterrichts- u. Andachtsbuch als beständ. Hausmission. Hrsg. von den P. P. Redemptoristen. ⟨Ausg. f. Deutschl.⟩ 6. Aufl. *Dülmen: A. Laumann 1901.* (VIII, 310 S.) 8° [F.]
[02. 4750 6

Missionsbüchlein für Jünglinge und Jungfrauen. Ein Unterrichts- u. Andachtsbuch als beständ. Hausmission. Hrsg. von den P. P. Redemptoristen. ⟨Ausg. f. Deutschl.⟩ 7. Aufl. *Dülmen: A. Laumann 1901.* (VIII, 310 S.) 8° [F.]
[02. 4760 6

Missionsbüchlein für Jünglinge und Jungfrauen. Ein Unterrichts- u. Andachtsbuch als beständige Hausmission. Hrsg. von d. P. P. Redemptoristen. ⟨Ausg. f. Deutschl.⟩ 8. Aufl. *Dülmen: A. Laumann 1901.* (VIII, 310 S.) 8° [F.]
[03. 4434 6

Missionsbüchlein für Jünglinge und Jungfrauen. Ein Andenken an d. gnadenreichen Tage d. Mission. Nebst Anleitung zu e. Generalbeicht. Neu bearb. von P. Martinus, Missionär. 80.–84. Taus. Dülmen: A. Laumann 1902. (255 S.) 8° [F.]
[03. 13352 6

Missionsbüchlein für Jünglinge und Jungfrauen. Ein Andenken an d. gnadenreichen Tage d. Mission. Nebst Anleitung zu e. Generalbeicht. Neu bearb. von P. Martinus, Missionär. 85.–89. Taus. Dülmen: A. Laumann 1902. (255 S.) 8° [F.]
[03. 13353 6

Missionsbüchlein für Jünglinge und Jungfrauen. Ein Unterrichts- u. Andachtsbuch als beständige Hausmission. Hrsg. von d. P. P. Redemptoristen. ⟨Ausg. f. Deutschl.⟩ 10. Aufl. *Dülmen: A. Laumann 1902.* (VIII, 310 S.) 8° [F.]
[03. 4435 6

Missionsbüchlein für Jünglinge und Jungfrauen. Ein Unterrichts- u. Andachtsbuch als beständige Hausmission. Hrsg. von d. P. P. Redemptoristen. ⟨Ausg. f. Deutschl.⟩ 11. Aufl. *Dülmen: A. Laumann 1902.* (VIII, 310 S.) 8° [F.]
[03. 4436 6

Missionsbüchlein für Jünglinge und Jungfrauen. Ein Andenken an d. gnadenreichen Tage d. Mission. Nebst Anleitung zu e. Generalbeicht. Neu bearb. von P. Martinus, Missionär. 90.–94. Taus. Dülmen: A. Laumann 1903. (255 S.) 8°
[03. 13354 6

Missionsbüchlein für Jünglinge und Jungfrauen. Ein Andenken an d. gnadenreichen Tage d. Mission. Nebst Anleitung zu e. Generalbeicht. Neu bearb. von P. Martinus, Missionär. 95.–99. Taus. Dülmen: A. Laumann 1903. (255 S.) 8°
[03. 13355 6

Missionsbüchlein für Jünglinge und Jungfrauen. Ein Andenken an d. gnadenreichen Tage d. Mission. Nebst Anleitung zu e. Generalbeicht. Neu bearb. von P. Martinus, Missionär. 100.–104. Taus. Dülmen: A. Laumann 1905. (255 S.) 8° [F.]

Missionsbüchlein für Jünglinge und Jungfrauen. Ein Andenken an d. gnadenreichen Tage d. Mission. Nebst Anleitung zu e. Generalbeicht. Neu bearb. von P. Martinus, Missionär. 105.–109. Taus. Dülmen: A. Laumann 1905. (255 S.) 8° [F.]

Missionsbüchlein für Jünglinge und Jungfrauen. Ein Andenken an d. gnadenreichen Tage d. Mission. Nebst Anleitung zu e. Generalbeicht. Neu bearb. von P. Martinus, Missionär. 110.–114. Taus. Dülmen: A. Laumann 1905. (255 S.) 8° [F.]

Missionsbüchlein für Jünglinge und Jungfrauen. Ein Andenken an d. gnadenreichen Tage d. Mission. Nebst Anleitung zu e. Generalbeicht. Neu bearb. von P. Martinus, Missionär. 115.–117. Taus. Dülmen: A. Laumann 1905. (255 S.) 8° [F.]

— f. Jünglinge u. Jungfrauen. Ein Unterrichts- u. Andachtsbuch als beständ. Hausmission. Hrsg. v. den P. P. Redemptoristen. (Ausg. f. Deutschland.) 12. Aufl. (VIII, 310 S. m. 1 Farbdr.) 16. Dülmen 906. A. Laumann. Geb. in Leinw. n. — 75

Missionsbüchlein für Jünglinge und Jungfrauen. Ein Unterrichts- u. Andachtsbuch als beständige Hausmission. Hrsg. von d. P.P. Redemptoristen. (Ausg. f. Deutschland.) 13. Aufl. Dülmen: A. Laumann 1906. (VIII, 310 S.) 8° [F.]

— f. Jünglinge u. Jungfrauen. Ein Andenken an die gnadenreichen Tage der Mission. Nebst Anleitg. zu e. Generalbeicht. Neu bearb. v. Martinus, O. S. F. 123.—127. Tauf. (255 S.) 16. Dülmen 908. A. Laumann. Geb. in Leinw. — 50

Missionsbüchlein, kathol., od. Anleit. zu einem christl. Wandel. Herausgg. von d. Versamml. d. allerheil. Erlösers. 4e verm. Aufl. 18. Wien 830. (Mechitaristen Congregat.-Buchh.) 8 gr.

Missionsbüchlein, kathol., od. Anleitung zu e. christl. Lebenswandel. Hrsg. v. d. Versamml. d. allerheil. Erlösers. 7. u. 8. Aufl. Breit 18. (à 470 Seit.) Wien 833, 34, Mechitaristen-Congregat.-Buchhandlung. à
Ist auch in böhmischer Sprache erschienen.

— kathol., oder Anleitung zu einem christl. Lebenswandel. Herausg. von der Versammlung des allerheil. Erlösers. 7e Aufl. breit 18. Wien 833. Mechitaristen-Congreg.-Buchh. 1/3 Rthlr.
— 15e Aufl. 838. n 1/3 Rthlr.

— katholisches, oder Anleitung zu einem christl. Lebenswandel. Herausgeg. von der Versammlung des allerheil. Erlösers. 18. Aufl. 18. (Mit 1 Stahlst.) Wien 841, Mechitaristen-Congregations-Buchh. n. 1/3 Rthlr.

— kathol., od. Anleitung zu e. christl. Lebenswandel. Hrsg. v. der Versammlung des allerheil. Erlösers. 23. Aufl. 18. (6 B. u. Ttlkpfr.) Wien 845, Mechitaristen-Congreg.-Buchh. *

— dass. Neue, verm. Orig.-Ausg. (13. Stereotyp-Abdr. in Garmond.) 18. (27½ B. u. 1 Stahlst.) Ebds. 846.

— kathol., od. Anleitung zu ein. christl. Lebenswandel. Hrsg. v. d. Versamml. des allerheil. Erlösers. Neue, verm. Orig.-Ausg. (Ausg. m. Mittel-Fraktur. 3. Abdr.) 8. (38 B. u. 1 Stahlst.) Regensburg 846, Manz.

— katholisches. Oder: Anleitung zu einem christlichen Lebenswandel. Hrsg. von der Versammlung des allerheil. Erlösers. Neue, stark verm. Orig.-Aufl 24. Aufl. [23. Stereotypabdr. in Garmond.] Mit 1 Stahlst. u. 23 Vign. (in Holzschn.) 12. (510 S.) Regensburg 850, Manz. 1/3 Rthlr. m. großer Schrift. [Mittel-Fraktur] 13¾ ngr — 5. vollst. Aufl. Mit 1 Stahlst. 18. (758 S.) Ebd. 852. 13¾ ngr

— katholisches. Oder: Anleitung zu einem christlichen Lebenswandel. Herausg. von der Versammlung des allerheiligsten Erlösers. 28—33. Aufl. Mit 1 Titelkpfr. u. 23 Vignetten (Holzschn.). (27—32. Stereot.-Abdr. in Garmond.) Regensburg 853—58. Manz. 12. (510 S.) 10 ngr

— dass. — Ausg. in 18. 6., vollständ. Aufl. (3. Ster.-Abdr. in Mittel Fraktur.) (758 S. mit 1 Stahlst.) Ebendas. 858.

— katholisches, oder kurze Anleitung die heil. Missionszeit gut und nützlich zu gebrauchen. Nebst Morgen-, Abend-, Meß- rc. Andachten, sowie Betrachtungen über die wichtigsten Heilswahrheiten. 2. Aufl. 12. (72 S. mit 1 lithogr. Titelbilde.) Augsburg 854, Bolling'sche Buchh.

— katholisches, oder kurze Anleitung die heil. Missionszeit gut und nützlich zu gebrauchen. Nebst Morgen-, Abend-, Meß- rc. Andachten, sowie Betrachtungen über die wichtigsten Heilswahrheiten. 3. Aufl. 12. (72 S. mit 1 lithogr. Titelbilde.) Augsburg 857, Doll'sche Buchh.

— katholisches. Oder Anleitung zu einem christlichen Lebenswandel. Neue, stark verm. Orig.-Aufl. 7., vollständige Aufl. Mit 1 Stahlst. Regensburg 864. Manz. 12. (758 S.) 13¾ ngr

— katholisches, oder Anleitung zu einem christlichen Lebenswandel. Hrg. von der Versammlung des allerheiligsten Erlösers. Neue, stark verm. Orig.-Aufl. 37. und 38. Aufl. gr. 16. (510 S. mit 1 Titelkpfr. und 23 Vignetten.) Regensburg 869,76, Manz. Ausg. mit großer Schrift

— katholisches, oder Anleitung zu einem christlichen Lebenswandel. Hrsg. von der Versammlung des allerheiligsten Erlösers. Neue stark verm. Orig.-Aufl. 39. und 40. Aufl. gr. 16. (510 S. mit 1 Titelkpfr. und 23 Vignetten.) Regensburg 883,84, Manz. Ausg. mit großer Schrift

Missionsbüchlein, katholisches. Oder Anleitg. zu e. christl. Lebenswandel. Hrsg. v. der Versammlg. d. allerheiligsten Erlösers. Neue, stark verm. Orig.-Aufl. 8., vollständ. Aufl. Mit e. Titelkupfer. (Ausgabe m. großem Druck.) 12. (758 S.) Regensburg 890. Verlags-Anstalt. 1. 50

— katholisches, od. Anleitg. zu e. christl. Lebenswandel. Hrsg. v. d. Versammlg. d. allerheiligsten Erlösers. M. e. Titelkpfr. u. Vignetten. 42. Aufl. 12. (517 S.) Regensburg 896. Nationale Verlagsanstalt. 1. —; geb. in Leinw. n. 1. 60

— kleineres, zur Benützung bei Missions-Andachten, insbesondere aber zum heilsamen Andenken an die bei einer Mission empfangenen Gnaden u. zur sichern Bewahrung derselben bis zum Tode. Hrsg. von einem kathol. Geistlichen der Erzdiözese Köln. 2. verb. u. verm. Aufl. 16. (44 S.) Köln u. Neuß 852, Schwann. 1½ ngr

— f. Mütter zur Belehrung üb. gute Kinder-Erziehung. Auszug aus der „Krone des häusl. Glücks". Nebst e. Anleitg. f. die hl. Mission von Cyprian v. Eggolsheim, O. Cap. gr. 16. (156 S.) M.-Gladbach (899). A. Riffarth. — 30; geb. in Leinw. — 65

— für Söhne u. Töchter. Anleitung zu einer guten Generalbeicht, Morgen-, Abend- u. Meßgebete am Beichttage, nebst einem Anh.: Von der Nothwendigkeit einer immerwähr. Buße; recht oft zu beherzigen nach der Mission. 15., verb. Aufl. 8. (48 S.) Dülmen 879. Laumann. n. — 10

— für Söhne und Töchter. Anleitung zu einer guten Generalbeicht, Morgen-, Abend- und Meßgebete am Beichttage, nebst einem Anhang: Von der Nothwendigkeit einer immerwährenden Buße; recht oft zu beherzigen nach der Mission. 16. verb. Aufl. 8. (48 S.) Dülmen 883, Laumann'sche Verlagsh. *

—— für Söhne und Töchter. Anleitung zu einer guten Generalbeicht, nebst Morgen-, Abend- und Meßgebeten am Beichttage. 17.—19. Aufl. 8. (48 S.) Ebendas. 884—86. *

—— für Söhne u. Töchter. Anleitung zu e. guten Generalbeicht nebst Morgen-, Abend- u. Meßgebeten am Beichttage. 22.—24. Aufl. 12. (48 S.) Dülmen 890,91, Laumann. — 15

— für Söhne u. Töchter. Anleitung zu e. guten Generalbeicht, nebst Morgen-, Abend- u. Meßgebeten am Beichttage. 26. Aufl. 12. (47 S.) Dülmen i/W. 893. A. Laumann. — 15

— für Söhne u. Töchter. Anleitg. zu e. guten Generalbeichte, nebst Morgen-, Abend- u. Meßgebeten am Beichttage. 30. Aufl. V. e. Priester d. Franciscanerordens verb. 12. (48 S.) Dülmen 896. A. Laumann. — 15

— für Unverheiratete, s. a. Eggolsheim, Cyprian v.

— für Unverheiratete. Zusammengestellt v. e. Kapuziner-Missionär. 2., umgearb. Aufl. 16. (64 S.) Heiligenstadt 891. Cordier. — 15

—— für Verheiratete. Zusammengestellt v. e. Kapuziner-Missionär. 2. umgearb. Aufl. 16. (64 S.) Heiligenst. 890. Cordier. — 15

—— desgl. — s. a. Eggolsheim, Cypr. v.

— f. d. katholische Volk. 32. (400 S. m. Titelbild.) Einsiedeln 895. Verlagsanstalt Benziger & Co. Geb. in Leinw. n. — 50

— dasselbe. 32. (117 S.) Essen 896. Fredebeul & Koenen. n. — 35; geb. n. — 50

Missionsbüchlein für das katholische Volk. *Einsiedeln, Köln: Benziger & Co. [um 1902].* (400 S.) 8° [F.] [04. 1191]

— f. das katholische Volk. (72 S. m. Titelbild.) 16. Essen 905. Fredebeul & Koenen. n. — 20

Missions-Dienst an der Großstadt. Monatsblatt der Hallischen Stadtmission m. Nachrichten aus anderen Stadtmissionsgebieten. Hrsg.: U. G. Hobbing. 3. u. 4. Jahrg. 1905 u. 1906. à 12 Hefte. (à ca. 16 S.) gr. 8. Halle, Buchh. der ev. Stadtmission. à Jhrg. n. n. 1. 20
Jhrg. 1 u. 2 erschien u. d. T.: Stadtmission, die evangel.

Missionsdienst an der Großstadt. Monatsblatt f. die Stadtmissions-Arbeit m. Nachrichten aus dem Gesamtgebiet der inneren Mission. Hrsg.: U. G. Hobbing. 5. Jahrg. 1907. 12 Hefte. (180 S.) gr. 8. Halle, Buchh. der ev. Stadtmission. nn 1. 20

— dasselbe. Organ f. die Stadtmissions-Arbeit m. Nachrichten aus d. Gesamtgebiet der innern Mission. Hrsg.: U. G. Hobbing. 6.—8. Jahrg. 1908—1910. à 4 Hefte. (IV, 88; IV, 104 u. IV, 88 S.) gr. 8. Ebd. à Jahrg. — 40

Missions- u. Exercitien-Erneuerung. 72 Missions- u. Exercitien-Betrachtungen über die großen u. ernsten Heilswahrheiten zur Rettung der Seele. Nebst Morgen-, Abend- u. Meßgebeten u. Litaneien für die Advents- u. Weihnachtszeit. Von einem kathol. Pfr. J. E. 16. (VIII, 256 S.) Paderborn 883. Bonifaciusdr. n. — 60

Missions- u. Exercitien-Erneuerung. 72 Missions- u. Exerzitien-Betrachtgn. üb. die großen u. ernsten Heilswahrheiten zur Rettg. der Seele. Hauptinhalt der Missionspredigten u. der Exercitienbetrachtgn., welche zwar zu jeder Zeit als Auffrischg. der Mission u. der Exercitien, auch als Büchlein f. Privatexercitien, dienen können, aber so auf alle Tage der Advents- u. Weihnachtszeit vertheilt sind, daß alle Betrachtgn. der Reihe nach vorkommen, u. diese Zeit passend als e. jährl. Missions- u. Exercitien-Erinnerg. kann benutzt werden. Nebst Morgen-, Abend- u. Meßgebeten u. Litaneien f. die Advents- u. Weihnachtszeit. Von e. kathol. Pfarrer J. E. [Hrsg. der „Maiandacht".] 2. Aufl. 16. (VIII, 256 S.) Paderborn 885. Bonifacius-Druckerei. n. — 60

Missions- u. Exercitien-Erneuerung. 72 Missions- u. Exercitien-Betrachtgn. üb. d. großen u. ernsten Heilswahrheiten z. Rettg. d. Seele. M. bes. Rücksicht auf d. hl. Advents- u. Weihnachtszeit. Nebst e. Anh. v. verschied. Gebeten. V. e. kathol. Pfarrer J. E. (Hrsg. d. „Maiandacht".) 3. (Titel-) Aufl. gr. 16. (VIII, 256 S.) Paderborn (885) 896. Bonifacius-Druckerei. — 60

Missions-Erneuerung, tägliche, oder: Gebete und geistliche Uebungen zur Erlangung eines christl. und gottsel. Lebenswandels für Erwachsene aus allen Ständen. Zusammengetragen durch einen Missionär der Gesellschaft Jesu. Neu bearb., verm. und hrsg. von Jos. Grassinger. 12. (291 S.) Aibling 847. (München, Finsterlin.)

Missions-Erneuerung, tägliche, oder auserlesene Gebete und Lehren zur Beförderung des rechten christkathol. Glaubens und Lebens. Ehedem hrsg. von einem Missionspriester der Gesellschaft Jesu. Neue Aufl., sorgfältig rev. und zeitgemäß verb. von einem Priester der Diöcese Augsburg. 12. (VIII und 176 S. mit 1 Stnt.) Augsburg 856, Schmid'sche Vrlgsh.

Missionsfeier in der St. Petri-Kirche zu Riga am 21. Septbr. 1880. Erinnerungsblatt, enth.: Ansprache: Lütkens, Predigt: Jentsch, Bericht: Holst. gr. 8. (22 S.) Riga 880. Stieda in Comm. n. — 60

Missionsfest, das erste, in der Kirche zu Sarau den 14. Juli 1851. Vorträge bei dieser Feier, gehalten von dem gegenwärt. und den beiden früheren Predigern Steffensen, Nielsen und Hasselmann. gr. 8. (31 S.) Eutin 851, (Völckers.)

Missionsfest, das erste oldenburgische, gefeiert in der St. Lamberti-Kirche zu Oldenburg am 28. Septbr. 1843. 8. ($2^1/_4$ B.) Oldenburg 834, Schulze'sche Buchh.

Missionsfest, das erste Oldenburgische, gefeiert in der St. Lamberti-Kirche zu Oldenburg am 28. Sept. 1843. 8. Oldenburg 844, Schulze. $^1/_8$ ℔

Missionsfest, Das, in Ritzebüttel. O. O. 1836. V: *Lüders, Heinrich Wilhelm.* (schr)

Missionsfest, unser, am 23., 24. u. 25. Juni 1875. [Aus: „Missionsblatt."] gr. 8. (108 S.) Hermannsburg 875. Missionshausdr. n. — 50

Missionsfestpredigten, hrsg. v. Conrad, s.: Im Reiche der Gnade.

Missions-Fragbüchel, allgemeines,. 12. Kempten, Kösel. 763.

Missions-Frage, die jüdische. Im Sinne der hl. Schrift beleuchtet v. E. E. G(edalius). gr. 8. (14 S.) Berlin (N. 65, Schulstr. 165) 891. Gedalius' Selbstverl. n. — 30

Missions-Fragebüchlein, Allgemeines; in drey Schulen ordentlich eingetheilt. Augsburg 1771. V: *Parhamer, Ignaz.* (Jes)

Missions-Freund, der. Verleger und Redact.: Wallmann in Quedlinburg. Jahrg. 1847 und 1848. à Jahrg. 26 Nrn. (½ Bog.) 4. (Berlin, J. A. Wohlgemuth.) à Jahrg. **

Missions-Freund, der. Red.: (F.) Ahlfeld. Jahrg. 1849 u. 1850. à 26 Nrn. 4. (½ Bog.) — Jahrg. 1851 u. 1852. à 12 Nrn. 8. (à ½—1 Bog.) Halle. (Berlin, J. A. Wohlgemuth. — Franz Duncker.) à n. ½ ℳ

Missions-Freund, der. Jahrg. 1853. Red.: Friedr. Ahlfeld. — Jahrg. 1854—57. Red.: M. H. Lange. à 26 Nrn. — Jahrg. 1858. Herausgbr.: Wallmann. à 12 Nrn. (à 1 Bgn.) Berlin. — Halle, Fricke. gr. 8. Jeder Jahrgang n. 15 ngr.

Missions-Freund, der. Redig. von Friedr. Ahlfeld. Jahrg. 1853. 12 Nrn. (à ½—1 Bog.) 8. Halle. (Berlin, Besser's Verlag. — J. A. Wohlgemuth.) **
Jahrg. 1849—52. Ebendas. à Jahrg. ** 15 Ngr.

—— dass. — Hrsg. von Wallmann. Jahrg. 1858 und 1859. à Jahrg. 12 Nrn. (Bog.) gr. 8. Berlin. Halle, (Fricke.) à Jahrg. **

—— dass. — Jahrg. 1860 und 1861. à Jahrg. 12 Nrn. (Bog.) gr. 8. Ebendas. à Jahrg. **

Missions-Freund, der. Hrsgbr.: Wallmann. Jahrg. 1862 und 1863. à Jahrg. 12 Nrn. (Bog.) gr. 8. Berlin. Halle, Fricke. à Jahrg. **

—— dass. — Hrsgbr.: C. H. Chr. Plath. Jahrg. 1864 und 1865. à Jahrg. 12 Nrn. (Bog.) gr. 8. Ebendas. à Jahrg. **

— — Jahrg. 1866—1869. à Jahrg. 12 Nrn. (Bgn.) Berlin, W. Schultze. gr. 8. Jeder Jahrg. n. 12½ ngr.

— — Jahrg. 1870. 12 Nrn. (Bgn.) Ebend. gr. 8. n.n. 15 ngr.

Missions-Freund, der. Hrsg.: C. H. Chr. Plath. Jahrg. 1871—1876 à 12 Nrn. (B.) gr. 8. Berlin, W. Schultze in Comm. à Jahrg. n.n. 1. 50

Missions-Freund, der. Hrsg.: A. Petri u. Wendland. 32—37. Jahrg. 1877—1882. à 12 Nrn. (B.) gr. 8. Berlin, Missionshaus. à Jahrg. 1. 60

Missions-Freund, der. Red. u. Hrsg.: Wendland. 38—41. Jahrg. 1883—1886. à 12 Nrn. (B.) gr. 8. Berlin, W. Schultze. à Jahrg. n.n. 1. 50

Missions-Freund, der. Red. u. Hrsg.: Wendland. 42.—45. Jahrg. 1887—1890. à 12 Nrn. (B.) gr. 8. Berlin, W. Schultze. à Jahrg. n.n. 1. 50

Missionsfreund, der. Red. u. Hrsg.: Wendland. 46.—49. Jahrg. 1891—1894. à 12 Nrn. (Bog.) gr. 8. Berlin, (Buchh. der Berliner evangel. Missionsgesellschaft). à Jahrg. n. 1. 50

Missionsfreund, der. Red. u. Hrsg.: Wendland. 50. Jahrgang. 1895. 12 Nrn. (Bog.) gr. 8. Berlin, Buchh. d. Berliner evangel. Missionsgesellschaft. 1. 40

— dasselbe. Red. u. Hrsg.: A. Merensky. 51.—53. Jahrg. 1896—1898. à 12 Nrn. (Bog. m. Abb.) gr. 4. Ebd. à Jahrg. 1. 40

— dasselbe, wohlf. Ausg., s: Missionsblatt, illustr., f. d. Deutsche Volk.

Missions-Freund, der. Red. u. Hrsg.: A. Merensky. 54.—57. Jahrg. 1899—1902. à 12 Nrn. gr. 8. (à ca. 8 S. m. Abbildgn.) Berlin, Buchh. der Berliner ev. Missionsgesellschaft. à Jahrg. 1. 20; m. Bestellgeld 1. 40

— dasselbe, kleine Ausg., s.: Missionsblatt, illustriertes, f. das deutsche Volk.

Missions-Freund, der. Red. u. Hrsg. A. Merensky. 58. bis 61. Jahrg. 1903—1906. à 12 Nrn. (à Jhrg. 96 S. m. Abbildgn.) gr. 4. Berlin, Buchh. der Berliner ev. Missionsgesellschaft. à Jhrg. 1. 20; m. Bestellgeld 1. 40

Missions-Freund, der. Ein illustr. Missionsblatt f. d. Volk. Red. u. Hrsg.: A. Merensky. 62.—65. Jahrg. 1907—1910. à 12 Nrn. (à Jahrg. 96 S. m. Abb.) Lex. 8. Berlin, Buchh. der Berliner ev. Missionsgesellschaft. à Jahrg. 1.20; m. Bestellgeld 1. 40

— der. Belehrungen und Mittheilungen über das Werk der christlichen Mission. Zwickau 855. Verlhdlg. d. Volksschriften-Vereins. 8. (95 S.) 3 ngr.

Missions-Freund : 1865?— Brooklyn, NY
Monthly. Circulation: 4000.

Der Missions-Freund : 1889—1899?
Monthly. Organ of Amerikanische Brüder-Kirche. Continued at Watertown, Wis. Edited & published by Edwin G. Klose, 1889–Sept. 1894; published by Moravian Publication Concern, 1894–99.
Bethlehem, PA

Missions Freund: 1892–1894. Sao Leopoldo
Published by the Rev. Friedrich Pechmann.

Der Missionsfreund : 1894?–1931.
Weekly, 1915–18; semi-monthly, 1919–30. Organ of the Bischöfliche Methodistenkirche South. Place of publication varies: Cuero, Texas, 1894?–1915; San Antonio, 1916–18. Circulation: 1922, 600. Edited by the Rev. J. A. G. Rabe, 1894–1927; by F. W. Radelsky, 1928–30; published by the German Mission Conference of the Methodist Episcopal Church, South, 1894–1928; by Fredericksburg Publishing Co., 1929–30.
Fredericksburg, TX

—— der deutsche. Hrsg. von der deutschen evangel. Missions-Gesellschaft in den Vereinigten Staaten. 1. und 2. Jahrg 1866 und 1867. à Jahrg. 12 Nrn. (Bog.) gr. 4. Philadelphia, Schäfer und Koradi. à Jahrg. *

—— der deutsche. Hrsg. von der deutschen evangel. Missions-Gesellschaft in den Vereinigten Staaten. 3. Jahrg. 1868. 12 Nrn. (Bog.) gr. 4. Philadelphia, Schäfer und Koradi. *

Der Deutsche Missions-Freund : 1866–1871? New York, NY
Published by Deutsche Evangelische Missions-Gesellschaft i. d. V. St.

Deutscher Missionsfreund : Jahrgang 1–26. Jan. 1884–1916.
Monthly. Organ of Deutsche Evangelische Synode von Nord-Amerika. Title varies: MISSIONSBLATT DER DEUTSCHEN EVANGELISCHEN-SYNODE VON NORD-AMERIKA, Jan.—June 1884. Large quarto, each issue 8 pages; illustrated. Circ. 12,000; ULS. Published by Eden Publishing House.
St. Louis, MO

Missionsfreund. – Missionsfreund evangelischer. Red. G. Füßle. 1 Jg. - 20. Jg. 1878-1897. a 12 Nrn. 8°
Stuttgart: Christl. Verlagshaus

— evangelischer. Monatsblatt z. Förderg. u. Unterstützg. d. Mission. Red.: G. Füßle. 21. Jahrg. 1898. 12 Nrn. (à 8 S. m. Abb.) gr. 8. Stuttgart, Christl. Verlagshaus. n. 1. 20

— evangelischer. Monatsblatt zur Förderg. u. Unterstützg. der Mission. Red.: G. Füßle. 22.—25. Jahrg. 1899—1902. à 12 Nrn. gr. 8. (à ca. 8 S. m. Abbildgn.) Stuttgart, Christl. Verlagshaus. à Jahrg. n. 1.20

— evangelischer. Monatsblatt zur Förderg. u. Unterstützg. der Mission. Red.: G. Füßle. 26.—29. Jahrg. 1903—1906. à 12 Nrn. (à Jhrg. 96 S. m. 12 Abb.) gr. 8. Stuttgart, Christl. Verlagshaus. à Jhrg. n. 1.20

— evangelischer. Monatsblatt zur Förderg. u. Unterstützg. der Mission. Red.: G. Füßle. 30.—33. Jahrg. 1907—1910. à 12 Nrn. (à Jahrg. 96 S. m. Abb.) gr. 8. Stuttgart, Christl. Verlagshaus. à Jahrg. 1.20

Evangelischer Missionsfreund : 1881 1884/
Published in the interest of Missions.
Cleveland, OH

—— der evangelisch-kirchliche, eine Zeitschrift für Missionskunde in und außer dem Vaterlande. Redig. von E. Kuntz. 1—4. Jahrg. 1847—50. à 6 Hefte. (à 2 Bog.) 4. Straßburg, [Schmidt.] à Jahrg.

—— der evangelisch-kirchliche, eine Zeitschrift für Missionskunde in und außer dem Vaterlande. Redact.: Fr. Riff. 22.—28. Jahrg. 1868—1874. à Jahrg. 12 Hefte. (Bog.) gr. 8. Straßburg, (Schmidt.) à Jahrg. *

—— der evangelisch-kirchliche. Eine Zeitschrift für Missionskunde in und außer dem Vaterlande. Redact.: Fr. Riff. 29.—33. Jahrg. 1875—1879. à Jahrg. 12 Hefte. (Bog.) gr. 8. Straßburg, (Schmidt's Universitäts-Buchh.) à Jahrg. *

—— der katholische, zur Bewahrung und Erneuerung der Eindrücke der heil. Missionen. Hrsg. von J. A. Zeller. 1—4. Heft. gr. 16. (S. 1—136.) Freiburg im Br. 854, Wangler. à Heft 2 Ngr.

—— der kleine. Redig. von J. C. Wallmann. Jahrg. 1855 und 1856. à Jahrg. 12 Nrn. (Bog.) 8. Barmen. (Berlin, J. A. Wohlgemuth.) à Jahrg. **

— der kleine. 1—3. Jahrg. 1855—57. Red.: J. C. Wallmann. — 4. Jahrg. 1858. Red.: Fabri. à Jahrg. 12 Nrn. (à 1 Bgn.) Barmen. — Halle, Fricke. 8. Jeder Jahrgang n. 10 ngr

—— dass. — (4—7.) Jahrg. 1858—61. à Jahrg. 12 Nrn. (Bog.) (4—6. Jahrg. redig. von Fabri, 7. Jahrg. von Rohden.) 8. Barmen. Halle, Fricke. [4. Jahrg. ** 9 Ngr., 5—7. Jahrg. à ** 10 Ngr.] **

—— der kleine. Hrsg. von v. Rohden. (8.—13.) Jahrg. 1862—67. à Jahrg. 12 Nrn. (Bog.) 8. Barmen. Halle, Fricke. à Jahrg. *

—— der kleine. Hrsg. von v. Rohden. 14.—20. Jahrg. 1868—1874. à Jahrg. 12 Nrn. (Bog. mit eingedr. Holzschn.) gr. 16. Barmen, (Wiemann. — Halle, Fricke.) à Jahrg. **

— dasselbe. 21. u. 22. Jahrg. 1875 u. 1876 à 12 Nrn. (B. m. eingedr. Holzschn.) gr. 16. Ebend. à Jahrg. n. 1. —

— der kleine. Hrsg. von v. Rohden. 23—28. Jahrg. 1877—1882. à 12 Nrn. (B. m. eingedr. Holzschn.) gr. 16. Barmen, (Wiemann. — Halle, Fricke's Verl.). à Jahrg. n. 1. —

— der kleine. Hrsg. v. M. Huyssen u. Johs. Spänker. 29—32. Jahrg. 1883—1886. à 12 Nrn. (B. m. Holzschn.) 8. Barmen, (Wiemann. — Halle, Fricke's Verl.). à Jahrg. n. 1. —

— der kleine. Hrsg. v. J. Spiecker. 33. u. 34. Jahrg. 1887. 1888. à 12 Nrn. (B. m. eingedr. Holzschn.) 8. Barmen, (Wiemann. — Halle, Fricke's Verl.). à Jahrg. n n. — 60

— dasselbe. 35. u. 36. Jahrg. 1889. 1890. à 12 Nrn. (B. m. eingedr. Holzschn.) 8. Ebd. à Jahrg. n. 1. —

— der kleine. Hrsg. v. Johs. Spiecker. 37.—39. Jahrg. 1891—1893. à 12 Nrn. (Bog. m. eingedr. Holzschn.) 8. Barmen, Comptoir d. Missionshauses. à Jahrg. n. 1. —

— dasselbe. 40. Jahrg. 1894. 12 Nrn. (Bog. m. eingedr. Holzschn.) 8. Ebd. n. — 80

— der kleine. Hrsg. v. Johs. Spiecker. 41.—44. Jahrg. 1895—1898. à 12 Nrn. (à 16 S. m. Abb.) 12. Barmen, Comptoir d. Missionshauses. à Jahrg. n. 1. —

— der kleine. Hrsg. v. Johs. Spiecker. 45.—48. Jahrg. 1899—1902. à 12 Nrn. 12. (à ca. 16 S. m. Abbildgn.) Barmen, Comptoir des Missionshauses. à Jahrg. n. 1. —

— der kleine. Hrsg. v. Johs. Spiecker u. seit 1906 v. G. Mundle. 49.—52. Jahrg. 1903—1906. à 12 Nrn. (à Jhrg. II, 190 S. m. Abbildgn.) kl. 8. Barmen, Comptoir des Missionshauses. à Jhrg. n. 1. —; billige Ausg. n.n. — 20

— der kleine. (Ein Missionsblatt f. Kinder.) Hrsg. v. G. Mundle. 53.—56. Jahrg. 1907—1910. à 12 Nrn. (à Jahrg. 190 S. m. Abb.) kl. 8. Barmen, Comptoir d. Missionshauses. à Jahrg. 1.—; billige Ausg. à nn — 20

— der kleine. Missionsblatt f. Sonntagsschulen, hrsg. v. Sammelverein f. die Berliner Missionsgesellschaft. Red. u. Hrsg.: A. Merensky. 1.—4. Jahrg. 1899—1902. à 12 Nrn. 4. (à ca. 4 S. m. Abbildgn.) Berlin, Buchh. der Berliner ev. Missionsgesellschaft. à Jahrg. — 20
Nur in Partien v. mindestens 20 Exemplaren zu beziehen.

— der kleine. Missionsblatt f. Sonntagsschulen, hrsg. vom Sammelverein f. die Berliner Missionsgesellschaft. Red. u. Hrsg.: A. Merensky. 5.—8. Jahrg. 1903—1906. à 12 Nrn. (à Jhrg 48 S. m. Abbildgn.) gr. 8. Berlin, Buchh. der Berliner ev. Missionsgesellschaft. à Jhrg. — 20
Weniger als 20 Expl. werden nicht abgegeben.

— der kleine. Missionsblatt f. Sonntagsschulen, hrsg. v. Sammelverein f. die Berliner Missionsgesellschaft. Red. u. Hrsg.: A. Merensky. 9.—12. Jahrg. 1907—1910. à 12 Nrn. (à ca. 4 S. m. Abb.) gr. 8. Berlin, Buchh. d. Berliner ev. Missionsgesellschaft. à Jahrg. — 20
Weniger als 20 Expl. werden nicht abgegeben.

Missions-Gebets-Karte als Handreichung zur täglichen Fürbitte. (6 S. auf Karton.) kl. 8. Friedrichshagen (906). Jugendbund-Verlag. n. — 10

Missionsgesang, evangelischer. Hrsg. zum Besten der rhein. Missionsgesellschaft. 8. (IV und 120 S.) Gütersloh 847, Bertelsmann.

Missionsgesangbuch, evangelisches. Herausg. zum Besten der Rhein. Missionsgesellschaft. 8. (IV u. 120 S.) Gütersloh 847, Bertelsmann. 8 ngr

Missionsgesangbüchlein. Hrsg. von dem sächs. Haupt-Missionsverein. 1. Aufl. (71 S.) und 2. Aufl. 8. (72 S.) Dresden 853, (Naumann.) *

Missionsgesangbüchlein. Hrsg. von dem sächs. Haupt-Missionsverein. 3. Aufl. 8. (72 S.) Leipzig und Dresden 859, (Naumann.) **

Missionsgesangbüchlein. Hrsg. von dem sächs. Haupt-Missionsverein. 4. Aufl. 8. (72 S.) Leipzig 864, Naumann. cart. *

Missions-Gesänge. Zum öffentlichen wie zum häuslichen Gebrauche. Schleswig. 1843. 8°

Missions-Geschäft des Dalai-Lama, oder C. V. F. Penzenkuffers ... Neue Beyträge zur transcendental- ... talmudischen Erklärung der wichtigsten biblischen Stellen ... Nürnberg 1798. V: *Eisenbach, Georg Michael.* (Ky) (MGT)

Missionsgeschäft des Dalai Lama; od. Penzenkufers neue Beiträge zur ꝛc. Erklär. d. wichtigsten bibl. Stellen ꝛc. nach Kantischen Principien untersucht u. dargestellt von E. aus S. (G. M. Eisenbach). Mit 1 Kpf. 8. Nürnb. 798.

Missionsgeschichte, Christliche. Berlin 1868—70. V: *Schwartzkopff, Aug.* (Ky)

Missionsgeschichte, christliche. (Von Schwartzkopff.) 1—5. Heft. Berlin 868—70. Wiegandt & Grieben. gr. 8. n.n. 13 ngr.
1. Heft. Grönland mit (2 lith.) Abbildgn. u. 1 (chromolith.) Karte, (52 S.) 1½ ngr.
2. Heft. Ceylon. (48 S.) 1½ ngr.
3. Heft. Der rothe Mann. (172 S.) n. 4 ngr.
4. Heft. Der große Ocean u. die Mission. A. Allgemeines. — Neu-Holland. (102 S. mit eingedr. Holzschn.) n.n. 2½ ngr.
5. Heft. Der große Ocean u. die Mission. B. Neuseeland. (159 S.) n. 3½ ngr.

—— in Heften. (Von Schwartzkopff.) 6.—8. Heft. gr. 8. Ebendas. **
Inhalt:
Heft 6. Allen Gardiner, oder: im kalten Süden. Nachtrag zum: Rothen Mann. (35 S.) 872. 15 Pf.
„ 7. Polynesien oder über Tahiti nach Erromanga. (362 S. mit 1 Stnt. in qu. 4.) 874. ** 80 Pf.
„ 8. Labrador. (88 S. mit 1 Stnt. in qu. 4.) 874. * 30 Pf.

Missionsgeschichte in Heften. 9—12. Hft. gr. 8. Berlin 878—81. Wiegandt & Grieben. n.n. 2. 20 (1—12.: n.n. 4. 70)
9. Zum Herzen des schwarzen Erdtheils. (Central-Afrika.) Mit neuester (lith.) Karte (in 4.). (171 S.) n. — 60
10. Süd- u. Ost-Afrika. A. Sandili u. Cetschwayo. Ein Spiegelbild vom Kafferland u. seinen Kriegen. (Von Petri.) (IV, 208 S. mit 3 eingedr. Holzschn.) n.n. — 65
11. Süd- u. Ost-Afrika. B. Die Basutho oder das Land diesseits u. jenseits des Baal. (III, 98 S.) n. — 35
12. Süd- u. Ost-Afrika. C. Die Berliner in Transvaalien. (III, 172 S.) n. — 60

Missionsgeschichte, christliche. 2 Bde. gr. 8. (987 u. 737 S. m. Bildern u. Karten.) Berlin (868—885). Evangel. Büchervereín. n. 2. —

— die, der Kirche Christi, s. Chr. G. Blumhardt.

Missionsgeschichte der Schweiz in den ersten Jahrhunderten. [Umschlag illustriert.] 8. Basel 1873.

Missionsgeschichte, Die, Späterer Zeiten, oder gesammelte Briefe der Katholischen Missionen ... Augsburg 1794—95. Ü: *Eglauer, Anton.* (Jes) (SO)

Missionsgeschichte, die, späterer Zeiten, od. gesammelte Briefe d. kathol. Missionare a. all. Theilen d. Welt. 6 Thle. (od. Briefe a. Ostindien 3 Thle. u. Br. a. Japan 3 Thle.) 8. Augsb. Doll. 794—98. (à 13 gr.) Schreibp. (à 16 gr.)

— späterer Zeiten, od. Briefe aus Japan. 3 Thle. 8. Augsb. 795. Doll. 3 ℛ 6 ℊ. Schrbp. 4 ℛ

Missionsgeschichten, s.: Schriften, kleine.

Missions-Geschichten m. Bild. f. Kinder. Hrsg. v. d. Missionskonferenz in d. Prov. Brandenburg. 1. u. 2. 12. Ebd. à n. — 10
1. Südafrika. (16 S.) (900.) — 2. Indien. (17 S.) (901.)

Missions-Geschichten m. Bildern f. Kinder. Hrsg. v. der Missionskonferenz in d. Prov. Brandenburg. 3—5. kl. 8. Berlin, Buchh. der Berliner ev. Missionsgesellschaft. à Nr. — 05
3. Samoa. (15 S.) (905.) — 4. Nord-China. (15 S.) (905.)
5. Kaiser-Wilhelmsland. (16 S.) (908.)

Missionsgeschichten f. Kinder. Eine Blumenlese aus dem „Hosianna". 1—3. Bdchn. gr. 16. (à 192 S.) Berlin 875. (Beck.) 1. 50

Missionsglocke, die kleine. Red.: A. v. Lewinski. Jahrg. 1902. 12 Nrn. 4. (à ca. 4 S. m. Abbildgn.) Leipzig, Verlag der ev.-luth. Mission. n. — 12

Missionsglocke, die kleine. Red.: A. v. Lewinski. Jahrg. 1903—1906. à 12 Nrn. (à Jhrg. 48 S. m. Abbildgn.) 4. Leipzig, Verlag der ev.-luth. Mission. à Jhrg. n. — 12
Nur in Partien v. 100 Expl. an zu beziehen.

Missionsglocke, die kleine. Red.: Frau A. v. Lewinski. 8.—11. Jahrg. 1907—1910. à 12 Nrn. (à 4 S. m. Abb.) gr. 8. Leipzig, Verlag der ev.-luther. Mission. à Jahrg. — 12
Nur in Partien von 100 Expl. an zu beziehen.

Missions-Greuel in Frankreich, oder die Familie Du Plessis. Der französ. Urschrift nachgebildet von J. F. Schink. Berlin 1820. II. 8. V: *Rougemont.* Vgl. GGR ³IV, I, 917, 99. (DARP)
vgl. Mission-Greuel

Missions-Harfe. 60 Lieder f. die Missions-Gemeinde. 8. (82 S.) Basel 885. Missionsbuchh. geb. n. — 40

Missionsharfe, große. Geistliches Liederbuch für gemischten Chor, sowie für Klavier- oder Harmonium-Begleitung. Mit den sämtl. Melodien der „Kleinen Missionsharfe". 3. ganz umgearb. und sehr verm. Aufl. gr. 8. (VIII, 412 S.) Gütersloh 882, Bertelsmann. *ℳ 2.; geb. *
1. und 2. Aufl. u. d. T.: Sering, W., geistliches Liederbuch.

—— große. Geistl. Liederbuch für gemischten Chor, sowie für Klavier- oder Harmonium-Begleitung. Mit den sämtl. Melodien der „Kleinen Missionsharfe". 5. und 6. verb. Aufl. gr. 8. (VIII, 212 S.) Gütersloh 886,87, Bertelsmann. * geb. *

—— dass. — 7. verm. Aufl. gr. 8. (VIII, 228 S.) Ebendas. 888. *ℳ 2.—.; geb. *

Missionsharfe, große. Geistliches Liederbuch f. gemischten Chor, sowie f. Klavier- od. Harmonium-Begleitg. Mit den sämtl. Melodien der „Kleinen Missionsharfe" u. der „Kinderharfe". 8.—10. verb. Aufl. gr. 8. (VIII, 224 S.) Gütersloh 889—92, Bertelsmann. * 2 —; geb. * 2 50

— dasselbe. 11.—13., umgearb. Aufl. gr. 8. (IV, 264 S.) Ebd. 893—895. n. 2. —; geb. n. 2. 50

Missionsharfe, große. Geistl. Liederbuch f. gemischten Chor, sow. f. Klavier- od. Harmonium-Begleitg. 17. Aufl. Lex.-8. (IV, 264 S.) Gütersloh 898. C. Bertelsmann. n. 2. —; geb. n. 2. 50

— dasselbe. Neue Folge. Hrsg. v. H. G. Emil Niemeyer. Lex.-8. (VII, 275 S.) Ebd. 898. n. 2. 50; geb. n. 3 —

Missionsharfe, große. Geistliches Liederbuch f. gemischten Chor, sowie f. Klavier- od. Harmonium-Begleitg. Hrsg. von H. G. Emil Niemeyer. 18. u. 19. Aufl. Lex.-8. (à VIII, 264 S.) Gütersloh 902. C. Bertelsmann. n. 2.—; geb. n. 2. 50

— dasselbe. 2. Bd. 2. verb. Aufl. Lex.-8. (VIII, 275 S.) Ebd. 902. n. 2.50; geb. n. 3.—

Missionsharfe, große. 1. u. 2. Bd. Geistliches Liederbuch f. gemischten Chor, sowie f. Klavier- od. Harmonium-Begleitung. Hrsg. v. H. G. Emil Niemeyer. Lex.-8. Gütersloh, C. Bertelsmann. n. 4.50; geb. n. 5.50
1. 20. Aufl. (VIII, 264 S.) 904. n. 2. —; geb. n. 2. 50
2. 3., verb. Aufl. (VIII, 275 S.) 906. n. 2.50; geb. n. 3. —

Missionsharfe, kleine, im Kirchen- und Volkston für festliche und außerfestliche Kreise. (Von Volkening.) 3. Aufl. Gütersloh 854. Bertelsmann in Comm. 16. (64 S.) 3¾ ngr

Missionsharfe, kleine, im Kirchen- und Volkston für festliche und außerfestliche Kreise. (Hrsg. von Volkening.) 15.—22. Aufl. 16. (112 S.) Gütersloh 862—67. (Celle, Schulze'sche Buchh.) *

Missionsharfe, kleine, im Kirchen- und Volkston für festl. und außerfestl. Kreise. 23.—29. Aufl. gr. 16. (128 S.) Gütersloh 868—73, (Bertelsmann's Verlag.) *

Missionsharfe, kleine, im Kirchen- und Volkston für festliche und außerfestliche Kreise. 30.—34. Ster.-Aufl. 16. (136 S.) Gütersloh 874—76. (Celle, Schulze'sche Buchh.) *

—— kleine, im Kirchen- und Volkston für festliche und außerfestliche Kreise. 35.—41. Aufl., mit Ster. 12. (136 S.) (Ebendas.) 879—84. *

— dasselbe. Vollständige Klavier-Begleitung zur 36. Aufl. von Wilh. Günther. 1. u. 2. Aufl. qu. gr. 4. (IV, 68 S.) Berlin 882. Hugo Rother. cart. n. 2. —

—— kleine, im Kirchen- und Volkston für festliche und außerfestliche Kreise. 42. Ster.-Aufl.; 43. völlig umgearb. Aufl. und 44. verm. Aufl. 12. (136—144 S.) Ebendas. 885—87. **

—. kleine, im Kirchen- u. Volkston f. festliche u. außerfestliche Kreise. 50. Aufl. 8. (136 S.) Ebd. 891. * — 30; geb. * — 45

— kleine, im Kirchen- u. Volkston f. festliche u. außerfestliche Kreise. 52. Aufl. 12. (144 S.) Ebd. 892. n.n. — 30; geb. n.n. — 45

Kleine Missionsharfe im Kirchen- und Volkston für festliche u. außerfestl. Kreise. 58. Aufl. Gütersloh: Bertelsmann in Komm. 1898 144 S. 8° [11. 10725

— kleine, im Kirchen- u. Volkston f. festliche u. außerfestl. Kreise. 61. Aufl. 12. (144 S.) Ebd. 900, Kart. n. — 50

Kleine Missionsharfe im Kirchen- u. Volkston für festl. u. ausserfestl. Kreise. 62. Aufl. *Gütersloh: C. Bertelsmann 1901.* (144 S.) 8° [J.] (u. 1901 6

— kleine, im Kirchen- u. Volkston f. festliche u. außerfestliche Kreise. 67. Aufl. (144 S.) kl. 8. Ebd. 905. n.n. — 30

Missions-Hefte herausg. von dem Vorstande des Berliner Ortsvereins für unirte Mission. 2. Heft: Die Türkei. Berlin 858. Geelhaar in Comm. gr. 8. (52 S.) n. 3 ngr
1. Heft s.: Schweder, die evangel. Mission.

Missionshefte aus d. Bibelhaus. Nr. 1 u. 2. 12,5×18,5 cm. Freienwalde. Frankfurt a/M., Verlag Orient. à p — 10
1. Denke daran, was d. Allmächtige kann! (7 S.)
2. Gleichnis. e. Von R. W. (6 S.)

Missionshelden. Aus den Schreckenstagen v. Borneo, s. a. Missionstraktate, kleine.

Missionshelden. I—IV. 8. Basel, Basler Missionsbuchh. n. — 75
I. Hans Egede an Grönlands Westküste. Von P. Steiner. (32 S. m. Abbildgn.) 905. n. — 15
II. David Zeisberger, des Indianers Freund. Von P. Steiner. (40 S. m. Abbildgn.) 905. n. — 15
III. Vater Freemann, e. schwarzer Missionspionier. Von P. Steiner. (68 S. m. Abbildgn.) 905. n. — 25
IV. Auf einsamen Pfaden. Aus dem Leben des Miss. S. Süß. Von P. Steiner. (56 S. m. Abbildgn.) 906. n. — 20

Missionshelden. V. u. VI. 8. Basel, Basler Missionsbuchh. à — 20
Steiner, P., unter Christen u. Heiden. Aus dem Leben d. Missionars J. J. Bär. (48 S. m. 1 Bildnis.) 907. (V.)
— Im Lande d. Mitternachtssonne. Aus d. Leben d. Eskimo-Missionars Edmund Beck. (47 S. m. Abb.) 909. (VI.)

Missionshelden. [Heft] 5. 8. Basel, Basler Missionsbuchh., 1907. (fr. —. 25)
s. Steiner, P[aul].

Der kleine Missionsherold. (Monatliches Missionsblatt für Jung und Alt.) Breklum. 8°
Jg. 2—3, 1902—03. Jg. 5, 1905. Jg. 7, 1907. Jg. 9—10, 1909—10.

Missionskalender, evangelischer. 1880. (1. Jahrg.) gr. 16. (64 S. mit eingedr. Holzschn. und 1 Chromolithogr.) Basel, (Missionsbuchh.)

Missions-Kalender, evangelischer, 1881—1885. 16. (à Jahrg. ca. 64 S. mit eingedr. Holzschn. und 1 Chromolithogr.) Basel, (Missionsbuchhandlung.) Jahrg. 1881
Jahrg. 1882—1885 à *

Missions-Kalender, evangelischer. 1886. 7. Jahrg. 1. und 2. Aufl.; 1887 und 1888. 8. und 9. Jahrg.; 1889. 10. Jahrg. 1. und 2. Aufl. 16. (à Jahrg. ca. 64 S. mit eingedr. Holzschn. und 1 Chromolithogr.) Basel, (Missionsbuchhandlung.) à Jahrg. *

Missions-Kalender, evangelischer. 1890—1893. 11.—14. Jahrg. 16. (à Jahrg. 64 S. m. Textabbildgn. u. 1 Farbendr.) Basel, Missionsbuchh. à Jahrg. * — 25

Missionskalender, evangelischer, 1894. 15. Jahrg. In-16°. 64 S. M. Abbild. Basel, Missionsbuchh. — 30

Missions-Kalender, evangelischer. 1895. 16. Jahrg. gr. 16. (64 S. m. Abbildgn. u. 1 Farbendr.) Basel, (Missionsbuchh.). n. — 25

Missions-Kalender, Evangel. 1896. 17. Jahrg. M. Abb. Gr. in-16°. 64 S. Basel, Missionsbuchh. — 30

Missions-Kalender, Evangelischer, 1897. 18. Jahrg. Mit Abbild. u. 1 Farbendr. In-12°. 64 S. Basel, Missionsbuchh. — 25

Missionskalender, evangelischer, für 1898. 19. Jahrg. Mit Abbild. u. 1 Farbendr. In-16°. 64 S. Basel, Missionsbuchh. — 25

Missions-Kalender, evangelischer. 1899. 20. Jahrg. gr. 16. (64 S. m. Abb. u. 1 Farbdr.) Basel, Missionsbuchh. n. — 20

Missions-Kalender, evangelischer. 1900. 21. Jahrg. Gr. 16°. 64 S. m. Abbildgn. u. 1 Farbdr. Basel. Missionsbuchhandlung. — 25

Missionskalender. Evangelischer Missions-Kalender. 1901. Jahrg. 22. (*Umschlag*: 3. Aufl.) [Illustriert.] IV + 64 S. 8. Basel. Missionsbuchhandlung. [fr. —. 25]

Missionskalender. Evangelischer Missions-Kalender. 1902. Jahrg. 23. (*Umschlag*. 3. Aufl.) [Mit Illustrationen und 1 Tafel.] IV + 64 S. 8. Basel, Komm. Missionsbuchhandlung. [fr. —. 20]

— evangelischer. 1903. 24. Jahrg. gr. 16. (64 S. m. Abbildgn. u. 1 Farbdr.) Basel, Missionsbuchh. n. — 20

Missionskalender. Evangelischer M'-K'. 1904. Jahrg. 25. (3. Aufl.) [Mit Illustrationen und 1 Tafel.] IV + 64 S. 8. Basel, Komm. Missionsbuchh. [fr. —. 25]

Missionskalender. Evangelischer M'-K' 1905. Jahrg. 26. [Mit Illustrationen und 1 Tafel.] IV + 64 S. 8. Basel, Komm. Missionsbuchh. [fr. —. 25]

Missionskalender. Evangelischer M'-K'.... [*je* Mit Illustrationen und 1 Tafel.] *je* IV + 64 S. 8. Basel, Komm. Missionsbuchh. [*je* fr. —. 25]
1906. Jahrg. 27. (2. Aufl.) — 1907. Jahrg. 28. (3. Aufl.)

Missions-Kalender, evangelischer. 1907. 28. Jahrg. (64 S. m. Abb. u. 1 Farbdr.) 16. Ebd. — 20

Missionskalender. Evangelischer M'-K'. 1908. Jahrg. 29. [Mit Melodien, Illustrationen und 1 Tafel.] IV + 64 S. 8. Basel, Komm. (Basler) Missionsbuchh. [fr. —. 25]

Missionskalender. Evangelischer M'-K'.... [*je* Mit Illustrationen und 1 Tafel.] *je* IV + 64 S. 8. Basel, Komm. Basler Missionsbuchh. [*je* fr. —. 25]
1909. Jahrg. 30. — 1910. Jahrg. 31. (3. Aufl.)

— Hermannsburger. 1903. 1. Jahrg. gr. 8. (48 S. m. Abbildgn. u. Titelbild.) Hermannsburg, Missionshandlg. n. — 20

— Hermannsburger. 1907. 5. Jahrg. (64 S. m. Abb. u. 1 Farbdr.) 8. Hermannsburg, Missionshandlg. — 25

Missions-Kalender f. das J. 1900. gr. 4. (188 Sp. u. 10 S. m. Abbildgn., 1 Farbdr. u. Wandkalender.) Lindau, P. Lutz. n. — 50

Illustrierter **Missionskalender** für das evangelische Haus. Hrsg. von Dr. phil. [Karl] v. Schwartz, Pastor in Bodenburg. [1.] Auf d. J. 1905. *Gütersloh: C. Bertelsmann (1905).* 8° [F.] (04. 1390)

— illustrierter, f. das evangelische Haus auf d. J. 1906. Hrsg. von v. Schwartz. (180 S. m. 24 Abbildgn.) 8. Gütersloh, C. Bertelsmann. 1. —; geb. 1. 50
Erscheint nicht mehr.

— Kameruner, f. d. J. 1896. Hrsg. vom Missionshause zu Limburg a. d. Lahn. 1. Jahrg. 4. (62 u. 18 S. m. Abbildgn.) Limburg, (Glaeßer). n. — 40

— Kameruner, f. d. J. 1899, hrsg. v. Missionshause d. Pallottiner-Congregation. gr. 4. (98 u. 14 S. m. Abb., 1 Farbdr. u. 1 Wandkal.) Limburg, Limburger Vereinsdruckerei. n. — 50

— Kameruner, f. d. J. 1903. 9. Jahrg. hrsg. v. der Kongregation der Pallottiner z. Limburg a. der Lahn. gr. 4. (104 u. 16 S. m. Abbildgn., 1 Farbdr. u. Wandkalender.) Limburg, Kongregation der Pallottiner. n. — 50

— Kameruner, f. d. J. 1907. 13. Jahrg., hrsg. v. der Kongregation der Pallotiner z. Limburg a. Lahn. (104 S. u. 52 Sp. m. Abb., 1 Farbdr. u. Wandkalender.) Lex.-8. Limburg, Kongregation der Pallotiner. n. — 50

—— f. das katholische Volk, besonders f. die Mitglieder d. Afrika-Vereins deutscher Katholiken u. der Missionsvereine. Hrsg. v. Walt. Helmes. 1892—1893. 12. (87 S. m. Abbildgn.) Münster i. W., (H. Schöningh). — 25

Missionskarten [Schlagwort]

— s. a.: Madrás.

— s. a. Nyassagebiet.

Missionskarten. Dorsch, Hch., Karte des südwestl. Teils v. Kamerun (enth. das Basler Missionsgebiet), auf Grund v. Orig.-Aufnahmen von Missionaren der Basler Mission sowie v. Offizieren u. Beamten, unter Anlehng. an M. Moisel gezeichnet. 1 : 350,000. 4 Blatt. 125×113 cm. Farbdr. Basel 908. Basler Missionsbuchh. 6.40; auf Leinw. in Mappe 9.60; als Reisekarte 12.—; m. Stäben u. lackiert 14. —

– Grundemann, R.

— — kleiner Missions-Atlas zur Darstellung des evangelischen Missionswerkes nach seinem gegenwärtigen Bestande. 2., vervollständ. Aufl. 4. (12 lithograph. Karten.) Ebd. 886. n. 2. —

Missionskarten. Grundemann, R., kleiner Missions-Atlas zur Darstellung des evangelischen Missionswerkes nach seinem gegenwärtigen Bestande. 3., durchaus neu bearb. u. verm. Aufl. (10 farb. Karten m. II S. Text u. Text auf dem Umschlage.) Lex.-8. Calw u. Stuttgart 905. Vereinsbuchh. Geb. in Leinw. n. 3. —

Missionskarten. Grundemann, R., neuer Missions-Atlas mit besond. Berücksicht. der deutschen Missionen. gr. 4. (35 farb. Karten m. VII S. Text.) Calw & Stuttgart 896. Vereinsbuchh. n. 8. —; geb. in Halbfrz. n.n. 9. 20

— — neuer Missions-Atlas aller evangelischen Missionsgebiete m. besond. Berücksichtg. der deutschen Missionen. 2., verm. u. verb. Aufl. (46 farb. Bl. m. VIII S. Text.) gr. 4. Ebd. n. 7. —; geb. in Halbfrz. n. 8. —

Missionskarten. Grundemann, R., Missions-Schulwandkarte. 3. Aufl. der Missions-Weltkarte desselben Verf. 3 Blatt. Chromolith. Imp.-Fol. Nebst Erläuterungen. Lex.-8. (IV, 16 S.) Calw 887. Vereinsbuchhandlung. n. 2. —; auf Leinw. in Mappe n. 5. —; m. Stäben n. 6. —

Missionskarten. Heilmann, K., Missionskarte der Erde. 1 : 50,000,000. 35×71 cm. Farbendr. Nebst Begleitwort. Mit besond. Berücksicht. der deutschen Kolonien. 2., verb. Aufl. gr. 8. (35 S.) Gütersloh 893. C. Bertelsmann. n. 1. —

— Heilmann, K., Missionskarte der Erde. Mit besond. Berücksicht. der Deutschen Kolonien. Mittlerer Maßstab 1 : 50,000,000. 3., verb. Aufl. 35 × 71 cm. Farbdr. Nebst Begleitwort. gr. 8. (VIII, 45 S. m. 18 Abb.) Gütersloh 897. C. Bertelsmann. n. 1. 20

Missionskarten. Heilmann, Karl, Missionskarte der Erde. Unter besonderer Berücksicht. der deutschen Kolonien. Mittlerer Massstab. 1 : 50,000,000. 4. Aufl. 35×71 cm. Farbdr. Nebst Begleitwort. gr. 8. (VIII, 45 S. m. 6 Fig. u. 17 Abbildgn.) Gütersloh 900. C. Bertelsmann. n. 1. 20

— — Missions-Wandkarte der Erde f. den Schulgebrauch. 4 Blatt. Farbendr. à 54×82,5 cm. Leipzig 892. G. Lang. n. 6. —; auf Leinw. m. Stäben n. 15. —

— Karte des Arbeitsfeldes der evang.-luth. Mission am Kilimandscharo. 1 : 600,000. 16 × 22,5 cm. Zinkätzung u. Farbdr. Leipzig (894). Verl. der evangel.-luther. Mission. n. — 10

— — dasselbe, nebst dem Meru-Berg u. Uguenogebiet. 1 : 250,000. 52 × 52,5 cm. Farbdr. Ebd. 898. n. 3. —; auf Leinw. m. Stäben n. 4. 50

— Karte üb. das Gebiet der Berliner Mission in China, Prov. Canton. Namen nach der Hakka-Aussprache. Farbendr. Fol. Berlin 890. (Buchhandlg. der Berliner evang. Missionsgesellschaft.) n.n. 1. 25

— — des Gebietes der lutherischen Mission in Ostafrika. Stationen: Jimba, Mbungu, Ikutha (Wakamba). 27,5 × 25,5 cm. Farbdr. Ebd. 891. n. — 10

— — der Hauptstationen der Leipziger ev.-luth. Mission im Tamulenlande 1897. 25,5 × 19 cm. Farbdr. Ebd. 898. n.n. — 10

— Karte der Gossner'schen Mission unter den Kolhs. Steindr. 41×54 cm. Friedenau-Berlin 883. Buchh. der Gossner'schen Mission. — 25

— Merensky, A., Missions-Atlas üb. die Arbeitsgebiete der Berliner evangelischen Missionsgesellschaft Berlin I (Gesellschaft zur Beförderung der evangel. Mission unter den Heiden) in Südafrika, Deutsch-Ostafrika, Südchina (Prov. Kanton) u. Nordchina (Kiautschou). 10 Haupt- u. zahlreiche Nebenkarten (in Farbdr.) m. ausführl., erläut. Text. gr. 4. (51 S.) Berlin (900). Buchh. der Berliner ev. Missionsgesellschaft. Geb. in Leinw. n. 6. —

— Missions-Atlas der Brüdergemeine. Hrsg. v. der Missionsdirektion der evangel. Brüder-Unität. gr. 4. (16 farb. Karten m. 11 S. Text.) Herrnhut 895. (Gnadau, Unitäts-Buchh.) Geb. in Leinw. n. 3. —

— Missions-Atlas der Brüdergemeine. 18 (farb.) Karten m. erläut. Text. Hrsg. v. d. Missionsdirektion der evangel. Brüder-Unität. (8 S.) Lex. 8. Herrnhut 907. Missionsbuchh. Geb. in Leinw. nn 3. 50

— — rheinischer. 2. Ausg. 1891. 9 (farb.) Karten, nebst Text. gr. 4. (10 S.) Barmen 891. Comptoir d. Missionshauses. n. 2. 80

— Missions-Weltkarte. 7. Aufl. Chromolith. qu. Fol. Mit Text: Ein Ruf an das Christenvolk. 8. (22 S.) Basel 888. Missionsbuchhandlg. n. — 20

— Missions-Weltkarte. 30,5 × 46 cm. Farbendr. Nebst Beilage: Ein Ruf an das Christenvolk. 8. Aufl. gr. 8. (22 S.) Basel 891. Missionsbuchh. n. — 20

Missionskarten. Streit, Karl, S. V. D., katholischer Missionsatlas. Enth. die gesamten Missionsgebiete des Erdkreises. (46 farb. Kartenbl. m. 38 S. Text.) Nebst: Statistische Notizen. (28 S.) 32,5×27 cm. Steyl 906. Missionsdruckerei. Geb. in Leinw. nn 9.—

Missionskatechismus herausg. von dem Central-Ausschusse des evangelisch-lutherischen Missions-Vereins für Bayern in Nürnberg. Nürnberg 860. (Raw.) gr. 8. (53 S.) n. 2 ngr.

Missionske Powěsće, aby Podawki sbožeho Kralestwa stareho a noweho Cžaša. Wudawar: Seiler. 1848. 12 Cžišt. 4. (B.) Hoyerswerda, Heinze & Co. n. 1⅓ ₰

Mishonski Póšoł. Mjeßacżny nabożny cżaßopiß ſa naſchich hornjołužiſkich Sserbow. Samolwity wudawar Ryčtar. 854. 12 Nrn. (à 1 Bgn.) (Hoyerswerda, Erbe.) gr. 8. n. 8 ngr.

Missions-Kinderfreund. Unter Mitwirkg. v. O. Funcke, Zauleck, B. Mercator, M. Oldenberg u. M. Rüdiger hrsg. v. A. W. Schreiber. 1.—3. Jahrg. 1904—1906. à 12 Nrn. (à Jhrg. 48 S. m. Abbildgn.) Lex.-8. Bremen, Norddeutsche Missionsgesellschaft. à Jhrg. n.n. — 12

Missions-Kinderfreund. Unter Mitwirkg. v. A. W. Schreiber, Zauleck, Friederike Schlunk u. a. hrsg. v. M. Schlunk. 4.—7. Jahrg. 1907—1910. à 12 Nrn. (à Jahrg. 48 S. m. Abb.) Lex. 8. Bremen, Verlag der norddeutschen Missionsgesellschaft. à Jahrg. nn — 12

M[issions]k[inderschriften]. B[asler] M[issions-]K[inderschriften. Illustriert. Heft] 1—6. 8. Basel, Basler Missionsbuchh., [1906]. [je fr. —. 10]

s. Autenrieth, Fr[iedrich] — Flex, A — Kutter, R[udolf] — Marie. Die kleine M'... — Schaal, [Frau] L[ydia].

Missions-Kompaß f. Jünglinge. Zusammengestellt aus dem Kompaß f. d. jungen Arbeiter. Nebst e. Anleitg. f. d. hl. Mission v. Cyprian. 16. (116 S.) Köln a. Rh. 890, Bachem. ** — 25

Missionskreuz. Vollständiges Gebet- u. Erbauungsbuch für kathol. Christen. Hrsg. von Geistlichen des Dekanats Attendorn. Mit Titelkupfer. gr. 16. (VIII u. 563 S.) Olpe 852, Ruegenberg. 12 ngr; Velinp. m. Titel in Farbendr. ⅔ ₰

Missionsleben unter d. Rothäuten Nordamerikas. (24 S. m. Abb.) kl. 8. Basel 905. Basler Missionsbuchh. n. — 10

Missionslieder. Zum Besten d. evangel. Missions-Anstalt in Paris hrsg. v. d. Straßburger Hülfsverein. 8. (5 B.) Straßburg 836, Scheurer. (?)

Missionslieder, eine Sammlung katholischer Gesänge für Kirche u. Haus. Mit 1 Kupfer. 12. (44 S.) Einsiedeln 847, Gebr. Benziger. 2 ngr

Missions-Lieder. Iglau, Druck von J. Rippl. (4 Bl. 8.) 1856.

Missionslieder, 18. Auszug aus: „130 geistl. Lieder". 12. (15 S.) Ingelheim 852. Kaiserslautern, Evang. Verein, Schriftenniederlage. — 5

Missionslieder, 33, zum Gebr. in Missionsbetstunden. 2. Aufl. gr. 8. (1 B.) Calw 835. (Stuttgart, Steinkopf.)

Missionslieder für Israel, gesammelt von A. Knapp. Zum Gebrauche in Missionsstunden u. Versammlungen, herausg. vom Vereine von Freunden Israels in Basel. 8. Basel 836. Schneider. n. $1^{1}/_{2}$ ℳ

Missionslieder, unsere, f. äußere u. innere Mission. (256 S.) kl. 8. Breklum 908. Christl. Buchh. un — 40

Missionsliederbuch, kleines hannoversches. Hrsg. vom Verband hannov. Missionsvereine. 2. Aufl. 12. (24 S.) Hannover 898. H. Feesche. n. — 10

Missionsliederbuch, kleines hannoversches. Hrsg. vom Verband hannoverscher Missionsvereine. 3. u. 4. Aufl. 16. (à 24 S.) Hannover 899. 900. H. Feesche. n. — 10

Missionsliederbuch, kleines hannoversches. Hrsg. vom Verband. hannov. Missionsvereine. 51.—55. Taus. (24 S.) kl. 8. Hannover 904. H. Feesche. n. — 10

Missionsliederbuch, kleines hannoversches. Hrsg. vom Verband hannoverscher Missionsvereine. 76.—100. Taus. (24 S.) kl. 8. Hannover 907. H. Feesche. — 10

— f. Missionsfeste u. Missionsstunden. Hrsg. im Auftrage der ev.-luth. Pastoral-Konferenz im Herzogthum Oldenburg. schmal 12. (68 S.) Oldenburg (898). Eschen & Fasting. Kart. — 30

Missions-Magazin, evangelisches. Neue Folge. Herausg. im Auftrag der evangel. Missionsgesellschaft von Alb. Ostertag. 1. Jahrg. 1857. 1. u. 2. Aufl. und 2. Jahrg. 1858. à 12 Hefte (à 3 Bgn.). Mit Beiblatt: Bibelblätter ꝛc. à 4 Nrn. (à 1 Bgn.) Basel. (Bahnmaier. — Schneider. — Stuttgart, J. F. Steinkopf.) gr. 8. Jeder Jahrg. n. 2 ℳ
Fortsetzung zu: Magazin f. d. neueste Geschichte d. ev. Missions- u. Bibelgesellschaften.

Missions-Magazin, evangelisches. Im Auftrag der Missions-Kommittee herausg. von A. Ostertag. Neue Folge. 3—8. Jahrg. 1859—64. à 12 Hefte (à 3—$3^{1}/_{2}$ Bgn.). Basel, (Bahnmaier. — Schneider.) — Stuttgart, J. F. Steinkopf in Comm. gr. 8. Jeder Jahrg. n. 2 ℳ

Missions-Magazin, evangelisches. Im Auftrag der Missions-Kommitee herausg. von H. Gundert. Neue Folge. 9—14. Jahrg. 1865—70. à Jahrg. 12 Hefte (à ca. 48—56 S. mit 1 Holzschntaf.). Basel, (Bahnmaier's Verl. — Schneider. — Stuttgart, J. F. Steinkopf.) gr. 8. Jeder Jahrg. n. 2 ℳ

Missions-Magazin, evangelisches. Im Auftrage d. Missions-Komitee hrsg. v. H. Gundert u. J. Hesse. Neue Folge. 15—20. Jahrg. 1871—1876. à 12 Hfte. gr. 8. (à Hft. 48 S. m. 1 Holzschntaf.) (Basel, Bahnmaier. — Stuttgart, J. F. Steinkopf.) à Jahrg. n. 6. —

— dasselbe. Namen- u. Sach-Register zu Bd. 1—XX der Neuen Folge. Bearb. von J. Hesse. gr. 8. (86 S.) Ebend. 877. n. 2. —

Missions-Magazin, evangelisches. Im Auftrage der Missions-Komittee hrsg. von J. Hesse. Neue Folge. 21—26. Jahrg. 1877—1882. à 12 Hfte. (3 B. m. Holzschntaf.) gr. 8. Basel, Missionsbuchhandlung. à Jahrg. n. 5. —

Missions-Magazin, evangelisches. Im Auftrag der Missions-Kommittee hrsg. v. J. Hesse. Neue Folge. 27—30. Jahrg. 1883—1886. à 12 Hfte. (à 3—$3^{1}/_{2}$ B. m. Holzschntaf.) gr. 8. Basel, Missionsbuchh. à Jahrg. n. 5. —

Missions-Magazin, evangelisches. Im Auftrage d. Missions-Komitees hrsg. v. Löckle. Neue Folge. 31.—34. Jahrg. 1887—1890. à 12 Hfte. (à 3—$3^{1}/_{2}$ B. m. Holzschntaf.) gr. 8. Basel, Missionsbuchh. à Jahrg. n. 5. —

Missions-Magazin, evangelisches. Im Auftrag d. Basler Missions-Komitees hrsg. v. P. Steiner. Neue Folge. 35.—37. Jahrg. 1891—1893. à 12 Hfte. (à 3—$3^{1}/_{2}$ Bog. m. Holzschntaf.) gr. 8. Basel, Missionsbuchhandlg. à Jahrg. n. 5. —

Missions-Magazin, Evangelisches. Neue Folge. 38. Jahrg. 1894. (12 N°). Red. von *P. Steiner.* N° 1. Mit Illustr. In-8°. 48 S. Basel, Missionsbuchhandlung. Jährlich 5 60
Fürs Ausland Mk. 5 —

Missions-Magazin, evangelisches. Im Auftr. d. Basler Missions-Komitees hrsg. v. P. Steiner. Neue Folge. 39.—42. Jahrg. 1895—1898. à 12 Hfte. (à ca. 3 Bog.) gr. 8. Basel, Missionsbuchh. à Jahrg n. 5. —

Missions-Magazin, evangelisches. Im Auftrag des Basler Missions-Komitees hrsg. v. P. Steiner. Neue Folge. 43.—46. Jahrg. 1899—1902. à 12 Hfte. gr. 8. (à ca. 48 S. m. Abb. u. Taf.) Basel, Missionsbuchh. à Jahrg. n. 5. —

Missions-Magazin, evangelisches. Im Auftrag des Basler Missionskomitees hrsg. v. P. Steiner. Neue Folge. 47.—50. Jahrg. 1903—1906. à 12 Nrn. (IV, 524 u. 64; IV, 524 u. 64; IV, 544 u. 64 u. IV, 532 u. 64 S. m. je 12 Taf.) 8. Basel, Basler Missionsbuchh. à Jhrg. n. 5. —

Missions-Magazin, evangel. Unter Mitwirkg. v. L. Mühlhäußer u. F. Würz hrsg. v. P. Steiner. Neue Folge. 51.—54. Jahrg. 1907—1910. à 12 Hefte. (à ca. 48 S.) gr. 8. Basel, Basler Missionsbuchh. à Jahrg. 4. —

Missions-Nachrichten, s. Pilger.

Missions-Nachrichten, nebst Berichten von auswärtigen Gemeinden u. Colonien. J. 1841. 4. Hamb., Kittler. n. 1 ℳ

Missionsnachrichten, Breklumer, s.: Sonntagsblatt fürs Haus.

Missions-Nachrichten, dresdener. Jahrg. 1844 u. 1845. à 12 Nrn. (Bog.) gr. 4. Dresden, Naumann. à J. *

Missionsnachrichten üb. Frauen-Mission in d. Heidenwelt. Hrsg. v. Chrn. Jensen u. Caroline u. H. Rhiem, unt. d. Mitarbeit v. Hanna Rhiem. 1.—3. Jahrg. 1896—1898. à 4 Nrn. (à ca. 40 S.) gr. 8. Breklum, (Christl. Buchh.) à Jahrg. n. 1. —

Missionsnachrichten über Frauen-Mission in der Heidenwelt. Hrsg. v. Chrn. Jensen, unter Mitarbeit v. Frl. C. u. H. Rhiem. 4. Jahrg. 1899. 4 Nrn. gr. 8. (à ca. 40 S.) Breklum (Christl. Buchh.). n. 1. —

Missionsnachrichten über Frauen-Mission in der Heidenwelt. Hrsg. von Pastor Christian Jensen in Breklum u. Frl. Caroline Rhiem in Eppendorf ... (Jg. 4 No 3 f.: Hrsg. von Pastor R. Bahnsen in Breklum ...) Jg. 1–4 (in je 4 No). *Breklum: Jensen & Hinrichsen (1896–1899).* 4 Bde 8° [F.]

Jg. 5 f. u. d. T.: Frauen-Missions-Blatt d. Schl.-Holst. ev.-luth. Missions-Gesellschaft. 1901 f.

Missionsnachrichten d. Ostindischen Missionsanstalt zu Halle in vierteljährl. Hften. herausg. v. Herm. Agathon Niemeyer. 1. Jahrg. 1849. 2 Hfte. 2. Jahrg. 1850. 3 Hfte. 3. Jahrg. 1851. 4 Hfte. gr. 8. (1: VIII u. 46 S. 2: 100 S. 3: 132 S.) Halle 849–51, Buchh. d. Waisenhauses. (I. 1. 2: à 3 ngr II. 1: 4 ngr II. 2 u. 3: 1/4 rf III: 1/3 rf) 1 1/12 rf

Missionsnachrichten der ostindischen Missionsanstalt zu Halle, in vierteljährlichen Heften herausg. unter Mitwirkung des Missionsdir. Graul, von G. Kramer. 4–9. Jahrg. 1852–57. à 4 Hefte (a 2–3 Bgn.). Halle, Buchhandlung des Waisenhauses. gr. 8. Jeder Jahrg. n. 10 ngr

Missionsnachrichten der Ostindischen Missionsanstalt zu Halle, in vierteljährlichen Heften herausg. von G. Kramer. 10–16. Jahrg. 1858–64. à 4 Hefte (à 2 Bgn.). Halle, Buchhdlg. des Waisenhauses. gr. 8. Jeder Jahrg. n. 10 ngr

Missionsnachrichten der Ostindischen Missionsanstalt zu Halle, in vierteljährl. Heften hersg. von G. Kramer. 17. Jahrg. 1865. 4 Hefte (à ca. 52 S.). Halle, Buchhandlung des Waisenhauses. gr. 8. n. 10 ngr

— — Hersg. unter Mitwirkung von G. Hermann von G. Kramer. 18. Jahrg. 1866: Dr. Karl Graul u. seine Bedeutung für die lutherische Mission von G. Hermann. Ebend. gr. 8. (VI, 234 S.) n. 20 ngr

— — Hersg. unter Mitwirkung von Hardeland u. A. von G. Kramer. 19–22. Jahrg. 1867–70. à Jahrg. 4 Hefte (à ca. 36 S.). Ebend. gr. 8. Jeder Jahrg. n. 10 ngr

Missionsnachrichten der ostindischen Missionsanstalt zu Halle, in vierteljährl. Hftn. hrsg. unter Mitwirkg. v. Hardeland u. A. v. Kramer. 23–27. Jahrg. 1871–1875. à 4 Hfte. gr. 8. (à Hft. 36 S.) Halle, (Buchh. d. Waisenh.) à Jahrg. n. 1. —

Missionsnachrichten der ostindischen Missionsanstalt zu Halle, in vierteljährlichen Hftn. hrsg. unter Mitwirkung von W. Germann, G. Kramer u. F. Th. Adler. 28–32. Jahrg. 1876–1880. gr. 8. (à 144 S.) Halle, Buchhandlung des Waisenhauses. à Jahrg. n. 1. —

Missions-Notizen aus dem heiligen Lande. 8 Heft VI, 1852. (128 S.) Wien, herausg. vom Wiener General-Kommissariate der heiligen Länder, Druck der Mechitharisten.

Missions-Notizen aus dem heiligen Lande. 7. Heft. 1854. (122 S.) Herausgegeben vom Wiener General-Kommissariate der heil. Länder. 8. Wien. Mechitharisten-Buchdruckerei.

Missionspredigten in Beiträgen v Abraham, Augustat, Brauer u. a. Hrsg. v. C. Kohlweyer. (VIII, 280 S.) gr. 8. Gütersloh 907. C. Bertelsmann. 3.20; geb. 4. —

Missions-Predigten aus dem Evangelium an jedes fündige, gnadebedürftige und heilsbegierige Herz. Lex.-8. (VI und 642 S.) Gnadau 849. (Leipzig, Kummer.) **

Missionspredigten der ehrwürdigen Väter aus der Ges. Jesu ... Luzern 1842. H: *Burgstaller, Anton.* (Th)

Missionspredigtreise, Die. Erfahrungen, Beobachtungen und Ratschläge zu ihrer Einrichtung. Gartz a. O. 1904. V: *Petrich, Herm.* (Berl)

Missionspriestern, über die von, aus dem Orden der Gesellschaft Jesu in Danzig gehaltenen Missionen. Von einem Evangelischen, für alle ehrlichen Glaubensgenossen. gr. 8. (24 S.) Paderborn 852, Schöningh. n. 2 ngr

Missions-Reden an die protestant. Gemeinden Deutschlands. Eine Neujahrsgabe v. e. Mitglied des kathol. Gebet-Vereines zur Bekehrung der irrenden Brüder. gr. 8. (2 3/4 B.) Augsburg 843, Kollmann'sche Buchh.

Missionsreden an die protest. Gemeinden Deutschlands. Eine Neujahrsgabe von einem Mitgliede des kath. Gebetsvereins zur Bekehrung der irrenden Brüder. Regensburg, Manz (jetzt Verlagsanst.), 1843. gr 8°. 60 Pf.

Missionsregungen in der deutschen Studentenschaft. Vorträge u. Bericht v. der 3. allgem. Studenten-Missionskonferenz. Halle a. S. 26.—30. IV. 1905. Hrsg. vom Studentenbund f. Mission (S. f. M.). (136 S.) kl. 8. Halle (905). (Ascona, C. v. Schmidtz.) n.n. 1.50

Missionsregungen in der Deutschen Studentenschaft. Vorträge und Bericht von der Dritten Allgemeinen Studenten-Missionskonferenz. Halle a. S. 26.—30. April 1905. Hrg. vom Studentenbund für Mission ⟨S. f. M.⟩ 136 S. 8. Halle a. S., Wischan & Burkhardt, [1905]. [M. 1.20, im Buchh. 1.50]

Darin S. 81–92: Evangelisation der Welt — Gottes Wille. [Correferat von] Stud. med. P[ierre] de Benoit-Basel; *S. 114–128:* Die persönliche Stellung zum praktischen Missionsdienst. (Vortrag [von]) Missionar Pastor A[rthur] Jehle-(Basel-) Kumase ⟨Goldküste⟩; *s. auch S. 4/6. 11. 22. 27. 30. 35. 39/41 etc.*

Die Missionsreise S. M. Schiff „Albatros" 1895–1898 von k. u. k. Fregatten-Capitän J. von Mauler und k. u. k. Linienschiffs-Lieutenant Wilhelm Kesslitz. Sonder-Ausgabe aus den Abhandlungen der k. k. geographischen Gesellschaft in Wien, I. 1899. Wien. 1899. R. Lechner (Wilh. Müller). Lex.-8°. paginirt, 378–438 S. mit 2 Tafeln. fl. 1.—

Missionssammler, der. 1.—6. Bd. Jahrg. 1869–1874. à Jahrg. 12 Nrn. (à 1/2 Bog.) 8. Bremen, (Verlag des Tractathauses.) à Bd.

Missionssammler, der. 7.—11. Bd. Jahrg. 1875–1879. à Jahrg. 12 Nrn. (à 1/2 Bog.) 8. Bremen, (Verlag des Tractathauses.) à Jahrg.

Missionssammler, der. Hrsg. für die Missions-Gesellschaft der bischöfl. Methodistenkirche. 12.—16. Bd. Jahrg. 1880—1884. à Jahrg. 12 Nrn. (à Nr. 1/2 Bog.) 8. Bremen, (Verlag des Tractathauses.) Preis für 10 Exempl. *

Missionssammler, der. Hrsg. für die Missions-Gesellschaft der bischöfl. Methodistenkirche. Redact: P. G. Junker. 17.—20. Bd. Jahrg. 1885–1888. à Jahrg. 12 Nrn. (à Nr. 1/2 Bog.) 8. Bremen, Verlag des Tractathauses. Pro 10 Exemplare eines Jahrgangs *

Missionssammler, der. Hrsg. f. die Missions-Gesellschaft der bischöfl. Methodistenkirche. Redact.: P. G. Junker. 21.—24. Bd. Jahrg. 1889—1892. à Jahrg. 12 Nrn. (à Nr. 1/2 Bog. m. Illustr.) Bremen, Verlag d. Tractathauses. à Jahrg. * — 80

Missionssammler, der. Hrsg. f. die Missions-Gesellschaft der bischöfl. Methodistenkirche. Red.: P. G. Junker. 23.—25. Bd. Jahrg. 1891—1893. à 12 Nrn. (1/2 Bog. m. Illustr.) 8. Bremen, Verl. d. Tractathauses. à Jahrg. n. — 80

[Missionsschrift, Eine.] o. O. u. J. 4°

Missionsschriften, Bremer. Nr. 1—7. gr. 8. Bremen, Verlag der norddeutschen Missions-Gesellschaft. n. — 80

1. Die norddeutsche Missions-Gesellschaft. Ein Überblick in Wort u. Bild. Von A. W. Schreiber. (16 S.) 901. n. — 10
2. Der alte bremische Missions-Verein. Auf Grund der Quellen dargestellt. Von A. W. Schreiber. (32 S. m. Abbildgn.) 901. n. — 20
3. Diakonissen-Arbeit in Kreta. (16 S. m. Abb.) 901. n. — 10
4. Die Missions-Station Ho in Deutsch-Togo. Von H. Seidel. [Aus: „Deutsche Kolonialzeitg."] (16 S. m. Abb.) (901.) n. — 10
5. Die ersten Anfänge in Amedschovhe. Erinnerungen. Von Frau Seeger. (20 S. m. Abbildgn.) 901. n. — 10
6. Mancherlei Elend unter dem Evhevolk. Von K. Fies. (20 S.) 901. n. — 10
7. Eine Lagunenfahrt. Von Flothmeier. (15 S.) 902. — 10

Missions-Schriften, Bremer. Nr. 8—13. (Mit Abbildgn.) 8. Bremen, Verlag der norddeutschen Missions-Gesellschaft. n. — 60

8. Die Gründung v. Agu. Von C. Spieß. (23 S.) 902. — 10
9. Bilder aus dem Alltagsleben der Togoneger. Von H. Seidel. (20 S.) 903. — 10
10. Samuel Böhm, der erste evangelische Missionar Ungarns. Biograph. Skizze. Von Gregor Tirtsch. (16 S.) 903. — 10
11. 50 Jahre Missionsarbeit in Keta. Ein Gedenkblatt zum 8. IX. 1903. Von C. Oßwald. (20 S.) 903. — 10
12. Die Entwicklung der evangelischen Christengemeinde im Ewe-Lande. Vortrag, geh. auf der ersten hanseatisch-oldenburg. Missions-Konferenz am 23. VI. 1903. Von J. Spieth. (16 S.) 903. — 10
13. Das Sühnebedürfnis der Heiden im Ewelande. Ansprache auf dem Jahresfeste der norddeutschen Mission am 22. VI. 1903. Von J. Spieth. (12 S.) 903. — 10

Missionsschriften, Bremer. Nr. 14—28. 8. Bremen, Verl. der norddeutschen Missionsgesellschaft. 2. 40

Aku, Andr., Lehrer Christian Aliwodzi Sedode 1857—1907. Worte zu dessen Gedächtnis. (24 S. m. Abb.) 908. (Nr. 23.) — 20

Diehl, Morgenröte am Aguberge. (24 S. m. Abb.) 905. (Nr. 14.) — 20

Hagens, Walth., meine Arbeit als Kaufmann im Dienste d. Mission. (16 S. m. Abb.) 908. (Nr. 16.) — 10

Härtter, Frau Helene, soll's uns hart ergehn. Erlebnisse e. Missionarsfrau im Ewelande. 3. Aufl. (24 S.) 910. (Nr. 28.) — 10

Knüsli, Frau A., afrikanisches Frauenleben, wie ich es in Togo gesehen habe. (24 S. m. Abb.) 906. (Nr. 19.) — 10

Poppinga, Rud., ein Gang durch das Arbeitsfeld unserer Mission. (48 S. m. Abb.) 909. (Nr. 24.) — 20

— Ein Kranz auf die Gräber unserer Missionare. (32 S. m. Abb.) 910. (Nr. 27.) — 20

Rohns, Hedw., d. Diakonissenarbeit d. norddeutschen Missions-Gesellsch. im Ewe-Lande. (40 S. m. Abb.) 905. (Nr. 15.) — 20

Salkowski, E., Anloga, e. Hochburg d. Heidentums. (28 S. m. Abb.) 907. (Nr. 20.) — 20

Schosser, Herm., Akpafu. Ein Stück Kultur- u. Missions-Arbeit in Deutsch-Togo. (48 S. m. Abb.) 907. (Nr. 21.) — 20

Spieth, J., die Bedeutung d. Mission f. die deutsche Kolonie Togo. (16 S.) 909. (Nr. 25.) — 10

—, 50 Jahre Missionsarbeit in Ho. (40 S. m. Abbildgn.) 910. (Nr. 26.) — 20

— Die religiösen Vorstellungen der Eweer. (16 S. m. Abb.) 906. (Nr. 17.) — 10

— Wie kommt die Bekehrung e. Heiden zustande? (16 S. m. Abb.) 908. (Nr. 22.) — 10

Tolch, Maria. Ein Lebensbild aus der Schwesternarbeit in Ho. (48 S. m. Abb.) 906. (Nr. 18.) — 20

—— f. Kinder. Nr. 1—20. 16. Berl. 889—91, Buchh. der Berliner evangel. Missionsgesellschaft. à Nr. * — 05

1. Die alte Lydia. Von Anders. (15 S.) — 2. Christian Afrikaner. Von Licht. (16 S.) — 3. Beschreibung e. chines. Großstadt. (16 S.) — 4. Bilder aus der Mission in China. 1. u. 2. Aufl. (16 S.) — 5. Die Buschneger u. ihr Missionar Rasmus Schmidt. Von Licht. (16 S.) — 6. Geschichte e. verkauften u. erretteten Chinesen. (16 S.) — 7. Heidenkind u. Christenkind. Aus dem Leben der Bassuto in Südafrika. (16 S.) — 8. Jakob u. Klaas, die ungleichen Brüder. Von Schmidt. (16 S.) — 9. Krankheit u. Tod bei Christen u. Heiden. Von Grützner. (16 S.) — 10. Die Lebensquelle im Hottentottenlande. Von Schmidt. (16 S.) — 11. Eine Löwengeschichte. Von A. Merensky. 1. u. 2. Aufl. (16 S.) — 12. Makuba u. Ujojo. Wie es zwei Sulujünglingen unter den Engländern erging. Von A. Merensky. 1. u. 2. Aufl. (8 S.) — 13. Modimolle. (15 S.) — 14. Mosodioa. (16 S.) — 15. Ramonare. (16 S.) — 16. Schlangen in Afrika. (16 S.) — 17. Das Vierpfennigstück. 1. u. 2. Aufl. (8 S.) — 18. Christian Israel, das lahme Schneiderlein. 6. Aufl. (16 S.) — 19. Die alte blinde Eva. Von A. Merensky. (16 S.) — 20. Ein afrikanischer Kriegszug. Von A. Merensky. (12 S.)

Missionsschriften f. Kinder. Nr. 2, 5—8, 12—17, 18, 20—31, 33, 35, 36. 16. (à ca. 16 S.) Berlin, Buchh. d. Berliner evang. Missionsgesellschaft. à n. — 05

Inhaltsübersicht in alphabet. Ordnung:

Evangelium, das, unter d. Wilden d. Feuerlandes. 896. (Nr. 26.)

Flex, O., Errettgn. aus Gefahren, die durch Schlangen drohten. Aus s. Leben erzählt. 898. (Nr. 31.)

Geschichte, e. verkauften u. erretteten Chinesen. 4. Aufl. 898. (Nr. 6.)

Erlebnisse e. jungen Sklaven in Ostafrika. V. ihm selbst erzählt. Aus d. Suaheli in d. Engl. übers. durch L. Jones Bateman. Wiedergegeben v. L. Griesemann. (897.) (Nr. 29.)

Gründler, der alte David. 898. (Nr. 35.)

Harms, Ludw., das Vierpfennigstück. 4. Aufl (8 S.) 898. (Nr. 17.)

Heuschrecken, die, in Afrika. 896. (Nr. 24.)

Israel, Christian, d. lahme Schneiderlein. 898. (Nr. 18.)

Licht, Christian Afrikaner, od.: Das Evangelium ist e. Kraft GOttes selig zu machen alle, die daran glauben. 3. Aufl. 898. (Nr. 2.)

— die Buschneger u. ihr Missionar Rasmus Schmidt. 3. Aufl. 898. (Nr. 5.)

Merensky, A., Dalana, der Sulukaffer. 895. (Nr. 22.)

— Heidenkind u. Christenkind. Aus d. Leben d. Bassuto in Südafrika. 895. (Nr. 7.)

— der blinde Josef. (15 S. m. 2 Abb.) (897.) (Nr. 28.)

— Kinderleben in Afrika. (897.) (Nr. 30.)

— ein afrikanischer Kriegszug. 3. Aufl. 898. (Nr. 20.)

— Makuba u. Ujojo. Wie es zwei Sulujünglingen unter den Engländern erging. 3. Aufl. 896. (Nr. 12.)

— Ruth Mampatsche. 895. (Nr. 21.)

— wie d. Menschenfresser auf d. Insel Tongoa Christen wurden. 895. (Nr. 23.)

— die Menschenfresserei in Afrika. 895. (Nr. 25.)

— eine neue Missionsstation im Innern v. Deutsch-Ostafrika. 896. (Nr. 27.)

— Ramonare. 2. Aufl. 895. (Nr. 15.)

— Schlangen in Afrika. 3. Aufl. 898. (Nr. 16.)

Modimolle. 4. Aufl. 898. (Nr. 13.)

Mosodioa. 3. Aufl. 898. (Nr. 14.)

Schmidt, Jakob u. Klaas, d. ungleichen Brüder. 3. Aufl. 898. (Nr. 8.)

Schumann, d. befreite Sklavenjunge. 893. (Nr. 33.)

Walter, Isaak Rankipile. 898. (Nr. 36.)

Nr. 32 u. 34 erscheinen später.

— f. Kinder. Nr. 9, 27, 30, 32, 34 u. 37—43. 16. Berlin, Buchh. der Berliner ev. Missionsgesellschaft. à n. — 05

9. Krankheit u. Tod bei Christen u. Heiden. Von Grützner. 3. Aufl. (16 S. m. Abbildgn.) (900.)
27. Eine neue Missionsstation im Innern v. Deutsch-Ostafrika. Von A. Merensky. 2. Aufl. (16 S.) (901.)
30. Kinderleben in Afrika. Von A. Merensky. 2. Aufl. (16 S.) (901.)
32. Eine Köhlergeschichte. Von Voskamp. (16 S.) (898.)
34. Das gerettete Kind. Von Walter. (16 S.) (898.)
37. Etwas v. der Mission unter den Indianern in Nordamerika. Von A. Merensky. (16 S. m. Abbildgn.) (900.)
38. Der alte Sefanaja. Eine Geschichte von den Witi-Inseln. Von A. Merensky. (16 S.) (901.)
39. Krieg m. den Wahehe u. Eroberung des Hehelandes in Deutsch-Ostafrika. (16 S.) (901.)
40. Die Schreckenstage von Kimberley. Von A. Merensky. (16 S.) (901.)
41. Paulus Ndumbane. Wie aus e. Saulus ein Paulus wird. Nach den Aufzeichngn. von Reuter. (16 S.) (901.)
42. Kinderleben in Kamerun. Von A. Merensky. (16 S.) (901.)
43. Petrus Luhlongwane, der Helfer in Hoffenthal, e. Lebensbild aus der Sulumission. Nach Mitteilgn. v. Glöckner. (16 S.) (902.)

— für Kinder. Nr. 1—5, 8, 9, 11, 12, 14, 17—20. 16. (à ca. 16 S.) Berlin, Buchh. der Berliner evangel. Missionsgesellschaft. à n. — 5

1. Die alte Lydia, od. „Ich will euch tragen bis ins Alter, ja bis ihr grau werdet". Von Anders. 2. Aufl. 894.
2. Christian Afrikaner od. das Evangelium ist e. Kraft GOttes selig zu machen alle, die daran glauben. Von Licht. 2. Aufl. 894.
3. Beschreibung e. chinesischen Großstadt. 2. Aufl. 894.
4. Bilder aus der Mission in China. 2. Aufl. 891.
5. Die Buschneger u. ihr Missionar Rasmus Schmidt. Von Licht. 2. Aufl. 894.
8. Jakob u. Klaas, die ungleichen Brüder. Von Schmidt. 2. Aufl. 894.
9. Krankheit u. Tod bei Christen u. Heiden. Von Grützner. 2. Aufl. 894.
11. Eine Löwengeschichte. Von A. Merensky. 2. Aufl. 891.
12. Makuba u. Ujojo. Wie es zwei Sulujünglingen unter den Engländern erging. Von A. Merensky. 2. Aufl. 891.
14. Mosodioa. 2. Aufl. 894.
17. Das Vierpfennigstück. 2. Aufl. 891.
18. Christian Israel, das lahme Schneiderlein. 894.
19. Die alte blinde Eva. Von A. Merensky. 891.
20. Ein afrikanischer Kriegszug. Von A. Merensky. 1. u. 2. Aufl. 891. 894.

— f. Kinder. (Neue Folge.) Nr. 1—8. (24, 15, 15, 15, 16, 20, 25 u. 15 S.) kl. 8. Berlin (909. 10). Buchh. der Berliner ev. Missionsgesellschaft. à — 05

— kleine. Nr. 48, 49, 51—58. (16, 16, 16, 16 u. 28 S. m. Abb.) 16. Barmen 909. 10. Comptoir d. Missionshauses. à — 05
Vergl.: Missions-Traktate, kleine.

Missionsschriften, kleine Hermannsburger. Nr. 1—6. Hermannsburg, Missionshandlung. n. — 90
1. Unter den Bamalete im Betschuana-Land. Von G. Haccius. 12. (16 S. m. 1 Bild.) 892. n. — 10
2. David Livingstone, der große Missionar u. Erforscher Afrikas. 12. (36 S. m. Bildern.) 894. n. — 20
3. Eben-Ezer, e. Missionsstation unter den Bapo. (Von G. Haccius.) 8. (12 S. m. 1 Ansicht.) 894. n. — 10
4. Der erste entsetzliche Mord e. Getauften auf Inyezane im Sululand. (Von F. Fröhling.) 8. (11 S. m. 1 Ansicht.) 894. n. — 10
5. Der Sulukrieg in Südafrika. Von H. Kück. 12. (26 S. m. 2 Abbildgn.) 894. n. — 20
6. Johann Heinrich Schmelen aus Cassebruch. Ein Erstling unter den hannov. Missionaren in Südafrika. 12. (36 S.) 894. n. — 20

Missionsschriften, kleine Hermannsburger. Nr. 7—16. Hermannsburg, Missionshandlg. n. 1.30 (1.—16.: n. 2.20)
7. Radha, d. Frau d. Harritschendra. Ein Bild aus d. ind. Frauenleben. 12. (28 S. m. Abb.) 895. n. — 20
8. Fortsetzg. v. Nr. 7. Harritschendra od. d. Bekehrung e. Brahmanen. E. wahre Geschichte u. e. treues Bild aus d. ind. Leben. 8. (23 S. m. Abb.) 895. — 10
9. August Mylius, d. gesegnete Begründer u. erste Propst der Hermannsburger Telugu-Mission. 12. (24 S. m. Bildnis.) 895. n. — 20
10. Bala Sundari Tagore. E. Erzählg. v. d. Bekehrg. e. Hindufrau zum Christentum. Von Murah Mitchell. Aus d. Engl. v. e. Missionar. 12. (22 S. m. 2 Abb.) 895. — 10
11. Bethanie, e. Stätte d. Lebens unter d. Bakuena. 8. (28 S. m. 3 Abb.) 895. n. — 20
12. Hans Jakob Böttcher, Missionar in Indien. (Von Joh. Wörrlein.) 12. (22 S.) 895. — 10
13. Erinnerg. an Kodaikanal, uns. Gesundheitsstation in Indien. (Von Joh. Wörrlein.) 12. (20 S.) 896. — 10
14. Petersen, Paul Otto, von 1875 bis 1888 Missionar in Indien. (Von Joh. Wörrlein.) 8. (20 S. m. 1 Abb.) 896. — 10
15. Schepmann, Gerhard, v. 1871 bis 1885 Missionar in Indien. (Von Joh. Wörrlein.) 12. (18 S.) 897. — 10
16. Kiehne, Hans Adolph, v. 1871 bis 1883 Missionar in Indien. (20 S.) 897. — 10

— kleine Hermannsburger. Nr. 17—30. Hermannsburg, Missionshandlg. n. 2. 55
17. Heinrich Friedrich Wilhelm Ramme, von 1880 bis 1889 Missionar in Indien. Von Joh. Wörrlein. 12. (20 S.) 899. — 10
18. Lohann, August, von 1862 bis 1897 Missionar in Transvaal. (Süd-Afrika.) 8. (32 S. m. 2 Abbildgn. u. 1 Karte auf dem Umschlag.) 899. — 20
19. Vier Tage aus dem indischen Missionsleben. Von J. Wörrlein. 12. (16 S. m. 2 Abbildgn.) 900. — 10
20. Daß die Hermannsburger Mission sichtlich e. Werk Gottes ist. Von G. Haccius. 12. (32 S.) 900. n. — 20
21. Lüchow, Peter Wilhelm Heinrich. Von 1880—1898 Missinar in Indien. Von Joh. Wörrlein. 8. (16 S.) 901. — 10
22. Jürgenmeier, Hermann Ernst. Von 1888—1899 Missionar in Indien. Von Joh. Wörrlein. 8. (16 S.) 901. — 10
23. Reise von Gudur üb. Jerusalem nach Hermannsburg. Von Joh. Wörrlein. 8. (IV, 64 S. m. Abbildgn.) 901. n. — 50
24. Der Betschuanen-Missionar Wilh. Behrens zu Bethanie in Südafrika. Von Geo Haccius. 8. (72 S. m. Abbildgn.) 901. n. — 50
25. Christian Kohlmeier. Von 1880—1901 Missionar in Indien. Von Joh. Wörrlein. 8. (16 S.) 901. — 10
26. Indiens Wunden u. ihre Heilung. Vortrag, geh. auf dem Missionsfest zu Hameln am 28. VI. 1901. Von E. Schulz. 8. (16 S.) 901. — 10
27. Narayana od. die Bekehrung e. Hindu. Von Th. Petersen. 8. (7 S.) 901. n. — 05
28. Der Zweigeborene. Aus dem Engl. Von E. Schulz. 8. (15 S.) 902. n. — 10
29. Die Kinderkostschule auf der Station Gudur in Indien. Von E. Schulz. 8. (32 S. m. Abbildgn.) 902. n. — 20
30. Ein Frauenleben im Sululand. Von Chr. W. Dedekind. 8. (24 S.) 902. n. — 20

— kleine Hermannsburger. Nr. 31—45. 8. Hermannsburg, Missionshandlg. n. 2. 40
Haccius, Geo., der Betschuanen-Missionar Georg Behrens zu Harmshope in Südafrika. (32 S. m. Titelbild.) (905.) (Nr. 39.) n. — 20
— der Betschuanen-Missionar u. Probst Christoph Penzhorn zu Saron in Südafrika. (83 S. m. Abbildgn. u. Titelbild.) (905.) (Nr. 38.) n. — 50
— Friedensbilder aus unruhiger Kriegszeit in Transvaal. (16 S.) (904.) (Nr. 37.) n. — 10
— Gott breite Japhet aus. Eine Missions- u. Kolonialpredigt üb. 1. Mose 9, 27. (16 S.) (903). (Nr. 34.) n. — 20
— Lichtbilder aus dunkler Kriegszeit in Transvaal. (16 S.) 904. (Nr. 35.) n. — 10
— Johann Hinrich Nagel, der getreue Freund der Hermannsburger Mission. (48 S. m. Abb.) (903.) (Nr. 33.) n. — 30
Harms, Louis, die ersten Missionsberichte. (32 S.) (906.) (Nr. 42.) n. — 20
Petersen, Th., Jai Singh, der tapfere Sikh. Siwa Das, der Hindudoktor. Aus dem Engl. (16 S.) (906.) (Nr. 44.) n. — 10
Röbbelen, K., die asiatische Welt u. die lutherische Kirche. (20 S.) (906.) (Nr. 45.) n. = 10
Satthianadhan, Krupabai, wie der HErr einen Starken findet u. zieht. Aus dem Engl. v. Th. Petersen. (20 S.) (906.) (Nr. 43.) n. — 10
Schulenburg, H., aus der Drangsalszeit des südafrikanischen Lüneburg. (14 S. m. 1 Taf.) (906.) (Nr. 41.) n. — 10
Scriba, Karl, Erfahrungen u. Erlebnisse auf Predigtreisen. (14 S.) (906.) (Nr. 40.) n. — 10
Wecken, M., die Hermannsburger Mission in Südafrika in u. nach dem Burenkriege. (16 S.) (904.) (Nr. 36.) n. — 10
Wörrlein, J., ist in Indien e. besondere Frauenmission nötig? (16 S.) 902. (Nr. 31.) n. — 10
— Karl Scriba, Missionar in Indien. (16 S. m. 1 Bildnis.) (903.) (Nr. 32.) n. — 10

— kleine Hermannsburger. Nr. 46—50. 8. Hermannsburg, Missionshandlg. — 75
Festbericht zum 50jähr. Dankfest 1899, enth. e. Überblick üb. die Geschichte der Hermannsburger Mission u. den Bericht üb. d. J. 1898. (48 S.) (909.) (Nr. 48.) — 25
Müden in Natal v. 1859—1909. (Von H. Wiese.) (19 S.) 910. (Nr. 50.) — 10
Was wollen wir f. d. Aussätzigen tun? (Von Nikol. Wittmann.) (16 S. m. 6 Vollbildern.) 910. (Nr. 49.) — 10
Wendebourg, W., lutherische Missionsarbeit an e. aussterbenden Volke. [Aus: „Hann. Missionsblatt".] (28 S.) (906.) (Nr. 46.) — 25
Wittmann, J. N., eine indische christliche Hochzeitsfeier m. Hindernissen. Tarakat. (16 S. m. 1 Abb.) (909.) (Nr. 47.) — 10

— neue. Nr. 1—29. Mit Abbildgn. 8. Ebd. 889. 890. n. 3. 50
1. Medingen, e. Missionsstation im Lande der Heidenkönigin Motyatye. Von Sauberzweig-Schmidt. (32 S.) n. — 20
2. Uganda. Kämpfe und Siege des Evangeliums im Innern Afrikas. (24 S.) n. — 15
3. Andreas Legchodo, Denk- u. Lebensweise e. Mossuto als Heide u. als Christ. Nach Aufzeichngn. d. Miss. Jenssen bearb. v. E. K. (8 S.) n. — 5
4. Eine Missionsreise nach dem Limpopo-Fluß in Süd-Afrika. Von Weßmann. (8 S.) n. — 5
5. Das Grubenunglück auf dem Diamantfelde in Südafrika am 11. Juli 1888. Nach Aufzeichngn. d. Miss. Arndt erzählt v. E. K. (8 S.) n. — 5
6. Etwas aus der Heidenzeit d. deutschen Vaterlandes. Die Bekehrg. der Sachsen in der Gegend v. Hermannsburg. [Aus: „Hermannsburger Missionsbüchlein".] (20 S.) n. — 10
7. Wider die Sklaverei in Afrika. (8 S.) n. — 5
8. Antje Riekerk, das Hottentotten-Mädchen. Den lieben Kindern erzählt v. Schmidt. (16 S.) n. — 10
9. Missionar Arndt, der einsame Bote Christi im Innern Afrikas. (14 S.) n. — 10
10. Hermanus, der bekehrte Kaffer. Dem lieben Christenvolke erzählt v. Licht. 2. Aufl. (16 S.) n. — 10
11. Die Lügenpropheten des Kaffernlandes. Von A. Kropf. (20 S.) n. — 10
12. Friederike Prins, od.: Die Schwalbe an der langen Towo. (16 S.) n. — 10
13. Martha Sabine, e. Zeugniß von der Kraft d. Evangeliums. Eine Geschichte aus Süd-Afrika, erzählt von Merensky. [Aus: „Der kleine Sammler".] (12 S.) n. — 10
14. Martinus Sewuschan. 2. Aufl. (16 S.) n. — 10
15. Der Evangelist Sung-en-p'hul. Von Hubrig. (16 S.) n. — 10
16. Ntsikana, der Erstling aus den Kaffern u. e. Prophet unter seinem Volk. Von A. Kropf. (24 S.) n. — 10
17. Der Häuptling Vavua v. den Fidschi-Inseln, od.: Des Gerechten Gebet vermag viel, wenn es ernstlich ist. Von Licht. (16 S.) n. — 10
18. Dietrich Baumhöfner, e. Missionar aus dem Ravensberger Land. (24 S.) n. — 15
19. Salomo Koata, der Nationalhelfer von Thutloane. Von H. Schlömann. (24 S.) n. — 15
20. David Livingstone, der Afrika-Reisende u. Missionar. (24 S.) n. — 15
21. Henry Stanley's Reise durch den dunklen Weltteil. (32 S.) n. — 15
22. Khashane Mamathepa. Ein Lebensbild aus Nord-Transvaal v. Wangemann. 2. Aufl. (32 S.) n. — 20
23. Tagebuch üb. die Reise von Berlin bis Kanton. Von Johs. Voskamp. 2. Aufl. (32 S.) n. — 20
24. Die drei Bahnbrecher der evangelischen Mission in China. Von Wilh. Hähnelt. (39 S.) n. — 30

25. Mitteilungen aus dem Leben d. chinesischen Gelehrten Li-sun-tshol. Von ihm selbst aufgezeichnet u. v. Boskamp übers. (16 S.) n. — 10
26. Johannes Motschenl. Ein Lebensbild aus der Missionsarbeit in Nord-Transvaal, nach Aufzeichngn. v. Beuster bearb. v. E. K. (22 S.) n. — 15
27. Leben u. Treiben auf e. Häuptlingskraal in Nord-Transvaal. Nach Aufzeichngn. v. Reuter bearb. v. E. K. (11 S.) n. — 10
28. Ein Geschwisterpaar. Von Merensky. (16 S.) n. — 10
29. Ein christlicher Hottentottenstaat. 2. Aufl. (16 S.) n. — 10

— neue. Nr. 7, 30—43. 8. Ebd. n. 2. 5
7. Bilder die Sklaverei. 2. Aufl. (8 S.) 891. n. — 5
30. Die Diamantenfelder in Kimberley in Südafrika, v. Richter. (16 S.) 891. n. — 10
31. Adam Oppermann u. sein Haus, v. Richter. (21 S.) 891. n. — 15
32. Ha Schewasse, eine Hütte Gottes unter den Bawenda, v. Sauberzweig-Schmidt. (40 S.) 891. n. — 20
33. Georgenholtz im Lande der Bawenda, v. Sauberzweig-Schmidt. 2., verm. Aufl. (19 S.) 891. n. — 15
34. Frederik Oppermann, v. Richter. (24 S.) 891. n. — 15
35. Nach dem Nyassa. Aus dem Engl. übers. v. Jul. Richter. (16 S. m. 1 Kartenskizze.) 891. n. — 10
36. Abenteuer m. den Sklavenhändlern im Wakonde-Land. Von Richter. (16 S.) 891. n. — 10
37. Der erste Missionsversuch im Nyassa-Land. Von Richter. (21 S.) 891. n. — 15
38. Der Krüppel Ho-a-ngi-pak, e. Lichtgestalt aus der China-Mission. Von Hubrig. 2. Aufl. (16 S.) 891. n. — 10
39. Die Festwoche zu Waterberg-Modimulle. Von Sauberzweig-Schmidt. (32 S.) 892. n. — 20
40. Nellie, e. liebliche Frucht der Mission in Kaffernland. Von Beste. (16 S.) 892. n. — 10
41. Der Häuptling August Makhahane, e. Lebensbild aus der Bawenda-Mission. Nach Aufzeichngn. v. Weßmann. (16 S.) 892. n. — 10
42. Freuden u. Leiden des Chinamissionars Hanspach. Von Sauberzweig-Schmidt. (40 S.) 893. n. — 20
43. Missionar Johannes Meister od. Thränensaat im Lande Bonyai. Von Graßmann. (32 S.) 891. n. — 20

— neue. Nr. 1, 3, 6, 7, 9—11, 13, 15, 16, 19, 20, 22, 25, 27—29, 32, 33, 35, 40 u. 44—56. 8. (M. Bild.) Ebd. n. 4. 25

Inhaltsübersicht in alphabetischer Ordnung:

Beste, Nelli, e. liebliche Frucht d. Mission im Kafferlande. 2. Aufl. (16 S. m. 2 Bildern.) 896. (Nr. 40.) n. — 10
Bublitz, E., aus d. Anfängen d. Südseemission. (13 S. m. 2 Abb.) 897. (Nr. 55.) n. — 10
Endemann, K., das Elend d. Frauen unt. d. heidn. Indiern. (8 S.) 897. (Nr. 48.) n. — 05
Etwas aus d. Heidenzeit d. deutschen Vaterlandes. [Aus: „Hermannsb. Missionsbüchlein f. Kinder".] 2. Aufl. (16 S.) 893. (Nr. 6.) n. — 10
Gareis, Korea. (15 S. m. 2 Abb.) 896. (Nr. 47.) n. — 20
Griesemann, L., Bilder aus d. Mission in Kamerun. (27 S. m. Abb.) 898. (Nr. 56.) n. — 20
— Uganda. (29 S.) 895. (Nr. 45.) n. — 20
Hottentottenstaat, e. christlicher. 3. Aufl. (16 S.) 893. (Nr. 29.) n. — 10
Hubrig, der Evangelist Sungen-phui. 3. Aufl. (16 S.) 896. (Nr. 15.) n. — 10
Jensen, Andreas Legchodo. Denk- u. Lebensweise e. Mossutto als Heide u. als Christ. Nach Aufzeichngn. d. Miss. J. v. E. K. 2. Aufl. (8 S.) 893. (Nr. 3.) n. — 05
Krebs, A., Vorpostenarbeit im Reich d. Mitte. Preisarbeit auf Veranlassg. d. schles. Missionskonferenz. (32 S.) 897. (Nr. 50.) n. — 20
Kropf, A., d. Lügenpropheten d. Kafferlandes. 2. Aufl. (16 S.) 891. (Nr. 11.) n. — 10
— Ntsikana, d. Erstling aus d. Kaffern u. e. Prophet unt. s. Volk. 3. Aufl. (22 S.) 896. (Nr. 16.) n. — 15
Licht, Hermanus, d. bekehrte Kaffer. 3. Aufl. (8 S.) 893. (Nr. 10.) n. — 05
Livingstone, David, d. Missionar u. Afrika-Reisende. 2. Aufl. (24 S.) 893. (Nr. 20.) n. — 15
Merensky, A., Missionar Arnot, d. einsame Bote Christi im Innern Afrikas. 2. Aufl. 8. (16 S.) 895. (Nr. 9.) n. — 10
— ein Geschwisterpaar. 2. Aufl. 8. (16 S.) 896. (Nr. 28.) n. — 10
— Leiden u. Siege d. Missionskirche in Madagaskar. E. Vortrag, geh. in d. Dreifaltigkeitskirche zu Berlin am 19. XI. 1896. (16 S.) 896. (Nr. 51.) n. — 10
— Martha Sabine, d. Afrikanerin. E. Zeugnis v. der Kraft d. Evangeliums. 3. Aufl. 8. (16 S.) 895. (Nr. 13.) n. — 10
Petrich, Herm., Moritz Goercke. E. Missionsbild aus d. Heimat, nach eig. u. fremden Erinnergn. gezeichnet. (31 S.) 897. (Nr. 54.) n. — 20
— ein vergessener Missionsdirektor. (8 S.) 897. (Nr. 53.) n. — 05
— Missionsvater Wangemann. Sein Leben u. Wirken, d. lieben Missionsgemeinde zur Erbauung. u. Erbaug. in Kürze erzählt. (32 S. m. Bild.) 895. (Nr. 46.) n. — 20

Reimer, W., 14 kleine Bilder v. großen Grafen Zinzendorf. [Aus: „Jahresber. der westpreuß. Missions-Conferenz".] (16 S.) 897. (Nr. 49.) n. — 10
Reuter, Leben u. Treiben auf e. Häuptlingskraal in Nord-Transvaal. Nach Aufzeichngn. v. R., bearb. v. E. K. 2. Aufl. (13 S. m. 2 Bild.) 896. (Nr. 27.) n. — 10
Richter, Jul., nach d. Njaßa. 2. Aufl. (16 S.) 895. (Nr. 35.) n. — 10
Sauberzweig-Schmidt, Georgenholtz im Lande d. Bawenda. 3. Aufl. (19 S. m. 2 Bild.) 896. (Nr. 33.) n. — 15
— Ha-Schewasse, e. Hütte Gottes unter d. Bawenda. 2. Aufl. (32 S. m. 2 Bild.) 896. (Nr. 32.) n. — 20
— Medingen, e. Missionsstation im Lande d. Heidenkönigin Mokyatye. 2. Aufl. (32 S.) 893. (Nr. 1.) n. — 20
— Wallmann u. Wallmannsthal, od.: E. Missionsinspektor u. s. Denkmal. (20 S. m. Bildern.) 895. (Nr. 44.) n. — 15
Schloemann, H., Salomo Koata, d. Nationalhelfer v. Thutloane. 2. Aufl. (24 S.) 893. (Nr. 19.) n. — 15
Scholz, d. Mission unter Eis u. Schnee. (14 S.) 897. (Nr. 52.) n. — 10
Voskamp, Mitteilgn. aus d. Leben d. chinesischen Gelehrten Li-syn-tshol. Von ihm selbst aufgezeichnet u. v. V. übers. 2. Aufl. (16 S.) 893. (Nr. 25.) n. — 10
Wangemann, Kashane Mamathepa. E. Lebensbild aus Nord-Transvaal. Gezeichnet v. W. 3. Aufl. (24 S.) 893. (Nr. 22.) n. — 15
Wider d. Sklaverei in Afrika. 3. Aufl. gr. 8. (8 S. m. 2 Abb.) 895. (Nr. 7.) n. — 05

Missionsschriften, neue. Nr. 24, 25, 34, 38 u. 57—74. 8. Berlin, Buchh. der Berliner ev. Missionsgesellschaft. n. 2. 65

Inhaltsübersicht in alphabetischer Ordnung:

Bovula, James J., der König Tod u. seine Diener. Rede. Uebers. v. A. Kropf. (8 S.) (901.) (Nr. 67.) n. — 05
Brune, R., Nehemia Thelisho. Ein Lebensbild aus der Berliner Mission in Südafrika. (15 S. m. Abbildgn.) (900.) (Nr. 59.) n. — 10
Büttner, F., wie die Heiden beten. (16 S.) (899.) (Nr. 58.) n. — 10
Eiselen, um e. Mädchenseele. Eine Geschichte aus der Mission in Transvaal. (15 S.) (902.) (Nr. 71.) n. — 10
Endemann, K., Jap Sewuschane od. Im Wetter gen Himmel. (15 S.) (901.) (Nr. 62.) n. — 10
Flez, O., unter den Uraun. (13 S.) (901.) (Nr. 61.) n. — 10
Hähnelt, Wilh., die drei Bahnbrecher der evangelischen Mission in China. 2. Aufl. (32 S. m. 3 Bildnissen.) (900.) (Nr. 24.) n. — 20
Hoppe, eine Johannesseele od. e. Frucht aus der Missionsarbeit in Wartburg im Kafferland. (24 S.) (901.) (Nr. 68.) n. — 15
Hubrig, F., der Krüppel Ho-a-ngi-pak, e. Lichtgestalt aus der China-Mission. 4. Aufl. (15 S.) (901.) (Nr. 38.) n. — 10
— Li-tshyung-yin, e. treuer Zeuge der chinesischen Mission. 2. Aufl. (16 S.) (899.) (Nr. 57.) n. — 10
Leuschner, F. W., Bilder des Todes u. Bilder des Lebens aus China. (16 S.) (901.) (Nr. 64.) n. — 10
— vom breiten zum schmalen Wege. Ein Lebensbild aus der chines. Mission. (15 S.) (902.) (Nr. 70.) n. — 10
— Allerlei aus China. (16 S.) (901.) (Nr. 63.) n. — 10
Müller, Japan, das Land der aufgehenden Sonne. (15 S. m. Abbildgn.) (900.) (Nr. 60.) n. — 10
Petrich, Herm., Wilhelm Licht. Ein Lebensbild aus der heim. Missionsgemeinde. (30 S.) (901.) (Nr. 66.) n. — 20
— Pastor Meinhof. Aus dem Leben e. Missionszeugen im vor. Jahrhundert, den Missionsfreunden in diesem Jahrhundert erzählt. (30 S. m. Abbildgn.) (902.) (Nr. 74.) n. — 20
Rhein, Wilh., die Frauen Chinas. (15 S. m. Abbildgn.) (902.) (Nr. 73.) n. — 10
Richter, Jul., Frederik Salomo Oppermann. 3. Aufl. (24 S.) (901.) (Nr. 34.) n. — 15
Schlegelmilch, Fr., Bartholomäus Ziegenbalg, der erste Missionar der luther. Kirche. (30 S.) (902.) (Nr. 69.) n. — 20
Tsen-fen-thau, das Wichtigste aus den Tagen meines Lebens. Uebers. aus dem Chinesischen v. Leuschner. (16 S.) (901.) (Nr. 65.) n. — 10
Voskamp, Mitteilungen aus dem Leben des chinesischen Gelehrten Li-syn-tshol. Von ihm selbst aufgezeichnet u. v. V. übers. 3. Aufl. (16 S.) (901.) (Nr. 25.) n. — 10
Westphal, Theus Vloem. Ein Kirchenältester unter den Koranna-Hottentotten. (16 S.) (902). (Nr. 72.) n. — 10

— neue. Nr. 75—83. 8. Ebd. n. 1. 15
75. Posaunen, die, v. Medingen. (20 S. m. Abb.) (903.) n. — 15
76. Wie Würzig christlich u. deutsch wurde. Von Frdr. Heine. (16 S.) (903.) n. — 10
77. Japan, das Land der aufgehenden Sonne. Von F. Büttner. (31 S.) (905.) n. — 20
78. Stefan Schwen, der Evangelist in Wartburg (Kafferland). Von Hoppe. (20 S. m. Abbildgn.) (905). n. — 15
79. Aus dem Leben des Missionars Franz Coillard. Von Fleck. (16 S.) 905. n. — 10
80. Zum Licht od. Wie e. Brahmane Christum fand. Lebensgeschichte des Kali Tscharan Tschadderdschi. Von ihm selbst erzählt. Aus dem Engl. v. M. P. (16 S.) (905.) n. — 10
81. (32 S. m. Abbildgn.) (906.) n. — 20
82. (16 S. m. Abbildgn.) (906.) n. — 10
83. (16 S. m. Abbildgn.) (906.) n. — 10

— neue. Nr. 84—87. 8. Berlin (907). Buchh. d. Berliner ev. Missionsgesellschaft. — 50
84. (24 S. m. Abb.) — 15. — 85. (16 S. m. Abb.) — 10. 86. (32 S. m. Abb.) — 20. — 87. (8 S.) nn — 05.

Missions-Schriften, neue. (Neue Folge.) Nr. 1—3. (Je 16 S.) 8. Berlin (905). Buchh. der Berliner ev. Missionsgesellschaft. à n. — 10

— dasselbe. (Neue Folge.) Nr. 4—28. 8. Ebd.
4—8. (19, 12, 16, 16 u. 14 S. m. Abb.) à — 10. — 9. (32 S.) — 15. — 10—13. (32, 14, 16 u. 15 S. m. Abbildgn.) à — 10. — 14—19. (15, 24, 24, 20, 18 u. 20 S.) à — 10. — 20. (26 S. m. 1 Karte.) — 15. — 21. (40 S. m. 1 Karte.) — 20. 23. 24. (32 S. u. 28 S. m. Abb.) à — 15. — 25. 28. (20 u. 18 S. m. Abb.) à — 10.

— neue f. Kinder. Nr. 44—50. 16. Berlin, Buchh. der Berliner ev. Missionsgesellschaft. à n. — 05
44. Molokotschana in Malokong, aus e. Zauberpriester e. Jünger Jesu. Von Schloemann. (16 S.) (903.)
45. Wie zwei Knaben, e. weißer u. e. schwarzer, Mission getrieben haben. Nach Mitteilgn. v. Sonntag. (15 S.) (903.)
46. Philippus Thai, e. treuer Nationalhelfer im Bawendalande. Von Weßmann. (16 S.) (903.)
47. Merkwürdige Lebensführung e. chinesischen Christen. Von Boskamp. (16 S.) (903.)
48. Etwas aus der Mission in Kaiser-Wilhelmsland, Neuguinea. Von Merensky. (16 S.) (904.)
49. Helden, die, u. wir. (15 S.) (904.)
50. Missionsanfänge in Muhanga unter den Wahehe in Deutsch-Ostafrika. Von Neuberg. (16 S.) (905.)

— dasselbe. Nr. 51—55. (16, 17, 16, 16 u. 16 S.) 16. Ebd. (906). à n. — 05

Polnische Missionsschriften. Nr 1–8. Berlin: Buchh. d. ev. Missionsgesellsch. [1901]. 8° [Umschlagt.]
1. Sauberzweig-Schmidt: Georgenholtz. 2. Merensky, A[lexander]: Wyprawa wojenna afrykańska. 3. Missyonarz Arnot. 4. Richter, Juliusz: Frederyk Salomo Oppermann. 5. Merensky, A.: Marta Zabina. 6. Hubrig, F.: Kaleka Ho-a-ngi-pak. 7. (Merensky, A.): Rut Mampatsze. 8. Dalana.
[2. Merensky: Der afrikan. Feldzug. 6. Hubrig: Der Krüppel Ho-a-ngi-pak.] [11. 6,8]

Missionsschriften, rheinische.

— s. a.: Missionstraktate, rheinische.

Missionsschriften, rheinische. Nr. 76—81. Barmen 897 Comptoir d. Missionshauses. n.n. 1. 35
76. Im Dienst d. Kreuzes auf ungebahnten Pfaden. Schwierige Missionsanfänge auf eins. Südsee-Insel. Von G. Kunze. gr. 8. (79 S. m. Abb. u. eingedr. Karte.) n.n. — 25
77. Dasselbe. 2. Hft. Ein schönes Tagewerk in einem Lande d. Thränen u. Trübsale. Lust, Leid u. Arbeit d. Anfangszeit auf einsamer Südsee-Insel. Mitteilgn. gr. 8. (96 S.) n.n. — 25
78. Dasselbe. 3. Hft. Allerlei Bilder aus dem Leben der Papua. E. schlichter Beitrag zur Kenntnis d. Bewohner Neu-Guineas. gr. 8. (107 S.) n.n. — 25
79. Dasselbe 4. Hft. Kleine Züge aus dem Missionsleben auf Neu-Guinea. Erste Predigtversuche unter d. Papua. — Erfreuliches aus d. Arbeit. — Gefahren zu Wasser u. zu Lande. Mitteilgn. gr. 8. (67 S.) n.n. — 25
80. Briefe eingeborener Christen aus e. verwaisten Gemeinde im Namalande. Von Olpp sen. 8. (23 S.) n.n. — 10
81. Kleinschmidt, Franz Heinrich. E. Missionarsleben aus Süd-Afrika. 3. Aufl. gr. 8. (68 S.) n.n. — 25

— rheinische, Nr. 83—87, 109 u. 115—119. (Mit Abb.) gr. 8. Barmen, Comptoir des Missionshauses. n. 1. 75
83. Unter den Zwartbools auf Franzfontein. Ein Beitrag zur Missions- u. Kolonial-Geschichte Süd-Afrikas. Von H. Riechmann. (56 S.) 899. n. — 15
84. Eine Missionsreise in den fernen Osten. 1898—1899. Von A. Schreiber. I. Sumatra. (120 S. m. 1 Karte.) 899. n. — 20
85. Dasselbe. II. Nias u. Borneo. (68 S.) 899. n. — 15
86. Dasselbe. III. China. (51 S.) 899. n. — 15
87. Sumatra. Mekka. Die Türken. Drei Aufsätze üb. den Islam. Von A. Schreiber. (32 S.) 899. n. — 10
109. Siebenmal nach dem Tobasee. Erinnerungen. Von J. H. Meerwaldt. (96 S. m. 1 Karte.) (901.) n. — 25
115. Der Niasser im Leben u. Sterben. Von A. Fehr. (57 S.) 901. n. — 20
116. Petrus Siitonga. Ein früh vollendeter Batak. Von Pohlig. (20 S.) 902. n. — 10
117. Ein Häuptling v. Nias. Von Fehr. (16 S.) 902. n. — 10
118. Christian Nihin, ein dajakkischer Schulmeister. Von G. Stursberg. (23 S.) 902. n. — 10
119. Johannes Huta Pea. Der Evangelist des Batang-toru-Tales. Von van Asselt. (Nach dem holl.: Vader en Zoon, twee Batta-Christenen.) (36 S.) 902. n. — 15
Weitere Nrn. s. u. d. T.: Missions-Traktate, rhein.

— rheinische. Nr. 120. 121 u. 125. 8. Barmen, Comptoir des Missionshauses. n. 1. 40
120. 121. Zimmer, Vater. Sein Leben u. Wirken. 2 Tle. (67 u. 61 S. m. Abbildgn.) 903. à n. — 20
125. Die Insel Nias u. die Mission daselbst. (Mit Anh.: „Niassische Literatur".) Eine Monographie. Von H. Sundermann. (IV, 259 S. m. Abbildgn.) 905. n. 1. —
Nr. 122—124 u. 126 u. ff., s.: Missionstraktate, rheinische.

— rheinische. Nr. 128—140. Barmen, Comptoir des Missionshauses. 2. 70
Bettin, Aug., die Evangelisationskraft der ärztlichen Mission. (18 S. m. Abbildgn.) gr. 8. 910. (Nr. 140.) — 20
Genähr, J., Pastor Wong. Ein Lebensbild aus der Chinamission. (32 S. m. Abbildgn.) 8. 909. (Nr. 133.) — 15
Häuptlinge, niassische, od.: Er wird die Starken zum Raube haben. 2. Reihe. (30 S. m. Abb.) kl. 8. 908. (Nr. 132.) — 10
Jahre, fünf, ärztlicher Missionsarbeit 1900—1905. Von den europäischen Arbeitern am Missionsspital Pea Radja (Sumatra). (Neuer Abdr.) (76 S. m. Abb., 1 Taf. u. 1 Plan.) 8. (909.) (Nr. 135.) Kart. — 30
Olpp, Joh., aus Gottes Schatzkammer. Erzählungen v. fröhl. Gebern u. Gaben, zum 50jähr. Jubiläum des Kollekten-Vereins der rhein. Mission. (96 S. m. Abbildgn.) kl. 8. 909. (Nr. 134.) — 25
Pilgram, Laban, e. Lebensbild aus der Batak-Mission auf Sumatra. Nach Aufzeichngn. (63 S. m. Abbildgn.) 8. 909. (Nr. 137.) — 20
Simon, E., Sumatradeckblatt. Bilder aus dem Leben der Tabakarbeiter auf Sumatra. (40 S. m. Abbildgn.) 8. 910. (Nr. 139.) — 20
Spiecker, die rheinische Mission im Hereroland. Zugleich Visitationsbericht. (140 S. m. Abbildgn. u. 1 Karte.) 8. 907. (Nr. 130.) — 50
Stursberg, G., Tju Eng., die erste chinesische Christin v. Kwala Kapuas. (20 S. m. Abb.) kl. 8. 907. (Nr. 128.) — 10
— Julius Sandau, e. Lebensbild aus der Missionsarbeit auf Borneo. (40 S. m. Abbildgn.) 8. 908. (Nr. 131.) — 15
Sundermann, Herm., getreu bis in den Tod. Ein Blatt der Erinnerg. auf das Grab der vor 50 Jahren auf Borneo ermordeten Missionsgeschwister. (40 S. m. Abbildgn.) 8. 909. (Nr. 136.) nn — 15
— Missionar August Lett, e. Blutzeuge des Evangeliums. (68 S. m. Abbildgn.) 8. 910. (Nr. 138.) — 20
Wegner, die Bergdamra in Deutsch-Süd-West-Afrika u. die Arbeit der rheinischen Mission an ihnen. Unter Benutzg. der Aufzeichngn. des † H. Riechmann. (40 S. m. Abbildgn. u. 1 Karte.) 8. 907. (Nr. 129.) — 20

Missionsschriften-Katalog. Verzeichniss der neueren litterar. Erscheingn. auf dem Gebiete der äusseren Mission. Luther-Litteratur-Catalog. 8. (23 S.) Leipzig 883. Buchh. d. Vereinshauses. n.n. — 25

Missionssegen, oder: Bedenke! Bessere! Beharre! Betrachtungen, Belehrungen u. Andachtsübungen bearb. von kathol. Seelsorgern. 16. (IV u. 231 S.) Münster 851, Deiters. n. 1/3 ℛ

Missionssegen von Kindern für Kinder. gr. 12. (11 S.) Berlin 856, (Evangelische Buchh.) **

Missionssegen von Kindern für Kinder. gr. 12. (11 S.) Berlin 857, (Beck.) Thlr. **

Missionssegen von Kindern für Kinder. Berlin 857. Evangelische Buchhdlg. 12. (11 S.) n. 1 ngr.

Missions-Societät, Die, in England, Geschichte ihres Ursprungs . . . Barby [1800]. V: *Mortimer, Peter.* (winer)

Missionsstationen [Schlagwort]

Missions- u. Handelsstationen, s.: Nyassagebiet.

Missionsstreit. 8. (4¼ B.) Regensburg 846, Manz.

Missions-Studien, Basler. 1.—12. Hft. gr. 8. Basel, Missionsbuchh. n. 4. 50

1. Die Mission, die Urheberin v. Wirren. Von E. Miescher. (34 S.) 901. n. — 40
2. Rückblick auf die Geschichte der evangel. Mission im 19. Jahrh. Von M. Lauterburg. (28 S.) 901. n. — 40
3. Enthält das Neue Testament bindende missions-methodische Vorschriften? Von Th. Oehler. (14 S.) 901. n. — 20
4. Die Taufbewerber in der indischen Mission, ihre Beweggründe u. ihre Behandlung. Von M. Hoch. (45 S.) 901. n. — 40
5. Weltregierung u. Reichsregierung Gottes. Von Th. Oehler. (16 S.) 901. n. — 20
6. Mission u. Nationalität im Blick auf die Mission der ältesten Christenheit. Von W. Hadorn. (27 S.) 901. n. — 40
7. Die chinesische Fremden- u. Christenverfolgung vom Sommer 1900. Ein Bild aus der neusten Missionsgeschichte. Von W. Schlatter. (78 S.) 901. n. 1. —
8. Die Aufgaben der Missionspredigt in Indien. Von M. Hoch. (27 S.) 901. n. — 40
9. Die Basler Mission in Kamerun u. ihre gegenwärtigen Aufgaben. Von F. Würz. (22 S.) 902. n. — 20
10. Die Mission u. die Zukunft des Reiches Gottes. Von Th. Oehler. (16 S.) 902. n. — 20
11. 4 Tabellen zur Geschichte der Basler Mission. Von W. Bornemann. [Aus: „B., Einführg. in d. ev. Missionskunde."] (16 S.) 902. n. — 30
12. Der Buddhismus in China. Eine religionsgeschichtl. Studie. Von Ch. Piton. (32 S.) 902. n. — 40

Missionsstudien, Basler. 13.—31. Hft. 8. Basel, Basler Missionsbuchh. n. 11. 10

Bechler, Th., Unabhängigkeitsbewegungen der Farbigen in Südafrika. (40 S.) 903. (Hft. 18.) n. — 40
Dilger, Wilh., Krischna od. Christus? Eine religionsgeschichtl. Parallele. (44 S.) 901. (Hft. 26.) n. — 60
— das Ringen m. der Landessprache in der indischen Missionsarbeit. (40 S.) 903. (Hft. 13.) n. — 50
Eppler, Paul, die neuere Mission im Spiegel der altchristlichen nach Harnack, m. e. Nachwort über Jesus Christus u. die Weltmission. (44 S.) 903. (Hft. 16.) n. — 60
Feldmann, Herm., die ärztliche Mission unter Heiden u. Mohamedanern. Hrsg. m. Unterstützg. des Vereins f. ärztl. Mission (in Stuttgart). (176 S.) 904. (Hft. 25.) n. 1. 60
Frohnmeyer, L. Johs., Missionsarbeit in Indien. (48 S.) 905. (Hft. 29.) n. — 60
— über indisches Schulwesen. (116 S.) 906. (Hft. 31.) n. 1. 20
Haller, J., die Vorbildung unserer Missionare. (40 S.) 904. (Hft. 23.) n. — 50
Meinhof, Carl, die Christianisierung der Sprachen Afrikas. (55 S.) 905. (Hft. 28.) n. — 80
Miescher, E., die Bekehrung bei Christen u. Heiden. (72 S.) 906. (Hft. 30.) n. — 80
— Missionszeit, Missionsmethode, Missionsgeist. (34 S.) 904. (Hft. 19.) n. — 40
Oehler, Th., welche Aufgaben stellt die Erziehung der Heidenchristen zur kirchlichen Selbständigkeit an die evangel. Mission? [Aus: „Allg. Missions-Ztschr."] (24 S.) 903. (Hft. 17.) n. — 40
— über die Berechtigung der Unterscheidung zwischen wahrer u. falscher Religion. (16 S.) 905. (Hft. 27.) n. — 20
— Monotheismus u. Offenbarungsreligion. (16 S.) 903. (Hft. 15.) n. — 20
Piton, Ch., Konfuzius, der Heilige Chinas. (45 S.) 903. (Hft. 14.) n. — 60
Riggenbach, Eduard, die religiöse u. sittliche Erziehung heidenchristlicher Gemeinden nach den Korintherbriefen. (20 S.) 904. (Hft. 20.) n. — 40
Steiner, P., Kulturarbeit der Basler Mission in Westafrika. (34 S.) 904. (Hft. 24.) n. — 40
Wurm, Paul, die Religion der Küstenstämme in Kamerun. Nach Berichten der Missionare Keller, Schuler, Spellenberg, Schürle u. Dinkelacker dargestellt. (35 S.) 904. (Hft. 22.) n. — 50
Würz, F., die mohammedanische Gefahr in Westafrika. (26 S.) 901. (Hft. 21.) n. — 40
Heft 1—12. Ebd. 901. 902. n. 4. 50.

Missionsstudien, Basler. 32.—37. Heft. 8. Basel, Basler Missionsbuchh. 3. 70

Bellon, Imman., Kultus u. Kultur der Tschi-Neger im Spiegel ihrer Sprichwörter. (IV, 92 S.) 907. (Heft 33.) 1. —
Dilger, W., Probleme der Missionsarbeit im heutigen Indien. Vortrag beim Missionskurs in Freudenstadt vom 12.—15. X. 1908. (36 S.) 909. (Heft 35.) — 50
— Der indische Seelenwanderungsglaube. (28 S.) 910. (Heft 37.) — 30
Frohnmeyer, L. Johs., die Absolutheit des Christentums u. die indische Mission. (69 S.) 907. (Heft 32.) — 80
Meinhof, Carl, die sprachliche Ausbildung des Missionars. Nach e. Referat f. die erste Missionslehrerkonferenz am 6. u. 7. VII. 1908 in Berlin. (22 S.) 909. (Heft 34.) — 30
Römer, Herm., die Propaganda f. asiatische Religionen im Abendland. (58 S.) 910. (Heft 36.) — 80

Missionsstunden, über. Nürnb. 830. Raw. 1½ gr

Die **Missionstätigkeit** in den **deutschen Schutzgebieten in Afrika** und der Südsee. ⟨Zsgest. unter Mitw. d. einzelnen Missionsgesellsch.⟩ (**Berlin** 1905: E. S. Mittler & Sohn.) (16 S.) 4° [F.]
= **Kolonialblatt, Deutsches.** Jg. 16, No 2. Beil. 2. 05. 12740

Missions-Taube. Nachrichten aus dem Missionsgebiet der Heimath u. des Auslandes. Hrsg. von der evang.-luth. Synodalconferenz von Nordamerika. In deren Auftrag red. von F. Lochner unter Mithilfe von C. F. W. Sapper. 1—4. Jahrg. 1879—1882. à 12 Nrn. (½—1 B.) gr. 8. St. Louis, Mo. (Dresden, H. J. Naumann.) à Jahrg. n. 1. 50

Missions-Taube. Nachrichten aus dem Missionsgebiet der Heimat u d. Auslandes. Hrsg. v. der ev.-luth. Synodalconferenz in Nordamerika. In deren Auftrag red. v. F. Lochner unter Mithilfe v. C. F. W. Sapper. 5—8. Jahrg. 1883—1886. à 12 Nrn. (B.) hoch 4. St. Louis, Mo. (Dresden, H. J. Naumann.) à Jahrg. n. 1. 50

Missions-Taube. Nachrichten aus dem Missionsgebiet der Heimath u. d. Auslandes. Hrsg. f. die ev.-luth. Synodalkonferenz v. Nordamerika v. der Kommission f. die Negermission; red. v. C. J. O. Hanser u. C. F. W. Sapper. 9.—12. Jahrg. 1887—1890. à 12 Nrn. (B.) hoch 4. St. Louis, Mo. (Dresden, H. J. Naumann.) à Jahrg. n. 1. 20

Missions-Taube. Nachrichten aus dem Missionsgebiet der Heimath u. des Auslandes. Hrsg. f. die evang.-luther. Synodalconferenz v. Nordamerika v. der Commission f. die Negermission; red. v. C. J. O. Hanser u. C. F. W. Sapper. 13.—16. Jahrg. 1891—1894. à 12 Nrn (Bog. m. Abbildgn.) hoch 4. St. Louis, Mo. (Zwickau, Schriften-Verein.) à Jahrg. n. 1. 20

Missions-Taube. Nachrichten aus d. Missionsgebiet d. Heimath u. d. Auslandes. Hrsg. f. d. evang.-luther. Synodalconferenz v. Nordamerika v. d. Commission f. d. Negermission; red. v. C. J. O. Hanser u. C. F. W. Sapper. 17. u. 18. Jahrg. 1895—1896. à 12 Nrn. (Bog. m. Abb.) hoch 4. St. Louis, Mo. (Zwickau, Schriften-Verein.) à Jahrg. n. 1. 20

— dasselbe. Red. v. C. F. W. Sapper u. Rich. Kretzschmar. 19. u. 20. Jahrg. 1897—1898. à 12 Nrn. (Bog. m. Abb.) hoch 4. Ebd. à Jahrg. n. 1. 20

Missions-Taube. Nachrichten aus dem Missionsgebiet der Heimath u. des Auslandes. Hrsg. f. die evang.-luther. Synodalconferenz v. Nordamerika v. der Commission f. die Negermission; red. v. Rich. Kretzschmar. 21.—24. Jahrg. 1899—1902. à 12 Nrn. hoch 4. (à ca. 8 S. m. Abbildgn.) St. Louis, Mo. (Zwickau, Schriften-Verein.) à Jahrg. n. 1. 20
Die Jahrgge. 21 u. 22 sind v. C. J. O. Hanser mithrsg.

Missions-Taube. Missionszeitschrift der evangelisch-luther. Synodalkonferenz v. Nordamerika. Red. v. Rich. Kretzschmar. 25.—28. Jahrg. 1903—1906. à 12 Nrn. (à Jahrg. 96 S. m. Abbildgn.) hoch 4. St. Louis, Mo. (Zwickau, Schriften-Verein.) à Jhrg. n. 1. 20

Missions-Taube. Missionszeitschrift der evangelisch-luther. Synodalkonferenz von Nordamerika. Red. von Rich. Kretzschmar u. seit 1909: H. Meyer. 29.—32. Jahrg. 1907—1910. à 12 Nrn. (à Jahrg. II, 96 S. m. Abb.) Lex. 8. St. Louis, Mo. (Zwickau, Schriften-Verein.) à Jahrg. 1. 60

— für Christenkinder. Red.: G. Füßle. Jahrg. 1898. 12 Nrn. (à 4 S. m. Abb.) 8. Stuttgart, Christl. Verlagshaus. n. — 12

— für Christenkinder. Red.: G. Füßle. Jahrg. 1899 u. 1900. à 12 Nrn. 8. (à ca. 4 S. m. Abbildgn.) Stuttgart, Christl. Verlagshaus. à Jahrg. n. — 12

—— die Straßburger. Jahrbüchlein zur Verbreitg. ev.-luth. Missionskunde. gr. 16. (48 S.) Straßb. i. E. 892, (Noiriels Buchh.). * — 20

Missions-Taube, die Straßburger. Jahrbüchlein zur Verbreitg. ev.-luth. Missionskunde. 12. (48 S.) Straßburg 893. (J. Noiriel's Sort.) n. — 20

Missionstraktate. 48 Nrn. 8. (à 4 S. m. 1 Bild.) Friedenau-Berlin 888. Buchh. der Goßner'schen Mission. n.n. — 50

— kleine. Nr. 1—8, 10—15, 17—19, 23—26, 28, 29, 31—64, 66—84. 16. (à 16 S. m. Abbildgn.) Basel, Missionsbuchh. à n. — 4
1. Der Häuptling v. Fallangia. 4. Aufl. 888.
2. Odusinna, der befreite Negerknabe. 4. Aufl. 888.
3. Akatangi, der Glockenläuter. 3. Aufl. 891.
4. Abraham u. seine Trommel. 3. Aufl. 888.
5. Verstoßen u. gefunden. Vier Geschichten aus der Heidenwelt. 887.
6. Das Armenhaus in Talatscheri. 3. Aufl. 885.
7. Die kleine Marie. Nach e. Erzählg. v. L. Harms. 4. Aufl. 894.
8. Oguyomi od. aus der Sklaverei zur Freiheit. 3., veränd. Aufl. 890.
10. Die Christengemeinde auf den Nilagiri. 3. Aufl. 891.
11. Gottes Wort auf den Inseln der Südsee. 11. Aufl. 891.
12. Königin Kapiolani u. der Vulkan Kilauea. Von A. Ostertag. 3. Aufl. 893.
13. Pitcairn u. Norfolk. 3. Aufl. 892.
14. Ein Sturm im Hafen v. Bombay. Von Huber. 3. Aufl. 891.
15. Die Reise der ersten Missionskinder von Indien nach Europa. Von Huber. 3. Aufl. 891.
17. Allen Gardiner. Sein Tod u. dessen Frucht im Feuerlande. 887.
18. Wie's Heidenkindern gehen kann. 887.
19. Drei Hindu auf der Suche nach e. Heiland. 888.
23. Züge aus der barmanischen Mission. 4. Aufl. 892.
24. Bartimäus, der blinde Prediger. 2. Aufl. 878.
25. Der „gute schwarze Doktor". 3. Aufl. 887.
26. Tschin, der arme Chinesenknabe. 3. Aufl. 888.
28. Ernstes u. Heiteres aus der Südsee. 11. Aufl. 888.
29. Das Evangelium in China. 3., umgearb. Aufl. 890.
31. Paulo Mohenu, der bekehrte Fetischpriester. 3., ergänzte Aufl. 894.
32. Etwas vom indischen Heidenleben. 2. Aufl. 890.
33. Dschiwamma od. wie e. Hinduweib den Heiland fand. 3. Aufl. 883.
34. Der kleine Ludwig. Eine wahre Geschichte. 5. Aufl. 882.
35. Der Götze Dschagannath. 11. Aufl. 885.
36. Die Missionsanfänge in Labrador. 5. Aufl. 887.
37. Wasserquellen in der Wüste. 3. Aufl. 887.
38. Die Kols in Tschutia-Nagpur. 4. Aufl. 887.
39. Die Schanar in Tinnewell. 3. Aufl. 887.
40. Kindersinn u. Kinderglück in e. Mädchenanstalt in China. 891.
41. Wie die Heiden beten. 888.
42. Das Waisenhaus in Bettigeri, beschrieben v. e. Missionsfrau. 2. Aufl. 878.
43. Der kleine Pelikan, od. was aus e. Indianer werden kann. 879.
44. Bibellesen säumet nicht. 2. Aufl. 888.
45. Ein australischer Erstling. 2. Aufl. 887.
46. „Weg' hat Gott allerwegen" od. wie die Insel Nukulaelae christlich wurde. 2. Aufl. 888.
47. Heidenmission in London. 2. Aufl. 887.
48. John Wood. Ein Lebensbild aus der westafrikan. Mission. Von Paul Steiner. 2. Aufl. 893.
49. Schatten u. Licht in der Mission. 2., überarb. Aufl. 893.
50. Von drei Buddhistenpriestern, die Christen geworden. 2. Aufl. 894.
51. Auch Muhammedaner bekehren sich. 2. Aufl. 894.
52. Die Bibel in Indien. 2. Aufl. 894.
53. Ein Missionar in kaiserl. russischer Uniform. (Burchard Friedrich Lemm.) 894.
54. Allerlei zur Beherzigung. 2. Aufl. 892.
55. Einige Früchte der Missionsarbeit in China. 2. Aufl. 893.
56. Eine Barmanen-Familie. 4. Aufl. 894.
57. Das Waisenhaus in Benares. 11. Aufl. 894.
58. Etwas v. den Negern in Amerika. 882.
59. Eine traurige Geschichte aus Guiana. 882.
60. Ein deutscher Freimissionar unter den Santals. 882.
61. Kämpfe u. Siege im hl. Kriege. Von Ch. Irion. I. Drei Erstlinge. 883.
62. — dasselbe. II. Drei kostbare Geschenke. 883.
63. — dasselbe. III. Drei Frauen-Bekehrungen. 883.
64. — dasselbe IV. An zwei Sterbebetten in China. 883.
66. Heidnische u. christliche Totenklage in Indien. 890.
67. Vater Rene's letzte Fahrt od. im Schneesturm begraben. 891.
68. Wie es im Kongostaat zugeht. 891.
69. Glückliche Christenkinder, unglückliche Heidenkinder od. was Christenkinder vor Heidenkindern voraushaben. 893.
70. Furchtlos u. treu. Eine Begebenheit aus der westafrikan. Mission. 893.
71. Der Negerkönig Khama, e. christlicher Menschenfreund Südafrikas. 893.
72. Durch Sklaverei zur Freiheit od. was e. schwarzer Gemeindeältester erzählen kann. 892.
73. Kommt her zu mir. Von W. Haslam. 892.
74. Ihr werdet Ruhe finden. Von W. Haslam. 892.
75. Missionshelden. Aus den Schreckenstagen v. Borneo. 893.
76. Durch Kampf zum Sieg. Ein Bild aus dem ind. Missionsleben. Von B. Lüthi. 893.
77. Unsere Kameruner Jugend. Der deutschen Kinderwelt erzählt v. Fr. Autenrieth. 893.
78. Deutsche Bahnglocken in Kamerun. 893.
79. Im Norden Indiens. Züge aus dem ind. Missionsleben. Von e. Missionsfrau. 893.
80. Eine Weihnachtsfeier in Kamerun. Frei erzählt nach Mitteilgn. v. A. Scholten. 894.
81. Wunderbar geführt od. wie zwei Heidenkinder den Heiland gefunden. 894.
82. Unter den Negerkindern v. Togo. 894.
83. Ein japanischer Georg Müller. 894.
84. Paul Tschandren, ein Knecht Gottes in Indien. 894.

Missions-Traktate, kleine. Nr. 9, 16, 20—22, 27, 30 u. 65. 16. (à 16 S.) Basel 889. Missionsbuchhandlg. à n. — 4
9. Unter den Indianern in Guiana. 3. Aufl.
16. Verloren u. gefunden. Von F. Würth. 3. Aufl.
20. Weihnachten im Heidenland.
21. Im Getümmel e. indischen Götzenfests.
22. Lasset die Kindlein zu Mir kommen.
27. Die gute Hand Gottes in der Mission. 3. Aufl.
30. Die Mädchenanstalten in Hongkong u. Tschongtshun. 3. Aufl.
65. Geschichte zweier Missionsbüchsen.

— dasselbe. Nr. 12 u. 13. 16. Barmen 889. Comptoir d. Missionshauses. à n. — 5
12. Ein Schäfchen aus dem andern Stalle. Von Zimmer. (15 S.)
13. Was die Liebe vermag. 3 Erzählgn. v. Zimmer. (24 S.)

Missionstraktate, kleine. Nr. 8, 10, 11 u. 14—21. 16. (à ca. 16 S. m. Abb.) Barmen, Comptoir d. Missionshauses. n. — 54
8. Lioba, e. Missionarin in Deutschland vor 1100 Jahren. 875. n. — 04
10. Der weiße u. der braune Johannes. Von Zimmer. 2. Aufl. 890. n. — 05
11. Megö, der Negerknabe. Von Zimmer. 2. Aufl. 891. n. — 05
14. Der Knabe auf d. Kirchhofe. Von Zimmer 891. n. — 05
15. Der aussätz. Evangelist Immanuel auf Sumatra. Von Zimmer. 891. n. — 05
16. Leben u. Sterben e. Battaknaben v. Sumatra. Von Zimmer. 891. n. — 05
17. Wie d. Herr s. Missionare beruft. 892. n. — 05
18. Magdalene Engelbrecht. od. Ein Brand, aus d. Feuer errettet. E. Lebensbild aus d. Nama-Mission. Von Wandres. 892. n. — 05
19. Warum treiben wir Mission? Gespräch m. e. südruss. Kolonisten üb. d. Mission. Von Keller. 893. n. — 05
20. Der schwarze u. d. braune David. Von Zimmer. 893. n. — 05
21. Ein Mörder u. e. Kopfabschneider, ihre Bekehrg. u. Taufe. Von Zimmer. 893. n — 05

Missions-Traktate, kleine. Nr. 1 u. 22—37. gr. 16. (à ca. 16 S. m. Abbildgn.) Barmen, Comptoir des Missionshauses. à n. — 05
1. Wie aus e. bösen Heiden e. lieber Christ wurde. Von Zimmer. 3. Aufl. (15 S. m. Abbildgn.) 897.
22. Ein bekehrter Opiumraucher. Von J. Genähr. 898.
23. Der schwarze Kaffer, od. der Löwe wird ein Lamm. Von Zimmer. 897.
24. Wie e. heidnischer Prinz e. Christ u. Prediger f. sein Volk wird. Von Zimmer. 897.
25. Das Evangelium e. Kraft Gottes. Von J. Genähr. 898.
26. Leben u. Sterben des Battachristen Gerhard Huta Pea. Beschrieben v. seinem Bruder Timotheus. 898.
27. Wang Kingfu. Seliges Sterben e. geheiligten Chinesen. 898.
28. Elisabeth u. Anna. Zwei schlichte Lebensbilder aus der Nama-Mission. 899.
29. Paulus, der blinde. 899.
30. Wilhelm u. Martua Radja Israel. Kurze Lebensbilder aus Sumatra. 899.
31. Heimgang, seliger, v. Kindern. Ein Büchlein aus der Mission f. Kinder. 900.
32. Ein Schiffsgespräch üb. die Mission. Von J. Genähr. 901.
33. Zwei Bataknaben. Von J. Meerwaldt. 901.
34. Hochzeit, e., m. Fieber u. e. Hochzeitsreise m. Todesgefahr. 901.
35. Priesterin, eine alte, die erste Christin auf der Westküste von Nias. 901.
36. Jugendtage zweier niassischer Dorfgenossen. 901.
37. Von schwarzen, braunen u. gelben Kindern 901.

Missionstraktate, kleine. Nr. 18, 34, 42, 43, 58—60, 63 u. 85—90. 16. (à 16 S. m. Abb.) Basel, Missionsbuchh. à n. — 04

18. Wie 's Heidenkindern gehen kann. 2. Aufl. 897.
34. Der kleine Ludwig. Eine wahre Geschichte. 6. Aufl. 895.
42. Das Waisenhaus in Bettigeri. 3. Aufl. 897.
43. Pelikan, der kleine, od. was aus e. Indianer werden kann. 2. Aufl. 897.
58. Etwas v. d. Negern in Amerika. 2. Aufl. 896.
59. Geschichte, e. ergreifende, aus Guiana. 2. Aufl. 897.
60. Ein deutscher Missionar unt. d. Santals. 2. Aufl. 895.
63. Frauen-Bekehrungen, die, in Indien. 2. Aufl. 897.
85. Bilder aus d. indischen Kinderleben. Von S. Limbach. 895.
86. Die Hindukinder u. ihr Heiland. Von S. Limbach. 896.
87. Die Mission unsere Pflicht, unsere Ehre. 896.
88. Wie e. blinder Neger wieder sehend wurde! Eine wahre Begebenheit aus d. westafrikan. Mission. Von P. Steiner. 897.
89. Blick, e., in e. afrikan. Mädchenanstalt. Von M. E. 897.
90. Sebastian, d. vielgereiste Neger. Von P. Steiner. 897.

— **kleine.** Nr. 2. 4—6, 17, 24—28, 33, 35, 61, 62, 64, 77, 78 u. 80. gr. 16. (à 16 S. m. Abbildgn.) Basel, Missionsbuchh. à n. — 04

2. Odusinna, der befreite Negerknabe. 5. Aufl. 900.
4. Abraham u. seine Trommel. 4. Aufl. 898.
5. Verstoßen u. gefunden. 4 Geschichten aus der Heidenwelt. 2. Aufl. 900.
6. Armenhaus, das, in Talatscheri. 4. Aufl. 900.
17. Unter den Pescherähs. Allen Gardiner's Tod u. dessen Frucht im Feuerlande. 2. Aufl. 901.
24. Ein Prophetenspruch u. seine Erfüllung. Eine Schilderg. aus Süd-Afrika. Von P. D. v. Blomberg. 899.
25. Doktor, der gute schwarze. 4. Aufl. 900.
26. Tschin, der arme Chinesenknabe. 9. Aufl. (16 S.) 899.
27. Hand, die gute, Gottes in der Mission. 4. Aufl.
28. Ernstes u. Heiteres aus der Südsee. 12. Aufl.
33. Dschiwamma od. Wie ein Hinduweib den Heiland fand. 4. Aufl. 899.
35. Dschagannath, der Götze. 12. Aufl. 900.
61. Um den Abend wird es licht sein. Von S. Rottmann. 901.
62. In der Jugend gesät, im Alter geerntet. Aus dem Leben des Missionars John Paton. Von Line Elpénor. 900.
64. Auf e. indischen Heidenfest. Von Dalmelhuber. 900.
77. Unsere Kameruner Jugend. Der deutschen Kinderwelt erzählt. Von Fr. Autenrieth. 2. Aufl. 898.
78. Bahnglocken, deutsche, in Kamerun. 2. Aufl. 899.
80. Eine Weihnachtsfeier in Kamerun. Frei erzählt nach Mitteilungen v. A. Scholten. (2. Aufl.) 900.

Missions-Traktate, kleine. Nr. 38—46. gr. 16. Barmen, Comptoir des Missionshauses. à n. — 05

38. Sise, e. niassisches Christenmädchen. (903.)
39. Papuakinder, die, in der Schule. (903.)
40. Und das war e. Hottentott! 3 Geschichten. Von J. Olpp. (15 S. m. Abbildgn.) (904.)
41. Rebekka, e. treues Hereromädchen. (16 S. m. Abbildgn.) (904.)
42. Vom Hirtenjungen zum Evangelisten. Von F. Bernsmann. (16 S. m. Abbildgn.) 904.
43. Mörder, e., u. e. Kopfabschneider, ihre Bekehrung u. Taufe. (15 S. m. Abbildgn.) (905.)
44. Mädchen, e. dajakisches, das gerne e. Christin werden wollte u. auch wurde. (16 S. m. Abbildgn.) (905.)
45. (15 S. m. Abb.) (906.) — 46. (16 S. m. Abbildgn.) (906.)

Missions-Traktate, kleine. Nr. 47. (19 S. m. Abbildgn.) 16. Barmen 907. Comptoir des Missionshauses. — 05

Fortsetzg., s.: Missionsschriften, rheinische.

Missionstraktate

— **rheinische.** Nr. 28, 33—36. 8. (Mit Abbildgn.) Ebd. 889. n. — 55

28. Leben u. Sterben e. Missionarstochter aus Borneo. 2. Aufl. (32 S.) n. — 15
33. Reiseerlebnisse e. Hereromissionars od. „Der Herr ist mein Hirte". Von Viehe. (23 S.) n. — 10
34. Johanne Kariko. Ein Bild aus der Hereromission. Von Viehe. (12 S.) n. — 10
35. Wie der Herero lebt u. stirbt od. die Gottlosen haben keinen Frieden. (15 S.) n. — 10
36. Munson u. Lyman, zwei Blutzeugen Christi auf Sumatra od. die Anfänge der Mission unter den Battas. (30 S.) n. — 10

— **rheinische.** Nr. 1, 3, 4, 8, 9, 12—15, 19, 21, 27, 31, 37—75. 8. u. gr. 8. (M. Abb.) Barmen, Comptoir des Missionshauses. n.n. 7. 30

Inhaltsübersicht in alphabetischer Ordnung:

Baur, Wilh., John Coleridge Patteson, Missionsbischof v. Polynesien. E. Märtyrerbild aus d. Mission d. Gegenwart. 2. Aufl. [Aus: „Allg. Missions-Zeitschr."] (31 S.) 893. (Nr. 1.) n.n. — 15

Bergmann, die Missionsstation Siar in Kaiser Wilhelmsland. (27 S.) 891. (Nr. 62.) n.n. — 10

Brackes, Fr. E., vom Manne m. dem Loch in der Backe. Für die Leser des „Kleinen Missionsfreundes". 2. Aufl. (32 S.) 890. (Nr. 9.) n.n. — 10

Brincker, P. H., aus d. Hererolande. Erinnergn. an Kriegswirren u. missionar. Friedensarbeit. 1. Tl. Die Herero-Mission während des Krieges von 1863—1870. (63 S.) 896. (Nr. 71.) n. — 20

— Dasselbe. 2. Tl. Zehn Jahre Friede u. Ausbreitg. d. Herero-Mission bis zum Ovamboland. (64 S.) 896. (Nr. 72.) n. — 20

— Dasselbe. 3. Tl. Vierzehnjähr. Kriegeswirren u. Entwicklg. d. Mission während derselben. 8. (53 S. m. Abb.) 897. (Nr. 73.) n. — 20

Bruch, A., der Battak wie er leibt u. lebt, von s. Geburt an bis zu s. Tode, beschrieben. (56 S.) 895. (Nr. 69.) n. — 20

— E. Besuch auf Samosir. (24 S.) 894. (Nr. 57.) n.n. — 10

Dietrich, Züge aus d. Missionsarbeit in China. (16 S.) (893.) (Nr. 47.) n.n. — 10

— Dasselbe. 2. Reihe. (28 S.) 895. (Nr. 63.) n.n. — 10

Eich, Fr., die rheinische Mission in Kaiser Wilhelms-Land. (23 S.) 893. (Nr. 53.) n.n. — 15

Faber, Ernst, Bilder aus China. I. (2. Aufl.) (48 S.) 893. (Nr. 12.) n. — 20

— Dasselbe. II. (48 S.) 877. (Nr. 13.) n. — 20

Fehr, drei Christenfrauen auf Nias. [Aus: „Kleiner Missionsfreund."] (23 S.) 891. (Nr. 44.) n.n. — 10

Feige, ein Besuch in Borneo. (48 S.) 884. (Nr. 27.) n. — 30

— zwei Brüder. Schlichte Lebensbilder aus d. Dajakken-Mission. (32 S.) 895. (Nr. 65.) n.n. — 10

Fickenschmidt, W., Erinnergn. aus Pulu-Tello. (23 S.) 895. (Nr. 68.) n.n. — 15

Genähr, J., Christ u. Heide. Ein Zwiegespräch, übers. u. bevorwortet. (40 S.) 895. (Nr. 67.) n. — 20

— Frauen u. Mädchen in China. (24 S.) 895. (Nr. 66.) n.n. — 10

Huaarata, Titus, aus Trübsalstagen. Übers. u. eingeleitet von Tannert. (16 S.) 894. (Nr. 55.) n.n. — 10

Judt, Gert, Dausab. Lebensbild e. treuen Namaqua-Aeltesten. (16 S.) 894. (Nr. 59.) n.n. — 10

Kriebe, Ed., das erste Jahrzehnt auf Sipirok. [Aus d. Archiv d. Barmer Missionshauses.] (24 S.) 891. (Nr. 42.) n.n. — 10

Krone, R., aus d. Leben d. Missionar R. K. 3. Aufl. (67 S.) 895. (Nr. 61.) n. — 20

Maus, C., der chinesische Evangelist Tso Kwang. (23 S.) 894. (Nr. 56.) n.n. — 10

— aus d. Leben d. Frau Missionar Krolczyk. (16 S.) 894. (Nr. 54.) n.n. — 10

Nisinna, Joseph, e. japan. Christ, Prediger u. Erzieher. (23 S.) 895. (Nr. 64.) n.n. — 10

Olpp, J., Bilder aus d. Missionsarbeit unter d. Namas in Südwestafrika. (46 S.) 893. (Nr. 48.) n. — 20

— aus d. Missionsleben in Südwest-Afrika. (30 S.) 890. (Nr. 39.) n.n. — 15

Püse, H., Lebens- u. Leidensgeschichte zweier Missionarsfrauen auf Sumatra. Nach Aufzeichngn. (63 S.) 896. (Nr. 74.) n. — 20

Schreiber, Aug., d. Arbeitsgebiete d. rhein. Mission. gr. 8. (72 S. m. Abb.) 897. (Nr. 75.) n. — 25

— zweiter Besuch auf Sumatra. (48 S.) 882. (Nr. 19.) n. — 30

— dritter Besuch auf Sumatra. (48 S.) 891. (Nr. 43.) n.n. — 15

Stursberg, zwei Christenfrauen auf Borneo. (24 S.) 896. (Nr. 70.) n.n. — 10

Thomas, J. W., drei Jahre in Südnias. Erlebnisse. (52 S.) 892. (Nr. 46.) n.n. — 15

Uebersicht, kurze, üb. d. fünfzigjähr. Missionsarbeit im Hererolande. (Bericht auf d. Generalversammlg. d. märk. Missionsgesellschaft in Hagen am 24. Mai 1894.) (24 S.) 894. (Nr. 58.) n.n. — 10

Viehe, unter d. Hereros. (40 S.) 890. (Nr. 40.) n.n. — 15

Warneck, G., die Mission e. Geduldswerk. 2. Aufl. [Aus: „Beiblatt d. Allg. Missions-Zeitschr."] (19 S.) 893. (Nr. 3.) n.n. — 10

Weinet nicht! od.: D. Leben u. sel. Heimgang e. lieben Kindes. 2. Aufl. (24 S.) 890. (Nr. 15.) n.n. — 10

Westhoff, J. P. H., John Williams, e. Held unter d. Missionaren der Neuzeit. Nach dem Holl. (46 S.) 882. (Nr. 21.) n. — 20

Zimmer, Geo., als Sklavenkinder geboren, als Gotteskinder gestorben. (20 S.) 892. (Nr. 45.) n.n. — 10

— aus d. Leben e. Missionarsfrau auf Sumatra. (24 S.) 893. (Nr. 49.) n.n. — 10

— Johannes Emde, Vater der Mission auf Ostjava. (20 S.) 893. (Nr. 51.) n.n. — 10

— Erinnergn. an Borneo. F. d. liebe Jugend. 4. Aufl. (IV, 102 S.) 890. (Nr. 4.) n. — 20

— der Häuptlingssohn. E. Geschichte aus Borneo f. die liebe Jugend. (23 S.) (889.) (Nr. 37.) n.n. — 10

— durch Knechtschaft zur Freiheit. (15 S.) (885.) (Nr. 31.) n.n. — 10

— Leben u. Sterben zwei früh vollend. Missionare f. ihre großen u. kleinen Freunde. (24 S.) 891. (Nr. 41.) n.n. — 10

— Lebensgeschichte e. alten Dajakin. (20 S.) (874.) (Nr. 8.) n.n. — 10

— d. Macht d. Gnade an armen Sündern. (24 S.) (893.) (Nr. 50.) n.n. — 10

— e. Predigtreise ins Reisfeld. (15 S.) 893. (Nr. 52.) n.n. — 10

— Julius Sandan od. Lebensbeschreibg. e. Dajakken auf d. Südküste v. Borneo. 2. Aufl. (27 S.) 89 . (Nr. 14.) n.n. — 10

— d. Sonntagsschulen in d. Heidenwelt. (28 S.) 894. (Nr. 60.) n.n. — 10

— wie d. kindliche Glaube siegt. Aus d. Leben e. Christin auf Borneo. (16 S.) (889.) (Nr. 38.) n.n. — 10

— rheinische. Nr. 82, 88—108 u. 110—114. (Mit Abbildgn.) Barmen, Comptoir des Missionshauses. n. 3. 85
82. Der Sklaverei entronnen. Die Lebensgeschichte e. Pandita-Batak. Von J. H. Meerwaldt. gr. 8. (67 S.) 899. n. —20
88. Unter Kannibalen auf Samosir. Von H. Püse. 12. (43 S.) 899. n. —10
89. Neue Sammlung v. Lebensbildern aus der rhein. Mission. Aus den Missionsschriften unserer Gesellschaft ausgezogen u. zusammengestellt. Von Rud. Wegner. (67 S.) 899. n. — 10
90. Unter den Dajakken auf Beto. Tagebuchblätter. Von Herm. Sundermann. 1. Hft. Tameanglajang; Gründg. der Station Beto. 12. (37 S.) 899. n. — 10
91. Dasselbe. 2. Hft. Missionars Freud, Leid, Arbeit. 12. (31 S.) 899. n. — 10
92. Dasselbe. 3. Hft. Die Macht des Heidentums unter den Dajakken. 12. (27 S.) 899. n. — 10
93. Dasselbe. 4. Hft. Abschied v. Beto; Heimreise; letzte Nachrichten v. Beto. 12. (30 S.) 899. n. — 19
94. Erstlinge v. den Arbeitsgebieten der rheinischen Mission. 12. (48 S.) 899. n. — 10
95. Ovamboland. Von J. F. Himmelreich. 1. Hft. Land, Leute, Heidentum der Ovambo. 12. (20 S.) 900. n. — 10
96. Dasselbe. 2. Hft. Geschichte der Mission unter den Ovambo. 12. (24 S.) 900. n. — 10
97. Wie e. Sombaon zu Ehren kam od.: Die Entwicklung der Missionsarbeit in Pausur na pitu. Von J. H. Meerwaldt. gr. 8. (63 S.) 900. n. — 20
98. HErrn, dem, geweiht. Ein Frauenleben im Dienste der Mission. 12. (20 S.) 900. n. — 10
99. Freuden u. Leiden auf e. Missionsstation in Deutsch-Südwestafrika. Von W. Schaar. gr. 8. (41 S.) 900. n. — 15
100. Allerlei Bilder aus meinem Missionsleben. Von H. Riechmann. (Eine Ergänzg. zu „Unter den Zwartbooïs".) gr. 8. (46 S.) 900. n. — 15
101. Unsere Ovambo-Mission, sowie Land, Leute, Religion, Sitten, Gebräuche, Sprache, usw. der Ovakuánjama-Ovámbo, nach Mitteilgn. unserer Ovambo-Missionare zusammengestellt. Von P. H. Brincker. gr. 8. (76 S. m. 1 Karte.) 900. n. — 25
102. Im Dienst des Evangeliums. Von Aug. Lett. 1. Hft.: Ein Vorbereitungs- u. Reisejahr. (103 S. m. 1 Karte.) gr. 8. 901. n. — 25
103. Dasselbe. 2. Hft.: Aus den Tagen der Anfänge. gr. 8. (80 S.) 901. n. — 25
104. Dasselbe. 3. Hft.: Ernste u. heitere Erlebnisse. gr. 8. (93 S.) 901. n. — 25
105. Dasselbe. 4. (Schluß-)Hft.: Durch Kampf zum Sieg. gr. 8. (107 S.) 901. n. — 25
106. Fetero od. Der goldene Faden der vorbereitenden und berufenden Gnade Gottes. gr. 8. (51 S.) 901. n. — 20
107. Die christl. Heilsbotschaft u. der Islam. Von Frdr. Sandmann. gr. 8. (24 S.) 901. n. — 10
108. Elia Kandirikirira. Lebensbild e. Herero-Evangelisten. Nach den Aufzeichngn. der Frau Eich. gr. 8. (20 S.) 901. n. — 10
110. Deren die Welt nicht wert war. Berichte üb. Verfolgungen chines. Missionare. Von J. Genähr. 8. (31 S.) 901. n. — 10
111. Die Wirren in China in neuer Beleuchtung. Ein Salongespräch üb. die Mission. Von Imman. Genähr. gr. 8. (24 S.) 901. n. — 10
112. Sastra u. Sira'isa od. die mich frühe suchen, finden mich. Von J. A. Fehr. 8. (20 S.) 901. n. — 10
113. China u. die Chinesen. Von J. Genähr. 8. (28 S.) 901. n. — 10
114. Das Reich der Mitte. Von C. Maus. 8. (20 S.) 901. n. — 10
Vergl.: Missionsschriften, rheinische.

— rheinische. Nr. 122—124, 126 u. 127. kl. 8. Ebd. n. — 70
122. Johannes Pasaribu, e. Pandita batak. Nach den Aufzeichnungen v. Meerwaldt. (40 S. m. Abbildgn.) 904. n. — 15
123. Mission, die rheinische, in Kaiser Wilhelms-Land. 2. umgearb. Aufl. (51 S. m. Abbildgn.) 904. n. — 20
124. Aus den Anfangstagen der Ovambomission. Nach den Aufzeichngn. von Wulfhorst. (34 S.) 904. n. — 15
126. Christen, chinesische. (30 S. m. Abbildgn.) 906. n. — 10
127. Häuptlinge, niassische, od.: Er wird die Starken zum Raube haben. (31 S. m. Abbildgn.) (906.) n. — 10
Vergl.: Missionsschriften, rheinische.

Missions-Unfug der Jesuiten. Dargelegt in den Predigten v. Burgstaller, Damberger, Schlosser an's Schweizervolk. 8. (21 B.) Bern 843. (Fischer.) *

Missionsverein, der, od. d. Jesuiten in Hessen. Stimme e. Kurhessen. Warnend f. Fürst u. Volk, f. Gegenwart u. Zukunft. 8. (1 B.) Leipzig 834, (Günz.)

Missionsverein, der, oder die Jesuiten in Hessen. Stimme eines Kurhessen. Warnend für Fürst und Volk, für Gegenwart und Zukunft. 8. Leipzig 834. (Schaarschmidt) 1/12 ₰

Missions-Verein des heil. Bonifazius. Linz. Dr. von J. Feichtingers Erben. (2 Bl. 8.) 1857.

Missions-Verein u. luther. Kirche in Bayern. Wie ist's gekommen, wie steht es, wie soll es gehen? gr. 8. (32 S.) Nürnberg 851, Raw. 3 ngr

Missionsversammlung und Pastoral-Conferenz, allgemeine, am 3. und 4. Septbr. 1861 in Gadebusch. gr. 8. (50 S.) Güstrow 861, Opitz und Comp. *
Aus dem „Neuen mecklenburg. Kirchenblatt" besonders abgedruckt.

Missions-Vorträge, acht, geh. bei der constituir. Versammlg. d. allgemeinen evangelisch-protestant. Missionsvereins in Weimar am 4. u. 5. Juni 1884 v. Furrer, Hesse, Buß, Kirchhoff u. Kesselring, Ritter, Vogelgesang u. Nippold. gr. 8. (III, 83 S.) Frankfurt a/M. 884. Diesterweg. n. 1. —

Missions-Wandbilder, hrsg. v. der Missionskonferenz im Königr. Sachsen. 1. Serie. Deutsch-Ostafrika. 3 Blatt à 60×80 cm. Farbdr. Nebst: Text-Heft. gr. 8. (21 S.) Dresden (898). Fr. Richter. n. 6. —

Missionswege innerhalb der deutschen protestantischen Christenheit während der Jahre 1857—1859. IV. Bericht des Central-Ausschusses für die innere Mission der deutschen evangelischen Kirche, in dessen Auftrage erstattet von F. Oldenberg. Hamburg 860. Agentur des Rauhen Hauses. gr. 8. (IV, 146 S.) n. 7½ ngr

Missions-Weltkarte. 7. Aufl. Chromolithogr. in-fol. Mit Text in-8°, 22 S. Basel, Missionsbuchhandlung. 1888. — 25

Missions-Weltkarte mit Begleitwort. 9. umgearbeitete Aufl. 1 Bl. fol. + 24 S., *in Umschlag*, 8. Basel, Missions-Buchhandlung, 1903. [fr. —. 30]

Missionswerk, das, der evangelischen Brüdergemeine. [2., verm. Ausg.] gr. 8. (VI, 119 S.) Gnadau 881. Unitäts-Buchh. n. — 70

Missions-Zeitschrift, allgemeine. Monatshefte f. geschichtl. u. theoret. Missionskunde. In Verbindg. m. e. Reihe Fachmänner unter specieller Mitwirkg. v. Th. Christlieb u. R. Grundmann hrsg. v. G. Warneck. 1. u. 2. Bd. Jahrg. 1874 u. 1875. à 12 Hfte. (à 40 S.) gr. 8. Gütersloh, Bertelmann's Verl. à Jahrg. n. 6. —

— dasselbe. 3. Bd. Jahrg. 1876. 12 Hfte. gr. 8. (à Hft. 64 S.) Ebend. n. 7. 50

Missions-Zeitschrift, allgemeine. Monatshefte für geschichtliche u. theoretische Missionskunde. In Verbindung mit einer Reihe Fachmänner unter specieller Mitwirkung von Th. Christlieb u. R. Grundemann hrsg. von G. Warneck. 4—9. Bd. Jahrg. 1877—1882. à 12 Hfte. gr. 8. (à Hft. ca. 64 S.) Gütersloh, Bertelsmann. à Jahrg. n. 7. 50

Missions-Zeitschrift, allgemeine. Monatshefte f. geschichtl. u. theoret. Missionskunde. In Verbindg. m. Th. Christlieb u. R. Grundemann hrsg. v. G. Warneck. 10—13. Bd. Jahrg. 1883—1886. à 12 Hfte. gr. 8. (1. Hft. 64 S.) Gütersloh, Bertelsmann. à Jahrg. n. 7. 50

Missions-Zeitschrift, allgemeine. Monatshefte f. geschichtl. u. theoret. Missionskunde. In Verbindg. m. Th. Christlieb u. R. Grundemann hrsg. v. G. Warneck. 14.—17. Bd. Jahrg. 1887—1890. à 12 Hfte. gr. 8. (à Hft. ca. 70 S.) Gütersloh, Bertelsmann. à Bd. n. 7. 50

Missions-Zeitschrift, allgemeine. Monatshefte f. geschichtl. u. theoret. Missionskunde. In Verbindg. m. F. M. Zahn u. R. Grundemann hrsg. v. Gust. Warneck. 18.—21. Bd. Jahrg. 1891—1894. à 12 Hfte. (à ca. 4 Bog.) gr. 8. Gütersloh, C. Bertelsmann. à Jahrg. n. 7. 50

Missions-Zeitschrift, allgemeine. Monatshefte für geschichtl. u. theoret. Missionskunde. In Verbindg. m. F. M. Zahn u. R. Grundemann hrsg. v. Gust. Warneck. 22. Jahrg. 1895. 12 Hfte. (à ca. 4 Bog.) gr. 8. Gütersloh, C. Bertelsmann. n 7. 50

— dasselbe. 23.—25. Jahrg. 1896—1898. à 12 Hfte. (à ca. 4 Bog.) gr. 8. Berlin, M. Warneck. à Jahrg. n. 7. 50

— dasselbe. Repertorium zu Bd. 1—25: 1874—1898. Von Philipp Horbach. Mit Vorwort v. Carl Mirbt. (XXII, 561 S.) gr. 8. Gütersloh 903. C. Bertelsmann. n. 7. —; geb. n. 8. —

Missions-Zeitschrift, allgemeine. Monatshefte f. geschichtl. u. theoret. Missionskunde. In Verbindg. m. Buchner u. R. Grundemann hrsg. v. Gust. Warneck. 26.—29. Bd. Jahrg. 1899—1902. à 12 Hfte. gr. 8. (à ca. 48 u. 16 S.) Berlin, M. Warneck. à Jahrg. n. 7. 50

— dasselbe. Repertorium zum 26.—30. Bd., s.: Horbach, Ph.

Missions-Zeitschrift, allgemeine. Monatshefte f. geschichtl. u. theoret. Missionskunde. In Verbindg. m. Buchner u. R. Grundemann hrsg. von Gust. Warneck. 30.—33. Bd. Jahrg. 1903—1906. à 12 Hefte. (595, 564, 575 u. 576 S.) gr. 8. Berlin, M. Warneck. à Jhrg. n. 7. 50

Missions-Zeitschrift, allgemeine. Monatshefte f. geschichtl. u. theoret. Missionskunde. In Verbindg. m. Jul. Richter u. R. Grundemann hrsg. v. Gust. Warneck. 34.—37. Bd. Jahrg. 1907—1910. à 12 Hefte. (à ca. 48 u. 16 S.) 8. Berlin, M. Warneck. 34. u. 35. Bd. à 7.50; 36. u. 37. Bd. à 8.—; f. Mitglieder e. Missionskonferenz nn 6. 50

Missions-Zeitung. Herausgeber: die Geistlichen der Pfarrkirche in Züllichau. 1843—1846. à 26 Numm. (1/2 Bog.) 4. Züllichau, Sporleder. à n. 1/3 ℛ

Missions-Zeitung, allgemeine. Hrsg. v. J. H. Brauer. 1—3. Jahrg. 1845—47. à 26 Nrn. (Bog.) gr. 8. Hamburg, Perthes, Besser u. Mauke. à J. *

Missions-Zeitung, allgemeine. Hrsg. von J. H. Brauer. 4—7. Jahrg. 1848—51. à Jahrg. 24 Nrn. (Bog.) 4. Hamburg, (Perthes-Besser und Mauke.) à Jahrg. *
1—3. Jahrg. 1845—47. Ebendas. à Jahrg. * 1 Thlr. 10 Ngr.

Missionárnj-Knjžkaka, toliká, nebo: Uwedenj ku křestanskému žiwotu. Wydaná od shromáždenj neyswětěyssjho Wykupitele. Sjesté wydánj. 16. (Mit Titelkpfr.) Wien 842. (Leipzig, Fr. Fleischer.) n. 5/12 ℛ

Missir, Peter Theod. [illegible] Die Resolutivbedingung und ihre Wirkung. Berlin (1879). 81 S., 8°
Berlin, Jur. Diss. v. 29. Apr. 1879

Mississippi und Alabama, s.a. B r o m m e, Traugott

Mississippi und Alabama. Geographisch-statistisch-topographische Skizzen ... Baltimore 1837. V: *Bromme, Traugott*. (EngG)

Mississippi Blätter: Jahrgang 1—81, no. 174, 1857—Sept. 11, 1938.
Sunday edition of WESTLICHE POST. Has supplement, published 1875?—1881? Folio, each issue 16—48 pages. Circulation 1870, 12,000; 1880, 8000; 1890, 15,000; 1895, 25,000; 1900, 77,000; 1910, 60,000; 1917, 25,358, 1925, 21,111; 1929, 14,450.
St. Louis, MO

Der Mississippi Bote: Jahrgang I, no. 1—20, Nov 5, 1870— Mar 17, 1871
Non-partisan weekly. Sub-title: Ein wöchentliches Volksblatt, gewidmet den Interessen der Deutschen des Nordwestens. Edited & published by Carl F. Herrmann.
Winona, MN

Mississippi Handels-Zeitung: 1857—1861?
Weekly trade journal. Large quarto, illustrated. Edited by Robert Widmar, Dr. Koch, & Joseph Bauer, 1857—61?; published by Robert Widmar, 1857—61. Conducted excellently by Widmar, a former physician, until destroyed by fire in 1861. Then it became ST. LOUIS JOURNAL OF COMMERCE.
St. Louis, MO

Mississippi-Schulbote, der. Ein Monatsblatt hersg. von Heinr. Werz u. C. Beyschlag. 1—5. Jahrg. 1863—67. à Jahrg. 12 Hefte (à 1 Bgn.). St. Louis, Mo. (Philadelphia, Schäfer & Koradi.) gr. 8. Jeder Jahrg. n. 2 ℛ

Mississippi-Tal. Das, u. d. einzelnen Staaten . geog. u. statistisch beschrieben. See Olshausen, Theodor

Missiv an die Hocherleuchtete Bruderschaft des Ordens des Goldenen und Rosenkreutzes. Lux in Cruce et Crux in Luxe. Wegen seiner grossen Seltenheit und Wichtigkeit mit vier alten Ausgaben verglichen, und mit verschiedenen Lesarten versehen. Nebst einem noch nie im Druck erschienenen vollständigen historisch-kritischen Verzeichniss von 200 Rosenkreutzerschriften vom Jahr 1614 bis 1783. Als ein Beytrag zum Fictuldischen Probierstein. Leipzig. Bohme. 1783. 8. 126 S.

Missiv, an die hocherleucht. Brüderschaft d. Ordens d. goldnen u. d. Rosenkreuzes ꝛc. 8. Leipz. 783. (Cnobloch). 6 ℊ

Missiv, Wahrmundi Knipperdollings, an die Pietisten. Baireuth 1703. V: *Räthel, Wolfgang Chph.* (Fiker)

Missive von dem Schwefel- oder Gesund-Brunn zu Wersingave. Breslau 1715. V: *Pauli, Michael, Christian v. Helwich* & *Gottfried Klaunig.* (Nent)

Misslack, Johannes: Politik Kursachsens im deutschen Fürstenbunde von 1785. Leipzig-Reudnitz 1908: A. Hoffmann. (117 S.) 8°
Leipzig, Phil. Fak., Ref. Brandenburg-Lamprecht, Diss. v. 19. März 1908
[Geb. 1. Nov. 84 Liptitz (Sachsen); Wohnort: Dresden; Staatsangeh.: Sachsen; Vorbildung: Gymn. z. heil. Kreuz Dresden Reife O. 04; Studium: Leipzig 8 S.]

Misslareuth [Schlagwort]

Misslareuth, s.: Sachsen. Karte.

Misslareuth, s.: Sachsen. Messtischblätter.

MISSMAHL, Friedrich (Düsseldorf): Zur Casuistik der Erkrankungen des Circulationssystems. Statistischer Bericht.- München: Ernst 1890. 41 S.
26.7.1890 - Chr 1890/91,19; Jv 1890/91,235
Diss. Ingolst.-Landsh.-Mchn.

Missmahl, Wilhelm

Mißmahl, W., Katechismus der Geburtshilfe f. Hebammen. 2., verb. Aufl. gr. 8. (VIII, 72 S. m. 12 Abb. u. 8 farb. Taf.) Tübingen 898. H. Laupp. n. 1. 60 geb. n. 2. —

Missmahl, Wilhelm [pr. Arzt in Riedlingen]. Ueber Verblutung Neugeborener aus der Nabelschnur mit Casuistik. . . . Tübingen, Druck d. Ulrich'schen Buchdr., Riedlingen, 1890; 34 S. 8°
Tübingen, Med. Fak., Inaug.-Diss. v. 1890

Missmahl, W., üb. Verblutung Neugeborener aus der Nabelschnur m. Casuistik. Inaug.-Diss. gr. 8. (34 S.) Riedlingen 890. (Tübingen, Moser.) n.n. — 80

Missolunghi's letzte Stunde oder der Sieg im Tode. Ein histor. Charakter- und Heldengemälde aus Griechenlands Befreiungskampfe. Der reiferen Jugend und dem Volke gewidmet. 3. verb. Aufl. 8. (167 S. mit 1 Stahlst.) Straubing 886, Volks- und Jugendschriften-Verlag. cart.

Misson, Jos., Da Naz, a niederösterreichischer Bauernbui, geht in d'Fremd. s.a. National-Bibliothek, allgemeine.

Misson, Jos., „da Naz", a niederösterreichischer Bauernbui geht in d' Fremd. Gedicht in unterennsischer Mundart. 1.—3. Aufl. Hrsg. und mit einem Lebensbilde des Dichters, mit Proben aus dem Nachlasse desselben und einer Inhaltsangabe des Gedichtes versehen von Karl Landsteiner. 8. (III, 72 S.) Wien 875, Gerold's Sohn. *

Misson, Jos., „da Naz", a niederösterreichischer Bauernbui geht in d'Fremd. Gedicht in unterenns. Mundart. 3. Aufl. Hrsg. u. m. e. Lebensbilde d. Dichters, m. Proben aus dem Nachlasse desselben u. e. Inhaltsangabe d. Gedichtes versehen v. Karl Landsteiner. 8. (72 S.) Wien 876. Gerold's Sohn. n. 1. 60

Misson, Jos., „da Naz", a niederösterreichischer Bauernbubi geht in d'Fremd. Gedicht in unterenns. Mundart. Hrsg. m. e. Lebensbilde des Dichters u. m. Proben aus dem Nachlasse desselben v. Karl Landsteiner. 4. unveränd. Aufl. 12. (III, 72 S.) Wien 892. C. Gerold's Sohn. n. 1.60

Misson, Maximilian. Herrn Maximilian Missons Reisen Aus Holland durch Deutschland in Italien. Leipzig, Verlegts Thomas Fritsch 1701.
Titelkupfer. Tit., 1 Bl., 1136 S., 20 Bl. m. 4 Holzschn., 31 Taf. in Kupferst. 8°.
Engl. Originalausg. London 1699.

Misson, Max., Reisen a. Holland, durch Deutschland nach Ital. m. K. 4. Lpz. 733.

— heil. Schauplatz d. Landsch. Sevennes, od. Erzähl vieler Wunder. 8. Frft. 713.

Missong, Alex., die Münzen d. Fürstenhauses Liechtenstein. [Mit 8 (lith.) Taf.] gr. 8. (86 S.) Wien 882. (Szelinski.) n. 5. —

Missong, A., Die Vorläufer der Werthzahl OB. auf römischen Goldmünzen. 1879. 56 S.

Missoria, Dr. Luigi, Grammatica italiana per le scuole cittadine. Wien 1908. Schulbücherverlag. Geb. K 1.20. (Min.-Erl. vom 8. Jänner 1908, Z. 50311 ex 1907.)

Missouri und Illinois, s.a. Bromme, Traugott

Missouri und Illinois, Taschenbuch für Einwanderer . . . Baltimore 1835. V: *Bromme, Traugott.* (EngG)

Missouri u. Illinois. Taschenbuch für Einwanderer u. Freunde der Länder- u. Völkerkunde. Geographisch-statist.-topograph. Skizzen. Mit 1 Karte. gr. 8. Baltim. 835. Scheld u. C. 3/4 ß

Staat Missouri, Der, geog u statistisch beschrieben. Kiel, 1854.

Missouri Blätter : 1874?
Sunday edition of St. Louis Courier.
St. Louis, MO

Missouri Blätter : 1895? --1909?
Sunday edition of Kansas City Reform. Title varies?: Reform, 1895—1902; Der Sonntagsgast, [1909]. Place of publication varies: St. Louis, 1899.
Kansas City, MO

Der Missouri Demokrat : Feb. 4, 1843—1845?
Democratic weekly. Edited by Eduard Warrens, & published by L. F. Volland.
St.Louis, MO

Das Missouri Journal : 1865. St.Louis, MO

Missouri Post : 1859—?
Published by August Würz. Anti-slavery. Changed to Kansas Post. See Post und Tribune.
Kansas City, MO

Missouri Presse : 1892?—1902?
Non-partisan weekly. Circulation: 1900, 1100. Edited & published by Bruno Troemel, 1892—97; by Heinrich Schulz, 1898—1902.
Springfield, MO

Missouri Schulbote : 1866?—? St. Louis, MO
Edited & published by Carl Beyschlag.

Missouri Staats-Zeitung : 1862?—? Jefferson City, MO
Weekly. Edited & published by Ludger Werner Kölkenbeck.

Missouri Staats-Zeitung : Jan. 1869? — ?
Daily. For Sunday edition, see Sonntags Staats-Zeitung. Published by Missouri Staatszeitung Co. (August C. Erfort, pres., & Max Jägerhuber, bus mgr.).
Centreton, MO

Missouri Staats-Zeitung : Jan. 1, 1872—1873?
Republican daily, morning except Sunday. For weekly edition, see Wöchentliche Missouri Staats-Zeitung. For Sunday edition, see Sonntagsblatt der Missouri Staats-Zeitung. Circulation: 1873, 3500 (est.). Edited by Dr. E. H. Makk; by L. Schierenberg. Published by Missouri Staats-Zeitung Co.
St. Louis, MO

Missouri Staats-Zeitung : 1878?—1881?
Independent weekly. Circulation: 1880, 780. Edited & published by N. C. Burch, 1878—81.
Jefferson City, MO

Missouri Staats-Zeitung : 1888?—1889?
Weekly. Edited & published by Dr. L. Rick. Springfield, MO

Missouri Staats-Zeitung : Nov. 1894— Feb. 8, 1918.
Independent weekly. Whether this paper was published semi-weekly, with Neue Kansas Staats-Zeitung, or if the latter title was adopted after the death of Mr. Gehring [Oct. 15, 1917], is not certain. Certainly the last months bear the latter title and are numbered: Jahrgang 24, no. 8—15, Dec. 14, 1917—Feb. 8, 1918. The last issue carries the announcement that Val. J. Peter has purchased the "Missouri Staats-Zeitung and the Neue Kansas Staats-Zeitung" and consolidated them with his own paper, to form Daily Kansas City Press. Circulation: 1900, 2643; 1910, 1750; 1915, 2700; 1917, 6645. Edited by Friedrich Gehring, Nov. 1894—Oct.? 1909; by Jacob Frohwerk; then by Carl Gleeser, Oct. 15, 1909—1917. Published by Missouri Staats-Zeitung Publishing Co., 1894—1917.
Kansas City, MO

Sonntagsblatt der Missouri Staats-Zeitung : 1872?—1875?
Sunday edition of Missouri Staats-Zeitung. Circulation: 1873, 3250 (est.).
St. Louis, MO

Wöchentliche Missouri Staats-Zeitung : 1872?—1873? St. Louis, MO
Weekly edition of Missouri Staats-Zeitung. Circulation: 1873, 4200 (est.).

Missouri Thalbote : Apr. 1871—1918?
Republican weekly. Published a "Sonntagsbeilage" of 4 pages. Sub-title: Ein Organ für Unterhaltung, Landwirtschaft und Fortschritt [1876]; Ein Wochenblatt für deutsche Familien [1903]. Place of publication varies: Lexington, Mo., 1871—79; Concordia, Mo., 1880—92. Circulation: 1875, 600 (est.), 1880, 850; 1890, 1200; 1900, 1500; 1905, 1875; 1910, 1000. Edited & published by Wilibald & Kist, 1871—75; by Daniel Schlegel, 1875—79; by Albert Althoff, 1880—86; by Heinrich C. Schwartz, 1887—88; by Richard P. Sevin, 1889—94; by Graefl & Henckel, 1895—96; by Sevin & Schwartz, 1897—99, edited by Richard P. Sevin, & published by Sevin & Brunning, 1900—18.
Higginsville, MO

Missouri Thalbote : 1872—? Concordia, MO
Weekly. Edited by A. Althoff.

Missouri Thalbote: 1873? — ? Lexington, MO
Weekly. Editor: Rudolf Willibald. News, humor.

Missouri Volksfreund : Feb.? 1876—1927?
Independent Democratic weekly. Sub-title: Ein Organ der Deutschen Missourier. Circulation: 1880, 860; 1890, 850; 1900, 850; 1907, 1200; 1910, 1400; 1920, *1808*. Edited & published by Albert Krüger, 1876—1904; by John Frederick Köster, 1905—27
Jefferson City, MO

Missouri Zeitung : July 1854—?
Weekly. Continued from Demokratische Presse. Edited by Louis Didier; by Daniel Hertle.
St. Louis, MO

Der Missourier : 1893 - 1921

Monthly Organ of the Buffalo Conference of Die Deutsche Evangelisch-Lutherische Synode von Missouri, Ohio u. a. Staaten. Edited by the Rev. John Sieck
Buffalo, NY

Mißstände im Baugewerbe. E. Arbeiterdarstellg., hrsg. v. d. Generalkommission d. Gewerkschaften Deutschlands. 8. (VII, 151 S.) Hamburg (6) 897. Generalkommission d. Gewerkschaften, C. Legien. n.n. — 60

Mißstände im Düngemittelhandel (Kalisalze, Salpeter, Superphosphate). (Verhandlungen der XXXVII. Plenarversammlg. des deutschen Landwirtschaftsrats 1909.) (S. 91—119.) Lex. 8. Berlin 909. P. Parey. nn — 75
Sonderabdruck aus: „Archiv d. deut. Landwirtschaftsrats"

Missstände im heutigen Erwerbsleben und deren Beseitigung. Eine sociale Frage von einem Praktiker bearbeitet. Bern 1897. V: *Scheidegger, J.* (BSchwLk V 9f)

— im heut. Erwerbsleben u. deren Beseitigg. Eine sociale Frage, v. e. Praktiker bearb. Von J. S. 4. (51 S.) Bern 897. Schmid & Francke. n. 1.20

Mißtrauen

— und Liebe. Lustsp. nach d. Franz. von Huber. 8. Leipzig, Schmidt. 796.

Mißtrauen und Liebe, Lustspiel in 3 Aufzügen, nach dem Franz. von L. F. Huber. Neue Aufl. 8. Frankfurt a. M., Sauerländer. 819.

— und Neckerey. Nachsp. in 1 A. von Schmieder. 8. Hamburg, Vollmer. 804.

Misstrauen aus Zärtlichkeit; ein Lustspiel von fünf Aufzügen. Hamb. 1763. V: *Löwen, Johann Friedrich.* (JL)

Mißtrauen, das, aus Zärtlichkeit. Lustsp. 8. Hamburg, Brand. 764.

(Mißtrauensadresse an den Magistrat.) Heute ist dem hiesigen Magistrats-Collegium — Lithographirt. 1 Bl. 4.
Flugblatt. Berlin, 12. Dez. 1848.

Mistrauensvotum, das, der zweiten Kammer. √—1. Von einem Namenlosen. gr. 8. (19 S.) Berlin 850, Besser'sche Sortimentsh. *

Mißtrauensvotum, das, der zweiten Kammer. √—1. Von einem Namenlosen. gr. 8. (19 S.) Berlin 850, Hertz. n. 4 ngr

(Mißtrauensvotum gegen das Ministerium.) Volk von Berlin! Die Nationalversammlung hat am 9. August beschlossen, — Der Volks-Club. Der Verein für Volks-Rechte. Druck von Marquardt u. Steinthal. 1 Bl. Fol.
Flugblatt. Berlin, 5. Sept. 1848.

(Mißtrauensvotum gegen Rimpler.) An den Commandeur der Bürgerwehr Herrn Rimpler — Der demokratische Bürgerwehr-Verein. Friedländerische Buchdruckerei. 1 Bl. Fol.
Flugblatt. Berlin, 3. Sept. 1848.

Misstrauische, Der. Ein Lustspiel in Prosa, in fünf Aufzügen. Wien 1772. V: *Weidmann, Paul.* (BrMm) (Jahrb. d. Grillp.-Ges. XIII.)

Mißtrauische, der,. Lustsp. in 5 Aufz. von Weidmann. 8. Wien, Wallishauser. Kibli.

Mißtrauische, der, gegen sich selbst. Lustsp. von Weiße. 8. Leipzig, Dyk.

Missuna (A.), Ueber die Endmoränen von Weissrussland und Litthauen. (Sonder-Abdr. a. d. Zeitschr. d. Deutschen geolog. Gesellschaft, Band 54, 1902.) 8. Mit 1 Tafel.

Missunde [Schlagwort]

Missunde — Dänische Brückenkopf-Befestigungen bei — im F 1864. Zusammengetr. etc. u. gez. vom K. sächs. Pion.-Oberlt. Schubert. 8,000. 1 Bl.

Missverstand, Der; ein Lustspiel in fünf Aufz. nach d. Engl. Dresden 1779. V: *Hase, Frdr. Traugott.* (Ky) (MGT) (Kläbe, Neuestes Gel. Dresden. Leipz. 1796.)

Mißverstand, der; Lstspl. Aus d. Engl. (von Fr. Tr. Hase). 8. Dresd. 779. Hilscher. 6 gr

Mißverständnis , Das. Lustspiel, s.a. Weißenthurn, Fr. v.: Schauspiele. Bd 3.

— das,. Lustsp. von Vanbrugh. 8. Frankf. u. Leipz. Webel. 770.

Missverständnis. O. O. 1782. V: *Erdmann, Ludwig.* (MGT)

Missverständnis, ein Schauspiel in vier Aufzügen . . . Augsburg 1798. V nicht: *Zschokke, Johann Heinrich Daniel.* (GGr X, 113, 162) (Zeitschr. f. Büch. N. F. 15, 1923, S. 116)

Mißverständniß, das; Schspl. in 4 A. vom Verf. d. Abällino. (H. Zschokke). 8. Augsb. 798. v. Jenisch u. St. 9 gr

— das, ; od. die glückliche Feuersbrunst. Lustsp. in 4 A. nach d. Sujet d. P. Viele frey bearb. 8. Breslau, Korn d. ält. 798.

Mißverständniß, ein. (Gedicht.) 1 Bl. in gr. 8. Leipzig 848, Naumburg. *

Das große Mißverständnis! Zentralisierte neuzeitl. Tag-, Wochen- u. Monatshefte f. echten, revidierten u. gemischten Sozialismus. Hrsg. von Karl Kaumarx, J. Blech ... *Dresden: M. Beyer [1903].* (14 S.) 4° [F.]

Missverständnis. Numme kai M'. (Stans 1910) s. O[eri], R[udolf].

Missverständnisse. Komischer Vortrag für 2 Herren. Wien 1900. V: *Neidl, Julius oder Bartl, Hans.* (EB)

[Sammelband u. d. Tit.:] Deren beim Kayserl. u. Reichs-Cammergericht entstandener Mißverständnissen zwischen dem Präsidenten v. Ingelheim ca Accessorn v. Pyrck u. Consorten, P. 1. 2. 2 Bde

Misswachs, Allerlei, auf geistigem und materiellem Gebiete erörtert von einem stillen Beobachter. Frankfurt a. M. 1902. V: *May, Eduard Gustav.* (Stadtbibl. Frankf. a. M. Kat. der Neueren Bestände.)

Miswachs, poetischer, s. G. W. Burmann.

Misswachs, Poetischer, für den ersten Januar 1774 ... Berlin [1774]. V: *Burmann, Gottlob Wilhelm.* (JL)

Poetischer Misswachs für den ersten Januar 1774. von G. W. B. Berlin, bey G. J. Decker. 16°. 32 S.
Die Fortsetzungen erschienen 1775 u. 1776.

Misswachs, Fortgesetzter poetischer für das Jahr 1775 (u. 1776).... Berlin [1775-76]. V: *Burmann, Glob Wilh.* (JL)

Missy, Jacques: Gedanken über Unterricht und Erziehung. S. I-XII. Echternach, Progymn., Progr. 1848/49

Missy, Jacques: Ein Wort über das Echternacher Progymnasium. S. 3-7. Echternach, Progymn., Progr. 1841/42.

Missya, czyli: Przysposobienie siedo missyi, jéj dzialania i skutku. Wydanie 2. 8. (92 S.) Lissa 852, Günther. 4 ngr

Missyjna Ksiazka, Katolicka, Przelozona i pomnozona przez Ks. J. Laxy. 12. (Mit 1 Stahlstich.) W Glogowku 844. (Neisse, Hennings.) n. 7/12 ℛ

Mistake, a slight, or, a prize in a German lottery, with notes by K. Albrecht, s.: Theatre, modern English comic. Nr. 70.

Mistaro A. das Pyrogeneto. Entstehung etc. (31 S 5 T) Wien (1894)

Mistelbach, J. G., (J. Oehlinger). Beobachtt. üb. die Winde u. ihren witterungsbestimmenden Einfluß rc. 8. Wien 821. Grund. (Wimmer; auch Fr. Fleischer in Leipz.) 8 gl.

Mistelet. Über die Empfindsamkeit in Rücksicht auf das Drama ... a. d. Franz. Altenburg 1778. Ü: *Kayser, Albrecht Christoph.* (MGT) (Adel)

Misteli, Emil. Celio Malespini und seine Novellen. Ein Beitrag zur italienischen Novellistik. VIII + 158 S. 8. Wohlen, Kasimir Meyer, [1902].
Ausg. A: Diss. Phil. Bern ... 1897.
Ausg. B: [fr. 4. —]

Misteli, Emil, Celio Malespini u. seine Novellen. Ein Beitrag zur italien. Novellistik. gr. 8. (VIII, 158 S.) Wohlen (902). (Aarau, Sauerländer's Nachf.) n. 4. —

Misteli, Emil, Celio Malespini u. seine Novellen. Ein Beitrag zur italien. Novellistik. 2. verm. Aufl. (IV, 172 S.) gr. 8. Aarau 905. H. R. Sauerländer & Co. n. 2. 60

Misteli, Emil. Die Zigeuner in Europa. Geschichte und Lebensweise eines Wandervolkes. 14 S. 8.
Jahresbericht der Schulen von Wohlen Schuljahr 1902/3.... Wohlen, Kasimir Meyer. [Beilage.]

Misteli, Frz., über griechische Betonung. Sprachvergleichend-philolog. Abhandlungen. 1. Abhandlung: Allgemeine Theorie der griech. Betonung. gr. 8. (195 S.) Paderborn 875, F. Schöningh. *

Misteli, Frz., Charakteristik der hauptsächlichsten Typen des Sprachbaues, s.: Steinthal, H., Abriss der Sprachwissenschaft.

Misteli, Frz., Erläuterungen zur allgemeinen Theorie der griechischen Betonung. gr. 8. (112 S.) Paderborn 877, F. Schöningh. *

Misteli, Franz. Miscellen. Zeitschrift für Völkerpsychologie und Sprachwissenschaft. Bd. 15, Heft 3 u. 4, S. 457—472. (I. Lateinisch, II. Jakutisch, III. Magyarisch.) 1885.

Misteli, Franciscus, De pugna Salaminia dissertatio. Solothurn 1872. Progr.

Misteli, F. Der altaische Sprachtypus. Basel 1883. 4.

Misteli, Wilhelm, diplomierter Chemiker aus Solothurn: Beitrag zur unvollständigen Verbrennung der Gase. Ueber das Wesen des Leuchtens der Flamme. Ueber Bestimmungen des Benzoldampfes im Leuchtgas. Herisau 1904. 68 S. 8°. [5. VIII. 04.]
Zürich. Phil. Diss. II. S. 1904/1905.

Misteli, Wilhelm. [1.] Beitrag zur unvollständigen Verbrennung der Gase; [2.] Ueber das Wesen des Leuchtens der Flamme; [3.] Ueber Bestimmungen des Benzoldampfes im Leuchtgas. Diss. Phil. [II.] Univ. Zürich. 68 S. 8. Herisau, Schläpfer & Cie., 1904.

Misteli, Wilh., Beitrag zur unvollständigen Verbrennung der Gase. Ueber das Wesen des Leuchtens der Flamme. Ueber Bestimmungen des Benzoldampfes im Leuchtgas. Diss. (68 S.) gr. 8. Herisau 904. Zürich, E. Speidel. n. 2. —

Mister, Verrath in allen Ecken. Eine dresdener Tagesgeschichte. 8. (174 S.) Dresden 858. (Leipzig, R. Schäfer's Verlag.) *

MISTER (ps.), Verrath in allen Ecken. Eine (sehr liederliche) Dresdener Tagesgeschichte. (Motto: 4 Versz., für das ganze Opus bezeichnend:)

„Komm morgen zwischen zwei und drei.
Dann sollen neue Flammen
Beweisen meine Lieb' und Treu,
Wir essen nachher zusamm!"
(Heine.)

Dresden, Druck u. Verlag von Ferd. Thomass. O. J. (c. 1860?). 8°. (6 Mk. Adolf Weigel, 1906.)
174 S. (incl. Tit.). Ueppige, wohl auf wirklichen Vorgängen beruhende Ehebruchs-Scandalosa. Das Buch scheint unterdrückt worden zu sein, da bereits recht selten!

MISTER, J. C. (ps.), Asmodi unter Lebemännern. 4. Aufl. (Mixed Pickles aus der blauen Katze.) Budapest, Markus, o. J. (1894). 8°. Illustr. Umschl. (90 xr. = Mk. 1,80.)
Verboten v. L.-G. Lemberg, 17. X. 1896. § 516.

Mistères, les, dévoilés du Pharaon, ou l'Art du Banquier de Pharaon. 12. Lps. Baumgärtner. 803.

Mistler, A., d. katholische Kirchengesang in d. Volksschule. Ein Hilfsbüchlein f. Lehrer, Katecheten u. Chorregenten. 8. (VIII, 136 S.) Speyer 896. Jaeger. n. 1. —

Mistler, A., das Kirchenjahr. In konzentr. Kreisen f. die Oberklassen der Volks- u. die Unterklassen der Mittelschulen bearb. Ausg. A. 8. (VIII, 124 S.) München 899. R. Oldenbourg. n.n. — 60; kart. n.n. — 75

— dasselbe. Ausg. B. 8. (IV, 88 S.) Ebd. 899. n.n. — 30; kart. n.n. — 40

Mistler, A., Wegweiser durch den Lehrstoff der Sonntagsschule. I. Tl. 2. Aufl. (64 S.) 8. Speyer (906). (A. Michelsen.) n.n. — 60

Mistler, A., Wegweiser durch den Lehrstoff der Sonntagschule. II. Tl. (90 S.) 8. Speyer (907). (A. Michelsen.) nn — 80
I Tl. Ebd. 906. nn — 60.

Mistley, young, s.: Collection of British authors.

Místnosti, Obytné. Dílo sešitové vydává příkazem c. k. ministerstva osvěty a vyučování kancelář pro učebné pomůcky ku potřebě škol umělecko-průmyslových zřízená při c. k. rakouském museu pro umění a průmysl ve Vídni 1903. Sešit 1. Jednoduchá ložnice. (Architekt. Vorlagen. Heft 1. Wohnräume.) Gr.-Fol. (56 cm hoch und 44 cm breit.) (13 Blatt) Wien: Hof- u. Staatsdruckerei 1903. K 10. -

Místnosti, Obytné. Dílo sešitové. Vydání příkazem c. k. ministerstva osvěty a vyučování kancelář pro učebné pomůcky ku potřebě škol umělecko-průmyslových, zřízená při c. k. rakouském museu pro umění a průmysl ve Vídni 1903. Sešit 2. Jídelna. (Wohnräume. Für Kunstgewerbe. Heft 2. Speisezimmer.) 56 cm hoch, 45 cm breit. (4 und 12 Bl.) Wien: Hof- u. Staatsdruckerei 1904. * K 10.—

Místnosti, Obytné. Dílo sešitové vydává příkazem c. k. ministerstva osvěty a vyučování kancelář pro učebné pomůcky ku potřebě škol umělecko-průmyslových, zřízená při c. k. rakouském museu pro umění a průmysl ve Vídni 1904. Sešit 3. a 4. Pokoj pro pána. (Wohnräume. Heft 3. u. 4. Herrenzimmer.) 57 cm breit, 43 cm hoch. (24 S. Bilder) Wien: Hof- u. Staatsdruckerei 1904. * K 20.—

Místnosti, Obytné. Dílo sešitové vydává příkazem c. k. ministerstva osvěty a vyučování kancelář pro učebné pomůcky ku potřebě škol umělecko-průmyslových zřízená při c. k. rakouském museu pro umění a průmysl ve Vídni 1904. Sešit 5. Světnice hotelu. (Wohnräume. Heft 5. Hotelzimmer.) 57 cm breit, 43 cm hoch. (12 S. Bilder) Wien. Hof- u. Staatsdruckerei 1905

Místnosti, Obytné. Dílo sešitové vydává příkazem c. k. ministerstva osvěty a vyučování kancelář pro učebné pomůcky ku potřebě škol umělecko-průmyslových, zřízená při c. k. rakouském museu pro umění a průmysl ve Vídni 1906. Sešit 9. Truhlářské práce stavební. Sestrojení oken. Z pozůstalosti c. a k. dvorního truhláře Bedřicha Paulicka st. zpracováno a doplněno za součinnosti Bedřicha Paulicka ml. c. k. kanceláři pro učebné pomůcky. Z c. k. dvorní a státní tiskárny. * K 10.—
Wien Hof- u. Staatsdruckerei 1906.

Mistral, Frédéric

— Calendau. Ein provenzal. Gedicht. Deutsch v. Hans Weiske. (VI, 255 S.) 8. Halle 909. M. Niemeyer. 3.—; geb. 4. —

— Erinnerungen u. Erzählungen. Autoris. Übersetzg. aus dem Franz. von E. v. Kraatz. (398 S.) 8. Leipzig (908). Grethlein & Co. 4.—; geb. in Leinw. 5. —

Mistral, Frederi, Gedichte, s. a. Bibliothek d. Gesamtlitter.

Gedichte von Frederi **Mistral**. Aus d. Provençal. übertr. u. mit e. Einl. vers. von F. Steinitz. Nebst d. Bilde d. Dichters. *Halle a. d. S.: O. Hendel (1900).* (VIII, 76 S.) 8° [F.]
= **Bibliothek** d. Gesamtlitteratur d. In- u. Auslandes. No. 1404. 1405.

Mistral, Frdr., Mireia. Provenzalisches Gedicht in 12 Gesängen. Preisgekrönt von der französischen Akademie. Mit selbstbiographischer Vorrede des Verf., Einleitung, Anmerkungen zc. Uebersetzung in Versen von Frau B.-M. Dorieux-Brotbeck. 8. (LXXXIV, 275 S.) Heilbronn 880. Henninger. n. 5. —

Mistral, Frederi, Mireio. Provençalische Dichtg. Deutsch v. Aug. Bertuch, m. e. Einleitg. v. Ed. Boehmer. 8. (XV, 285 S.) Straßburg i/E. 893. K. J. Trübner, Verl. n. 5. —; geb. n. 6. —

Mistral, Frederi, Mirèio. Provençalische Dichtgn. Deutsch v. Aug. Bertuch, m. e. Einleitg. v. Ed. Boehmer. 2., durchgeseh. Aufl. 8. (XXIV, 291 S.) Straßburg 896. K. J. Trübner, Verl. n. 5. —; geb. in Leinw. n. 6. —

— dasselbe. Provençalische Dichtg. Deutsch v. Aug. Bertuch. 3., neu durchgeseh. Aufl. 8. (XXXI, 272 S. m. Bildnis.) Berlin 900. [Besser.] J. G. Cotta Nachf., Zweigniederlassg. n. 5. —; geb. in Leinw. n. 6. —

Mirèio. Provençal. Dichtung von Frederi **Mistral**. Deutsch von August Bertuch. 3., neu durchges. Aufl. Mit Mistrals Bildnis. *Berlin: W. Hertz 1900.* (XXVIII, 284 S.) 8° [F.]

— **Mirèio. Poème provençal. Edition publiée pour les cours universitaires par Ed. Koschwitz. Avec un glossaire par Osk. Hennicke et le portrait du poète. gr. 8. (XLIII, 436 S.) Marburg 900. N. G. Elwert's Verl. n. 7. 20; geb. in Leinw. n. 8. —**

Mirèio. Provenzal. Dichtung von Frederi **Mistral**. Deutsch von August Bertuch. 4. Aufl. Mit Mistrals Bildn. Stuttgart & Berlin: J. G. Cotta Nachf. 1905. (XXXIV, 259 S.) 8°

Mirèio. Provenzalisches Epos von Frederi **Mistral**. Deutsch von Franziska Steinitz. Mit e. Essay von Herman Grimm (Der Maler Eugène Burnaud [Ausz.]) nebst Vorbemerkung als Einl. u. d. Bilde d. Dichters. Mit Kartenskizze der Crau u. d. Wanderung Mirèios. Halle a. S.: O. Hendel [1906]. (VIII, 186 S.) 8° [F.]
(Bibliothek d. Gesammtliteratur d. In- u. Auslandes. No 2001–03.)

Mistral, Frederi, Nerto. Provençalische Erzählg. Deutsch v. Aug. Bertuch. 8. (IV, 184 S.) Straßburg i/E. 891. Trübner, Verl. n. 3. —; geb. n. 4. —

— **Nerto.** Provençal. Erzählg. Deutsch v. Aug. Bertuch. Neue [Titel-]Aufl. 8. (IV, 184 S. m. 1 Bildn. d. Verf.) Ebd. [891.] 900. n. 3. —; geb. n. 4. —

— **Souvenirs de jeunesse, hrsg. v. A. Mühlan, s.: Gerhard's französische Schulausgaben.**

Mistral's, Frederi, ausgewählte Werke. Übers. u. erläutert v. Aug. Bertuch. 1. u. 2. Bd. 8. Stuttgart, J. G. Cotta Nachf. à 4.50; geb. in Leinw. à 5.50
1. Mirèio. Provenzalische Dichtg. Deutsch im Versmass des Originals v. Aug. Bertuch. 5. Aufl. (XXXV, 284 S. m. Bildnis.) 910.
2. Nerto. Goldinseln. Kindheitserinnerungen. (XIV, 258 S.) 908.

Mistress and maid, s. Collection of British Authors.

Mistriotes, G., s. Mistriotis, Georgios

Mistriotis, Georgios

Mistriotes, G., *Τὰ αἴτια τοῦ ἀρχαίου καὶ τοῦ νεωτέρου Ἑλληνικοῦ πολιτισμοῦ.* **Gel. 1891.** 58 S. 1.—

— *Πλάτωνος ἀπολογία Σωκράτους,* rec. 1889. 160 S.

Μιστριώτου, Γεω., ἱστορία τῶν ὁμηρικῶν ἐπῶν. Leipzig 867. List & Francke. gr. 8. (XX, 376 S.) n. 2 ℛ

— *Πλάτωνος Κρίτων*, rec. 1884. 104 S.

Mistriotes, G., *Πλάτωνος Λάχης* rec. 1884. 128 S.

Mistriotes, G., *Τραγῳδίαι Σοφοκλέους: Φιλοκτήτης*, rec. 1890. 276 S.
— — *Τραχίνιαι* rec. 1901. 220 S.

Welches ist das alteste (!) Drama des Sophokles? Par Georgios Mistriotis. Prof. zu Athen. Mémoire lu au congrès d'hist. comparée, Paris 1900. *Macon 1901: Protat Fr.* (14 S.) 8° (o. 3339

Miswachs, poetischer, s. Misswachs, Poetischer.

Mißzellaneen aus d. Gebiete d. Phantasie, für Freunde unterhaltender Lectüre, v. W. Waller. 8. Zwickau, Schumann. 801.

Mißzellen, s. Miscellen.

Mißzellen, englische, eine Anekdote v. Swift. 8. Leipz. Sommer. 805.

MISZELLEN für Freunde einer unterhaltenden Lektüre. Schwelm 1812. 8°.
Wildmoser's (München) Leihbibl.-Cat., no. 6614.

Mißzellen, romantische, v. Florentin Eichhorst. 8. Dresden, Richter. (Sommer in Lpz.) 796. Rthlr.

Miszellen: Schweizerische Miszellen
v. Wöchentliche Unterhaltungsblätter für Welt- u. Menschenkunde

Kolibri 360 GmbH
Ferdinand-Jühlke-Straße 7
99095 Erfurt, Deutschland
produktsicherheit@kolibri360.de